一、二级注册结构工程师必备规范汇编

（修订缩印本）

（下　册）

中国建筑工业出版社　编

中国建筑工业出版社

总 目 录

（附条文说明）

下 册

（●为二级注册结构工程师考试必备规范）

中华人民共和国行业标准

城市人行天桥与人行地道技术规范

Technical specifications of urban pedestrian overcrossing and underpass

CJJ 69—95

主编单位：北京市市政工程研究院
批准部门：中华人民共和国建设部
施行日期：1996 年 9 月 1 日

关于发布行业标准
《城市人行天桥与人行地道技术规范》的通知

建标 〔1996〕144 号

根据建设部建标〔1990〕407 号文的要求，由北京市市政工程研究院主编的《城市人行天桥与人行地道技术规范》，业经审查，现批准为行业标准，编号 CJJ 69—95，自 1996 年 9 月 1 日起施行。

本规范由建设部城镇道路桥梁标准技术归口单位北京市市政设计研究院负责归口管理，具体解释等工作由主编单位负责，由建设部标准定额研究所组织出版。

中华人民共和国建设部

1996 年 3 月 14 日

目　次

1 总 则

1.0.1 为了统一城市人行天桥与人行地道标准（以下简称"天桥"与"地道"），使工程达到适用、安全、经济、美观，制定本规范。

1.0.2 本规范适用于城市中跨越或下穿道路的天桥或地道的设计与施工。郊区公路、厂矿及居住区的天桥与地道可参照使用。

1.0.3 天桥与地道的设计与施工应符合下列要求：

1.0.3.1 天桥与地道设计应符合城市规划布局的要求，应从工程环境出发，根据总体交通功能进行选型。

1.0.3.2 从实际出发，因地制宜，应积极采用新结构、新工艺、新技术。

1.0.3.3 结构应满足运输、安装和使用过程中强度、刚度和稳定性要求。

1.0.3.4 结构设计应与施工工艺统筹考虑，宜采用工厂预制的装配式结构。

1.0.3.5 应按适用、经济、美观相结合的原则确定装饰标准。

1.0.3.6 应符合防火、防电、防腐蚀、抗震等安全要求。

1.0.3.7 应限制结构振动对行人舒适感、安全感的不利影响。

1.0.3.8 选择施工工艺、制定施工组织方案时，应以少扰民、少影响正常交通为原则，做到安全、文明、快速施工。

1.0.4 天桥与地道的设计与施工，除应符合本规范外，在防火、防爆、防电、防腐蚀等方面尚应符合国家现行有关标准、规范的规定。

2 一般规定

2.1 设计通行能力

2.1.1 天桥与地道的设计通行能力应符合表 2.1.1 的规定：

天桥、地道设计通行能力 表 2.1.1

类 别	天桥、地道 [P/（h·m）]	车站、码头的前的天桥、地道 [P/（h·m）]
设计通行能力	2400	1850

注：P/（h·m）为人/（小时·米），以下同。

2.1.2 天桥与地道设计通行能力的折减系数应符合下列规定：

2.1.2.1 全市性的车站、码头、商场、剧院、影院、体育馆（场）、公园、展览馆及市中心区行人集中的天桥（地道）计算设计通行能力的折减系数为 0.75。

2.1.2.2 大商场、商店、公共文化中心及区中心等行人较多的天桥（地道）计算设计通行能力的折减系数为 0.8。

2.1.2.3 区域性文化中心地带行人多的天桥（地道）计算设计通行能力折减系数为 0.85。

2.2 净 宽

2.2.1 天桥与地道的通道净宽应符合下列规定：

2.2.1.1 天桥与地道的通道净宽，应根据设计年限内高峰小时人流量及设计通行能力计算。

2.2.1.2 天桥桥面净宽不宜小于 3m，地道通道净宽不宜小于 3.75m。

2.2.2 天桥与地道每端梯道或坡道的净宽之和应大于桥面（地道）的净宽 1.2 倍以上。梯（坡）道的最小净宽为 1.8m。

2.2.3 考虑兼顾自行车推行通过时，一条推车带宽按 1m 计，天桥或地道净宽按自行车流量计算增加通道净宽，梯（坡）道的最小净宽为 2m。

2.2.4 考虑推自行车的梯道，应采用梯道带坡道的布置方式，一条坡道宽度不宜小于 0.4m，坡道位置视方便推车流向设置。

2.3 净 高

2.3.1 天桥桥下净高应符合下列规定：

2.3.1.1 天桥桥下为机动车道时，最小净高为 4.5m，行驶电车时，最小净高为 5.0m。

2.3.1.2 跨铁路的天桥，其桥下净高应符合现行国标《标准轨距铁路建筑限界》的规定。

2.3.1.3 天桥桥下为非机动车道时，最小净高为 3.5m，如有从道路两侧的建筑物内驶出的普通汽车需经桥下非机动车道通行时，其最小净高为 4.0m。

2.3.1.4 天桥、梯道或坡道下面为人行道时，净高为 2.5m，最小净高为 2.3m。

2.3.1.5 考虑维修或改建道路可能提高路面标高时，其净高应适当提高。

2.3.2 地道的最小净高应符合下列规定：

2.3.2.1 地道通道的最小净高为 2.5m。

2.3.2.2 地道梯道踏步中间位置的最小垂直净高为 2.4m，坡道的最小垂直净高为 2.5m，极限为 2.2m。

2.3.3 天桥桥面净高应符合下列规定：

2.3.3.1 最小净高为 2.5m。

2.3.3.2 各级架空电缆与天桥、梯（坡）道面最小垂直距离应符合表 2.3.3 规定。

天桥、梯道、坡道与各级电压电力线间最小垂直距离表
表 2.3.3

最小垂直距离（m） \ 线路电压（kV） 地区	配电线			送电线		
	1以下	1~10	35	60~110	154~220	330
居民区	6.0	6.5	7.0	7.0	7.5	8.5
非居民区	5.0	5.5	6.0	6.0	6.5	7.5

2.4 设计原则

2.4.1 天桥与地道设计布局应结合城市道路网规划，适应交通的需要，并应考虑由此引起附近范围内人行交通所发生的变化，且对此种变化后的步行交通进行全面规划设计。属于下列情况之一时，可设置天桥或地道。其中机动车交通量应按每小时当量小汽车交通量（辆/时，即 pcu/h）计。

2.4.1.1 进入交叉口总人流量达到 18000P/h，或交叉口的一个进口横过马路的人流量超过 5000P/h，且同时在交叉口一个进口或路段上双向当量小汽车交通量超过 1200pcu/h。

2.4.1.2 进入环形交叉口总人流量达 18000P/h 时，且同时进入环形交叉口的当量小汽车交通量达 2000pcu/h 时。

2.4.1.3 行人横过市区封闭式道路或快速干道或机动车道宽度大于 25m 时，可每隔 300～400m 应设一座。

2.4.1.4 铁路与城市道路相交道口，因列车通过一次阻塞人流超过 1000 人次或道口关闭时间超过 15min 时。

2.4.1.5 路段上双向当量小汽车交通量达 1200pcu/h，或过街行人超过 5000P/h 时。

2.4.1.6 有特殊需要可设专用过街设施。

2.4.1.7 复杂交叉路口，机动车行车方向复杂，对行人有明显危险处。

2.4.2 天桥或地道的选择应根据城市道路规划，结合地上地下管线、市政公用设施现状、周围环境、工程投资以及建成后的维护条件等因素做方案比较。地震多发地区宜考虑地道方案。

2.4.3 规划天桥与地道应以规划人流量及其主要流向为依据，在考虑自行车过天桥地道时，还应依据自行车流量和流向，因地制宜采取交通管理措施，保障行人交通安全和交通连续性。并做出有利于逐步形成步行系统的总体布局。

2.4.4 天桥与地道在路口的布局应从路口总体交通和建筑艺术等角度统一考虑，以求最大综合效益。

2.4.5 天桥与地道的设置应与公共车辆站点结合，还应有相应的交通管理措施。在天桥和地道附近布置交通护栏、交通岛、各种交通标志、标线、交通信号灯及其他设施。

2.4.6 天桥与地道的布局既要利于提高行人过街安全度，又要提高机动车道的通行能力。地面梯口不应占人行步道的空间，特殊困难处，人行步道至少应保留1.5m宽，应与附近大型公共建筑出入口结合，并在出入口留有人流集散用地。

2.4.7 天桥与地道设计要为文明快速施工创造条件，宜采用预制装配结构，在需要维持地面正常交通时地道应避免大开挖的施工方法。

2.4.8 天桥的建筑艺术应与周围建筑景观协调，主体结构的造型要简洁明快透，除特殊需要处不宜过多装修。

2.4.9 天桥与地道可与商场、文体场（馆）、地铁车站等大型人流集散点直接连通以发挥疏导人流的功能。

2.5 构造要求

2.5.1 天桥与地道的结构应符合以下要求：

2.5.1.1 结构在制造、运输、安装和使用过程中，应具有规定的强度、刚度、稳定性和耐久性。

2.5.1.2 应从设计和施工工艺上减小结构的附加应力和局部应力。

2.5.1.3 结构形式应便于制造、运输、安装、施工和养护。

2.5.2 天桥上部结构，由人群荷载计算的最大竖向挠度，不应超过下列允许值：

梁板式主梁跨中 $L/600$
梁板式主梁悬臂端 $L_1/300$
桁架、拱 $L/800$

注：L 为计算跨径；L_1 为悬臂长度。

2.5.3 天桥主梁结构应设置预拱度，其值采用结构重力和人群荷载所产生的竖向挠度，并应做成圆滑曲线。当结构重力和人群荷载产生的向下挠度不超过跨径的1/1600时，可不设预拱度。

2.5.4 为避免共振，减少行人不安全感，天桥上部结构竖向自振频率不应小于3Hz。

2.5.5 天桥、地道及梯（坡）面的铺装应符合平整、防滑、排水、无噪音、便于养护的要求。

2.5.6 天桥结构应视需要设置伸缩装置以适应结构端部线位移和角位移需要。伸缩装置应选用止水型的。

2.5.7 地道结构，以汽车荷载（不计冲击力）计算的最大挠度不应超过 $L/600$。

注：用平板挂车或履带车荷载验算时，上述允许挠度可增加20%。

2.5.8 地道结构应视地质情况及结构受力需要设置沉降缝和变形缝。对沉降缝、变形缝和施工缝应做止水设计。采取设止水带等防水措施。

2.5.9 封闭式天桥与地道根据需要应有通风、排水和防护措施。

2.6 附属设施

2.6.1 天桥必须设桥下限高的交通标志，并应符合下列要求：

2.6.1.1 限高标志应放置在驾驶人员和行人最容易看到，并能准确判读的醒目位置。

2.6.1.2 限高标志的限高高度，应根据桥下净高、当地通行的车辆种类和交叉情况等因素而定。天桥桥下限高标志数应比设计净高小0.5m。

2.6.1.3 限高标志牌应由交通管理部门统一规定。

2.6.1.4 限高标志牌的构造及设置应符合下列要求：

（1）限高标志可直接安装在天桥桥孔正中央或前进方向的右侧；

（2）标志牌所用的材料及构造由交通管理部门统一规定。

2.6.2 天桥与地道的导向标志，应设置在天桥、地道入口处及分叉口处。

2.6.3 在天桥与地道的地面梯道（坡道）口附近一定范围内，为引导行人经由天桥与地道过街，应设置地面导向护栏，护栏断口宜与天桥或地道两侧附近相交叉路口的地形相结合，护栏连续长度不宜太短，每侧长度一般为50～100m，护栏除要求坚固外，其形式、颜色还应与周围环境相协调。

2.6.4 当天桥上方的架空线距桥面不足安全距离时，为确保安全，桥上应设置安全防护罩，安全防护罩距桥面的距离不宜小于2.5m。

2.6.5 天桥桥面或梯面必须有平整、粗糙、耐磨的防滑措施。多雨雪地区，天桥可加顶棚。

2.6.6 在地道两端，应设置消火栓，配备消防器材。在长地道内，应按有关消防规范，设置消防措施和急救通讯装置。

2.6.7 在设计人流量大或较长的重要地道时，应设置管理和维护专用设施。

2.6.8 天桥或地道结构不得敷设高压电缆、煤气管和其他可燃、易爆、有毒或有腐蚀性液（气）体管道过街。

3 天桥设计

3.1 荷载

3.1.1 天桥设计荷载分类应符合表3.1.1的规定。

3.1.2 天桥设计，应根据可能同时出现的作用荷载，选择下列荷载组合：

组合Ⅰ：基本可变荷载与永久荷载的一种或几种相组合。

组合Ⅱ：基本可变荷载与永久荷载的一种或几种与其他可变荷载的一种或几种相组合。

组合Ⅲ：基本可变荷载与永久荷载的一种或几种与偶然荷载中的汽车撞击力相组合。

组合Ⅳ：天桥施工阶段的验算，应根据可能出现的施工荷载（如结构重力、脚手架、材料机具、人群、风力等）进行组合。

构件在吊装时，构件重力应乘以动力系数1.2或0.85，并可视构件具体情况做适当增减。

组合Ⅴ：结构重力、1kN/m² 人群荷载、预应力中的一种或几种与地震力相组合。

荷载分类表　　　　表3.1.1

编号	荷载分类		荷载名称
1	永久荷载（恒载）		结构重力
2			预加应力
3			混凝土收缩及徐变影响力
4			基础变位影响力
5			水的浮力
6	可变荷载	基本可变荷载（活载）	人群
7			人群
8		其他可变荷载	风力
			雪重力
			温度影响力
9	偶然荷载		地震力
10			汽车撞击力

注：如构件主要为承受某种其他可变荷载而设置的，则计算该构件时，所承受此荷载作为基本可变荷载。

3.1.3 人群设计荷载值及计算式应符合下列规定:

3.1.3.1 人行桥面板及梯(坡)道面板的人群荷载按5kPa或1.5kN竖向集中力作用在一块构件上计算。

3.1.3.2 梁、桁、拱及其他大跨结构,采用下列公式计算:

当加载长度为20m以下(包括20m)时

$$W = 5 \cdot \frac{20 - B}{20} (kPa) \qquad (3.1.3-1)$$

当加载长度为21～100m(100m以上同100m)时

$$W = \left(5 - 2 \cdot \frac{L - 20}{80}\right)\left(\frac{20 - B}{20}\right)(kPa) \qquad (3.1.3-2)$$

式中 W——单位面积的人群荷载,kPa;

L——加载长度,m;

B——半桥宽度,m。大于4m时仍按4m计。

3.1.4 结构物重力及桥面铺装、附属设备等外加重力均属结构重力,可按表3.1.4所列常用材料密度计算。

常用材料密度表 表3.1.4

材料种类		密度($10^2kg/m^3$)
钢、铸钢		78.5
铸铁		72.5
锌		70.5
铅		114.0
黄铜		81.1
青铜		87.4
钢筋混凝土		25.0～26.0
混凝土或片石混凝土		24
砖石砌体桥面	浆砌块石或料石	24.0～25.0
	浆砌片石	23.0
	干砌块石或片石	21.0
	砖砌体	18.0
	沥青混凝土	23.0
	沥青碎石	22.0
填土		17.0～18.0
填石		19.0～20.0
石灰三合土		17.5
石灰土		17.5
木材	松木 未防腐	6.0
	松木 防腐	7.5
	橡木 未防腐	7.5
	落叶松 防腐	9.0
	杉木 未防腐	5.0
	枞木 防腐	7.0

注:1. 含筋量(以体积计)小于等于2%的钢筋混凝土,其密度采用2500kg/m³。大于2%的采用2600kg/m³;

2. 石灰三合土指石灰、砂、砾石;

3. 石灰土采用石灰30%,土70%。

3.1.5 预加应力在结构使用极限状态设计时,应作为永久荷载计算其效应,并考虑相应阶段的预应力损失,但不计由于偏心距增大引起的附加内力;在结构承载能力极限状态设计时,预加应力不作为荷载,而将预应力钢筋作为结构抗力的一部分。

3.1.6 外部超静定的混凝土结构应考虑混凝土的收缩及徐变影响。混凝土收缩影响可作为相应于温度的降低考虑。

3.1.6.1 整体浇筑的混凝土结构的收缩影响力,对于一般地区相当于降温20℃,干燥地区为30℃;整体浇筑的钢筋混凝土结构的收缩影响力,相当于降低温度15～20℃。

3.1.6.2 分段浇筑的混凝土或钢筋混凝土结构的收缩影响力,相当于降温10～15℃。

3.1.6.3 装配式钢筋混凝土结构的收缩影响力,相当于降温5～10℃。

混凝土徐变影响的计算,可采用混凝土应力与徐变变形为直线关系的假定。混凝土徐变系数可参照现行的《公路钢筋混凝土及预应力混凝土桥涵设计规范》(JTJ023)采用。

3.1.7 超静定结构当考虑由于地基压密等引起的支座长期变位影响时,应根据最终位移量按弹性理论计算构件截面的附加内力。

3.1.8 水浮力的计算应符合下列要求:

3.1.8.1 位于透水性地基上的天桥墩台基础,当验算稳定时,应采用设计水位的浮力;当验算地基应力时,仅考虑低水位的浮力,或不考虑水的浮力。

3.1.8.2 基础嵌入不透水性地基的基础时,可不考虑水的浮力。

3.1.8.3 当不能肯定地基是否透水时,应以透水或不透水两种情况与其他荷载组合,取其最不利者。

3.1.8.4 作用在桩基承台底面的浮力,应考虑全部底面积,但桩嵌入岩层并灌注混凝土者,在计算承台底面浮力时应扣除桩的截面积。

注:低水位系指枯水季节经常保持的水位。

3.1.9 计算天桥的强度和稳定时,风力计算应符合下列规定:

3.1.9.1 横向风力(横桥方向)

(1)横向风力为横向风压乘以迎风面积,横向风压按式(3.1.9)计算:

$$W = K_1 \cdot K_2 \cdot K_3 \cdot K_4 \cdot W_0 (Pa) \qquad (3.1.9)$$

式中 W_0——基本风压值,Pa。当有可靠风速记录时,按 $W_0 = \frac{1}{1.6}v^2$ 计算;若无风速记录时,可参照《全国基本风压分布图》,并通过实地调查核实后采用;v 为设计风速(m/s),按平坦空旷地面离地面20m高,频率1/100的10min,平均最大风速确定;

K_1——设计风速频率换算系数,采用0.85;

K_2——风载体型系数,桥墩见表3.1.9,其他构件为1.3;

K_3——风压高度变化系数,采用1.00;

K_4——地形、地理条件系数,采用0.80。

桥墩风载体型系数K_2 表3.1.9

截面形状		长宽比值	体型系数K_2
圆形截面		—	0.8
与风向平行的正方形截面		—	1.4
短边迎风的矩形截面		$l/b \leqslant 1.5$	1.4
		$l/b > 1.5$	0.9
长边迎风的矩形截面		$l/b \leqslant 1.5$	1.4
		$l/b > 1.5$	1.3
短边迎风的圆端形截面		$l/b \leqslant 1.5$	0.3
		$l/b > 1.5$	0.5
长边迎风的圆端形截面		$l/b \leqslant 1.5$	0.8
		$l/b > 1.5$	1.1

(2)设计桥墩时,风力在上部构造的着力点假定在迎风面积的形心上。

(3)天桥上部构件有可能被风力掀离支座时,应计算支座锚固的反力。

(4)桥台的纵、横向风力不计算。

(5)迎风面积可按结构物外轮廓线面积乘以下列折减系数计算:

两片钢桁架或钢拱架 0.4

三片及三片以上钢桁架以及桥拱两舷间的面积 0.5

桁拱下弦与系杆间的面积、上弦与桥面间的面积、空腹式拱上构造的面积以及斜拉桥的加劲桁架(或梁)与斜索间的

面积 0.2

栏杆 0.2

实体式桥梁结构 1.0

3.1.9.2 纵向风力(顺桥方向)

(1)桥墩上的纵向风力,可按横向风压的70%乘以桥墩迎风面积计算。

(2) 桁架式上部构造的纵向风力，可按横向风压的 40% 乘以桁架的迎风面积计算。

(3) 斜拉桥塔架上的纵向风力，可按横向风压乘以塔架的迎风面积计算。

(4) 由上部构造传至墩柱的纵向风力，在计算墩柱时，着力点在支座中心（或滚轴中心）或滑动支座、橡胶支座、摆动支座的底面上；计算刚构式天桥、拱式天桥时，则在桥面上，但不计因此而产生的竖向力和力矩。

(5) 由上部构造传至下部结构的纵向风力，在墩台上的分配，可根据上部构造支座条件进行。设有油毡支座或钢板支座的钢筋混凝土墩柱，其所受的纵向风力应按墩柱的刚度分配；设有板式橡胶支座墩柱，当符合下列条件时可按其联合作用计算：

$$\phi = \frac{K_n}{\overline{K_n}} \geqslant 1/10 \qquad (3.1.9\text{-}1)$$

$$K_n = \frac{K'K''}{K'+K''} \qquad (3.1.9\text{-}2)$$

式中　ϕ——支座与桥墩抗推刚度比；

K_n——支座抗推刚度；

K'、K''——分别为一孔桥两端支座的抗推刚度，当支座抗推刚度相等时，K_n 等于桥孔一端支座抗推刚度的 1/2；

$\overline{K_n}$——桥墩抗推刚度。

3.1.10 温度影响力的计算应符合下列规定：

3.1.10.1 天桥各部构件受温度变化影响产生的变化值或由此引起的影响力，应根据当地具体情况、结构物使用的材料和施工条件等因素计算确定。

温度变化范围，应根据建桥地区的气温条件而定。钢结构可按当地最高和最低气温确定；钢筋混凝土及预应力混凝土结构，按当地月平均最高和最低气温确定；联合梁的钢梁与钢筋混凝土板的温度差，可参照现行的《公路桥涵钢结构及木结构设计规范》（JTJ025）的有关规定。

钢筋混凝土及预应力混凝土天桥，必要时尚需考虑日照所引起的温度影响力。

3.1.10.2 气温变化值应自结构合拢时的温度起算。

3.1.11 栏杆水平推力

水平荷载为 2.5kN/m，竖向荷载为 1.2kN/m，不与其他活载叠加。

3.1.12 地震力的计算应符合下列规定：

3.1.12.1 天桥的抗震设防，不应低于下线工程的设计烈度，对于跨越特别重要的道路工程，经报请批准后，其设计烈度可比基本烈度提高一度使用。地震力的计算可参照现行的《公路工程抗震设计规范》进行。

3.1.12.2 计算地震力时同时考虑静载与 1.0kN/m² 人群荷载组合。

3.1.13 汽车撞击力的计算应符合下列规定：

天桥墩柱在有可能被汽车撞击之处，应设置刚性防撞墩，防撞墩宜与天桥墩柱之间保留一定空隙，条件不具备时也可与墩柱浇注为一体。钢筋混凝土防撞墩可参照《高速公路交通安全设施设计及施工技术规范》（JTJ074）设计。

汽车撞击力可按下式估算：

$$P = \frac{W \cdot v}{g \cdot T} \text{(kN)} \qquad (3.1.13)$$

式中　W——汽车重力，建议值 150kN；

v——车速，建议值 22.2m/s；

g——重力加速度，9.18m/s²；

T——撞击时间，建议值 1.0s。

墩柱身上撞击力作用点位于路面以上 1.8m 处。

在快速路、主干道及次干道顺行车方向上，估算撞击力不足

350kN，按 350kN 计；垂直行车方向则按 175kN 计。

3.1.14 有积雪地区须考虑雪荷载，结构顶面承受雪荷载按现行国家标准《建筑结构荷载规范》（GBJ9）"全国基本雪压分布图"进行。

3.2 建筑设计

3.2.1 总平面设计应符合规划要求，结合当地环境特征、交通状况、人流集散方向等因素进行。

3.2.2 天桥建筑应注意艺术性，在造型与色彩上应同环境形态和传统文化协调。

3.2.3 天桥建筑应按不同地域气候特点，采用防风雪、遮阳等造型构造设计。

3.2.4 建筑装修标准应以节约与效果相统一为原则。

3.2.5 天桥建筑设计应着重于主体结构的线型，体现工程结构的力度与材料的粗犷质感，体现桥、梯关系在总体环境中的空间形象。

3.2.6 梯道踏步规格应符合下列规定：

3.2.6.1 梯道踏步最小步宽以 0.30m 为宜，最大步高以 0.15m 为宜，螺旋梯内侧步宽可适当减小。

3.2.6.2 踏步的高宽关系按 $2R+T=0.6m$ 的关系式计算，其中 R 为踏步高度，T 为踏步宽度。

3.2.7 考虑残疾人使用要求的建筑标准应符合现行《方便残疾人使用的城市道路和建筑物设计规范》（JGJ50）规定。

3.3 结构选型

3.3.1 结构体系选择应对工程性质、环境特征、结构功能、造型需要、施工条件、技术力量、投资可能等因素进行综合分析，采用适合当时当地的新材料、新工艺和新技术，保证结构体系实施的可行性；

3.3.2 天桥结构造型应符合下列要求：

3.3.2.1 主体结构形式应服从于结构受力合理。

3.3.2.2 结构的高度、宽度、跨度有良好的三维比例，使天桥造型轻巧美观。

3.3.2.3 主桥墩柱布置应根据道路性质和断面形式、结构合理、造型艺术、行车通畅和施工条件等因素综合处理。

3.3.3 天桥结构应优先选用钢筋混凝土或预应力混凝土结构。

3.3.4 天桥需加设顶棚时，宜采用下承式钢桁架结构，但应符合下列要求：

3.3.4.1 应把杆件限制在最小的空间方向上，并使其布置有节奏，避免杂乱感。

3.3.4.2 各杆件截面高度力求一致，厚度和长度比要适当，以求轻巧纤细。

下承式桁架顶部横向风构也要布置得简单有序，使结构稳定，造型美观。

3.3.5 悬索结构作为天桥的方案时，应注意这种结构的振动特性给行人造成不舒适感的影响，并与斜拉桥做方案比较。

3.4 梯（坡）道、平台

3.4.1 梯道坡度不得大于 1：2。

3.4.2 手推自行车及童车的坡道坡度不宜大于 1：4。

3.4.3 残疾人坡道设置应符合下列要求：

3.4.3.1 残疾人坡道的设置应以手摇三轮车为主要出行工具，并考虑坐轮椅者、拐杖者、视力残疾者的使用和通行。

3.4.3.2 坡道不宜大于 1：12，有特殊困难时不应大于 1：10。

3.4.4 梯道宜设休息平台，每个梯段踏步不应超过 18 级，否则必须加设缓步平台，改向平台深度不应小于桥梯宽度，直梯（坡）平台，其深度不应小于 1.5m；考虑自行车推行时，不应小

于 2m。自行车转向平台宜设不小于 1.5m 的转弯半径。

3.4.5 栏杆扶手应符合下列规定：

3.4.5.1 栏杆高度不应小于 1.05m。

3.4.5.2 栏杆应以坚固、耐久的材料制作，并能承受 3.1.11 条规定的水平荷载。

3.4.5.3 栏杆构件间的最大净间距不得大于 14cm，且不宜采用横线条栏杆。

3.4.5.4 考虑残疾人通行时，应在 0.65m 高度处另设扶手，在儿童通行较多处，应在 0.8m 高度处另设扶手。

3.4.5.5 梯宽大于 6m，或冬季有积雪的地方，梯（坡）面有滑跌危险时，梯、坡道中间宜增设栏杆扶手。

3.5 照 明

3.5.1 天桥桥面、桥梯最低设计平均亮度（照度）应符合下列要求：非繁华地区敞开的天桥不低于 0.3nt（≈5LX）；繁华地区敞开的天桥不低于 0.7nt（≈10LX）；封闭式的天桥不低于 2.2nt（≈30LX）。应合理选择和布设灯具，使照度均匀。

3.5.2 天桥的主梁和道路隔离带上的中墩立面的最低设计平均照度，应与所处道路路面的照度一致。

3.5.3 天桥照明灯具应与所处道路的路灯照明统筹安排。路段上的天桥可用调近路灯间距加高灯杆的办法解决天桥照明。路口的天桥照明应专门设置。天桥的照明不应对桥下车辆驾驶员的视觉造成不良影响。

3.6 结 构 设 计

3.6.1 天桥采用钢筋混凝土、预应力混凝土结构时，应符合现行《公路钢筋混凝土及预应力混凝土桥涵设计规范》（JTJ025）的规定。

3.6.2 天桥采用钢结构及联合梁结构时，除本规范有特殊规定外，尚应符合现行《公路桥涵钢结构及木结构设计规范》（JTJ025）的有关规定。

3.6.3 天桥主体钢结构的钢材宜采用符合现行国标《普通碳素结构钢技术条件》要求的 3 号（A3）钢。在冬季气温低于－20℃的地区的焊接钢结构宜采用 3 号镇静钢。

3.6.4 天桥的钢结构应进行各种荷载组合下的强度、稳定、刚度和施工应力验算。同时，应满足构造规定和工艺要求。

3.6.5 天桥的钢结构各部分截面最小厚度（mm）应符合 JTJ025 规范规定。

3.6.6 天桥主体钢结构的型钢梁、板梁、联合梁等的设计计算、结构与细部构造按第 3.6.2 执行。

3.6.7 天桥钢结构的主体结构允许采用箱梁、正交异性板梁、桁架、刚架以及预应力钢结构。这类结构，应在满足 3.6.4 规定的条件下参照国家批准的专门规范或有关的规定进行设计，并应注意所选结构有利于养护维修。

3.6.8 天桥为梁式体系时宜采用联合梁结构。

3.7 地 基 与 基 础

3.7.1 天桥的地基与基础设计，除本规范有特别规定外，可采用现行的《公路桥涵地基与基础设计规范》（JTJ024）等规范。

3.7.2 天桥的地基与基础，应保证具有足够的强度、稳定性及耐久性。应验算基底压应力、地基下软弱土层的压应力、基底的倾覆稳定和滑动稳定等。有关地基的计算均不得超过规范的限值。

对基础自身的结构强度、刚度、稳定性计算，视所用材料的不同，应符合本规范 3.6 和 3.7 节的规定。

3.7.3 天桥的基础应避开地下管线，其间距必须满足有关管线安全距离的规定；当基础无法避开地下管线时，经与有关单位协商，可采用移管线或骑跨管线的方法。修建天桥后，基础附近不再敷设管线时，应采用明挖浅基础；建桥后，基础附近有敷设管可

能时，宜采用桩基础，并适当加大桩长。

3.7.4 天桥允许采用柔性基础、条形基础、装配式墩的杯口基础等基础结构，并可参照国家有关规范进行设计。

3.8 防水与排水

3.8.1 桥面最小坡度应符合下列要求：

3.8.1.1 天桥桥面应设置纵坡与横坡。

3.8.1.2 天桥桥面最小纵坡不宜小于 0.5%，必要时可设置桥面竖曲线。

3.8.1.3 天桥桥面应根据不同类型铺装设置横坡。横坡可采用双向坡，也可采用单向坡，最小横坡值可采用 1%。

3.8.2 桥面及梯道（或坡道）排水应符合下列要求：

3.8.2.1 桥面排水可设置地漏，导入落水管；落水管可采用隐蔽布置方式。

3.8.2.2 梯道（或坡道）可采用自然排水方式；为防止行人滑跌，踏步面可做 1%～2% 的横坡。

3.8.3 桥面防水层应符合下列要求：

天桥桥面铺装层下应设防水层，视当地的气温、雨量、桥梁结构和桥面铺装的形式等具体情况确定防水层做法；采用装配式预制梁板结构时，对结构拼接缝应采取止水措施。

3.9 其 他

3.9.1 天桥的墩、柱应在墩边设防撞护栏。

3.9.2 天桥桥墩按汽车撞击力核算桥墩的整体强度和局部应力时撞击力只与永久荷载进行组合。

3.9.3 天桥应按现行《公路工程抗震设计规范》（JTJ004）的要求以及《中国地震烈度区划图》所规定的基本烈度进行设计。天桥的抗震强度和稳定性的安全度应满足本规范组合 V 的要求。

3.9.4 设在非全封闭路段上的天桥应设交通护栏阻隔行人横穿机动车道。当桥梯口附近有公共交通停靠站时，宜在路中设交通护栏。当桥梯口附近无公共交通停靠站时宜在道路两侧设交通护栏。交通护栏设置范围应与交通管理部门商定。

3.9.5 挂有无轨电车馈电线的天桥，馈电线与天桥间应有双重绝缘设施，天桥应有接地设施。

3.9.6 天桥基础与各地下管线最小水平净距应满足施工、维修和安全的要求，遇特殊困难时需与有关部门协商解决。

3.9.7 天桥上可设交通标志牌或其他宣传牌。任何标志牌或宣传牌均不得侵入桥下道路净空界限，不得侵入桥上行人净空。所设标志牌或宣传牌应安装牢固，不得危及行人和交通安全。

3.9.8 天桥上任何标志牌或宣传牌应与天桥立面相协调，不损害景观。标志牌总长度不得大于 1/2 跨径。

3.9.9 所有标饰的设置在视觉方面应突出交通标志；严禁设置闪烁型灯光广告。

3.9.10 天桥桥面及梯（坡）道两侧原则上应设置 10cm 高的地袱或挡檐构造物；快速路机动车道范围，天桥两侧应设防护网罩。

3.9.11 天桥距房屋较近时，应根据需要设置视线遮板，并照顾到该房屋的日照问题。

3.9.12 天桥所用钢结构应慎重选择优质、耐老化的防腐涂料或油漆。

4 地 道 设 计

4.1 荷 载

4.1.1 地道设计荷载分类应符合表 4.1.1 的规定。

4.1.2 设计地道时，应根据可能同时出现的作用荷载，选择下列荷载组合：

荷载分类表　　　　　表4.1.1

编号	荷载分类	荷 载 名 称
1	永久荷载（恒载）	结构重力
2		预加应力
3		土的重力及土侧压力
4		混凝土收缩及徐变影响力
5		基础变位影响力
6		水的浮力
7	可变荷载	汽车
8		汽车引起的土侧压力
9		人群
10		平板挂车或履带车
11		平板挂车或履带车引起的土侧压力
12	偶然荷载	地震力

注：如构件主要为承受某种其他可变荷载而设置，则计算该构件时，所承荷载作为基本可变荷载。

组合Ⅰ：可变荷载（平板挂车除外）的一种或几种与永久荷载的一种或几种相组合；

组合Ⅱ：平板挂车与结构重力、预应力、土的重力及土侧压力中的一种或几种相组合；

组合Ⅲ：在进行施工阶段的验算时，根据可能出现的施工荷载（如结构重力、材料机具等）进行组合；

构件在吊装时，构件重力应乘以动力系数1.2或0.85，并可视构件具体情况作适当增减。

组合Ⅳ：结构重力、预应力、土重及土侧压力中的一种或几种与地震力相组合。

4.1.3 结构物重力及附属设备等外加重力均属结构重力，可按表3.1.4常用材料密度表计算。

4.1.4 预加应力可参照第3.1.5条进行计算

4.1.5 土的重力对地道的竖向和水平压力强度，可按下式计算：

竖向压力强度　　$q_V = \gamma h$　　　　(4.1.5-1)

水平压力强度　　$q_H = \lambda \gamma h$　　　　(4.1.5-2)

式中　γ——土的重力密度，kN/m^3；

　　　h——计算截面至路面顶的高度；

　　　λ——侧压系数，按下式计算：

$$\lambda = tg^2(45° - \phi/2)$$

　　　ϕ——土的内摩擦角。

4.1.6 混凝土收缩及徐变影响力可参照第3.1.6条进行计算。

4.1.7 基础变位影响力可参照第3.1.7条进行计算。

4.1.8 水浮力可参照第3.1.8条进行计算。

4.1.9 车辆荷载的计算应符合下列要求：

4.1.9.1 车辆荷载引起的竖直土压力

计算地道顶上车辆荷载引起的竖向压力时，车轮或履带按着地面积的边缘向下做30°角分布。当几个车轮或两履带的压力扩散线相重叠，则扩散面积以最外边线为准。

4.1.9.2 车辆荷载引起的土侧压力

车辆荷载引起的土侧压力可换算成等代均布土层厚度按第4.1.5条土的水平压力强度公式来计算。

4.1.9.3 车辆荷载等级应根据在地道上面的道路使用任务、性质和将来的发展情况参照表4.1.9确定。

汽车、平板挂车、履带车的主要技术指标，参照现行的《公路桥涵设计通用规范》（JTJ021）第2.3.1条及其表2.3.1及第2.3.5条及其表2.3.5的有关规定。

4.1.10 人群荷载可按$4kN/m^2$计算。

4.1.11 栏杆扶手上的竖向荷载1.2kN/m；水平荷载2.5kN/m。两者应分别考虑，且不与其他活载叠加。

城市桥梁设计车辆荷载等级选用表　　表4.1.9

荷载类别＼城市道路等级	快速路	主干路	次干路	支路
计算荷载和验算荷载	汽车-超20级 挂车-100 或 汽车-超20级 挂车-120	汽车-20级 挂车-80 或 汽车-20级 挂车-100	汽车-15级 挂车-80 或 汽车-20级 挂车-100	汽车-15级 挂车-80

注：表列城市道路等级系按"城市道路设计规范"的分类划分执行。小城市中支路根据具体情况也可考虑采用汽车-10级、履带-50。

4.1.12 地震力可参照现行的有关抗震规范的规定计算。

4.2 建 筑 设 计

4.2.1 总平面设计应符合规划要求，结合当地环境特征、交通状况、人流集散方向等因素进行。地道布局应结合特定的行政文化、体育娱乐、现有人防工程、商业活动地域等因素综合考虑，为远期逐步形成地下步行体系留有余地。

4.2.2 地道进出口是否设顶盖以及顶盖的建筑艺术，应遵循与环境协调的原则。

4.2.3 地道内可按其重要性和功能需要考虑设备、治安、卫生等工作用房。

4.2.4 建筑装修标准应以节约与效果相统一为原则。

4.2.4.1 合理选用装修材料，力求美观与耐久、维护与清洁相统一；宜选用表面光洁、不易沾染油污、耐酸碱、耐洗刷、易修复的材料；不得采用水泥拉毛墙面。

4.2.4.2 地道内的装修材料应采用阻燃材料。

4.2.5 梯道踏步规格同3.2.6条。

4.2.6 地道内长度、净宽与净高的比例应符合下列规定：

4.2.6.1 地道长度原则上按规划道路宽度确定，对较长通道或较宽通道应适当加大净高。

4.2.6.2 地道设计宽度应根据设计通行量及地道性质确定。

4.2.7 考虑残疾人使用的建筑标准应按现行《方便残疾人使用的城市道路和建筑物设计规范》（JGJ50）执行。

4.3 结 构 选 型

4.3.1 地道结构体系选择应符合下列原则：

4.3.1.1 应满足使用要求和交通发展的需要，根据施工环境、交通条件、施工期限、施工条件和投资可能，结合施工工艺进行综合技术经济比较，选择结构体系。

在交通繁忙地区宜选择影响交通较少的暗挖工法及相应结构。

4.3.1.2 应根据水文、地质条件，按有利于结构安全和结构防水的原则进行选择。

4.4 梯（坡）道、平台与进出口

4.4.1 梯道、手推自行车及童车坡道的坡度应符合下列要求：

4.4.1.1 梯道坡度不应大于1：2。

4.4.1.2 手推自行车及童车的坡道坡度不应大于1：4。

4.4.2 残疾人坡道设置条件同3.4.3条。

4.4.3 雨水较多地区和有需要时，可设顶盖。

4.4.4 梯道休息平台的规定同3.4.4条。

4.4.5 扶手高度应符合下列要求：

4.4.5.1 扶手高度自踏步前缘线量起不宜小于0.80m。

4.4.5.2 供轮椅使用的坡道两侧应设高度为0.65m的扶手。

4.4.5.3 增设中间扶手规定同3.4.5.5条。

4.5 照明通风

4.5.1 地道通道及梯道地面设计平均亮度（照度）不得小于 2.2nt（≈30LX），应合理布设灯具，使照度均匀；地道进出口设计亮度（照度）不宜小于 2.2nt（≈30LX）。

4.5.2 灯具距地面的高度不宜小于 2.2m。当灯具低布时，必须采取防护措施。

4.5.3 地道照明电线的布设和配电箱宜考虑全部灯具照明、部分灯具照明、少量灯具深夜长明等不同要求，以节约用电。

4.5.4 地道主通道长度小于等于 50m 时，采用自然通风。

4.5.5 地道内应根据需要设置应急电源及应急照明装置。重要地道可考虑双路电源。

4.6 钢筋混凝土及预应力混凝土结构

4.6.1 地道的钢筋混凝土、预应力混凝土结构除应符合本规范规定外，尚应符合现行的《公路钢筋混凝土及预应力混凝土桥涵设计规范》（JTJ023）的规定。

4.6.2 为行车平稳，地道上机动车行驶部分的覆盖层厚度宜大于 30cm。覆盖厚度大于或等于 50cm 的地道不计汽车荷载的冲击力。

4.6.3 地道可沿纵向取一单位宽度作平面结构（刚架、部分铰接的刚架、拱等）计算，计算中应考虑车辆在地道上和在地道一侧填土上使平面结构控制截面产生不利效应的各种工况。

4.6.4 地道应根据其纵向的刚度和地基土的情况进行分段。每段长度不宜大于 20m。地道各段间以及地道与门厅间应设置止水型沉降缝。

4.6.5 地道采用暗挖法、盖挖法、管棚法等工法施工时，应考虑所有施工阶段和体系转换过程的施工验算，确保施工和使用阶段的结构安全，并应满足有关地下工程规范的规定。

4.7 地基与基础

4.7.1 地道的地基与基础，可采用现行的《公路桥涵地基与基础设计规范》（JTJ024）。

4.7.2 地道的基础应置于原状土层上。地基差时可采用置换地基土或进行地基加固。

4.8 防水与给排水

4.8.1 地道防水应符合下列要求：

4.8.1.1 地道防水按一级防水标准设计，即不应有渗水，围护结构无湿渍。

4.8.1.2 地道防水宜采用防水混凝土自防水结构，并根据结构与施工需要设置附加防水层或采用其他防水措施。

4.8.1.3 当地道设置变形缝、施工缝时，应采取加强措施，以满足防水、防漏要求。

4.8.1.4 地道的其他防水要求应符合现行《地下工程防水技术规范》（GBJ108）的规定。

4.8.2 地道排水及泵房设置应符合下列规定：

4.8.2.1 地道内排水应设置独立的排水系统。凡能采用自流方式排入地道外的城市排水管道的，应采用自流排水；否则需设置泵房，排水设计应符合现行的《给水排水工程结构设计规范》（GBJ69）和《室外排水设计规范》（GBJ14）的规定，也可采取其他排水措施。

4.8.2.2 地道内地面铺装层应设置横坡，必要时也可同时设置纵坡与横坡，以利排水。最小横坡值宜采用 1%。

4.8.2.3 对于进出口未设置雨棚建筑的地道，除地道内铺装层设置纵横坡外，地面铺装两侧应设置排水边沟，并盖以格栅。

4.8.2.4 梯道踏步排水方式同 3.8.2.2 条。

4.8.3 进出口应有比原地面高出 0.15m 以上的阻水措施，视当地地面积水情况定。

4.8.4 地道内应设置给水，供地道冲洗用。

4.9 其 他

4.9.1 地道应按现行《公路工程抗震设计规范》（JTJ004）进行设计并设防。

4.9.2 地道附近交通护栏的设置原则、位置、范围，与天桥的第 3.9.4 条相同。

4.9.3 人行地道的主通道宜采用埋深浅的结构，也可将进出口设在分隔带内，以便在非机动车道敷设管线。地道与各地下管线的最小水平净距与第 3.9.6 条同。

4.9.4 地道出入口以及地道内应根据需要设置导向牌；所有宣传性标志牌的设置不得妨碍地道通行能力。

5 施 工

5.1 一般规定

5.1.1 天桥与地道施工应注重安全、优质、快速、文明，做到不影响或少影响当地交通。精心施工，保证质量。

5.1.2 施工前应对地下管线及地下设施做充分调查核实，确认其种类、埋深、位置、尺寸，并同这些管线、设施的主管部门现场核对，协商施工前、后的处理方法。

5.1.3 施工前应对施工地点现有交通做调查统计，与交通管理部门共同商定施工期间交通管理的方式和措施；商议时需与施工方法、施工机械的配置方案一并研究。

5.1.4 施工前应对施工地点的环境做细致调查，在决定施工方案时减少对当地环境的尘土、噪音、振动等污染。

5.1.5 施工现场应有必要的围挡，确保行人、车辆通行安全，且有利于工地维护整洁。

5.1.6 施工挖掘过程要注意土体稳定和地面沉降问题，应有量测监控，随时监视可能危及施工安全和周围建筑安全的动态，并有应急措施。

5.1.7 天桥与地道的施工除本规范规定的处，尚应符合现行《公路桥涵施工技术规范》（JTJ041）、《市政桥梁工程质量检验评定标准》（CJJ2）和《混凝土强度检验评定标准》（GBJ107）的有关规定。

5.1.8 所用主要材料应符合现行国标、行标和本规范的规定。

5.2 基础工程

5.2.1 开工前应做好给水、排水、电力、电讯、煤气、热力等管线的拆迁或加固。

5.2.1.1 天桥或地道开工前应再次核实工程范围内各种管线和结构物的资料。

5.2.1.2 天桥或地道基础开槽施工遇有地下管线时，应根据管线的重要性，考虑迁改或加固过程中管线所受影响以及技术经济因素，做全面衡量后确定处理措施。

（1）仅在天桥、地道基础施工期间有矛盾、竣工后并无矛盾的情况下可按如下加固措施进行处理：

1）采用临时支架的办法，等工程完工后，管线仍可保持原位置；

2）采用钢筋混凝土包封加固，混凝土强度不应低于 C20 级，包封的结构尺寸及配筋应根据结构计算确定；

3）采用做盖板沟保护的办法，在管缆两侧砌沟墙上面加盖板。

（2）在条件许可时，可采用局部改线的办法。

5.2.2 开挖基坑前应详细调查基坑开挖对附近建筑物安全的影响，并应采用相应预防措施。基坑顶有动载时，坑顶与动载间至少留有 1m 宽的护道，若工程地质和水文地质不良或动载过大，应加宽护道或采取加固措施。

当坑壁不能保证适当稳定坡角时，基坑壁应采用支撑护壁或其他加固措施。

5.2.3 做好征地、拆迁树木移植、砍伐等的申报及协商工作。

5.2.4 做好交通临时管理措施（包括改道或建临时便线）的申报协商安排。

5.2.5 基坑顶面应设置防止地面水流入基坑的措施。

5.3 构件制作

5.3.1 钢筋、混凝土材料的加工、制作、质量标准及验收等应符合现行的《市政桥梁工程质量检验评定标准》（CJJ2）和《公路桥涵施工技术规范》（JTJ041）的有关规定。

5.3.2 天桥主梁构件浇筑或预制时，应确保设计规定的预留拱度。

5.3.3 分段预制时，应考虑构件分段长度、宽度、重量、现场临时支架位置、拼接难度及工期等因素。

5.4 运输吊装

5.4.1 天桥和地道预制构件的运输与吊装应按现行的《公路桥涵施工技术规范》（JTJ041）的有关规定执行。

5.4.2 运输吊装前应制定技术方案，对构件吊装方法、沿途道路障碍处理措施、交通疏导、现场的杆线和电车馈线停运与恢复时间及协作配合的指挥方式、安全措施等都应有安排。

5.4.3 安装分段预制的梁、组合梁、分段预制经体系转换而成的连续体系或空间结构，应制定技术方案和相应的施工验算，使最后形成的结构的内力、高程、线型与设计相符。

5.5 附属工程

5.5.1 天桥与地道各梯（坡）道口地面铺装工程应与附近原步道铺装相协调，尤其在高程和坡度方面应方便行人。

5.5.2 天桥与地道竣工时应同时完成各种交通标志的施工安装以及全部配套交通护栏工程。

5.5.3 天桥与地道主体结构施工部门应与有关部门做好照明、通讯、电力、煤热、上下水、绿化及其他附属工程的施工配合。

5.5.4 天桥施工与电车架空线有配合关系时，施工部门应与公交部门密切合作，确保双方的工程安全和人身安全。架空电线需悬挂在桥体上时必须设置绝缘装置。

附录A 本规范用词说明

A.0.1 对执行条文严格程度的用词采用以下写法：
　　（1）表示很严格，非这样做不可的用词：
　　正面词采用"必须"；
　　反面词采用"严禁"。
　　（2）表示严格，在正常情况下均应这样做的用词：
　　正面词采用"应"；
　　反面词采用"不应"或"不得"。
　　（3）表示允许稍有选择，在条件许可时首先应这样做的用词：
　　正面词采用"宜"或"可"；
　　反面词采用"不宜"。

A.0.2 条文中应按指定的其他有关标准、规范的规定执行，其写法为"应按……执行"或"应符合……要求（或规定）"。

如非必须按指定的其他有关标准、规范的规定执行，其写法为"可参照……"。

附加说明

本规范主编单位、参加单位和主要起草人名单

主编单位：北京市市政工程研究院
参加单位：上海市城市建设设计院
　　　　　　广州市市政工程设计研究院
　　　　　　北京市市政专业设计院

主要起草人：石中柱　李　坚　张　靖　方志禾
　　　　　　　欧阳立　许　平　罗景茂　史翠娣　范　良

中华人民共和国行业标准

城市人行天桥与人行地道技术规范

CJJ 69—95

条 文 说 明

前　言

根据建设部建标〔1990〕407号文的要求，由北京市市政工程研究院主编，上海市城市建设设计院、广州市市政工程设计研究院、北京市政专业设计院等单位参加共同编制的《城市人行天桥与人行地道技术规范》（CJJ 69—95），经建设部1996年3月14日建标〔1996〕144号文批准，业已发布。

为便于有关人员使用本规范时能正确理解和执行条文规定，《城市人行天桥与人行地道技术规范》编制组按章、节、条顺序，编制了本《条文说明》，供国内使用者参考。在使用中如发现本《条文说明》有欠妥之处，请将意见直接函寄北京市百万庄大街3号，北京市市政工程研究院《城市人行天桥与人行地道技术规范》管理组（邮编100037）。

本《条文说明》由建设部标准定额研究所组织出版，仅供国内使用，不得外传和翻印。

目　次

1 总　则

1.0.1 随着经济建设的发展，我国城市交通日趋发达，为提高城市路网的通行能力，确保行人过街安全、方便，城市人行天桥与地道的建设日益增多。已有经验表明，这种人行过街设施对提高车辆运行速度、实现人车争流、改善交通拥挤状况、提高城市居民步行质量等有良好交通和社会效益，因而越来越受到城市建设部门的重视。为使人行过街设施建设有章可循，避免盲目性，并能以最低的投入取得最佳效果，特制定本规范，以统一标准。

1.0.2 本规范适用于城市道路的人行过街设施，原则上也可供修建郊区公路上的人行天桥、地道时参考，厂矿及居住区的天桥与地道建设可参照使用。

但因车站、码头、航空港以及大型公共场所的内部人行天桥或地道设施在人流、荷载、建筑等方面有特殊性，故不在本规范适用范围之内。

1.0.3 由于天桥、地道一般都在市区，人流与交通繁忙，设计与施工时应该注意满足一些基本要求，使这类工程能在各个方面满足功能需要，方便行人和当地居民，为城市建设带来最大限度的社会和经济效益。

人行过街设施在城市建设项目中是小项目，但因为它直接为万千群众所使用，因而最易对群众产生影响，并受到评论。为此，天桥地道的设计与施工必须认真对待。

2 一般规定

2.1 设计通行能力

2.1.1 人行天桥与地道的设计通行能力，80年代北京采用3000P/（h·m），上海、广州采用2500P/（h·m）。为了与现行的《城市道路设计规范》(CJJ37—90)一致，所以天桥与地道采用2400P/（h·m）；车站、码头前的天桥、地道为1850P/（h·m）。

2.2 净　宽

2.2.1 根据现行的《城市桥梁设计准则》、现行的《城市道路交通规划设计规范》和有关资料，一条人行带的标准宽度为0.75m，而车站、码头区域内，因人力运输较多，故其人行带宽度取0.9m。

2.2.2 因人在通道上的步速大于梯道上攀登的步速，天桥与地道的梯（坡）道净宽应与通道相适应，且不应少于通道的人行带数。梯（坡）道净宽应大于通道净宽，与《城市道路设计规范》(CJJ37)相一致。

2.3 净　高

2.3.1.2 跨铁路天桥桥下净高按现行的《标准轨距铁路建筑限界》(GB146.2)规定与现行的《城市道路设计规范》一致。

2.3.1.3 桥下为非机动车道，一般桥下最小净高取3.5m，与现行的《城市道路设计规范》(CJJ37)相一致。但当两侧建筑物内驶出的普通汽车需经天桥下非机动车道进出机动车道时，桥下净空取4.0m，不考虑电车和集装箱车，只考虑普通汽车，是从实际出发。

2.3.2.1 地道通道的最小净空为2.5m，与现行的《城市道路设计规范》(CJJ37)一致。

2.3.2.2 最小垂直净高为2.4m，是按地道通道最小净高为2.5m和梯道坡度为1∶2～1∶2.5，与现行的《城市道路设计规范》(CJJ37)一致。极限净高2.2m与现行的《建筑楼梯模数协调标准》(GBJ162)规定一致。

2.4 设计原则

2.4.1 天桥与地道工程一般属永久建筑，建成后一般不轻易改建，因此在规划布局时，必须与城市道路网规划相一致，而且要适应交通需要才能较好起到应有作用。故应遵照本规范并参照有关道路交通规划设计规范的具体规定来规划天桥与地道。

2.4.1.6 在人流集散时间集中，对顽童、学生等需要倍加保护的地方，例如小学、中学校门口等，可设专用过街设施。

2.4.2 天桥和地道各具优缺点。天桥具有建筑结构简单、工期短、投资较少、施工较易、施工期基本不影响交通和附近建筑安全、与地下管线的矛盾较易解决、维护方便等优点，但是在与周围环境协调问题上要求较高，特别是附近有文物、重要建筑时更不易处理；其次是过街者一般不愿意走天桥，建天桥也给道路改造带来困难，并且可能与将来修建立交桥和高架路发生矛盾。地道的优点是与附近景观没有矛盾，净高比天桥要少些，一般与道路改造矛盾较少。但地道一般须设泵站排水，结构比较复杂，施工较难，影响交通，工期长，造价高，与地下管线矛盾较难处理，建成后还要专人管理，管理和维护费用大。因此在总体设计时，应对天桥与地道做详细全面的比较。

2.4.3 掌握使用者的动态是进行人行天桥或地道规划设计时的重要依据，应进行交通量调查、行人交通流动线规划等工作，然后具体确定天桥或地道的方案，平面布局合理组织人流，疏导交通。

2.4.4 城市道路两侧建筑比较复杂，要与周围环境协调，要不因建造天桥而破坏附近建筑，特别是文物和重要建筑的景观。而地道最易遇到与地下管线、地下构筑物的矛盾，要不因为建造地道而使地下管线或构筑物拆迁太多，造成工程造价过大。

在路上交通复杂，人与车、车与车、人与人都产生交织矛盾，要找出交通矛盾的主要方面，比较选择出效益好的交通设施（天桥、地道或立交桥），同时还要考虑建筑艺术，以求最大综合效益。

2.4.5 天桥与地道虽然是过街行人的安全设施，但是走天桥与穿地道，一般都较费力，行人不太乐意，因此要采取必要的方便行人、诱导行人以及带一定强制性的措施，如将公交车站与天桥或地道出入口相结合，在出入口各端道路的人行道边缘，用一段相当长的栏杆与车行道隔离，强制过街行人走天桥或穿地道等。

2.4.6 建造天桥或地道工程，主要是消除人流对交通干扰，以利机动车在车行道上连续通行，并使过街者得以安全过街。但是建造天桥或地道中须占用地面，尤其是升降设施占地面积较多，主要是占用人行道和妨碍附近建筑及出入口的交通，故应尽量减少占地，有条件的应充分利用邻近公共建筑设置升降设施。

2.4.7 天桥或地道工程一般都建立在交通繁忙、人流密集的地区，在施工期间一般都不能中断交通。因此天桥地道必须采用有利于快速施工的结构和施工工艺。

2.4.8 人行天桥不同于一般桥梁，它是当地行人和附近居民接触最频繁的建筑物，人们在近距离内看到它的机会很多，故应使人行天桥具有远观和近视美，把人行天桥的建筑造型与周围环境相协调，溶于周围环境之中。其次还要考虑天桥的色彩和铺装，不使天桥在现代化建筑或其他优美典雅建筑的对比之下，相形见绌。

2.4.9 商场、文体场（馆）、地铁站等大型人流集散的行人很多都需要横过道路到其他地方去进行购物文娱等活动。因此，如在这些地方规划人行天桥，并与各场馆入口联结，就能有效地将行人迅速集散到各目的地，减少行人上下桥梯的次数。

2.5 构造要求

2.5.3 桥梁上部结构设置预拱度是为了补偿结构重力挠度，同时要求在无荷载时有拱度，以增加舒适感和美观，所以预拱度采用结构重力挠度加静载活载挠度。对于连续梁的预拱度，应在结构重力作用下足以抵消结构重力产生的挠度，使桥面保持平顺。

当由静载和静活载产生的挠度不超过跨径的1/1600时，因天桥变形很小，可不设预拱度。

对于预应力混凝土桥梁，设置预拱度时要考虑预加应力引起的反拱值。反拱值的计算应用材料力学公式，刚度采用未开裂截面的 $0.85E_nI_0$。此外，I_0 为换算截面惯性矩，即把配筋的因素考虑在内。

2.6 附属设施

2.6.1.2 该条是根据交通管理部门的有关车辆载物规定而定的。其规定如下：

(1) 大型货车载物高度从地面起不准超过 4m。

(2) 小型货车载物高度从地面起不准超过 1.5m。

(3) 后三轮摩托车、电瓶车和三轮车载物高度从地面起不准超过 2m。

(4) 机动车的挂车载物高度不准超过机动车载物高度规定（大型拖拉机的挂车不准超过 3m，小型拖拉机的挂车不准超过 2m）。

(5) 人力货车载物高度从地面起不准超过 2.5m。

(6) 自行车载物高度从地面起不准超过 1.5m。

2.6.4 条文中所说的"架空线距桥面不足安全距离"是指最低线条（最大弧垂时）至桥面的最小垂直空距或最小间距。

3 天桥设计

3.1 荷载

3.1.1 关于荷载的分类，本规范仍按《公路桥涵设计通用规范》（JTJ021），将恒载、人群荷载及其影响力、其他荷载和外力，按荷载的性质和可能发生的机率，划分为永久荷载、可变荷载（基本可变荷载和其他荷载）和偶然荷载 3 类。永久荷载是经常作用的数值不随时间变化或变化很小的荷载（相当于以往习惯称呼的恒载）；可变荷载的数值是随时间变化的，按其对天桥结构的影响，又分为基本可变荷载（相当于以往惯称的活载）和其他可变荷载两类；偶然荷载作用的时间是短暂的，或者是属于灾害性的，发生的机率很小。

混凝土的收缩和徐变影响力在混凝土结构中是必然产生的，而且是长期作用的；水的浮力对结构也是长期作用的，只要地基透水，必然产生浮力。因此，本规范也仍按《公路桥涵设计通用规范》（JTJ021）将此两项作用力列为永久荷载。

根据设计实际需要和工程实际出现的情况，将基础的变位影响力也列入永久荷载中。因为基础一旦发生变位后再回不到原来位置，它的作用力也是永久的。

地震力和汽车撞击力发生的机率小，故列为偶然荷载。

对于超静定结构，必须考虑温度变化产生的变形和由此引起的内力，它的大小应根据当地具体情况、结构物使用材料和施工条件等因素而定，本规范将它列为其他可变荷载。

3.1.2 荷载组合是关系到人行天桥经济与安全的重要问题，它涉及到多种因素，主要有：(1) 荷载的性质及其出现的机率；(2) 建桥地点的地质、水文、气候等条件；(3) 结构特性。因此在设计过程中，应加强调查研究工作，根据实际情况进行综合分析，把可能同时出现的各种荷载合理地加以组合。根据各种荷载同时发生的可能，本节对荷载组合做了 5 种规定。这几种规定，只指出了荷载组合要考虑的范围，其具体组合内容，尚需由设计者根据实际情况确定，规范不宜规定过死。

3.1.3 我国在设计公路桥涵时，人群荷载一般规定为 3kPa，城、近郊区行人密集地区一般为 3.5kPa，日本《立体过街设施技术规

范》规定设计桥面板时为 5kPa。考虑到我国人口特点以及桥面人群分布的不均匀性，本规范规定桥面板的人群荷载按 5kPa 取用。

设计公路桥涵时，当行人道板为钢筋混凝土板时，应以 1.2kN 集中竖向力作用在一块板上进行验算。而城市人行天桥常常地处人流密集的商业繁华地区，因此本规范规定取 1.5kN 集中竖向力作用在一块板上进行验算。

3.1.4 结构物重力可按照结构物实际体积或设计时所假设的体积及其材料的密度进行计算。

3.1.6 混凝土收缩的原因主要是水泥浆的凝缩和因环境干燥所产生的干缩。混凝土收缩有下列规律：

1．随水灰比增长而增加；

2．高标号水泥的收缩较大，采用某些外掺剂时也会加大收缩；

3．增加填充集料可减少收缩，并随集料的种类、形状及颗粒组成的不同而异；

4．收缩在凝结初期比较快，以后逐渐缓慢，但仍继续很长时间；

5．环境湿度大的收缩小，干燥地区收缩大。

对于静不定结构（如拱式结构、框架等）和联合梁等，必须考虑由于混凝土收缩变形所引起赘余力的变化和截面内力的变化。但对于地道，此项影响力不大，一般可略去不计。

分段浇注的混凝土结构和钢筋混凝土结构，因收缩已在合拢前部分完成，故对混凝土收缩的影响可予酌减，拼装式结构也因同样理由予以酌减。

混凝土的收缩应变量，根据建筑科学研究院 1963 年试验资料，50 号水泥拌制的 30 号混凝土，水灰比 0.4，空气相对湿度 93%～32%，210d 的收缩系数为 0.000308（混凝土温度每变化 1℃的胀缩系数为 0.00001），故相当于降温 30.8℃。当采用高标号水泥，且水灰比大或养生条件差时，可根据实测或经验确定，取用较上述收缩系数更大些的值。

3.1.7 在连续梁或刚架结构等超静定结构桥梁上，由于地基沉降等引起结构物基础下沉、水平位移或转动而使构件应力增大，故做了此条规定。

对于混凝土和钢筋混凝土桥，如果不考虑徐变影响进行计算时，可将变位内力计算值的 50% 作为设计截面力。但对于最初就考虑徐变影响的精确计算，则不受此规定限制。

钢桥按弹性理论所求得的截面力就是设计截面力。

墩高与梁跨长比值小的刚架结构，由于支点位移和转动在一些部位要引起大的应力，因而要特别注意。计算支点位移影响的内力时，容许力不能提高（即安全系数不能降低）。

3.1.8 水浮力为作用于建筑物基面的由下向上的水压力，等于建筑物排开同体积的水重力。水浮力与地基的透水性、地基与基础的接触状态及水压大小（水头高低）和漫水时间等因素有关。

对于透水性土，如砂类土、碎石类土、粘砂类等，因其孔隙存在自由水，均应计算水浮力。粘土属非透水性土，可不考虑水浮力。由于水浮力对桥墩的稳定性不利，故在验算桥墩稳定时，应按设计频率水位计算；计算基底应力及基底偏心距时，按常水位计算或不计浮力，这样考虑比较安全、合理。

完整岩石上的基础，当基础与基底岩石之间灌注混凝土且接触良好时，水浮力可以不计。但遇破碎的或裂隙严重的岩石，则应计入水浮力。作用在桩基台座板底面的水浮力应予考虑，但管桩下沉嵌入岩层并灌注混凝土者，须扣除管柱载面。管柱亦不计水浮力。

计算水浮力时，基础襟边上的重力应采用浮容重力，且不计襟边上水柱重力。浮容重 r' 按下式计算：

$$r' = \frac{1}{1+e}(r_0 - 1)$$

式中 e——土的孔隙比；

r_0——土的固体颗粒密度，一般采用27kN/m³。

3.1.9 风力对天桥的稳定和强度有一定的影响，特别在我国东南沿海地区，因受台风袭击，容易造成结构破坏，故在设计天桥时必须考虑这一因素。

作用于天桥上的风力，可能来自各个方向，而以横桥轴方向最为危险，故通常按横桥向的不平力计算。上部构造，除桁架式上部构造应计算纵向风力外，一般不计纵向风力。桥墩应计算纵向风力。风对于桥面的向上掀起力，也应予以考虑。

纵向风力的计算方法：对梁式桥上部构造，由于纵向迎风面积小，一般不计算。桁架式上部构造的纵向风压按横向风压的0.4倍计算。斜拉桥桁架上的纵向风压取值与横向风压相同。桥墩纵向风压强度为横向风压强度的0.7倍。

3.1.10 用各种材料修建的天桥，在温度变化影响下，都要产生变形。对于简支梁、连续梁等桥墩结构，因为有活动支座和伸缩缝准其自由伸缩，因而温度变化在结构内部不产生应力。对于拱、刚构等，因温度变化产生的变形受到约束，结构内部要产生附加应力，设计时必须考虑。

温度每升高或降低1℃，单位长度构件的伸长或缩短量称为材料的膨胀系数。本规范列出了几种主要材料的线胀系数。

钢材由于具有较好的导热性能，对温度变化敏感，所以本规范按建桥地区的最高、最低气温采用。砖、石、混凝土和钢筋混凝土，对温度变化的敏感性较差，导热慢，故按建桥地区的最高、最低月平均气温采用。我国多数地区最高月平均气温是7月，最低月平均气温是1月，所以可按7月和1月的平均温度采用。

结构的温度变化，应从结构物合拢时起算，设计时应按当地实际情况确定合拢温度。

3.1.11 一般公路桥梁人群作用于栏杆上的水平推力规定为0.75kN/m，日本《立体过街设施技术规范》规定，作用于高栏顶部的水平力定为2.5kN/m，不增加允许应力。根据日本经验和我国的经验教训，本规范规定人群作用于栏杆上的水平推力为2.5kN/m，施力点在栏杆柱顶高度。

3.1.13 天桥墩柱时常有设置在道路分隔带上或离路缘较近的情况，因而有被汽车撞击之虞。为确保天桥不致因汽车撞击其墩柱而导致桥毁人亡、阻塞交通的事故，在上述墩柱周围有必要设置刚性防撞墩，以减轻被撞的损坏程度及汽车的毁坏程度。

根据交通部颁布的《高速公路交通安全设施及施工技术规范》（JTJ074—94）及条文说明，我国公路上10t以下中、小型汽车约占总数的80%，10t以上大型汽车占20%，主流车型为解放、东风等货运汽车。因此，计算撞击力的撞击车重力取100kN。又据统计，国产车平均最高车速为80km/h，一般撞击车速取其80%，即按64km/h计。由于本条文主要针对天桥安全，因此在建议值中汽车重力按150kN，撞击速度按22.2m/s计。在没有试验资料时，撞击时间按《公路桥涵设计通用规范》的建议值1s计。

3.2 建 筑 设 计

3.2.1 说明了天桥设计图低表达要求，提出了天桥设计的建筑设计质量，进一步重视了天桥的总体线型设计及天桥的造型设计。

主要说明了有关天桥建筑设计的总体构思要素、天桥桥体的设计依据、设计深度。

3.2.2 人行天桥可用于旧道路改造，提高道路通行能力，同时也可用于新建交通设施的跨线交通。条文中说明天桥设计的原则，既要注重传统历史文化的保存与改造，又要在设计中不拘泥传统，创出时代风貌，同时也说明天桥建筑造型与周围环境的关系，与不同地域的气候条件有关。

3.2.3 广告牌是环境艺术的重要部分，但必须统一规划设计，统一管理，否则会造成对环境的污染，造成城市环境景观的混乱。

3.2.4 说明建筑装修与周围环境的关系，装修在市政设施中不是主要手段，装修应该重视与环境的关系，应该与节约投资相统一。

3.2.5 提出的数据均为实践运用的经验数据，行车舒适的梯道应具有良好的攀登效率，并不是越平缓越好，条文规定几种不同使用功能坡度的控制值及踏步高宽比关系式，应用较普遍，且为一些国家的建筑规范所采用。目前国内有些梯道带坡道的人行天桥，因高宽比不符合人的跨步距离，行走不舒服，应引起注意。

3.3 结 构 选 型

3.3.1 条文中有关意图简述如下：

工程性质：天桥工程具有很强的目的和功能特性，它的作用应该表现在能改善人车混杂交通的混乱状态，解决机动车得以继续通行和提高机动车的车速，消灭交通事故，保障行人过街的安全。所建天桥不致引起交通矛盾的转化，不因建桥而破坏周围环境或妨碍新建筑物的立面和今后建立交桥及道路改造的总体布局等。

环境特征：要使天桥结构体系与周围环境相协调，则要研究该地区的总体规划环境特征和现状条件。

不同地区城市建筑均有不同的特征和风格，人行天桥总体布置（包括平面、立面、横断面的布置）及结构体系的选择的关键问题是与城市环境的关系问题，城市环境的形成是一个长期积累和发展的过程，其风格和特征常常表现了一个城市的文化背景和传统习俗，城市环境所有的建筑和色彩是由该地区的风土人情所决定的，因此人行天桥不仅改善城市交通问题和步行质量，而且还要与城市环境特征和人们的生活习俗相结合，才会被人们所接受和喜爱，并真正成为城市环境中不可缺少的因素。

道路平面：可分为直线形、三叉路口、十字交叉路口、复合（畸形）交叉口等，故天桥的平面布置大致有如下几种：①处在非交叉口的直线形道路一般采用一字形；②三叉路口有一字形、L形、∩形、Y形、△形、圆形等；③十字交叉口有一字形、L形、□形、X形、I形、正方形、菱形、圆形等；④复合（畸形）交叉口有一字形、圆形、S形、梯形、弧线形等。

道路横截面组成部分有车行道和人行道、绿化隔离带及道路周围的公用设施和空地等。

道路竖向则有平坦地形及起伏地形等。

根据道路性质应区别对待，如在主干道、快速干道和繁华商业街上建天桥，则应采用简洁的结构形体，明快的建筑处理，使天桥轻盈而挺拔，并与现代化的交通设施在风格上相统一，商业街的天桥结构形式必须充分考虑并把握建筑环境的风格、形象特征、空间形态、色彩轮廓或细部处理等因素。

要考虑交通状况和行人状况，不仅要与目前交通一致，同时还应注意规划和发展的趋势。

3.3.2 我国目前已建的天桥结构造型设计基本遵循本条所述原则进行。

3.3.2.2 如广东省中山市中山路、孙文路交叉口天桥位于中山市进出口主要干道，天桥的规模较大，采用矩形空间刚架结构，造型美观、轻巧、通透，桥孔布置及主桥上下结构三维比例适宜，（跨径为4m×40m，跨中高跨比为1/44），结构均衡稳定，线条圆顺而有力，桥下净空开阔，与周围环境协调，为当地街景增添景色，达到建筑结构功能完善，结构受力合理，造型美观轻巧，结构精炼富有创新精神，进入桥区给人以美的享受。

3.3.2.3（1） 如上海市南京路石门路人行天桥设计是一个使用功能与环境形态结合考虑得很好的例子，该天桥所处的交叉口是由K字形组成的复合形状，在转角处都以弧形形态转折，天桥整体设计考虑了环境和建筑形态的特征，以S形的弧形曲线使原来并无联系的多个交叉口组成了一个完整的整体。

3.3.2.3（2） 交叉口空间：即道路交叉口由建筑物所围合的空间，其空间特征是由交叉口建筑界面的形式及道路散口的大小来决定的。

当交叉口空间较小时，不宜采用扩展性的天桥形式，如十字形，应采用方形或圆形等闭合型较合适。如上海南京路西藏路人行天桥，采用椭圆形的形式达到较好的效果，同时将楼梯与周围建筑综合考虑，使通过天桥与购物观赏活动及休息结合起来，深得行人的好评，同时也增加了商场的营业额。

当交叉口空间较大时，空间显示了一种明朗和自由的开放感，人行天桥采用十字形，其四翼向开敞空间充分伸展和扩张，并同其造型结构所具有轻盈通透交织在一起，使其和环境相协调。

当交叉口开阔空间四周的建筑具有较为一致的风格特征，整个环境具有一种整体感时，此时采用闭合型天桥形式比较合适。

3.3.3 在条件许可时，天桥结构可尽量选用钢筋混凝土或预应力混凝土结构。

普通钢筋混凝土结构易于就地取材，耐久性好，刚度大，具有可模性等优点，适用范围非常广泛，当采用标准化、装配化的预制构件时更能保证工程质量和加快施工进度。预应力混凝土结构可使高强钢材和高标号混凝土的高强性能在结构中得到充分利用，降低结构自重，增大跨越能力。从我国广州、上海已建的天桥情况调查资料可以看出，天桥跨径在 25m 以上基本采用钢结构，20m 以下有采用钢筋混凝土简支结构，20～25m（个别到29m）采用钢筋混凝土连续梁及双悬臂梁结构。1988 年 7 月广州解放北路中国大酒店门口的天桥采用 Y 形钢筋混凝土空间刚架结构，广州的人行天桥从 1985 年后钢筋混凝土结构越来越广泛地被采用。

预应力混凝土结构与钢结构相比，要求施工场地开阔，施工队伍技术力量强，施工张拉设备、吊装设备要齐全，施工期长。但预应力混凝土结构能适应大跨度的要求，维修工作量小，因此条件许可时仍应尽量选用，并做技术经济比较。

3.3.4 桁架结构天桥外形比较庞大，必须对其做建筑处理，使之与周围环境相协调，桁架结构的天桥在国外采用较多，在国内目前仅北京崇文门天桥和上海共和新路天桥等少数地方采用。这种结构跨越能力大，便于加顶棚。

3.3.5 作为人行天桥，悬索结构的振动特性常会给行人造成不舒适感，因而在做方案比较时应与具有相似跨越能力和立面效果的斜拉桥方案进行对比分析。近代在桥梁工程中斜拉桥得到了很大发展，在结构稳定性方面比悬索桥更具有优越性。斜拉桥承张结构构思合理，轮廓悦目，结构简洁，结构组合变化多样，跨越能力大。对于人行天桥这种特殊桥梁来说，在条件许可有此必要时可考虑选用此种结构形式。

目前国内在重庆市建造了第一座人行斜拉桥，在国外第一座人行斜拉桥建在德国跨越斯图加特的席勒力街上，近年来在日本建造了多座人行斜拉桥。

3.6 结 构 设 计

3.6.1 人行天桥的工作条件介于建筑与公路桥之间，在《城市桥梁设计规范》公布之前，本规范应以现行《公路钢筋混凝土及预应力混凝土桥涵设计规范》(JTJ023) 为标准。

承载能力极限状态设计法是以塑性理论为基础的，是指天桥结构达到极限承载能力，结构整体地或部分地丧失稳定性，在重复荷载作用下结构达到疲劳极限。避免出现这种极限状态是天桥结构安全可靠的前提，所以对天桥结构应进行承载能力极限状态计算。具体地说就是要进行结构强度、稳定性和疲劳计算。但公路上钢筋混凝土及预应力混凝土梁，不考虑重复荷载的疲劳影响，这是因为公路上的钢筋混凝土桥梁，尤其是预应力混凝土桥梁，结构重力所占荷载比例很大，活载引起的疲劳影响较小，公路桥梁上通过的荷载不如铁路桥梁列车那样具有规律性振动。同样，钢筋混凝土和预应力混凝土人行天桥也不考虑重复荷载作用下的疲劳影响。

所谓正常使用极限状态是指结构在使用期内产生过大的变形或裂缝出现过早、开展过宽，从而使桥梁不能正常使用。因此，应根据桥梁结构的具体使用要求对其变形、抗裂性及裂缝宽度进行验算，以控制天桥在使用期间能正常工作。对于天桥设计，具体地说要进行以下内容验算：

(1) 全预应力混凝土构件和部分预应力混凝土 A 类构件，要进行抗裂性验算，即限制混凝土的拉应力。在一般情况下，钢筋混凝土构件允许开裂，所以不要求进行抗裂性验算。

(2) 钢筋混凝土构件和部分预应力混凝土 B 类构件（使用荷载弯矩 $M >$ 开裂弯矩 M_r）要求进行裂缝宽度验算，后者采用混凝土拉应力来控制。

(3) 所有构件要进行短期荷载作用下的变形计算。

3.6.2 人行天桥之钢结构工作条件介于建筑与公路桥之间，在《城市桥梁设计规范》公布之前，应以《公路桥梁钢结构及木结构设计规范》(JTJ025) 为标准。

3.6.3 天桥主体钢结构的钢材宜采用 3 号镇静钢，因为镇静钢脱氧完全，性能较半镇静钢和沸腾钢优良。沸腾钢脱氧不完全，内部杂质较多，成分偏析较大，冲击韧性低，冷脆倾向及时效敏感性较大，焊接性能较差，所以不适宜在低温条件下施工和使用。

3.6.4 钢结构天桥必进行疲劳计算是因为结构重力所占总荷载比例很大，而人群活载所引起的疲劳影响较小；另外，人行天桥上通过的人群活载不如铁路桥梁裂车通过时那样具有规律性振动。

3.7 地基与基础

3.7.2 地基与基础要有足够的强度、稳定性及耐久性。因此在设计天桥建筑物之前，必须进行建筑场地的工程地质勘测，充分研究地基土（岩）层的成因及构造、物理力学性质、地下水情况以及是否存在或可能产生影响地基稳定性的不良地质现象，从而对场地的工程地质作出正确的评价。最后根据上部结构的使用要求，提出经济、合理的基本方案。

天桥基础的建造使地中原有的应力状态发生变化。这就必须应力力学方法来研究荷载作用下地基基础。设计满足以下两要条件：

(1) 要求作用于地基的荷载不超过地基土的容许承载力；

(2) 控制基础沉降使之不超过地基的容许变形值，保证天桥不因地基变形而损坏或影响其正常使用。

3.8 防水与排水

3.8.1 人行天桥桥面设置纵、横坡，以利迅速排除雨水，方便行人行走，减少雨水对桥面铺装层的渗透，延长桥梁的使用寿命。所以，最小纵坡不能小于 0.5%，最小横坡值宜采用 1%。

3.8.2 当天桥比较长时，为防止雨水积滞桥面，可在桥面设置地漏，导入落水管，经路面直接排入雨水系统。

4 地 道 设 计

4.1 荷 载

4.1.1 关于荷载的分类，本规范仍按《公路桥涵设计通用规范》(JTJ021) 将恒载、车辆荷载及其影响力、其他荷载和外力，按荷载的性质和可能发生的机率，划分为永久荷载、可变荷载和偶然荷载 3 类。永久荷载是经常作用的数值不随时间变化或变化很微小的荷载（相当于以往习惯称呼的恒载）；可变荷载的数值是随时间变化的；偶然荷载作用的时间是短暂的，或者是属于灾害性的，发生的机率很小。

混凝土的收缩、徐变影响力在混凝土结构中是必然产生的，而且是长期作用的；水的浮力对结构物也是长期作用的，只要地基透水，必然产生浮力。因此，本规范仍按照《公路桥涵设计通用规范》（JTJ021）将此两项作用力列为永久荷载。

根据设计实际需要和工程实际出现的情况，将基础的变位影响力也列入永久荷载中。因为基础一旦发生变位后，再回不到原来位置，它的作用力也是永久的。

地震力发生的机率小，故列为偶然荷载。

4.1.2 荷载组合是关系到人行地道经济与安全的重要问题，它涉及到多种因素，主要有：(1) 荷载的性质及其出现的机率；(2) 建设现场的地质、水文、气候条件；(3) 结构特性。因此，在测试过程中，应加强调查研究工作，根据实际情况进行综合分析，把可能同时出现的各种荷载合理地加以组合。根据各种荷载同时发生的可能，本条款对荷载组合做了4种规定，这几种规定只指出了荷载组合要考虑的范围，其具体组合内容，尚需由设计人根据实际情况确定，规范不宜规定过死。

4.1.3 可参照第3.1.4条条文说明。

4.1.5 填土对地道桥的土压力，分为竖向土压力和水平土压力两种。竖向压力的计算，目前有3种计算方法：(1) 用"等沉面"理论计算；(2) 用"卸荷拱"法计算；(3) 用"土柱"法计算。"等沉面"理论现在用得比较广泛，计算结果与实测比较接近；"卸荷拱"理论，由于其形成条件不易满足，在多数情况下用不上，只有沟埋式或顶管法施工的地道可以考虑采用；"土柱"法计算比较简便，计算结果在上述两法之间，与实测结果比较，一般偏小，但对高填土地道还是比较接近的。一般情况下都按"土柱"法计算。只要填土夯实了，还是可以用的，所以至今仍采用"土柱"法计算地道竖向土压力。

地道水平压力，一直采用主动土压力计算，现在仍不变。

4.1.6 可参照第3.1.6条条文说明。

4.1.7 可参照第3.1.7条条文说明。

4.1.8 可参照第3.1.8条条文说明。

4.1.9.1 车辆荷载作用在地道顶上所引起的竖向土压力，考虑到在高填土情况下，车辆荷载的影响不大，故规范规定不再考虑填土高度，一律采用车轮着地面积和向下30°角扩散范围内的总荷载作为均布荷载。

4.2 建筑设计

4.2.1 条文扼要说明了地道图纸表达要求，提出了为确保设计质量而应考虑的因素，强调总体布局时的综合性分析。

4.2.3 所谓地道的重要性与功能要求主要指主要路口、重要地区、与车站、码头、体育娱乐及经贸商业活动中心相关的地下交通网络、地下商场步行体系。不规定通告时间的地道，必须设置治安值班室，其他服务性的或功能性的设备用房按实际需要确定。

4.2.5 条文说明参照第3.2.5条。

4.2.6 根据地道实际情况，条文规定了最小净宽与净高，市政设施不宜规定高宽比，宽度由设计通行量技术条件确定，高度主要由功能要求、人的心理因素及技术条件决定，高度的心理因素不是主要的，建筑上可以进行处理以产生空间的扩大感。另外人应该适应市政设施的特定尺度，在高度、尺寸上条文给予的是受长度与宽度影响的变数。

地道长度较难规定，只能从通风、安全、疏散及心理因素等角度进行考虑，根据实际使用情况和参照现行的《建筑设计防火规范》（GBJ16）安全疏散距离，按净宽通行能力2400P/(h·m)考虑，一般疏散没有问题，因此条文中的距离主要从通风的心理因素上进行考虑。

条文提出设置采光井、下沉式庭园等是可行的，国内也有实例。

4.8 防水与给排水

4.8.1.1 (1) 防水混凝土可采用普遍防水混凝土或外加剂防

水混凝土，配合成分应通过试验确定；试验时应考虑实际施工条件与试验室条件的差别。将抗渗压力值比设计规定的抗渗标号提高0.2～0.4MPa。抗渗标号如设计无规定时，可按表4.8.1.1选用。

防水混凝土抗渗标号的选用 表4.8.1.1

最大水头与防水混凝土厚度之比	<15	15～25	>25
设计抗渗标号（MPa）	0.8	1.2	1.6

(2) 防水混凝土结构如处于侵蚀性环境，其耐蚀系数不应小于0.8；

(3) 防水混凝土壁厚不得小于20cm，近水面钢筋保护层不应小于3.0cm；

(4) 防水混凝土结构应坐落在混凝土垫层上，垫层强度不应小于10MPa，厚度应不小于10cm；

(5) 所谓其他防水措施：即水泥砂浆防水层、卷材防水层、涂料防水层等，防水标高应高出最高地下水位50～100cm，防水层顶面以上部位的防潮，可按一般桥涵的规定办理。

4.8.1.3 (1) 变形缝发生变形时将影响结构的防水能力，因此必须进行防水处理。当不受水压时，其变形缝应用氟化钠等防腐掺料的沥青浸过的麻丝或纤维板等填塞严密，并用有纤维掺料的沥青嵌缝膏或其他填缝材料封缝。不受水压部位的卷材防水层，应在变形缝处加铺两层抗拉强度较高的卷材，如沥青玻璃布、油毡或再生胶油毡。

当受水压时，其变形缝除填缝外，还应用塑料或橡胶止水带封缝。止水带可采用埋入法安装或在预埋螺栓上安装。

(2) 地道的通道所设变形缝宽一般为2～3cm。

(3) 所谓防漏：即防水工程在设计、防水材料以及施工中，稍有不慎，就可能造成渗漏。渗漏后的补救措施，就是补漏。补漏之前，要查清原因以及所在部位，然后根据工程特点、漏水情况、工地条件，选择适当的工艺、材料和机具进行修补堵漏。

目前补漏方法和修补材料有：促凝灰浆、压力注浆和卷材贴面等。所使用材料有：快凝水泥、水玻璃、环氧树脂、丙凝及氧凝等。

5 施 工

5.1 一般规定

5.1.1 文明施工是相对于野蛮施工、混乱施工而言的。文明施工的表征是施工现场清洁，井然有序，没有随地乱扔的废旧材料、工具等杂物。使用过程中多余的材料，短期内不再使用的及时归库，不随地乱摊。工人调度、安排随工程需要而定。没有因窝工而到处闲逛或聚坐长时间闲谈的情况。施工中的废水、废渣不随地乱排。能否做到文明施工，是施工单位施工管理水平的问题。

所谓快速，不影响或减少影响当地交通是指：凡是设人行天桥或人行地道的地方，都是交通要道、商业繁华地区、高速或快速路段，过往人流、车流相当集中。因此，一般都采用装配式钢筋混凝土桥、预应力混凝土桥和钢桥。天桥与地道的构件需尽量做到标准化、预制工厂化，利用夜间施工，快速拼装就位，力争做到不中断交通或减少中断交通。

所谓精心施工保证质量，是指除应满足本规范规定的条文外，还应满足现行的《市政桥梁工程质量检验评定标准》（CJJ2）的规定。工程质量监理问题，按照"市政工程质量监理办法"的规定办理。

5.1.8 本条所述主要材料应符合设计规定是指钢材、混凝土材料、焊接材料的种类、强度等级、牌号、规格及各项力学性能等均应符合设计文件的规定。

5.2 基础工程

5.2.2 基坑顶的动荷载是指从基坑中挖出的弃土排水设备以及各种车辆或机械产生的附加荷载。这些动荷载离基坑顶边缘越近，则影响基坑边坡的稳定性越大，故应慎重对待。

5.2.3 当基础工程与树木发生矛盾时，若遇到古树，特别是具有文物价值的古树，需与设计单位交涉提出修改设计的建议。对于一般树木，在具有移植的条件下，尽可能移植，尽量保存树木。若在必须砍伐的情况下，则需申报园林、绿化、市容、拆迁等有关单位批准。

5.2.4 指当天桥、地道的基础工程在施工期间与交通发生矛盾时，须采用临时交通管理措施，如圈地、改道、修建临时便线等，并需申报市容、交通主管部门等有关单位批准。

5.2.5 基坑顶面设置防止地面水流入基坑的措施，以防止地面水集中冲刷基坑边坡，影响基坑边坡的稳定，并减少基坑内需要排出的水量。

5.3 构件制作

5.3.2 天桥主梁设置预拱度是为了补偿结构重力挠度，同时要求在无荷载时仍略有拱度，以增加舒适感和美观。所以，预拱度值采用结构重力挠度加人群荷载挠度。对于连续梁的预拱度，应在结构重力作用下足以抵消结构重力产生的挠度，使桥面保持平顺。

5.3.3 构件预制是装配式桥梁的主要工序之一，对质量要求很高，不仅强度应符合设计要求，同时，对构件的外形尺寸也应严格要求，否则就会给安装带来困难。因此，在选择装配式桥梁的合理形式时，既要考虑到构件尺寸、重量、现场吊装时临时支架位置以及拼装的难易程度、接头数目、运输方便、工期因素等等，还要做到少影响或不影响现况交通等一系列的问题。例如，要减少构件重量，就会使拼装接头数目增加；要采用构造简单的拼装接头，则在营运过程中容易遭到损坏；要使运输方便，拼装构件的分块就要小一些，则又往往会增加材料用量和施工工作量等等。因此，我们在选择装配式桥的合理形式，对预制构件进行分段时，要根据具体情况，因地制宜加以处理。

附录 标准目录

注：表中 GB、GBJ 代表工程建设国家标准；

　　JTJ 代表交通部标准；

　　JGJ、CJJ 代表建设部标准。

中华人民共和国国家标准

混凝土结构加固设计规范

Code for design of strengthening concrete structure

GB 50367—2013

主编部门：四 川 省 住 房 和 城 乡 建 设 厅
批准部门：中华人民共和国住房和城乡建设部
施行日期：２ ０ １ ４ 年 ６ 月 １ 日

中华人民共和国住房和城乡建设部
公　　告

第 208 号

住房城乡建设部关于发布国家标准
《混凝土结构加固设计规范》的公告

现批准《混凝土结构加固设计规范》为国家标准，编号为 GB 50367 - 2013，自 2014 年 6 月 1 日起实施。其中，第 3.1.8、4.3.1、4.3.3、4.3.6、4.4.2、4.4.4、4.5.3、4.5.4、4.5.6、15.2.4、16.2.3 条为强制性条文，必须严格执行。原《混凝土结构加固设计规范》GB 50367 - 2006 同时废止。

本规范由我部标准定额研究所组织中国建筑工业出版社出版发行。

中华人民共和国住房和城乡建设部

2013 年 11 月 1 日

前　　言

根据住房和城乡建设部《关于印发〈2008 年工程建设标准规范制订、修订计划〉的通知》建标 [2008] 102 号、《关于同意〈混凝土结构加固设计规范〉局部修订调整为全面修订的函》建标 [2011] 103 号的要求，规范编制组经广泛调查研究，认真总结实践经验，参考有关国内标准和国际标准，并在广泛征求意见的基础上，修订了《混凝土结构加固设计规范》GB 50367 - 2006。

本规范的主要内容是：总则、术语和符号、基本规定、材料、增大截面加固法、置换混凝土加固法、体外预应力加固法、外包型钢加固法、粘贴钢板加固法、粘贴纤维复合材加固法、预应力碳纤维复合板加固法、增设支点加固法、预张紧钢丝绳网片-聚合物砂浆面层加固法、绕丝加固法、植筋技术、锚栓技术、裂缝修补技术。

本规范修订的主要技术内容是：1　增加了无粘结钢绞线体外预应力加固技术；2　增加了预应力碳纤维复合板加固技术；3　增加了芳纶纤维复合材作为加固材料的应用规定；4　补充了锚固型快固结构胶的安全性鉴定标准；5　补充了锚固型快固结构胶的抗震性能检验方法；6　修改了钢丝绳网-聚合物砂浆面层加固法的设计要求和构造规定；7　补充了锚栓抗震设计规定；8　补充了干式外包钢加固法的设计规定；9　调整了部分加固计算的参数。

本规范中以黑体字标志的条文为强制性条文，必须严格执行。

本规范由住房和城乡建设部负责管理和对强制性条文的解释，由四川省建筑科学研究院负责具体技术内容的解释。执行过程中如有意见或建议，请寄送四川省建筑科学研究院（地址：成都市一环路北三段 55 号，邮编：610081）。

本 规 范 主 编 单 位：四川省建筑科学研究院
　　　　　　　　　　　山西八建集团有限公司
本 规 范 参 编 单 位：同济大学
　　　　　　　　　　　湖南大学
　　　　　　　　　　　武汉大学
　　　　　　　　　　　福州大学
　　　　　　　　　　　西南交通大学
　　　　　　　　　　　重庆市建筑科学研究院
　　　　　　　　　　　福建省建筑科学研究院
　　　　　　　　　　　辽宁省建设科学研究院
　　　　　　　　　　　中国科学院大连化学物理研究所
　　　　　　　　　　　中国建筑西南设计研究院
　　　　　　　　　　　大连凯华新技术工程有限公司
　　　　　　　　　　　湖南固特邦土木技术发展有限公司
　　　　　　　　　　　厦门中连结构胶有限公司
　　　　　　　　　　　武汉长江加固技术有限公司
　　　　　　　　　　　上海怡昌碳纤维材料有限公司
　　　　　　　　　　　上海同华特种土木工程有

目　　次

Contents

1 总 则

1.0.1 为使混凝土结构的加固，做到技术可靠、安全适用、经济合理、确保质量，制定本规范。

1.0.2 本规范适用于房屋建筑和一般构筑物钢筋混凝土结构加固的设计。

1.0.3 混凝土结构加固前，应根据建筑物的种类，分别按现行国家标准《工业建筑可靠性鉴定标准》GB 50144 或《民用建筑可靠性鉴定标准》GB 50292 进行结构检测或鉴定。当与抗震加固结合进行时，尚应按现行国家标准《建筑抗震鉴定标准》GB 50023 或《工业构筑物抗震鉴定标准》GBJ 117 进行抗震能力鉴定。

1.0.4 混凝土结构加固的设计，除应符合本规范规定外，尚应符合国家现行有关标准的规定。

2 术语和符号

2.1 术 语

2.1.1 结构加固 strengthening of structure

对可靠性不足或业主要求提高可靠度的承重结构、构件及其相关部分采取增强、局部更换或调整其内力等措施，使其具有现行设计规范及业主所要求的安全性、耐久性和适用性。

2.1.2 原构件 existing structure member

实施加固前的原有构件。

2.1.3 重要结构 important structure

安全等级为一级的建筑物中的承重结构。

2.1.4 一般结构 general structure

安全等级为二级的建筑物中的承重结构。

2.1.5 重要构件 important structure member

其自身失效将影响或危及承重结构体系整体工作的承重构件。

2.1.6 一般构件 general structure member

其自身失效为孤立事件，不影响承重结构体系整体工作的承重构件。

2.1.7 增大截面加固法 structure member strengthening with increasing section area

增大原构件截面面积并增配钢筋，以提高其承载力和刚度，或改变其自振频率的一种直接加固法。

2.1.8 外包型钢加固法 structure member strengthening with externally wrapped shaped steel

对钢筋混凝土梁、柱外包型钢及钢缀板焊成的构架，以达到共同受力并使原构件受到约束作用的加固方法。

2.1.9 复合截面加固法 structure member strengthening with externally bonded reinforced material

通过采用结构胶粘剂粘接或高强聚合物改性水泥砂浆（以下简称聚合物砂浆）喷抹，将增强材料粘合于原构件的混凝土表面，使之形成具有整体性的复合截面，以提高其承载力和延性的一种直接加固法。根据增强材料的不同，可分为外粘型钢、外粘钢板、外粘纤维增强复合材料和外加钢丝绳网-聚合物砂浆面层等多种加固法。

2.1.10 绕丝加固法 structure member strengthening with wire wrapped

该法系通过缠绕退火钢丝使被加固的受压构件混凝土受到约束作用，从而提高其极限承载力和延性的一种直接加固法。

2.1.11 体外预应力加固法 structure member strengthening with externally applied prestressing

通过施加体外预应力，使原结构、构件的受力得到改善或调整的一种间接加固法。

2.1.12 植筋 embedded steel bar

以专用的结构胶粘剂将带肋钢筋或全螺纹螺杆种植于基材混凝土中的后锚固连接方法之一。

2.1.13 结构胶粘剂 structural adhesive

用于承重结构构件粘结的、能长期承受设计应力和环境作用的胶粘剂，简称结构胶。

2.1.14 纤维复合材 fibre reinforced polymer（FRP）

采用高强度的连续纤维按一定规则排列，经用胶粘剂浸渍、粘结固化后形成的具有纤维增强效应的复合材料，通称纤维复合材。

2.1.15 聚合物改性水泥砂浆 polymer modified cement mortar

以高分子聚合物为增强粘结性能的改性材料所配制而成的水泥砂浆。承重结构用的聚合物改性水泥砂浆除了应能改善其自身的物理力学性能外，还应能显著提高其锚固钢筋和粘结混凝土的能力。

2.1.16 有效截面面积 effective cross-sectional area

扣除孔洞、缺损、锈蚀层、风化层等削弱、失效部分后的截面。

2.1.17 加固设计使用年限 design working life for strengthening of existing structure or its member

加固设计规定的结构、构件加固后无需重新进行检测、鉴定即可按其预定目的使用的时间。

2.2 符 号

2.2.1 材料性能

E_{s0}——原构件钢筋弹性模量；

E_s——新增钢筋弹性模量；

E_a——新增型钢弹性模量；

E_{sp}——新增钢板弹性模量；

E_f——新增纤维复合材弹性模量；

f_{c0}——原构件混凝土轴心抗压强度设计值；

f_{y0}、f'_{y0} —— 原构件钢筋抗拉、抗压强度设计值；

f_y、f'_y —— 新增钢筋抗拉、抗压强度设计值；

f_a、f'_a —— 新增型钢抗拉、抗压强度设计值；

f_{sp}、f'_{sp} —— 新增钢板抗拉、抗压强度设计值；

f_f —— 新增纤维复合材抗拉强度设计值；

$f_{f,v}$ —— 纤维复合材与混凝土粘结强度设计值；

f_{bd} —— 结构胶粘剂粘结强度设计值；

f_{ud} —— 锚栓抗拉强度设计值；

ε_f —— 纤维复合材拉应变设计值；

ε_{fe} —— 纤维复合材环向围束有效拉应变设计值。

2.2.2 作用效应及承载力

M —— 构件加固后弯矩设计值；

M_{0k} —— 加固前受弯构件验算截面上原作用的初始弯矩标准值；

N —— 构件加固后轴力设计值；

V —— 构件加固后剪力设计值；

σ_s —— 新增纵向钢筋受拉应力；

σ_{s0} —— 原构件纵向受拉钢筋或受压较小边钢筋的应力；

σ_a —— 新增型钢受拉肢或受压较小肢的应力；

ε_{f0} —— 纤维复合材滞后应变；

ω —— 构件挠度或预应力反拱。

2.2.3 几何参数

A_{s0}、A'_{s0} —— 原构件受拉区、受压区钢筋截面面积；

A_s、A'_s —— 新增构件受拉区、受压区钢筋截面面积；

A_{fe} —— 纤维复合材有效截面面积；

A_{cor} —— 环向围束内混凝土截面面积；

A_{sp}、A'_{sp} —— 新增受拉钢板、受压钢板截面面积；

A_a、A'_a —— 新增型钢受拉肢、受压肢截面面积；

D —— 钻孔直径；

h_0、h_{01} —— 构件加固后和加固前的截面有效高度；

h_w —— 构件截面的腹板高度；

h_n —— 受压区混凝土的置换深度；

h_{sp} —— 梁侧面粘贴钢板的竖向高度；

h_f —— 梁侧面粘贴纤维箍板的竖向高度；

h_{ef} —— 锚栓有效锚固深度；

l_s —— 植筋基本锚固深度；

l_d —— 植筋锚固深度设计值；

l_l —— 植筋受拉搭接长度。

2.2.4 计算系数

α_1 —— 受压区混凝土矩形应力图的应力值与混凝土轴心抗压强度设计值的比值；

α_c —— 新增混凝土强度利用系数；

α_s —— 新增钢筋强度利用系数；

α_a —— 新增型钢强度利用系数；

α_{sp} —— 防止混凝土劈裂引用的计算系数；

β_c —— 混凝土强度影响系数；

β_1 —— 矩形应力图受压区高度与中和轴高度的比值；

ψ —— 折减系数、修正系数或影响系数；

η —— 增大系数或提高系数。

3 基 本 规 定

3.1 一 般 规 定

3.1.1 混凝土结构经可靠性鉴定确认需要加固时，应根据鉴定结论和委托方提出的要求，按本规范的规定和业主的要求进行加固设计。加固设计的范围，可按整幢建筑物或其中某独立区段确定，也可按指定的结构、构件或连接确定，但均应考虑该结构的整体牢固性。

3.1.2 加固后混凝土结构的安全等级，应根据结构破坏后果的严重性、结构的重要性和加固设计使用年限，由委托方与设计方按实际情况共同商定。

3.1.3 混凝土结构的加固设计，应与实际施工方法紧密结合，采取有效措施，保证新增构件和部件与原结构连接可靠，新增截面与原截面粘结牢固，形成整体共同工作；并应避免对未加固部分，以及相关的结构、构件和地基基础造成不利的影响。

3.1.4 对高温、高湿、低温、冻融、化学腐蚀、振动、收缩应力、温度应力、地基不均匀沉降等影响因素引起的原结构损坏，应在加固设计中提出有效的防治对策，并按设计规定的顺序进行治理和加固。

3.1.5 混凝土结构的加固设计，应综合考虑其技术经济效果，避免不必要的拆除或更换。

3.1.6 对加固过程中可能出现倾斜、失稳、过大变形或坍塌的混凝土结构，应在加固设计文件中提出相应的临时性安全措施，并明确要求施工单位应严格执行。

3.1.7 混凝土结构的加固设计使用年限，应按下列原则确定：

1 结构加固后的使用年限，应由业主和设计单位共同商定；

2 当结构的加固材料中含有合成树脂或其他聚合物成分时，其结构加固后的使用年限宜按 30 年考虑；当业主要求结构加固后的使用年限为 50 年时，其所使用的胶和聚合物的粘结性能，应通过耐长期应力作用能力的检验；

3 使用年限到期后，当重新进行的可靠性鉴定认为该结构工作正常，仍可继续延长其使用年限；

4 对使用胶粘方法或掺有聚合物材料加固的结构、构件，尚应定期检查其工作状态；检查的时间间隔可由设计单位确定，但第一次检查时间不应迟于10年；

5 当为局部加固时，应考虑原建筑物剩余设计使用年限对结构加固后设计使用年限的影响。

3.1.8 设计应明确结构加固后的用途。在加固设计使用年限内，未经技术鉴定或设计许可，不得改变加固后结构的用途和使用环境。

3.2 设计计算原则

3.2.1 混凝土结构加固设计采用的结构分析方法，应符合现行国家标准《混凝土结构设计规范》GB 50010 规定的结构分析基本原则，且应采用线弹性分析方法计算结构的作用效应。

3.2.2 加固混凝土结构时，应按下列规定进行承载能力极限状态和正常使用极限状态的设计、验算：

1 结构上的作用，应经调查或检测核实，并应按本规范附录 A 的规定和要求确定其标准值或代表值；

2 被加固结构、构件的作用效应，应按下列要求确定：

1）结构的计算图形，应符合其实际受力和构造状况；

2）作用组合的效应设计值和组合值系数以及作用的分项系数，应按现行国家标准《建筑结构荷载规范》GB 50009 确定，并应考虑由于实际荷载偏心、结构变形、温度作用等造成的附加内力。

3 结构、构件的尺寸，对原有部分应根据鉴定报告采用原设计值或实测值；对新增部分，可采用加固设计文件给出的名义值。

4 原结构、构件的混凝土强度等级和受力钢筋抗拉强度标准值应按下列规定取值：

1）当原设计文件有效，且不怀疑结构有严重的性能退化时，可采用原设计的标准值；

2）当结构可靠性鉴定认为应重新进行现场检测时，应采用检测结果推定的标准值；

3）当原构件混凝土强度等级的检测受实际条件限制而无法取芯时，可采用回弹法检测，但其强度换算值应按本规范附录 B 的规定进行龄期修正，且仅可用于结构的加固设计。

5 加固材料的性能和质量，应符合本规范第 4 章的规定；其性能的标准值应按现行国家标准《工程结构加固材料安全性鉴定技术规范》GB 50728 确定；其性能的设计值应按本规范第 4 章各相关节的规定采用。

6 验算结构、构件承载力时，应考虑原结构在加固时的实际受力状况，包括加固部分应变滞后的影响，以及加固部分与原结构共同工作程度。

7 加固后改变传力路线或使结构质量增大时，应对相关结构、构件及建筑物地基基础进行必要的验算。

3.2.3 抗震设防区结构、构件的加固，除应满足承载力要求外，尚应复核其抗震能力；不应存在因局部加强或刚度突变而形成的新薄弱部位。

3.2.4 为防止结构加固部分意外失效而导致的坍塌，在使用胶粘剂或其他聚合物的加固方法时，其加固设计除应按本规范的规定进行外，尚应对原结构进行验算。验算时，应要求原结构、构件能承担 n 倍恒载标准值的作用。当可变荷载（不含地震作用）标准值与永久荷载标准值之比值不大于 1 时，取 $n=1.2$；当该比值等于或大于 2 时，取 $n=1.5$；其间按线性内插法确定。

3.2.5 本规范的各种加固方法可用于结构的抗震加固，但具体采用时，尚应在设计、计算和构造上执行现行国家标准《建筑抗震设计规范》GB 50011 和现行行业标准《建筑抗震加固技术规程》JGJ 116 的规定。

3.3 加固方法及配合使用的技术

3.3.1 结构加固分为直接加固与间接加固两类，设计时，可根据实际条件和使用要求选择适宜的加固方法及配合使用的技术。

3.3.2 直接加固宜根据工程的实际情况选用增大截面加固法、置换混凝土加固法或复合截面加固法。

3.3.3 间接加固宜根据工程的实际情况选用体外预应力加固法、增设支点加固法、增设耗能支撑法或增设抗震墙法等。

3.3.4 与结构加固方法配合使用的技术应采用符合本规范规定的裂缝修补技术、锚固技术和阻锈技术。

4 材　料

4.1 混　凝　土

4.1.1 结构加固用的混凝土，其强度等级应比原结构、构件提高一级，且不得低于 C20 级；其性能和质量应符合现行国家标准《混凝土结构设计规范》GB 50010 的规定。

4.1.2 结构加固用的混凝土，可使用商品混凝土，但所掺的粉煤灰应为 Ⅰ 级灰，且烧失量不应大于 5%。

4.1.3 当结构加固工程选用聚合物混凝土、减缩混凝土、微膨胀混凝土、钢纤维混凝土、合成纤维混凝土或喷射混凝土时，应在施工前进行试配，经检验其性能符合设计要求后方可使用。

4.2 钢材及焊接材料

4.2.1 混凝土结构加固用的钢筋，其品种、质量和性能应符合下列规定：

1 宜选用 HRB335 级或 HPB300 级普通钢筋；当有工程经验时，可使用 HRB400 级钢筋；也可采用 HRB500 级和 HRBF500 级的钢筋。对体外预应力加固，宜使用 UPS15.2-1860 低松弛无粘结钢绞线。

2 钢筋和钢绞线的质量应分别符合现行国家标准《钢筋混凝土用钢 第 1 部分：热轧光圆钢筋》GB 1499.1、《钢筋混凝土用钢 第 2 部分：热轧带肋钢筋》GB 1499.2 和《无粘结预应力钢绞线》JG 161 的规定。

3 钢筋性能的标准值和设计值应按现行国家标准《混凝土结构设计规范》GB 50010 的规定采用。

4 不得使用无出厂合格证、无中文标志或未经进场检验的钢筋及再生钢筋。

4.2.2 混凝土结构加固用的钢板、型钢、扁钢和钢管，其品种、质量和性能应符合下列规定：

1 应采用 Q235 级或 Q345 级钢材；对重要结构的焊接构件，当采用 Q235 级钢，应选用 Q235-B级钢；

2 钢材质量应分别符合现行国家标准《碳素结构钢》GB/T 700 和《低合金高强度结构钢》GB/T 1591 的规定；

3 钢材的性能设计值应按现行国家标准《钢结构设计规范》GB 50017 的规定采用；

4 不得使用无出厂合格证、无中文标志或未经进场检验的钢材。

4.2.3 当混凝土结构的后锚固件为植筋时，应使用热轧带肋钢筋，不得使用光圆钢筋。植筋用的钢筋，其质量应符合本规范第 4.2.1 条的规定。

4.2.4 当后锚固件为钢螺杆时，应采用全螺纹的螺杆，不得采用锚入部位无螺纹的螺杆。螺杆的钢材等级应为 Q345 级或 Q235 级；其质量应分别符合现行国家标准《低合金高强度结构钢》GB/T 1591 和《碳素结构钢》GB/T 700 的规定。

4.2.5 当承重结构的后锚固件为锚栓时，其钢材的性能指标必须符合表 4.2.5-1 或表 4.2.5-2 的规定。

表 4.2.5-1 碳素钢及合金钢锚栓的钢材抗拉性能指标

	性能等级	4.8	5.8	6.8	8.8
锚栓钢材性能指标	抗拉强度标准值 f_{uk}（MPa）	400	500	600	800
	屈服强度标准值 f_{yk}（MPa）	320	400	480	640
	断后伸长率 δ_5（%）	14	10	8	12

注：性能等级 4.8 表示：$f_{stk} = 400$MPa；$f_{yk}/f_{stk} = 0.8$。

表 4.2.5-2 不锈钢锚栓（奥氏体 A1、A2、A4、A5）的钢材性能指标

	性能等级	50	70	80
	螺纹公称直径 d（mm）	≤39	≤24	≤24
锚栓钢材性能指标	抗拉强度标准值 f_{uk}（MPa）	500	700	800
	屈服强度标准值 f_{yk} 或 $f_{s,0.2k}$（MPa）	210	450	600
	伸长值 δ（mm）	$0.6d$	$0.4d$	$0.3d$

4.2.6 混凝土结构加固用的焊接材料，其型号和质量应符合下列规定：

1 焊条型号应与被焊接钢材的强度相适应；

2 焊条的质量应符合现行国家标准《非合金钢及细晶粒钢焊条》GB/T 5117 和《热强钢焊条》GB/T 5118 的规定；

3 焊接工艺应符合现行国家标准《钢结构焊接规范》GB 50661 和现行行业标准《钢筋焊接及验收规程》JGJ 18 的规定；

4 焊缝连接的设计原则及计算指标应符合现行国家标准《钢结构设计规范》GB 50017 的规定。

4.3 纤维和纤维复合材

4.3.1 纤维复合材的纤维必须为连续纤维，其品种和质量应符合下列规定：

1 承重结构加固用的碳纤维，应选用聚丙烯腈基不大于 15K 的小丝束纤维。

2 承重结构加固用的芳纶纤维，应选用饱和吸水率不大于 4.5% 的对位芳香族聚酰胺长丝纤维。且经人工气候老化 5000h 后，1000MPa 应力作用下的蠕变值不应大于 0.15mm。

3 承重结构加固用的玻璃纤维，应选用高强度玻璃纤维、耐碱玻璃纤维或碱金属氧化物含量低于 0.8% 的无碱玻璃纤维，严禁使用高碱的玻璃纤维和中碱的玻璃纤维。

4 承重结构加固工程，严禁采用预浸法生产的纤维织物。

4.3.2 结构加固用的纤维复合材的安全性能必须符合现行国家标准《工程结构加固材料安全性鉴定技术规范》GB 50728 的规定。

4.3.3 纤维复合材抗拉强度标准值，应根据置信水平为 0.99、保证率为 95% 的要求确定。不同品种纤维复合材的抗拉强度标准值应按表 4.3.3 的规定采用。

表 4.3.3 纤维复合材抗拉强度标准值

品种	等级或代号	抗拉强度标准值（MPa）	
		单向织物（布）	条形板
碳纤维复合材	高强度Ⅰ级	3400	2400
	高强度Ⅱ级	3000	2000
	高强度Ⅲ级	1800	—

续表 4.3.3

品　种	等级或代号	抗拉强度标准值（MPa）	
		单向织物（布）	条形板
芳纶纤维复合材	高强度Ⅰ级	2100	1200
	高强度Ⅱ级	1800	800
玻璃纤维复合材	高强玻璃纤维	2200	—
	无碱玻璃纤维、耐碱玻璃纤维	1500	—

4.3.4 不同品种纤维复合材的抗拉强度设计值，应分别按表 4.3.4-1、表 4.3.4-2 及表 4.3.4-3 采用。

表 4.3.4-1　碳纤维复合材抗拉强度设计值（MPa）

结构类别　＼　强度等级	单向织物（布）			条形板	
	高强度Ⅰ级	高强度Ⅱ级	高强度Ⅲ级	高强度Ⅰ级	高强度Ⅱ级
重要构件	1600	1400	—	1150	1000
一般构件	2300	2000	1200	1600	1400

注：L 形板按高强度Ⅱ级条形板的设计值采用。

表 4.3.4-2　芳纶纤维复合材抗拉强度设计值（MPa）

结构类别　＼　强度等级	单向织物（布）		条形板	
	高强度Ⅰ级	高强度Ⅱ级	高强度Ⅰ级	高强度Ⅱ级
重要构件	960	800	560	480
一般构件	1200	1000	700	600

表 4.3.4-3　玻璃纤维复合材抗拉强度设计值（MPa）

纤维品种　＼　结构类别	单向织物（布）	
	重要构件	一般构件
高强玻璃纤维	500	700
无碱玻璃纤维、耐碱玻璃纤维	350	500

4.3.5 纤维复合材的弹性模量及拉应变设计值应按表 4.3.5 采用。

表 4.3.5　纤维复合材弹性模量及拉应变设计值

品　种　＼　性能项目	弹性模量（MPa）		拉应变设计值	
	单向织物	条形板	重要构件	一般构件
碳纤维复合材	高强度Ⅰ级	2.3×10^5	1.6×10^5	0.007	0.01
	高强度Ⅱ级	2.0×10^5	1.4×10^5		
	高强度Ⅲ级	1.8×10^5			
芳纶纤维复合材	高强度Ⅰ级	1.1×10^5	0.7×10^5	0.008	0.01
	高强度Ⅱ级	0.8×10^5	0.6×10^5		
高强玻璃纤维复合材	代号 S	0.7×10^5	—	0.007	0.01
无碱或耐碱玻璃纤维复合材	代号 E、AR	0.5×10^5	—		

4.3.6 对符合安全性要求的纤维织物复合材或纤维复合板材，当与其他结构胶粘剂配套使用时，应对其抗拉强度标准值、纤维复合材与混凝土正拉粘结强度和层间剪切强度重新做适配性检验。

4.3.7 承重结构采用纤维织物复合材进行现场加固时，其织物的单位面积质量应符合表 4.3.7 的规定。

表 4.3.7　不同品种纤维复合材
单位面积质量限值（g/m²）

施工方法	碳纤维织物	芳纶纤维织物	玻璃纤维织物	
			高强玻璃纤维	无碱或耐碱玻璃纤维
现场手工涂布胶粘剂	≤300	≤450	≤450	≤600
现场真空灌注胶粘剂	≤450	≤650	≤550	≤750

4.3.8 当进行材料性能检验和加固设计时，纤维复合材截面面积的计算应符合下列规定：

　　1 纤维织物应按纤维的净截面面积计算。净截面面积取纤维织物的计算厚度乘以宽度。纤维织物的计算厚度应按其单位面积质量除以纤维密度确定。纤维密度应由厂商提供，并应出具独立检验或鉴定机构的抽样检测证明文件。

　　2 单向纤维预成型板应按不扣除树脂体积的板截面面积计算，即应按实测的板厚乘以宽度计算。

4.4　结构加固用胶粘剂

4.4.1 承重结构用的胶粘剂，宜按其基本性能分为 A 级胶和 B 级胶；对重要结构、悬挑构件、承受动力作用的结构、构件，应采用 A 级胶；对一般结构可采用 A 级胶或 B 级胶。

4.4.2 承重结构用的胶粘剂，必须进行粘结抗剪强度检验。检验时，其粘结抗剪强度标准值，应根据置信水平为 0.90、保证率为 95% 的要求确定。

4.4.3 承重结构加固用的胶粘剂，包括粘贴钢板和纤维复合材，以及种植钢筋和锚栓的用胶，其性能均应符合国家标准《工程结构加固材料安全性鉴定技术规范》GB 50728-2011 第 4.2.2 条的规定。

4.4.4 承重结构加固工程中严禁使用不饱和聚酯树脂和醇酸树脂作为胶粘剂。

4.4.5 当结构锚固工程需采用快固结构胶时，其安全性能应符合表 4.4.5 的规定。

表 4.4.5　锚固型快固结构胶安全性能鉴定标准

	检验项目	性能要求	检验方法
胶体性能	劈裂抗拉强度（MPa）	≥8.5	GB 50728
	抗弯强度（MPa）	≥50，且不得呈碎裂状破坏	GB/T 2567
	抗压强度（MPa）	≥60.0	GB/T 2567

续表 4.4.5

检验项目		性能要求	检验方法
粘结能力	钢对钢（钢套筒法）拉伸抗剪强度标准值	≥16.0	本规范附录C
	钢对钢（钢片单剪法）拉伸抗剪强度平均值	≥6.5	GB/T 7124
	约束拉拔条件下带肋钢筋与混凝土粘结抗剪强度（MPa） C30 Φ25 埋深150mm	≥12.0	GB 50728
	C60 Φ25 埋深125mm	≥18.0	
	经90d湿热老化后的钢套筒粘结抗剪强度降低率（%）	<15	GB 50728
	经低周反复拉力作用后的试件粘结抗剪强度降低率（%）	≤50	本规范附录D

注：1 快固结构胶系指在16℃～25℃环境中，其固化时间不超过45min的胶粘剂，且应按A级的要求采用；

2 检验抗剪强度标准值时，取强度保证率为95%；置信水平为0.90，试件数量不应少于15个；

3 当快固结构胶用于锚栓连接时，不需做钢片单剪法的抗剪强度检验。

4.5 钢 丝 绳

4.5.1 采用钢丝绳网-聚合物砂浆面层加固钢筋混凝土结构、构件时，其钢丝绳的选用应符合下列规定：

1 重要结构、构件，或结构处于腐蚀介质环境、潮湿环境和露天环境时，应选用高强度不锈钢丝绳制作的网片；

2 处于正常温、湿度环境中的一般结构、构件，可采用高强度镀锌钢丝绳制作的网片，但应采取有效的阻锈措施。

4.5.2 制绳用的钢丝应符合下列规定：

1 当采用高强度不锈钢丝时，应采用碳含量不大于0.15%及硫、磷含量不大于0.025%的优质不锈钢制丝；

2 当采用高强度镀锌钢丝时，应采用硫、磷含量均不大于0.03%的优质碳素结构钢制丝；其锌层重量及镀锌质量应符合国家现行标准《钢丝镀锌层》YB/T 5357对AB级的规定。

4.5.3 钢丝绳的抗拉强度标准值（f_{rtk}）应按其极限抗拉强度确定，且应具有不小于95%的保证率以及不低于90%的置信水平。

4.5.4 不锈钢丝绳和镀锌钢丝绳的强度标准值和设计值应按表4.5.4采用。

表4.5.4 高强钢丝绳抗拉强度设计值（MPa）

种类	符号	高强不锈钢丝绳			高强镀锌钢丝绳		
		钢丝绳公称直径(mm)	抗拉强度标准值 f_{tk}	抗拉强度设计值 f_{rw}	钢丝绳公称直径(mm)	抗拉强度标准值 f_{tk}	抗拉强度设计值 f_{rw}
6×7+IWS	ϕ^r	2.4～4.0	1600	1200	2.5～4.5	1650	1100
1×19	ϕ^s	2.5	1470	1100	2.5	1580	1050

4.5.5 高强度不锈钢丝绳和高强度镀锌钢丝绳的弹性模量及拉应变设计值应按表4.5.5采用。

表4.5.5 高强钢丝绳弹性模量及拉应变设计值

类 别		弹性模量设计值 E_{rw}（MPa）	拉应变设计值 ε_{rw}
不锈钢丝绳	6×7+IWS	$1.2×10^5$	0.01
	1×19	$1.1×10^5$	0.01
镀锌钢丝绳	6×7+IWS	$1.4×10^5$	0.008
	1×19	$1.3×10^5$	0.008

4.5.6 结构加固用钢丝绳的内部和表面严禁涂有油脂。

4.6 聚合物改性水泥砂浆

4.6.1 采用钢丝绳网-聚合物改性水泥砂浆（以下简称聚合物砂浆）面层加固钢筋混凝土结构时，其聚合物品种的选用应符合下列规定：

1 对重要结构的加固，应选用改性环氧类聚合物配制；

2 对一般结构的加固，可选用改性环氧类、改性丙烯酸酯类、改性丁苯类或改性氯丁类聚合物乳液配制；

3 不得使用聚乙烯醇类、氯偏类、苯丙类聚合物以及乙烯-醋酸乙烯共聚物配制；

4 在结构加固工程中不得使用聚合物成分及主要添加剂成分不明的任何型号聚合物砂浆；不得使用未提供安全数据清单的任何品种聚合物；也不得使用在产品说明书规定的储存期内已发生分相现象的乳液。

4.6.2 承重结构用的聚合物砂浆分为Ⅰ级和Ⅱ级，应分别按下列规定采用：

1 板和墙的加固：

1）当原构件混凝土强度等级为C30～C50时，应采用Ⅰ级聚合物砂浆；

2）当原构件混凝土强度等级为C25及其以下时，可采用Ⅰ级或Ⅱ级聚合物砂浆；

2 梁和柱的加固，均应采用Ⅰ级聚合物砂浆。

4.6.3 Ⅰ级和Ⅱ级聚合物砂浆的安全性能应分别符合现行国家标准《工程结构加固材料安全性鉴定技术规范》GB 50728 的规定。

4.7 阻 锈 剂

4.7.1 既有混凝土结构钢筋的防锈，宜按本规范附录 E 的规定采用喷涂型阻锈剂。承重构件应采用烷氧基类或氨基类喷涂型阻锈剂。

4.7.2 喷涂型阻锈剂的质量应符合表 4.7.2 的规定。

表 4.7.2 喷涂型阻锈剂的质量

烷氧基类阻锈剂		氨基类阻锈剂	
检验项目	合格指标	检验项目	合格指标
外观	透明、琥珀色液体	外观	透明、微黄色液体
浓度	0.88g/mL	密度（20℃时）	1.13g/mL
pH 值	10~11	pH 值	10~12
黏度（20℃时）	0.95mPa·s	黏度（20℃时）	25mPa·s
烷氧基复合物含量	≥98.9%	氨基复合物含量	>15%
硅氧烷含量	≤0.3%	氯离子 Cl⁻	无
挥发性有机物含量	<400g/L	挥发性有机物含量	<200g/L

4.7.3 喷涂型阻锈剂的性能应符合表 4.7.3 的规定。

表 4.7.3 喷涂型阻锈剂的性能指标

检验项目	合格指标	检验方法标准
氯离子含量降低率	≥90%	JTJ 275－2000
盐水浸渍试验	无锈蚀，且电位为 0~－250mV	YB/T 9231－2009
干湿冷热循环试验	60 次，无锈蚀	YB/T 9231－2009
电化学试验	电流应小于 150μA，且破样检查无锈蚀	YBJ 222
现场锈蚀电流检测	喷涂 150d 后现场测定的电流降低率≥80%	GB 50550－2010

注：对亲水性的阻锈剂，宜在增喷附加涂层后测定其氯离子含量降低率。

4.7.4 对掺加氯盐、使用除冰盐或海砂，以及受海水浸蚀的混凝土承重结构加固时，应采用喷涂型阻锈剂，并在构造上采取措施进行补救。

4.7.5 对混凝土承重结构破损部位的修复，可在新浇的混凝土中使用掺入型阻锈剂；但不得使用以亚硝酸盐为主成分的阳极型阻锈剂。

5 增大截面加固法

5.1 设 计 规 定

5.1.1 本方法适用于钢筋混凝土受弯和受压构件的加固。

5.1.2 采用本方法时，按现场检测结果确定的原构件混凝土强度等级不应低于 C13。

5.1.3 当被加固构件界面处理及其粘结质量符合本规范规定时，可按整体截面计算。

5.1.4 采用增大截面加固钢筋混凝土结构构件时，其正截面承载力应按现行国家标准《混凝土结构设计规范》GB 50010 的基本假定进行计算。

5.1.5 采用增大截面加固法对混凝土结构进行加固时，应采取措施卸除或大部分卸除作用在结构上的活荷载。

5.2 受弯构件正截面加固计算

5.2.1 采用增大截面加固受弯构件时，应根据原结构构造和受力的实际情况，选用在受压区或受拉区增设现浇钢筋混凝土外加层的加固方式。

5.2.2 当仅在受压区加固受弯构件时，其承载力、抗裂度、钢筋应力、裂缝宽度及挠度的计算和验算，可按现行国家标准《混凝土结构设计规范》GB 50010 关于叠合式受弯构件的规定进行。当验算结果表明，仅需增混凝土叠合层即可满足承载力要求时，也应按构造要求配置受压钢筋和分布钢筋。

5.2.3 当在受拉区加固矩形截面受弯构件时（图 5.2.3），其正截面受弯承载力应按下列公式确定：

$$M \leqslant \alpha_s f_y A_s \left(h_0 - \frac{x}{2} \right)$$
$$+ f_{y0} A_{s0} \left(h_{01} - \frac{x}{2} \right) + f'_{y0} A'_{s0} \left(\frac{x}{2} - a' \right)$$

$$(5.2.3-1)$$

$$\alpha_1 f_{c0} bx = f_{y0} A_{s0} + \alpha_s f_y A_s - f'_{y0} A'_{s0}$$

$$(5.2.3-2)$$

$$2a' \leqslant x \leqslant \xi_b h_0 \qquad (5.2.3-3)$$

式中：M——构件加固后弯矩设计值（kN·m）；

α_s——新增钢筋强度利用系数，取 $\alpha_s = 0.9$；

f_y——新增钢筋的抗拉强度设计值（N/mm²）；

A_s——新增受拉钢筋的截面面积（mm²）；

h_0、h_{01}——构件加固后和加固前的截面有效高度（mm）；

x——混凝土受压区高度（mm）；

f_{y0}、f'_{y0}——原钢筋的抗拉、抗压强度设计值（N/mm²）；

A_{s0}、A'_{s0}——原受拉钢筋和原受压钢筋的截面面积（mm²）；

a'——纵向受压钢筋合力点至混凝土受压区边缘的距离（mm）；

α_1——受压区混凝土矩形应力图的应力值与混凝土轴心抗压强度设计值的比值；当混凝土强度等级不超过 C50 时，取 $\alpha_1 = 1.0$；当混凝土强度等级为 C80 时，取 $\alpha_1 = 0.94$；其间按线性内插法确定；

f_{c0}——原构件混凝土轴心抗压强度设计值（N/mm²）；

b——矩形截面宽度（mm）；

ξ_b——构件增大截面加固后的相对界限受压区高度，按本规范第 5.2.4 条的规定计算。

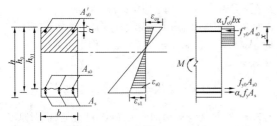

图 5.2.3 矩形截面受弯构件正截面加固计算简图

5.2.4 受弯构件增大截面加固后的相对界限受压区高度 ξ_b，应按下列公式确定：

$$\xi_b = \frac{\beta_1}{1 + \frac{\alpha_s f_y}{\varepsilon_{cu} E_s} + \frac{\varepsilon_{s1}}{\varepsilon_{cu}}} \quad (5.2.4\text{-}1)$$

$$\varepsilon_{s1} = \left(1.6 \frac{h_0}{h_{01}} - 0.6\right) \varepsilon_{s0} \quad (5.2.4\text{-}2)$$

$$\varepsilon_{s0} = \frac{M_{0k}}{0.85 h_{01} A_{s0} E_{s0}} \quad (5.2.4\text{-}3)$$

式中：β_1——计算系数，当混凝土强度等级不超过 C50 时，β_1 值取为 0.80；当混凝土强度等级为 C80 时，β_1 值取为 0.74，其间按线性内插法确定；

ε_{cu}——混凝土极限压应变，取 $\varepsilon_{cu} = 0.0033$；

ε_{s1}——新增钢筋位置处，按平截面假设确定的初始应变值；当新增主筋与原主筋的连接采用短钢筋焊接时，可近似取 $h_{01} = h_0$，$\varepsilon_{s1} = \varepsilon_{s0}$；

M_{0k}——加固前受弯构件验算截面上原作用的弯矩标准值；

ε_{s0}——加固前，在初始弯矩 M_{0k} 作用下原受拉钢筋的应变值。

5.2.5 当按公式（5.2.3-1）及（5.2.3-2）算得的加固后混凝土受压区高度 x 与加固前原截面有效高度 h_{01} 之比 x/h_{01} 大于原截面相对界限受压区高度 ξ_{b0} 时，应考虑原纵向受拉钢筋应力 σ_{s0} 尚达不到 f_{y0} 的情况。此时，应将上述两公式中的 f_{y0} 改为 σ_{s0}，并重新进行验算。验算时，σ_{s0} 值可按下式确定：

$$\sigma_{s0} = \left(\frac{0.8 h_{01}}{x} - 1\right) \varepsilon_{cu} E_s \leqslant f_{y0} \quad (5.2.5)$$

5.2.6 对翼缘位于受压区的 T 形截面受弯构件，其受拉区增设现浇配筋混凝土层的正截面受弯承载力，应按本规范第 5.2.3 条至第 5.2.5 条的计算原则和现行国家标准《混凝土结构设计规范》GB 50010 关于 T 形截面受弯承载力的规定进行计算。

5.3 受弯构件斜截面加固计算

5.3.1 受弯构件加固后的斜截面应符合下列条件：

1 当 $h_w/b \leqslant 4$ 时

$$V \leqslant 0.25 \beta_c f_c b h_0 \quad (5.3.1\text{-}1)$$

2 当 $h_w/b \geqslant 6$ 时

$$V \leqslant 0.20 \beta_c f_c b h_0 \quad (5.3.1\text{-}2)$$

3 当 $4 < h_w/b < 6$ 时，按线性内插法确定。

式中：V——构件加固后剪力设计值（kN）；

β_c——混凝土强度影响系数；按现行国家标准《混凝土结构设计规范》GB 50010 的规定值采用；

b——矩形截面的宽度或 T 形、I 形截面的腹板宽度（mm）；

h_w——截面的腹板高度（mm）；对矩形截面，取有效高度；对 T 形截面，取有效高度减去翼缘高度；对 I 形截面，取腹板净高。

5.3.2 采用增大截面法加固受弯构件时，其斜截面受剪承载力应符合下列规定：

1 当受拉区增设配筋混凝土层，并采用 U 形箍与原箍筋逐个焊接时：

$$V \leqslant \alpha_{cv} \left[f_{t0} b h_{01} + \alpha_c f_t b (h_0 - h_{01})\right] + f_{yv0} \frac{A_{sv0}}{s_0} h_0$$

$$(5.3.2\text{-}1)$$

2 当增设钢筋混凝土三面围套，并采用加锚式或胶锚式箍筋时：

$$V \leqslant \alpha_{cv} (f_{t0} b h_{01} + \alpha_c f_t A_c) + \alpha_s f_{yv} \frac{A_{sv}}{s} h_0 + f_{yv0} \frac{A_{sv0}}{s_0} h_{01}$$

$$(5.3.2\text{-}2)$$

式中：α_{cv}——斜截面混凝土受剪承载力系数，对一般受弯构件取 0.7；对集中荷载作用下（包括作用有多种荷载，其中集中荷载对支座截面或节点边缘所产生的剪力值占总剪力的 75% 以上的情况）的独立梁，取 α_{cv} 为 $\frac{1.75}{\lambda + 1}$，λ 为计算截面的剪跨比，可取 λ 等于 a/h_0，当 λ 小于 1.5 时，取 1.5；当 λ 大于 3 时，取 3；a 为集中荷载作用点至支座截面或节点边缘的距离；

α_c——新增混凝土强度利用系数，取 $\alpha_c = 0.7$；

f_t、f_{t0}——新、旧混凝土轴心抗拉强度设计值（N/mm²）；

A_c——三面围套新增混凝土截面面积（mm²）；

α_s——新增箍筋强度利用系数，取 $\alpha_s = 0.9$；

f_{yv}、f_{yv0}——新箍筋和原箍筋的抗拉强度设计值（N/mm²）；

A_{sv}、A_{sv0}——同一截面内新箍筋各肢截面面积之和及原箍筋各肢截面面积之和（mm²）；

s、s_0——新增箍筋或原箍筋沿构件长度方向的间距（mm）。

5.4 受压构件正截面加固计算

5.4.1 采用增大截面加固钢筋混凝土轴心受压构件（图5.4.1）时，其正截面受压承载力应按下式确定：

$$N \leqslant 0.9\varphi \left[f_{c0}A_{c0} + f'_{y0}A'_{s0} + \alpha_s \left(f_c A_c + f'_y A'_s \right) \right]$$

$$(5.4.1)$$

式中：N——构件加固后的轴向压力设计值（kN）；

φ——构件稳定系数，根据加固后的截面尺寸，按现行国家标准《混凝土结构设计规范》GB 50010 的规定值采用；

A_{c0}、A_c——构件加固前混凝土截面面积和加固后新增部分混凝土截面面积（mm²）；

f'_y、f'_{y0}——新增纵向钢筋和原纵向钢筋的抗压强度设计值（N/mm²）；

A'_s——新增纵向受压钢筋的截面面积（mm²）；

α_{cs}——综合考虑新增混凝土和钢筋强度利用程度的降低系数，取 α_{cs} 值为 0.8。

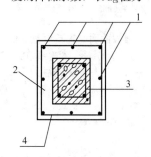

图 5.4.1 轴心受压构件增大截面加固

1—新增纵向受力钢筋；2—新增截面；3—原柱截面；4—新加箍筋

5.4.2 采用增大截面加固钢筋混凝土偏心受压构件时，其矩形截面正截面承载力应按下列公式确定（图5.4.2）：

$$N \leqslant \alpha_1 f_{cc}bx + 0.9f'_y A'_s + f'_{y0}A'_{s0} - \sigma_s A_s - \sigma_{s0}A_{s0}$$

$$(5.4.2\text{-}1)$$

$$Ne \leqslant \alpha_1 f_{cc}bx \left(h_0 - \frac{x}{2} \right) + 0.9f'_y A'_s \left(h_0 - a'_s \right)$$
$$+ f'_{y0}A'_{s0} \left(h_0 - a'_{s0} \right) - \sigma_{s0}A_{s0} \left(a_{s0} - a_s \right)$$

$$(5.4.2\text{-}2)$$

$$\sigma_{s0} = \left(\frac{0.8h_{01}}{x} - 1 \right) E_{s0}\varepsilon_{cu} \leqslant f_{y0} \quad (5.4.2\text{-}3)$$

$$\sigma_s = \left(\frac{0.8h_0}{x} - 1 \right) E_s\varepsilon_{cu} \leqslant f_y \quad (5.4.2\text{-}4)$$

式中：f_{cc}——新旧混凝土组合截面的混凝土轴心抗压强度设计值（N/mm²），可近似按 $f_{cc} = \frac{1}{2}(f_{c0} + 0.9f_c)$ 确定；若有可靠试验数据，也可按试验结果确定；

f_c、f_{c0}——分别为新旧混凝土轴心抗压强度设计值（N/mm²）；

σ_{s0}——原构件受拉边或受压较小边纵向钢筋应力，当为小偏心受压构件时，图中

σ_{s0} 可能变向；当算得 $\sigma_{s0} > f_{y0}$ 时，取 $\sigma_{s0} = f_{y0}$；

σ_s——受拉边或受压较小边的新增纵向钢筋应力（N/mm²）；当算得 $\sigma_s > f_y$ 时，取 $\sigma_s = f_y$；

A_{s0}——原构件受拉边或受压较小边纵向钢筋截面面积（mm²）；

A'_{s0}——原构件受压较大边纵向钢筋截面面积（mm²）；

e——偏心距，为轴向压力设计值 N 的作用点至纵向受拉钢筋合力点的距离，按本节第5.4.3条确定（mm）；

a_{s0}——原构件受拉边或受压较小边纵向钢筋合力点到加固后截面近边的距离（mm）；

a'_{s0}——原构件受压较大边纵向钢筋合力点到加固后截面近边的距离（mm）；

a_s——受拉边或受压较小边新增纵向钢筋合力点至加固后截面近边的距离（mm）；

a'_s——受压较大边新增纵向钢筋合力点至加固后截面近边的距离（mm）；

h_0——受拉边或受压较小边新增纵向钢筋合力点至加固后截面受压较大边缘的距离（mm）；

h_{01}——原构件截面有效高度（mm）。

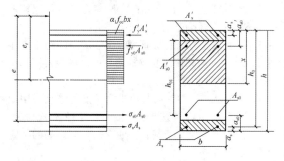

图 5.4.2 矩形截面偏心受压构件加固的计算

5.4.3 轴向压力作用点至纵向受拉钢筋的合力作用点的距离（偏心距）e，应按下列规定确定：

$$e = e_i + \frac{h}{2} - a \quad (5.4.3\text{-}1)$$

$$e_i = e_0 + e_a \quad (5.4.3\text{-}2)$$

式中：e_i——初始编心距；

a——纵向受拉钢筋的合力点至截面近边缘的距离；

e_0——轴向压力对截面重心的偏心距，取为 M/N；当需要考虑二阶效应时，M 应按国家标准《混凝土结构设计规范》GB 50010—2010 第 6.2.4 条规定的 $C_m\eta_{ns}M_2$，乘以修正系数 ψ 确定，即取 M 为 $\psi C_m\eta_{ns}M_2$；

ψ——修正系数,当为对称形式加固时,取 ψ 为 1.2;当为非对称加固时,取 ψ 为 1.3;

e_a——附加偏心距,按偏心方向截面最大尺寸 h 确定;当 $h \leqslant 600mm$ 时,取 e_a 为 20mm;当 $h > 600mm$ 时,取 $e_a = h/30$。

5.5 构 造 规 定

5.5.1 采用增大截面加固法时,新增截面部分,可用现浇混凝土、自密实混凝土或喷射混凝土浇筑而成,也可用掺有细石混凝土的水泥基灌浆料灌注而成。

5.5.2 采用增大截面加固法时,原构件混凝土表面应经处理,设计文件应对所采用的界面处理方法和处理质量提出要求。一般情况下,除混凝土表面应予打毛外,尚应采取涂刷结构界面胶、种植剪切销钉或增设剪力键等措施,以保证新旧混凝土共同工作。

5.5.3 新增混凝土层的最小厚度,板不应小于 40mm;梁、柱,采用现浇混凝土、自密实混凝土或灌浆料施工时,不应小于 60mm,采用喷射混凝土施工时,不应小于 50mm。

5.5.4 加固用的钢筋,应采用热轧钢筋。板的受力钢筋直径不应小于 8mm;梁的受力钢筋直径不应小于 12mm;柱的受力钢筋直径不应小于 14mm;加锚式箍筋直径不应小于 8mm;U 形箍直径应与原箍筋直径相同;分布筋直径不应小于 6mm。

5.5.5 新增受力钢筋与原受力钢筋的净间距不应小于 25mm,并应采用短筋或箍筋与原钢筋焊接;其构造应符合下列规定:

1 当新增受力钢筋与原受力钢筋的连接采用短筋(图 5.5.5a)焊接时,短筋的直径不应小于 25mm,长度不应小于其直径的 5 倍,各短筋的中距不应大于 500mm;

2 当截面受拉区一侧加固时,应设置 U 形箍筋(图 5.5.5b),U 形箍筋应焊在原有箍筋上,单面焊的焊缝长度应为箍筋直径的 10 倍,双面焊的焊缝长度应为箍筋直径的 5 倍;

3 当用混凝土围套加固时,应设置环形箍筋或加锚式箍筋(图 5.5.5d 或 e);

4 当受构造条件限制而需采用植筋方式埋设 U 形箍(图 5.5.5c)时,应采用锚固型结构胶种植,不得采用未改性的环氧类胶粘剂和不饱和聚酯类的胶粘剂种植,也不得采用无机锚固剂(包括水泥基灌浆料)种植。

5.5.6 梁的新增纵向受力钢筋,其两端应可靠锚固;柱的新增纵向受力钢筋的下端应伸入基础并应满足锚固要求;上端应穿过楼板与上层柱脚连接或在屋面板处封顶锚固。

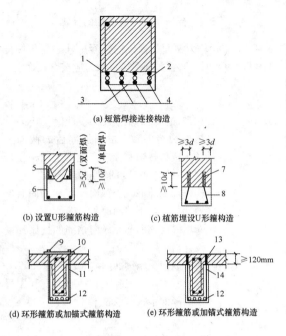

(a) 短筋焊接连接构造

(b) 设置U形箍筋构造   (c) 植筋埋设U形箍筋构造

(d) 环形箍筋或加锚式箍筋构造   (e) 环形箍筋或加锚式箍筋构造

图 5.5.5 增大截面配置新增箍筋的连接构造

1—原钢筋;2—连接短筋;3—φ6 连系钢筋,对应在原箍筋位置;4—新增钢筋;5—焊接于原箍筋上;6—新加 U 形箍;7—植箍筋用结构胶锚固;8—新加箍筋;9—螺栓,螺帽拧紧后加点焊;10—钢板;11—加锚式箍筋;12—新增受力钢筋;13—孔中用结构胶锚固;14—胶锚式箍筋;d—箍筋直径

6 置换混凝土加固法

6.1 设 计 规 定

6.1.1 本方法适用于承重构件受压区混凝土强度偏低或有严重缺陷的局部加固。

6.1.2 采用本方法加固梁式构件时,应对原构件加以有效的支顶。当采用本方法加固柱、墙等构件时,应对原结构、构件在施工全过程中的承载状态进行验算、观测和控制,置换界面处的混凝土不应出现拉应力,当控制有困难时,应采取支顶等措施进行卸荷。

6.1.3 采用本方法加固混凝土结构构件时,其非置换部分的原构件混凝土强度等级,按现场检测结果不应低于该混凝土结构建造时规定的强度等级。

6.1.4 当混凝土结构构件置换部分的界面处理及其施工质量符合本规范的要求时,其结合面可按整体受力计算。

6.2 加 固 计 算

6.2.1 当采用置换法加固钢筋混凝土轴心受压构件时,其正截面承载力应符合下式规定:

$$N \leqslant 0.9\varphi(f_{c0}A_{c0} + \alpha_c f_c A_c + f'_{y0}A'_{s0})$$

(6.2.1)

式中:N——构件加固后的轴向压力设计值(kN);

φ——受压构件稳定系数，按现行国家标准《混凝土结构设计规范》GB 50010 的规定值采用；

α_c——置换部分新增混凝土的强度利用系数，当置换过程无支顶时，取 $\alpha_c = 0.8$；当置换过程采取有效的支顶措施时，取 $\alpha_c = 1.0$；

f_{c0}、f_c——分别为原构件混凝土和置换部分新混凝土的抗压强度设计值（N/mm²）；

A_{c0}、A_c——分别为原构件截面扣去置换部分后的剩余截面面积和置换部分的截面面积（mm²）。

6.2.2 当采用置换法加固钢筋混凝土偏心受压构件时，其正截面承载力应按下列两种情况分别计算：

1 压区混凝土置换深度 $h_n \geqslant x_n$，按新混凝土强度等级和现行国家标准《混凝土结构设计规范》GB 50010 的规定进行正截面承载力计算。

2 压区混凝土置换深度 $h_n < x_n$，其正截面承载力应符合下列公式规定：

$$N \leqslant \alpha_1 f_c b h_n + \alpha_1 f_{c0} b (x_n - h_n) + f'_{y0} A'_{s0} - \sigma_{s0} A_{s0}$$
（6.2.2-1）

$$Ne \leqslant \alpha_1 f_c b h_n h_{0n} + \alpha_1 f_{c0} b (x_n - h_n) h_{00} + f'_{y0} A'_{s0} (h_0 - a'_s)$$
（6.2.2-2）

式中：N——构件加固后轴向压力设计值（kN）；

e——轴向压力作用点至受拉钢筋合力点的距离（mm）；

f_c——构件置换用混凝土抗压强度设计值（N/mm²）；

f_{c0}——原构件混凝土的抗压强度设计值（N/mm²）；

x_n——加固后混凝土受压区高度（mm）；

h_n——受压区混凝土的置换深度（mm）；

h_0——纵向受拉钢筋合力点至受压区边缘的距离（mm）；

h_{0n}——纵向受拉钢筋合力点至置换混凝土形心的距离（mm）；

h_{00}——受拉区纵向钢筋合力点至原混凝土（$x_n - h_n$）部分形心的距离（mm）；

A_{s0}、A'_{s0}——分别为原构件受拉区、受压区纵向钢筋的截面面积（mm²）；

b——矩形截面的宽度（mm）；

a'_s——纵向受压钢筋合力点至截面近边的距离（mm）；

f'_{y0}——原构件纵向受压钢筋的抗压强度设计值（N/mm²）；

σ_{s0}——原构件纵向受拉钢筋的应力（N/mm²）。

6.2.3 当采用置换法加固钢筋混凝土受弯构件时，其正截面承载力应按下列两种情况分别计算：

1 压区混凝土置换深度 $h_n \geqslant x_n$，按新混凝土强

度等级和现行国家标准《混凝土结构设计规范》GB 50010 的规定进行正截面承载力计算。

2 压区混凝土置换深度 $h_n < x_n$，其正截面承载力应按下列公式计算：

$$M \leqslant \alpha_1 f_c b h_n h_{0n} + \alpha_1 f_{c0} b (x_n - h_n) h_{00} + f'_{y0} A'_{s0} (h_0 - a'_s)$$
（6.2.3-1）

$$\alpha_1 f_c b h_n + \alpha_1 f_{c0} b (x_n - h_n) = f_{y0} A_{s0} - f'_{y0} A'_{s0}$$
（6.2.3-2）

式中：M——构件加固后的弯矩设计值（kN·m）；

f_{y0}、f'_{y0}——原构件纵向钢筋的抗拉、抗压强度设计值（N/mm²）。

6.3 构造规定

6.3.1 置换用混凝土的强度等级应比原构件混凝土提高一级，且不应低于 C25。

6.3.2 混凝土的置换深度，板不应小于 40mm；梁、柱，采用人工浇筑时，不应小于 60mm，采用喷射法施工时，不应小于 50mm。置换长度应按混凝土强度和缺陷的检测及验算结果确定，但对非全长置换的情况，其两端应分别延伸不小于 100mm 的长度。

6.3.3 梁的置换部分应位于构件截面受压区内，沿整个宽度剔除（图 6.3.3a），或沿部分宽度对称剔除（图 6.3.3b），但不得仅剔除截面的一隅（图 6.3.3c）。

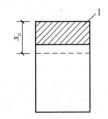

(a) 沿整个宽度剔除

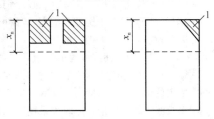

(b) 沿部分宽度对称剔除　　(c) 不得仅剔除截面一隅

图 6.3.3 梁置换混凝土的剔除部位
1—剔除区；x_n—受压区高度

6.3.4 置换范围内的混凝土表面处理，应符合现行国家标准《建筑结构加固工程施工质量验收规范》GB 50550 的规定；对既有结构，旧混凝土表面尚应涂刷界面胶，以保证新旧混凝土的协同工作。

7 体外预应力加固法

7.1 设计规定

7.1.1 本方法适用于下列钢筋混凝土结构构件的加固:

1 以无粘结钢绞线为预应力下撑式拉杆时,宜用于连续梁和大跨简支梁的加固;

2 以普通钢筋为预应力下撑式拉杆时,宜用于一般简支梁的加固;

3 以型钢为预应力撑杆时,宜用于柱的加固。

7.1.2 本方法不适用于素混凝土构件(包括纵向受力钢筋一侧配筋率小于0.2%的构件)的加固。

7.1.3 采用体外预应力方法对钢筋混凝土结构、构件进行加固时,其原构件的混凝土强度等级不宜低于C20。

7.1.4 采用本方法加固混凝土结构时,其新增的预应力拉杆、锚具、垫板、撑杆、缀板以及各种紧固件等均应进行可靠的防锈蚀处理。

7.1.5 采用本方法加固的混凝土结构,其长期使用的环境温度不应高于60℃。

7.1.6 当被加固构件的表面有防火要求时,应按现行国家标准《建筑设计防火规范》GB 50016规定的耐火等级及耐火极限要求,对预应力杆件及其连接进行防护。

7.1.7 采用体外预应力加固法对钢筋混凝土结构进行加固时,可不采取卸载措施。

7.2 无粘结钢绞线体外预应力的加固计算

7.2.1 采用无粘结钢绞线预应力下撑式拉杆加固受弯构件时,除应符合现行国家标准《混凝土结构设计规范》GB 50010 正截面承载力计算的基本假定外,尚应符合下列规定:

1 构件达到承载能力极限状态时,假定钢绞线的应力等于施加预应力时的张拉控制应力,亦即假定钢绞线的应力增量值与预应力损失值相等。

2 当采用一端张拉,而连续跨的跨数超过两跨;或当采用两端张拉,而连续跨的跨数超过四跨时,距张拉端两跨以上的梁,其由摩擦力引起的预应力损失有可能大于钢绞线的应力增量。此时可采用下列两种方法加以弥补:

   1)方法一:在跨中设置拉紧螺栓,采用横向张拉的方法补足预应力损失值;

   2)方法二:将钢绞线的张拉预应力提高至 $0.75f_{ptk}$,计算时仍按 $0.70f_{ptk}$ 取值。

3 无粘结钢绞线体外预应力产生的纵向压力在计算中不予计入,仅作为安全储备。

4 在达到受弯承载力极限状态前,无粘结钢绞线锚固可靠。

7.2.2 受弯构件加固后的相对界限受压区高度 ξ_{pb} 可采用下式计算,即加固前控制值的0.85倍:

$$\xi_{pb} = 0.85\xi_b \qquad (7.2.2)$$

式中:ξ_b——构件加固前的相对界限受压区高度,按现行国家标准《混凝土结构设计规范》GB 50010 的规定计算。

7.2.3 当采用无粘结钢绞线体外预应力加固矩形截面受弯构件时(图7.2.3),其正截面承载力应按下列公式确定:

$$M \leqslant \alpha_1 f_{c0}bx \left(h_p - \frac{x}{2}\right) + f'_{y0}A'_{s0}(h_p - a') - f_{y0}A_{s0}(h_p - h_0) \qquad (7.2.3-1)$$

$$\alpha_1 f_{c0}bx = \sigma_p A_p + f_{y0}A_{s0} - f'_{y0}A'_{s0} \qquad (7.2.3-2)$$

$$2a' \leqslant x \leqslant \xi_{pb}h_0 \qquad (7.2.3-3)$$

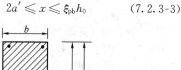

(a) 钢绞线位于梁底以上

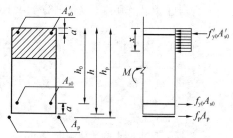

(b) 钢绞线位于梁底以下　(c) 对应于(b)的计算简图

图7.2.3 矩形截面正截面受弯承载力计算

式中:M——弯矩(包括加固前的初始弯矩)设计值(kN·m);

α_1——计算系数:当混凝土强度等级不超过C50时,取 $\alpha_1 = 1.0$;当混凝土强度等级为C80时,取 $\alpha_1 = 0.94$;其间按线性内插法确定;

f_{c0}——混凝土轴心抗压强度设计值(N/mm²);

x——混凝土受压区高度(mm);

b、h——矩形截面的宽度和高度(mm);

f_{y0}、f'_{y0}——原构件受拉钢筋和受压钢筋的抗拉、抗压强度设计值(N/mm²);

A_{s0}、A'_{s0}——原构件受拉钢筋和受压钢筋的截面面积(mm²);

a'——纵向受压钢筋合力点至混凝土受压区边

缘的距离（mm）；

h_0——构件加固前的截面有效高度（mm）；

h_p——构件截面受压边至无粘结钢绞线合力点的距离（mm），可近似取 $h_p = h$；

σ_p——预应力钢绞线应力值（N/mm²），取 $\sigma_p = \sigma_{p0}$；

σ_{p0}——预应力钢绞线张拉控制应力（N/mm²）；

A_p——预应力钢绞线截面面积（mm²）。

一般加固设计时，可根据公式（7.2.3-1）计算出混凝土受压区的高度 x，然后代入公式（7.2.3-2），即可求出预应力钢绞线的截面面积 A_p。

7.2.4 当采用无粘结钢绞线体外预应力加固矩形截面受弯构件时，其斜截面承载力应按下列公式确定：

$$V \leqslant V_{b0} + V_{bp} \quad (7.2.4-1)$$

$$V_{bp} = 0.8\sigma_p A_p \sin\alpha \quad (7.2.4-2)$$

式中：V——支座剪力设计值（kN）；

V_{b0}——加固前梁的斜截面承载力，应按现行国家标准《混凝土结构设计规范》GB 50010 计算（kN）；

V_{bp}——采用无粘结钢绞线体外预应力加固后，梁的斜截面承载力的提高值（kN）；

α——支座区段钢绞线与梁纵向轴线的夹角（rad）。

7.3 普通钢筋体外预应力的加固计算

7.3.1 采用普通钢筋预应力下撑式拉杆加固简支梁时，应按下列规定进行计算：

1 估算预应力下撑式拉杆的截面面积 A_p：

$$A_p = \frac{\Delta M}{f_{py}\eta h_{02}} \quad (7.3.1-1)$$

式中：A_p——预应力下撑式拉杆的总截面面积（mm²）；

f_{py}——下撑式钢拉杆抗拉强度设计值（N/mm²）；

h_{02}——由下撑式拉杆中部水平段的截面形心到被加固梁上缘的垂直距离（mm）；

η——内力臂系数，取 0.80。

2 计算在新增外荷载作用下该拉杆中部水平段产生的作用效应增量 ΔN。

3 确定下撑式拉杆应施加的预应力值 σ_p。确定时，除应按现行国家标准《混凝土结构设计规范》GB 50010 的规定控制张拉应力并计入预应力损失值外，尚应按下式进行验算：

$$\sigma_p + (\Delta N/A_p) < \beta_1 f_{py} \quad (7.3.1-2)$$

式中：β_1——下撑式拉杆的协同工作系数，取 0.80。

4 按本规范第 7.2.3 条和第 7.2.4 条的规定验算梁的正截面及斜截面承载力。

5 预应力张拉控制量应按所采用的施加预应力方法计算。当采用千斤顶纵向张拉时，可按张拉

$\sigma_p A_p$ 控制；当要求按伸长率控制，伸长率中应计入裂缝闭合的影响。当采用拉紧螺杆进行横向张拉时，横向张拉量应按本规范第 7.3.2 条确定。

7.3.2 当采用两根预应力下撑式拉杆进行横向张拉时，其拉杆中部横向张拉量 ΔH 可按下式验算：

$$\Delta H \leqslant (L_2/2) \sqrt{2\sigma_p/E_s} \quad (7.3.2)$$

式中：L_2——拉杆中部水平段的长度（mm）。

7.3.3 加固梁挠度 ω 的近似值，可按下式进行计算：

$$\omega = \omega_1 - \omega_p + \omega_2 \quad (7.3.3)$$

式中：ω_1——加固前梁在原荷载标准值作用下产生的挠度（mm）；计算时，梁的刚度 B_1 可根据原梁开裂情况，近似取 $0.35E_c I_0 \sim 0.50E_c I_0$；

ω_p——张拉预应力引起的梁的反拱（mm）；计算时，梁的刚度 B_p 可近视取为 $0.75E_c I_0$；

ω_2——加固结束后，在后加荷载作用下梁所产生的挠度（mm）；计算时，梁的刚度 B_2 可取等于 B_p；

E_c——原梁的混凝土弹性模量（MPa）；

I_0——原梁的换算截面惯性矩（mm⁴）。

7.4 型钢预应力撑杆的加固计算

7.4.1 采用预应力双侧撑杆加固轴心受压的钢筋混凝土柱时，应按下列规定进行计算：

1 确定加固后轴向压力设计值 N；

2 按下式计算原柱的轴心受压承载力 N_0 设计值：

$$N_0 = 0.9\varphi (f_{c0}A_{c0} + f'_{y0}A'_{s0}) \quad (7.4.1-1)$$

式中：φ——原柱的稳定系数；

A_{c0}——原柱的截面面积（mm²）；

f_{c0}——原柱的混凝土抗压强度设计值（N/mm²）；

A'_{s0}——原柱的纵向钢筋总截面面积（mm²）；

f'_{y0}——原柱的纵向钢筋抗压强度设计值（N/mm²）。

3 按下式计算撑杆承受的轴向压力 N_1 设计值：

$$N_1 = N - N_0 \quad (7.4.1-2)$$

式中：N——柱加固后轴向压力设计值（kN）。

4 按下式计算预应力撑杆的总截面面积：

$$N_1 \leqslant \varphi\beta_2 f'_{py}A'_p \quad (7.4.1-3)$$

式中：β_2——撑杆与原柱的协同工作系数，取 0.9；

f'_{py}——撑杆钢材的抗压强度设计值（N/mm²）；

A'_p——预应力撑杆的总截面面积（mm²）。

预应力撑杆每侧杆肢由两根角钢或一根槽钢构成。

5 柱加固后轴心受压承载力设计值可按下式验算：

$$N \leqslant 0.9\varphi (f_{c0}A_{c0} + f'_{y0}A'_{s0} + \beta_3 f'_{py}A'_p)$$

$$(7.4.1-4)$$

6 缀板应按现行国家标准《钢结构设计规范》GB 50017 进行设计计算，其尺寸和间距应保证撑杆受压肢及单根角钢在施工时不致失稳。

7 设计应规定撑杆安装时需预加的压应力值 σ'_p，并可按下式验算：

$$\sigma'_p \leqslant \varphi_1 \beta_3 f_{py} \qquad (7.4.1\text{-}5)$$

式中：φ_1——撑杆的稳定系数；确定该系数所需的撑杆计算长度，当采用横向张拉方法时，取其全长的 1/2；当采用顶升法时，取其全长，按格构式压杆计算其稳定系数；

β_3——经验系数，取 0.75。

8 设计规定的施工控制量，应按采用的施加预应力方法计算：

1）当用千斤顶、楔子等进行竖向顶升安装撑杆时，顶升量 ΔL 可按下式计算：

$$\Delta L = \frac{L \sigma'_p}{\beta_4 E_a} + a_1 \qquad (7.4.1\text{-}6)$$

式中：E_a——撑杆钢材的弹性模量；

L——撑杆的全长；

a_1——撑杆端顶板与混凝土间的压缩量，取 2mm～4mm；

β_4——经验系数，取 0.90。

2）当用横向张拉法（图 7.4.1）安装撑杆时，横向张拉量 ΔH 按下式验算：

$$\Delta H \leqslant \frac{L}{2} \sqrt{\frac{2.2 \sigma'_p}{E_a}} + a_2 \qquad (7.4.1\text{-}7)$$

式中：a_2——综合考虑各种误差因素对张拉量影响的修正项，可取 $a_2 = 5$mm～7mm。

实际弯折撑杆肢时，宜将长度中点处的横向弯折量取为 $\Delta H +$（3mm～5mm），但施工中只收紧 ΔH，使撑杆处于预压状态。

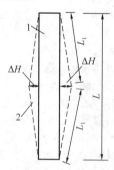

图 7.4.1 预应力撑杆横向张拉量计算图
1—被加固柱；2—撑杆

7.4.2 采用单侧预应力撑杆加固弯矩不变号的偏心受压柱时，应按下列规定进行计算：

1 确定该柱加固后轴向压力 N 和弯矩 M 的设计值。

2 确定撑杆肢承载力，可试用两根较小的角钢

或一根槽钢作撑杆肢，其有效受压承载力取为 $0.9 f'_{py} A'_p$。

3 原柱加固后需承受的偏心受压荷载应按下列公式计算：

$$N_{01} = N - 0.9 f'_{py} A'_p \qquad (7.4.2\text{-}1)$$
$$M_{01} = M - 0.9 f'_{py} A'_p a/2 \qquad (7.4.2\text{-}2)$$

4 原柱截面偏心受压承载力应按下列公式验算：

$$N_{01} \leqslant \alpha_1 f_{c0} bx + f'_{y0} A'_{s0} - \sigma_{s0} A_{s0} \quad (7.4.2\text{-}3)$$

$$N_{01} e \leqslant \alpha_1 f_{c0} bx (h_0 - 0.5x) + f'_{y0} A'_{s0} (h_0 - a'_{s0})$$

$$(7.4.2\text{-}4)$$

$$e = e_0 + 0.5h - a'_{s0} \qquad (7.4.2\text{-}5)$$

$$e_0 = M_{01} / N_{01} \qquad (7.4.2\text{-}6)$$

式中：b——原柱宽度（mm）；

x——原柱的混凝土受压区高度（mm）；

σ_{s0}——原柱纵向受拉钢筋的应力（N/mm²）；

e——轴向力作用点至原柱纵向受拉钢筋合力点之间的距离（mm）；

a'_{s0}——纵向受压钢筋合力点至受压边缘的距离（mm）。

当原柱偏心受压承载力不满足上述要求时，可加大撑杆截面面积，再重新验算。

5 缀板的设计应符合现行国家标准《钢结构设计规范》GB 50017 的有关规定，并应保证撑杆肢或角钢在施工时不失稳。

6 撑杆施工时应预加的压应力值 σ'_p 宜取为 50MPa～80MPa。

7.4.3 采用双侧预应力撑杆加固弯矩变号的偏心受压钢筋混凝土柱时，可按受压荷载较大一侧用单侧撑杆加固的步骤进行计算。选用的角钢截面面积应能满足柱加固后需要承受的最不利偏心受压荷载；柱的另一侧应采用同规格的角钢组成压杆肢，使撑杆的双侧截面对称。

缀板设计、预加压应力值 σ_p 的确定以及横向张拉量 ΔH 或竖向顶升量 ΔL 的计算可按本规范第 7.4.1 条进行。

7.5 无粘结钢绞线体外预应力构造规定

7.5.1 钢绞线的布置（图 7.5.1）应符合下列规定：

1 钢绞线应成对布置在梁的两侧；其外形应为设计所要求的折线形；钢绞线形心至梁侧面的距离宜取为 40mm。

2 钢绞线跨中水平段的支承点，对纵向张拉，宜设在梁底以上的位置；对横向张拉，应设在梁的底部；若纵向张拉的应力不足，尚应依靠横向拉紧螺栓补足时，则支承点也应设在梁的底部。

7.5.2 中间连续节点的支承构造，应符合下列规定：

1 当中柱侧面至梁侧面的距离不小于 100mm

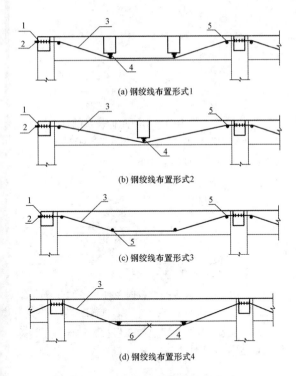

图 7.5.1 钢绞线的几种布置方式

1—钢垫板；2—锚具；3—无粘结钢绞线；4—支承垫板；
5—钢吊棍；6—拉紧螺栓

时，可将钢绞线直接支承在柱子上（图 7.5.2a）。

2 当中柱侧面至梁侧面的距离小于 100mm 时，可将钢绞线支承在柱侧的梁上（图 7.5.2b）。

3 柱侧无梁时可用钻芯机在中柱上钻孔，设置钢吊棍，将钢绞线支承在钢吊棍上（图 7.5.2c）。

图 7.5.2 中间连续节点构造方法

1—钢吊棍

4 当钢绞线在跨中的转折点设在梁底以上位置时，应在中间支座的两侧设置钢吊棍（图 7.5.1a～c），以减少转折点处的摩擦力。若钢绞线在跨中的转折点设在梁底以下位置，则中间支座可不设钢吊棍（图 7.5.1d）。

5 钢吊棍可采用 $\phi50$ 或 $\phi60$ 厚壁钢管制作，内灌细石混凝土。若混凝土孔洞下部的局部承压强度不足，可增设内径与钢吊棍相同的钢管垫，用锚固型结构胶或堵漏剂坐浆。

6 若支座负弯矩承载力不足需要加固时，中间支座水平段钢绞线的长度应按计算确定。此时若梁端截面的受剪承载力不足，可采用粘贴碳纤维 U 形箍或粘贴钢板箍的方法解决。

7.5.3 端部锚固构造应符合下列规定：

1 钢绞线端部的锚固宜采用圆套筒三夹片式单孔锚。端部支承可采用下列四种方法：

　　1）当边柱侧面至梁侧面的距离不小于 100mm 时，可将柱子钻孔，钢绞线穿过柱，其锚具通过钢垫板支承于边柱外侧面；若为纵向张拉，尚应在梁端上部设钢吊棍，以减少张拉的摩擦力（图 7.5.3a）；

　　2）当边柱侧面至梁侧面距离小于 100mm 时，对纵向张拉，宜将锚具通过槽钢垫板支承于边柱外侧面，并在梁端上方设钢吊棍（图 7.5.3b）；

　　3）当柱侧有次梁时，对纵向张拉，可将锚具通过槽钢垫板支承于次梁的外侧面，并在梁端上方设钢吊棍（图 7.5.3c）；对横向张拉，可将槽钢改为钢板，并可不设钢吊棍；

　　4）当无法设置钢垫板时，可用钻芯机在梁端或边柱上钻孔，设置圆钢销棍，将锚具通过圆钢销棍支承于梁端（图 7.5.3d）或边柱上（图 7.5.3e）。圆钢销棍可采用直径为 60mm 的 45 号钢制作，锚具支承面处的圆钢销棍应加工成平面。

2 当梁的混凝土质量较差时，在销棍支承点处，可设置内径与圆钢销棍直径相同的钢管垫，用锚固型结构胶或堵漏剂坐浆。

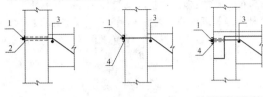

(a) 端部钻孔锚固于柱侧　(b) 端部不钻孔锚固于柱　(c) 端部锚固于梁侧面

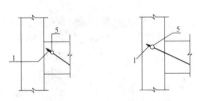

(d) 端部锚固于自身梁端　(e) 端部锚固于边柱之上

图 7.5.3 端部锚固构造示意图

1—锚具；2—钢板垫板；3—圆钢吊棍；
4—槽钢垫板；5—圆钢销棍

3 端部钢垫板接触面处的混凝土面应平整，当不平整时，应采用快硬水泥砂浆或堵漏剂找平。

7.5.4 钢绞线的张拉应力控制值，对纵向张拉，宜取 $0.70f_{ptk}$；当连续梁的跨数较多时，可取为 $0.75f_{ptk}$；f_{ptk} 为钢绞线抗拉强度标准值；对横向张拉，钢绞线的张拉应力控制值宜取 $0.60f_{ptk}$。

7.5.5 采用横向张拉时，每跨钢绞线被支撑垫板、中间撑棍和拉紧螺栓分为若干个区段（图7.5.5）。中间撑棍的数量应通过计算确定，对跨长 6m～9m 的梁，可设置 1 根中间撑棍和两根拉紧螺栓；对跨长小于 6m 的梁，可不设中间撑棍，仅设置 1 根拉紧螺栓；对跨长大于 9m 的梁，宜设置 2 根中间撑棍及 3 根拉紧螺栓。

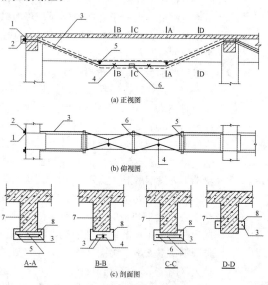

图 7.5.5 采用横向张拉法施加预应力
1—钢垫板；2—锚具；3—无粘结钢绞线，成对布置在梁侧；4—拉紧螺栓；5—支承垫板；6—中间撑棍；7—加固梁；8—C25混凝土

7.5.6 钢绞线横向张拉后的总伸长量，应根据中间撑棍和拉紧螺栓的设置情况，按下列规定计算：

1 当不设中间撑棍，仅有 1 根拉紧螺栓时，其总伸长量 Δl 可按下式计算：

$$\Delta l = 2(c_1 - a_1) = 2 \times (\sqrt{a_1^2 + b^2} - a_1)$$

(7.5.6-1)

式中：a_1——拉紧螺栓至支承垫板的距离（mm）；
b——拉紧螺栓处钢绞线的横向位移量（mm），可取为梁宽的1/2；
c_1——a_1 与 b 的几何关系连线（图7.5.6-1）(mm)。

2 当设 1 根中间撑棍和 2 根拉紧螺栓时，其总伸长量 Δl 应按下式计算：

$$\Delta l = 2 \times (\sqrt{a_1^2 + b^2} + \sqrt{a_2^2 + b^2} - a_1 - a_2)$$

(7.5.6-2)

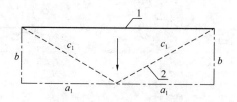

图 7.5.6-1 不设中间撑棍时总伸长量的计算简图
1—钢绞线横向拉紧前；2—钢绞线横向拉紧后

式中：a_2——拉紧螺栓至中间撑棍的距离（mm）；
c_2——a_2 与 b 的几何关系连线（图7.5.6-2）(mm)。

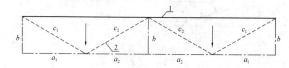

图 7.5.6-2 设 1 根中间撑棍时总伸长量的计算简图
1—钢绞线横向拉紧前；2—钢绞线横向拉紧后

3 当设 2 根中间撑棍和 3 根拉紧螺栓时，其总伸长量 Δl 应按下式计算：

$$\Delta l = 2\sqrt{a_1^2 + b^2} + 4\sqrt{a_2^2 + b^2} - 2a_1 - 4a_2$$

(7.5.6-3)

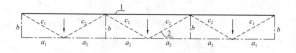

图 7.5.6-3 设 2 根中间撑棍时总伸长量的计算简图
1—钢绞线横向拉紧前；2—钢绞线横向拉紧后

7.5.7 拉紧螺栓位置的确定应符合下列规定：

1 当不设中间撑棍时，可将拉紧螺栓设在中点位置。

2 当设 1 根中间撑棍时，为使拉紧螺栓两侧的钢绞线受力均衡，减少钢绞线在拉紧螺栓处的纵向滑移量，应使 $a_1 < a_2$，并符合下式规定：

$$\frac{c_1 - a_1}{0.5l - a_2} \approx \frac{c_2 - a_2}{a_2}$$

(7.5.7-1)

式中：l——梁的跨度（mm）。

3 当设有 2 根中间撑棍时，为使拉紧螺栓至中间撑棍的距离相等，并使两边拉紧螺栓至支撑垫板的距离相靠近，应符合下式规定：

$$\frac{c_2 - a_2}{a_2} \approx \frac{c_1 - a_1}{0.5l - a_2}$$

(7.5.7-2)

7.5.8 当采用横向张拉方式来补偿部分预应力损失时，其横向手工张拉引起的应力增量应控制为 $0.05f_{ptk}$～$0.15f_{ptk}$，而横向手工张拉引起的应力增量应按下列公式计算：

$$\Delta\sigma = E_s \frac{\Delta l}{l} \qquad (7.5.8)$$

式中：Δl——钢绞线横向张拉后的总伸长量；

$\quad\quad l$——钢绞线在横向张拉前的长度；

$\quad\quad E_s$——钢绞线弹性模量。

7.5.9 防腐和防火措施应符合下列规定：

1 当外观要求较高时，可用 C25 细石混凝土将钢部件和钢绞线整体包裹；端部锚具也可用 C25 细石混凝土包裹。

2 当无外观要求时，钢绞线可用水泥砂浆包裹。具体做法为采用 ϕ80PVC 管对开，内置 1：2 水泥砂浆，将钢绞线包裹在管内，用钢丝绑扎；24h 后将 PVC 管拆除。

7.6 普通钢筋体外预应力构造规定

7.6.1 采用普通钢筋预应力下撑式拉杆加固时，其构造应符合下列规定：

1 采用预应力下撑式拉杆加固梁，当其加固的张拉力不大于 150kN，可用两根 HPB300 级钢筋；当加固的预应力较大，宜用 HRB400 级钢筋。

2 预应力下撑式拉杆中部的水平段距被加固梁下缘的净空宜为 30mm～80mm。

3 预应力下撑式拉杆（图 7.6.1）的斜段宜紧贴在被加固梁的梁肋两旁；在被加固梁下应设厚度不小于 10mm 的钢垫板，其宽度宜与被加固梁宽相等，其梁跨度方向的长度不应小于板厚的 5 倍；钢垫板下应设直径不小于 20mm 的钢筋棒，其长度不应小于被加固梁宽加 2 倍拉杆直径再加 40mm；钢垫板宜用结构胶固定位置，钢筋棒可用点焊固定位置。

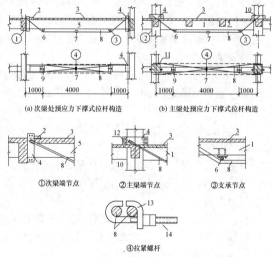

(a) 次梁处预应力下撑式拉杆构造　(b) 主梁处预应力下撑式拉杆构造

①次梁端节点　②主梁端节点　③支承节点

④拉紧螺杆

图 7.6.1 预应力下撑式拉杆构造

1—主梁；2—挡板；3—楼板；4—钢套箍；5—次梁；

6—支撑垫板及钢筋棒；7—拉紧螺栓；8—拉杆；

9—螺栓；10—柱；11—钢托套；12—双帽螺栓；

13—L 形卡板；14—弯钩螺栓

7.6.2 预应力下撑式拉杆端部的锚固构造应符合下列规定：

1 被加固构件端部有传力预埋件可利用时，可将预应力拉杆与传力预埋件焊接，通过焊缝传力。

2 当无传力预埋件时，宜焊制专门的钢套箍，套在梁端，与焊在负筋上的钢挡板相抵承，也可套在混凝土柱上与拉杆焊接。钢套箍可用型钢焊成，也可用钢板加焊加劲肋制成（图 7.6.1②）。钢套箍与混凝土构件间的空隙，应用细石混凝土或自密实混凝土填塞。钢套箍与原构件混凝土间的局部受压承载力应经验算合格。

7.6.3 横向张拉宜采用工具式拉紧螺杆（图 7.6.1④）。拉紧螺杆的直径应按张拉力的大小计算确定，但不应小于 16mm，其螺帽的高度不得小于螺杆直径的 1.5 倍。

7.7 型钢预应力撑杆构造规定

7.7.1 采用预应力撑杆进行加固时，其构造设计应符合下列规定：

1 预应力撑杆用的角钢，其截面不应小于 50mm×50mm×5mm。压杆肢的两根角钢用缀板连接，形成槽形的截面；也可用单根槽钢作压杆肢。缀板的厚度不得小于 6mm，其宽度不得小于 80mm，其长度应按角钢与加固柱之间的空隙大小确定。相邻缀板间的距离应保证单个角钢的长细比不大于 40。

2 压杆肢末端的传力构造（图 7.7.1），应采用焊在压杆肢上的顶板与承压角钢顶紧，通过抵承传力。承压角钢嵌入被加固柱的柱身混凝土或柱头混凝

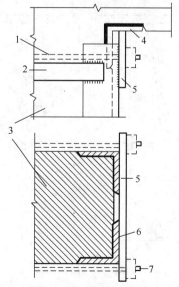

图 7.7.1 撑杆端传力构造

1—安装用螺杆；2—箍板；3—原柱；4—承压角钢，用结构胶加锚栓粘锚；5—传力顶板；6—角钢撑杆；7—安装用螺杆

土内不应少于 25mm。传力顶板宜用厚度不小于 16mm 的钢板,其与角钢肢焊接的板面及与承压角钢抵承的面均应刨平。承压角钢截面不得小于 100mm×75mm×12mm。

7.7.2 当预应力撑杆采用螺栓横向拉紧的施工方法时,双侧加固的撑杆,其两个压杆肢的中部应向外弯折,并应在弯折处采用工具式拉紧螺杆建立预应力并复位(图 7.7.2-1)。单侧加固的撑杆只有一个压杆肢,仍应在中点处弯折,并应采用工具式拉紧螺杆进行横向张拉与复位(图 7.7.2-2)。

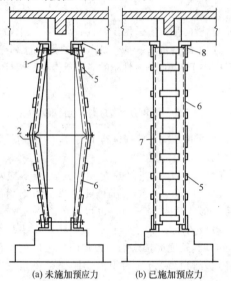

(a) 未施加预应力　(b) 已施加预应力

图 7.7.2-1　钢筋混凝土柱双侧预应力加固撑杆构造
1—安装螺栓;2—工具式拉紧螺杆;3—被加固柱;
4—传力角钢;5—箍板;6—角钢撑杆;
7—加宽箍板;8—传力顶板

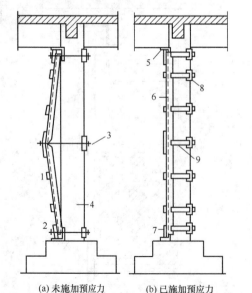

(a) 未施加预应力　(b) 已施加预应力

图 7.7.2-2　钢筋混凝土柱单侧预应力加固撑杆构造
1—箍板;2—安装螺栓;3—工具式拉紧螺栓;
4—被加固柱;5—传力角钢;6—角钢撑杆;
7—传力顶板;8—短角钢;9—加宽箍板

7.7.3 压杆肢的弯折与复位的构造应符合下列规定:

1 弯折压杆肢前,应在角钢的侧立肢上切出三角形缺口。缺口背面,应补焊钢板予以加强(图7.7.3)。

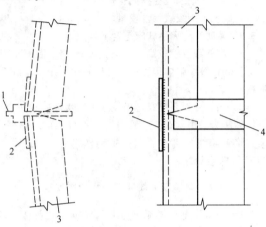

图 7.7.3　角钢缺口处加焊钢板补强
1—工具式拉紧螺杆;2—补强钢板;
3—角钢撑杆;4—剖口处箍板

2 弯折压杆肢的复位应采用工具式拉紧螺杆,其直径应按张拉力的大小计算确定,但不应小于 16mm,其螺帽高度不应小于螺杆直径的 1.5 倍。

8 外包型钢加固法

8.1 设 计 规 定

8.1.1 外包型钢加固法,按其与原构件连接方式分为外粘型钢加固法和无粘结外包型钢加固法;均适用于需要大幅度提高截面承载能力和抗震能力的钢筋混凝土柱及梁的加固。

8.1.2 当工程要求不使用结构胶粘剂时,宜选用无粘结外包型钢加固法,也称干式外包钢加固法。其设计应符合下列规定:

1 当原柱完好,但需提高其设计荷载时,可按原柱与型钢构架共同承担荷载进行计算。此时,型钢构架与原柱所承受的外力,可按各自截面刚度比例进行分配。柱加固后的总承载力为型钢构架承载力与原柱承载力之和。

2 当原柱尚能工作,但需降低原设计承载力时,原柱承载力降低程度应由可靠性鉴定结果进行确定;其不足部分由型钢构架承担。

3 当原柱存在不适于继续承载的损伤或严重缺陷时,可不考虑原柱的作用,其全部荷载由型钢骨架承担。

4 型钢构架承载力应按现行国家标准《钢结构设计规范》GB 50017规定的格构式柱进行计算,并乘以与原柱协同工作的折减系数0.9。

5 型钢构架上下端应可靠连接、支承牢固。其具体构造可按本规范第8.3.2条的规定进行设计。

8.1.3 当工程允许使用结构胶粘剂，且原柱状况适于采取加固措施时，宜选用外粘型钢加固法（图8.1.3）。该方法属复合截面加固法，其设计应符合本章规定。

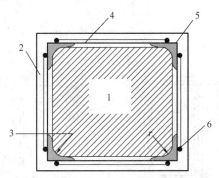

图8.1.3 外粘型钢加固
1—原柱；2—防护层；3—注胶；4—缀板；
5—角钢；6—缀板与角钢焊缝

8.1.4 混凝土结构构件采用符合本规范设计规定的外粘型钢加固时，其加固后的承载力和截面刚度可按整截面计算；其截面刚度 EI 的近似值，可按下式计算：

$$EI = E_{c0}I_{c0} + 0.5E_aA_aa_a^2 \qquad (8.1.4)$$

式中：E_{c0}、E_a——分别为原构件混凝土和加固型钢的弹性模量（MPa）；

I_{c0}——原构件截面惯性矩（mm^4）；

A_a——加固构件一侧外粘型钢截面面积（mm^2）；

a_a——受拉与受压两侧型钢截面形心间的距离（mm）。

8.1.5 采用外包型钢加固法对钢筋混凝土结构进行加固时，应采取措施卸除或大部分卸除作用在原结构上的活荷载。

8.1.6 对型钢构架的涂装工程（包括防腐涂料涂装和防火涂料涂装）的设计，应符合现行国家标准《钢结构设计规范》GB 50017及《钢结构工程施工质量验收规范》GB 50205的规定。

8.2 外粘型钢加固计算

8.2.1 采用外粘型钢（角钢或扁钢）加固钢筋混凝土轴心受压构件时，其正截面承载力应按下式验算：

$$N \leqslant 0.9\varphi(\psi_{sc}f_{c0}A_{c0} + f'_{y0}A'_{s0} + \alpha_af'_aA'_a)$$
$$(8.2.1)$$

式中：N——构件加固后轴向压力设计值（kN）；

φ——轴心受压构件的稳定系数，应根据加固后的截面尺寸，按现行国家标准《混凝土结构设计规范》GB 50010采用；

ψ_{sc}——考虑型钢构架对混凝土约束作用引入的混凝土承载力提高系数；对圆形截面柱，取为1.15；对截面高宽比 $h/b \leqslant$ 1.5、截面高度 $h \leqslant 600mm$ 的矩形截面柱，取为1.1；对不符合上述规定的矩形截面柱，取为1.0；

α_a——新增型钢强度利用系数，除抗震计算取为1.0外，其他计算均取为0.9；

f'_a——新增型钢抗压强度设计值（N/mm^2），应按现行国家标准《钢结构设计规范》GB 50017的规定采用；

A'_a——全部受压肢型钢的截面面积（mm^2）。

8.2.2 采用外粘型钢加固钢筋混凝土偏心受压构件时（图8.2.2），其矩形截面正截面承载力应按下列公式确定：

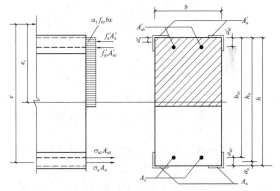

图8.2.2 外粘型钢加固偏心受压柱的截面计算简图

$$N \leqslant \alpha_1f_{c0}bx + f'_{y0}A'_{s0} - \sigma_{s0}A_{s0} + \alpha_af'_aA'_a - \sigma_aA_a$$
$$(8.2.2-1)$$

$$Ne \leqslant \alpha_1f_{c0}bx\left(h_0 - \frac{x}{2}\right) + f'_{y0}A'_{s0}(h_0 - a'_{s0})$$
$$- \sigma_{s0}A_{s0}(a_{s0} - a_a) + \alpha_af'_aA'_a(h_0 - a'_a)$$
$$(8.2.2-2)$$

$$\sigma_{s0} = \left(\frac{0.8h_{01}}{x} - 1\right)E_{s0}\varepsilon_{cu} \qquad (8.2.2-3)$$

$$\sigma_a = \left(\frac{0.8h_0}{x} - 1\right)E_a\varepsilon_{cu} \qquad (8.2.2-4)$$

式中：N——构件加固后轴向压力设计值（kN）；

b——原构件截面宽度（mm）；

x——混凝土受压区高度（mm）；

f_{c0}——原构件混凝土轴心抗压强度设计值（N/mm^2）；

f'_{y0}——原构件受压区纵向钢筋抗压强度设计值（N/mm^2）；

A'_{s0}——原构件受压较大边纵向钢筋截面面积（mm^2）；

σ_{s0}——原构件受拉边或受压较小边纵向钢筋应力（N/mm^2），当为小偏心受压构件时，

图中 σ_{s0} 可能变号，当 $\sigma_{s0} > f_{y0}$ 时，应取 $\sigma_{s0} = f_{y0}$；

A_{s0} ——原构件受拉边或受压较小边纵向钢筋截面面积（mm^2）；

α_a ——新增型钢强度利用系数，除抗震设计取 $\alpha_a = 1.0$ 外，其他取 $\alpha_a = 0.9$；

f_a' ——型钢抗压强度设计值（N/mm^2）；

A_a' ——全部受压肢型钢截面面积（mm^2）；

σ_a ——受拉肢或受压较小肢型钢的应力（N/mm^2），可按式（8.2.2-4）计算，也可近似取 $\sigma_a = \sigma_{s0}$；

A_a ——全部受拉肢型钢截面面积（mm^2）；

e ——偏心距（mm），为轴向压力设计值作用点至受拉区型钢形心的距离，按本规范第5.4.3条计算确定；

h_{01} ——加固前原截面有效高度（mm）；

h_0 ——加固后受拉肢或受压较小肢型钢的截面形心至原构件截面受压较大边的距离（mm）；

a_{s0}' ——原截面受压较大边纵向钢筋合力点至原构件截面近边的距离（mm）；

a_a' ——受压较大肢型钢截面形心至原构件截面近边的距离（mm）；

a_{s0} ——原构件受拉边或受压较小边纵向钢筋合力点至原截面近边的距离（mm）；

a_a ——受拉肢或受压较小肢型钢截面形心至原构件截面近边的距离（mm）；

E_a ——型钢的弹性模量（MPa）。

8.2.3 采用外粘型钢加固钢筋混凝土梁时，应在梁截面的四隅粘贴角钢，当梁的受压区有翼缘或有楼板时，应将梁顶面两隅的角钢改为钢板。当梁的加固构造符合本规范第8.3节的规定时，其正截面及斜截面的承载力可按本规范第9章进行计算。

8.3 构 造 规 定

8.3.1 采用外粘型钢加固法时，应优先选用角钢；角钢的厚度不应小于5mm，角钢的边长，对梁和桁架，不应小于50mm，对柱不应小于75mm。沿梁、柱轴线方向应每隔一定距离用扁钢制作的箍板（图8.3.1）或缀板（图8.3.2a、b）与角钢焊接。当有楼板时，U形箍板或其附加的螺杆应穿过楼板，与另加的条形钢板焊接（图8.3.1a、b）或嵌入楼板后予以胶锚（图8.3.1c）。箍板与缀板均应在胶粘前与加固角钢焊接。当钢箍板需穿过楼板或胶锚时，可采用半重叠钻孔法，将圆孔扩成矩形扁孔，待箍板穿插安装、焊接完毕后，再用结构胶注入孔中予以封闭、锚固。箍板或缀板截面不应小于40mm×4mm，其间距不应大于20r（r为单根角钢截面的最小回转半径），且不应大于500mm；在节点区，其间距应适当加密。

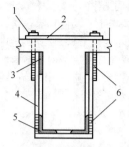

(a)端部栓焊连接加锚式箍板

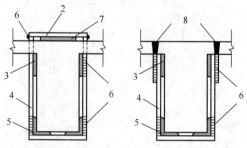

(b)端部焊缝连接加锚式箍板　(c)端部胶锚连接加锚式箍板

图8.3.1　加锚式箍板

1—与钢板点焊；2—条形钢板；3—钢垫板；
4—箍板；5—加固角钢；6—焊缝；
7—加固钢板；8—嵌入箍板后胶锚

8.3.2 外粘型钢的两端应有可靠的连接和锚固（图8.3.2）。对柱的加固，角钢下端应锚固于基础；中间应穿过各层楼板，上端应伸至加固层的上一层楼板底或屋面板底；当相邻两层柱的尺寸不同时，可将上下柱外粘型钢交汇于楼面，并利用其内外间隔嵌入厚度

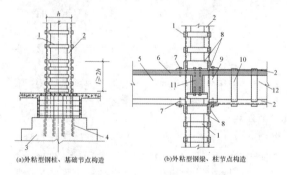

(a)外粘型钢柱、基础节点构造　(b)外粘型钢梁、柱节点构造

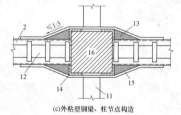

(c)外粘型钢梁、柱节点构造

图8.3.2　外粘型钢梁、柱、基础节点构造

1—缀板；2—加固角钢；3—原基础；4—植筋；5—不加固梁；6—楼板；7—胶锚螺栓；8—柱加强角钢箍；9—梁加强扁钢箍；10—箍板；11—次梁；12—加固主梁；13—环氧砂浆填充；14—角钢；15—扁钢带；16—柱；l—缀板加密区长度

不小于 10mm 的钢板焊成水平钢框，与上下柱角钢及上柱钢箍相互焊接固定。对梁的加固，梁角钢（或钢板）应与柱角钢相互焊接。必要时，可加焊扁钢带或钢筋条，使柱两侧的梁相互连接（图 8.3.2c）；对桁架的加固，角钢应伸过该杆件两端的节点，或设置节点板将角钢焊在节点板上。

8.3.3 当按本规范构造要求采用外粘型钢加固排架柱时，应将加固的型钢与原柱顶部的承压钢板相互焊接。对于二阶柱，上下柱交接处及牛腿处的连接构造应予加强。

8.3.4 外粘型钢加固梁、柱时，应将原构件截面的棱角打磨成半径 r 大于等于 7mm 的圆角。外粘型钢的注胶应在型钢构架焊接完成后进行。外粘型钢的胶缝厚度宜控制在 3mm～5mm；局部允许有长度不大于 300mm、厚度不大于 8mm 的胶缝，但不得出现在角钢端部 600mm 范围内。

8.3.5 采用外包型钢加固钢筋混凝土构件时，型钢表面（包括混凝土表面）应抹厚度不小于 25mm 的高强度等级水泥砂浆（应加钢丝网防裂）作防护层，也可采用其他具有防腐蚀和防火性能的饰面材料加以保护。若外包型钢构架的表面防护按钢结构的涂装工程（包括防腐涂料涂装和防火涂料涂装）设计时，应符合现行国家标准《钢结构设计规范》GB 50017 及《钢结构工程施工质量验收规范》GB 50205 的规定。

9 粘贴钢板加固法

9.1 设 计 规 定

9.1.1 本方法适用于对钢筋混凝土受弯、大偏心受压和受拉构件的加固。本方法不适用于素混凝土构件，包括纵向受力钢筋一侧配筋率小于 0.2% 的构件加固。

9.1.2 被加固的混凝土结构构件，其现场实测混凝土强度等级不得低于 C15，且混凝土表面的正拉粘结强度不得低于 1.5MPa。

9.1.3 粘贴钢板加固钢筋混凝土结构构件时，应将钢板受力方式设计成仅承受轴向应力作用。

9.1.4 粘贴在混凝土构件表面上的钢板，其外表面应进行防锈蚀处理。表面防锈蚀材料对钢板及胶粘剂应无害。

9.1.5 采用本规范规定的胶粘剂粘贴钢板加固混凝土结构时，其长期使用的环境温度不应高于 60℃；处于特殊环境（如高温、高湿、介质侵蚀、放射等）的混凝土结构采用本方法加固时，除应按国家现行有关标准的规定采取相应的防护措施外，尚应采用耐环境因素作用的胶粘剂，并按专门的工艺要求进行粘贴。

9.1.6 采用粘贴钢板对钢筋混凝土结构进行加固时，

应采取措施卸除或大部分卸除作用在结构上的活荷载。

9.1.7 当被加固构件的表面有防火要求时，应按现行国家标准《建筑设计防火规范》GB 50016 规定的耐火等级及耐火极限要求，对胶粘剂和钢板进行防护。

9.2 受弯构件正截面加固计算

9.2.1 采用粘贴钢板对梁、板等受弯构件进行加固时，除应符合现行国家标准《混凝土结构设计规范》GB 50010 正截面承载力计算的基本假定外，尚应符合下列规定：

1 构件达到受弯承载能力极限状态时，外贴钢板的拉应变 ε_{sp} 应按截面应变保持平面的假设确定；

2 钢板应力 σ_{sp} 取等于拉应变 ε_{sp} 与弹性模量 E_{sp} 的乘积；

3 当考虑二次受力影响时，应按构件加固前的初始受力情况，确定粘贴钢板的滞后应变；

4 在达到受弯承载能力极限状态前，外贴钢板与混凝土之间不致出现粘结剥离破坏。

9.2.2 受弯构件加固后的相对界限受压区高度 $\xi_{b,sp}$ 应按加固前控制值的 0.85 倍采用，即：

$$\xi_{b,sp} = 0.85\xi_b \qquad (9.2.2)$$

式中：ξ_b——构件加固前的相对界限受压区高度，按现行国家标准《混凝土结构设计规范》GB 50010 的规定计算。

9.2.3 在矩形截面受弯构件的受拉面和受压面粘贴钢板进行加固时（图 9.2.3），其正截面承载力应符合下列规定：

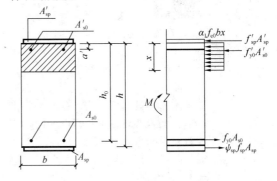

图 9.2.3 矩形截面正截面受弯承载力计算

$$M \leqslant \alpha_1 f_{c0} bx \left(h - \frac{x}{2}\right) + f'_{y0} A'_{s0} \left(h - a'\right)$$
$$+ f'_{sp} A'_{sp} h - f_{y0} A_{s0} \left(h - h_0\right) \qquad (9.2.3-1)$$

$$\alpha_1 f_{c0} bx = \psi_{sp} f_{sp} A_{sp} + f_{y0} A_{s0}$$
$$- f'_{y0} A'_{s0} - f'_{sp} A'_{sp} \qquad (9.2.3-2)$$

$$\psi_{sp} = \frac{(0.8\varepsilon_{cu} h/x) - \varepsilon_{cu} - \varepsilon_{sp,0}}{f_{sp}/E_{sp}} \qquad (9.2.3-3)$$

$$x \geqslant 2a' \qquad (9.2.3-4)$$

式中：M——构件加固后弯矩设计值（kN·m）；

x ——混凝土受压区高度（mm）；

b、h ——矩形截面宽度和高度（mm）；

f_{sp}、f'_{sp} ——加固钢板的抗拉、抗压强度设计值（N/mm²）；

A_{sp}、A'_{sp} ——受拉钢板和受压钢板的截面面积（mm²）；

A_{s0}、A'_{s0} ——原构件受拉和受压钢筋的截面面积（mm²）；

a' ——纵向受压钢筋合力点至截面近边的距离（mm）；

h_0 ——构件加固前的截面有效高度（mm）；

ψ_{sp} ——考虑二次受力影响，受拉钢板抗拉强度有可能达不到设计值而引用的折减系数；当 $\psi_{sp} > 1.0$ 时，取 $\psi_{sp} = 1.0$；

ε_{cu} ——混凝土极限压应变，取 $\varepsilon_{cu} = 0.0033$；

$\varepsilon_{sp,0}$ ——考虑二次受力影响时，受拉钢板的滞后应变，应按本规范第 9.2.9 条的规定计算；若不考虑二次受力影响，取 $\varepsilon_{sp,0} = 0$；

9.2.4 当受压面没有粘贴钢板（即 $A'_{sp} = 0$），可根据式（9.2.3-1）计算出混凝土受压区的高度 x，按式（9.2.3-3）计算出强度折减系数 ψ_{sp}，然后代入式（9.2.3-2），求出受拉面应粘贴的加固钢板量 A_{sp}。

9.2.5 对受弯构件正弯矩区的正截面加固，其受拉面沿轴向粘贴的钢板的截断位置，应从其强度充分利用的截面算起，取不小于按下式确定的粘贴延伸长度：

$$l_{sp} \geqslant (f_{sp} t_{sp} / f_{bd}) + 200 \qquad (9.2.5)$$

式中：l_{sp} ——受拉钢板粘贴延伸长度（mm）；

t_{sp} ——粘贴的钢板总厚度（mm）；

f_{sp} ——加固钢板的抗拉强度设计值（N/mm²）；

f_{bd} ——钢板与混凝土之间的粘结强度设计值（N/mm²），取 $f_{bd} = 0.5f_t$；f_t 为混凝土抗拉强度设计值，按现行国家标准《混凝土结构设计规范》GB 50010 的规定值采用；当 f_{bd} 计算值低于 0.5MPa 时，取 f_{bd} 为 0.5MPa；当 f_{bd} 计算值高于 0.8MPa 时，取 f_{bd} 为 0.8MPa。

9.2.6 对框架梁和独立梁的梁底进行正截面粘钢加固时，受拉钢板的粘贴应延伸至支座边或柱边，且延伸长度 l_{sp} 应满足本规范第 9.2.5 条的规定。当受实际条件限制无法满足此规定时，可在钢板的端部锚固区加贴 U 形箍板（图 9.2.6）。此时，U 形箍板数量的确定应符合下列规定：

1 当 $f_{sv} b_1 \leqslant 2 f_{bd} h_{sp}$ 时

$$f_{sp} A_{sp} \leqslant 0.5 f_{bd} l_{sp} b_1 + 0.7 n f_{sv} b_{sp} b_1$$

$$(9.2.6-1)$$

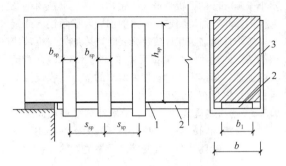

图 9.2.6　梁端增设 U 形箍板锚固
1—胶层；2—加固钢板；3—U 形箍板

2 当 $f_{sv} b_1 > 2 f_{bd} h_{sp}$ 时

$$f_{sp} A_{sp} \leqslant 0.5 f_{bd} l_{sp} b_1 + n f_{sp} b_{sp} h_{sp} \qquad (9.2.6-2)$$

式中：f_{sv} ——钢对钢粘结强度设计值（N/mm²），对 A 级胶取为 3.0MPa；对 B 级胶取为 2.5MPa；

A_{sp} ——加固钢板的截面面积（mm²）；

n ——加固钢板每端加贴 U 形箍板的数量；

b_1 ——加固钢板的宽度（mm）；

b_{sp} ——U 形箍板的宽度（mm）；

h_{sp} ——U 形箍板单肢与梁侧面混凝土粘结的竖向高度（mm）。

9.2.7 对受弯构件负弯矩区的正截面加固，钢板的截断位置距充分利用截面的距离，除应根据负弯矩包络图按公式（9.2.5）确定外，尚宜按本规范第 9.6.4 条的构造规定进行设计。

9.2.8 对翼缘位于受压区的 T 形截面受弯构件的受拉面粘贴钢板进行受弯加固时，应按本规范第 9.2.1 条至第 9.2.3 条的原则和现行国家标准《混凝土结构设计规范》GB 50010 中关于 T 形截面受弯承载力的计算方法进行计算。

9.2.9 当考虑二次受力影响时，加固钢板的滞后应变 $\varepsilon_{sp,0}$ 应按下式计算：

$$\varepsilon_{sp,0} = \frac{\alpha_{sp} M_{0k}}{E_s A_s h_0} \qquad (9.2.9)$$

式中：M_{0k} ——加固前受弯构件验算截面上作用的弯矩标准值（kN·m）；

α_{sp} ——综合考虑受弯构件裂缝截面内力臂变化、钢筋拉应变不均匀以及钢筋排列影响的计算系数，按表 9.2.9 的规定采用。

表 9.2.9　计算系数 α_{sp} 值

ρ_{te}	$\leqslant 0.007$	0.010	0.020	0.030	0.040	$\geqslant 0.060$
单排钢筋	0.70	0.90	1.15	1.20	1.25	1.30
双排钢筋	0.75	1.00	1.25	1.30	1.35	1.40

注：1　ρ_{te} 为原混凝土有效受拉截面的纵向受拉钢筋配筋率，即 $\rho_{te} = A_s / A_{te}$；A_{te} 为有效受拉混凝土截面面积，按现行国家标准《混凝土结构设计规范》GB 50010 的规定计算。

2　当原构件钢筋应力 $\sigma_{s0} \leqslant 150$MPa，且 $\rho_{te} \leqslant 0.05$ 时，表中 α_{sp} 值可乘以调整系数 0.9。

9.2.10 当钢板全部粘贴在梁底面（受拉面）有困难时，允许将部分钢板对称地粘贴在梁的两侧面。此时，侧面粘贴区域应控制在距受拉边缘 1/4 梁高范围内，且应按下式计算确定梁的两侧面实际需粘贴的钢板截面面积 $A_{sp,1}$：

$$A_{sp,1} = \eta_{sp} A_{sp,b} \qquad (9.2.10)$$

式中：$A_{sp,b}$——按梁底面计算确定的、但需改贴到梁的两侧面的钢板截面面积；

η_{sp}——考虑改贴梁侧面引起的钢板受拉合力及其力臂改变的修正系数，应按表 9.2.10 采用。

表 9.2.10 修正系数 η_{sp} 值

h_{sp}/h	0.05	0.10	0.15	0.20	0.25
η_{sp}	1.09	1.20	1.33	1.47	1.65

注：h_{sp} 为从梁受拉边缘算起的侧面粘贴高度，h 为梁截面高度。

9.2.11 钢筋混凝土结构构件加固后，其正截面受弯承载力的提高幅度，不应超过 40%，并应验算其受剪承载力，避免因受弯承载力提高后而导致构件受剪破坏先于受弯破坏。

9.2.12 粘贴钢板的加固量，对受拉区和受压区，分别不应超过 3 层和 2 层，且钢板总厚度不应大于 10mm。

9.3 受弯构件斜截面加固计算

9.3.1 受弯构件斜截面受剪承载力不足，应采用胶粘的箍板进行加固，箍板宜设计成加锚封闭箍、胶锚U形箍或钢板锚U形箍的构造方式（图 9.3.1a），当受力很小时，也可采用一般 U 形箍。箍板应垂直于构件轴线方向粘贴（图 9.3.1b）；不得采用斜向粘贴。

9.3.2 受弯构件加固后的斜截面应符合下列规定：

当 $h_w/b \leqslant 4$ 时

$$V \leqslant 0.25\beta_c f_{c0} b h_0 \qquad (9.3.2-1)$$

当 $h_w/b \geqslant 6$ 时

$$V \leqslant 0.20\beta_c f_{c0} b h_0 \qquad (9.3.2-2)$$

当 $4 < h_w/b < 6$ 时，按线性内插法确定。

式中：V——构件斜截面加固后的剪力设计值；

β_c——混凝土强度影响系数，按现行国家标准《混凝土结构设计规范》GB 50010 规定值采用；

b——矩形截面的宽度；T 形或 I 形截面的腹板宽度；

h_w——截面的腹板高度：对矩形截面，取有效高度；对 T 形截面，取有效高度减去翼缘高度；对 I 形截面，取腹板净高。

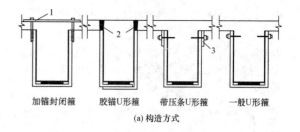

(a) 构造方式

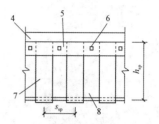

(b) U形箍加纵向钢板压条

图 9.3.1 扁钢抗剪箍及其粘贴方式
1—扁钢；2—胶锚；3—粘贴钢板压条；4—板；
5—钢板底面空鼓处应加钢垫板；6—钢板压条附加锚栓锚固；7—U 形箍；8—梁

9.3.3 采用加锚封闭箍或其他 U 形箍对钢筋混凝土梁进行抗剪加固时，其斜截面承载力应符合下列公式规定：

$$V \leqslant V_{b0} + V_{b,sp} \qquad (9.3.3-1)$$

$$V_{b,sp} = \psi_{vb} f_{sp} A_{b,sp} h_{sp}/s_{sp} \qquad (9.3.3-2)$$

式中：V_{b0}——加固前梁的斜截面承载力（kN），按现行国家标准《混凝土结构设计规范》GB 50010 计算；

$V_{b,sp}$——粘贴钢板加固后，对梁斜截面承载力的提高值（kN）；

ψ_{vb}——与钢板的粘贴方式及受力条件有关的抗剪强度折减系数，按表 9.3.3 确定；

$A_{b,sp}$——配置在同一截面处箍板各肢的截面面积之和（mm^2），即 $2b_{sp}t_{sp}$，此处：b_{sp} 和 t_{sp} 分别为箍板宽度和箍板厚度；

h_{sp}——U 形箍板单肢与梁侧面混凝土粘结的竖向高度（mm）；

s_{sp}——箍板的间距（图 9.3.1b）（mm）。

表 9.3.3 抗剪强度折减系数 ψ_{vb} 值

箍板构造		加锚封闭箍	胶锚或钢板锚U形箍	一般U形箍
受力条件	均布荷载或剪跨比 $\lambda \geqslant 3$	1.00	0.92	0.85
	剪跨比 $\lambda \leqslant 1.5$	0.68	0.63	0.58

注：当 λ 为中间值时，按线性内插法确定 ψ_{vb} 值。

9.4 大偏心受压构件正截面加固计算

9.4.1 采用粘贴钢板加固大偏心受压钢筋混凝土柱

时，应将钢板粘贴于构件受拉区，且钢板长向应与柱的纵轴线方向一致。

9.4.2 在矩形截面大偏心受压构件受拉边混凝土表面上粘贴钢板加固时，其正截面承载力应按下列公式确定：

$$N \leqslant \alpha_1 f_{c0} bx + f'_{y0} A'_{s0} - f_{y0} A_{s0} - f_{sp} A_{sp}$$

(9.4.2-1)

$$Ne \leqslant \alpha_1 f_{c0} bx \left(h_0 - \frac{x}{2} \right) + f'_{y0} A'_{s0} (h_0 - a') + f_{sp} A_{sp} (h - h_0)$$

(9.4.2-2)

$$e = e_i + \frac{h}{2} - a$$

(9.4.2-3)

$$e_i = e_0 + e_a$$

(9.4.2-4)

式中：N——加固后轴向压力设计值（kN）；

e——轴向压力作用点至纵向受拉钢筋和钢板合力作用点的距离（mm）；

e_i——初始偏心距（mm）；

e_0——轴向压力对截面重心的偏心距（mm），取为 $e_0 = M/N$；当需要考虑二阶效应时，M 应按本规范第 5.4.3 条确定；

e_a——附加偏心距（mm），按偏心方向截面最大尺寸 h 确定；当 $h \leqslant 600$mm 时，$e_a = 20$mm；当 $h > 600$mm 时，$e_a = h/30$；

a、a'——分别为纵向受拉钢筋和钢板合力点、纵向受压钢筋合力点至截面近边的距离（mm）；

f_{sp}——加固钢板的抗拉强度设计值（N/mm²）。

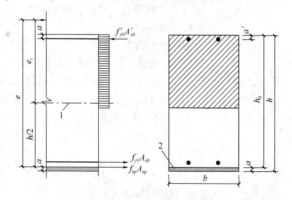

图 9.4.2 矩形截面大偏心
受压构件粘钢加固承载力计算
1—截面重心轴；2—加固钢板

9.5 受拉构件正截面加固计算

9.5.1 采用外贴钢板加固钢筋混凝土受拉构件时，应按原构件纵向受拉钢筋的配置方式，将钢板粘贴于相应位置的混凝土表面上，且应处理好端部的连接构造及锚固。

9.5.2 轴心受拉构件的加固，其正截面承载力应按

下式确定：

$$N \leqslant f_{y0} A_{s0} + f_{sp} A_{sp}$$

(9.5.2)

式中：N——加固后轴向拉力设计值；

f_{sp}——加固钢板的抗拉强度设计值。

9.5.3 矩形截面大偏心受拉构件的加固，其正截面承载力应符合下列规定：

$$N \leqslant f_{y0} A_{s0} + f_{sp} A_{sp} - \alpha_1 f_{c0} bx - f'_{y0} A'_{s0}$$

(9.5.3-1)

$$Ne \leqslant \alpha_1 f_{c0} bx \left(h_0 - \frac{x}{2} \right) + f'_{y0} A'_{s0} (h_0 - a') + f_{sp} A_{sp} (h - h_0)$$

(9.5.3-2)

式中：N——加固后轴向拉力设计值（kN）；

e——轴向拉力作用点至纵向受拉钢筋合力点的距离（mm）。

9.6 构 造 规 定

9.6.1 粘钢加固的钢板宽度不宜大于 100mm。采用手工涂胶粘贴的钢板厚度不应大于 5mm；采用压力注胶粘结的钢板厚度不应大于 10mm，且应按外粘型钢加固法的焊接节点构造进行设计。

9.6.2 对钢筋混凝土受弯构件进行正截面加固时，均应在钢板的端部（包括截断处）及集中荷载作用点的两侧，对梁设置 U 形钢箍板；对板应设置横向钢压条进行锚固。

9.6.3 当粘贴的钢板延伸至支座边缘仍不满足本规范第 9.2.5 条延伸长度的规定时，应采取下列锚固措施：

　1 对梁，应在延伸长度范围内均匀设置 U 形箍（图 9.6.3），且应在延伸长度的端部设置一道加强箍。U 形箍的粘贴高度应为梁的截面高度；梁有翼缘

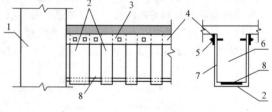

(a) U形钢箍

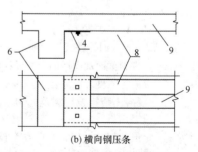

(b) 横向钢压条

图 9.6.3 梁粘贴钢板端部锚固措施
1—柱；2—U 形箍；3—压条与梁之间空隙应加垫块；
4—钢压条；5—化学锚栓；6—梁；7—胶层；
8—加固钢板；9—板

（或有现浇楼板），应伸至其底面。U形箍的宽度，对端箍不应小于加固钢板宽度的 2/3，且不应小于 80mm；对中间箍不应小于加固钢板宽度的 1/2，且不应小于 40mm。U形箍的厚度不应小于受弯加固钢板厚度的 1/2，且不应小于 4mm。U形箍的上端应设置纵向钢压条；压条下面的空隙应加胶粘钢垫块填平。

2 对板，应在延伸长度范围内通长设置垂直于受力钢板方向的钢压条。钢压条一般不宜少于 3 条；钢压条应在延伸长度范围内均匀布置，且应在延伸长度的端部设置一道。压条的宽度不应小于受弯加固钢板宽度的 3/5，钢压条的厚度不应小于受弯加固钢板厚度的 1/2。

9.6.4 当采用钢板对受弯构件负弯矩区进行正截面承载力加固时，应采取下列构造措施：

1 支座处无障碍时，钢板应在负弯矩包络图范围内连续粘贴；其延伸长度的截断点应按本规范第 9.2.5 条的原则确定。在端支座无法延伸的一侧，尚应按本条第 3 款的构造方式（图 9.6.4-2）进行锚固处理。

2 支座处虽有障碍，但梁上有现浇板时，允许绕过柱位，在梁侧 4 倍板厚（$4h_b$）范围内，将钢板粘贴于板面上（图 9.6.4-1）。

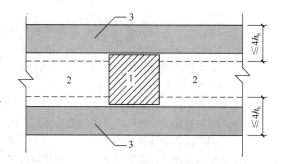

图 9.6.4-1　绕过柱位粘贴钢板
1—柱；2—梁；3—板顶面粘贴的钢板；h_b—板厚

3 当梁上负弯矩区的支座处需采取加强的锚固措施时，可采用图 9.6.4-2 的构造方式进行锚固处理。

9.6.5 当加固的受弯构件粘贴不止一层钢板时，相邻两层钢板的截断位置应错开不小于 300mm，并应在截断处加设 U 形箍（对梁）或横向压条（对板）进行锚固。

9.6.6 当采用粘贴钢板箍对钢筋混凝土梁或大偏心受压构件的斜截面承载力进行加固时，其构造应符合下列规定：

1 宜选用封闭箍或加锚的 U 形箍；若仅按构造需要设箍，也可采用一般 U 形箍；

2 受力方向应与构件轴向垂直；

3 封闭箍及 U 形箍的净间距 $s_{sp,n}$ 不应大于现行国

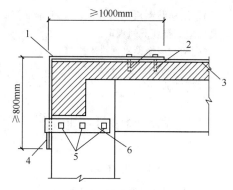

(a) 柱顶加贴L形钢板的构造

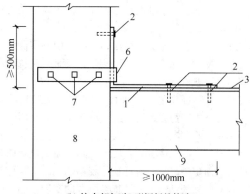

(b) 柱中部加贴L形钢板的构造

图 9.6.4-2　梁柱节点处粘贴钢板的机械锚固措施
1—粘贴 L 形钢板；2—M12 锚栓；3—加固钢板；
4—加焊顶板（预焊）；5—$d \geq$ M16 的 6.8 级锚栓；
6—胶粘于柱上的 U 形钢箍板；7—$d \geq$ M22 的
6.8 级锚栓及其钢垫板；8—柱；9—梁

家标准《混凝土结构设计规范》GB 50010 规定的最大箍筋间距的 0.70 倍，且不应大于梁高的 0.25 倍；

4 箍板的粘贴高度应符合本规范第 9.6.3 条的规定；一般 U 形箍的上端应粘贴纵向钢压条予以锚固；钢压条下面的空隙应加胶粘钢垫块填平；

5 当梁的截面高度（或腹板高度）h 大于等于 600mm 时，应在梁的腰部增设一道纵向腰间钢压条（图 9.6.6）。

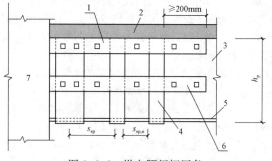

图 9.6.6　纵向腰间钢压条
1—纵向钢压条；2—楼板；3—梁；4—U 形箍板；
5—加固钢板；6—纵向腰间钢压条；7—柱

9.6.7 当采用粘贴钢板加固大偏心受压钢筋混凝土柱时，其构造应符合下列规定：

1 柱的两端应增设机械锚固措施；

2 柱上端有楼板时，粘贴的钢板应穿过楼板，并应有足够的延伸长度。

10 粘贴纤维复合材加固法

10.1 设 计 规 定

10.1.1 本方法适用于钢筋混凝土受弯、轴心受压、大偏心受压及受拉构件的加固。

本方法不适用于素混凝土构件，包括纵向受力钢筋一侧配筋率小于 0.2% 的构件加固。

10.1.2 被加固的混凝土结构构件，其现场实测混凝土强度等级不得低于 C15，且混凝土表面的正拉粘结强度不得低于 1.5MPa。

10.1.3 外贴纤维复合材加固钢筋混凝土结构构件时，应将纤维受力方式设计成仅承受拉应力作用。

10.1.4 粘贴在混凝土构件表面上的纤维复合材，不得直接暴露于阳光或有害介质中，其表面应进行防护处理。表面防护材料应对纤维及胶粘剂无害，且应与胶粘剂有可靠的粘结强度及相互协调的变形性能。

10.1.5 采用本方法加固的混凝土结构，其长期使用的环境温度不应高于 60℃；处于特殊环境（如高温、高湿、介质侵蚀、放射等）的混凝土结构采用本方法加固时，除应按国家现行有关标准的规定采取相应的防护措施外，尚应采用耐环境因素作用的胶粘剂，并按专门的工艺要求进行粘贴。

10.1.6 采用纤维复合材对钢筋混凝土结构进行加固时，应采取措施卸除或大部分卸除作用在结构上的活荷载。

10.1.7 当被加固构件的表面有防火要求时，应按现行国家标准《建筑设计防火规范》GB 50016 规定的耐火等级及耐火极限要求，对纤维复合材进行防护。

10.2 受弯构件正截面加固计算

10.2.1 采用纤维复合材对梁、板等受弯构件进行加固时，除应符合现行国家标准《混凝土结构设计规范》GB 50010 正截面承载力计算的基本假定外，尚应符合下列规定：

1 纤维复合材的应力与应变关系取直线式，其拉应力 σ_f 等于拉应变 ε_f 与弹性模量 E_f 的乘积；

2 当考虑二次受力影响时，应按构件加固前的初始受力情况，确定纤维复合材的滞后应变；

3 在达到受弯承载能力极限状态前，加固材料与混凝土之间不至出现粘结剥离破坏。

10.2.2 受弯构件加固后的相对界限受压区高度 $\xi_{b,f}$，应按下式计算，即按构件加固前控制值的 0.85

倍采用：

$$\xi_{b,f} = 0.85\xi_b \qquad (10.2.2)$$

式中：ξ_b ——构件加固前的相对界限受压区高度，按现行国家标准《混凝土结构设计规范》GB 50010 的规定计算。

10.2.3 在矩形截面受弯构件的受拉边混凝土表面上粘贴纤维复合材进行加固时（图 10.2.3），其正截面承载力应按下列公式确定：

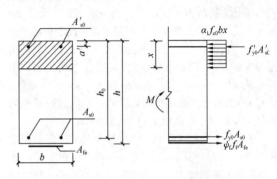

图 10.2.3 矩形截面构件正截面受弯承载力计算

$$M \leqslant \alpha_1 f_{c0} bx \left(h - \frac{x}{2}\right) + f'_{y0} A'_{s0} (h - a') - f_{y0} A_{s0} (h - h_0) \qquad (10.2.3-1)$$

$$\alpha_1 f_{c0} bx = f_{y0} A_{s0} + \psi_f f_f A_{fe} - f'_{y0} A'_{s0} \qquad (10.2.3-2)$$

$$\psi_f = \frac{(0.8\varepsilon_{cu} h/x) - \varepsilon_{cu} - \varepsilon_{f0}}{\varepsilon_f} \qquad (10.2.3-3)$$

$$x \geqslant 2a' \qquad (10.2.3-4)$$

式中：M ——构件加固后弯矩设计值（kN·m）；

x ——混凝土受压区高度（mm）；

b、h ——矩形截面宽度和高度（mm）；

f_{y0}、f'_{y0} ——原截面受拉钢筋和受压钢筋的抗拉、抗压强度设计值（N/mm²）；

A_{s0}、A'_{s0} ——原截面受拉钢筋和受压钢筋的截面面积（mm²）；

a' ——纵向受压钢筋合力点至截面近边的距离（mm）；

h_0 ——构件加固前的截面有效高度（mm）；

f_f ——纤维复合材的抗拉强度设计值（N/mm²），应根据纤维复合材的品种，分别按本规范表 4.3.4-1、表 4.3.4-2 及表 4.3.4-3 采用；

A_{fe} ——纤维复合材的有效截面面积（mm²）；

ψ_f ——考虑纤维复合材实际抗拉应变达不到设计值而引入的强度利用系数，当 $\psi_f > 1.0$ 时，取 $\psi_f = 1.0$；

ε_{cu} ——混凝土极限压应变，取 $\varepsilon_{cu} = 0.0033$；

ε_f ——纤维复合材拉应变设计值，应根据纤维复合材的品种，按本规范表 4.3.5 采用；

ε_{f0} ——考虑二次受力影响时纤维复合材的滞后应变，应按本规范第10.2.8条的规定计算，若不考虑二次受力影响，取 $\varepsilon_{f0}=0$。

10.2.4 实际应粘贴的纤维复合材截面面积 A_f，应按下式计算：

$$A_f = A_{fe}/k_m \qquad (10.2.4\text{-}1)$$

纤维复合材厚度折减系数 k_m，应按下列规定确定：

1 当采用预成型板时，$k_m=1.0$；

2 当采用多层粘贴的纤维织物时，k_m 值按下式计算：

$$k_m = 1.16 - \frac{n_f E_f t_f}{308000} \leqslant 0.90 \quad (10.2.4\text{-}2)$$

式中：E_f ——纤维复合材弹性模量设计值（MPa），应根据纤维复合材的品种，按本规范表4.3.5采用；

n_f ——纤维复合材（单向织物）层数；

t_f ——纤维复合材(单向织物)的单层厚度(mm)；

10.2.5 对受弯构件正弯矩区的正截面加固，其粘贴纤维复合材的截断位置应从其强度充分利用的截面算起，取不小于按下式确定的粘贴延伸长度（图10.2.5）：

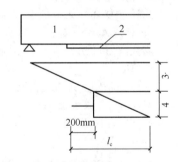

图 10.2.5　纤维复合材的粘贴延伸长度
1—梁；2—纤维复合材；3—原钢筋承担的弯矩；
4—加固要求的弯矩增量

$$l_c = \frac{f_f A_f}{f_{f,v} b_f} + 200 \qquad (10.2.5)$$

式中：l_c ——纤维复合材粘贴延伸长度（mm）；

b_f ——对梁为受拉面粘贴的纤维复合材的总宽度（mm），对板为1000mm板宽范围内粘贴的纤维复合材总宽度；

f_f ——纤维复合材抗拉强度设计值（N/mm²），按本规范表 4.3.4-1、表 4.3.4-2 或表 4.3.4-3 采用；

$f_{f,v}$ ——纤维与混凝土之间的粘结抗剪强度设计值（MPa），取 $f_{f,v}=0.40 f_t$；f_t 为混凝土抗拉强度设计值，按现行国家标准《混凝土结构设计规范》GB 50010 规定值采用；当 $f_{f,v}$ 计算值低于 0.40MPa 时，取 $f_{f,v}=0.40MPa$；当 $f_{f,v}$ 计算值高于 0.70MPa 时，取 $f_{f,v}=0.70MPa$。

10.2.6 对受弯构件负弯矩区的正截面加固，纤维复合材的截断位置距支座边缘的距离，除应根据负弯矩包络图按上式确定外，尚应符合本规范第10.9.3条的构造规定。

10.2.7 对翼缘位于受压区的 T 形截面受弯构件的受拉面粘贴纤维复合材进行受弯加固时，应按本规范第10.2.1条至第10.2.4条的计算原则和现行国家标准《混凝土结构设计规范》GB 50010中关于 T 形截面受弯承载力的计算方法进行计算。

10.2.8 当考虑二次受力影响时，纤维复合材的滞后应变 ε_{f0} 应按下式计算：

$$\varepsilon_{f0} = \frac{\alpha_f M_{0k}}{E_s A_s h_0} \qquad (10.2.8)$$

式中：M_{0k} ——加固前受弯构件验算截面上原作用的弯矩标准值；

α_f ——综合考虑受弯构件裂缝截面内力臂变化、钢筋拉应变不均匀以及钢筋排列影响等的计算系数，应按表 10.2.8 采用。

表 10.2.8　计算系数 α_f 值

ρ_{te}	$\leqslant 0.007$	0.010	0.020	0.030	0.040	$\geqslant 0.060$
单排钢筋	0.70	0.90	1.15	1.20	1.25	1.30
双排钢筋	0.75	1.00	1.25	1.30	1.35	1.40

注：1　ρ_{te} 为混凝土有效受拉截面的纵向受拉钢筋配筋率，即 $\rho_{te}=A_s/A_{te}$，A_{te} 为有效受拉混凝土截面面积，按现行国家标准《混凝土结构设计规范》GB 50010 的规定计算。

2　当原构件钢筋应力 $\sigma_{s0}\leqslant150MPa$，且 $\rho_{te}\leqslant0.05$ 时，表中 α_f 值可乘以调整系数 0.9。

10.2.9 当纤维复合材全部粘贴在梁底面（受拉面）有困难时，允许将部分纤维复合材对称地粘贴在梁的两侧面。此时，侧面粘贴区域应控制在距受拉区边缘 1/4 梁高范围内，且应按下式计算确定梁的两侧面实际需要粘贴的纤维复合材截面面积 $A_{f,l}$：

$$A_{f,l} = \eta_f A_{f,b} \qquad (10.2.9)$$

式中：$A_{f,b}$ ——按梁底面计算确定的，但需改贴到梁的两侧面的纤维复合材截面积；

η_f ——考虑改贴梁侧面引起的纤维复合材受拉合力及其力臂改变的修正系数，应按表 10.2.9 采用。

表 10.2.9　修正系数 η_f 值

h_f/h	0.05	0.10	0.15	0.20	0.25
η_f	1.09	1.19	1.30	1.43	1.59

注：h_f 为从梁受拉边缘算起的侧面粘贴高度；h 为梁截面高度。

10.2.10 钢筋混凝土结构构件加固后，其正截面受弯承载力的提高幅度，不应超过40%，并应验算其受剪承载力，避免因受弯承载力提高后而导致构件受剪破坏先于受弯破坏。

10.2.11 纤维复合材的加固量，对预成型板，不宜超过2层，对湿法铺层的织物，不宜超过4层，超过4层时，宜改用预成型板，并采取可靠的加强锚固措施。

10.3 受弯构件斜截面加固计算

10.3.1 采用纤维复合材条带（以下简称条带）对受弯构件的斜截面受剪承载力进行加固时，应粘贴成垂直于构件轴线方向的环形箍或其他有效的U形箍（图10.3.1）；不得采用斜向粘贴方式。

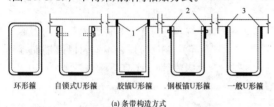

(a) 条带构造方式

环形箍　自锁式U形箍　胶锚U形箍　钢板锚U形箍　一般U形箍

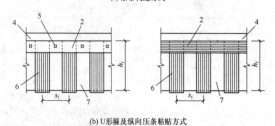

(b) U形箍及纵向压条粘贴方式

图 10.3.1　纤维复合材抗剪箍及其粘贴方式
1—胶锚；2—钢板压条；3—纤维织物压条；4—板；
5—锚栓加胶粘锚固；6—U形箍；7—梁

10.3.2 受弯构件加固后的斜截面应符合下列规定：

当 $h_w/b \leqslant 4$ 时

$$V \leqslant 0.25\beta_c f_{c0} bh_0 \quad (10.3.2\text{-}1)$$

当 $h_w/b \geqslant 6$ 时

$$V \leqslant 0.20\beta_c f_{c0} bh_0 \quad (10.3.2\text{-}2)$$

当 $4 < h_w/b < 6$ 时，按线性内插法确定。

式中：V——构件斜截面加固后的剪力设计值（kN）；

β_c——混凝土强度影响系数，按现行国家标准《混凝土结构设计规范》GB 50010 的规定值采用；

f_{c0}——原构件混凝土轴心抗压强度设计值（N/mm²）；

b——矩形截面的宽度、T形或I形截面的腹板宽度（mm）；

h_0——截面有效高度（mm）；

h_w——截面的腹板高度（mm），对矩形截面，取有效高度；对T形截面，取有效高度减去翼缘高度；对I形截面，取腹板

净高。

10.3.3 当采用条带构成的环形（封闭）箍或U形箍对钢筋混凝土梁进行抗剪加固时，其斜截面承载力应按下列公式确定：

$$V \leqslant V_{b0} + V_{bf} \quad (10.3.3\text{-}1)$$

$$V_{bf} = \psi_{vb} f_f A_f h_f / s_f \quad (10.3.3\text{-}2)$$

式中：V_{b0}——加固前梁的斜截面承载力（kN），应按现行国家标准《混凝土结构设计规范》GB 50010 计算；

V_{bf}——粘贴条带加固后，对梁斜截面承载力的提高值（kN）；

ψ_{vb}——与条带加锚方式及受力条件有关的抗剪强度折减系数（表10.3.3）；

f_f——受剪加固采用的纤维复合材抗拉强度设计值（N/mm²），应根据纤维复合材品种分别按表4.3.4-1、表4.3.4-2及表4.3.4-3规定的抗拉强度设计值乘以调整系数0.56确定；当为框架梁或悬挑构件时，调整系数改取0.28；

A_f——配置在同一截面处构成环形或U形箍的纤维复合材条带的全部截面面积（mm²）；$A_f = 2n_f b_f t_f$，n_f 为条带粘贴的层数，b_f 和 t_f 分别为条带宽度和条带单层厚度；

h_f——梁侧面粘贴的条带竖向高度（mm）；对环形箍，取 $h_f = h$；

s_f——纤维复合材条带的间距（图10.3.1b）（mm）。

表 10.3.3　抗剪强度折减系数 ψ_{vb} 值

条带加锚方式		环形箍及自锁式U形箍	胶锚或钢板锚U形箍	加织物压条的一般U形箍
受力条件	均布荷载或剪跨比 $\lambda \geqslant 3$	1.00	0.88	0.75
	$\lambda \leqslant 1.5$	0.68	0.60	0.50

注：当 λ 为中间值时，按线性内插法确定 ψ_{vb} 值。

10.4 受压构件正截面加固计算

10.4.1 轴心受压构件可采用沿其全长无间隔地环向连续粘贴纤维织物的方法（简称环向围束法）进行加固。

10.4.2 采用环向围束法加固轴心受压构件仅适用于下列情况：

1 长细比 $l/d \leqslant 12$ 的圆形截面柱；

2 长细比 $l/d \leqslant 14$、截面宽高比 $h/b \leqslant 1.5$、截面高度 $h \leqslant 600\text{mm}$，且截面棱角经过圆化打磨的正方形或矩形截面柱。

10.4.3 采用环向围束的轴心受压构件,其正截面承载力应符合下列公式规定:

$$N \leqslant 0.9 \left[(f_{c0} + 4\sigma_l) A_{cor} + f'_{y0} A'_{s0} \right]$$
(10.4.3-1)

$$\sigma_l = 0.5\beta_c k_c \rho_f E_f \varepsilon_{fe}$$
(10.4.3-2)

式中:N——加固后轴向压力设计值(kN);

f_{c0}——原构件混凝土轴心抗压强度设计值(N/mm²);

σ_l——有效约束应力(N/mm²);

A_{cor}——环向围束内混凝土面积(mm²);圆形截面:$A_{cor} = \dfrac{\pi D^2}{4}$,正方形和矩形截面:$A_{cor} = bh - (4-\pi)r^2$;

D——圆形截面柱的直径(mm);

b——正方形截面边长或矩形截面宽度(mm);

h——矩形截面高度(mm);

r——截面棱角的圆化半径(倒角半径);

β_c——混凝土强度影响系数;当混凝土强度等级不大于C50时,$\beta_c = 1.0$,当混凝土强度等级为C80时,$\beta_c = 0.8$;其间按线性内插法确定;

k_c——环向围束的有效约束系数,按本规范第10.4.4条的规定采用;

ρ_f——环向围束体积比,按本规范第10.4.4条的规定计算;

E_f——纤维复合材的弹性模量(N/mm²);

ε_{fe}——纤维复合材的有效拉应变设计值;重要构件取 $\varepsilon_{fe} = 0.0035$;一般构件取 $\varepsilon_{fe} = 0.0045$。

10.4.4 环向围束的计算参数 k_c 和 ρ_f,应按下列规定确定:

1 有效约束系数 k_c 值的确定:

1)圆形截面柱:$k_c = 0.95$;

2)正方形和矩形截面柱,应按下式计算:

$$k_c = 1 - \frac{(b-2r)^2 + (h-2r)^2}{3A_{cor}(1-\rho_s)}$$
(10.4.4-1)

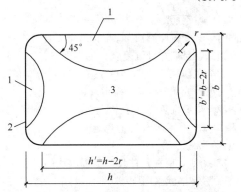

图 10.4.4 环向围束内矩形截面有效约束面积
1—无效约束面积;2—环向围束;3—有效约束面积

式中:ρ_s——柱中纵向钢筋的配筋率。

2 环向围束体积比 ρ_f 值的确定:

对圆形截面柱:

$$\rho_f = 4n_f t_f / D$$
(10.4.4-2)

对正方形和矩形截面柱:

$$\rho_f = 2n_f t_f (b+h) / A_{cor}$$
(10.4.4-3)

式中:n_f——纤维复合材的层数;

t_f——纤维复合材每层厚度(mm)。

10.5 框架柱斜截面加固计算

10.5.1 当采用纤维复合材的条带对钢筋混凝土框架柱进行受剪加固时,应粘贴成环形箍,且纤维方向应与柱的纵轴线垂直。

10.5.2 采用环形箍加固的柱,其斜截面受剪承载力应符合下列公式规定:

$$V \leqslant V_{c0} + V_{cf}$$
(10.5.2-1)

$$V_{cf} = \psi_{vc} f_f A_f h / s_f$$
(10.5.2-2)

$$A_f = 2n_f b_f t_f$$
(10.5.2-3)

式中:V——构件加固后剪力设计值(kN);

V_{c0}——加固前原构件斜截面受剪承载力(kN),按现行国家标准《混凝土结构设计规范》GB 50010 的规定计算;

V_{cf}——粘贴纤维复合材加固后,对柱斜截面承载力的提高值(kN);

ψ_{vc}——与纤维复合材受力条件有关的抗剪强度折减系数,按表10.5.2的规定值采用;

f_f——受剪加固采用的纤维复合材抗拉强度设计值(N/mm²),按本规范第4.3.4条规定的抗拉强度设计值乘以调整系数0.5确定;

A_f——配置在同一截面处纤维复合材环形箍的全截面面积(mm²);

n_f——为纤维复合材环形箍的层数;

b_f、t_f——分别为纤维复合材环形箍的宽度和每层厚度(mm);

h——柱的截面高度(mm);

s_f——环形箍的中心间距(mm)。

表 10.5.2 抗剪强度折减系数 ψ_{vc} 值

	轴压比	≤0.1	0.3	0.5	0.7	0.9
受力条件	均布荷载或 $\lambda_c \geqslant 3$	0.95	0.84	0.72	0.62	0.51
	$\lambda_c \leqslant 1$	0.90	0.72	0.54	0.34	0.16

注:1 λ_c 为柱的剪跨比;对框架柱 $\lambda_c = H_n/2h_0$;H_n 为柱的净高;h_0 为柱截面有效高度。

2 中间值按线性内插法确定。

10.6 大偏心受压构件加固计算

10.6.1 当采用纤维增强复合材加固大偏心受压的钢

筋混凝土柱时，应将纤维复合材粘贴于构件受拉区边缘混凝土表面，且纤维方向应与柱的纵轴线方向一致。

10.6.2 矩形截面大偏心受压柱的加固，其正截面承载力应符合下列公式规定：

$$N \leqslant \alpha_1 f_{c0} bx + f'_{y0} A'_{s0} - f_{y0} A_{s0} - f_f A_f$$
(10.6.2-1)

$$Ne \leqslant \alpha_1 f_{c0} bx \left(h_0 - \frac{x}{2} \right) + f'_{y0} A'_{s0} (h_0 - a')$$
$$+ f_f A_f (h - h_0)$$
(10.6.2-2)

$$e = e_i + \frac{h}{2} - a$$
(10.6.2-3)

$$e_i = e_0 + e_a$$
(10.6.2-4)

式中：e——轴向压力作用点至纵向受拉钢筋 A_s 合力点的距离（mm）；

e_i——初始偏心距（mm）；

e_0——轴向压力对截面重心的偏心距（mm），取为 M/N；当需考虑二阶效应时，M 应按本规范第 5.4.3 条确定；

e_a——附加偏心距（mm），按偏心方向截面最大尺寸 h 确定：当 $h \leqslant 600$mm 时，$e_a = 20$mm；当 $h > 600$mm 时，$e_a = h/30$；

a、a'——纵向受拉钢筋合力点、纵向受压钢筋合力点至截面近边的距离（mm）；

f_f——纤维复合材抗拉强度设计值（N/mm²），应根据其品种，分别按本规范表 4.3.4-1、表 4.3.4-2 及表 4.3.4-3 采用。

10.7 受拉构件正截面加固计算

10.7.1 当采用外贴纤维复合材加固环形或其他封闭式钢筋混凝土受拉构件时，应按原构件纵向受拉钢筋的配置方式，将纤维织物粘贴于相应位置的混凝土表面上，且纤维方向应与构件受拉方向一致，并处理好围拢部位的搭接和锚固问题。

10.7.2 轴心受拉构件的加固，其正截面承载力应按下式确定：

$$N \leqslant f_{y0} A_{s0} + f_f A_f$$
(10.7.2)

式中：N——轴向拉力设计值；

f_f——纤维复合材抗拉强度设计值，应根据其品种，分别按本规范表 4.3.4-1、表 4.3.4-2 及表 4.3.4-3 的规定采用；

10.7.3 矩形截面大偏心受拉构件的加固，其正截面承载力应符合下列公式规定：

$$N \leqslant f_{y0} A_{s0} + f_f A_f - \alpha_1 f_{c0} bx - f'_{y0} A'_{s0}$$
(10.7.3-1)

$$Ne \leqslant \alpha_1 f_{c0} bx \left(h_0 - \frac{x}{2} \right) + f'_{y0} A'_{s0} (h_0 - a'_s)$$
$$+ f_f A_f (h - h_0)$$
(10.7.3-2)

式中：N——加固后轴向拉力设计值（kN）；

e——轴向拉力作用点至纵向受拉钢筋合力点的距离（mm）；

f_f——纤维复合材抗拉强度设计值（N/mm²），应根据其品种，分别按本规范表 4.3.4-1、表 4.3.4-2 及表 4.3.4-3 采用。

10.8 提高柱的延性的加固计算

10.8.1 钢筋混凝土柱因延性不足而进行抗震加固时，可采用环向粘贴纤维复合材构成的环向围束作为附加箍筋。

10.8.2 当采用环向围束作为附加箍筋时，应按下列公式计算柱箍筋加密区加固后的箍筋体积配筋率 ρ_v，且应满足现行国家标准《混凝土结构设计规范》GB 50010 规定的要求：

$$\rho_v = \rho_{v,e} + \rho_{v,f}$$
(10.8.2-1)

$$\rho_{v,f} = k_c \rho_f \frac{b_f f_f}{s_f f_{yv0}}$$
(10.8.2-2)

式中：$\rho_{v,e}$——被加固柱原有箍筋的体积配筋率；当需重新复核时，应按箍筋范围内的核心截面进行计算；

$\rho_{v,f}$——环向围束作为附加箍筋算得的箍筋体积配筋率的增量；

ρ_f——环向围束体积比，应按本规范第 10.4.4 条计算；

k_c——环向围束的有效约束系数，圆形截面 $k_c = 0.90$；正方形截面 $k_c = 0.66$；矩形截面 $k_c = 0.42$；

b_f——环向围束纤维条带的宽度（mm）；

s_f——环向围束纤维条带的中心间距（mm）；

f_f——环向围束纤维复合材的抗拉强度设计值（N/mm²），应根据其品种，分别按本规范表 4.3.4-1、表 4.3.4-2 及表 4.3.4-3 采用；

f_{yv0}——原箍筋抗拉强度设计值（N/mm²）。

10.9 构 造 规 定

10.9.1 对钢筋混凝土受弯构件正弯矩区进行正截面加固时，其受拉面沿轴向粘贴的纤维复合材应延伸至支座边缘，且应在纤维复合材的端部（包括截断处）及集中荷载作用点的两侧，设置纤维复合材的 U 形箍（对梁）或横向压条（对板）。

10.9.2 当纤维复合材延伸至支座边缘仍不满足本规范第 10.2.5 条延伸长度的规定时，应采取下列锚固措施：

1 对梁，应在延伸长度范围内均匀设置不少于三道 U 形箍锚固（图 10.9.2a），其中一道应设置在延伸长度端部。U 形箍采用纤维复合材制作；U 形箍的粘贴高度应为梁的截面高度；当梁有翼缘或有现浇楼板，应伸至其底面。U 形箍的宽度，对端箍不应小于加固纤维复合材宽度的 2/3，且不应小于 150mm；对中间箍不应小于加固纤维复合材条带宽度的 1/2，且不应小于 100mm。U 形箍的厚度不应小于受弯加固纤维复合材厚度的 1/2。

2 对板，应在延伸长度范围内通长设置垂直于受力纤维方向的压条（图 10.9.2b）。压条采用纤维复合材制作。压条除应在延伸长度端部布置一道外，尚宜在延伸长度范围内再均匀布置 1 道～2 道。压条的宽度不应小于受弯加固纤维复合材条带宽度的 3/5，压条的厚度不应小于受弯加固纤维复合材厚度的 1/2。

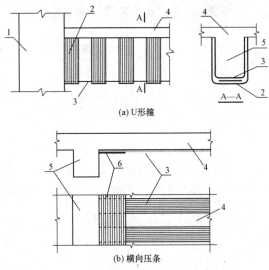

(a) U形箍

(b) 横向压条

图 10.9.2　梁、板粘贴纤维复合材端部锚固措施
1—柱；2—U 形箍；3—纤维复合材；4—板；
5—梁；6—横向压条
注：（a）图中未画压条。

3 当纤维复合材延伸至支座边缘，遇到下列情况，应将端箍（或端部压条）改为钢材制作、传力可靠的机械锚固措施：

　　1）可延伸长度小于按公式（10.2.5）计算长度的一半；

　　2）加固用的纤维复合材为预成型板材。

10.9.3 当采用纤维复合材对受弯构件负弯矩区进行正截面承载力加固时，应采取下列构造措施：

1 支座处无障碍时，纤维复合材应在负弯矩包络图范围内连续粘贴；其延伸长度的截断点应位于正弯矩区，且距正负弯矩转换点不应小于 1m。

2 支座处虽有障碍，但梁上有现浇板，且允许绕过柱位时，宜在梁侧 4 倍板厚（h_b）范围内，将纤维复合材粘贴于板面上（图 10.9.3-1）。

3 在框架顶层梁柱的端节点处，纤维复合材只能贴至柱边缘而无法延伸时，应采用结构胶加贴 L 形碳纤维板或 L 形钢板进行粘结与锚固（图 10.9.3-2）。L 形钢板的总截面面积应按下式进行计算：

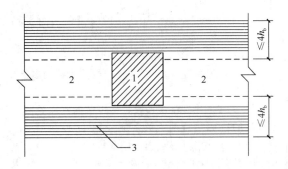

图 10.9.3-1　绕过柱位粘贴纤维复合材
1—柱；2—梁；3—板顶面粘贴的纤维复合材；h_b—板厚

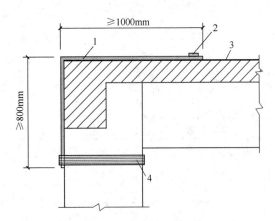

(a) 柱顶加贴L形碳纤维板锚固构造

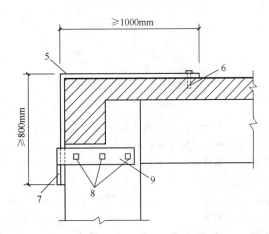

(b) 柱顶加贴L形钢板锚固构造

图 10.9.3-2　柱顶加贴 L 形碳纤维板或钢板锚固构造
1—粘贴 L 形碳纤维板；2—横向压条；3—纤维复合材；
4—纤维复合材围束；5—粘贴 L 形钢板；6—M12 锚栓；
7—加焊顶板（预焊）；8—$d \geqslant$M16 的 6.8 级锚栓；
9—胶粘于柱上的 U 形钢箍板

$$A_{a,1} = 1.2\psi_f f_f A_f / f_y \qquad (10.9.3)$$

式中：$A_{a,1}$——支座处需粘贴的 L 形钢板截面面积；

　　　ψ_f——纤维复合材的强度利用系数，按本规范第 10.2.3 条采用；

　　　f_f——纤维复合材的抗拉强度设计值，按本规范第 4.3.4 条采用；

A_f——支座处实际粘贴的纤维复合材截面面积；

f_y——L形钢板抗拉强度设计值。

L形钢板总宽度不宜小于0.9倍梁宽，且宜由多条L形钢板组成。

4 当梁上无现浇板，或负弯矩区的支座处需采取加强的锚固措施时，可采取胶粘L形钢板（图10.9.3-3）的构造方式。但柱中箍板的锚栓等级、直径及数量应经计算确定。当梁上有现浇板，也可采取这种构造方式进行锚固，其U形钢箍板穿过楼板处，应采用半叠钻孔法，在板上钻出扁形孔以插入箍板，再用结构胶予以封固。

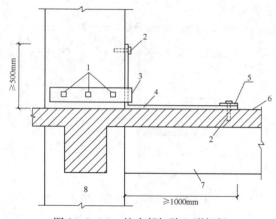

图 10.9.3-3 柱中部加贴L形钢板及U形钢箍板的锚固构造示例
1—$d \geqslant$M22 的 6.8 级锚栓；2—M12 锚栓；3—U形钢箍板，胶粘于柱上；4—胶粘L形钢板；5—横向钢压条，锚于楼板上；6—加固粘贴的纤维复合材；7—梁；8—柱

10.9.4 当加固的受弯构件为板、壳、墙和筒体时，纤维复合材应选择多条密布的方式进行粘贴，每一条带的宽度不应大于200mm；不得使用未经裁剪成条的整幅织物满贴。

10.9.5 当受弯构件粘贴的多层纤维织物允许截断时，相邻两层纤维织物宜按内短外长的原则分层截断；外层纤维织物的截断点宜越过内层截断点200mm以上，并应在截断点加设U形箍。

10.9.6 当采用纤维复合材对钢筋混凝土梁或柱的斜截面承载力进行加固时，其构造应符合下列规定：

1 宜选用环形箍或端部自锁式U形箍；当仅按构造需要设箍时，也可采用一般U形箍。

2 U形箍的纤维受力方向应与构件轴向垂直。

3 当环形箍、端部自锁式U形箍或一般U形箍采用纤维复合材条带时，其净间距 $s_{f,n}$（图10.9.6）不应大于现行国家标准《混凝土结构设计规范》GB 50010 规定的最大箍筋间距的 0.70 倍，且不应大于

梁高的 0.25 倍；

4 U形箍的粘贴高度应符合本规范第10.9.2条的规定；当U形箍的上端无自锁装置，应粘贴纵向压条予以锚固；

5 当梁的高度 h 大于等于 600mm 时，应在梁的腰部增设一道纵向腰压带（图10.9.6）；必要时，也可在腰压带端部增设自锁装置。

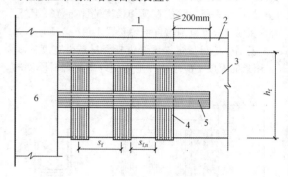

图 10.9.6 纵向腰压带
1—纵向压条；2—板；3—梁；4—U形箍；5—纵向腰压带；6—柱；s_f—U形箍的中心间距；$s_{f,n}$—U形箍的净间距；h_f—梁侧面粘贴的条带竖向高度

10.9.7 当采用纤维复合材的环向围束对钢筋混凝土柱进行正截面加固或提高延性的抗震加固时，其构造应符合下列规定：

1 环向围束的纤维织物层数，对圆形截面不应少于2层；对正方形和矩形截面柱不应少于3层；当有可靠的经验时，对采用芳纶纤维织物加固的矩形截面柱，其最少层数也可取为2层。

2 环向围束上下层之间的搭接宽度不应小于50mm，纤维织物环向截断点的延伸长度不应小于200mm，且各条带搭接位置应相互错开。

10.9.8 当沿柱轴向粘贴纤维复合材对大偏心受压柱进行正截面承载力加固时，纤维复合材应避开楼层梁，沿柱角穿越楼层，且纤维复合材宜采用板材；其上下端部锚固构造应采用机械锚固。同时，应设法避免在楼层处截断纤维复合材。

10.9.9 当采用U形箍、L形纤维板或环向围束进行加固而需在构件阳角处绕过时，其截面棱角应在粘贴前通过打磨加以圆化处理（图10.9.9）。梁的圆化半径 r，对碳纤维和玻璃纤维不应小于

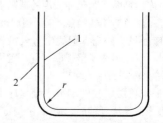

图 10.9.9 构件截面棱角的圆化打磨
1—构件截面外表面；2—纤维复合材；r—角部圆化半径

20mm；对芳纶纤维不应小于 15mm；柱的圆化半径，对碳纤维和玻璃纤维不应小于 25mm；对芳纶纤维不应小于 20mm。

10.9.10 当采用纤维复合材加固大偏心受压的钢筋混凝土柱时，其构造应符合下列规定：

1 柱的两端应增设可靠的机械锚固措施；

2 柱上端有楼板时，纤维复合材应穿过楼板，并应有足够的延伸长度。

11 预应力碳纤维复合板加固法

11.1 设计规定

11.1.1 本方法适用于截面偏小或配筋不足的钢筋混凝土受弯、受拉和大偏心受压构件的加固。本方法不适用于素混凝土构件，包括纵向受力钢筋一侧配筋率低于 0.2%的构件加固。

11.1.2 被加固的混凝土结构构件，其现场实测混凝土强度等级不得低于 C25，且混凝土表面的正拉粘结强度不得低于 2.0MPa。

11.1.3 粘贴在混凝土构件表面上的预应力碳纤维复合板，其表面应进行防护处理。表面防护材料应对纤维及胶粘剂无害。

11.1.4 粘贴预应力碳纤维复合板加固钢筋混凝土结构构件时，应将碳纤维复合板受力方式设计成仅承受拉应力作用。

11.1.5 采用预应力碳纤维复合板对钢筋混凝土结构进行加固时，碳纤维复合板张拉锚固部分以外的板面与混凝土之间也应涂刷结构胶粘剂。

11.1.6 采用本方法加固的混凝土结构，其长期使用的环境温度不应高于 60℃；处于特殊环境（如高温、高湿、动荷载、介质侵蚀、放射等）的混凝土结构采用本方法加固时，除应按国家现行有关标准的规定采取相应的防护措施外，尚应采用耐环境因素作用的结构胶粘剂，并按专门的工艺要求施工。

11.1.7 当被加固构件的表面有防火要求时，应按现行国家标准《建筑设计防火规范》GB 50016 规定的耐火等级及耐火极限要求，对胶粘剂和碳纤维复合板进行防护。

11.1.8 采用预应力碳纤维复合板加固混凝土结构构件时，纤维复合板宜直接粘贴在混凝土表面。不推荐采用嵌入式粘贴方式。

11.1.9 设计应对所用锚栓的抗剪强度进行验算，锚栓的设计剪力不得大于锚栓材料抗剪强度设计值的 0.6 倍。

11.1.10 采用预应力碳纤维复合板对钢筋混凝土结构进行加固时，其锚具（图 11.1.10-1、图 11.1.10-2、图 11.1.10-3、图 11.1.10-4）的张拉端和锚固端至少应有一端为自由活动端。

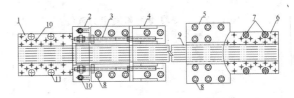

图 11.1.10-1　张拉前锚具平面示意图

1—张拉端锚具；2—推力架；3—导向螺杆；4—张拉支架；
5—固定端定位板；6—固定端锚具；7—M20 胶锚螺栓；
8—M16 螺栓；9—碳纤维复合板；10—M12 螺栓；
11—预留孔，张拉完成后植入 M20 胶锚螺栓

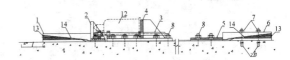

图 11.1.10-2　张拉前锚具纵向剖面示意图

1—张拉端锚具；2—推力架；3—导向螺杆；4—张拉支架；
5—固定端定位板；6—固定端锚具；7—M20 胶锚螺栓；
8—M16 螺栓；12—千斤顶；13—楔形锁固；14—6°倾斜角；
l—张拉行程；h—锚固深度，取为 170mm

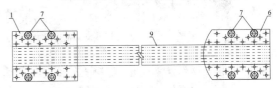

图 11.1.10-3　张拉完成锚具平面示意图

1—张拉端锚具；6—固定端锚具；
7—M20 胶锚螺栓；9—碳纤维复合板

图 11.1.10-4　张拉完成锚具纵向剖面示意图

1—张拉端锚具；6—固定端锚具；
7—M20 胶锚螺栓；9—碳纤维复合板；
13—楔形锁固；15—结构胶粘剂；
L—张拉位移；h—锚固深度，取为 170mm

11.2 预应力碳纤维复合板加固受弯构件

11.2.1 当采用预应力碳纤维复合板对梁、板等受弯构件进行加固时，其预应力损失应按下列规定计算：

1 锚具变形和碳纤维复合板内缩引起的预应力损失值 σ_{l1}：

$$\sigma_{l1} = \frac{a}{l} E_f \qquad (11.2.1-1)$$

式中：a ——张拉锚具变形和碳纤维复合板内缩值（mm），应按表 11.2.1 采用；

l ——张拉端至锚固端之间的净距离（mm）；

E_f ——碳纤维复合板的弹性模量（MPa）。

表 11.2.1 锚具类型和预应力碳纤维
复合板内缩值 a（mm）

锚具类型	a
平板锚具	2
波形锚具	1

2 预应力碳纤维复合板的松弛损失 σ_{l2}：

$$\sigma_{l2} = r\sigma_{con} \qquad (11.2.1-2)$$

式中：r——松弛损失率，可近似取 2.2%。

3 混凝土收缩和徐变引起的预应力损失值 σ_{l3}：

$$\sigma_{l3} = \frac{55 + 300\sigma_{pc}/f'_{cu}}{1 + 15\rho} \qquad (11.2.1-3)$$

式中：σ_{pc}——预应力碳纤维复合板处的混凝土法向压应力；

ρ——预应力碳纤维复合板和钢筋的配筋率，其计算公式为：$\rho = (A_f E_f/E_{s0} + A_{s0})/bh_0$；

f'_{cu}——施加预应力时的混凝土立方体抗压强度。

4 由季节温差造成的温差损失 σ_{l4}：

$$\sigma_{l4} = \Delta T \mid \alpha_f - \alpha_c \mid E_f \qquad (11.2.1-4)$$

式中：ΔT——年平均最高（或最低）温度与预应力碳纤维复合材料张拉锚固时的温差；

α_f、α_c——碳纤维复合板、混凝土的轴向温度膨胀系数。α_f 可取为 $1 \times 10^{-6}/℃$；α_c 可取为 $1 \times 10^{-5}/℃$。

11.2.2 受弯构件加固后的相对界限受压区高度 $\xi_{b,f}$ 可采用下式计算，即取加固前控制值的 0.85 倍：

$$\xi_{b,f} = 0.85\xi_b \qquad (11.2.2)$$

式中：ξ_b——构件加固前的相对界限受压区高度，按现行国家标准《混凝土结构设计规范》GB 50010 的规定计算。

11.2.3 采用预应力碳纤维复合板对梁、板等受弯构件进行加固时，除应符合现行国家标准《混凝土结构设计规范》GB 50010 正截面承载力计算的基本假定外，尚应符合下列补充规定：

1 构件达到承载能力极限状态时，粘贴预应力碳纤维复合板的拉应变 ε_f 应按截面应变保持平面的假设确定；

2 碳纤维复合板应力 σ_f 取等于拉应变 ε_f 与弹性

模量 E_f 的乘积；

3 在达到受弯承载力极限状态前，预应力碳纤维复合板与混凝土之间的粘结不致出现剥离破坏。

11.2.4 在矩形截面受弯构件的受拉边混凝土表面上粘贴预应力碳纤维复合板进行加固时，其锚具设计所采取的预应力纤维复合板与混凝土相粘结的措施，仅作为安全储备，不考虑其在结构计算中的粘结作用。在这一前提下，其正截面承载力应符合下列规定：

$$M \leqslant \alpha_1 f_{c0} bx \left(h - \frac{x}{2}\right) + f'_{y0} A'_{s0} (h - a')$$
$$- f_{y0} A_{s0} (h - h_0) \qquad (11.2.4-1)$$
$$\alpha_1 f_{c0} bx = f_f A_f + f_{y0} A_{y0} - f'_{y0} A'_{s0}$$
$$(11.2.4-2)$$
$$2a' \leqslant x \leqslant \xi_{b,f} h_0 \qquad (11.2.4-3)$$

式中：M——弯矩（包括加固前的初始弯矩）设计值（kN·m）；

α_1——计算系数；当混凝土强度等级不超过 C50 时，取 $\alpha_1 = 1.0$，当混凝土强度等级为 C80 时，取 $\alpha_1 = 0.94$，其间按线性内插法确定；

f_{c0}——混凝土轴心抗压强度设计值（N/mm²）；

x——混凝土受压区高度（mm）；

b、h——矩形截面的宽度和高度（mm）；

f_{y0}、f'_{y0}——受拉钢筋和受压钢筋的抗拉、抗压强度设计值（N/mm²）；

A_{s0}、A'_{s0}——受拉钢筋和受压钢筋的截面面积（mm²）；

a'——纵向受压钢筋合力点至混凝土受压区边缘的距离（mm）；

h_0——构件加固前的截面有效高度（mm）；

f_f——碳纤维复合板的抗拉强度设计值（N/mm²）；

A_f——预应力碳纤维复合材的截面面积（mm²）。

加固设计时，可根据公式（11.2.4-1）计算出混凝土受压区的高度 x，然后代入公式（11.2.4-2），即可求出受拉面应粘贴的预应力碳纤维复合板的截面面积 A_f。

11.2.5 对翼缘位于受压区的 T 形截面受弯构件的受拉面粘贴预应力碳纤维复合板进行受弯加固时，应按本规范第 11.2.2 条至第 11.2.4 条的规定和现行国家标准《混凝土结构设计规范》GB 50010 中关于 T 形截面受弯承载力的计算方法进行计算。

11.2.6 采用预应力碳纤维复合板加固的钢筋混凝土受弯构件，应进行正常使用极限状态的抗裂和变形验算，并进行预应力碳纤维复合板的应力验算。受弯构件的挠度验算按现行国家标准《混凝土结构设计规范》GB 50010 的规定执行。

11.2.7 采用预应力碳纤维复合板进行加固的钢筋混

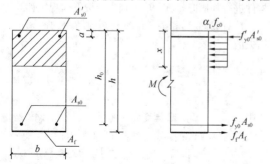

图 11.2.3 矩形截面正截面受弯承载力计算

凝土受弯构件，其抗裂控制要求可按现行国家标准《混凝土结构设计规范》GB 50010 确定。

11.2.8 在荷载效应的标准组合下，当受拉边缘混凝土名义拉应力 $\sigma_{ck} - \sigma_{pc} \leqslant f_{tk}$ 时，抗裂验算可按现行国家标准《混凝土结构设计规范》GB 50010 的方法进行；当受拉边缘混凝土名义拉应力 $\sigma_{ck} - \sigma_{pc} > f_{tk}$ 时，在荷载效应的标准组合并考虑长期作用影响的最大裂缝宽度应按下列公式计算：

$$w_{max} = 1.9\psi \frac{\sigma_{sk}}{E_s} \left(1.9c + 0.08 \frac{d_{eq}}{\rho_{te}} \right)$$
$$(11.2.8-1)$$

$$\psi = 1.1 - 0.65 \frac{f_{tk}}{\rho_{te}\sigma_{sk}} \qquad (11.2.8-2)$$

$$d_{eq} = \frac{\sum n_i d_i^2}{\sum n_i \nu_i d_i} \qquad (11.2.8-3)$$

$$\rho_{te} = \frac{A_s + A_f E_f / E_s}{A_{te}} \qquad (11.2.8-4)$$

$$\sigma_{sk} = \frac{M_k \pm M_2 - N_{p0}(z - e_p)}{(A_f E_f / E_s + A_s)z}$$
$$(11.2.8-5)$$

$$z = \left[0.87 - 0.12(1 - \gamma_f') \left(\frac{h_0}{e} \right)^2 \right] h_0$$
$$(11.2.8-6)$$

$$e = e_p + \frac{M_k \pm M_2}{N_{p0}} \qquad (11.2.8-7)$$

式中：ψ ——裂缝间纵向受拉钢筋应变不均匀系数：当 $\psi < 0.2$ 时，取 $\psi = 0.2$；当 $\psi > 1.0$ 时，取 $\psi = 1.0$；对直接承受重复荷载的构件，取 $\psi = 1.0$；

σ_{sk} ——按荷载准永久组合计算的受弯构件纵向受拉钢筋的等效应力（N/mm²）；

E_s ——钢筋的弹性模量（N/mm²）；

E_f ——预应力碳纤维复合板的弹性模量（N/mm²）；

c ——最外层纵向受拉钢筋外边缘至受拉区底边的距离（mm）；当 $c < 20$ 时，取 $c = 20$；当 $c > 65$ 时，取 $c = 65$；

ρ_{te} ——按有效受拉混凝土截面面积计算的纵向受拉钢筋的等效配筋率；

A_f ——预应力碳纤维复合板的截面面积（mm²）；

A_{te} ——有效受拉混凝土截面面积（mm²），受弯构件取 $A_{te} = 0.5bh + (b_f - b)h_f$，其中 b_f、h_f 为受拉翼缘的宽度、高度；

d_{eq} ——受拉区纵向钢筋的等效直径（mm）；

d_i ——受拉区第 i 种纵向钢筋的公称直径（mm）；

n_i ——受拉区第 i 种纵向钢筋的根数；

ν_i ——受拉区第 i 种纵向钢筋的相对粘结特性系数：光圆钢筋为 0.7；带肋钢筋

为 1.0；

M_k ——按荷载效应的标准组合计算的弯矩值（kN·m）；

M_2 ——后张法预应力混凝土超静定结构构件中的次弯矩（kN·m），应按国家标准《混凝土结构设计规范》GB 50010‑2010 第 10.1.5 条确定；

N_{p0} ——纵向钢筋和预应力碳纤维复合板的合力（kN）；

z ——受拉区纵向钢筋和预应力碳纤维复合板合力点至截面受压区合力点的距离（mm）；

γ_f' ——受压翼缘截面面积与腹板有效截面面积的比值，计算公式为 $\gamma_f' = \frac{(b_f' - b)h_f'}{bh_0}$；

b_f'、h_f' ——受压区翼缘的宽度、高度（mm），当 $h_f' > 0.2h_0$ 时，取 $h_f' = 0.2h_0$；

e_p ——混凝土法向预应力等于零时 N_{p0} 的作用点至受拉区纵向钢筋合力点的距离（mm）。

11.2.9 采用预应力碳纤维复合板加固的钢筋混凝土受弯构件，其抗弯刚度 B_s 应按下列方法计算：

1 不出现裂缝的受弯构件：

$$B_s = 0.85 E_c I_0 \qquad (11.2.9-1)$$

2 出现裂缝的受弯构件：

$$B_s = \frac{0.85 E_c I_0}{k_{cr} + (1 - k_{cr})w} \qquad (11.2.9-2)$$

$$k_{cr} = \frac{M_{cr}}{M_k} \qquad (11.2.9-3)$$

$$w = \left(1.0 + \frac{0.21}{\alpha_E \bar{\rho}} \right) (1.0 + 0.45\gamma_f) - 0.7$$
$$(11.2.9-4)$$

$$M_{cr} = (\sigma_{pc} + \gamma f_{tk})W_0 \qquad (11.2.9-5)$$

式中：E_c ——混凝土的弹性模量（N/mm²）；

I_0 ——换算截面惯性矩（mm⁴）；

α_E ——纵向受拉钢筋弹性模量与混凝土弹性模量的比值，计算公式为：$\alpha_E = E_s / E_c$；

$\bar{\rho}$ ——纵向受拉钢筋的等效配筋率，$\bar{\rho} = (A_f E_f / E_s + A_s) / (bh_0)$；

γ_f ——受拉翼缘截面面积与腹板有效截面面积的比值；

k_{cr} ——受弯构件正截面的开裂弯矩 M_{cr} 与弯矩 M_k 的比值，当 $\kappa_{cr} > 1.0$ 时，取 $\kappa_{cr} = 1.0$；

σ_{pc} ——扣除全部预应力损失后，由预加力在抗裂边缘产生的混凝土预压应力（N/mm²）；

γ ——混凝土构件的截面抵抗矩塑性影响系

数，应按现行国家标准《混凝土结构设计规范》GB 50010 的规定计算；

f_{tk} ——混凝土抗拉强度标准值（N/mm²）。

11.3 构 造 要 求

11.3.1 预应力碳纤维复合板加固用锚具可采用平板锚具，也可采用带小齿齿纹锚具（尖齿齿纹锚具和圆齿齿纹锚具）等。

11.3.2 设计普通平板锚具的构造时，其盖板和底板的厚度应分别不小于14mm 和10mm；其加压螺栓的公称直径不应小于22mm（图 11.3.2-1、图 11.3.2-2）。

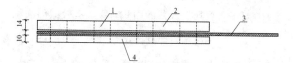

图 11.3.2-1 碳纤维板平板锚具

1—螺栓孔；2—盖板；3—碳纤维板；4—底板

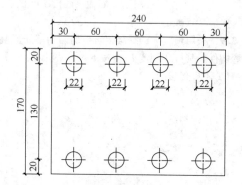

图 11.3.2-2 平板锚具盖板和底板平面

11.3.3 设计尖齿齿纹锚具的构造时，其齿深宜为 0.3mm～0.5mm，齿间距宜为 0.6mm～1.0mm（图 11.3.3-1、图 11.3.3-2）。

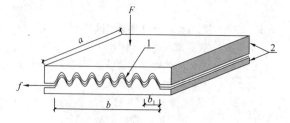

图 11.3.3-1 尖齿齿纹锚具示意图

1—碳纤维复合板；2—夹具；F—锚具的夹紧力；
f—锚具摩擦力；a—锚具宽度；
b—锚具齿纹长度；b_1—齿间距

11.3.4 尖齿齿纹锚具摩擦力可按下式进行计算：

$$f = 2\mu F \frac{\sin\alpha + \sin\beta}{\cos\alpha \times \sin\beta + \cos\beta \times \sin\alpha}$$

(11.3.4)

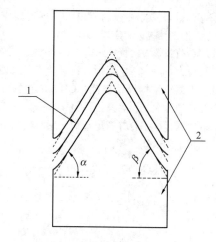

图 11.3.3-2 尖齿齿纹锚具单齿示意图

1—碳纤维复合板；2—锚具；
α—左侧齿纹与水平方向的夹角；
β—右侧齿纹与水平方向的夹角

式中：F ——锚具的夹紧力（kN）；

μ ——碳纤维板与锚具之间的摩擦系数；

α ——左侧齿纹与水平方向的夹角；

β ——右侧齿纹与水平方向的夹角。

11.3.5 设计圆齿齿纹锚具的构造时，其齿深宜为 0.3mm～0.5mm，齿间距宜为 0.6mm～1.0mm（图 11.3.5-1、图 11.3.5-2）。

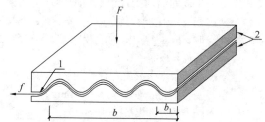

图 11.3.5-1 圆齿齿纹锚具示意图

1—碳纤维复合板；2—锚具；F—锚具的夹紧力；
f—锚具摩擦力；b—锚具齿纹长度；b_1—齿间距

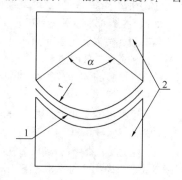

图 11.3.5-2 圆齿齿纹锚具单齿示意图

1—碳纤维复合板；2—锚具；
α—齿纹弧度圆心角；r—齿纹半径

11.3.6 圆齿齿纹锚具摩擦力可按下式进行计算：

$$f = \mu F \frac{\alpha}{\sin(\alpha/2)} \qquad (11.3.6)$$

式中：F ——锚具的夹紧力（kN）；

μ ——碳纤维板与锚具之间的摩擦系数；

α ——齿纹弧度圆心角。

11.3.7 预应力碳纤维复合材的宽度宜为 100mm，对截面宽度较大的构件，可粘贴多条预应力碳纤维复合材进行加固。

11.3.8 锚具的开孔位置和孔径应根据实际工程确定，孔距和边距应符合国家现行有关标准的规定。

11.3.9 对于平板锚具，锚具表面粗糙度 $25\mu m \leqslant R_a \leqslant 50\mu m$，$80\mu m \leqslant R_y \leqslant 150\mu m$，$60\mu m \leqslant R_z \leqslant 100\mu m$。

11.3.10 为了防止尖齿齿纹锚具将预应力碳纤维复合板剪断，该类锚具在尖齿处应进行倒角处理（图 11.3.3-2）。

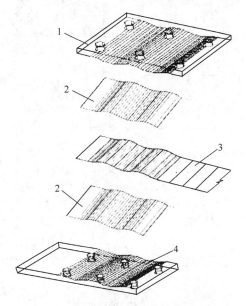

图 11.3.12 锚具内加贴的碳纤维织物垫层
1—盖板；2—碳纤维布垫片；
3—预应力碳纤维板；4—底板

11.3.11 对圆齿齿纹锚具，为防止预应力碳纤维复合板在锚具出口处因与锚具摩擦而产生断丝现象，锚具在端部切线方向应与预应力碳纤维复合板受拉力方向平行。

11.3.12 现场施工时，在锚具与预应力碳纤维复合材之间宜粘贴 2 层～4 层碳纤维织物作为垫层（图 11.3.12），并在锚具、预应力碳纤维复合材以及垫层上均应涂刷高强快固型结构胶，并在凝固前迅速将夹具锚紧，以防止预应力碳纤维复合板与锚具间的滑移。

11.4 设计对施工的要求

11.4.1 采用本方法加固在施加预应力前，可不采取卸除作用在被加固结构上活荷载的措施。

11.4.2 预应力碳纤维复合材的张拉控制应力值 σ_{con} 宜为碳纤维复合材抗拉强度设计值 f_f 的 0.6 倍～0.7 倍。

11.4.3 对外露的锚具应采取防腐措施加以防护。

11.4.4 锚固和张拉端的碳纤维应平直、无表面缺陷。

11.4.5 当张拉过程中发现有明显滑移现象或达不到设计张拉应力时，应调整螺栓紧固后重新张拉。当张拉过程顺利且达到设计应力后，松开张拉装置，涂布胶粘剂，二次张拉至设计应力值。

12 增设支点加固法

12.1 设计规定

12.1.1 本方法适用于梁、板、桁架等结构的加固。

12.1.2 本方法按支承结构受力性能的不同可分为刚性支点加固法和弹性支点加固法两种。设计时，应根据被加固结构的构造特点和工作条件选用其中一种。

12.1.3 设计支承结构或构件时，宜采用有预加力的方案。预加力的大小，应以支点处被支顶构件表面不出现裂缝和不增设附加钢筋为度。

12.1.4 制作支承结构和构件的材料，应根据被加固结构所处的环境及使用要求确定。当在高湿度或高温环境中使用钢构件及其连接时，应采用有效的防锈、隔热措施。

12.2 加固计算

12.2.1 采用刚性支点加固梁、板时，其结构计算应按下列步骤进行：

　　1 计算并绘制原梁的内力图；

　　2 初步确定预加力（卸荷值），并绘制在支承点预加力作用下梁的内力图；

　　3 绘制加固后梁在新增荷载作用下的内力图；

　　4 将上述内力图叠加，绘出梁各截面内力包络图；

　　5 计算梁各截面实际承载力；

　　6 调整预加力值，使梁各截面最大内力值小于截面实际承载力；

　　7 根据最大的支点反力，设计支承结构及其基础。

12.2.2 采用弹性支点加固梁时，应先计算出所需支点弹性反力的大小，然后根据此力确定支承结构所需的刚度，并应按下列步骤进行：

　　1 计算并绘制原梁的内力图；

　　2 绘制原梁在新增荷载下的内力图；

　　3 确定原梁所需的预加力（卸荷值），并由此求出相应的弹性支点反力值 R；

4 根据所需的弹性支点反力 R 及支承结构类型，计算支承结构所需的刚度；

5 根据所需的刚度确定支承结构截面尺寸，并验算其地基基础。

12.3 构造规定

12.3.1 采用增设支点加固法新增的支柱、支撑，其上端应与被加固的梁可靠连接，并应符合下列规定：

1 湿式连接：

当采用钢筋混凝土支柱、支撑为支承结构时，可采用钢筋混凝土套箍湿式连接（图 12.3.1a）；被连接部位梁的混凝土保护层应全部凿掉，露出箍筋；起连接作用的钢筋箍可做成 Ⅱ 形；也可做成 Γ 形，但应卡住整个梁截面，并与支柱或支撑中的受力筋焊接。钢筋箍的直径应由计算确定，但不应少于 2 根直径为 12mm 的钢筋。节点处后浇混凝土的强度等级，不应低于 C25。

2 干式连接：

当采用型钢支柱、支撑为支承结构时，可采用型钢套箍干式连接（图 12.3.1b）。

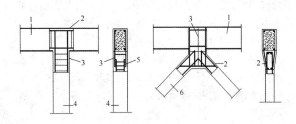

(a) 钢筋混凝土套箍湿式连接

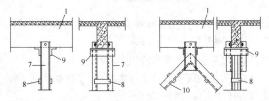

(b) 型钢套箍干式连接

图 12.3.1 支柱、支撑上端与原结构的连接构造
1—被加固梁；2—后浇混凝土；3—连接筋；
4—混凝土支柱；5—焊缝；6—混凝土斜撑；
7—钢支柱；8—缀板；9—短角钢；
10—钢斜撑

12.3.2 增设支点加固法新增的支柱、支撑，其下端连接，当直接支承于基础上时，可按一般地基基础构造进行处理；当斜撑底部以梁、柱为支承时，可按下列构造：

1 对钢筋混凝土支撑，可采用湿式钢筋混凝土围套连接（图 12.3.2a）。对受拉支撑，其受拉主筋应绕过上、下梁（柱），并采用焊接。

2 对钢支撑，可采用型钢套箍干式连接（图 12.3.2b）。

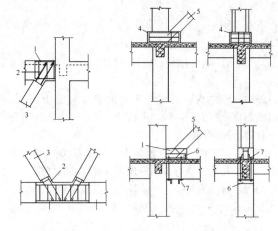

(a) 钢筋混凝土围套湿式连接

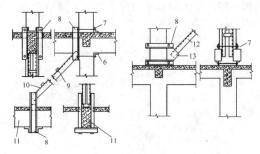

(b) 型钢套箍干式连接

图 12.3.2 斜撑底部与梁柱的连接构造
1—后浇混凝土；2—受拉钢筋；3—混凝土拉杆；
4—后浇混凝土套箍；5—混凝土斜撑；6—短角钢；
7—螺栓；8—型钢套箍；9—缀板；10—钢斜拉杆；
11—被加固梁；12—钢斜撑；13—节点板

13 预张紧钢丝绳网片-聚合物砂浆面层加固法

13.1 设计规定

13.1.1 本方法适用于钢筋混凝土梁、柱、墙等构件的加固，但本规范仅对受弯构件的加固作出规定。本方法不适用于素混凝土构件，包括纵向受拉钢筋一侧配筋率小于 0.2% 的构件加固。

13.1.2 采用本方法时，原结构、构件按现场检测结果推定的混凝土强度等级不应低于 C15 级，且混凝土表面的正拉粘结强度不应低于 1.5MPa。

13.1.3 采用钢丝绳网片-聚合物砂浆面层加固混凝土结构构件时，应将网片设计成仅承受拉应力作用，并能与混凝土变形协调、共同受力。

13.1.4 钢丝绳网片-聚合物砂浆面层应采用下列构造方式对混凝土结构构件进行加固：

1 梁和柱，应采用三面或四面围套的面层构造（图 13.1.4a 和 b）；

2 板和墙，宜采用对称的双面外加层构造（图

13.1.4d）。当采用单面的面层构造（图 13.1.4c）时，应加强面层与原构件的锚固与拉结。

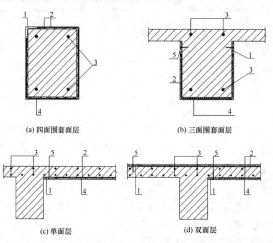

(a) 四面围套面层   (b) 三面围套面层

(c) 单面层   (d) 双面层

图 13.1.4　钢丝绳网片-聚合物砂浆面层构造示意图
1—固定板；2—钢丝绳网片；3—原钢筋；
4—聚合物砂浆面层；5—胶粘型锚栓

13.1.5　钢丝绳网片安装时，应施加预张紧力；预张紧应力大小取 $0.3f_{rw}$，允许偏差为 $\pm10\%$，f_{rw} 为钢丝绳抗拉强度设计值。施加预张紧力的工序及其施力值应标注在设计、施工图上，不得疏漏，以确保其安装后能立即与原结构共同工作。

13.1.6　采用本方法加固的混凝土结构，其长期使用的环境温度不应高于 60℃。处于特殊环境下（如介质腐蚀、高温、高湿、放射等）的混凝土结构，其加固除应采用耐环境因素作用的聚合物配制砂浆外，尚应符合现行国家标准《工业建筑防腐蚀设计规范》GB 50046 的规定，并采取相应的防护措施。

13.1.7　采用本方法加固时，应采取措施卸除或大部分卸除作用在结构上的活荷载。

13.1.8　当被加固结构、构件的表面有防火要求时，应按现行国家标准《建筑设计防火规范》GB 50016 规定的耐火等级及耐火极限要求，对钢丝绳网片-聚合物改性水泥砂浆外加层进行防护。

13.2　受弯构件正截面加固计算

13.2.1　采用钢丝绳网片-聚合物砂浆面层对受弯构件进行加固时，除应符合现行国家标准《混凝土结构设计规范》GB 50010 正截面承载力计算的基本假定外，尚应符合下列规定：

　　1　构件达到受弯承载能力极限状态时，钢丝绳网片的拉应变 ε_{rw} 可按截面应变保持平面的假设确定；

　　2　钢丝绳网片应力 σ_{rw} 可近似取等于拉应变 ε_{rw} 与弹性模量 E_{rw} 的乘积；

　　3　当考虑二次受力影响时，应按构件加固前的初始受力情况，确定钢丝绳网片的滞后应变；

　　4　在达到受弯承载能力极限状态前，钢丝绳网片与混凝土之间不出现粘结剥离破坏；

　　5　对梁的不同面层构造，统一采用仅按梁的受拉区底面有面层的计算简图，但在验算梁的正截面承载力时，应引入修正系数 η_{rl} 考虑梁侧面围套内钢丝绳网片对承载力提高的作用。

13.2.2　受弯构件加固后的相对界限受压区高度 $\xi_{b,rw}$ 应按下式计算，即加固前控制值的 0.85 倍采用：

$$\xi_{b,rw} = 0.85\xi_b \qquad (13.2.2)$$

式中：ξ_b——构件加固前的相对界限受压区高度，按现行国家标准《混凝土结构设计规范》GB 50010 的规定计算。

13.2.3　矩形截面受弯构件采用钢丝绳网片-聚合物砂浆面层进行加固时（图 13.2.3），其正截面承载力应按下列公式确定：

$$M \leq \alpha_1 f_{c0} bx \left(h - \frac{x}{2}\right) + f'_{y0} A'_{s0}(h - a') - f_{y0}A_{s0}(h - h_0)$$
$$(13.2.3-1)$$

$$\alpha_1 f_{c0}bx = f_{y0}A_{s0} + \eta_{rl}\psi_{rw}f_{rw}A_{rw} - f'_{y0}A'_{s0}$$
$$(13.2.3-2)$$

$$\psi_{rw} = \frac{(0.8\varepsilon_{cu}h/x) - \varepsilon_{cu} - \varepsilon_{rw,0}}{f_{rw}/E_{rw}}$$
$$(13.2.3-3)$$

$$2a' \leq x \leq \xi_{b,rw}h_0 \qquad (13.2.3-4)$$

式中：M——构件加固后的弯矩设计值（kN·m）；

　　　x——等效矩形应力图形的混凝土受压区高度（mm）；

　　　b、h——矩形截面的宽度和高度（mm）；

　　　f_{rw}——钢丝绳网片抗拉强度设计值（N/mm²）；

　　　A_{rw}——钢丝绳网片受拉截面面积（mm²）；

　　　a'——纵向受压钢筋合力点至混凝土受压区边缘的距离（mm）；

　　　h_0——构件加固前的截面有效高度（mm）；

　　　η_{rl}——考虑梁侧面围套 h_{rl} 高度范围内配有与梁底部相同的受拉钢丝绳网片时，该部分网片对承载力提高的系数；对围套式面层按表 13.2.3 的规定值采用；对单面层，取 $\eta_{rl}=1.0$；

　　　h_{rl}——自梁侧面受拉区边缘算起，配有与梁底部相同的受拉钢丝绳网片的高度（mm）；设计时应取 h_{rl} 小于等于 $0.25h$；

　　　ψ_{rw}——考虑受拉钢丝绳网片的实际拉应变可能达不到设计值而引入的强度利用系数；当 ψ_{rw} 大于 1.0 时，取 ψ_{rw} 等于 1.0；

　　　ε_{cu}——混凝土极限压应变，取 $\varepsilon_{cu}=0.0033$；

　　　$\varepsilon_{rw,0}$——考虑二次受力影响时，钢丝绳网片的滞后应变，按本规范第 13.2.4 条的规定计算。若不考虑二次受力影响，取 $\varepsilon_{rw,0}=0$。

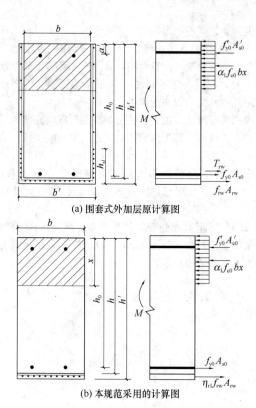

(a) 围套式外加层原计算图

(b) 本规范采用的计算图

图 13.2.3　受弯构件正截面承载力计算

表 13.2.3　梁侧面 h_{rl} 高度范围配置网片的承载力提高系数

h_{rl}/h ＼ h/b	1.0	1.5	2.0	2.5	3.0	3.5	4.0	4.5
0.05	1.09	1.14	1.18	1.23	1.28	1.32	1.37	1.41
0.10	1.17	1.25	1.34	1.42	1.50	1.59	1.67	1.76
0.15	1.23	1.34	1.46	1.57	1.69	1.80	1.92	2.03
0.20	1.28	1.42	1.56	1.70	1.83	1.97	2.11	2.25
0.25	1.32	1.47	1.63	1.79	1.95	2.10	2.26	2.42

13.2.4　当考虑二次受力影响时，钢丝绳网片的滞后应变 $\varepsilon_{rw,0}$ 应按下式计算：

$$\varepsilon_{rw,0} = \frac{\alpha_{rw} M_{0k}}{E_{s0} A_{s0} h_0} \qquad (13.2.4)$$

式中：M_{0k}——加固前受弯构件验算截面上原作用的弯矩标准值；

E_{s0}——原钢筋的弹性模量；

α_{rw}——综合考虑受弯构件裂缝截面内力臂变化、钢筋应变不均匀以及钢筋排列影响的计算系数，按表 13.2.4 的规定采用。

表 13.2.4　计算系数 α_{rw} 值

ρ_{te}	≤0.007	0.010	0.020	0.030	0.040	≥0.060
单排钢筋	0.70	0.90	1.15	1.20	1.25	1.30
双排钢筋	0.75	1.00	1.25	1.30	1.35	1.40

注：1　ρ_{te} 为混凝土有效受拉截面的纵向受拉钢筋配筋率，即 $\rho_{te} = A_{s0}/A_{te}$，$A_{te}$ 为有效受拉混凝土截面面积，按现行国家标准《混凝土结构设计规范》GB 50010 的规定计算。

2　当原构件钢筋应力 $\sigma_{s0} \le 150MPa$，且 $\rho_{te} \le 0.05$ 时，表中 α_{rw} 值可乘以调整系数 0.9。

13.2.5　对翼缘位于受压区的 T 形截面受弯构件的受拉面粘结钢丝绳网-聚合物砂浆面层进行受弯加固时，应按本规范第 13.2.1 条至第 13.2.4 条的规定和现行国家标准《混凝土结构设计规范》GB 50010 中关于 T 形截面受弯承载力的计算方法进行计算。

13.2.6　钢筋混凝土结构构件加固后，其正截面受弯承载力的提高幅度，不宜超过 30%，当有可靠试验依据时，也不应超过 40%；并且应验算其受剪承载力，避免因受弯承载力提高后而导致构件受剪破坏先于受弯破坏。

13.2.7　钢丝绳计算用的截面面积及参考质量，可按表 13.2.7 的规定值采用。

表 13.2.7　钢丝绳计算用截面面积及参考重量

种类	钢丝绳公称直径(mm)	钢丝直径(mm)	计算用截面面积(mm²)	参考重量(kg/100m)
6×7 +IWS	2.4	(0.27)	2.81	2.40
	2.5	0.28	3.02	2.73
	3.0	0.32	3.94	3.36
	3.05	(0.34)	4.45	3.83
	3.2	0.35	4.71	4.21
	3.6	0.40	6.16	6.20
	4.0	(0.44)	7.45	6.70
	4.5	0.45	7.79	7.05
	4.5	0.50	9.62	8.70
1×19	2.5	0.50	3.73	3.10

注：括号内的钢丝直径为建筑结构加固非常用的直径。

13.2.8　采用钢丝绳网片-聚合物砂浆面层加固的钢筋混凝土矩形截面受弯构件，其短期刚度 B_s 应按下列公式确定：

$$B_s = \frac{E_{s0} A_s h_0^2}{1.15\psi + 0.2 + 0.6\alpha_E\rho} \qquad (13.2.8-1)$$

$$A_s = A_{s0} + A'_{rw} = A_{s0} + \frac{E_{rw}}{E_{s0}} A_{rw} \qquad (13.2.8-2)$$

$$\psi = 1.1 - \frac{0.65 f_{tk}}{\rho_{te}\sigma_{ss}} \qquad (13.2.8\text{-}3)$$

$$\rho = \frac{A_s}{bh_0} \qquad (13.2.8\text{-}4)$$

$$\rho_{te} = \frac{A_s}{0.5bh} = \frac{A_s}{0.5b(h_1 + \delta)} \qquad (13.2.8\text{-}5)$$

$$\sigma_{ss} = \frac{M_k}{0.87h_0 A_s} \qquad (13.2.8\text{-}6)$$

式中：E_{s0}——原构件纵向受力钢筋的弹性模量（N/mm²）；

A_s——结构加固后的钢筋换算截面面积（mm²）；

h_0——加固后截面有效高度（mm）；

ψ——原构件纵向受拉钢筋应变不均匀系数；当 $\psi < 0.2$ 时，取 $\psi = 0.2$；当 $\psi > 1.0$ 时，取 $\psi = 1.0$；

α_E——钢筋弹性模量与混凝土弹性模量比值：$\alpha_E = E_{s0}/E_c$；

ρ_{te}——按有效受拉混凝土截面面积计算，并按纵向受拉配筋面积 A_s 确定的配筋率；当 ρ_{te} 小于 0.01 时，取 ρ_{te} 等于 0.01；

A_{s0}——原构件纵向受拉钢筋的截面面积（mm²）；

A_{rw}——新增纵向受拉钢丝绳网片截面面积（mm²）；

A'_{rw}——新增钢丝绳网片换算成钢筋后的截面面积（mm²）；

E_{rw}——钢丝绳弹性模量（N/mm²）；

h——加固后截面高度（mm）；

h_1——原截面高度（mm）；

δ——截面外加层厚度（mm）；

σ_{ss}——截面受拉区纵向配筋合力点处的应力（N/mm²）；

M_k——按荷载效应标准组合计算的弯矩值（kN·m）。

13.3 受弯构件斜截面加固计算

13.3.1 采用钢丝绳网片-聚合物砂浆面层对受弯构件斜截面进行加固时，应在围套中配置以钢丝绳构成的"环形箍筋"或"U形箍筋"（图13.3.1）。

13.3.2 受弯构件加固后的斜截面应符合下列公式规定：

当 $h_w/b \leqslant 4$ 时

$$V \leqslant 0.25\beta_c f_{c0}bh_0 \qquad (13.3.2\text{-}1)$$

当 $h_w/b \geqslant 6$ 时

$$V \leqslant 0.20\beta_c f_{c0}bh_0 \qquad (13.3.2\text{-}2)$$

当 $4 < h_w/b < 6$ 时，按线性内插法确定。

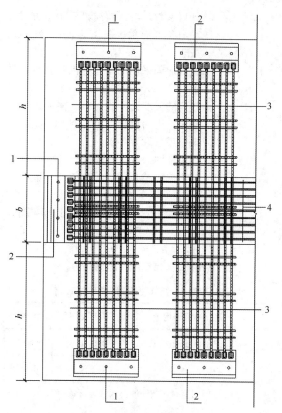

图13.3.1 采用钢丝绳网片加固的受弯构件三面展开图
1—胶粘型锚栓；2—固定板；3—抗剪加固钢筋网（横向网）；4—抗弯加固钢筋网片（主网）；b—梁宽；h—梁高

式中：V——构件斜截面加固后的剪力设计值（kN）；

β_c——混凝土强度影响系数，当原构件混凝土强度等级不超过 C50 时，取 $\beta_c = 1.0$；当混凝土强度等级为 C80 时，取 $\beta_c = 0.8$；其间按直线内插法确定；

f_{c0}——原构件混凝土轴心抗压强度设计值（N/mm²）；

b——矩形截面的宽度或 T 形截面的腹板宽度（mm）；

h_0——截面有效高度（mm）；

h_w——截面的腹板高度（mm）；对矩形截面，取有效高度；对 T 形截面，取有效高度减去翼缘高度。

13.3.3 采用钢丝绳网片-聚合物砂浆面层对钢筋混凝土梁进行抗剪加固时，其斜截面承载力应按下列公式确定：

$$V \leqslant V_{b0} + V_{br} \qquad (13.3.3\text{-}1)$$

$$V_{br} \leqslant \psi_{vb} f_{rw} A_{rw} h_{rw}/s_{rw} \qquad (13.3.3\text{-}2)$$

式中：V_{b0}——加固前，梁的斜截面承载力（kN），按现行国家标准《混凝土结构设计规范》GB 50010 计算；

V_{br}——配置钢丝绳网片加固后，对梁斜截面承载力的提高值（kN）；

ψ_{vb} —— 计算系数，与钢丝绳箍筋构造方式及受力条件有关的抗剪强度折减系数，按表13.3.3采用；

f_{rw} —— 受剪加固采用的钢丝绳网片强度设计值（N/mm²），按本规范第13.1.5条规定的强度设计值乘以调整系数0.50确定；当为框架梁或悬挑构件时，该调整系数取为0.25；

A_{rw} —— 配置在同一截面处构成环形箍或U形箍的钢丝绳网的全部截面面积（mm²）；

h_{rw} —— 梁侧面配置的钢丝绳箍筋的竖向高度（mm）；对矩形截面，$h_{rw}=h$；对T形截面，$h_{rw}=h_w$；h_w 为腹板高度；

s_{rw} —— 钢丝绳箍筋的间距（mm）。

表13.3.3　抗剪强度折减系数 ψ_{vb} 值

钢丝绳箍筋构造		环形箍筋	U形箍筋
受力条件	均布荷载或剪跨比 $\lambda \geqslant 3$	1.0	0.80
	$\lambda \leqslant 1.5$	0.65	0.50

注：当 λ 为中间值时，按线性内插法确定 ψ_{vb} 值。

13.4 构造规定

13.4.1 钢丝绳网的设计与制作应符合下列规定：

1 网片应采用小直径不松散的高强度钢丝绳制作；绳的直径宜为2.5mm～4.5mm；当采用航空用高强度钢丝绳时，可使用规格为2.4mm的高强度钢丝绳。

2 绳的结构形式（图13.4.1-1）应为6×7＋IWS金属股芯右交互捻钢丝绳或1×19单股左捻钢丝绳。

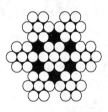
(a) 6×7+IWS钢丝绳

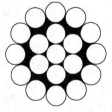
(b) 1+19钢绞线

图13.4.1-1　钢丝绳的结构形式

3 网的主筋（即纵向受力钢丝绳）与横向筋（即横向钢丝绳，也称箍筋）的交点处，应采用同品种钢材制作的绳扣束紧；主筋的端部应采用固定结固定在固定板上；固定板以胶粘型锚栓锚于原结构上，胶粘型锚栓的材质和型号的选用，应经计算确定。预张紧钢丝绳网片的固定构造应按图13.4.1-2进行设计；当钢丝绳采用锥形锚头紧固时，其端部固定板构

造应按图13.4.1-3进行设计。

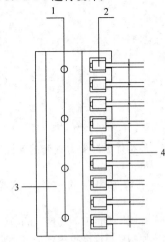

图13.4.1-2　采用固定结紧固钢丝绳的端头锚固构造
1—胶粘型锚栓；2—固定结；3—固定板；4—钢丝绳

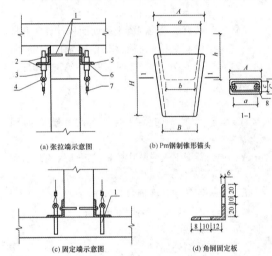

(a) 张拉端示意图　　(b) Pm钢制锥形锚头

(c) 固定端示意图　　(d) 角钢固定板

图13.4.1-3　采用锥形锚头紧固钢丝绳的端部锚固构造
1—锚栓或植筋；2—Pm调节螺母；3—Pm调节螺杆；4—穿绳孔；5—角钢固定板；6—张拉端角钢锚固；7—锥形锚头；8—钢丝绳

4 网中受拉主筋的间距应经计算确定，但不应小于20mm，也不应大于40mm。

5 网中横向筋的间距，当用作梁、柱承受剪力的箍筋时，应经计算确定，但不应大于50mm；当用作构造箍筋时，梁、柱不应大于150mm；板和墙，可按实际情况取为150mm～200mm。

6 网片应在工厂使用专门的机械和工艺制作。板和墙加固用的网，宜按标准规格成批生产；梁和柱加固用的围套网，宜按设计图纸专门生产。

13.4.2 采用钢丝绳网-聚合物砂浆面层加固钢筋混凝土构件前，应先清理、修补原构件，并按产品使用说明书的规定进行界面处理；当原构件钢筋有锈蚀现象时，应对外露的钢筋进行除锈及阻锈处理；当原构件钢筋经检测认为已处于"有锈蚀可能"的状态，但混凝土保护层尚未开裂时，宜采用喷涂型阻锈剂进行处理。

13.4.3 钢丝绳网与基材混凝土的固定，应在网片就位并张拉绷紧的情况下进行。一般情况下，应采用尼龙锚栓或胶粘螺杆植入混凝土中作为支点，以开口销作为绳卡与网连接。锚栓或螺杆的长度不应小于55mm；其直径 d 不应小于 4.0mm；净埋深不应小于40mm；间距不应大于150mm。构件端部固定套环用的锚栓，其净埋深不应小于60mm。

13.4.4 当钢丝绳网的主筋需要接长时，应采取可靠锚固措施保证预张紧应力不受损失（图13.4.4），且不应位于最大弯矩区。

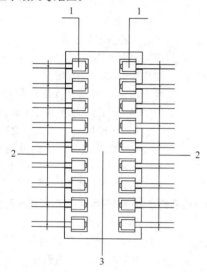

图 13.4.4　主绳连接锚固构造示意图
1—固定结或锥形锚头；2—钢丝绳；3—连接型固定板

13.4.5 聚合物砂浆面层的厚度，不应小于25mm，也不宜大于35mm；当采用镀锌钢丝绳时，其保护层厚度尚不应小于15mm。

13.4.6 聚合物砂浆面层的表面应喷涂一层与该品种砂浆相适配的防护材料，提高面层耐环境因素作用的能力。

14　绕丝加固法

14.1　设　计　规　定

14.1.1 本方法适用于提高钢筋混凝土柱的位移延性的加固。

14.1.2 采用绕丝法时，原构件按现场检测结果推定的混凝土强度等级不应低于 C10 级，但也不得高于 C50 级。

14.1.3 采用绕丝法时，若柱的截面为方形，其长边尺寸 h 与短边尺寸 b 之比，应不大于1.5。

14.1.4 当绕丝的构造符合本规范的规定时，采用绕丝法加固的构件可按整体截面进行计算。

14.2　柱的抗震加固计算

14.2.1 采用环向绕丝法提高柱的位移延性时，其柱端箍筋加密区的总折算体积配箍率 ρ_v 应按下列公式计算：

$$\rho_v = \rho_{v,e} + \rho_{v,s} \qquad (14.2.1\text{-}1)$$

$$\rho_{v,s} = \psi_{v,s}\frac{A_{ss}l_{ss}}{s_sA_{cor}}\frac{f_{ys}}{f_{yv}} \qquad (14.2.1\text{-}2)$$

式中：$\rho_{v,e}$——被加固柱原有的体积配箍率，当需重新复核时，应按原箍筋范围内核心面积计算；

$\rho_{v,s}$——以绕丝构成的环向围束作为附加箍筋计算得到的箍筋体积配箍率的增量；

A_{ss}——单根钢丝截面面积（mm²）；

A_{cor}——绕丝围束内原柱截面混凝土面积（mm²），按本规范第10.4.3条计算；

f_{yv}——原箍筋抗拉强度设计值（N/mm²）；

f_{ys}——绕丝抗拉强度设计值（N/mm²），取 $f_{ys} = 300$N/mm²；

l_{ss}——绕丝的周长（mm）；

s_s——绕丝间距（mm）；

$\psi_{v,s}$——环向围束的有效约束系数；对圆形截面，$\psi_{v,s} = 0.75$，对正方形截面，$\psi_{v,s} = 0.55$，对矩形截面，$\psi_{v,s} = 0.35$。

14.3　构　造　规　定

14.3.1 绕丝加固法的基本构造方式是将钢丝绕在 4 根直径为 25mm 专设的钢筋上（图 14.3.1），然后再浇筑细石混凝土或喷抹 M15 水泥砂浆。绕丝用的钢丝，应为直径为 4mm 的冷拔钢丝，但应经退火处理后方可使用。

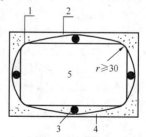

图 14.3.1　绕丝构造示意图
1—圆角；2—直径为 4mm 间距为 5mm～30mm 的钢丝；3—直径为 25mm 的钢筋；4—细石混凝土或高强度等级水泥砂浆；5—原柱；r—圆角半径

14.3.2 原构件截面的四角保护层应凿除，并应打磨成圆角（图 14.3.1），圆角的半径 r 不应小于30mm。

14.3.3 绕丝加固用的细石混凝土应优先采用喷射混

凝土；但也可采用现浇混凝土；混凝土的强度等级不应低于 C30 级。

14.3.4 绕丝的间距，对重要构件，不应大于 15mm；对一般构件，不应大于 30mm。绕丝的间距应分布均匀，绕丝的两端应与原构件主筋焊牢。

14.3.5 绕丝的局部绷不紧时，应加钢楔绷紧。

15 植 筋 技 术

15.1 设 计 规 定

15.1.1 本章适用于钢筋混凝土结构构件以结构胶种植带肋钢筋和全螺纹螺杆的后锚固设计；不适用于素混凝土构件，包括纵向受力钢筋一侧配筋率小于 0.2% 的构件的后锚固设计。素混凝土构件及低配筋率构件的植筋应按锚栓进行设计。

15.1.2 采用植筋技术，包括种植全螺纹螺杆技术时，原构件的混凝土强度等级应符合下列规定：

　　1　当新增构件为悬挑结构构件时，其原构件混凝土强度等级不得低于 C25；

　　2　当新增构件为其他结构构件时，其原构件混凝土强度等级不得低于 C20。

15.1.3 采用植筋和种植全螺纹螺杆锚固时，其锚固部位的原构件混凝土不得有局部缺陷。若有局部缺陷，应先进行补强或加固处理后再植筋。

15.1.4 种植用的钢筋或螺杆，应采用质量和规格符合本规范第 4 章规定的钢材制作。当采用进口带肋钢筋时，除应按现行专门标准检验其性能外，尚应要求其相对肋面积 A_r 符合大于等于 0.055 且小于等于 0.08 的规定。

15.1.5 植筋用的胶粘剂应采用改性环氧类结构胶粘剂或改性乙烯基酯类结构胶粘剂。当植筋的直径大于 22mm 时，应采用 A 级胶。锚固用胶粘剂的质量和性能应符合本规范第 4 章的规定。

15.1.6 采用植筋锚固的混凝土结构，其长期使用的环境温度不应高于 60℃；处于特殊环境（如高温、高湿、介质腐蚀等）的混凝土结构采用植筋技术时，除应按国家现行有关标准的规定采取相应的防护措施外，尚应采用耐环境因素作用的胶粘剂。

15.2 锚 固 计 算

15.2.1 承重构件的植筋锚固计算应符合下列规定：

　　1　植筋设计应在计算和构造上防止混凝土发生劈裂破坏；

　　2　植筋仅承受轴向力，且仅允许按充分利用钢材强度的计算模式进行设计；

　　3　植筋胶粘剂的粘结强度设计值应按本章的规定值采用；

　　4　抗震设防区的承重结构，其植筋承载力仍按

本节的规定进行计算，但其锚固深度设计值应乘以考虑位移延性要求的修正系数。

15.2.2 单根植筋锚固的承载力设计值应符合下列公式规定：

$$N_t^b = f_y A_s \qquad (15.2.2-1)$$

$$l_d \geqslant \psi_N \psi_{ae} l_s \qquad (15.2.2-2)$$

式中：N_t^b ——植筋钢材轴向受拉承载力设计值（kN）；

　　f_y ——植筋用钢筋的抗拉强度设计值（N/mm²）；

　　A_s ——钢筋截面面积（mm²）；

　　l_d ——植筋锚固深度设计值（mm）；

　　l_s ——植筋的基本锚固深度（mm），按本规范第 15.2.3 条确定；

　　ψ_N ——考虑各种因素对植筋受拉承载力影响而需加大锚固深度的修正系数，按本规范第 15.2.5 条确定；

　　ψ_{ae} ——考虑植筋位移延性要求的修正系数；当混凝土强度等级不高于 C30 时，对 6 度区及 7 度区一、二类场地，取 ψ_{ae} =1.10；对 7 度区三、四类场地及 8 度区，取 ψ_{ae} =1.25。当混凝土强度高于 C30 时，取 ψ_{ae} =1.00。

15.2.3 植筋的基本锚固深度 l_s 应按下式确定：

$$l_s = 0.2 \alpha_{spt} d f_y / f_{bd} \qquad (15.2.3)$$

式中：α_{spt} ——为防止混凝土劈裂引用的计算系数，按本规范表 15.2.3 的确定；

　　d ——植筋公称直径（mm）；

　　f_{bd} ——植筋用胶粘剂的粘结剪强度设计值（N/mm²），按本规范表 15.2.4 的规定值采用。

表 15.2.3　考虑混凝土劈裂影响的计算系数 α_{spt}

混凝土保护层厚度 c(mm)		25		30		35	≥40
箍筋设置情况	直径 ϕ(mm)	6	8 或 10	6	8 或 10	≥6	≥6
	间距 s(mm)	在植筋锚固深度范围内，s 不应大于 100mm					
植筋直径 d(mm)	≤20	1.00	1.00	1.00	1.00	1.00	1.00
	25	1.10	1.05	1.05	1.00	1.00	1.00
	32	1.25	1.15	1.15	1.10	1.10	1.05

注：当植筋直径介于表列数值之间时，可按线性内插法确定 α_{spt} 值。

15.2.4 植筋用结构胶粘剂的粘结抗剪强度设计值 f_{bd} 应按表 15.2.4 的规定值采用。当基材混凝土强度等级大于 C30，且采用快固型胶粘剂时，其粘结抗剪强度设计值 f_{bd} 应乘以调整系数 0.8。

表 15.2.4　粘结抗剪强度设计值 f_{bd}

胶粘剂等级	构造条件	基材混凝土的强度等级				
		C20	C25	C30	C40	≥C60
A级胶或B级胶	$s_1 \geq 5d$；$s_2 \geq 2.5d$	2.3	2.7	3.7	4.0	4.5
A级胶	$s_1 \geq 6d$；$s_2 \geq 3.0d$	2.3	2.7	4.0	4.5	5.0
	$s_1 \geq 7d$；$s_2 \geq 3.5d$	2.3	2.7	4.5	5.0	5.5

注：1　当使用表中的 f_{bd} 值时，其构件的混凝土保护层厚度，不应低于现行国家标准《混凝土结构设计规范》GB 50010 的规定值；

2　s_1 为植筋间距，s_2 为植筋边距；

3　f_{bd} 仅适用于带肋钢筋或全螺纹螺杆的粘结锚固。

15.2.5　考虑各种因素对植筋受拉承载力影响而需加大锚固深度的修正系数 ψ_N，应按下式计算：

$$\psi_N = \psi_{br}\psi_w\psi_T \qquad (15.2.5)$$

式中：ψ_{br}——考虑结构构件受力状态对承载力影响的系数：当为悬挑结构构件时，ψ_{br} = 1.50；当为非悬挑的重要构件接长时，ψ_{br} = 1.15；当为其他构件时，ψ_{br} = 1.00；

ψ_w——混凝土孔壁潮湿影响系数，对耐潮湿型胶粘剂，按产品说明书的规定值采用，但不得低于 1.1；

ψ_T——使用环境的温度 T 影响系数，当 $T \leq 60℃$ 时，取 ψ_T = 1.0；当 $60℃ < T \leq 80℃$ 时，应采用耐中温胶粘剂，并应按产品说明书规定的 ψ_T 值采用；当 $T > 80℃$ 时，应采用耐高温胶粘剂，并应采取有效的隔热措施。

15.2.6　承重结构植筋的锚固深度应经设计计算确定；不得按短期拉拔试验值或厂商技术手册的推荐值采用。

15.3　构　造　规　定

15.3.1　当按构造要求植筋时，其最小锚固长度 l_{min} 应符合下列构造规定：

1　受拉钢筋锚固：max ｛$0.3l_s$；$10d$；100mm｝；

2　受压钢筋锚固：max ｛$0.6l_s$；$10d$；100mm｝；

3　对悬挑结构、构件尚应乘以 1.5 的修正系数。

15.3.2　当植筋与纵向受拉钢筋搭接（图 15.3.2）

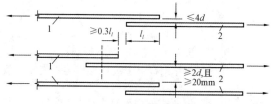

图 15.3.2　纵向受拉钢筋搭接

1—纵向受拉钢筋；2—植筋

时，其搭接接头应相互错开。其纵向受拉搭接长度 l_l，应根据位于同一连接区段内的钢筋搭接接头面积百分率，按下式确定：

$$l_l = \zeta_l l_d \qquad (15.3.2)$$

式中：ζ_l——纵向受拉钢筋搭接长度修正系数，按表 15.3.2 取值。

表 15.3.2　纵向受拉钢筋搭接长度修正系数

纵向受拉钢筋搭接接头面积百分率（%）	≤25	50	100
ζ_l 值	1.2	1.4	1.6

注：1　钢筋搭接接头面积百分率定义按现行国家标准《混凝土结构设计规范》GB 50010 的规定采用；

2　当实际搭接接头面积百分率介于表列数值之间时，按线性内插法确定 ζ_l 值；

3　对梁类构件，纵向受拉钢筋搭接接头面积百分率不应超过 50%。

15.3.3　当植筋搭接部位的箍筋间距 s 不符合本规范表 15.2.3 的规定时，应进行防劈裂加固。此时，可采用纤维织物复合材的围束作为原构件的附加箍筋进行加固。围束可采用宽度为 150mm、厚度不小于 0.165mm 的条带缠绕而成，缠绕时，围束间应无间隔，且每一围束，其所粘贴的条带不应少于 3 层。对方形截面尚应打磨棱角，打磨的质量应符合本规范第 10.9.9 条的规定。若采用纤维织物复合材的围束有困难，也可剔去原构件混凝土保护层，增设新箍筋（或钢箍板）进行加密（或增强）后再植筋。

15.3.4　植筋与纵向受拉钢筋在搭接部位的净间距，应按本规范图 15.3.2 的标示值确定。当净间距超过 $4d$ 时，则搭接长度 l_l 应增加 $2d$，但净间距不得大于 $6d$。

15.3.5　用于植筋的钢筋混凝土构件，其最小厚度 h_{min} 应符合下式规定：

$$h_{min} \geq l_d + 2D \qquad (15.3.5)$$

式中：D——钻孔直径（mm），应按表 15.3.5 确定。

表 15.3.5　植筋直径与对应的钻孔直径设计值

钢筋直径 d（mm）	钻孔直径设计值 D（mm）
12	15
14	18
16	20
18	22
20	25
22	28
25	32
28	35
32	40

15.3.6　植筋时，其钢筋宜先焊后种植；当有困难而必须后焊时，其焊点距基材混凝土表面应大于 $15d$，且应采用冰水浸渍的湿毛巾多层包裹植筋外露部分的根部。

16 锚栓技术

16.1 设 计 规 定

16.1.1 本章适用于普通混凝土承重结构；不适用于轻质混凝土结构及严重风化的结构。

16.1.2 混凝土结构采用锚栓技术时，其混凝土强度等级：对重要构件不应低于 C25 级；对一般构件不应低于 C20 级。

16.1.3 承重结构用的机械锚栓，应采用有锁键效应的后扩底锚栓。这类锚栓按其构造方式的不同，又分为自扩底（图 16.1.3-1a）、模扩底（图 16.1.3-1b）和胶粘-模扩底（图 16.1.3-1c）三种；承重结构用的胶粘型锚栓，应采用特殊倒锥形胶粘型锚栓（图 16.1.3-2）。自攻螺钉不属于锚栓体系，不得按锚栓进行设计计算。

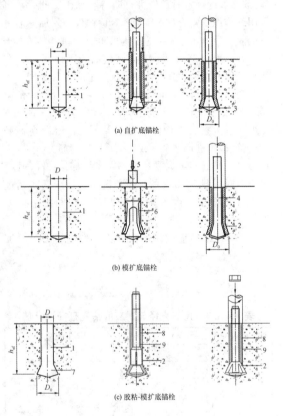

图 16.1.3-1 后扩底锚栓

1—直孔；2—扩张套筒；3—扩底刀头；4—柱锥杆；
5—压力直线推进；6—模压式刀具；7—扩底孔；
8—胶粘剂；9—螺纹杆；h_{ef}—锚栓的有效锚固深度；
D—钻孔直径；D_0—扩底直径

16.1.4 在抗震设防区的结构中，以及直接承受动力荷载的构件中，不得使用膨胀锚栓作为承重结构的连接件。

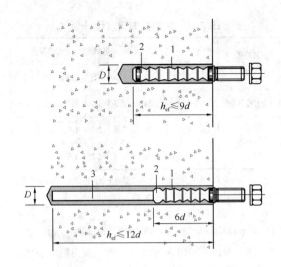

图 16.1.3-2 特殊倒锥形胶粘型锚栓

1—胶粘剂；2—倒锥形螺纹套筒；3—全螺纹螺杆；
D—钻孔直径；d—全螺纹螺杆直径；
h_{ef}—锚栓的有效锚固深度

16.1.5 当在抗震设防区承重结构中使用锚栓时，应采用后扩底锚栓或特殊倒锥形胶粘型锚栓，且仅允许用于设防烈度不高于 8 度并建于Ⅰ、Ⅱ类场地的建筑物。

16.1.6 用于抗震设防区承重结构或承受动力作用的锚栓，其性能应通过现行行业标准《混凝土用膨胀型、扩孔型建筑锚栓》JG 160 的低周反复荷载作用或疲劳荷载作用的检验。

16.1.7 承重结构锚栓连接的设计计算，应采用开裂混凝土的假定；不得考虑非开裂混凝土对其承载力的提高作用。

16.1.8 锚栓受力分析应符合本规范附录 F 的规定。

16.2 锚栓钢材承载力验算

16.2.1 锚栓钢材的承载力验算，应按锚栓受拉、受剪及同时受拉剪作用等三种受力情况分别进行。

16.2.2 锚栓钢材受拉承载力设计值，应符合下式规定：

$$N_t^a = \psi_{E,t} f_{ud,t} A_s \qquad (16.2.2)$$

式中：N_t^a——锚栓钢材受拉承载力设计值（N/mm^2）；

$\psi_{E,t}$——锚栓受拉承载力抗震折减系数；对 6 度区及以下，取 $\psi_{E,t}=1.00$；于 7 度区，取 $\psi_{E,t}=0.85$；对 8 度区Ⅰ、Ⅱ、Ⅲ类场地，取 $\psi_{E,t}=0.75$；

$f_{ud,t}$——锚栓钢材用于抗拉计算的强度设计值（N/mm^2），应按本规范第 16.2.3 条的规定采用；

A_s——锚栓有效截面面积（mm^2）。

16.2.3 碳钢、合金钢及不锈钢锚栓的钢材强度设计指标必须符合表 16.2.3-1 和表 16.2.3-2 的规定。

表 16.2.3-1　碳钢及合金钢锚栓钢材强度设计指标

性能等级		4.8	5.8	6.8	8.8
锚栓强度设计值（MPa）	用于抗拉计算 $f_{ud,t}$	250	310	370	490
	用于抗剪计算 $f_{ud,v}$	150	180	220	290

注：锚栓受拉弹性模量 E_s 取 2.0×10^5 MPa。

表 16.2.3-2　不锈钢锚栓钢材强度设计指标

性能等级	50	70	80
螺纹直径（mm）	≤32	≤24	≤24
锚栓强度设计值（MPa） 用于抗拉计算 $f_{ud,t}$	175	370	500
用于抗剪计算 $f_{ud,v}$	105	225	300

16.2.4 锚栓钢材受剪承载力设计值，应区分无杠杆臂和有杠杆臂两种情况（图 16.2.4）按下列公式进行计算：

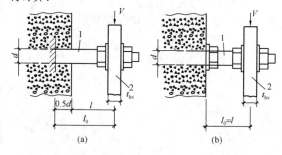

图 16.2.4　锚栓杠杆臂计算长度的确定
1—锚栓；2—固定件；l_0—杠杆臂计算长度

1　无杠杆臂受剪

$$V^a = \psi_{E,v} f_{ud,v} A_s \qquad (16.2.4-1)$$

2　有杠杆臂受剪

$$V^a = 1.2 \psi_{E,v} W_{el} f_{ud,t} \left(1 - \frac{\sigma}{f_{ud,t}}\right) \frac{\alpha_m}{l_0}$$

$$(16.2.4-2)$$

式中：V^a——锚栓钢材受剪承载力设计值（kN）；

$\psi_{E,v}$——锚栓受剪承载力抗震折减系数；对 6 度区及以下，取 $\psi_{E,v}=1.00$；对 7 度区，取 $\psi_{E,v}=0.80$；对 8 度区Ⅰ、Ⅱ、Ⅲ 类场地，取 $\psi_{E,v}=0.70$；

A_s——锚栓的有效截面面积（mm²）；

W_{el}——锚栓截面抵抗矩（mm³）；

σ——被验算锚栓承受的轴向拉应力（N/mm²），其值按 N_t^a/A_s 确定；符号 N_t^a 和 A_s 的意义见式（16.2.2）；

α_m——约束系数，对图 16.2.4（a）的情况，取 $\alpha_m=1$；对图 16.2.4（b）的情况，取 $\alpha_m=2$；

l_0——杠杆臂计算长度（mm）；当基材表面有压紧的螺帽时，取 $l_0=l$；当无压紧螺帽时，取 $l_0=l+0.5d$。

16.3　基材混凝土承载力验算

16.3.1 基材混凝土的承载力验算，应考虑三种破坏模式：混凝土呈锥形受拉破坏（图 16.3.1-1）、混凝土边缘呈楔形受剪破坏（图 16.3.1-2）以及同时受拉、剪作用破坏。对混凝土剪撬破坏（图 16.3.1-3）、混凝土劈裂破坏，以及特殊倒锥形胶粘锚栓的组合破坏，应通过采取构造措施予以防止，不参与验算。

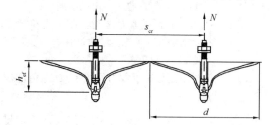

图 16.3.1-1　混凝土呈锥形受拉破坏

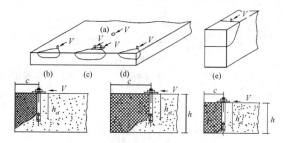

图 16.3.1-2　混凝土边缘呈楔形受剪破坏

图 16.3.1-3　混凝土剪撬破坏
1—混凝土锥体

16.3.2 基材混凝土的受拉承载力设计值，应按下列公式进行验算：

1　对后扩底锚栓

$$N_t^c = 2.8 \psi_a \psi_N \sqrt{f_{cu,k}} h_{ef}^{1.5} \qquad (16.3.2-1)$$

2　对本规范采用的胶粘型锚栓

$$N_t^c = 2.4 \psi_b \psi_N \sqrt{f_{cu,k}} h_{ef}^{1.5} \qquad (16.3.2-2)$$

式中：N_t^c——锚栓连接的基材混凝土受拉承载力设计值（kN）；

$f_{cu,k}$——混凝土立方体抗压强度标准值（N/mm²），按现行国家标准《混凝土结构设计规范》GB 50010 的规定采用；

h_{ef}——锚栓的有效锚固深度（mm）；应按锚

栓产品说明书标明的有效锚固深度采用;

ψ_a——基材混凝土强度等级对锚固承载力的影响系数;当混凝土强度等级不大于C30时,取 $\psi_a = 0.90$;当混凝土强度等级大于C30时,对机械锚栓,取 $\psi_a = 1.00$;对胶粘型锚栓,仍取 $\psi_a = 0.90$;

ψ_b——胶粘型锚栓对粘结强度的影响系数;当 $d_0 \leqslant 16mm$ 时,取 $\psi_b = 0.90$;当 $d_0 \geqslant 24mm$ 时,取 $\psi_b = 0.80$;介于两者之间的 ψ_b 值,按线性内插法确定;

ψ_N——考虑各种因素对基材混凝土受拉承载力影响的修正系数,按本规范第16.3.3条计算。

16.3.3 基材混凝土受拉承载力修正系数 ψ_N 值应按下列公式计算:

$$\psi_N = \psi_{s,h}\psi_{e,N}A_{cN}/A_{c,N}^0 \qquad (16.3.3-1)$$

$$\psi_{e,N} = 1/[1+(2e_N/s_{cr,N})] \leqslant 1 \qquad (16.3.3-2)$$

式中:$\psi_{s,h}$——构件边距及锚固深度等因素对基材受力的影响系数,取 $\psi_{s,h} = 0.95$;

$\psi_{e,N}$——荷载偏心对群锚受拉承载力的影响系数;

$A_{cN}/A_{c,N}^0$——锚栓边距和间距对锚栓受拉承载力影响的系数,按本规范第16.3.4条确定;

c——锚栓的边距(mm);

$s_{cr,N}$、$c_{cr,N}$——混凝土呈锥形受拉时,确保每一锚栓承载力不受间距和边距效应影响的最小间距和最小边距(mm),按本规范表16.4.4的规定值采用;

e_N——拉力(或其合力)对受拉锚栓形心的偏心距(mm)。

16.3.4 当锚栓承载力不受其间距和边距效应影响时,由单个锚栓引起的基材混凝土呈锥形受拉破坏的锥体投影面积基准值 $A_{c,N}^0$(图16.3.4)可按下式确定:

$$A_{c,N}^0 = s_{cr,N}^2 \qquad (16.3.4)$$

16.3.5 混凝土呈锥形受拉破坏的实际锥体投影面积 $A_{c,N}$ 可按下列公式计算:

1 当边距 $c > c_{cr,N}$,且间距 $s > s_{cr,N}$ 时

$$A_{c,N} = nA_{c,N}^0 \qquad (16.3.5-1)$$

式中:n——参与受拉工作的锚栓个数。

2 当边距 $c \leqslant c_{cr,N}$(图16.3.5)时

1) 对 $c_1 \leqslant c_{cr,N}$(图16.3.5a)的单锚情形

$$A_{c,N} = (c_1 + 0.5s_{cr,N})s_{cr,N} \qquad (16.3.5-2)$$

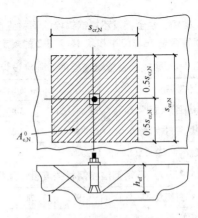

图16.3.4 单锚混凝土锥形破坏
理想锥体投影面积
1—混凝土锥体

2) 对 $c_1 \leqslant c_{cr,N}$,且 $s_1 \leqslant s_{cr,N}$(图16.3.5-2b)的双锚情形

$$A_{c,N} = (c_1 + s_1 + 0.5s_{cr,N})s_{cr,N} \qquad (16.3.5-3)$$

3) 对 c_1、$c_2 \leqslant c_{cr,N}$,且 s_1、$s_2 \leqslant s_{cr,N}$ 时(图16.3.5c)的角部四锚情形

$$A_{c,N} = (c_1 + s_1 + 0.5s_{cr,N})(c_2 + s_2 + 0.5s_{cr,N}) \qquad (16.3.5-4)$$

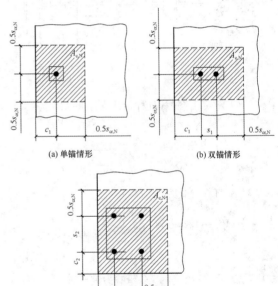

(a) 单锚情形   (b) 双锚情形

(c) 角部四锚情形

图16.3.5 近构件边缘混凝土锥形受拉破坏
实际锥体投影面积

16.3.6 基材混凝土的受剪承载力设计值,应按下式计算:

$$V^c = 0.18\psi_v \sqrt{f_{cu,k}}c_1^{1.5}d_0^{0.3}h_{ef}^{0.2} \qquad (16.3.6)$$

式中:V^c——锚栓连接的基材混凝土受剪承载力设计值(kN);

ψ_v——考虑各种因素对基材混凝土受剪承载力影响的修正系数,应按本规范第16.3.7条计算;

c_1——平行于剪力方向的边距（mm）；

d_0——锚栓外径（mm）；

h_{ef}——锚栓的有效锚固深度（mm）。

16.3.7 基材混凝土受剪承载力修正系数 ψ_v 值，应按下列公式计算：

$$\psi_v = \psi_{s,v}\psi_{h,v}\psi_{a,v}\psi_{e,v}\psi_{u,v}A_{cv}/A_{c,v}^0 \quad (16.3.7\text{-}1)$$

$$\psi_{s,v} = 0.7 + 0.2\frac{c_2}{c_1} \leqslant 1 \quad (16.3.7\text{-}2)$$

$$\psi_{h,v} = (1.5c_1/h)^{1/3} \geqslant 1 \quad (16.3.7\text{-}3)$$

$$\psi_{a,v} = \begin{cases} 1.0 & (0° < \alpha_v \leqslant 55°) \\ 1/(\cos\alpha_v + 0.5\sin\alpha_v) & (55° < \alpha_v \leqslant 90°) \\ 2.0 & (90° < \alpha_v \leqslant 180°) \end{cases}$$
$$(16.3.7\text{-}4)$$

$$\psi_{e,v} = 1/[1 + (2e_v/3c_1)] \leqslant 1 \quad (16.3.7\text{-}5)$$

$$\psi_{u,v} = \begin{cases} 1.0(边缘没有配筋) \\ 1.2(边缘配有直径 d \geqslant 12mm 钢筋) \\ 1.4(边缘配有直径 d \geqslant 12mm 钢筋及 s \\ \quad\geqslant 100mm 箍筋) \end{cases}$$
$$(16.3.7\text{-}6)$$

式中：$\psi_{s,v}$——边距比 c_2/c_1 对受剪承载力的影响系数；

$\psi_{h,v}$——边距厚度比 c_1/h 对受剪承载力的影响系数；

$\psi_{a,v}$——剪力与垂直于构件自由边的轴线之间的夹角 α_v（图 16.3.7）对受剪承载力的影响系数；

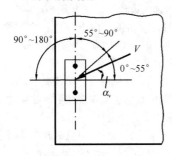

图 16.3.7 剪切角 α_v

$\psi_{e,v}$——荷载偏心对群锚受剪承载力的影响系数；

$\psi_{u,v}$——构件锚固区配筋对受剪承载力的影响系数；

$A_{cv}/A_{c,v}^0$——锚栓边距、间距等几何效应对受剪承载力的影响系数，按本规范第 16.3.8 条及第 16.3.9 条确定；

c_2——垂直于 c_1 方向的边距（mm）；

h——构件厚度（基材混凝土厚度）（mm）；

e_v——剪力对受剪锚栓形心的偏心距（mm）。

16.3.8 当锚栓受剪承载力不受其边距、间距及构件厚度的影响时，其基材混凝土呈半锥体破坏的侧向投影面积基准值 $A_{c,v}^0$，可按下式计算（图 16.3.8）：

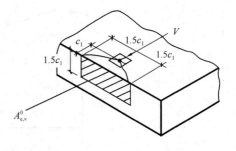

图 16.3.8 近构件边缘的单锚受剪混凝土楔形投影面积

$$A_{c,v}^0 = 4.5c_1^2 \quad (16.3.8)$$

16.3.9 当单锚或群锚受剪时，若锚栓间距 $s \geqslant 3c_1$、边距 $c_2 \geqslant 1.5c_1$，且构件厚度 $h \geqslant 1.5c$ 时，混凝土破坏锥体的侧向实际投影面积 $A_{c,v}$，可按下式计算：

$$A_{c,v} = nA_{c,v}^0 \quad (16.3.9)$$

式中：n——参与受剪工作的锚栓个数。

16.3.10 当锚栓间距、边距或构件厚度不满足本规范第 16.3.9 条要求时，侧向实际投影面积 $A_{c,v}$ 应按下列公式的计算方法进行确定（图 16.3.10）。

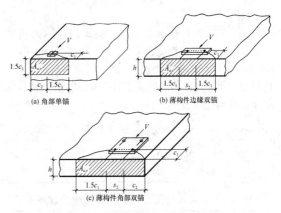

(a) 角部单锚   (b) 薄构件边缘双锚

(c) 薄构件角部双锚

图 16.3.10 剪力作用下混凝土楔形破坏侧向投影面积

1 当 $h > 1.5c_1$，$c_2 \leqslant 1.5c_1$ 时：

$$A_{c,v} = 1.5c_1(1.5c_1 + c_2) \quad (16.3.10\text{-}1)$$

2 当 $h \leqslant 1.5c_1$，$s_2 \leqslant 3c_1$ 时：

$$A_{c,v} = (3c_1 + s_2)h \quad (16.3.10\text{-}2)$$

3 当 $h \leqslant 1.5c_1$，$s_2 \leqslant 3c_1$，$c_2 \leqslant 1.5c_1$ 时：

$$A_{c,v} = 1.5(3c_1 + s_2 + c_2)h \quad (16.3.10\text{-}3)$$

16.3.11 对基材混凝土角部的锚固，应取两个方向计算承载力的较小值（图 16.3.11）。

16.3.12 当锚栓连接承受拉力和剪力复合作用时，混凝土承载力应符合下式的规定：

$$(\beta_N)^\alpha + (\beta_v)^\alpha \leqslant 1 \quad (16.3.12)$$

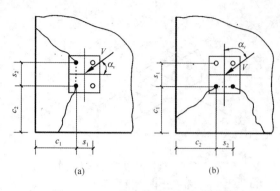

(a)   (b)

图 16.3.11 剪力作用下的角部群锚

式中：β_N——拉力作用设计值与混凝土抗拉承载力设计值之比；

β_V——剪力作用设计值与混凝土抗剪承载力设计值之比；

α——指数，当两者均受锚栓钢材破坏模式控制时，取 $\alpha=2.0$；当受其他破坏模式控制时，取 $\alpha=1.5$。

16.4 构 造 规 定

16.4.1 混凝土构件的最小厚度 h_{min} 不应小于 $1.5h_{ef}$，且不应小于 100mm。

16.4.2 承重结构用的锚栓，其公称直径不得小于 12mm；按构造要求确定的锚固深度 h_{ef} 不应小于 60mm，且不应小于混凝土保护层厚度。

16.4.3 在抗震设防区的承重结构中采用锚栓时，其埋深应分别符合表 16.4.3-1 和表 16.4.3-2 的规定。

表 16.4.3-1 考虑地震作用后扩底锚栓的埋深规定

锚栓直径（mm）	12	16	20	24
有效锚固深度 h_{ef}（mm）	≥80	≥100	≥150	≥180

表 16.4.3-2 考虑地震作用胶粘型锚栓的埋深规定

锚栓直径（mm）	12	16	20	24
有效锚固深度 h_{ef}（mm）	≥100	≥125	≥170	≥200

16.4.4 锚栓的最小边距 c_{min}、临界边距 $c_{cr,N}$ 和群锚最小间距 s_{min}、临界间距 $s_{cr,N}$ 应符合表 16.4.4 的规定。

表 16.4.4 锚栓的边距和间距

c_{min}	$c_{cr,N}$	s_{min}	$s_{cr,N}$
≥0.8h_{ef}	≥1.5h_{ef}	≥1.0h_{ef}	≥3.0h_{ef}

16.4.5 锚栓防腐蚀标准应高于被固定物的防腐蚀要求。

17 裂缝修补技术

17.1 设 计 规 定

17.1.1 本章适用于承重构件混凝土裂缝的修补；对

承载力不足引起的裂缝，除应按本章适用的方法进行修补外，尚应采用适当的加固方法进行加固。

17.1.2 经可靠性鉴定确认为必须修补的裂缝，应根据裂缝的种类进行修补设计，确定其修补材料、修补方法和时间。

17.1.3 裂缝修补材料应符合下列规定：

1 改性环氧树脂类、改性丙烯酸酯类、改性聚氨酯类等的修补胶液，包括配套的打底胶、修补胶和聚合物注浆料等的合成树脂类修补材料，适用于裂缝的封闭或补强，可采用表面封闭法、注射法或压力注浆法进行修补。

修补裂缝的胶液和注浆料的安全性能指标，应符合现行国家标准《工程结构加固材料安全性鉴定技术规范》GB 50728 的规定。

2 无流动性的有机硅酮、聚硫橡胶、改性丙烯酸酯、聚氨酯等柔性的嵌缝密封胶类修补材料，适用于活动裂缝的修补，以及混凝土与其他材料接缝界面干缩性裂隙的封堵。

3 超细无收缩水泥注浆料、改性聚合物水泥注浆料以及不回缩微膨胀水泥等的无机胶凝材料类修补材料，适用于 w 大于 1.0mm 的静止裂缝的修补。

4 无碱玻璃纤维、耐碱玻璃纤维或高强度玻璃纤维织物、碳纤维织物或芳纶纤维等的纤维复合材与其适配的胶粘剂，适用于裂缝表面的封护与增强。

17.2 裂缝修补要求

17.2.1 当加固设计对修复混凝土裂缝有恢复截面整体性要求时，应在设计图上规定：当胶粘材料到达 7d 固化期时，应立即钻取芯样进行检验。

17.2.2 钻取芯样应符合下列规定：

1 取样的部位应由设计单位决定；

2 取样的数量应按裂缝注射或注浆的分区确定，但每区不应少于 2 个芯样；

3 芯样应骑缝钻取，但应避开内部钢筋；

4 芯样的直径不应小于 50mm；

5 取芯造成的孔洞，应立即采用强度等级较原构件提高一级的细石混凝土填实。

17.2.3 芯样检验应采用劈裂抗拉强度测定方法。当检验结果符合下列条件之一时应判为符合设计要求：

1 沿裂缝方向施加的劈力，其破坏应发生在混凝土内部，即内聚破坏；

2 破坏虽有部分发生在裂缝界面上，但这部分破坏面积不大于破坏面总面积的 15%。

附录 A 既有建筑物结构荷载标准值的确定方法

A.0.1 对既有结构上的荷载标准值取值，尚应符合现行国家标准《建筑结构荷载规范》GB 50009 的规定。

A.0.2 结构和构件自重的标准值，应根据构件和连接的实测尺寸，按材料或构件单位自重的标准值计算确定。对难以实测的某些连接构造的尺寸，允许按结构详图估算。

A.0.3 常用材料和构件的单位自重标准值，应按现行国家标准《建筑结构荷载规范》GB 50009 的规定采用。当该规范的规定值有上、下限时，应按下列规定采用：

　　1 当荷载效应对结构不利时，取上限值；

　　2 当荷载效应对结构有利（如验算倾覆、抗滑移、抗浮起等）时，取下限值。

A.0.4 当遇到下列情况之一时，材料和构件的自重标准值应按现场抽样称量确定：

　　1 现行国家标准《建筑结构荷载规范》GB 50009 尚无规定；

　　2 自重变异较大的材料或构件，如现场制作的保温材料、混凝土薄壁构件等；

　　3 有理由怀疑材料或构件自重的原设计采用值与实际情况有显著出入。

A.0.5 现场抽样检测材料或构件自重的试样数量，不应少于 5 个。当按检测的结果确定材料或构件自重的标准值时，应按下列规定进行计算：

　　1 当其效应对结构不利时

$$g_{k,sup} = m_g + \frac{t}{\sqrt{n}} s_g \qquad (A.0.5\text{-}1)$$

式中：$g_{k,sup}$——材料或构件自重的标准值；

　　　　m_g——试样称量结果的平均值；

　　　　s_g——试样称量结果的标准差；

　　　　n——试样数量；

　　　　t——考虑抽样数量影响的计算系数，按表 A.0.5 采用。

　　2 当其效应对结构有利时

$$g_{k,sup} = m_g - \frac{t}{\sqrt{n}} s_g \qquad (A.0.5\text{-}2)$$

表 A.0.5　计算系数 t 值

n	t 值	n	t 值	n	t 值	n	t 值
5	2.13	8	1.89	15	1.76	30	1.70
6	2.02	9	1.86	20	1.73	40	1.68
7	1.94	10	1.80	25	1.71	≥60	1.67

A.0.6 对非结构的构、配件，或对支座沉降有影响的构件，当其自重效应对结构有利时，应取其自重标准值 $g_{k,sup}=0$。

A.0.7 当房屋结构进行加固验算时，对不上人的屋面，应计入加固工程的施工荷载，其取值应符合下列规定：

　　1 当估算的荷载低于现行国家标准《建筑结构荷载规范》GB 50009 规定的屋面均布活荷载或集中荷载时，应按该规范采用。

　　2 当估算的荷载高于现行国家标准《建筑结构荷载规范》GB 50009 的规定值时，应按实际估算值采用。

　　当施工荷载过大时，宜采取措施予以降低。

A.0.8 对加固改造设计的验算，其基本雪压值、基本风压值和楼面活荷载的标准值，除应按现行国家标准《建筑结构荷载规范》GB 50009 的规定采用外，尚应按下一目标使用年限，乘以本附录表 A.0.8 的修正系数 ψ_a 予以修正。

　　下一目标使用年限，应由委托方和鉴定方共同商定。

表 A.0.8　基本雪压、基本风压
及楼面活荷载的修正系数 ψ_a

下一目标使用年限	10 年	20 年	30 年～50 年
雪荷载或风荷载	0.85	0.95	1.00
楼面活荷载	0.85	0.90	1.00

注：对表中未列出的中间值，可按线性内插法确定，当下一目标使用年限小于 10 年时，应按 10 年取 ψ_a 值。

附录 B　既有结构混凝土回弹值龄期修正的规定

B.0.1 本规定适用于龄期已超过 1000d，且由于结构构造等原因无法采用取芯法对回弹检测结果进行修正的混凝土结构构件。

B.0.2 当采用本规定的龄期修正系数对回弹法检测得到的测区混凝土抗压强度换算值进行修正时，应符合下列规定：

　　1 龄期已超过 1000d，但处于干燥状态的普通混凝土；

　　2 混凝土外观质量正常，未受环境介质作用的侵蚀；

　　3 经超声波或其他探测法检测结果表明，混凝土内部无明显的不密实区和蜂窝状局部缺陷；

　　4 混凝土抗压强度等级在 C20 级～C50 级之间，且实测的碳化深度已大于 6mm。

B.0.3 混凝土抗压强度换算值可乘以表 B.0.3 的修正系数 α_n 予以修正。

表 B.0.3　测区混凝土抗压强度
换算值龄期修正系数

龄期 (d)	1000	2000	4000	6000	8000	10000	15000	20000	30000
修正系数 α_n	1.00	0.98	0.96	0.94	0.93	0.92	0.89	0.86	0.82

附录 C 锚固用快固胶粘结拉
伸抗剪强度测定法之一钢套筒法

C.1 适用范围及应用条件

C.1.1 本方法适用于以快固型结构胶粘剂粘结带肋钢筋（或锚栓螺杆）与钢套筒的拉伸抗剪强度测定。

C.1.2 本方法不得用于测定非快固型胶粘剂的拉伸抗剪强度。

C.2 试验设备及装置

C.2.1 试验机的加荷能力，应使试件的破坏荷载处于试验机标定满负荷的 20%～80%。试验机力值的示值误差不应大于 1%。试验机应能连续、平稳、速率可控地施荷。

C.2.2 夹持器及其夹具：试验机配备的夹持器及其夹具，应能自动对中，使力线与试件的轴线始终保持一致。

C.3 试 件

C.3.1 试件由受检胶粘剂粘结直径为 12mm 的带肋钢筋或锚栓螺杆与专用钢套筒组成（图 C.3.1）。试件的剪切面长度为 (36±0.5) mm。

C.3.2 受检胶粘剂应按规定的抽样规则从一定批量的产品中抽取。

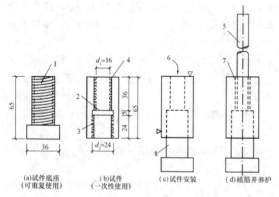

图 C.3.1 标准试件的形式与尺寸（mm）

1—M24 标准件；2—退刀槽 D=26；3—M24 标准螺纹；
4—梯形螺纹（螺距 4，深度 0.4）；5—带肋钢筋
（或锚栓螺杆）(l=150)；6—注胶；7—胶缝；8—底座

C.3.3 专用钢套筒应采用 45 号碳钢制作。套筒内壁应有螺距为 4mm、深度为 0.4mm 的梯形螺纹。

C.3.4 试件数量应符合下列规定：

1 常规试验的试件：每组不应少于 5 个；

2 确定粘结抗剪强度标准值的试件数量应按现行国家标准《工程结构加固材料安全性鉴定技术规范》GB 50728 的规定确定。

C.4 试 件 制 备

C.4.1 钢筋、螺杆和钢套筒，应经除锈、除油污；套筒内壁尚应无毛刺；粘结前，钢筋、螺杆和套筒应用工业丙酮清洗一遍。

C.4.2 钢筋的直径以及套筒的内径和深度，应用量具测量，精确到 0.05mm。

C.4.3 粘结时，胶粘剂的配合比、粘结工艺要求以及养护时间均应按该产品的使用说明书确定。

C.5 试 验 条 件

C.5.1 试件应在胶粘剂养护到期时立即进行试验。当因故需推迟试验日期时，应征得有关方面一致同意，且不得超过 1d。

C.5.2 试验应在室温为 (23±2)℃的环境中进行。仲裁性试验或对环境湿度敏感的胶粘剂，其相对湿度尚应控制为 45%～55%。

C.5.3 对温度、湿度有要求的试验，其试件在测试前的调控时间不应少于 24h。

C.6 试 验 步 骤

C.6.1 试验时应将试件（图 C.6.1）对称地夹持在夹具中；夹持长度不应少于 50mm。

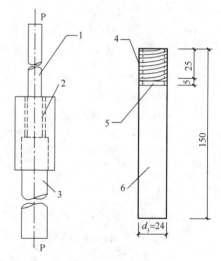

图 C.6.1 试件安装钢螺杆

1—长度为 150mm 的钢筋或螺杆；2—砂浆缝；
3—将底座换为钢螺杆；4—M24 标准螺纹；
5—退刀槽；6—可重复使用的 C₍40 螺杆

C.6.2 开动试验机，以连续、均匀的速率加荷；自试样加荷至破坏的时间应控制为 1min～3min。

C.6.3 试样破坏时，应记录其最大荷载值，并记录粘结的破坏形式（如内聚破坏、粘附破坏等）。

C.7 试 验 结 果

C.7.1 胶粘剂的粘结抗剪强度 f_{vu}，应按下式计算：

$$f_{vu} = P/0.8\pi Dl \qquad (C.7.1)$$

式中：P——拉伸的破坏荷载（N）；

D——钢套筒的内径（mm）；

l——粘结面长度（mm）。

注：当试件为螺杆拉断破坏时，应视为该试件粘结抗剪强度达到合格标准。

C.7.2 试验结果的计算应取三位有效数字。

C.7.3 试验报告应包括下列内容：

1 受检粘结材料的品种、型号和批号；

2 抽样规则及抽样数量；

3 试件制备方法及养护条件；

4 试件的编号及其剪切面的尺寸；

5 试验环境的温度和相对湿度；

6 仪器设备的型号、量程和检定日期；

7 加荷方式及加荷速度；

8 试件破坏荷载及破坏形式；

9 试验结果的整理和计算；

10 试验人员、校核人员及试验日期。

附录 D 锚固型快固结构胶
抗震性能检验方法

D.1 适 用 范 围

D.1.1 本方法适用于锚固型快固结构胶的抗震性能检验。

D.1.2 采用本方法时，应以受检快固胶粘结全螺纹螺杆或锚栓，埋置于混凝土基材内测定其抗拔和抗震性能。

D.1.3 本方法不推荐用于环氧类结构胶的抗震性能测定。

D.1.4 当不同行业标准的检验方法与本规范不一致时，对承重结构加固用的锚固型快固结构胶抗震性能检验，应按本规范的规定执行。

D.2 取 样 规 则

D.2.1 锚固型快固结构胶抗震性能检验的受检胶样本，应取自同品种、同型号、同批号生产的库存产品中；至少随机抽取 3 件；每件抽取 2 支（含双组分），构成两组试件用胶：一组为检验组，另一组为对照组。当为仲裁性检验时，试件数量应加倍。

D.2.2 作为锚固件的全螺纹螺杆，其直径应为M16；其钢材应为 8.8 级碳素结构钢，并取自有合格证和有中文标志的批次；钢材的抗拉性能应符合本规范表 4.2.5-1 的规定。

D.3 种植全螺纹螺杆的基材

D.3.1 种植全螺纹螺杆的基材，应为强度等级为

C30 的混凝土块体。块体的设计应符合下列规定：

1 块体尺寸：应按每块种植一根螺杆设计；一般取单块尺寸为 300mm × 300mm × 600mm（图D.3.1）。

2 块体配筋：沿块体纵向周边配置 4Φ12 钢筋和Φ8@100 箍筋（单位均为 mm）。

3 外观要求：混凝土表面应平整，且无裂缝。

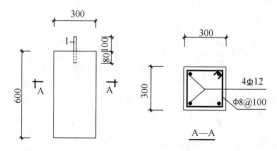

图 D.3.1 种有螺杆的试件（单位 mm）
1—直径为 16mm 的螺杆

D.3.2 混凝土块体的制作，应按所要求的强度等级进行配合比设计。块体浇筑后应经 28d 标准养护。在养护期间应保持混凝土处于湿润状态，以防出现早期裂纹。

D.3.3 混凝土块材种植螺杆的方法和要求，应符合现行国家标准《建筑结构加固工程施工质量验收规范》GB 50550 的规定。

D.4 试验设备和装置

D.4.1 试验应在 2000kN 伺服试验系统上进行。种植在试件上的螺杆应通过连接板与伺服机的千斤顶相连（图 D.4.1）。连接板与千斤顶的连接需采用 4 个M20 螺栓连接；连接板与螺杆间的连接，其上下均应用螺母固定；下螺母与混凝土面的间隙宜控制在5mm～10mm。试件下部与试验台座应有可靠连接，也可以在试件侧面设置固定螺栓。试件安装完毕应保证其垂直度偏差不大于 0.1%。

D.4.2 检测用的加荷设备，应符合下列规定：

1 设备的加荷能力应比预计的检验荷载值至少大 20%，且应能连续、平稳、速度可控地运行；

2 设备的测力系统，其整机误差应为全量程的±2%，且应具有峰值储存功能；

3 设备的液压加荷系统在小于等于 5min 的短时保持荷载期间，其降荷值不得大于 5%；

4 设备的夹持器应能保持力线与锚固件轴线的对中；

5 仪表的量程不应小于 50mm；其测量的误差应为±0.02mm；

6 测量位移装置应能与测力系统同步工作，连续记录，测出锚固件相对于混凝土表面的垂直位移，并绘制荷载-位移的全程曲线。

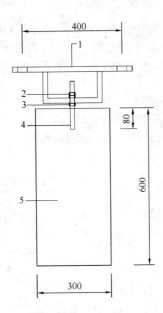

图 D.4.1 试件与伺服试验机的连接（单位 mm）

1—连接板，与伺服机的千斤顶相连；2—双螺母；
3—单螺母；4—直径为 16mm 的螺杆；5—混凝土基材

D.5 试验步骤与方法

D.5.1 螺杆胶粘好后的试件，其试验应在胶粘剂固化达到产品使用说明书规定的时间立即进行。

D.5.2 首先应进行对照组 3 个试件的拉拔承载力试验，其加荷宜采用连续加荷制度，以均匀速率加荷，控制在 2min～3min 时间内发生破坏。

D.5.3 对照组检验结果以螺杆最大抗拔力的平均值 $N_{u,m}$ 表示。

D.5.4 在取得对照组检验结果后，即可对检验组 3 个试件进行低周反复荷载试验，加荷等级为 $0.1N_{u,m}$，加载制度按图 D.5.4 执行；以确定试件抗拔力的实测平均值 $N_{ue,m}$ 和实测最小值 $N_{ue,min}$。

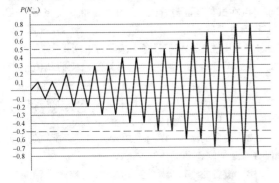

图 D.5.4 抗震性能检验加载制度

D.6 检验结果的评定

D.6.1 锚固型快固结构胶抗震性能评定，当 $N_{ue,m} \geqslant 0.50N_{u,m}$ 且 $N_{ue,min} \geqslant 0.45N_{u,m}$ 时，为合格。

D.6.2 试验报告应包括下列内容：

1 受检胶粘剂的品种、型号和批号；

2 抽样规则及抽样数量；

3 试坯及试件制备方法及养护条件；

4 试件的编号和尺寸；

5 试验环境温度和相对湿度；

6 仪器设备的型号、量程和检定日期；

7 加荷方式及加荷速度；

8 试件的破坏荷载及破坏形式；

9 试验结果整理和计算；

10 试验人员、校核人员及试验日期。

D.6.3 当委托方有要求时，试验报告应附有试验结果合格评定报告，且合格评定标准应符合本附录的规定。

附录 E 既有混凝土结构钢筋阻锈方法

E.1 设 计 规 定

E.1.1 本方法适用于以喷涂型阻锈剂对既有混凝土结构、构件中的钢筋进行防锈与锈蚀损坏的修复。

E.1.2 在下列情况下，应进行阻锈处理：

1 结构安全性鉴定发现下列问题之一时：

 1) 承重构件混凝土的密实性差，且已导致其强度等级低于设计要求的等级两档以上；

 2) 混凝土保护层厚度平均值不足现行国家标准《混凝土结构设计规范》GB 50010 规定值的 75%；或两次抽检结果，其合格点率均达不到现行国家标准《混凝土结构工程施工质量验收规范》GB 50204 的规定；

 3) 锈蚀探测表明：内部钢筋已处于"有腐蚀可能"状态；

 4) 重要结构的使用环境或使用条件与原设计相比，已显著改变，其结构可靠性鉴定表明这种改变有损于混凝土构件的耐久性。

2 未作钢筋防锈处理的露天重要结构、地下结构、文物建筑、使用除冰盐的工程以及临海的重要工程结构；

3 委托方要求对既有结构、构件的内部钢筋进行加强防护时。

E.1.3 采用阻锈剂时，应选用对氯离子、氧气、水以及其他有害介质滤除能力强，不影响混凝土强度和握裹力，并不致在修复界面形成附加阳极的阻锈剂。

E.2 喷涂型钢筋阻锈剂使用规定

E.2.1 喷涂型钢筋阻锈剂的使用，应符合下列规定：

1 喷涂前应仔细清理混凝土的表层，不得粘有浮浆、尘土、油污、水渍、霉菌或残留的装饰层；

2 剔凿、修复局部劣化的混凝土表面，如空鼓、松动、剥落等；

3 喷涂阻锈剂前，混凝土龄期不应少于 28d；局部修补的混凝土，其龄期不应少于 14d；

4 混凝土表面温度应为 5℃~45℃；

5 阻锈剂应连续喷涂，使被涂表面饱和溢流；喷涂的遍数及其时间间隔应按产品说明书和设计要求确定；

6 每一遍喷涂后，均应采取措施防止日晒雨淋；最后一遍喷涂后，应静置 24h 以上，然后用压力水将表面残留物清除干净。

E.2.2 对露天工程或在腐蚀性介质的环境中使用亲水性阻锈剂时，应在构件表面增喷附加涂层进行封护。

E.2.3 当混凝土表面原先刷过涂料或各种防护液，已使混凝土失去可渗性且无法清除时，本附录规定的喷涂阻锈方法无效，应改用其他阻锈技术。

E.3 阻锈剂使用效果检测与评定

E.3.1 本方法适用于已有混凝土结构喷涂阻锈剂前后，通过量测其内部钢筋锈蚀电流的变化，对该阻锈剂的阻锈效果进行评估。

E.3.2 评估用的检测设备和技术条件应符合下列规定：

1 应采用专业的钢筋锈蚀电流测定仪及相应的数据采集分析设备，仪器的测试精度应能达到 $0.1\mu A/cm^2$。

2 电流测定可采用静态化学电流脉冲法（GPM 法），也可采用线性极化法（LPM 法）。当为仲裁性检测时，应采用静态化学电流脉冲法。

3 仪器的使用环境要求及测试方法应按厂商提供的仪器使用说明书执行，但厂商应保证该仪器测试的精度能达到使用说明书规定的指标。

E.3.3 测定钢筋锈蚀电流的取样规则应符合下列规定：

1 梁、柱类构件，以同规格、同型号的构件为一检验批。每批构件的取样数量不少于该批构件总数的 1/5，且不得少于 3 根；每根受检构件不应少于 3 个测值。

2 板、墙类构件，以同规格、同型号的构件为一检验批。至少每 200m²（不足者按 200m² 计）设置一个测点，每一测点不应少于 3 个测值。

3 露天、地下结构以及临海混凝土结构，取样数量应加倍。

测量钢筋中的锈蚀电流时，应同时记录环境的温度和相对湿度。条件允许时，宜同步测量半电池电位、电阻抗和混凝土中的氯离子含量。

E.3.4 混凝土结构中钢筋锈蚀程度及锈蚀破坏开始产生的时间预测可按表 E.3.4 进行估计。

表 E.3.4 混凝土构件中钢筋锈蚀程度
判定及破坏发生时间预测

锈蚀电流	锈蚀程度	锈蚀破坏开始时间预测
$<0.2\mu A/cm^2$	无	不致发生锈蚀破坏
$0.2\sim1\mu A/cm^2$	轻微锈蚀	>10 年
$1\sim10\mu A/cm^2$	中度锈蚀	2 年~10 年
$>10\mu A/cm^2$	严重锈蚀	<2 年

注：对重要结构，当检测结果大于 $2\mu A/cm^2$ 时，应加强锈蚀监测。

E.3.5 喷涂阻锈剂效果的评估应符合下列规定：

1 应在喷涂阻锈剂 150d 后，采用同一仪器（至少应采用相同型号的测试仪）对阻锈处理前测试的构件进行原位复测。其锈蚀电流的降低率应按下式计算：

$$锈蚀电流的降低率 = \frac{I_0 - I}{I_0} \times 100\%$$

(E.3.5)

式中：I——150d 后的锈蚀电流平均值；

I_0——喷涂阻锈剂前的初始锈蚀电流平均值。

2 当检测结果达到下列指标时，可认为该工程的阻锈处理符合本规范规定，可以重新交付使用：

（1）初始锈蚀电流 $>1\mu A/cm^2$ 的构件，其 150d 后锈蚀电流的降低率不小于 80%；

（2）初始锈蚀电流 $<1\mu A/cm^2$ 的构件，其 150d 后锈蚀电流的降低率不小于 50%。

附录 F 锚栓连接受力分析方法

F.1 锚栓拉力作用值计算

F.1.1 锚栓受拉力作用（图 F.1.1-1、图 F.1.1-2）时，其受力分析应符合下列基本假定：

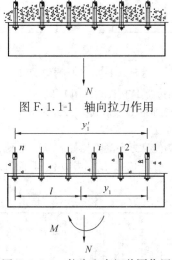

图 F.1.1-1 轴向拉力作用

图 F.1.1-2 拉力和弯矩共同作用

1 锚板具有足够的刚度，其弯曲变形可忽略不计；

2 同一锚板的各锚栓，具有相同的刚度和弹性模量；其所承受的拉力，可按弹性分析方法确定；

3 处于锚板受压区的锚栓不承受压力，该压力直接由锚板下的混凝土承担。

F.1.2 在轴向拉力与外力矩共同作用下，应按下列公式计算确定锚板中受力最大锚栓的拉力设计值 N_h：

1 当 $N/n - My_1/\sum y_i^2 \geqslant 0$ 时，
$$N_h = N/n + (My_1/\sum y_i^2) \quad (F.1.2\text{-}1)$$

2 当 $N/n - My_1/\sum y_i^2 < 0$ 时，
$$N_h = (M + Nl)y_1'/\sum (y_i')^2 \quad (F.1.2\text{-}2)$$

式中：N、M——分别为轴向拉力（kN）和弯矩（kN·m）的设计值；

y_1、y_i——锚栓 1 及 i 至群锚形心的距离（mm）；

y_1'、y_i'——锚栓 1 及 i 至最外排受压锚栓的距离（mm）；

l——轴力 N 至最外排受压锚栓的距离（mm）；

n——锚栓个数。

注：当外边距 $M=0$ 时，上式计算结果即为轴向拉力作用下每一锚栓所承受的拉力设计值 N_i。

F.2 锚栓剪力作用值计算

F.2.1 作用于锚板上的剪力和扭矩在群锚中的内力分配，按下列三种情况计算：

1 当锚板孔径与锚栓直径符合表 F.2.1 的规定，且边距大于 $10h_{ef}$ 时，则所有锚栓均匀承受剪力（图 F.2.1-1）；

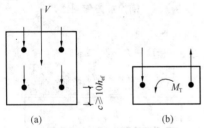

(a)　　　　　　　　(b)

图 F.2.1-1　锚栓均匀受剪

2 当边距小于 $10h_{ef}$（图 F.2.1-2a）或锚板孔径大于表 F.2.1 的规定值（图 F.2.1-2b），则只有部分锚栓承受剪力；

3 为使靠近混凝土构件边缘锚栓不承受剪力，可在锚板相应位置沿剪力方向开椭圆形孔（图 F.2.1-3）。

表 F.2.1　锚板孔径（mm）

锚栓公称直径 d_0	6	8	10	12	14	16	18	20	22	24	27	30
锚板孔径 d_f	7	9	12	14	16	18	20	22	24	26	30	33

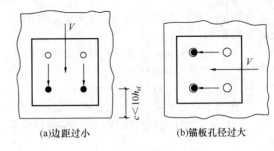

(a)边距过小　　　　(b)锚板孔径过大

图 F.2.1-2　锚栓处于不利情况下受剪

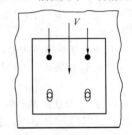

图 F.2.1-3　控制剪力分配方法

F.2.2 剪切荷载通过受剪锚栓形心（图 F.2.2）时，群锚中各受剪锚栓的受力应按下列公式确定：

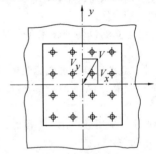

图 F.2.2　受剪力作用

$$V_i^V = \sqrt{(V_{ix}^V)^2 + (V_{iy}^V)^2} \quad (F.2.2\text{-}1)$$

$$V_{ix}^V = V_x/n_x \quad (F.2.2\text{-}2)$$

$$V_{iy}^V = V_y/n_y \quad (F.2.2\text{-}3)$$

式中：V_{ix}^V、V_{iy}^V——分别为锚栓 i 在 x 和 y 方向的剪力分量（kN）；

V_i^V——剪力设计值 V 作用下锚栓 i 的组合剪力设计值（kN）；

V_x、n_x——剪力设计值 V 的 x 分量（kN）及 x 方向参与受剪的锚栓数目；

V_y、n_y——剪力设计值 V 的 y 分量（kN）及 y 方向参与受剪的锚栓数目。

F.2.3 群锚在扭矩 T（图 F.2.3）作用下，各受剪锚栓的受力应按下列公式确定：

$$V_i^T = \sqrt{(V_{ix}^T)^2 + (V_{iy}^T)^2} \quad (F.2.3\text{-}1)$$

$$V_{ix}^T = \frac{Ty_i}{\sum x_i^2 + \sum y_i^2} \quad (F.2.3\text{-}2)$$

$$V_{iy}^{T} = \frac{Tx_i}{\sum x_i^2 + \sum y_i^2} \qquad (F.2.3\text{-}3)$$

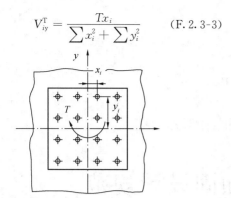

图 F.2.3　受扭矩作用

式中：T——外扭矩设计值（kN·m）；

　　V_{ix}^{T}、V_{iy}^{T}——T 作用下锚栓 i 所受剪力的 x 分量和 y 分量（kN）；

　　V_i^{T}——T 作用下锚栓 i 的剪力设计值（kN）；

　　x_i、y_i——锚栓 i 至以群锚形心为原点的坐标距离（mm）。

F.2.4 群锚在剪力和扭矩（图 F.2.4）共同作用下，各受剪锚栓的受力应按下式确定：

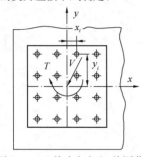

图 F.2.4　剪力与扭矩共同作用

$$V_i^{g} = \sqrt{(V_{ix}^{V} + V_{ix}^{T})^2 + (V_{iy}^{V} + V_{iy}^{T})^2} \quad (F.2.4)$$

式中：V_i^{g}——群锚中锚栓所受组合剪力设计值（kN）。

本规范用词说明

1　为便于在执行本规范条文时区别对待，对要求严格程度不同的用词说明如下：

　　1）表示很严格，非这样做不可的：

　　　　正面词采用"必须"，反面词采用"严禁"；

　　2）表示严格，在正常情况下均应这样做的：

　　　　正面词采用"应"，反面词采用"不应"或"不得"；

　　3）表示允许稍有选择，在条件许可时首先应这样做的：

　　　　正面词采用"宜"，反面词采用"不宜"；

　　4）示有选择，在一定条件下可以这样做的，采用"可"。

2　条文中指明应按其他有关标准执行的写法为："应按……执行"或"应符合……的规定"。

引用标准名录

1　《建筑结构荷载规范》GB 50009

2　《混凝土结构设计规范》GB 50010

3　《建筑抗震设计规范》GB 50011

4　《建筑设计防火规范》GB 50016

5　《钢结构设计规范》GB 50017

6　《建筑抗震鉴定标准》GB 50023

7　《工业建筑防腐蚀设计规范》GB 50046

8　《工业构筑物抗震鉴定标准》GBJ 117

9　《工业建筑可靠性鉴定标准》GB 50144

10　《混凝土结构工程施工质量验收规范》GB 50204

11　《钢结构工程施工质量验收规范》GB 50205

12　《民用建筑可靠性鉴定标准》GB 50292

13　《建筑结构加固工程施工质量验收规范》GB 50550

14　《钢结构焊接规范》GB 50661

15　《工程结构加固材料安全性鉴定技术规范》GB 50728

16　《碳素结构钢》GB/T 700

17　《钢筋混凝土用钢　第 1 部分：热轧光圆钢筋》GB 1499.1

18　《钢筋混凝土用钢　第 2 部分：热轧带肋钢筋》GB 1499.2

19　《树脂浇铸体性能试验方法》GB/T 2567

20　《低合金高强度结构钢》GB/T 1591

21　《非合金钢及细晶粒钢焊条》GB/T 5117

22　《热强钢焊条》YB/T 5357

23　《胶粘剂　拉伸剪切强度的测定（刚性材料对刚性材料）》GB/T 7124

24　《钢筋焊接及验收规程》JGJ 18

25　《建筑抗震加固技术规程》JGJ 116

26　《混凝土用膨胀型、扩底型建筑锚栓》JG 160

27　《无粘结预应力钢绞线》JG 161

28　《冶金建设试验检验规程　第 3 分册　化学分析》YBJ 222.3

29　《耐火浇注料抗热震性试验方法（水急冷法）》YB/T 2206.2

30　《钢丝镀锌层》YB/T 5357

31　《钢筋阻锈剂应用技术规程》YB/T 9231

32　《海港工程混凝土结构防腐蚀技术规范》JTJ 275

中华人民共和国国家标准

混凝土结构加固设计规范

GB 50367—2013

条 文 说 明

修 订 说 明

《混凝土结构加固设计规范》GB 50367-2013 经住房和城乡建设部 2013 年 11 月 1 日以第 208 号公告批准、发布。

本规范是在《混凝土结构加固设计规范》GB 50367-2006 的基础上修订而成的。上一版的主编单位是四川省建筑科学研究院；参加单位是：同济大学、西南交通大学、福州大学、湖南大学、重庆大学、重庆市建筑科学研究院、辽宁省建设科学研究院、中国科学院大连化学物理研究所、中国建筑西南设计院、上海市工程建设标准化办公室、上海加固行建筑技术工程有限公司、北京东洋机械建筑工程有限公司、喜利得（中国）商贸有限公司、厦门中连结构胶有限公司、慧鱼（太仓）建筑锚栓有限公司、享斯迈先进化工材料（广东）有限公司、北京风行技术有限公司、上海库力浦实业有限公司、湖南固特邦土木技术发展有限公司、大连凯华新技术工程有限公司、台湾安固工程股份有限公司、武汉长江加固技术有限公司；主要起草人员是：梁坦、王永维、陆竹卿、梁爽、吴善能、黄棠、林文修、卓尚木、古天纯、贺曼罗、倪士珠、张书禹、莫群速、侯发亮、卜良桃、陈大川、王立民、李力平、王稚、吴进、陈友明、张成英、线运恒、张剑、单远铭、张首文、唐趋伦、张欣、温斌。本次修订的主要技术内容是：增加了芳纶纤维复合材作为加固材料的应用规定；增加了锚固型快固胶的安全性鉴定和抗震鉴定的技术内容；增加了无粘结钢绞线体外预应力加固技术和预应力碳纤维复合板加固技术；调整了部分加固计算参数等。

本规范修订过程中，修订组进行了广泛的调查研究，总结了我国工程建设的实践经验，同时参考了国外先进技术标准，许多单位和学者进行了大量的试验和研究，为本次修订提供了极有价值的参考资料。

为便于广大设计、施工、科研、学校等单位有关人员在使用本规范时能正确理解和执行条文的规定，本规范修订组按章、节、条顺序编制了《混凝土结构加固设计规范》的条文说明，对条文规定的目的、依据以及执行中需注意的有关事项进行了说明，还着重对强制性条文的强制理由作了解释。但条文说明不具备与规范正文同等的效力，仅供使用者作为理解和掌握规范规定的参考。

目　次

1 总 则

1.0.1 本条规定了制定本规范的目的和要求，这里应说明的是，本规范作为混凝土结构加固通用的国家标准，主要是针对为保障安全、质量、卫生、环保和维护公共利益所必须达到的最低指标和要求作出统一的规定。至于以更高质量要求和更能满足社会生产、生活需求的标准，则应由其他层次的标准规范，如专业性很强的行业标准、以新技术应用为主的推荐性标准和企业标准等在国家标准基础上进行充实和提高。然而，在前一段时间里，这一最基本的标准化关系，由于种种原因而没有得到遵循，出现了有些标准对安全、质量的要求反而低于国家标准的不正常情况。为此，在实施本规范过程中，若遇到上述情况，一定要从国家标准是保证加固结构安全的最低标准这一基点出发，按照《中华人民共和国国家标准化法》和建设部第 25 号令的规定来实施本规范，做好混凝土结构的加固设计工作，以避免在加固工程中留下安全隐患。

1.0.2 本条规定的适用范围，与现行国家标准《混凝土结构设计规范》GB 50010 相对应，以便于配套使用。

1.0.3、1.0.4 这两条主要是对本规范在实施中与其他相关标准配套使用的关系作出规定。

2 术语和符号

2.1 术 语

2.1.1～2.1.17 本规范采用的术语及其涵义，是根据下列原则确定的：

1 凡现行工程建设国家标准已作规定的，一律加以引用，不再另行给出定义；

2 凡现行工程建设国家标准尚未规定的，由本规范参照国际标准和国外先进标准给出其定义；

3 当现行工程建设国家标准虽已有该术语，但定义不准确或概括的内容不全时，由本规范完善其定义。

2.2 符 号

2.2.1～2.2.4 本规范采用的符号及其意义，尽可能与现行国家标准《混凝土结构设计规范》GB 50010 及《钢结构设计规范》GB 50017 相一致，以便于在加固设计、计算中引用其公式，只有在遇到公式中必须给出加固设计专用的符号时，才另行制定，即使这样，在制定过程中仍然遵循下列原则：

1 对主体符号及其上、下标的选取，应符合现行国家标准《工程结构设计基本术语和通用符号》

GBJ 132 的符号用字及其构成规则；

2 当必须采用通用符号，但又必须与新建工程使用的该符号有所区别时，可在符号的释义中加上定语。

3 基 本 规 定

3.1 一 般 规 定

3.1.1 混凝土结构是否需要加固，应经结构可靠性鉴定确认。我国已发布的现行国家标准《工业建筑可靠性鉴定标准》GB 50144 和《民用建筑可靠性鉴定标准》GB 50292，是通过实测、验算并辅以专家评估才作出可靠性鉴定的结论，因而较为客观、稳健，可以作为混凝土结构加固设计的基本依据；但须指出的是，混凝土结构加固设计所面临的不确定因素远比新建工程多而复杂，况且还要考虑业主的种种要求；因而本条作出了"应按本规范的规定和业主的要求进行加固设计"的规定。

此外，众多的工程实践经验表明，承重结构的加固效果，除了与其所采用的方法有关外，还与该建筑物现状有着密切的关系。一般而言，结构经局部加固后，虽然能提高被加固构件的安全性，但这并不意味着该承重结构的整体承载便一定是安全的。因为就整个结构而言，其安全性还取决于原结构方案及其布置是否合理，构件之间的连接、拉结是否系统而可靠，其原有的构造措施是否得当与有效等，而这些就是结构整体牢固性（robustness）的内涵，其所起到的综合作用就是使结构具有足够的延性和冗余度。因此，本规范要求专业技术人员在承担结构加固设计时，应对该承重结构的整体牢固性进行检查与评估，以确定是否需作相应的加强。

3.1.2 被加固的混凝土结构、构件，其加固前的服役时间各不相同，其加固后的结构使用功能又可能有所改变，因此不能直接沿用原设计的安全等级作为加固后的安全等级，而应根据委托方对该结构下一目标使用期的要求，以及该房屋加固后的用途和重要性重新进行定位，故有必要由委托方与设计单位共同商定。

3.1.3 本条为保留条文。此次修订增加了"应避免对未加固部分以及相关的结构、构件和地基基础造成不利的影响"的规定。因为在当前的结构加固设计领域中，经验不足的设计人员占较大比重，致使加固工程出现"顾此失彼"的失误案例时有发生，故有必要加以提示。

3.1.4 由高温、高湿、冻融、冷脆、腐蚀、振动、温度应力、收缩应力、地基不均匀沉降等原因造成的结构损坏，在加固时，应采取有效的治理对策，从源头上消除或限制其有害的作用。与此同时，尚应正确把握处理的时机，使之不至对加固后的结构重新造成损坏。就一般概念而言，通常应先治理后加固，但也有一些防治措施可能需在加固后采取。因此，在加固设计时，应合理地安排好治理与加固的工作顺序，以使这些有害因素不至于复萌。这样才能保证加固后结构的安全和正常使用。

3.1.7 本条是在原规范 GB 50367－2006 编制组调研工作基础上，根据实施中反馈的意见进行修订的。其要点如下：

1 结构加固的设计使用年限，应与结构加固后的使用状态及其维护制度相联系，否则是无法确定的。因此，本规范给出的是在正常使用与定期维护条件下的设计使用年限，至于其他使用条件下的设计使用年限，应由专门技术规程作出规定。

2 当结构加固使用的是传统材料（如混凝土、钢和普通砌体），且其设计计算和构造符合本规范的规定时，可按业主要求的年限，但不高于 50 年确定。当使用的加固材料含有合成树脂（如常用的结构胶）或其他聚合物成分时，其设计使用年限宜按 30 年确定。若业主要求结构加固的设计使用年限为 50 年，其所使用的合成材料的粘结性能，应通过耐长期应力作用能力的检验。检验方法应按现行国家标准《工程结构加固材料安全性鉴定技术规范》GB 50728 的规定执行。

3 当为局部加固时，尚应考虑原建筑物（或原结构）剩余设计使用年限对结构加固设计使用年限的影响。

4 结构的定期检查维护制度应由设计单位制定，由物管单位执行。

此外，应指出的是，对房屋建筑的修复，还应听取业主的意见。若业主认为其房屋极具保存价值，而加固费用也不成问题，则可商定一个较长的设计使用年限；譬如，可参照历史建筑的修复，定一个较长的使用年限，这在技术上都是能够做到的，但毕竟很费财力，不应在业主无特殊要求的情况下，误导他们这么做。

基于以上所做的工作，制定了本条确定设计使用年限的原则。

3.1.8 混凝土结构的加固设计，系以委托方提供的结构用途、使用条件和使用环境为依据进行的。倘若加固后任意改变其用途、使用条件或使用环境，将显著影响结构加固部分的安全性及耐久性。因此，改变前必须经技术鉴定或设计许可，否则其后果将很严重。本条为强制性条文，必须严格执行。

3.2 设计计算原则

3.2.1 本条为新增的内容，弥补了原规范对加固结构分析方法未作规定的不足。由于线弹性分析方法是最成熟的结构加固分析方法，迄今为国外结构加固设计规范和指南所广泛采用。因此，本规范作出了"在一般情况下，应采用线弹性分析方法计算被加固结构的作用效应"的规定。至于塑性内力重分布分析方法，由于到目前为止仅见在增大截面加固法中有所应用，故未作具体规定。若设计人员认为其所采用的加固法需按塑性内力重分布分析方法进行计算时，应有可靠的实验依据，以确保被加固结构的安全。另外，还应指出的是，即使是增大截面加固法，在考虑塑性内力重分布时，也应符合现行有关规范、规程对这种分析方法所作出的限制性规定。

3.2.2 本规定对混凝土结构的加固验算作了详细而明确的规定。这里仅指出一点，即：其中大部分计算参数已在该结构加固前可靠性鉴定中通过实测或验算予以确定。因此，在进行结构加固设计时，宜尽可能加以引用，这样不仅节约时间和费用，而且在被加固结构日后万一出现问题时，也便于分清责任。

3.2.3 本条是根据国内外众多震害教训作出的规定。对抗震设防区的结构、构件单纯进行承载力加固，未必对抗震有利。因为局部的加强或刚度的突变，会形成新的薄弱部位，或导致地震作用效应的增大，故必须在从事承载力加固的同时，考虑其抗震能力是否需要加强；同理，在从事抗震加固的同时，也应考虑其承载力是否需要提高。倘若忽略了这个问题，将会因原结构、构件承载力的不足，而使抗震加固无效。两者相辅相成，在结构、构件加固问题上，必须全面考虑周到，绝不可就事论事，片面地采取加固措施，以致留下安全隐患。

3.2.4 本条是根据现行国家标准《正态分布完全样本可靠性置信下限》GB/T 4885 制定的。在检验材料的性能时，采用这一方法确定加固材料强度标准值，由于考虑了样本容量和置信水平的影响，不仅将比过去滥用"1.645"这个系数值，更能实现设计所要求的 95％保证率，而且与当前国际标准、欧洲标准、乌克兰标准、ACI 标准等检验材料强度标准值所采用的方法，在概念上也是一致的。

3.2.5 为防止使用胶粘剂或其他聚合物的结构加固部分意外失效（如火灾或人为破坏等）而导致的建筑物坍塌，国外有关的设计规程和指南，如 ACI 440 2R-02 和英国混凝土协会 55 号设计指南等均要求设计者对原结构、构件提供附加的安全保护。一般是要求原结构、构件必须具有一定的承载力，以便在结构加固部分意外失效时尚能继续承受永久荷载和少量可变荷载的作用。为此，规范编制组提出了按可变荷载标准值与永久荷载标准值之比值的大小，分别给出验算用的荷载值，以供设计校核原结构、构件在应急状态下的承载力使用。至于 n 值取 1.2 和 1.5，系参照上述国外资料和国内设计经验确定的。

3.3 加固方法及配合使用的技术

3.3.1 根据结构加固方法的受力特点，本规范参照国内外有关文献将加固方法分为两类。就一般情况而言，直接加固法较为灵活，便于处理各类加固问题，间接加固法较为简便、可靠，且便于日后的拆卸、更换，因此在有些情况下，还可用于有可逆性要求的历史、文物建筑的抢险加固。设计时，可根据实际条件和使用要求进行选择。

3.3.2、3.3.3 本规范共纳入 10 种加固方法和 3 种配合使用的技术，基本上满足了当前加固工程的需要。这里应指出的是，每种方法和技术，均有其适用范围和应用条件；在选用时，若无充分的科学试验和论证依据，切勿随意扩大其使用范围，或忽视其应用条件，以免因考虑不周而酿成安全质量事故。

4 材　料

4.1 混凝土

4.1.1 结构加固用的混凝土，其强度等级之所以要比原结构、构件提高一级，且不得低于 C20，不仅是为了保证新旧混凝土界面以及它与新加钢筋或其他加固材料之间能有足够的粘结强度，还因为局部新增的混凝土，其体积一般较小，浇筑空间有限，施工条件远不及全构件新浇的混凝土。调查和试验表明，在小空间模板内浇筑的混凝土均匀性较差，其现场取芯确定的混凝土强度可能要比正常浇筑的混凝土低 10% 以上，故有必要适当提高其强度等级。

4.1.2 随着商品混凝土和高强混凝土的大量进入建设工程市场，CECS 25：90 规范关于"加固用的混凝土中不应掺入粉煤灰"的规定经常受到质询，纷纷要求规范采取积极的措施予以解决。为此，编制组对制定该规范第 2.2.7 条的背景情况进行了调查，并从中了解到主要是由于 20 世纪 80 年代工程上所使用的粉煤灰，其质量较差，烧失量过大，致使掺有粉煤灰的混凝土，其收缩率可能达到难以与原构件混凝土相适应的程度，从而影响了结构加固的质量。因此作出了禁用的规定。此次修订本规范，对结构加固用的混凝土如何掺加粉煤灰作了专题的分析研究，其结论表明：只要使用的是 I 级灰，且限制其烧失量在 5% 范围内，便不致对加固后的结构产生明显的不良影响。据此，制定了本条文的规定。

4.1.3 为了使建筑物地下室和结构基础加固使用的混凝土具有微膨胀的性能，应寻求膨胀作用发生在水泥水化过程的膨胀剂，才能抵消混凝土在硬化过程中产生的收缩而起到预压应力的作用。为此，当购买微膨胀水泥或微膨胀剂产品时，应要求厂商提供该产品在水泥水化过程中的膨胀率及其与水泥的配合比；与此同时，还应要求厂商说明其使用的后期是否会发生回缩问题，并提供不回缩或回缩率极小的书面保证，因为膨胀剂能否起到长期的施压作用，直接涉及加固

结构的安全。

4.2 钢材及焊接材料

4.2.1～4.2.5 本规范对结构加固用钢材的选择，主要基于以下三点的考虑：

1 在二次受力条件下，具有较高的强度利用率和较好的延性，能较充分地发挥被加固构件新增部分的材料潜力；

2 具有良好的可焊性，在钢筋、钢板和型钢之间焊接的可靠性能得到保证；

3 高强钢材仅推荐用于预应力加固及锚栓连接。

4.2.6 几年来有关焊接信息的反馈情况表明，在混凝土结构加固工程中，一般对钢筋焊接较为熟悉，需要解释的问题很少；而对钢板、扁钢、型钢等的焊接，仍有很多设计人员对现行《钢结构设计规范》GB 50017 理解不深，以致在施工图中，对焊缝质量所提出的要求，往往与施工人员有争执。最近修订的国家标准《钢结构设计规范》GB 50017 已基本上解决了这个问题，因此，在混凝土结构加固设计中，当涉及型钢和钢板焊接问题时，应先熟悉该规范的规定及其条文说明，将有助于做好钢材焊缝的设计。

4.3 纤维和纤维复合材

4.3.1 对结构加固用的纤维复合材，本规范选择了以碳纤维、芳纶纤维和玻璃纤维制作，现分别说明如下：

1 碳纤维按其主要原料分为三类，即聚丙烯腈（PAN）基碳纤维、沥青（PITCH）基碳纤维和粘胶（RAYON）基碳纤维。从结构加固性能要求来考量，只有 PAN 基碳纤维最符合承重结构的安全性和耐久性要求；粘胶基纤维的性能和质量差，不能用于承重结构的加固；沥青基碳纤维只有中、高模量的长丝，可用于需要高刚性材料的加固场合，但在通常的建筑结构加固中很少遇到这类用途，况且在国内尚无实际使用经验。因此，本规范规定：必须选用聚丙烯腈基（PAN 基）碳纤维。另外，应指出的是最近市场新推出的玄武岩纤维，由于其强度和弹性模量很低，不能用以替代碳纤维作为结构加固材料。因此，在选材时，切勿听信不实的宣传。

当采用聚丙烯腈基碳纤维时，还必须采用 15K 或 15K 以下的小丝束；严禁使用大丝束纤维。其所以作出这样严格的规定，主要是因为小丝束的抗拉强度十分稳定，离散性很小，其变异系数均在 5% 以下，容易在生产和使用过程中，对其性能和质量进行有效的控制；而大丝束则不然，其变异系数高达 15%～18%，且在试验和试用中所表现出的可靠性较差，故不能作为承重结构加固材料使用。

另外，应指出的是，K 数大于 15，但不大于 24 的碳纤维，虽仍属小丝束的范围，但由于我国工程结

构使用碳纤维的时间还很短，所积累的成功经验均是从 12K 和 15K 碳纤维的试验和工程中取得的；对大于 15K 的小丝束碳纤维所积累的试验数据和工程使用经验均嫌不足。因此，在此次修订的本规范中，仅允许使用 15K 及 15K 以下的碳纤维。这一点应提请加固设计单位注意。

2 对芳纶纤维在承重结构工程中的应用，必须选用对位芳香族聚酰胺长丝纤维；同时，还必须采用线密度不小于 3160dtex（分特）的制品；才能确保工程安全。

芳纶纤维韧性好，又耐冲击、耐疲劳。因而常用于有这方面要求的结构加固。另外，还用于与碳纤维混杂编织，以减少碳纤维脆性的影响。芳纶纤维的缺点是吸水率较大，耐光老化性能较差。为此，应采取必要的防护措施。

3 对玻璃纤维在结构加固工程中的应用，必须选用高强度的 S 玻璃纤维、耐碱的 AR 玻璃纤维或含碱量低于 0.8% 的 E 玻璃纤维（也称无碱玻璃纤维）。至于 A 玻璃纤维和 C 玻璃纤维，由于其含碱量（K、Na）高，强度低，尤其是在湿态环境中强度下降更为严重，因而应严禁在结构加固中使用。

4 预浸料由于储存期短，且要求低温冷藏，在现场施工条件下很难做到，常常因此而导致预浸料提前变质、硬化。若勉强加以利用，将严重影响结构加固工程的安全和质量，故作出严禁使用这种材料的规定。

本条为强制性条文，必须严格执行。

4.3.2 在建设工程中，结构加固工程所占比重甚小，其所采用的加固材料及制品，鲜见专门生产；多是从按一般产品标准生产的材料及制品中选择优质适用者。在这种情况下，为了保证所选用材料及制品的性能和质量符合结构加固安全使用要求，就必须对进入加固市场的产品进行安全性能检测和鉴定。为此，国家制定了《工程结构加固材料安全性鉴定技术规范》GB 50728，并作出了凡是工程结构加固工程的材料及制品，其安全性能均应符合该规范的规定。考虑到这一规定涉及结构加固的安全问题，因此在本规范中作出了相应的规定。

4.3.3、4.3.4 这两条给出了纤维复合材抗拉强度的标准值和设计值，现分别说明如下：

1 纤维复合材的抗拉强度标准值

表 4.3.3 的指标是根据全国建筑物鉴定与加固标准技术委员会 10 多年来对进入我国建设工程市场各种品牌和型号纤维复合材的抽检结果，并参照国外有关规程和指南制定的。就每一品种和型号而言，其抗拉强度标准值，均具有 95% 的强度保证率和 99% 的置信水平。在这基础上，通过加权方法给出了规范的取值，因而具有较好的包容性和可靠性。其中，需要指出的是Ⅲ级碳纤维复合材，由于其强度离散性很

大，不适宜采用一般统计方法确定其标准值，因而改用稳健估计方法进行取值。

2 纤维复合材的抗拉强度设计值

（1）碳纤维复合材

表 4.3.4-1～表 4.3.4-3 的指标为其强度标准值除以分项系数 γ_s 的数值，经取整后确定的。考虑到纤维复合材的延性较差，对一般结构，取 γ_s 为 1.5；对重要结构，还需乘以重要性系数 1.4，以确保安全。另外，应说明的是：按本规范确定的抗拉强度设计值，与欧美等国按拉应变设计值 ε_f 与弹性模量设计值 E_f 乘积确定的设计应力值相当。

（2）芳纶纤维复合材和玻璃纤维复合材

由于弹性模量较低，其安全度设计模式的研究尚不充分，故目前尚只能参照国外标准的经验取值方法进行确定，因而较为偏于安全。

第 4.3.3 条为强制性条文，必须严格执行。

4.3.6 本条的规定必须得到强制执行。因为一种纤维与一种胶粘剂的配伍通过了安全性及适配性的检验，并不等于它与其他胶粘剂的配伍，也具有同等的安全性及适配性。故必须重新检验，但检验项目可以适当减少。

4.3.7 在现场施工条件下，使用纤维织物（布）制作复合材时，其单位面积质量之所以必须严格限制，主要是因为织物太厚时，室温固化型结构胶将很难浸润和渗透，极易因纤维内部缺胶或胶液分布不均而严重影响纤维复合材的粘结性能，致使被加固的结构安全得不到保证。与此同时，结构胶的浸润与渗透质量，还取决于施工工艺方法。为此，根据国外经验和现场验证性试验结果，分别按手工涂布和真空灌注两种工艺，制定了不同织物单位面积质量的限值，以确保结构加固工程质量和安全。

4.4 结构加固用胶粘剂

4.4.1 一种胶粘剂能否用于承重结构，主要由其安全性能的综合评价决定；但同属承重结构胶粘剂，仍可按其主要性能的显著差别，划分为若干等级。本规范根据加固工程的实际需要，将室温固化型Ⅰ类结构胶划分为 A、B 两级，并按结构的重要性和受力的特点明确其适用范围。

这里需要指出的是，这两个等级的主要区别在于其韧性和耐湿热老化性能的合格指标不同。因此，在实际工程中，业主和设计单位对参与竞争的不同品牌胶粘剂所进行的考核，也应侧重于这方面，而不宜单纯做简单的强度检验以决高低。因为这样做的结果，往往选中的是短期强度虽高，但却是十分脆性的劣质胶粘剂，而这正是推销商误导使用单位的常用手法。

4.4.2 为了确保使用粘结技术加固的结构安全，必须要求胶粘剂的粘结抗剪强度标准值应具有足够高的强度保证率及其实现概率（即置信水平）。本规范采

用的 95％保证率，系根据现行国家标准《建筑结构可靠度设计统一标准》GB 50068 确定的；其 90％的置信水平（即 $C=0.90$）是参照国外同类标准和我国标准化工作应用数理统计方法的经验确定的。本条为强制性条文，必须严格执行。

4.4.3 经过数十年的实践，如今国际上已公认专门研制的改性环氧树脂胶为加固混凝土结构首选的胶粘剂；尤其是对粘接纤维复合材和钢材而言，不论从抗剥离性能、耐环境作用性能、耐应力长期作用性能，还是抗冲击、抗疲劳性能来考察，都是其他品种胶粘剂所无法比拟的。但应注意的是：这些良好的胶粘性能均是通过使用高性能固化剂和其他改性剂进行改性和筛选才获得的，从而也才消除了环氧树脂固有的脆性缺陷。因此，在使用前必须按现行国家标准《工程结构加固材料安全性鉴定技术规范》GB 50728 进行检验和鉴定。在确认其改性效果后才能保证其粘结的可靠性。至于不饱和聚酯树脂及醇酸树脂，由于其耐潮湿、耐水和耐老化性能极差，因而不允许用作承重结构加固的胶粘剂。

另外，需要指出的是：现行国家标准《工程结构加固材料安全性鉴定技术规范》GB 50728 之所以十分重视结构胶的耐湿热老化性能的检验和鉴定，是由于对承重结构而言，这项指标十分重要：一是因为建筑物对胶粘剂的使用年限要求长达 30 年以上，其后期粘结强度必须得到保证；二是因为本规范采用的湿热老化检验法，其检出不良固化剂的能力很强，而固化剂的性能在很大程度上决定着胶粘剂长期使用的可靠性。最近一段时间，由于恶性的价格竞争愈演愈烈，导致了不少厂商纷纷变更胶粘剂原配方中的固化剂成分。尽管固化剂的改变，虽有可能做到不影响胶粘剂的短期粘结强度，但却无法制止胶粘剂抗环境老化能力的急剧下降。因此，这些劣质的固化剂很容易在湿热老化试验中被检出。为此，结构加固设计人员、监理人员和业主必须坚持进行见证抽样的湿热老化检验；在任何情况下均不得以其他人工老化试验替代湿热老化试验。

这里还应指出的是，现行国家标准《工程结构加固材料安全性鉴定技术规范》GB 50728 之所以引用欧洲标准化委员会《结构胶粘剂老化试验方法》EN 2243-5 关于以湿热环境进行老化试验的规定，系基于以下认识，即：胶粘剂在紫外光作用下虽能起化学反应，使聚合物中的大分子链破坏；但对大多数胶粘剂而言，由于受到被粘物屏蔽保护，光老化并非其老化主因，很难借以判明胶粘剂老化性能；而迄今只有在湿热的综合作用下才能检验其老化性能。因为：其一，湿气总能侵入胶层，而在一定温度促进下，还会加快其渗入胶层的速度，使之更迅速地起到破坏胶层易水解化学键的作用，使胶粘剂分子链更易降解；其二，水分子渗入胶粘剂与被粘物的界面，会促使其分

离；其三，水分还起着物理增塑作用，降低了胶层抗剪和抗拉性能；其四，热的作用还可使键能小的高聚物发生裂解和分解；等等。所有这些由于湿热的作用使得胶粘剂性能降低或变坏的过程，即使在自然环境中也会随着时间的向前推移而逐渐地发生，并形成累积性损伤，只是老化的时间和过程较长而已。因此，显然可以利用胶粘剂对湿热老化作用的敏感性设计成一种快速而有效的检验方法。试验表明，有不少品牌胶粘剂可以很容易通过 3000h～5000h 的各种人工气候老化检验，但却在 720h 的湿热老化试验过程中几乎完全丧失强度。其关键问题就在于这些品牌胶粘剂使用的是劣质固化剂以及有害的外加剂，不具备结构胶粘剂所要求的耐长期环境作用的能力。

种植后锚固件（如植筋、锚栓等）的结构胶，其安全性能的检验项目及检验方法，与前述几种结构胶有所不同。这是因为这类胶属于富填料型，其部分检验项目很难用一般试验方法进行试件制备与试验。因此，现行国家标准《工程结构加固材料安全性鉴定技术规范》GB 50728 针对工程最常用的改性环氧类结构胶，专门制定了适用于锚固型结构胶的检验项目及其合格指标供安全性鉴定使用。

4.4.4 不饱和聚酯树脂和醇酸树脂，由于其耐水性、耐潮湿性和耐湿热老化性能很差，在承重结构中作为结构胶使用，不仅会留下安全隐患，而且已有一些加固工程因使用这类胶而导致出现安全事故。因此，必须严禁其在承重结构加固中使用。

本条为强制性条文，必须严格执行。

4.4.5 目前在后锚固工程中，有不少场合需要采用快固结构胶，但在《工程结构加固材料安全性鉴定技术规范》GB 50728 中尚未包括这类胶的安全性能鉴定标准。致使其应用受到影响，为了解决这个问题，本条给出了锚固型快固结构胶的安全性能鉴定标准，供锚固工程使用，待国家标准《工程结构加固材料安全性鉴定技术规范》GB 50728 今后修订时，再行移交。

4.5 钢 丝 绳

4.5.1 在结构加固工程中应用钢丝绳网片的初期，均采用高强度不锈钢丝制作的钢丝绳为原材料。后来随着阻锈技术的发展，以及镀锌质量的提高，开始将高强度镀锌钢丝绳列入本加固方法。在区分环境介质和采取有效阻锈措施的条件下，将高强不锈钢丝绳和高强镀锌钢丝绳分别用于重要结构和一般结构，从而可以收到降低造价和合理利用材料的效果。但应强调指出的是，碳钢细钢丝的阻锈工作难度很大。因此，即使采取了多道防线的阻锈措施，仍然仅允许用于干燥的室内环境中，以保证结构加固工程的安全和耐久性。

4.5.2 本条根据承重结构加固材料的安全要求，给

出了不锈钢丝绳和碳钢镀锌钢丝绳的主要化学成分指标，供设计使用。执行时，对其余化学成分，可参照国家现行标准《不锈钢丝绳》GB/T 9944 和《航空用钢丝绳》YB/T 5197 的规定执行。对这两种钢丝绳所用的钢丝，其性能和质量可参照国家现行标准《不锈钢丝》GB/T 4240 和《优质碳素结构钢丝》YB/T 5303 的有关规定执行。

4.5.3 承重结构用钢丝绳应具有不低于 95% 的强度保证率，这是根据现行国家标准《建筑结构可靠度设计统一标准》GB 50068 作出的规定。其所要求的不低于 90% 的置信水平，是参照现行国家标准《工程结构加固材料安全性鉴定技术规范》GB 50728 和美国 ACI 有关标准的规定，经专家论证和验证性试验后制定的。因此，在结构加固工程中执行本规定，可以使所使用钢丝绳的抗拉强度具有较高的可靠性。本条为强制性条文，必须严格执行。

4.5.4 根据本规范第 4.5.3 条规定的原则，制定了结构加固用钢丝绳的抗拉强度标准值和设计值，与原《混凝土结构加固设计规范》GB 50367－2006 相比，做了如下修订：

1 原规范当时取样较少，所取得的强度数据偏高。此次修订规范，根据各地区的平均水平，对抗拉强度标准值作了修正。

2 考虑到不锈钢丝绳和镀锌钢丝绳在结构加固应用中均属新材料，故在确定其抗拉强度设计值时，采用了较为稳健的分项系数，对不锈钢丝绳和镀锌钢丝绳分别取 γ_s 为 1.3 和 1.5。

本条为强制性条文，必须严格执行。

4.5.5 钢丝绳的弹性模量很难准确测定。本规范引用的是现行行业标准《光缆增强用碳素钢绞线》YB/T 098 的测定方法，该方法测得的仅是弹性模量的近似值，但若用于计算，一般偏于安全，故决定用作设计值。至于钢丝绳拉应变设计值，国内外取值，大致变化在 0.007～0.014 之间。本规范考虑到我国在近几年的试用中，一般均较为谨慎。因此，仍然继续采用稳健值，即：对不锈钢丝绳和镀锌碳钢丝绳，分别取 ε_{rw} 为 0.01 和 0.008，待设计计算经验进一步积累后再作调整。

4.5.6 结构加固用的钢丝绳，若按一般习惯内外涂以油脂，则钢丝绳与聚合物改性水泥砂浆之间的粘结力将严重下降，以致无法传递剪切应力。因此，本规范作出严禁涂油脂的规定。为了在工程上得到贯彻实施，除了应在施工图上以及与钢厂订货合同上予以明确外，还必须在进场检查时作为主控项目对待，才能防止涂有油脂的产品流入工程。本条为强制性条文，必须严格执行。

4.6 聚合物改性水泥砂浆

4.6.1 目前市场上聚合物乳液的品种很多，但绝大多数都是不能用于配制承重结构加固用的聚合物改性水泥砂浆。为此，根据规范编制组通过验证性试验的筛选结果，经专家论证后作出了本规定，以供加固设计单位在选材时使用。

同时，应指出的是，聚合物改性水泥砂浆中采用的聚合物材料，应有成功的工程应用经验（如改性环氧、改性丙烯酸酯、丁苯、氯丁等），不得使用耐水性差的水溶性聚合物（如聚乙烯醇等），禁止采用可能加速钢筋锈蚀的氯偏乳液、显著影响耐久性能的苯丙乳液等以及对人体健康有危害的其他聚合物。

4.6.2 根据本规范修订组所进行的调查研究表明，国外对结构加固用的聚合物改性水泥砂浆的研制是分级进行的。不同级别的聚合物改性水泥砂浆，其所用的聚合物品种、含量和性能有着一定的差别，必须在加固设计选材时予以区分。有些进口产品的代理商在国内推销时，只推销低级别的产品，而且选择在原构件混凝土强度很低的场合演示其使用效果。一旦得到设计单位和当地建设主管部门认可后，便不分场合到处推广使用。这是一种必须制止的危险做法。因为采用低级别聚合物配制的砂浆，与强度等级在 C25 以上的基材混凝土的粘结，其效果是不好的，会给承重结构加固工程留下严重的安全隐患；故设计、监理单位和业主务必注意。

4.6.3 本规范之所以要求承重结构面层加固用的聚合物改性水泥砂浆，其安全性能必须符合现行国家标准《工程结构加固材料安全性鉴定技术规范》GB 50728 的规定，是因为该规范是以本规范 2006 年版规定的检验项目及合格指标为基础，并参考福建厦门、湖南长沙以及国外进口产品在混凝土结构加固工程中应用的检验数据制定的。因此，不论对进口产品或国内产品的性能和质量都要进行较有效的控制，从而保证承重结构使用的安全。

4.7 阻 锈 剂

4.7.1 既有混凝土结构、构件的防锈，是一种事后补救的措施。因此，只能使用具有渗透性、密封性和滤除有害物质功能的喷涂型阻锈剂。这类阻锈剂的品牌、型号不少，但按其作用方式归纳起来只有两类：烷氧基类和氨基类。这两类阻锈剂各有特点，可以结合工程实际情况进行选用。

4.7.2、4.7.3 表 4.7.2 及表 4.7.3 规定的阻锈剂质量和性能合格指标，是参照目前市场上较为著名，且有很多工程实例可证明其阻锈效果的产品技术资料，并根据全国建筑物鉴定与加固标准技术委员会统一抽检结果制定的，可供加固设计选材使用。

4.7.4 就本条所指出的四种情况而言，喷涂型阻锈剂是提高已有混凝土结构耐久性、延长其使用寿命的有效补救措施。有大量资料表明，只要采用了适合的阻锈剂，即便是氯离子浓度达到能引发钢筋锈蚀含量阈值 12 倍的情况下，也能使钢筋保持钝化状态。国外规范也有类似的条文规定。例如俄罗斯建筑法规 CHuP2-03-11 第 8.16 条规定："为了提高钢筋混凝土在各种介质环境中的耐用能力，必须采用钢筋阻锈剂，以提高抗蚀性和对钢筋的保护能力"。日本建设省指令第 597 号文《钢筋混凝土用砂盐分规定》中要求："砂含盐量介于 0.04%～0.2% 时必须采取防护措施：如采用防锈剂等"。美国最新研究表明，高速公路桥 2.5 年～5 年即出现钢筋腐蚀破坏；处于海水飞溅区的方桩，氯离子渗入混凝土内的量达到每立方米 1kg 的时间仅需 8 年；但若采用钢筋阻锈剂则能延缓钢筋发生锈蚀时间和降低锈蚀速度，从而达到 40 年～50 年或更长的寿命期。

在本规范中之所以强调对既有混凝土结构的防锈，必须采用喷涂型阻锈剂，是因为这类结构防锈蚀属于事后补救措施，难以使用掺加型阻锈剂；即使在剔除已破损混凝土后，可以在重浇新混凝土中使用掺加型阻锈剂，但也会因为仍然存在着新旧混凝土的界面问题，而必须在这些部位喷涂阻锈剂。否则总难以避免氯离子沿着界面的众多微细通道渗入混凝土内部。

4.7.5 亚硝酸盐类属于阳极型阻锈剂，此类阻锈剂的缺点是在氯离子浓度达到一定程度时会产生局部腐蚀和加速腐蚀。另外，该类阻锈剂还有致癌、引起碱骨料反应、影响坍落度等问题存在，使得它的应用受到很大限制。例如在瑞士、德国等国家已明令禁止使用这种类型的阻锈剂。

5 增大截面加固法

5.1 设 计 规 定

5.1.1 增大截面加固法，由于它具有工艺简单、使用经验丰富、受力可靠、加固费用低廉等优点，很容易为人们所接受；但它的固有缺点，如湿作业工作量大、养护期长、占用建筑空间较多等，也使得其应用受到限制。调查表明，其工程量主要集中在一般结构的梁、板、柱上，特别是中小城市的加固工程，往往以增大截面法为主。据此，修订组认为这种方法的适用范围以定位在梁、板、柱为宜。

5.1.2 调查表明，在实际工程中虽曾遇到混凝土强度等级低达 C7.5 的柱子也在用增大截面法进行加固，但从其加固效果来看，新旧混凝土界面的粘结强度很难得到保证。若采用植入剪切-摩擦筋来改善结合面的粘结抗剪和抗拉能力，也会因基材强度过低而无法提供足够的锚固力。因此，作出了原构件的混凝土强度等级不应低于 C13（旧标号 150）的规定。另外，应指出的是：当遇到混凝土强度等级低，或是密实性差，甚至还有蜂窝、空洞等缺陷时，不应直接采用增

大截面法进行加固，而应先置换有局部缺陷或密实性太差的混凝土，然后再进行加固；若置换有困难，或有受力裂缝等损伤时，也可不考虑原柱的承载作用，完全由新增的钢筋和混凝土承重。

5.1.3 本规范关于增大截面加固法的构造规定，是以保证原构件与新增部分的结合面能可靠地传力、协同地工作为目的。因此，只要新旧混凝土粘结或拉结质量合格，便可采用本条的基本假定。

5.1.4 采用增大截面加固法，由于受原构件应力、应变水平的影响，虽然不能简单地按现行国家规范《混凝土结构设计规范》GB 50010 进行计算，但该规范的基本假定仍然具有普遍意义，应在加固计算中得到遵守。

5.2 受弯构件正截面加固计算

5.2.1 本条给出了加固设计常用的截面增大形式，但应指出的是，在混凝土受压区增设现浇钢筋混凝土层的做法，主要用于楼板的加固。对梁而言，仅在楼层或屋面允许梁顶面突出时才能使用。因此，一般只能用于某些屋面梁、边梁和独立梁的加固；上部砌有墙体的梁虽然也可采用这种做法，但应考虑拆墙是否方便。

5.2.2 与 CECS 25：90 规范相比，本规范增加了关于混凝土叠合层应按构造要求配置受压钢筋和分布钢筋的规定。其原因是为了提高新增混凝土面层的安全性，同时也为了与现行国家标准《混凝土结构设计规范》GB 50010 作出的"应在板的未配筋表面布置温度、收缩钢筋"的规定相协调。因为这一规定很重要，可以大大减少新增混凝土面层产生温度、收缩应力引起的裂缝。

5.2.3 就理论分析而言，在截面受拉区增补主筋加固钢筋混凝土构件，其受力特征与加固施工是否卸载有关。当不卸载时，加固后的构件工作属二次受力性质，存在着应变滞后问题；当完全卸载时，加固后的构件工作虽属一次受力，但由于受二次施工的影响，其截面仍然不如一次施工的新构件。在这种情况下，计算似乎应按不同模式进行。然而试验结果表明，倘若原构件主筋的极限拉应变均能达到现行设计规范规定的 0.01 水平，而新增的主筋又按本规范的规定采用了热轧钢筋，则正截面受弯破坏时，两种受力性质的新增主筋均能屈服。因此，不论哪一种受力构件，均可近似地按一次受力计算，只是在计算中应考虑新增主筋在连接构造上和受力状态上不可避免地要受到种种影响因素的综合作用，从而有可能导致其强度难以充分发挥，故仍应从保证安全的角度出发，对新增钢筋的强度进行折减，并统一取 $\alpha_s = 0.9$。

5.2.4 由于加固后的受弯构件正截面承载力可以近似地按照一次受力构件计算，且试验也验证了新增主筋一般能够屈服，因而可写出其相对界限受压区高

ξ_b 值如（5.2.4-1）式所示。对该式，需要说明的是新增钢筋位置处的初始应变值计算公式的确定问题。这个公式从表面看来似乎是根据 $x_b = 0.375\,h_{01}$ 推导的，其实是引用原苏联 H. M. ОНУФРИЕВ 对受弯构件内力臂系数的取值（即 0.85）推导得到的。规范修订组之所以决定引用该值，是因为注意到 CECS 25：90 规范早在 1990 年即已引用，而我国西南交通大学和东南大学也都认为该值可以近似地用于计算加固构件初始应变而不会有显著的偏差。另外，规范修订组所做的试算结果也表明，采用该值偏于安全，故决定用以计算 ε_{s1} 值，如本规范（5.2.4-2）式所示。

5.3 受弯构件斜截面加固计算

5.3.1 对受剪截面限制条件的规定与国家标准《混凝土结构设计规范》GB 50010 - 2010 完全一致，而从增大截面构件的荷载试验过程来看，增大截面还有助于减缓斜裂缝宽度的发展，特别是围套法更为有利。因此引用 GB 50010 的规定作为加固构件的受剪截面限制条件仍然是合适的。

5.3.2 本条的计算规定与原规范比较主要有三点不同：一是将新、旧混凝土的斜截面受剪承载力分开计算，并给出了具体公式；二是新、旧混凝土的抗拉强度设计值分别按原规范和现行设计规范的规定值取用；三是按试验和分析结果重新确定了混凝土和钢筋的强度利用系数。试算的情况表明，按本规范确定的斜截面承载力，其安全储备有所提高。这显然是合理而必要的。

5.4 受压构件正截面加固计算

5.4.1 钢筋混凝土轴心受压构件采用增大截面加固后，其正截面承载力的计算公式仍按原规范的公式采用。虽然这几年来有不少论文建议采用更精确的方法修改该公式中的 α_{cs} 取值，但经规范编制组讨论后仍决定维持原规范对该系数 α_{cs} 的取值不变，之所以作这样决定，主要是基于以下几点理由：

（1）该系数 α_{cs} 经过近 20 余年的工程应用未出现安全问题；

（2）精确的算法必须建立在对原构件应力水平的精确估算上，但这很难做到，况且这种加固方法在不发达地区用得最为普遍，却因限于当地的技术水平，对实际荷载的估算结果往往因人而异；若遇到事后复查，很难辨明是非；

（3）由于原规范的 α_{cs} 取值，系以当时的试验结果为依据，并且也意识到试验所考虑的情况还不够充分，因此，在原条文中曾作出了"当有充分试验依据时，α_{cs} 值可作适当调整"的规定。但迄今为止，所有的修改建议均只是以分析、计算为依据提出的，未见有新的试验验证资料发表。

因此，在这次修订中仍维持原案，我们认为这样

处理较为稳妥。至于 α_{cs} 值今后是否有调整必要的问题，留待积累更多试验数据后再进行论证。

5.4.2 此次修订规范，修订组曾对原规范偏心受压计算中采用的强度利用系数进行了讨论分析。其结果一致认为这是一项稳健的规定，不宜贸然修改。具体理由如下：

1 对新增的受压区混凝土和纵向受压钢筋，原规范为考虑二次受力影响，采用简化计算的方式引入强度利用系数是可行的。因为经过 20 余年的施行，未出现过任何问题，也足以证明这一点。

2 就新增的纵向受拉钢筋而言，在大偏心受压工作条件下，其理论分析虽能确定钢筋的应力将会达到抗拉强度设计值，而不必再乘以强度利用系数，但不能因此便认定原规范的规定过于保守。因为考虑到纵向受拉钢筋的重要性，以及其工作条件总不如原钢筋，而在国家标准中适当提高其安全储备也是必要的。因此，宜予保留。

另外，由于加固后偏压构件的混凝土受压区可能包含部分旧混凝土，因而有必要采用新旧混凝土组合截面的轴心抗压强度设计值进行计算，但其取值较为复杂，不仅需要考虑不同的组合情况，而且还需要通过试验才能确定其数值。在这种情况下，为了简化起见，编制组研究决定采用近似值，但同时也允许设计单位根据其试验结果进行取值。这样做所引起的偏差不会很大。试算表明，此偏差介于 3‰～9‰ 之间，大多数不超过 5‰。因此还是可行的。

5.4.3 本规范修订组所做的加固偏压柱的电算分析和验证性试验结果表明，对被加固结构构件而言，采用现行设计规范 GB 50010 规定的考虑二阶弯矩影响的 M 值计算时，还应乘以修正系数 ψ_n 值，才能与加固构件计算分析和试验结论相吻合，也才能保证受力的安全。为此，给出了 ψ_n 值的取值规定。

5.5 构 造 规 定

5.5.1 采用增大截面加固法时，其新增截面部分可采用现浇混凝土、自密实混凝土、喷射混凝土或掺有细石混凝土的水泥基灌浆料浇筑而成，其中需要注意的是，对灌浆料的应用，应有可靠的工程经验，因为这种材料的性能更接近砂浆；如果配制不当，容易导致新增面层产生裂缝。从目前的经验来看，一是要使用优质的膨胀剂配制，例如用的是德国进口的膨胀剂，其效果就比较好；二是要掺加 30% 的细石混凝土，可以在很大程度上减少早期裂缝的产生；但若在灌浆料中已掺加了粒径为 16mm～20mm 的粗骨料，并且级配合理，也可不再掺加细石混凝土。

5.5.2 考虑到界面处理对新增截面加固法能否确保新旧混凝土共同工作十分重要。因此，界面如何处理，应由设计单位提出具体要求。一般情况下，对梁、柱构件，在原混凝土表面凿毛的基础上，只要再

涂布结构界面胶即可满足安全要求；而对墙、板构件则还需增设剪切销钉，但仅需按构造要求布置即可满足要求。另外，应指出的是，对某些结构，其架设钢筋和模板所需时间很长，已大大超出涂布界面胶的可操作时间（适用期）。在这种情况下，界面胶将因失去其粘结能力，而不再有使用价值。为了解决这个问题，可以考虑单独使用剪切销钉的方案来处理新旧混凝土界面的剪应力传递问题。从前一段时间的工程经验来看，当采用 $\phi 6mm$ 的 r 形销钉种植，且植入深度为 50mm、销钉间距为 200mm～300mm 时，可以满足混凝土表面已凿毛的界面传力的需求。

5.5.3～5.5.6 这四条主要是根据结构加固工程的实践经验和有关的研究资料作出的规定，其目的是保证原构件与新增混凝土的可靠连接，使之能够协同工作，以保证力的可靠传递，从而收到良好的加固效果。

另外，应指出的是纯环氧树脂配制的砂浆，由于未经改性，很快便开始变脆，而且耐久性很差，故不应在承重结构植筋中使用。至于所谓的无机锚固剂，由于粘结性能极差，几乎全靠膨胀剂起摩阻作用传力，不能保证后锚固件的安全工作，故也应予以禁用。

6 置换混凝土加固法

6.1 设 计 规 定

6.1.1 置换混凝土加固法适用于承重结构受压区混凝土强度偏低或有局部严重缺陷的加固。因此，常用于新建工程混凝土质量不合格的返工处理，也用于既有混凝土结构受火灾烧损、介质腐蚀以及地震、强风和人为破坏后的修复。但应注意的是，这种加固方法能否在承重结构中安全使用，其关键在于新浇混凝土与被加固构件原混凝土的界面处理效果是否能达到可采用两者协同工作假设的程度。国内外大量试验表明：新建工程的混凝土置换，由于被置换构件的混凝土尚具有一定活性，且其置换部位的混凝土表面处理已显露出坚实的结构层，因而可使新浇混凝土的胶体能在微膨胀剂的预压应力促进下渗入其中，并在水泥水化过程中粘合成一体。在这种情况下，采用两者协同工作的假设，不会有安全问题。然而，应注意的是这一协同工作假设不能沿用于既有结构的旧混凝土，因为它已完全失去活性，此时新旧混凝土界面的粘合必须依靠具有良好渗透性和粘结能力的结构界面胶才能保证新旧混凝土协同工作；也正因此，在工程中选用界面胶时，必须十分谨慎，一定要选用优质、可信的产品，并要求厂商出具质量保证书，以保证工程使用的安全。

6.1.2 当采用本方法加固受弯构件时，为了确保置

换混凝土施工全过程中原结构、构件的安全，必须采取有效的支顶措施，使置换工作在完全卸荷的状态下进行。这样做还有助于加固后结构更有效地承受荷载。对柱、墙等承重构件完全支顶有困难时，允许通过验算和监测进行全过程控制。其验算的内容和监测指标应由设计单位确定，但应包括相关结构、构件受力情况的验算与监控。

6.1.3 对原构件非置换部分混凝土强度等级的最低要求，之所以应按其建造时规范的规定进行确定，是基于以下两点考虑：

1 按原规范设计的构件，不能随意否定其安全性。

2 如果非置换部分的混凝土强度等级低于建造时所执行规范的规定时也应进行置换。

6.2 加 固 计 算

6.2.1 采用置换法加固钢筋混凝土轴心受压构件时，其正截面承载力计算公式，除了应分别写出新旧两部分不同强度混凝土的承载力外，其他与整截面无甚区别，因此，可参照设计规范 GB 50010 的计算公式给出，但需引进置换部分新混凝土强度的利用系数 α_c，以考虑施工无支顶时新混凝土的抗压强度不能得到充分利用的情况；至于采用 $\alpha_c = 0.8$，则是引用增大截面加固法的规定。

6.2.2 偏心受压构件区压混凝土置换深度 $h_n < x_n$ 时，存在新旧混凝土均参与承载的情况，故应将压区混凝土分成新旧混凝土两部分处理。

6.2.3 受弯构件压区混凝土置换深度 $h_n < x_n$，其正截面承载力计算公式相当于现行国家标准《混凝土结构设计规范》GB 50010 的受弯构件 T 形截面承载力计算公式。

6.3 构 造 规 定

6.3.1、6.3.2 为考虑新旧混凝土协调工作，并避免在局部置换的部位产生"销栓效应"，故要求新置换的混凝土强度等级不宜过高，一般以提高一级为宜。另外，为保证置换混凝土的密实性，对置换范围应有最小尺寸的要求。

6.3.3 考虑到置换部分的混凝土强度等级要比原构件混凝土高 1～2 级，在这种情况下，对梁的混凝土置换，若不对称地剔除被置换混凝土，可能造成梁截面受力不均匀或传力偏心，因此，规定不允许仅剔除截面的一隅。

7 体外预应力加固法

7.1 设 计 规 定

7.1.1 由于体外预应力加固法在工程上采用了三种

不同钢材作为预应力杆件，且各有特点，故分别规定了其适用范围。为了便于理解和掌握，现结合这项技术的发展过程说明如下：

1 以普通钢筋施加预应力的加固法

本方法的应用，始于 20 世纪 50 年代；60 年代中期开始进入我国，主要用于工业厂房加固。这是一种传统的方法，其所以沿用至今，是因为这种方法无需将原构件表层混凝土全部除来补焊钢筋，而只需在连接处开出孔槽，将补强的预应力筋锚固即可。因此，具有取材方便、施工简单，可在不停止使用的条件下进行加固。近几年来，这种加固方法虽然常被无粘结钢绞线体外预应力加固法所替代，但在中小城市，尤其是一些中小跨度结构中仍然有不少应用。故仍有必要保留在本规范中。

尽管如此，但大量工程实践表明，这种传统方法存在下述缺点：(1) 可建立的预应力值不高，且预应力损失所占比例较大；(2) 当需要补强拉杆承担较大内力时，钢筋截面面积需要很大；(3) 不易对连续跨进行加固施工。

2 以普通高强钢绞线施加预应力的加固法

为了克服传统方法的上述缺点，自 1988 年开始，在传统的下撑式预应力拉杆加固法基础上，发展了用普通高强钢绞线作为补强拉杆的体外预应力加固法（当时我国尚未生产无粘结高强钢绞线）。这是一种高效的预应力技术，与传统方法相比，具有下述优点：(1) 钢绞线强度高，作为补强拉杆承受较大内力时，其截面面积也无需很大；(2) 张拉应力高，预应力损失所占比例小，长期预应力效果好；(3) 端部锚固有现成的锚具产品可以利用，安全可靠，且无需现场电焊；(4) 钢绞线的柔性好，易形成设计所要求的外形；(5) 钢绞线长度很长，可以进行连续跨的加固施工。但这种方法也有其缺点，即：张拉时在转折点处会产生很大摩擦，所以当市场上出现无粘结高强钢绞线后，这种施加预应力的材料便很快被取代了。

3 以无粘结高强钢绞线施加预应力的加固法

这种方法与普通钢绞线施加预应力加固法相比，具有下述优点：(1) 在转折点处摩擦力较小，钢绞线的应力较均匀；(2) 张拉应力可以加大，一般可达 $0.7f_{ptk}$；(3) 钢绞线布置较灵活，跨中水平段的钢绞线可不设在梁底；(4) 钢绞线防腐蚀性能较好，防腐措施较简单；(5) 储存方便，不易锈蚀。

4 以型钢为预应力撑杆的加固法

这是一种通过对型钢撑杆施加预压应力，以使原柱产生设计所要求的卸载量，从而保证撑杆与原柱能很好地共同工作，以达到提高柱加固后承载能力的加固方法。这种预应力方法不属于上述体系，但发展得也很早，20 世纪 50 年代便已问世，1964 年传入我国，主要用于工业厂房钢筋混凝土柱的加固。这种方法虽属传统加固法，但由于它所能提高的柱的承载力

可达 1200kN，且安全可靠，因而一直为历年加固规范所收录。

基于以上所述，设计人员可根据实际情况和要求，选用适宜的预应力加固方法。

7.1.3 当采用体外预应力加固法对钢筋混凝土结构、构件进行加固时，原《混凝土结构加固设计规范》GB 50367－2006 规定其原构件的混凝土强度等级应基本符合国家标准《混凝土结构设计规范》GB 50010－2002 对预应力混凝土强度等级的要求，即应接近于 C40。这项规定这次作了大的修改，改而规定原构件的混凝土强度等级不宜低于 C20。这是基于如下认识：

我国的预应力结构设计规范之所以规定预应力混凝土构件的混凝土强度不得低于 C40，主要是针对预制构件而言。在预应力技术应用的初期，主要是应用于预制构件，如桥梁、吊车梁、屋面梁、屋架下弦杆这类预应力预制构件。对于这种平时以承受自重为主的预应力预制构件，必须考虑两个问题：一是施加应力时构件截面要能够承受较大的预压应力；二是要避免构件因预压应力过大而产生过大的由混凝土徐变产生的预应力损失。因此，预应力预制构件的混凝土强度要求不宜低于 C40，且不应低于 C30 是有道理的。

但对于需要作预应力加固处理的既有混凝土构件，一般都已作为承重构件使用过一段时间。这类构件平时已承受了较大的荷载，加固所施加的预应力不会产生较大的预压应力；相反它会同时减小混凝土截面受压边缘的最大压应力和受拉边缘的最大拉应力。因此它反而可以降低对混凝土强度的要求，只要求两端锚固区的局部承压强度能满足规范要求即可。在这种情况下，即使原构件局压强度不足，也只需要作局部的处理。

至于原混凝土强度等级低于 C20 的构件是否适宜采用预应力加固法的问题，应按本条用语"不宜"的概念来理解，并作为个案处理较为稳妥。

7.1.4～7.1.6 这是根据预应力杆件及其零配件的受力性能作出的防护规定。由于这些规定直接涉及加固结构的安全，应得到严格的遵守。

7.2 无粘结钢绞线体外预应力的加固计算

7.2.1 钢筋混凝土梁采用无粘结钢绞线体外预应力加固法加固时，均应进行正截面强度验算和斜截面强度验算。验算的关键是要确定构件达极限状态时钢绞线的应力值，亦即确定钢绞线的有效预应力值和钢绞线在构件达到极限状态时的应力增量值。钢绞线的有效预应力值比较容易计算；钢绞线的应力增量值计算比较困难。因为钢绞线的应力增量值等于与钢绞线同高度的梁截面纤维的总伸长量除以钢绞线的长度，再乘以钢绞线的弹性模量值。但由于梁截面的伸长量与

外荷载产生的弯矩分布图及梁的截面刚度有关，梁的截面刚度又与截面是否开裂有关，所以必须利用积分的方法进行计算。其计算工作量显然是很大的。为了简化计算，本规范假定钢绞线的应力增量值与钢绞线的预应力损失值相等，于是便可将极限状态时的钢绞线应力值取为预应力张拉控制值。

7.2.2 受弯构件不论采用什么方法进行加固，为了保证受弯构件不出现脆性破坏，均应要求 $\xi \leqslant \xi_b$，也就是要求呈受拉区钢筋首先屈服、然后压区混凝土压碎的破坏模式。为此，并为了防止脆性破坏，故简单地要求受弯构件加固后的相对界限受压区高度 ξ_{pb} 应按加固前控制值的 0.85 倍采用，即取：$\xi_{pb} = 0.85\xi_b$，以确保安全。

7.2.3 无粘结钢绞线体外预应力加固钢筋混凝土梁的正截面计算，不少文献是按压弯构件进行的。此次修订本规范改为按受弯构件计算。其理由如下：

（1）从混凝土结构设计规范的规定可知：对普通的有粘结预应力混凝土梁，应要求受压区混凝土相对高度 $\xi \leqslant \xi_b$。据此，对无粘结钢绞线体外预应力加固的钢筋混凝土梁，也应有同样的要求，才能保证加固后的梁仍然是适筋梁而非超筋梁。因此钢绞线的配置量应受到相应的限制。

（2）如果按照压弯构件进行计算，有可能出现大偏心受压构件和小偏心受压构件两种情况，如果呈现小偏心受压状态，也就是说该梁已经属于超筋梁，这是不容许的。如果呈现大偏心受压状态，说明该梁仍然属于适筋梁，其加固方案是可行的。根据压弯构件的 M-N 相关曲线可知，在大偏心受压状态下，压力的存在对受弯承载力是有利的，因此不考虑梁的这一纵向压力作用是偏于安全的。

（3）对一般框架梁施加预应力，产生的预压应力不全是由框架梁单独承担。然而框架梁到底承受多少预压应力，却是无法准确判定的。因此，若按压弯构件进行计算，如何确定预压应力值将很困难，况且一般加固梁所施加的预应力也不是很大。在这种情况下，预压应力不予计入，仅作为安全储备，显然不仅可行，而且还可使得计算较为简便。因此，修订组作出了按受弯构件计算的决定。

7.2.4 本规范采用的斜截面承载力计算方法，与现行国家标准《混凝土结构设计规范》GB 50010 一致。与此同时，考虑到弯折的预应力拉杆与破坏的斜截面相交位置的不定性，其应力可能有变化，不一定达到设计规定值。故有必要引入考虑拉杆应力不定性的系数 0.8。

7.3 普通钢筋体外预应力的加固计算

7.3.1、7.3.2 采用预应力下撑式拉杆加固钢筋混凝土梁的设计步骤，主要是根据国内外大量实践经验制定的。梁加固后增大的受弯承载力，可根据该梁加固

前能承受的受弯承载力与加固后在新设计荷载作用下所需的受弯承载力来初步确定。但是，由（7.3.1-1）式求出的拉杆截面面积只是初步的计算结果。这是因为预应力拉杆发挥作用时，必然与被加固梁组成超静定结构体系，致使拉杆内力增大。这时，拉杆产生的作用效应增量 ΔN，可用结构力学方法求出。于是，被加固梁承受的全部外荷载和预应力拉杆的内力作用效应均已确定，便可按现行设计规范 GB 50010 验算原梁在跨中截面和支座截面的偏心受压承载力。若验算结果能满足规范要求，则拉杆的截面尺寸也就选定。但需要指出的是，为了确保这种加固方法的安全使用，规范修订组在分析研究国外的使用经验后，提出了一个较为稳健的建议（不作为条文规定），供设计人员参考，即：采用预应力下撑式拉杆加固的梁，若原梁基本完好，只是截面偏小时，则建议其受弯承载力的增量不宜大于原梁承载力的 1.5 倍，且梁内受拉钢筋与拉杆截面面积的总和，也不宜超过混凝土截面面积的 2.5%。若原梁有损伤或有严重缺陷，且不易修复时，则建议改用其他加固方法。

预应力拉杆与原梁的协同工作系数，是根据国内外有关试验研究成果确定的。

为便于选择施加预应力的方法，对机张法和横向张拉法的张拉计算分别作了规定。横向张拉量的计算公式（7.3.2），是根据应力与变形的关系推导的，计算时略去了 $(\sigma_p / E_s)^2$ 的值，故计算结果为近似值。

7.4 型钢预应力撑杆的加固计算

7.4.1 采用预应力撑杆加固轴心受压钢筋混凝土柱的设计步骤较为简单明确。撑杆中的预应力主要是以保证撑杆与被加固柱能较好地共同工作为度，故施加的预应力值 σ_p 不宜过高，以控制在 50MPa～80MPa 为妥。

根据国内外有关的试验研究成果，当被加固柱需要提高的受压承载力不大于 1200kN 时，采用预应力撑杆加固是较为合适的。若需要通过加固提高的承载力更大，则应考虑选用其他加固方法。

7.4.2、7.4.3 采用预应力撑杆加固偏心受压钢筋混凝土柱时，由于影响因素较多，其计算方法较为冗繁。因此，偏心受压柱的加固计算应主要通过验算进行。但应指出，采用预应力撑杆加固偏心受压柱时，其受压承载力、受弯承载力均只能在一定范围内提高。

验算时，撑杆肢的有效受压承载力取 $0.9f'_{py}A'_p$ 是考虑协同工作不充分的影响，即撑杆肢的极限承载力有所降低。其承载力降低系数取 0.9 是根据国内外试验结果确定的。

当柱子较高时，撑杆的稳定性可能不满足现行《钢结构设计规范》GB 50017 的规定。此时，可采用不等边角钢来做撑杆肢，其较窄的翼缘应焊以缀板，

其较宽的翼缘,应位于柱子的两侧面。撑杆肢安装后再在较宽的翼缘上焊以连接板。

对承受正负弯矩作用的柱(即弯矩变号的柱),应采用双侧撑杆进行加固。由于撑杆主要是承受压力,所以应按双侧撑杆加固的偏心受压柱的公式进行计算,但仅考虑被加固柱的受压区一侧的撑杆受力。

7.5 无粘结钢绞线体外预应力构造规定

7.5.1 不论从构造需要出发,还是为了保证受力均匀和安全可靠,均应将钢绞线成对布置在梁的两侧,并以采用纵向张拉法为主。因为纵向张拉的预应力较易准确控制,且力值不受限制。尽管如此,横向张拉法仍有其用途。以连续梁为例,当连续跨的跨数超过两跨(一端张拉)或四跨(两端张拉)时,仍需依靠横向张拉补足预应力。

另外,应指出的是钢绞线跨中水平段支承点的布置,与所采用的张拉方式有关。对纵向张拉而言,以布置在梁底以上的位置为佳。因为不论从外观、构造和受力来看,都比较容易处理得好。但若需要依靠横向张拉来补足预应力,或是采用纵向张拉有困难时,其跨中水平段的支承点,就必须布置在梁的底部,因为只有这样,才能进行横向张拉。

7.5.2 本条给出了中间连续节点支承构造方式和端部锚固节点构造方式的几个示例。可根据实际情况选用。

预应力钢绞线节点的做法关系到加固的可靠性和经济成本。本规范提供的端部锚固方法和中间连续节点的做法是经过大量的工程实践,被证明为行之有效的方法。不过在具体施工中,对于混凝土强度等级不高的构件,其细部做法必须考究。例如端部的支承面处,必须平整;当钻孔使混凝土面受到损坏时,必须提前一天用快速堵漏剂修补、抹平;在钢销棍和钢吊棍的支承面处,有必要设置钢管垫,以使应力分布均匀。

7.5.4 在现行施工规范尚未纳入无粘结钢绞线体外预应力加固法的情况下,为了保证施工单位和监理单位能有效地执行本条规定,建议可暂按下列要求施加预应力:

1 对纵向张拉,施加预应力时应符合下列规定:

(1)当钢绞线在跨中的转折点设在梁底以上位置时,应采用纵向张拉。

(2)当钢绞线沿连续梁布置时,若采用一端张拉,而连续跨的跨数超过二跨,或采用二端张拉,而连续跨的跨数超过四跨时,钢绞线在跨中的转折点应设在梁底以下位置,且应在纵向张拉后,还应利用设在跨中的横向拉紧螺栓进行横向张拉,以补足由摩擦力引起的预应力损失值。

(3)纵向张拉的工具宜采用穿心千斤顶和高压油泵,张拉力直接从油压表中读取。

(4)张拉时应采用交错张拉的方法:先张拉一端,把第一根钢绞线张拉至张拉控制值的50%,再张拉另一侧钢绞线至张拉控制值,然后再把第一根钢绞线张拉至张拉控制值。

2 对横向张拉,施加预应力时应符合下列规定:

(1)施加预应力时宜先使用工具式U形拉紧螺栓,待张拉至一定程度后再换上较短的、直径较细的永久性U形拉紧螺栓继续张拉。

(2)在横向张拉前,应对钢绞线进行初张拉,然后再通过拉紧螺栓横向施加预应力。

(3)收紧各跨拉紧螺栓时,应设法保持同步,用量测两根钢绞线中距的方法进行控制。当钢绞线应力达到要求值后,拉紧螺栓应用双螺帽固定。

(4)为测量钢绞线应力,可在每跨梁的梁底较长水平段的钢绞线磨平面上各粘贴一对铜片测点,用500mm或250mm标距的手持式引伸仪测量钢绞线的伸长量,进而推算应力值。

7.5.6 根据本规范第7.5.5条关于"应按计算确定拉紧螺栓和中间撑棍的数量"的规定,给出了按构造要求确定的拉紧螺栓和中间撑棍的数量。

7.5.7 本条给出了拉紧螺栓安设位置与中间撑棍位置相互配合的关系。执行时,应结合本规范第7.5.6条的规定进行调整。

7.5.9 本条给出了两种常用的防腐和防火措施:一是用1:2水泥砂浆包裹。其施工较方便,但外观较差;二是用C25细石混凝土包裹或封护。其施工较麻烦,但外观较好。

7.6 普通钢筋体外预应力构造规定

7.6.1 预应力拉杆选用的钢材与施工方法有密切关系。机张法能拉各种高强、低强的碳素钢丝、钢绞线或粗钢筋等钢材;横向张拉法仅适用于张拉强度较低、张拉力较小(一般在150kN以下)的 I 级钢筋。横向张拉用的钢材,之所以常选用 I 级钢筋,是因为考虑到拉杆两端需采用焊接连接, I 级钢筋施焊易于保证焊接质量。

预应力拉杆距构件下缘的净空为30mm~80mm时,可使预应力拉杆的端部锚固构造和下撑式拉杆弯折处的构造都比较简单。

7.7 型钢预应力撑杆构造规定

7.7.2、7.7.3 预应力撑杆适宜用横向张拉法施工,其建立的预应力值也比较可靠。这种方法在原苏联采用较多,也有许多工程实践经验表明该法简便可行。过去国内多采用干式外包钢加固法,即在角钢中不建立预应力,或仅为了使角钢的上下端与混凝土构件顶紧而打入楔子,计算上也不考虑预应力的作用,因此,经济性很差,宜以预应力撑杆来取代。预应力撑杆则要求建立一定的预应力值,故能保证它与原柱共同工作。

为了建立预应力，在横向张拉法中要求撑杆中部先制成弯折形状，然后在施工中旋紧螺栓使撑杆通过变直而顶紧。为了便于实施，本规范对弯折的方法和要求均作了示例性质的规定，其中还包括了切口形状和弥补切口削弱的措施。

预应力撑杆肢的角钢及其焊接缀板的最小截面规定是根据国内外工程加固实践经验确定的。

对撑杆端部的传力构造作了详细的规定，这种传力构造可保证其杆端不致产生偏移。

8 外包型钢加固法

8.1 设计规定

8.1.1 外包型钢（一般为角钢或扁钢）加固法，是一种既可靠，又能大幅度提高原结构承载能力和抗震能力的加固技术。当采用结构胶粘合混凝土构件与型钢构架时，称为有粘结外包型钢加固法，也称外粘型钢加固法，或湿式外包钢加固法，属复合构件范畴；当不使用结构胶，或仅用水泥砂浆堵塞混凝土与型钢间缝隙时，称为无粘结外包型钢加固法，也称干式外包钢加固法。这种加固方法，属组合构件范畴；由于型钢与原构件间无有效的连接，因而其所受的外力，只能按原柱和型钢的各自刚度进行分配，而不能视为复合构件受力，以致很费钢材，仅在不宜使用胶粘的场合使用。

8.1.2 近几年来，不少新建工程的加固，为了做到不致因加固而影响其设计使用年限，往往选择了使用干式外包钢法，从而使已淘汰多年的干式外包钢加固法，又有了市场需求。因此，经研究决定将此方法重新纳入本规范，但考虑到这种加固方法主要是按钢结构设计规范的规定进行设计、计算，为了避免重复和不必要的矛盾，故仅在本条中作出原则性规定。征求设计单位意见表明，有了这五款规定，即可满足设计人员计算的需求。

8.1.3 当工程允许使用结构胶粘结混凝土与型钢时，宜选用有粘结外包型钢加固法。因为采用此法两者粘结后能形成共同工作的复合截面构件，不仅节约钢材，而且将获得更大的承载力。因此，比干式外包钢更能得到良好的技术经济效益。

8.1.4 本条采用的截面刚度近似计算公式与精确计算公式相比，仅略去型钢绕自身轴的惯性矩，其所引起的计算误差很小，完全可以应用。

8.2 外粘型钢加固计算

8.2.1 采用外粘型钢加固钢筋混凝土轴心受压构件（柱）时，由于型钢可靠地粘结于原柱，并有卡紧的缀板焊接成箍，从而使原柱的横向变形受到型钢骨架

的约束作用。在这种构造条件下，外粘型钢加固的轴心受压柱，其正截面承载力不仅可按整截面计算，而且可引入 ψ_{sc} 系数予以提高，但应考虑二次受力的影响，故对受压型钢乘以强度利用系数 α_a。考虑到加固用的型钢属于软钢（Q235），且原规范所取的 α_a 值，虽是通过试验取用的近似值，但经过近 15 年的工程应用，未发现有安全问题，因而决定仍继续沿用该值，亦即取 $\alpha_a = 0.9$，较为安全稳妥。

8.2.2 采用外粘型钢加固的钢筋混凝土偏心受压构件，其受压肢型钢，由于存在应变滞后的问题，在按（8.2.2-1）式及（8.2.2-2）式计算正截面承载力时，必须乘以强度利用系数 α_a 予以折减，这虽然是一种简化的做法，但对标准规范来说，却是可行的。至于受拉肢型钢，在大偏心受压工作条件下，尽管其应力一般都能达到抗拉强度设计值，但考虑到受拉肢工作的重要性，以及粘结传力总不如原构件中的钢筋可靠，故有必要在规范中适当提高其安全储备，以保证被加固结构受力的安全。

另外，应指出的是，在偏心受压构件的正截面承载力计算中仍应按本规范第 5.4.3 条的规定计算偏心距（包括二阶效应 M 值的修正），以保证安全。

8.2.3 采用外粘型钢加固的钢筋混凝土梁，其截面应力特征与粘贴钢板加固法十分相近，因此允许按粘贴钢板的计算方法进行正截面和斜截面承载力的验算。

8.3 构造规定

8.3.1 为加强型钢肢之间的连系，以提高钢骨架的整体性与共同工作能力，应沿梁、柱轴线每隔一定距离，用箍板或缀板与型钢焊接。与此同时，为了使梁的箍板能起到封闭式环形箍的作用，在本条中还给出了三种加锚式箍板的构造示意图供设计参考使用；另外，应指出的是：型钢肢在缀板焊接前，应先用工具式卡具勒紧，使角钢肢紧贴于混凝土表面，以消除过大间隙引起的变形。

8.3.2 为保证力的可靠传递，外粘型钢必须通长、连续设置，中间不得断开；若型钢长度受限制，应通过焊接方法接长；型钢的上下两端应与结构顶层（或上一层）构件和底部基础可靠地锚固。

8.3.5 加固完成后，之所以还需在型钢表面喷抹高强度水泥砂浆保护层，主要是为了防腐蚀和防火，但若型钢表面积较大，很可能难以保证抹灰质量。此时，可在构件表面先加设钢丝网或点粘一层豆石，然后再抹灰，便不会发生脱落和开裂。

9 粘贴钢板加固法

9.1 设计规定

9.1.1 根据粘贴钢板加固混凝土构件的受力特性，

规定了这种方法仅适用于钢筋混凝土受弯、受拉和大偏心受压构件的加固。

同时还指出：本方法不适用于素混凝土构件（包括纵向受力钢筋配筋率不符合现行设计规范 GB 50010 最小配筋率构造要求的构件）的加固。

9.1.2 在实际工程中，有时会遇到原结构的混凝土强度低于现行设计规范规定的最低强度等级的情况。如果原结构混凝土强度过低，它与钢板的粘结强度也必然很低。此时，极易发生呈脆性的剥离破坏。故本条规定了被加固结构、构件的混凝土强度最低等级，以及钢板与混凝土表面粘结应达到的最低正拉粘结强度。

9.1.3 粘钢的承重构件最忌在复杂的应力状态下工作，故本条强调了应将钢板受力方式设计成仅承受轴向应力作用。

9.1.4 对粘贴在混凝土表面的钢板之所以要进行防护处理，主要是考虑加固的钢板一般较薄，容易因锈蚀而显著削弱截面，或引起粘合面剥离破坏，其后果必然影响使用安全。

9.1.5 本条规定了长期使用的环境温度不应高于60℃，是按常温条件下使用的普通型树脂的性能确定的。当采用与钢板匹配的耐高温树脂为胶粘剂时，可不受此规定限制，但应符合现行钢结构设计规范有关规定的限制。在特殊环境下（如振动、高湿、介质侵蚀、放射等）采用粘贴钢板加固法时，除应符合相应的国家现行有关标准的规定采取专门的粘贴工艺和相应的防护措施外，尚应采用耐环境因素作用的胶粘剂。

9.1.6 采用粘贴钢板加固时，应采取措施卸除或大部分卸除活荷载。其目的是减少二次受力的影响，也就是降低钢板的滞后应变，使得加固后的钢板能充分发挥强度。

9.1.7 粘贴钢板的胶粘剂一般是可燃的，故应按现行国家标准《建筑设计防火规范》GB 50016 规定的耐火等级和耐火极限要求以及相关规范的防火构造规定进行防护。

9.2 受弯构件正截面加固计算

9.2.1 国内外的试验研究表明，在受弯构件的受拉面和受压面粘贴钢板进行受弯加固时，其截面应变分布仍可采用平截面假定。

9.2.2 本条对受弯构件加固后的相对界限受压区高度的控制值 $\xi_{b,sp}$ 作出了规定，其目的是为了避免因加固量过大而导致超筋性质的脆性破坏。对于粘钢构件，采用构件加固前控制值的 0.85 倍；若按 HRB335 级钢筋计算，达到界限时相应的钢筋应变约为 1.5 倍屈服应变，具有一定延性。满足此条要求，实际上已经确定了粘钢的"最大加固量"。

9.2.3、9.2.4 本规范的受弯构件正截面计算公式与以前发布的国内外标准相比，在表达上有了较大的改进。由于用一组公式代替多组公式，在计算结果无显著差异的前提下，可使设计计算更为方便，条理也较为清晰。

公式(9.2.3-2)是截面上的轴向力平衡公式；公式(9.2.3-1)是截面上的力矩平衡公式，力矩中心取受拉区边缘，其目的是使此式中不同时出现两个未知量；公式（9.2.3-3）是根据应变平截面假定推导得到的计算公式；公式（9.2.3-4）是为了保证受压钢筋达到屈服强度。当 $x<2a'$ 时，之所以近似地取 $x=2a'$ 进行计算，是为了确保安全而采用了受压钢筋合力作用点与压区混凝土合力作用点重合的假定。

加固设计时，可根据（9.2.3-1）式计算出混凝土受压区的高度 x，按（9.2.3-3）式计算出强度利用系数 ψ_{sp}，然后代入（9.2.3-2），即可求出粘贴的钢板面积 A_{sp}。

另外，当"$\psi_{sp}>1.0$ 时，取 $\psi_{sp}=1.0$"的规定，是用以控制钢板的"最小加固量"。

9.2.5 这次修订规范对本条内容作了下列两方面的修订：

1 将加固钢板粘贴延伸长度的确定方法与纤维复合材进行了统一，从而使计算概念及方法相一致，便于使用者理解和执行。

2 修订了钢板与混凝土的粘结抗剪强度设计值的取值方法，使之更符合工程实际。因为原规范是按照试验室的试验结果取值的，未考虑施工不定性的影响。现根据现场取样的检测结果作了修正，从而使强度取值更能保证工程安全。

9.2.6 对加设 U 形箍板作为端部锚固措施而言，其计算需考虑以下两种情况：

1 当箍板与加固钢板间的粘结受剪承载力小于或等于箍板与混凝土间的粘结受剪承载力时，锚固承载力为加固钢板与混凝土间的粘结受剪承载力及箍板与加固钢板间的粘结受剪承载力之和。此即本规范公式（9.2.6-1）所给出的计算方法。

2 当箍板与加固钢板间的粘结受剪承载力大于箍板与混凝土间的粘结受剪承载力时，锚固承载力为加固钢板及箍板与混凝土间的粘结受剪承载力之和。此即本规范公式（9.2.6-2）所给出的计算方法。

9.2.7 见本规范第 9.6.4 条的条文说明。

9.2.8 对翼缘位于受压区的 T 形截面梁（包括有现浇楼板的梁），其正弯矩区的受弯加固，不仅应考虑 T 形截面的有利作用，而且还须符合有关翼缘计算宽度取值的限制性规定，故要求应按现行设计规范和本规范的有关原则和规定进行计算。

9.2.9 滞后应变的计算，在考虑了钢筋的应变不均匀系数、内力臂变化和钢筋排列影响的基础上，还依据工程设计经验作了适当调整。同时，在表达方式上，为了避开繁琐的计算，并力求使用方便，故对

a_{sp} 的取值，采取了按配筋率和钢筋排数的不同以查表的方式确定。

9.2.10 根据应变平截面假定（见图1），可算得侧面粘贴钢板的上、下两端平均应变与下边缘应变的比值，即修正系数 η_{f1}：

$$
\begin{aligned}
\eta_{p1} &= \frac{\left(\dfrac{\varepsilon_1 + \varepsilon_2}{2}\right)}{\varepsilon_2} = \frac{1 + \varepsilon_1/\varepsilon_2}{2} \\
&= \frac{1 + (h - 1.25x - h_f)/(h - 1.25x)}{2} \\
&= 1 - \frac{0.5h_f}{h - 1.25x} = 1 - \left(\frac{0.5}{1 - 1.25\xi h_0/h}\right)\left(\frac{h_f}{h}\right)
\end{aligned}
$$
(1)

令：$\beta_1 = \dfrac{0.5}{1 - 1.25\xi h_0/h}$，则：$\eta_{p1} = 1 - \beta_1 \dfrac{h_f}{h}$，设 $h_0 = h/1.1$；$\xi = \xi_{pb}$；

于是可以算得配置 HRB335 级钢筋的一般构件和重要构件，其系数 β_1 分别为 1.33 和 1.14；同理，算得采用 HRB400 级钢筋的一般构件和重要构件，其系数 β_1 分别为 1.22 和 1.06。注意到 β_1 值变化幅度不大，故偏于安全地统一取 $\beta_1 = 1.33$。

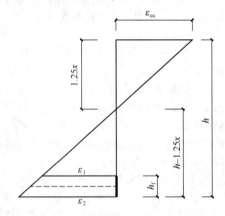

图 1　应变平截面假定图

与此同时，还应考虑侧面粘贴的钢板，其合力中心至压区混凝土合力中心之距离与底面粘贴的钢板合力中心至压区混凝土合力中心之距离的比值，即修正系数 η_{p2}。

$$
\eta_{p2} = \frac{(h - 0.5x) - 0.5h_f}{h - 0.5x} = 1 - \left(\frac{0.5}{1 - 0.5\xi h_0/h}\right)\left(\frac{h_f}{h}\right)
$$
(2)

令：$\beta_2 = \dfrac{0.5}{1 - 0.5\xi h_0/h}$，则：$\eta_{p2} = 1 - \beta_2 \dfrac{h_f}{h}$，设 $h_0 = h/1.1$；$\xi = \xi_{pb}$；

于是可以算得配置 HRB335 级钢筋的一般构件和重要构件，其系数 β_2 分别为 0.667 和 0.645；同理，算得采用 HRB400 级钢筋的一般构件和重要构件，其系数 β_2 分别为 0.654 和 0.634。注意到 β_2 值变化幅度不大，故偏于安全地统一取 $\beta_2 = 0.66$。

于是得到综合考虑侧面粘贴纤维复合材受拉合力

及相应力臂的修正后的放大系数 η_p 为：

$$
\eta_p = \frac{1}{\eta_{p1} \times \eta_{p2}} = \frac{1}{(1 - 1.33h_f/h) \times (1 - 0.66h_f/h)}
$$
(3)

9.2.11 本条规定钢筋混凝土结构构件采用粘贴钢板加固时，其正截面承载力的提高幅度不应超过 40%。其目的是为了控制加固后构件的裂缝宽度和变形，也是为了强调"强剪弱弯"设计原则的重要性。

9.2.12 为了钢板的可靠锚固以及节约材料，本条对粘贴钢板的层数作出了建议性的规定。

9.3　受弯构件斜截面加固计算

9.3.1 根据实际经验，本条对受弯构件斜截面加固的钢箍板粘贴方式作了统一的规定，并且在构造上，只允许采用垂直于构件轴线方向的加锚封闭箍及其他三种有效的 U 形箍；不允许仅在侧面粘贴钢条受剪，因为试验表明，这种粘贴方式受力不可靠。

9.3.2 本条的规定与现行国家标准《混凝土结构设计规范》GB 50010 的规定，在概念上是一致的。

9.3.3 根据现有的试验资料和工程实践经验，对垂直于构件轴线方向粘贴的箍板，按被加固构件的不同剪跨比和箍板的不同加锚方式，给出了抗剪强度的折减系数 ψ_{vb} 值。

9.4　大偏心受压构件正截面加固计算

9.4.2 本条关于正截面承载力计算的规定是参照现行设计规范 GB 50010 的规定导出的。因为在大偏心受压的情况下，验算控制的截面达到极限状态时，其原钢筋及新增的受拉钢板一般都能达到抗拉强度。

9.5　受拉构件正截面加固计算

9.5.1 本条应说明的内容与本规范条文说明第 10.7.1 条相同，不再赘述。

9.5.2、9.5.3 这两条规定是参照现行设计规范 GB 50010 的规定导出的。因为轴心受拉情况下，只要结构构造合理，其计算截面达到极限状态时，原钢筋及新增的加固钢板均能达到抗拉强度。

9.6　构　造　规　定

9.6.1 原规范仅允许采用 2mm～5mm 厚的钢板。此次修订规范，在汲取国外采用厚钢板粘贴的工程实践经验基础上，还组织一些加固公司进行了工程试用，然后才对原规范的规定作了修订。修订后的条文，虽然允许使用较厚（包括总厚度较厚）的钢板，但为了防止钢板与混凝土粘结的劈裂破坏，应要求其端部与梁柱节点的连接构造必须符合外粘型钢焊接及注胶方法的规定。由之可见，它与外粘型钢（一般指扁钢）的构造要求无甚差别，但仍按习惯列于本节中。

9.6.2 在受弯构件受拉区粘贴钢板，其板端一段由于边缘效应，往往会在胶层与混凝土粘合面之间产生较大的剪应力峰值和法向正应力的集中，成为粘钢的最薄弱部位。若锚固不当或粘贴不规范，均易导致脆性剥离或过早剪坏。为此，修订组研究认为有必要采取如本条所规定的加强锚固措施。

9.6.3 本条采取的锚固措施，是根据国内科研单位和高等院校的试验结果，以及规范编制组所总结的工程经验，经讨论、验证后确定的。因此，可供设计使用。另外，应指出的是，图中的锚栓布置是示意性的；其直径、数量和位置应由设计人员按实际需要确定。

9.6.4 对本条第 2、3 两款需作如下说明：

    1 对支座处虽有障碍，但梁上有现浇板，允许绕过柱位在梁侧粘贴钢板的情况，之所以还需规定应紧贴柱边在梁侧 4 倍板厚范围内粘贴钢板，是因为试验表明，在这样条件下，较能充分发挥钢板的作用；如果远离该位置，钢板的作用将会降低。

    2 当梁上无现浇板，或负弯矩区的支座处需采取机械锚固措施加强时，其构造问题最难处理。为了解决这个问题，编制组曾向设计单位征集了不少锚固方案，但未获得满意结果。本款所给出的两个图，只是在归纳上述设计方案优缺点基础上的一个示例，也并非最佳方案，但试验表明具有较强的锚固能力，可供工程设计试用。另外，在有些情况下，L 形钢板及水平方向的 U 形箍板也可采用等代钢筋进行设计。

9.6.7 对偏心受压构件而言，其加固构造难度最大的是 N 和 M 均较大的柱底和柱顶两处。因此，强调在这两个部位应增设可靠的机械锚固措施。当柱的上端有楼板时，加固所粘贴的钢板尚应穿过楼板，并应有足够的粘贴延伸长度，才能保证传力的安全。

10 粘贴纤维复合材加固法

10.1 设计规定

10.1.1 根据粘贴纤维复合材的受力特性，本条规定了这种方法仅适用于钢筋混凝土受弯、受拉、轴心受压和大偏心受压构件的加固；不推荐用于小偏心受压构件的加固。因为纤维增强复合材仅适合于承受拉应力作用，而且小偏心受压构件的纵向受拉钢筋达不到屈服强度，采用粘贴纤维复合材将造成材料的极大浪费。因此，对小偏心受压构件，应建议采用其他合适的方法加固。

    同时，本条还指出：本方法不适用于素混凝土构件（包括配筋率不符合现行设计规范 GB 50010 最小配筋率构造要求的构件）的加固。

10.1.2 在实际工程中，经常会遇到原结构的混凝土强度低于现行设计规范规定的最低强度等级的情况。如果原结构混凝土强度过低，它与纤维复合材的粘结强度也必然会很低，易发生呈脆性的剥离破坏。此时，纤维复合材不能充分发挥作用，因此本条规定了被加固结构、构件的混凝土强度等级，以及混凝土与纤维复合材正拉粘结强度的最低要求。

10.1.3 本条强调了纤维复合材料不能承受压力，只能考虑其抗拉作用，因而要求将纤维受力方式设计成仅承受拉应力作用。

10.1.4 本条规定粘贴在混凝土表面的纤维增强复合材不得直接暴露于阳光或有害介质中。为此，其表面应进行防护处理，以防止长期受阳光照射或介质腐蚀，从而起到延缓材料老化、延长使用寿命的作用。

10.1.5 本条规定了采用这种方法加固的结构，其长期使用的环境温度不应高于 60℃。但应指出的是，这是按常温条件下，使用普通型结构胶粘剂的性能确定的。当采用耐高温胶粘剂粘结时，可不受此规定限制；但应受现行国家标准《混凝土结构设计规范》GB 50010 对混凝土结构承受生产性高温的限制。另外，对其他特殊环境（如振动、高湿、介质侵蚀、放射等）采用粘贴纤维增强复合材加固时，除应符合相应的国家现行有关标准的规定采取专门的粘贴工艺和相应的防护措施外，尚应采用耐环境因素作用的结构胶粘剂。

10.1.6 采用纤维增强复合材料加固时，应采取措施尽可能地卸载。其目的是减少二次受力的影响，亦即降低纤维复合材的滞后应变，使得加固后的结构能充分利用纤维材料的强度。

10.1.7 粘贴纤维复合材的胶粘剂一般是可燃的，故应按照现行国家标准《建筑设计防火规范》GB 50016 规定的耐火等级和耐火极限要求，对纤维复合材进行防护。

10.2 受弯构件正截面加固计算

10.2.1 为了听取不同的学术观点，规范修订组邀请国内 8 位知名专家对受弯构件的受拉面粘贴纤维增强复合材进行加固时，其截面应变分布是否可采用平截面假定进行论证。其结果表明，持可用和不宜用观点各占 50%，但均认为这个假定不理想；不过在当前试验研究工作尚不足以作出改变的情况下，仍可加以借用，而不致造成很大问题。

10.2.2 本条规定了受弯构件加固后的相对界限受压区高度的控制值 $\xi_{b,f}$，是为了避免因加固量过大而导致超筋性质的脆性破坏。对于所有构件，均采用构件加固前控制值的 0.85 倍；对于 HRB335 级钢筋，达到界限时相应的钢筋应变约为 1.5 倍屈服应变；满足此条要求，实际上已经确定了纤维的"最大加固量"。

10.2.3 本规范的受弯构件正截面计算公式与以前发布的国内外同类标准相比，在表达上有较大的改进。由于用一组公式代替多组公式，在计算结果无显著差异的前提下，可使设计人员应用更为方便，条理也更为清晰。

公式（10.2.3-1）是截面上的力矩平衡公式；力矩中心取受拉区边缘，其目的是使此式中不同时出现两个未知量；公式（10.2.3-2）是截面上的轴向力平衡公式；公式（10.2.3-3）是根据应变平截面假定推导得到的 ψ_f 计算公式。公式（10.2.3-4）是保证钢筋受压达到屈服强度。当 $x < 2a'$ 时，近似取 $x = 2a'$ 进行计算，是为了确保安全而采用了受压钢筋合力作用点与压区混凝土合力作用点相重合的假定。

另外，当 "$\psi_f > 1.0$ 时，取 $\psi_f = 1.0$" 的规定，是用以控制纤维复合材的"最小加固量"。

加固设计时，可根据（10.2.3-1）式计算出混凝土受压区的高度 x，按（10.2.3-3）式计算出强度利用系数 ψ_f，然后代入（10.2.3-2）式，即可求出纤维的有效截面面积 A_{fe}。

10.2.4 本条是考虑纤维复合材多层粘贴的不利影响，而对第 10.2.3 条计算得到的有效截面面积进行放大，作为实际应粘贴的面积。为此，引入了纤维复合材的厚度折减系数 k_m。该系数系参照 ACI440 委员会于 2000 年 7 月修订的 "Guide for the design and construction of externally bonded frp systems for strengthening concrete structures" 而制定的。

10.2.5、10.2.6 公式（10.2.5）中给出的 $f_{f,v}$ 的确定方法，是根据本规范修订组和四川省建科院的试验结果拟合的；在纳入本规范前又参照有关文献作了偏于安全的调整。另外，该计算式的适用范围为 C15～C60，基本上可以涵盖当前已有结构的混凝土强度等级情况，至于 C60 以上的混凝土，暂时还只能按 $f_{f,v} = 0.7$ 采用。

10.2.7 对翼缘位于受压区的 T 形截面梁，其正弯矩区进行受弯加固时，不仅应考虑 T 形截面的有利作用，而且还须符合有关翼缘计算宽度取值的限制性规定。故本条要求应按现行设计规范 GB 50010 和本规范的规定进行计算。

10.2.8 滞后应变的计算，在考虑了钢筋的应变不均匀系数、内力臂变化和钢筋排列影响的基础上，还依据工程设计经验作了适当调整；同时，在表达方式上，为了避开繁琐的计算，并力求为设计使用提供方便，故对 α_f 的取值，采取了按配筋率和钢筋排数的不同以查表的方式确定。

10.2.9 根据应变平截面假定（见图 2），可算得侧面粘贴纤维的上、下两端平均应变与下边缘应变的比值，即修正系数 η_{f1}：

$$\eta_{f1} = \frac{\left(\dfrac{\varepsilon_1 + \varepsilon_2}{2}\right)}{\varepsilon_2} = \frac{1 + (h - 1.25x - h_f)/(h - 1.25x)}{2}$$

$$= 1 - \frac{0.5h_f}{h - 1.25x} = 1 - \left(\frac{0.5}{1 - 1.25\xi h_0/h}\right)\left(\frac{h_f}{h}\right) \quad (4)$$

令：$\beta_1 = \dfrac{0.5}{1 - 1.25\xi h_0/h}$，则：$\eta_{f1} = 1 - \beta_1 \dfrac{h_f}{h}$，设 h_0

$= h/1.1$；$\xi = \xi_{b,f}$。

可算得配置 HRB335 级钢筋的构件，其系数 β_1 为 1.07；同理，可算得配置 HRB400 级钢筋的构件，其系数 β_1 为 1.0。注意到 β_1 值变化幅度不大，故偏于安全地统一取 $\beta_1 = 1.07$。

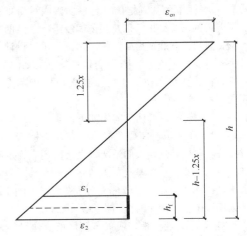

图 2 应变平截面假定图

与此同时，还应考虑侧面粘贴的纤维复合材，其合力中心至受压区混凝土合力中心之距离与底面粘贴的纤维复合材合力中心至受压区混凝土合力中心之距离的比值，即修正系数 η_{f2}：

$$\eta_{f2} = \frac{(h - 0.5x) - 0.5h_f}{h - 0.5x} = 1 - \left(\frac{0.5}{1 - 0.5\xi h_0/h}\right)\left(\frac{h_f}{h}\right) \quad (5)$$

令：$\beta_2 = \dfrac{0.5}{1 - 0.5\xi h_0/h}$，则 $\eta_{f2} = 1 - \beta_2 \dfrac{h_f}{h}$，设 $h_0 = h/1.1$；$\xi = \xi_{b,f}$。

可算得配置 HRB335 级钢筋的构件，其系数 β_2 为 0.635；同理，可算得配置 HRB400 级钢筋的构件，其系数 β_2 为 0.625。注意到 β_2 值变化幅度不大，故偏于安全地统一取 $\beta_2 = 0.63$。

于是，得到综合考虑侧面粘贴纤维复合材受拉合力及相应力臂的修正后的放大系数 η_f 为：

$$\eta_f = \frac{1}{(1 - 1.07h_f/h) \times (1 - 0.63h_f/h)} \quad (6)$$

10.2.10 本条规定钢筋混凝土结构构件采用粘贴纤维复合材加固时，其正截面承载力的提高幅度不应超过 40%。其目的是为了控制加固后构件的裂缝宽度和变形，也是为了强调"强剪弱弯"设计原则的重要性。

10.2.11 为了纤维复合材的可靠锚固以及节约材料，本条对纤维复合材的层数提出了指导性意见。

10.3 受弯构件斜截面加固计算

10.3.1 根据实际经验，本条对受弯构件斜截面加固的纤维粘贴方向作了统一的规定，并且在构造上只允许采用环形箍、自锁式 U 形箍、加锚 U 形箍和加织物压条的一般 U 形箍，不允许仅在侧面粘贴条带受剪，因为试验表明，这种粘贴方式受力不可靠。

10.3.2 本条的规定与国家标准《混凝土结构设计规范》GB 50010 - 2010 第 6.3.1 条完全一致。

10.3.3 根据现有试验资料和工程实践经验，对垂直于构件轴线方向粘贴的条带，按被加固构件的不同剪跨比和条带的不同加锚方式，给出了抗剪强度的折减系数。

10.4 受压构件正截面加固计算

10.4.1 采用沿构件全长无间隔地环向连续粘贴纤维织物的方法，即环向围束法，对轴心受压构件正截面承载力进行间接加固，其原理与配置螺旋箍筋的轴心受压构件相同。

10.4.2 当 $l/d > 12$ 或 $l/d > 14$ 时，构件的长细比已比较大，有可能因纵向弯曲而导致纤维材料不起作用；与此同时，若矩形截面边长过大，也会使纤维材料对混凝土的约束作用明显降低，故明确规定了采用此方法加固时的适用范围。

10.4.3、10.4.4 公式（10.4.3-1）是考虑了三向约束混凝土的条件下，其抗压强度能够提高的有利因素。公式（10.4.3-2）是参照了 ACI440、CEB-FIP 及我国台湾的公路规程和工业技术研究院设计实录等制定的。

10.5 框架柱斜截面加固计算

10.5.1 本规范对受压构件斜截面的纤维复合材加固，仅允许采用环形箍。因为其他形式的纤维箍均易发生剥离破坏，故在适用范围的规定中加以限制。

10.5.2 采用环形箍加固的柱，其斜截面受剪承载力的计算公式是参照美国 ACI440 委员会和欧洲 CEB-FIP（fib）的设计指南，结合我国台湾工业技术研究院的设计实录和我国内地的试验资料制定的，从规范编制组委托设计单位所做的试设计来看，还是较为稳妥可行的。

10.6 大偏心受压构件加固计算

10.6.1 采用纤维增强复合材料加固大偏心受压构件时，本条之所以强调纤维应粘贴在受拉一侧，是因为本规范已在第 10.1.3 条中作出了"应将纤维受力方式设计成仅承受拉应力作用"的规定。

10.6.2 本条的计算公式是参照国家标准《混凝土结构设计规范》GB 50010 - 2010 的规定推导的。其中需要说明的是，在大偏心受压构件加固计算中，对纤维复合材之所以不考虑强度利用系数，是因为在实际工程中绝大多数偏心受压构件均处于受压状态。因此，在承载能力极限状态下，受拉侧的拉应变是从受压侧应变转化过来的，故不存在拉应变滞后的问题，

亦即认为：纤维复合材的抗拉强度能得到充分发挥。

10.7 受拉构件正截面加固计算

10.7.1 由于非预应力的纤维复合材在受拉杆件（如桁架弦杆、受拉腹杆等）端部锚固的可靠性很差，因此一般仅用于环形结构（如水塔、水池等）和方形封闭结构（如方形料槽、储仓等）的加固，而且仍然要处理好围拢（或棱角）部位的搭接与锚固问题。由之可见，其适用范围是很有限的，应事先做好可行性论证。例如，对裂缝宽度要求很严的受拉构件，尤应慎用本加固方法。

10.7.2、10.7.3 从本节规定的适用范围可知，受拉构件的纤维复合材加固主要用于上述的构筑物中，而这些构筑物既容易卸荷，又经常在大多数情况下被强制要求卸荷，因此，在计算其承载力时可不考虑二次受力的影响问题，不必在计算公式中引入强度利用系数。

10.8 提高柱的延性的加固计算

10.8.1 采用纤维复合材构成的环向围束作为柱的附加箍筋来防止柱的塑铰区搭接破坏或提高柱的延性，在我国台湾地区震后修复工程中用得较多，而且有设计规程可依。与此同时，同济大学等院校也做过不少分析研究工作，在此基础上，经本规范修订组讨论后决定纳入这种加固方法，供抗震加固使用。

10.8.2 公式（10.8.2-2）系以环向围束作为附加箍筋的体积配筋率的计算公式，是参照国外有关文献，由同济大学作了大量分析后提出的。经试算表明，略偏于安全。

10.9 构造规定

10.9.1、10.9.2 本规范对受弯构件正弯矩区正截面承载力加固的构造规定，是根据国内科研单位和高等院校的试验研究结果和规范修订组总结工程实践经验，经讨论、筛选后提出的。因此，可供当前的加固设计参考使用。

10.9.3 采用纤维复合材对受弯构件负弯矩区进行正截面承载力加固时，其端部在梁柱节点处的锚固构造最难处理。为了解决这个问题，修订组曾通过各种渠道收集了国内外各种设计方案和部分试验数据，但均未得到满意的构造方式。图 10.9.3-2 及图 10.9.3-3 给出的构造示例，是在归纳上述设计方案优缺点的基础上逐步形成的。其优点是具有较强的锚固能力，可有效地防止纤维复合材剥离，但应注意的是，其所用的锚栓强度等级及数量应经计算确定。本条示例图中所给的锚栓强度等级及数量仅供一般情况参考。当受弯构件顶部有现浇楼板或翼缘时，箍板须穿过楼板或翼缘才能发挥其作用。最初的工程试用觉得很麻烦，经学习瑞士安装经验，采用半重叠钻孔法形成扁形孔

安装（插进）钢箍板后，施工就变得十分简单。为了进一步提高箍板的锚固能力，还可采取先给箍板刷胶然后安装的工艺。另外，应注意的是安装箍板完毕应立即注胶封闭扁形孔，使它与混凝土粘结牢固，同时也解决了楼板可能渗水等问题。

10.9.4 这是国内外的共同经验。因为整幅满贴纤维织物时，其内部残余空气很难排除，胶层厚薄也不容易控制，以致大大降低粘贴的质量，影响纤维织物的正常受力。

10.9.5 同济大学的试验表明，按内短外长的原则分层截断纤维织物时，有助于防止内层纤维织物剥离，故推荐给设计、施工单位参考使用。

10.9.7～10.9.9 这三条的构造规定，是参照美国 ACI 440 指南、欧洲 CEB-FIP（fib）指南、我国台湾工业技术研究院的设计实录以及修订组的试验资料制定的。

11 预应力碳纤维复合板加固法

11.1 设 计 规 定

11.1.1 从本条规定可知，这种加固方法仅推荐用于截面偏小或配筋不足的钢筋混凝土构件的加固，也就是说被加固构件的质量基本上是完好的，能够正常工作的。因此，当构件有严重损伤或缺陷时，不应选用这种加固方法。

11.1.2 本条规定是基于如下认识：即对于需要作预应力碳纤维加固的混凝土构件，一般都已作为梁或板使用一段时间，其平时已承受了较大的荷载，且所施加的预应力也不会产生较大的预压应力，相反它会同时减小截面受压边缘的最大压应力和受拉边缘的最大拉应力，从而降低了对混凝土强度的要求。况且对碳纤维复合板所施加的预应力值一般是比较小的，因此对原混凝土强度无需提出特别要求，仅需考虑其密实性和整体性是否适合施加预应力即可。

11.1.3、11.1.4、11.1.6、11.1.7 条文说明同本规范第 10 章相应条文说明。

11.2 预应力碳纤维复合板加固受弯构件

11.2.1 规定了预应力碳纤维的预应力损失值计算。

11.2.2 对混凝土加固后的相对界限受压区高度统一取用加固前控制值的 0.85 倍，即 $\xi_{b,f}=0.85\xi_b$。具体理由见本规范第 10.2.2 条的说明。

11.2.3 预应力碳纤维复合板对梁、板等受弯构件进行加固时的正截面承载力计算基本上与碳纤维加固相同，唯一的区别是碳纤维板的强度取值不考虑强度利用系数。因为施加了预应力，碳纤维本身强度完全能充分利用。

11.2.4 碳纤维复合板与混凝土表面间仍然需采用结

构胶粘贴，但仅作为安全储备。锚具本身完全具有锚固性能。

11.3 构 造 要 求

11.3.1～11.3.6 提供了普通平板锚具齿形锚具和波形锚具的做法。这些锚具虽在工程实践中被采用过，但并非最佳的设计。如果有成熟经验也可以修改锚具构造和尺寸，或采用其他更好的锚具。

11.3.7 预应力碳纤维复合板的宽度宜采用 100mm。这主要是根据同济大学等单位相关试验研究结果推荐的。当宽度更大时，对锚具的要求将会更高，也更难设计。

11.3.12 在锚具与预应力碳纤维复合板之间宜粘贴 2 层～4 层碳纤维布，目的是当锚具钢板发生变形时，仍然能发挥良好的锚固作用。

12 增设支点加固法

12.1 设 计 规 定

12.1.1 增设支点加固法是一种传统的加固法，适用于对外观和使用功能要求不高的梁、板、桁架、网架等的加固。此外，还经常用于抢险工程。尽管这种方法的缺点很突出，但由于它具有简便、可靠和易拆卸的优点，一直是结构加固不可或缺的手段。

12.1.2 增设支点加固法虽然是通过减小被加固结构的跨度或位移，来改变结构不利的受力状态，以提高其承载力的；根据支承结构、构件受力变形性能的不同，又分为刚性支点加固法和弹性支点加固法。刚性支点加固法一般是以支顶的方式直接将荷载传给基础，但也有以斜拉杆作为支点直接将荷载传给刚度大的梁柱节点或其他可视为"不动点"的结构。在这种情况下，由于传力构件的轴向压缩变形很小，可在计算中忽略不计，因此，结构受力较为明确，计算大为简化。弹性支点加固法则是通过传力构件的受弯或桁架作用等间接地将荷载传递给其他可作为支点的结构。在这种情况下，由于被加固结构和传力构件的变形均不能忽略不计，因此，其内力计算必须考虑两者的变形协调关系才能求解。由之可见，刚性支点加固法对提高原结构承载力的作用较大，而弹性支点加固法的计算较复杂，但对原结构的使用空间的影响相对较小。尽管各有其优缺点，但在加固设计时并非可以任意选择，因此作了"应根据被加固结构的构造特点和工作条件进行选用"的规定。

12.1.3 这是因为有预加力的方案，其预加力与外荷载的方向相反，可以抵消原结构部分内力，能较大地发挥支承结构的作用。但具体设计时应以不致使结构、构件出现裂缝以及不增设附加钢筋为度。

12.2 加固计算

12.2.1、12.2.2 考虑到这两种加固方法的每一计算项目及其计算内容，设计人员都很熟识，只要明确了各自的计算步骤，便可按常规设计方法进行。因此，略去了具体的结构力学计算和截面设计。

12.3 构造规定

12.3.1、12.3.2 增设支点法的支柱与原结构间的连接有湿式连接和干式连接两种构造之分。湿式连接适用于混凝土支承；其接头整体性好，但施工较为麻烦；干式连接适用于型钢支承，其施工较前者简便。图 12.3.1 及图 12.3.2 所示的连接构造，虽为国内外常用的传统连接方法，但均属示例性质，设计人员可在此基础上加以改进。另外，若采用型钢支承，应注意做好防锈、防腐蚀和防火的防护层。

13 预张紧钢丝绳网片-聚合物砂浆面层加固法

13.1 设计规定

13.1.1 本条规定了预张紧钢丝绳网片-聚合物砂浆面层加固法的适用范围。但本规范仅对受弯构件使用这种方法作出规定，而未涉及其他受力种类的构件。这是因为这种加固方法在我国应用时间还不长，现有试验数据的积累，只有这种构件较为充分，可以用于制定标准，至于其他受力种类的构件还有待于继续做工作。

13.1.2 在实际工作中，有时会遇到原结构的混凝土强度低于现行设计规范规定的最低强度等级的情况。如果原结构混凝土强度过低，它与聚合物改性水泥砂浆的粘结强度也必然很低。此时，极易发生呈脆性的剪切破坏或剥离破坏。故本条规定了被加固结构、构件的混凝土强度的最低等级，以及这种砂浆与混凝土表面粘结应达到的最小正拉粘结强度。

13.1.3 以预张紧的钢丝绳网片-聚合物砂浆面层加固的承重构件最忌在复杂的应力状态下工作，故本条强调了应将钢丝绳网片的受力方式设计成仅承受轴向拉应力作用。

13.1.4 规范修订组和湖南大学等单位所做的构件试验均表明：对梁和柱只有在采取三面或四面围套外加层的情况下，才能保证混凝土与聚合物砂浆面层之间具有足够的粘结力，而不致发生粘结破坏。因此，作出了本条规定，以提示设计人员必须予以遵守。

13.1.5 工程实践经验和验证性试验均表明，钢丝绳网片安装时，若不施加足够的预张紧力，就会大大削弱网片与原结构共同工作的能力。在多数情况下，可使这种加固方法新增的承载力降低 20%。因此，作

出了必须施加预张紧力的规定，并参照北京和厦门的试验数据，给出了应施加的预张紧力的大小，供设计、施工使用。

13.1.6 本条规定了长期使用的环境温度不应高于60℃，是根据砂浆、混凝土和常温固化聚合物的性能综合确定的。对于特殊环境（如腐蚀介质环境、高温环境等）下的混凝土结构，其加固不仅应采用耐环境因素作用的聚合物配制砂浆；而且还应要求供应厂商出具符合专门标准合格指标的验证证书，严禁按厂家所谓的"技术手册"采用，以免枉自承担违反标准规范导致工程出安全问题的终身责任。与此同时还应考虑被加固结构的原构件混凝土以及聚合物砂浆中的水泥和砂等成分是否能承受特殊环境介质的作用。

13.1.7 采用粘结钢丝绳网片加固时，应采取措施卸除结构上的活荷载。其目的是减少二次受力的影响，也就是降低钢丝绳网片的滞后应变，使得加固后的钢丝绳网片能充分发挥其作用。

13.1.8 尽管不少厂商，特别是外国厂家的代理商在推销其聚合物砂浆的产品时，总要强调它具有很好的防火性能，但无法否认的是，其砂浆中所掺的聚合物和合成纤维，几乎都是可燃的。在这种情况下，即使砂浆不燃烧，它也会在高温中失效。故仍应按现行国家标准《建筑设计防火规范》GB 50016 规定的耐火等级和耐火极限要求进行检验与防护。

13.2 受弯构件正截面加固计算

13.2.1 本条前 4 款的规定，是根据国内外目前试验研究成果制定的；第 5 款主要是出于简化计算目的而采用的近似方法。

13.2.2 如同本规范第 9.2.2 条及第 10.2.2 条一样，是为了控制"最大加固量"，防止出现"超筋"而采取的保证安全的措施，应在加固设计中得到执行。

13.2.3 表 13.2.3 的出处可参阅本规范第 9.2.10 条及第 10.2.9 条的说明。

13.2.6 参阅本规范第 9.2.11 条的说明。

13.3 受弯构件斜截面加固计算

13.3.1 本条给出了钢丝绳网受剪构造的梁式构件三面展开图供设计使用，但只是作为一个示例，并不要求设计生搬硬套。

13.3.2、13.3.3 参阅本规范第 9.3.2 条及第 9.3.3 条的说明。

13.4 构造规定

13.4.1 本条的 1、2 两款是参照国家标准 GB 8918 - 2006、GB/T 9944 - 2002 以及行业标准 YB/T 5196 - 2005 和 YB/T 5197 - 2005 制定的。其余各款是参照国内高等院校及有关公司和科研单位的试用经验制定的。

13.4.2~13.4.5 这四条也是对国内工程经验的总结,可供设计单位参照使用。

13.4.6 对粘结在混凝土表面的聚合物改性砂浆面层,其面上之所以还要喷抹一层防护材料(一般为配套使用的乳浆),是因为整个面层只有30mm厚;其防渗性能还需要加强,其所掺加的聚合物也需要防止日光照射。倘若使用的是镀锌钢丝绳,该防护材料还应具有阻锈的作用。

14 绕丝加固法

14.1 设 计 规 定

14.1.1 绕丝加固法的优点,主要是能够显著地提高钢筋混凝土构件的斜截面承载力,另外由于绕丝引起的约束混凝土作用,还能提高轴心受压构件的正截面承载力。不过从实用的角度来说,绕丝的效果虽然可靠(特别是机械绕丝),但对受压构件使用阶段的承载力提高的增量不大,因此,在工程上仅用于提高钢筋混凝土柱位移延性的加固。由于这项用途已得到有关院校的试验验证,因而据以对其适用范围作出规定。

14.1.2 绕丝法因限于构造条件,其约束作用不如螺旋式间接钢筋。在高强混凝土中,其约束作用更是显著下降,因而作了"不得高于C50"的规定。

14.1.3 本条系参照螺旋筋和碳纤维围束的构造规定提出的,其限值与ACI、FIB和我国台湾地区等的指南相近。

14.1.4 本规范仅确认当绕丝面层为细石混凝土时,可以采用本假定。而对有些工程已开始使用的水泥砂浆面层,因缺乏试验验证,尚嫌依据不足,故未将水泥砂浆面层的做法纳入本规范。

14.2 柱的抗震加固计算

14.2.1 本条计算公式中矩形截面有效约束系数 $\varphi_{v,s}$ 的取值,是根据我国试验结果,采用分析与工程经验相结合的方法确定的,但由于迄今研究尚不充分,未区分轴压比和卸载情况,也未考虑混凝土外加层的有利作用,只是偏于安全地取最低值。

14.3 构 造 规 定

14.3.1、14.3.2 由于圆形箍筋对核心区混凝土的约束性能要高于方形箍筋,因此对方形截面的受压构件,要求在截面四周中部设置四根 $\phi 25$ 钢筋,并凿去四角混凝土保护层作圆化处理,使得施工时容易拉紧钢丝,也使绕丝对核心混凝土的约束作用增大。

14.3.3 由于喷射混凝土与原混凝土之间具有良好的粘着力,故建议优先采用喷射混凝土,以增加绕丝构件的安全储备。

14.3.4 绕丝最大间距的规定,是根据我国对退火钢丝的试验研究结果作出的。

14.3.5 工程实践经验表明,采用钢楔可以进一步绷紧钢丝,但应注意检查的是:其他部位是否会因局部楔紧而变松。

15 植 筋 技 术

15.1 设 计 规 定

15.1.1 植筋技术之所以仅适用于钢筋混凝土结构,而不适用素混凝土结构和过低配筋率的情况,是因为这项技术主要用于连接原结构构件与新增构件,只有当原构件混凝土具有正常的配筋率和足够的箍筋时,这种连接才是有效而可靠的。与此同时,为了确保这种连接承载的安全性,还必须按充分利用钢筋强度和延性的破坏模式进行计算。但这对素混凝土构件来说,并非任何情况下都能做到。因为在素混凝土中要保证植筋的强度得到充分发挥,必须有很大的间距和边距,而这在建筑结构构造上往往难以满足。此时,只能改用按混凝土基材承载力设计的锚栓连接。

15.1.2 原构件的混凝土强度等级直接影响植筋与混凝土的粘结性能,特别是悬挑结构、构件更为敏感。为此,必须规定对原构件混凝土强度等级的最低要求。

15.1.3 承重构件植筋部位的混凝土应坚实、无局部缺陷,且配有适量钢筋和箍筋,才能使植筋正常受力。因此,不允许有局部缺陷存在于锚固部位;即使处于锚固部位以外,也应先加固后植筋,以保证安全和质量。

15.1.4 国内外试验表明,带肋钢筋相对肋面积 A_r 的不同,对植筋的承载力有一定影响。其影响范围大致在 $0.9 \sim 1.16$ 之间。当 $0.05 \leqslant A_r < 0.08$ 时,对植筋承载力起提高作用;当 $A_r > 0.08$ 时起降低作用。因此,我国国家标准要求相对肋面积应在 $0.055 \sim 0.065$ 之间。然而国外有些标准对 A_r 的要求较宽,允许 $0.05 \leqslant A_r \leqslant 0.1$ 的带肋钢筋均为合格品。在这种情况下,若接受 $A_r > 0.08$ 的产品,显然对植筋的安全质量有影响,故规定当采用进口的带肋钢筋时,应检查此项,并且至少应要求其 A_r 值不应大于 0.08。

15.1.5 这是根据全国建筑物鉴定与加固标准技术委员会抽样检测20余种中、高档锚固型结构胶粘剂的试验结果,参照国外有关技术资料制定的,并且在实际工程的试用中得到验证。因此,必须严格执行,以确保植筋技术在承重结构中应用的安全。另外,应指出的是:氨基甲酸酯胶粘剂也属于乙烯基酯类胶粘剂的一种。

15.1.6 本条规定了采用植筋连接的结构,其长期使用的环境温度不应高于60℃。但应说明的是,这是按常温条件下,使用普通型结构胶粘剂的性能确定的。当采用耐高温胶粘剂粘结时，可不受此规定限制，但基材混凝土应受现行国家标准《混凝土结构设计规范》GB 50010 对结构表面温度规定的约束。

15.2 锚固计算

15.2.1～15.2.3 本规范对植筋受拉承载力的确定，虽然是以充分利用钢材强度和延性为条件的，但在计算其基本锚固深度时，却是按钢材屈服和粘结破坏同时发生的临界状态进行确定的。因此，在计算地震区植筋承载力时，对其锚固深度设计值的确定，尚应乘以保证其位移延性达到设计要求的修正系数。试验表明，该修正系数只要符合本条的规定，其所植钢筋不仅都能屈服，而且后继强化段明显，能够满足抗震对延性的要求。

另外，应说明的是在植筋承载力计算中还引入了防止混凝土劈裂的计算系数。这是参照 ACI 38-02 的规定制定的；但考虑到按 ACI 公式计算较为复杂，况且也有必要按我国的工程经验进行调整，故而采取了按查表的方法确定。

15.2.4 锚固用胶粘剂粘结强度设计值，不仅取决于胶粘剂的基本力学性能，而且还取决于混凝土强度等级以及结构的构造条件。表 15.2.4 规定的粘结抗剪强度设计值是参照 ICBO 对胶粘剂粘结强度规定的安全系数以及 EOTA 给出的取值曲线，按我国试验数据和工程经验确定的。从表面上看，本规范的取值似乎偏高，其实并非如此。因为本规范引入了对植筋构件不同受力条件的考虑，并按其风险的大小，对基本取值进行了调整。这样得到的最后结果，对非悬挑的梁类构件而言，与欧美取值相近；对悬挑结构构件而言，取值要比欧洲低，但却是必要的；因为这类构件的植筋受力条件最为不利，必须要有较高的安全储备才能保证植筋连接的可靠性；所以根据修订组的试验数据和专家论证的意见作了调整。

另外，应指出的是快固型结构胶在 C30 以上（不包括 C30）的混凝土基材中使用时，其粘结抗剪强度之所以需作降低的调整，是因为在较高强度等级的混凝土基材中植筋，胶的粘结性能才能显现出来，并起到控制的作用，而快固型结构胶主要成分的固有性能决定了它的粘结强度要比慢固型结构胶低。因此，有必要加以调整，以确保安全。

本条为强制性条文，必须严格执行。

15.2.5 本条规定的各种因素对植筋受拉性能影响的修正系数，是参照欧洲有关指南和我国的试验研究结果制定的。

15.2.6 当前植筋市场竞争十分激烈，不少厂商为了夺标，无视工程安全，采取以下手法来影响设计单位和业主的决策。

一是故意混淆单根植筋与多根植筋（成组植筋）在受力性能上的本质差别，以单根植筋试验分析结果

确定的计算参数引用于多根群植的植筋设计计算，任意在梁、柱等承重构件的接长工程中推荐使用 $10d$～$12d$ 的植筋锚固长度，甚至还纳入其所编制的"技术手册"到处散发，致使很多经验不足的设计人员和外行的业主受到误导。这对承重结构而言，是极其危险的。因为多根群植的植筋，其试验结果表明，若锚固深度仅有 $10d$，在构件破坏时，群植的钢筋不可能屈服，完全是由于混凝土劈裂而引起的脆性破坏。由此可知这类误导所造成危害的严重性。

二是鼓励业主采用单筋拉拔试验作为选胶的依据，并按单筋拉断的埋深作为多根群植的植筋锚固长度进行接长设计。这种做法不仅贻害工程，而且所选中的都是劣质植筋胶。因为在现场拉拔的大比拼中，最容易入选的植筋胶，多是以乙二胺为主成分的 T31 固化剂配制的。其特点是早期强度高，但性脆、有毒，且不耐老化，缺乏结构胶所要求的韧性和耐久性，在使用过程中容易脱胶。

15.3 构造规定

15.3.1 本条规定的最小锚固深度，是从构造要求出发，参照国外有关的指南和技术手册确定的，而且已在我国试用过几年，其所反馈的信息表明，在一般情况下还是合理可行的；只是对悬挑结构构件尚嫌不足。为此，根据一些专家的建议，作出了应乘以 1.5 修正系数的补充规定。

15.3.2、15.3.3 与国家标准《混凝土结构设计规范》GB 50010 - 2010 的规定相对应，可参考该规范的条文说明。

15.3.5 植筋钻孔直径的大小与其受拉承载力有一定关系，因此，本条规定的钻孔直径是经过承载力试验对比后确定的，应认真遵守，不得以植筋公司的说法为凭。

16 锚栓技术

16.1 设计规定

16.1.1 对本条的规定需要说明两点：

1 轻质混凝土结构的锚栓锚固，应采用适应其材性的专用锚栓。目前市场上有不同品牌和功能的国内外产品可供选择，但不属本规范管辖范围。

2 严重风化的混凝土结构不能作为锚栓锚固的基材，其道理是显而易见的，但若必需使用锚栓，应先对被锚固的构件进行混凝土置换，然后再植入锚栓，才能起到承载作用。

16.1.2 对基材混凝土的最低强度等级作出规定，主要是为了保证承载的安全。本规范的规定值之所以按重要构件和一般构件分别给出，除了考虑安全因素和失效后果的严重性外，还注意到迄今为止所总结的工程经验，其实际混凝土强度等级多在 C30～C50 之

间，而我国使用新型锚栓的时间又不长，因此，对重要构件要求严一些较为稳妥。至于 C20 级作为一般构件的最低强度等级要求，与其他各国的规定是一致的，不会有什么问题。

16.1.3 根据全国建筑物鉴定与加固标准技术委员会近 10 年来对各种锚栓所进行的安全性检测及其使用效果的观测结果，本规范修订组从中筛选了三种适合于承重结构使用的机械锚栓，即自扩底锚栓、模扩底锚栓和胶粘型模扩底锚栓纳入规范，之所以选择这三种锚栓，主要是因为它们嵌入基材混凝土后，能起到机械锁键作用，并产生类似预埋的效应，而这对承载的安全至关重要。至于胶粘型模扩底锚栓，由于增加了结构胶的粘结，还可以在增加安全储备的同时，起到防腐蚀的作用，宜在有这方面要求的场合应用。

对于化学锚栓，由于目前市场上品牌多，存在着鱼龙混杂的现象，兼之不少单位在设计概念和计算方法上还很混乱，因而不能任其在承重结构中滥用。为此，本规范此次修订做了两项工作：一是不再采用"化学锚栓"这个不科学的名称，而改名为"胶粘型锚栓"；二是在经过筛选后，仅纳入能适应开裂混凝土性能的"特殊倒锥形胶粘型锚栓"。其所以这样做，是因为目前能用于承重结构的胶粘型锚栓，均是经过特殊设计和验证性试验后才投入批量生产的，而且尽管有不同品牌，但其承载原理都是相同的，即：通过材料粘合和具有挤紧作用的嵌合来取得安全承载的效果，以达到提高锚固安全性之目的。

16.1.4 普通膨胀锚栓在承重结构中应用不断出现危及安全的问题已是多年来有目共睹的事实。正因此，不少省、市、自治区的建委或建设厅先后作出了禁用的规定，所以本规范也作出了相应的强制性规定。

16.1.5 对于在地震区采用锚栓的限制性规定，是参照国外有关规程、指南、手册对锚栓适用范围的划分，经咨询专家和设计人员的意见后作出了较为稳健的规定。例如：有些指南和手册规定这三种机械锚栓可用于 6 度～8 度区；而本规范则规定：对 8 度区仅允许用于Ⅰ、Ⅱ类场地，原因是这两种锚栓在我国应用时间尚不长，缺乏震害资料，还是以稳健为妥。

16.1.7 对锚栓连接的计算之所以不考虑国外所谓的非开裂混凝土对锚栓承载力提高的作用，主要是因为它只有理论意义，无甚工程应用的实际价值；若判别不当还很容易影响结构的安全。

16.2　锚栓钢材承载力验算

16.2.1～16.2.4 这三条规定基本上是参照欧洲标准制定的，但根据我国钢材性能和质量情况对设计指标稍作偏于安全的调整。此外，还在条文内容的表达方式上作了适当改变：一是与现行设计规范相协调，给出锚栓钢材强度的设计值；二是直接以锚栓抗剪强度设计值 $f_{ud,v}$ 取代原公式中的 $0.5f_{ud,t}$，使该表达式

(16.2.4-1) 在计算结果相同的情况下概念较为清晰。这次修订，又参照美国 ACI 318 附录 D 的规定，对 $\psi_{E,v}$ 的取值作了偏于安全的调整。

同时这次修订，也对锚栓受剪承载力的地震影响系数作了偏于安全的调整，其依据也是参照了美国 ACI 318 的相应规定。

16.3　基材混凝土承载力验算

16.3.1、16.3.2 本规范对基材混凝土的承载力验算，在破坏模式的考虑上与欧洲标准及 ACI 标准完全一致。但在其受拉承载力的计算上，根据我国试验资料和工程使用经验作了偏于安全的调整。计算表明，可以更好地反映当前我国锚栓连接的受力性能和质量情况。

16.3.3 这次修订规范，参照国外相关标准和 6 年多来国内实施原规范反馈的信息，对参数 $\psi_{s,N}$ 和 $\psi_{n,N}$ 重新作了调整，并合并为一个参数 $\psi_{s,h}$，调整后的效果是使混凝土基材的受拉承载力稍有提高。试设计表明，修订后的混凝土基材的承载力居于原规范与欧美标准之间，较为符合我国施工质量状况，且稳健、可行。

16.3.4 与欧洲标准相同，均采用图例方式给出各几何参数的确定方法，供锚栓连接的设计计算使用。

16.3.5～16.3.10 关于基材混凝土受剪承载力的计算方法以及计算所需几何参数的确定方法，均参照 ETAG 标准进行制定。

16.4　构　造　规　定

16.4.1、16.4.2 对混凝土最小厚度 h_{min} 的规定，考虑到本规范的锚栓设计仅适用于承重结构，且要求锚栓直径不得小于 12mm，故将 h_{min} 的取值调整为 h_{min} 不应小于 60mm。

16.4.3 本规范推荐的锚栓品种仅有 4 种，且均属国内外验证性试验确认为有预埋效应的锚栓；其有效锚固深度的基本值又是以 6 度区～8 度区为界限确定的。因此，在进一步限制其设防烈度最高为 8 度区Ⅰ、Ⅱ、Ⅲ类场地的情况下，本条规定的 h_{ef} 最小值是能够满足抗震构造要求的。

16.4.4 锚栓的边距和间距，系参照 ETAG 标准制定的，但不分锚栓品种，统一取 $s_{min}=1.0h_{ef}$，有助于保证胶粘型锚栓的安全。

16.4.5 本条对锚栓的防腐蚀要求仅作出原则性规定。具体设计时，尚应符合现行国家标准《工业建筑防腐蚀设计规范》GB 50046 的规定。

17　裂缝修补技术

17.1　设　计　规　定

17.1.1 迄今为止，研究和开发裂缝修补技术所取得

的成果表明，对因承载力不足而产生裂缝的结构、构件而言，开裂只是其承载力下降的一种表面征兆和构造性的反应，而非导致承载力下降的实质性原因，故不可能通过单纯的裂缝修补来恢复其承载功能。基于这一认识，可以将修补裂缝的作用概括为以下5类：

1 抵御诱发钢筋锈蚀的介质侵入，延长结构实际使用年数；

2 通过补强保持结构、构件的完整性；

3 恢复结构的使用功能，提高其防水、防渗能力；

4 消除裂缝对人们形成的心理压力；

5 改善结构外观。

由此可以界定这种技术的适用范围及其可以收到的实效。

17.1.2 混凝土结构的裂缝依其形成可分为以下三类：

1 静止裂缝：形态、尺寸和数量均已稳定不再发展的裂缝。修补时，仅需依裂缝粗细选择修补材料和方法。

2 活动裂缝：宽度在现有环境和工作条件下始终不能保持稳定，易随着结构构件的受力、变形或环境温、湿度的变化而时张时闭的裂缝。修补时，应先消除其成因，并观察一段时间，确认已稳定后，再依静止裂缝的处理方法修补；若不能完全消除其成因，但确认对结构、构件的安全性不构成危害时，可使用具有弹性和柔韧性的材料进行修补。

3 尚在发展的裂缝：长度、宽度或数量尚在发展，但经历一段时间后将会终止的裂缝。对此类裂缝应待其停止发展后，再进行修补或加固。

裂缝修补方法应符合下列规定：

1 表面封闭法：利用混凝土表层微细独立裂缝（裂缝宽度 $w \leq 0.2mm$）或网状裂纹的毛细作用吸收低黏度且具有良好渗透性的修补胶液，封闭裂缝通道。对楼板和其他需要防渗的部位，尚应在混凝土表面粘贴纤维复合材料以增强封护作用。

2 注射法：以一定的压力将低黏度、高强度的裂缝修补胶液注入裂缝腔内；此方法适用于 $0.1mm \leq w \leq 1.5mm$ 静止的独立裂缝、贯穿性裂缝以及蜂窝状局部缺陷的补强和封闭。注射前，应按产品说明书的规定，对裂缝周边进行密封。

3 压力注浆法：在一定时间内，以较高压力（按产品使用说明书确定）将修补裂缝用的注浆料压入裂缝腔内；此法适用于处理大型结构贯穿性裂缝、大体积混凝土的蜂窝状严重缺陷以及深而蜿蜒的裂缝。

4 填充密封法：在构件表面沿裂缝走向骑缝凿出槽深和槽宽分别不小于 20mm 和 15mm 的 U 形沟槽；当裂缝较细时，也可凿成 V 形沟槽。然后用改性环氧树脂或弹性填缝材料充填，并粘贴纤维复合材

以封闭其表面；此法适用于处理 $w > 0.5mm$ 的活动裂缝和静止裂缝。填充完毕后，其表面应做防护层（图3）。

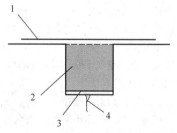

图 3 裂缝处开 U 形沟
槽充填修补材料
1—封护材料；2—填充材料；
3—隔离层；4—裂缝

注：当为活动裂缝时，槽宽应按不小于 15mm+5t 确定（t 为裂缝最大宽度）。

裂缝的修补必须以结构可靠性鉴定结论为依据。因为它通过现场调查、检测和分析，对裂缝起因、属性和类别作出判断，并根据裂缝的发展程度、所处的位置与环境，对受检裂缝可能造成的危害作出鉴定。据此，才能有针对地选择适用的修补方法进行防治。

17.2 裂缝修补要求

17.2.1～17.2.3 对混凝土有补强要求的裂缝，其修补效果的检验以取芯法为最有效。若能在钻芯前辅以超声探测混凝土内部情况，则取芯成功率将会大大提高。芯样的检验以采用劈裂抗拉强度试验方法为宜，因为该法能查出裂缝修补液的粘结强度是否合格。

附录 A 既有建筑物结构荷载标准值的确定方法

现行国家标准《建筑结构荷载规范》GB 50009 是以新建工程为对象制定的；当用于已有建筑物结构加固设计时，还需要根据已有建筑物的特点作些补充规定。例如：现行国家标准《建筑结构荷载规范》GB 50009 尚未规定的有些材料自重标准值的确定；加固设计使用年限调整后，楼面活荷载、风、雪荷载标准值的确定等。为此，编制组与"建筑结构荷载规范管理组"商讨后制定了本附录，作为对 GB 50009 的补充，供既有建筑物结构加固设计使用。

附录 B 既有结构混凝土回弹值龄期修正的规定

建筑结构加固设计中遇到的原构件混凝土，其龄

期绝大多数已远远超过 1000d，这也就意味着必须采用取芯法对回弹值进行修正。但这在实际工程中是很难做到的，例如当原构件截面过小，原构件混凝土有缺陷，原构件内部钢筋过密，取芯操作的风险过大时，都无法按照行业标准 JGJ/T 23-2011 的规定对原构件混凝土的回弹值进行龄期修正。

为了解决这个问题，编制组参照日本有关可靠性检验手册的龄期修正方法，并根据甘肃、重庆、四川、辽宁、上海等地积累的数据与分析资料进行了验证与调整。在此基础上，经组织国内著名专家论证后制定了本规定。这里需要指出：

1 本规定仅允许用于结构加固设计；不得用于安全性鉴定的仲裁性检验；

2 本规定是为了解决当前结构加固设计的急需而制定的，属暂行规定的性质。一旦有了专门的检验方法标准发布实施，本规范管理组将立即上报主管部门终止本附录的使用。

龄期修正系数 α_n 应用示例如下：

现场测得某测区平均回弹值 $R_m = 50.8$；其平均碳化深度 d_m 大于 6mm；由行业标准《回弹法检测混凝土抗压强度技术规程》JGJ/T 23-2011 附录 A 查得：测区混凝土换算值 $f_{cu,i}^c (1000d) = 40.3MPa$。若被测混凝土的龄期已达 15000d，则由本规定表 B.0.3 可查得龄期修正系数 $\alpha_n = 0.89$；$f_{cu,i}^c (15000d) = 40.3 \times 0.89 = 35.8MPa$。

附录 C 锚固用快固胶粘结拉伸抗剪强度测定法之一钢套筒法

本方法为测定锚固型快固胶粘结拉伸抗剪强度的专用测定方法之一，而且应与 GB/T 7124 配套执行，其检验结果亦为有效。因此，这是为了解决这类粘结材料粘结能力评定有困难才制定的。

本方法最早由建设部建筑物鉴定与加固规范管理委员会于 1999 年提出，曾先后在植筋和锚栓胶粘剂的安全性统一检测过程中进行了近 5 年的试用。其试用情况表明，能较好地反映这类胶粘剂在特定条件下的粘结性能。特别是在 20 余种国产和进口胶粘剂的统一检测中，积累了大量数据，因而能用以确定本方法检验结果的合格指标。这也就使得本规范在制定快固胶性能指标时，有了可靠的基础。故决定纳入本规范供结构加固的选材使用。

附录 D 锚固型快固结构胶抗震性能检验方法

根据国外有关标准和指南的新规定，对锚固型快固结构胶的应用，均提出"应通过地震区适用的认证"的要求。与此同时，从我国"5·12"震害的调查中，也深感有加强锚固型快固结构胶抗震性能检验的必要。为此，由同济大学等单位通过各种比对试验与分析，确认采用本附录的测试方法最为简便，但仍然需要较长时间和较高费用。因此，仅推荐在新产品进入市场时使用，对于常规的检验，仅要求审查此项鉴定报告的有效性和可靠性。

附录 E 既有混凝土结构钢筋阻锈方法

对本附录需说明以下 4 点：

1 本规范采用的钢筋阻锈技术，是针对既有混凝土结构的特点进行选择的，因而仅纳入适合这类结构使用的喷涂型阻锈剂；但应指出的是，对新建工程中密实性很差的混凝土构件而言，也可作为补救性的有效防锈措施，以提高有缺陷混凝土构件的耐久性。

2 本附录是在国内外使用喷涂型阻锈剂工程经验总结的基础上制定的，因而应务必予以重视，否则很可能达不到应有的处理效果。

3 亲水性的钢筋阻锈剂虽然能很好地吸附在混凝土内部钢筋表面，对钢筋进行保护，但却不能有效滤除混凝土基材内的氯离子、氧气及其他有害物质。随着时间的推移，这些有害成分会不断累积，从而使混凝土中钢筋受到新的锈蚀威胁。因此，在露天工程或有腐蚀性介质的环境中，使用亲水性阻锈剂时，需要采用附加的表面涂层，以起到滤除氯离子及其他有害杂质的作用。

4 本附录规定的检测方法及其评定标准，是参照国外著名机构的有关试验方法与评估指南制定的，较为可信；尤其是对锈蚀电流降低率的检测，能够有效地衡量阻锈剂的使用效果；其唯一的缺点是测试的时间较晚，从喷涂时间算起，需等待 150d 才能进行检测，但其评估结论却是最准确的，因而仍然受到设计和业主单位的青睐。

附录 F 锚栓连接受力分析方法

对混凝土结构加固设计而言，内力分析和承载力验算是不可或缺且相互影响的两大部分。从欧美规范的构成可以看出，结构分析的内容占有相当篇幅，甚至独立成章。过去我国规范中以截面计算为主，很少涉及这方面内容。然而自从《混凝土结构设计规范》GB 50010 修订以后，已在该规范中增补了"结构分析"一章，由此可见其重要性已被国人所认识。为此，也将这方面内容纳入本规范的附录，以供后锚固连接设计使用。

中华人民共和国国家标准

建筑工程施工质量验收统一标准

Unified standard for constructional quality
acceptance of building engineering

GB 50300—2013

主编部门：中华人民共和国住房和城乡建设部
批准部门：中华人民共和国住房和城乡建设部
施行日期：２０１４ 年 ６ 月 １ 日

中华人民共和国住房和城乡建设部
公　告

第 193 号

住房城乡建设部关于发布国家标准
《建筑工程施工质量验收统一标准》的公告

现批准《建筑工程施工质量验收统一标准》为国家标准，编号为 GB 50300—2013，自 2014 年 6 月 1 日起实施。其中，第 5.0.8、6.0.6 条为强制性条文，必须严格执行。原《建筑工程施工质量验收统一标准》GB 50300—2001 同时废止。

本标准由我部标准定额研究所组织中国建筑工业出版社出版发行。

中华人民共和国住房和城乡建设部
2013 年 11 月 1 日

前　　言

本标准是根据原建设部《关于印发〈2007 年工程建设标准制订、修订计划（第一批）〉的通知》（建标〔2007〕125 号）的要求，由中国建筑科学研究院会同有关单位在原《建筑工程施工质量验收统一标准》GB 50300—2001 的基础上修订而成。

本标准在修订过程中，编制组经广泛调查研究，认真总结实践经验，根据建筑工程领域的发展需要，对原标准进行了补充和完善，并在广泛征求意见的基础上，最后经审查定稿。

本标准共分 6 章和 8 个附录，主要技术内容包括：总则，术语，基本规定，建筑工程质量验收的划分、建筑工程质量验收、建筑工程质量验收的程序和组织等。

本标准修订的主要内容是：

1　增加符合条件时，可适当调整抽样复验、试验数量的规定；

2　增加制定专项验收要求的规定；

3　增加检验批最小抽样数量的规定；

4　增加建筑节能分部工程，增加铝合金结构、地源热泵系统等子分部工程；

5　修改主体结构、建筑装饰装修等分部工程中的分项工程划分；

6　增加计数抽样方案的正常检验一次、二次抽样判定方法；

7　增加工程竣工预验收的规定；

8　增加勘察单位应参加单位工程验收的规定；

9　增加工程质量控制资料缺失时，应进行相应的实体检验或抽样试验的规定；

10　增加检验批验收应具有现场验收检查原始记录的要求。

本标准中以黑体字标志的条文为强制性条文，必须严格执行。

本标准由住房和城乡建设部负责管理和对强制性条文的解释，由中国建筑科学研究院负责具体技术内容的解释。在执行过程中，请各单位注意总结经验，积累资料，并及时将意见和建议反馈给中国建筑科学研究院（地址：北京市朝阳区北三环东路 30 号，邮政编码：100013，电子邮箱：GB 50300@163.com），以便今后修订时参考。

本标准主编单位：中国建筑科学研究院

本标准参编单位：北京市建设工程安全质量监督总站
中国新兴（集团）总公司
北京市建设监理协会
北京城建集团有限责任公司
深圳市建设工程质量监督检验总站
深圳市科源建设集团有限公司
浙江宝业建设集团有限公司
国家建筑工程质量监督检验中心
同济大学建筑设计研究院（集团）有限公司
重庆市建筑科学研究院
金融街控股股份有限公司

本标准主要起草人：邸小坛　陶　里（以下按姓氏笔画排列）
吕　洪　李丛笑　李伟兴
宋　波　汪道金　张元勃
张晋勋　林文修　罗　璇
袁欣平　高新京　葛兴杰

本标准主要审查人：杨嗣信　张昌叙　王　鑫
李明安　张树君　宋义仲
顾海欢　贺贤娟　霍瑞琴
张耀良　孙述璞　肖家远
傅慈英　路　戈　王庆辉
付建华

目 次

Contents

1 总 则

1.0.1 为了加强建筑工程质量管理，统一建筑工程施工质量的验收，保证工程质量，制定本标准。

1.0.2 本标准适用于建筑工程施工质量的验收，并作为建筑工程各专业验收规范编制的统一准则。

1.0.3 建筑工程施工质量验收，除应符合本标准外，尚应符合国家现行有关标准的规定。

2 术 语

2.0.1 建筑工程 building engineering

通过对各类房屋建筑及其附属设施的建造和与其配套线路、管道、设备等的安装所形成的工程实体。

2.0.2 检验 inspection

对被检验项目的特征、性能进行量测、检查、试验等，并将结果与标准规定的要求进行比较，以确定项目每项性能是否合格的活动。

2.0.3 进场检验 site inspection

对进入施工现场的建筑材料、构配件、设备及器具，按相关标准的要求进行检验，并对其质量、规格及型号等是否符合要求作出确认的活动。

2.0.4 见证检验 evidential testing

施工单位在工程监理单位或建设单位的见证下，按照有关规定从施工现场随机抽取试样，送至具备相应资质的检测机构进行检验的活动。

2.0.5 复验 repeat test

建筑材料、设备等进入施工现场后，在外观质量检查和质量证明文件核查符合要求的基础上，按照有关规定从施工现场抽取试样送至试验室进行检验的活动。

2.0.6 检验批 inspection lot

按相同的生产条件或按规定的方式汇总起来供抽样检验用的，由一定数量样本组成的检验体。

2.0.7 验收 acceptance

建筑工程质量在施工单位自行检查合格的基础上，由工程质量验收责任方组织，工程建设相关单位参加，对检验批、分项、分部、单位工程及其隐蔽工程的质量进行抽样检验，对技术文件进行审核，并根据设计文件和相关标准以书面形式对工程质量是否达到合格作出确认。

2.0.8 主控项目 dominant item

建筑工程中对安全、节能、环境保护和主要使用功能起决定性作用的检验项目。

2.0.9 一般项目 general item

除主控项目以外的检验项目。

2.0.10 抽样方案 sampling scheme

根据检验项目的特性所确定的抽样数量和方法。

2.0.11 计数检验 inspection by attributes

通过确定抽样样本中不合格的个体数量，对样本总体质量做出判定的检验方法。

2.0.12 计量检验 inspection by variables

以抽样样本的检测数据计算总体均值、特征值或推定值，并以此判断或评估总体质量的检验方法。

2.0.13 错判概率 probability of commission

合格批被判为不合格批的概率，即合格批被拒收的概率，用 α 表示。

2.0.14 漏判概率 probability of omission

不合格批被判为合格批的概率，即不合格批被误收的概率，用 β 表示。

2.0.15 观感质量 quality of appearance

通过观察和必要的测试所反映的工程外在质量和功能状态。

2.0.16 返修 repair

对施工质量不符合标准规定的部位采取的整修等措施。

2.0.17 返工 rework

对施工质量不符合标准规定的部位采取的更换、重新制作、重新施工等措施。

3 基 本 规 定

3.0.1 施工现场应具有健全的质量管理体系、相应的施工技术标准、施工质量检验制度和综合施工质量水平评定考核制度。施工现场质量管理可按本标准附录 A 的要求进行检查记录。

3.0.2 未实行监理的建筑工程，建设单位相关人员应履行本标准涉及的监理职责。

3.0.3 建筑工程的施工质量控制应符合下列规定：

1 建筑工程采用的主要材料、半成品、成品、建筑构配件、器具和设备应进行进场检验。凡涉及安全、节能、环境保护和主要使用功能的重要材料、产品，应按各专业工程施工规范、验收规范和设计文件等规定进行复验，并应经监理工程师检查认可；

2 各施工工序应按施工技术标准进行质量控制，每道施工工序完成后，经施工单位自检符合规定后，才能进行下道工序施工。各专业工种之间的相关工序应进行交接检验，并应记录；

3 对于监理单位提出检查要求的重要工序，应经监理工程师检查认可，才能进行下道工序施工。

3.0.4 符合下列条件之一时，可按相关专业验收规范的规定适当调整抽样复验、试验数量，调整后的抽样复验、试验方案应由施工单位编制，并报监理单位审核确认。

1 同一项目中由相同施工单位施工的多个单位工程，使用同一生产厂家的同品种、同规格、同批次的材料、构配件、设备；

2 同一施工单位在现场加工的成品、半成品、构配件用于同一项目中的多个单位工程；

3 在同一项目中，针对同一抽样对象已有检验成果可以重复利用。

3.0.5 当专业验收规范对工程中的验收项目未作出相应规定时，应由建设单位组织监理、设计、施工等相关单位制定专项验收要求。涉及安全、节能、环境保护等项目的专项验收要求应由建设单位组织专家论证。

3.0.6 建筑工程施工质量应按下列要求进行验收：

1 工程质量验收均应在施工单位自检合格的基础上进行；

2 参加工程施工质量验收的各方人员应具备相应的资格；

3 检验批的质量应按主控项目和一般项目验收；

4 对涉及结构安全、节能、环境保护和主要使用功能的试块、试件及材料，应在进场时或施工中按规定进行见证检验；

5 隐蔽工程在隐蔽前应由施工单位通知监理单位进行验收，并应形成验收文件，验收合格后方可继续施工；

6 对涉及结构安全、节能、环境保护和使用功能的重要分部工程，应在验收前按规定进行抽样检验；

7 工程的观感质量应由验收人员现场检查，并应共同确认。

3.0.7 建筑工程施工质量验收合格应符合下列规定：

1 符合工程勘察、设计文件的要求；

2 符合本标准和相关专业验收规范的规定。

3.0.8 检验批的质量检验，可根据检验项目的特点在下列抽样方案中选取：

1 计量、计数或计量-计数的抽样方案；

2 一次、二次或多次抽样方案；

3 对重要的检验项目，当有简易快速的检验方法时，选用全数检验方案；

4 根据生产连续性和生产控制稳定性情况，采用调整型抽样方案；

5 经实践证明有效的抽样方案。

3.0.9 检验批抽样样本应随机抽取，满足分布均匀、具有代表性的要求，抽样数量应符合有关专业验收规范的规定。当采用计数抽样时，最小抽样数量应符合表3.0.9的要求。

表 3.0.9　检验批最小抽样数量

检验批的容量	最小抽样数量	检验批的容量	最小抽样数量
2～15	2	151～280	13
16～25	3	281～500	20
26～90	5	501～1200	32
91～150	8	1201～3200	50

明显不合格的个体可不纳入检验批，但应进行处理，使其满足有关专业验收规范的规定，对处理的情况应予以记录并重新验收。

3.0.10 计量抽样的错判概率α和漏判概率β可按下列规定采取：

1 主控项目：对应于合格质量水平的α和β均不宜超过5%；

2 一般项目：对应于合格质量水平的α不宜超过5%，β不宜超过10%。

4 建筑工程质量验收的划分

4.0.1 建筑工程施工质量验收应划分为单位工程、分部工程、分项工程和检验批。

4.0.2 单位工程应按下列原则划分：

1 具备独立施工条件并能形成独立使用功能的建筑物或构筑物为一个单位工程；

2 对于规模较大的单位工程，可将其能形成独立使用功能的部分划分为一个子单位工程。

4.0.3 分部工程应按下列原则划分：

1 可按专业性质、工程部位确定；

2 当分部工程较大或较复杂时，可按材料种类、施工特点、施工程序、专业系统及类别将分部工程划分为若干子分部工程。

4.0.4 分项工程可按主要工种、材料、施工工艺、设备类别进行划分。

4.0.5 检验批可根据施工、质量控制和专业验收的需要，按工程量、楼层、施工段、变形缝进行划分。

4.0.6 建筑工程的分部工程、分项工程划分宜按本标准附录B采用。

4.0.7 施工前，应由施工单位制定分项工程和检验批的划分方案，并由监理单位审核。对于附录B及相关专业验收规范未涵盖的分项工程和检验批，可由建设单位组织监理、施工等单位协商确定。

4.0.8 室外工程可根据专业类别和工程规模按本标准附录C的规定划分子单位工程、分部工程和分项工程。

5 建筑工程质量验收

5.0.1 检验批质量验收合格应符合下列规定：

1 主控项目的质量经抽样检验均应合格；

2 一般项目的质量经抽样检验合格。当采用计数抽样时，合格点率应符合有关专业验收规范的规定，且不得存在严重缺陷。对于计数抽样的一般项目，正常检验一次、二次抽样可按本标准附录D判定；

3 具有完整的施工操作依据、质量验收记录。

5.0.2 分项工程质量验收合格应符合下列规定：

1 所含检验批的质量均应验收合格;

2 所含检验批的质量验收记录应完整。

5.0.3 分部工程质量验收合格应符合下列规定:

1 所含分项工程的质量均应验收合格;

2 质量控制资料应完整;

3 有关安全、节能、环境保护和主要使用功能的抽样检验结果应符合相应规定;

4 观感质量应符合要求。

5.0.4 单位工程质量验收合格应符合下列规定:

1 所含分部工程的质量均应验收合格;

2 质量控制资料应完整;

3 所含分部工程中有关安全、节能、环境保护和主要使用功能的检验资料应完整;

4 主要使用功能的抽查结果应符合相关专业验收规范的规定;

5 观感质量应符合要求。

5.0.5 建筑工程施工质量验收记录可按下列规定填写:

1 检验批质量验收记录可按本标准附录 E 填写,填写时应具有现场验收检查原始记录;

2 分项工程质量验收记录可按本标准附录 F 填写;

3 分部工程质量验收记录可按本标准附录 G 填写;

4 单位工程质量竣工验收记录、质量控制资料核查记录、安全和功能检验资料核查及主要功能抽查记录、观感质量检查记录应按本标准附录 H 填写。

5.0.6 当建筑工程施工质量不符合要求时,应按下列规定进行处理:

1 经返工或返修的检验批,应重新进行验收;

2 经有资质的检测机构检测鉴定能够达到设计要求的检验批,应予以验收;

3 经有资质的检测机构检测鉴定达不到设计要求、但经原设计单位核算认可能够满足安全和使用功能的检验批,可予以验收;

4 经返修或加固处理的分项、分部工程,满足安全及使用功能要求时,可按技术处理方案和协商文件的要求予以验收。

5.0.7 工程质量控制资料应齐全完整。当部分资料缺失时,应委托有资质的检测机构按有关标准进行相应的实体检验或抽样试验。

5.0.8 经返修或加固处理仍不能满足安全或重要使用要求的分部工程及单位工程,严禁验收。

6 建筑工程质量验收的程序和组织

6.0.1 检验批应由专业监理工程师组织施工单位项目专业质量检查员、专业工长等进行验收。

6.0.2 分项工程应由专业监理工程师组织施工单位项目专业技术负责人等进行验收。

6.0.3 分部工程应由总监理工程师组织施工单位项目负责人和项目技术负责人等进行验收。

勘察、设计单位项目负责人和施工单位技术、质量部门负责人应参加地基与基础分部工程的验收。

设计单位项目负责人和施工单位技术、质量部门负责人应参加主体结构、节能分部工程的验收。

6.0.4 单位工程中的分包工程完工后,分包单位应对所承包的工程项目进行自检,并应按本标准规定的程序进行验收。验收时,总包单位应派人参加。分包单位应将所分包工程的质量控制资料整理完整,并移交给总包单位。

6.0.5 单位工程完工后,施工单位应组织有关人员进行自检。总监理工程师应组织各专业监理工程师对工程质量进行竣工预验收。存在施工质量问题时,应由施工单位整改。整改完毕后,由施工单位向建设单位提交工程竣工报告,申请工程竣工验收。

6.0.6 建设单位收到工程竣工报告后,应由建设单位项目负责人组织监理、施工、设计、勘察等单位项目负责人进行单位工程验收。

附录 A 施工现场质量管理检查记录

表 A 施工现场质量管理检查记录

开工日期:

工程名称		施工许可证号	
建设单位		项目负责人	
设计单位		项目负责人	
监理单位		总监理工程师	
施工单位		项目负责人	项目技术负责人
序号	项 目	主要内容	
1	项目部质量管理体系		
2	现场质量责任制		
3	主要专业工种操作岗位证书		
4	分包单位管理制度		
5	图纸会审记录		
6	地质勘察资料		
7	施工技术标准		
8	施工组织设计、施工方案编制及审批		
9	物资采购管理制度		
10	施工设施和机械设备管理制度		
11	计量设备配备		
12	检测试验管理制度		
13	工程质量检查验收制度		
14			
自检结果:		检查结论:	
施工单位项目负责人: 年 月 日		总监理工程师: 年 月 日	

附录 B　建筑工程的分部工程、分项工程划分

表 B　建筑工程的分部工程、分项工程划分

序号	分部工程	子分部工程	分项工程
1	地基与基础	地基	素土、灰土地基，砂和砂石地基，土工合成材料地基，粉煤灰地基，强夯地基，注浆地基，预压地基，砂石桩复合地基，高压旋喷注浆地基，水泥土搅拌桩地基，土和灰土挤密桩复合地基，水泥粉煤灰碎石桩复合地基，夯实水泥土桩复合地基
		基础	无筋扩展基础，钢筋混凝土扩展基础，筏形与箱形基础，钢结构基础，钢管混凝土结构基础，型钢混凝土结构基础，钢筋混凝土预制桩基础，泥浆护壁成孔灌注桩基础，干作业成孔桩基础，长螺旋钻孔压灌桩基础，沉管灌注桩基础，钢桩基础，锚杆静压桩基础，岩石锚杆基础，沉井与沉箱基础
		基坑支护	灌注桩排桩围护墙，板桩围护墙，咬合桩围护墙，型钢水泥土搅拌墙，土钉墙，地下连续墙，水泥土重力式挡墙，内支撑，锚杆，与主体结构相结合的基坑支护
		地下水控制	降水与排水，回灌
		土方	土方开挖，土方回填，场地平整
		边坡	喷锚支护，挡土墙，边坡开挖
		地下防水	主体结构防水，细部构造防水，特殊施工法结构防水，排水，注浆
2	主体结构	混凝土结构	模板，钢筋，混凝土，预应力，现浇结构，装配式结构
		砌体结构	砖砌体，混凝土小型空心砌块砌体，石砌体，配筋砌体，填充墙砌体
		钢结构	钢结构焊接，紧固件连接，钢零部件加工，钢构件组装及预拼装，单层钢结构安装，多层及高层钢结构安装，钢管结构安装，预应力钢索和膜结构，压型金属板，防腐涂料涂装，防火涂料涂装
		钢管混凝土结构	构件现场拼装，构件安装，钢管焊接，构件连接，钢管内钢筋骨架，混凝土
		型钢混凝土结构	型钢焊接，紧固件连接，型钢与钢筋连接，型钢构件组装及预拼装，型钢安装，模板，混凝土
		铝合金结构	铝合金焊接，紧固件连接，铝合金零部件加工，铝合金构件组装，铝合金构件预拼装，铝合金框架结构安装，铝合金空间网格结构安装，铝合金面板，铝合金幕墙结构安装，防腐处理
		木结构	方木与原木结构，胶合木结构，轻型木结构，木结构的防护
3	建筑装饰装修	建筑地面	基层铺设，整体面层铺设，板块面层铺设，木、竹面层铺设
		抹灰	一般抹灰，保温层薄抹灰，装饰抹灰，清水砌体勾缝
		外墙防水	外墙砂浆防水，涂膜防水，透气膜防水
		门窗	木门窗安装，金属门窗安装，塑料门窗安装，特种门安装，门窗玻璃安装
		吊顶	整体面层吊顶，板块面层吊顶，格栅吊顶

续表 B

序号	分部工程	子分部工程	分项工程
3	建筑装饰装修	轻质隔墙	板材隔墙，骨架隔墙，活动隔墙，玻璃隔墙
		饰面板	石板安装，陶瓷板安装，木板安装，金属板安装，塑料板安装
		饰面砖	外墙饰面砖粘贴，内墙饰面砖粘贴
		幕墙	玻璃幕墙安装，金属幕墙安装，石材幕墙安装，陶板幕墙安装
		涂饰	水性涂料涂饰，溶剂型涂料涂饰，美术涂饰
		裱糊与软包	裱糊，软包
		细部	橱柜制作与安装，窗帘盒和窗台板制作与安装，门窗套制作与安装，护栏和扶手制作与安装，花饰制作与安装
4	屋面	基层与保护	找坡层和找平层，隔汽层，隔离层，保护层
		保温与隔热	板状材料保温层，纤维材料保温层，喷涂硬泡聚氨酯保温层，现浇泡沫混凝土保温层，种植隔热层，架空隔热层，蓄水隔热层
		防水与密封	卷材防水层，涂膜防水层，复合防水层，接缝密封防水
		瓦面与板面	烧结瓦和混凝土瓦铺装，沥青瓦铺装，金属板铺装，玻璃采光顶铺装
		细部构造	檐口，檐沟和天沟，女儿墙和山墙，水落口，变形缝，伸出屋面管道，屋面出入口，反梁过水孔，设施基座，屋脊，屋顶窗
5	建筑给水排水及供暖	室内给水系统	给水管道及配件安装，给水设备安装，室内消火栓系统安装，消防喷淋系统安装，防腐，绝热，管道冲洗、消毒，试验与调试
		室内排水系统	排水管道及配件安装，雨水管道及配件安装，防腐，试验与调试
		室内热水系统	管道及配件安装，辅助设备安装，防腐，绝热，试验与调试
		卫生器具	卫生器具安装，卫生器具给水配件安装，卫生器具排水管道安装，试验与调试
		室内供暖系统	管道及配件安装，辅助设备安装，散热器安装，低温热水地板辐射供暖系统安装，电加热供暖系统安装，燃气红外辐射供暖系统安装，热风供暖系统安装，热计量及调控装置安装，试验与调试，防腐，绝热
		室外给水管网	给水管道安装，室外消火栓系统安装，试验与调试
		室外排水管网	排水管道安装，排水管沟与井池，试验与调试
		室外供热管网	管道及配件安装，系统水压试验，土建结构，防腐，绝热，试验与调试
		建筑饮用水供应系统	管道及配件安装，水处理设备及控制设施安装，防腐，绝热，试验与调试
		建筑中水系统及雨水利用系统	建筑中水系统、雨水利用系统管道及配件安装，水处理设备及控制设施安装，防腐，绝热，试验与调试
		游泳池及公共浴池水系统	管道及配件系统安装，水处理设备及控制设施安装，防腐，绝热，试验与调试
		水景喷泉系统	管道系统及配件安装，防腐，绝热，试验与调试
		热源及辅助设备	锅炉安装，辅助设备及管道安装，安全附件安装，换热站安装，防腐，绝热，试验与调试
		监测与控制仪表	检测仪器及仪表安装，试验与调试

序号	分部工程	子分部工程	分项工程
6	通风与空调	送风系统	风管与配件制作,部件制作,风管系统安装,风机与空气处理设备安装,风管与设备防腐,旋流风口、岗位送风口、织物(布)风管安装,系统调试
		排风系统	风管与配件制作,部件制作,风管系统安装,风机与空气处理设备安装,风管与设备防腐,吸风罩及其他空气处理设备安装,厨房、卫生间排风系统安装,系统调试
		防排烟系统	风管与配件制作,部件制作,风管系统安装,风机与空气处理设备安装,风管与设备防腐,排烟风阀(口)、常闭正压风口、防火风管安装,系统调试
		除尘系统	风管与配件制作,部件制作,风管系统安装,风机与空气处理设备安装,风管与设备防腐,除尘器与排污设备安装,吸尘罩安装,高温风管绝热,系统调试
		舒适性空调系统	风管与配件制作,部件制作,风管系统安装,风机与空气处理设备安装,风管与设备防腐,组合式空调机组安装,消声器、静电除尘器、换热器、紫外线灭菌器等设备安装,风机盘管、变风量与定风量送风装置、射流喷口等末端设备安装,风管与设备绝热,系统调试
		恒温恒湿空调系统	风管与配件制作,部件制作,风管系统安装,风机与空气处理设备安装,风管与设备防腐,组合式空调机组安装,电加热器、加湿器等设备安装,精密空调机组安装,风管与设备绝热,系统调试
		净化空调系统	风管与配件制作,部件制作,风管系统安装,风机与空气处理设备安装,风管与设备防腐,净化空调机组安装,消声器、静电除尘器、换热器、紫外线灭菌器等设备安装,中、高效过滤器及风机过滤器单元等末端设备清洗与安装,洁净度测试,风管与设备绝热,系统调试
		地下人防通风系统	风管与配件制作,部件制作,风管系统安装,风机与空气处理设备安装,风管与设备防腐,过滤吸收器、防爆波活门、防爆超压排气活门等专用设备安装,系统调试
		真空吸尘系统	风管与配件制作,部件制作,风管系统安装,风机与空气处理设备安装,风管与设备防腐,管道安装,快速接口安装,风机与滤尘设备安装,系统压力试验及调试
		冷凝水系统	管道系统及部件安装,水泵及附属设备安装,管道冲洗,管道、设备防腐,板式热交换器,辐射板及辐射供热、供冷地埋管,热泵机组设备安装,管道、设备绝热,系统压力试验及调试
		空调(冷、热)水系统	管道系统及部件安装,水泵及附属设备安装,管道冲洗,管道、设备防腐,冷却塔与水处理设备安装,防冻伴热设备安装,管道、设备绝热,系统压力试验及调试
		冷却水系统	管道系统及部件安装,水泵及附属设备安装,管道冲洗,管道、设备防腐,系统灌水渗漏及排放试验,管道、设备绝热
		土壤源热泵换热系统	管道系统及部件安装,水泵及附属设备安装,管道冲洗,管道、设备防腐,埋地换热系统与管网安装,管道、设备绝热,系统压力试验及调试
		水源热泵换热系统	管道系统及部件安装,水泵及附属设备安装,管道冲洗,管道、设备防腐,地表水源换热管及管网安装,除垢设备安装,管道、设备绝热,系统压力试验及调试
		蓄能系统	管道系统及部件安装,水泵及附属设备安装,管道冲洗,管道、设备防腐,蓄水罐与蓄冰槽、罐安装,管道、设备绝热,系统压力试验及调试

序号	分部工程	子分部工程	分项工程
6	通风与空调	压缩式制冷（热）设备系统	制冷机组及附属设备安装，管道、设备防腐，制冷剂管道及部件安装，制冷剂灌注，管道、设备绝热，系统压力试验及调试
		吸收式制冷设备系统	制冷机组及附属设备安装，管道、设备防腐，系统真空试验，溴化锂溶液加灌，蒸汽管道系统安装，燃气或燃油设备安装，管道、设备绝热，试验及调试
		多联机（热泵）空调系统	室外机组安装，室内机组安装，制冷剂管路连接及控制开关安装，风管安装，冷凝水管道安装，制冷剂灌注，系统压力试验及调试
		太阳能供暖空调系统	太阳能集热器安装，其他辅助能源、换热设备安装，蓄能水箱、管道及配件安装，防腐，绝热，低温热水地板辐射采暖系统安装，系统压力试验及调试
		设备自控系统	温度、压力与流量传感器安装，执行机构安装调试，防排烟系统功能测试，自动控制及系统智能控制软件调试
7	建筑电气	室外电气	变压器、箱式变电所安装，成套配电柜、控制柜（屏、台）和动力、照明配电箱（盘）及控制柜安装，梯架、支架、托盘和槽盒安装，导管敷设，电缆敷设，管内穿线和槽盒内敷线，电缆头制作、导线连接和线路绝缘测试，普通灯具安装，专用灯具安装，建筑照明通电试运行，接地装置安装
		变配电室	变压器、箱式变电所安装，成套配电柜、控制柜（屏、台）和动力、照明配电箱（盘）安装，母线槽安装，梯架、支架、托盘和槽盒安装，电缆敷设，电缆头制作、导线连接和线路绝缘测试，接地装置安装，接地干线敷设
		供电干线	电气设备试验和试运行，母线槽安装，梯架、支架、托盘和槽盒安装，导管敷设，电缆敷设，管内穿线和槽盒内敷线，电缆头制作、导线连接和线路绝缘测试，接地干线敷设
		电气动力	成套配电柜、控制柜（屏、台）和动力配电箱（盘）安装，电动机、电加热器及电动执行机构检查接线，电气设备试验和试运行，梯架、支架、托盘和槽盒安装，导管敷设，电缆敷设，管内穿线和槽盒内敷线，电缆头制作、导线连接和线路绝缘测试
		电气照明	成套配电柜、控制柜（屏、台）和照明配电箱（盘）安装，梯架、支架、托盘和槽盒安装，导管敷设，管内穿线和槽盒内敷线，塑料护套线直敷布线，钢索配线，电缆头制作、导线连接和线路绝缘测试，普通灯具安装，专用灯具安装，开关、插座、风扇安装，建筑照明通电试运行
		备用和不间断电源	成套配电柜、控制柜（屏、台）和动力、照明配电箱（盘）安装，柴油发电机组安装，不间断电源装置及应急电源装置安装，母线槽安装，导管敷设，电缆敷设，管内穿线和槽盒内敷线，电缆头制作、导线连接和线路绝缘测试，接地装置安装
		防雷及接地	接地装置安装，防雷引下线及接闪器安装，建筑物等电位连接，浪涌保护器安装
8	智能建筑	智能化集成系统	设备安装，软件安装，接口及系统调试，试运行
		信息接入系统	安装场地检查
		用户电话交换系统	线缆敷设，设备安装，软件安装，接口及系统调试，试运行

序号	分部工程	子分部工程	分项工程
8	智能建筑	信息网络系统	计算机网络设备安装，计算机网络软件安装，网络安全设备安装，网络安全软件安装，系统调试，试运行
		综合布线系统	梯架、托盘、槽盒和导管安装，线缆敷设，机柜、机架、配线架安装，信息插座安装，链路或信道测试，软件安装，系统调试，试运行
		移动通信室内信号覆盖系统	安装场地检查
		卫星通信系统	安装场地检查
		有线电视及卫星电视接收系统	梯架、托盘、槽盒和导管安装，线缆敷设，设备安装，软件安装，系统调试，试运行
		公共广播系统	梯架、托盘、槽盒和导管安装，线缆敷设，设备安装，软件安装，系统调试，试运行
		会议系统	梯架、托盘、槽盒和导管安装，线缆敷设，设备安装，软件安装，系统调试，试运行
		信息导引及发布系统	梯架、托盘、槽盒和导管安装，线缆敷设，显示设备安装，机房设备安装，软件安装，系统调试，试运行
		时钟系统	梯架、托盘、槽盒和导管安装，线缆敷设，设备安装，软件安装，系统调试，试运行
		信息化应用系统	梯架、托盘、槽盒和导管安装，线缆敷设，设备安装，软件安装，系统调试，试运行
		建筑设备监控系统	梯架、托盘、槽盒和导管安装，线缆敷设，传感器安装，执行器安装，控制器、箱安装，中央管理工作站和操作分站设备安装，软件安装，系统调试，试运行
		火灾自动报警系统	梯架、托盘、槽盒和导管安装，线缆敷设，探测器类设备安装，控制器类设备安装，其他设备安装，软件安装，系统调试，试运行
		安全技术防范系统	梯架、托盘、槽盒和导管安装，线缆敷设，设备安装，软件安装，系统调试，试运行
		应急响应系统	设备安装，软件安装，系统调试，试运行
		机房	供配电系统，防雷与接地系统，空气调节系统，给水排水系统，综合布线系统，监控与安全防范系统，消防系统，室内装饰装修，电磁屏蔽，系统调试，试运行
		防雷与接地	接地装置，接地线，等电位联接，屏蔽设施，电涌保护器，线缆敷设，系统调试，试运行
9	建筑节能	围护系统节能	墙体节能，幕墙节能，门窗节能，屋面节能，地面节能
		供暖空调设备及管网节能	供暖节能，通风与空调设备节能，空调与供暖系统冷热源节能，空调与供暖系统管网节能
		电气动力节能	配电节能，照明节能
		监控系统节能	监测系统节能，控制系统节能
		可再生能源	地源热泵系统节能，太阳能光热系统节能，太阳能光伏节能
10	电梯	电力驱动的曳引式或强制式电梯	设备进场验收，土建交接检验，驱动主机，导轨，门系统，轿厢，对重，安全部件，悬挂装置，随行电缆，补偿装置，电气装置，整机安装验收
		液压电梯	设备进场验收，土建交接检验，液压系统，导轨，门系统，轿厢，对重，安全部件，悬挂装置，随行电缆，电气装置，整机安装验收
		自动扶梯、自动人行道	设备进场验收，土建交接检验，整机安装验收

附录 C 室外工程的划分

表 C 室外工程的划分

单位工程	子单位工程	分部工程
室外设施	道路	路基、基层、面层、广场与停车场、人行道、人行地道、挡土墙、附属构筑物
	边坡	土石方、挡土墙、支护
附属建筑及室外环境	附属建筑	车棚，围墙，大门，挡土墙
	室外环境	建筑小品，亭台，水景，连廊，花坛，场坪绿化，景观桥

附录 D 一般项目正常检验一次、二次抽样判定

D.0.1 对于计数抽样的一般项目，正常检验一次抽样可按表 D.0.1-1 判定，正常检验二次抽样可按表 D.0.1-2 判定。抽样方案应在抽样前确定。

D.0.2 样本容量在表 D.0.1-1 或表 D.0.1-2 给出的数值之间时，合格判定数可通过插值并四舍五入取整确定。

表 D.0.1-1 一般项目正常检验一次抽样判定

样本容量	合格判定数	不合格判定数	样本容量	合格判定数	不合格判定数
5	1	2	32	7	8
8	2	3	50	10	11
13	3	4	80	14	15
20	5	6	125	21	22

表 D.0.1-2 一般项目正常检验二次抽样判定

抽样次数	样本容量	合格判定数	不合格判定数	抽样次数	样本容量	合格判定数	不合格判定数
(1)	3	0	2	(1)	20	3	6
(2)	6	1	2	(2)	40	9	10
(1)	5	0	3	(1)	32	5	9
(2)	10	3	4	(2)	64	12	13
(1)	8	1	3	(1)	50	7	11
(2)	16	4	5	(2)	100	18	19
(1)	13	2	5	(1)	80	11	16
(2)	26	6	7	(2)	160	26	27

注：(1) 和 (2) 表示抽样次数，(2) 对应的样本容量为两次抽样的累计数量。

附录 E 检验批质量验收记录

表 E _____ 检验批质量验收记录

编号：____

单位(子单位)工程名称		分部(子分部)工程名称		分项工程名称	
施工单位		项目负责人		检验批容量	
分包单位		分包单位项目负责人		检验批部位	
施工依据			验收依据		

		验收项目	设计要求及规范规定	最小/实际抽样数量	检查记录	检查结果
主控项目	1					
	2					
	3					
	4					
	5					
	6					
	7					
	8					
	9					
	10					
一般项目	1					
	2					
	3					
	4					
	5					

施工单位检查结果	专业工长： 项目专业质量检查员： 年 月 日
监理单位验收结论	专业监理工程师： 年 月 日

附录 F 分项工程质量验收记录

表 F _____分项工程质量验收记录

编号：____

单位(子单位) 工程名称			分部(子分部) 工程名称	
分项工程数量			检验批数量	
施工单位		项目负责人		项目技术 负责人
分包单位		分包单位 项目负责人		分包内容

序号	检验批 名称	检验批 容量	部位/区段	施工单位检查结果	监理单位 验收结论
1					
2					
3					
4					
5					
6					
7					
8					
9					
10					
11					
12					
13					
14					
15					

说明：

施工单位 检查结果	项目专业技术负责人： 年 月 日
监理单位 验收结论	专业监理工程师： 年 月 日

附录 G 分部工程质量验收记录

表 G _____分部工程质量验收记录

编号：____

单位(子单位) 工程名称		子分部工程 数量		分项工程 数量	
施工单位		项目负责人		技术(质量) 负责人	
分包单位		分包单位 负责人		分包内容	

序号	子分部工 程名称	分项工程 名称	检验批 数量	施工单位检查结果	监理单位验收结论
1					
2					
3					
4					
5					
6					
7					
8					
质量控制资料					
安全和功能检验结果					
观感质量检验结果					
综合验收结论					

施工单位 项目负责人： 年 月 日	勘察单位 项目负责人： 年 月 日	设计单位 项目负责人： 年 月 日	监理单位 总监理工程师： 年 月 日

注：1 地基与基础分部工程的验收应由施工、勘察、设计单位项目负责人和总监理工程师参加并签字；
　　2 主体结构、节能分部工程的验收应由施工、设计单位项目负责人和总监理工程师参加并签字。

附录 H 单位工程质量竣工验收记录

H.0.1 单位工程质量竣工验收应按表 H.0.1-1 记录，单位工程质量控制资料及主要功能抽查核查应按表 H.0.1-2 记录，单位工程安全和功能检验资料核查应按表 H.0.1-3 记录，单位工程观感质量检查应按表 H.0.1-4 记录。

H.0.2 表 H.0.1-1 中的验收记录由施工单位填写，

验收结论由监理单位填写。综合验收结论经参加验收各方共同商定，由建设单位填写，应对工程质量是否符合设计文件和相关标准的规定及总体质量水平作出评价。

表 H.0.1-1 单位工程质量竣工验收记录

工程名称		结构类型		层数/ 建筑面积	
施工单位		技术负责人		开工日期	
项目负责人		项目技术 负责人		完工日期	

序号	项目	验收记录	验收结论
1	分部工程验收	共　分部，经查符合设计及标准规定　分部	
2	质量控制资料核查	共　项，经核查符合规定　项	
3	安全和使用功能核查及抽查结果	共核查　项，符合规定　项， 共抽查　项，符合规定　项， 经返工处理符合规定　项	
4	观感质量验收	共抽查　项，达到"好"和"一般"的　项，经返修处理符合要求的　项	
	综合验收结论		

参加验收单位	建设单位	监理单位	施工单位	设计单位	勘察单位
	（公章） 项目负责人 年 月 日	（公章） 总监理工程师 年 月 日	（公章） 项目负责人 年 月 日	（公章） 项目负责人 年 月 日	（公章） 项目负责人 年 月 日

注：单位工程验收时，验收签字人员应由相应单位的法人代表书面授权。

表 H.0.1-2 单位工程质量控制资料核查记录

工程名称			施工单位				
序号	项目	资料名称	份数	施工单位		监理单位	
				核查意见	核查人	核查意见	核查人
1	建筑与结构	图纸会审记录、设计变更通知单、工程洽商记录					
2		工程定位测量、放线记录					
3		原材料出厂合格证书及进场检验、试验报告					
4		施工试验报告及见证检测报告					
5		隐蔽工程验收记录					
6		施工记录					
7		地基、基础、主体结构检验及抽样检测资料					
8		分项、分部工程质量验收记录					
9		工程质量事故调查处理资料					
10		新技术论证、备案及施工记录					

续表 H.0.1-2

工程名称			施工单位				
序号	项目	资料名称	份数	施工单位		监理单位	
				核查意见	核查人	核查意见	核查人
1	给水排水与供暖	图纸会审记录、设计变更通知单、工程洽商记录					
2		原材料出厂合格证书及进场检验、试验报告					
3		管道、设备强度试验、严密性试验记录					
4		隐蔽工程验收记录					
5		系统清洗、灌水、通水、通球试验记录					
6		施工记录					
7		分项、分部工程质量验收记录					
8		新技术论证、备案及施工记录					
1	通风与空调	图纸会审记录、设计变更通知单、工程洽商记录					
2		原材料出厂合格证书及进场检验、试验报告					
3		制冷、空调、水管道强度试验、严密性试验记录					
4		隐蔽工程验收记录					
5		制冷设备运行调试记录					
6		通风、空调系统调试记录					
7		施工记录					
8		分项、分部工程质量验收记录					
9		新技术论证、备案及施工记录					
1	建筑电气	图纸会审记录、设计变更通知单、工程洽商记录					
2		原材料出厂合格证书及进场检验、试验报告					
3		设备调试记录					
4		接地、绝缘电阻测试记录					
5		隐蔽工程验收记录					
6		施工记录					
7		分项、分部工程质量验收记录					
8		新技术论证、备案及施工记录					

续表 H.0.1-2

工程名称			施工单位			
序号	项目	资料名称	份数	施工单位		监理单位	
				核查意见	核查人	核查意见	核查人
1	智能建筑	图纸会审记录、设计变更通知单、工程洽商记录					
2		原材料出厂合格证书及进场检验、试验报告					
3		隐蔽工程验收记录					
4		施工记录					
5		系统功能测定及设备调试记录					
6		系统技术、操作和维护手册					
7		系统管理、操作人员培训记录					
8		系统检测报告					
9		分项、分部工程质量验收记录					
10		新技术论证、备案及施工记录					
1	建筑节能	图纸会审记录、设计变更通知单、工程洽商记录					
2		原材料出厂合格证书及进场检验、试验报告					
3		隐蔽工程验收记录					
4		施工记录					
5		外墙、外窗节能检验报告					
6		设备系统节能检测报告					
7		分项、分部工程质量验收记录					
8		新技术论证、备案及施工记录					
1	电梯	图纸会审记录、设计变更通知单、工程洽商记录					
2		设备出厂合格证书及开箱检验记录					
3		隐蔽工程验收记录					
4		施工记录					
5		接地、绝缘电阻试验记录					
6		负荷试验、安全装置检查记录					
7		分项、分部工程质量验收记录					
8		新技术论证、备案及施工记录					

结论:

施工单位项目负责人: 　　　　　　　总监理工程师:
　　　　　　年 月 日　　　　　　　　　年 月 日

表 H.0.1-3　单位工程安全和功能检验资料核查及主要功能抽查记录

工程名称			施工单位			
序号	项目	安全和功能检查项目	份数	核查意见	抽查结果	核查(抽查)人
1	建筑与结构	地基承载力检验报告				
2		桩基承载力检验报告				
3		混凝土强度试验报告				
4		砂浆强度试验报告				
5		主体结构尺寸、位置抽查记录				
6		建筑物垂直度、标高、全高测量记录				
7		屋面淋水或蓄水试验记录				
8		地下室渗漏水检测记录				
9		有防水要求的地面蓄水试验记录				
10		抽气(风)道检查记录				
11		外窗气密性、水密性、耐风压检测报告				
12		幕墙气密性、水密性、耐风压检测报告				
13		建筑物沉降观测测量记录				
14		节能、保温测试记录				
15		室内环境检测报告				
16		土壤氡气浓度检测报告				
1	给水排水与供暖	给水管道通水试验记录				
2		暖气管道、散热器压力试验记录				
3		卫生器具满水试验记录				
4		消防管道、燃气管道压力试验记录				
5		排水干管通球试验记录				
6		锅炉试运行、安全阀及报警联动测试记录				
1	通风与空调	通风、空调系统试运行记录				
2		风量、温度测试记录				
3		空气能量回收装置测试记录				
4		洁净室洁净度测试记录				
5		制冷机组试运行调试记录				
1	建筑电气	建筑照明通电试运行记录				
2		灯具固定装置及悬吊装置的载荷强度试验记录				
3		绝缘电阻测试记录				
4		剩余电流动作保护器测试记录				
5		应急电源装置应急持续供电记录				
6		接地电阻测试记录				
7		接地故障回路阻抗测试记录				
1	智能建筑	系统试运行记录				
2		系统电源及接地检测报告				
3		系统接地检测报告				

工程名称			施工单位			
序号	项目	安全和功能检查项目	份数	核查意见	抽查结果	核查(抽查)人
1	建筑节能	外墙节能构造检查记录或热工性能检验报告				
2		设备系统节能性能检查记录				
1	电梯	运行记录				
2		安全装置检测报告				

结论:

施工单位项目负责人:　　　　　　　总监理工程师:

　　　　　　　年 月 日　　　　　　　　　　　　　年 月 日

注:抽查项目由验收组协商确定。

表 H.0.1-4　单位工程观感质量检查记录

工程名称		施工单位				
序号	项目		抽查质量状况			质量评价
1	建筑与结构	主体结构外观	共检查　点,好　点,一般　点,差　点			
2		室外墙面	共检查　点,好　点,一般　点,差　点			
3		变形缝、雨水管	共检查　点,好　点,一般　点,差　点			
4		屋面	共检查　点,好　点,一般　点,差　点			
5		室内墙面	共检查　点,好　点,一般　点,差　点			
6		室内顶棚	共检查　点,好　点,一般　点,差　点			
7		室内地面	共检查　点,好　点,一般　点,差　点			
8		楼梯、踏步、护栏	共检查　点,好　点,一般　点,差　点			
9		门窗	共检查　点,好　点,一般　点,差　点			
10		雨罩、台阶、坡道、散水	共检查　点,好　点,一般　点,差　点			
1	给水排水与供暖	管道接口、坡度、支架	共检查　点,好　点,一般　点,差　点			
2		卫生器具、支架、阀门	共检查　点,好　点,一般　点,差　点			
3		检查口、扫除口、地漏	共检查　点,好　点,一般　点,差　点			
4		散热器、支架	共检查　点,好　点,一般　点,差　点			
1	通风与空调	风管、支架	共检查　点,好　点,一般　点,差　点			
2		风口、风阀	共检查　点,好　点,一般　点,差　点			
3		风机、空调设备	共检查　点,好　点,一般　点,差　点			
4		管道、阀门、支架	共检查　点,好　点,一般　点,差　点			
5		水泵、冷却塔	共检查　点,好　点,一般　点,差　点			
6		绝热	共检查　点,好　点,一般　点,差　点			
1	建筑电气	配电箱、盘、板、接线盒	共检查　点,好　点,一般　点,差　点			
2		设备器具、开关、插座	共检查　点,好　点,一般　点,差　点			
3		防雷、接地、防火	共检查　点,好　点,一般　点,差　点			

工程名称		施工单位				
序号	项目		抽查质量状况			质量评价
1	智能建筑	机房设备安装及布局	共检查　点,好　点,一般　点,差　点			
2		现场设备安装	共检查　点,好　点,一般　点,差　点			
1	电梯	运行、平层、开关门	共检查　点,好　点,一般　点,差　点			
2		层门、信号系统	共检查　点,好　点,一般　点,差　点			
3		机房	共检查　点,好　点,一般　点,差　点			
		观感质量综合评价				

结论:

施工单位项目负责人:　　　　　　　总监理工程师:

　　　　　　　年 月 日　　　　　　　　　　　　　年 月 日

注:1 对质量评价为差的项目应进行返修;

　　2 观感质量现场检查原始记录应作为本表附件。

本标准用词说明

　　1 为了便于在执行本标准条文时区别对待,对要求严格程度不同的用词说明如下:

　　1)表示很严格,非这样做不可的用词:

　　　正面词采用"必须",反面词采用"严禁";

　　2)表示严格,在正常情况下均应这样做的用词:

　　　正面词采用"应",反面词采用"不应"或"不得";

　　3)表示允许稍有选择,在条件许可时首先应这样做的用词:

　　　正面词采用"宜",反面词采用"不宜";

　　4)表示有选择,在一定条件下可以这样做的用词,采用"可"。

　　2 条文中指明应按其他有关标准、规范执行的写法为:"应符合……规定"或"应按……执行"。

中华人民共和国国家标准

建筑工程施工质量验收统一标准

GB 50300—2013

条 文 说 明

修 订 说 明

《建筑工程施工质量验收统一标准》GB 50300—2013，经住房和城乡建设部 2013 年 11 月 1 日以第 193 号公告批准、发布。

本标准是在《建筑工程施工质量验收统一标准》GB 50300—2001 的基础上修订而成。上一版的主编单位是中国建筑科学研究院，参加单位是中国建筑业协会工程建设质量监督分会、国家建筑工程质量监督检验中心、北京市建筑工程质量监督总站、北京市城建集团有限责任公司、天津市建筑工程质量监督管理总站、上海市建设工程质量监督总站、深圳市建设工程质量监督检验总站、四川省华西集团总公司、陕西省建筑工程总公司、中国人民解放军工程质量监督总站。主要起草人是吴松勤、高小旺、何星华、白生翔、徐有邻、葛恒岳、刘国琦、王惠明、朱明德、杨南方、李子新、张鸿勋、刘俭。

本标准修订过程中，编制组进行了大量调查研究，鼓励"四新"技术的推广应用，提高检验批抽样检验的理论水平，解决建筑工程施工质量验收中的具体问题，丰富和完善了标准的内容。标准修订时与《建筑地基基础工程施工质量验收规范》GB 50202、《砌体结构工程施工质量验收规范》GB 50203、《建筑节能工程施工质量验收规范》GB 50411 等专业验收规范进行了协调沟通。

为便于广大设计、施工、科研、学校等单位有关人员在使用本标准时能正确理解和执行条文规定，《建筑工程施工质量验收统一标准》编制组按章、条顺序编制了本标准的条文说明，对条文规定的目的、依据以及在执行中应注意的有关事项进行了说明。但是，本条文说明不具备与标准正文同等的法律效力，仅供使用者作为理解和把握标准规定的参考。

目 次

1 总　　则

1.0.1 本条是编制统一标准和建筑工程施工质量验收规范系列标准的宗旨和原则，以统一建筑工程施工质量的验收方法、程序和原则，达到确保工程质量的目的。本标准适用于施工质量的验收，设计和使用中的质量问题不属于本标准的范畴。

1.0.2 本标准主要包括两部分内容，第一部分规定了建筑工程各专业验收规范编制的统一准则。为了统一建筑工程各专业验收规范的编制，对检验批、分项工程、分部工程、单位工程的划分、质量指标的设置和要求、验收的程序与组织都提出了原则的要求，以指导和协调本系列标准各专业验收规范的编制。

第二部分规定了单位工程的验收，从单位工程的划分和组成，质量指标的设置到验收程序都做了具体规定。

1.0.3 建筑工程施工质量验收的有关标准还包括各专业验收规范、专业技术规程、施工技术标准、试验方法标准、检测技术标准、施工质量评价标准等。

2 术　　语

本章中给出的 17 个术语，是本标准有关章节中所引用的。除本标准使用外，还可作为建筑工程各专业验收规范引用的依据。

在编写本章术语时，参考了《质量管理体系 基础和术语》GB/T 19000—2008、《建筑结构设计术语和符号标准》GB/T 50083—97、《统计学词汇及符号 第 1 部分：一般统计术语与用于概率的术语》GB/T 3358.1—2009、《统计学词汇及符号 第 2 部分：应用统计》GB/T 3358.2—2009 等国家标准中的相关术语。

本标准的术语是从本标准的角度赋予其含义的，主要是说明本术语所指的工程内容的含义。

3 基 本 规 定

3.0.1 建筑工程施工单位应建立必要的质量责任制度，应推行生产控制和合格控制的全过程质量控制，应有健全的生产控制和合格控制的质量管理体系。不仅包括原材料控制、工艺流程控制、施工操作控制、每道工序质量检查、相关工序间的交接检验以及专业工种之间等中间交接环节的质量管理和控制要求，还应包括满足施工图设计和功能要求的抽样检验制度等。施工单位还应通过内部的审核与管理者的评审，找出质量管理体系中存在的问题和薄弱环节，并制定改进的措施和跟踪检查落实等措施，使质量管理体系不断健全和完善，是使施工单位不断提高建筑工程施

工质量的基本保证。

同时施工单位应重视综合质量控制水平，从施工技术、管理制度、工程质量控制等方面制定综合质量控制水平指标，以提高企业整体管理、技术水平和经济效益。

3.0.2 根据《建设工程监理范围和规模标准规定》（建设部令第 86 号），对国家重点建设工程、大中型公用事业工程等必须实行监理。对于该规定包含范围以外的工程，也可由建设单位完成相应的施工质量控制及验收工作。

3.0.3 本条规定了建筑工程施工质量控制的主要方面：

1 用于建筑工程的主要材料、半成品、成品、建筑构配件、器具和设备的进场检验和重要建筑材料、产品的复验。为把握重点环节，要求对涉及安全、节能、环境保护和主要使用功能的重要材料、产品进行复检，体现了以人为本、节能、环保的理念和原则。

2 为保障工程整体质量，应控制每道工序的质量。目前各专业的施工技术规范正在编制，并陆续实施，施工单位可按照执行。考虑到企业标准的控制指标应严格于行业和国家标准指标，鼓励有能力的施工单位编制企业标准，并按照企业标准的要求控制每道工序的施工质量。施工单位完成每道工序后，除了自检、专职质量检查员检查外，还应进行工序交接检查，上道工序应满足下道工序的施工条件和要求；同样相关专业工序之间也应进行交接检验，使各工序之间和各相关专业工程之间形成有机的整体。

3 工序是建筑工程施工的基本组成部分，一个检验批可能由一道或多道工序组成。根据目前的验收要求，监理单位对工程质量控制到检验批，对工序的质量一般由施工单位通过自检予以控制，但为保证工程质量，对监理单位有要求的重要工序，应经监理工程师检查认可，才能进行下道工序施工。

3.0.4 本条规定了可适当调整抽样复验、试验数量的条件和要求。

1 相同施工单位在同一项目中施工的多个单位工程，使用的材料、构配件、设备等往往属于同一批次，如果按每一个单位工程分别进行复验、试验势必会造成重复，且必要性不大，因此规定可适当调整抽样复检、试验数量，具体要求可根据相关专业验收规范的规定执行。

2 施工现场加工的成品、半成品、构配件等符合条件时，可适当调整抽样复验、试验数量。但对施工安装后的工程质量应按分部工程的要求进行检测试验，不能减少抽样数量，如结构实体混凝土强度检测、钢筋保护层厚度检测等。

3 在实际工程中，同一专业内或不同专业之间对同一对象有重复检验的情况，并需分别填写验收资

料。例如混凝土结构隐蔽工程检验批和钢筋工程检验批，装饰装修工程和节能工程中对门窗的气密性试验等。因此本条规定可避免对同一对象的重复检验，可重复利用检验成果。

调整抽样复验、试验数量或重复利用已有检验成果应有具体的实施方案，实施方案应符合各专业验收规范的规定，并事先报监理单位认可。施工或监理单位认为必要时，也可不调整抽样复验、试验数量或不重复利用已有检验成果。

3.0.5 为适应建筑工程行业的发展，鼓励"四新"技术的推广应用，保证建筑工程验收的顺利进行，本条规定对国家、行业、地方标准没有具体验收要求的分项工程及检验批，可由建设单位组织制定专项验收要求，专项验收要求应符合设计意图，包括分项工程及检验批的划分、抽样方案、验收方法、判定指标等内容，监理、设计、施工等单位可参与制定。为保证工程质量，重要的专项验收要求应在实施前组织专家论证。

3.0.6 本条规定了建筑工程施工质量验收的基本要求：

1 工程质量验收的前提条件为施工单位自检合格，验收时施工单位对自检中发现的问题已完成整改。

2 参加工程施工质量验收的各方人员资格包括岗位、专业和技术职称等要求，具体要求应符合国家、行业和地方有关法律、法规及标准、规范的规定，尚无规定时可由参加验收的单位协商确定。

3 主控项目和一般项目的划分应符合各专业验收规范的规定。

4 见证检验的项目、内容、程序、抽样数量等应符合国家、行业和地方有关规范的规定。

5 考虑到隐蔽工程在隐蔽后难以检验，因此隐蔽工程在隐蔽前应进行验收，验收合格后方可继续施工。

6 本标准修订适当扩大抽样检验的范围，不仅包括涉及结构安全和使用功能的分部工程，还包括涉及节能、环境保护等的分部工程，具体内容可由各专业验收规范确定，抽样检验和实体检验结果应符合有关专业验收规范的规定。

7 观感质量可通过观察和简单的测试确定，观感质量的综合评价结果应由验收各方共同确认并达成一致。对影响观感及使用功能或质量评价为差的项目应进行返修。

3.0.7 本条明确给出了建筑工程施工质量验收合格的条件。需要指出的是，本标准及各专业验收规范提出的合格要求是对施工质量的最低要求，允许建设、设计等单位提出高于本标准及相关专业验收规范的验收要求。

3.0.8 对检验批的抽样方案可根据检验项目的特点进行选择。计量、计数检验可分为全数检验和抽样检验两类。对于重要且易于检查的项目，可采用简易快速的非破损检验方法时，宜选用全数检验。

本条在计量、计数抽样时引入了概率统计学的方法，提高抽样检验的理论水平，作为可采用的抽样方案之一。鉴于目前各专业验收规范在确定抽样数量时仍普遍采用基于经验的方法，本标准仍允许采用"经实践证明有效的抽样方案"。

3.0.9 本条规定了检验批的抽样要求。目前对施工质量的检验大多没有具体的抽样方案，样本选取的随意性较大，有时不能代表母体的质量情况。因此本条规定随机抽样应满足样本分布均匀、抽样具有代表性等要求。

对抽样数量的规定依据国家标准《计数抽样检验程序 第1部分：按接收质量限（AQL）检索的逐批检验抽样计划》GB/T 2828.1—2012，给出了检验批验收时的最小抽样数量，其目的是要保证验收检验具有一定的抽样量，并符合统计学原理，使抽样更具代表性。最小抽样数量有时不是最佳的抽样数量，因此本条规定抽样数量尚应符合有关专业验收规范的规定。表3.0.9适用于计数抽样的检验批，对计量-计数混合抽样的检验批可参考使用。

检验批中明显不合格的个体主要可通过肉眼观察或简单的测试确定，这些个体的检验指标往往与其他个体存在较大差异，纳入检验批后会增大验收结果的离散性，影响整体质量水平的统计。同时，也为了避免对明显不合格个体的人为忽略情况，本条规定对明显不合格的个体可不纳入检验批，但必须进行处理，使其符合规定。

3.0.10 关于合格质量水平的错判概率 α，是指合格批被判为不合格的概率，即合格批被拒收的概率；漏判概率 β 为不合格批被判为合格批的概率，即不合格批被误收的概率。抽样检验必然存在这两类风险，通过抽样检验的方法使检验批100%合格是不合理的也是不可能的，在抽样检验中，两类风险一向控制范围是：$\alpha = 1\% \sim 5\%$；$\beta = 5\% \sim 10\%$。对于主控项目，其 α、β 均不宜超过5%；对于一般项目，α 不宜超过5%，β 不宜超过10%。

4 建筑工程质量验收的划分

4.0.1 验收时，将建筑工程划分为单位工程、分部工程、分项工程和检验批的方式已被采纳和接受，在建筑工程验收过程中应用情况良好，本次修订继续执行该划分方法。

4.0.2 单位工程应具有独立的施工条件和能形成独立的使用功能。在施工前可由建设、监理、施工单位商议确定，并据此收集整理施工技术资料和进行验收。

4.0.3 分部工程是单位工程的组成部分，一个单位工程往往由多个分部工程组成。

当分部工程量较大且较复杂时，为便于验收，可将其中相同部分的工程或能形成独立专业体系的工程划分成若干个子分部工程。

本次修订，增加了建筑节能分部工程。

4.0.4 分项工程是分部工程的组成部分，由一个或若干个检验批组成。

4.0.5 多层及高层建筑的分项工程可按楼层或施工段来划分检验批，单层建筑的分项工程可按变形缝等划分检验批；地基基础的分项工程一般划分为一个检验批，有地下层的基础工程可按不同地下层划分检验批；屋面工程的分项工程可按不同楼层屋面划分为不同的检验批；其他分部工程中的分项工程，一般按楼层划分检验批；对于工程量较少的分项工程可划为一个检验批。安装工程一般按一个设计系统或设备组别划分为一个检验批。室外工程一般划分为一个检验批。散水、台阶、明沟等含在地面检验批中。

按检验批验收有助于及时发现和处理施工中出现的质量问题，确保工程质量，也符合施工实际需要。

地基基础中的土方工程、基坑支护工程及混凝土结构工程中的模板工程，虽不构成建筑工程实体，但因其是建筑工程施工中不可缺少的重要环节和必要条件，其质量关系到建筑工程的质量和施工安全，因此将其列入施工验收的内容。

4.0.6 本次修订对分部工程、分项工程的设置进行了适当调整。

4.0.7 随着建筑工程领域的技术进步和建筑功能要求的提升，会出现一些新的验收项目，并需要有专门的分项工程和检验批与之相对应。对于本标准附录 B 及相关专业验收规范未涵盖的分项工程、检验批，可由建设单位组织监理、施工等单位在施工前根据工程具体情况协商确定，并据此整理施工技术资料和进行验收。

4.0.8 给出了室外工程的子单位工程、分部工程、分项工程的划分方法。

5 建筑工程质量验收

5.0.1 检验批是施工过程中条件相同并有一定数量的材料、构配件或安装项目，由于其质量水平基本均匀一致，因此可以作为检验的基本单元，并按批验收。

检验批是工程验收的最小单位，是分项工程、分部工程、单位工程质量验收的基础。检验批验收包括资料检查、主控项目和一般项目检验。

质量控制资料反映了检验批从原材料到最终验收的各施工工序的操作依据、检查情况以及保证质量所必需的管理制度等。对其完整性的检查，实际是对过程控制的确认，是检验批合格的前提。

检验批的合格与否主要取决于对主控项目和一般项目的检验结果。主控项目是对检验批的基本质量起决定性影响的检验项目，须从严要求，因此要求主控项目必须全部符合有关专业验收规范的规定，这意味着主控项目不允许有不符合要求的检验结果。对于一般项目，虽然允许存在一定数量的不合格点，但某些不合格点的指标与合格要求偏差较大或存在严重缺陷时，仍将影响使用功能或观感质量，对这些部位应进行维修处理。

为了使检验批的质量满足安全和功能的基本要求，保证建筑工程质量，各专业验收规范应对各检验批的主控项目、一般项目的合格质量给予明确的规定。

依据《计数抽样检验程序 第 1 部分：按接收质量限（AQL）检索的逐批检验抽样计划》GB/T 2828.1—2012 给出了计数抽样正常检验一次抽样、二次抽样结果的判定方法。具体的抽样方案应按有关专业验收规范执行。如有关规范无明确规定时，可采用一次抽样方案，也可由建设、设计、监理、施工等单位根据检验对象的特征协商采用二次抽样方案。

举例说明表 D.0.1-1 和表 D.0.1-2 的使用方法：对于一般项目正常检验一次抽样，假设样本容量为 20，在 20 个试样中如果有 5 个或 5 个以下试样被判为不合格时，该检验批可判定为合格；当 20 个试样中有 6 个或 6 个以上试样被判为不合格时，则该检验批可判定为不合格。对于一般项目正常检验二次抽样，假设样本容量为 20，当 20 个试样中有 3 个或 3 个以下试样被判为不合格时，该检验批可判定为合格；当有 6 个或 6 个以上试样被判为不合格时，该检验批可判定为不合格；当有 4 或 5 个试样被判为不合格时，应进行第二次抽样，样本容量也为 20 个，两次抽样的样本容量为 40，当两次不合格试样之和为 9 或小于 9 时，该检验批可判定为合格，当两次不合格试样之和为 10 或大于 10 时，该检验批可判定为不合格。

表 D.0.1-1 和表 D.0.1-2 给出的样本容量不连续，对合格判定数有时需要进行取整处理。例如样本容量为 15，按表 D.0.1-1 插值得出的合格判定数为 3.571，取整可得合格判定数为 4，不合格判定数为 5。

5.0.2 分项工程的验收是以检验批为基础进行的。一般情况下，检验批和分项工程两者具有相同或相近的性质，只是批量的大小不同而已。分项工程质量合格的条件是构成分项工程的各检验批验收资料齐全完整，且各检验批均已验收合格。

5.0.3 分部工程的验收是以所含各分项工程验收为基础进行的。首先，组成分部工程的各分项工程已验收合格且相应的质量控制资料齐全、完整。此外，由于各分项工程的性质不尽相同，因此作为分部工程不能简单地组合而加以验收，尚须进行以下两类检查项目：

1 涉及安全、节能、环境保护和主要使用功能的地基与基础、主体结构和设备安装等分部工程应进行有关的见证检验或抽样检验。

2 以观察、触摸或简单量测的方式进行观感质量验收，并结合验收人的主观判断，检查结果并不给出"合格"或"不合格"的结论，而是综合给出"好"、"一般"、"差"的质量评价结果。对于"差"的检查点应进行返修处理。

5.0.4 单位工程质量验收也称质量竣工验收，是建筑工程投入使用前的最后一次验收，也是最重要的一次验收。验收合格的条件有以下五个方面：

1 构成单位工程的各分部工程应验收合格。

2 有关的质量控制资料应完整。

3 涉及安全、节能、环境保护和主要使用功能的分部工程检验资料应复查合格，这些检验资料与质量控制资料同等重要。资料复查要全面检查其完整性，不得有漏检缺项，其次复核分部工程验收时要补充进行的见证抽样检验报告，这体现了对安全和主要使用功能等的重视。

4 对主要使用功能应进行抽查。这是对建筑工程和设备安装工程质量的综合检验，也是用户最为关心的内容，体现了本标准完善手段、过程控制的原则，也将减少工程投入使用后的质量投诉和纠纷。因此，在分项、分部工程验收合格的基础上，竣工验收时再作全面检查。抽查项目是在检查资料文件的基础上由参加验收的各方人员商定，并用计量、计数的方法抽样检验，检验结果应符合有关专业验收规范的规定。

5 观感质量应通过验收。观感质量检查须由参加验收的各方人员共同进行，最后共同协商确定是否通过验收。

5.0.5 检验批验收时，应进行现场检查并填写现场验收检查原始记录。该原始记录应由专业监理工程师和施工单位专业质量检查员、专业工长共同签署，并在单位工程竣工验收前存档备查，保证该记录的可追溯性。现场验收检查原始记录的格式可由施工、监理等单位确定，包括检查项目、检查位置、检查结果等内容。

检验批质量验收记录应根据现场验收检查原始记录按附录 E 的格式填写，并由专业监理工程师和施工单位专业质量检查员、专业工长在检验批质量验收记录上签字，完成检验批的验收。

附录 E 和附录 F 及附录 G 分别规定了检验批、分项工程、分部工程验收记录的填写要求，为各专业验收规范提供了表格的基本格式，具体内容应由各专业验收规范规定。

附录 H 规定了单位工程质量验收记录的填写要求。单位工程观感质量检查记录中的质量评价结果填写"好"、"一般"或"差"，可由各方协商确定，也可按以下原则确定：项目检查点中有 1 处或多于 1 处"差"可评价为"差"，有 60% 及以上的检查点"好"可评价为"好"，其余情况可评价为"一般"。

5.0.6 一般情况下，不合格现象在检验批验收时就应发现并及时处理，但实际工程中不能完全避免不合格情况的出现，本条给出了当质量不符合要求时的处理办法：

1 检验批验收时，对于主控项目不能满足验收规范规定或一般项目超过偏差限值的样本数量不符合验收规定时，应及时进行处理。其中，对于严重的缺陷应重新施工，一般的缺陷可通过返修、更换予以解决，允许施工单位在采取相应的措施后重新验收。如能够符合相应的专业验收规范要求，应认为该检验批合格。

2 当个别检验批发现问题，难以确定能否验收时，应请具有资质的法定检测机构进行检测鉴定。当鉴定结果认为能够达到设计要求时，该检验批应可以通过验收。这种情况通常出现在某检验批的材料试块强度不满足设计要求时。

3 如经检测鉴定达不到设计要求，但经原设计单位核算、鉴定，仍可满足相关设计规范和使用功能要求时，该检验批可予以验收。这主要是因为一般情况下，标准、规范的规定是满足安全和功能的最低要求，而设计往往在此基础上留一些余量。在一定范围内，会出现不满足设计要求而符合相应规范要求的情况，两者并不矛盾。

4 经法定检测机构检测鉴定后认为达不到规范的相应要求，即不能满足最低限度的安全储备和使用功能时，则必须进行加固或处理，使之能满足安全使用的基本要求。这样可能会造成一些永久性的影响，如增大结构外形尺寸，影响一些次要的使用功能。但为了避免建筑物的整体或局部拆除，避免社会财富更大的损失，在不影响安全和主要使用功能条件下，可按技术处理方案和协商文件进行验收，责任方应按法律法规承担相应的经济责任和接受处罚。需要特别注意的是，这种方法不能作为降低质量要求、变相通过验收的一种出路。

5.0.7 工程施工时应确保质量控制资料齐全完整，但实际工程中偶尔会遇到因遗漏检验或资料丢失而导致部分施工验收资料不全的情况，使工程无法正常验收。对此可有针对性地进行工程质量检验，采取实体检测或抽样试验的方法确定工程质量状况。上述工作应由有资质的检测机构完成，出具的检验报告可用于施工质量验收。

5.0.8 分部工程及单位工程经返修或加固处理后仍不能满足安全或重要的使用功能时，表明工程质量存在严重的缺陷。重要的使用功能不满足要求时，将导致建筑物无法正常使用，安全不满足要求时，将危及人身健康或财产安全，严重时会给社会带来巨大的安全隐患，因此对这类工程严禁通过验收，更不得擅自投入使用，需要专门研究处置方案。

6 建筑工程质量验收的程序和组织

6.0.1 检验批验收是建筑工程施工质量验收的最基本层次，是单位工程质量验收的基础，所有检验批均应由专业监理工程师组织验收。验收前，施工单位应完成自检，对存在的问题自行整改处理，然后申请专业监理工程师组织验收。

6.0.2 分项工程由若干个检验批组成，也是单位工程质量验收的基础。验收时在专业监理工程师组织下，可由施工单位项目技术负责人对所有检验批验收记录进行汇总，核查无误后报专业监理工程师审查，确认符合要求后，由项目专业技术负责人在分项工程质量验收记录中签字，然后由专业监理工程师签字通过验收。

在分项工程验收中，如果对检验批验收结论有怀疑或异议时，应进行相应的现场检查核实。

6.0.3 本条给出了分部工程验收组织的基本规定。就房屋建筑工程而言，在所包含的十个分部工程中，参加验收的人员可有以下三种情况：

1 除地基基础、主体结构和建筑节能三个分部工程外，其他七个分部工程的验收组织相同，即由总监理工程师组织，施工单位项目负责人和项目技术负责人等参加。

2 由于地基与基础分部工程情况复杂，专业性强，且关系到整个工程的安全，为保证质量，严格把关，规定勘察、设计单位项目负责人应参加验收，并要求施工单位技术、质量部门负责人也应参加验收。

3 由于主体结构直接影响使用安全，建筑节能是基本国策，直接关系到国家资源战略、可持续发展等，故这两个分部工程，规定设计单位项目负责人应参加验收，并要求施工单位技术、质量部门负责人也应参加验收。

参加验收的人员，除指定的人员必须参加验收外，允许其他相关人员共同参加验收。

由于各施工单位的机构和岗位设置不同，施工单位技术、质量负责人允许是两位人员，也可以是一位人员。

勘察、设计单位项目负责人应为勘察、设计单位负责本工程项目的专业负责人，不应由与本项目无关或不了解本项目情况的其他人员、非专业人员代替。

6.0.4 《建设工程承包合同》的双方主体是建设单位和总承包单位，总承包单位应按照承包合同的权利义务对建设单位负责。总承包单位可以根据需要将建设工程的一部分依法分包给其他具有相应资质的单位，分包单位对总承包单位负责，亦应对建设单位负责。总承包单位就分包单位完成的项目向建设单位承担连带责任。因此，分包单位对承建的项目进行验收时，总承包单位应参加，检验合格后，分包单位应将工程的有关资料整理完整后移交给总承包单位，建设单位组织单位工程质量验收时，分包单位负责人应参加验收。

6.0.5 单位工程完成后，施工单位应首先依据验收规范、设计图纸等组织有关人员进行自检，对检查发现的问题进行必要的整改。监理单位应根据本标准和《建设工程监理规范》GB/T 50319 的要求对工程进行竣工预验收。符合规定后施工单位向建设单位提交工程竣工报告和完整的质量控制资料，申请建设单位组织竣工验收。

工程竣工预验收由总监理工程师组织，各专业监理工程师参加，施工单位由项目经理、项目技术负责人等参加，其他各单位人员可不参加。工程预验收除参加人员与竣工验收不同外，其方法、程序、要求等均应与工程竣工验收相同。竣工预验收的表格格式可参照工程竣工验收的表格格式。

6.0.6 单位工程竣工验收是依据国家有关法律、法规及规范、标准的规定，全面考核建设工作成果，检查工程质量是否符合设计文件和合同约定的各项要求。竣工验收通过后，工程将投入使用，发挥其投资效应，也将与使用者的人身健康或财产安全密切相关。因此工程建设的参与单位应对竣工验收给予足够的重视。

单位工程质量验收应由建设单位项目负责人组织，由于勘察、设计、施工、监理单位都是责任主体，因此各单位项目负责人应参加验收，考虑到施工单位对工程负有直接生产责任，而施工项目部不是法人单位，故施工单位的技术、质量负责人也应参加验收。

在一个单位工程中，对满足生产要求或具备使用条件，施工单位已自行检验，监理单位已预验收的子单位工程，建设单位可组织进行验收。由几个施工单位负责施工的单位工程，当其中的子单位工程已按设计要求完成，并经自行检验，也可按规定的程序组织正式验收，办理交工手续。在整个单位工程验收时，已验收的子单位工程验收资料应作为单位工程验收的附件。

中华人民共和国行业标准

建筑基桩检测技术规范

Technical code for testing of building foundation piles

JGJ 106—2014

批准部门：中华人民共和国住房和城乡建设部
施行日期：2 0 1 4 年 1 0 月 1 日

中华人民共和国住房和城乡建设部
公　告

第 384 号

住房城乡建设部关于发布行业标准
《建筑基桩检测技术规范》的公告

现批准《建筑基桩检测技术规范》为行业标准，编号为 JGJ 106—2014，自 2014 年 10 月 1 日起实施。其中，第 4.3.4、9.2.3、9.2.5 和 9.4.5 条为强制性条文，必须严格执行。原《建筑基桩检测技术规范》JGJ 106—2003 同时废止。

本规范由我部标准定额研究所组织中国建筑工业出版社出版发行。

中华人民共和国住房和城乡建设部

2014 年 4 月 16 日

前　　言

根据住房和城乡建设部《关于印发〈2010 年工程建设标准规范制订、修订计划〉的通知》（建标〔2010〕43 号）的要求，规范编制组经广泛调查研究，认真总结实践经验，参考有关国外先进标准，并在广泛征求意见的基础上，修订了《建筑基桩检测技术规范》JGJ 106—2003。

本规范主要技术内容是：1. 总则；2. 术语和符号；3. 基本规定；4. 单桩竖向抗压静载试验；5. 单桩竖向抗拔静载试验；6. 单桩水平静载试验；7. 钻芯法；8. 低应变法；9. 高应变法；10. 声波透射法。

本规范修订的主要技术内容是：1. 取消了工程桩承载力验收检测应通过统计得到承载力特征值的要求；2. 修改了抗拔桩验收检测实施的有关要求；3. 修改了水平静载试验要求以及水平承载力特征值的判定方法；4. 补充、修改了钻芯法桩身完整性判定方法；5. 增加了低应变法检测时应进行辅助验证检测的要求；6. 取消了高应变法对动测承载力检测值进行统计的要求；7. 补充、修改了声波透射法现场测试和异常数据剔除的要求；8. 增加了采用变异系数对检测剖面声速异常判断概率统计值进行限定的要求；9. 修改了声波透射法多测线、多剖面的空间关联性判据；10. 增加了滑动测微计测量桩身应变的方法。

本规范以黑体字标志的条文为强制性条文，必须严格执行。

本规范由住房和城乡建设部负责管理和对强制性条文的解释，由中国建筑科学研究院负责具体技术内容的解释。执行过程中如有意见或建议，请寄送中国建筑科学研究院（地址：北京市北三环东路 30 号，邮编：100013）。

本 规 范 主 编 单 位：中国建筑科学研究院

本 规 范 参 编 单 位：广东省建筑科学研究院
中冶建筑研究总院有限公司
福建省建筑科学研究院
中交上海三航科学研究院有限公司
辽宁省建设科学研究院
中国科学院武汉岩土力学研究所
机械工业勘察设计研究院
宁波三江检测有限公司
青海省建筑建材科学研究院
河南省建筑科学研究院

本规范主要起草人员：陈　凡　徐天平　钟冬波
高文生　陈久照　滕延京
刘艳玲　关立军　施　峰
吴　锋　王敏权　张　杰
郑建国　彭立新　蒋荣夫
高永强　赵海生

本规范主要审查人员：沈小克　张　雁　顾国荣
顾宝和　刘金砺　顾晓鲁
刘松玉　束伟农　何玉珊
刘金光　谢昭晖　林奕禧

目　　次

Contents

1 总 则

1.0.1 为了在基桩检测中贯彻执行国家的技术经济政策，做到安全适用、技术先进、数据准确、评价正确，为设计、施工及验收提供可靠依据，制定本规范。

1.0.2 本规范适用于建筑工程基桩的承载力和桩身完整性的检测与评价。

1.0.3 基桩检测应根据各种检测方法的适用范围和特点，结合地基条件、桩型及施工质量可靠性、使用要求等因素，合理选择检测方法，正确判定检测结果。

1.0.4 建筑工程基桩检测除应符合本规范外，尚应符合国家现行有关标准的规定。

2 术语和符号

2.1 术 语

2.1.1 基桩 foundation pile

桩基础中的单桩。

2.1.2 桩身完整性 pile integrity

反映桩身截面尺寸相对变化、桩身材料密实性和连续性的综合定性指标。

2.1.3 桩身缺陷 pile defects

在一定程度上使桩身完整性恶化，引起桩身结构强度和耐久性降低，出现桩身断裂、裂缝、缩颈、夹泥（杂物）、空洞、蜂窝、松散等不良现象的统称。

2.1.4 静载试验 static load test

在桩顶部逐级施加竖向压力、竖向上拔力或水平推力，观测桩顶部随时间产生的沉降、上拔位移或水平位移，以确定相应的单桩竖向抗压承载力、单桩竖向抗拔承载力或单桩水平承载力的试验方法。

2.1.5 钻芯法 core drilling method

用钻机钻取芯样，检测桩长、桩身缺陷、桩底沉渣厚度以及桩身混凝土的强度，判定或鉴别桩端岩土性状的方法。

2.1.6 低应变法 low-strain integrity testing

采用低能量瞬态或稳态方式在桩顶激振，实测桩顶部的速度时程曲线，或在实测桩顶部的速度时程曲线同时，实测桩顶部的力时程曲线。通过波动理论的时域分析或频域分析，对桩身完整性进行判定的检测方法。

2.1.7 高应变法 high-strain dynamic testing

用重锤冲击桩顶，实测桩顶附近或桩顶部的速度和力时程曲线，通过波动理论分析，对单桩竖向抗压承载力和桩身完整性进行判定的检测方法。

2.1.8 声波透射法 cross-hole sonic logging

在预埋声测管之间发射并接收声波，通过实测声波在混凝土介质中传播的声时、频率和波幅衰减等声学参数的相对变化，对桩身完整性进行检测的方法。

2.1.9 桩身内力测试 internal force testing of pile shaft

通过桩身应变、位移的测试，计算荷载作用下桩侧阻力、桩端阻力或桩身弯矩的试验方法。

2.2 符 号

2.2.1 抗力和材料性能

c——桩身一维纵向应力波传播速度（简称桩身波速）；

E——桩身材料弹性模量；

f_{cor}——混凝土芯样试件抗压强度；

m——地基土水平抗力系数的比例系数；

Q_u——单桩竖向抗压极限承载力；

R_a——单桩竖向抗压承载力特征值；

R_c——凯司法单桩承载力计算值；

R_x——缺陷以上部位土阻力的估计值；

Z——桩身截面力学阻抗；

ρ——桩身材料质量密度。

2.2.2 作用与作用效应

F——锤击力；

H——单桩水平静载试验中作用于地面的水平力；

P——芯样抗压试验测得的破坏荷载；

Q——单桩竖向抗压静载试验中施加的竖向荷载、桩身产生的轴力；

s——桩顶竖向沉降、桩身竖向位移；

U——单桩竖向抗拔静载试验中施加的上拔荷载；

V——质点运动速度；

Y_0——水平力作用点的水平位移；

δ——桩顶上拔量；

σ_s——钢筋应力；

σ_t——桩身锤击拉应力。

2.2.3 几何参数

A——桩身截面面积；

B——矩形桩的边宽；

b_0——桩身计算宽度；

D——桩身直径（外径）；

d——芯样试件的平均直径；

I——桩身换算截面惯性矩；

L——测点下桩长；

l'——每检测剖面相应两声测管的外壁间净距离；

x——传感器安装点至桩身缺陷或桩身某一位置的距离；

z——测线深度。

2.2.4 计算系数

J_c——凯司法阻尼系数；

α——桩的水平变形系数；

β——高应变法桩身完整性系数；

λ——样本中不同统计个数对应的系数；

ν_y——桩顶水平位移系数；

ξ——混凝土芯样试件抗压强度折算系数。

2.2.5 其他

A_m——某一检测剖面声测线波幅平均值；

A_p——声测线的波幅值；

a——信号首波峰值电压；

a_0——零分贝信号峰值电压；

c_m——桩身波速的平均值；

C_v——变异系数；

f——频率、声波信号主频；

n——数目、样本数量；

PSD——声时-深度曲线上相邻两点连线的斜率与声时差的乘积；

s_x——标准差；

T——信号周期；

t'——声测管及耦合水层声时修正值；

t_0——仪器系统延迟时间；

t_1——速度第一峰对应的时刻；

t_c——声时；

t_i——时间、声时测量值；

t_r——速度或锤击力上升时间；

t_x——缺陷反射峰对应的时刻；

Δf——幅频曲线上桩底相邻谐振峰间的频差；

$\Delta f'$——幅频曲线上缺陷相邻谐振峰间的频差；

ΔT——速度波第一峰与桩底反射波峰间的时间差；

Δt_x——速度波第一峰与缺陷反射波峰间的时间差；

v_0——声速异常判断值；

v_c——声速异常判断临界值；

v_L——声速低限值；

v_m——声速平均值；

v_p——混凝土试件的声速平均值。

3 基本规定

3.1 一般规定

3.1.1 基桩检测可分为施工前为设计提供依据的试验桩检测和施工后为验收提供依据的工程桩检测。基桩检测应根据检测目的、检测方法的适应性、桩基的设计条件、成桩工艺等，按表3.1.1合理选择检测方法。当通过两种或两种以上检测方法的相互补充、验证，能有效提高基桩检测结果判定的可靠性时，应选择两种或两种以上的检测方法。

表 3.1.1 检测目的及检测方法

检测目的	检测方法
确定单桩竖向抗压极限承载力；判定竖向抗压承载力是否满足设计要求；通过桩身应变、位移测试，测定桩侧、桩端阻力，验证高应变法的单桩竖向抗压承载力检测结果	单桩竖向抗压静载试验
确定单桩竖向抗拔极限承载力；判定竖向抗拔承载力是否满足设计要求；通过桩身应变、位移测试，测定桩的抗拔侧阻力	单桩竖向抗拔静载试验
确定单桩水平临界荷载和极限承载力，推定土抗力参数；判定水平承载力或水平位移是否满足设计要求；通过桩身应变、位移测试，测定桩身弯矩	单桩水平静载试验
检测灌注桩桩长、桩身混凝土强度、桩底沉渣厚度，判定或鉴别桩端持力层岩土性状，判定桩身完整性类别	钻芯法
检测桩身缺陷及其位置，判定桩身完整性类别	低应变法
判定单桩竖向抗压承载力是否满足设计要求；检测桩身缺陷及其位置，判定桩身完整性类别；分析桩侧和桩端土阻力；进行打桩过程监控	高应变法
检测灌注桩桩身缺陷及其位置，判定桩身完整性类别	声波透射法

3.1.2 当设计有要求或有下列情况之一时，施工前应进行试验桩检测并确定单桩极限承载力：

1 设计等级为甲级的桩基；

2 无相关试桩资料可参考的设计等级为乙级的桩基；

3 地基条件复杂、基桩施工质量可靠性低；

4 本地区采用的新桩型或采用新工艺成桩的桩基。

3.1.3 施工完成后的工程桩应进行单桩承载力和桩身完整性检测。

3.1.4 桩基工程除应在工程桩施工前和施工后进行基桩检测外，尚应根据工程需要，在施工过程中进行质量的检测与监测。

3.2 检测工作程序

3.2.1 检测工作应按图3.2.1的程序进行。

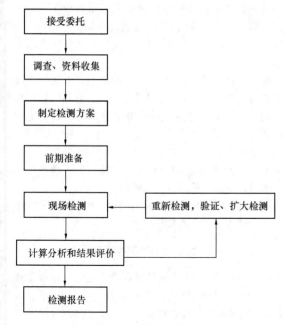

图 3.2.1　检测工作程序框图

3.2.2 调查、资料收集宜包括下列内容：

1 收集被检测工程的岩土工程勘察资料、桩基设计文件、施工记录，了解施工工艺和施工中出现的异常情况；

2 委托方的具体要求；

3 检测项目现场实施的可行性。

3.2.3 检测方案的内容宜包括：工程概况、地基条件、桩基设计要求、施工工艺、检测方法和数量、受检桩选取原则、检测进度以及所需的机械或人工配合。

3.2.4 基桩检测用仪器设备应在检定或校准的有效期内；基桩检测前，应对仪器设备进行检查调试。

3.2.5 基桩检测开始时间应符合下列规定：

1 当采用低应变法或声波透射法检测时，受检桩混凝土强度不应低于设计强度的 70%，且不应低于 15MPa；

2 当采用钻芯法检测时，受检桩的混凝土龄期应达到 28d，或受检桩同条件养护试件强度应达到设计强度要求；

3 承载力检测前的休止时间，除应符合本条第 2 款的规定外，当无成熟的地区经验时，尚不应少于表 3.2.5 规定的时间。

表 3.2.5　休止时间

土的类别		休止时间（d）
砂土		7
粉土		10
黏性土	非饱和	15
	饱和	25

注：对于泥浆护壁灌注桩，宜延长休止时间。

3.2.6 验收检测的受检桩选择，宜符合下列规定：

1 施工质量有疑问的桩；

2 局部地基条件出现异常的桩；

3 承载力验收检测时部分选择完整性检测中判定的Ⅲ类桩；

4 设计方认为重要的桩；

5 施工工艺不同的桩；

6 除本条第 1～3 款指定的受检桩外，其余受检桩的检测数量应符合本规范第 3.3.3～3.3.8 条的相关规定，且宜均匀或随机选择。

3.2.7 验收检测时，宜先进行桩身完整性检测，后进行承载力检测。桩身完整性检测应在基坑开挖至基底标高后进行。承载力检测时，宜在检测前、后，分别对受检桩、锚桩进行桩身完整性检测。

3.2.8 当发现检测数据异常时，应查找原因，重新检测。

3.2.9 当现场操作环境不符合仪器设备使用要求时，应采取有效的防护措施。

3.3　检测方法选择和检测数量

3.3.1 为设计提供依据的试验桩检测应依据设计确定的基桩受力状态，采用相应的静载试验方法确定单桩极限承载力，检测数量应满足设计要求，且在同一条件下不应少于 3 根；当预计工程桩总数小于 50 根时，检测数量不应少于 2 根。

3.3.2 打入式预制桩有下列要求之一时，应采用高应变法进行试打桩的打桩过程监测。在相同施工工艺和相近地基条件下，试打桩数量不应少于 3 根。

1 控制打桩过程中的桩身应力；

2 确定沉桩工艺参数；

3 选择沉桩设备；

4 选择桩端持力层。

3.3.3 混凝土桩的桩身完整性检测方法选择，应符合本规范第 3.1.1 条的规定；当一种方法不能全面评价基桩完整性时，应采用两种或两种以上的检测方法，检测数量应符合下列规定：

1 建筑桩基设计等级为甲级，或地基条件复杂、成桩质量可靠性较低的灌注桩工程，检测数量不应少于总桩数的 30%，且不应少于 20 根；其他桩基工程，检测数量不应少于总桩数的 20%，且不应少于 10 根；

2 除符合本条上款规定外，每个柱下承台检测桩数不应少于 1 根；

3 大直径嵌岩灌注桩或设计等级为甲级的大直径灌注桩，应在本条第 1、2 款规定的检测桩数范围内，按不少于总桩数 10% 的比例采用声波透射法或钻芯法检测；

4 当符合本规范第 3.2.6 条第 1、2 款规定的桩数较多，或为了全面了解整个工程基桩的桩身完整性情况时，宜增加检测数量。

3.3.4 当符合下列条件之一时，应采用单桩竖向抗压静载试验进行承载力验收检测。检测数量不应少于同一条件下桩基分项工程总桩数的1%，且不应少于3根；当总桩数小于50根时，检测数量不应少于2根。

   1 设计等级为甲级的桩基；

   2 施工前未按本规范第3.3.1条进行单桩静载试验的工程；

   3 施工前进行了单桩静载试验，但施工过程中变更了工艺参数或施工质量出现了异常；

   4 地基条件复杂、桩施工质量可靠性低；

   5 本地区采用的新桩型或新工艺；

   6 施工过程中产生挤土上浮或偏位的群桩。

3.3.5 除本规范第3.3.4条规定外的工程桩，单桩竖向抗压承载力可按下列方式进行验收检测：

   1 当采用单桩静载试验时，检测数量宜符合本规范第3.3.4条的规定；

   2 预制桩和满足高应变法适用范围的灌注桩，可采用高应变法检测单桩竖向抗压承载力，检测数量不宜少于总桩数的5%，且不得少于5根。

3.3.6 当有本地区相近条件的对比验证资料时，高应变法可作为本规范第3.3.4条规定条件下单桩竖向抗压承载力验收检测的补充，其检测数量宜符合本规范第3.3.5条第2款的规定。

3.3.7 对于端承型大直径灌注桩，当受设备或现场条件限制无法检测单桩竖向抗压承载力时，可选择下列方式之一，进行持力层核验：

   1 采用钻芯法测定桩底沉渣厚度，并钻取桩端持力层岩土芯样检验桩端持力层，检测数量不应少于总桩数的10%，且不应少于10根；

   2 采用深层平板载荷试验或岩基平板载荷试验，检测应符合国家现行标准《建筑地基基础设计规范》GB 50007和《建筑桩基技术规范》JGJ 94的有关规定，检测数量不应少于总桩数的1%，且不应少于3根。

3.3.8 对设计有抗拔或水平力要求的桩基工程，单桩承载力验收检测应采用单桩竖向抗拔或单桩水平静载试验，检测数量应符合本规范第3.3.4条的规定。

3.4 验证与扩大检测

3.4.1 单桩竖向抗压承载力验证应采用单桩竖向抗压静载试验。

3.4.2 桩身浅部缺陷可采用开挖验证。

3.4.3 桩身或接头存在裂隙的预制桩可采用高应变法验证，管桩可采用孔内摄像的方式验证。

3.4.4 单孔钻芯检测发现桩身混凝土存在质量问题时，宜在同一基桩增加钻孔验证，并根据前、后钻芯结果对受检桩重新评价。

3.4.5 对低应变法检测中不能明确桩身完整性类别的桩或Ⅲ类桩，可根据实际情况采用静载法、钻芯法、高应变法、开挖等方法进行验证检测。

3.4.6 桩身混凝土实体强度可在桩顶浅部钻取芯样验证。

3.4.7 当采用低应变法、高应变法和声波透射法检测桩身完整性发现有Ⅲ、Ⅳ类桩存在，且检测数量覆盖的范围不能为补强或设计变更方案提供可靠依据时，宜采用原检测方法，在未检桩中继续扩大检测。当原检测方法为声波透射法时，可改用钻芯法。

3.4.8 当单桩承载力或钻芯法检测结果不满足设计要求时，应分析原因并扩大检测。

验证检测或扩大检测采用的方法和检测数量应得到工程建设有关方的确认。

3.5 检测结果评价和检测报告

3.5.1 桩身完整性检测结果评价，应给出每根受检桩的桩身完整性类别。桩身完整性分类应符合表3.5.1的规定，并按本规范第7～10章分别规定的技术内容划分。

表 3.5.1 桩身完整性分类表

桩身完整性类别	分类原则
Ⅰ类桩	桩身完整
Ⅱ类桩	桩身有轻微缺陷，不会影响桩身结构承载力的正常发挥
Ⅲ类桩	桩身有明显缺陷，对桩身结构承载力有影响
Ⅳ类桩	桩身存在严重缺陷

3.5.2 工程桩承载力验收检测应给出受检桩的承载力检测值，并评价单桩承载力是否满足设计要求。

3.5.3 检测报告应包含下列内容：

   1 委托方名称，工程名称、地点，建设、勘察、设计、监理和施工单位，基础、结构形式，层数，设计要求，检测目的，检测依据，检测数量，检测日期；

   2 地基条件描述；

   3 受检桩的桩型、尺寸、桩号、桩位、桩顶标高和相关施工记录；

   4 检测方法，检测仪器设备，检测过程叙述；

   5 受检桩的检测数据，实测与计算分析曲线、表格和汇总结果；

   6 与检测内容相应的检测结论。

4 单桩竖向抗压静载试验

4.1 一般规定

4.1.1 本方法适用于检测单桩的竖向抗压承载力。

当桩身埋设有应变、位移传感器或位移杆时，可按本规范附录 A 测定桩身应变或桩身截面位移，计算桩的分层侧阻力和端阻力。

4.1.2 为设计提供依据的试验桩，应加载至桩侧与桩端的岩土阻力达到极限状态；当桩的承载力由桩身强度控制时，可按设计要求的加载量进行加载。

4.1.3 工程桩验收检测时，加载量不应小于设计要求的单桩承载力特征值的 2.0 倍。

4.2 设备仪器及其安装

4.2.1 试验加载设备宜采用液压千斤顶。当采用两台或两台以上千斤顶加载时，应并联同步工作，且应符合下列规定：

　1 采用的千斤顶型号、规格应相同；

　2 千斤顶的合力中心应与受检桩的横截面形心重合。

4.2.2 加载反力装置可根据现场条件，选择锚桩反力装置、压重平台反力装置、锚桩压重联合反力装置、地锚反力装置等，且应符合下列规定：

　1 加载反力装置提供的反力不得小于最大加载值的 1.2 倍；

　2 加载反力装置的构件应满足承载力和变形的要求；

　3 应对锚桩的桩侧土阻力、钢筋、接头进行验算，并满足抗拔承载力的要求；

　4 工程桩作锚桩时，锚桩数量不宜少于 4 根，且应对锚桩上拔量进行监测；

　5 压重宜在检测前一次加足，并均匀稳固地放置于平台上，且压重施加于地基的压应力不宜大于地基承载力特征值的 1.5 倍；有条件时，宜利用工程桩作为堆载支点。

4.2.3 荷载测量可用放置在千斤顶上的荷重传感器直接测定。当通过并联于千斤顶油路的压力表或压力传感器测定油压并换算荷载时，应根据千斤顶率定曲线进行荷载换算。荷重传感器、压力传感器或压力表的准确度应优于或等于 0.5 级。试验用压力表、油泵、油管在最大加载时的压力不应超过规定工作压力的 80%。

4.2.4 沉降测量宜采用大量程的位移传感器或百分表，且应符合下列规定：

　1 测量误差不得大于 0.1% FS，分度值/分辨力应优于或等于 0.01mm；

　2 直径或边宽大于 500mm 的桩，应在其两个方向对称安装 4 个位移测试仪表，直径或边宽小于等于 500mm 的桩可对称安置 2 个位移测试仪表；

　3 基准梁应具有足够的刚度，梁的一端应固定在基准桩上，另一端应简支于基准桩上；

　4 固定和支撑位移计（百分表）的夹具及基准梁不得受气温、振动及其他外界因素的影响；当基准梁暴露在阳光下时，应采取遮挡措施。

4.2.5 沉降测定平面宜设置在桩顶以下 200mm 的位置，测点应固定在桩身上。

4.2.6 试桩、锚桩（压重平台支墩边）和基准桩之间的中心距离，应符合表 4.2.6 的规定。当试桩或锚桩为扩底或多支盘桩时，试桩与锚桩的中心距不应小于 2 倍扩大端直径。软土场地压重平台堆载重量较大时，宜增加支墩边与基准桩中心和试桩中心之间的距离，并在试验过程中观测基准桩的竖向位移。

表 4.2.6 试桩、锚桩（或压重平台支墩边）和基准桩之间的中心距离

反力装置	距离		
	试桩中心与锚桩中心（或压重平台支墩边）	试桩中心与基准桩中心	基准桩中心与锚桩中心（或压重平台支墩边）
锚桩横梁	≥4(3)D 且>2.0m	≥4(3)D 且>2.0m	≥4(3)D 且>2.0m
压重平台	≥4(3)D 且>2.0m	≥4(3)D 且>2.0m	≥4(3)D 且>2.0m
地锚装置	≥4D 且>2.0m	≥4(3)D 且>2.0m	≥4D 且>2.0m

注：1 D 为试桩、锚桩或地锚的设计直径或边宽，取其较大者；
　　2 括号内数值可用于工程桩验收检测时多排桩设计桩中心距离小于 4D 或压重平台支墩下 2 倍~3 倍宽影响范围内的地基土已进行加固处理的情况。

4.2.7 测试桩侧力、桩端阻力、桩身截面位移时，桩身内传感器、位移杆的埋设应符合本规范附录 A 的规定。

4.3 现场检测

4.3.1 试验桩的桩型尺寸、成桩工艺和质量控制标准应与工程桩一致。

4.3.2 试验桩桩顶宜高出试坑底面，试坑底面宜与桩承台底标高一致。混凝土桩头加固可按本规范附录 B 执行。

4.3.3 试验加、卸载方式应符合下列规定：

　1 加载应分级进行，且采用逐级等量加载；分级荷载宜为最大加载值或预估极限承载力的 1/10，其中，第一级加载量可取分级荷载的 2 倍；

　2 卸载应分级进行，每级卸载量宜取加载时分级荷载的 2 倍，且应逐级等量卸载；

　3 加、卸载时，应使荷载传递均匀、连续、无冲击，且每级荷载在维持过程中的变化幅度不得超过分级荷载的 ±10%。

4.3.4 为设计提供依据的单桩竖向抗压静载试验应采用慢速维持荷载法。

4.3.5 慢速维持荷载法试验应符合下列规定：

1 每级荷载施加后，应分别按第5min、15min、30min、45min、60min测读桩顶沉降量，以后每隔30min测读一次桩顶沉降量；

2 试桩沉降相对稳定标准：每一小时内的桩顶沉降量不得超过0.1mm，并连续出现两次（从分级荷载施加后的第30min开始，按1.5h连续三次每30min的沉降观测值计算）；

3 当桩顶沉降速率达到相对稳定标准时，可施加下一级荷载；

4 卸载时，每级荷载应维持1h，分别按第15min、30min、60min测读桩顶沉降量后，即可卸下一级荷载；卸载至零后，应测读桩顶残余沉降量，维持时间不得少于3h，测读时间分别为第15min、30min，以后每隔30min测读一次桩顶残余沉降量。

4.3.6 工程桩验收检测宜采用慢速维持荷载法。当有成熟的地区经验时，也可采用快速维持荷载法。

快速维持荷载法的每级荷载维持时间不应少于1h，且当本级荷载作用下的桩顶沉降速率收敛时，可施加下一级荷载。

4.3.7 当出现下列情况之一时，可终止加载：

1 某级荷载作用下，桩顶沉降量大于前一级荷载作用下的沉降量的5倍，且桩顶总沉降量超过40mm；

2 某级荷载作用下，桩顶沉降量大于前一级荷载作用下的沉降量的2倍，且经24h尚未达到本规范第4.3.5条第2款相对稳定标准；

3 已达到设计要求的最大加载值且桩顶沉降达到相对稳定标准；

4 工程桩作锚桩时，锚桩上拔量已达到允许值；

5 荷载-沉降曲线呈缓变型时，可加载至桩顶总沉降量60mm～80mm；当桩端阻力尚未充分发挥时，可加载至桩顶累计沉降量超过80mm。

4.3.8 检测数据宜按本规范表C.0.1的格式进行记录。

4.3.9 测试桩身应变和桩身截面位移时，数据的测读时间宜符合本规范第4.3.5条的规定。

4.4 检测数据分析与判定

4.4.1 检测数据的处理应符合下列规定：

1 确定单桩竖向抗压承载力时，应绘制竖向荷载-沉降（Q-s）曲线、沉降-时间对数（s-$\lg t$）曲线；也可绘制其他辅助分析曲线；

2 当进行桩身应变和桩身截面位移测定时，应按本规范附录A的规定，整理测试数据，绘制桩身轴力分布图，计算不同土层的桩侧阻力和桩端阻力。

4.4.2 单桩竖向抗压极限承载力应按下列方法分析确定：

1 根据沉降随荷载变化的特征确定：对于陡降型Q-s曲线，应取其发生明显陡降的起始点对应的荷载值；

2 根据沉降随时间变化的特征确定：应取s-$\lg t$曲线尾部出现明显向下弯曲的前一级荷载值；

3 符合本规范第4.3.7条第2款情况时，宜取前一级荷载值；

4 对于缓变型Q-s曲线，宜根据桩顶总沉降量，取s等于40mm对应的荷载值；对D（D为桩端直径）大于等于800mm的桩，可取s等于0.05D对应的荷载值；当桩长大于40m时，宜考虑桩身弹性压缩；

5 不满足本条第1～4款情况时，桩的竖向抗压极限承载力宜取最大加载值。

4.4.3 为设计提供依据的单桩竖向抗压极限承载力的统计取值，应符合下列规定：

1 对参加算术平均的试验桩检测结果，当极差不超过平均值的30%时，可取其算术平均值为单桩竖向抗压极限承载力；当极差超过平均值的30%时，应分析原因，结合桩型、施工工艺、地基条件、基础形式等工程具体情况综合确定极限承载力；不能明确极差过大的原因时，宜增加试桩数量；

2 试验桩数量小于3根或桩基承台下的桩数不大于3根时，应取低值。

4.4.4 单桩竖向抗压承载力特征值应按单桩竖向抗压极限承载力的50%取值。

4.4.5 检测报告除应包括本规范第3.5.3条规定的内容外，尚应包括下列内容：

1 受检桩桩位对应的地质柱状图；

2 受检桩和锚桩的尺寸、材料强度、配筋情况以及锚桩的数量；

3 加载反力种类，堆载法应指明堆载重量，锚桩法应有反力梁布置平面图；

4 加、卸载方法；

5 本规范第4.4.1条要求绘制的曲线；

6 承载力判定依据；

7 当进行分层侧阻力和端阻力测试时，应包括传感器类型、安装位置，轴力计算方法，各级荷载作用下的桩身轴力曲线，各土层的桩侧极限侧阻力和桩端阻力。

5 单桩竖向抗拔静载试验

5.1 一般规定

5.1.1 本方法适用于检测单桩的竖向抗拔承载力。当桩身埋设有应变、位移传感器或桩端埋设有位移测量杆时，可按本规范附录A测定桩身应变或桩端上拔量，计算桩的分层抗拔侧阻力。

5.1.2 为设计提供依据的试验桩，应加载至桩侧岩土阻力达到极限状态或桩身材料达到设计强度；工程桩验收检测时，施加的上拔荷载不得小于单桩竖向抗拔承载力特征值的 2.0 倍或使桩顶产生的上拔量达到设计要求的限值。

当抗拔承载力受抗裂条件控制时，可按设计要求确定最大加载值。

5.1.3 检测时的抗拔桩受力状态，应与设计规定的受力状态一致。

5.1.4 预估的最大试验荷载不得大于钢筋的设计强度。

5.2　设备仪器及其安装

5.2.1 试验加载设备宜采用液压千斤顶，加载方式应符合本规范第 4.2.1 条的规定。

5.2.2 试验反力系统宜采用反力桩提供支座反力，反力桩可采用工程桩；也可根据现场情况，采用地基提供支座反力。反力架的承载力应具有 1.2 倍的安全系数，并应符合下列规定：

　　1 采用反力桩提供支座反力时，桩顶面应平整并具有足够的强度；

　　2 采用地基提供反力时，施加于地基的压应力不宜超过地基承载力特征值的 1.5 倍；反力梁的支点重心应与支座中心重合。

5.2.3 荷载测量及其仪器的技术要求应符合本规范第 4.2.3 条的规定。

5.2.4 上拔量测量及其仪器的技术要求应符合本规范第 4.2.4 条的规定。

5.2.5 上拔量测量点宜设置在桩顶以下不小于 1 倍桩径的桩身上，不得设置在受拉钢筋上；对于大直径灌注桩，可设置在钢筋笼内侧的桩顶面混凝土上。

5.2.6 试桩、支座和基准桩之间的中心距离，应符合表 4.2.6 的规定。

5.2.7 测试桩侧抗拔侧阻力分布和桩端上拔位移时，桩身内传感器、桩端位移杆的埋设应符合本规范附录 A 的规定。

5.3　现 场 检 测

5.3.1 对混凝土灌注桩、有接头的预制桩，宜在拔桩试验前采用低应变法检测受检桩的桩身完整性。为设计提供依据的抗拔灌注桩，施工时应进行成孔质量检测，桩身中、下部位出现明显扩径的桩，不宜作为抗拔试验桩；对有接头的预制桩，应复核接头强度。

5.3.2 单桩竖向抗拔静载试验应采用慢速维持荷载法。设计有要求时，可采用多循环加、卸载方法或恒载法。慢速维持荷载法的加、卸载分级以及桩顶上拔量的测读方式，应分别符合本规范第 4.3.3 条和第 4.3.5 条的规定。

5.3.3 当出现下列情况之一时，可终止加载：

　　1 在某级荷载作用下，桩顶上拔量大于前一级上拔荷载作用下的上拔量 5 倍；

　　2 按桩顶上拔量控制，累计桩顶上拔量超过 100mm；

　　3 按钢筋抗拉强度控制，钢筋应力达到钢筋强度设计值，或某根钢筋拉断；

　　4 对于工程桩验收检测，达到设计或抗裂要求的最大上拔量或上拔荷载值。

5.3.4 检测数据可按本规范表 C.0.1 的格式进行记录。

5.3.5 测试桩身应变和桩端上拔位移时，数据的测读时间宜符合本规范第 4.3.5 条的规定。

5.4　检测数据分析与判定

5.4.1 数据处理应绘制上拔荷载-桩顶上拔量 $(U-\delta)$ 关系曲线和桩顶上拔量-时间对数 $(\delta-\lg t)$ 关系曲线。

5.4.2 单桩竖向抗拔极限承载力应按下列方法确定：

　　1 根据上拔量随荷载变化的特征确定：对陡变型 $U-\delta$ 曲线，应取陡升起始点对应的荷载值；

　　2 根据上拔量随时间变化的特征确定：应取 $\delta-\lg t$ 曲线斜率明显变陡或曲线尾部明显弯曲的前一级荷载值；

　　3 当在某级荷载下抗拔钢筋断裂时，应取前一级荷载值。

5.4.3 为设计提供依据的单桩竖向抗拔极限承载力，可按本规范第 4.4.3 条的统计方法确定。

5.4.4 当验收检测的受检桩在最大上拔荷载作用下，未出现本规范第 5.4.2 条第 1~3 款情况时，单桩竖向抗拔极限承载力应按下列情况对应的荷载值取值：

　　1 设计要求最大上拔量控制值对应的荷载；

　　2 施加的最大荷载；

　　3 钢筋应力达到设计强度值时对应的荷载。

5.4.5 单桩竖向抗拔承载力特征值应按单桩竖向抗拔极限承载力的 50% 取值。当工程桩不允许带裂缝工作时，应取桩身开裂的前一级荷载作为单桩竖向抗拔承载力特征值，并与按极限荷载 50% 取值确定的承载力特征值相比，取低值。

5.4.6 检测报告除应包括本规范第 3.5.3 条规定的内容外，尚应包括下列内容：

　　1 临近受检桩桩位的代表性地质柱状图；

　　2 受检桩尺寸（灌注桩宜标明孔径曲线）及配筋情况；

　　3 加、卸载方法；

　　4 本规范第 5.4.1 条要求绘制的曲线；

　　5 承载力判定依据；

　　6 当进行抗拔侧阻力测试时，应包括传感器类型、安装位置、轴力计算方法、各级荷载作用下的桩身轴力曲线，各土层的抗拔极限侧阻力。

6 单桩水平静载试验

6.1 一般规定

6.1.1 本方法适用于在桩顶自由的试验条件下，检测单桩的水平承载力，推定地基土水平抗力系数的比例系数。当桩身埋设有应变测量传感器时，可按本规范附录 A 测定桩身横截面的弯曲应变，计算桩身弯矩以及确定钢筋混凝土桩受拉区混凝土开裂时对应的水平荷载。

6.1.2 为设计提供依据的试验桩，宜加载至桩顶出现较大水平位移或桩身结构破坏；对工程桩抽样检测，可按设计要求的水平位移允许值控制加载。

6.2 设备仪器及其安装

6.2.1 水平推力加载设备宜采用卧式千斤顶，其加载能力不得小于最大试验加载量的 1.2 倍。

6.2.2 水平推力的反力可由相邻桩提供；当专门设置反力结构时，其承载能力和刚度应大于试验桩的 1.2 倍。

6.2.3 荷载测量及其仪器的技术要求应符合本规范第 4.2.3 条的规定；水平力作用点宜与实际工程的桩基承台底面标高一致；千斤顶和试验桩接触处应安置球形铰支座，千斤顶作用力应水平通过桩身轴线；当千斤顶与试桩接触面的混凝土不密实或不平整时，应对其进行补强或补平处理。

6.2.4 桩的水平位移测量及其仪器的技术要求应符合本规范第 4.2.4 条的有关规定。在水平力作用平面的受检桩两侧应对称安装两个位移计；当测量桩顶转角时，尚应在水平力作用平面以上 50cm 的受检桩两侧对称安装两个位移计。

6.2.5 位移测量的基准点设置不应受试验和其他因素的影响，基准点应设置在与作用力方向垂直且与位移方向相反的试桩侧面，基准点与试桩净距不应小于 1 倍桩径。

6.2.6 测量桩身应变时，各测试断面的测量传感器应沿受力方向对称布置在远离中性轴的受拉和受压主筋上；埋设传感器的纵剖面与受力方向之间的夹角不得大于 10°。地面下 10 倍桩径或桩宽的深度范围内，桩身的主要受力部分应加密测试断面，断面间距不宜超过 1 倍桩径；超过 10 倍桩径或桩宽的深度，测试断面间距可以加大。桩身内传感器的埋设应符合本规范附录 A 的规定。

6.3 现 场 检 测

6.3.1 加载方法宜根据工程桩实际受力特性，选用单向多循环加载法或按本规范第 4 章规定的慢速维持荷载法。当对试桩桩身横截面弯曲应变进行测量时，宜采用维持荷载法。

6.3.2 试验加、卸载方式和水平位移测量，应符合下列规定：

1 单向多循环加载法的分级荷载，不应大于预估水平极限承载力或最大试验荷载的 1/10；每级荷载施加后，恒载 4min 后，可测读水平位移，然后卸载至零，停 2min 测读残余水平位移，至此完成一个加卸载循环；如此循环 5 次，完成一级荷载的位移观测；试验不得中间停顿。

2 慢速维持荷载法的加、卸载分级以及水平位移的测读方式，应分别符合本规范第 4.3.3 条和第 4.3.5 条的规定。

6.3.3 当出现下列情况之一时，可终止加载：

1 桩身折断；

2 水平位移超过 30mm～40mm；软土中的桩或大直径桩时可取高值；

3 水平位移达到设计要求的水平位移允许值。

6.3.4 检测数据可按本规范附录 C 表 C.0.2 的格式进行记录。

6.3.5 测试桩身横截面弯曲应变时，数据的测读宜与水平位移测量同步。

6.4 检测数据分析与判定

6.4.1 检测数据的处理应符合下列规定：

1 采用单向多循环加载法时，应分别绘制水平力-时间-作用点位移（H-t-Y_0）关系曲线和水平力-位移梯度（H-$\Delta Y_0/\Delta H$）关系曲线；

2 采用慢速维持荷载法时，应分别绘制水平力-力作用点位移（H-Y_0）关系曲线、水平力-位移梯度（H-$\Delta Y_0/\Delta H$）关系曲线、力作用点位移-时间对数（Y_0-$\lg t$）关系曲线和水平力-力作用点位移双对数（$\lg H$-$\lg Y_0$）关系曲线；

3 绘制水平力、水平力作用点水平位移-地基土水平抗力系数的比例系数的关系曲线（H-m、Y_0-m）。

6.4.2 当桩顶自由且水平力作用位置位于地面处时，m 值应按下列公式确定：

$$m = \frac{(\nu_y \cdot H)^{\frac{5}{3}}}{b_0 \, Y_0^{\frac{5}{3}} \, (EI)^{\frac{2}{3}}} \qquad (6.4.2\text{-}1)$$

$$\alpha = \left(\frac{mb_0}{EI}\right)^{\frac{1}{5}} \qquad (6.4.2\text{-}2)$$

式中：m——地基土水平抗力系数的比例系数（kN/m⁴）；

α——桩的水平变形系数（m⁻¹）；

ν_y——桩顶水平位移系数，由式（6.4.2-2）试算 α，当 $\alpha h \geqslant 4.0$ 时（h 为桩的入土深度），ν_y=2.441；

H——作用于地面的水平力（kN）；

Y_0——水平力作用点的水平位移（m）；

EI——桩身抗弯刚度（kN·m²）；其中 E 为桩身材料弹性模量，I 为桩身换算截面惯性矩；

b_0——桩身计算宽度（m）；对于圆形桩：当桩径 $D \leqslant 1m$ 时，$b_0 = 0.9(1.5D + 0.5)$；当桩径 $D > 1m$ 时，$b_0 = 0.9(D+1)$；对于矩形桩，当边宽 $B \leqslant 1m$ 时，$b_0 = 1.5B + 0.5$，当边宽 $B > 1m$ 时，$b_0 = B + 1$。

6.4.3 对进行桩身横截面弯曲应变测定的试验，应绘制下列曲线，且应列表给出相应的数据：

1 各级水平力作用下的桩身弯矩分布图；

2 水平力-最大弯矩截面钢筋拉应力（$H - \sigma_s$）曲线。

6.4.4 单桩的水平临界荷载可按下列方法综合确定：

1 取单向多循环加载法时的 $H - t - Y_0$ 曲线或慢速维持荷载法时的 $H - Y_0$ 曲线出现拐点的前一级水平荷载值；

2 取 $H - \Delta Y_0/\Delta H$ 曲线或 $\lg H - \lg Y_0$ 曲线上第一拐点对应的水平荷载值；

3 取 $H - \sigma_s$ 曲线第一拐点对应的水平荷载值。

6.4.5 单桩水平极限承载力可按下列方法确定：

1 取单向多循环加载法时的 $H - t - Y_0$ 曲线产生明显陡降的前一级，或慢速维持荷载法时的 $H - Y_0$ 曲线发生明显陡降的起始点对应的水平荷载值；

2 取慢速维持荷载法时的 $Y_0 - \lg t$ 曲线尾部出现明显弯曲的前一级水平荷载值；

3 取 $H - \Delta Y_0/\Delta H$ 曲线或 $\lg H - \lg Y_0$ 曲线上第二拐点对应的水平荷载值；

4 取桩身折断或受拉钢筋屈服时的前一级水平荷载值。

6.4.6 为设计提供依据的水平极限承载力和水平临界荷载，可按本规范第4.4.3条的统计方法确定。

6.4.7 单桩水平承载力特征值的确定应符合下列规定：

1 当桩身不允许开裂或灌注桩的桩身配筋率小于0.65%时，可取水平临界荷载的0.75倍作为单桩水平承载力特征值。

2 对钢筋混凝土预制桩、钢桩和桩身配筋率不小于0.65%的灌注桩，可取设计桩顶标高处水平位移所对应荷载的0.75倍作为单桩水平承载力特征值；水平位移可按下列规定取值：

1）对水平位移敏感的建筑物取6mm；

2）对水平位移不敏感的建筑物取10mm。

3 取设计要求的水平允许位移对应的荷载作为单桩水平承载力特征值，且应满足桩身抗裂要求。

6.4.8 检测报告除应包括本规范第3.5.3条规定的内容外，尚应包括下列内容：

1 受检桩桩位对应的地质柱状图；

2 受检桩的截面尺寸及配筋情况；

3 加、卸载方法；

4 本规范第6.4.1条要求绘制的曲线；

5 承载力判定依据；

6 当进行钢筋应力测试并由此计算桩身弯矩时，应包括传感器类型、安装位置、内力计算方法以及本规范第6.4.2条要求的计算结果。

7 钻芯法

7.1 一般规定

7.1.1 本方法适用于检测混凝土灌注桩的桩长、桩身混凝土强度、桩底沉渣厚度和桩身完整性。当采用本方法判定或鉴别桩端持力层岩土性状时，钻探深度应满足设计要求。

7.1.2 每根受检桩的钻芯孔数和钻孔位置，应符合下列规定：

1 桩径小于1.2m的桩的钻孔数量可为1个～2个孔，桩径为1.2m～1.6m的桩的钻孔数量宜为2个孔，桩径大于1.6m的桩的钻孔数量宜为3个孔；

2 当钻芯孔为1个时，宜在距桩中心10cm～15cm的位置开孔；当钻芯孔为2个或2个以上时，开孔位置宜在距桩中心 $0.15D \sim 0.25D$ 范围内均匀对称布置；

3 对桩端持力层的钻探，每根受检桩不应少于1个孔。

7.1.3 当选择钻芯法对桩身质量、桩底沉渣、桩端持力层进行验证检测时，受检桩的钻芯孔数可为1孔。

7.2 设 备

7.2.1 钻取芯样宜采用液压操纵的高速钻机，并配置适宜的水泵、孔口管、扩孔器、卡簧、扶正稳定器和可捞取松软渣样的钻具。

7.2.2 基桩桩身混凝土钻芯检测，应采用单动双管钻具钻取芯样，严禁使用单动单管钻具。

7.2.3 钻头应根据混凝土设计强度等级选用合适粒度、浓度、胎体硬度的金刚石钻头，且外径不宜小于100mm。

7.2.4 锯切芯样的锯切机应具有冷却系统和夹紧固定装置。芯样试件端面的补平器和磨平机，应满足芯样制作的要求。

7.3 现场检测

7.3.1 钻机设备安装必须周正、稳固、底座水平。钻机在钻芯过程中不得发生倾斜、移位，钻芯孔垂直度偏差不得大于0.5%。

7.3.2 每回次钻孔进尺宜控制在 1.5m 内；钻至桩底时，宜采取减压、慢速钻进、干钻等适宜的方法和工艺，钻取沉渣并测定沉渣厚度；对桩底强风化岩层或土层，可采用标准贯入试验、动力触探等方法对桩端持力层的岩土性状进行鉴别。

7.3.3 钻取的芯样应按回次顺序放进芯样箱中；钻机操作人员应按本规范表 D.0.1-1 的格式记录钻进情况和钻进异常情况，对芯样质量进行初步描述；检测人员应按本规范表 D.0.1-2 的格式对芯样混凝土，桩底沉渣以及桩端持力层详细编录。

7.3.4 钻芯结束后，应对芯样和钻探标示牌的全貌进行拍照。

7.3.5 当单桩质量评价满足设计要求时，应从钻芯孔孔底往上用水泥浆回灌封闭；当单桩质量评价不满足设计要求时，应封存钻芯孔，留待处理。

7.4 芯样试件截取与加工

7.4.1 截取混凝土抗压芯样试件应符合下列规定：

1 当桩长小于 10m 时，每孔应截取 2 组芯样；当桩长为 10m～30m 时，每孔应截取 3 组芯样，当桩长大于 30m 时，每孔应截取芯样不少于 4 组；

2 上部芯样位置距桩顶设计标高不宜大于 1 倍桩径或超过 2m，下部芯样位置距桩底不宜大于 1 倍桩径或超过 2m，中间芯样宜等间距截取；

3 缺陷位置能取样时，应截取 1 组芯样进行混凝土抗压试验；

4 同一基桩的钻芯孔数大于 1 个，且某一孔在某深度存在缺陷时，应在其他孔的该深度处，截取 1 组芯样进行混凝土抗压强度试验。

7.4.2 当桩端持力层为中、微风化岩层且岩芯可制作成试件时，应在接近桩底部位 1m 内截取岩石芯样；遇分层岩性时，宜在各分层岩面取样。岩石芯样的加工和测量应符合本规范附录 E 的规定。

7.4.3 每组混凝土芯样应制作 3 个抗压试件。混凝土芯样试件的加工和测量应符合本规范附录 E 的规定。

7.5 芯样试件抗压强度试验

7.5.1 混凝土芯样试件的抗压强度试验应按现行国家标准《普通混凝土力学性能试验方法标准》GB/T 50081 执行。

7.5.2 在混凝土芯样试件抗压强度试验中，当发现试件内混凝土粗骨料最大粒径大于 0.5 倍芯样试件平均直径，且强度值异常时，该试件的强度值不得参与统计平均。

7.5.3 混凝土芯样试件抗压强度应按下式计算：

$$f_{cor} = \frac{4P}{\pi d^2} \qquad (7.5.3)$$

式中：f_{cor}——混凝土芯样试件抗压强度（MPa），精确至 0.1MPa；

P——芯样试件抗压试验测得的破坏荷载（N）；

d——芯样试件的平均直径（mm）。

7.5.4 混凝土芯样试件抗压强度可根据本地区的强度折算系数进行修正。

7.5.5 桩底岩石单轴抗压强度试验以及岩石单轴抗压强度标准值的确定，宜按现行国家标准《建筑地基基础设计规范》GB 50007 执行。

7.6 检测数据分析与判定

7.6.1 每根受检桩混凝土芯样试件抗压强度的确定应符合下列规定：

1 取一组 3 块试件强度值的平均值，作为该组混凝土芯样试件抗压强度检测值；

2 同一受检桩同一深度部位有两组或两组以上混凝土芯样试件抗压强度检测值时，取其平均值作为该桩该深度处混凝土芯样试件抗压强度检测值；

3 取同一受检桩不同深度位置的混凝土芯样试件抗压强度检测值中的最小值，作为该桩混凝土芯样试件抗压强度检测值。

7.6.2 桩端持力层性状应根据持力层芯样特征，并结合岩石芯样单轴抗压强度检测值、动力触探或标准贯入试验结果，进行综合判定或鉴别。

7.6.3 桩身完整性类别应结合钻芯孔数、现场混凝土芯样特征、芯样试件抗压强度试验结果，按本规范表 3.5.1 和表 7.6.3 所列特征进行综合判定。

当混凝土出现分层现象时，宜截取分层部位的芯样进行抗压强度试验。当混凝土抗压强度满足设计要求时，可判为Ⅱ类；当混凝土抗压强度不满足设计要求或不能制作成芯样试件时，应判为Ⅳ类。

多于三个钻芯孔的基桩桩身完整性可类比表 7.6.3 的三孔特征进行判定。

表 7.6.3　桩身完整性判定

类别	特　征		
	单　孔	两　孔	三　孔
Ⅰ	混凝土芯样连续、完整、胶结好，芯样侧表面光滑、骨料分布均匀，芯样呈长柱状、断口吻合		
	芯样侧表面仅见少量气孔	局部芯样侧表面有少量气孔、蜂窝麻面、沟槽，但在另一孔同一深度部位的芯样中未出现，否则应判为Ⅱ类	局部芯样侧表面有少量气孔、蜂窝麻面、沟槽，但在三孔同一深度部位的芯样中未同时出现，否则应判为Ⅱ类

类别	特 征		
	单 孔	两 孔	三 孔
Ⅱ	混凝土芯样连续、完整、胶结较好、芯样侧表面较光滑、骨料分布基本均匀，芯样呈柱状、断口基本吻合。有下列情况之一：		
Ⅱ	1 局部芯样侧表面有蜂窝麻面、沟槽或较多气孔； 2 芯样侧表面蜂窝麻面严重、沟槽连续或局部芯样骨料分布极不均匀，但对应部位的混凝土芯样试件抗压强度检测值满足设计要求，否则应判为Ⅲ类	1 芯样侧表面有较多气孔、严重蜂窝麻面、连续沟槽或局部混凝土芯样骨料分布不均匀，但在两孔同一深度部位的芯样中未同时出现； 2 芯样侧表面有较多气孔、严重蜂窝麻面、连续沟槽或局部混凝土芯样骨料分布不均匀，且在另一孔同一深度部位的芯样中同时出现，但该深度部位的混凝土芯样试件抗压强度检测值满足设计要求，否则应判为Ⅲ类； 3 任一孔局部混凝土芯样破碎段长度不大于10cm，且在另一孔同一深度部位的局部混凝土芯样的外观判定完整性类别为Ⅰ类或Ⅱ类，否则应判为Ⅲ类或Ⅳ类	1 芯样侧表面有较多气孔、严重蜂窝麻面、连续沟槽或局部混凝土芯样骨料分布不均匀，但在三孔同一深度部位的芯样中未同时出现； 2 芯样侧表面有较多气孔、严重蜂窝麻面、连续沟槽或局部混凝土芯样骨料分布不均匀，且在任两孔或三孔同一深度部位的芯样中同时出现，但该深度部位的混凝土芯样试件抗压强度检测值满足设计要求，否则应判为Ⅲ类； 3 任一孔局部混凝土芯样破碎段长度不大于10cm，且在另两孔同一深度部位的局部混凝土芯样的外观判定完整性类别为Ⅰ类或Ⅱ类，否则应判为Ⅲ类或Ⅳ类
Ⅲ	大部分混凝土芯样胶结较好，无松散、夹泥现象。有下列情况之一：		大部分混凝土芯样胶结较好。有下列情况之一：
Ⅲ	1 芯样不连续、多呈短柱状或块状； 2 局部混凝土芯样破碎段长度不大于10cm	1 芯样不连续、多呈短柱状或块状； 2 任一孔局部混凝土芯样破碎段长度大于10cm但不大于20cm，且在另一孔同一深度部位的局部混凝土芯样的外观判定完整性类别为Ⅰ类或Ⅱ类，否则应判为Ⅳ类	1 芯样不连续、多呈短柱状或块状； 2 任一孔局部混凝土芯样破碎段长度大于10cm但不大于30cm，且在另两孔同一深度部位的局部混凝土芯样的外观判定完整性类别为Ⅰ类或Ⅱ类，否则应判为Ⅳ类； 3 任一孔局部混凝土芯样松散段长度不大于10cm，且在另两孔同一深度部位的局部混凝土芯样的外观判定完整性类别为Ⅰ类或Ⅱ类，否则应判为Ⅳ类
Ⅳ	有下列情况之一：		
Ⅳ	1 因混凝土胶结质量差而难以钻进； 2 混凝土芯样任一段松散或夹泥； 3 局部混凝土芯样破碎长度大于10cm	1 任一孔因混凝土胶结质量差而难以钻进； 2 混凝土芯样任一段松散或夹泥； 3 任一孔局部混凝土芯样破碎长度大于20cm； 4 两孔同一深度部位的混凝土芯样破碎	1 任一孔因混凝土胶结质量差而难以钻进； 2 混凝土芯样任一段松散或夹泥段长度大于10cm； 3 任一孔局部混凝土芯样破碎长度大于30cm； 4 其中两孔在同一深度部位的混凝土芯样破碎、松散或夹泥

注：当上一缺陷的底部位置标高与下一缺陷的顶部位置标高的高差小于30cm时，可认定两缺陷处于同一深度部位。

7.6.4 成桩质量评价应按单根受检桩进行。当出现下列情况之一时，应判定该受检桩不满足设计要求：

1 混凝土芯样试件抗压强度检测值小于混凝土设计强度等级；

2 桩长、桩底沉渣厚度不满足设计要求；

3 桩底持力层岩土性状（强度）或厚度不满足设计要求。

当桩基设计资料未作具体规定时，应按国家现行标准判定成桩质量。

7.6.5 检测报告除应包括本规范第3.5.3条规定的内容外，尚应包括下列内容：

1 钻芯设备情况；

2 检测桩数、钻孔数量、开孔位置、架空高度、混凝土芯进尺、持力层进尺、总进尺、混凝土试件组数、岩石试件个数、圆锥动力触探或标准贯入试验结果；

3 按本规范表 D.0.1-3 格式编制的每孔柱状图；

4 芯样单轴抗压强度试验结果；

5 芯样彩色照片；

6 异常情况说明。

8 低 应 变 法

8.1 一 般 规 定

8.1.1 本方法适用于检测混凝土桩的桩身完整性，判定桩身缺陷的程度及位置。桩的有效检测桩长范围应通过现场试验确定。

8.1.2 对桩身截面多变且变化幅度较大的灌注桩，应采用其他方法辅助验证低应变法检测的有效性。

8.2 仪 器 设 备

8.2.1 检测仪器的主要技术性能指标应符合现行行业标准《基桩动测仪》JG/T 3055 的有关规定。

8.2.2 瞬态激振设备应包括能激发宽脉冲和窄脉冲的力锤和锤垫；力锤可装有力传感器；稳态激振设备应为电磁式稳态激振器，其激振力可调，扫频范围为 10Hz～2000Hz。

8.3 现 场 检 测

8.3.1 受检桩应符合下列规定：

1 桩身强度应符合本规范第 3.2.5 条第 1 款的规定；

2 桩头的材质、强度应与桩身相同，桩头的截面尺寸不宜与桩身有明显差异；

3 桩顶面应平整、密实，并与桩轴线垂直。

8.3.2 测试参数设定，应符合下列规定：

1 时域信号记录的时间段长度应在 $2L/c$ 时刻后延续不少于 5ms；幅频信号分析的频率范围上限不应小于 2000Hz；

2 设定桩长应为桩顶测点至桩底的施工桩长，设定桩身截面积应为施工截面积；

3 桩身波速可根据本地区同类型桩的测试值初步设定；

4 采样时间间隔或采样频率应根据桩长、桩身波速和频域分辨率合理选择；时域信号采样点数不宜少于 1024 点；

5 传感器的设定值应按计量检定或校准结果设定。

8.3.3 测量传感器安装和激振操作，应符合下列规定：

1 安装传感器部位的混凝土应平整；传感器安装应与桩顶面垂直；用耦合剂粘结时，应具有足够的粘结强度；

2 激振点与测量传感器安装位置应避开钢筋笼的主筋影响；

3 激振方向应沿桩轴线方向；

4 瞬态激振应通过现场敲击试验，选择合适重量的激振力锤和软硬适宜的锤垫；宜用宽脉冲获取桩底或桩身下部缺陷反射信号，宜用窄脉冲获取桩身上部缺陷反射信号；

5 稳态激振应在每一个设定频率下获得稳定响应信号，并应根据桩径、桩长及桩周土约束情况调整激振力大小。

8.3.4 信号采集和筛选，应符合下列规定：

1 根据桩径大小，桩心对称布置 2 个～4 个安装传感器的检测点；实心桩的激振点宜选择在桩中心，检测点宜在距桩中心 2/3 半径处；空心桩的激振点和检测点宜为桩壁厚的 1/2 处，激振点和检测点与桩中心连线形成的夹角宜为 90°；

2 当桩径较大或桩上部横截面尺寸不规则时，除应按上款在规定的激振点和检测点位置采集信号外，尚应根据实测信号特征，改变激振点和检测点的位置采集信号；

3 不同检测点及多次实测时域信号一致性较差时，应分析原因，增加检测点数量；

4 信号不应失真和产生零漂，信号幅值不应大于测量系统的量程；

5 每个检测点记录的有效信号数不宜少于 3 个；

6 应根据实测信号反映的桩身完整性情况，确定采取变换激振点位置和增加检测点数量的方式再次测试，或结束测试。

8.4 检测数据分析与判定

8.4.1 桩身波速平均值的确定，应符合下列规定：

1 当桩长已知、桩底反射信号明确时，应在地基条件、桩型、成桩工艺相同的基桩中，选取不少于 5 根 I 类桩的桩身波速值，按下列公式计算其平均值：

$$c_\mathrm{m} = \frac{1}{n}\sum_{i=1}^{n} c_i \qquad (8.4.1\text{-}1)$$

$$c_i = \frac{2000L}{\Delta T} \qquad (8.4.1\text{-}2)$$

$$c_i = 2L \cdot \Delta f \qquad (8.4.1\text{-}3)$$

式中：c_m——桩身波速的平均值（m/s）；

c_i——第 i 根受检桩的桩身波速值（m/s），且 $|c_i - c_\mathrm{m}|/c_\mathrm{m}$ 不宜大于 5%；

L——测点下桩长（m）；

ΔT——速度波第一峰与桩底反射波峰间的时间差（ms）；

Δf——幅频曲线上桩底相邻谐振峰间的频差（Hz）；

n——参加波速平均值计算的基桩数量（$n \geqslant 5$）。

2 无法满足本条第 1 款要求时，波速平均值可根据本地区相同桩型及成桩工艺的其他桩基工程的实测值，结合桩身混凝土的骨料品种和强度等级综合确定。

8.4.2 桩身缺陷位置应按下列公式计算：

$$x = \frac{1}{2000} \cdot \Delta t_x \cdot c \qquad (8.4.2-1)$$

$$x = \frac{1}{2} \cdot \frac{c}{\Delta f'} \qquad (8.4.2-2)$$

式中：x——桩身缺陷至传感器安装点的距离（m）；

Δt_x——速度波第一峰与缺陷反射波峰间的时间差（ms）；

c——受检桩的桩身波速（m/s），无法确定时可用桩身波速的平均值替代；

$\Delta f'$——幅频信号曲线上缺陷相邻谐振峰间的频差（Hz）。

8.4.3 桩身完整性类别应结合缺陷出现的深度、测试信号衰减特性以及设计桩型、成桩工艺、地基条件、施工情况，按本规范表 3.5.1 和表 8.4.3 所列时域信号特征或幅频信号特征进行综合分析判定。

表 8.4.3　桩身完整性判定

类别	时域信号特征	幅频信号特征
I	$2L/c$ 时刻前无缺陷反射波，有桩底反射波	桩底谐振峰排列基本等间距，其相邻频差 $\Delta f \approx c/2L$
II	$2L/c$ 时刻前出现轻微缺陷反射波，有桩底反射波	桩底谐振峰排列基本等间距，其相邻频差 $\Delta f \approx c/2L$，轻微缺陷产生的谐振峰与桩底谐振峰之间的频差 $\Delta f' > c/2L$
III	有明显缺陷反射波，其他特征介于 II 类和 IV 类之间	
IV	$2L/c$ 时刻前出现严重缺陷反射波或周期性反射波，无桩底反射波；或因桩身浅部严重缺陷使波形呈现低频大振幅衰减振动，无桩底反射波	缺陷谐振峰排列基本等间距，相邻频差 $\Delta f' > c/2L$，无桩底谐振峰；或因桩身浅部严重缺陷只出现单一谐振峰，无桩底谐振峰

注：对同一场地、地基条件相近、桩型和成桩工艺相同的基桩，因桩端部分桩身阻抗与持力层阻抗相匹配导致实测信号无桩底反射波时，可按本场地同条件下有桩底反射波的其他桩实测信号判定桩身完整性类别。

8.4.4 采用时域信号分析判定受检桩的完整性类别时，应结合成桩工艺和地基条件区分下列情况：

1 混凝土灌注桩桩身截面渐变后恢复至原桩径并在该阻抗突变处的反射，或扩径突变处的一次和二次反射；

2 桩侧局部强土阻力引起的混凝土预制桩负向反射及其二次反射；

3 采用部分挤土方式沉桩的大直径开口预应力管桩，桩孔内土芯闭塞部位的负向反射及其二次反射；

4 纵向尺寸效应使混凝土桩桩身阻抗突变处的反射波幅值降低。

当信号无畸变且不能根据信号直接分析桩身完整性时，可采用实测曲线拟合法辅助判定桩身完整性或借助实测导纳值、动刚度的相对高低辅助判定桩身完整性。

8.4.5 当按本规范第 8.3.3 条第 4 款的规定操作不能识别桩身浅部阻抗变化趋势时，应在测量桩顶速度响应的同时测量锤击力，根据实测力和速度信号起始峰的比例差异大小判断桩身浅部阻抗变化程度。

8.4.6 对于嵌岩桩，桩底时域反射信号为单一反射波且与锤击脉冲信号同向时，应采取钻芯法、静载试验或高应变法核验桩端嵌岩情况。

8.4.7 预制桩在 $2L/c$ 前出现异常反射，且不能判断该反射是正常接桩反射时，可按本规范第 3.4.3 条进行验证检测。

实测信号复杂，无规律，且无法对其进行合理解释时，桩身完整性判定宜结合其他检测方法进行。

8.4.8 低应变检测报告应给出桩身完整性检测的实测信号曲线。

8.4.9 检测报告除应包括本规范第 3.5.3 条规定的内容外，尚应包括下列内容：

1 桩身波速取值；

2 桩身完整性描述、缺陷的位置及桩身完整性类别；

3 时域信号时段所对应的桩身长度标尺、指数或线性放大的范围及倍数；或幅频信号曲线分析的频率范围、桩底或桩身缺陷对应的相邻谐振峰间的频差。

9　高　应　变　法

9.1　一　般　规　定

9.1.1 本方法适用于检测基桩的竖向抗压承载力和桩身完整性；监测预制桩打入时的桩身应力和锤击能量传递比，为选择沉桩工艺参数及桩长提供依据。对于大直径扩底桩和预估 Q-s 曲线具有缓变型特征的大直径灌注桩，不宜采用本方法进行竖向抗压承载力检测。

9.1.2 进行灌注桩的竖向抗压承载力检测时，应具有现场实测经验和本地区相近条件下的可靠对比验证资料。

9.2 仪 器 设 备

9.2.1 检测仪器的主要技术性能指标不应低于现行行业标准《基桩动测仪》JG/T 3055规定的2级标准。

9.2.2 锤击设备可采用筒式柴油锤、液压锤、蒸汽锤等具有导向装置的打桩机械，但不得采用导杆式柴油锤、振动锤。

9.2.3 高应变检测专用锤击设备应具有稳固的导向装置。重锤应形状对称，高径（宽）比不得小于1。

9.2.4 当采取落锤上安装加速度传感器的方式实测锤击力时，重锤的高径（宽）比应为1.0～1.5。

9.2.5 采用高应变法进行承载力检测时，锤的重量与单桩竖向抗压承载力特征值的比值不得小于0.02。

9.2.6 当作为承载力检测的灌注桩桩径大于600mm或混凝土桩桩长大于30m时，尚应对桩径或桩长增加引起的桩-锤匹配能力下降进行补偿，在符合本规范第9.2.5条规定的前提下进一步提高检测用锤的重量。

9.2.7 桩的贯入度可采用精密水准仪等仪器测定。

9.3 现 场 检 测

9.3.1 检测前的准备工作，应符合下列规定：

1 对于不满足本规范表3.2.5规定的休止时间的预制桩，应根据本地区经验，合理安排复打时间，确定承载力的时间效应；

2 桩顶面应平整，桩顶高度应满足锤击装置的要求，桩锤重心应与桩顶对中，锤击装置架立应垂直；

3 对不能承受锤击的桩头应进行加固处理，混凝土桩的桩头处理应符合本规范附录B的规定；

4 传感器的安装应符合本规范附录F的规定；

5 桩头顶部应设置桩垫，桩垫可采用10mm～30mm厚的木板或胶合板等材料。

9.3.2 参数设定和计算，应符合下列规定：

1 采样时间间隔宜为$50\mu s$～$200\mu s$，信号采样点数不宜少于1024点；

2 传感器的设定值应按计量检定或校准结果设定；

3 自由落锤安装加速度传感器测力时，力的设定值由加速度传感器设定值与重锤质量的乘积确定；

4 测点处的桩截面尺寸应按实际测量确定；

5 测点以下桩长和截面积可采用设计文件或施工记录提供的数据作为设定值；

6 桩身材料质量密度应按表9.3.2取值；

表 9.3.2 桩身材料质量密度（t/m³）

钢桩	混凝土预制桩	离心管桩	混凝土灌注桩
7.85	2.45～2.50	2.55～2.60	2.40

7 桩身波速可结合本地经验或按同场地同类型已检桩的平均波速初步设定，现场检测完成后应按本规范第9.4.3条进行调整；

8 桩身材料弹性模量应按下式计算：

$$E = \rho \cdot c^2 \quad (9.3.2)$$

式中：E——桩身材料弹性模量（kPa）；

c——桩身应力波传播速度（m/s）；

ρ——桩身材料质量密度（t/m³）。

9.3.3 现场检测应符合下列规定：

1 交流供电的测试系统应接地良好，检测时测试系统应处于正常状态；

2 采用自由落锤为锤击设备时，应符合重锤低击原则，最大锤击落距不宜大于2.5m；

3 试验目的为确定预制桩打桩过程中的桩身应力、沉桩设备匹配能力和选择桩长时，应按本规范附录G执行；

4 现场信号采集时，应检查采集信号的质量，并根据桩顶最大动位移、贯入度、桩身最大拉应力、桩身最大压应力、缺陷程度及其发展情况等，综合确定每根受检桩记录的有效锤击信号数量；

5 发现测试波形紊乱，应分析原因；桩身有明显缺陷或缺陷程度加剧，应停止检测。

9.3.4 承载力检测时应实测桩的贯入度，单击贯入度宜为2mm～6mm。

9.4 检测数据分析与判定

9.4.1 检测承载力时选取锤击信号，宜取锤击能量较大的击次。

9.4.2 出现下列情况之一时，高应变锤击信号不得作为承载力分析计算的依据：

1 传感器安装处混凝土开裂或出现严重塑性变形使力曲线最终未归零；

2 严重锤击偏心，两侧力信号幅值相差超过1倍；

3 四通道测试数据不全。

9.4.3 桩底反射明显时，桩身波速可根据速度波第一峰起升沿的起点到速度反射峰起升或下降沿的起点之间的时差与已知桩长值确定（图9.4.3）；桩底反射信号不明显时，可根据桩长、混凝土波速的合理取值范围以及邻近桩的桩身波速值综合确定。

9.4.4 桩身材料弹性模量和锤击力信号的调整应符

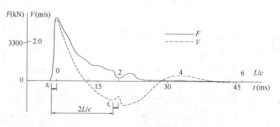

图 9.4.3 桩身波速的确定

合下列规定：

1 当测点处原设定波速随调整后的桩身波速改变时，相应的桩身材料弹性模量应按本规范式（9.3.2）重新计算；

2 对于采用应变传感器测量应变并由应变换算冲击力的方式，当原始力信号按速度单位存储时，桩身材料弹性模量调整后尚应对原始实测力值校正；

3 对于采用自由落锤安装加速度传感器实测锤击力的方式，当桩身材料弹性模量或桩身波速改变时，不得对原始实测力值进行调整，但应扣除响应传感器安装点以上的桩头惯性力影响。

9.4.5 高应变实测的力和速度信号第一峰起始段不成比例时，不得对实测力或速度信号进行调整。

9.4.6 承载力分析计算前，应结合地基条件、设计参数，对下列实测波形特征进行定性检查：

1 实测曲线特征反映出的桩承载性状；

2 桩身缺陷程度和位置，连续锤击时缺陷的扩大或逐步闭合情况。

9.4.7 出现下列情况之一时，应采用静载试验方法进一步验证：

1 桩身存在缺陷，无法判定桩的竖向承载力；

2 桩身缺陷对水平承载力有影响；

3 触变效应的影响，预制桩在多次锤击下承载力下降；

4 单击贯入度大，桩底同向反射强烈且反射峰较宽，侧阻力波、端阻力波反射弱，波形表现出的桩竖向承载性状明显与勘察报告中的地基条件不符合；

5 嵌岩桩桩底同向反射强烈，且在时间 $2L/c$ 后无明显端阻力反射；也可采用钻芯法核验。

9.4.8 采用凯司法判定中、小直径桩的承载力，应符合下列规定：

1 桩身材质、截面应基本均匀。

2 阻尼系数 J_c 宜根据同条件下静载试验结果校核，或应在已取得相近条件下可靠对比资料后，采用实测曲线拟合法确定 J_c 值，拟合计算的桩数不应少于检测总桩数的 30%，且不应少于 3 根。

3 在同一场地、地基条件相近和桩型及其截面积相同情况下，J_c 值的极差不宜大于平均值的 30%。

4 单桩承载力应按下列凯司法公式计算：

$$R_c = \frac{1}{2}(1-J_c) \cdot [F(t_1) + Z \cdot V(t_1)] + \frac{1}{2}(1+J_c) \cdot [F(t_1 + \frac{2L}{c}) - Z \cdot V(t_1 + \frac{2L}{c})] \quad (9.4.8-1)$$

$$Z = \frac{E \cdot A}{c} \quad (9.4.8-2)$$

式中：R_c——凯司法单桩承载力计算值（kN）；

J_c——凯司法阻尼系数；

t_1——速度第一峰对应的时刻；

$F(t_1)$——t_1 时刻的锤击力（kN）；

$V(t_1)$——t_1 时刻的质点运动速度（m/s）；

Z——桩身截面力学阻抗（kN·s/m）；

A——桩身截面面积（m^2）；

L——测点下桩长（m）。

5 对于 $t_1 + 2L/c$ 时刻桩侧和桩端土阻力均已充分发挥的摩擦型桩，单桩竖向抗压承载力检测值可采用式（9.4.8-1）的计算值。

6 对于土阻力滞后于 $t_1 + 2L/c$ 时刻明显发挥或先于 $t_1 + 2L/c$ 时刻发挥并产生桩中上部强烈反弹这两种情况，宜分别采用下列方法对式（9.4.8-1）的计算值进行提高修正，得到单桩竖向抗压承载力检测值：

1）将 t_1 延时，确定 R_c 的最大值；

2）计入卸载回弹的土阻力，对 R_c 值进行修正。

9.4.9 采用实测曲线拟合法判定桩承载力，应符合下列规定：

1 所采用的力学模型应明确、合理，桩和土的力学模型应能分别反映桩和土的实际力学性状，模型参数的取值范围应能限定；

2 拟合分析选用的参数应在岩土工程的合理范围内；

3 曲线拟合时间段长度在 $t_1 + 2L/c$ 时刻后延续时间不应小于 20ms；对于柴油锤打桩信号，在 $t_1 + 2L/c$ 时刻后延续时间不应小于 30ms；

4 各单元所选用的土的最大弹性位移 s_q 值不应超过相应桩单元的最大计算位移值；

5 拟合完成时，土阻力响应区段的计算曲线与实测曲线应吻合，其他区段的曲线应基本吻合；

6 贯入度的计算值应与实测值接近。

9.4.10 单桩竖向抗压承载力特征值 R_a 应按本方法得到的单桩竖向抗压承载力检测值的 50% 取值。

9.4.11 桩身完整性可采用下列方法进行判定：

1 采用实测曲线拟合法判定时，拟合所选用的桩、土参数应符合本规范第 9.4.9 条第 1～2 款的规定；根据桩的成桩工艺，拟合时可采用桩身阻抗拟合或桩身裂隙以及混凝土预制桩的接桩缝隙拟合；

2 等截面桩且缺陷深度 x 以上部位的土阻力 R_x 未出现卸载回弹时，桩身完整性系数 β 和桩身缺陷位置 x 应分别按下列公式计算，桩身完整性可按表 9.4.11 并结合经验判定。

$$\beta = \frac{F(t_1) + F(t_x) + Z \cdot [V(t_1) - V(t_x)] - 2R_x}{F(t_1) - F(t_x) + Z \cdot [V(t_1) + V(t_x)]} \quad (9.4.11-1)$$

$$x = c \cdot \frac{t_x - t_1}{2000} \quad (9.4.11-2)$$

式中：t_x——缺陷反射峰对应的时刻（ms）；

x——桩身缺陷至传感器安装点的距离（m）；

R_x——缺陷以上部位土阻力的估计值，等于缺陷反射波起始点的力与速度乘以桩身截面力学阻抗之差值（图 9.4.11）；

β——桩身完整性系数，其值等于缺陷 x 处桩身截面阻抗与 x 以上桩身截面阻抗的比值。

表 9.4.11　桩身完整性判定

类　　别	β 值
Ⅰ	$\beta=1.0$
Ⅱ	$0.8 \leqslant \beta < 1.0$
Ⅲ	$0.6 \leqslant \beta < 0.8$
Ⅳ	$\beta < 0.6$

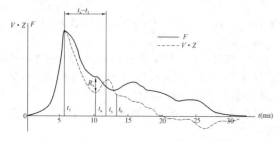

图 9.4.11　桩身完整性系数计算

9.4.12 出现下列情况之一时，桩身完整性宜按地基条件和施工工艺，结合实测曲线拟合法或其他检测方法综合判定：

　　1　桩身有扩径；

　　2　混凝土灌注桩桩身截面渐变或多变；

　　3　力和速度曲线在第一峰附近不成比例，桩身浅部有缺陷；

　　4　锤击力波上升缓慢；

　　5　本规范第 9.4.11 条第 2 款的情况：缺陷深度 x 以上部位的土阻力 R_x 出现卸载回弹。

9.4.13 桩身最大锤击拉、压应力和桩锤实际传递给桩的能量，应分别按本规范附录 G 的公式进行计算。

9.4.14 高应变检测报告应给出实测的力与速度信号曲线。

9.4.15 检测报告除应包括本规范第 3.5.3 条规定的内容外，尚应包括下列内容：

　　1　计算中实际采用的桩身波速值和 J_c 值；

　　2　实测曲线拟合法所选用的各单元桩和土的模型参数、拟合曲线、土阻力沿桩身分布图；

　　3　实测贯入度；

　　4　试打桩和打桩监控所采用的桩锤型号、桩垫类型，以及监测得到的锤击数、桩侧和桩端静阻力、桩身锤击拉应力和压应力、桩身完整性以及能量传递比随入土深度的变化。

10　声波透射法

10.1　一般规定

10.1.1 本方法适用于混凝土灌注桩的桩身完整性检测，判定桩身缺陷的位置、范围和程度。对于桩径小于 0.6m 的桩，不宜采用本方法进行桩身完整性检测。

10.1.2 当出现下列情况之一时，不得采用本方法对整桩的桩身完整性进行评定：

　　1　声测管未沿桩身通长配置；

　　2　声测管堵塞导致检测数据不全；

　　3　声测管埋设数量不符合本规范第 10.3.2 条的规定。

10.2　仪器设备

10.2.1 声波发射与接收换能器应符合下列规定：

　　1　圆柱状径向换能器沿径向振动应无指向性；

　　2　外径应小于声测管内径，有效工作段长度不得大于150mm；

　　3　谐振频率应为 30kHz～60kHz；

　　4　水密性应满足 1MPa 水压不渗水。

10.2.2 声波检测仪应具有下列功能：

　　1　实时显示和记录接收信号时程曲线以及频率测量或频谱分析；

　　2　最小采样时间间隔应小于等于 $0.5\mu s$，系统频带宽度应为 1kHz～200kHz，声波幅值测量相对误差小于 5%，系统最大动态范围不得小于 100dB；

　　3　声波发射脉冲应为阶跃或矩形脉冲，电压幅值应为 200 V～1000V；

　　4　首波实时显示；

　　5　自动记录声波发射与接收换能器位置。

10.3　声测管埋设

10.3.1 声测管埋设应符合下列规定：

　　1　声测管内径应大于换能器外径；

　　2　声测管应有足够的径向刚度，声测管材料的温度系数应与混凝土接近；

　　3　声测管应下端封闭、上端加盖、管内无异物；声测管连接处应光顺过渡，管口应高出混凝土顶面100mm 以上；

　　4　浇灌混凝土前应将声测管有效固定。

10.3.2 声测管应沿钢筋笼内侧呈对称形状布置（图 10.3.2），并依次编号。声测管埋设数量应符合下列规定：

　　1　桩径小于或等于 800mm 时，不得少于 2 根声测管；

　　2　桩径大于 800mm 且小于或等于 1600mm 时，

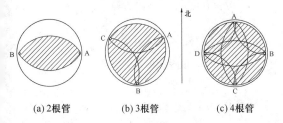

(a) 2根管　　　(b) 3根管　　　(c) 4根管

图 10.3.2　声测管布置示意图

注：检测剖面编组（检测剖面序号为 j）分别为：2 根管时，AB 剖面（$j=1$）；3 根管时，AB 剖面（$j=1$），BC 剖面（$j=2$），CA 剖面（$j=3$）；4 根管时，AB 剖面（$j=1$），BC 剖面（$j=2$），CD 剖面（$j=3$），DA 剖面（$j=4$），AC 剖面（$j=5$），BD 剖面（$j=6$）。

不得少于 3 根声测管；

　　3　桩径大于 1600mm 时，不得少于 4 根声测管；

　　4　桩径大于 2500mm 时，宜增加预埋声测管数量。

10.4　现 场 检 测

10.4.1　现场检测开始的时间除应符合本规范第 3.2.5 条第 1 款的规定外，尚应进行下列准备工作：

　　1　采用率定法确定仪器系统延迟时间；

　　2　计算声测管及耦合水层声时修正值；

　　3　在桩顶测量各声测管外壁间净距离；

　　4　将各声测管内注满清水，检查声测管畅通情况；换能器应能在声测管全程范围内正常升降。

10.4.2　现场平测和斜测应符合下列规定：

　　1　发射与接收声波换能器应通过深度标志分别置于两根声测管中；

　　2　平测时，声波发射与接收声波换能器应始终保持相同深度（图 10.4.2a）；斜测时，声波发射与接收换能器应始终保持固定高差（图 10.4.2b），且两个换能器中点连线的水平夹角不应大于 30°；

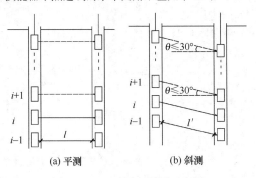

(a) 平测　　　　　　(b) 斜测

图 10.4.2　平测、斜测示意图

　　3　声波发射与接收换能器应从桩底向上同步提升，声测线间距不应大于 100mm；提升过程中，应校核换能器的深度和校正换能器的高差，并确保测试波形的稳定性，提升速度不宜大于 0.5m/s；

　　4　应实时显示、记录每条声测线的信号时程曲线，并读取首波声时、幅值；当需要采用信号主频值作为异常声测线辅助判据时，尚应读取信号的主频值；保存检测数据的同时，应保存波列图信息；

　　5　同一检测剖面的声测线间距、声波发射电压和仪器设置参数应保持不变。

10.4.3　在桩身质量可疑的声测线附近，应采用增加声测线或采用扇形扫测（图 10.4.3）、交叉斜测、CT 影像技术等方式，进行复测和加密测试，确定缺陷的位置和空间分布范围，排除因声测管耦合不良等非桩身缺陷因素导致的异常声测线。采用扇形扫测时，两个换能器中点连线的水平夹角不应大于 40°。

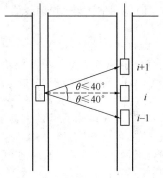

图 10.4.3　扇形扫测示意图

10.5　检测数据分析与判定

10.5.1　当因声测管倾斜导致声速数据有规律地偏高或偏低变化时，应先对管距进行合理修正，然后对数据进行统计分析。当实测数据明显偏离正常值而又无法进行合理修正时，检测数据不得作为评价桩身完整性的依据。

10.5.2　平测时各声测线的声时、声速、波幅及主频，应根据现场检测数据分别按下列公式计算，并绘制声速-深度曲线和波幅-深度曲线，也可绘制辅助的主频-深度曲线以及能量-深度曲线。

$$t_{ci}(j) = t_i(j) - t_0 - t' \qquad (10.5.2\text{-}1)$$

$$v_i(j) = \frac{l'_i(j)}{t_{ci}(j)} \qquad (10.5.2\text{-}2)$$

$$A_{pi}(j) = 20\lg \frac{a_i(j)}{a_0} \qquad (10.5.2\text{-}3)$$

$$f_i(j) = \frac{1000}{T_i(j)} \qquad (10.5.2\text{-}4)$$

式中：i——声测线编号，应对每个检测剖面自下而上（或自上而下）连续编号；

　　　　j——检测剖面编号，按本规范第 10.3.2 条编组；

　　　　$t_{ci}(j)$——第 j 检测剖面第 i 声测线声时（μs）；

　　　　$t_i(j)$——第 j 检测剖面第 i 声测线声时测量值（μs）；

　　　　t_0——仪器系统延迟时间（μs）；

t'——声测管及耦合水层声时修正值（μs）；

$l'_i(j)$——第 j 检测剖面第 i 声测线的两声测管的外壁间净距离（mm），当两声测管平行时，可取为两声测管管口的外壁间净距离；斜测时，$l'_i(j)$ 为声波发射和接收换能器各自中点对应的声测管外壁处之间的净距离，可由桩顶面两声测管的外壁间净距离和发射接收声波换能器的高差计算得到；

$v_i(j)$——第 j 检测剖面第 i 声测线声速（km/s）；

$A_{pi}(j)$——第 j 检测剖面第 i 声测线的首波幅值（dB）；

$a_i(j)$——第 j 检测剖面第 i 声测线信号首波幅值（V）；

a_0——零分贝信号幅值（V）；

$f_i(j)$——第 j 检测剖面第 i 声测线信号主频值（kHz），可经信号频谱分析得到；

$T_i(j)$——第 j 检测剖面第 i 声测线信号周期（μs）。

10.5.3 当采用平测或斜测时，第 j 检测剖面的声速异常判断概率统计值应按下列方法确定：

1 将第 j 检测剖面各声测线的声速值 $v_i(j)$ 由大到小依次按下式排序：

$$v_1(j) \geqslant v_2(j) \geqslant \cdots v_{k'}(j) \geqslant \cdots v_{i-1}(j)$$
$$\geqslant v_i(j) \geqslant v_{i+1}(j)$$
$$\geqslant \cdots v_{n-k}(j) \geqslant \cdots v_{n-1}(j)$$
$$\geqslant v_n(j) \qquad (10.5.3\text{-}1)$$

式中：$v_i(j)$——第 j 检测剖面第 i 声测线声速，$i=$1，2，……，n；

n——第 j 检测剖面的声测线总数；

k——拟去掉的低声速值的数据个数，$k=$0，1，2，……；

k'——拟去掉的高声速值的数据个数，$k=$0，1，2，……。

2 对逐一去掉 $v_i(j)$ 中 k 个最小数值和 k' 个最大数值后的其余数据，按下列公式进行统计计算：

$$v_{01}(j) = v_m(j) - \lambda \cdot s_x(j) \qquad (10.5.3\text{-}2)$$

$$v_{02}(j) = v_m(j) + \lambda \cdot s_x(j) \qquad (10.5.3\text{-}3)$$

$$v_m(j) = \frac{1}{n-k-k'} \sum_{i=k'+1}^{n-k} v_i(j) \qquad (10.5.3\text{-}4)$$

$$s_x(j) = \sqrt{\frac{1}{n-k-k'-1} \sum_{i=k'+1}^{n-k} (v_i(j) - v_m(j))^2} \qquad (10.5.3\text{-}5)$$

$$C_v(j) = \frac{s_x(j)}{v_m(j)} \qquad (10.5.3\text{-}6)$$

式中：$v_{01}(j)$——第 j 剖面的声速异常小值判断值；

$v_{02}(j)$——第 j 剖面的声速异常大值判断值；

$v_m(j)$——（$n-k-k'$）个数据的平均值；

$s_x(j)$——（$n-k-k'$）个数据的标准差；

$C_v(j)$——（$n-k-k'$）个数据的变异系数；

λ——由表 10.5.3 查得的与（$n-k-k'$）相对应的系数。

表 10.5.3 统计数据个数（$n-k-k'$）与对应的 λ 值

$n-k-k'$	10	11	12	13	14	15	16	17	18	20
λ	1.28	1.33	1.38	1.43	1.47	1.50	1.53	1.56	1.59	1.64
$n-k-k'$	20	22	24	26	28	30	32	34	36	38
λ	1.64	1.69	1.73	1.77	1.80	1.83	1.86	1.89	1.91	1.94
$n-k-k'$	40	42	44	46	48	50	52	54	56	58
λ	1.96	1.98	2.00	2.02	2.04	2.05	2.07	2.09	2.10	2.11
$n-k-k'$	60	62	64	66	68	70	72	74	76	78
λ	2.13	2.14	2.15	2.17	2.18	2.19	2.20	2.21	2.22	2.23
$n-k-k'$	80	82	84	86	88	90	92	94	96	98
λ	2.24	2.25	2.26	2.27	2.28	2.29	2.30	2.31	2.32	
$n-k-k'$	100	105	110	115	120	125	130	135	140	145
λ	2.33	2.34	2.36	2.38	2.39	2.41	2.42	2.43	2.45	2.46
$n-k-k'$	150	160	170	180	190	200	220	240	260	280
λ	2.47	2.50	2.52	2.54	2.56	2.58	2.61	2.64	2.67	2.69
$n-k-k'$	300	320	340	360	380	400	420	440	470	500
λ	2.72	2.74	2.76	2.77	2.79	2.81	2.82	2.84	2.86	2.88
$n-k-k'$	550	600	650	700	750	800	850	900	950	1000
λ	2.91	2.94	2.96	2.98	3.00	3.02	3.04	3.06	3.08	3.09
$n-k-k'$	1100	1200	1300	1400	1500	1600	1700	1800	1900	2000
λ	3.12	3.14	3.17	3.19	3.21	3.23	3.24	3.26	3.28	3.29

3 按 $k=0$、$k'=0$、$k=1$、$k'=1$、$k=2$、$k'=2$……的顺序，将参加统计的数列最小数据 $v_{n-k}(j)$ 与异常小值判断值 $v_{01}(j)$ 进行比较，当 $v_{n-k}(j)$ 小于等于 $v_{01}(j)$ 时剔除最小数据；将最大数据 $v_{k'+1}(j)$ 与异常大值判断值 $v_{02}(j)$ 进行比较，当 $v_{k'+1}(j)$ 大于等于 $v_{02}(j)$ 时剔除最大数据；每次剔除一个数据，对剩余数据构成的数列，重复式（10.5.3-2）～（10.5.3-5）的计算步骤，直到下列两式成立：

$$v_{n-k}(j) > v_{01}(j) \qquad (10.5.3\text{-}7)$$
$$v_{k'+1}(j) < v_{02}(j) \qquad (10.5.3\text{-}8)$$

4 第 j 检测剖面的声速异常判断概率统计值，应按下式计算：

$$v_0(j) = \begin{cases} v_m(j)(1-0.015\lambda) & \text{当 } C_v(j) < 0.015 \text{ 时} \\ v_{01}(j) & \text{当 } 0.015 \leqslant C_v(j) \\ & \leqslant 0.045 \text{ 时} \\ v_m(j)(1-0.045\lambda) & \text{当 } C_v(j) > 0.045 \text{ 时} \end{cases}$$

$$(10.5.3\text{-}9)$$

式中：$v_0(j)$——第 j 检测剖面的声速异常判断概率统计值。

10.5.4 受检桩的声速异常判断临界值，应按下列方法确定：

1 应根据本地区经验，结合预留同条件混凝土试件或钻芯法获取的芯样试件的抗压强度与声速对比试验，分别确定桩身混凝土声速低限值 v_L 和混凝土试件的声速平均值 v_p。

2 当 $v_0(j)$ 大于 v_L 且小于 v_p 时

$$v_c(j) = v_0(j) \qquad (10.5.4)$$

式中：$v_c(j)$——第 j 检测剖面的声速异常判断临界值；

$v_0(j)$——第 j 检测剖面的声速异常判断概率统计值。

3 当 $v_0(j)$ 小于等于 v_L 或 $v_0(j)$ 大于等于 v_p 时，应分析原因；第 j 检测剖面的声速异常判断临界值可按下列情况的声速异常判断临界值综合确定：

1）同一根桩的其他检测剖面的声速异常判断临界值；

2）与受检桩属同一工程、相同桩型且混凝土质量较稳定的其他桩的声速异常判断临界值。

4 对只有单个检测剖面的桩，其声速异常判断临界值等于检测剖面声速异常判断临界值；对具有三个及三个以上检测剖面的桩，应取各个检测剖面声速异常判断临界值的算术平均值，作为该桩各声测线的声速异常判断临界值。

10.5.5 声速 $v_i(j)$ 异常按下式判定：

$$v_i(j) \leqslant v_c \qquad (10.5.5)$$

10.5.6 波幅异常判断的临界值，应按下列公式计算：

$$A_m(j) = \frac{1}{n}\sum_{j=1}^{n} A_{pj}(j) \qquad (10.5.6\text{-}1)$$

$$A_c(j) = A_m(j) - 6 \qquad (10.5.6\text{-}2)$$

波幅 $A_{pi}(j)$ 异常应按下式判定：

$$A_{pi}(j) < A_c(j) \qquad (10.5.6\text{-}3)$$

式中：$A_m(j)$——第 j 检测剖面各声测线的波幅平均值（dB）；

$A_{pi}(j)$——第 j 检测剖面第 i 声测线的波幅值（dB）；

$A_c(j)$——第 j 检测剖面波幅异常判断的临界值（dB）；

n——第 j 检测剖面的声测线总数。

10.5.7 当采用信号主频值作为辅助异常声测线判据时，主频-深度曲线上主频值明显降低的声测线可判定为异常。

10.5.8 当采用接收信号的能量作为辅助异常声测线判据时，能量-深度曲线上接收信号能量明显降低可

判定为异常。

10.5.9 采用斜率法作为辅助异常声测线判据时，声时-深度曲线上相邻两点的斜率与声时差的乘积 PSD 值应按下式计算。当 PSD 值在某深度处突变时，宜结合波幅变化情况进行异常声测线判定。

$$PSD(j,i) = \frac{[t_{ci}(j) - t_{ci-1}(j)]^2}{z_i - z_{i-1}} \qquad (10.5.9)$$

式中：PSD——声时-深度曲线上相邻两点连线的斜率与声时差的乘积（$\mu s^2/m$）；

$t_{ci}(j)$——第 j 检测剖面第 i 声测线的声时（μs）；

$t_{ci-1}(j)$——第 j 检测剖面第 $i-1$ 声测线的声时（μs）；

z_i——第 i 声测线深度（m）；

z_{i-1}——第 $i-1$ 声测线深度（m）。

10.5.10 桩身缺陷的空间分布范围，可根据以下情况判定：

1 桩身同一深度上各检测剖面桩身缺陷的分布；

2 复测和加密测试的结果。

10.5.11 桩身完整性类别应结合桩身缺陷处声测线的声学特征、缺陷的空间分布范围，按本规范表3.5.1 和表 10.5.11 所列特征进行综合判定。

表 10.5.11 桩身完整性判定

类别	特征
I	所有声测线声学参数无异常，接收波形正常； 存在声学参数轻微异常、波形轻微畸变的异常声测线，异常声测线在任一检测剖面的任一区段内纵向不连续分布，且在任一深度横向分布的数量小于检测剖面数量的 50%
II	存在声学参数轻微异常、波形轻微畸变的异常声测线，异常声测线在一个或多个检测剖面的一个或多个区段内纵向连续分布，或在一个或多个深度横向分布的数量大于或等于检测剖面数量的 50%； 存在声学参数明显异常、波形明显畸变的异常声测线，异常声测线在任一检测剖面的任一区段内纵向不连续分布，且在任一深度横向分布的数量小于检测剖面数量的 50%
III	存在声学参数明显异常、波形明显畸变的异常声测线，异常声测线在一个或多个检测剖面的一个或多个区段内纵向连续分布，但在任一深度横向分布的数量小于检测剖面数量的 50%； 存在声学参数明显异常、波形明显畸变的异常声测线，异常声测线在任一检测剖面的任一区段内纵向不连续分布，但在一个或多个深度横向分布的数量大于或等于检测剖面数量的 50%； 存在声学参数严重异常、波形严重畸变或声速低于低限值的异常声测线，异常声测线在任一检测剖面的任一区段内纵向不连续分布，且在任一深度横向分布的数量小于检测剖面数量的 50%

续表 10.5.11

类别	特　征
IV	存在声学参数明显异常、波形明显畸变的异常声测线，异常声测线在一个或多个检测剖面的一个或多个区段内纵向连续分布，且在一个或多个深度横向分布的数量大于或等于检测剖面数量的 50%； 存在声学参数严重异常、波形严重畸变或声速低于低限值的异常声测线，异常声测线在一个或多个检测剖面的一个或多个区段内纵向连续分布，或在一个或多个深度横向分布的数量大于或等于检测剖面数量的 50%

注：1　完整性类别由IV类往 I 类依次判定。
　　2　对于只有一个检测剖面的受检桩，桩身完整性判定应按该检测剖面代表桩全部横截面的情况对待。

10.5.12　检测报告除应包括本规范第 3.5.3 条规定的内容外，尚应包括下列内容：

　　1　声测管布置图及声测剖面编号；

　　2　受检桩每个检测剖面声速-深度曲线、波幅-深度曲线，并将相应判据临界值所对应的标志线绘制于同一个坐标系；

　　3　当采用主频值、PSD 值或接收信号能量进行辅助分析判定时，应绘制相应的主频-深度曲线、PSD 曲线或能量-深度曲线；

　　4　各检测剖面实测波列图；

　　5　对加密测试、扇形扫测的有关情况说明；

　　6　当对管距进行修正时，应注明进行管距修正的范围及方法。

附录 A　桩身内力测试

A.0.1　桩身内力测试适用于桩身横截面尺寸基本恒定或已知的桩。

A.0.2　桩身内力测试宜根据测试目的、试验桩型及施工工艺选用电阻应变式传感器、振弦式传感器、滑动测微计或光纤式应变传感器。

A.0.3　传感器测量断面应设置在两种不同性质土层的界面处，且距桩顶和桩底的距离不宜小于 1 倍桩径。在地面处或地面以上应设置一个测量断面作为传感器标定断面。传感器标定断面处应对称设置 4 个传感器，其他测量断面处可对称埋设 2 个~4 个传感器，当桩径较大或试验要求较高时取高值。

A.0.4　采用滑动测微计时，可在桩身内通长埋设 1 根或 1 根以上的测管，测管内宜每隔 1m 设测标或测量断面一个。

A.0.5　应变传感器安装，可根据不同桩型选择下列方式：

　　1　钢桩可将电阻应变计直接粘贴在桩身上，振弦式和光纤式传感器可采用焊接或螺栓连接固定在桩身上；

　　2　混凝土桩可采用焊接或绑焊工艺将传感器固定在钢筋笼上；对采用蒸汽养护或高压蒸养的混凝土预制桩，应选用耐高温的电阻应变计、粘贴剂和导线。

A.0.6　电阻应变式传感器及其连接电缆，应有可靠的防潮绝缘防护措施；正式测试前，传感器及电缆的系统绝缘电阻不得低于 200MΩ。

A.0.7　应变测量所用的仪器，宜具有多点自动测量功能，仪器的分辨力应优于或等于 $1\mu\varepsilon$。

A.0.8　弦式钢筋计应按主筋直径大小选择，并采用与之匹配的频率仪进行测量。频率仪的分辨力应优于或等于 1Hz，仪器的可测频率范围应大于桩在最大加载时的频率的 1.2 倍。使用前，应对钢筋计逐个标定，得出压力（拉力）与频率之间的关系。

A.0.9　带有接长杆的弦式钢筋计宜焊接在主筋上，不宜采用螺纹连接。

A.0.10　滑动测微计测管的埋设应确保测标同桩身位移协调一致，并保持测标清洁。测管安装可根据下列情况采用不同的方法：

　　1　对钢管桩，可通过安装在测管上的测标与钢管桩的焊接，将测管固定在桩壁内侧；

　　2　对非高温养护预制桩，可将测管预埋在预制桩中；管桩可在沉桩后将测管放入中心孔中，用含膨润土的水泥浆充填测管与桩壁间的空隙；

　　3　对灌注桩，可在浇筑混凝土前将测管绑扎在主筋上，并应采取防止钢筋笼扭曲的措施。

A.0.11　滑动测微计测试前后，应进行仪器标定，获得仪器零点和标定系数。

A.0.12　当桩身应变与桩身位移需要同时测量时，桩身位移测试应与桩身应变测试同步。

A.0.13　测试数据整理应符合下列规定：

　　1　采用电阻应变式传感器测量，但未采用六线制长线补偿时，应按下列公式对实测应变值进行导线电阻修正：

采用半桥测量时：

$$\varepsilon = \varepsilon' \cdot \left(1 + \frac{r}{R}\right) \qquad (A.0.13-1)$$

采用全桥测量时：

$$\varepsilon = \varepsilon' \cdot \left(1 + \frac{2r}{R}\right) \qquad (A.0.13-2)$$

式中：ε——修正后的应变值；

　　　ε'——修正前的应变值；

　　　r——导线电阻（Ω）；

　　　R——应变计电阻（Ω）。

　　2　采用弦式钢筋计测量时，应根据率定系数将钢筋计的实测频率换算成力值，再将力值换算成与钢筋计断面处混凝土应变相等的钢筋应变量。

3 采用滑动测微计测量时，应按下列公式计算应变值：

$$e = (e' - z_0) \cdot K \quad (A.0.13\text{-}3)$$

$$\varepsilon = e - e_0 \quad (A.0.13\text{-}4)$$

式中：e——仪器读数修正值；

e'——仪器读数；

z_0——仪器零点；

K——率定系数；

ε——应变值；

e_0——初始测试仪器读数修正值。

4 数据处理时，应删除异常测点数据，求出同一断面有效测点的应变平均值，并应按下式计算该断面处的桩身轴力：

$$Q_i = \bar{\varepsilon}_i \cdot E_i \cdot A_i \quad (A.0.13\text{-}5)$$

式中：Q_i——桩身第 i 断面处轴力（kN）；

$\bar{\varepsilon}_i$——第 i 断面处应变平均值，长期监测时应消除桩身徐变影响；

E_i——第 i 断面处桩身材料弹性模量（kPa）；当混凝土桩桩身测量断面与标定断面两者的材质、配筋一致时，应按标定断面处的应力与应变的比值确定；

A_i——第 i 断面处桩身截面面积（m²）。

5 每级试验荷载下，应将桩身不同断面处的轴力值制成表格，并绘制轴力分布图。桩侧土的分层侧阻力和桩端阻力应分别按下列公式计算：

$$q_{si} = \frac{Q_i - Q_{i+1}}{u \cdot l_i} \quad (A.0.13\text{-}6)$$

$$q_p = \frac{Q_n}{A_0} \quad (A.0.13\text{-}7)$$

式中：q_{si}——桩第 i 断面与 $i+1$ 断面间侧阻力（kPa）；

q_p——桩的端阻力（kPa）；

i——桩检测断面顺序号，$i = 1, 2, \cdots\cdots, n$，并自桩顶以下从小到大排列；

u——桩身周长（m）；

l_i——第 i 断面与第 $i+1$ 断面之间的桩长（m）；

Q_n——桩端的轴力（kN）；

A_0——桩端面积（m²）。

6 桩身第 i 断面处的钢筋应力应按下式计算：

$$\sigma_{si} = E_s \cdot \varepsilon_{si} \quad (A.0.13\text{-}8)$$

式中：σ_{si}——桩身第 i 断面处的钢筋应力（kPa）；

E_s——钢筋弹性模量（kPa）；

ε_{si}——桩身第 i 断面处的钢筋应变。

A.0.14 指定桩身断面的沉降以及两个指定桩身断

面之间的沉降差，可采用位移杆测量。位移杆应具有一定的刚度，宜采用内外管形式：外管固定在桩身，内管下端固定在需测试断面，顶端高出外管100mm～200mm，并能与测试断面同步位移。

A.0.15 测量位移杆位移的检测仪器应符合本规范第4.2.4条的规定。数据的测读应与桩顶位移测量同步。

附录 B　混凝土桩桩头处理

B.0.1 混凝土桩应凿掉桩顶部的破碎层以及软弱或不密实的混凝土。

B.0.2 桩头顶面应平整，桩头中轴线与桩身上部的中轴线应重合。

B.0.3 桩头主筋应全部直通至桩顶混凝土保护层之下，各主筋应在同一高度上。

B.0.4 距桩顶1倍桩径范围内，宜用厚度为3mm～5mm的钢板围裹或距桩顶1.5倍桩径范围内设置箍筋，间距不宜大于100mm。桩顶应设置钢筋网片1层～2层，间距60mm～100mm。

B.0.5 桩头混凝土强度等级宜比桩身混凝土提高1级～2级，且不得低于C30。

B.0.6 高应变法检测的桩头测点处截面尺寸应与原桩身截面尺寸相同。

B.0.7 桩顶应用水平尺找平。

附录 C　静载试验记录表

C.0.1 单桩竖向抗压静载试验的现场检测数据宜按表 C.0.1 的格式记录。

表 C.0.1　单桩竖向抗压静载试验记录表

工程名称				桩号		日期		
加载级	油压（MPa）	荷载（kN）	测读时间	位移计(百分表)读数		本级沉降（mm）	累计沉降（mm）	备注
				1号 2号 3号 4号				

检测单位：　　　　　校核：　　　　　记录：

C.0.2 单桩水平静载试验的现场检测数据宜按表 C.0.2 的格式记录。

表 C.0.2 单桩水平静载试验记录表

工程名称					桩号			日期		上下表距
油压（MPa）	荷载（kN）	观测时间	循环数	加载上表	加载下表	卸载上表	卸载下表	水平位移（mm）加载	水平位移（mm）卸载	加载上下表读数差	转角	备注

检测单位：　　　　校核：　　　　记录：

附录 D　钻芯法检测记录表

D.0.1 钻芯法检测的现场操作记录和芯样编录应分别按表 D.0.1-1 和表 D.0.1-2 的格式记录；检测芯样综合柱状图应按表 D.0.1-3 的格式记录和描述。

表 D.0.1-1 钻芯法检测现场操作记录表

桩号		孔号		工程名称		
时间		钻进(m)		芯样编号	芯样长度（m）	残留芯样	芯样初步描述及异常情况记录
自	至	自	至	计				

检测日期　　　　机长：　　　记录：　　　页次：

表 D.0.1-2 钻芯法检测芯样编录表

工程名称			日期	
桩号/钻芯孔号		桩径	混凝土设计强度等级	
项目	分段(层)深度（m）	芯样描述	取样编号取样深度	备注
桩身混凝土		混凝土钻进深度，芯样连续性、完整性、胶结情况、表面光滑情况、断口吻合程度、混凝土是否为柱状、骨料大小分布情况，以及气孔、空洞、蜂窝麻面、沟槽、破碎、夹泥、松散的情况		
桩底沉渣		桩端混凝土与持力层接触情况、沉渣厚度		
持力层		持力层钻进深度，岩土名称、芯样颜色、结构构造、裂隙发育程度、坚硬及风化程度；分层岩层应分层描述	（强风化或土层时的动力触探或标贯结果）	

检测单位：　　　记录员：　　　检测人员：

表 D.0.1-3 钻芯法检测芯样综合柱状图

桩号/孔号		混凝土设计强度等级		桩顶标高	开孔时间
施工桩长		设计桩径		钻孔深度	终孔时间
层序号	层底标高（m）	层底深度（m）	分层厚度（m）	混凝土/岩土柱状图（比例尺）	桩身混凝土、持力层描述	序号芯样强度深度（m）	备注
						☐	
						☐	
						☐	

编制：　　　　　校核：

注：☐代表芯样试件取样位置。

附录 E　芯样试件加工和测量

E.0.1 芯样加工时应将芯样固定，锯切平面垂直于芯样轴线。锯切过程中应淋水冷却金刚石圆锯片。

E.0.2 锯切后的芯样试件不满足平整及垂直度要求时，应选用下列方法进行端面加工：

　1 在磨平机上磨平；

　2 用水泥砂浆、水泥净浆、硫磺胶泥或硫磺等材料在专用补平装置上补平；水泥砂浆或水泥净浆的补平厚度不宜大于 5mm，硫磺胶泥或硫磺的补平厚度不宜大于 1.5mm。

E.0.3 补平层应与芯样结合牢固，受压时补平层与芯样的结合面不得提前破坏。

E.0.4 试验前，应对芯样试件的几何尺寸做下列测量：

　1 平均直径：在相互垂直的两个位置上，用游标卡尺测量芯样表观直径偏小的部位的直径，取其两次测量的算术平均值，精确至 0.5mm；

　2 芯样高度：用钢卷尺或钢板尺进行测量，精确至 1mm；

　3 垂直度：用游标量角器测量两个端面与母线的夹角，精确至 0.1°；

　4 平整度：用钢板尺或角尺紧靠在芯样端面上，一面转动钢板尺，一面用塞尺测量与芯样端面之间的缝隙。

E.0.5 芯样试件出现下列情况时，不得用作抗压或单轴抗压强度试验：

　1 试件有裂缝或有其他较大缺陷时；

　2 混凝土芯样试件内含有钢筋时；

3 混凝土芯样试件高度小于 0.95d 或大于 1.05d 时（d 为芯样试件平均直径）；

4 岩石芯样试件高度小于 2.0d 或大于 2.5d 时；

5 沿试件高度任一直径与平均直径相差达 2mm 以上时；

6 试件端面的不平整度在 100mm 长度内超过 0.1mm 时；

7 试件端面与轴线的不垂直度超过 2°时；

8 表观混凝土粗骨料最大粒径大于芯样试件平均直径 0.5 倍时。

附录 F　高应变法传感器安装

F.0.1 高应变法检测时的冲击响应可采用对称安装在桩顶下桩侧表面的加速度传感器测量；冲击力可按下列方式测量：

1 采用对称安装在桩顶下桩侧表面的应变传感器测量测点处的应变，并将应变换算成冲击力；

2 在自由落锤锤体顶面下对称安装加速度传感器直接测量冲击力。

F.0.2 在桩顶下桩侧表面安装应变传感器和加速度传感器（图 F.0.1a～图 F.0.1c）时，应符合下列规定：

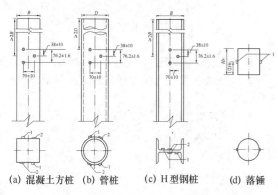

(a) 混凝土方桩　(b) 管桩　(c) H 型钢桩　(d) 落锤

图 F.0.1　传感器安装示意图

注：图中尺寸单位为 mm。

1—加速度传感器；2—应变传感器；
B—矩形桩的边宽；D—桩身外径；
H_r—落锤锤体高度

1 应变传感器和加速度传感器，宜分别对称安装在距桩顶不小于 2D 或 2B 的桩侧表面处；对于大直径桩，传感器与桩顶之间的距离可适当减小，但不得小于 D；传感器安装面处的材质和截面尺寸应与原桩身相同，传感器不得安装在截面突变处附近；

2 应变传感器与加速度传感器的中心应位于同一水平线上；同侧的应变传感器和加速度传感器间的水平距离不宜大于 80mm；

3 各传感器的安装面材质应均匀、密实、平整。

当传感器的安装面不平整时，可采用磨光机将其磨平；

4 安装传感器的螺栓钻孔应与桩侧表面垂直；安装完毕后的传感器应紧贴桩身表面，传感器的敏感轴应与桩中心轴平行；锤击时传感器不得产生滑动；

5 安装应变式传感器时，应对其初始应变值进行监视；安装后的传感器初始应变值不应过大，锤击时传感器的可测轴向变形余量的绝对值应符合下列规定：

　1）混凝土桩不得小于 1000$\mu\varepsilon$；

　2）钢桩不得小于 1500$\mu\varepsilon$。

F.0.3 自由落锤锤体上安装加速度传感器（图 F.0.1d）时，除应符合本规范第 F.0.2 条的有关规定外，尚应保证安装在桩侧表面的加速度传感器距桩顶的距离，不小于下列数值中的较大者：

1 0.4H_r；

2 D 或 B。

F.0.4 当连续锤击监测时，应将传感器连接电缆有效固定。

附录 G　试打桩与打桩监控

G.1　试　打　桩

G.1.1 为选择工程桩的桩型、桩长和桩端持力层进行试打桩时，应符合下列规定：

1 试打桩位置的地基条件应具有代表性；

2 试打桩过程中，应按桩端进入的土层逐一进行测试；当持力层较厚时，应在同一土层中进行多次测试。

G.1.2 桩端持力层应根据试打桩的打桩阻力与贯入度的关系，结合场地岩土工程勘察报告综合判定。

G.1.3 采用试打桩预估桩的承载力应符合下列规定：

1 应通过试打桩复打试验确定桩的承载力恢复系数；

2 复打至初打的休止时间应符合本规范表 3.2.5 的规定；

3 试打桩数量不应少于 3 根。

G.2　桩身锤击应力监测

G.2.1 桩身锤击应力监测应符合下列规定：

1 被监测桩的桩型、材质应与工程桩相同；施打机械的锤型、落距和垫层材料及状况应与工程桩施工时相同；

2 监测应包括桩身锤击拉应力和锤击压应力两部分。

G. 2. 2 桩身锤击应力最大值监测宜符合下列规定：

1 桩身锤击拉应力宜在预计桩端进入软土层或桩端穿过硬土层进入软夹层时测试；

2 桩身锤击压应力宜在桩端进入硬土层或桩侧土阻力较大时测试。

G. 2. 3 传感器安装点以下深度的桩身锤击拉应力应按下式计算：

$$\sigma_t = \frac{1}{2A}\left[F\left(t_1 + \frac{2L}{c}\right) - Z \cdot V\left(t_1 + \frac{2L}{c}\right) \right.$$
$$+ F\left(t_1 + \frac{2L - 2x}{c}\right)$$
$$\left. + Z \cdot V\left(t_1 + \frac{2L - 2x}{c}\right) \right] \quad \text{(G. 2. 3)}$$

式中：σ_t——深度 x 处的桩身锤击拉应力（kPa）；

x——传感器安装点至计算点的深度（m）；

A——桩身截面面积（m^2）。

G. 2. 4 最大桩身锤击拉应力出现的深度，应与式（G. 2. 3）确定的最大桩身锤击拉应力相对应。

G. 2. 5 最大桩身锤击压应力可按下式计算：

$$\sigma_p = \frac{F_{max}}{A} \quad \text{(G. 2. 5)}$$

式中：σ_p——最大桩身锤击压应力（kPa）；

F_{max}——实测的最大锤击力（kN）。

当打桩过程中突然出现贯入度骤减甚至拒锤时，应考虑与桩端接触的硬层对桩身锤击压应力的放大作用。

G. 2. 6 桩身最大锤击应力控制值应符合现行行业标准《建筑桩基技术规范》JGJ 94 的有关规定。

G. 3 锤击能量监测

G. 3. 1 桩锤实际传递给桩的能量应按下式计算：

$$E_n = \int_0^{t_e} F \cdot V \cdot dt \quad \text{(G. 3. 1)}$$

式中：E_n——桩锤实际传递给桩的能量（kJ）；

t_e——采样结束的时刻（s）。

G. 3. 2 桩锤最大动能宜通过测定锤芯最大运动速度确定。

G. 3. 3 桩锤传递比应按桩锤实际传递给桩的能量与桩锤额定能量的比值确定；桩锤效率应按实测的桩锤最大动能与桩锤额定能量的比值确定。

本规范用词说明

1 为便于在执行本规范条文时区别对待，对要求严格程度不同的用词说明如下：

1） 表示很严格，非这样做不可的用词：

正面词采用"必须"，反面词采用"严禁"；

2） 表示严格，在正常情况均应这样做的用词：

正面词采用"应"，反面词采用"不应"或"不得"；

3） 表示允许稍有选择，在条件许可时首先应这样做的用词：

正面词采用"宜"，反面词采用"不宜"；

4） 表示有选择，在一定条件下可以这样做的用词，采用"可"。

2 条文中指明按其他有关标准执行的写法为："应符合……的规定"或"应按……执行"。

引用标准名录

1 《建筑地基基础设计规范》GB 50007

2 《普通混凝土力学性能试验方法标准》GB/T 50081

3 《建筑桩基技术规范》JGJ 94

4 《基桩动测仪》JG/T 3055

中华人民共和国行业标准

建筑基桩检测技术规范

JGJ 106—2014

条 文 说 明

修 订 说 明

《建筑基桩检测技术规范》JGJ 106—2014，经住房和城乡建设部 2014 年 4 月 16 日以第 384 公告批准、发布。

本规范是在《建筑基桩检测技术规范》JGJ 106——2003 的基础上修订而成的。上一版的主编单位是中国建筑科学研究院，参编单位是广东省建筑科学研究院、上海港湾工程设计研究院、冶金工业工程质量监督总站检测中心、中国科学院武汉岩土力学研究所、深圳市勘察研究院、辽宁省建设科学研究院、河南省建筑工程质量检验测试中心站、福建省建筑科学研究院、上海市建筑科学研究院。主要起草人为陈凡、徐天平、朱光裕、钟冬波、刘明贵、刘金砺、叶万灵、滕延京、李大展、刘艳玲、关立军、李荣强、王敏权、陈久照、赵海生、柳春、季沧江。本次修订的主要技术内容是：1. 原规范的 10 条强制性条文修订减少为 4 条；2. 取消了原规范对检测机构和人员的要求；3. 基桩检测方法选择原则及抽检数量的规定；4. 大吨位堆载时支墩边与基准桩中心距离的要求；5. 桩底持力层岩土性状评价时截取岩芯数量的要求；6. 钻芯法判定桩身完整性的一桩多钻芯孔关联性判据，桩身混凝土强度对桩身完整性分类的

影响；7. 对低应变法检测结果判定时易出现误判情况进行识别的要求；8. 长桩提前卸载对高应变法桩身完整性系数计算的影响；9. 声测管理设的要求；10. 声波透射法现场自动检测及其仪器的相关要求；11. 声波透射法的声速异常判断临界值的确定方法；12. 声波透射法多测线、多剖面的空间关联性判据。

本规范修订过程中，编制组对我国基桩检测现状进行了调查研究，总结了《建筑基桩检测技术规范》JGJ 106—2003 实施以来的实践经验、出现的问题，同时参考了国外的先进检测技术、方法标准，通过调研、征求意见，对增加和修订的内容进行反复讨论、分析、论证，开展专题研究和工程实例验证等工作，为本次规范修订提供了依据。

为便于广大工程检测、设计、施工、监理、科研、学校等单位有关人员在使用本规范时能正确理解和执行条文规定，《建筑基桩检测技术规范》编制组按章、节、条顺序编制了本规范的条文说明。对条文规定的目的、依据以及执行中需注意的有关事项进行了说明，还着重对强制性条文的强制性理由做了解释。但是，本条文说明不具备与规范正文同等的法律效力，仅供使用者作为理解和把握规范规定的参考。

目　　次

1 总 则

1.0.1 桩基础是国内应用最为广泛的一种基础形式，其工程质量涉及上部结构的安全。我国年用桩量逾千万根，施工单位数量庞大且技术水平参差不齐，面对如此之大的用桩量，确保质量一直备受建设各方的关注。我国地质条件复杂多样，桩基工程技术的地域应用和发展水平不平衡。桩基工程质量除受岩土工程条件、基础与结构设计、桩土相互作用、施工工艺以及专业水平和经验等关联因素影响外，还具有施工隐蔽性高、更容易存在质量隐患的特点，发现质量问题难，出现事故处理更难。因此，设计规范、施工验收规范将桩的承载力和桩身结构完整性的检测均列为强制性要求，可见检测方法及其评价结果的正确与否直接关系上部结构的正常使用与安全。

2003 版规范较好地解决了各种基桩检测方法的技术能力定位、方法合理选择搭配、结果评价等问题，使基桩检测方法、数量选择、检测操作和结果评价在建工行业内得到了统一，对保证桩基工程质量提供了有力的支持。

2003 版规范实施以来，基桩的检测方法及其分析技术也在不断进步，工程桩检测的理论与实践经验也得到了丰富与积累。近十年来随着桩基技术和建设规模的快速发展，全国各地超高层、大跨结构普遍使用超大荷载基桩，单项工程出现了几千甚至上万根基桩用量，这些对基桩质量检测工作如何做到安全且适用提出了新的要求。因此，规范基桩检测工作，总结经验，提高基桩检测工作的质量，对促进基桩检测技术的健康发展将起到积极作用。

1.0.2 本规范适用于建工行业建筑和市政桥梁工程基桩的试验与检测。具体分为施工前为设计提供依据的试验桩检测和施工后为验收提供依据的工程桩检测，重点放在后者，主要检测参数为基桩的承载力和桩身完整性。

本规范所指的基桩是混凝土灌注桩、混凝土预制桩（包括预应力管桩）和钢桩。基桩的承载力和桩身完整性检测是基桩质量检测中的两项重要内容，除此之外，质量检测的其他内容与要求已在相关的设计和施工质量验收规范中作了明确规定。本规范的适用范围是根据现行国家标准《建筑地基基础设计规范》GB 50007和《建筑地基基础工程施工质量验收规范》GB 50202 的有关规定制定的，水利、交通、铁路等工程的基桩检测可参照使用。此外，对于支护桩以及复合地基增强体设计强度等级不小于C15 的高粘结强度桩（水泥粉煤灰碎石桩），其桩身完整性检测的原理、方法与本规范基桩的桩身完整性检测无异，同样可参照本规范执行。

1.0.3 本条是本规范编制的基本原则。桩基工程的

安全与单桩本身的质量直接相关，而地基条件、设计条件（桩的承载性状、桩的使用功能、桩型、基础和上部结构的形式等）和施工因素（成桩工艺、施工过程的质量控制、施工质量的均匀性、施工方法的可靠性等）不仅对单桩质量而且对整个桩基的正常使用均有影响。另外，检测得到的数据和信号也包含了诸如地基条件、桩身材料、不同桩型及其成桩可靠性、桩的休止时间等设计和施工因素的作用和影响，这些也直接决定了与检测方法相应的检测结果判定是否可靠，及所选择的受检桩是否具有代表性等。如果基桩检测及其结果判定时抛开这些影响因素，就会造成不必要的浪费或隐患。同时，由于各种检测方法在可靠性或经济性方面存在不同程度的局限性，多种方法配合时又具有一定的灵活性。因此，应根据检测目的、检测方法的适用范围和特点，考虑上述各种因素合理选择检测方法，使各种检测方法尽量能互为补充或验证，实现各种方法合理搭配、优势互补，即在达到"正确评价"目的的同时，又要体现经济合理性。

1.0.4 由于基桩检测工作需在工地现场开展，因此基桩检测不仅应满足国家现行有关标准的技术性要求，显然还应符合工地安全生产、防护、环保等有关标准的规定。

2 术语和符号

2.1 术 语

2.1.2 桩身完整性是一个综合定性指标，而非严格的定量指标，其类别是按缺陷对桩身结构承载力的影响程度划分的。这里有三点需要说明：

1 连续性包涵了桩长不够的情况。因动测法只能估算桩长，桩长明显偏短时，给出断桩的结论是正常的。而钻芯法则不同，可准确测定桩长。

2 作为完整性定性指标之一的桩身截面尺寸，由于定义为"相对变化"，所以先要确定一个相对衡量尺度。但检测时，桩径是否减小可能会比照以下条件之一：

   1) 按设计桩径；

   2) 根据设计桩径，并针对不同成桩工艺的桩型按施工验收规范考虑桩径的允许负偏差；

   3) 考虑充盈系数后的平均施工桩径。

所以，灌注桩是否缩颈必须有一个参考基准。过去，在动测法检测并采用开挖验证时，说明动测结论与开挖验证结果是否符合通常是按第一种条件。但严格地讲，应按施工验收规范，即第二个条件才是合理的，但因为动测法不能对缩颈严格定量，于是才定义为"相对变化"。

3 桩身结构承载力与混凝土强度有关，设计上根据混凝土强度等级验算桩身结构承载力是否满足设

计荷载的要求。按本条的定义和表3.5.1描述，桩身完整性是与桩身结构承载力相关的非定量指标，限于检测技术水平，本规范中的完整性检测方法（除钻芯法可通过混凝土芯样抗压试验给出实体强度外）显然不能给出混凝土抗压强度的具体数值。虽然完整性检测结果无法给出混凝土强度的具体数值，但显而易见：桩身存在密实性类缺陷将降低混凝土强度，桩身缩颈会减少桩身有效承载断面等，这些都影响桩身结构承载力，而对结构承载力的影响程度是借助对桩身完整性的感观、经验判断得到的，没有具体量化值。另外，灌注桩桩身混凝土强度作为桩基工程验收的主控项目，以28d标养或同条件试块抗压强度值为依据已是惯例。相对而言，钻芯法在工程桩验收的完整性检测中应用较少。

2.1.3 桩身缺陷有三个指标，即位置、类型（性质）和程度。高、低应变动测时，不论缺陷的类型如何，其综合表现均为桩的阻抗变小，即完整性动力检测中分析的仅是阻抗变化，阻抗的变小可能是任何一种或多种缺陷类型及其程度大小的表现。因此，仅根据阻抗的变小不能判断缺陷的具体类型，如有必要，应结合地质资料、桩型、成桩工艺和施工记录等进行综合判断。对于扩径而表现出的阻抗变大，应在分析判定时予以说明，不应作为缺陷考虑。

2.1.6、2.1.7 基桩动力检测方法按动荷载作用产生的桩顶位移和桩身应变大小可分为高应变法和低应变法。前者的桩顶位移量与竖向抗压静载试验接近，桩周岩土全部或大部进入塑性变形状态，桩身应变量通常在 0.1‰～1.0‰范围内；后者的桩-土系统变形完全在弹性范围内，桩身应变量一般小于或远小于0.01‰。对于普通钢桩，桩身应变超过 1.0‰已接近钢材屈服台阶所对应的变形；对于混凝土桩，视混凝土强度等级的不同，其出现明显塑性变形对应的应变量小于或远小于 0.5‰～1.0‰。

3 基 本 规 定

3.1 一 般 规 定

3.1.1 桩基工程一般按勘察、设计、施工、验收四个阶段进行，基桩试验和检测工作多数情况下分别放在设计和验收两阶段，即施工前和施工后。大多数桩基工程的试验和检测工作确是在这两个阶段展开的，但对桩数较多、施工周期较长的大型桩基工程，验收检测应尽早在施工过程中穿插进行，而且这种做法应大力提倡。

本条强调检测方法合理选择搭配，目的是提高检测结果的可靠性和检测过程的可操作性，也是第1.0.3条的原则体现。表3.1.1所列7种方法是基桩检测中最常用的检测方法。对于冲钻孔、挖孔和沉管

灌注桩以及预制桩等桩型，可采用其中多种甚至全部方法进行检测；但对异型桩、组合型桩，表3.1.1中的部分方法就不能完全适用（如高、低应变动测法）。因此在具体选择检测方法时，应根据检测目的、内容和要求，结合各检测方法的适用范围和检测能力，考虑设计、地基条件、施工因素和工程重要性等情况确定，不允许超适用范围滥用。同时也要兼顾实施中的经济合理性，即在满足正确评价的前提下，做到快速经济。

工程桩承载力验收检测方法，应根据基桩实际受力状态和设计要求合理选择。以竖向承压为主的基桩通常采用竖向抗压静载试验，考虑到高应变法快速、经济和检测桩数覆盖面较大的特点，对符合一定条件及高应变法适用范围的桩基工程，也可选用高应变法作为补充检测。例如条件相同、预制桩量大的桩基工程中，一部分桩可选用静载法检测，而另一部分可用高应变法检测，前者应作为后者的验证对比资料。对不具备条件进行静载试验的端承型大直径灌注桩，可采用钻芯法检查桩端持力层情况，也可采用深层载荷板试验进行核验。对专门承受竖向抗拔荷载或水平荷载的桩基，则应选用竖向抗拔静载试验方法或水平静载试验方法。

桩身完整性检测方法有低应变法、声波透射法、高应变法和钻芯法，除中小直径灌注桩外，大直径灌注桩一般同时选用两种或多种的方法检测，使各种方法能相互补充印证，优势互补。另外，对设计等级高、地基条件复杂、施工质量变异性大的桩基，或低应变完整性判定可能有技术困难时，提倡采用直接法（静载试验、钻芯和开挖，管桩可采用孔内摄像）进行验证。

3.1.2 施工前进行试验桩检测并确定单桩极限承载力，目的是为设计单位选定桩型和桩端持力层、掌握桩侧桩端阻力分布并确定基桩承载力提供依据，同时也为施工单位在新的地基条件下设定并调整施工工艺参数进行必要的验证。对设计等级高且缺乏地区经验的工程，为获得既经济又可靠的设计施工参数，减少盲目性，前期试桩尤为重要。本条规定的第1～3款条件，与现行国家标准《建筑地基基础设计规范》GB 50007、现行行业标准《建筑桩基技术规范》JGJ 94 的原则一致。考虑到桩基础选型、成桩工艺选择与地基条件、桩型和工法的成熟性密切相关，为在推广应用新桩型或新工艺过程中不断积累经验，使其能达到预期的质量和效益目标，规定本地区采用新桩型或新工艺也应在施工前进行试桩。通常为设计提供依据的试验桩静载试验往往应加载至极限破坏状态，但受设备条件和反力提供方式的限制，试验可能做不到破坏状态，为安全起见，此时的单桩极限承载力取试验时最大加载值，但前提是应符合设计的预期要求。

3.1.3 工程桩的承载力和桩身完整性（或桩身质量）

是国家标准《建筑地基基础工程施工质量验收规范》GB 50202—2002桩基验收中的主控项目，也是现行国家标准《建筑地基基础设计规范》GB 50007和现行行业标准《建筑桩基技术规范》JGJ 94以强制性条文形式规定的必检项目。因工程桩的预期使用功能要通过单桩承载力实现，完整性检测的目的是发现某些可能影响单桩承载力的缺陷，最终仍是为减少安全隐患、可靠判定工程桩承载力服务。所以，基桩质量检测时，承载力和完整性两项内容密不可分，往往是通过低应变完整性普查，找出基桩施工质量问题并得到对整体施工质量的大致估计，而工程桩承载力是否满足设计要求则需通过有代表性的单桩承载力检验来实现。

3.1.4 鉴于目前对施工过程中的检测重视不够，本条强调了施工过程中的检测，以便加强施工过程的质量控制，做到信息化施工。如：冲钻孔灌注桩施工中应提倡或明确规定采用一些成熟的技术和常规的方法进行孔径、孔斜、孔深、沉渣厚度和桩端岩性鉴别等项目的检验；对于打入式预制桩，提倡沉桩过程中的高应变监测等。

桩基施工过程中可能出现以下情况：设计变更、局部地基条件与勘察报告不符、工程桩施工工艺与施工前为设计提供依据的试验桩不同、原材料发生变化、施工单位更换等，都可能造成质量隐患。除施工前为设计提供依据的检测外，仅在施工后进行验收检测，即使发现质量问题，也只是事后补救，造成不必要的浪费。因此，基桩检测除在施工前和施工后进行外，尚应加强桩基施工过程中的检测，以便及时发现并解决问题，做到防患于未然，提高效益。

基桩检测工作不论在何时、何地开展，相关单位应时刻牢记和切实执行安全生产的有关规定。

3.2 检测工作程序

3.2.1 框图3.2.1是检测机构应遵循的检测工作程序。实际执行检测程序中，由于不可预知的原因，如委托要求的变化、现场调查情况与委托方介绍的不符，或在现场检测尚未全部完成就已发现质量问题而需要进一步排查，都可能使原检测方案中的检测数量、受检桩桩位、检测方法发生变化。如首先用低应变法普测（或扩检），再根据低应变法检测结果，采用钻芯法、高应变法或静载试验，对有缺陷的桩重点抽测。总之，检测方案并非一成不变，可根据实际情况动态调整。

3.2.2 根据第1.0.3条的原则及基桩检测工作的特殊性，本条对调查阶段工作提出了具体要求。为了正确地对基桩质量进行检测和评价，提高基桩检测工作的质量，做到有的放矢，应尽可能详细了解和搜集有关技术资料，并按表1填写受检桩设计施工概况表。另外，有时委托方的介绍和提出的要求是笼统的、非

技术性的，也需要通过调查来进一步明确委托方的具体要求和现场实施的可行性；有些情况下还需要检测技术人员到现场了解和搜集。

表1 受检桩设计施工概况表

桩号	桩横截面尺寸	混凝土设计强度等级（MPa）	设计桩顶标高（m）	检测时桩顶标高（m）	施工桩底标高（m）	施工桩长（m）	成桩日期	设计桩端持力层	单桩承载力特征值或极限值（kN）	备注
工程名称			地点			桩型				

3.2.3 本条提出的检测方案内容为一般情况下包含的内容，某些情况下还需要包括桩头加固、处理方案以及场地开挖、道路、供电、照明等要求。有时检测方案还需要与委托方或设计方共同研究制定。

3.2.4 检测所用仪器必须进行定期检定或校准，以保证基桩检测数据的准确可靠性和可追溯性。虽然测试仪器在有效计量检定或校准周期之内，但由于基桩检测工作的环境较差，使用期间仍可能由于使用不当或环境恶劣等造成仪器仪表受损或校准因子发生变化。因此，检测前还应加强对测试仪器、配套设备的期间核查；发现问题后应重新检定或校准。

3.2.5 混凝土是一种与龄期相关的材料，其强度随时间的增加而增长。在最初几天内强度快速增加，随后逐渐变缓，其物理力学、声学参数变化趋势亦大体如此。桩基工程受季节气候、周边环境或工期紧的影响，往往不允许等到全部工程桩施工完并都达到28d龄期强度后再开始检测。为做到信息化施工，尽早发现桩的施工质量问题并及时处理，同时考虑到低应变法和声波透射法检测内容是桩身完整性，对混凝土强度的要求可适当放宽。但如果混凝土龄期过短或强度过低，应力波或声波在其中的传播衰减加剧，或同一场地由于桩的龄期相差大，声速的变异性增大。因此，对于低应变法或声波透射法的测试，规定桩身混凝土强度应大于设计强度的70%，并不得低于15MPa。钻芯法检测的内容之一是桩身混凝土强度，显然受检桩应达到28d龄期或同条件养护试块达到设计强度，如果不是以检测混凝土强度为目的的验证检测，也可根据实际情况适当缩短混凝土龄期。高应变法和静载试验在桩身产生的应力水平高，若桩身混凝土强度低，有可能引起桩身损伤或破坏。为分清责任，桩身混凝土应达到28d龄期或设计强度。另外，桩身混凝土强度过低，也可能出现桩身材料应力应

变关系的严重非线性，使高应变测试信号失真。

桩在施工过程中不可避免地扰动桩周土，降低土体强度，引起桩的承载力下降，以高灵敏度饱和黏性土中的摩擦桩最明显。随着休止时间的增加，土体重新固结，土体强度逐渐恢复提高，桩的承载力也逐渐增加。成桩后桩的承载力随时间而变化的现象称为桩的承载力时间（或歇后）效应，我国软土地区这种效应尤为突出。大量资料表明，时间效应可使桩的承载力比初始值增长40%～400%。其变化规律一般是初期增长速度较快，随后渐慢，待达到一定时间后趋于相对稳定，其增长的快慢和幅度除与土性和类别有关，还与桩的施工工艺有关。除非在特定的土质条件和成桩工艺下积累大量的对比数据，否则很难得到承载力的时间效应关系。另外，桩的承载力随时间减小也应引起注意，除挤土上浮、负摩擦等原因引起承载力降低外，已有桩端泥岩持力层遇水软化导致承载力下降的报道。

桩的承载力包括两层涵义，即桩身结构承载力和支撑桩结构的地基岩土承载力，桩的破坏可能是桩身结构破坏或支撑桩结构的地基岩土承载力达到了极限状态，多数情况下桩的承载力受后者制约。如果混凝土强度过低，桩可能产生桩身结构破坏而地基土承载力尚未完全发挥，桩身产生的压缩量较大，检测结果不能真正反映设计条件下桩的承载力与桩的变形情况。因此，对于承载力检测，应同时满足地基土休止时间和桩身混凝土龄期（或设计强度）双重规定，若验收检测工期紧，无法满足休止时间规定时，应在检测报告中注明。

3.2.6 由于检测成本和周期问题，很难做到对桩基工程全部基桩进行检测。施工后验收检测的最终目的是查明隐患、确保安全。为了在有限的检测数量中更能充分暴露桩基存在的质量问题，宜优先检测本条第1～5款所列的桩，其次再考虑随机性。

3.2.7 相对于静载试验而言，本规范规定的完整性检测（除钻芯法外）方法作为普查手段，具有速度快、费用较低和检测数量大的特点，容易发现桩基的整体施工质量问题，至少能为有针对性地选择静载试验提供依据。所以，完整性检测安排在静载试验之前是合理的。当基础埋深较大时，基坑开挖产生土体侧移将桩推断或机械开挖将桩碰断的现象时有发生，此时完整性检测应等到开挖至基底标高后进行。

竖向抗压静载试验中，有时会因桩身缺陷、桩身截面突变处应力集中或桩身强度不足造成桩身结构破坏，有时也因锚桩质量问题而导致试桩失败或中途停顿，故建议在试桩前后对试验桩和锚桩进行完整性检测，为分析桩身结构破坏的原因提供证据和确定锚桩能否正常使用。

对于混凝土桩的抗拔、水平或高应变试验，常因拉应力过大造成桩身开裂或破损，因此承载力检测完

成后的桩身完整性检测比检测前更有价值。

3.2.8 测试数据异常通常是因测试人员误操作、仪器设备故障及现场准备不足造成的。用不正确的测试数据进行分析得出的结果必然不正确。对此，应及时分析原因，组织重新检测。

3.2.9 操作环境要求是按测量仪器设备对使用温湿度、电压波动、电磁干扰、振动冲击等现场环境条件的适应性规定的。

3.3 检测方法选择和检测数量

3.3.1 本条所说的"基桩受力状态"是指桩的承压、抗拔和水平三种受力状态。

"地基条件、桩长相近，桩端持力层、桩型、桩径、成桩工艺相同"即为本规范所指的"同一条件"。对于大型工程，"同一条件"可能包含若干个桩基分项（子分项）工程。同一桩基分项工程可能由两个或两个以上"同一条件"的桩组成，如直径400mm和500mm的两种规格的管桩应区别对待。

本条规定同一条件下的试桩数量不得少于一组3根，是保障合理评价试桩结果的低限要求。若实际中由于某些原因不足以为设计提供可靠依据或设计另有要求时，可根据实际情况增加试桩数量。另外，如果施工时桩参数发生了较大变动或施工工艺发生了变化，应重新试桩。

对于端承型大直径灌注桩，当受设备或现场条件限制无法做竖向抗压静载试验时，可依据现行行业标准《建筑桩基技术规范》JGJ 94相关要求，按现行国家标准《建筑地基基础设计规范》GB 50007进行深层平板载荷试验、岩基载荷试验；或在其他条件相同的情况下进行小直径桩静载试验，通过桩身内力测试，确定承载力参数，并建议考虑尺寸效应的影响。另外，采用上述替代方案时，应先通过相关质量责任主体组织的技术论证。

试验桩场地的选择应有代表性，附近应有地质钻孔。设计提出侧阻和端阻测试要求时，应在试验桩施工中安装测试桩身应变或变形的元件，以得到试桩的侧摩阻力分布及桩端阻力，为设计选择桩基持力层提供依据。试验桩的设计应符合试验目的的要求，静载试验装置的设计和安装应符合试验安全的要求。

3.3.2 本条的要求恰好是在打入式预制桩（特别是长桩、超长桩）情况下的高应变法技术优势所在。进行打桩过程监控可减少桩的破损率和选择合理的入土深度，进而提高沉桩效率。

3.3.3 桩身完整性检测，应在保证准确全面判定的原则上，首选适用、快速、经济的检测方法。当一种方法不能全面评判基桩完整性时，应采用两种或多种检测方法组合进行检测。例如：（1）对多节预制桩，接头质量缺陷是较常见的问题。在无可靠验证对比资料和经验时，低应变法对不同形式的接头质量判定尺

度较难掌握，所以对接头质量有怀疑时，宜采用低应变法与高应变法或孔内摄像相结合的方式检测。（2）中小直径灌注桩常采用低应变法，但大直径灌注桩一般设计承载力高，桩身质量是控制承载力的主要因素；随着桩径的增大和桩长超长，尺寸效应和有效检测深度对低应变法的影响加剧，而钻芯法、声透法恰好适合于大直径桩的检测（对于嵌岩桩，采用钻芯法可同时钻取桩端持力层岩芯和检测沉渣厚度）。同时，对大直径桩采用联合检测方式，多种方法并举，可以实现低应变法与钻芯法、声波透射法之间的相互补充或验证，优势互补，提高完整性检测的可靠性。

按设计等级、地质情况和成桩质量可靠性确定灌注桩的检测比例大小，20多年来的实践证明是合理的。

"每个柱下承台检测桩数不得少于1根"的规定涵盖了单桩单柱应全数检测之意。但应避免为满足本条1～3款最低抽检数量要求而贪图省事、不负责任地选择受检桩；如核心筒部位荷载大、基桩密度大，但受检桩却大量挑选在裙楼基础部位；又如9桩或9桩以上的柱下承台仅检测1根桩。

当对复合地基中类似于素混凝土桩的增强体进行检测时，检测数量应按《建筑地基处理技术规范》JGJ 79规定执行。

3.3.4 桩基工程属于一个单位工程的分部（子分部）工程中的分项工程，一般以分项工程单独验收，所以本规范将承载力验收检测的工程桩数量限定在分项工程内。本条同时规定了在何种条件下工程桩应进行单桩竖向抗压静载试验及检测数量低限。

采用挤土沉桩工艺时，由于土体的侧挤和隆起，质量问题（桩被挤断、拉断、上浮等）时有发生，尤其是大面积密集群桩施工，加上施打顺序不合理或打桩速率过快等不利因素，常引发严重的质量事故。有时施工前虽做过静载试验并以此作为设计依据，但因前期施工的试桩数量毕竟有限，挤土效应并未充分显现，施工后的单桩承载力与施工前的试桩结果相差甚远，对此应给予足够的重视。

另需注意：当符合本条六款条件之一，但单桩竖向抗压承载力检测的数量或方法的选择不能按本条执行时，为避免无法实施竖向抗压承载力检测的情况出现，本规范的第3.3.6条和第3.3.7条作为本条的补充条款给予了出路。

3.3.5 预制桩和满足高应变法适用检测范围的灌注桩，可采用高应变法。高应变法作为一种以检测承载力为主的试验方法，尚不能完全取代静载试验。该方法的可靠性的提高，在很大程度上取决于检测人员的技术水平和经验，绝非仅通过一定量的静动对比就能解决。由于检测人员水平、设备匹配能力、桩土相互作用复杂性等原因，超出高应变法适用范围后，静动对比在机理上就不具备可比性。如果说"静动对比"

是衡量高应变法是否可靠的唯一"硬"指标的话，那么对比结果就不能只是与静载承载力数值的比较，还应比较动测得到的桩的沉降和土参数取值是否合理。同时，在不受第3.3.4条规定条件限制时，尽管允许采用高应变法进行验收检测，但仍需不断积累验证资料、提高分析判断能力和现场检测技术水平。尤其针对灌注桩检测中，实测信号质量有时不易保证、分析中不确定因素多的情况，本规范第9.1.1～9.1.2条对此已作了相应规定。

3.3.6 为了全面了解工程桩的承载力情况，使验收检测达到既安全又经济的目的，本条提出可采用高应变法作为静载试验的"补充"，但无完全代替静载试验之意。如场地地基条件复杂、桩施工变异大，但按本规范第3.3.4条规定的静载试桩数量很少，存在抽样数量不足、代表性差的问题，此时在满足本规范第3.3.4条规定的静载试桩数量的基础上，只能是额外增加高应变检测；又如场地地基条件和施工变异不大，按1%抽检的静载试桩数量较大，根据经验能认定高应变法适用且其结果与静载试验有良好的可比性，此时可适当减少静载试桩数量，采用高应变检测作为补充。

3.3.7 端承型大直径灌注桩（事实上对所有高承载力的桩），往往不允许任何一根桩承载力失效，否则后果不堪设想。由于试桩荷载大或场地限制，有时很难、甚至无法进行单桩竖向抗压承载力静载检测。对此，本条规定实际是对本规范第3.3.4条的补充，体现了"多种方法合理搭配，优势互补"的原则，如深层平板载荷试验、岩基载荷试验、终孔后混凝土灌注前的桩端持力层鉴别，成桩后的钻芯法沉渣厚度测定、桩端持力层钻芯鉴别（包括动力触探、标贯试验、岩芯试件抗压强度试验）。

3.4 验证与扩大检测

3.4.1～3.4.5 这五条内容针对检测中出现的缺乏依据、无法或难于定论的情况，提出了验证检测原则。用准确可靠程度（或直观性）高的检测方法来弥补或复核准确可靠程度（或直观性）低的检测方法结果的不确定性，称为验证检测。

管桩孔内摄像的优点是直观、定量化，其原理及操作细节可参见中国工程建设标准化协会发布的《基桩孔内摄像检测技术规程》。

本规范第3.4.4条的做法，介于重新检测和验证检测之间，使验证检测结果与首次检测结果合并在一起，重新对受检桩进行评价。

应该指出：桩身完整性不符合要求和单桩承载力不满足设计要求是两个独立概念。完整性为Ⅰ类或Ⅱ类而承载力不满足设计要求显然存在结构安全隐患；竖向抗压承载力满足设计要求而完整性为Ⅲ类或Ⅳ类则可能存在安全和耐久性方面的隐患。如桩身出现水平整合型裂缝（灌注桩因挤土、开挖等原因也常出现）或断裂，低应变完整性为Ⅲ类或Ⅳ类，但高应变完整性可能为Ⅱ类，且竖向抗压承载力可能满足设计要求，但存在水平承载力和耐久性方面的隐患。

3.4.6 当需要验证运送至现场某批次混凝土强度或对预留的试块强度和浇注后的混凝土强度有异议时，可按结构构件取芯的方式，验证评价桩身实体混凝土强度。注意本条提出的桩实体强度取芯验证与本规范第7章钻芯法有差别，前者只要按《混凝土结构现场检测技术标准》GB/T 50784，在满足随机抽样的代表性和数量要求的条件下，可以给出具有保证率的检验批混凝土强度推定值；后者常因检测桩数少、缺乏代表性而仅对受检单桩的混凝土强度进行评价。

3.4.7、3.4.8 通常，因初次抽样检测数量有限，当抽样检测中发现承载力不满足设计要求或完整性检测中Ⅲ、Ⅳ类桩比例较大时，应会同有关各方分析和判断桩基整体的质量情况，如果不能得出准确判断，为补强或设计变更方案提供可靠依据时，应扩大检测。扩大检测数量宜根据地基条件、桩基设计等级、桩型、施工质量变异性等因素合理确定。

3.5 检测结果评价和检测报告

3.5.1 桩身结构承载力不仅与桩身完整性有关，显然亦与混凝土强度有关，对此已在本规范第2.1.2条条文说明做了解释。如需了解桩身混凝土强度对结构承载力的影响程度，可通过钻取混凝土芯样，按本规范第7章有关规定得到桩身混凝土强度检测值，然后据此验算评价。

表3.5.1规定了桩身完整性类别划分标准，有利于对完整性检测结果的判定和采用。需要特别指出：分项工程施工质量验收时的检查项目很多，桩身完整性仅是主控检查项目之一（承载力也如此），通常所有的检查项目都满足规定要求时才给出是否合格的结论，况且经设计复核或补强处理还允许通过验收。

桩基整体施工质量问题可由桩身完整性普测发现，如果不能就提供的完整性检测结果判断对桩承载力的影响程度，进而估计是否危及上部结构安全，那么在很大程度上就减少了桩身完整性检测的实际意义。桩的承载功能是通过桩身结构承载力实现的。完整性类别划分主要是根据缺陷程度，但这种划分不能机械地理解为不需考虑桩的设计条件和施工因素。综合判定能力对检测人员极为重要。

按桩身完整性定义中连续性的涵义，只要实测桩长小于施工记录桩长，桩身完整性就应判为Ⅳ类。这对桩长虽短、桩端进入了设计要求的持力层且桩的承载力基本不受影响的情况也如此。

按表3.5.1和惯例，Ⅰ、Ⅱ类桩属于所谓"合格"桩，Ⅲ、Ⅳ类桩为"不合格"桩。对Ⅲ、Ⅳ类桩，工程上一般会采取措施进行处理，如对Ⅳ类桩，

处理内容包括：补强、补桩、设计变更或由原设计单位复核是否可满足结构安全和使用功能要求；而对Ⅲ桩，也可能采用与处理Ⅳ类桩相同的方式，也可能采用其他更可靠的检测方法验证后再做决定。另外，低应变反射波法出现Ⅲ类桩的判定结论后，可能还附带检测机构要求对该桩采用其他方法进一步验证的建议。

3.5.2 承载力现场试验的实测数据通过分析或综合分析所确定或判定的值称为承载力检测值，该值也包括采用正常使用极限状态要求的某一限值（如变形、裂缝）所对应的加载量值。

本次修订，对原规范条文"……并据此给出单位工程同一条件下的单桩承载力特征值是否满足设计要求的结论"进行了修改，原因是：

1 因为某些桩基分项工程采用多种规格（承载力）的桩，如对每个规格（承载力）的桩均按"1%且不少于3根"的数量做静载检验有时很难实现，故删除了原条文中的"同一条件下"。

2 针对工程桩验收检测，已在静载试验和高应变法相关章节取消了通过统计得到承载力极限值，并以此进行整体评价的要求。因为采用统计方式进行整体评价相当于用小样本推断大母体，基桩检测所采用的百分比抽样并非概率统计学意义上的抽样方式，结果评价时的错判概率和漏判概率未知。举一浅显的例子，假设有两个桩基分项工程，同一条件下的总桩数分别为300根和3000根，验收时应分别做3根和30根静载试验，按算术平均后的极限值（除以2后为特征值）对桩基分项工程进行承载力的符合性评价，显然前者结果的可靠度要低于后者。故不再使用经统计得到的承载力值，避免与工程中常见的具有保证率的验收评价结果相混淆。

3 对于验收检测，尚无要求单桩承载力特征值（或极限值）需通过多根试桩结果的统计得到，自然可以针对一根桩或多根桩的承载力特征值（或极限值），做出是否满足设计要求的符合性结论。

4 原规范条文采用了经过"统计"的承载力值进行符合性评价，有两层含义：（1）承载力验收检测的符合性结论即便明确是针对整个分项工程做出的，理论上也不能代表该工程全部基桩的承载力都满足设计要求；（2）符合性结论即便是针对每根受检桩的承载力而非整个工程做出的，也不会被误解为"仅对来样负责"而无法验收。虽然2003版规范要求符合性结论应针对桩基分项工程整体做出，但在近十年的实施中，绝大多数检测机构出具的符合性结论是按单桩承载力做出的，即只要有一根桩的承载力不满足要求，就需采取补救措施（如增加试桩、补桩或加固等），否则不能通过分项工程验收。可见，新版规范对承载力符合性评价的要求比2003版规范要严。

最后还需说明两点：（1）承载力检测因时间短

暂，其结果仅代表试桩那一时刻的承载力，不能包含日后自然或人为因素（如桩周土湿陷、膨胀、冻胀、融沉、侧移，基础上浮、地面超载等）对承载力的影响。（2）承载力评价可能出现矛盾的情况，即承载力不满足设计要求而满足有关规范要求。因为规范一般给出满足安全储备和正常使用功能的最低要求，而设计时常在此基础上留有一定余量。考虑到责权划分，可以作为问题或建议提出，但仍需设计方复核和有关各责任主体方确认。

3.5.3 检测报告应根据所采用的检测方法和相应的检测内容出具检测结论。为使报告具有较强的可读性和内容完整，除众所周知的要求——报告用词规范、检测结论明确、必要的概况描述外，报告中还应包括检测原始记录信息或由其直接导出的信息，即检测报告应包含各受检桩的原始检测数据和曲线，并附有相关的计算分析数据和曲线。本条之所以这样详尽规定，目的就是要杜绝检测报告仅有检测结果而无任何检测数据和图表的现象发生。

4 单桩竖向抗压静载试验

4.1 一般规定

4.1.1 单桩抗压静载试验是公认的检测基桩竖向抗压承载力最直观、最可靠的传统方法。本规范主要是针对我国建筑工程中惯用的维持荷载法进行了技术规定。根据桩的使用环境、荷载条件及大量工程检测实践，在国内其他行业或国外，尚有循环荷载等变形速率及特定荷载下长时间维持等方法。

通过在桩埋设测试元件，并与桩的静载荷试验同步进行的桩身内力测试，是充分了解桩周土层侧阻力和桩底端阻力发挥特征的主要手段，对于优化桩基设计，积累土层侧阻力和端阻力与土性指标关系的资料具有十分重要的意义。

4.1.2 本条明确规定为设计提供依据的静载试验应加载至桩的承载极限状态甚至破坏，即试验应进行到能判定单桩极限承载力为止。对于以桩身强度控制承载力的端承型桩，当设计另有规定时，应从其规定。

4.1.3 在对工程桩验收检测时，规定了加载量不应小于单桩承载力特征值的 2.0 倍，以保证足够的安全储备。

4.2 设备仪器及其安装

4.2.1 为防止加载偏心，千斤顶的合力中心应与反力装置的重心、桩横截面形心重合（桩顶扩径可能是例外），并保证合力方向与桩顶面垂直。使用单台千斤顶的要求也如此。

4.2.2 实际应用中有多种反力装置形式，如伞形堆重装置、斜拉锚桩反力装置等，但都可以归结为本条中的四种基本反力装置形式，无论采用哪种反力装置，都需要符合本条的规定，实际应用中根据具体情况选取。对单桩极限承载力较小的摩擦桩可用土锚作反力；对岩面浅的嵌岩桩，可利用岩锚提供反力。

对于利用静力压桩机进行抗压静载试验的情况，由于压桩机支腿尺寸的限制，试验场地狭小，如果压桩机支腿（视为压重平台支墩）、试桩、基准桩三者之间的距离不满足本规范表 4.2.6 的规定，则不得使用压桩机作为反力装置进行静载试验。

锚桩抗拔力由锚桩桩周岩土的性质和桩身材料强度决定，抗拔力验算时应分别计算桩周岩土的抗拔承载力及桩身材料的抗拉承载力，结果取两者的小值。当工程桩作锚桩且设计对桩身有特殊要求时，应征得有关方同意。此外，当锚桩还受水平力时，尚应在试验中监测锚桩水平位移。

4.2.3 用荷重传感器（直接方式）和油压表（间接方式）两种荷载测量方式的区别在于：前者采用荷重传感器测力，不需考虑千斤顶活塞摩擦对出力的影响；后者需通过率定换算千斤顶出力。同型号千斤顶在保养正常状态下，相同油压时的出力相对误差约为 1‰～2‰，非正常时可超过 5‰。采用传感器测量荷重或油压，容易实现加卸荷与稳压自动化控制，且测量准确度较高。准确度等级一般是指仪器仪表测量值的最大允许误差，如采用惯用的弹簧管式精密压力表测定油压时，符合准确度等级要求的为 0.4 级，不得使用大于 0.5 级的压力表控制加载。当油路工作压力较高时，有时出现油管爆裂、接头漏油、油泵加压不足造成千斤顶出力受限，压力表在超过其 3/4 满量程时的示值误差增大。所以，应适当控制最大加荷时的油压，选用耐压高、工作压力大和量程大的油管、油泵和压力表。另外，也应避免将大吨位级别的千斤顶用于小荷载（相对千斤顶最大出力）的静载试验中。

4.2.4 对于大量程（50mm）百分表，计量检定规程规定：全程最大示值误差和回程误差应分别不超过 $40\mu m$ 和 $8\mu m$，相当于满量程最大允许测量误差不大于 0.1%FS。基准桩应打入地面以下足够的深度，一般不小于 1m。基准梁一端固定，另一端简支，这是为减少温度变化引起的基准梁挠曲变形。在满足表 4.2.6 的规定条件下，基准梁不宜过长，并应采取有效遮挡措施，以减少温度变化和刮风下雨的影响，尤其在昼夜温差较大且白天有阳光照射时更应注意。当基准桩、基准梁不具备规定要求的安装条件，可采用光学仪器测试，其安装的位置应满足表 4.2.6 的要求。

4.2.5 沉降测定平面宜在千斤顶底座承压板以下的桩身位置，即不得在承压板上或千斤顶上设置沉降测点，避免因承压板变形导致沉降观测数据失实。

4.2.6 在试桩加卸载过程中，荷载将通过锚桩（地锚）、压重平台支墩传至试桩、基准桩周围地基土并使之变形。随着试桩、基准桩和锚桩（或压重平台支墩）三者间相互距离缩小，地基土变形对试桩、基准桩的附加应力和变位影响加剧。

1985年，国际土力学与基础工程协会（ISSMFE）提出了静载试验的建议方法并指出：试桩中心到锚桩（或压重平台支墩边）和到基准桩各自间的距离应分别"不小于2.5m或3D"，这和我国现行规范规定的"大于等于4D且不小于2.0m"相比更容易满足（小直径桩按3D控制，大直径桩按2.5m控制）。高重建筑物下的大直径桩试验荷载大、桩间净距小（最小中心距为3D），往往受设备能力制约，采用锚桩法检测时，三者间的距离有时很难满足"不小于4D"的要求，加长基准梁又难避免气候环境影响。考虑到现场验收试验中的困难，且压重平台支墩桩下沉或锚桩上拔对基准桩、试桩的影响小于天然地基作为压重平台支墩对它们的影响，以及支墩下2倍～3倍墩宽应力影响范围内的地基进行加固后将减少对试桩和基准桩的影响，故本规范中对部分间距的规定放宽为"不小于3D"。因此，对群桩间距小于4D但大于等于3D时的试验现场，可尽量利用受检桩周边的工程桩作为压重平台的支墩或锚桩。

关于压重平台支墩边与基准桩和试桩之间的最小间距问题，应区别两种情况对待。在场地土较硬时，堆载引起的支墩及其周围地面沉降和试验加载引起的地面回弹均很小。如 ϕ1200灌注桩采用（10×10）m² 平台堆载11550kN，土层自上而下为凝灰岩残积土、强风化和中风化凝灰岩，堆载和试验加载过程中，距支墩边1m，2m处观测到的地面沉降及回弹量几乎为零。但在软土场地，大吨位堆载由于支墩影响范围大而应引起足够的重视。以某一场地 ϕ500管桩用（7×7）m² 平台堆载4000kN为例：在距支墩边0.95m、1.95m、2.55m和3.5m设四个观测点，平台堆载至4000kN时观测点下沉量分别为13.4mm、6.7mm、3.0mm和0.1mm；试验加载至4000kN时观测点回弹量分别为2.1mm、0.8mm、0.5mm和0.4mm。但也有报导管桩堆载6000kN，支墩产生明显下沉，试验加载至6000kN时，距支墩边2.9m处的观测点回弹近8mm。这里出现两个问题：其一，当支墩边距试桩较近时，大吨位堆载地面下沉将对桩产生负摩阻力，特别对摩擦型桩将明显影响其承载力；其二，桩加载（地面卸载）时地基土回弹对基准桩产生影响。支墩对试桩、基准桩的影响程度与荷载水平及土质条件等有关。对于软土场地超过10000kN的特大吨位堆载（目前国内压重平台法堆载已超过50000kN），为减少对试桩产生附加影响，应考虑对支墩影响范围内的地基土进行加固；对大吨位堆载支墩出现明显下沉的情况，尚需进一步积累资料和研究可靠的沉降测量方法，简易的办法是在远离支墩处用水准仪或张紧的钢丝观测基准桩的竖向位移。

4.3 现场检测

4.3.1 本条是为使试桩具有代表性而提出的。

4.3.2 为便于沉降测量仪表安装，试桩顶部宜高出试坑地面；为使试验桩受力条件与设计条件相同，试坑地面宜与承台底标高一致。对于工程桩验收检测，当桩身荷载水平较低时，允许采用水泥砂浆将桩顶抹平的简单桩头处理方法。

4.3.3 本条是按我国的传统做法，对维持荷载法进行的原则性规定。

4.3.4 慢速维持荷载法是我国公认且已沿用几十年的标准试验方法，是其他工程桩竖向抗压承载力验收检测方法的唯一参照标准，也是与桩基设计有关的行业或地方标准的设计参数规定值获取的最可信方法。

4.3.5、4.3.6 按本规范第4.3.5条第2款，慢速维持荷载法每级荷载持载时间最少为2h。对绝大多数桩基而言，为保证上部结构正常使用，控制桩基绝对沉降是第一重要的，这是地基基础按变形控制设计的基本原则。在工程桩验收检测中，国内某些行业或地方标准允许采用快速维持荷载法。国外许多国家的维持荷载法相当于我国的快速维持荷载法，最少持载时间为1h，但规定了较为宽松的沉降相对稳定标准，与我国快速法的差别就在于此。1985年ISSMFE在推荐的试验方法中建议："维持荷载法加载为每小时一级，稳定标准为0.1mm/20min"。当桩端嵌入基岩时，个别国家还允许缩短时间；也有些国家为测定桩的蠕变沉降速率建议采用终级荷载长时间维持法。

快速维持荷载法在国内从20世纪70年代就开始应用，我国港口工程规范从1983年、上海地基设计规范从1989年起就将这一方法列入，与慢速法一起并列为静载试验方法。快速法由于每级荷载维持时间为1h，各级荷载下的桩顶沉降相对慢速法确实要小一些。相对而言，这种差异是能接受的，因为如将"慢速法"的加荷速率与建筑物建造过程中的施工加载速率相比，显然"慢速法"加荷速率已非常快了，经验表明：慢速法试桩得到的使用荷载对应的桩顶沉降与建筑物桩基在长期荷载作用下的实际沉降相比，要小几倍到十几倍。

快速法试验得到的极限承载力一般略高于慢速法，其中黏性土中桩的承载力提高要比砂土中的桩明显。

在我国，如有些软土中的摩擦桩，按慢速法加载，在最大试验荷载（一般为2倍承载力特征值）的前几级，就已出现沉降稳定时间逐渐延长，即在2h甚至更长时间内不收敛。此时，采用快速法是不适宜的。而也有很多地方的工程桩验收试验，在每级荷载施加不久，沉降迅速稳定，缩短持载时间不会明显影响试桩结果；且因试验周期的缩短，又可减少昼夜温差等环境影响引起的沉降观测误差。在此，给出快速维持荷载法的试验步骤供参考：

1 每级荷载施加后维持 1h，按第 5min、15min、30min 测读桩顶沉降量，以后每隔 15min 测读一次。

2 测读时间累计为 1h 时，若最后 15min 时间间隔的桩顶沉降增量与相邻 15min 时间间隔的桩顶沉降增量相比未明显收敛时，应延长维持荷载时间，直至最后 15min 的沉降增量小于相邻 15min 的沉降增量为止。

3 终止加荷条件可按本规范第 4.3.7 条第 1、4、5 款执行。

4 卸载时，每级荷载维持 15min，按第 5min、15min 测读桩顶沉降量后，即可卸下一级荷载。卸载至零后，应测读桩顶残余沉降量，维持时间为 1h，测读时间为第 5min、15min、30min。

各地在采用快速法时，应总结积累经验，并可结合当地条件提出适宜的沉降相对稳定控制标准。

4.3.7 当桩身存在水平整合型缝隙、桩端有沉渣或吊脚时，在较低竖向荷载时常出现本级荷载沉降超过上一级荷载对应沉降 5 倍的陡降，当缝隙闭合或桩端与硬持力层接触后，随着持荷时间或荷载增加，变形梯度逐渐变缓，以此分析陡降原因。当摩擦桩桩端产生刺入破坏或桩身强度不足桩被压断时，也会出现陡降，但与前相反，随着沉降增加，荷载不能维持甚至大幅降低。所以，出现陡降后终止加载并不代表终止试验，尚应在桩顶下沉量超过 40mm 后，记录沉降满足稳定标准时的桩顶最大沉降所对应的荷载，以大致判断造成陡降的原因。

非嵌岩的长（超长）桩和大直径（扩底）桩的 Q-s 曲线一般呈缓变型，在桩顶沉降达到 40mm 时，桩端阻力一般不能充分发挥。前者由于长细比大、桩身较柔，弹性压缩量大，桩顶沉降较大时，桩端位移还很小；后者虽桩端位移较大，但尚不足以使端阻力充分发挥。因此，放宽桩顶总沉降量控制标准是合理的。

4.4 检测数据分析与判定

4.4.1 除 Q-s、s-$\lg t$ 曲线外，还可绘制 s-$\lg Q$ 曲线及其他分析曲线，如为了直观反映整个试验过程情况，可给出连续的荷载-时间（Q-t）曲线和沉降-时间（s-t）曲线，并为方便比较绘制于一图中。同一工程的一批试桩曲线应按相同的沉降纵坐标比例绘制，满刻度沉降值不宜小于 40mm，当桩顶累计沉降量大于 40mm 时，可按总沉降量以 10mm 的整模数倍增加满刻度值，使结果直观、便于比较。

4.4.2 太沙基和 ISSMFE 指出：当沉降量达到桩径的 10%时，才可能出现极限荷载；黏性土中端阻充

分发挥所需的桩端位移为桩径的 4%～5%，而砂土中可能高到 15%。故第 4 款对缓变型 Q-s 曲线，按 s 等于 0.05D 确定大直径桩的极限承载力大体上是保守的；且因 D 大于等于 800mm 时定义为大直径桩，当 D 等于 800mm 时，0.05D 等于 40mm，正好与中、小直径桩的取值标准衔接。应该注意，世界各国按桩顶总沉降确定极限承载力的规定差别较大，这和各国安全系数的取值大小、特别是上部结构对桩基沉降的要求有关。因此当按本规范建议的桩顶沉降量确定极限承载力时，尚应考虑上部结构对桩基沉降的具体要求。

关于桩身弹性压缩量：当进行桩身应变或位移测试时是已知的；缺乏测试数据时，可假设桩身轴力沿桩长倒梯形分布进行估算，或忽略端承力按倒三角形保守估算，计算公式为 $\dfrac{QL}{2EA}$。

4.4.3 本条只适用于为设计提供依据时的竖向抗压极限承载力试验结果的统计，统计取值方法按《建筑地基基础设计规范》GB 50007 的规定执行。前期静载试验的桩数一般很少，而影响单桩承载力的因素复杂多变。为数有限的试验桩中常出现个别桩承载力过低或过高，若恰好不是偶然原因造成，简单算术平均容易造成浪费或不安全。因此规定极差超过平均值的 30%时，首先应分析、查明原因，结合工程实际综合确定。例如一组 5 根试桩的极限承载力值依次为 800kN、900 kN、1000 kN、1100 kN、1200kN，平均值为 1000kN，单桩承载力最低值和最高值的极差为 400kN，超过平均值的 30%，则不宜简单地将最低值 800kN 去掉用后面 4 个值取平均，或将最低和最高值都去掉取中间 3 个值的平均值，应查明是否出现桩的质量问题或场地条件变异情况。当低值承载力的出现并非偶然原因造成时，例如施工方法本身质量可靠性较低，但能够在之后的工程桩施工中加以控制和改进，出于安全考虑，按本例可依次去掉高值后取平均，直至满足极差不超过 30%的条件，此时可取平均值 900kN 为极限承载力；又如桩数为 3 根或 3 根以下承台，或以后工程桩施工为密集挤土群桩，出于安全考虑，极限承载力可取低值 800 kN。

4.4.4 《建筑地基基础设计规范》GB 50007 规定的单桩竖向抗压承载力特征值是按单桩竖向抗压极限承载力除以安全系数 2 得到的，综合反映了桩侧、桩端极限阻力控制承载力特征值的低限要求。

本条中的"单桩竖向抗压极限承载力"来自两种情况：对于验收检测，即为按第 4.4.2 条得到的单根桩极限承载力值；而对于为设计提供依据的检测，还需按第 4.4.3 条进行统计取值。

4.4.5 本条规定了检测报告中应包含的一些内容，有利于委托方、设计及检测部门对报告的审查和分析。

5 单桩竖向抗拔静载试验

5.1 一般规定

5.1.1 单桩竖向抗拔静载试验是检测单桩竖向抗拔承载力最直观、可靠的方法。与本规范的抗压静载试验相似，国内外抗拔桩试验多采用维持荷载法。本规范规定采用慢速维持荷载法。

5.1.2 当为设计提供依据时，应加载到能判别单桩抗拔极限承载力为止，或加载到桩身材料设计强度限值，这里所说的限值对钢筋混凝土桩而言，实则为钢筋的强度设计值。考虑到可能出现承载力变异和钢筋受力不均等情况，最好适当增加试桩的配筋量。工程桩验收检测时，要求加载量不低于单桩竖向抗拔承载力特征值2倍旨在保证桩侧岩土阻力具有足够的安全储备。

桩侧岩土阻力的抗力分项系数比桩身混凝土要大、比钢材要大很多，因此时常出现设计对抗拔桩有裂缝控制要求时，抗裂验算给出的荷载可能小于或远小于单桩竖向抗拔承载力特征值的2倍，因此试验时的最大上拔荷载只能按设计要求确定。设计对桩上拔量有要求时也如此。

5.1.3 与桩顶受竖向压力作用所发挥的桩侧（正）摩阻力相比，当桩顶受拔使桩身受拉时，由于桩周土中的垂直向主应力减小、桩身泊松效应等，将造成桩侧抗拔（负）摩阻力弱化。对于混凝土抗拔桩，当抗拔承载力相对较高且对抗裂有限制要求时，采用常规模式——桩顶拉拔受力状态（桩身受拉）的抗拔桩恐难设计。这一难题可通过无粘结预应力并在桩端用挤压锚锚固的方式予以解决，此时桩身完全处于受压状态且桩侧负摩阻力能得到提升。这种受力状态的抗拔桩承载力特征值检测，也可等价地采用在桩底上顶桩的方式（加载装置放在桩底）来实现，但若桩的设计受力状态为桩顶拉拔（桩身受拉）方式，仍采用桩底上顶的方式显然不正确，已有实例表明：同条件下的抗拔桩，桩底上顶时的承载力远高于桩顶拉拔时的承载力。

5.1.4 对于钢筋混凝土桩，最大试验荷载不得超过钢筋的强度设计值，以避免因钢筋拔断提前中止试验或出现安全事故。除此之外，建议检测单位尽量了解设计条件，如抗裂或裂缝宽度验算、作用和抗力的考虑（如抗浮桩设计时的设防水位、桩的浮重度、抗拔阻力取值等），这些因素将对抗拔桩的配筋和承载力取值产生影响。

5.2 设备仪器及其安装

5.2.1 本条的要求基本同本规范第4.2.1条。因拔桩试验时千斤顶安放在反力架上面，当采用二台以上千斤顶加载时，应采取一定的安全措施，防止千斤顶倾倒或其他意外事故发生。

5.2.2 当采用地基作反力时，两边支座处的地基强度应相近，且两边支座与地面的接触面积宜相同，避免加载过程中两边沉降不均造成试桩偏心受拉。

5.2.5 本条规定出于以下两种考虑：（1）桩顶上拔量测量平面必须在桩身位置，严禁在混凝土桩的受拉钢筋上设置位移观测点，避免因钢筋变形导致上拔量观测数据失实；（2）为防止混凝土桩保护层开裂对上拔量测试的影响，上拔量观测点应避开混凝土明显破裂区域设置。

5.2.6 本条虽等同采用本规范第4.2.6条，但应注意：在采用天然地基提供支座反力时，拔桩时的加载相当于给支座处地面加载，支座附近的地面会出现不同程度的沉降。荷载越大，地基下沉越大。为防止支座处地基沉降对基准桩产生影响，一是应使基准桩与支座、试桩各自之间的间距满足表4.2.6的规定，二是基准桩需打入试坑地面以下一定深度（一般不小于1m）。

5.3 现场检测

5.3.1 本条包含以下四个方面内容：

1 在拔桩试验前，对混凝土灌注桩及有接头的预制桩采用低应变法检查桩身质量，目的是防止因试验桩自身质量问题而影响抗拔试验成果。

2 对抗拔试验的钻孔灌注桩在浇注混凝土前进行成孔检测，目的是查明桩身有无明显扩径现象或出现扩大头，因这类桩的抗拔承载力缺乏代表性，特别是扩大头桩及桩身中下部有明显扩径的桩，其抗拔极限承载力远远高于长度和桩径相同的非扩径桩，且相同荷载下的上拔量也有明显差别。

3 对有接头的预制桩应进行接头抗拉强度验算。对电焊接头的管桩除验算其主筋强度外，还要考虑主筋墩头的折减系数以及管节端板偏心受拉时的强度及稳定性。墩头折减系数可按有关规范取0.92，而端板强度的验算则比较复杂，可按经验取一个较为安全的系数。

4 对于管桩抗拔试验，存在预应力钢棒连接的问题，可通过在桩管中放置一定长度的钢筋笼并浇筑混凝土来解决。

5.3.2 本条规定拔桩试验应采用慢速维持荷载法，其荷载分级、试验方法及稳定标准均同本规范第4.3.5～4.3.6条有关规定。考虑到拔桩过程中对桩身混凝土开裂情况观测较为困难，本次规范修订将"仔细观察桩身混凝土开裂情况"的要求取消。

5.3.3 本条规定出现所列四种情况之一时，可终止加载。但若在较小荷载下出现某级荷载的桩顶上拔量大于前一级荷载下的5倍时，应综合分析原因，有条件加载时可继续加载，因混凝土桩当桩身出现多条环向裂缝后，桩顶位移可能会出现小的突变，而此时并非达到桩侧土的极限抗拔力。

对工程桩的验收检测，当设计对桩顶最大上拔量或裂缝控制有明确的荷载要求时，应按设计要求执行。

5.4 检测数据分析与判定

5.4.1 拔桩试验与压桩试验一样，一般应绘制 U-δ 曲线和 δ-$\lg t$ 曲线，但当上述二种曲线难以判别时，也可以辅以 δ-$\lg U$ 曲线或 $\lg U$-$\lg \delta$ 曲线，以确定拐点位置。

5.4.2 本条前两款确定的抗拔极限承载力是土的极限抗拔阻力与桩（包括桩向上运动所带动的土体）的自重标准值两部分之和。第 3 款所指的"断裂"是因钢筋强度不够情况下的断裂。如果因抗拔钢筋受力不均匀，部分钢筋因受力太大而断裂，应该将桩试验无效并进行补充试验。不能将钢筋断裂前一级荷载作为极限荷载。

5.4.4 工程桩验收检测时，混凝土桩抗拔承载力可能受抗裂或钢筋强度制约，而土的抗拔阻力尚未充分发挥，只能取最大试验荷载或上拔量控制值所对应的荷载作为极限荷载，不能轻易外推。当然，在上拔量或抗裂要求不明确时，试验控制的最大加载值就是钢筋强度的设计值。

6 单桩水平静载试验

6.1 一 般 规 定

6.1.1 桩的水平承载力静载试验除了桩顶自由的单桩试验外，还有带承台桩的水平静载试验（考虑承台的底面阻力和侧面抗力，以便充分反映桩基在水平力作用下的实际工作状况）、桩顶不能自由转动的不同约束条件及桩顶施加垂直荷载等试验方法，也有循环荷载的加载方法。这一切都可根据设计的特殊要求给予满足，并参考本方法进行。

桩的抗弯能力取决于桩和土的力学性能、桩的自由长度、抗弯刚度、桩宽、桩顶约束等因素。试验条件应尽可能和实际工作条件接近，将各种影响降低到最小的程度，使试验成果能尽量反映工程桩的实际情况。通常情况下，试验条件很难做到和工程桩的情况完全一致，此时应通过试验桩测得桩周土的地基反力特性，即地基土的水平抗力系数。它反映了桩在不同深度处桩侧土抗力和水平位移之间的关系，可视为土的固有特性。根据实际工程桩的情况（如不同桩顶约束、不同自由长度），用它确定土抗力大小，进而计算单桩的水平承载力和弯矩。因此，通过试验求得地基土的水平抗力系数具有更实际、更普遍的意义。

6.2 设备仪器及其安装

6.2.3 若水平力作用点位置高于基桩承台底标高，试验时在相对承台底面处产生附加弯矩，影响测试结果，也不利于将试验成果根据实际桩顶的约束予以修正。球形铰支座的作用是在试验过程中，保持作用力的方向始终水平和通过桩轴线，不随桩的倾斜或扭转而改变。

6.2.6 为保证各测试断面的应力最大值及相应弯矩的测量精度，试桩设置时应严格控制测点的纵剖面与力作用方向之间的偏差。对承受水平荷载的桩而言，桩的破坏是由于桩身弯矩引起的结构破坏。因此对中长桩而言，浅层土的性质起了重要作用，在这段范围内的弯矩变化也最大。为找出最大弯矩及其位置，应加密测试断面。

6.3 现 场 检 测

6.3.1 单向多循环加载法，主要是为了模拟实际结构的受力形式。由于结构物承受的实际荷载异常复杂，所以当需考虑长期水平荷载作用影响时，宜采用本规范第 4 章规定的慢速维持荷载法。由于单向多循环荷载的施加会给内力测试带来不稳定因素，为保证测试质量，建议采用本规范第 4 章规定的慢速或快速维持荷载法；此外水平试验桩通常以结构破坏为主，为缩短试验时间，也可参照港口工程桩基水平承载力试验方法，采用更短时间的快速维持荷载法。

6.3.3 对抗弯性能较差的长桩或中长桩而言，承受水平荷载桩的破坏特征是弯曲破坏，即桩身发生折断，此时试验自然终止。在工程桩水平承载力验收检测中，终止加荷条件可按设计要求或标准规范规定的水平位移允许值控制。考虑软土的侧向约束能力较差以及大直径桩的抗弯刚度大等特点，终止加载的变形限可取上限值。

6.4 检测数据分析与判定

6.4.2 本条中的地基土水平抗力系数随深度增长的比例系数 m 值的计算公式仅适用于水平力作用点至试坑地面的桩自由长度为零时的情况。按桩、土相对刚度不同，水平荷载作用下的桩-土体系有两种工作状态和破坏机理，一种是"刚性短桩"，因转动或平移而破坏，相当于 $\alpha h < 2.5$ 时的情况；另一种是工程中常见的"弹性长桩"，桩身产生挠曲变形，桩下段嵌固于土中不能转动，即本条中 $\alpha h \geqslant 4.0$ 的情况。在 $2.5 \leqslant \alpha h < 4.0$ 范围内，称为"有限长度的中长桩"。《建筑桩基技术规范》JGJ 94 对中长桩的 ν_y 变化给出了具体数值（见表 2）。因此，在按式（6.4.2-1）计算 m 值时，应先计算 αh 值，以确定 αh 是否大于或等于 4.0，若在 2.5～4.0 范围以内，应调整 ν_y 值重新计算 m 值（有些行业标准不考虑）。当 $\alpha h < 2.5$ 时，式

(6.4.2-1) 不适用。

表 2　桩顶水平位移系数 v_y

桩的换算埋深 ah	4.0	3.5	3.0	2.8	2.6	2.4
桩顶自由或铰接时的 v_y 值	2.441	2.502	2.727	2.905	3.163	3.526

注：当 $ah>4.0$ 时取 $ah=4.0$。

试验得到的地基土水平抗力系数的比例系数 m 不是一个常量，而是随地面水平位移及荷载而变化的曲线。

6.4.4　对于混凝土长桩或中长桩，随着水平荷载的增加，桩侧土体的塑性区自上而下逐渐开展扩大，最大弯矩断面下移，最后形成桩身结构的破坏。所测水平临界荷载 H_{cr} 为桩身产生开裂前所对应的水平荷载。因为只有混凝土桩才会产生开裂，故只有混凝土桩才有临界荷载。

6.4.5　单桩水平极限承载力是对应于桩身折断或桩身钢筋应力达到屈服时的前一级水平荷载。

6.4.7　单桩水平承载力特征值除与桩的材料强度、截面刚度、入土深度、土质条件、桩顶水平位移允许值有关外，还与桩顶边界条件（嵌固情况和桩顶竖向荷载大小）有关。由于建筑工程基桩的桩顶嵌入承台深度通常较浅，桩与承台连接的实际约束条件介于固接与铰接之间，这种连接相对于桩顶完全自由时可减少桩顶位移，相对于桩顶完全固接时可降低桩顶约束弯矩并重新分配桩身弯矩。如果桩顶完全固接，水平承载力按位移控制时，是桩顶自由时的 2.60 倍；对较低配筋率的灌注桩按桩身强度（开裂）控制时，由于桩顶弯矩的增加，水平临界承载力是桩顶自由时的 0.83 倍。如果考虑桩顶竖向荷载作用，混凝土桩的水平承载力将会产生变化，桩顶荷载是压力，其水平承载力增加，反之减小。

桩顶自由的单桩水平试验得到的承载力和弯矩仅代表试桩条件的情况，要得到符合实际工程桩嵌固条件的受力特性，需将试桩结果转化，而求得地基土水平抗力系数是实现这一转化的关键。考虑到水平荷载-位移关系的非线性且 m 值随荷载或位移增加而减小，有必要给出 H-m 和 Y_0-m 曲线并按以下考虑确定 m 值：

1　可按设计给出的实际荷载或桩顶位移确定 m 值；

2　设计未作具体规定的，可取水平承载力特征值对应的 m 值。

与竖向抗压、抗拔桩不同，混凝土桩（除高配筋率桩外）在水平荷载作用下的破坏模式一般为弯曲破坏，极限承载力由桩身强度控制。在单桩水平承载力特征值 H_a 的确定上，不采用水平极限承载力除以某

一固定安全系数的做法，而是把桩身强度、开裂或允许位移等条件作为控制因素。也正是因为水平承载桩的承载能力极限状态主要受桩身强度（抗弯刚度）制约，通过水平静载试验给出的极限承载力和极限弯矩对强度控制设计非常必要。

抗裂要求不仅涉及桩身抗弯刚度，也涉及桩的耐久性。虽然本条第 3 款可按设计要求的水平允许位移确定水平承载力，但根据现行国家标准《混凝土结构设计规范》GB 50010，只有裂缝控制等级为三级的构件，才允许出现裂缝，且桩所处的环境类别至少是二级以上（含二级），裂缝宽度限值为 0.2mm。因此，当裂缝控制等级为一、二级时，水平承载力特征值就不应超过水平临界荷载。

7　钻　芯　法

7.1　一　般　规　定

7.1.1　钻芯法是检测钻（冲）孔、人工挖孔等现浇混凝土灌注桩的成桩质量的一种有效手段，不受场地条件的限制，特别适用于大直径混凝土灌注桩的成桩质量检测。钻芯法检测的主要目的有四个：

1　检测桩身混凝土质量情况，如桩身混凝土胶结状况、有无气孔、松散或断桩等，桩身混凝土强度是否符合设计要求；

2　桩底沉渣厚度是否符合设计或规范的要求；

3　桩端持力层的岩土性状（强度）和厚度是否符合设计或规范要求；

4　施工记录桩长是否真实。

受检桩长径比较大时，成孔的垂直度和钻芯孔的垂直度很难控制，钻芯孔容易偏离桩身，故要求受检桩桩径不宜小于 800mm、长径比不宜大于 30。

桩端持力层岩土性状的准确判断直接关系到受检桩的使用安全。《建筑地基基础设计规范》GB 50007 规定：嵌岩灌注桩要求按端承桩设计，桩端以下 3 倍桩径范围内无软弱夹层、断裂破碎带和洞隙分布，在桩底应力扩散范围内无岩体临空面。虽然施工前已进行岩土工程勘察，但有时钻孔数量有限，对较复杂的地基条件，很难全面弄清岩石、土层的分布情况。因此，应对桩端持力层进行足够深度的钻探。

7.1.2　当钻芯孔为一个时，规定宜在距桩中心 10cm～15cm 的位置开孔，一是考虑导管附近的混凝土质量相对较差、不具有代表性，二是方便验证时的钻孔位置布置。

为准确确定桩的中心点，桩头宜开挖裸露；来不及开挖或不便开挖的桩，应采用全站仪或经纬仪确定桩位中心。

7.1.3　当采用钻芯法对桩长、桩身混凝土强度、桩身局部缺陷、桩底沉渣、桩端持力层进行验证检测

时，应根据具体验证的目的进行检测，不需要按本规范第 7.6 节进行单桩全面评价。如验证桩身混凝土强度，可将桩作为单根构件，在桩顶浅部对多桩（或单桩多孔）钻取混凝土芯样，且当抽检桩的代表性和数量符合混凝土结构检测标准的相关要求时，可推定基桩的检测批次混凝土强度。如验证桩身局部缺陷，钻进深度可控制为缺陷以下 1m～2m 处，对芯样混凝土质量进行评价，并应进行芯样试件抗压强度试验。

7.2 设 备

7.2.1 钻机宜采用岩芯钻探的液压高速钻机，并配有相应的钻塔和牢固的底座，机械技术性能良好，不得使用立轴旷动过大的钻机。钻杆应顺直，直径宜为 50mm。

钻机设备参数应满足：额定最高转速不低于 790r/min；转速调节范围不少于 4 档；额定配用压力不低于 1.5MPa。

水泵的排水量宜为 50L/min～160L/min，泵压宜为 1.0 MPa～2.0MPa。

孔口管、扶正稳定器（又称导向器）及可捞取松软渣样的钻具应根据需要选用。桩较长时，应使用扶正稳定器确保钻芯孔的垂直度。桩顶面与钻机塔座距离大于 2m 时，宜安装孔口管，孔口管应垂直且牢固。

7.2.2 钻取芯样的真实程度与所用钻具有很大关系，进而直接影响桩身完整性的类别判定。为提高钻取桩身混凝土芯样的完整性，钻芯检测用钻具应为单动双管钻具，明确禁止使用单动单管钻具。

7.2.3 为了获得比较真实的芯样，要求钻芯法检测应采用金刚石钻头，钻头胎体不得有肉眼可见的裂纹、缺边、少角喇叭形磨损。此外，还需注意金刚石钻头、扩孔器与卡簧的配合和使用的细节：金刚石钻头与岩芯管之间必须安有扩孔器，用以修正孔壁；扩孔器外径应比钻头外径大 0.3mm～0.5mm，卡簧内径应比钻头内径小 0.3mm 左右；金刚石钻头和扩孔器应按外径先大后小的排列顺序使用，同时考虑钻头内径小的先用，内径大的后用。

芯样试件直径不宜小于骨料最大粒径的 3 倍，在任何情况下不得小于骨料最大粒径的 2 倍，否则试件强度的离散性较大。目前，钻头外径有 76mm、91mm、101mm、110mm、130mm 几种规格，从经济合理的角度综合考虑，应选用外径为 101mm 和 110mm 的钻头；当受检桩采用商品混凝土、骨料最大粒径小于 30mm 时，可选用外径为 91mm 的钻头；如果不检测混凝土强度，可选用外径为 76mm 的钻头。

7.2.4 芯样制作分两部分，一部分是锯切芯样，另一部分是对芯样端部进行处理。锯切芯样时应尽可能保证芯样不缺角、两端面平行，可采用单面锯或双面

锯。当芯样端部不满足要求时，可采取补平或磨平方式进行处理。具体要求见本规范附录 E。

7.3 现 场 检 测

7.3.1 钻芯设备应精心安装，钻机立轴中心、天轮中心（天车前沿切点）与孔口中心必须在同一铅垂线上。设备安装后，应进行试运转，在确认正常后方能开钻。钻进初始阶段应对钻机立轴进行校正，及时纠正立轴偏差，确保钻芯过程不发生倾斜、移位。

当出现钻芯孔与桩体偏离时，应立即停机记录，分析原因。当有争议时，可进行钻孔测斜，以判断是受检桩倾斜超过规范要求还是钻芯孔倾斜超过规定要求。

7.3.2 因为钻进过程中钻孔内循环水流不会中断，因此可根据回水含砂量及颜色，发现钻进中的异常情况，调整钻进速度，判断是否钻至桩端持力层。钻至桩底时，为检测桩底沉渣或虚土厚度，应采用减压、慢速钻进。若遇钻具突降，应立即停钻，及时测量管上余尺，准确记录孔深及有关情况。

当持力层为中、微风化岩石时，可将桩底 0.5m 左右的混凝土芯样、0.5m 左右的持力层以及沉渣纳入同一回次。当持力层为强风化岩层或土层时，可采用合金钢钻头干钻的方法和工艺钻取沉渣并测定沉渣厚度。

对中、微风化岩的桩端持力层，可直接钻取岩芯鉴别；对强风化岩层或土层，可采用动力触探、标准贯入试验等方法鉴别。试验宜在距桩底 1m 内进行。

7.3.3 芯样取出后，钻机操作人员应由上而下按回次顺序放进芯样箱中，芯样侧表面上应清晰标明回次数、块号、本回次总块数（宜写成带分数的形式，如 $2\frac{3}{5}$ 表示第 2 回次共有 5 块芯样，本块芯样为第 3 块）。及时记录孔号、回次数、起至深度、块数、总块数、芯样质量的初步描述及钻进异常情况。

有条件时，可采用孔内摄像辅助判断混凝土质量。

检测人员对桩身混凝土芯样的描述包括桩身混凝土钻进深度，芯样连续性、完整性、胶结情况、表面光滑情况、断口吻合程度、混凝土芯样是否为柱状、骨料大小分布情况、气孔、蜂窝麻面、沟槽、破碎、夹泥、松散的情况，以及取样编号和取样位置。

检测人员对持力层的描述包括持力层钻进深度、岩土名称、芯样颜色、结构构造、裂隙发育程度、坚硬及风化程度，以及取样编号和取样位置，或动力触探、标准贯入试验位置和结果。分层岩层应分别描述。

7.3.4 芯样和钻探标示牌的内容包括：工程名称、桩号、钻芯孔号、芯样试件抽取位置、桩长、孔深、检测单位名称等，可将一部分内容在芯样上标识，另

一部分标识在指示牌上。对全貌拍完彩色照片后，再截取芯样试件。取样完毕剩余的芯样宜移交委托单位妥善保存。

7.4 芯样试件截取与加工

7.4.1 以概率论为基础、用可靠性指标度量桩基的可靠度是比较科学的评价基桩强度的方法，即在钻芯法受检桩的芯样中截取一批芯样试件进行抗压强度试验，采用统计的方法判断混凝土强度是否满足设计要求。但在应用上存在以下一些困难：一是由于基桩施工的特殊性，评价单根受检桩的混凝土强度比评价整个桩基工程的混凝土强度更合理。二是混凝土桩应作为受力构件考虑，薄弱部位的强度（结构承载能力）能否满足使用要求，直接关系到结构安全。综合多种因素考虑，规定按上、中、下截取芯样试件。

一般来说，蜂窝麻面、沟槽等缺陷部位的强度较正常胶结的混凝土芯样强度低，无论是严把质量关，尽可能查明质量隐患，还是便于设计人员进行结构承载力验算，都有必要对缺陷部位的芯样进行取样试验。因此，缺陷位置能取样试验时，应截取一组芯样进行混凝土抗压试验。

如果同一基桩的钻芯孔数大于一个，其中一孔在某深度存在蜂窝麻面、沟槽、空洞等缺陷，芯样试件强度可能不满足设计要求，按本规范第7.6.1条的多孔强度计算原则，在其他孔的相同深度部位取样进行抗压试验是非常必要的，在保证结构承载能力的前提下，减少加固处理费用。

7.4.2 由于单个岩石芯样截取的长度至少是其直径的2倍，通常在桩底以下1m范围内很难截取3个完整芯样，因此本次修订取消了原规范截取岩石芯样试件数量为"一组3个"的要求。

为便于设计人员对端承力的验算，提供分层岩性的各层强度值是必要的。为保证岩石天然状态，拟截取的岩石芯样应及时密封包装后浸泡在水中，避免暴晒雨淋，特别是软岩。

7.4.3 对于基桩混凝土芯样来说，芯样试件可选择的余地较大，因此，为了避免试件强度的离散性较大，在选取芯样试件时，应观察芯样侧表面的表观混凝土粗骨料粒径，确保芯样试件平均直径不小于2倍表观混凝土粗骨料最大粒径。

为了避免再对芯样试件高径比进行修正，规定有效芯样试件的高度不得小于 $0.95d$ 且不得大于 $1.05d$ 时（d 为芯样试件平均直径）。

附录E规定平均直径测量精确至0.5mm；沿试件高度任一直径与平均直径相差达2mm以上时不得用作抗压强度试验。这里作以下几点说明：

1 一方面要求直径测量误差小于1mm，另一方面允许不同高度处的直径相差大于1mm，增大了芯样试件强度的不确定度。考虑到钻芯过程对芯样直径

的影响是强度低的地方直径偏小，而抗压试验时直径偏小的地方容易破坏，因此，在测量芯样平均直径时宜选择表观直径偏小的芯样部位。

2 允许沿试件高度任一直径与平均直径相差达2mm，极端情况下，芯样试件的最大直径与最小直径相差可达4mm，此时固然满足规范规定，但是，当芯样侧表面有明显波浪状时，应检查钻机的性能，钻头、扩孔器、卡簧是否合理配置，机座是否安装稳固，钻机立轴是否摆动过大，提高钻机操作人员的技术水平。

3 在诸多因素中，芯样试件端面的平整度是一个重要的因素，容易被检测人员忽视，应引起足够的重视。

7.5 芯样试件抗压强度试验

7.5.1 芯样试件抗压破坏时的最大压力值可能与混凝土标准试件明显不同，芯样试件抗压强度试验时应合理选择压力机的量程和加荷速率，保证试验精度。

根据桩的工作环境状态，试件宜在 $20\pm5℃$ 的清水中浸泡一段时间后进行抗压强度试验。但考虑到钻芯过程中诸因素影响均使芯样试件强度降低，同时也为方便起见，允许芯样试件加工完毕后，立即进行抗压强度试验。

7.5.2 当出现截取芯样未能制作成试件、芯样试件平均直径小于2倍试件内混凝土粗骨料最大粒径时，应重新截取芯样试件进行抗压强度试验。条件不具备时，可将另外两个强度的平均值作为该组混凝土芯样试件抗压强度值。在报告中应对有关情况予以说明。

7.5.3、7.5.4 混凝土芯样试件的强度值不等于在施工现场取样、成型、同条件养护试块的抗压强度，也不等于标准养护28天的试块抗压强度。

芯样试件抗压强度与同条件试块或标养试块抗压强度之间存在差别，其原因主要是成型工艺和养护条件的不同，为了综合考虑上述差别以及混凝土徐变、持续持荷等方面的影响，《混凝土结构设计规范》GB 50010 在设计强度取值时采用了0.88的折减系数。

大部分实测数据表明桩身混凝土芯样抗压强度低于控制混凝土材料质量的立方体试件抗压强度，但降低幅度存在较大的波动范围，也有一些实测数据表明桩身混凝土芯样抗压强度并不低于控制混凝土材料质量的立方体试件抗压强度。广东有137组数据表明在桩身混凝土中的钻取强度与立方体强度的比值的统计平均值为0.749。为考察小芯样取芯的离散性（如尺寸效应、机械扰动等），广东、福建、河南等地6家单位在标准立方体试块中钻取芯样进行抗压强度试验（强度等级C15～C50，芯样直径68mm～100mm，共184组），目的是排除龄期、振捣和养护条件的差异。结果表明：芯样试件强度与立方体强度的比值分别为0.689、0.848、0.895、0.915、1.106、1.106，平均

为 0.943，其中有两单位得出了 $\phi68$、$\phi80$ 芯样强度与 $\phi100$ 芯样强度相比均接近于 1.0 的结论。当排除龄期和养护条件（温度、湿度）差异时，尽管普遍认同芯样强度低于立方体强度，尤其是在桩身混凝土中钻芯更是如此，但上述结果表明，尚不能采用一个统一的折算系数来反映芯样强度与立方体强度的差异。作为行业标准，为了安全起见，本规范不推荐采用某一统一的折算系数，对芯样强度进行修正。

考虑到我国幅员辽阔，在桩身混凝土材料及配比、成孔成桩工艺、施工水平等方面，各地存在较多差异，本规范第 7.5.4 条允许有条件的省、市、地区，通过详尽的对比试验并报当地主管部门审批，在地方标准或相关的规范性文件中提供有地区代表性的芯样强度折算系数。

7.5.5 与工程地质钻探相比，桩端持力层钻芯的主要目的是判断或鉴别桩端持力层岩土性状，因单桩钻芯所能截取的完整岩芯数量有限，当岩石芯样单轴抗压强度试验仅仅是配合判断桩端持力层岩性时，检测报告中可不给出岩石单轴抗压强度标准值，只给出单个芯样单轴抗压强度检测值。

按岩土工程勘察的做法和现行国家标准《建筑地基基础设计规范》GB 50007 的相关规定，需要在岩石的地质年代、名称、风化程度、矿物成分、结构、构造相同条件下至少钻取 6 个以上完整岩石芯样，才有可能确定岩石单轴抗压强度标准值。显然这项工作要通过多桩、多孔钻芯来完成。

岩土工程勘察提供的岩石单轴抗压强度值一般是在岩石饱和状态下得到的，因为水下成孔、灌注施工会不同程度造成岩石强度下降，故采用饱和强度是安全的做法。基桩钻芯法钻取岩芯相当于成桩后的验收检验，正常情况下应尽量使岩芯保持钻芯时的"天然"含水状态。只有明确要求提供岩石饱和单轴抗压强度标准值时，岩石芯样试件应在清水中浸泡不少于 12h 后进行试验。

7.6 检测数据分析与判定

7.6.1 混凝土芯样试件抗压强度的离散性比混凝土标准试件要大，通过对几千组数据进行验算，证实取平均值作为检测值的方法可行。

同一根桩有两个或两个以上钻芯孔时，应综合考虑各孔芯样强度来评定桩身承载力。取同一深度部位各孔芯样试件抗压强度（每孔取一组混凝土芯样试件抗压强度检测值参与平均）的平均值作为该深度的混凝土芯样试件抗压强度检测值，是一种简便实用方法。

虽然桩身轴力上大下小，但从设计角度考虑，桩身承载力受最薄弱部位的混凝土强度控制。因此，规定受检桩中不同深度位置的混凝土芯样试件抗压强度检测值中的最小值为该桩混凝土芯样试件抗压强度检测值。

7.6.2 检测人员可能不熟悉岩土性状的描述和判定，建议有工程地质专业人员参与。

7.6.3 与 2003 版规范相比，在本次修订中，对同一受检桩钻取两孔或三孔芯样的桩身完整性判定做了较大调整：一是强调同一深度部位的不同钻孔的芯样质量的关联性，二是强调局部芯样强度检测值对桩身完整性判定的影响。虽然桩身完整性和混凝土芯样试件抗压强度是两个不同的概念，本规范第 2.1.2 条和第 3.5.1 条的条文说明已做了说明。但是为了充分利用钻芯法的有效检测信息、更客观地评价成桩质量，本规范强调完整性判断应根据混凝土芯样表观特征和缺陷分布情况并结合局部芯样强度检测值进行综合判定，关注缺陷部位能否取样制作成芯样试件以及缺陷部位的芯样试件强度的高低。当混凝土芯样的外观完整性介于Ⅱ类和Ⅲ类之间时，利用出现缺陷部位的"混凝土芯样试件抗压强度检测值是否满足设计要求"这一辅助手段，加以区分。

为便于理解，以三孔桩身完整性Ⅱ类特征之 3 款为例，做两点说明：（1）"且在另两孔同一深度部位的局部混凝土芯样的外观判定完整性类别为Ⅰ类或Ⅱ类"的表述强调了将同一深度部位的局部混凝土芯样质量单列出来进行评价，确定某深度局部范围内的混凝土质量有没有达到完整性Ⅰ类或Ⅱ类判定条件，这里的"Ⅰ类或Ⅱ类"涵盖了芯样完好、芯样有蜂窝等轻微缺陷等情况。（2）对"否则应判为Ⅲ类或Ⅳ类"的理解，例如符合三孔桩身完整性Ⅳ类特征之 4 款条件，完整性应判为Ⅳ类；而既非Ⅱ类又非Ⅳ类者，应判为Ⅲ类。

桩长检测精度应考虑桩底锅底形的影响。按连续性涵义，实测桩长小于施工记录桩长应判为Ⅳ类。

当存在水平裂缝时，可结合水平荷载设计要求和水平裂缝深度进行综合判断：当桩受水平荷载较大且水平裂缝位于桩上部时应判为Ⅳ类桩；当设计对水平承载力无要求且水平裂缝位于桩下部时可判为Ⅱ类桩；其他情况可判为Ⅲ类。

7.6.4 本规范第 8～10 章检测方法都能判定桩身完整性类别，限于目前测试技术水平，尚不能将桩身混凝土强度是否满足设计要求与桩身完整性类别直接联系起来，虽然钻芯法能检测桩身混凝土强度，但并非是本规范第 3.5.1 条的要求。此外，钻芯法的桩身完整性Ⅰ类判据中，也未考虑混凝土强度问题，因此，如没有对芯样抗压强度检测的要求，有可能出现完整性为Ⅰ类但混凝土强度却不满足设计要求。

判定受检桩是否满足设计要求除考虑桩长和芯样试件抗压强度检测值外，当设计有要求时，应判断桩底的沉渣厚度、持力层岩土性状（强度）或厚度是否满足设计要求，否则，应判断是否满足相关规范的要求。另外，钻芯法与本规范第 8～10 章的检测方法不同，属于直接法，桩身完整性类别是通过芯样及其外表特征观察得到的。根据表7.6.3关于Ⅳ类桩判据的描述，Ⅳ类桩肯定存在局部的且影响桩身结构承载力的低质混凝土，即桩身混凝土强度不满足设计要求。因此，对于完整性评价为Ⅳ类的桩，可以明确该桩不满足设计要求。

8 低应变法

8.1 一般规定

8.1.1 目前国内外普遍采用瞬态冲击方式，通过实测桩顶加速度或速度响应时域曲线，籍一维波动理论分析来判定基桩的桩身完整性，这种方法称之为反射波法（或瞬态时域分析法）。目前国内几乎所有检测机构采用这种方法，所用动测仪器一般都具有傅立叶变换功能，可通过速度幅频曲线辅助分析判定桩身完整性，即所谓瞬态频域分析法；也有些动测仪器还具有实测锤击力并对其进行傅立叶变换的功能，进而得到导纳曲线，这称之为瞬态机械阻抗法。当然，采用稳态激振方式直接测得导纳曲线，则称之为稳态机械阻抗法。无论瞬态激振的时域分析还是瞬态或稳态激振的频域分析，只是习惯上从波动理论或振动理论两个不同角度去分析，数学上忽略截断和泄漏误差时，时域信号和频域信号可通过傅立叶变换建立对应关系。所以，当桩的边界和初始条件相同时，时域和频域分析结果应殊途同归。综上所述，考虑到目前国内外使用方法的普遍程度和可操作性，本规范将上述方法合并编写并统称为低应变（动测）法。

一维线弹性杆件模型是低应变法的理论基础。有别于静力学意义下按长细比大小来划分杆件，考虑波传播时满足一维杆平截面假设成立的前提是：瞬态激励脉冲有效高频分量的波长与杆的横向尺寸之比不宜小于10。另外，基于平截面假设成立的要求，设计桩身横截面宜基本规则。对于薄壁钢管桩、大直径现浇薄壁混凝土管桩和类似于H型钢桩的异型桩，若激励响应在桩顶面接收时，本方法不适用。钢桩桩身质量检验以焊缝检查和焊缝探伤为主。

本方法对桩身缺陷程度不做定量判定，尽管利用实测曲线拟合法分析能给出定量的结果，但由于桩的尺寸效应、测试系统的幅频与相频响应、高频波的弥散、滤波等造成的实测波形畸变，以及桩侧土阻尼、土阻力和桩身阻尼的耦合影响，曲线拟合法还不能达到精确定量的程度。

对于桩身不同类型的缺陷，低应变测试信号中主要反映桩身阻抗减小，缺陷性质往往较难区分。例如，混凝土灌注桩出现的缩颈与局部松散、夹泥、空洞等，只凭测试信号就很难区分。因此，对缺陷类型进行判定，应结合地质、施工情况综合分析，或采取开挖、钻芯、声波透射等其他方法验证。

由于受桩周土约束、激振能量、桩身材料阻尼和桩身截面阻抗变化等因素的影响，应力波从桩顶传至桩底再从桩底反射回桩顶的传播为一能量和幅值逐渐衰减过程。若桩过长（或长径比较大）或桩身截面阻抗多变或变幅较大，往往应力波尚未反射回桩顶甚至尚未传到桩底，其能量已完全衰减或提前反射，致使仪器测不到桩底反射信号，而无法评定整根桩的完整性。在我国，若排除其他条件差异而只考虑各地区地基条件差异时，桩的有效检测长度主要受桩土刚度比大小的制约。因各地提出的有效检测范围变化很大，如长径比30～50、桩长30m～50m不等，故本条未规定有效检测长度的控制范围。具体工程的有效检测桩长，应通过现场试验，依据能否识别桩底反射信号，确定该方法是否适用。

对于最大有效检测深度小于实际桩长的长桩、超长桩检测，尽管测不到桩底反射信号，但若有效检测长度范围内存在缺陷，则实测信号中必有缺陷反射信号。因此，低应变方法仍可用于查明有效检测长度范围内是否存在缺陷。

8.1.2 本条要求对桩身截面多变且变化幅度较大的灌注桩的检测有效性进行辅助验证，主要考虑以下几点：

1 阻抗变化会引起应力波多次反射，且阻抗变化截面离桩顶越近，反射越强，当多个阻抗变化截面的一次或多次反射相互叠加时，造成波形难于识别；

2 阻抗变化对应力波向下传播有衰减，截面变化幅度越大引起的衰减越严重；

3 大直径灌注桩的横向尺寸效应，桩径越大，短波长窄脉冲激励造成响应波形的失真就越严重，难以采用；

4 桩身阻抗变化范围的纵向尺度与激励脉冲波长相比越小，阻抗变化的反射就越弱，即所谓偏离一维杆波动理论的"纵向尺寸效应"越显著。

因此，承接这类灌注桩检测前，应在积累本地区经验的基础上，了解工艺和施工情况（例如充盈系数、护壁尺寸、何种土层采用何种施工工艺更容易出现塌孔等），使所选用的验证方法切实可行，降低误判几率。

另外，应用机械啮合接头等施工工艺的预制桩，接缝明显，也会造成检测结果判断不准确。

8.2 仪 器 设 备

8.2.1 低应变动力检测采用的测量响应传感器主要是压电式加速度传感器（国内多数厂家生产的仪器尚能兼容磁电式速度传感器测试），根据其结构特点和动态性能，当压电式传感器的可用上限频率在其安装谐振频率的1/5以下时，可保证较高的冲击测量精度，且在此范围内，相位误差几乎可以忽略。所以应尽量选用安装谐振频率较高的加速度传感器。

对于桩顶瞬态响应测量，习惯上是将加速度计的实测信号积分成速度曲线，并据此进行判读。实践表明：除采用小锤硬碰硬敲击外，速度信号中的有效高频成分一般在 2000Hz 以内。但这并不等于说，加速度计的频响线性段达到 2000Hz 就足够了。这是因为，加速度原始波形经积分后的速度波形要包含更多和更尖的毛刺，高频尖峰毛刺的宽窄和多寡决定了它们在频谱上占据的频带宽窄和能量大小。事实上，对加速度信号的积分相当于低通滤波，这种滤波作用对尖峰毛刺特别明显。当加速度计的频响线性段较窄时，就会造成信号失真。所以，在 ±10% 幅频误差内，加速度计幅频线性段的高限不宜小于 5000Hz，同时也应避免在桩顶敲击处表面凹凸不平时用硬质材料锤（或不加锤垫）直接敲击。

高阻尼磁电式速度传感器固有频率在 10Hz～20Hz 之间时，幅频线性范围（误差 ±10% 时）约在 20Hz～1000Hz 内，若要拓宽使用频带，理论上可通过提高高阻尼比来实现。但从传感器的结构设计、制作以及可用性看却又难于做到。因此，若要提高高频测量上限，必须提高固有频率，势必造成低频段幅频特性恶化，反之亦然。同时，速度传感器在接近固有频率时使用，还存在因相位差迁引起的相频非线性问题。此外由于速度传感器的体积和质量均较大，其二阶安装谐振频率受安装条件影响很大，安装不良时会大幅下降并产生自身振荡，虽然可通过低通滤波将自振信号滤除，但在安装谐振频率附近的有用信息也将随之滤除。综上所述，高频窄脉冲冲击响应测量不宜使用速度传感器。

8.2.2 瞬态激振操作应通过现场试验选择不同材质的锤头或锤垫，以获得低频宽脉冲或高频窄脉冲。除大直径桩外，冲击脉冲中的有效高频分量可选择不超过 2000Hz（钟形力脉冲宽度为 1ms，对应的高频截止分量约为 2000Hz）。目前激振设备普遍使用的是力锤、力棒，其锤头或锤垫多选用工程塑料、高强尼龙、铝、铜、铁、橡皮垫等，锤的质量为几百克至几十千克不等。

稳态激振设备可包括扫频信号发生器、功率放大器及电磁式激振器。由扫频信号发生器输出等幅值、频率可调的正弦信号，通过功率放大器放大至电磁激振器输出同频率正弦激振力作用于桩顶。

8.3 现 场 检 测

8.3.1 桩顶条件和桩头处理好坏直接影响测试信号的质量。因此，要求受检桩桩顶的混凝土质量、截面尺寸应与桩身设计条件基本等同。灌注桩应凿去桩顶浮浆或松散、破损部分，露出坚硬的混凝土表面；桩顶表面应平整干净且无积水；妨碍正常测试的桩顶外露主筋应割掉。对于预应力管桩，当法兰盘与桩身混凝土之间结合紧密时，可不进行处理，否则，应采用电锯将桩头锯平。

当桩头与承台或垫层相连时，相当于桩头处存在很大的截面阻抗变化，对测试信号会产生影响。因此，测试时桩头应与混凝土承台断开；当桩头侧面与垫层相连时，除非对测试信号没有影响，否则应断开。

8.3.2 从时域波形中找到桩底反射位置，仅仅是确定了桩底反射的时间，根据 $\Delta T = 2L/c$，只有已知桩长 L 才能计算波速 c，或已知波速 c 计算桩长 L。因此，桩长参数应以实际记录的施工桩长为依据，按测点至桩底的距离设定。测试前桩身波速可根据本地区同类桩型的测试值初步设定，实际分析时应按桩长计算的波速重新设定或按本规范第 8.4.1 条确定的波速平均值 c_m 设定。

对于时域信号，采样频率越高，则采集的数字信号越接近模拟信号，越有利于缺陷位置的准确判断。一般应在保证测得完整信号（1024 个采样点，且时段不少于 $2L/c + 5ms$）的前提下，选用较高的采样频率或较小的采样时间间隔。但是，若要兼顾频域分辨率，则应按采样定理适当降低采样频率或增加采样点数。

稳态激振是按一定频率间隔逐个频率激振，并持续一段时间。频率间隔的选择决定于速度幅频曲线和导纳曲线的频率分辨率，它影响桩身缺陷位置的判定精度；间隔越小，精度越高，但检测时间很长，降低工作效率。一般频率间隔设置为 3Hz、5Hz、10Hz。每一频率下激振持续时间，理论上越长越好，这样有利于消除信号中的随机噪声。实际测试过程中，为提高工作效率，只要保证获得稳定的激振力和响应信号即可。

8.3.3 本条是为保证响应信号质量而提出的基本要求：

1 传感器安装底面与桩顶面之间不得留有缝隙，安装部位混凝土凹凸不平时应磨平，传感器用耦合剂粘结时，粘结层应尽可能薄。

2 激振点与传感器安装点应远离钢筋笼的主筋，其目的是减少外露主筋对测试产生干扰信号。若外露主筋过长而影响正常测试时，应将其割短。

3 激振方向应沿桩轴线方向的要求是为了有效减少敲击时的水平分量。

4 瞬态激振通过改变锤的重量及锤头材料，可改变冲击入射波的脉冲宽度及频率成分。锤头质量较大或硬度较小时，冲击入射波脉冲较宽，低频成分为主；当冲击力大小相同，其能量较大，应力波衰减较慢，适合于获得长桩桩底信号或下部缺陷的识别。锤头质量较轻或硬度较大时，冲击入射波脉冲较窄，含高频成分较多；冲击力大小相同时，虽其能量较小但加剧大直径桩的尺寸效应影响，但较适宜于桩身浅部缺陷的识别及定位。

5 稳态激振在每个设定的频率下激振时，为避免频率变换过程产生失真信号，应具有足够的稳定激振时间，以获得稳定的激振力和响应信号，并根据桩径、桩长及桩周土约束情况调整激振力。稳态激振器的安装方式及好坏对测试结果起着很大的作用。为保证激振系统本身在测试频率范围内不至于出现谐振，激振器的安装宜采用柔性悬挂装置，同时在测试过程中应避免激振器出现横向振动。

8.3.4 本条主要是对激振点和检测点位置进行了规定，以保证从现场获取的信息尽量完备：

1 本条第1款有两层含义：

第一是减小尺寸效应影响。相对桩顶横截面尺寸而言，激振点处为集中力作用，在桩顶部位可能出现与桩的横向振型相对应的高频干扰。当锤击脉冲变窄或桩径增加时，这种由三维尺寸效应引起的干扰加剧。传感器安装点与激振点距离和位置不同，所受干扰的程度各异。理论研究表明：实心桩安装点在距桩中心约 2/3 半径 R 时，所受干扰相对较小；空心桩安装点与激振点平面夹角等于或略大于 90° 时也有类似效果，该处相当于横向耦合低阶振型的驻点。传感器安装点、激振（锤击）点布置见图1。另应注意：加大安装与激振两点距离或平面夹角将增大锤击点与安装点响应信号时间差，造成波速或缺陷定位误差。

第二是使同一场地同一类型桩的检测信号具有可比性。因不同的激振点和检测点所测信号的差异主要随桩径或桩上部截面尺寸不规则程度变大而变强，因此尽量找出同一场地相近条件下各桩信号的规律性，对复杂波形的判断有利。

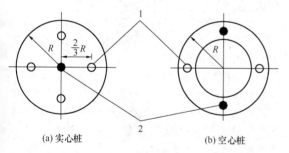

图 1　传感器安装点、激振（锤击）点布置示意图
1—传感器安装点；2—激振锤击点

当预制桩桩顶高于地面很多，或灌注桩桩顶部分桩身截面很不规则，或桩顶与承台等其他结构相连而不具备传感器安装条件时，可将两支测量响应传感器对称安装在桩顶以下的桩侧表面，且宜远离桩顶。

2 本条第2款所述"适当改变激振点和检测点的位置"是指位置选择可不受第1款的限制。

3 桩径增大时，桩截面各部位的运动不均匀性也会增加，桩浅部的阻抗变化往往表现出明显的方向性，故应增加检测点数量，使检测结果能全面反映桩

身结构完整性情况。

4 对现场检测人员的要求绝不能仅满足于熟练操作仪器，因为只有通过检测人员对所获波形在现场的合理、快速判断，才有可能决定下一步激振点、检测点以及敲击方式（锤重、锤垫等）的选择。

5 应合理选择测试系统量程范围，特别是传感器的量程范围，避免信号波峰削波。

6 每个检测点有效信号数不宜少于3个，通过叠加平均可提高信噪比。

8.4　检测数据分析与判定

8.4.1 为分析不同时段或频段信号所反映的桩身阻抗信息、核验桩底信号并确定桩身缺陷位置，需要确定桩身波速及其平均值 c_m。波速除与桩身混凝土强度有关外，还与混凝土的骨料品种、粒径级配、密度、水灰比、成桩工艺（导管灌注、振捣、离心）等因素有关。波速与桩身混凝土强度整体趋势上呈正相关关系，即强度高波速高，但二者并不为一一对应关系。在影响混凝土波速的诸多因素中，强度对波速的影响并非首位。中国建筑科学研究院的试验资料表明：采用普硅水泥，粗骨料相同，不同试配强度及龄期强度相差1倍时，声速变化仅为10%左右；根据辽宁省建设科学研究院的试验结果：采用矿渣水泥，28d 强度为3d 强度的4倍～5倍，一维波速增加20%～30%；分别采用碎石和卵石并按相同强度等级试配，发现以碎石为粗骨料的混凝土一维波速比卵石高约13%。天津市政研究院也得到类似辽宁院的规律，但有一定离散性，即同一组（粗骨料相同）混凝土试配强度不同的杆件或试块，同龄期强度低约10%～15%，但波速或声速略有提高。也有资料报导正好相反，例如福建省建筑科学研究院的试验资料表明：采用普硅水泥，按相同强度等级试配，骨料为卵石的混凝土声速略高于骨料为碎石的混凝土声速。因此，不能依据波速去评定混凝土强度等级，反之亦然。

虽然波速与混凝土强度二者并不呈一一对应关系，但考虑到二者整体趋势上呈正相关关系，且强度等级是现场最易得到的参考数据，故对于超长桩或无法明确找出桩底反射信号的桩，可根据本地区经验并结合混凝土强度等级，综合确定波速平均值，或利用成桩工艺、桩型相同且桩长相对较短并能够找出桩底反射信号的桩确定的波速，作为波速平均值。此外，当某根桩露出地面且有一定的高度时，可沿桩长方向间隔一可测量的距离段安装两个测振传感器，通过测量两个传感器的响应时差，计算该桩段的波速值，以该值代表整根桩的波速值。

8.4.2 本方法确定桩身缺陷的位置是有误差的，原因是：缺陷位置处 Δt_x 和 $\Delta f'$ 存在读数误差；采样点数不变时，提高采样频率降低了频域分辨率；波速确定的方式及用抽样所得平均值 c_m 替代某具体桩身段

波速带来的误差。其中，波速带来的缺陷位置误差 $\Delta x = x \cdot \Delta c/c$（$\Delta c/c$ 为波速相对误差）影响最大，如波速相对误差为 5%，缺陷位置为 10m 时，则误差有 0.5m；缺陷位置为 20m 时，则误差有 1.0m。

对瞬态激振还存在另一种误差，即锤击后应力波主要以纵波形式直接沿桩身向下传播，同时在桩顶又主要以表面波和剪切波的形式沿径向传播。因锤击点与传感器安装点有一定的距离，接收点测到的入射峰总比锤击点处滞后，考虑到表面波或剪切波的传播速度比纵波低得多，特别对大直径桩或直径较大的管桩，这种从锤击点起由近及远的时间线性滞后将明显增加。而波从缺陷或桩底以一维平面应力波反射回桩顶时，引起的桩顶面径向各点的质点运动却在同一时刻都是相同的，即不存在由近及远的时间滞后问题。严格地讲，按入射峰-桩底反射峰确定的波速将比实际的高，若按"正确"的桩身波速确定缺陷位置将比实际的浅；另外桩身截面阻抗在纵向较长一段范围内变化较大时，将引起波的绕行距离增加，使"真实的一维杆波速"降低。基于以上两种原因，按照目前的锤击方式测桩，不可能精确地测到桩的"一维杆纵波波速"。

8.4.3 表 8.4.3 列出了根据实测时域或幅频信号特征、所划分的桩身完整性类别。完整桩典型的时域信号和速度幅频信号见图 2 和图 3，缺陷桩典型的时域信号和速度幅频信号见图 4 和图 5。

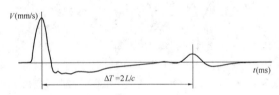

图 2 完整桩典型时域信号特征

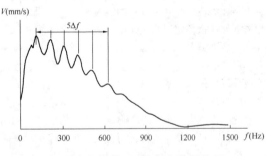

图 3 完整桩典型速度幅频信号特征

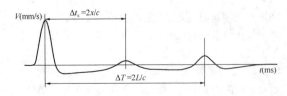

图 4 缺陷桩典型时域信号特征

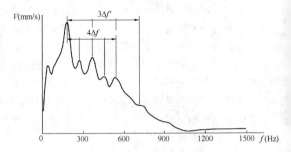

图 5 缺陷桩典型速度幅频信号特征

完整桩分析判定，据时域信号或频域曲线特征判定相对来说较简单直观，而分析缺陷桩信号则复杂些，有的信号的确是因施工质量缺陷产生的，但也有是因设计构造或成桩工艺本身局限导致的，例如预制打入桩的接缝，灌注桩的逐渐扩径再缩回原桩径的变截面，地层硬夹层影响等。因此，在分析测试信号时，应仔细分清哪些是缺陷波或缺陷谐振峰，哪些是因桩身构造、成桩工艺、土层影响造成的类似缺陷信号特征。另外，根据测试信号幅值大小判定缺陷程度，除受缺陷程度影响外，还受桩周土阻力（阻尼）大小及缺陷所处深度的影响。相同程度的缺陷因桩周土岩性不同或缺陷埋深不同，在测试信号中其幅值大小各异。因此，如何正确判定缺陷程度，特别是缺陷十分明显时，如何区分是Ⅲ类桩还是Ⅳ类桩，应仔细对照桩型、地基条件、施工情况结合当地经验综合分析判断；不仅如此，还应结合基础和上部结构形式对桩的承载安全性要求，考虑桩身承载力不足引发桩身结构破坏的可能性，进行缺陷类别划分，不宜单凭测试信号定论。

桩身缺陷的程度及位置，除直接从时域信号或幅频曲线上判定外，还可借助其他计算方式及相关测试量作为辅助的分析手段：

1 时域信号曲线拟合法：将桩划分为若干单元，以实测或模拟的力信号作为已知条件，设定并调整桩身阻抗及土参数，通过一维波动方程数值计算，计算出速度时域波形并与实测的波形进行反复比较，直到两者吻合程度达到满意为止，从而得出桩身阻抗的变化位置及变化量大小。该计算方法类似于高应变的曲线拟合法。

2 根据速度幅频曲线或导纳曲线中基频位置，利用实测导纳值与计算导纳值相对高低、实测动刚度的相对高低进行判断。此外，还可对速度幅频信号曲线进行二次谱分析。

图 6 为完整桩的速度导纳曲线。计算导纳值 N_c、实测导纳值 N_m 和动刚度 K_d 分别按下列公式计算：

导纳理论计算值：$N_c = \dfrac{1}{\rho c_m A}$ (1)

实测导纳几何平均值：$N_m = \sqrt{P_{max} \cdot Q_{min}}$ (2)

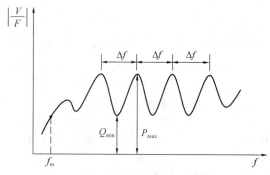

图 6 均匀完整桩的速度导纳曲线图

动刚度：
$$K_{d} = \frac{2\pi f_{m}}{\left|\dfrac{V}{F}\right|_{m}} \qquad (3)$$

式中：ρ——桩材质量密度（kg/m³）；

c_m——桩身波速平均值（m/s）；

A——设计桩身截面积（m²）；

P_{max}——导纳曲线上谐振波峰的最大值（m/s·N⁻¹）；

Q_{min}——导纳曲线上谐振波谷的最小值（m/s·N⁻¹）；

f_m——导纳曲线上起始近似直线段上任一频率值（Hz）；

$\left|\dfrac{V}{F}\right|_{m}$——与 f_m 对应的导纳幅值（m/s·N⁻¹）。

理论上，实测导纳值 N_m、计算导纳值 N_c 和动刚度 K_d 就桩身质量好坏而言存在一定的相对关系：完整桩，N_m 约等于 N_c，K_d 值正常；缺陷桩，N_m 大于 N_c，K_d 值低，且随缺陷程度的增加其差值增大；扩径桩，N_m 小于 N_c、K_d 值高。

值得说明，由于稳态激振过程在某窄小频带上激振，其能量集中、信噪比高、抗干扰能力强等特点，所测的导纳曲线、导纳值及动刚度比采用瞬态激振方式重复性好、可信度较高。

表 8.4.3 没有列出桩身无缺陷或有轻微缺陷但无桩底反射这种信号特征的类别划分。事实上，测不到桩底信号这种情况受多种因素和条件影响，例如：

——软土地区的超长桩，长径比很大；

——桩周土约束很大，应力波衰减很快；

——桩身阻抗与持力层阻抗匹配良好；

——桩身截面阻抗显著突变或沿桩长渐变；

——预制桩接头缝隙影响。

其实，当桩侧和桩端阻力很强时，高应变法同样也测不出桩底反射。所以，上述原因造成无桩底反射也属正常。此时的桩身完整性判定，只能结合经验、参照本场地和本地区的同类型桩综合分析或采用其他方法进一步检测。

对承载有利的扩径灌注桩，不应判定为缺陷桩。

8.4.4 当灌注桩桩截面形态呈现如图 7 情况时，桩身截面（阻抗）渐变或突变，在阻抗突变处的一次或二次反射常表现为类似明显扩径、严重缺陷或断桩的相反情形，从而造成误判。桩侧局部强土阻力和大直径开口预应力管桩桩孔内土塞部位反射也有类似情况，即一次反射似扩径，二次反射似缺陷。纵向尺寸效应与一维杆平截面假设相违，即桩身阻抗突变段的反射幅值随突变段纵向范围的缩小而减弱。例如支盘桩的支盘直径很大，但随着支盘厚度的减小，扩径反射将愈来愈不明显；若此情形换为缩颈，其危险性不言而喻。以上情况可结合施工、地层情况综合分析加以区分；无法区分时，应结合其他检测方法综合判定。

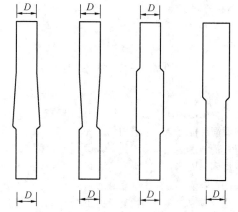

(a)逐渐扩径 (b)逐渐缩颈 (c)中部扩径 (d)上部扩径

图 7 混凝土灌注桩截面（阻抗）变化示意图

当桩身存在不止一个阻抗变化截面（见图 7c）时，由于各阻抗变化截面的一次和多次反射波相互叠加，除距桩顶第一阻抗变化截面的一次反射能辨认外，其后的反射信号可能变得十分复杂，难于分析判断。此时，在信号没有受尺寸效应、测试系统频响等影响产生畸变的前提下，可按下列建议尝试采用实测曲线拟合法进行辅助分析：

  1 宜采用实测力波形作为边界条件输入；

  2 桩顶横截面尺寸应按现场实际测量结果确定；

  3 通过同条件下、截面基本均匀的相邻桩曲线拟合，确定引起应力波衰减的桩土参数取值。

8.4.5 本条是这次修订增加的内容。由于受横向尺寸效应的制约，激励脉冲的波长有时很难明显小于浅部阻抗变化的深度，造成无法对桩身浅部特别是极浅部的阻抗变化进行定性和定位，甚至是误判，如浅部局部扩径，波形可能主要表现出扩径恢复后的"似缩颈"反射。因此要求根据力和速度信号起始峰的比例差异情况判断桩身浅部阻抗变化程度。建议采用这种方法时，按本规范第 8.3.4 条在同条件下进行多根桩对比，在解决阻抗变化定性的基础上，判定阻抗变化程度，不过，在阻抗变化位置很浅时可能仍无法准确定位。

8.4.6 对嵌岩桩，桩底沉渣和桩端下存在的软弱夹层、溶洞等是直接关系到该桩能否安全使用的关键因素。虽然本方法不能确定桩底情况，但理论上可以将嵌岩桩桩端视为杆件的固定端，并根据桩底反射波的方向及其幅值判断桩端端承效果，也可通过导纳值、动刚度的相对高低提供辅助分析。采用本方法判定桩端嵌固效果差时，应采用钻芯、静载或高应变等检测方法核验桩端嵌岩情况，确保基桩使用安全。

8.4.8 人员水平低、测量系统动态范围窄、激振设备选择或操作不当、人为信号再处理影响信号真实性等，都会直接影响结论判断的正确性，只有根据原始信号曲线才能鉴别。

9 高 应 变 法

9.1 一 般 规 定

9.1.1 高应变法的主要功能是判定单桩竖向抗压承载力是否满足设计要求。这里所说的承载力是指在桩身强度满足桩身结构承载力的前提下，得到的桩周岩土对桩的抗力（静阻力）。所以要得到极限承载力，应使桩侧和桩端岩土阻力充分发挥，否则不能得到承载力的极限值，只能得到承载力检测值。

与低应变法检测的快捷、廉价相比，高应变法检测桩身完整性虽然是附带性的。但由于其激励能量和检测有效深度大的优点，特别在判定桩身水平整合型缝隙、预制桩接头等缺陷时，能够在查明这些"缺陷"是否影响竖向抗压承载力的基础上，合理判定缺陷程度。当然，带有普查性的完整性检测，采用低应变法更为恰当。

高应变检测技术是从打入式预制桩发展起来的，试打桩和打桩监控属于其特有的功能，是静载试验无法做到的。

除嵌入基岩的大直径桩和摩擦型大直径桩外，大直径灌注桩、扩底桩（墩）由于桩端尺寸效应明显，通常其静载 Q-s 曲线表现为缓变型，端阻力发挥所需的位移很大。另外，增加桩径使桩身截面阻抗（或桩的惯性）按直径的平方增加，而桩侧阻力按直径的一次方增加，桩-锤匹配能力下降。而多数情况下高应变检测所用锤的重量有限，很难在桩顶产生较长持续时间的荷载作用，达不到使土阻力充分发挥所需的位移量。另一原因如本规范第 9.1.2 条条文说明所述。

9.1.2 灌注桩的截面尺寸和材质的非均匀性、施工的隐蔽性（干作业成孔桩除外）及由此引起的承载力变异性普遍高于打入式预制桩，而灌注桩检测采集的波形质量低于预制桩，波形分析中的不确定性和复杂性又明显高于预制桩。与静载试验结果对比，灌注桩高应变检测判定的承载力误差也如此。因此，积累灌注桩现场测试、分析经验和相近条件下的可靠对比验

证资料，对确保检测质量尤其重要。

9.2 仪 器 设 备

9.2.1 本条对仪器的主要技术性能指标要求是按建筑工业行业标准《基桩动测仪》JG/T 3055 提出的，比较适中，大部分型号的国产和进口仪器能满足。因动测仪器的使用环境较差，故仪器的环境性能指标和可靠性也很重要。本条对安装于距桩顶附近桩身侧表面的响应测量传感器——加速度计的量程未做具体规定，原因是对不同类型的桩，各种因素影响使最大冲击加速度变化很大。建议根据实测经验来合理选择，宜使选择的量程大于预估最大冲击加速度值的一倍以上。如对钢桩，宜选择 $20000\text{m/s}^2 \sim 30000\text{m/s}^2$ 量程的加速度计。

9.2.2 导杆式柴油锤荷载上升时间过于缓慢，容易造成速度响应信号失真。

本条没有对锤重的选择做出规定，因为利用打桩机械测试不一定是休止后的承载力检测，软土场地长或超长桩的初打监控，出现锤重不符合本规范第 9.2.5～9.2.6 条规定的情况属于正常。另外建工行业多采用筒式柴油锤，它与自由落锤相比冲击动能较大，轻锤也可能完成沉桩工作。

9.2.3 本条之所以定为强制性条文，是因为锤击设备的导向和锤体形状直接关系到信号质量与现场试验的安全。

无导向锤的脱钩装置多基于杠杆式原理制成，操作人员需在离锤很近的范围内操作，缺乏安全保障，且脱钩时会不同程度地引起锤的摇摆，更容易造成锤击严重偏心而产生垃圾信号。另外，如果采用汽车吊直接将锤吊起并脱钩，因锤的重量突然释放造成吊车吊臂的强烈反弹，对吊臂造成损害。因此稳固的导向装置的另一个作用是：在落锤脱钩前需将锤的重量通过导向装置传递给锤击装置的底盘，使吊车吊臂不再受力。扁平状锤如分片组装式锤的单片或混凝土浇筑的强夯锤，下落时不易导向且平稳性差，容易造成严重锤击偏心，影响测试质量。因此规定锤体的高径（宽）比不得小于1。

9.2.4 自由落锤安装加速度计测量桩顶锤击力的依据是牛顿第二和第三定律。其成立条件是同一时刻锤体内各质点的运动和受力无差异，也就是说，虽然锤为弹性体，只要锤体内部不存在波传播的不均匀性，就可视锤为一刚体或具有一定质量的质点。波动理论分析结果表明：当沿正弦波传播方向的介质尺寸小于正弦波波长的 1/10 时，可认为在该尺寸范围内无波传播效应，即同一时刻锤的受力和运动状态均匀。除钢桩外，较重的自由落锤在桩身产生的力信号中的有效频率分量（占能量的 90% 以上）在 200Hz 以内，超过 300Hz 后可忽略不计。按不利条件估计，对力信号有贡献的高频分量波长一般也不小于 20m。所

以，在大多数采用自由落锤的场合，牛顿第二定律能较严格地成立。规定锤体高径（宽）比不大于 1.5 正是为了避免波传播效应造成的锤内部运动状态不均匀。这种方式与在桩头附近的桩侧表面安装应变式传感器的测力方式相比，优缺点是：

1 避免了桩头损伤和安装部位混凝土质量差导致的测力失败以及应变式传感器的经常损坏。

2 避免了因混凝土非线性造成的力信号失真（混凝土受压时，理论上讲是对实测力值放大，是不安全的）。

3 直接测定锤击力，即使混凝土的波速、弹性模量改变，也无需修正；当混凝土应力-应变关系的非线性严重时，不存在通过应变环测试换算冲击力造成的力值放大。

4 测量响应的加速度计只能安装在距桩顶较近的桩侧表面，尤其不能安装在桩头变阻抗截面以下的桩身上。

5 桩顶只能放置薄层桩垫，不能放置尺寸和质量较大的桩帽（替打）。

6 锤高一般以 2.0m～2.5m 为限，则最大使用的锤重可能受到限制，除非采用重锤或厚软锤垫减少锤上的波传播效应。

7 锤在非受力状态时有负向（向下）的加速度，可能被误认为是冲击力变化：如撞击前锤体自由下落时的 $-g$（g 为重力加速度）加速度；撞击后锤体可能与桩顶脱离接触（反弹）并回落而产生负向加速度，锤愈轻、桩的承载力或桩身阻抗愈大，反弹表现就愈显著。

8 重锤撞击桩顶瞬时难免与导架产生碰撞或摩擦，导致锤体上产生高频纵、横干扰波，锤的纵、横尺寸越小，干扰波频率就越高，也就越容易被滤除。

9.2.5 我国每年高应变法检测桩的总量粗估在 15 万根桩以上，已超过了单桩静载验收检测的总桩数，但该法在国内发展不均衡，主要在沿海地区应用。本条强制性条文的规定连同第 9.2.6 条规定之涵义，在 2003 年版规范中曾合并于一条强条来表述。为提高强条的可操作性，本次修订保留了锤重低限值的强制性要求。锤的重量大小直接关系到桩侧、桩端岩土阻力发挥的高低，只有充分包含土阻力发挥信息的信号才能视为有效信号，也才能作为高应变承载力分析与评价的依据。锤重不变时，随着桩横截面尺寸、桩的质量或单桩承载力的增加，锤与桩的匹配能力下降，试验中直观表象是锤的强烈反弹，锤落距提高引起的桩顶动位移或贯入度增加不明显，而桩身锤击应力的增加比传递给桩的有效能量的增加效果更为显著，因此轻锤高落距锤击是错误的做法。个别检测机构，为了降低运输（搬运）、吊（安）装成本和试验难度，一味采用轻锤进行试验，由于土阻力（承载力）发挥信息严重不足，遂随意放大调整实测信号，导致承载

力虚高；有时，轻锤高击还引起桩身破损。

本条是保证信号有效性规定的最低锤重要求，也是体现高应变法"重锤低击"原则的最低要求。国际上，应尽量加大动测用锤重的观点得到了普遍推崇，如美国材料与试验协会 ASTM 在 2000 年颁布的《桩的高应变动力检测标准试验方法》D4945 中提出：锤重选择以能充分调动桩侧、桩端岩土阻力为原则，并无具体低限值的要求；而在 2008 年修订时，针对灌注桩增加了"落锤锤重至少为极限承载力期望值的 1%～2%"的要求，相当于本规范所用锤重与单桩竖向抗压承载力特征值的比值为 2%～4%。

另需注意：本规范第 9.2.3 条关于锤的导向和形状要求是从避免出现表观垃圾信号的角度提出，不能证明信号的有效性，即承载力发挥信息是否充分。

9.2.6 本条未规定锤重增加范围的上限值，一是体现"重锤低击"原则，二是考虑以下情况：

1 桩较长或桩径较大时，一般使侧阻、端阻充分发挥所需位移大；

2 桩是否容易被"打动"取决于桩身"广义阻抗"的大小。广义阻抗与桩身截面波阻抗和桩周土岩土阻力均有关。随着桩直径增加，波阻抗的增加通常快于土阻力，而桩身阻抗的增加实际上就是桩的惯性质量增加，仍按承载力特征值的 2% 选取锤重，将使锤对桩的匹配能力下降。

因此，不仅从土阻力，也要从桩身惯性质量两方面考虑提高锤重是更科学的做法。当桩径或桩长明显超过本条低限值时，例如，1200mm 直径灌注桩，桩长 20m，设计要求的承载力特征值较低，仅为 2000kN，即使将锤重与承载力特征值的比值提高到 3%，即采用 60kN 的重锤仍感锤重偏轻。

9.2.7 测量贯入度的方法较多，可视现场具体条件选择：

1 如采用类似单桩静载试验架设基准梁的方式测量，准确度较高，但现场工作量大，特别是重锤对桩冲击使桩周土产生振动，使受检桩附近架设的基准梁受影响，导致桩的贯入度测量结果可靠度下降；

2 预制桩锤击沉桩时利用锤击设备导架的某一标记作基准，根据一阵锤（如 10 锤）的总下沉量确定平均贯入度，简便但准确度不高；

3 采用加速度信号二次积分得到的最终位移作为贯入度，操作最为简便，但加速度计零漂大和低频响应差（时间常数小）时将产生明显的积分漂移，且零漂小的加速度计价格很高；另外因信号采集时段短，信号采集结束时若桩的运动尚未停止（以柴油锤打桩时为甚）则不能采用；

4 用精密水准仪时受环境振动影响小，观测准确度相对较高。

9.3 现 场 检 测

9.3.1 承载力时间效应因地而异，以沿海软土地区

最显著。成桩后，若桩周岩土无隆起、侧挤、沉陷、软化等影响，承载力随时间增长。工期紧休止时间不够时，除非承载力检测值已满足设计要求，否则应休止到满足表 3.2.5 规定的时间为止。

锤击装置垂直、锤击平稳对中、桩头加固和加设桩垫，是为了减小锤击偏心和避免击碎桩头；在距桩顶规定的距离下的合适部位对称安装传感器，是为了减小锤击在桩顶产生的应力集中和对偏心进行补偿。所有这些措施都是为保证测试信号质量提出的。

9.3.2 采样时间间隔为 $100\mu s$，对常见的工业与民用建筑的桩是合适的。但对于超长桩，例如桩长超过 60m，采样时间间隔可放宽为 $200\mu s$，当然也可增加采样点数。

应变式传感器直接测到的是其安装面上的应变，并按下式换算成锤击力：

$$F = A \cdot E \cdot \varepsilon \qquad (4)$$

式中：F——锤击力；

A——测点处桩截面积；

E——桩材弹性模量；

ε——实测应变值。

显然，锤击力的正确换算依赖于测点处设定的桩参数是否符合实际。另一需注意的问题是：计算测点以下原桩身的阻抗变化、包括计算的桩身运动及受力大小，都是以测点处桩头单元为相对"基准"的。

测点下桩长是指桩头传感器安装点至桩底的距离，一般不包括桩尖部分。

对于普通钢桩，桩身波速可直接设定为 5120m/s。对于混凝土桩，桩身波速取决于混凝土的骨料品种、粒径级配、成桩工艺（导管灌注、振捣、离心）及龄期，其值变化范围大多为 3000m/s～4500m/s。混凝土预制桩可在沉桩前实测无缺陷桩的桩身平均波速作为设定值；混凝土灌注桩应结合本地区混凝土波速的经验值或同场地已知值初步设定，但在计算分析前，应根据实测信号进行校正。

9.3.3 对本条各款依次说明如下：

1 传感器外壳与仪器外壳共地，测试现场潮湿，传感器对地未绝缘，交流供电时常出现 50Hz 干扰，解决办法是良好接地或改用直流供电。

2 根据波动理论分析：若视锤为一刚体，则桩顶的最大锤击应力只与锤冲击桩顶时的初速度有关，落距越高，锤击应力和偏心越大，越容易击碎桩头（桩端进入基岩时因桩端压应力放大造成桩尖破损）。此外，强锤击压应力是使桩身出现较强反射拉应力的先决条件，即使桩头不会被击碎，但当打桩阻力较低（例如挤土上浮桩、深厚软土中的摩擦桩）、且入射压力脉冲较窄（即锤较轻）或桩较长时，桩身有可能被拉裂。轻锤高击并不能有效提高桩锤传递给桩的能量和增大桩顶位移，因为力脉冲作用持续时间显著与锤重有关，锤击脉冲越窄，波传播的不均匀性，即桩身

受力和运动的不均匀性（惯性效应）越明显，实测波形中土的动阻力影响加剧，而与位移相关的静土阻力呈明显的分段发挥态势，使承载力的测试分析误差增加。事实上，若将锤重增加到单桩承载力特征值的 $10\%\sim20\%$ 以上，则可得到与静动法（STATNAMIC 法）相似的长持续力脉冲作用。此时，由于桩身中的波传播效应大大减弱，桩侧、桩端岩土阻力的发挥更接近静载作用时桩的荷载传递性状。因此，"重锤低击"是保障高应变法检测承载力准确性的基本原则，这与低应变法充分利用波传播效应（窄脉冲）准确探测缺陷位置有着概念上的区别。

3 打桩过程监测是指预制桩施打开始后进行的打桩全部过程测试，也可根据重点关注的预计穿越土层或预计达到的持力层分段测试。

4 高应变试验成功的关键是信号质量以及信号中的信息是否充分。所以应根据每锤信号质量以及动位移、贯入度和大致的土阻力发挥情况，初步判别采集到的信号是否满足检测目的的要求。同时，也要检查混凝土桩锤击拉、压应力和缺陷程度大小，以决定是否进一步锤击，以免桩头或桩身受损。自由落锤锤击时，锤的落距应由低到高；打入式预制桩则按每次采集一阵（10 击）的波形进行判别。

5 检测工作现场情况复杂，经常产生各种不利影响。为确保采集到可靠的数据，检测人员应能正确判断波形质量、识别干扰，熟练诊断测量系统的各类故障。

9.3.4 贯入度的大小与桩尖刺入或桩端压密塑性变形量相对应，是反映桩侧、桩端土阻力是否充分发挥的一个重要信息。贯入度小，即通常所说的"打不动"，使检测得到的承载力低于极限值。本条是从保证承载力分析计算结果的可靠性出发，给出的贯入度合适范围，不能片面理解成在检测中应减小锤重使单击贯入度不超过 6mm。贯入度大且桩身无缺陷的波形特征是 $2L/c$ 处桩底反射强烈，其后的土阻力反射或桩的回弹不明显。贯入度过大造成的桩周土扰动大，高应变承载力分析所用的土的力学模型，对真实的桩-土相互作用的模拟接近程度变差。据国内发现的一些实例和国外的统计资料：贯入度较大时，采用常规的理想弹-塑性土阻力模型进行实测曲线拟合分析，不少情况下预示的承载力明显低于静载试验结果，统计结果离散性很大！而贯入度较小、甚至桩几乎未被打动时，静动对比的误差相对较小，且统计结果的离散性也不大。若采用考虑桩端土附加质量的能量耗散机制模型修正，与贯入度小时的承载力提高幅度相比，会出现难以预料的承载力成倍提高。原因是：桩底反射强意味着桩端的运动加速度和速度强烈，附加土质量产生的惯性力和动阻力恰好分别与加速度和速度成正比。可以想见，对于长细比较大、侧阻力较强的摩擦型桩，上述效应就不会明显。此外，

6mm贯入度只是一个统计参考值，本章第9.4.7条第4款已针对此情况作了具体规定。

9.4 检测数据分析与判定

9.4.1 从一阵锤击信号中选取分析用信号时，除要考虑有足够的锤击能量使桩周岩土阻力充分发挥外，还应注意下列问题：

1 连续打桩时桩周土的扰动及残余应力；

2 锤击使缺陷进一步发展或拉应力使桩身混凝土产生裂隙；

3 在桩易打或难打以及长桩情况下，速度基线修正带来的误差；

4 对桩垫过厚和柴油锤冷锤信号，因加速度测量系统的低频特性造成速度信号出现偏离基线的趋势项。

9.4.2 高质量的信号是得出可靠分析计算结果的基础。除柴油锤施打的长桩信号外，力的时程曲线应最终归零。对于混凝土桩，高应变测试信号质量不但受传感器安装好坏、锤击偏心程度和传感器安装面处混凝土是否开裂的影响，也受混凝土的不均匀性和非线性的影响。这些影响对采用应变式传感器测试、经换算得到的力信号尤其敏感。混凝土的非线性一般表现为：随应变的增加，割线模量减小，并出现塑性变形，使根据应变换算到的力值偏大且力曲线尾部不归零。本规范所指的锤击偏心相当于两侧力信号之一与力平均值之差的绝对值超过平均值的33%。通常锤击偏心很难避免，因此严禁用单侧力信号代替平均力信号。

9.4.3 桩身平均波速也可根据下行波起升沿的起点和上行波下降沿的起点之间的时差与已知桩长值确定。对桩底反射峰宽或有水平裂缝的桩，不应根据峰与峰间的时差来确定平均波速。桩较短且锤击力波上升缓慢时，可采用低应变法确定平均波速。

9.4.4 通常，当平均波速按实测波形改变后，测点处的原设定波速也应按比例线性改变，弹性模量则应按平方的比例关系改变。当采用应变式传感器测力时，多数仪器并非直接保存实测应变值，如有些是以速度（$V = c \cdot \varepsilon$）的单位存储，若弹性模量随波速改变后，仪器不能自动修正以速度为单位存储的力值，则应对原始实测力值校正。注意：本条所说的"力值校正"与本规范第9.4.5条所禁止的"比例失调时"的随意调整是截然不同的两种行为。

对于锤上安装加速度计的测力方式，由于力值 F 是按牛顿第二定律 $F = m_r a_r$（式中 m_r 和 a_r 分别为锤体的质量和锤体的加速度）直接测量得到的，因此不存在对实测力值进行校正的问题。F 仅代表作用在桩顶的力，而分析计算则需要在桩顶下安装测量响应加速度计横截面上的作用力，所以需要考虑测量响应加速度计以上的桩头质量产生的惯性力，对实测桩顶力值修正。

9.4.5 通常情况下，如正常施打的预制桩，力和速度信号在第一峰处应基本成比例，即第一峰处的 F 值与 $V \cdot Z$ 值基本相等（见图9.4.3）。但在以下几种不成比例（比例失调）的情况下属于正常：

1 桩浅部阻抗变化和土阻力影响；

2 采用应变式传感器测力时，测点处混凝土的非线性造成力值明显偏高；

3 锤击力波上升缓慢或桩很短时，土阻力波或桩底反射波的影响。

信号随意比例调整均是对实测信号的歪曲，并产生虚假的结果。如通过放大实测力或速度进行比例调整的后果是计算承载力不安全。因此，为保证信号真实性，禁止将实测力或速度信号重新标定。这一点必须引起重视，因为有些仪器具有比例自动调整功能。

9.4.6 高应变分析计算结果的可靠性高低取决于动测仪器、分析软件和人员素质三个要素。其中起决定作用的是具有坚实理论基础和丰富实践经验的高素质检测人员。高应变法之所以有生命力，表现在高应变信号不同于随机信号的可解释性——即使不采用复杂的数学计算和提炼，只要检测波形质量有保证，就能定性地反映桩的承载性状及其他相关的动力学问题。因此对波形的正确定性解释的重要性超过了软件建模分析计算本身，对人员的要求首先是解读波形，其次才是熟练使用相关软件。增强波形正确判读能力的关键是提高人员的素质，仅靠技术规范以及仪器和软件功能的增强是无法做到的。因此，承载力分析计算前，应有高素质的检测人员对信号进行定性检查和判断。

9.4.7 当出现本条所述五款情况时，因高应变法难于分析判定承载力和预示桩身结构破坏的可能性，建议进行验证检测。本条第4、5款反映的代表性波形见图8，波形反映出的桩承载性状与设计条件不符（基本无侧阻、端阻反射，桩顶最大动位移11.7mm，贯入度6mm～8mm）。原因解释参见本规范第9.3.4条的条文说明。由图9可见，静载验证试验尚未压至

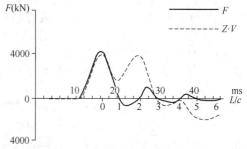

图8 灌注桩高应变实测波形

注：Φ800mm 钻孔灌注桩，桩端持力层为全风化花岗片麻岩，测点下桩长16m。采用60kN重锤，先做高应变检测，后做静载验证检测。

破坏，但高应变测试的锤重符合要求，贯入度表明承载力已"充分"发挥。当采用波形拟合法分析承载力时，由于承载力比按勘察报告估算的低很多，除采用直接法验证外，不能主观臆断或采用能使拟合的承载力大幅提高的桩-土模型及其参数。

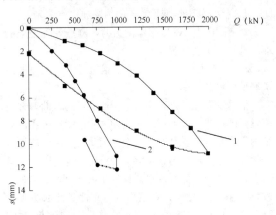

图9　静载和动载模拟的 Q-s 曲线
1—静载曲线；2—动测曲线

9.4.8 凯司法与实测曲线拟合法在计算承载力上的本质区别是：前者在计算极限承载力时，单击贯入度与最大位移是参考值，计算过程与它们无关。另外，凯司法承载力计算公式是基于以下三个假定推导出的：

1 桩身阻抗基本恒定；

2 动阻力只与桩底质点运动速度成正比，即全部动阻力集中于桩端；

3 土阻力在时刻 $t_2 = t_1 + 2L/c$ 已充分发挥。

显然，它较适用于摩擦型的中、小直径预制桩和截面较均匀的灌注桩。

公式中的唯一未知数——凯司法无量纲阻尼系数 J_c 定义为仅与桩端土性有关，一般遵循随土中细粒含量增加阻尼系数增大的规律。J_c 的取值是否合理在很大程度上决定了计算承载力的准确性。所以，缺乏同条件下的静动对比校核或大量相近条件下的对比资料时，将使其使用范围受到限制。当贯入度达不到规定值或不满足上述三个假定时，J_c 值实际上变成了一个无明确意义的综合调整系数。特别值得一提的是灌注桩，也会在同一工程、相同桩型及持力层时，可能出现 J_c 取值变异过大的情况。为防止凯司法的不合理应用，规定应采用静动对比或实测曲线拟合法校核 J_c 值。

由于式（9.4.8-1）给出的 R_c 值与位移无关，仅包含 $t_2 = t_1 + 2L/c$ 时刻之前所发挥的土阻力信息，通常除桩长较短的摩擦型桩外，土阻力在 $2L/c$ 时刻不会充分发挥，尤以端承型桩显著。所以，需要采用将 t_1 延时求出承载力最大值的最大阻力法（RMX法），对与位移相关的土阻力滞后 $2L/c$ 发挥的情况进行提高修正。

桩身在 $2L/c$ 之前产生较强的向上回弹，使桩身从顶部逐渐向下产生土阻力卸载（此时桩的中下部土阻力属于加载）。这对于桩较长、侧阻力较大而荷载作用持续时间相对较短的桩较为明显。因此，需要采用将桩中上部卸载的土阻力进行补偿提高修正的卸载法（RSU法）。

RMX法和RSU法判定承载力，体现了高应变法波形分析的基本概念——应充分考虑与位移相关的土阻力发挥状况和波传播效应，这也是实测曲线拟合法的精髓所在。另外，凯司法还有几种子方法可在积累了成熟经验后采用，它们是：

1 在桩尖质点运动速度为零时，动阻力也为零，此时有两种与 J_c 无关的计算承载力"自动"法，即 RAU法和RA2法。前者适用于桩侧阻力很小的情况，后者适用于桩侧阻力适中的场合。

2 通过延时求出承载力最小值的最小阻力法（RMN法）。

9.4.9 实测曲线拟合法是通过波动问题数值计算，反演确定桩和土的力学模型及其参数值。其过程为：假定各桩单元的桩和土力学模型及其模型参数，利用实测的速度（或力、上行波、下行波）曲线作为输入边界条件，数值求解波动方程，反算桩顶的力（或速度、下行波、上行波）曲线。若计算的曲线与实测曲线不吻合，说明假设的模型及参数不合理，有针对性地调整模型及参数再行计算，直至计算曲线与实测曲线（以及贯入度的计算值与实测值）的吻合程度良好且不易进一步改善为止。虽然从原理上讲，这种方法是客观唯一的，但由于桩、土以及它们之间的相互作用等力学行为的复杂性，实际运用时还不能对各种桩型、成桩工艺、地基条件，都能达到十分准确地求解桩的动力学和承载力问题的效果。所以，本条针对该法应用中的关键技术问题，作了具体阐述和规定。

1 关于桩与土模型：（1）目前已有成熟使用经验的土的静阻力模型为理想弹-塑性或考虑土体硬化或软化的双线性模型；模型中有两个重要参数——土的极限静阻力 R_u 和土的最大弹性位移 s_q，可以通过静载试验（包括桩身内力测试）来验证。在加载阶段，土体变形小于或等于 s_q 时，土体在弹性范围工作；变形超过 s_q 后，进入塑性变形阶段（理想弹-塑性时，静阻力达到 R_u 后不再随位移增加而变化）。对于卸载阶段，同样要规定卸载路径的斜率和弹性位移限。（2）土的动阻力模型一般习惯采用与桩身运动速度成正比的线性粘滞阻尼，带有一定的经验性，且不易直接验证。（3）桩的力学模型一般为一维杆模型，单元划分应采用等时单元（实际为特征线法求解的单元划分模式），即应力波通过每个桩单元的时间相等，由于没有高阶项的影响，计算精度高。（4）桩单元除考虑 A、E、c 等参数外，也可考虑桩身阻尼和裂隙。另外，也可考虑桩底的缝隙、开口桩或异形桩的土塞、残余应力影响和其他阻尼形式。（5）所用模型的物理力学概念应明确，参数取值应能限定；避免采用可使承载力计算结果产生较大变异的桩-土模型及其参数。

2 拟合时应根据波形特征，结合施工和地基条件合理确定桩土参数取值。因为拟合所用的桩土参数的数量和类型繁多，参数各自和相互间耦合的影响非常复杂，而拟合结果并非唯一解，需通过综合比较判断进行参数选取或调整。正确选取或调整的要点是参数取值应在岩土工程的合理范围内。

3 本款考虑两点原因：一是自由落锤产生的力脉冲持续时间通常不超过 20ms（除非采用很重的落锤），但柴油锤信号在主峰过后的尾段仍能产生较长的低幅值延续；二是与位移相关的总静阻力一般会不同程度地滞后于 $2L/c$ 发挥，当端承型桩的端阻力发挥所需位移很大时，土阻力发挥将产生严重滞后，因此规定 $2L/c$ 后延时足够的时间，使曲线拟合能包含土阻力响应区段的全部土阻力信息。

4 为防止土阻力未充分发挥时的承载力外推，设定的 s_q 值不应超过对应单元的最大计算位移值。若桩、土间相对位移不足以使桩周岩土阻力充分发挥，则给出的承载力结果只能验证岩土阻力发挥的最低程度。

5 土阻力响应区是指波形上呈现的静土阻力信息较为突出的时间段。所以本条特别强调此区段的拟合质量，避免只重波形头尾，忽视中间土阻力响应区段拟合质量的错误做法，并通过合理的加权方式计算总的拟合质量系数，突出土阻力响应区段拟合质量的影响。

6 贯入度的计算值与实测值是否接近，是判断拟合选用参数、特别是 s_q 值是否合理的辅助指标。

9.4.10 高应变法动测承载力检测值（见第 3.5.2 条的条文说明）多数情况下不会与静载试验桩的明显破坏特征或产生较大的桩顶沉降相对应，总趋势是沉降量偏小。为了与静载的极限承载力相区别，称为本方法得到的承载力检测值或动测承载力。需要指出：本次修订取消了验收检测中对单桩承载力进行统计平均的规定。单桩静载试验常因加荷量或设备能力限制，试桩达不到极限承载力，不论是否取平均，只要一组试桩有一根桩的极限承载力达不到特征值的 2 倍，结论就是不满足设计要求。动测承载力则不同，可能出现部分桩的承载力远高于承载力特征值的 2 倍，即使个别桩的承载力不满足设计要求，但"高"和"低"取平均后仍可能满足设计要求。所以，本章修订取消了通过算术平均进行承载力统计取值的规定，以规避高估承载力的风险。

9.4.11 高应变法检测桩身完整性具有锤击能量大、可对缺陷程度定量计算，连续锤击可观察缺陷的扩大和逐步闭合情况等优点。但和低应变法一样，检测的仍是桩身阻抗变化，一般不宜判定缺陷性质。在桩身情况复杂或存在多处阻抗变化时，可优先考虑用实测曲线拟合法判定桩身完整性。

式（9.4.11-1）适用于截面基本均匀桩的桩顶下第一个缺陷的程度定量计算。当有轻微缺陷，并确认为水平裂缝（如预制桩的接头缝隙）时，裂缝宽度 δ_w 可按下式计算：

$$\delta_w = \frac{1}{2} \int_{t_a}^{t_b} \left(V - \frac{F - R_x}{Z} \right) \cdot dt \qquad (5)$$

当满足本条第 2 款"等截面桩"和"土阻力未卸载回弹"的条件时，β 值计算公式为解析解，即 β 值测试属于直接法，在结果的可信度上，与属于半直接法的高应变法检测判定承载力是不同的。"土阻力未卸载回弹"限制条件是指：当土阻力 R_x 先于 $t_1 + 2x/c$ 时刻发挥并产生桩中上部明显反弹时，x 以上桩段侧阻提前卸载造成 R_x 被低估，β 计算值被放大，不安全，因此公式（9.4.11-1）不适用。此种情况多在长桩存在深部缺陷时出现。

9.4.12 对于本条第 1～2 款情况，宜采用实测曲线拟合法分析桩身扩径、桩身截面渐变或多变的情况，但应注意合理选择土参数。

高应变法锤击的荷载上升时间通常在 1ms～3ms 范围，因此对桩身浅部缺陷的定位存在盲区，不能定量给出缺陷的具体部位，也无法根据式（9.4.11-1）来判定缺陷程度，只能根据力和速度曲线不成比例的情况来估计浅部缺陷程度；当锤击力波上升缓慢时，可能出现力和速度曲线不成比例的似浅部阻抗变化情况，但不能排除土阻力的耦合影响。对浅部缺陷桩，宜用低应变法检测并进行缺陷定位。

9.4.13 桩身锤击拉应力是混凝土预制桩施打抗裂控制的重要指标。在深厚软土地区，打桩初始阶段侧阻和端阻虽小，但桩很长，桩锤能正常爆发起跳（高幅值锤击压应力是产生强拉应力的必要条件），桩底反射回来的上行拉力波的头部（拉应力幅值最大）与下行传播的锤击压力波尾部叠加，在桩身某一部位产生净的拉应力。当拉应力强度超过混凝土抗拉强度时，引起桩身拉裂。开裂部位一般发生在桩的中上部，且桩愈长或锤击力持续时间愈短，最大拉应力部位就愈往下移。当桩进入硬土层后，随着打桩阻力的增加拉应力逐渐减小，桩身压应力逐步增加，如果桩在易打情况下已出现拉应力水平裂缝，渐强的压应力在已有裂缝处产生应力集中，使裂缝处混凝土逐渐破碎并最终导致桩身断裂。

入射压力波遇桩身截面阻抗增大时，会引起小阻抗桩身压应力放大，桩身可能出现下列破坏形态：表面纵向裂缝、保护层脱落、主筋压曲外凸、混凝土压碎崩裂。例如：打桩过程中桩端碰上硬层（基岩、孤石、漂石等）表现出的突然贯入度骤减或拒锤，继续施打会造成桩身压应力过大而破坏。此时，最大压应力出现在接近桩端的部位。

9.4.14 本条解释同本规范第8.4.8条。

10 声波透射法

10.1 一般规定

10.1.1 声波透射法是利用声波的透射原理对桩身混凝土介质状况进行检测，适用于桩在灌注成型时已经预埋了两根或两根以上声测管的情况。当桩径小于0.6m时，声测管的声耦合误差使声时测试的相对误差增大，因此桩径小于0.6m时应慎用本方法；基桩经钻芯法检测后（有两个以及两个以上的钻孔）需进一步了解钻芯孔之间的混凝土质量时也可采用本方法检测。

由于桩内跨孔测试的测试误差高于上部结构混凝土的检测，且桩身混凝土纵向各部位硬化环境不同，粗细骨料分布不均匀，因此该方法不宜用于推定桩身混凝土强度。

10.2 仪器设备

10.2.1 声波换能器有效工作面长度指起到换能作用的部分的实际轴向尺寸，该长度过大将夸大缺陷实际尺寸并影响测试结果。

换能器的谐振频率越高，对缺陷的分辨率越高，但高频声波在介质中衰减快，有效测距变小。选配换能器时，在保证有一定的接收灵敏度的前提下，原则上尽可能选择较高频率的换能器。提高换能器谐振频率，可使其外径减少到30mm以下，有利于换能器在声测管中升降顺畅或减小声测管直径。但因声波发射频率的提高，将使声波穿透能力下降。所以，本规范规定用30kHz～60kHz谐振频率范围的换能器，在混凝土中产生的声波波长约8cm～15cm，能探测的缺陷尺度约在分米量级。当测距较大接收信号较弱时，宜选用带前置放大器的接收换能器，也可采用低频换能器，提高接收信号的幅度，但后者要以牺牲分辨力为代价。

桩中的声波检测一般以水作为耦合剂，换能器在1MPa水压下不渗水也就是在100m水深能正常工作，这可以满足一般的工程桩检测要求。对于超长桩，宜考虑更高的水密性指标。

声波换能器宜配置扶正器，防止换能器在声测管内摆动影响测试声参数的稳定性。

10.2.2 由于混凝土灌注桩的声波透射法检测没有涉及桩身混凝土强度的推定，因此系统的最小采样时间间隔放宽至0.5μs。首波自动判读可采用阈值法，亦可采用其他方法，对于判定为异常的波形，应人工校核数据。

10.3 声测管埋设

10.3.1 声测管内径与换能器外径相差过大时，声耦合误差明显增加；相差过小时，影响换能器在管中的移动，因此两者差值取10mm为宜。声测管管壁太薄或材质较软时，混凝土灌注后的径向压力可能会使声测管产生过大的径向变形，影响换能器正常升降，甚至导致试验无法进行，因此要求声测管有一定的径向刚度，如采用钢管、镀锌管等管材，不宜采用PVC管。由于钢材的温度系数与混凝土相近，可避免混凝土凝固后与声测管脱开产生空隙。声测管的平行度是影响测试数据可靠性的关键，因此，应保证成桩后各声测管之间基本平行。

10.3.2 检测剖面、声测线和检测横截面的编组和编号见图10。

本次修订将桩中预理三根声测管的桩径范围上限由2000mm降至1600mm，使声波的检测范围更能有效覆盖大部分桩身横截面。因多数工程桩的桩径仍在此范围，这首先既保证了检测准确性，又适当兼顾了经济性，即三根声测管构成三个检测剖面时，使声测管利用率最高。声测管按规定的顺序编号，便于复检、验证试验，以及对桩身缺陷的加固、补强等工程处理。

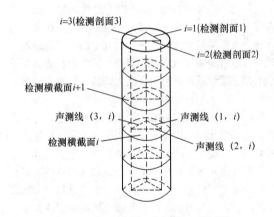

图10 检测剖面、声测线、检测横截面编组和编号示意图

10.4 现场检测

10.4.1 本条说明如下：

1 原则上，桩身混凝土满28d龄期后进行声波透射法检测是合理的。但是，为了加快工程建设进度、缩短工期，当采用声波透射法检测桩身缺陷和判定其完整性类别时，可适当将检测时间提前，以便能在施工过程中尽早发现问题，及时补救，赢得宝贵时间。这种适当提前检测时间的做法基于以下两个原因：一是声波透射法是一种非破损检测方法，不会因检测导致桩身混凝土强度降低或破坏；二是在声波透射法检测桩身完整性时，没有涉及混凝土强度问题，

对各种声参数的判别采用的是相对比较法，混凝土的早期强度和满龄期后的强度有一定的相关性，而混凝土内因各种原因导致的内部缺陷一般不会因时间的增长而明显改善。因此，按本规范第3.2.5条第1款的规定，原则上只要混凝土硬化并达到一定强度即可进行检测。

2 率定法测定仪器系统延迟时间的方法是将发射、接收换能器平行悬于清水中，逐次改变点源距离并测量相应声时，记录不少于4个点的声时数据并作线性回归的时距曲线：

$$t = t_0 + b \cdot l \qquad (6)$$

式中：b——直线斜率（$\mu s/mm$）；

l——换能器表面净距离（mm）；

t——声时（μs）；

t_0——仪器系统延迟时间（μs）。

3 声测管及耦合水层声时修正值按下式计算：

$$t' = \frac{d_1 - d_2}{v_t} + \frac{d_2 - d'}{v_w} \qquad (7)$$

式中：d_1——声测管外径（mm）；

d_2——声测管内径（mm）；

d'——换能器外径（mm）；

v_t——声测管材料声速（km/s）；

v_w——水的声速（km/s）；

t'——声测管及耦合水层声时修正值（μs）。

10.4.2 对本条说明如下：

1 由于每一个声测管中的测点可能对应多个检测剖面，而声测线则是组成某一检测剖面的两声测管中测点之间的连线，它的声学特征与其声场辐射区域的混凝土质量之间具有较显著的相关性，故本次修订采用"声测线"代替了原规范采用的"测点"。径向换能器在径向无指向性，但在垂直面上有指向性，且换能器的接收响应随着发、收换能器中心连线与水平面夹角 θ 的增大而非线性递减。为达到斜测目的，测试系统应有足够的灵敏度，且夹角 θ 不应大于30°。

2 声测线间距将影响桩身缺陷纵向尺寸的检测精度，间距越小，检测精度越高，但需花费更多的时间。一般混凝土灌注桩的缺陷在空间有一定的分布范围，规定声测线间距不大于100mm，可满足工程检测精度的要求。当采用自动提升装置时，声测线间距还可进一步减小。

非匀速下降的换能器在由静止（或缓降）变为向下运动（或快降）时，由于存在不同程度的失重现象，使电缆线出现不同程度松弛，导致换能器位置不准确。因此应从桩底开始同步提升换能器进行检测才能保证记录的换能器位置的准确性。

自动记录声波发射与接收换能器位置时，提升过程中电缆线带动编码器卡线轮转动，编码器计数卡线轮转动值换算得到换能器位置。电缆线与编码器卡线轮之间滑动、卡线轮直径误差等因素均会导致编码器

位置计数与实际传感器位置有一定误差，因此每隔一定间距应进行一次高差校核。此外，自动记录声波发射与接收换能器位置时，如果同步提升声波发射与接收换能器的提升速度过快，会导致换能器在声测管中剧烈摆动，甚至与声测管管壁发生碰撞，对接受的声波波形产生不可预测的影响。因此换能器的同步提升速度不宜过快，应保证测试波形的稳定性。

3 在现场对可疑声测线应结合声时（声速）、波幅、主频、实测波形等指标进行综合判定。

4 桩内预埋 n 根声测管可以有 C_n^2 个检测剖面，预埋2根声测管有1个检测剖面，预埋3根声测管有3个检测剖面，预埋4根声测管有6个检测剖面，预埋5根声测管有10个检测剖面。

5 不仅要求同一检测剖面，最好是一根桩各检测剖面，检测时都能满足各检测剖面声波发射电压和仪器设置参数不变的条件，使各检测剖面的声学参数具有可比性，利于综合判定。但应注意：4管6剖面时，若采用四个换能器同步提升并自动记录则属例外，此时对角线剖面的测距比边线剖面的测距大1.41倍，而长测距会增大声波衰减。

10.4.3 经平测或斜测普查后，找出各检测剖面的可疑声测线，再经加密平测（减小测线间距）、交叉斜测等方式既可检验平测普查的结论是否正确，又可以依据加密测试结果判定桩身缺陷的边界，进而推断桩身缺陷的范围和空间分布特征。

10.5 检测数据分析与判定

10.5.1 当声测管平行时，构成某一检测剖面的两声测管外壁在桩顶面的净距离 l 等于该检测剖面所有声测线测距，当声测管弯曲时，各声测线测距将偏离 l 值，导致声速值偏离混凝土声速正常取值。一般情况下声测管倾斜造成的各测线测距变化沿深度方向有一定规律，表现为各条声测线的声速值有规律地偏离混凝土正常取值，此时可采用高阶曲线拟合等方法对各条测线测距作合理修正，然后重新计算各测线的声速。

如果不对斜管进行合理的修正，将严重影响声速的临界值合理取值，因此本条规定声测管倾斜时应作测距修正。但是，对于各声测线声速值的偏离沿深度方向无变化规律的，不得随意修正。因堵管导致数据不全，只能对有效检测范围内的桩身进行评价，不能整桩评价。

10.5.2 在声测中，不同声测线的波幅差异很大，采用声压级（分贝）来表示波幅更方便。式（10.5.2-4）用于模拟式声波仪通过信号周期来推算主频率；数字式声波仪具有频谱分析功能，可通过频谱分析获得信号主频。

10.5.3 对本条解释如下：

1 同批次混凝土试件在正常情况下强度值的波

动是服从正态分布规律的，这已被大量的实测数据证实。由于混凝土构件的声速与其强度存在较显著的相关性，所以其声速值的波动也近似地服从正态分布规律。灌注桩作为一种混凝土构件，可认为在正常情况下其各条声测线的声速测试值也近似服从正态分布规律。这是用概率法计算混凝土灌注桩各剖面声速异常判断概率统计值的前提。

2 如果某一剖面有 n 条声测线，相当于进行了 n 个试件的声速试验，在正常情况下，这 n 条声测线的声速值的波动可以认为服从正态分布规律。但是，由于桩身混凝土在成型过程中，环境条件或人为过失的影响或测试系统的误差等都将会导致 n 个测试值中的某些值偏离正态分布规律，在计算某一剖面声速异常判断概率统计值时，应剔除偏离正态分布的声测线，通过对剩余的服从正态分布规律的声测线数据进行统计计算就可以得到该剖面桩身混凝土在正常波动水平下可能出现的最低声速，这个声速值就是判断该剖面各声测线声速是否异常的概率统计值。

3 本规范在计算剖面声速异常判断概率统计值时采用了"双边剔除法"。一方面，桩身混凝土硬化条件复杂、混凝土粗细骨料不均匀、桩身缺陷、声测管耦合状况的变化、测距的变异性（将桩顶面的测距设定为整个检测剖面的测距）、首波判读的误差等因素可能导致某些声测线的声速值向小值方向偏离正态分布。另一方面，混凝土离析造成的局部粗骨料集中、声测管耦合状况的变化、测距的变异、首波判读的误差以及部分声测线可能存在声波沿环向钢筋的绕射等因素也可能导致某些声测线声速测值向大值方向偏离正态分布，这也属于非正常情况，在声速异常判断概率统计值的计算时也应剔除，否则两边的数据不对称，加剧剩余数据偏离正态分布，影响正态分布特征参数 v_m 和 s_x 的推定。

双剔法是按照下列顺序逐一剔除：（1）异常小，（2）异常大，（3）异常小，……，每次统计计算后只剔一个，每次异常值的误判次数均为 1，没有改变原规范的概率控制条件。

在实际计算时，先将某一剖面 n 条声测线的声速测试值从大到小排列为一数列，计算这 n 个测试值在正常情况下（符合正态分布规律下）可能出现的最小值 $v_{01}(j) = v_m(j) - \lambda \cdot s_x(j)$ 和最大值 $v_{02}(j) = v_m(j) + \lambda \cdot s_x(j)$，依次将声速数列中大于 $v_{02}(j)$ 或小于 $v_{01}(j)$ 的数据逐一剔除（这些被剔除的数据偏离了正态分布规律），再对剩余数据构成的数列重新计算，直至式（10.5.3-7）和式（10.5.3-8）同时满足，此时认为剩余数据全部服从正态分布规律。$v_{01}(j)$ 就是判断声速异常的概率统计值。

由于统计计算的样本数是 10 个以上，因此对于短桩，可通过减小声测线间距获得足够的声测线数。

桩身混凝土均匀性可采用变异系数 $C_v = s_x(j)/v_m(j)$ 评价。

为比较"单边剔除法"和"双边剔除法"两种计算方法的差异，将 21 根工程桩共 72 个检测剖面的实测数据分别用两种方法计算得到各检测剖面的声速异常判断概率统计值，如图 11 所示。1 号～15 号桩（对应剖面为 1～48）桩身混凝土均匀、质量较稳定，两种计算方法得到的声速异常判断概率统计值差异不大（双剔法略高）；16 号～21 号桩（对应剖面为49～72）桩身存在较多缺陷，混凝土质量不稳定，两种计算方法得到的声速异常判断概率统计值差异较大，单剔法得到的异常判断概率统计值甚至会出现明显不合理的低值，而双剔法得到的声速异常判断概率统计值则比较合理。

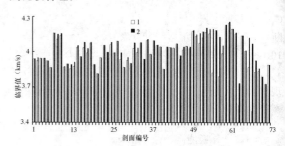

图 11 21 根桩 72 个检测剖面双剔法与单剔法的
异常判断概率统计值比较
1—单边剔除法；2—双边剔除法

再分别将两种计算方法对同一根桩的各个剖面声速异常判断概率统计值的标准差进行统计分析，结果如图 12 所示。由该图可以看到，双剔法计算得到的每根桩各个检测剖面声速异常判断概率统计值的标准差普遍小于单剔法。在工程上，同一根桩的混凝土设计强度、配合比、地基条件、施工工艺相同，不同检测剖面（自下而上）不存在明显差异，各剖面声速异常判断概率统计值应该是相近的，其标准差趋于变小才合理。所以双剔法比单剔法更符合工程实际情况。

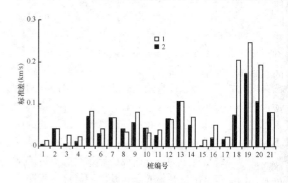

图 12 21 根桩双剔法与单剔法的标准差比较
1—单边剔除法；2—双边剔除法

双剔法的结果更符合规范总则——安全适用。一方面对于混凝土质量较稳定的桩，双剔法异常判断概率统计值接近或略高于单剔法（在工程上偏于安全）；

另一方面对于混凝土质量不稳定的桩，尤其是桩身存在多个严重缺陷的桩，双剔法有效降低了因为声速标准差过大而导致声速异常判断概率统计值过低（如小于3500m/s），从而漏判桩身缺陷而留下工程隐患的可能性。

4 当桩身混凝土质量稳定，声速测试值离散小时，由于标准差$s_x(j)$较小，可能导致异常判断概率统计值$v_{01}(j)$过高从而误判；另一方面当桩身混凝土质量不稳定，声速测试值离散大时，由于$s_x(j)$过大，可能会导致异常判断概率统计值$v_{01}(j)$过小从而导致漏判。为尽量减小出现上述两种情况的几率，对变异系数$C_v(j)$作了限定。

通过大量工程桩检测剖面统计分析，发现将$C_v(j)$限定在［0.015，0.045］区间内，声速异常判断概率统计值的取值落在合理范围内的几率较大。

10.5.4 对本条各款依次解释如下：

1 v_L和v_p的合理确定是大量既往检测经验的体现。当桩身混凝土未达到龄期而提前检测时，应对v_L和v_p的取值作适当调整。

2 概率法从本质上说是一种相对比较法，它考察的只是各条声测线声速与相应检测剖面内所有声测线声速平均值的偏离程度。当声测管倾斜或桩身存在多个缺陷时，同一检测剖面内各条声测线声速值离散很大，这些声速值实际上已严重偏离了正态分布规律，基于正态分布规律的概率法判据已失效，此时，不能将概率法临界值$v_0(j)$作为该检测剖面各声测线声速异常判断临界值v_c，式（10.5.4）就是对概率法判据值作合理的限定。

3 同一桩型是指施工工艺相同、混凝土的设计强度和配合比相同的桩。

4 声速的测试值受非缺陷因素影响小，测试值较稳定，不同剖面间的声速测试值具有可比性。取各检测剖面声速异常判断临界值的平均值作为该桩各剖面内所有声测线声速异常判断临界值，可减小各剖面间因为用概率法计算的临界值差别过大造成的桩身完整性判别上的不合理性。另一方面，对同一根桩，桩身混凝土设计强度和配合比以及施工工艺都是一样的，应该采用一个临界值标准来判定各剖面所有声测线对应的混凝土质量。当某一剖面声速临界值明显偏离合理取值范围时，应分析原因，计算时应剔除。

10.5.6 波幅临界值判据为$A_{pi}(j) < A_m(j) - 6$，即选择当信号首波幅值衰减量为对应检测剖面所有信号首波幅值衰减量平均值的一半时的波幅分贝数为临界值，在具体应用中应注意下面几点：

波幅判据没有采用如声速判据那样的各检测剖面取平均值的办法，而是采用单剖面判据，这是因为不同剖面间测距及声耦合状况差别较大，使波幅不具有可比性。此外，波幅的衰减受桩身混凝土不均匀性、声波传播路径和点源距离的影响，故应考虑声测管间距较大时波幅分散性而采取适当的调整。

因波幅的分贝数受仪器、传感器灵敏度及发射能量的影响，故应在考虑这些影响的基础上再采用波幅临界值判据。当波幅差异性较大时，应与声速变化及主频变化情况相结合进行综合分析。

10.5.7 声波接收信号的主频漂移程度反映了声波在桩身混凝土中传播时的衰减程度，而这种衰减程度又能体现混凝土质量的优劣。接收信号的主频受诸如测试系统的状态、声耦合状况、测距等许多非缺陷因素的影响，测试值没有声速稳定，对缺陷的敏感性不及波幅。在实用时，作为声速、波幅等主要声参数判据之外的一个辅助判据。

在使用主频判据时，应保持声波换能器具有单峰的幅频特性和良好的耦合一致性；接收信号不应超量程，否则削波带来的高频谐波会影响分析结果。若采用FFT方法计算主频值，还应保证足够的频域分辨率。

10.5.8 接收信号的能量与接收信号的幅值存在正相关性，可以将约定的某一足够长时间段内的声波时域曲线的绝对值对时间积分后得到的结果（或约定的某一足够长时段内的声波时域曲线的平均幅值）作为能量指标。接收信号的能量反映了声波在混凝土介质中各个声传播路径上能量总体衰减情况，是测区混凝土质量的综合反映，也是波形畸变程度的量化指标。使用能量判据时，接收信号不应超量程（削波）。

10.5.9 在桩身缺陷的边缘，声时将发生突变，桩身存在缺陷的声测线对应声时-深度曲线上的突变点。经声时差加权后的PSD判据图更能突出桩身存在缺陷的声测线，并在一定程度上减小了声测管的平行度差或混凝土不均匀等非缺陷因素对数据分析判断的影响。实际应用时可先假定缺陷的性质（如夹层、空洞、蜂窝等）和尺寸，计算临界状态的PSD值，作为PSD临界值判据，但需对缺陷区的声速作假定。

10.5.10 声波透射法与其他的桩身完整性检测方法相比，具有信息量更丰富、全面、细致的特点；可以依据对桩身缺陷处加密测试（斜测、交叉斜测、扇形扫测以及CT影像技术）来确定缺陷几何尺寸；可以将不同检测剖面在同一深度的桩身缺陷状况进行横向关联，来判定桩身缺陷的横向分布。

10.5.11 表10.5.11中声波透射法桩身完整性类别分类特征是根据以下几个因素来划分的：（1）缺陷空间几何尺寸的相对大小；（2）声学参数异常的相对程度；（3）接收波形畸变的相对程度；（4）声速与低限值比较。这几个因素中除声速可与低限值作定量对比外，如Ⅰ、Ⅱ类桩混凝土声速不低于低限值，Ⅲ、Ⅳ类桩局部混凝土声速低于低限值，其他参数均是以相对大小或异常程度来作定性的比较。

预埋有多个声测管的声波透射法测试过程中，多个检测剖面中也常出现某一检测剖面个别声测线声学参数明显异常情况，即空间范围内局部较小区域出现明显缺陷。这种情况，可依据缺陷在深度方向出现的位置和影响程度，以及基桩荷载分布情况和使用特点，将类别划分的等级提高一级，即多个检测剖面中某一检测剖面只有个别声测线声学参数明显异常、波形明显畸变，该特征归类到Ⅱ类桩；而声学参数严重异常、接收波形严重畸变或接收不到信号，则归类到Ⅲ类桩。

这里需要说明：对于只预埋2根声测管的基桩，仅有一个检测剖面，只能认定该检测剖面代表基桩全部横截面，无论是连续多根声测线还是个别声测线声学参数异常均表示为全断面的异常，相当于表中的"大于或等于检测剖面数量的一半"。

根据规范规定采用的换能器频率对应的波长以及100mm最大声测线间距，使异常声测线至少连续出现2次所对应的缺陷尺度一般不会低于10cm量级。

声波接收波形畸变程度示例见图13。

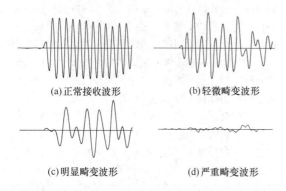

（a）正常接收波形　　（b）轻微畸变波形

（c）明显畸变波形　　（d）严重畸变波形

图13　接收波形畸变程度示意

10.5.12　实测波形的后续部分可反映声波在接、收换能器之间的混凝土介质中各种声传播路径上总能量衰减状况，其影响区域大于首波，因此检测剖面的实测波形波列图有助于测试人员对桩身缺陷程度及位置直观地判定。

附录A　桩身内力测试

A.0.1　通过内力测试可解决如下问题：对竖向抗压静载试验桩，可得到桩侧各土层的分层抗压侧阻力和桩端支承力；对竖向抗拔荷载试验桩，可得到桩侧土的分层抗拔侧阻力；对水平静荷载试验桩，可求得桩身弯矩分布，最大弯矩位置等；对需进行负摩阻力测试的试验桩，可得到桩侧各土层的负摩阻力及中性点位置；对打入式预制混凝土桩和钢桩，可得到打桩过程中桩身各部位的锤击拉、压应力。

灌注桩桩身轴力换算准确与否与桩身横截面尺寸有关，某一成孔工艺对不同地层条件的适应性不同，因此对成孔质量无把握或预计桩身将出现较大变径时，应进行灌注前的成孔质量检测。

A.0.2　测试方案选择是否合适，一定程度上取决于检测技术人员对试验要求、施工工艺及其细节的了解，以及对振弦、光纤和电阻应变式传感器的测量原理及其各自的技术、环境性能的掌握。对于灌注桩，传感器的埋设难度随埋设数量的增加而增大，为确保传感器埋设后有较高的成活率，重点需要协调成桩过程中与传感器及其电缆固定方式相关的防护问题；为了确保测试结果可靠，检测前应针对传感器的防水、温度补偿、长电缆及受力状态引起的灵敏度变化等实际情况，对传感器逐个进行检查和自校。当需要检测桩身某断面或桩端位移时，可在需检测断面设置位移杆，也可通过滑动测微计直接测量。

A.0.4　滑动测微计测管的体积较大，测管的埋设数量一般根据桩径的大小以及桩顶以上的操作空间决定：对灌注桩宜对称埋设不少于2根；对预制桩，当埋设1根测管时，宜将测管埋设在桩中心轴上。对水平静荷载试验桩，宜沿受力方向在桩两侧对称埋设2根测管，测管可不通长埋设，但应大于水平力影响深度。

A.0.5　应变式传感器可按全桥或半桥方式制作，宜优先采用全桥方式。传感器的测量片和补偿片应选用同一规格同一批号的产品，按轴向、横向准确地粘贴在钢筋同一断面上。测点的连接应采用屏蔽电缆，导线的对地绝缘电阻值应在500MΩ以上；使用前应将整卷电缆除两端外全部浸入水中1h，测量芯线与水的绝缘；电缆屏蔽线应与钢筋绝缘；测量和补偿所用连接电缆的长度和线径应相同。

应变式传感器可视以下情况采用不同制作方法：

1　对钢桩可采用以下两种方法之一：

1）将应变计用特殊的粘贴剂直接贴在钢桩的桩身，应变计宜采用标距3mm～6mm的350Ω胶基箔式应变计，不得使用纸基应变计。粘贴前应将贴片区表面除锈磨平，用有机溶剂去污清洗，待干燥后粘贴应变计。粘贴好的应变计应采取可靠的防水防潮密封防护措施。

2）将应变式传感器直接固定在测量位置。

2　对混凝土预制桩和灌注桩，应变传感器的制作和埋设可视具体情况采用以下两种方法之一：

1）在600mm～1000mm长的钢筋上，轴向、横向粘贴四个（二个）应变计组成全桥（半桥），经防水绝缘处理后，到材料试验机上进行应力-应变关系标定。标定时的最大拉力宜控制在钢筋抗拉强度设计值的60%以内，经三次重复标定，应力-应变曲线的线性、滞后和重复性满足要求后，方可采用。传感器应在浇筑混凝土前按指定位置焊接或绑扎（泥浆护壁灌注桩应焊接）

在主筋上，并满足规范对钢筋锚固长度的要求。固定后带应变计的钢筋不得弯曲变形或有附加应力产生。

　　2）直接将电阻应变计粘贴在桩身指定断面的主筋上，其制作方法及要求同本条第 1 款钢桩上粘贴应变计的方法及要求。

A. 0. 10　滑动测微计探头直接测试的是相邻测标间的应变，应确保测标能与桩体位移协调一致才能测试得到桩体的应变；同时桩身内力测试对应变测试的精度要求极高，必须保持测标在埋设直至测试结束过程中的清洁，防止杂质污染。对灌注桩，若钢筋笼过长、主筋过细，会导致钢筋笼及绑扎在其上的测管严重扭曲从而影响测试，宜采取措施防范。

A. 0. 13　电阻应变测量通常采用四线制，导线长度超过 5m～10m 就需对导线电阻引起的桥压下降进行修正。采用六线制长线补偿是指通过增加 2 根导线作为补偿取样端，从而形成闭合回路，消除长导线电阻及温度变化带来的误差。

　　由于混凝土属于非线性材料，当应变或应力水平增加时，其模量会发生不同程度递减，E_i 并非常数，实则为割线模量。因此需要将测量断面实测应变值对照标定断面的应力-应变曲线进行内插取值。

　　进行长期监测时，桩体在内力长期作用下除发生弹性应变外，也会发生徐变，若得到的应变中包含较大的徐变量，应将徐变量予以扣除。

A. 0. 14、A. 0. 15　两相邻位移杆（沉降杆）的沉降差代表该段桩身的平均应变，通常位移杆的埋设数量有限，仅依靠位移杆测试桩身应变，很难准确测出桩身轴力分布（导致无法详细了解桩侧阻力的分布）。但有时为了了解端承力的发挥程度，可仅在桩端埋设位移杆，通过测得的桩端沉降估计端承力的发挥状况，此外结合桩顶沉降还可确定桩身（弹性）压缩量。当位移杆底端固定断面处桩身埋设有应变传感器时，可得到该断面处桩身轴力 Q_i 和竖向位移 s_i。

中华人民共和国国家标准

建筑地基基础工程施工规范

Code for construcion of building foundation engineering

GB 51004—2015

主编部门：中华人民共和国住房和城乡建设部
批准部门：中华人民共和国住房和城乡建设部
施行日期：2 0 1 5 年 1 1 月 1 日

中华人民共和国住房和城乡建设部
公　告

第 782 号

住房城乡建设部关于发布国家标准
《建筑地基基础工程施工规范》的公告

现批准《建筑地基基础工程施工规范》为国家标准，编号为 GB 51004—2015，自 2015 年 11 月 1 日起实施。其中，第 5.5.8、5.11.4、6.1.3、6.9.8 条为强制性条文，必须严格执行。

本规范由我部标准定额研究所组织中国计划出版社出版发行。

中华人民共和国住房和城乡建设部
2015 年 3 月 8 日

前　　言

根据住房城乡建设部《关于印发〈2009 年工程建设标准规范制订、修订计划〉的通知》（建标〔2009〕88 号）的要求，规范编制组经广泛调查研究，认真总结实践经验，参考有关国际标准和国外先进标准，并在广泛征求意见的基础上，编制了本规范。

本规范共分 10 章，主要技术内容是：总则、术语、基本规定、地基施工、基础施工、基坑支护施工、地下水控制、土方施工、边坡施工、安全与绿色施工。

本规范中以黑体字标志的条文为强制性条文，必须严格执行。

本规范由住房城乡建设部负责管理和对强制性条文的解释，由上海建工集团股份有限公司负责具体技术内容的解释。执行过程中如有意见或建议，请寄送上海建工集团股份有限公司（地址：上海市东大名路 666 号，邮政编码：200080），以供今后修订时参考。

本规范主编单位、参编单位、主要起草人和主要审查人：

主 编 单 位：上海建工集团股份有限公司
　　　　　　　上海市基础工程集团有限公司
参 编 单 位：中国建筑科学研究院
　　　　　　　上海建工一建集团有限公司
　　　　　　　上海建工四建集团有限公司
　　　　　　　上海市机械施工集团有限公司
　　　　　　　广东省基础工程公司
　　　　　　　上海现代建筑设计（集团）有限公司
　　　　　　　上海岩土工程勘察设计研究院有限公司
　　　　　　　同济大学
　　　　　　　云南建工集团总公司
　　　　　　　陕西建工集团总公司
　　　　　　　辽宁建工集团有限公司
　　　　　　　新疆北新路桥建设股份有限公司
　　　　　　　新疆兵团建设工程（集团）有限责任公司

主要起草人：范庆国　李耀良　袁　芬　葛兆源
　　　　　　　高文生　钟显奇　朱毅敏　邱锡宏
　　　　　　　朱　骏　高承勇　顾国荣　叶观宝
　　　　　　　朱建明　王卫东　刘鸿鸣　甘永辉
　　　　　　　徐安军　薛永武　刘加峰　朱建国
　　　　　　　王理想　江遐龄　梁志荣　徐　枫
　　　　　　　刘陕南　梁发云　李存良　邵孟新
　　　　　　　滕　鑫　罗　鑫　顾　杨　黄秋亮
　　　　　　　张　刚　陈　辉　平玉柱　王志民
　　　　　　　陈　衡　王建疆　张志建　范吉明
　　　　　　　华　燕　陈　刚　熊保恒　邢　利
　　　　　　　陈荣凯　韩征平

主要审查人：叶可明　张　雁　钟冬波　郑祥斌
　　　　　　　顾倩燕　吴厚信　徐国民　任澍华
　　　　　　　葛文志

目　　次

Contents

1 总 则

1.0.1 为在建筑地基基础工程的施工中做到安全适用、技术先进、经济合理、确保质量、保护环境,制定本规范。

1.0.2 本规范适用于建筑地基基础的施工。

1.0.3 建筑地基基础工程的施工应保证安全与质量,且应做到因地制宜、节约资源。

1.0.4 建筑地基基础工程的施工除应符合本规范外,尚应符合国家现行有关标准的规定。

2 术 语

2.0.1 地基 subsoil
支承基础的土体或岩体。

2.0.2 基础 foundation
将上部结构所承受的外来荷载及上部结构自重传递到地基上的结构组成部分。

2.0.3 复合地基 composite foundation
部分土体被增强或被置换形成增强体,由增强体和周围地基土共同承担荷载的地基。

2.0.4 桩基础 pile foundation
由置入地基中的桩和连接于桩顶的承台共同组成的基础。

2.0.5 强夯法 dynamic consolidation
反复将重锤提到高处使其自由落下,给地基以冲击和振动能量,将地基土夯实的地基处理方法。

2.0.6 强夯置换法 dynamic replacement
将重锤提到高处使其自由落下,在地面形成夯坑,反复交替夯击填入夯坑内的砂石、钢渣等粒料,使其形成密实墩体的地基处理方法。

2.0.7 注浆法 grouting
利用液压、气压或电化学原理,把能固化的浆液注入岩土体空隙中,将松散的土粒或裂隙胶结成一个整体的处理方法。

2.0.8 预压法 preloading
对地基进行堆载或真空预压,加速地基土固结的地基处理方法。

2.0.9 振冲法 vibroflotation
在振冲器水平振动和高压水的共同作用下使砂土层振密或在软弱土层中成孔后回填碎石形成桩柱,与原地基土组成复合地基的地基处理方法。

2.0.10 桩端后注浆灌注桩 post base-grouting bored-pile
通过预设在桩身内的注浆管和桩端注浆器对成桩后的桩端进行高压注浆的灌注桩。

2.0.11 基坑工程 excavation engineering
为建造地下结构而采取的围护、支撑、降水、隔水防渗、加固、土(石)方开挖和回填等工程的总称。

2.0.12 基坑支护结构 retaining structure of foundation pit
由围护墙、围檩、支撑(锚杆)、立柱(立柱桩)等系统组成的结构体系。

2.0.13 咬合桩 secant pile
后施工的灌注桩与先施工的灌注桩相互搭接、相互切割形成的连续排桩墙。

2.0.14 型钢水泥土搅拌墙 steel and soil-cement mixed wall
在连续套接的三轴水泥土搅拌桩内插入型钢形成的复合挡土截水结构。

2.0.15 地下连续墙 diaphragm wall
经机械成槽后放入钢筋笼、浇灌混凝土或放入预制钢筋混凝土板墙形成的地下墙体。

2.0.16 铣接头 cutter joint
利用铣槽机切削先行槽段混凝土而形成的地下连续墙接头。

2.0.17 接头管(箱) joint pipe(box)
使单元槽段间形成地下连续墙接头而采用的临时钢管(箱)。

2.0.18 水泥土重力式挡墙 soil-cement gravity retaining wall
由水泥土搅拌桩相互搭接形成的重力式支护结构。

2.0.19 土钉墙 soil-nailed wall
采用土钉加固的基坑侧壁土体与护面等组成的支护结构。

2.0.20 逆作法 top-down method
利用主体地下结构的全部或一部分作为支护结构,自上而下施工地下结构并与基坑开挖交替实施的施工工法。

2.0.21 沉井 open caisson
地面上制作井筒,通过井内取土使之下沉至地下预定深度的地下结构。

2.0.22 气压沉箱 pneumatic caisson
地面上制作具有水平封板的井筒,在封板下形成气压工作室,向工作室内加气平衡水土压力进行挖土作业,下沉至地下预定深度的地下结构。

2.0.23 地下水控制 groundwater control
在基坑工程中,为了确保基坑工程顺利实施,减少施工对周边环境的影响而采取的排水、降水、隔水和回灌等措施。

2.0.24 截水帷幕 curtain for cutting off water
用于阻隔或减少地下水通过基坑侧壁与坑底流入基坑和控制基坑外地下水位下降的幕墙状竖向截水体。

2.0.25 无筋扩展基础 non-reinforced spread foundation
由砖、毛石、混凝土或毛石混凝土、灰土和三合土等材料组成的,且不需配置钢筋的墙下条形基础或柱下独立基础。

2.0.26 钢筋混凝土扩展基础 reinforced concrete spread foundation
指柱下现浇钢筋混凝土独立基础和墙下钢筋混凝土条形基础。

2.0.27 筏形与箱形基础 raft and box foundation
筏形基础为柱下或墙下连续的平板式或梁板式钢筋混凝土基础。箱型基础为钢筋混凝土底板、顶板及内外纵横墙体构成的整体浇注的单层或多层钢筋混凝土基础。

2.0.28 盆式开挖 bermed excavation
在坑内周边留土,先挖除基坑中部的土方,形成类似盆形土体,在基坑中部地下结构和支撑形成后再挖除基坑周边土方的开挖方法。

2.0.29 岛式开挖 island excavation
在有围护结构的基坑工程中,先挖除基坑内周边的土方,形成类似岛状土体,然后再挖除基坑中部土方的开挖方法。

2.0.30 锚杆(索) anchor arm(rope)
在土(岩)体中钻孔,插入钢筋或钢绞线等受拉筋,并在锚固段灌注水泥浆锚入稳定土(岩)层内,另一端与结构体相连形成的受拉杆体。

2.0.31 复合土钉墙支护 composite soil nailing wall
由搅拌桩、土钉以及喷射混凝土面层组成的围护体。

3 基 本 规 定

3.0.1 建筑地基、基础、基坑及边坡工程施工所使用的材料、制品等的质量检验要求,应符合国家现行标准和设计的规定。

3.0.2 建筑地基、基础、基坑及边坡工程施工前,应具备下列资料:

    1 岩土工程勘察报告;

    2 建筑地基、基础、基坑及边坡工程施工所需的设计文件;

    3 拟建工程施工影响范围内的建(构)筑物、地下管线和障碍物等资料;

    4 施工组织设计和专项施工、监测方案。

3.0.3 建筑地基、基础、基坑及边坡工程施工的轴线定位点和高程水准基点,经复核后应妥善保护,并定期复测。

3.0.4 基坑工程施工时应做好准备工作,分析工程现场的工程水文地质条件、邻近地下管线、周围建(构)筑物及地下障碍物等情况。对邻近的地下管线及建(构)筑物应采取相应的保护措施。

3.0.5 建筑地基、基础、基坑及边坡工程施工过程中应控制地下水、地表水和潮汐的影响。

3.0.6 建筑地基基础工程冬、雨季施工应采取防冻、排水措施。

3.0.7 严禁在基坑(槽)及建(构)筑物周边影响范围内堆放土方。

3.0.8 基坑(槽)开挖应符合下列规定:

    1 基坑(槽)周边、放坡平台的施工荷载应按设计要求进行控制;

    2 基坑(槽)开挖过程中分层厚度及临时边坡坡度应根据土质情况计算确定;

    3 基坑(槽)开挖施工工况应符合设计要求。

3.0.9 施工中出现险情时,应及时启动应急措施控制险情。

3.0.10 施工中遇有文物、古迹遗址等,应立即停止施工,并上报有关部门。

3.0.11 建筑地基、基础、基坑及边坡工程施工过程中,应做好施工记录。

4 地基施工

4.1 一般规定

4.1.1 施工前应测量和复核地基的平面位置与标高。

4.1.2 地基施工时应及时排除积水,不得在浸水条件下施工。

4.1.3 基底标高不同时,宜按先深后浅的顺序进行施工。

4.1.4 施工过程中应采取减少基底土体扰动的保护措施,机械挖土时,基底以上200mm～300mm厚土层应采用人工挖除。

4.1.5 地基施工时,应分析挖方、填方、振动、挤压等对边坡稳定及周边环境的影响。

4.1.6 地基验槽时,发现地质情况与勘察报告不相符,应进行补勘。

4.1.7 地基施工完成后,应对地基进行保护,并应及时进行基础施工。

4.2 素土、灰土地基

4.2.1 素土、灰土地基土料应符合下列规定:

    1 素土地基土料可采用黏土或粉质黏土,有机质含量不应大于5%,并应过筛,不应含有冻土或膨胀土,严禁采用地表耕植土、淤泥及淤泥质土、杂填土等土料;

    2 灰土地基的土料可采用黏土或粉质黏土,有机质含量不应大于5%,并应过筛,其颗粒不得大于15mm,石灰宜采用新鲜的消石灰,其颗粒不得大于5mm,且不应含有未熟化的生石灰块粒,灰土的体积配合比宜为2∶8或3∶7,灰土应搅拌均匀。

4.2.2 素土、灰土地基土料的施工含水量宜控制在最优含水量±2%的范围内,最优含水量可通过击实试验确定,也可按当地经

验取用。

4.2.3 素土、灰土地基的施工方法,分层铺填厚度,每层压实遍数等宜通过试验确定,分层铺填厚度宜取200mm～300mm,应随铺填随夯压密实。基底为软弱土层时,地基底部宜加强。

4.2.4 素土、灰土换填地基宜分段施工,分段的接缝不应在柱及墙角和承重窗间墙下位置,上下相邻两层的接缝距离不应小于500mm,接缝处宜增加压实遍数。

4.2.5 基底存在洞穴、暗浜(塘)等软硬不均的部位时,应按设计要求进行局部处理。

4.2.6 素土、灰土地基的施工检验应符合下列规定:

    1 应每层进行检验,在每层压实系数符合设计要求后方可铺填上层土。

    2 可采用环刀法、贯入仪、静力触探、轻型动力触探或标准贯入试验等方法,其检测标准应符合设计要求。

    3 采用环刀法检验施工质量时,取样点应位于每层厚度的2/3深度处。筏形或箱形基础的地基检验点数量每50m²～100m²不应少于1个点;条形基础的地基检验点数量每10m～20m不应少于1个点;每个独立基础不应少于1个点。

    4 采用贯入仪或轻型动力触探检验施工质量时,每分层检验点的间距应小于4m。

4.3 砂和砂石地基

4.3.1 砂和砂石地基的材料应符合下列规定:

    1 宜采用颗粒级配良好的砂石,砂石的最大粒径不宜大于50mm,含泥量不应大于5%;

    2 采用细砂时应掺入碎石或卵石,掺量应符合设计要求;

    3 砂石材料应去除草根、垃圾等有机物,有机物含量不应大于5%。

4.3.2 砂和砂石地基的施工应符合下列规定:

    1 施工前应通过现场试验性施工确定分层厚度、施工方法、振捣遍数、振捣器功率等技术参数;

    2 分段施工时应采用斜坡搭接,每层搭接位置应错开0.5m～1.0m,搭接处应振压密实;

    3 基底存在软弱土层时应在与土面接触处先铺一层150mm～300mm厚的细砂层或铺一层土工织物;

    4 分层施工时,下层经压实系数检验合格后可进行上一层施工。

4.3.3 砂石地基的施工质量宜采用环刀法、贯入法、载荷法、现场直接剪切试验等方法检测,并应符合本规范第4.2.6条的有关规定。

4.4 粉煤灰地基

4.4.1 粉煤灰填筑材料应选用Ⅲ级以上粉煤灰,颗粒粒径宜为0.001mm～2.0mm,严禁混入生活垃圾及其他有机杂质,并应符合建筑材料有关放射性安全标准的要求。

4.4.2 粉煤灰地基施工应符合下列规定:

    1 施工时应分层摊铺,逐层夯实,铺设厚度宜为200mm～300mm,用压路机时铺设厚度宜为300mm～400mm,四周宜设置具有防冲刷功能的隔离措施;

    2 施工含水量宜控制在最优含水量±4%的范围内,底层粉煤灰宜选用较粗的灰,含水量宜低于最优含水量;

    3 小面积基坑、基槽的垫层可用人工分层摊铺,用平板振动器或蛙式打夯机进行振(夯)实,每次振(夯)板应重叠1/2板～1/3板,往复夯实,由两侧或四周向中间进行,夯实不少于3遍,大面积垫层应采用推土机摊铺,先用推土机预压2遍,然后用压路机碾压,施工时压轮重叠1/2轮宽～1/3轮宽,往复碾压4遍～6遍;

    4 粉煤灰宜当天即铺即压完成,施工最低气温不宜低于0℃;

5 每层铺完检测合格后,应及时铺筑上层,并严禁车辆在其上行驶,铺筑完成应及时浇筑混凝土垫层或上覆 300mm～500mm 土进行封层。

4.4.3 粉煤灰地基不得采用水沉法施工,在地下水位以下施工时,应采取降排水措施,不得在饱和或浸水状态下施工。基底为软土时,宜先填 200mm 左右厚的粗砂或高炉干渣。

4.4.4 粉煤灰地基施工过程中应检验铺筑厚度、碾压遍数、施工含水量、搭接区碾压程度、压实系数等,并应符合本规范第 4.2.6 条的有关规定。

4.5 强夯地基

4.5.1 施工前应在现场选取有代表性的场地进行试夯。试夯区在不同工程地质单元不应少于 1 处,试夯区不应小于 20m×20m。

4.5.2 周边存在对振动敏感或有特殊要求的建(构)筑物和地下管线时,不宜采用强夯法。

4.5.3 强夯施工主要机具设备的选择应符合下列规定:

1 起重机:根据设计要求的强夯能级,选用带有自动脱钩装置、与夯锤质量和落距相匹配的履带式起重机或其他专用设备,高能级强夯时应采取防机架倾覆措施;

2 夯锤:夯锤底面宜为圆形,锤底宜均匀设置 4 个～6 个孔径 250mm～500mm 的排气孔,强夯置换夯锤宜在周边设置排气槽,强夯锤锤底静接地压力宜为 20kPa～80kPa,强夯置换锤锤底静接地压力宜为 100kPa～300kPa;

3 自动脱钩装置:应具有足够的强度和耐久性,且施工灵活、易于操作。

4.5.4 强夯施工应符合下列规定:

1 夯击前应将各夯点位置及夯位轮廓线标出,夯击前后应测量地面高程,计算每点逐击夯沉量;

2 每遍夯击后应及时将夯坑填平或推平,测量场地高程,计算本遍场地夯沉量;

3 完成全部夯击遍数后,应按夯印搭接 1/5 锤径～1/3 锤径的夯击原则,用低能量满夯将场地表层松土夯实并碾压,测量强夯后场地高程;

4 强夯应分区进行,宜先边区后中部,或由临近建(构)筑物一侧向远离一侧方向进行。

4.5.5 强夯置换施工应符合下列规定:

1 强夯置换墩材料宜采用级配良好的块石、碎石、矿渣等质地坚硬、性能稳定的粗颗粒材料,粒径大于 300mm 的颗粒含量不宜大于全重的 30%;

2 夯点施打原则宜为由内而外、隔行跳打;

3 每遍夯击后测量场地高程,计算本遍场地抬升量,抬升量超设计标高部分宜及时推除。

4.5.6 软土地区及地下水位埋深较浅地区,采用降水联合低能级强夯施工时应符合下列规定:

1 强夯施工前应先设置降排水系统,降水系统宜采用真空井点系统,在加固区以外 3m～4m 处宜设置外围封闭井点;

2 夯击后降水设备的拆除应待地下水位降至设计水位并稳定不少于 2d 后进行;

3 低能级强夯应采用少击多遍、先轻后重的原则;

4 每遍强夯间歇时间宜根据超孔隙水压力消散不低于 80% 确定;

5 地下水位埋深较浅地区施工场地宜设纵横向排水沟网,沟网最大间距不宜大于 15m。

4.5.7 雨季施工时夯坑内或场地积水应及时排除。

4.5.8 冬期施工应采取下列措施:

1 应先将冻土清除后再进行强夯施工;

2 最低气温高于 −15℃,冻深在 800mm 以内时可进行点夯施工,且点夯的能级与击数应当适当增加,满夯应在解冻后进行,满

夯能级应适当增加;

3 强夯施工完成的地基在冬期来临前,应设覆盖层保护。

4.5.9 对强夯置换应检查置换墩底部深度,对降水联合低能级强夯应动态监测地下水位变化。强夯施工质量允许偏差应符合表 4.5.9 的规定。

表 4.5.9 强夯施工质量允许偏差

项 目	允许偏差或允许值	检测方法
夯锤落距	±300mm	用钢尺量,钢索设标志
夯锤定位	±150mm	用钢尺量
锤重	±100kg	称重
夯击遍数及顺序	设计要求	计数法
夯点定位	±500mm	用钢尺量
满夯后场地平整度	±100mm	水准仪
夯击范围(超出基础宽度)	设计要求	用钢尺量
间歇时间	设计要求	—
夯击击数	设计要求	计数法
最后两击平均夯沉量	设计要求	水准仪

4.5.10 强夯施工结束后质量检测的间隔时间:砂土地基不宜少于 7d,粉性土地基不宜少于 14d,黏性土地基不宜少于 28d,强夯置换和降水联合低能级强夯地基质量检测的间隔时间不宜少于 28d。

4.6 注浆加固地基

4.6.1 注浆施工前应进行室内浆液配比试验和现场注浆试验。

4.6.2 注浆施工应记录注浆压力和浆液流量,并应采用自动压力流量记录仪。

4.6.3 注浆顺序应按跳孔间隔注浆方式进行,并宜采用先外围后内部的注浆施工方法。

4.6.4 注浆孔的孔径宜为 70mm～110mm,孔位偏差不应大于 50mm,钻孔垂直度偏差应小于 1/100。注浆孔的钻杆角度与设计角度之间的倾角偏差不应大于 2°。

4.6.5 浆液宜采用普通硅酸盐水泥,注浆水灰比宜取 0.5～0.6。浆液应搅拌均匀,注浆过程中应连续搅拌,搅拌时间应小于浆液初凝时间。浆液在压注前应经筛网过滤。

4.6.6 注浆管上拔时宜使用拔管机。塑料阀管注浆时,注浆芯管每次上拔高度应为 330mm。花管注浆时,花管每次上拔或下钻高度宜为 300mm～500mm。采用低坍落度的砂浆压密注浆时,每次上拔高度宜为 400mm～600mm。

4.6.7 注浆压力的选用应根据土层的性质及其埋深确定。劈裂注浆时,砂土中宜取 0.2MPa～0.5MPa,黏性土宜取 0.2MPa～0.3MPa。采用水泥-水玻璃双液快凝浆液的注浆时压力应小于 1MPa,注浆时浆液流量宜取 10L/min～20L/min。采用坍落度为 25mm～75mm 的水泥砂浆压密注浆时,注浆压力宜为 1MPa～7MPa,注浆的流量宜取 10L/min～20L/min。

4.6.8 在浆液拌制时加入的掺合料、外加剂的量应通过试验确定,或按照下列指标选用:

1 磨细粉煤灰掺入量宜为水泥用量的 20%～50%;

2 水玻璃的模数应为 3.0～3.3,掺入量宜为水泥用量的 0.5%～3.0%;

3 表面活性剂(或减水剂)的掺入量宜为水泥用量的 0.3%～0.5%;

4 膨润土的掺入量宜为水泥用量的 1%～5%。

4.6.9 冬期施工时,在日平均气温低于 5℃ 或最低温度低于 −3℃ 的条件下注浆时应采取防浆体冻结措施。夏季施工时,用水温度不得高于 35℃ 且对浆液及注浆管路应采取防晒措施。

4.6.10 注浆过程中可采取调整浆液配合比、间歇式注浆、调整浆液的凝结时间、上口封闭等措施防止地面冒浆。

4.6.11 注浆施工中应做好原材料检验、注浆体强度、注浆孔位孔深、注浆施工顺序、注浆压力、注浆流量等项目的记录与质量控制。

4.7 预压地基

4.7.1 施工前应在现场进行预压试验，并根据试验情况确定施工参数。

4.7.2 水平排水砂垫层施工应符合下列规定：
  1 垫层材料宜用中、粗砂，含泥量应小于5%；
  2 垫层材料的干密度应大于1.5g/cm³；
  3 在预压区内宜设置与砂垫层相连的排水盲沟或排水管。

4.7.3 竖向排水体施工应符合下列规定：
  1 砂井的砂料宜用中砂或粗砂，含泥量应小于3%，砂井的实际灌砂量不得小于计算值的95%；
  2 砂袋或塑料排水带插入砂垫层中的长度不应少于500mm，平面井距偏差不应大于井径，垂直度偏差宜小于1.5%，拔管后带入砂袋或塑料排水带的长度不应大于500mm，回带根数不应大于总根数的5%；
  3 塑料排水带接长时，应采用滤膜内芯板平搭接的连接方式，搭接长度应大于200mm。

4.7.4 堆载预压法施工时应根据设计要求分级逐渐加载。在加载过程中应每天进行竖向变形量、水平位移及孔隙水压力等项目的监测，且应根据监测资料控制加载速率。

4.7.5 真空预压法施工应符合下列规定：
  1 应根据场地大小、形状及施工能力进行分块分区，每个加固区应用整块密封薄膜覆盖；
  2 真空预压的抽气设备宜采用射流真空泵，空抽时应达到95kPa以上的真空吸力，其数量应根据加固面积和土层性能等确定；
  3 真空管路的连接点应密封，在真空管路中应设置止回阀和闸阀，滤水管应设在排水砂垫层中，其上覆盖厚度100mm～200mm的砂层；
  4 密封膜热合粘结时宜用双热合缝的平搭接，搭接宽度应大于15mm，应铺设两层以上，覆盖膜周边采用挖沟折铺、平铺用黏土压边、围埝沟内覆水以及膜上全面覆水等方法进行密封；
  5 当处理区有充足水源补给的透水层或有明显露头的透气层时，应采用封闭式截水墙等形成防水帷幕等方法以隔断透水层或透气层；
  6 施工现场应连续供电，当连续5d实测沉降速率小于或等于2mm/d，或满足设计要求时，可停止抽真空。

4.7.6 真空堆载联合预压法施工时，应先进行抽真空，真空压力达到设计要求并稳定后进行分级堆载，并根据位移和孔隙水压力的变化控制堆载速率。

4.7.7 堆载预压法的施工检测应符合下列规定：
  1 竖向排水体施工质量检测包括排水体的材料质量、沉降速率、位置、插入深度、高出砂垫层的距离以及插入塑料排水带的回带长度和根数等，砂井或袋装砂井的砂料必须取样进行颗粒分析和渗透性试验；
  2 水平排水体砂料按施工分区进行检测单元划分，或以每10000m²的加固面积为一检测单元，每一检测单元的砂料检测数量不应少于3组；
  3 堆载分级荷载的高度偏差不应大于本级荷载折算高度的5%，最终堆载高度不应小于设计总荷载的折算高度；
  4 堆载分级堆高结束后应在现场进行堆料的重度检测，检测数量宜为每1000m²一组，每组3个点；
  5 堆载高度按每25m²一个点进行检测。

4.7.8 真空预压法的施工检测应符合下列规定：
  1 竖向排水体、水平排水砂垫层及处理效果检测应符合本规范第4.7.7条的规定；

  2 真空度观测可分为真空管内真空度和膜下真空度，每个膜下真空度测头监控面积宜为1000m²～2000m²；
  3 抽真空期间真空管内真空度应大于90kPa，膜下真空度宜大于80kPa。

4.8 振冲地基

4.8.1 施工前应在现场进行振冲试验，以确定水压、振密电流和留振时间等各种施工参数。

4.8.2 振冲置换施工应符合下列规定：
  1 水压可用200kPa～600kPa，水量可用200L/min～600L/min，造孔速度宜为0.5m/min～2.0m/min；
  2 当稳定电流达到密实电流值后宜留振30s，并将振冲器提升300mm～500mm，每次填料厚度不宜大于500mm；
  3 施工顺序宜从中间向外围或间隔跳打进行，当加固区附近存在既有建(构)筑物或管线时，应从邻近建筑物一边开始，逐步向外施工；
  4 施工现场应设置排泥水沟及集中排泥的沉淀池。

4.8.3 振冲加密施工应符合下列规定：
  1 振冲加密宜采用大功率振冲器，下沉宜快速，造孔速度宜为8m/min～10m/min，每段提升高度宜为500mm，每米振密时间宜为1min；
  2 对于粉细砂地基，振冲加密可采用双点共振法进行施工，共振时间宜为10s～20s，下沉和上提速度宜为1.0m/min～1.5m/min，水压宜为100kPa～200kPa，每段提升高度宜为500mm；
  3 施工顺序宜从外围或两侧向中间进行。

4.8.4 振冲法的质量检测应符合下列规定：
  1 振冲孔平面位置的容许偏差不应大于桩径的0.2倍，垂直度偏差不应大于1/100；
  2 施工后应间隔一定时间方可进行质量检验，对黏性土地基，间隔时间不少于21d，对粉性土地基，间隔时间不少于14d，对砂土地基，间隔时间不少于7d；
  3 对桩体应采用动力触探试验检测，对桩间土宜采用标准贯入、静力触探、动力触探或其他原位测试等方法进行检测，检测位置应在等边三角形或正方形的中心，检测数量不应少于桩孔总数的2%，且不少于5点。

4.9 高压喷射注浆地基

4.9.1 高压喷射注浆施工前应根据设计要求进行工艺性试验，数量不应少于2根。

4.9.2 高压喷射注浆的施工技术参数应符合下列规定：
  1 单管法和二重管法的高压水泥浆浆液流压力宜为20MPa～30MPa，二重管法的气流压力宜为0.6MPa～0.8MPa；
  2 三重管法的高压水射流压力宜为20MPa～40MPa，低压水泥浆浆液流压力宜为0.2MPa～1.0MPa，气流压力宜为0.6MPa～0.8MPa；
  3 双高压旋喷注浆的高压水压力宜为35MPa±2MPa，流量宜为70L/min～80L/min，高压浆液的压力宜为20MPa±2MPa，流量宜为70L/min～80L/min，压缩空气的压力宜为0.5MPa～0.8MPa，流量宜为1.0m³/min～3.0m³/min；
  4 提升速度宜为0.05m/min～0.25m/min，并应根据试桩确定施工参数。

4.9.3 高压喷射注浆材料宜采用普通硅酸盐水泥。所用外加剂及掺合料的数量，应通过试验确定。水泥浆液的水灰比宜取0.8～1.5。

4.9.4 钻机成孔直径宜为90mm～150mm，钻机定位偏差应小于20mm，钻机安放应水平，钻杆垂直度偏差应小于1/100。

4.9.5 钻机与高压泵的距离不宜大于50m，钻孔定位偏差不得大于50mm。喷射注浆应由下向上进行，注浆管分段提升的搭接长度应大于100mm。

4.9.6 对需要扩大加固范围或提高强度的工程,宜采用复喷措施。

4.9.7 周边环境有保护要求时可采取速凝浆液、隔孔喷射、冒浆回灌、放慢施工速度或具有排泥装置的全方位高压旋喷技术等措施。

4.9.8 高压喷射注浆施工时,邻近施工影响区域不应进行抽水作业。

4.10 水泥土搅拌桩地基

4.10.1 施工前应进行工艺性试桩,数量不应少于2根。

4.10.2 单轴与双轴水泥土搅拌法施工应符合下列规定:

1 施工深度不宜大于18m,搅拌桩机架安装就位应水平,导向架垂直度偏差应小于1/150,桩位偏差不得大于50mm,桩径和桩长不得小于设计值;

2 单轴和双轴水泥土搅拌桩浆液水灰比宜为0.55~0.65,制备好的浆液不得离析,泵送应连续,且应采用自动压力流量记录仪;

3 双轴水泥土搅拌桩成桩采用两喷三搅工艺,处理粗砂、砾砂层时,宜增加搅拌次数,钻头喷浆搅拌提升速度不宜大于0.5m/min,钻头搅拌下沉速度不宜大于1.0m/min,钻头每转一圈的提升(或下沉)量宜为10mm~15mm,单机24h内的搅拌量不应大于100m³;

4 施工时宜用流量泵控制输浆速度,注浆泵出口压力应保持在0.40MPa~0.60MPa,输浆速度应保持常量;

5 钻头搅拌下沉至预定标高后,应喷浆搅拌30s后再开始提升钻杆。

4.10.3 三轴水泥土搅拌法施工应符合下列规定:

1 施工深度大于30m的搅拌桩宜采用接杆工艺,大于30m的机架应有稳定性措施,导向架垂直度偏差不应大于1/250;

2 三轴水泥土搅拌桩桩水泥浆液的水灰比宜为1.5~2.0,制备好的浆液不得离析,泵送应连续,且应采用自动压力流量记录仪;

3 搅拌下沉速度宜为0.5m/min~1.0m/min,提升速度宜为1m/min~2m/min,并应保持匀速下沉或提升;

4 可采用跳打方式、单侧挤压方式和先行钻孔套打方式施工,对于硬质土层,当成桩困难时,可采用预先松动土层的先行钻孔套打方式施工;

5 搅拌桩在加固区以上的土层扰动区宜采用低掺量加固;

6 环境保护要求高的工程应采用三轴搅拌桩,并应通过试成桩及其监测结果调整施工参数,邻近保护对象时,搅拌下沉速度宜为0.5m/min~0.8m/min,提升速度宜为1.0m/min内,喷浆压力不宜大于0.8MPa;

7 施工时宜用流量泵控制输浆速度,注浆泵出口压力宜为0.4MPa~0.6MPa,并应使搅拌提升速度与输浆速度同步。

4.10.4 水泥土搅拌桩桩施工时,停浆面应高于桩顶设计标高300mm~500mm。开挖基坑时,应将搅拌桩顶端浮浆桩段用人工挖除。

4.10.5 施工中因故停浆时,应将钻头下沉至停浆点以下0.5m处,待恢复供浆时再喷浆搅拌提升,或将钻头抬高至停浆点以上0.5m处,待恢复供浆时再喷浆搅拌下沉。

4.11 土和灰土挤密桩复合地基

4.11.1 土和灰土挤密桩的成孔应按设计要求、现场土质和周围环境等情况,选用沉管法、冲击法或钻孔法。

4.11.2 土和灰土挤密桩的施工应按下列顺序进行:

1 施工前应平整场地,定出桩孔位置并编号;

2 整片处理时宜由里向外,局部处理时宜从外向里,施工时应间隔1个~2个孔依次进行;

3 成孔达到要求深度后应及时回填夯实。

4.11.3 土和灰土挤密桩的土填料宜采用就地或就近基槽中挖出的粉质黏土。所用石灰应为Ⅲ级以上新鲜块灰,石灰使用前应消解并筛分,其粒径不应大于5mm。土和灰土的质量及体积配合比应符合第4.2.1条的规定。

4.11.4 桩孔夯填时填料的含水量宜控制在最优含水量±3%的范围内,夯实后的干密度不应低于其最大干密度与设计要求压实系数的乘积。填料的最优含水量及最大干密度可通过击实试验确定。

4.11.5 向孔内填料前,孔底应夯实,应抽样检查桩孔的直径、深度、垂直度和桩位偏差,并应符合下列规定:

1 桩孔直径的偏差不应大于桩径的5%;

2 桩孔深度的偏差应为±500mm;

3 桩孔的垂直度偏差不宜大于1.5%;

4 桩位偏差不宜大于桩径的5%。

4.11.6 桩孔经检验合格后,应按设计要求向孔内分层填入筛好的素土、灰土或其他填料,并应分层夯实至设计标高。

4.11.7 土和灰土挤密桩的施工质量检测应符合下列规定:

1 成桩后应及时抽检施工质量,抽检数量不应少于桩总数的1%;

2 成桩后应检查施工记录、检验全部处理深度内桩体和桩间土的干密度,并将其分别换算为平均压实系数和平均挤密系数。

4.12 水泥粉煤灰碎石桩复合地基

4.12.1 施工前应按设计要求进行室内配合比试验。长螺旋钻孔灌注成桩所用混合料坍落度宜为160mm~200mm,振动沉管灌注成桩所用混合料坍落度宜为30mm~50mm。

4.12.2 水泥粉煤灰碎石桩施工应符合下列规定:

1 用振动沉管灌注成桩和长螺旋钻孔灌注成桩施工时,桩体配比中采用的粉煤灰可选用电厂收集的粗灰,采用长螺旋钻孔、管内泵压混合料灌注成桩时,宜选用细度(0.045mm方孔筛筛余百分比)不大于45%的Ⅲ级或Ⅲ级以上等级的粉煤灰;

2 长螺旋钻孔、管内泵压混合料成桩施工时每方混合料粉煤灰掺量宜为70kg~90kg;

3 成孔时宜先慢后快,并应及时检查、纠正钻杆偏差,成桩过程应连续进行;

4 长螺旋钻孔、管内泵压混合料成桩施工时,当钻至设计深度后,应掌握提拔钻杆时间,混合料泵送量应与拔管速度相配合,压灌应一次连续灌注完成,压灌成桩时,钻具底端出料口不得高于钻孔内桩料的液面;

5 沉管灌注成桩施工拔管速度应按匀速控制,并控制在1.2m/min~1.5m/min,遇淤泥或淤泥质土层,拔管速度应适当放慢,沉管拔出地面确认成桩桩顶标高后,用粒状材料或湿黏性土封顶;

6 振动沉管灌注成桩后桩顶浮浆厚度不宜大于200mm;

7 拔管应在钻杆芯管充满混合料后开始,严禁先拔管后泵料;

8 桩顶标高宜高于设计桩顶标高0.5m以上。

4.12.3 桩的垂直度偏差不应大于1/100。满堂布桩基础的桩位偏差不应大于桩径的0.4倍;条形基础的桩位偏差不应大于桩径的0.25倍;单排布桩的桩位偏差不应大于60mm。

4.12.4 褥垫层铺设宜采用静力压实法。基底桩间土含水量较小时,也可用动力夯实法。夯填度不应大于0.9。

4.12.5 冬期施工时,混合料入孔温度不得低于5℃。

4.12.6 施工质量检验应符合下列规定:

1 成桩过程应抽样做混合料试块,每台机械一天应做一组(3块)试块(边长为150mm的立方体),标准养护,测定其立方体抗压强度;

2 施工质量应检查施工记录、混合料坍落度、桩数、桩位偏差、褥垫层厚度、夯填度和桩体试块抗压强度等;

3 地基承载力检验应采用单桩复合地基载荷试验或单桩载荷试验,单体工程试验数量应为总桩数的1%且不应少于3点,对桩体检验应抽不少于总桩数的10%进行低应变动力试验,检测桩身完整性。

4.13 夯实水泥土桩复合地基

4.13.1 夯实水泥土桩施工前应进行工艺性试桩,试桩数量不应少于2根。

4.13.2 夯实水泥土桩的施工,应按设计要求选用成孔工艺。挤土成孔宜选用沉管、冲击等方法,非挤土成孔宜选用洛阳铲、螺旋钻等方法。

4.13.3 夯填桩孔时,应选用机械夯实,夯锤应与桩径相适应。分段夯填时,夯锤的落距和填料厚度应根据现场试验确定,落距宜大于2m,填料厚度宜取 250mm~400mm。混合填料密实度不应小于0.93。

4.13.4 土料中的有机质含量不得大于5%,不得含有垃圾杂质、冻土或膨胀土等,使用时应过筛。混合料的含水量宜控制在最优含水量±2%的范围内。土料与水泥应拌和均匀,混合料搅拌时间不宜少于2min,混合料坍落度宜为30mm~50mm。

4.13.5 施工应隔排桩跳打。向孔内填料前孔底应夯实,宜采用二夯一填的连续成桩工艺。每根桩的成桩过程应连续进行。桩顶夯填高度应大于设计桩顶标高200mm~300mm,垫层施工时应将多余桩体凿除,桩顶面应水平。垫层铺设时应压(夯)密实,夯填度不应大于0.9。

4.13.6 沉管法拔管速度宜控制为 1.2m/min~1.5m/min,每提升1.5m~2.0m留振20s。桩管拔出地面后应用粒状材料或黏土封顶。

4.13.7 夯实水泥土桩复合地基施工质量检测应符合下列规定:

1 施工过程中,对夯实水泥土桩的成桩质量,应及时进行抽样检验,抽样检验的数量不应少于总桩数的2%;

2 承载力检验应采用单桩复合地基载荷试验,对重要或大型工程,尚应进行多桩复合地基载荷试验,单体工程试验数量应为总桩数的0.5%~1.0%,且不应少于3点。

4.14 砂石桩复合地基

4.14.1 施工前应进行成桩工艺和成桩挤密试验,工艺性试桩的数量不应少于2根。

4.14.2 砂石桩施工可采用振动沉管、锤击沉管或冲击成孔等成桩法。当用于消除粉细砂及粉土液化时,宜用振动沉管成桩法。

4.14.3 振动沉管成桩法施工应根据沉管和挤密情况,控制填砂量、提升高度和速度、挤压次数和时间、电机的工作电流等。振动沉管法施工宜采用单打法或反插法。锤击法挤密应根据锤击的能量,控制分段的填砂量和成桩的长度,锤击沉管成桩法施工可采用单管或双管法。

4.14.4 砂石桩的施工顺序应符合下列规定:

1 对砂土地基宜从外围或两侧向中间进行;

2 对黏性土地基宜从中间向外围或隔排施工;

3 在邻近既有建(构)筑物施工时,应背离建(构)筑物方向进行。

4.14.5 采用活瓣桩靴施工时应符合下列规定:

1 对砂土和粉土地基宜选用尖锥型;

2 对黏性土地基宜选用平底型;

3 一次性桩尖可采用混凝土锥形桩尖。

4.14.6 砂石桩填料宜用天然级配的中砂、粗砂。拔管前在管内灌入砂料高度大于1/3管长后开始。拔管速度应均匀,不宜过快。

4.14.7 施工时桩位水平偏差不应大于套管外径的0.3倍。套管

垂直度偏差不应大于1/100。

4.14.8 砂石桩施工后,应将基底标高下的松散层挖除或夯压密实,随后铺设并压实砂垫层。

4.14.9 砂石桩复合地基施工质量检测应符合下列规定:

1 施工期间及施工结束后应检查砂石桩的施工记录,沉管法施工尚应检查套管往复挤压振动次数与时间、套管升降幅度和速度、每次灌砂石量等项目施工记录;

2 施工完成后应间隔一定时间方可进行质量检验,对饱和黏性土地基应待孔隙水压力消散后进行,间隔时间不宜少于28d,对粉土、砂土和杂填土地基,不宜少于7d;

3 砂石桩的施工质量检验可采用单桩载荷试验,对桩体可采用动力触探试验检测,对桩间土可采用标准贯入、静力触探、动力触探或其他原位测试等方法进行检测,桩间土质量的检测位置应在等边三角形或正方形的中心,检测数量不应少于桩孔总数的2%;

4 砂石桩地基承载力检验应采用复合地基载荷试验,检测数量不应少于总桩数的0.5%,且每个单体建筑不应少于3点。

4.15 湿陷性黄土地基

4.15.1 在湿陷性黄土上进行基础施工时应采取阻止施工用水和场地雨水流入地基土的措施。

4.15.2 采用强夯法处理湿陷性黄土地基,消除湿陷性黄土层的有效深度,应根据试夯确定。在有效深度内,土的湿陷系数除应小于0.015,尚应符合下列规定:

1 夯点的夯击次数和最后2击的平均夯沉量,应按试夯结果或试夯记录绘制的夯击次数和夯沉量的关系曲线确定。

2 夯锤宜选用圆形,不小于20t的锤宜用铸钢锤,在置换强夯中应采用铸钢锤,锤重常为10t、20t、40t、60t。

3 施工场地土层处理厚度以内土的含水量小于10%时,宜按1m×1m的方格网点,并在方格中心加一点的布孔方式钻孔,向孔中定量注水润湿土体;当土含水量大于塑限3%以上时,应采取降低含水量的措施;当需要加水润湿的土层限于上层,且厚度小于1.0m时,可采用地表水畦浇水润湿。

4 强夯施工过程中或施工结束后,应检查每个夯点的累计夯沉量不得小于试夯时各夯点平均夯沉量的95%。

5 强夯处理湿陷性黄土地基检测抽样点数应按表4.15.2确定,每点检测抽样深度及数量应为从终止夯面向下每隔0.5m~1.0m取样一件,取样深度不应小于设计的夯实厚度以下1.0m处。

表4.15.2　强夯处理湿陷性黄土地基检测抽样点数

强夯施工面积(m²)	最少抽样点数	最少抽样点数计算方法
≤500	5	按直接插入法计算
5000	17	按直接插入法计算
50000	58	按直接插入法计算
500000	200	按直接插入法计算

注:"强夯施工面积"指在同一工程地质条件(包括含水量类别)的施工场地、用同一强夯参数及同一夯沉量控制指标施工的实夯面积。

6 强夯施工完毕检测的最短时间应符合下列规定:

1)含水量小于16%的湿陷性黄土应为14d;

2)含水量为16%~18%的湿陷性黄土应为21d;

3)含水量大于18%的湿陷性黄土应为28d。

4.15.3 采用挤密桩法施工除应符合本规范第4.11节的规定外,尚应符合下列规定:

1 挤密桩法适用于处理地下水位以上的湿陷性黄土地基,处理厚度宜为3m~15m。

2 湿陷性黄土地基土含水量低于12%时,可对处理范围内的土层进行预浸水增湿;当预浸水土层深度在2.0m以内时,可采

用地表水畦的浸水方法，地表水畦的高宜为300mm～500mm，每畦范围不宜大于50m²；浸水土层深度大于2.0m时，应采用地表水畦与深层浸水孔结合的方法。

3　孔底在填料前应夯实，孔内填料宜用素土、灰土或水泥土，填料宜分层回填夯实，其压实系数不宜小于0.97。

4　湿陷性黄土地基挤密桩可采取沉管挤密成孔、冲击法夯扩挤密成孔或钻孔夯扩法挤密成孔。

5　采用挤密桩法施工应按下列要求进行地基质量检测：

1）孔内填料的夯实质量应及时抽样检查，也可通过现场试验测定，检测数量不得少于总孔数的2%，每班次不应少于1孔，在全部孔深内，宜每1m取土样测定干密度，检测点的位置应在距孔心2/3孔半径处；

2）对重大工程，应在处理深度内分层取样测定挤密土及孔内填料的湿陷性及压缩性，且应在现场进行静载荷试验或其他原真测试。

4.15.4　预浸水法的施工应符合下列规定：

1　预浸水法宜用于处理湿陷性黄土厚度大于10m，自重湿陷的计算值大于500mm的场地，浸水前宜通过现场试坑浸水试验确定浸水时间、耗水量和湿陷量等。

2　采用预浸水法处理地基，应符合下列规定：

1）浸水坑边缘至既有建筑物的距离不宜小于50m，并应防止由于浸水影响附近建筑物和场地边坡的稳定性；

2）浸水坑的边长不得小于湿陷性黄土层的厚度，当浸水坑的面积较大时，可分段进行浸水；

3）浸水坑内的水头高度不宜小于300mm，连续浸水时间应以湿陷变形稳定为准，其稳定标准为最后5d的平均湿陷量小于1mm/d。

3　地基预浸水结束后，在基础施工前应进行补充勘察工作，重新评定地基土的湿陷性，并应采用垫层或其他方法处理上部湿陷性黄土。

4.16　冻土地基

4.16.1　基础梁下有冻胀性土时，应在基础梁下填以炉渣等松散材料，并根据土的冻胀性预留冻胀变形的空隙。

4.16.2　为了防止施工和使用期间的雨水、地表水、生产废水和生活污水等浸入地基，应做好排水设施。山区应做好截水沟或在建筑物下设置暗沟，以排走地表水和潜水，避免因基础堵水而造成冻结。

4.16.3　按采暖设计的建筑物，当年不能竣工或入冬前不能交付正常使用，或使用中可能出现冬期不能正常采暖时，应对地基采取相应的越冬保温措施。对非采暖建筑物的跨年度工程，入冬前应及时回填，并采取保温措施。

4.17　膨胀土地基

4.17.1　膨胀土基础施工前应完成场地平整、挡土墙、护坡、防洪沟及排水沟等工程，使排水通畅，边坡稳定。

4.17.2　施工场地应做好排水措施，禁止施工用水流入基坑（槽），施工用水管网严禁渗漏。

4.17.3　临时生活设施、水池、淋灰池、洗料场、混凝土预制构件场、搅拌站及防洪沟等应有防渗措施，至建筑物外墙的距离不应小于10m。

4.17.4　膨胀土地基基础工程宜避开雨季施工。开挖基坑（槽）发现地裂、局部上层滞水或土层有较大变化时，应及时处理后方能继续施工。

4.17.5　膨胀土地基基础施工宜采用分段快速作业法，施工过程中不得使基坑（槽）曝晒或泡水。雨季施工应采取防水措施。

4.17.6　验槽后，应及时浇筑混凝土垫层或采取封闭坑底措施。

4.17.7　灌注桩施工时，应采用干法成孔。成孔后，应清除孔底虚土，并应及时浇筑混凝土。

4.17.8　基坑（槽）应及时分层回填，严禁灌水。回填料宜选用非膨胀土、弱膨胀土或掺6%石灰的膨胀土。

5　基础施工

5.1　一般规定

5.1.1　基础施工前应进行地基验槽，并应清除表层浮土和积水，验槽后应立即浇筑垫层。

5.1.2　基础施工完成后应设置沉降观测点，沉降观测点的设置与观测应符合现行行业标准《建筑变形测量规范》JGJ 8 的规定。

5.1.3　垫层混凝土应在基础验槽后立即浇筑，混凝土强度达到设计强度70%后，方可进行后续施工。

5.1.4　基础施工完毕后应及时回填，回填前应及时清理基槽内的杂物和积水，回填质量应符合设计要求。

5.2　无筋扩展基础

5.2.1　砖砌体基础的施工应符合下列规定：

1　砖及砂浆的强度应符合设计要求，砂浆的稠度宜为70mm～100mm，砖的规格应一致，砖应提前浇水湿润；

2　砌筑应上下错缝，内外搭砌，竖缝错开不应小于1/4砖长，砖基础水平灰缝的砂浆饱满度不应低于80%，内外墙基础应同时砌筑，对不能同时砌筑而又必须留置的临时间断处，应砌筑成斜槎，斜槎的水平投影长度不应小于高度的2/3；

3　深浅不一致的基础，应从低处开始砌筑，并应由高处向低处搭砌，当设计无要求时，搭接长度不应小于基础底的高差，搭接长度范围内下层基础应扩大砌筑，砌体的转角处和交接处应同时砌筑，不能同时砌筑时应留槎、接槎；

4　宽度大于300mm的洞口，上方应设置过梁。

5.2.2　毛石砌体基础的施工应符合下列规定：

1　毛石的强度、规格尺寸、表面处理和毛石基础的宽度、阶宽、阶高等应符合设计要求；

2　粗料毛石砌筑灰缝不宜大于20mm，各层均应铺灰坐浆砌筑，砌好后的内外侧石缝应用砂浆勾嵌；

3　基础的第一皮及转角处、交接处和洞口处，应采用较大的平毛石，并采取大面朝下的方式坐浆砌筑，转角、阴阳角等部位应选用方正平整的毛石互相拉结砌筑，最上面一皮毛石应选用较大的毛石砌筑；

4　毛石基础应结合牢靠，砌筑应内外搭砌，上下错缝，拉结石、丁砌石交错设置，不应在转角或纵横墙交接处留设接槎，接槎应采用阶梯式，不应留设直槎或斜槎。

5.2.3　混凝土基础施工应符合下列规定：

1　混凝土基础台阶应支模浇筑，模板支撑应牢固可靠，模板接缝不应漏浆；

2　台阶式基础宜一次浇筑完成，每层宜先浇边角，后浇中间，坡度较陡的锥形基础可采用支模浇筑的方法；

3　不同底标高的基础应开挖成阶梯状，混凝土应由低到高浇筑；

4　混凝土浇筑和振捣应满足均匀性和密实性的要求，浇筑完成后应采取养护措施。

5.3　钢筋混凝土扩展基础

5.3.1　柱下钢筋混凝土独立基础施工应符合下列规定：

1　混凝土宜按台阶分层连续浇筑完成，对于阶梯形基础，每一台阶作为一个浇捣层，每浇筑完一台阶宜稍停0.5h～1.0h，待

其初步获得沉实后,再浇筑上层,基础上有插筋埋件时,应固定其位置;

2 杯形基础的支模宜采用封底式杯口模板,施工时应将杯口模板压紧,在杯底应预留观测孔或振捣孔,混凝土浇筑应对称均匀下料,杯底混凝土振捣应密实;

3 锥形基础模板应随混凝土浇捣分段支设并固定牢靠,基础边角处的混凝土应捣实密实。

5.3.2 钢筋混凝土条形基础施工应符合下列规定:

1 绑扎钢筋时,底部钢筋应绑扎牢固,采用 HPB300 钢筋时,端部弯钩应朝上,柱的锚固钢筋下端应用 90°弯钩与基础钢筋绑扎牢固,按轴线位置校核后上端应固定牢靠;

2 混凝土宜分段分层连续浇筑,每层厚度宜为 300mm～500mm,各段各层间应互相衔接,混凝土捣应密实。

5.3.3 基础混凝土浇筑完后,外露表面应在 12h 内覆盖并保湿养护。

5.4 筏形与箱形基础

5.4.1 基础混凝土可采用一次连续浇筑,也可留设施工缝分块连续浇筑,施工缝宜留设在结构受力较小且便于施工的位置。

5.4.2 采用分块浇筑的基础混凝土,应根据现场场地条件、基坑开挖流程、基坑施工监测数据等合理确定浇筑的先后顺序。

5.4.3 在浇筑基础混凝土前,应清除模板和钢筋上的杂物,表面干燥的垫层、木模板应浇水湿润。

5.4.4 筏形与箱形基础混凝土浇筑应符合下列规定:

1 混凝土运输和输送设备作业区域应有足够的承载力;

2 混凝土浇筑方向宜平行于次梁长度方向,对于平板式筏形基础宜平行于基础长边方向;

3 根据结构形状尺寸、混凝土供应能力、混凝土浇筑设备、场内外条件等划分泵送混凝土浇筑区域及浇筑顺序,采用硬管输送混凝土时,宜由远而近浇筑,多根输送管同时浇筑时,其浇筑速度宜保持一致;

4 混凝土应连续浇筑,且应均匀、密实;

5 混凝土浇筑的布料点宜接近浇筑位置,应采取减缓混凝土下料冲击的措施,混凝土自高处倾落的自由高度应根据混凝土的粗骨料粒径确定,粗骨料粒径大于 25mm 时不应大于 3m,粗骨料粒径不大于 25mm 时不应大于 6m;

6 基础混凝土应采取减少表面收缩裂缝的二次抹面技术措施。

5.4.5 筏形与箱形基础混凝土养护宜采用浇水、蓄热、喷涂养护剂等方式。

5.4.6 筏形与箱形基础大体积混凝土浇筑应符合下列规定:

1 混凝土宜采用低水化热水泥,合理选择外掺料、外加剂,优化混凝土配合比;

2 混凝土浇筑应选择合适的布料方案,宜由远而近浇筑,各布料点浇筑速度应均衡;

3 混凝土宜采用斜面分层浇筑方法,混凝土应连续浇筑,分层厚度不应大于 500mm,层间间隔时间不应大于混凝土的初凝时间;

4 混凝土裸露表面应采用覆盖养护方式,当混凝土表面以内 40mm～80mm 位置的温度与环境温度的差值小于 25℃时,可结束覆盖养护,覆盖养护结束但尚未达到养护时间要求时,可采用洒水养护方式直至养护结束。

5.4.7 筏形与箱形基础后浇带和施工缝的施工应符合下列规定:

1 地下室柱、墙、反梁的水平施工缝应留设在基础顶面;

2 基础垂直施工缝应留设在平行于平板式基础短边的任何位置且不应留设在柱角范围,梁板式基础垂直施工缝应留设在次梁跨度中间的 1/3 范围内;

3 后浇带和施工缝处的钢筋应贯通,侧模应固定牢靠;

4 箱形基础的后浇带两侧应限制施工荷载,梁、板应有临时支撑措施;

5 后浇带和施工缝处浇筑混凝土前,应清除浮浆、疏松石子和软弱混凝土层,浇水湿润;

6 后浇带混凝土强度等级宜比两侧混凝土提高一级,施工缝处后浇混凝土应待先浇混凝土强度达到 1.2MPa 后方可进行。

5.5 钢筋混凝土预制桩

5.5.1 预制场地应平整、坚实、无积水。

5.5.2 预制桩应符合国家现行标准《先张法预应力混凝土管桩》GB 13476 和《预制钢筋混凝土方桩》JC 934 等的规定。

5.5.3 混凝土预制桩的混凝土强度达到 70% 后方可起吊,达到 100% 后方可运输。

5.5.4 重叠法制作预制钢筋混凝土方桩时,应符合下列规定:

1 桩与邻桩及底模之间的接触面应采取隔离措施;

2 上层桩或邻桩的浇筑,应在下层桩或邻桩的混凝土达到设计强度的 30% 以上时,方可进行;

3 根据地基承载力确定叠制的层数;

4 混凝土应由桩顶向桩尖连续浇筑,桩的表面应平整、密实。

5.5.5 混凝土预制桩制作允许偏差应符合表 5.5.5 的规定。

表 5.5.5 混凝土预制桩制作允许偏差

桩型	项　目		允许偏差(mm)
钢筋混凝土预制方桩	横截面边长		±5
	桩顶对角线之差		≤10
	保护层厚度		±5
	桩身弯曲矢高		≤1%L,且≤20
	桩尖偏心		≤10
	桩顶平面对桩中心线的倾斜		≤3
	桩节长度		±20
钢筋混凝土管桩	直径	300mm～700mm	+5 -2
		800mm～1400mm	+7 -4
	长度		±5%L
	管壁厚度		≥20
	保护层厚度		≤5
	桩身弯曲(度)矢高	L≤15m	≤1%L
		15m<L≤30m	≤2%L
	桩尖偏心		≤10
	桩头板平整度		≤0.5
	桩板偏心		≤2

注:L 为桩长。

5.5.6 单节桩采用两支点法起吊时,两吊点位置距离桩端宜为 0.2L₁(L₁ 为桩段长度),吊索与桩段水平夹角不应小于 45°。

5.5.7 预应力混凝土空心管桩的叠层堆放应符合下列规定:

1 外径为 500mm～600mm 的桩不宜大于 5 层,外径为 300mm～400mm 的桩不宜大于 8 层,堆叠的层数还应满足地基承载力的要求;

2 最下层应设两支点,支点垫木应选用木枋;

3 垫木与吊点应保持在同一横断面上。

5.5.8 预制桩在施工现场运输、吊装过程中,严禁采用拖拉取桩方法。

5.5.9 接桩时,接头宜高出地面 0.5m～1.0m,不宜在桩端进入硬土层时停顿或接桩。单根桩沉桩宜连续进行。

5.5.10 焊接接桩应符合下列规定:

1 上下节桩接头端板表面应清洁干净;

2 下节桩的桩头处宜设置导向箍,接桩时上下节桩身应对中,错位不宜大于 2mm,上下桩段应保持顺直。

3 预应力桩应在坡口内多层满焊,每层焊缝接头应错开,并应采取减少焊接变形的措施。

4 焊接宜沿桩四周对称进行,坡口、厚度应符合设计要求,不应有夹渣、气孔等缺陷。

5 桩接头焊好后应进行外观检查,检查合格后必须经自然冷却,方可继续沉桩,自然冷却时间宜符合表 5.5.10 的规定,严禁浇水冷却,或不冷却就开始沉桩。

表 5.5.10 自然冷却时间(min)

锤击桩	静压桩	采用二氧化碳气体保护焊
8	6	3

6 雨天焊接时,应采取防雨措施。

5.5.11 采用螺纹接头接桩应符合下列规定:

1 接桩前应检查桩两端制作的尺寸偏差及连接件,无受损后方可起吊施工;

2 接桩时,卸下上下节桩两端的保护装置后,应清理接头残物,涂上润滑脂;

3 应采用专用锥度接头对中,对准上下节桩进行旋紧连接;

4 可采用专用链条式扳手进行旋紧,锁紧后两端板尚应有 1mm~2mm 的间隙。

5.5.12 采用机械啮合接头接桩应符合下列规定:

1 上节桩下端的连接销对准下节桩顶端的连接槽口,加压使上节桩的连接销插入下节桩的连接槽内;

2 当地基土或地下水对管桩有中等以上腐蚀作用时,端板应涂厚度为 3mm 的防腐涂料。

5.5.13 桩锤的选用应根据地质条件、桩型、桩的密集程度、单桩竖向承载力及现有施工条件等因素确定。

5.5.14 桩帽及打桩垫的设置应符合下列规定:

1 桩帽下部套桩头用的套筒应与桩的外形相匹配,套筒中心应与锤垫中心重合,筒体深度应为 350mm~400mm,桩帽与桩顶周围应留有 5mm~10mm 的空隙;

2 打桩时桩帽套筒底面与桩头之间应设置弹性桩垫,桩垫经锤击压实后的厚度应为 120mm~150mm,且应在打桩期间经常检查,及时更换;

3 桩帽上部直接接触打桩锤的部位应设置锤垫,其厚度应为 150mm~200mm,打桩前应进行检查、校正或更换。

5.5.15 锤击桩送桩器及衬垫设置应符合下列规定:

1 送桩器应与桩的外形相匹配,并应有足够的强度、刚度和耐冲击性,送桩器长度应满足送桩深度的要求,弯曲度不得大于 1‰;

2 送桩器上下两端面应平整,且与送桩器中心轴线相垂直;

3 送桩器下端面应开孔,使空心桩内腔与外界连通;

4 套筒式送桩器下端的套筒深度宜取 250mm~350mm,套筒内壁与桩壁的间隙宜为 10mm~15mm;

5 送桩作业时,送桩器与桩头之间应设置 1 层~2 层衬垫,衬垫经锤击压实后的厚度不宜小于 60mm。

5.5.16 锤击沉桩时应符合下列规定:

1 地表以下有厚度为 10m 以上的流塑性淤泥土层时,第一节桩下沉后宜设置防滑箍进行接桩作业;

2 桩锤、桩帽及送桩器应和桩身在同一中心线上,桩插入时的垂直度偏差不得大于 1/200;

3 沉桩顺序应按先深后浅、先大后小、先长后短、先密后疏的次序进行;

4 密集桩群应控制沉桩速率,宜自中间向两个方向或四周对称施打,一侧毗邻建(构)筑物或设施时,应由该侧向远离该侧的方向施打。

5.5.17 压桩机的型号和配重的选用应根据地质条件、桩型、桩的密集程度、单桩竖向承载力及现有施工条件等因素确定。设计压桩力不应大于机架和配重重量的 0.9 倍。边桩净空不能满足中置

式压桩机施压时,宜选用前置式液压压桩机进行施工。

5.5.18 抱压式液压压桩机压桩应符合下列规定:

1 压桩机应保持水平;

2 桩机上的吊机在进行吊桩、喂桩的过程中,压桩机严禁行走和调整;

3 喂桩时,应避开夹具与空心桩桩身两侧合缝位置的接触;

4 第一节桩插入地面 0.5m~1.0m 时,应调整桩的垂直度偏差不得大于 1/300;

5 压桩过程中应控制桩身的垂直度偏差不大于 1/200;

6 压桩过程中严禁浮机。

5.5.19 静压桩沉桩顺序应符合本规范第 5.5.16 条的规定,沉桩路线不宜交叉或重叠。

5.5.20 施压大面积密集桩群时,可按本规范第 10.0.9 条的规定执行,并应采取辅助措施。

5.5.21 静压桩应配备专用送桩器,送桩器的横截面外轮廓形状应与所压桩相一致,器身的弯曲度不应大于 1‰。

5.5.22 静压桩施工过程中的桩位允许偏差为 150mm,斜桩倾斜度的偏差不应大于倾斜角正切值的 15%。

5.5.23 对于挤土沉桩的密集桩群,应对桩的竖向和水平位移进行监测。

5.5.24 锤击桩终止沉桩的控制标准应符合下列规定:

1 终止沉桩应以桩端标高控制为主,贯入度控制为辅,当桩端达到坚硬、硬塑的黏性土,中密以上粉土、砂土、碎石类土及风化岩时,可以贯入度控制为主,桩端标高控制为辅;

2 贯入度已达到设计要求而桩端标高未达到时,应继续锤击 3 阵,按每阵 10 击的贯入度不大于设计规定的数值予以确认,必要时施工控制贯入度应通过试验与设计协商确定。

5.5.25 静压桩终压的控制标准应符合下列规定:

1 静压桩应以标高为主,压力为辅;

2 静压桩终压标准可结合现场试验结果确定;

3 终压连续复压次数应根据桩长及地质条件等因素确定,对于入土深度大于或等于 8m 的桩,复压次数可为 2 次~3 次,对于入土深度小于 8m 的桩,复压次数可为 3 次~5 次;

4 稳压压桩力不应小于终压力,稳压压桩的时间宜为 5s~10s。

5.6 泥浆护壁成孔灌注桩

5.6.1 泥浆护壁成孔灌注桩应进行工艺性试成孔,数量不应少于 2 根。

5.6.2 护壁泥浆应符合下列规定:

1 泥浆可采用原土造浆,不适于采用原土造浆的土层应制备泥浆,制备泥浆的性能指标应符合表 5.6.2-1 的规定。

表 5.6.2-1 制备泥浆的性能指标

项目	性能指标		检验方法
比重	1.10~1.15		泥浆比重计
黏度	黏性土	18s~25s	漏斗法
	砂土	25s~30s	
含砂率	<6%		洗砂瓶
胶体率	>95%		量杯法
失水量	<30mL/30min		失水量仪
泥皮厚度	1mm/30min~3mm/30min		失水量仪
静切力	1min:20mg/cm² ~30mg/cm²		静切力计
	10min:50mg/cm² ~100mg/cm²		
pH 值	7~9		pH 试纸

2 施工时应维持钻孔内泥浆液面高于地下水位 0.5m,受水位涨落影响时,应高于最高水位 1.5m。

3 成孔时应根据土层情况调整泥浆指标,排出孔口的循环泥浆的性能指标应符合表 5.6.2-2 的规定。

表 5.6.2-2　循环泥浆的性能指标

项　目		性能指标	检验方法
比重	黏性土	1.1～1.2	泥浆比重计
	砂土	1.1～1.3	
	砂夹卵石	1.2～1.4	
黏度	黏性土	18s～30s	漏斗法
	砂土	25s～35s	
含砂率		<8%	洗砂瓶
胶体率		>90%	量杯法

4 废弃的泥浆、废渣应另行处理,不应污染环境。

5.6.3 成孔时宜在孔位埋设护筒,护筒设置应符合下列规定:

1 护筒应采用钢板制作,应有足够刚度及强度;上部应设置溢流孔,下端外侧应采用黏土填实,护筒高度应满足孔内泥浆面高度要求,护筒埋设应进入稳定土层;

2 护筒上应标出桩位,护筒中心与孔位中心偏差不应大于50mm;

3 护筒内径应比钻头外径大100mm,冲击成孔和旋挖成孔的护筒内径应比钻头外径大200mm,垂直度偏差不宜大于1/100。

5.6.4 正、反循环成孔钻进应符合下列规定:

1 成孔直径不应小于设计桩径,钻头宜设置保径装置;

2 成孔机具应根据桩型、地质情况及成孔工艺选择,砂土层中成孔宜采用反循环成孔;

3 在软土层中钻进,应根据泥浆补给及排渣情况控制钻进速度;

4 钻机转速应根据钻头形式、土层情况、扭矩及钻头切削具磨损情况进行调整,硬质合金钻头的转速宜为40r/min～80r/min,钢粒钻头的转速宜为50r/min～120r/min,牙轮钻头的转速宜为60r/min～180r/min。

5.6.5 冲击成孔钻进应符合下列规定:

1 在成孔前以及过程中应定期检查钢丝绳、卡扣及转向装置,冲击时应控制钢丝绳放松量;

2 开孔时,应低锤密击,成孔至护筒下3m～4m后可正常冲击;

3 岩层表面不平或遇孤石时,应向孔内投入黏土、块石,将孔底表面填平后低锤快击,形成紧密平台,再进行正常冲击,孔位出现偏差时,可回填片石至偏孔上方300mm～500mm处后再成孔;

4 成孔过程中应及时排除废渣,排渣可采用泥浆循环或淘渣筒,淘渣筒直径宜为孔径的50%～70%,每钻进0.5m～1.0m应淘渣一次,淘渣后应及时补充孔内泥浆,孔内泥浆液面应符合本规范第5.6.2条的规定;

5 成孔施工过程中应按每钻进4m～5m更换钻头验孔;

6 在岩层中成孔,桩端持力层按每100mm～300mm清孔取样,非桩端持力层按每300mm～500mm清孔取样。

5.6.6 旋挖成孔钻进应符合下列规定:

1 成孔前及提出钻斗时均应检查钻头保护装置、钻斗直径及钻头磨损情况,并应清除钻头上的渣土;

2 成孔钻进过程中应检查钻杆垂直度;

3 砂层中钻进时,宜降低钻进速度及转速,并提高泥浆比重和黏度;

4 应控制钻斗的升降速度,并保持液面平稳;

5 成孔时桩距应控制在4倍桩径内,排出的渣土距桩孔口距离应大于6m,并应及时清除;

6 在较厚的砂层成孔宜更换砂层钻斗,并减少旋挖进尺;

7 旋挖成孔达到设计深度时,应清除孔内虚土。

5.6.7 多支盘灌注桩成孔施工应符合下列规定:

1 多支盘灌注桩成孔可采用泥浆护壁成孔、干作业成孔、水泥注浆护壁成孔、重锤捣扩成孔方法。成孔采用泥浆护壁时,应符合本规范第5.6.2条的规定,排出孔口的泥浆黏度应控制在15s～25s,含砂率小于6%,胶体率不小于95%。成孔完成后,应立即进行清渣,沉渣厚度应符合本规范第5.6.13条的规定。

2 分支机进入孔口前,应对机械设备进行检查。支盘形宜自上而下,挤扩前后应对孔深、孔径进行检测,符合质量要求后方可进行下道工序;

3 成盘时应控制油压,黏性土应控制在6MPa～7MPa,密实粉土、砂土应为15MPa～17MPa,坚硬密实砂土为20MPa～25MPa,成盘过程中应观测压力变化;

4 挤扩过程中及支盘成型器提升过程中,应及时补充浆,保持液面稳定。分支、成盘完成后,应将支盘成型器吊出,并应进行泥浆置换,置换后的泥浆比重为1.10～1.15;

5 每一承力盘挤扩完后应将成型器转动2周扫平渣土。当支盘时间较长,孔壁缩颈或塌孔时,应重新扫孔;

6 支盘形成后,应立即放置钢筋笼、二次清孔并灌注混凝土,导管底端位于盘位附近时,应上下抽拉导管,捣密盘位附近混凝土。

5.6.8 扩底用机械式钻具应符合下列规定:

1 钻具应在竖直力的作用下能自由收放;

2 钻具伸扩臂的长度、角度与其连杆行程应根据设计扩底段外形尺寸确定;

3 扩孔施工前应对扩底钻具进行检查。

5.6.9 扩底灌注桩成孔钻进应符合下列规定:

1 扩底成孔施工前,应在泥浆循环下保持钻机空转3min～5min;

2 扩底成孔中应根据钻机运转状况及时调整钻进参数;

3 扩底成孔后应保持钻头空转3min～5min,待清孔完毕后方可收拢扩刀提取钻具;

4 扩底成孔施工在清孔后进行,扩孔完成后应再进行一次清孔。

5.6.10 正循环清孔应符合下列规定:

1 第一次清孔可利用成孔钻具直接进行,清孔时应先将钻头提离孔底0.2m～0.3m,输入泥浆循环清孔,输入的泥浆指标应符合本规范表5.6.2-2的规定;

2 孔深小于60m的桩,清孔时间宜为15min～30min,孔深大于60m的桩,清孔时间宜为30min～45min;

3 第二次清孔利用导管输入泥浆循环清孔,输入的泥浆应符合本规范表5.6.2-2的规定。

5.6.11 泵吸反循环清孔应符合下列规定:

1 泵吸反循环清孔时,应将钻头提离孔底0.5m～0.8m输入泥浆进行清孔,输入的泥浆指标应符合本规范表5.6.2-2的规定;

2 清孔时,输入孔内的泥浆量不应小于砂石泵的排量,应合理控制泵量,保持补量充足。

5.6.12 气举反循环清孔应符合下列规定:

1 排浆管底下放至距孔渣面30mm～40mm,气水混合器至液面距离宜为孔深的0.55倍～0.65倍;

2 开始送气时,应向孔内供浆,停止清孔时应先关气后断浆;

3 送气量应由小到大,气压应稍大于孔内水头压力,孔底沉渣较厚、块体较大或沉渣板结时,可加大气量;

4 清孔时应维持孔内泥浆液面的稳定。

5.6.13 灌注桩在浇筑混凝土前,清孔后泥浆应符合本规范5.6.2-2的规定,清孔后孔底沉渣厚度应符合表5.6.13的规定。

表 5.6.13　清孔后孔底沉渣厚度(mm)

项　目	允　许　值
端承型桩	≤50
摩擦型桩	≤100
抗拔、抗水平荷载桩	≤200

5.6.14 钢筋笼制作应符合下列规定：

1 钢筋笼宜分段制作，分段长度应根据钢筋笼整体刚度、钢筋长度以及起重设备的有效高度等因素确定。钢筋笼接头宜采用焊接或机械式接头，接头应相互错开。

2 钢筋笼应采用环形胎模制作，钢筋笼主筋净距应符合设计要求。

3 钢筋笼的材质、尺寸应符合设计要求，钢筋笼制作允许偏差应符合表5.6.14的规定。

表5.6.14 钢筋笼制作允许偏差(mm)

项　　目	允许偏差	检查方法
主筋间距	±10	用钢尺量
长度	±100	用钢尺量
箍筋间距	±20	用钢尺量
直径	±10	用钢尺量

4 钢筋笼主筋混凝土保护层允许偏差应为±20mm，钢筋笼上应设置保护层垫块，每节钢筋笼不应少于2组，每组不应少于3块，且应均匀分布于同一截面上。

5.6.15 钢筋笼安装入孔时，应保持垂直，对准孔位轻放，避免碰撞孔壁。钢筋笼安装应符合下列规定：

1 下节钢筋笼宜露出操作平台1m；

2 上下节钢筋笼主筋连接时，应保证主筋部位对正，且保持上下节钢筋笼垂直，焊接时应对称进行；

3 钢筋笼全部安装入孔后应固定于孔口，安装标高应符合设计要求，允许偏差应为±100mm。

5.6.16 水下混凝土应符合下列规定：

1 混凝土配合比设计应符合现行行业标准《普通混凝土配合比设计规程》JGJ 55的规定；

2 混凝土强度应按比设计强度提高等级配置；

3 混凝土应具有良好的和易性，坍落度宜为180mm～220mm，坍落度损失应满足灌注要求。

5.6.17 水下混凝土灌注应采用导管法，导管配置应符合下列规定：

1 导管直径宜为200mm～250mm，壁厚不宜小于3mm，导管的分节长度应根据工艺要求确定，底管长度不宜小于4m，标准节宜为2.5m～3.0m，并可设置短导管；

2 导管使用前应试拼装和试压，使用完毕后应及时清洗；

3 导管接头宜采用法兰或双螺纹方扣，应保证导管连接可靠且具有良好的水密性。

5.6.18 混凝土初灌量应满足导管埋入混凝土深度不小于0.8m的要求。

5.6.19 混凝土灌注用隔水栓应有良好的隔水性能。隔水栓宜采用球胆或与桩身混凝土强度等级相同的细石混凝土制作的混凝土块。

5.6.20 水下混凝土灌注应符合下列规定：

1 导管底部至孔底距离宜为300mm～500mm；

2 导管安装完毕后，应进行二次清孔，二次清孔宜选用正循环或反循环清孔，清孔结束后孔底0.5m内的泥浆指标及沉渣厚度应符合本规范表5.6.2-2及表5.6.13的规定，符合要求后应立即浇筑混凝土；

3 混凝土灌注过程中导管应始终埋入混凝土内，宜为2m～6m，导管应勤提勤拆；

4 应连续灌注水下混凝土，并应经常检测混凝土面上升情况，灌注时间应确保混凝土不初凝；

5 混凝土灌注应控制最后一次灌注量，超灌高度应高于设计桩顶标高1.0m以上，充盈系数不应小于1.0。

5.6.21 每浇注50m³应有1组试件，小于50m³的桩，每个台班应有1组试件。对单柱单桩的桩应有1组试件，每组试件有3个

试块，同组试件应取自同一车混凝土。

5.6.22 灌注桩后注浆注浆参数、方式、工艺及承载力设计参数应经试验确定。

5.6.23 后注浆的注浆管应符合下列规定：

1 桩端注浆导管应采用钢管，单根桩注浆管数量不应少于2根，大直径桩应根据地层情况以及承载力增幅要求增加注浆管数量；

2 桩端注浆管与钢筋笼应采用绑扎固定或焊接且均匀布置，注浆管顶端应高出地面200mm，管口应封闭，下端宜伸至灌注桩孔底300mm～500mm，桩端持力层为碎石、基岩时，注浆管下端宜做成T形并与桩底齐平；

3 桩侧后注浆管数量、注浆断面位置应根据地层、桩长等要求确定，注浆孔应均匀分布；

4 注浆管应可靠连接并有良好的水密性，注浆器应布置梅花状注浆孔，注浆器应采用单向装置。

5.6.24 后注浆施工应符合下列规定：

1 浆液的水灰比根据土的饱和度、渗透性确定：饱和土水灰比宜为0.45～0.65；非饱和土水灰比宜为0.7～0.9；松散碎石土、砂砾水灰比宜为0.5～0.6。配制的浆液应过滤，滤网网眼应小于40μm。

2 桩端注浆终止注浆压力应根据土层性质及注浆点深度确定：非饱和黏性土及粉土，注浆压力宜为3MPa～10MPa；饱和土层注浆压力宜为1.2MPa～4.0MPa。软土宜取低值，密实黏性土宜取高值。注浆流量不宜大于75L/min。

3 桩端与桩侧联合注浆时，饱和土中宜先桩侧后桩端；非饱和土中宜先桩端后桩侧。多断面桩侧注浆宜先上后下，桩侧桩端注浆间隔时间不宜少于2h，群桩注浆宜先周边后中间。

4 后注浆应在成桩后7h～8h采用清水开塞，开塞压力宜为0.8MPa～1.0MPa。注浆宜于成桩2d后施工，注浆位置与相邻桩成孔位置不宜小于8m～10m。

5 注浆终止条件应控制注浆量与注浆压力两个因素，以前者为主，满足下列条件之一即可终止注浆：

1)注浆总量达到设计要求；

2)注浆量不低于80%，且压力大于设计值。

5.7 长螺旋钻孔压灌桩

5.7.1 长螺旋钻孔压灌桩应进行试钻孔，数量不应少于2根。

5.7.2 长螺旋钻孔压灌桩钻进过程中应符合下列规定：

1 钻机定位后，应进行复检，钻头与桩位偏差不应大于20mm，开孔时下钻速度应缓慢，钻进过程中，不宜反转或提升钻杆；

2 螺旋钻杆与出土装置导向轮间隙不得大于钻杆外径的4%，出土装置的出土斗离地面高度不应小于1.2m。

5.7.3 桩身混凝土的设计强度等级，应通过试验确定混凝土配合比。混凝土坍落度宜为180mm～220mm。粗骨料可采用卵石或碎石，最大粒径不宜大于30mm。细骨料应选用中粗砂，砂率宜为40%～50%，可掺加粉煤灰或外加剂。

5.7.4 长螺旋钻孔压灌桩泵送混凝土应符合下列规定：

1 混凝土应根据桩径选型，混凝土泵与钻机的距离不宜大于60m；

2 钻进至设计深度后，应先泵入混凝土并停顿10s～20s，提钻速度应根据土层情况确定，且应与混凝土泵送量相匹配；

3 桩身混凝土的压灌应连续进行，钻机移动时，混凝土泵料斗内的混凝土应连续搅拌，斗内混凝土面应高于料斗面以上不少于400mm；

4 气温高于30℃时，宜在输送泵管上覆盖隔热材料，每隔一段时间应洒水降温。

5.7.5 压灌桩的充盈系数宜为1.0～1.2，桩顶混凝土超灌高度

不宜小于 0.3m。

5.7.6 成桩后应及时清除钻杆及泵（软）管内残留的混凝土。

5.7.7 钢筋笼宜整节安放，采用分段安放时接头可采用焊接或机械连接。

5.7.8 混凝土压灌结束后，应立即将钢筋笼插至设计深度。钢筋笼的插设应采用专用插筋器。

5.8 沉管灌注桩

5.8.1 沉管灌注桩的施工，应根据土质情况和荷载要求，选用单打法、复打法或反插法。单打法可用于含水量较小的土层，且宜采用预制桩尖，复打法和反插法可用于饱和土层。

5.8.2 锤击沉管灌注桩的施工应符合下列规定：

  1 群桩基础的基桩施工，应根据土质、布桩情况，采取消减挤土效应不利影响的技术措施，确保成桩质量；

  2 桩管、混凝土预制桩尖或钢桩尖的加工质量和埋设位置应符合设计要求，桩管与桩尖的接触面应平整且具有良好的密封性；

  3 锤击开始前，应使桩管与桩锤、桩架在同一垂直线上；

  4 桩管沉到设计标高并停止振动后应立即浇筑混凝土，灌注混凝土之前，应检查桩管内有无吞桩尖或进土、水及杂物；

  5 桩身配钢筋笼时，第一次混凝土应先灌至笼底标高，然后放置钢筋笼，再灌混凝土至桩顶标高；

  6 拔管速度要均匀，一般土层宜为 1.0m/min，软弱土层和较硬土层交界处宜为 0.3m/min～0.8m/min，淤泥质软土不宜大于 0.8m/min；

  7 拔管高度应与混凝土灌入量相匹配，最后一次拔管应高于设计标高，在拔管过程中应检测混凝土面的下降量。

5.8.3 振动、振动冲击沉管灌注桩单打法的施工应符合下列规定：

  1 施工中应按设计要求控制最后 30s 的电流、电压值；

  2 沉管到位后，应立即灌注混凝土，桩管内灌满混凝土后，应先振动再拔管，拔管时应边拔边振，每拔出 0.5m～1.0m 停拔，振动 5s～10s，直至全部拔出；

  3 拔管速度宜为 1.2m/min～1.5m/min，在软弱土层中，拔管速度宜为 0.6m/min～0.8m/min。

5.8.4 振动、振动冲击沉管灌注桩反插法的施工应符合下列规定：

  1 拔管时，先振动再拔管，每次拔管高度为 0.5m～1.0m，反插深度为 0.3m～0.5m，直至全部拔出；

  2 拔管过程中，应分段添加混凝土，保持管内混凝土面不低于地表面或高于地下水位 1.0m～1.5m，拔管速度应小于 0.5m/min；

  3 距桩尖处 1.5m 范围内，宜多次反插以扩大桩端部断面；

  4 穿过淤泥夹层时，应减慢拔管速度，并减少拔管高度和反插深度，流动性淤泥土层、坚硬土层中不宜使用反插法。

5.8.5 沉管灌注桩的混凝土充盈系数不应小于 1.0。

5.8.6 沉管灌注桩全长复打桩施工时，第一次灌注混凝土应达到自然地面，然后一边拔管一边清除粘在管壁上和散落在地面上的混凝土或残土。复打施工应在第一次灌注的混凝土初凝之前完成，初打与复打的桩轴线应重合。

5.8.7 沉管灌注桩桩身配有钢筋时，混凝土的坍落度宜为 80mm～100mm。素混凝土桩宜为 70mm～80mm。

5.9 干作业成孔灌注桩

5.9.1 开挖前，桩位外应设置定位基准桩，安装护筒或护壁模板应用桩中心点校正其位置。

5.9.2 采用螺旋钻孔机钻孔施工应符合下列规定：

  1 钻孔前应纵横调平机，安装护筒，采用短螺旋钻孔机钻进，每次钻进深度应与螺旋长度相同；

  2 钻进过程中应及时清除孔口积土和地面散落土；

  3 砂土层中钻进遇到地下水时，钻深不应大于初见水位；

  4 钻孔完毕，应用盖板封闭孔口，不应在盖板上行车。

5.9.3 采用混凝土护壁时，第一节护壁应符合下列规定：

  1 孔圈中心线与设计轴线的偏差不应大于 20mm；

  2 井圈顶面应高于场地地面 150mm～200mm；

  3 壁厚应较下面井壁增厚 100mm～150mm。

5.9.4 人工挖孔桩的桩净距小于 2.5m 时，应采用间隔开挖和间隔灌注，且相邻排桩最小施工净距不应小于 5.0m。

5.9.5 混凝土护壁立切面宜为倒梯形，平均厚度不应小于 100mm，每节高度应根据岩土层条件确定，且不宜大于 1000mm。混凝土强度等级不应低于 C20，并应振捣密实。护壁应根据岩土条件进行配筋，配置的构造钢筋直径不应小于 8mm，竖向筋应上下搭接或拉接。

5.9.6 挖孔应从上而下进行，挖土次序宜先中间后周边。扩底部分应先挖桩身圆柱体，再按扩底尺寸从上而下进行。

5.9.7 挖至设计标高终孔后，应清除护壁上的泥土和孔底残渣、积水，验收合格后，应立即封底和灌注桩身混凝土。

5.10 钢桩

5.10.1 钢桩制作应符合下列规定：

  1 制作钢桩的材料应符合设计要求，并应有出厂合格证明和试验报告，现场制作钢桩应有平整的场地及挡风防雨设施；

  2 钢桩可采用成品钢桩或自制钢桩，焊接钢桩的制作工艺应符合设计要求及有关规定；

  3 钢桩的分段长度应与沉桩工艺及沉桩设备相适应，同时应考虑制作条件、运输和装卸能力，长度不宜大于 15m；

  4 用于地下水有侵蚀性的地区或腐蚀性土层的钢桩，应按设计要求作防腐处理。

5.10.2 钢管桩制作外形尺寸允许偏差应符合表 5.10.2 的规定。

表 5.10.2 钢管桩制作外形尺寸允许偏差（mm）

项 目		允许偏差
外径	桩端部	$\pm 0.5\% D$
	桩身	$\pm 1\% D$
长度		$\geqslant 0$
矢高		$\leqslant 1\% L$
端部平整度		$\leqslant 2$
端部平面与桩身中心线的倾斜值		$\leqslant 2$

注：D 为管外径，L 为桩长。

5.10.3 H 型桩及其他异型钢桩制作外形允许偏差应符合表 5.10.3 的规定。

表 5.10.3 H 型桩及其他异型钢桩制作外形允许偏差（mm）

项 目		允许偏差
断面尺寸	桩端部	$\pm 0.5\% l$
	桩身	$\pm 1\% l$
长度		$\geqslant 0$
矢高		$\leqslant 1\% L$
端部平整度		$\leqslant 1$
端部平面与桩身中心线的倾斜值		$\leqslant 2$

注：l 为桩的边长，L 为桩长。

5.10.4 钢管桩对接接口允许偏差应符合下列规定：

  1 管节对口拼装时，相邻管节的焊缝应错开 1/8 周长以上。相邻管节的管径允许偏差应符合表 5.10.4-1 的规定。

表 5.10.4-1 相邻管节的管径允许偏差

管径（mm）	允许偏差（mm）
≤700	≤2
>700	≤3

2 管节对口拼接时,相邻管节对口板边高差的允许偏差应符合表 5.10.4-2 的规定。

表 5.10.4-2 相邻管节对口板边高差的允许偏差

板厚 δ(mm)	允许偏差(mm)
δ≤10	≤1
10<δ≤20	≤2
δ>20	<δ/10,且≤3

5.10.5 钢桩的焊接应符合下列规定:

1 端部的浮锈、油污等脏物应清除,保持干燥,下节桩顶经锤击后变形的部分应割除;

2 上下节桩焊接时应校正垂直度,对口的间隙应为 2mm～3mm;

3 焊丝(自动焊)或焊条应烘干;

4 焊接应对称进行;

5 焊接应用多层焊,钢管桩各层焊缝的接头应错开,焊渣应清除;

6 气温低于 0℃ 或雨雪天,无可靠措施确保焊接质量时,不得焊接;

7 钢桩拼接所用的辅助工具(如夹具等)不应妨碍管节焊接时的自由伸缩;

8 H 型钢桩或其他异型薄壁钢桩,接头处应加连接板(筋),其型式可按等强度设置。

5.10.6 钢桩的每个接头焊接完毕,应冷却 1min 后方可锤击,每个接头除应按表 5.10.6 进行外观检查外,尚应按接头总数的 5% 做超声波检查,同一工程中,探伤检查不应少于 3 个接头。

表 5.10.6 接桩焊缝外观允许偏差(mm)

项 目		允许偏差
上下桩错口	钢管桩外径≥700mm	≤3
	钢管桩外径<700mm	≤2
	H 型钢桩	≤1
咬边深度(焊缝)		≤0.5
加强层高度(焊缝)		≤2
加强层厚度(焊缝)		≤3

5.10.7 钢桩的运输与堆存应符合下列规定:

1 堆存场地应平整、坚实、排水畅通;

2 钢桩的两端应有保护措施,钢管桩应设保护圈;

3 钢桩应按规格、材质分别堆放,堆放层数不宜过高,钢管桩 Φ900mm 宜放置三层,Φ600mm 宜放置四层,Φ400mm 宜放置五层,H 型钢桩不宜超过六层,支点设置应合理,钢管桩的两侧应用木(钢)楔塞住,防止滚动;

4 钢桩在起吊、运输和堆放过程中,应避免由于碰撞、摩擦等原因造成涂层破损、桩身变形和损伤,搬运时应防止桩体撞击而造成桩端、桩体损坏或弯曲。

5.10.8 钢桩沉桩应符合下列规定:

1 桩帽或送桩器与桩周围的间隙应为 5mm～10mm,锤与桩帽,桩帽与桩间应加设衬垫;

2 钢管桩在锤击沉桩有困难时,可在管内取土以助沉;

3 H 型钢桩选用的锤重应与其断面相适应,且在锤击过程中桩架前应有横向约束装置,防止横向失稳;

4 持力层较硬时,H 型钢桩不宜送桩;

5 杂填土层有块石、混凝土块等障碍物时,应在插入 H 型钢桩前进行触探并清除桩位上的障碍物。

5.10.9 桩的连接应符合下列规定:

1 电焊连接时的焊后停歇时间应符合本规范表 5.5.10 的规定;

2 在一个墩、台桩基中,同一水平面内的桩接头数不得大于基桩总数的 1/4;

3 桩的连接应符合设计要求。

5.10.10 锤击沉桩的施工应符合下列规定:

1 在 1.5 倍沉桩深度的水平距离范围内有新浇筑的混凝土,28d 内不应进行沉桩施工;

2 温度在 -10℃ 以下时,不应进行钢管桩的锤击沉桩;

3 沉桩终止时,应以控制桩端设计标高为主,控制贯入度为辅;

4 钢桩沉桩尚应符合本规范第 5.5 节的规定。

5.10.11 在砂土地基中锤击沉桩困难时,可采用水冲锤击沉桩,水冲锤击沉桩应符合下列规定:

1 水冲锤击沉桩应根据土质情况随时调节冲水压力,控制沉桩速度;

2 桩端沉至距设计标高为下列距离时应停止冲水,并应改用锤击:

1)桩径或边长小于或等于 600mm 时,为 1.5 倍桩径或边长;

2)桩径或边长大于 600mm 时,为 1.0 倍桩径或边长。

3 用水冲锤击沉桩后,应与邻桩或固定结构夹紧,防止倾斜位移。

5.10.12 钢桩施工过程中的桩位允许偏差应为 50mm。直桩垂直度偏差应小于 1/100,斜桩倾斜度的偏差应为倾斜角正切值的 15%。

5.11 锚杆静压桩

5.11.1 锚杆的锚固力应根据压桩反力和已有建(构)筑物的荷载及结构的具体条件确定,锚杆设置不宜少于 4 根,直径根据锚固力计算确定。锚杆材料为精制螺纹钢筋或螺栓。

5.11.2 锚固螺栓的安设可采取钻孔埋设和预先埋设的方式,锚固深度宜为 10 倍～12 倍的螺栓直径。

5.11.3 锚杆与压桩孔的间距、锚杆与周围结构的最小间距以及锚杆或压桩孔边缘至基础承台边缘的最小间距宜符合下列规定(图 5.11.3):

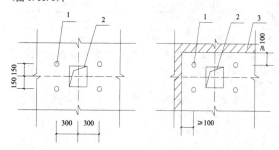

(a)锚杆与压桩孔的间距要求　　(b)锚杆与周围结构的最小间距

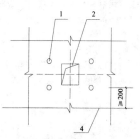

(c)锚杆或压桩孔边缘至基础承台边缘的最小间距

图 5.11.3　锚杆与压桩孔布置构造要求

1—锚杆;2—压桩孔;3—高出基础承台表面的结构;4—基础承台边缘

1 锚杆与压桩孔的间距不宜小于 150mm;

2 锚杆与周围结构的最小间距不宜小于 100mm;

3 锚杆或压桩孔边缘与基础承台边缘的最小间距不宜小于 200mm。

5.11.4 锚杆静压桩利用锚固在基础底板或承台上的锚杆提供压桩力时,施工期间最大压桩力不应大于基础底板或承台设计允许拉力的 **80%**。

5.11.5 压桩施工应符合下列规定:

1 压桩架应保持竖直;

2 桩段就位应垂直于水平面,千斤顶与桩段轴线应在同一垂直线上,桩顶应垫 30mm～40mm 厚的木板或多层麻袋;

3 压桩施工应连续进行;

4 接桩宜采用焊接,接桩时应清除桩帽表面铁锈和杂物,焊缝饱满,质量应符合本规范第 5.5 节的规定。

5.11.6 压桩孔与设计位置的平面偏差应为 ±20mm,压桩时桩段的垂直度偏差不应大于 1.5%。

5.11.7 压桩施工的控制标准应以设计最终压桩力为主,桩入土深度为辅。

5.11.8 反力架构件的设计制作应考虑拆装方便,反力架的承载力应大于压桩力的 2 倍。

5.12 岩石锚杆基础

5.12.1 基础开挖达到设计要求标高后应清理基底,表面为土层、易风化的岩层宜浇筑混凝土垫层,厚度宜为 60mm～100mm。

5.12.2 成孔宜采用风动钻或潜孔钻,清孔宜采用高压空气或高压水,钻孔完成后应及时封堵锚孔。

5.12.3 破碎地层和松散表层中宜采用跟管钻进方式钻进,锚杆放入后,应边注浆边拔管。

5.12.4 岩石锚杆成孔允许偏差应符合表 5.12.4 的规定。

表 5.12.4　岩石锚杆成孔允许偏差

项　目	允许偏差
锚杆孔距	±100mm
成孔直径	±10mm
钻孔偏斜率	≤1%
钻孔深度	≤100mm
安放锚筋后余岩底残余岩沉渣	≤100mm

5.12.5 清孔完成后应进行锚杆的插入和砂浆的灌注。

5.12.6 锚杆安放前应清除油渍、锈渍,锚筋、接头或焊接接头应抽样进行抗拉试验。

5.12.7 锚杆安放应符合下列规定:

1 应使用对中支架,顺直下放,不应损坏防腐层及应力量测元件;

2 锚杆底部应悬空 100mm;

3 下放锚杆后应向孔底投入碎石,厚度为 100mm～200mm。

5.12.8 砂浆或细石混凝土应符合下列规定:

1 水泥砂浆宜采用中细砂,粒径不应大于 2.5mm,使用前应过筛,配合比宜为 1:1～1:2,水灰比为 0.38～0.45;

2 细石混凝土的强度等级不应低于 C30。

5.12.9 锚杆灌注质量应符合下列规定:

1 砂浆灌注时,应自下而上连续浇筑,砂浆应在初凝前用完;

2 混凝土灌注时,应分层灌注和振捣均匀,并应注意保护量测元件和防腐层;

3 一次灌浆体强度达到 5MPa 后方可进行二次高压注浆,注浆应采用纯水泥浆,水灰比宜为 0.4～0.5,注浆后应加护盖养护,浆体达到 70% 设计强度时可进行后续结构施工;

4 锚杆应留置浆体强度检验用的试块,每根 1 组,每组不应少于 3 个试块。

5.12.10 超高部分砂浆在基坑开挖后应凿除,承台、底板结构钢筋绑扎前,应采用螺帽将垫板固定于锚杆上。

5.12.11 采用预应力锚杆时,应在底板上预留锚杆张拉孔,张拉孔的直径应大于 300mm,深度大于 200mm,底部应安装张拉垫板。混凝土底板浇筑后达到设计强度的 90% 时可进行锚杆张拉。锚杆张拉锁定后,张拉孔应清理干净,浇筑高一个强度等级的二期混凝土。

5.12.12 预应力锚杆基础的制作、张拉、锁定等施工应符合本规范第 6.10 节的规定。

5.13 沉井与沉箱

5.13.1 沉井(箱)制作前,应制作砂垫层和混凝土垫层,砂垫层厚度和混凝土垫层厚度应根据计算确定,沉井(箱)下沉前应分区对称凿除混凝土垫层。

5.13.2 沉井(箱)分节制作时,应进行接高稳定性验算。分节水平缝宜做成凸形,并应清理干净,混凝土浇筑前施工缝应充分湿润。

5.13.3 沉井(箱)下沉时的第一节混凝土强度应达到设计强度的 100%,其他各节混凝土强度应达到设计强度的 70%。

5.13.4 大于两次下沉的沉井,应有沉井接高稳定性的措施,并应对稳定性进行计算复核。

5.13.5 沉井(箱)挖土下沉应均匀、对称进行,应根据现场施工情况采取止沉或助沉措施,控制沉井(箱)平稳下沉。

5.13.6 沉井(箱)下沉应及时测量及时纠偏,每 8h 应至少测量 2 次。

5.13.7 在开挖好的基坑(槽)内,应做好排水工作,在清除浮土后,方可进行砂垫层的铺填工作。设置的集水井的深度,可较砂垫层的底面深 300mm～500mm。

5.13.8 沉井(箱)的一次制作高度宜控制在 6m～8m,刃脚的斜面不应使用模板。

5.13.9 同一连接区段内竖向受力钢筋搭接接头面百分率和钢筋的保护层厚度应符合设计要求。

5.13.10 水平施工缝应留置在底板凹槽、凸榫或沟、洞底面以下 200mm～300mm。

5.13.11 凿除混凝土垫板时,应先内后外,分区域对称按顺序凿除,凿断线应与刃脚板边平齐,凿断的板应立即凿除,空穴处立即用砂或砂夹碎石回填。混凝土的定位支点处应最后凿除,不得漏凿。

5.13.12 沉井下沉时,应随时纠偏。在软土层中,下沉邻近设计标高时,应放慢下沉速度。

5.13.13 不排水下沉时,井的内水位不得低于井外水位。

5.13.14 触变泥浆隔离层的厚度宜为 150mm～200mm,其物理力学指标宜根据沉井下沉时所通过的不同土层选用。

5.13.15 沉箱下沉前应具备下列条件:

1 所有设备已经安装、调试完成,相应配套设备已配备完全;

2 所有通过底板管路均已连接或密封;

3 临时支撑系统已安装完毕,且井壁混凝土已达到强度;

4 基坑外围填土已结束;

5 工作室内建筑垃圾已清理干净。

5.13.16 沉箱下沉过程中的工作室气压应根据现场实测水头压力的大小调节。沉箱在穿越砂层等渗透性较高的土层时,应维持气压平衡地下水位的压力,且现场应有备用供气设备。

5.13.17 沉井(箱)下沉至设计标高时应连续进行 8h 沉降观测,当下沉量小于 10mm 方可进行封底混凝土浇筑。

5.13.18 沉井穿越的土层透水性低、井内涌水量小且无流砂现象时,可进行干封底。沉井干封底前须排出井内积水,超挖部分应回填砂石,刃脚上的污泥应清洗干净,新老混凝土的接缝应凿毛。

5.13.19 沉井采用干封底应在井内设置集水井,并应不间断排水。软弱土中宜采用对称分格取土和封底。集水井封闭应在底板混凝土达到设计强度及满足抗浮要求后进行。

5.13.20 当采用水下封底时，导管的平面布置应在各浇筑范围的中心，当浇筑面积较大时，应采用多根导管同时浇筑，各根导管的有效扩散半径，应确保混凝土能互相搭接并能达到井底所有范围。

5.13.21 沉箱封底混凝土应采用自密实混凝土，应保证混凝土浇筑的连续性，封底结束后应压注水泥浆，填充封底混凝土与工作室顶板之间的空隙。

6 基坑支护施工

6.1 一般规定

6.1.1 基坑工程施工前应根据设计文件，结合现场条件和周边环境保护要求、气候等情况，编制专项施工方案。

6.1.2 基坑支护结构施工以及降水、开挖的工况和工序应符合设计要求。

6.1.3 在基坑支护结构施工与拆除时，应采取对周边环境的保护措施，不得影响周围建(构)筑物及邻近市政管线与地下设施等的正常使用功能。

6.1.4 基坑工程施工中，应对支护结构、已施工的主体结构和邻近道路、市政管线与地下设施、周围建(构)筑物等进行监测，根据监测信息动态调整施工方案，产生突发情况时应及时采取有效措施。基坑监测应符合现行国家标准《建筑基坑工程监测技术规范》GB 50497的规定。基坑工程施工中应加对监测点的保护。

6.1.5 施工现场道路布置、材料堆放、车辆行走路线等应符合设计荷载控制的要求，并应减少对主体结构、支护结构、周边环境等的影响。根据实际情况可设置施工栈桥，并应进行专项设计。

6.1.6 基坑工程施工中，当邻近工程进行桩基施工、基坑开挖、边坡工程、盾构顶进、爆破等施工作业时，应根据实际情况确定施工顺序和方法，并采取措施减少相互影响。

6.2 灌注桩排桩围护墙

6.2.1 灌注桩排桩围护墙施工应符合本规范第5.6节～第5.9节的规定。

6.2.2 灌注桩在施工前应进行试成孔，试成孔数量应根据工程规模及施工场地地质情况确定，且不宜少于2根。

6.2.3 灌注桩排桩应采用间隔成桩的施工顺序，已完成浇筑混凝土的桩与邻桩间距应大于4倍桩径，或间隔施工时间应大于36h。

6.2.4 灌注桩顶应充分泛浆，泛浆高度不应小于500mm，设计桩顶标高接近地面时应桩顶混凝土泛浆应充分，凿去浮浆后桩顶混凝土强度等级应满足设计要求。水下灌注混凝土时混凝土强度应比设计桩身强度提高一个强度等级进行配制。

6.2.5 灌注桩排桩外侧应截水帷幕应符合下列规定：

　　1 截水帷幕宜采用单轴水泥土搅拌桩、双轴水泥土搅拌桩和三轴水泥土搅拌桩，其施工应符合本规范第4.10节的规定；

　　2 截水帷幕与灌注桩排桩间的净距应小于200mm，双轴搅拌桩搭接长度不应小于200mm，三轴搅拌桩宜采用套接一孔法施工；

　　3 遇明(暗)浜时，宜将截水帷幕水泥掺量提高3%～5%。

6.2.6 高压旋喷桩作为局部截水帷幕时，应符合下列规定：

　　1 应先施工灌注桩，再施工高压旋喷桩截水帷幕，高压旋喷桩施工应符合本规范第4.9节的规定；

　　2 高压旋喷桩应采用复喷工艺，每立方米水泥掺入量不应小于450kg，高压旋喷桩喷浆下沉及提升速度宜为50mm/min～150mm/min；

　　3 高压旋喷桩之间搭接不应少于300mm，垂直度偏差不应大于1/100。

6.2.7 灌注桩桩身范围内存在有较厚的粉性土、砂土层时，灌注桩施工应符合下列规定：

　　1 宜适当提高泥浆比重与黏度，或采用膨润土泥浆护壁；

　　2 在粉土、砂土层中宜优先施工搅拌桩截水帷幕，再在截水帷幕中进行排桩施工，或在截水帷幕与桩间进行注浆填充。

6.2.8 非均匀配筋的钢筋笼吊放安装时，应符合本规范第5.6.14条的规定，严禁旋转或倒置，钢筋笼扭转角度应小于5°。

6.2.9 灌注桩排桩施工质量控制应符合下列规定：

　　1 桩位偏差、轴线及垂直轴线方向均不宜大于50mm；

　　2 孔深偏差应为300mm，孔底沉渣不大于200mm；

　　3 桩身垂直度偏差不应大于1/150，桩径允许偏差应为30mm。

6.3 板桩围护墙

6.3.1 板桩打设前宜沿板桩两侧设置导架。导架应有一定的强度及刚性，不应随板桩打设而下沉或变形，施工时应经常观测导架的位置及标高。

6.3.2 混凝土板桩转角处应设置转角桩，钢板桩在转角处设置异形板桩。初始桩和转角桩应较其他桩加长2m～3m。初始桩和转角桩的桩尖应制成对称形。

6.3.3 板桩打设宜采用振动锤，采用锤击式时应在桩锤与板桩之间设置桩帽，打设时应重锤低击。

6.3.4 板桩围护墙基坑邻近建(构)筑物及地下管线时，应采用静力压桩法施工，并应采用导孔法或根据环境状况控制压桩施工速率。

6.3.5 板桩宜采用屏风法打设，半封闭和全封闭的板桩应根据板桩规格和封闭段的长度计算根数。

6.3.6 钢板桩施工应符合下列规定：

　　1 钢板桩的规格、材质及排列方式应符合设计或施工工艺要求，钢板桩存放场地应平整坚实，组合钢板桩堆高不宜大于3层；

　　2 钢板桩打入前应进行验收，桩体不应弯曲，锁口不应有缺损和变形，钢板桩锁口应通过套锁检查后再施工；

　　3 桩身接头在同一标高处不应大于50%，接头焊缝质量不应低于Ⅱ级焊缝要求；

　　4 钢板桩施工时，应采用减少沉桩时的挤土与振动影响的工艺与方法，并应采用注浆等措施控制钢板桩拔出时由于土体流失造成的邻近设施下沉。

6.3.7 混凝土板桩构件的拆模应在强度达到设计强度30%后进行，吊运应达到设计强度的70%，沉桩应达到设计强度的100%。

6.3.8 混凝土板桩沉桩施工中，凹凸榫应楔紧。

6.3.9 板桩回收应在地下结构与板桩墙之间回填施工完成后进行。钢板桩在拔除前应先用振动锤夹紧并振动，拔除后的桩孔应及时注浆填充。

6.3.10 钢板桩挡墙允许偏差应符合表6.3.10-1的规定，混凝土板桩挡墙允许偏差应符合表6.3.10-2的规定。

表6.3.10-1 钢板桩挡墙允许偏差

项目	允许偏差或允许值	检查数量		检查方法
		范围	点数	
轴线位置(mm)	≤100	每10m(连续)	1	经纬仪及尺量
桩顶标高(mm)	±100	每20根	1	水准仪
桩长(mm)	±100	每20根	1	尺量
桩垂直度	≤1/100	每20根	1	线锤及直尺

表6.3.10-2 混凝土板桩挡墙允许偏差

项目	允许偏差或允许值	检查数量		检验方法
		范围	点数	
轴线位置(mm)	≤100	每10m(连续)	1	经纬仪及尺量
桩顶标高(mm)	±100	每20根	1	水准仪
桩垂直度	≤1/100	每20根	1	线锤及直尺
板桩间隙(mm)	≤20	每10m(连续)	—	尺量

6.4 咬合桩围护墙

6.4.1 咬合桩分Ⅰ、Ⅱ两序跳孔施工，Ⅱ序桩施工时利用成孔机械切割Ⅰ序桩身,形成连续的咬合桩墙。

6.4.2 咬合切割分为软切割和硬切割。软切割应采用全套管钻孔咬合桩机、旋挖桩机施工,硬切割应采用全回转全套管钻机施工。

6.4.3 咬合桩施工前,应沿咬合桩两侧设置导墙,导墙上的定位孔直径应大于套管或钻头直径 30mm～50mm,导墙厚度宜为 200mm～500mm。导墙结构应建于坚实的地基上,并能承受施工机械设备等附加荷载。套管的垂直度偏差不应大于 2‰。

6.4.4 桩垂直度偏差不应大于 3‰,桩位偏差值应小于 10mm,桩孔口中心允许偏差应为±10mm。

6.4.5 采用全套管钻孔时,应保持套管底口超前于取土面且深度不小于 2.5m。

6.4.6 全套管法施工时,应保证套管的垂直度,钻至设计标高后,应先灌入 2m³～3m³ 混凝土,再将套管搓动(或回转)提升 200mm～300mm。边灌注混凝土边拔套管,混凝土应高出套管底端不小于 2.5m。地下水位较高的砂土层中,应采取水下混凝土浇筑工艺。

6.4.7 采用回转钻头和旋挖钻机施工时,应使用泥浆护壁成孔,并应符合本规范第 5.6 节的规定。

6.4.8 采用软切割工艺的桩,Ⅰ序桩终凝前应完成Ⅱ序桩的施工,Ⅰ序桩应采用超缓凝混凝土,缓凝时间不应小于 60h;干孔灌注时,坍落度不宜大于 140mm,水下灌注时,坍落度宜为 140mm～180mm;混凝土 3d 强度不宜大于 3MPa。软切割的Ⅱ序桩与硬切割的Ⅰ序、Ⅱ序桩应采用普通商品混凝土。

6.4.9 分段施工时,应在施工段的端头设置一个用砂灌注的Ⅱ序桩用于围护桩的闭合处理。

6.4.10 防止钢筋笼上浮宜采取下列措施:
  1 混凝土配制宜选用 5mm～20mm 粒径碎石,并可调整配比确保其和易性;
  2 钢筋笼底部宜设置配重;
  3 钢筋笼可设置导正定位器;
  4 采用导管法浇筑时不宜使用法兰式接头的导管,导管埋深不宜大于 6m。

6.5 型钢水泥土搅拌墙

6.5.1 型钢水泥土搅拌墙宜采用三轴搅拌桩机施工,施工前应通过成桩试验确定搅拌下沉和提升速度、水泥浆液水灰比等工艺参数及成桩工艺,成桩试验不宜少于 2 根。

6.5.2 水泥土搅拌桩成桩施工应符合本规范第 4.10 节的规定。

6.5.3 三轴水泥土搅拌墙可采用跳打方式、单侧挤压方式、先行钻孔套打方式的施工顺序。硬质土层中成桩困难时,宜采用预先松动土层的先行钻孔套打方式施工。桩与桩的搭接时间间隔不宜大于 24h。

6.5.4 搅拌桩头在正常情况下为上下各 1 次对土体进行喷浆搅拌,对含砂量大的土层,宜在搅拌桩底部 2m～3m 范围内上下重复喷浆搅拌 1 次。

6.5.5 拟拔出回收的型钢,插入前应先在干燥条件下除锈,再在其表面涂刷减摩材料。完成涂刷后的型钢,搬运过程中应防止碰撞和强力擦挤。减摩材料脱落、开裂时应及时修补。

6.5.6 环境保护要求高的基坑应采用三轴搅拌桩,并应通过监测结果调整施工参数。邻近保护对象时,搅拌下沉速度宜控制为 0.5m/min～0.8m/min,提升速度宜小于 1.0m/min。喷浆压力不宜大于 0.8MPa。

6.5.7 型钢宜在水泥土搅拌墙施工结束后 30min 内插入,相邻型钢焊接接头位置应相互错开,竖向错开距离不宜小于 1m。

6.5.8 需回收型钢的工程,型钢拔出后留下的空隙应及时注浆填充,并应编制含有浆液配比、注浆工艺、拔除顺序等内容的专项方案。

6.5.9 水泥土搅拌桩的成桩质量检测标准应符合表 6.5.9 的规定。

表 6.5.9 水泥土搅拌桩的成桩质量检测标准

项目	允许偏差或允许值	
	单位	数值
桩底标高	mm	+100 −50
桩位	mm	≤50
桩径	mm	±10
桩体垂直度	—	≤1/200

6.5.10 插入型钢的质量检测标准应符合表 6.5.10 的规定。

表 6.5.10 插入型钢的质量检测标准

项目	允许偏差或允许值	
	单位	数值
型钢垂直度	—	≤1/200
型钢长度	mm	±10
型钢底标高	mm	0 −30
型钢平面位置	mm	≤50(平行于基坑方向) ≤10(垂直于基坑方向)
形心转角 Φ	°	≤3

6.5.11 采用型钢水泥土搅拌墙作为基坑支护结构时,基坑开挖前应检验水泥土搅拌桩的桩身强度,强度指标应符合设计要求。水泥土搅拌桩的桩身强度宜采用浆液试块强度试验的方法确定,也可以采用钻取桩芯强度试验的方法确定,并应符合下列规定:
  1 浆液试块强度试验应提取刚搅拌完成且尚未凝固的水泥土搅拌桩浆液,试验数量及方法:每台班抽取 1 根桩,每根桩设不少于 2 个取样点,应在基坑底面以上 1m 范围内和坑底以上最软弱土层处的搅拌桩内设置取样点,每个取样点制作 3 件水泥土试块;
  2 钻取桩芯强度试验应采用地质钻机并选择可靠的取芯钻具,钻取搅拌桩施工后 28d 龄期的水泥土芯样,钻取的芯样应立即密封并及时进行无侧限抗压强度试验,取芯数量及方法:抽取总桩数的 2%,并不应少于 3 根,每根桩取芯数量为在连续钻取的全桩长范围内的桩芯上取不少于 5 组,每组 3 件试块,取样点应取沿桩长不同深度和不同土层处的 5 点,在基坑坑底附近应设取样点,钻取桩芯得到的试块强度,宜根据钻取桩芯过程中芯样的损伤情况,乘以 1.2～1.3 的系数,钻孔取芯完成后的空隙应注浆填充;
  3 当能建立静力触探、标准贯入或动力触探等原位测试结果与浆液试块强度试验或钻取桩芯强度试验结果的对应关系时,也可采用试块或芯样强度试验结合原位试验的方法综合检验桩身强度。

6.5.12 型钢水泥土搅拌墙成墙期监控、成墙验收中除桩体强度检验项目外,基坑开挖前质量检查尚应符合现行行业标准《型钢水泥土搅拌墙技术规程》JGJ/T 199 的规定。

6.6 地下连续墙

6.6.1 地下连续墙施工前应通过试成槽确定合适的成槽机械、壁泥浆配比、施工工艺、槽壁稳定等技术参数。

6.6.2 地下连续墙施工应设置钢筋混凝土导墙,导墙施工应符合下列规定:
  1 导墙应采用现浇混凝土结构,混凝土强度等级不应低于 C20,厚度不应小于 200mm;
  2 导墙顶面应高于地面 100mm,高于地下水位 0.5m 以上,导墙底部应进入原状土 200mm 以上,且导墙高度不应小于 1.2m;
  3 导墙外侧应用黏性土填实,导墙内侧墙面应垂直,其净距应比地下连续墙设计厚度加宽 40mm;
  4 导墙混凝土应对称浇筑,达到设计强度的 70% 后方可拆模,拆模后的导墙应加设对撑;

5 遇暗浜、杂填土等不良地质时，宜进行土体加固或采用深导墙。

6.6.3 导墙允许偏差应符合表6.6.3的规定。

表6.6.3 导墙允许偏差

项 目	允许偏差	检查频率		检查方法
		范围	点数	
宽度	±10mm	每10m	1	用钢尺量
垂直度	≤1/300	每幅		线锤
墙面平整度	≤10mm	每幅		用钢尺量
导墙平面位置	±10mm	每幅		用钢尺量
导墙顶面标高	±20mm	6m	1	水准仪

6.6.4 泥浆制备应符合下列规定：

1 新拌制泥浆应经充分水化，贮放时间不应少于24h；

2 泥浆的储备量宜为每日计划最大成槽方量的2倍以上；

3 泥浆配合比应按土层情况试配确定，一般泥浆的配合比可根据表6.6.4选用。遇土层极松散、颗粒粒径较大、含盐或受化学污染时，应配制专用泥浆。

表6.6.4 泥浆配合比

土层类型	膨润土（%）	增粘剂 CMC（%）	纯碱 Na_2CO_3（%）
黏性土	8~10	0~0.02	0~0.50
砂土	10~12	0~0.05	0~0.50

6.6.5 泥浆性能指标应符合下列规定：

1 新拌制泥浆的性能指标应符合表6.6.5-1的规定。

表6.6.5-1 新拌制泥浆的性能指标

项 目		性能指标	检验方法
比重		1.03~1.10	泥浆比重秤
黏度	黏性土	19s~25s	漏斗法
	砂土	30s~35s	
胶体率		>98%	量筒法
失水量		<30ml/30min	失水量仪
泥皮厚度		<1mm	失水量仪
pH 值		8~9	pH试纸

2 循环泥浆的性能指标应符合表6.6.5-2的规定。

表6.6.5-2 循环泥浆的性能指标

项 目		性能指标	检验方法
比重		1.05~1.25	泥浆比重秤
黏度	黏性土	19s~30s	漏斗法
	砂土	25s~40s	
胶体率		>98%	量筒法
失水量		<30ml/30min	失水量仪
泥皮厚度		1mm~3mm	失水量仪
pH 值		8~10	pH试纸
含砂率	黏性土	<4%	洗砂瓶
	砂土	<7%	

6.6.6 成槽施工应符合下列规定：

1 单元槽段长度宜为4m~6m；

2 槽内泥浆面不应低于导墙面0.3m，同时槽内泥浆面应高于地下水位0.5m以上；

3 成槽机应具备垂直度显示仪表和纠偏装置，成槽过程中应及时纠偏；

4 单元槽段成槽过程中抽检泥浆指标不应少于2处，且每处不应少于3次；

5 地下连续墙成槽允许偏差应符合表6.6.6的规定。

表6.6.6 地下连续墙成槽允许偏差

项 目		允许偏差	检测方法
深度	临时结构	≤100mm	测绳，2点/幅
	永久结构	≤100mm	
槽位	临时结构	≤50mm	钢尺，1点/幅
	永久结构	≤30mm	
墙厚	临时结构	≤50mm	20%超声波,2点/幅
	永久结构	≤50mm	100%超声波,2点/幅
垂直度	临时结构	≤1/200	20%超声波,2点/幅
	永久结构	≤1/300	100%超声波,2点/幅
沉渣厚度	临时结构	≤200mm	100%测绳,2点/幅
	永久结构	≤100mm	

6.6.7 成槽后的刷壁与清基应符合下列规定：

1 成槽后，应及时清刷相邻段混凝土的端面，刷壁宜到底部，刷壁次数不得少于10次，且刷壁器上无泥；

2 刷壁完成后应进行清基和泥浆置换，宜采用泵吸法清基；

3 清基后应对槽段泥浆进行检测，每幅槽段检测2处，取样点距离槽底0.5m~1.0m，清基后的泥浆指标应符合表6.6.7的规定。

表6.6.7 清基后的泥浆指标

项 目		清基后泥浆	检验方法
比重	黏性土	≤1.15	比重计
	砂土	≤1.20	
黏度（s）		20~30	漏斗计
含砂率（%）		≤7	洗砂瓶

6.6.8 槽段接头施工应符合下列规定：

1 接头管（箱）及连接件应具有足够的强度和刚度。

2 十字钢板接头与工字钢接头在施工中应配置接头管（箱），下端宜插入槽底，上端宜高出地下连续墙泛浆高度，同时应制定有效的防混凝土绕流措施。

3 钢筋混凝土预制接头应达到设计强度的100%后方可运输及吊放，吊装的吊点位置及数量应根据计算确定。

4 铣接头施工应符合下列规定：

　1）套铣部分不宜小于200mm，后续槽段开挖时，应将套铣部分混凝土铣削干净，形成新鲜的混凝土接触面；

　2）导向插板宜选用长5m~6m的钢板，应在混凝土浇筑前，放置于预定位置；

　3）套铣一期槽段钢筋笼应设置限位块，限位块设置在钢筋笼两侧，可以采用PVC管等材料，限位块长度宜为300mm~500mm，间距为3m~5m。

6.6.9 槽段钢筋笼应进行整体吊放安全验算，并设置纵横向桁架、剪刀撑等加强钢筋笼整体刚度的措施。

6.6.10 钢筋笼制作和吊装应符合下列规定：

1 钢筋加工场地与制作平台应平整，平面尺寸应满足制作和拼装要求；

2 分节制作钢筋笼同胎制作应试拼装，应采用焊接或机械连接；

3 钢筋笼制作时应预留导管位置，并应上下贯通；

4 钢筋笼应设保护层垫板，纵向间距为3m~5m，横向宜设置2块~3块；

5 吊车的选用应满足吊装高度及起重量的要求；

6 钢筋笼应在清基后及时吊放；

7 异形槽段钢筋笼起吊前应对转角处进行加强处理，并应随入槽过程逐渐割除。

6.6.11 钢筋笼制作允许偏差及安装误差应符合下列规定：

1 钢筋笼制作允许偏差应符合表6.6.11的规定。

表 6.6.11 钢筋笼制作允许偏差

项　目	允许偏差(mm)	检查方法
钢筋笼长度	±100	用钢尺量,每幅钢筋笼检查上中下三处
钢筋笼宽度	0 −20	
钢筋笼保护层厚度	≤10	
钢筋笼安装深度	±50	
主筋间距	±10	任取一断面,连续量取间距,取平均值作为一点,每幅钢筋笼上测四点
分布筋间距	±20	
预埋件中心位置	±10	100%检查,用钢尺量
预埋钢筋和接取器中心位置	±10	20%检查,用钢尺量

2 钢筋笼安装误差应小于 20mm。

6.6.12 水下混凝土应采用导管法连续浇筑,并应符合下列规定:

1 导管管节连接应密封、牢固,施工前应试拼并进行水密性试验;

2 导管水平布置距离不应大于 3m,距槽段两侧端部不应大于 1.5m,导管下端距离槽底宜为 300mm～500mm,导管内应放置隔水栓;

3 钢筋笼吊放就位后应及时灌注混凝土,间隔不宜大于 4h;

4 水下混凝土初凝时间应满足浇筑要求,现场混凝土坍落度宜为 200mm±20mm,混凝土强度等级应比设计强度提高一级进行配制;

5 槽内混凝土面上升速度不宜小于 3m/h,同时不宜大于 5m/h,导管埋入混凝土深度宜为 2m～4m,相邻两导管内混凝土高差应小于 0.5m;

6 混凝土浇筑面宜高出设计标高 300mm～500mm。

6.6.13 混凝土达到设计强度后方可进行墙底注浆,注浆应符合下列规定:

1 注浆管应采用钢管,单幅槽段注浆管数量不应少于 2 根,槽段长度大于 6m 宜增设注浆管,注浆管下端应伸至槽底 200mm～500mm,槽底持力层为碎石、基岩时,注浆管下端宜做成 T 形并与槽底齐平;

2 注浆器应采用单向阀,应能承受大于 2MPa 的静水压力;

3 注浆量应符合设计要求,注浆压力控制在 2MPa 以内或以上覆土不抬起为度;

4 注浆管应在混凝土初凝后终凝前用高压水劈通压浆管路;

5 注浆总量达到设计要求或注浆量达到 80% 以上,压力达到 2MPa 时可终止注浆。

6.6.14 地下连续墙混凝土质量检测应符合下列规定:

1 混凝土坍落度检验每幅槽段不应少于 3 次,抗压强度试件每一槽段不应少于一组,且每 100m³ 混凝土不应少于一组,永久地下连续墙每 5 个槽段应做抗渗试件一组;

2 永久地下连续墙混凝土的密实度宜采用超声波检查,总抽取比例为 20%,必要时采用钻孔抽芯检查强度。

6.6.15 预制地下连续墙墙段应达到设计强度值后方可运输及吊放,并应进行整体起吊安全验算。

6.6.16 预制地下连续墙施工应符合下列规定:

1 预制地下连续墙应根据运输及起重设备能力、施工现场道路和堆放场地条件,合理确定分幅和预制件长度,墙体分幅宽度应满足成槽稳定要求;

2 预制地下连续墙宜采用连续成槽法进行成槽施工,预制地下连续墙成槽施工时应先施工转角幅后直线幅,成槽深度应比墙段埋置深度深 100mm～200mm;

3 预制墙段墙缝宜采用现浇钢筋混凝土接头,预制地下连续墙的厚度应比槽厚度小 20mm,预制墙段与槽壁间的前后缝隙宜采用压密注浆填充;

4 墙段吊放时,应在导墙上安装导向架;

5 清基后应对槽段泥浆进行检测,每幅槽段应检测 2 处,取样点应距离槽底 0.5m～1.0m,清基后的泥浆指标应符合表 6.6.16 的规定。

表 6.6.16 清基后的泥浆指标

项　目		清基后泥浆	检验方法
比重	黏性土	≤1.15	比重计
	砂土	≤1.20	
黏度(s)		25～30	漏斗计
含砂率(%)		≤7	洗砂瓶

6.6.17 预制墙段安放允许偏差应符合表 6.6.17 的规定。

表 6.6.17 预制墙段安放允许偏差

项　目	允许偏差(mm)	检查数量		检验方法
		范围	点数	
预制墙顶标高	±10	每幅槽段	2	水准仪
预制墙中心位移	≤10		2	用钢尺量

6.7 水泥土重力式围护墙

6.7.1 水泥土重力式围护墙施工可采用单轴、双轴或三轴搅拌机施工。

6.7.2 水泥土重力式围护墙施工时遇有明浜、洼地,应抽水和清淤,并应回填素土压实,不应回填杂填土,遇有暗浜时应增加水泥掺量。

6.7.3 围护墙体应采用连续搭接的施工方法,应控制桩位偏差和桩身垂直度,应有足够的搭接长度并形成连续的墙体。施工工艺应符合本规范第 4.10 节的规定。

6.7.4 水泥土重力式围护墙顶部应设置钢筋混凝土压顶板,压顶板与水泥加固体间应设置连接钢筋。

6.7.5 钢管、钢筋或毛竹插入时应采取可靠的定位措施,并应在成桩后 16h 内施工完毕。

6.7.6 水泥土重力式围护墙应按成桩施工期、基坑开挖前和基坑开挖期三个阶段进行质量检测。采用双轴水泥土搅拌桩的质量检测应符合下列规定:

1 成桩施工期质量检测应包括原材料检查、掺合比试验、搅拌和喷浆起止时间等,成桩施工期允许偏差应符合表 6.7.6 的规定。

表 6.7.6 成桩施工期允许偏差

项　目	允许偏差
原材料	设计要求
水泥用量	设计要求
水灰比	设计及施工工艺要求
桩底标高	±100mm
桩顶标高	+100mm −50mm
桩位偏差	≤50mm
垂直度	≤1/100
搭接长度	≥200mm 或设计要求
搭接桩施工间歇时间	≤16h

2 基坑开挖前,应对围护结构进行质量检测,宜采用钻取桩芯的方法检测桩长和桩身强度,对开挖深度大于 5m 的基坑应采用制作水泥土试块的方法检测桩身强度,质量检测应符合下列规定:

1)应采用边长为 70.7mm 的立方体试块,宜每个机械台班抽查 2 根桩,每根桩制作水泥土试块三组,取样点应低于有效桩顶下 3m,试块应在水下养护并测定龄期 28d 的无侧限抗压强度;

2)钻取桩芯宜采用 φ110 钻头,在开挖前或搅拌桩龄期达到 28d 后连续钻取全桩长范围内的桩芯,桩芯应呈硬塑状态并无明显的夹泥、夹砂断层,芯样应立即封存并及时进行强度试验,取样数量不少于总桩数的1‰且不应少于5根,单根取芯数量不应少于3组,每组3件试块,第一次取芯不合格应加倍取芯,取芯应随机进行。

3 基坑开挖期应对开挖面桩体外观质量以及桩体渗漏水等情况进行质量检查。

6.8 土 钉 墙

6.8.1 土钉墙或复合土钉墙支护的土钉不应超出建设用地红线范围,同时不应嵌入邻近建(构)筑物基础或基础下方。

6.8.2 土钉墙支护施工应配合挖土和降水等作业进行,并应符合下列规定:

1 挖土分层厚度应与土钉竖向间距协调同步,逐层开挖并施工土钉,禁止超挖;

2 每层土钉施工结束后,应按要求抽查土钉的抗拔力;

3 开挖后应及时封闭临空面,应在24h内完成土钉安设和喷射混凝土面层,在淤泥质土层开挖时,应在12h内完成土钉安设和喷射混凝土面层;

4 上一层土钉完成注浆后,间隔48h方可开挖下一层土方;

5 施工期间坡顶应严格按照设计要求控制施工荷载;

6 土钉支护应设置排水沟、集水坑。

6.8.3 成孔注浆型钢筋土钉施工应符合下列规定:

1 采用人工凿孔(孔深小于6m)或机械钻孔(孔深不小于6m)时,孔径和倾角应符合设计要求,孔位误差应小于50mm,孔径误差应为±15mm,倾角误差应为±2°,孔深可为土钉长度加300mm。

2 钢筋土钉应沿周边焊接居中支架,居中支架宜采用$\phi 6 \sim \phi 8$的Ⅰ级钢筋或厚度3mm~5mm扁铁制成,间距2.0m~3.0m,注浆管与钢筋土钉虚扎,并应同时插入钻孔,边注浆边拔出。

3 应采用两次注浆工艺,第一次灌注宜为水泥砂浆,灌浆量不应小于钻孔体积的1.2倍,第一次注浆初凝后,方可进行二次注浆,第二次压注纯水泥浆,注浆量为第一次注浆量的30%~40%,注浆压力宜为0.4MPa~0.6MPa,注浆后应维持压力2min,土钉墙浆液配比和注浆参数应符合表6.8.3的规定。

表6.8.3 土钉墙浆液配比和注浆参数

注浆次序	浆液	普通硅酸盐水泥	水	砂(粒径<0.5mm)	早强剂	注浆压力(MPa)
钢筋土钉第一次	水泥砂浆	1	0.4~0.5	2~3	0.035%	0.2~0.3
钢筋土钉第二次	水泥浆		0.4~0.5			0.4~0.6

4 注浆完成后孔口应及时封闭。

6.8.4 击入式钢管土钉施工应符合下列规定:

1 钢管击入前,应按设计要求钻注浆孔和焊接倒刺,并将钢管头部加工成尖锥状并封闭;

2 钢管击入时,土钉定位误差应小于20mm,击入深度误差应小于100mm,击入角度误差应为±1.5°;

3 从钢管空腔内向土层压注水泥浆液,浆液水灰比与钢筋土钉二次注浆相同,注浆压力不应小于0.6MPa,注浆量应满足设计要求,注浆顺序宜从管底向外分段进行,最后封孔。

6.8.5 钢筋网的铺设应符合下列规定:

1 钢筋网宜在喷射一层混凝土后铺设,钢筋与坡面的间隙不宜小于20mm;

2 采用双层钢筋网时,第二层钢筋网应在第一层钢筋网被混凝土覆盖后铺设;

3 钢筋网宜焊接或绑扎,钢筋网格允许误差应为±10mm,钢筋网搭接长度不应小于300mm,焊接长度不应小于钢筋直径的10倍;

4 网片与加强联系钢筋交接部位应绑扎或焊接。

6.8.6 喷射混凝土施工应符合下列规定:

1 喷射混凝土骨料的最大粒径不应大于15mm;

2 喷射混凝土作业应分段分片依次进行,同一分段内喷射顺序应自下而上,一次喷射厚度不宜大于120mm;

3 喷射时,喷头与受喷面应垂直,距离宜为0.8m~1.0m;

4 喷射混凝土终凝2h后,应洒水养护。

6.8.7 复合土钉墙支护施工应符合下列规定:

1 截水帷幕水泥土搅拌桩的搭接长度不应小于200mm,桩位偏差应小于30mm,垂直度偏差应小于1/100,施工参数及施工要点应符合本规范第4.10节的规定。

2 需采用预钻孔埋设钢管时,预钻孔径宜比钢管直径大50mm~100mm,钢管底部一定范围内注浆孔并灌注水泥浆。

6.8.8 土钉支护质量控制应符合下列规定:

1 土钉成孔的允许偏差应符合表6.8.8的规定。

表6.8.8 土钉成孔的允许偏差

项 目	允 许 偏 差
孔位	±100mm
成孔倾角	±3°
孔深	+50mm 0
孔径	±10mm

2 土钉筋体保护层厚度不应小于25mm。

3 成孔过程中遇到障碍需调整孔位时,不应降低原有支护设计的安全度。

6.9 内 支 撑

6.9.1 支撑系统的施工与拆除顺序应与支护结构的设计工况一致,应严格执行先撑后挖的原则。立柱穿过主体结构底板以及支撑穿越地下室外墙的部位应有止水构造措施。

6.9.2 腰梁施工前应去除腰梁处围护墙体表面浮泥和突出墙面的混凝土。

6.9.3 混凝土支撑施工应符合下列规定:

1 冠梁施工前应清除围护墙体顶部泛浆;

2 支撑底模应具有一定的强度、刚度和稳定性,宜用模板隔离,采用土底模挖土应清除吸附在支撑底部的砂浆块体;

3 冠梁、腰梁与支撑宜整体浇筑,超长支撑杆件宜分段浇筑养护;

4 顶层支承端应与冠梁或腰梁连接牢固;

5 混凝土支撑应达到设计要求的强度后方可进行支撑下土方开挖。

6.9.4 钢支撑的施工应符合下列规定:

1 支撑端头应设置封头端板,端板与支撑杆件应满焊;

2 支撑与冠梁、腰梁的连接应牢固,钢腰梁与围护墙体之间的空隙应填充密实,采用无腰梁的钢支撑系统时,钢支撑与围护墙体的连接应满足受力要求;

3 支撑安装完毕后,应及时检查各节点的连接状况,经确认符合要求后方可施加预应力,预应力应均匀、对称、分级施加;

4 预应力施加过程中应检查支撑连接节点,预应力施加完毕后应在额定压力稳定后予以锁定;

5 主撑端部的八字撑可在主撑预应力施加完毕后安装;

6 钢支撑使用过程应定期进行预应力监测,预应力损失对基坑变形有影响时应对预应力损失进行补偿。

6.9.5 立柱桩采用钻孔灌注桩应符合本规范第6.2节的规定。

6.9.6 立柱施工应符合下列规定:

1 立柱的制作、运输、堆放应控制平直度;

2 立柱应控制定位、垂直度和转向偏差;

3 立柱桩采用钻孔灌注桩时,宜先安装立柱,再浇筑桩身混凝土;

4 基坑开挖前，立柱周边的桩孔应均匀回填密实。

6.9.7 支撑拆除应在形成可靠换撑并达到设计要求后进行，支撑拆除应符合下列规定：

1 钢筋混凝土支撑拆除可采用机械拆除、爆破拆除；

2 钢筋混凝土支撑的拆除，应根据支撑结构特点、永久结构施工顺序、现场平面布置等确定拆除顺序；

3 采用爆破拆除钢筋混凝土支撑，爆破宜在钢筋混凝土支撑施工时预留，爆破前应先切断支撑与围檩或主体结构连接的部位。

6.9.8 支撑结构爆破拆除前，应对永久结构及周边环境采取隔离防护措施。

6.10 锚 杆（索）

6.10.1 锚杆（索）施工应符合下列规定：

1 施工前宜通过试成锚验证设计有关指标并确定锚杆施工工艺参数；

2 锚杆不宜超出建筑红线且不应进入已有（建）构）筑物基础下方；

3 锚固段强度大于 15MPa 并达到设计强度的 75% 后方可进行张拉。

6.10.2 锚杆（索）成孔应符合下列规定：

1 钻孔记录应详细、完整，对岩石锚杆应有对岩屑鉴定或进尺软硬判断岩层的记录，以确定入岩的长度，钻孔深度应大于锚杆长度 300mm～500mm；

2 向钻孔中安放锚杆前，应将孔内岩粉和土屑清洗干净；

3 在不稳定地层或地层受扰动易导致水土流失时，应采用套管跟进成孔；

4 锚杆施工允许偏差应符合表 6.10.2 的规定。

表 6.10.2 锚杆施工允许偏差

项　目	允　许　偏　差
锚孔水平及垂直方向孔距	±50mm
锚杆钻孔角度	±3°

6.10.3 钢筋锚杆杆体制作应符合下列规定：

1 钢筋应平直、除油和除锈；

2 钢筋连接可采用机械连接和焊接，并应符合现行国家标准《混凝土结构工程施工质量验收规范》GB 50204 的要求；

3 沿杆体轴线方向每隔 2.0m～3.0m 应设置 1 个对中支架，注浆管、排气管应与锚杆杆体绑扎牢固。

6.10.4 钢绞线或高强钢丝锚杆杆体制作应符合下列规定：

1 钢绞线或高强钢丝应清除油污、锈斑，每根钢绞线的下料长度误差不应大于 50mm；

2 钢绞线或高强钢丝应平直排列，沿杆体轴线方向每隔 1.5m～2.0m 设置 1 个隔离架。

6.10.5 锚杆（索）注浆应符合下列规定：

1 软弱、复杂地层锚固段注浆宜采用二次注浆工艺，注浆材料应根据设计要求确定，第一次灌注宜为水泥砂浆，第二次压注纯水泥浆应在第一次灌注的水泥砂浆初凝后进行，锚杆注浆参数应符合表 6.10.5 的规定。

表 6.10.5 锚杆注浆参数

注浆次序	浆液	普通硅酸盐水泥	水	砂（粒径<0.5mm）	外加剂	注浆压力（MPa）
第一次	水泥砂浆	1	0.45～0.50	1～2		0.4～0.6
第二次	水泥浆			—	早强 0.05%	2.0～3.0

2 注浆浆液应搅拌均匀，随搅随用，应在初凝前用完。

3 孔口溢出浆液或排气管不再排气时可停止注浆。

6.10.6 锚杆张拉和锁定应符合下列规定：

1 锚头台座的承压面应平整，并应与锚杆轴线方向垂直；

2 锚杆张拉前应对张拉设备进行标定；

3 锚杆正式张拉前，应取 0.1 倍～0.2 倍轴向拉力设计值（N_t）对锚杆预张拉 1 次～2 次，使杆体完全平直，各部位接触紧密；

4 锚杆张拉至 $1.05N_t$～$1.10N_t$ 时，岩层、砂土层应保持 10min，黏性土层应保持 15min，然后卸荷至设计锁定值。

6.11 与主体结构相结合的基坑支护

6.11.1 两墙合一围护结构宜采用地下连续墙。地下连续墙施工除应符合本规范第 6.6 节的规定外，尚应符合下列规定：

1 严格控制地下连续墙的垂直度，应优先采用具有自动纠偏功能的成槽设备，地下连续墙的垂直度不应大于 1/300；

2 在与地下室梁连接部位应设置预留钢盒，在与板连接部位应设置预留钢筋及螺纹套筒接头，预埋件的高程允许误差应为 ±30mm，水平允许误差应为 ±100mm，每个槽段都应测量导墙顶标高；

3 地下连续墙的预埋钢筋或预埋件应避免影响混凝土导管的安装和使用，并应避免混凝土出现夹泥现象；

4 两墙合一的地下连续墙，宜对墙底进行注浆，采取墙底注浆时应有防止堵管的措施；

5 与结构连接部位应充分凿毛，清除泥皮和松散混凝土，并凿除混凝土突出物；

6 衬墙的厚度不应小于 200mm，衬墙与连续墙之间宜设置防水砂浆层，厚度不宜小于 20mm；

7 衬墙应分段浇筑，分段长度宜小于 30m；

8 地下连续墙放线时宜外放 100mm～150mm。

6.11.2 地下室水平构件与支撑相结合时的施工应符合下列规定：

1 结构水平构件宜采用木模或钢模施工，地基应满足承载力和变形的要求；

2 在楼板结构水平构件上留设的临时施工洞口位置宜上下对齐，应满足结构受力、施工及自然通风等要求，预留筋应采用圆钢代替，或采用套筒连接器等预埋件，预埋件的埋设允许偏差应为 ±20mm；

3 结构水平构件与竖向结构连接部位应留设下层柱混凝土浇筑孔，浇筑孔的布置应满足柱、墙混凝土浇筑下料和振捣的要求。

6.11.3 地下室永久结构的竖向构件与支撑立柱相结合时，立柱桩和立柱的施工除应符合本规范第 6.9.5 条和第 6.9.6 条的规定外，尚应符合下列规定：

1 立柱在施工过程中应采用专用装置进行定位，控制垂直度和转向偏差；

2 钢管立柱内的混凝土应与立柱桩的混凝土连续浇筑完成，钢管立柱内的混凝土与立柱桩的混凝土采用不同强度等级时，施工应控制其交界面处于低强度等级混凝土一侧，钢管立柱外部混凝土的上升高度应满足立柱桩混凝土泛浆高度要求；

3 立柱桩采用桩端后注浆时，应符合本规范第 5.6.23 条的规定；

4 立柱外包混凝土结构浇筑前，应对立柱表面进行处理，浇筑时应采取确保柱顶梁底混凝土浇筑密实的措施。

6.11.4 立柱和立柱桩的施工质量检测应符合下列规定：

1 立柱桩成孔垂直度不应大于 1/150，立柱的成孔垂直度不应大于 1/200，立柱桩成孔垂直度应全数检查；

2 立柱和立柱桩的定位偏差不应大于 10mm；

3 立柱的垂直度应满足设计要求，且不应大于 1/300。

6.11.5 逆作法施工应符合下列规定：

1 施工前应根据设计文件编制施工组织设计；

2 应按柱距和层高合理选择土石方作业机械；

3 预留洞口的位置和数量的设置应满足土方和材料垂直运输和流水作业的要求；

4 逆作地下水平结构构件施工宜采用钢模板、木模板等支模方式进行施工，支承模板的地基应满足承载力和变形的要求；

5 应根据环境及施工方案要求，制订安全及作业环境控制措施，设置通风、排气、照明及电力等设施；

6 地下室施工时应采用鼓风法从地面向地下送风到工作面，鼓风功率应满足送风的要求；

7 宜采用专用的自动提土设备垂直运输土石方，运输轨道宜设置在永久结构上的，应对结构承载力进行验算，并应经设计同意；

8 采用逆作法施工的梁板混凝土强度达到设计强度的90%并经设计同意后方能进行下层土方的开挖，也可采取加入早强剂或提高混凝土的配制强度等级等措施提高早期强度；

9 应根据监测信息对设计与施工进行动态的全过程信息化管理，宜利用反馈信息进行再分析，校核设计与施工参数，指导后续的设计与施工；

10 应采取地下水控制措施，制订针对性应急预案，并应实行全过程的降水运行信息化管理；

6.11.6 临时结构拆除时应确保主体结构的质量不受影响。

7 地下水控制

7.1 一般规定

7.1.1 地下水控制应包括基础开挖影响范围内的潜水、上层滞水与承压水控制，采用的方法应包括集水明排、降水、截水以及地下水回灌。

7.1.2 应依据拟建场地的工程地质、水文地质、周边环境条件，以及基坑支护设计和降水设计等文件，结合类似工程经验，编制降水施工方案。

7.1.3 基坑降水应进行环境影响分析，根据环境要求采用截水帷幕、坑外回灌井等减小对环境造成影响的措施。

7.1.4 依据场地的水文地质条件、基础规模、开挖深度、各土层的渗透性能等，可选择集水明排、降水以及回灌等方法单独或组合使用。常用地下水控制方法及适用条件宜符合表7.1.4的规定。

表 7.1.4　常用地下水控制方法及适用条件

方法名称		土类	渗透系数 (cm/s)	降水深度(地面以下)(m)	水文地质特征
集水明排			$1×10^{-7}$～$2×10^{-4}$	≤3	
降水	轻型井点	填土、黏性土、粉土、砂土		≤6	上层滞水或潜水
	多级轻型井点			6～10	
	喷射井点		$1×10^{-7}$～$2×10^{-4}$	8～20	
	电渗井点		$<1×10^{-7}$	6～10	
	真空降水管井		$>1×10^{-6}$	>6	
	降水管井	黏性土、粉土、砂土、碎石土、黄土	$>1×10^{-5}$	>6	含水丰富的潜水、承压水和裂隙水
回灌		填土、粉土、砂土、碎石土、黄土	$>1×10^{-5}$	不限	不限

7.1.5 降水井施工完成后应试运转，检验其降水效果。

7.1.6 降水过程中，应对地下水位变化和周边地表及建（构）筑物变形进行动态监测，根据监测数据进行信息化施工。

7.1.7 基础施工过程中应加强地下水的保护。不得随意、过量抽取地下水，排放时应符合环保要求。

7.2 集水明排

7.2.1 应在基坑外侧设置由集水井和排水沟组成的地表排水系统，集水井、排水沟与坑边的距离不宜小于0.5m。基坑外侧地面集水井、排水沟应有可靠的防渗措施。

7.2.2 多级放坡开挖时，宜在分级平台上设置排水沟。

7.2.3 基坑内宜设集水井和排水明沟（或盲沟）。

7.2.4 排水沟、集水井尺寸应根据排水量确定，抽水设备应根据排水量大小及基坑深度确定，可设置多级抽水系统。集水井宜设置在基坑阴角附近。

7.2.5 排水系统应满足明水、地下水排放要求，应保持畅通，并应及时排除积水。施工过程中应随时对排水系统进行检查和维护。

7.3 降　水

7.3.1 应根据基坑开挖深度、拟建场地的水文地质条件、设计要求等，在现场进行抽水试验确定降水参数，制定合理的降水方案，各类降水井的布置要求宜符合表7.3.1的规定。

表 7.3.1　各类降水井的布置要求

降水井类型	降水深度(地面以下)(m)	降水布置要求
轻型井点	≤6	井点管排距不宜大于20m，滤管顶端宜位于坑底以下1m～2m。井管内真空度不应小于65kPa
电渗井点	6～10	利用喷射井点或轻型井点设置，配合采用电渗法降水。较适用于黏性土，采用前，应进行降水试验确定参数
多级轻型井点	6～10	井点管排距不宜大于20m，滤管顶端宜位于坡底和坑底以下1m～2m。井管内真空度不应小于65kPa
喷射井点	8～20	井点管排距不宜大于40m，井点深度与井点管排有关，应比基坑设计开挖深度大3m～5m
降水管井	>6	井管轴心间距不宜大于25m，成孔直径不宜小于600mm，井底以下的滤管长度不宜小于5m，井底沉淀管长度不宜小于1m
真空降水管井		利用降水管井采用真空降水，井管内真空度不应小于65kPa

7.3.2 群井按大井简化时，均质含水层潜水完整井的基坑降水总涌水量可按下式计算（图7.3.2）：

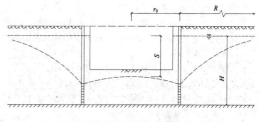

图 7.3.2　均质含水层潜水完整井的基坑涌水量计算

$$Q = \pi k \frac{(2H-s)s}{\ln\left(1+\dfrac{R}{r_0}\right)} \qquad (7.3.2)$$

式中：Q——基坑涌水量（m³/d）；

    k——渗透系数；

    H——潜水含水层厚度（m）；

    s——基坑水位降深（m）；

    R——降水影响半径（m）；

    r_0——基坑等效半径（m），可按 $r_0 = \sqrt{A/\pi}$ [A 为基坑面积（m²）] 计算。

7.3.3 群井按大井简化时，均质含水层承压水完整井的基坑降水总涌水量可按下式计算（图 7.3.3）：

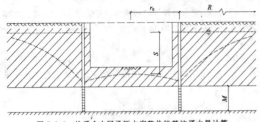

图 7.3.3 均质含水层承压水完整井的基坑涌水量计算

$$Q = 2\pi k \frac{Ms}{\ln\left(1+\dfrac{R}{r_0}\right)} \qquad (7.3.3)$$

式中：Q——基坑涌水量（m³/d）；

    k——渗透系数；

    M——承压含水层厚度（m）；

    s——基坑水位降深（m）；

    R——降水影响半径（m）；

    r_0——基坑等效半径（m），可按 $r_0 = \sqrt{A/\pi}$ [A 为基坑面积（m²）] 计算。

7.3.4 承压含水层顶埋深小于基坑开挖深度，应采取有效的降水措施，将承压水水头降低至基坑开挖面和坑底以下。当验算基坑承压水稳定性不满足下式要求时，应通过有效的减压降水措施，将承压水水头降低至安全水头埋深以下。

基坑抗承压水稳定性应按下式进行验算（图 7.3.4）：

$$k = \frac{\gamma H}{\gamma_w h} \geqslant 1.1 \qquad (7.3.4)$$

式中：k——基坑抗承压水稳定性系数；

    γ——土的重度（kN/m³）；

    H——基坑底距承压含水层顶板的距离（m）；

    γ_w——水的重度（kN/m³）；

    h——承压水头高于承压含水层顶板的高度（m）。

图 7.3.4 承压含水层示意图
W—承压含水层

7.3.5 减压降水运行应符合下列规定：

1 应符合按需减压的原则，制定详细的减压降水运行方案，当基坑开挖工况发生变化或周边环境有较大影响时，应及时调整或修改降水运行方案；

2 现场排水能力应满足所有减压井（包括备用井）全部启用时的排水量，所有减压井抽出的水体应排到基坑影响范围以外；

3 减压井全部施工完成、现场排水系统安装完毕后，应进行一次群井抽水试验或减压降水试运行；

4 降水运行正式开始前一周内应测定环境背景值，监测内容

应包括基坑内、外的初始承压水位、基坑周边相邻地面沉降初值、被保护对象及基坑围护体的变形等，降水运行过程中，应及时整理监测资料，绘制曲线，预测可能发生的问题并及时处理。

7.3.6 不同含水层中的地下水位观测井应单独分别设置，坑外同一含水层中观测井之间的水平间距宜为 50m，坑内水位观测井的数量宜为同类型降水井井数的 1/10～1/5。

7.3.7 轻型井点施工应符合下列规定：

1 井点管直径宜为 38mm～55mm，井点管水平间距宜为 0.8m～1.6m（可根据不同土质和预降水时间确定）。

2 成孔孔径不宜小于 300mm，成孔深度应大于滤管底端埋深 0.5m。

3 滤料应回填密实，滤料回填顶面与地面高差不宜小于 1.0m，滤料顶面至地面之间，应采用黏土封填密实。

4 填砾过滤器周围的滤料应为磨圆度好、粒径均匀（不均匀系数 $C_u < 3$）、含泥量小于 3% 的石英砂，其粒径应按下式确定：

$$D_{50} = (8\sim12)d_{50} \qquad (7.3.7)$$

式中：D_{50}——滤料的平均粒径（mm）；

    d_{50}——含水层土的平均粒径（mm）。

5 井点呈环圈状布置时，总管应在抽汲设备对面断开，采用多套井点设备时，各套总管之间宜装设阀门隔开。

6 一台机组携带的总管最大长度，真空泵不宜大于 100m，射流不宜大于 80m，隔膜泵不宜大于 60m，每根井管长度宜为 6m～9m。

7 每套井点设置完毕后，应进行试抽水，检查管路连接处以及每根井点管周围的密封质量。

7.3.8 喷射井点施工应符合下列规定：

1 井点管直径宜为 75mm～100mm，井点管水平间距宜为 2.0m～4.0m（可根据不同土质和预降水时间确定）；

2 成孔孔径不应小于 400mm，成孔深度应大于滤管底端埋深 1.0m；

3 滤料回填应符合本规范第 7.3.7 条第 4 款的规定；

4 每套喷射井点的井点数不宜大于 30 根，总管直径不宜小于 150mm，总长不宜大于 60m，多套井点呈环圈布置时各套进水总管之间宜用阀门隔开，每套井点应自成系统；

5 每根喷射井点沉设完毕后，应及时进行单井试抽，排出的浑浊水不得回入循环管路系统，试抽时间持续到水由浊变清为止；

6 喷射井点系统安装完毕应进行试抽，不应有漏气或翻砂冒水现象，工作水应保持洁净，在降水过程中应视水质浑浊程度及时更换。

7.3.9 电渗井点施工应符合下列规定：

1 阴、阳极的数量宜相等，阳极数量也可多于阴极数量，阳极设置深度宜比阴极设置深度大 500mm，阳极露出地面的长度宜为 200mm～400mm，阴极利用轻型井点或喷射井点管设置；

2 电压梯度可采用 50V/m，工作电压不宜大于 60V，土中通电时的电流密度宜为 0.5A/m²～1.0A/m²；

3 采用轻型井点时，阴、阳极的距离宜为 0.8m～1.0m，采用喷射井点时，宜为 1.2m～1.5m，阴极井点采用环圈布置时，阳极应布置在圈内侧，与阴极并列或交错；

4 电渗降水宜采用间歇通电方式。

7.3.10 管井施工应符合下列规定：

1 井管外径不宜小于 200mm，且应大于抽水泵体最大外径 50mm 以上，成孔孔径不应小于 650mm；

2 滤料回填应符合本规范第 7.3.7 条第 4 款的规定；

3 成孔施工可采用泥浆护壁钻进成孔，钻进中保持泥浆比重为 1.10～1.15，宜采用地层自然造浆，钻孔孔斜不大于 1%，终孔后应清孔，直到返回泥浆内不含泥块为止；

4 井管安装应准确到位，不得损坏过滤结构，井管连接应保证完整无隙，避免井管脱落或渗漏，应保证井管周围填砾厚度基本

一致,应在滤水管上下部各加1组扶正器,过滤器应刷洗干净,过滤器缝隙应均匀;

5 井管安装结束后沉入钻杆,将泥浆缓慢稀释至比重不大于1.05后,将滤料徐徐填入,并随测随填砾顶面高度,在稀释泥浆时井管管口应密封;

6 宜采用活塞和空气压缩机交替洗井,洗井结束后应按设计要求的验收指标予以验收;

7 抽水泵应安装稳固,泵轴应垂直,连续抽水时,水泵吸口应低于井内扰动水位2.0m。

7.3.11 真空管井井点施工除应满足本规范第7.3.10条的各项要求外,尚应符合下列规定:

1 宜采用真空泵抽真空集水,深井泵或潜水泵排水,井管应严密封闭,并与真空泵吸气管相连;

2 单井出水口与排水总管的连接管路中应设置单向阀;

3 分段设置滤管的真空降水管井,应对基坑开挖后暴露的井管、滤管、填砾层等采取有效封闭措施;

4 井管内真空度不应小于65kPa,宜在井管与真空泵吸气管的连接位置处安装高灵敏度的真空压力表监测真空度。

7.3.12 停止降水后,应对降水管井采取封井措施。

7.4 截 水

7.4.1 基坑工程截水措施可采用水泥土搅拌桩、高压喷射注浆、地下连续墙、小齿口钢板桩等。对于特种工程,采用地层冻结技术(冻结法)阻隔地下水。

7.4.2 截水帷幕应连续,强度和抗渗性能应满足设计要求。

7.4.3 截水帷幕的插入深度应根据坑内潜水降水要求、地基土抗渗流(或抗管涌)稳定性要求确定。

7.4.4 基坑预降水期间可根据坑内、外水位观测结果判断截水帷幕的可靠性。

7.4.5 承压水影响基坑稳定性且其含水层顶板埋深较浅时,截水帷幕宜隔断承压含水层。

7.4.6 地质条件、环境条件复杂或基坑工程等级较高时,宜采用多种截水措施联合使用的方式,增强截水可靠性。

7.4.7 基坑截水帷幕出现渗水时,宜设置导水管、导水沟等构成明排系统,并应及时封堵。

7.5 回 灌

7.5.1 当基坑外地下水位降幅较大、基坑周围存在需要保护的建(构)筑物或地下管线时,宜采用地下水人工回灌措施。

7.5.2 坑外回灌井的深度不宜大于承压含水层中基坑截水帷幕的深度,回灌井与减压井的间距应通过设计计算确定。

7.5.3 回灌井可分为自然回灌井与加压回灌井。自然回灌井的回灌压力与回灌水源的压力相同,宜为0.1MPa~0.2MPa。加压回灌井的回灌压力宜为0.2MPa~0.5MPa。回灌压力不宜大于过滤器顶端以上的覆土重量。

7.5.4 回灌井施工结束至开始回灌,应至少有2周~3周的时间间隔,以保证井管周围止水封闭层充分密实,防止或避免回灌水沿井管周围向上反渗、地面泥浆水喷溢等。井管外侧止水封闭层顶至地面之间,宜用素混凝土充填密实。

7.5.5 为保证回灌畅通,回灌井过滤器部位宜扩大孔径或采用双层过滤结构。回灌过程中,每天应进行1次~2次回扬,至出水由浑浊变清后,恢复回灌。

7.5.6 回灌用水不得污染含水层中的地下水。

7.5.7 在回灌影响范围内,应设置水位观测井,并根据水动态变化调节回灌水量。

8 土 方 施 工

8.1 一 般 规 定

8.1.1 土方工程施工前应考虑土方量、土方运距、土方施工顺序、地质条件等因素,进行土方平衡和合理调配,确定土方机械的作业线路、运输车辆的行走路线、弃土地点。

8.1.2 平整场地的表面坡度应符合设计要求,排水沟方向的坡度不应小于2‰。平整后的场地表面应进行逐点检查,检查点的间距不宜大于20m。

8.1.3 挖土机械、土方运输车辆等通过坡道进入作业点时,应采取保证坡道稳定的措施。

8.1.4 基坑开挖期间若周边影响范围内存在桩基、基坑支护、土方开挖、爆破等施工作业时,应根据实际情况合理确定相互之间的施工顺序和方法,必要时应采取可靠的技术措施。

8.1.5 机械挖土时应避免超挖,场地边角土方、边坡修整等采用人工方式挖除。基坑开挖至基坑底标高应在验槽后及时进行垫层施工,垫层宜浇筑至基坑围护墙边或坡脚。

8.1.6 永久性挖方边坡坡度应符合设计要求。使用时间较长的临时性挖方边坡坡度,应根据工程地质和水文地质、边坡高度等,结合当地同类土体的稳定坡度值或通过稳定性计算确定。过程中形成的临时边坡应按现行国家标准《建筑地基基础工程施工质量验收规范》GB 50202的规定控制坡度。

8.1.7 土方工程施工应采取保护周边环境、支护结构、工程桩及降水井点等设施的技术措施。

8.1.8 土方开挖、土方回填过程中应设置完善的排水系统。

8.1.9 机械挖土时,坑底以上200mm~300mm范围内的土方应采用人工修底的方式挖除。放坡开挖的基坑边坡应采用人工修坡的方式。

8.1.10 基坑开挖应进行全过程监测,应采用信息化施工法,根据基坑支护体系和周边环境的监测数据,适时调整基坑开挖的施工顺序和施工方法。

8.1.11 土方工程冬期施工时,应采取防冻、防滑的技术措施。

8.2 基 坑 开 挖

8.2.1 土方工程施工前,应采取有效的地下水控制措施。基坑内地下水位应降至拟开挖下层土方的底面以下不小于0.5m。

8.2.2 基坑开挖的分层厚度宜控制在3m以内,并应配合支护结构的设置和施工的要求,临近基坑边的局部深坑宜在大面积垫层完成后开挖。

8.2.3 基坑放坡开挖应符合下列规定:

1 当场地条件允许,并经验算能保证边坡稳定性时,可采用放坡开挖,多级放坡时应同时验算各级边坡和多级边坡的整体稳定性,坡脚附近有局部坑内深坑时,应按深坑深度验算边坡稳定性;

2 应根据土层性质、开挖深度、荷载等通过计算确定坡体坡度、放坡平台宽度,多级放坡开挖的基坑,坡间放坡平台宽度不宜小于3.0m;

3 无截水帷幕放坡开挖基坑采取降水措施的,降水系统宜设置在单级放坡基坑的坡顶,或多级放坡基坑的放坡平台、坡顶;

4 坡体表面可根据基坑开挖深度、基坑暴露时间、土质条件等情况采取护坡措施,护坡可采用水泥砂浆、挂网砂浆、混凝土、钢筋混凝土等方式,也可采用压坡法;

5 边坡位于浜填土区域,应采用土体加固等措施后方可进行放坡开挖;

6 放坡开挖基坑的坡顶及放坡平台的施工荷载应符合设计要求。

8.2.4 采用土钉支护、土层锚杆支护的基坑开挖应符合下列规定：

1 应在截水帷幕或排桩墙的强度和龄期满足设计要求后方可进行基坑开挖；

2 基坑开挖应和支护施工相协调，应提供土钉、土层锚杆成孔施工的工作面宽度，土方开挖和支护施工应形成循环作业；

3 基坑开挖应分层分段进行，每层开挖深度应根据土钉、土层锚杆施工作业面确定，并满足设计工况要求，每层分段长度不宜大于30m；

4 每层每段开挖后应及时进行土钉、土层锚杆施工，缩短无支护暴露时间，上一层土钉支护、土层锚杆支护完成后的养护时间或强度满足设计要求后，方可开挖下一层土方。

8.2.5 设有内支撑的基坑开挖应遵循"先撑后挖、限时支撑"的原则，减小基坑无支护暴露的时间和空间。

8.2.6 下层土方的开挖应在支撑达到设计要求后方可进行。挖土机械和车辆不得直接在支撑上行走或作业，严禁在底部已经挖空的支撑上行走或作业。

8.2.7 面积较大的基坑可根据周边环境保护要求、支撑布置形式等因素，采用盆式开挖、岛式开挖等方式施工，并结合开挖方式及时形成支撑或基础底板。

8.2.8 采用盆式开挖的基坑应符合下列规定：

1 盆式开挖形成的盆状土体的平面位置和大小应根据支撑形式、围护墙变形控制要求、边坡稳定性、坑内加固与降水情况等因素确定，中部有支撑时宜先完成中部支撑，再开挖盆边土体；

2 盆式开挖形成的边坡应符合本规范第8.2.3条的规定，且坡顶与围护墙的距离应满足设计要求；

3 盆边土方应分段、对称开挖，分段长度宜按照支撑布置形式确定，并限时设置支撑。

8.2.9 采用岛式开挖的基坑应符合下列规定：

1 岛式开挖形成的中部岛状土体的平面位置和大小应根据支撑布置形式、围护墙变形控制要求、边坡稳定性、坑内降水等因素确定；

2 岛式开挖的边坡应符合本规范第8.2.3条的规定；

3 基坑周边土方应分段、对称开挖。

8.2.10 狭长形基坑开挖应符合下列规定：

1 基坑土方应分层分区开挖，各区开挖至坑底后应及时施工垫层和基础底板；

2 采用钢支撑时可采用纵向斜面分层分段开挖方法，斜面应设置多级边坡，其分层厚度、总坡度、各级边坡坡度、边坡平台宽度等应通过稳定性验算确定；

3 每层每段开挖和支撑形成的时间应符合设计要求。

8.2.11 采用逆作法、盖挖法等暗挖施工的基坑应符合下列规定：

1 基坑开挖方法的确定应与主体结构设计、支护结构设计相协调，主体结构在施工期间的受力变形和不均匀沉降均应满足设计要求；

2 应根据基坑设计工况、平面形状、结构特点、支护结构、土体加固、周边环境等情况设置取土口；

3 主体结构兼作为取土平台和施工栈桥时，应根据施工荷载要求对主体结构进行复核计算和加固设计，施工设备荷载不应大于设计规定限值；

4 面积较大的基坑，宜采用盆式开挖，先形成中部结构，再分块、对称、限时开挖周边土方和施工主体结构；

5 施工机械及车辆尺寸应满足取土平台、作业及行驶区域的结构平面尺寸和净空高度要求；

6 暗挖作业区域应采取通风照明的措施。

8.2.12 饱和软土场地的基坑开挖应符合下列规定：

1 挤土成桩的场地应在成桩休止一个月后待超孔隙水压消散后方可进行基坑开挖；

2 基坑开挖应分层均衡开挖，分层厚度不应大于1m。

8.3 岩石基坑开挖

8.3.1 岩石基坑可根据工程地质与水文地质条件、周边环境保护要求、支护形式等情况，选择合理的开挖顺序和开挖方式。

8.3.2 岩石基坑宜采取分层分段的开挖方法，遇不良地质、不稳定或欠稳定的基坑，应采取分层分段间隔开挖的方法，并限时完成支护。

8.3.3 岩石的开挖宜采用爆破法，强风化的硬质岩石和中风化的软质岩石，在现场试验满足的条件下，也可采用机械开挖方式。

8.3.4 爆破开挖宜先在基坑中间开槽爆破，再向基坑周边进行台阶式爆破开挖。在接近支护结构或坡脚附近的爆破开挖，应采取减小对基坑边坡岩体和支护结构影响的措施。爆破后的岩石坡面或基底，应采用机械修整。

8.3.5 周边环境保护要求较高的基坑，基坑爆破开挖应采取静力爆破等控制振动、冲击波、飞石的爆破方式。

8.3.6 岩石基坑爆破参数可根据现场条件和当地经验确定，地质复杂或重要的基坑工程，宜通过试验确定爆破参数。单位体积耗药量宜取 $0.3kg/m^3 \sim 0.8kg/m^3$，炮孔直径宜取 $36mm \sim 42mm$。应根据岩体条件和爆破效果及时调整和优化爆破参数。

8.3.7 岩石基坑的爆破施工应符合现行国家标准《爆破安全规程》GB 6722的规定。

8.4 土方堆放与运输

8.4.1 土方工程施工应进行土方平衡计算，应按土方运距最短、运程合理和各个工程项目的施工顺序做好调配，减少重复搬运，合理确定土方机械的作业线路、运输车辆的行走路线、弃土地点等。

8.4.2 土方调配应与当地市、镇规划和农田水利相结合。

8.4.3 运输土方的车辆应用加盖车辆或采取覆盖措施。

8.4.4 临时堆土的坡角至坑边距离应按挖坑深度、边坡坡度和土的类别确定。

8.4.5 场地内临时堆土应经设计单位同意，并应采取相应的技术措施，合理确定堆土平面范围和高度。

8.5 基 坑 回 填

8.5.1 永久性土方回填的边坡坡度应符合设计要求。使用时间较长的临时性土方回填的边坡坡度，应根据当地经验或通过稳定性计算确定。

8.5.2 回填土料应符合设计要求，土料不得采用淤泥和淤泥质土，有机质含量不大于5%，土料含水量应满足压实要求。

8.5.3 碎石类土及爆破石碴用作回填土料时，其最大粒径不应大于每层铺填厚度的2/3，铺填时大块料不应集中，且不得回填在分段接头处。

8.5.4 土方回填前，应根据工程特点、土料性质、设计压实系数、施工条件等合理选择压实机具，并确定回填土料含水量控制范围、铺土厚度、压实遍数等施工参数。重要土方回填工程或采用新型压实机具的，应通过填土压实试验确定施工参数。

8.5.5 黏土或排水不良的砂土作为回填土料的，其最优含水量与相应的最大干容重，宜通过击实试验测定或通过计算确定。黏土的施工含水量与最优含水量之差可控制为-4%~+2%，使用振动碾时，可控制为-6%~+2%。

8.5.6 回填压实施工应符合下列规定：

1 轮(夯)迹应相互搭接，机械压实应控制行驶速度。

2 在建筑物转角、空间狭小等机械压实不能作业的区域,可采用人工压实的方法。

3 回填面积较大的区域,应采取分层、分块(段)回填压实的方法,各块(段)交界面应设置成斜坡形,辗迹应重叠0.5m～1.0m,填土施工时的分层厚度及压实遍数应符合表8.5.6的规定,上、下层交界面应错开,错开距离不应小于1m。

表8.5.6 填土施工时的分层厚度及压实遍数

压实机具	分层厚度(mm)	每层压实遍数
平碾	250～300	6～8
振动压实机	250～350	3～4
柴油打夯机	200～250	3～4
人工打夯	<200	3～4

8.5.7 土方回填应按设计要求预留沉降量或根据工程性质、回填高度、土料种类、压实系数、地基情况等确定。

8.5.8 基坑土方回填应符合下列规定:

1 基础外墙有防水要求的,应在外墙防水施工完毕且验收合格后方可回填,防水层外侧宜设置保护层;

2 基坑边坡或围护墙与基础外墙之间的土方回填,应与基础结构及基坑换撑施工工况保持一致,以回填作为基坑换撑的,应根据地下结构层数、设计工况分阶段进行土方回填,基坑设置混凝土或钢换撑带的,换撑带底部应采取保证回填密实的措施;

3 宜对称、均衡地进行土方回填;

4 回填较深的基坑,土方回填应控制降落高度。

8.5.9 土方回填的施工检验应符合下列规定:

1 土方回填的施工质量检测应分层进行,应在每层压实系数符合设计要求后方可铺填上层土;

2 应通过土料控制干密度和最大干密度的比值确定压实系数,土料的最大干密度应通过击实试验确定,土料的控制干密度可采用环刀法、灌砂法、灌水法或其他方法检验;

3 采用轻型击实试验时,压实系数宜取高值,采用重型击实试验时,压实系数可取低值;

4 基坑和室内土方回填,每层按100m²～500m²取样1组,且不应少于1组,柱基回填,每层抽样柱基总数的10%,且不应少于5组,基槽和管沟回填,每层按20m～50m取1组,且不应少于1组,场地平整填方,每层按400m²～900m²取样1组,且不应少于1组。

9 边坡施工

9.1 一般规定

9.1.1 边坡工程应根据其安全等级、边坡环境、工程地质、水文地质及设计资料等条件编制施工方案。

9.1.2 土石方开挖应根据边坡的地质特性,采取自上而下、分段开挖的施工方法。

9.1.3 边坡开挖后应按设计要求实施支护结构或采取封闭措施。

9.1.4 边坡工程的临时性排水措施应满足地下水、雨水和施工用水等的排放要求,有条件时宜结合边坡工程的永久性排水措施进行。

9.1.5 边坡工程应根据设计要求进行监测,并根据监测数据进行信息化施工。

9.2 喷锚支护

9.2.1 锚杆施工应符合本规范第6.10节的规定。

9.2.2 喷射混凝土施工应符合本规范第6.8节的规定,并应设置具有砂石反滤层的泄水管,泄水管直径不宜小于100mm,间距不宜大于3.0m。

9.2.3 预应力锚杆的张拉和锁定应符合本规范第6.10节的规定,锚杆张拉与锁定作业均应有详细、完整的记录。

9.2.4 锚杆张拉和锁定验收合格后,应对永久锚的锚头进行密封和防护处理。

9.2.5 岩质边坡采用喷锚支护后,对局部不稳定块体尚应采取加强支护的措施。

9.2.6 Ⅲ类岩质边坡应采用逆作法施工,Ⅱ类岩质边坡可采用部分逆作法。

9.3 挡土墙

9.3.1 挡墙应按设计要求分段施工,墙面应平顺整齐。

9.3.2 挡墙排水孔孔径尺寸、排水坡度应符合设计要求,并应排水通畅,排水孔处墙后应设置反滤层。挡墙兼有防汛功能时,排水孔设置应有防止墙外水体倒灌的措施。

9.3.3 挡墙垫层应分层施工,每层振捣密实后方可进行下一道工序施工。

9.3.4 浆砌石材挡墙的砂浆应按照配合比使用机械拌制,运输及临时堆放过程中应减少水分散失,保持良好的和易性与粘结力。石材表面应清洁,上下面应平整,厚度不应小于200mm。

9.3.5 浆砌石材挡墙应采用坐浆法施工,除应符合现行国家标准《砌体结构工程施工质量验收规范》GB 50203的规定外,尚应符合下列规定:

1 砌筑前石材应洒水润湿,且不应留有积水;

2 砂浆灰缝应饱满,严禁干砌,外露面应用砂浆勾缝,勾缝砂浆强度等级不应低于砌筑砂浆强度等级;

3 应分层错缝砌筑;

4 基底和墙趾台阶转折处不应有垂直通缝;

5 相邻工作段间砌筑高差应小于1.2m;

6 墙体砌筑到顶后,砌体顶面应及时用砂浆抹平;

7 已砌筑完成的挡墙结构应定期浇水养护,养护期不应少于7d。

9.3.6 浆砌石材挡墙施工质量标准应符合表9.3.6的规定。

表9.3.6 浆砌石材挡墙施工质量标准

项 目	允许偏差或允许值		检查方法
	单位	数值	
平面位置	mm	±50	用钢尺量测
石材强度等级	MPa	≥30	按设计标准检测
砂浆强度等级		不小于设计强度	按设计标准检测
断面尺寸		不小于设计值	用钢尺量测

9.3.7 混凝土挡墙施工除应符合现行国家标准《混凝土结构工程施工规范》GB 50666的规定外,尚应符合下列规定:

1 混凝土挡墙基础应按挡土墙分段,整段进行一次性浇灌;

2 混凝土挡墙基础施工时,应预留墙身竖向钢筋,基础混凝土强度达到2.5MPa后安装墙身钢筋;

3 墙身混凝土一次浇筑高度不宜大于4m;

4 混凝土挡墙与基础的结合面应进行施工缝处理,浇灌墙身混凝土前,应在结合面上刷一层20mm～30mm厚与混凝土配合比相同的水泥砂浆;

5 混凝土浇灌完成后,应及时洒水养护,养护时间不应少于7d。

9.3.8 混凝土挡墙施工质量标准应符合表9.3.8的规定。

表9.3.8 混凝土挡墙施工质量标准

项 目		允许偏差或允许值		检查方法
		单位	数值	
垂直偏差	h≤6m	mm	≤10	吊线尺量
	h>6m	mm	≤15	吊线尺量
斜度		%	±3	坡度尺或吊线尺量
平整度		mm	≤20	用钢尺量测

注:h——挡墙高度(m)。

9.3.9 回填土施工应符合下列规定：

1 回填施工时，混凝土挡墙强度应达到设计强度的 70%，浆砌石材挡墙墙体的砂浆强度应达到设计强度的 75%；

2 应清除回填土中的杂物，回填土的选料及密实度应满足设计要求；

3 回填时应先在墙前填土，然后在墙后填土；

4 挡墙墙后地面的横坡坡度大于 1:6 时，应进行处理后再填土；

5 回填土应分层夯实，并应做好排水；

6 扶壁式挡墙回填土宜对称施工，并应控制填土产生的不利影响。

9.4 边坡开挖

9.4.1 边坡侧壁的开挖形式宜采用单一坡形、折线坡形、台阶坡形三种。

9.4.2 边坡分段开挖允许深度应通过计算确定。

9.4.3 边坡开挖不具备垂直开挖的条件时，对单一坡型的边坡，可根据土的类型、性状、开挖深度，按规定的坡比进行开挖。

9.4.4 边坡开挖的坡比应通过稳定性计算确定，计算和评价方法应符合现行国家标准《建筑边坡工程技术规范》GB 50330 的规定。

9.4.5 放坡开挖施工应符合下列规定：

1 应按先降低地下水位，然后开挖，再做坡面护理的工序进行施工；

2 开挖前应校核开挖尺寸线，检查地面排水措施和降水场地的水位标高，符合要求后方可开挖；

3 土方开挖应按先上后下的开挖顺序，分段、分层按设计要求开挖，分层、分段开挖尺寸应符合设计工况要求，开挖过程中应确保坡壁无超挖，坡面无虚土，坡面坡度与平整度应符合设计要求；

4 黏性土分段开挖长度宜取 10m～15m，分层开挖深度宜取 0.5m～1.0m，砂土和碎石类土分段开挖长度宜取 5m～10m，分层开挖深度宜取 0.3m～0.5m，开挖时坡体土层宜预留 100mm～200mm 进行人工修坡；

5 施工过程中应定时检查开挖的平面尺寸、竖向标高、坡面坡度、降水水位以及排水设施，并应随时巡视坡体周围的环境变化。

9.4.6 放坡开挖施工的安全与防护应符合下列规定：

1 边坡顶面应设置有效的安全围护措施，边坡场地内应设置人员及设备上下的坡道，严禁在坡壁掏坑攀登上下；

2 边坡分段、分层开挖时，不得超挖，严禁负坡开挖；

3 重型机械在坡顶边缘作业宜设置专门平台，土方运输车辆应在设计安全防护距离以外行驶，应限制坡顶周围有振动荷载作用；

4 在人工和机械同时作业的场地，作业人员应在机械作业状态下的回转半径以外工作；

5 土方开挖较深时应采取防止坑底土层隆起的措施；

6 雨季或冬期施工时，应做好排水和防冻措施；

7 土质及易风化的岩质坡壁，应根据土质条件、施工季节及边坡的使用时间对坡面和坡脚采取相应的保护措施。

9.4.7 放坡开挖施工的排水措施应符合下列规定：

1 边坡场地应向远离边坡方向形成排水坡势，并应沿边坡外围设置排水沟及截水沟，严禁地表水渗入坡体及冲刷坡面；

2 边坡坡底和坡脚处根据具体情况设置排水系统，坡底不得积水及冲刷坡脚；

3 有台阶型的边坡，应在过渡平台上设置防渗排水沟；

4 坡面有渗水时，应根据实际情况设置泄水孔确保坡体内不积水。

9.4.8 放坡开挖施工质量标准应符合设计要求，设计无要求时，应符合表 9.4.8 的规定。

表 9.4.8　放坡开挖施工质量标准

项　目	允许偏差(mm)
坡面平整度	±20
边坡坡底及各级过渡平台的标高	±50

10　安全与绿色施工

10.0.1 施工安全应符合现行行业标准《建筑施工安全检查标准》JGJ 59 的有关规定。

10.0.2 操作人员应经过安全教育后进场。施工过程中应定期召开安全工作会议及开展现场安全检查工作。

10.0.3 机电设备应由专人操作，并应遵守操作规程。

10.0.4 施工机械应经常检查其磨损程度，并应按规定及时更新。施工机械的使用应符合现行行业标准《建筑机械使用安全技术规程》JGJ 33 的规定。

10.0.5 施工临时用电应符合现行行业标准《施工现场临时用电安全技术规范》JGJ 46 的规定。

10.0.6 焊、割作业点，氧气瓶、乙炔瓶、易燃易爆物品的距离和防火要求应符合有关规定。

10.0.7 相邻基坑工程同时或相继施工时，应先协调施工进度，避免造成不利影响。

10.0.8 工程桩为打入桩的基坑工程，严禁工程桩与围护桩同时施工。

10.0.9 沉桩时减少振动与挤土的措施宜为开挖防震沟、控制沉桩速率、预钻孔沉桩、设置砂井或塑料排水板、设置隔离桩、合理安排沉桩流程。

10.0.10 拆除支撑应按设计确定的工况进行，并遵循先换撑、后拆撑的原则。采用爆破法拆除时应遵守当地政府的规定。

10.0.11 在饱和软土地区进行振冲置换、打入桩、搅拌桩、压桩、强夯、堆载施工时，应对孔隙水压力和土体位移进行监测。

10.0.12 人工挖孔或挖孔扩底灌注桩施工应采取下列安全措施：

1 孔内应设置应急软爬梯，使用的电葫芦、吊笼应配有自动卡紧保险装置，电葫芦应采用按钮式开关，使用前应检验其起吊能力；

2 桩身混凝土终凝前，相邻 10m 范围内应停止挖孔作业，孔底不得留人；

3 孔内作业照明应采用 12V 以下的安全灯；

4 施工期间，应加强对地下水和有毒气体的监测。

10.0.13 人工挖孔或挖孔扩底灌注桩施工中应采取下列安全技术措施：

1 施工中的桩孔应设置半圆形安全防护板，暂停施工时应加盖盖板或钢管网片；

2 挖出的土石方不得堆放在孔口周边，车辆通行不应影响井壁安全；

3 每日开工前应检测井下的有毒气体，桩孔开挖深度大于 10m 时，应有专门向井下送风的设备，送风量不宜少于 25L/s；

4 护壁应高于地面 200mm，孔口四周应设置安全护栏，护栏高度宜为 1.2m。

10.0.14 施工前应制定保护建筑物、地下管线安全的技术措施，并应标出施工区域内外的建筑物、地下管线的分布示意图。

10.0.15 临时设施应建在安全场所，临时设施及辅助施工场所应采取环境保护措施，减少土地占压和生态环境破坏。

10.0.16 施工过程中的环境保护应符合现行行业标准《建设工程施

工现场环境与卫生标准》JGJ 146 的有关规定。

10.0.17 施工现场应在醒目位置设环境保护标识。

10.0.18 施工时应对文物古迹、古树名木采取保护措施。

10.0.19 危险品、化学品存放处应隔离，污物应按指定要求排放。

10.0.20 施工现场的机械保养、限额领料、废弃物再生利用等制度应健全。

10.0.21 施工期间应严格控制噪声，并应符合现行国家标准《建筑施工场界环境噪声排放标准》GB 12523 的规定。

10.0.22 施工现场应设置排水系统，排水沟的废水应经沉淀过滤达到标准后，方可排入市政排水管网。运送泥浆和废弃物时应用封闭的罐装车。

10.0.23 基坑工程施工时应从支护结构施工、降水及开挖三个方面分别采取减小对周围环境影响的措施。

10.0.24 施工现场出入口处应设置冲洗设施、污水池和排水沟，应由专人对进出车辆进行清洗保洁。

10.0.25 夜间施工应办理手续，并应采取措施减少声、光的不利影响。

本规范用词说明

1 为便于在执行本规范条文时区别对待，对要求严格程度不同的用词说明如下：

1）表示很严格，非这样做不可的：
　正面词采用"必须"，反面词采用"严禁"；

2）表示严格，在正常情况下均应这样做的：
　正面词采用"应"，反面词采用"不应"或"不得"；

3）表示允许稍有选择，在条件许可时首先应这样做的：

4）表示有选择，在一定条件下可以这样做的，采用"可"。

2 条文中指明应按其他有关标准执行的写法为："应符合……的规定"或"应按……执行"。

引用标准名录

《建筑地基基础工程施工质量验收规范》GB 50202
《砌体结构工程施工质量验收规范》GB 50203
《混凝土结构工程施工质量验收规范》GB 50204
《建筑边坡工程技术规范》GB 50330
《建筑基坑工程监测技术规范》GB 50497
《混凝土结构工程施工规范》GB 50666
《爆破安全规程》GB 6722
《建筑施工场界环境噪声排放标准》GB 12523
《先张法预应力混凝土管桩》GB 13476
《预制钢筋混凝土方桩》JC 934
《建筑变形测量规范》JGJ 8
《建筑机械使用安全技术规程》JGJ 33
《施工现场临时用电安全技术规范》JGJ 46
《普通混凝土配合比设计规程》JGJ 55
《建筑施工安全检查标准》JGJ 59
《建设工程施工现场环境与卫生标准》JGJ 146
《型钢水泥土搅拌墙技术规程》JGJ/T 199

中华人民共和国国家标准

建筑地基基础工程施工规范

GB 51004—2015

条 文 说 明

制 订 说 明

《建筑地基基础工程施工规范》GB 51004—2015，经住房城乡建设部 2015 年 3 月 8 日以第 782 号公告批准、发布。

本规范制定过程中，编制组进行了广泛的调查和研究，总结了近年来我国建筑地基基础工程的实际应用经验，同时参考了国外先进技术标准，通过广泛征求有关方面意见，并协调相关标准，对建筑地基基础工程的应用作出了具体规定。

为便于广大设计、施工、科研、学校等有关单位在使用本规范时能正确理解和执行条文规定，编制组按章、节、条顺序编制了本规范的条文说明，还着重对强制性条文的强制性理由作了解释。但是，本条文说明不具备与规范正文同等的法律效力，仅供使用者作为理解和把握规范规定的参考。

目　次

1 总 则

1.0.2 本规范适用范围包含建筑工程地基、基础、基坑工程与边坡工程,对于其他有特殊要求的地基、基础工程,可参照相应的专业规范执行。本规范的边坡工程为建筑物周边的永久性边坡。

1.0.4 建筑地基基础工程的施工除应执行本规范外,尚应符合国家现行标准《建筑地基基础设计规范》GB 50007、《建筑地基基础工程施工质量验收规范》GB 50202、《混凝土结构工程施工质量验收规范》GB 50204、《钢结构工程施工质量验收规范》GB 50205、《地下防水工程质量验收规范》GB 50208、《建筑地基处理技术规范》JGJ 79、《建筑桩基技术规范》JGJ 94 和《建筑基桩检测技术规范》JGJ 106 等规范的规定。

3 基 本 规 定

3.0.1 为了保证地基基础工程施工质量,应从工程所使用的材料、制品的质量开始予以控制。

3.0.2 地基基础工程施工前,应具备下列资料:

1 施工区域内拟建工程的岩土工程勘察资料包括水文、地质等资料;

4 施工前应根据国家及地方行政主管部门的规定编写专项施工方案。施工组织设计和专项施工方案还需经专家评审,评审通过方可用于施工。

3.0.3 地基基础工程施工的轴线定位点和高程水准基准点是保证建筑物设计位置的定位基准点,在施工中要反复使用,所以一经建立和确定就应妥善保护,并定期复测,复测周期可根据实际情况确定。

3.0.4 基坑工程施工前强调应重视施工准备工作,施工前应充分掌握工程现场的地质、环境等条件。对于可能的不利因素或可能产生不利影响时应事先妥善处理,避免留有隐患。若周边环境较为复杂,应由第三方进行专项环境调查。若发现勘察资料不完整或现场与勘察资料不符,应进行补充勘察。

3.0.5 地基、基础、基坑工程与边坡工程在施工过程中,由于地下水、地表水和潮汛对施工的影响较大,如果控制不当,会影响工程和周边环境的安全,在施工过程中应采取截水帷幕、降水、回灌等措施控制地下水、地表水和潮汛,确保工程及周边环境的安全。

3.0.6 要根据当地气候特点编制冬、雨季施工专项方案。采取冬期施工措施的时间可根据当地多年的气温资料,按照室外日平均气温连续 5d 稳定低于 5℃或最低气温低于-3℃确定,并编制冬期施工方案。

3.0.7 基坑(槽)边堆土往往由于缺乏指导性原则给工程带来较大的安全隐患,也引发了相当数量的工程事故。

3.0.8 本条说明基坑(槽)开挖应满足的要求:

1 基坑(槽)周边及放坡平台的施工荷载将直接关系到基坑(槽)施工安全,合理控制施工荷载是保证基坑(槽)施工安全的关键。

2 基槽及基坑开挖时,围护结构的水平位移或开挖面土坡的滑移不仅与场地、地质条件、基坑类型、周边环境以及施工堆载有直接关系,同时还与开挖面应力释放速度有关。规定全面分区开挖或台阶式分层开挖有利于基坑变形的控制,也有利于临时土坡的稳定。分层厚度可以根据边坡稳定性通过计算确定,开挖过程中的临时边坡应保持稳定。若基坑内存有软弱土层,机械作业可采取铺设路基箱等处理措施,以保证挖土机械正常作业。

3.0.9 地基基础施工所涉及的地质情况复杂,虽然在施工前已有

地质勘察资料,但在施工中还常会有异常情况发生,为防止事态的发展,出现险情时应立即停止施工,会同有关单位提出针对性的措施。

3.0.10 文物古迹等是一个国家和民族不可再生的历史文化资源,国家和地方也相继出台了一系列文物保护法律法规,以避免工程施工中遇到文物发生破坏、盗窃等违法行为。

4 地 基 施 工

4.1 一 般 规 定

4.1.1 地基施工的轴线定位点和水准基点等是施工控制测量的基准,非常重要,应妥善保护,并经常复测。

4.1.4 地基施工时,应避免基底土层被机械扰动,且不应受冻或受水浸泡。

4.1.5 地基施工时,应分析施工中的挖方、填方、振动、挤压等对边坡的影响,如有影响,应当采取相应的措施减少影响。

4.1.6 基槽开挖完毕后,应由施工单位进行自检,自检符合要求后,由建设单位组织勘察、设计、施工、监理等人员进行现场验槽,并形成书面记录。若发现现场地质情况与勘察报告有较大出入,应请设计单位对此进行复核,必要时应进行补勘。

4.2 素土、灰土地基

4.2.1 本条对素土、灰土地基土料作出规定。

1 填土料宜以就近取材为主,填料中包含天然的夹砂石的黏性土、粉土,若黏土或粉质黏土在夯压密实时存在一定的难度,可掺入不少于 30%的砂石并拌合均匀后使用;素土中若含有碎石,其粒径不宜大于 50mm;用于湿陷性黄土或膨胀土地基的土料,不应夹有砖瓦和石块。

2 石灰含氧化钙、氧化镁愈多愈好,熟化石灰应采用生石灰块(块灰的含量不少于 70%),在使用前 3d~4d 用清水予以熟化,充分消解成粉末状并过筛,石灰不得含有过多的水分。灰土的强度随用灰量的增加而提高,但大于一定限度后强度增加很小,故灰土中石灰与土的体积配合比宜为 2∶8 或 3∶7。灰土一般多用人工搅拌,不少于 3 遍,使其达到均匀、色泽一致的要求,搅拌时应适当控制含水量,现场以手握成团,二指轻捏即散为宜,一般最优含水量为 14%~18%,如含水分过多或过少,应稍晾干或洒水湿润。采用生石灰粉代替熟化石灰时,在使用前按体积比预先与黏土拌和,洒水堆放 8h 后方可铺设。

4.2.2 为获得最佳夯压效果,宜采用土料最优含水量作为施工控制含水量。素土、灰土地基现场可控制在最优含水量±2%的范围内;当使用振动碾压时,可适当放宽下限范围值,即控制在最优含水量-6%~+2%范围内,最优含水量可按现行国家标准《土工试验方法标准》GB/T 50123 中轻型击实试验的要求求得。在缺乏试验资料时,也可近似取 0.6 倍液限值,或按照经验采用塑限±2%的范围值作为施工含水量的控制值。

4.2.3 应根据不同土料选择施工机械,素土、灰土地基的施工一般采用平碾、振动碾或羊足碾,中小型工程也可使用蛙式夯、柴油夯。素土、灰土地基的施工参数宜根据土料、施工机械设备及设计要求等通过现场试验确定,以求获得最佳夯压效果。分层压实时应控制机械碾压的速度。在不具备试验条件的场合,每层铺填厚度及压实遍数也可参照当地经验数值或参考表 1 选用。存在软弱下卧层的地基,应针对不同施工机械设备的重量、碾压强度、振动力等因素,确定底层的铺填厚度,以便既能满足该层的压实条件,又能防止扰动下卧层软弱土的结构。

在地下水位以下的基坑(槽)内施工时,应采取降、排水措施。当日拌和的灰土应当日铺完夯实。

表1　每层铺填厚度及压实遍数

施工设备	每层铺填厚度(m)	每层压实遍数
平碾(8t～12t)	0.2～0.3	6～8
振动碾(8t～15t)	0.6～1.3	6～8
羊足碾(5t～16t)	0.20～0.25	8～16
蛙式夯(200kg)	0.20～0.25	3～4

4.2.4 素土、灰土地基施工时应避免扰动基底下的软弱土层,避免在接缝位置产生不均匀沉降。若基底面存在深浅不一时,基底应开挖成阶梯或斜坡状,并按先深后浅的顺序进行施工。

4.2.6 本条对素土、灰土地基的施工检验作出规定。

2 素土、灰土的施工质量检测可通过现场试验,以设计压实系数所对应的贯入度为标准检验地基的施工质量,压实系数也可采用环刀法、灌砂法、灌水法或其他方法检验。对于多层施工或厚度较大的素土、灰土地基,也可采用现场载荷试验检测施工质量,载荷试验压板的边长或直径不应小于检测厚度的1/3,每个单体工程不宜少于3点,大型工程宜按单体工程的数量或工程的面积确定检测点数。

3 施工质量检测点应具有代表性,数量和位置可根据土质条件和经验确定。

4.3　砂和砂石地基

4.3.1 砂以中、粗砂为好,细砂不易压实且强度不高,使用时应掺入不少于总重30%、粒径20mm～50mm的碎(卵)石。砂石宜采用天然级配的砂砾石(或卵石、碎石)混合物,最大粒径不宜大于50mm。砂和砂石地基不宜用于湿陷性黄土地层及渗透系数小的黏性土地基。

4.3.2 砂和砂石地基宜采用振动碾,施工时应分层铺设,分层密实,分层厚度可用样桩控制。砂和砂石地基每层铺设厚度及最优含水量按表2选用。

表2　砂和砂石地基每层铺设厚度及最优含水量

捣实方法	每层铺设厚度(mm)	施工时最优含水量(%)	施工说明	备注
平振法	200～250	15～20	1.用平板式振捣器往复振捣,往复次数以简易测定密实度合格为准; 2.振捣器移动时,每行应搭接三分之一,以防漏振动面不搭接	不宜使用细砂或含泥量较大的砂筑砂垫层
插振法	振捣器插入深度	饱和	1.用插入式振捣器; 2.插入间距可根据机械振幅大小决定; 3.不应插至下卧黏性土层; 4.插入振捣完毕所留的空洞应用砂填实; 5.应注意控制注水和排水。	不宜使用细砂或含泥量较大的砂筑砂垫层
水撼法	250	饱和	1.注水高度略大于铺设层面; 2.用钢叉摇撼密实,插入点间距100mm左右; 3.有控制地注水和排水; 4.钢叉分四齿,齿的间距30mm,长300mm,木柄长900mm,重4kg	湿陷性黄土、膨胀土、细砂地基上不得使用
夯实法	150～200	8～12	1.用木夯或机械夯; 2.木夯重40kg,落距400mm～500mm; 3.一夯压半夯,全面夯实	适用于砂石垫层
碾压法	150～350	8～12	6t～10t压路机往复碾压,碾压次数以达到要求密实度为准	适用于大面积的砂石垫层,不宜用于地下水位以下的砂垫层

砂和砂石地基施工工程中,应妥善保护基坑边坡稳定,防止土坍塌混入砂石垫层中。如果坑壁土质为松散杂填土或垫层宽度不能满足45°扩散时,宜砌筑砖壁保护。软弱下卧层铺一层细砂层或铺一层土工织物是为了防止软弱土层表面的局部破坏,除此以外也可加厚第一层的铺设厚度。施工时应避免坑边上方明排水或坑壁旧管道残留水倒灌入基坑。

4.3.3 砂和砂石地基的检验方法如下:

(1)环刀取样法:用容积不小于$2×10^5 mm^3$的环刀每层2/3的深度处取样,测定其干密度,以不小于通过试验所确定的该砂石料在中密状态时的干密度数值为合格(中砂为$1.55×10^{-3} g/mm^3$～$1.60×10^{-3} g/mm^3$,粗砂为$1.65×10^{-3} g/mm^3$～$1.75×10^{-3} g/mm^3$,卵石、碎石为$2.0×10^{-3} g/mm^3$～$2.2×10^{-3} g/mm^3$)。

(2)贯入测定法:先将表面30mm左右厚的砂刮去,然后用贯入仪、钢钎或钢筋以贯入度的大小来定性地检查砂垫层质量,在检验前应先根据砂石垫层的控制干密度进行相关性试验,以确定贯入度值。

钢筋贯入法:可采用直径20mm、长1250mm的平头光圆钢筋,举离砂层面700mm自由下落,插入深度不大于根据该砂石的控制干密度测定的深度为合格;

钢钎贯入法:用水撼法使用的钢钎,自500mm高度自由落下,插入深度以不大于根据该砂石的控制干密度测定的深度为合格;

(3)载荷法和现场直接剪切试验可根据现行国家标准《岩土工程勘察规范》GB 50021的规定进行。

4.4　粉煤灰地基

4.4.1 粉煤灰材料可用燃煤电厂排放的湿排粉煤灰、调渣灰及干排粉煤灰等硅铝型低钙粉煤灰,$SiO_2 + Al_2O_3$(或$SiO_2 + Al_2O_3 + Fe_2O_3$总含量)总量不低于70%,烧失量不大于12%。粉煤灰必须符合有关标准的要求,含SO_3宜小于0.4%,以免对地下金属管道产生腐蚀作用,使用时将凝固的粉煤灰块打碎或过筛,同时清除有害杂质,场地平整时用8t压路机预压两遍使土层密实,垫层应分层铺设和碾压。

4.4.2 本条对粉煤灰地基施工作出规定。

1 粉煤灰垫层铺设后用机械夯实,虚铺厚度为200mm～300mm,夯完后厚度为150mm～200mm;用8t压路机,虚铺厚度为300mm～400mm,压实后为250mm左右。

2 粉煤灰铺设最优含水量控制在(31%±4%)范围内,洒水的水质pH值应为6～9,不得含有油质,含水量过大时,需摊铺晾干后再碾压;含水量过小时,应洒水湿润再压实,粉煤灰铺设后,应于当天压完。

3 小面积坑、槽垫层可采用人工分层摊铺,大面积垫层应采用推土机摊铺。小面积垫层应用平板振捣器或蛙式打夯机进行振(夯)实,每次振(夯)板应重叠1/3～1/2板,往复压实,由两侧或四侧向中间进行,夯实不少于三遍;大面积垫层应先用推土机预压两遍,然后用8t压路机碾压,施工时压轮重叠1/3～1/2轮宽,往复碾压4遍～6遍。

4 冬期施工最低气温不宜低于0℃,以免粉煤灰含水冻胀发生破坏。

5 粉煤灰分层碾压验收后,应及时铺填上层土,以防干燥及扰动,使碾压层松塌,密实度下降及扬起粉尘污染环境。夯实或压时,发生"橡皮土"现象应暂停压实,可采取将垫层开槽、翻松、晾晒或换灰等办法处理。

4.5　强夯地基

4.5.1 施工前通过试夯可以确定其适用性、加固效果和施工工艺。强夯法具体施工工艺应根据类似场地的成功经验和现场试验综合确定,试验区数量应根据场地复杂程度、工程规模、工程类型及施工工艺等确定。根据地质条件及设计要求等选取一组或多组施工参数，制定强夯试验方案。试夯参数包括夯击能（锤重落距）、夯点布置、夯点间距、单点夯击数、夯击遍数和间隔时间、最后两击夯沉量、降排水工艺等。待试夯结束一至数周后，通过现场试验监测和检测来确定其适用性、加固效果和工艺参数。监测项目主要包含实测夯沉量、地下水位及孔隙水压力监测等。试夯前后应对试验区按设计要求进行室内试验或原位测试与监测，根据强夯前后试验结果数据进行对比分析，确定正式施工参数。

当地质条件、工程技术要求相同或相近且已有成熟的强夯施工经验时，可不进行专门试验，但在全面强夯施工前应进行试验性施工。

试夯测试结果不满足设计要求时，可调整有关参数重新试夯，也可修改地基处理方案。

强夯的能级可按以下标准划分：

(1)低能级：500kN·m～3000kN·m(不含)；

(2)中等能级：3000kN·m～6000kN·m(不含)；

(3)高能级：大于或等于6000kN·m。

施工前应进行暗浜排查，并宜将沟、浜、塘换填处理后再进行大面积强夯施工。地下水位较高或表层为饱和土时，应铺设0.5m～2.0m透水性较好的粗骨料垫层或采用降水措施后再进行夯击。铺设的垫层不宜含有黏土，垫层材料一般为中砂、粗砂、砂砾、山皮土、煤渣、建筑垃圾等。垫层能够使夯击能得到扩散向深度方向传递。采取降水可加大地下水位与地表面的距离，以免夯击形成"弹簧土"。

4.5.2 若必须采用强夯法施工时，应采取开挖防振沟、设置应力释放孔等减振隔振措施。

强夯所产生的振动，对一般建筑物来说，只要有一定的间隔距离(如10m～15m)，一般不会产生有害的影响。若在其影响范围内，应进行振动监测。对抗震性能极差的民房或对振动有特殊要求的建筑物及精密仪器设备等，应采取防振或隔振措施。隔振沟沟底宽度宜大于500mm，沟深宜大于已有构筑物基础500mm，且不小于2m。同时强夯应错开在建工程混凝土浇筑时间，避免强夯振动对混凝土强度形成带来不利影响。

4.5.3 本条对强夯施工主要机具设备的选择作出规定。

1 对2000kN·m及以下能级常采用15t规格起重机，4000kN·m～8000kN·m采用50t规格起重机，10000kN·m以上采用100t～300t起重机或专用强夯机进行施工，起重能力宜为锤重的1.5倍～2.0倍。为防止起重臂在较大的仰角下突然释重而有可能发生后倾，常用的防倾覆失稳措施有：①在吊臂的顶部加两根钢缆绳，用停在前面的推土机作为活动地锚；②在履带吊臂杆端部设置辅助门架。

2 宜采用钢制或铸铁制的平锤或柱锤。夯锤重量宜为8t～40t，平锤底面积宜为4m²～5m²，柱锤底面积宜为1.1m²～1.8m²。夯锤设置排气孔的主要目的是一方面可减小起夯锤时的吸力(经实测，夯锤的吸力可达三倍锤重)，另一方面还减少夯锤着地前瞬时气垫的上托力，从而减少能量损失。

3 施工期间吊钩应经常涂抹润滑油，防止夯锤吊环过度磨损造成落锤倾斜及安全事故。目前国外有配置液压挂钩和自动脱钩装置的强夯施工机械，施工过程中不需人员进入夯击区，既提高了施工效率，又保证了人身安全，因此研制新型的挂钩和脱钩装置将是强夯机具革新的重要方向之一。

4.5.4 强夯施工工艺流程为：

(1)清理并平整施工场地；

(2)标出第一遍夯点位置及夯位轮廓线并测量场地高程；

(3)起重机就位，将夯锤平稳提起对准于夯点位置，测量夯前锤顶高程；

(4)起吊夯锤至预定高度，夯锤自动脱钩下落夯击夯点；

(5)放下吊钩，测量锤顶高程，记录夯击下沉量；

(6)重复步骤4～5，按设计规定的夯击击数和控制标准，完成一个夯点的夯击；

(7)夯锤移位至下一个夯点，重复步骤4～6，完成第一遍全部夯点的夯击；

(8)用推土机将夯坑填平或推平，并测量场地高程，计算本遍场地夯沉量；

(9)在规定的间隔时间后，按上述步骤逐次完成全部夯击遍数，再按照印搭接1/5～1/3锤径的夯击原则，用低能量满夯将场地表层松土夯实，碾压后测量夯后场地高程。

前后两遍夯击间隔时间取决于土中超孔隙水压力的消散情况，不应低于80%消散程度。当缺少实测资料时，可根据地基土的渗透性确定。对含水量高、软弱土层较厚、渗透性较差的黏性土和粉性土，由于超静孔隙水压力消散较慢，一般间歇为2周～4周。对砂土、地下水位较低或含水量较小的回填土以及其他渗透性较好的地基土，超静孔隙水压力的峰值出现在夯完后的瞬间，消散时间只有2min～4min，因此可连续夯击。

4.5.5 强夯置换施工工艺流程为：

(1)～(5)同条文说明第4.5.4条(1)～(5)；

(6)夯击并逐击记录夯坑深度，当夯坑过深而发生起锤困难时停夯，向坑内填料直至与坑顶齐平，记录填料数量，如此重复直至满足规定的夯击次数及控制标准完成一个墩体的夯击，当夯点周围软土挤出影响施工时，可随时清理并在夯点周围铺垫碎石继续施工；

(7)用推土机将场地推平并测量高程，计算本遍场地抬升量；

(8)同条文说明第4.5.4条(9)，场地抬升量超设计标高部分用推土机推除。

4.5.6 降水联合低能级强夯施工工艺流程为：

(1)平整场区，安设降排水系统并预埋孔隙水压力计和水位观测管，进行第一遍降水；

(2)地下水位降至设计水位并稳定后，保证地下水位在夯击影响范围以下，拆除降水设备，可分区逐步拆除，按标记夯点位置进行第一遍强夯；

(3)一遍夯后即可插设降水管，安装降水设备进行第二遍降水；

(4)按照设计的强夯参数进行第二遍强夯施工；

(5)重复工艺流程(3)～(4)，直至达到设计的强夯遍数；

(6)全部夯击结束后进行推平和碾压。

降水系统宜采用真空井点系统，排水系统可采用施工区域四周挖明沟，并设置集水井。

每遍强夯间歇时间根据土性不同长短历时不同，对黏性土，由于超静孔隙水压力消散较慢，故当夯击能逐渐增长时，超静孔隙水压力亦相应叠加，间歇时间宜为2周～4周；对砂土，超静孔隙水压力的峰值出现在夯完后的瞬间，消散时间只有2min～4min，因此可连续夯击。

4.5.7 夯坑内有积水或发现有地下水上升到夯坑中时，应设法将地下水降低或排除后再进行夯击，以免造成夯击能量的损失。

4.5.8 气温低于-15℃时，宜停止强夯作业。覆盖层厚度应根据当地经验确定，覆盖层厚度大于冻深时，覆盖层可采用填料(包括改性土)、岩、草皮、泥炭、工业材料，以及它们的组合体等。

4.5.9 强夯施工中所采用的各项参数和施工步骤是否符合设计要求，在施工结束后往往很难进行检查，所以要求在施工过程中对各项参数和施工情况进行详细记录，经常检查各项测试数据和施工记录，不符合设计要求时应进行补夯或采取其他有效措施，其承载力可通过现场单墩或单墩复合地基静载荷试验确定。

4.5.10 经强夯处理的地基，其强度是随着时间的增长而逐步恢复和提高的，称为"时间效应"，因此强夯施工结束后应隔一定时间再对地基质量进行检验，间隔时间越长，强度时效性越明显。

4.6 注浆加固地基

4.6.1 注浆法适用于处理砂土、粉土、黏性土和一般填土(杂填土、素填土、冲填土)地基,也可用于处理含土洞或溶洞的地层。注浆法是利用气压、液压或电化学原理把浆液注入土体的裂缝或孔隙,通过浆液胶凝固化等达到提高地基土强度、改善地基土变形性能的目的,注浆法还可用于防渗堵漏及既有地基基础的加固等。对有机质含量较高的土层或地下水流速过大地区应慎重选用。

由于注浆带有较强的经验性,其处理地基的效果不仅与设计参数、地基土性质密切相关,还与施工方法、施工设备及施工人员有紧密关系,因此对重要工程宜进行现场注浆试验,以验证设计参数,并检验施工方法和设备。

按浆液在土中的流动方式,注浆可分为渗透注浆、压密注浆和劈裂注浆三种注浆形式,而实际注浆中浆液是以多种形式而非单一形式贯入地基。常用的注浆法施工工艺有塑料阀管注浆法(套管法)、注浆管注浆法(单管法)、花管注浆法(单管法)和低坍落度砂浆压密注浆法(CCG注浆工法),前三者均属于劈裂注浆形式。

塑料阀管注浆法是以双向密封注浆芯管在单向密封塑料阀管内自下而上注浆,塑料阀管注浆法即为软土地基分层注浆工法(简称SRF工法)。注浆管注浆法是指直接通过注浆管下部的管口进行注浆的方法。花管注浆法是通过在侧壁设置多层注浆孔的注浆管(花管)进行注浆的方法。

塑料单向阀管作为SRF工法中的一个重要部件,有以下作用:

(1)保证浆液按规定的要求分清层次,形成劈裂;

(2)保证浆液只从阀管中喷出,而防止逆流入阀管中,为二次甚至多次注浆创造条件;

(3)在注浆加固的同时,塑料单向阀管也对土体起到一定稳定作用。

塑料阀管注浆法施工可按下列步骤进行:

(1)钻机与注浆设备就位;

(2)钻孔;

(3)当钻孔钻到设计深度后,从钻杆内注入封闭泥浆,也可直接采用封闭泥浆钻孔;

(4)插入塑料单向阀管到设计深度;

(5)注浆:待封闭泥浆凝固后,在塑料阀管中插入双向密封注浆芯管再进行注浆,注浆时按照设计注浆深度宜自下向上移动注浆芯管;

(6)清洗:注浆完毕后,用清水冲洗塑料阀管中的残留浆液。

注浆管注浆法施工可按下列步骤进行:

(1)钻机与灌浆设备就位;

(2)钻孔或采用振动法将金属注浆管压入土层;

(3)若采用钻孔法,应从钻杆内灌入封闭泥浆,然后插入注浆管;

(4)待封闭泥浆凝固后,捅去注浆管的活络堵头,然后向地层注入水泥、砂浆液或水泥、水玻璃双液快凝浆液。

封闭泥浆的7d立方体抗压强度宜为0.3MPa~0.5MPa,浆液黏度宜为80″~90″。

花管注浆法施工可按下列步骤进行:

(1)钻机与灌浆设备就位;

(2)钻孔或采用振动法将花管压入土层;

(3)插入注浆花管:若采用钻孔法,应从钻杆内灌入封闭泥浆,然后插入花管;

(4)注浆:待封闭泥浆凝固后,移动花管自下向上或自上向下进行注浆;

(5)清洗:注浆结束后,应及时用清水冲洗注浆设备、管路中的残留浆液。

注浆管注浆法和花管注浆法所采用的工艺较简单,但与塑料阀管相比存在以下缺点:

(1)浆液容易从注浆管周边侧上冒,甚至冒至地面,分层效果较差,加固区域比较难控制;

(2)单孔多次注浆比较难实现;

(3)注浆深度较浅。

注浆管注浆法采用底部管口单点出浆,浆液容易在压力作用下与下部已形成的浆脉相通,更不利于达到良好分层效果,特别是在采用流动性较好、初凝时间长的浆液(例如单液水泥浆等)时更为明显。因此,一般而言,花管注浆法的效果不及塑料阀管注浆法,而优于注浆管注浆法。

低坍落度砂浆压密注浆法施工可按下列步骤进行:

(1)钻机与灌浆设备就位;

(2)钻孔或采用振动法将金属注浆管置入土层;

(3)向地层注入低坍落度水泥砂浆,同时按照设计注浆深度范围自下向上移动注浆管。

目前已实现了采用坍落度小于50mm的水泥砂浆进行压密注浆,并通过工程应用取得了较好的效果。

4.6.2 压力和流量是注浆施工的两个不可缺少的施工参数,任何注浆方式均应有压力和流量的记录。自动压力流量记录仪能实时准确记录注浆过程中的压力和流量,有利于数据汇总和分析。在注浆过程中,根据注浆流量、压力和注入量等参数可分析地层的空隙,确定注浆的结束条件,预测注浆的效果。

4.6.3 注浆顺序应采用适合于地基条件、环境现场及注浆目的的方法进行。跳孔注浆的目的是防止窜浆,注浆顺序先外后内的目的是防止浆液流失。注浆施工场地临近建(构)筑物、地下管线时,宜采取由近及远背离相邻建(构)筑物与管线的施工次序,同时加强施工中的相邻环境监测。

4.6.5 浆液在泵送前经筛网过滤可避免粗颗粒对注浆泵的堵塞。

4.6.6 上拔注浆管时使用拔管机既可节省劳动力,又可确保注浆管提升的精度,避免人为的跳孔注浆。

4.6.7 劈裂注浆和压密注浆的注浆压力应高于周围土的压力,同时要保持一定流量。但压力和流量也不可过高。压力和流量过高时,劈裂注浆的浆液就可能大量溢出注浆有效范围或冒浆,压密注浆则可能导致土体破坏或造成来不及排水使空隙水压力过高形成塑性区等不利影响。根据土层及注浆压力确定覆盖层厚度,注浆点的覆盖土厚度宜大于2m。

4.6.8 在浆液中掺入适量外加剂对改善浆液性能有很大的作用。粉煤灰可降低水泥浆液的析水率,增加其触变性能,有利于浆液扩散,降低凝固体的收缩率;水玻璃起到加速浆液凝固的作用;活性剂可提高浆液扩散能力和可泵性;膨润土可提高浆液均匀性和稳定性,防止固体颗粒高析和沉淀。

外加剂还可根据工程需要加入早强剂、微膨胀剂、抗冻剂、缓凝剂等,但目前专门针对注浆的外加剂较少,因此对外加剂的品种、型号和掺量可参考产品说明,并应做相关试验确定施工技术指标。

4.6.9 温度对浆液性能的直接影响表现在浆液的凝固时间、流动性的改变,尤其是冬季与夏季的极端温度对其影响更大。

4.7 预压地基

4.7.1 预压法分为堆载预压法、真空预压法和真空堆载联合预压法三类,适用于淤泥质土、淤泥、冲填土、素填土等软弱地基。预压法可以解决以下问题:

(1)沉降问题。地基的沉降在加载预压期间基本完成,使建筑物在使用期间不致产生较大的沉降和沉降差;

(2)稳定问题。加速地基土的抗剪强度的增长,从而提高地基的承载力和稳定性。

堆载预压法是通过增加土体的总应力,并使超静水压力消散来增加其有效应力,使土体压缩和强度增长。而真空预压法则是在总应力不变的条件下,使孔隙水压力减小,有效应力增加,土体强度增长,对于在持续荷载下体积会发生很大压缩和强度会增长的土,又有足够时间进行预压时,这种方法特别适用。

试验性预压过程中应进行沉降、侧向位移、孔隙水压力监测,并根据固结情况进行十字板试验和静力触探试验,便于检查和分析加固效果,从而修正设计、指导施工。

4.7.2 预压法处理地基如何保证加固全过程中排水系统的排水有效性是工程成功的关键,而排水系统由竖向排水体和水平排水垫层组成,水平排水垫层往往采用中砂和粗砂,砂料不足时,可用砂沟代替砂垫层。砂沟的宽度为 2 倍~3 倍砂井直径,深度宜为400mm~600mm。在铺设砂垫层前,应清除干净砂井顶面的淤泥或其他杂物,以利于排水。

4.7.3 袋装砂井和塑料排水带施工时,由于套管截面往往比排水体截面大,因此会对地基土产生施工扰动,引起较大的地基强度降低和附加沉降,其影响程度与施工机具及地基土的结构性有关,因此为了减小施工过程中对地基土的扰动,袋装砂井施工时所用套管内径宜略大于砂井直径,塑料排水带施工时应采用菱形断面套管,不应采用圆形断面套管。

塑料排水带施工所用套管应保证插入地基中的带子平直、不扭曲。塑料排水带的纵向通水量除与侧压力大小有关外,还与排水带的平直、扭曲程度有关。扭曲的排水带将使纵向通水量减小。

4.7.4 对堆载预压工程,当荷载较大时,应严格控制堆载速率,防止地基发生整体剪切破坏或产生过大塑性变形。工程上一般通过地基沉降、边桩位移及孔隙水压力等观测资料按一定标准进行控制。控制值的大小与地基土性能、工程类型和加荷方式等有关。根据统计 60 余例在软土地基上建造油罐的沉降速率来看,大多在每天 10mm~15mm 范围内,而大量房屋建筑和堆场的沉降速率在每天 10mm 左右。

应当指出,按观测资料进行地基稳定性控制是一项复杂的工作,控制指标取决于多种因素,如地基土的性质、地基处理方法、荷载大小以及加荷速率等。软土地基的失稳通常是从局部剪切破坏发展到整体剪切破坏,需要数天时间。因此,应对地基沉降、边桩位移、孔隙水压力等观测资料进行综合分析,研究它们的发展趋势,这是十分必要的。

4.7.5 真空预压施工时首先在加固区表面用推土机或人工铺设砂垫层,层厚约 0.5m,然后打设袋装砂井或塑料带,再在砂垫层内埋设滤管,同时在加固区四周用机械或人工开挖沟槽。完成上述工序后可进行薄膜铺设,薄膜面积应大于加固区,薄膜铺设完毕后可回填软黏土,使薄膜四周严密地埋入土中,以保证气密性。

水平向分布滤水管可采用条状、梳齿状或羽字状或目字状等型式,滤水管布置宜形成回路。外包尼龙纱、土工织物或棕皮等滤水材料,滤水管采用钢管或塑料管,应外包滤网,滤水管之间的连接宜用柔性接头。

上述工序完成后,将膜下管道伸出薄膜,与射流泵相连,装上真空表,接通与控制台的连接电源,即可进行抽气。射流泵每台可控制 1000m²~1500m² 的真空预压区,若面积较大,一个加固区需用多台泵,若面积较小,一台泵可控制几个加固区。如加固区存在透气性较大土层时应增加设备,每 600m²~800m² 即需配备 1 套。

为保证真空度,应采用抗老化性能好、韧性好、抗穿刺能力强的密封膜,密封膜性能指标见表 3。密封膜的焊接或黏接的黏缝强度不能低于膜本身抗拉强度的 60%。

表 3 密封膜性能指标

项目分类	项目	指标
基本指标	厚度(mm)	0.12~0.16
	拉伸强度(纵/横)(MPa)	≥18.0(纵向)
		≥16.0(横向)
	断裂伸长率(%)	≥200
	直角撕裂强度(纵/横)(N/mm)	≥60
	刺破强度(N)	≥50
	渗透系数(cm/s)	≤5×10⁻¹¹
	耐静水压(MPa)	≥0.2
寒冷地区增加指标	低温弯折性(−20℃)	无裂纹

4.8 振冲地基

4.8.1 振冲法适用于处理砂土、粉土、粉质黏土、素填土和杂填土等地基。振冲法可分为振冲置换和振冲密实,不加填料振冲加密适用于处理黏粒含量不大于 10% 的中砂、粗砂地基。不同的施工机具及施工工艺用于处理不同的地层会有不同的处理效果。通过现场成桩试验检验设计要求和确定施工工艺及施工控制要求,包括填砂石量、提升高度、挤压时间等。

为了满足试验及检测要求,试验桩的数量不应少于 7 个~9 个,正三角形布置至少要 7 个(即中间 1 个,周围 6 个),正方形布置至少 9 个(3 排 3 列)。如发现问题,则应及时会同设计人员调整设计或改进施工。

振冲施工选用振冲器要考虑设计荷载的大小、工期、工地电源容量及地基土天然强度的高低等因素。我国目前生产的型号主要有 ZCQ-30 型、ZCQ-55 型和 ZCQ-75 型三种,其潜水电机的功率分别为 30kW、55kW 和 75kW。最常见的是 ZCQ-30 型,其外壳直径为 351mm,长度为 2150mm,总重为 9.4kN,额定电流为 60A,振动力为 90kN,振幅为 4.2mm。此外,目前还研究出一种双向振冲器,它是在水平振冲器上附加垂直向振动装置,这种振冲器可使加固效果更加理想。

4.8.2 升降振冲器的机具一般常用 8t~25t 汽车吊,可振冲 5m~20m 长桩。

振冲器造孔后应边提升振冲器边冲水直至孔口,再放至孔底,重复 2 次~3 次扩孔并使孔内泥浆变稀,然后填料制桩。对黏性土地基,在孔口和孔底各悬吊留振 20s,扩大孔口和孔底,降低泥浆稠度,以利碎石顺利下沉。

大功率振冲器投料可不提出孔口,小功率振冲器下料困难时,可将振冲器提出孔口填料,将振冲器沉入填料中进行振密制桩,当稳定电流达到规定的密实电流值和规定的留振时间后,将振冲器提升 300mm~500mm。当稳定电流达不到规定的密实电流时,应向孔内继续加填料和振密,直至电流大于设计规定的密实电流值。施工应记录好各段深度的填料量、最终电流值和留振时间等,并均应符合设计规定。

桩体施工完毕后应将顶部预留的松散桩体挖除。

4.8.3 为保证振冲桩的质量,应控制好密实电流、填料量和留振时间三方面的规定。

首先,要控制加料振密过程中的密实电流。在成桩时,注意不能把振冲器刚接触填料的一瞬间的电流当作密实电流,瞬时电流值有时可高达 100A 以上,但只要把振冲器停住不下降,电流值立即变小,可见瞬时电流并不真正反映填料的密实程度。只有让振冲器在固定深度上振动一定时间(称为留振时间)而电流稳定在某一数值,这一稳定电流才能代表填料的密实程度,要求稳定电流值大于规定的密实电流值,该段桩体才算顺利制作完毕。留振时间是指振冲器在地基中某一深度处停下来的振动时间。具有足够的留振时间,可避免将瞬时电流误认为密实电流。

其次,要控制好填料量。施工中加填料不宜过猛,要勤加料,但每批不宜加得太多。值得注意的是在制作最深处桩体时,为达到规定密实电流所需的填料远比制作其他部分桩体多。有时这段桩体的填料可占据整根桩总填料的 1/4~1/3。这是因为开始阶段加的料有相当一部分从孔口向孔底下落过程中被黏留在某些深度的孔壁上,只有少量能落到孔底;另一个原因是如果控制不当,压力水有可能造成超深,从而使孔底填料量剧增;第三个原因是孔底遇到了事先不知道的局部软弱土层,这也能使填料数量大于正常使用量。

另外,在饱和砂土地基中,受到振动后地基会产生液化,足够的留振时间是让地基中的砂土"完全液化"和保证有足够大的"液化区",砂土经过液化在振冲停止后,颗粒便会慢慢重新排列,这时的孔隙比将较原来的孔隙比小,密实度相应增加,达到预期的加固目的。

碎石桩制桩应分段进行,填料高度控制在0.5m~0.8m,这样就有利于碎石桩的密实。填料计量可采用定量的小推车计算。

在强度很低的软土地基上施工,则要用"先护壁、后制桩"的方法,即在开孔时,不要一下子到达加固深度,可先到达第一层软弱层,然后加些料进行初步挤密,让这些填料挤入孔壁,把此段的孔壁加强以防塌孔,再使振冲器下降到下一段软土中,用同样方法加料护壁,如此重复进行,直到设计深度。孔壁护好后,就可按常规步骤制桩了。

密实电流、填料量和留振时间三者实际上是相互联系的,只有在一定的填料量的情况下,才可能达到一定的密实电流,而这时也要有一定的留振时间,才能把填料挤紧振密。一般情况下,黏性土地基往往以密实电流为主要控制指标,砂性土地基往往以留振时间为主要控制指标。

振冲置换施工时由于上覆压力较小,因而对桩体的约束力较小,桩顶形成一层松散层,加载前应加以处理(挖除或碾压)才能减少沉降,有效发挥复合地基作用。

对于吹填粉细砂,宜采用以下工艺:

(1)采用低水压和少水量振冲工艺。

由于吹填粉细砂呈饱和疏松状态,对振动荷载比较敏感,砂层在振动荷载作用下易发生液化且其初期抗剪强度比较低,因此振冲时宜将水压和水量减至最小(以防止细砂堵塞出水管和有效避免振冲头过热为宜),以便有效避免大量细颗粒随水流失,振冲点附近形成孔洞而导致加固失败。

(2)采用多次反插复振工艺。

如若粉细砂地基初始相对密度过低会影响无填料振冲法的加固效果,因此可以采用多次复振的方式来提高密实程度。另外,对于粉细砂地基虽然在紧靠振冲器的完全液化区复振效应不太明显,但是对于在完全液化区外的振动挤密区,振冲的复振效应比较显著,适度的多次振冲有利于该区域的扩展和进一步密实,并可有效提高加固后砂土的均匀性。因此,对于粉细砂土来说,二到三遍的复振有利于减小流态区、提高加固效果、扩大振冲的有效加固区域和提高地基均匀性。

(3)采用双机共振或三机共振施工工艺,以有效限制振冲流态区的发展、提高振动叠加效应和扩大密实范围,提高振冲加固效果,并有效提高施工效率。

对于粉细砂地基,由于颗粒太细,采用大功率振冲器会导致液化区扩大,形成较大的水洞,桩心部位加固效果不一定好。如洋山深水港工程振冲试验表明,对于桩心部位,75kW振冲器的加固效果要比100kW和125kW振冲器的加固效果好。另外,对于粉细砂,由于颗粒太细,留振时间太长也会导致液化区扩大,形成较大水洞,加固效果也不好,故建议留振时间取10s~20s。相关地基处理试验和实践表明,双点共振法不仅加固效果好,而且工效高。

4.8.4 由于在制桩过程中原状土的结构受到不同程度的扰动,强度有所降低,饱和土地基在桩周围一定范围内,土的孔隙水压力上升。待休置一段时间后,孔隙水压力会消散,强度会逐渐恢复,恢复期的长短是根据土的性质而定的,原则上应待孔压消散后进行检验。黏性土孔隙水压力的消散需要的时间较长,砂土则很快。

振冲法处理地基最重要的是满足承载力、变形或抗液化的要求,标准贯入、静力触探可直接提供检测资料。应在桩位布置的等边三角形或正方形中心进行处理效果检测,因为该处挤密效果较差,只要该处挤密达到要求,其他位置就一定会满足要求。此外,由该处检测的结果还可判断桩间距是否合理。

处理可液化地层时,可按标准贯入击数来衡量砂性土的抗液化性,使处理后的地基实测标准贯入击数大于临界贯入击数。

对桩体密实程度的检验,可采用重型动力触探现场随时检验。这种方法设备简单,操作方便,可以连续检测桩体密实情况,但目

前尚未建立贯入击数与桩体力学性能指标之间的对应关系,有待在工程中广泛应用,积累实测资料。

4.9 高压喷射注浆地基

高压喷射注浆法适用于淤泥、淤泥质土、黏性土、粉土、黄土、砂土、人工填土和碎石土等地基。高压喷射按喷射方式有旋喷(固结体为圆柱状)、定喷(固结体为壁状)和摆喷(固结体为扇状)三种基本形状,它们均可用下列方法实现:

①单管法:喷射高压水泥浆液一种介质;②双管法:喷射高压水泥浆液和压缩空气两种介质;③三管法:喷射高压水流、压缩空气及水泥浆液三种介质。实践中,旋喷形式可采用单管法、双管法和三管法中的任何一种方法,定喷和摆喷注浆常用双管法和三管法。

4.9.1 工艺性试桩是为了确定施工参数和施工工艺。当土中含有较多的大粒径块石、坚硬黏性土、大量植物根茎、地下障碍物或有过多的有机质时,应通过现场试验确定其适用性。

高压喷射注浆先采用钻机造孔,带有喷头的喷浆管下至地层预定的位置,用从喷嘴喷出的高压射流(浆或水)冲击破坏地层。剥离的土颗粒的细小部分随着浆液冒出地面,其余土粒在喷射流的冲击力、离心力和重力等作用下,与注入的浆液掺搅混合,并按一定的浆土比例和质量大小重新排列,在土中形成固结体。对于硬黏性土,含有较多的块石或大量植物根茎的地基因喷射流可能受到阻挡或削弱,冲击破碎力急剧下降,切削范围小且影响处理效果。而对于含有过多有机质的土层,其处理效果则取决于固结体的化学稳定性。鉴于上述几种土组成复杂、差异悬殊,高压喷射注浆处理的效果差别较大,不能一概而论,故应根据现场试验结果确定其适用程度。

高压喷射注浆的全过程分为钻机就位、钻孔、置入注浆管、高压喷射注浆和拔出注浆管等基本工序。施工结束后应立即对机具和孔口进行清洗。钻孔的目的是为了置入注浆管到预定的土层深度,如能直接把注浆管钻入土层预定深度,则钻孔和置入注浆管的两道工序合并为一道工序。

4.9.2 本条对高压喷射注浆的施工技术参数作出规定。

1、2 单管、二重管和三重管法常用的施工参数见表4。

表4 单管、二重管和三重管施工参数

分类方法		单管法	二重管法	三重管法	
喷射方法		浆液喷射	浆液、空气喷射	水、空气喷射,浆液注入	
硬化剂		水泥浆	水泥浆	水泥浆	
常用压力(MPa)	高压	20.0~30.0	20.0~30.0	20.0~40.0	
	低压			0.5~3.0	
喷射量(L/min)	高压	60~70	60~70	60~70	
	低压			80~150	
压缩空气(kPa)		不使用	500~700	500~700	
旋转速度(rpm)		16~20	5~16	5~16	
桩径(mm)		300~700	800~1000	1000~2500	
提升速度(m/min)		0.15~0.25	0.07~0.20	0.05~0.20	

压力应根据土、砂层的情况确定,一般土、砂层控制在20MPa,中密、密实砂层应大于30MPa,极松散的砂土层也可控制在10MPa。水灰比宜为1.0。

3 双高压旋喷工法(Rod in Jet Pile 简称 RJP)是将超高压水和压缩空气喷射流,以及超高压水泥浆和压缩空气喷射流,通过安装在多重管前端的喷射器分两个阶段对土体进行切割搅拌,位于上部的高压水刀对土体先行导向切割破碎,位于下部的高压浆刀对土体进行二次扩大切割破碎,同时水泥浆与土体搅拌混合形成加固体。此工法的特点是加固深度大、桩径大、加固直径和强度比较均匀。

RJP工法喷射管应采用高强度钢管,每根管长度3m,管与管之间采用精密螺纹连接。喷射管由3根管嵌套而成,外径为

89mm。中间管的喷射介质为高压水泥浆,中间及外层环状空间喷射介质分别为高压清水和压缩空气。

RJP工法喷头的作用是使高压介质转化成高能量的射线从喷嘴喷射出来,冲击破坏土体。根据需要喷头上设高压泥浆喷射嘴1个~2个、高压清水喷射嘴1个~2个和空气喷嘴1个~4个,压缩空气的环状喷嘴应围绕在泥浆或高压水喷嘴周围。

4 双高压喷注浆管提升的速度宜为40mm/min~80mm/min,旋转速度宜为6r/min~8r/min,提升过程中卸管后继续喷浆时应复喷100mm。

施工前,应对照设计图纸进行放线和核实设计孔位处有无妨碍施工和影响安全的障碍物。如遇有上水管、下水管、电缆线、煤气管、人防工程、旧建筑基础和其他地下埋设物等障碍物影响施工时,应与有关单位协商清除或搬移障碍物或更改设计孔位。

4.9.3 水泥在使用前需做质量鉴定,搅拌水泥浆所用水应符合混凝土拌合用水的标准,使用的水泥都应过筛,制备好的浆液不得离析,拌制浆液的筒数、外加剂的用量等应有专人记录。

外加剂和掺合料的选用及掺量应通过室内配比试验或现场试验确定,当有足够实践经验时,亦可按经验确定,常用外加剂有:

速凝剂:水玻璃、氧化钙、三乙醇胺、苏打、碳酸钾、硫酸钠等;

速凝早强剂:三乙醇胺、三异丙醇胺、氯化钠、二水石膏加氯化钙等;

悬浮剂与塑化剂:亚硫酸盐、食糖、硫酸钠、硫酸亚铁、膨润土、高塑性黏土、纸浆废液等;

防水剂:沸石粉、三乙醇胺、亚硝酸钠等。

常用的掺合料:粉煤灰、膨润土或过筛黏土等。

水泥浆液的水灰比越小,高压喷射注浆处理地基的强度越高。水灰比也不宜过小,以免造成喷射困难。其中双高压喷注浆的浆液水灰比宜为0.8~1.0。

4.9.5 高压泵通过高压橡胶软管输送高压浆液至钻机上的注浆管进行喷射注浆。若钻机和高压水泵的距离过远,将使高压水喷射流的沿程损失增大,造成实际喷射压力降低的后果。因此钻机与高压水泵的距离不宜过远,在大面积场地施工时,为了减少沿程损失,应注意调整高压泵与钻机的距离。

各种形式的高压喷射注浆均宜自下而上进行。当注浆管不能一次提升完成而需分数次卸管时,卸管后喷射的搭接长度不得小于100mm,以保证固结体的整体性。

4.9.6 在不改变喷射参数的条件下,对同一标高的土层做复喷或驻喷时,能大有效加固长度和提高固结体强度,这是一种局部获得较大旋喷直径或定喷、摆喷范围的简易有效方法。

当喷射注浆过程中出现下列异常情况时,需查明原因并采取相应措施:

(1)流量不变而压力突然下降时,应检查各部位的泄露情况,必要时拔出注浆管,检查密封性能;

(2)出现不冒浆或断续冒浆时,若系土质松软则视为正常现象,可适当进行复喷,若系附近有空洞、通道,则应不断提升注浆管继续注浆直至冒浆为止或拔出注浆管待浆液固定后重新注浆;

(3)压力稍有下降时,可能系注浆管被击穿或有孔洞使喷射能力降低,此时应拔出注浆管进行检查;

(4)压力急剧上升、流量微小、停机后压力仍不变动时,则可能系喷嘴堵塞,应拔出管道疏通喷嘴。

当高压喷射注浆完毕后,或在喷射注浆过程中因故中断,短时间(大于或等于浆液初凝时间)内不能继续喷射时,均应立即拔出注浆管清洗备用,以防浆液凝固后拔不出管。

为防止因浆液固结收缩产生加固地基与建筑基础不密贴或脱空现象,可采用超高喷射(旋喷处理地基的顶面大于建筑基础底面,其超高量大于收缩高度)、回灌冒浆或第二次注浆等措施。

4.9.7 高压喷射注浆处理地基时,在浆液硬化前,处理范围内的地基因受到扰动而强度降低,容易产生附加变形、沉降,在

处理既有建筑地基或在邻近既有建筑旁施工时,应防止施工过程中,在浆液凝固硬化前导致建筑物的附加下沉。通常采用控制施工速度、顺序、速凝液、大间距隔孔喷射、返浆回灌等方法防止或减少附加变形。

针对一般旋喷工法存在剩余泥浆大量从孔口涌出污染作业环境、排浆难度随着旋喷孔深度增加而增大且喷射、搅拌效果降低等不足的情况,近年来,国内陆续引进发展了一种旋喷新技术即"全方位高压旋喷技术",简称MJS工法。此法最大特点是具有排泥机构,即在监控器上设MJS装置,该装置是在喷嘴后方装的排泥浆吸入口,由该吸入口吸入泥浆,施工时根据地压变化还可调整排泥量及对地基的压力,使喷射压力充分运用并减少对周边的影响。该装置不仅用在竖直大深度大直径旋喷上,在水平、倾斜方向也能运用。由于钻管内还装设有大小7根管线,所以又叫七管喷法。其最大优点是不污染现场,能保持良好的施工环境且对周边环境变形影响小,不足之处是设备较复杂,占用空间较多,搬运不便。

4.9.8 邻近抽水作业会导致高压旋喷桩施工质量问题,特别是对于砂土,抽水作业会导致浆液流失,注浆结固体不成形或成形质量较差。施工中应做好泥浆处理,及时将泥浆运出或在现场短期堆放后作土方运出。

4.10 水泥土搅拌桩地基

水泥土搅拌法适用于处理正常固结的淤泥与淤泥质土、粉土、饱和黄土、素填土、黏性土以及无流动地下水的饱和松散砂土等地基。当地基土的天然含水量小于30%(黄土含水量小于25%)、大于70%或地下水的pH值小于4时不宜采用干法。冬季施工时,应注意负温对处理效果的影响。

水泥土搅拌桩基可采用单轴、双轴或三轴水泥土搅拌法施工。水泥土搅拌法的特点是:在地基加固过程中无振动、无噪音,对环境无污染,对土无侧向挤压,对邻近建筑物影响很小。可按建筑物要求做成柱状、壁状、格栅状或块状等加固形状,可有效地提高地基强度,同时施工期较短,造价低廉,效益显著,多用于墙下条形基础、大面积堆料厂房地基等。

4.10.1 对地质条件复杂或重要工程,应通过试成桩确定实际成桩步骤、水泥浆液的水灰比、注浆泵工作流量、搅拌头下沉或提升速度及复搅速度、测定水泥浆从输送管到达搅拌机喷浆口的时间等工艺参数及成桩工艺。

4.10.2 目前搅拌机械良莠不齐,对搅拌机械进行市场管理是确保施工技术质量的一个重要方法。

1 搅拌施工质量很难保证,因此搅拌施工深度不宜大于18m;

2 根据室内试块试验和现场取桩芯资料,采取较小的水灰比对提高水泥土强度的作用很明显,但水泥浆输送会发生困难,规定水灰比上限是为了防止因贪图方便而随意冲水稀释浆液。当气温较高浆液输送有困难时,可掺入相应外掺剂。

3 两喷三搅施工工艺流程是:桩机就位→预搅下沉→喷浆搅拌提升→重复搅拌下沉→重复喷浆搅拌提升→停浆→重复搅拌下沉→重复搅拌提升直至孔口→停搅→移位。在临近建筑物或地下管线施工时,应尽可能采用最低的提升速度(0.33m/min)施工,必要时采用间隔和间歇施工工序。

单轴及双轴搅拌机一般在提升时喷浆。目前生产的搅拌机的提升速度调节是分档式的,与之相配合的喷浆泵的输浆量却是不可调的,而水泥掺和量是既定的,这种不完善的配置使得浆液常常难以在桩身长度内均匀分布。因此,应尽量采用提升速度可连续调节的和控制输送流量的喷浆泵。搅拌桩施工应控制地面泛浆,确保在软弱土层中有足够的掺合量。

4.10.3 对于相同性能的三轴搅拌机,降低下沉速度或提升速度能增加水泥土的搅拌次数和提高水泥土的强度,但延长了施工时间,降低了施工功效。在实际操作过程中,应根据不同的土性来确

定搅拌下沉与提升速度。

水泥土搅拌墙施工顺序的三种方式，具体如下：

(1)跳打方式。

一般适用于 N 值 30 以下的土层。施工顺序如图 1 所示，先施工第一单元，然后施工第二单元。第三单元的 A 轴和 C 轴插入到第一单元的 C 轴及第二单元的 A 轴孔中，两端完全重叠。依此类推，施工完成水泥土搅拌墙，这是常用的施工顺序。

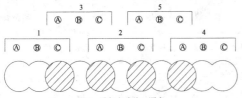

图 1 跳打方式施工顺序

1—第一单元；2—第二单元；3—第三单元；4—第四单元；5—第五单元

(2)单侧挤压方式。

一般适用于 N 值 30 以下的土层。受施工条件的限制，搅拌桩机无法来回行走时或搅拌墙转角处常用这类施工顺序，具体施工顺序如图 2 所示，先施工第一单元，第二单元的 A 轴插入第一单元的 C 轴中，边孔重叠施工，依此类推，施工完成水泥土搅拌墙。

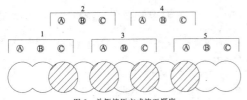

图 2 单侧挤压方式施工顺序

1—第一单元；2—第二单元；3—第三单元；4—第四单元；5—第五单元

(3)先行钻孔套打方式。

适用于 N 值 30 以上的硬质土层，在水泥土搅拌墙施工时，用装备有大功率减速机的钻孔机先行钻孔，局部松散硬质土层，然后用三轴搅拌机用跳打或单侧挤压方式施工完成水泥土搅拌墙。搅拌桩直径与先行钻孔直径关系见表 5。先行施工时，可加入膨润土等外加剂便于松动土层。

表 5 搅拌桩直径与先行钻孔直径关系表(mm)

搅拌桩直径	650	850	1000
先行钻孔直径	400~650	500~850	700~1000

螺旋式和螺旋叶片式搅拌机头在施工过程中能通过螺旋效应排土，因此挤土量较小。与双轴水泥土搅拌桩和高压旋喷桩相比，三轴水泥土搅拌桩施工过程中的挤土效应相对较小，对周边环境的影响较小。

条文中推荐的参数是根据试成桩时的实测结果提出的，一些环境保护要求高的工程宜通过试验来确定相应参数。

4.10.4 根据实际施工经验，水泥土搅拌法在施工到顶端 300mm~500mm 范围时，因上覆土压力较小，搅拌质量较差，因此要求停浆面高于桩顶设计标高 300mm~500mm，待基坑(槽)开挖时，再将施工质量较差的桩段挖去。为防止桩顶与挖土机械相碰导致桩体断裂，应采用人工挖除。

4.11 土和灰土挤密桩复合地基

土和灰土挤密桩法适用于处理地下水位以上的湿陷性黄土、素填土和杂填土等地基，可处理地基的深度为 5m~15m。当以消除地基土的湿陷性为主要目的时，宜选用土挤密桩法。当以提高地基土的承载力或增强其水稳性为主要目的时，宜选用灰土挤密桩法。当地基土的含水量大于 24%、饱和度大于 65% 时，不宜选用灰土挤密桩法或土挤密桩法。

4.11.1 沉管法是用振动或锤击沉桩机将与桩孔同直径钢管打入或压入土中拔管成孔。冲击法是使用简易冲击孔机将 600kg~3200kg 重锥形锤头提升 0.5m~2.0m 高后落下反复冲击成孔。钻孔法是采用洛阳铲、螺旋钻等机械进行成孔。前两种成孔方法由于振动、噪音、挤土等因素在城市密集环境区应用受一定限制。根据选用不同方法后确定成孔设备。

4.11.4 拟处理地基土的含水量对成孔施工与桩间土的挤密至关重要。土的含水量接近最优(或塑限)含水量时，成孔施工速度快，桩间土的挤密效果好。因此，在成孔过程中，应掌握好拟处理地基土的含水量不要太大或太小。

4.11.6 向孔内填入的筛好的填料应具有最佳含水量。

4.11.7 本条对抽样检验的数量和检验内容作了规定，对于重要工程由设计确定，可增加至 1.5%。由于挖探井取土样对桩体和桩间土均有一定程度的扰动和破坏，因此选点应具有代表性，并保证检验数据的可靠性。取样结束后，其探井应分层回填夯实，压实系数不应小于 0.93，必要时还应测定全部处理深度内桩间土的压缩性和湿陷性。

4.12 水泥粉煤灰碎石桩复合地基

4.12.1 水泥粉煤灰碎石桩的施工应根据现场条件选用下列施工工艺：长螺旋钻孔灌注成桩，适用于地下水位以上的黏性土、粉土、素填土、中等密实以上的砂土；长螺旋钻孔、管内泵压混合料灌注成桩，适用于黏性土、粉土、砂土，以及对噪声或泥浆污染要求严格的场地；振动沉管灌注成桩，适用于粉土、黏性土及素填土地基。

水泥粉煤灰碎石桩的施工应根据设计要求和现场地基土的性质、地下水埋深、场地周边是否有居民、有无对振动反应敏感的设备等多种因素选择施工工艺，或在有经验的其他条件下也可使用。

长螺旋钻孔灌注成桩适用于地下水位以上的黏性土、粉土、素填土、中等密实以上的砂土，属非挤土成桩工艺，该工艺具有穿透能力强、无振动、低噪音、无泥浆污染等特点，但要求桩长范围内无地下水，以保证成孔时不塌孔。

长螺旋钻孔、管内泵压混合料成桩工艺是国内近几年来使用比较广泛的一种新工艺，属非挤土成桩工艺，具有穿透能力强、低噪音、无振动、无泥浆污染、施工效率高及质量容易控制等特点。

若地基土是松散的饱和粉细砂、粉土，以消除液化和提高地基承载力为目的时，此时应选择振动沉管打桩机施工，振动沉管灌注桩属挤土成桩工艺，对桩间土具有挤(振)密效应。但振动沉管灌注成桩工艺难以穿透较厚的硬土层、砂层和卵石层等。在饱和黏性土中成桩会造成地表隆起，挤断已打桩，且振动和噪声污染严重，在城市居民区施工受到限制。在夹有硬的黏性土时，可采用长螺旋钻机引孔，再用振动沉管打桩机制桩。

长螺旋钻孔灌注成桩和长螺旋钻孔、管内泵压混合料成桩工艺在城市居民区施工，对周围居民和环境的不良影响较小。

长螺旋钻孔灌注成桩和长螺旋钻孔、管内泵压混合料灌注成桩的成桩工艺详见本规范第 5.7 节(长螺旋钻孔压灌桩)，振动沉管灌注成桩的成桩工艺详见本规范第 5.8 节(沉管灌注桩)。

4.12.2 本条给出了水泥粉煤灰碎石桩的施工要求。

1 采用细度(0.045mm 方孔筛筛余百分比)不大于 45% 的 Ⅲ 级或 Ⅲ 级以上等级的粉煤灰，是为了增加混合料的和易性和可泵性。

2 粉煤灰掺量和坍落度控制，主要是考虑保证施工中混合料的顺利输送。坍落度太大，易产生泌水、离析，泵压作用下骨料与砂浆分离，导致堵管；坍落度太小，混合料流动性差，也容易造成堵管。振动沉管灌注成桩若混合料坍落度过大，桩顶浮浆过多，桩体强度会降低。

4 长螺旋钻孔、管内泵压混合料成桩施工应准确掌握提拔钻杆时间，钻孔进入土层预定标高后，开始泵送混合料，管内空气从排气阀排出，待钻杆内管及输送软、硬管内混合料连续时提钻。若提钻时间较晚，在泵送压力下钻头处的水泥浆液被挤出，容易造成管路堵塞。应杜绝在泵送混合料前提拔钻杆，以免造成桩端处存在虚土或桩端混合料离析、端阻力减小。提拔钻杆中应连续泵料，特别是在饱和砂土、饱和粉土层中不得停泵待料，避免造成混合料离析、桩身缩径和断桩，目前施工多采用2台0.5m³的强制式搅拌机，可满足施工要求。

5 振动沉管灌注成桩施工应控制拔管速度，拔管速度太快易造成桩径偏小或缩颈断桩。经大量工程实践认为，拔管速率控制在1.2m/min～1.5m/min是适宜的。

8 施工中桩顶标高应高出设计桩顶标高，留有保护桩长。保护桩长的设置是基于以下几个因素：

（1）成桩时桩顶不可能正好与设计标高完全一致，一般要高出桩顶设计标高一段长度；

（2）桩顶一般由于混合料自重压力较小或由于浮浆的影响，靠近桩顶一段桩体强度较差；

（3）已打桩尚未结硬时，施打新桩可导致已打桩受振动挤压，混合料上涌使桩径缩小。增大混合料表面的高度即增加了自重压力，可提高抵抗周围土挤压的能力。

4.12.4 褥垫层材料多为粗砂、中砂或碎石，碎石粒径宜为8mm～20mm，不宜选用卵石。当基础底面桩间土含水量较大时，应进行试验确定是否采用动力夯实法，避免桩间土承载力降低。对较干的砂石材料，虚铺后可适当洒水再行碾压或夯实。夯填为夯实后的褥垫层厚度与虚铺厚度的比值，不得大于0.9。

4.12.5 冬季施工完成及清除桩头后，应立即对桩间土和桩头采用草帘等保温材料进行覆盖，防止桩间土冻胀而造成桩体拉断。

4.12.6 施工中应对每根桩成桩时间、投料量、桩长、发生的特殊情况等进行真实、详细的记录。

复合地基载荷试验是确定复合地基承载力、评定加固效果的重要依据，进行复合地基载荷试验时应保证桩体强度满足试验要求。进行单桩载荷试验时为防止试验中桩头被压碎，宜对桩头进行加固。在确定试验日期时，还应考虑施工过程中对桩间土的扰动，桩间土承载力和桩的侧阻端阻的恢复都需要一定时间，一般在冬季检测时桩和桩间土强度增长较慢。

复合地基载荷试验所用载荷板的面积应与受检测桩所承担的处理面积相同。选择试验点时应本着随机分布的原则进行。

4.13 夯实水泥土桩复合地基

4.13.1 夯实水泥土桩法适用于处理地下水位以上的粉土、素填土、杂填土、黏性土等地基，处理深度不宜大于10m。普通工程通常进行原位试桩，对特殊工程需要进行单独试成桩，以确定施工工艺及参数。

4.13.2 在旧城危改工程中，由于场地环境条件的限制，多采用人工洛阳铲、螺旋钻机成孔方法。当土质较松软时采用沉管、冲击等方法挤土成孔，达到较好的效果。

采用人工洛阳铲、螺旋钻机成孔时，桩孔位宜按梅花形布置并及时成桩，以避免大面积成孔后再成桩时，由于夯机自重和夯锤的冲击，地表水灌入孔内而造成塌孔。

沉管法成孔工艺详见本规范第5.8节（沉管灌注桩）、人工洛阳铲、螺旋钻机成孔工艺详见本规范第5.9节（干作业成孔灌注桩）。

4.13.3 相同水泥掺量条件下，桩体密实度是决定桩体强度的主要因素，当$\lambda_c \geq 0.93$时，桩体强度约为最大密度下桩体强度的50%～60%。

4.13.4 土料过筛孔径10mm～20mm。混合料含水量是决定桩体夯实密度的重要因素，在现场实施时应严格控制。用机械夯实时，因锤重，夯功大，宜采用土料最佳含水量$\omega_{op}-(1\%～2\%)$，人工夯实时宜采用土料最佳含水量$\omega_{op}+(1\%～2\%)$，均应由现场试验确定。

4.13.5 施工时宜隔排隔桩跳打，以免因振动、挤压造成邻桩孔颈缩或坍孔。褥垫层铺设要求夯填小于0.90，主要是为了减少施工期地基的变形量。

各种成孔工艺均可能使孔底存在部分扰动和虚土，因此夯填混合料前应将孔底土夯实，有利于发挥桩端阻力，提高复合地基承载力。

为保证桩顶的桩体强度，现场施工时均要求桩体夯填高度大于桩顶设计标高200mm～300mm。

4.13.7 夯实水泥土桩施工时，一般检验成桩干密度。目前检验干密度的手段一般采用取土和轻便触探等手段。

4.14 砂石桩复合地基

砂石桩是指采用振动、冲击或水冲等方式在软弱地基中成孔后，再将砂挤压入已成的孔中，形成大直径的砂所构成的密实桩体。碎石桩、砂桩和砂石桩总称为砂石桩。

砂石桩用于松散砂土、粉土、黏性土、素填土和杂填土地基，主要靠桩的挤密和施工中的振动作用使桩周围土的密度增大，从而使地基的承载能力提高，压缩性降低。国内外的实际工程经验证明砂石桩法处理砂土及填土地基效果显著，并已得到广泛应用。砂石桩处理可液化地基的有效性已为国内外不少实际地震和试验研究成果所证实。

砂石桩法用于处理软土地基，国内外也有较多的工程实例。但应注意由于软黏土含水量高、透水性差，砂石桩很难发挥挤密效用，其主要作用是部分置换并与软黏土构成复合地基，同时加速软土的排水固结，从而增大地基土的强度，提高软基的承载力。在软黏土中应用砂石桩法有成功的经验，也有失败的教训。因而不少人对砂石桩处理软黏土持有疑义，认为黏土透水性差，特别是灵敏度高的土在成桩过程中，土中产生的孔隙水压力不能迅速消散。同时天然结构受到扰动将导致其抗剪强度降低，如置换率不够高是很难获得可靠的处理效果。此外，认为如不经过预压，处理后地基仍将发生较大的沉降，对沉降要求严格的建筑结构难以满足允许的沉降要求。所以，用砂石桩处理饱和软黏土地基，应按建筑结构的具体条件区别对待，最好是通过现场试验后再确定是否采用。通常认为，在饱和黏土地基上对变形控制要求不严的工程也可采用砂石桩置换处理。

4.14.1 不同的施工机具及施工工艺用于处理不同的地层会有不同的处理效果，施工前在现场的成桩试验具有重要的意义。通过工艺性试验成桩可以确定施工技术参数，数量不应少于2根。

4.14.2 砂石桩的施工应选用与处理深度相适应的机械。可用的砂石桩施工机械类型很多，除专用机械外还可利用一般的打桩机改装。砂石桩机械主要可分为两类，即振动式砂石桩机和锤击式砂石桩机。此外，也有用振捣器或叶片状加密机，但应用较少。

用垂直上下振动的机械施工的称为振动沉管成桩法，用锤击式机械施工成桩的称为锤击沉管成桩法，锤击沉管成桩法的处理深度可达10m。砂石桩通常包括桩机架、桩管及桩尖、提升装置、挤密装置（振动锤或冲击锤）、上料设备及检测装置等部分。为了使砂有效地排出或使桩管容易打入，高能量的振动砂石桩机配有高压空气或水的喷射装置，同时配有自动记录桩管贯入深度、提升量、压入量、管内砂位置及变化（灌砂及排砂量）的装置，以及电机电流变化等检测装置。国外有的设备还装有微机，根据地层阻力的变化自动控制灌砂量并保证沿深度均匀挤密全面达到设计标准。

4.14.3 振动沉管法成桩施工步骤如下：

（1）移动桩机及导向架，把桩管及桩尖对准桩位；

（2）启动振动锤，把桩管下到预定的深度；

（3）向桩管内投入规定数量的砂料（根据施工试验的经验，为了提高施工效率，砂砂也可在桩管下到便于装料的位置时进行）；

（4）把桩管提升一定的高度（下砂顺利时提升高度不大于1m～

2m)，提升时桩尖自动打开，桩管内的砂料流入孔内；

（5）降落桩管，利用振动及桩尖的挤压作用使砂料密实；

（6）重复4、5两工序，桩管上下运动，砂料不断补充，砂石桩不断增高；

（7）桩管提至地面，砂石桩完成。

振动沉管法按单打法施工时，拔管时宜先振动5s～10s后拔管，边振边拔，每проб高0.5m～1.0m停振5s～10s，然后再拔管0.5m～1.0m，如此反复直至全管拔出；按反插法施工时，应先振动后拔管，每拔高0.5m～1.0m，反插0.3m～0.5m停振，拔管过程中应分段添加砂石料。

施工中，电机工作电流的变化反映挤密程度及效率。电流达到恒定不变值时，继续挤压将不会产生挤密效能。施工中不可能及时进行效果检测，因此按成桩过程的各项参数对施工进行控制是重要的环节，应予以重视，有关记录是质量检验的重要资料。

锤击法施工有单管法和双管法两种，但单管法难以发挥挤密作用，故宜用双管法。

双管法的施工根据具体条件选定施工设备，也可临时组配。其施工成桩过程如下：

（1）将内外管安放在预定的桩位上，将用作桩塞的砂投入外管底部；

（2）以内管做锤冲击砂塞，依靠摩擦力将外管打入预定深度；

（3）固定外管将砂塞压入土中；

（4）提内管并向外管内投入砂料；

（5）边提外管边用内管将管内砂冲出挤压土层；

（6）重复4、5步骤；

（7）待外管拔出地面，砂石桩完成。

此法优点是砂的压入量可随意节，施工灵活，特别适合小规模工程。

4.14.4 以挤密为主的砂石桩施工时，应间隔（跳打）进行，并宜由外侧向中间推进；对黏性土地基，砂石桩主要起置换作用，为了保证设计的置换率，宜从中间向外围或隔排施工；在既有建（构）筑物邻近施工时，为了减少对邻近既有建（构）筑物的振动影响，应背离建（构）筑物方向进行。

4.14.6 砂石桩填料用量大并有一定的技术规格要求，填料中最大颗粒尺寸的限制取决于桩管直径和桩尖的构造，以能顺利出料为宜。考虑有利于排水，同时保证具有较高的强度，砂石桩用料中小于0.005mm的颗粒含量（即含泥量）不应大于5%。

砂石桩施工完成后，当设计或施工投砂量不足时地面会下沉；当投料过多时地面会隆起，同时表层0.5m～1.0m常呈松软状态。如遇到地面隆起过高也说明填砂量不适当。实际观测资料证明，砂在达到密实状态后进一步承受挤压又会变松，从而降低处理效果，遇到这种情况应注意适当减少填砂量。

施工场地土层可能不均匀，土质多变，处理效果不能直接看到，也不能立即测出。为了保证施工质量，使在土层变化的条件下施工质量也能达到标准，应在施工中进行详细的观测和记录。观测内容包括桩下沉随时间的变化、灌砂量预定数量与实际数量、桩管提升和挤压的全过程（提升、挤压、砂石桩高度的形成随时间的变化）等。从有自动检测记录仪器的砂石桩机施工中可以直接获得有关的资料，无此设备时需由专人测读记录。根据桩管下沉时间曲线可以估计土层的松变变化，随时掌握投料数量。

拔管不能过快，以免形成中断、缩颈而造成事故，影响桩的密实度。

4.14.8 砂石桩桩顶施工时，由于上覆压力较小，因而对桩体的约束力较小，桩顶形成一个松散层。加载前应加以处理（挖除或碾压）才能减少沉降量，有效地发挥复合地基作用。

4.14.9 本条规定了砂石桩复合地基施工检测要求。

1 砂石桩施工的沉管时间、各深度段的填砂石量、提升及挤压时间等是施工控制的重要手段，这一资料本身就可以作为评估

施工质量的重要依据，再结合抽检便可以较准确地作出质量评价。

2 由于在制桩过程中原状土的结构受到不同程度的扰动，强度会有所降低，饱和黏性土地基在其周围一定范围内，土的孔隙水压力上升。待静置一段时间后，孔隙水压力会消散，强度会逐渐恢复，恢复期的长短是根据土的性质而定。原则上应待孔压消散后进行检验。黏性土孔隙水压力的消散需要的时间较长，砂土则很快，根据实际工程经验规定对饱和黏性土为28d，粉土、砂土和杂填土可适当减少。对非饱和土不存在此问题，一般在桩施工后3d～5d即可进行。

4.15 湿陷性黄土地基

4.15.1 由于施工经过一定的时间，经过不同的季节，在施工现场若不采取相应防水措施，原有地基及周边地基受施工用水及雨水的浸泡，造成浸水湿陷等事故。此类现象时有发生，造成不应有的损失，因此要求现场准备工作中应重视本条内容。

4.15.2 本条给出了强夯法处理湿陷性黄土地基的施工要求。

1 夯点的夯击次数以达到最佳次数为宜，大于最佳次数再夯击容易将表层土夯松，而无法增大消除湿陷性黄土层的有效深度。在强夯施工中，最佳的夯击次数可按试夯记录绘制的夯击次数与夯击下沉量的关系曲线确定。单击夯击能量不同，最后2击平均夯沉量也不同。最后2击平均夯沉量符合规定，表示夯击次数达到要求，可通过试夯确定。

3 采用强夯法处理湿陷性黄土地基，土的含水量至关重要。天然含水量低于10%的土，呈坚硬状态，夯击时表层土容易松动，夯击能力消耗在表层土上，深部土层不易夯实，消除湿陷性黄土层的有效深度小；天然含水量大于塑限含水量3%以上的土，夯击时呈软塑状态，容易出现"橡皮土"；天然含水量相当于或接近最优水量的土，夯击时土粒间阻力较小，颗粒易于互相挤密，夯击能量向纵深方向传递，在相应的夯击次数下，总夯沉量和消除湿陷性黄土层的有效深度均大。

4～6 强夯施工过程中主要检查强夯施工记录，基础内各夯点的累计夯沉量应达到试夯或设计规定的数值。强夯施工结束后，主要是在已夯实的场地内挖井并取土样进行室内试验，测定土的干密度、压缩系数和湿陷系数等指标。当需要在现场采用静载荷试验检验强夯土的承载力时，宜过一段时间后进行，否则因时效因素，土的结构和强度尚未恢复，测试结果可能会小。

4.15.3 挤密桩法施工应符合下列要求：

1 对于垫层法处理厚度大于3m已不经济，又可能存在基坑开挖与支护的问题，对此采用挤密桩法处理不仅经济，也是可行的。所以处理厚度下限取3m，但要考虑有一定厚度的上覆土层。处理湿陷的土层厚度个别达到15m左右，施工设备、施工质量是可行的，因此考虑目前施工设施、施工质量以及经济性，取上限值为15m。

2 当预浸水土层深度在2.0m以内时可采用地表水畦（高300mm～500mm，每畦范围不大于50m²）浸水的方法；浸水土层深度大于2.0m时，应采用地表水畦与深层浸水孔结合的方法。深层浸水孔可用洛阳铲挖孔或钻机钻孔，孔径80mm左右，孔内灌入砂砾，孔深宜为预计浸水深度的2/3～3/4，孔距1.0m～2.0m，待土中水分分布基本均匀后（约3d～7d）即可正式施工。预浸水的加水量可按下式估算：

$$Q = V \bar{\rho}_d \frac{(\omega_{op} - \bar{\omega})}{100} K_w \qquad (1)$$

式中：Q——估算加水量（t）；

V——拟浸水土的总体积（m³）；

$\bar{\rho}_d$——浸水前地基土按分层厚度加权的平均干密度（t/m³）；

ω_{op}——土的最优含水量（%），通过室内击实试验确定；

$\bar{\omega}$——处理前地基土按分层厚度加权的平均含水量（%）；

K_w——损耗系数，可取1.05～1.15，夏季取高值。

加水量要适当考虑损失（蒸发、流失），因此在公式中采用了系数 K_c 来调整。加湿后的土层含水量并不是任何点都达到最优含水量 ω_{op}，而是在一定区域内的平均值 $\bar\omega$ 接近或大于 ω_{op}。在这种含水量下挤密处理，其加固效果很好，在许多工程中都得到了验证。

3 根据大量的试验研究和工程实践，符合施工质量要求的夯实灰土，其防水、隔水性明显不如素土（指符合一般施工质量要求的素填土），孔内夯填灰土及其他强度高的材料，有提高复合地基承载力或减小地基处理宽度的作用。

4 挤密桩在湿陷性黄土地基加固应用中，成孔的方式分为三种：沉管挤密法、冲击法夯扩挤密法、钻孔夯扩挤密法。沉管挤密法是在成孔过程中对土体进行有效挤密，填料夯实主要是采用夹杆锤（杆与锤重约200kg）夯密填土，保持成孔挤密效果，孔径宜为0.30m～0.35m。冲击法挤密成孔锤重0.60t～3.70t，冲锤直径为0.50m～0.60m，冲成的桩孔直径为0.50m～0.60m，孔深可达20m以上，钻孔法是钻孔过程不挤密，成孔直径0.30m～0.40m，采用1.0t～2.5t重锤夯实扩，成桩直径为0.50m～0.60m，成桩长度可达20m左右。这三种方式应用较广泛，施工质量能够保证。

孔底在填料前应夯实。孔内填料应用素土或灰土，必要时可用强度高的填料如水泥土等。填料时经分层回填夯实，其压实系数不宜小于0.97，其中压实系数最小值不应低于0.90。预留松动层的厚度应为0.50m～0.70m（冬季施工时适当增大预留松动层厚度）。采用机械挤密地基，在基底下应设置0.50m厚的灰土（或素土）垫层。

应及时抽样检查孔内填料的夯实质量，其数量不得小于总孔数的2%，每台班不应少于1孔。在全部孔深内，应每1m取土样测定干密度，检测点的位置应在距孔心2/3孔半径处。孔内填料的夯实质量也可通过现场试验测定。

4.15.4 预浸水法施工应符合下列要求：

1 工程实践表明，采用预浸水法处理湿陷性黄土层厚度大于10m和自重湿陷量的计算值大于500mm的自重湿陷性黄土场地，可消除地面下6m以下土层的全部湿陷性，地面下6m以上土层的湿陷性也可大幅度减小。

2 通过浸水试验和预浸水法的实测结果表明，浸水面积越大湿陷量越大，地表开裂的影响距离越大。因此为防止在浸水过程中影响周边邻近建筑物或其他工程的安全使用以及场地边坡的稳定性，通过实验结果数据分析，要求浸水边缘至邻近建筑物的距离不宜小于50m。为了达到浸水效果，规定了浸水坑边长大于湿陷性黄土层的厚度。

3 采用预浸水法处理地基，土的湿陷性及其他物理力学性质指标有很大改善，因此规定浸水结束后，在基础施工前应进行补充勘察，重新评定场地或地基土的湿陷性，并应采用垫层法或其他方法对上部湿陷性黄土层进行处理。

5 基础施工

5.1 一般规定

5.1.1 遇有地下障碍物或地基情况与原勘察报告不符时，应会同勘察、设计等单位确定处理方案。

5.1.2 基础施工完成后应及时设置沉降观测点，对于有地下室的工程施工在底板完成后也应设置沉降观测点。

5.1.3 验槽时，基槽（坑）内的浮土、积水、淤泥、杂物等应清除，如局部有软弱土层应挖除，并用灰土或砂砾等分层回填夯实，如有地下水或地面滞水应排除。为保证基槽的安全，验槽结束后要求立即浇筑垫层。

5.1.4 回填土应优选含水率符合压实要求的黏性土。有机质含

量大于8%的土，用于无压实要求的填方。淤泥和淤泥质土一般不能用作回填土，但在软土或沼泽地区，该类土经过处理后，其含水量符合压实要求后，可用于填方中的次要部位。

填方基底的处理应符合设计要求，回填土施工前，技术人员应对工人进行技术交底，将填方基底的积水、杂物等清理干净，再分层回填夯实，避免造成回填土面层整体不均匀沉降。

5.2 无筋扩展基础

5.2.1 砖基础的施工应符合现行国家标准《砌体结构工程施工质量验收规范》GB 50203的规定。

1 砖基础一般采用强度等级不低于MU10的砖和不低于M5.0的砂浆砌筑。在严寒地区应采用高强度等级的砖和水泥砂浆砌筑。适宜的含水率不仅可提高砖与砂浆的粘结力，提高砖基础的抗剪强度，也可使砂浆强度保持正常增长，提高砖基础的抗压强度，同时适宜的含水率还可使砂浆在操作面保持一定的摊铺流动性，便于施工操作，有利于保证砂浆的饱和度，因此砌筑前浇水是施工工艺的重要工序。含水率简易检测一般通过断砖方法，即砖截面四周融水深度15mm～20mm时，可视含水率达到适宜程度。

2 砖基础组砌方法正确、上下错缝、内外搭砌都是保证砖基础整体性的关键，水平灰缝砂浆饱满度控制主要是为了确保砖基础的抗压强度，同时竖向灰缝饱满度的优劣对砖基础的抗剪强度、弹性模量均产生影响。设置规范的斜槎是保证砖基础整体性和抗压强度的关键。

3 从低到高的砌筑顺序是为了保证砖基础的整体性。

4 砖基础中的洞口、管道、沟槽和预埋件等应在砌筑时预留、预埋准确。宽度大于300mm的洞口上部设置过梁时，过梁两端的搁置长度应满足设计要求。

5.2.2 毛石基础的施工应符合下列规定：

1 毛石应质地坚实、无风化剥落、无裂纹和杂质；强度等级不应低于MU20；毛石高、宽宜为200mm～300mm，长度宜为300mm～400mm；毛石表面的水锈、浮土、杂质应在砌筑前清除干净。毛石表面的处理可避免毛石与砂浆之间产生隔离，从而保证毛石基础的粘结质量；若设计无说明时，毛石基础的上部宽应大于墙厚200mm，阶梯型毛石基础的每阶伸出宽度不宜大于200mm，每阶高度不应小于400mm，每一台阶不应少于2皮～3皮毛石。

2 灰缝要饱满密实，严禁毛石间无浆直接接触，出现干缝通缝。若砂浆初凝后再移动已经砌筑的毛石，砂浆内部及砂浆与毛石的粘结面的粘结力会被破坏，降低了毛石基础的强度和整体性，因此需重新铺浆砌筑。

3 为使毛石基础与地基或垫层粘结紧密，保证传力均匀和石块稳定，要求砌筑毛石基础时的第一皮毛石应座浆并将大面向下。毛石基础中一些易受到影响的重要受力部位采用较大的毛石砌筑，是为了加强该部位基础的拉接强度和整体性，同时为使毛石基础传力均匀及上部构件搁置平稳，要求基础顶面采用较大的毛石。

4 毛石的形状不规整，不易砌平，为保证毛石基础的整体刚度和传力均匀，一般情况下大、中、小毛石应搭配使用，使砌体平稳。为保证毛石基础结合牢靠，应设置拉结石，上下左右拉结石宜错开，使其形成梅花形，拉结石每0.7m²不应少于1块，且水平距离不应大于2m，转角、内外墙交接处应选用拉结石砌筑，上级阶梯毛石应压砌下级阶梯毛石，压砌量不应小于1/2，相邻阶梯的毛石应相互错缝搭砌。

5.2.3 混凝土基础的施工应符合现行国家标准《混凝土结构工程施工质量验收规范》GB 50204的规定。

1 应根据混凝土基础的截面形式选择合适的模板及其支撑系统，模板及其支撑系统应具有足够的承载力、刚度和稳定性，能可靠地承受侧压力和施工荷载，模板安装和浇筑混凝土时，应对模板及其支撑系统进行观察和维护。

2 浇筑台阶式混凝土基础时，宜按台阶分层一次浇筑完成，施工时应注意防止上下台阶交接处混凝土出现蜂窝和孔洞现象。锥形基础如斜坡较陡，斜面部分可支模浇筑，并采取防止模板上浮的技术措施；斜坡较平时，可不支模，但应确保斜坡部位及边角部位混凝土的浇捣密实，振捣完成后，应人工将斜坡表面修整、抹平、拍实。

5.3 钢筋混凝土扩展基础

5.3.1 柱下钢筋混凝土独立基础施工时：

2 杯形基础一般在杯底均留有 500mm 厚的细石混凝土找平层，在浇筑基础混凝土时，要仔细控制标高。如用无底式杯口模板施工，应先将杯底混凝土振实，然后浇筑杯口四周混凝土，此时宜用低流动性混凝土，避免混凝土从杯底挤出，造成蜂窝麻面。基础浇筑完毕后，将杯口底冒出的少量混凝土掏出，使其与杯口模下口齐平。

高杯口基础施工时，由于最上一个台阶较高，可采用安装杯口模板的方法施工，即当混凝土浇捣接近杯口底时，再安装固定杯口模板，继续浇筑杯口四侧混凝土，但应确保标高准确。对高杯口基础的高台阶部分应按整体分层浇筑，不留施工缝。

3 对于锥形基础，严禁斜面部分不支模，应用铁锹拍实。

5.3.2 条形基础应根据高度分段分层连续浇筑，一般不留施工缝。

5.3.3 混凝土浇筑完毕后，应按施工技术方案及时采取有效的养护措施。侧面模板应在混凝土达到相应强度后拆除，拆除时不得采用大锤砸或撬棍乱撬，以免造成混凝土棱角破坏。

5.4 筏形与箱形基础

5.4.1 应根据基础规模、现场条件、供应能力、技术能力等合理确定基础混凝土浇筑方案。对于基础长度较短、厚度较小的基础，可采取一次连续浇筑的方法。对于长度较长、厚度较大的基础，可采用预留施工缝或后浇带分块浇筑的方法，每块混凝土应连续浇筑。垂直施工缝和后浇带的留设应满足设计和国家现行有关规范的要求。水平施工缝的留设除应符合设计要求外，还应综合考虑裂缝控制、施工操作方便等因素。若在混凝土浇筑过程中，因发生断电、暴雨等特殊情况需临时设置施工缝时，施工缝留设应规整并垂直于基础，必要时可采取增加短插筋、事后修凿等措施，使基础结构满足受力要求。

5.4.2 采用分块浇筑的基础混凝土，每块混凝土通过短期的应力释放后，再将各block混凝土连成整体，依靠混凝土抗拉强度抵抗下一段的温度收缩应力，从而达到控制混凝土裂缝的目的，分块浇筑的间隔施工时间不宜小于7d。同时，分块浇筑基础混凝土尚应考虑现场场地、基坑分块开挖先后顺序、基坑变形及周边环境等条件，以便确定合理的施工流程。

5.4.3 若直接在地基上进行基础混凝土施工，应事先清除松软泥土、疏松碎石、杂物等。

5.4.4 筏形与箱形基础混凝土浇筑应符合下列规定：

1 采用筏形与箱形基础的工程，其基础开挖一般较深，混凝土运输车辆、混凝土输送设备重量大，且在基坑边的道路或作业平台、基坑内的栈桥上进行作业，故作业区域的选择不仅要考虑其承载能力，还要考虑坑外地面超载、基坑围护变形控制、支护结构安全等因素，必要时应采取加固措施，不影响土体稳定。

2 为保证浇筑质量，规定了基础混凝土的浇筑方向，当混凝土供应量有保证时，也可采用多点同时浇筑的方法。

5 混凝土浇筑高度应保证混凝土不发生离析，若混凝土自高处倾落的自由高度大于2m时，宜设置串筒、溜槽、溜管等装置，减缓混凝土下料的冲击。

6 为避免混凝土表面产生收缩裂缝，宜采用多次抹面的处理措施。一般情况下，混凝土找平后抹压一遍，初凝前再进行一次抹压，终凝前再进行一次抹压。抹面可采用机械、铁板、木蟹抹面。

5.4.5 裂缝控制应根据工程特点采取优化混凝土配合比、调整入模温度、设置构造筋、加强混凝土养护和保温、控制拆模时间等措施。养护是防止混凝土产生裂缝，确保混凝土力学性能的重要措施，因此应加强混凝土湿度和温度控制。各种养护方式可单独使用，也可复合使用。蓄热养护可采用覆盖塑料薄膜、塑料薄膜加麻袋、塑料薄膜加草帘等方法。

5.4.6 筏形与箱形基础大体积混凝土浇筑应符合下列要求：

1 为控制温度和收缩引起的混凝土体积变形，避免产生有害裂缝，在保证混凝土有足够强度和满足使用要求的前提下，可通过减少混凝土中的水泥用量，提高掺合料的用量，采用低水化热水泥，采用60d或90d的后期强度作为强度检验依据等手段，降低大体积混凝土的水化温升。

2 用多台输送泵接硬管输送浇筑时，输送管布料点间距不宜大于12m；用汽车布料杆输送浇筑时，应根据布料杆工作半径确定布料点数量。

3 混凝土分层浇筑应利用自然流淌形成斜坡，并应沿高度均匀上升，以便于振捣，易保证混凝土浇筑质量，同时可利用混凝土层面散热，降低大体积混凝土浇筑体的温升。层间的间隔时间应尽量缩短，混凝土浇筑后应及时浇筑上层混凝土，以避免产生冷缝。

4 基础大体积混凝土蓄热养护时间应根据测温数据确定，蓄热养护措施应使混凝土的里表温差及降温速率满足温控指标的要求，若实测结果不满足温控指标要求，应调整蓄热养护措施。大体积混凝土的测温应根据测温方案实施，监测点的布置应真实地反映出混凝土浇筑体内最高温升、里表温差、降温速率及环境温度等技术参数，宜选择具有代表性的竖向剖面进行测温，竖向剖面应从中部区域开始延伸至边缘。

5.4.7 筏形与箱形基础后浇带和施工缝的施工应符合下列规定：

3 后浇带和施工缝侧面宜采用快易收口网，也可用钢板网、铁丝网或小木板作为侧模；当用木模时，模板拆除后混凝土界面应及时凿毛并清理干净。

4 箱形基础后浇带两侧应有固定牢靠的支撑措施，并应在模板安装方案中明确其细部构造。后浇带所在跨的支架拆除应按施工技术方案执行，在后浇带混凝土合拢前，不应因支架拆除或损坏、结构超载等而改变构件的设计受力状态。

5 根据后浇带不同的作用，其混凝土的浇筑时间也不同，均应根据设计规定的时间实施。一般情况下，用于减小混凝土收缩或为便于施工设置的后浇带，可在混凝土收缩趋于稳定后方可浇筑后浇带混凝土。用于控制沉降差异的后浇带，可根据实测沉降值并计算后期沉降值满足设计要求后方可浇筑后浇带混凝土。

5.5 钢筋混凝土预制桩

5.5.1 钢筋混凝土预制桩从桩的断面形式上分为方桩及其他型式的桩，从构造形式上分为实心桩和预应力空心桩。在工厂制作的预制桩应符合现行国家标准《建筑地基基础工程施工质量验收规范》GB 50202 的规定。

5.5.3 预制桩除应满足强度要求外，还应满足28d龄期的要求。根据实践经验，凡满足强度与龄期要求的预制桩大都能顺利打入土中，很少开裂，而仅满足强度要求不满足龄期要求的预制桩打裂或打断的比例较大。为使沉桩顺利进行，应做到强度与龄期双控。空心方桩的混凝土强度达到100%后出厂，施工中能显著避免爆桩，减少桩的破损率。对预制桩的起吊强度作出规定，是为了防止起吊时引起桩身开裂，特别是预制方桩和PC管桩。对于预制方桩应达到设计强度70%后方可起吊；根据经验，PC桩常压蒸养脱模后，一般经过14d的淋水养护也可使用；经压蒸养护的PHC桩，从高压釜冷却出来后就可吊运和使用。

5.5.5 本规范表 5.5.5 中各项应严格控制。按以往经验，若制作时质量控制不严，造成主筋距桩顶面过近，甚至与桩顶齐平，在锤击时桩身容易产生纵向裂缝,被迫停锤;若网片位置不准,往往会造成桩顶被打碎事故。

5.5.6 这是关于预制桩吊运的条文。常规长度的单节管桩均可用专制的吊钩钩住管桩两端孔内壁进行水平吊。这两端钩吊法方便快捷,但如果超过了单节限值的管桩,就不能用两端钩吊法起吊,应采用静压方桩所用的双吊点法起吊,吊点位置应设在离桩端头的0.2倍桩长处。

5.5.7 这是关于施工现场预应力空心桩堆放的条文。施工现场堆放条件没有预制桩厂内堆场的条件好,工地现场高低不平,不宜叠层堆放,一般较好的做法是:按工程进度分批运入,既避免二次搬运,又便于单层着地放置。若非要叠层堆放时,场地应平整坚实,且垫木只能设置2道,不得设置3道或多道。两支点间不能有突出地面的石块等硬物存在,以防支座垫木下沉时硬将预制桩顶折。

5.5.8 这是关于预制桩施工现场取桩的规定。拖拉取桩会引起桩架倾覆和桩身质量破坏,所以规定严禁采用拖拉取桩方法取桩。本条作为强制性条文,应严格执行。

5.5.9 预制桩接桩有焊接、法兰连接和机械快速连接三种方式。本规范对不同连接方式的技术要点和质量控制环节作出相应规定,以避免以往工程实践中常见的由于接桩质量问题导致沉桩过程锤击应力和土体上涌引起接头被打断的事故。桩尖停在硬层内接桩,若采用电焊连接,由于耗时较长,桩周摩阻得到恢复,会增加进一步锤击的难度,对于静力压桩,其继续沉桩难度更大,甚至压不下去。若采用机械快速接头,则可避免这种情况。

5.5.10 本条是对焊接接桩作出的规定。第5款是关于电焊结束后冷却时间的规定,主要是考虑到高温的焊缝遇地下水,如同淬火一样,焊缝容易变脆。因此,要求锤击桩冷却的时间大于静压桩。但二氧化碳气体保护焊所用焊条的直径细,散热快,且二氧化碳具有较强的冷却作用,所以确定其自然冷却时间为不应少于3min。焊接要求应符合现行国家标准《钢结构焊接规范》GB 50661的有关规定。

5.5.12 本条指出的机械啮合接头只适用于φ300、φ400、φ500和φ600的A型和AB型管桩,尚不适用于B型和C型管桩。因为管桩接头的极限弯矩大于桩身的极限弯矩,而B型和C型桩的桩身极限弯矩较大,为满足要求,接头处的连接盒数量就要多几个,现场无法埋下。另外需要提醒的是,采用机械啮合接头的管桩接头,是利用上节桩的自重将连接销完全插入下节桩的连接槽内。在软弱土层太厚的场地接桩施工时,下节桩还没有进入较坚硬土层,桩入土部分的侧阻力较小,当上节桩对中下压时,由于下节桩没有足够的支承力,不仅连接销无法顺利地插入连接槽内,而且可能把下节桩顺势压入软土层中,因此,在一般情况下,当需要接桩时下节桩桩头露出地面的高度要比焊接桩时露出地面的桩头高度略高一些。当地面下有厚度10m以上的流塑淤泥土层时,第一节桩(底桩)露出地面的桩身外周地面处宜设置"防滑箍",所谓"防滑箍"就是用两个半圆形的钢箍合起来夹住管桩外周,以增加底桩的支承力。当地表下软土层厚度小于10m,且第一节桩(底桩)长度足以使其下端进入坚硬土层时,可不设防滑箍。

5.5.13 桩锤的选用应根据地质条件、桩型、桩的密集程度、单桩竖向承载力及现有施工条件等因素确定,沉桩宜选用液压打桩锤,不宜采用自由落锤,也可按表6选用。

表6 选择打桩锤参考表

柴油锤型号	30#～36#	40#～50#	60#～62#	72#	80#
冲击体质量(t)	3.2 3.5 3.6	4.0 4.5 4.6 5.0	6.0 6.2	7.2	8.0
锤体总质量(t)	7.2～8.2	9.2～11.0	12.5～15.0	18.4	17.4～20.5
液压锤规格(t)	7	7～9	9～11	9～13	11～13
常用冲程(m)	1.6～3.2	1.8～3.2	1.9～3.6	1.8～2.5	2.0～3.4

续表6

柴油锤型号	30#～36#	40#～50#	60#～62#	72#	80#
适用管桩规格	φ300 φ400	φ400 φ500	φ500 φ600	φ600 φ800	φ600 φ800
单桩竖向承载力特征值适用范围(kN)	500～1500	800～1800	1600～2600	1800～3000	2000～3500
桩尖可进入的岩土层	密实砂\坚硬土层\强风化岩(N>50)	强风化岩(N>50)	强风化岩(N>50)	强风化岩(N>50)	强风化岩(N>50)
常用收锤贯入度(mm/10击)	20～40	20～40	20～50	30～60	30～60

5.5.14 本条对桩帽结构构造和垫层设置提出了具体的要求。桩帽和垫层关系着打桩的质量,桩帽要经得起重锤击打,桩帽下部套桩头的套筒应做成圆筒形,不应做成方筒形。圆筒深度太浅,套入的管桩容易"掀帽、脱帽";圆筒太深,一旦桩身或桩帽略有倾斜,筒体下沿口的钢板就会磕伤桩头上的混凝土。套筒内壁与管桩外壁的间隙过小,桩身一有倾斜就容易挤坏桩身;间隙过大,容易出现偏心锤击。桩帽垫层有"桩垫"和"锤垫"之分,锤垫设在桩帽的上部,是保护柴油锤的。桩垫设在桩帽的下部,放在圆筒体的里面。软厚适宜的桩垫可以延长锤作用的时间,降低锤击应力的峰值,起到保护锤头的作用,也可提高管桩的贯入效率。桩垫可采用纸板、胶合板等材料制作,厚度应均匀一致,锤垫应用坚纹硬木或盘绕叠层的钢丝绳制作。

5.5.15 本条是专为送桩而设的条文,比较详细具体。强调使用端部带套筒的送桩器,要求设置一定厚度的衬垫,以避免因长时间停顿导致桩周土体固结造成最后施工或收锤的管桩容易被打碎、打烂。衬垫可以选用麻袋或硬纸板等材料。

5.5.16 插桩应控制其垂直度,才能保沉桩的垂直度,重要工程插桩均应采用两台经纬仪从两个方向控制垂直度。检查桩锤、桩帽和桩身的中心线是否在同一条直线上的方法是观察打桩锤在锤击桩顶的一瞬间桩帽不应出现大的摆动,纠正的方法一般是采用移动桩架或在桩帽内加垫半圆垫层调整桩锤的方向。

沉桩顺序是沉桩施工方案的一项重要内容。不注意合理安排沉桩顺序造成事故的事例很多,如桩位偏移、桩体上涌、地面隆起过多、临近建(构)筑物损坏等。由于实际情况比较复杂,施工单位在编制施工组织设计时,应灵活运用打桩顺序的原则。施工流水安排是否合理,不仅影响打桩速度,也影响打桩的质量。当遇到桩身突然产生倾斜、位移或桩顶、桩身出现裂缝、破碎,地面明显隆起,邻桩上浮或位移、贯入度突变,桩身有严重回弹等情况时,应暂停打桩,查明原因并处理。

锤击沉桩施工时可在柴油锤上加消音装置或采用低噪声液压锤,对打桩设备设置减振装置,在打桩区域和保护设施之间设置隔振沟、槽等。

5.5.17 当工程地质复杂或钢筋混凝土预制桩需穿越密实砂层时,宜先进行试沉桩或沉桩可行性分析,合理选择沉桩设备和施工工艺。压桩机的型号和配重的选用除根据条文中的条件选择外,还可以根据表7选用。

表7 压桩机基本参数表

型号	最大压桩力(kN)	压桩速度(m/min)	压桩行程(m)	履靴每次回转角度(°)	整机质量(t)(不含配重)
120	1200	≥1.8		≥14	≤60
160	1600				≤80
200	2000				≤90
240	2400				≤110
280	2800				≤120
320	3200	≥1.5			≤125
360	3600				≤130
400	4000			≥10	≤140
450	4500				≤150
500	5000	≥1.5			≤160
550	5500				≤170
600	6000				≤180

注:压桩机的接地压强、行走速度、压桩速度、压桩行程、工作吊机性能、主机外型尺寸及拖运尺寸等具体参数各厂不同,可参阅各厂的压桩机说明书。

静力压桩机有多种形式：较旧式的有绳索式压桩机，通过卷扬机加钢丝绳滑轮组来加压；液压式压桩机可根据其对静压桩加力部位的不同分为顶压式液压压桩机和抱压式液压压桩机，顶压式压桩机将压力作用在静压桩的桩顶上，抱压式压桩机先用抱夹装置将静压桩夹住，然后再施加压力于夹持机构将桩压入地基土层中。国内使用顶压式液压压桩机的数量很少，绝大部分是抱压式液压压桩机。此外，在一些建筑物的加固或纠偏工程中，往往采用锚杆反力装置或利用结构本身作反力再用千斤顶将小型预制桩压入土层内，这也是一种压桩施工方法。各种压桩机施工预制桩基础的基本原理是相同的，都是用静压力将预制桩压入地基土层中。本规范的有关施工条文是根据全液压抱压式压桩机的性能和施工工艺进行编制的。当使用绳索式、顶压式等其他形式的压桩机时，在施工工艺方面应注意各自的特性。

抱压式液压压桩机的最大施压力不宜大于桩身抱压允许压桩力。顶压式压桩机的最大施压力或抱压式压桩机送桩时的施压力可比桩身抱压允许压桩力大10%。

抱压式液压压桩机桩身抱压允许压桩力可按下式估算：

方桩： $P_{jmax} \leqslant 1.10 f_c A$ (2)

PC 管桩： $P_{jmax} \leqslant 0.50 (f_c - \sigma_{pc}) A$ (3)

PHC 管桩： $P_{jmax} \leqslant 0.45 (f_c - \sigma_{pc}) A$ (4)

式中：P_{jmax}——静压桩桩身允许抱压压桩力(kN)；

f_c——静压桩混凝土轴心抗压强度设计值(MPa)；

A——静压桩截面面积(m^2)；

σ_{pc}——静压管桩混凝土有效预应力值(MPa)，可按现行国家标准《先张法预应力混凝土管桩》GB 13476 的有关计算方法或经验公式进行计算。

压桩机的压桩力是靠压桩机的自重和配重作为反力达到的。因此，压桩机上的每件配重的重量应是真实的，因此事先需要核实，并在该件配重的外露表面上进行标记，使施工人员和监理人员便于清点计算。本条表明液压压桩机的最大压桩力就是机重加配重总量的90%。其中10%的重量就是两只短船型履靴的重量，这两只履靴在任何情况下都不允许离开地面，否则起不到作反力装置的作用。

5.5.18 抱压式液压压桩机压桩，当桩身垂直度偏差大于1/100时，应找出原因并设法纠正，不应用移动机架等方法强行纠偏。当遇到桩身突然倾斜或移位、桩顶或桩身出现裂缝或破碎、地面明显隆起、邻桩上浮或移位、压力表读数异常、桩难以穿越硬夹层、桩长与设计明显不符、机械出现异响或工作状态异常、夹持装置打滑、压桩机下陷等情况时，应暂停压桩，查明原因并处理。

5.5.19 本条是确定压桩路线的基本原则，是静压桩施工的经验总结，是基于下列几个问题得出的结论：①考虑到静压桩是挤土桩，压桩顺序应注意尽量减少挤土效应的影响；②考虑到压桩穿越砂层较困难，所以压桩顺序应先施压难穿越的土层再施压容易穿越的土层；③考虑到压桩机行走会对已压桩产生危害，因此，要求压桩路线应简短，不宜交叉和重叠。根据这些原则，再综合考虑，最后确定较好的压桩路线，最终目的就是要保证静压桩基础的工程质量。

5.5.21 本条是对静压桩送桩器所作的规定。静压桩送桩器与锤击桩送桩器是不相同的。锤击桩送桩器要求在送桩器底部设有套筒，使用时在套筒内需放置垫料；而静压桩送桩器底部不设套筒，只要求送桩器横截面外廓形状与静压桩横截面外廓形状相一致，且端面平整，并与送桩器中心轴线相垂直。以往有些压桩工地用工程用桩作为送桩器，用过之后仍将此节桩当作工程桩使用，而这节桩桩身往往已有破损。所以，本条规定施工现场应备专用送桩器，不得采用工程用桩作送桩器。有的施工单位向管桩厂定制一节预压应力值较高的管桩作为送桩器，只要不将此节桩用作工程桩，也是允许的。

5.5.24 本条所规定的终止沉桩停锤的控制原则适用于一般情况，实践中也存在某些特例。如软土中的密集桩群，由于大量桩沉入土中产生挤土效应，给后续桩的沉桩带来困难，如坚持按设计标高控制很难实现。按贯入度控制的桩，有时也会出现满足不了设计要求的情况。对于重要建筑，强调贯入度和桩端标高均达到设计要求，即实行双控是必要的。因此确定停锤标准是较复杂的，宜借鉴经验与通过静载试验综合确定停锤标准。

5.5.25 本条是针对静压桩终压标准的确定原则和方法。终压标准有些类似于打桩的收锤标准，主要控制指标是终压力值、复压次数和稳压时间。稳压时间一般规定为 5s～10s，所以实际上只有终压力值和复压次数这两项。确定终压标准最好的方法就是现场试压桩，也可参考类似工地的经验做法。复压次数不宜大于 3 次。靠增加复压次数来提高静压桩的承载力是得不偿失的一种做法，复压次数太多，承载力并没有太多的增长，反而容易引起桩身和压桩机的破损。当然，对施工入土深度小于 8m 的短桩，本规范允许复压次数增至 3 次～5 次。

5.6 泥浆护壁成孔灌注桩

5.6.2 泥浆是由水、膨润土(或黏土)和添加剂等组成的浆体。在钻孔桩施工过程中，泥浆的作用为利用其与地下水之间的压力差控制水压力，使泥浆能在孔壁上形成泥皮而加固孔壁，防止坍塌，同时稳定孔内水位。另外，泥浆还能起到带出孔内岩土碎屑的作用，因此，无论在成孔阶段以及灌注成桩阶段，泥浆都对成桩质量有重要的影响。

泥浆的主要性能有泥浆比重、黏度、静切力、含砂率、胶体率、失水率、酸碱度等指标，实践证明泥浆是泥浆护壁成孔灌注桩成孔质量好坏的重要环节，在施工过程中应注意检测泥浆的各项指标，其中比重及黏度是最直观、最重要的指标，泥浆比重过大既影响钻速，又使孔壁泥皮增厚，泥浆比重过小则护壁性能差，容易塌孔。泥浆中的黏性可使土渣、岩屑悬浮而不发生沉淀，且能阻止泥浆向地基土中侵入，在黏性土中，黏土颗粒之间内聚力较大，泥浆中土渣不容易发生沉淀，在黏性土中黏度宜控制在 18s～25s 之间。在砂性土中，应适当加大泥浆黏度，以防止砂土中的土渣沉淀导致成孔质量不佳，根据经验，砂性土中黏度控制在 25s～30s 之间。

5.6.3 护筒一般埋入不稳定地层底部，若护筒太长，可分成几节，孔口间应可靠连接。旋挖钻机的护筒既保护孔口，又是钻斗的导向装置，故旋挖钻机均应设置护筒，且护筒的垂直度应符合要求。

5.6.4 正循环成孔是由钻机回转装置带动钻杆和钻头回转切削破碎岩土，泥浆由泥浆泵输送进钻杆内腔后，经钻头出浆口射出，带动钻渣沿孔壁上升到孔口，进入泥浆池净化后再使用。

反循环成孔与正循环原理相似，区别在于泥浆液从钻杆和孔壁间的空隙中进入钻杆底部，并携带钻渣沿钻杆内腔返回地面，同时，经过净化的泥浆又循环进入钻杆内进行护壁。

当孔径较大时，正循环回转钻进，其与孔壁间的环状断面将会增大，泥浆上返速度将降低，排出钻渣的能力较差。反循环成孔时，由于钻渣由内腔返回地面，内腔断面小于钻杆与孔壁间空隙，故泥浆液上返速度较快，效率较高。

一般反循环工艺适用于填土层、砂层、卵石层和岩层中，但块石、卵石块不得大于钻杆内径的 3/4，以免造成钻头或管路堵塞。适宜反循环施工的粗粒砂主要包括卵砾石、碎石、砾砂层等。

清孔一般有正循环成孔及反循环成孔。正循环清孔一般适用于直径小于 800mm 的桩孔，当孔底沉渣粒径较大，正循环难以将其带上来时，或长时间清孔难以达到要求时，应采用反循环清孔。

正、反循环成孔灌注桩在黏土中成孔时，宜选用尖底钻头，中等钻速的钻进方法；在砂土及软土等易塌孔土层中，宜选用平底钻头，低档慢速钻进，泥浆比重适量加大。在硬质土层或岩层中，易引起钻杆倾斜，成孔时宜低档慢速钻进，必要时，钻具应加导向。

5.6.5 冲击成孔灌注桩施工的关键在于合理确定冲击钻头重量，选择最优悬距、合适的冲击行程和冲击频率，一般冲击钻头重量按冲击直径每 100mm 取 100kg~140kg，悬距一般可取 0.5m~0.8m，冲击行程为 0.8m~1.2m，冲击频率宜为 40 次/min~48 次/min。在冲击成孔时应根据土层情况，合理选择参数，勤松绳、少放绳、勤淘渣。

在各类土层中的冲击成孔操作要点见表 8。

表 8 冲击成孔操作要点

项　目	操作要点
在护筒刃脚以下 2m 以内	最小的冲程钻进，如开孔就遇到孤石或硬度不均的地层，要用小冲程间断冲击，泥浆比重为 1.2~1.5，软弱层投入黏土块夹小片石
黏性土层	中、小冲程 1m~2m，泵入清水或稀泥浆，经常清除钻头上的泥块
粉砂或中粗砂层	泥浆比重 1.2~1.5 的泥浆护壁，用抽筒取钻头、中小冲程冲击钻进，投入黏土块，勤冲勤掏渣
砂卵石层	以 0.8m~1.0m 的中等冲程钻进，采用比重大于 1.5 的泥浆进行护壁。当直径稍大的砾石时，采用加重单开门式肋骨抽筒钻进。遇有流砂现象或较厚的松散卵石层时，应按 1:0.5 的比例向孔内投入黏土和粒径不大于 150mm 的片石，并用十字形冲击钻头，以 0.5m~0.7m 的小冲程反复冲击，使黏土、片石挤入孔壁
软弱土层或塌孔回填重钻	小冲程反复冲击，加黏土块夹小片石，泥浆比重为 1.3~1.5

大直径桩孔可分级扩孔，第一级桩孔直径宜为设计直径的 0.6 倍~0.8 倍。

当遇土洞、溶洞时，应先采用注浆、填块石、长护筒等措施对土洞、溶洞进行处理，处理完毕之后再进行冲击成孔等后续施工步骤。

5.6.6 旋挖成孔时利用钻斗与液压作为钻进压力切削土体，将土体装满钻斗后提升出土。其成桩质量较好，对地层扰动较小，且孔壁上的螺旋纹可提高桩的摩阻力，但其不适用于硬岩层、较致密的卵石层、孤石层等。粉细砂层厚度较大，且泵压地下水较大，沉渣处理较复杂，需更换清渣钻斗，在成孔过程中，不易形成泥皮，护壁能力较差。目前，旋挖钻机最大钻孔直径为 3m，钻孔深度达 120m。

旋挖成孔过程中应控制钻斗在孔内的升降速度，速度过快，孔内泥浆将会对孔壁进行冲刷，甚至在提升钻斗时在钻斗下方产生负压，导致塌孔。钻斗升降速度可参考表 9。

表 9 钻斗升降速度

孔径(mm)	升降速度(m/s)	空钻斗升降速度(m/s)
800	0.973	1.210
1200	0.748	0.830
1300	0.628	0.830
1500	0.575	0.830

5.6.7 挤扩支盘灌注桩原理是在普通钻孔成孔完成后再挤扩、灌注混凝土，利用桩身不同部位的硬土层设置承力盘及分支，成为多支点摩擦端承桩，改善建(构)筑物的稳定性、抗震性、减小桩基沉降。单桩承载力提高可大大节省投资、工期，但是挤扩支盘桩施工期相对较长，挤扩过程中孔壁泥皮较厚，护壁泥浆控制不好时容易出现塌孔，而且桩端沉渣较厚，清孔不满足要求后承载力也会降低。根据成孔工艺，可采用泥浆护壁成孔、干作业成孔、水泥注浆护壁成孔、重锤捣扩成孔方法。

(1)泥浆护壁成孔工艺：当地下水位较高时，一般采用泥浆护壁成孔，根据地质情况选择持力层设置分支及承力盘，下入液压挤扩支盘成型机，操作弓压臂(承力板)挤出、收回、反复转角，经多次挤压成盘，再上至下或由下至上完成挤扩多个支盘的作业之后

安放钢筋笼、清孔、灌注混凝土成桩。

(2)干作业成孔工艺：当地下水位较低时，水位以上采用螺旋钻机进行干作业成孔后，下入挤扩支盘机，按设计支盘位尺寸进行挤扩作业、下钢筋笼、灌注混凝土；

(3)水泥注浆护壁成孔工艺：于砂成桩时，孔壁易坍塌，成盘作业无法进行，此时应采用灌注水泥浆工艺稳住孔壁后，再挤扩成盘。

(4)重锤捣扩成孔工艺：浅层软土分布区利用浅部可塑黏性土层为依托，在管内用重锤冲捣将材料挤入孔壁到设计厚度后，放入支盘机，按设计盘位尺寸再挤扩成盘，下钢筋笼、灌注混凝土成桩。该法可以大量节约材料和投资，用于不受噪音和振动限制的场区。

支盘机最初张开所需压力应根据土层、试成孔数据及经验确定，压力表读数不应小于 0.8 倍的预估压力值，当压力值相差较大时，应根据情况对盘位进行适当调整。

在灌注混凝土前应进行二次清孔，二次清孔的质量直接影响挤扩支盘桩的承载力，必要时采用后注浆技术提高桩端承载力。

5.6.8 与常规等截面桩相比，扩底施工工艺更加复杂，施工质量、扩底形状与扩底所在土层等都有较大的关系，因此应强调试成孔的重要性及施工过程中的控制与检测。

桩身直孔段成孔完毕至扩底段钻进完毕时间间隔较长，泥浆中的悬浮颗粒会大量沉淀，扩底成孔中也会产生新的颗粒，因此应增加一次清孔。

5.6.14 钢筋笼接头应符合现行行业标准《钢筋焊接及验收规程》JGJ 18 以及《钢筋机械连接技术规程》JGJ 107 的规定，焊接接头在同一截面上的接头数量不应大于主筋总数的 50%。机械接头接头百分率中，Ⅱ级接头不应大于 50%，Ⅰ级接头不受限制。接头应相互错开，错开距离为 35 倍的主筋直径。对于Ⅰ级接头和Ⅱ级接头的定义，现行行业标准《钢筋机械连接技术规程》JGJ 107 中Ⅰ级接头定义为：接头抗拉强度不小于被连接钢筋实际抗拉强度或 1.1 倍的钢筋抗拉强度标准值，并具有高延性及反复拉压性能。Ⅱ级接头定义为：接头抗拉强度不小于被连接钢筋屈服强度标准值，并具有高延性及反复拉压性能。

钢筋笼主筋间距不应过密，否则影响灌注时混凝土的流动，导致混凝土难以进入钢筋笼外围空间，影响保护层质量。

5.6.16 由于水下灌注的混凝土实际桩身强度会比混凝土标准试块强度等级低，在设计图纸未注明水下混凝土强度等级时，配制时应提高等级，在无试验依据的情况下，水下混凝土配制的标准试块强度等级应提高，提高强度等级可参照表 10。

表 10 水下混凝土强度等级对照表

项　目	标准试块强度等级					
混凝土设计强度等级	C25	C30	C35	C40	C45	C50
水下混凝土配置强度等级	C30	C35	C40	C50	C55	C60

5.6.17 导管管径应与桩径匹配，桩径小而管径大容易造成顶管，钢筋笼上拱。桩径大而管径小，将增加混凝土浇筑时间。对于小于 φ800 的桩，导管内径宜为 200mm；φ800~1500 的桩，导管内径宜为 250mm，大于 φ1500 的桩，导管内径宜为 300mm。

5.6.18 混凝土初灌量是水下混凝土施工的关键，通过积聚一定量的混凝土积蓄的能量将导管内泥浆逼出，实现水下封底，并保证封底后导管外泥浆不会进入混凝土内。

5.6.19 本条规定是为了将隔水栓顺利排出。

5.6.20 水下混凝土浇筑时，导管埋入深度对成桩质量影响较大，导管埋入较深会发生顶升阻力加大而产生局部夹泥，或因混凝土泛出阻力较大，上部混凝土长时间不流动，造成灌注不畅。埋入过浅会发生将导管拔出混凝土面，或发生新灌入混凝土冲翻顶面，造成夹泥断桩等事故。

桩顶设计标高以上混凝土预留长度与桩身、地质条件、施工工艺以及施工过程中的控制等有关。

5.6.22 灌注桩在浇筑时，孔底处会留有松软沉淀物，影响桩基承

载力,桩端及桩侧后注浆工艺原理是灌注桩成桩后,桩身混凝土达到一定强度时,浆液在一定的压力作用下,通过预埋在桩身中的注浆管和桩端桩侧注浆器向周围扩散,同时沿桩身上泛,浆液中矿物与水发生水解及水化反应,通过渗透、劈裂和挤密作用,固化桩端沉渣,加固桩侧土体,改善土体性质及泥皮性质,由此改善桩端及改变桩侧土体的受力特性,从而提高桩端阻力和桩侧阻力,达到提高钻孔灌注桩的承载力和减少桩身的沉降量的效果。

后注浆技术对提高灌注桩竖向承载力和减小离散性效果显著,尤其是对桩端进入密实粉土及粉细砂层的桩。在施工前,应进行注浆工艺试验,通过试验确定合理的注浆压力和注浆速度等工艺参数。

后注浆地基土极限承载力的确定应以静载荷试验结果为依据,不宜直接以预估方法得到的结果作为最终设计依据。

5.6.23 注浆管内径宜为25mm,当注浆管作为声测管时,管径应满足声测要求。注浆管数量主要应考虑注浆分布均匀性及注浆管开通的情况,保证其可靠性。其中最关键的在于注浆器是否能开通,能否保证注浆管路的通畅,因此应尽可能采用可靠性高的注浆器,保证注浆成功率。

为保证桩端后注浆浆液尽可能分布于桩端附近土体,注浆器应进入桩端以下土层一定深度。

在一般土层中,注浆管做成竖向的,在岩层中为了避免注浆管在插入槽底之后损坏,宜做成水平的。

5.6.24 当注浆压力达不到条文所述要求时应采取间歇式注浆工艺。

后注浆工艺流程为:灌注桩成孔完成后,注浆管随钢筋笼同时下放,注浆管与钢筋笼采用钢丝固定,注浆管下放时须进行注水试验,严防漏水。桩端注浆管底标高设置要求管端注浆器插入桩端持力层0.2m~0.5m,顶端位置宜高出地面0.2m,注浆管上口须用堵头封闭。混凝土浇筑后7h~8h进行清水开塞,起到压通注浆管路及检查注浆管路状况的作用,当压水压力出现瞬间归零时,应视为开塞成功。开塞的时间应把握准确,过早会对桩身混凝土产生破坏,过晚则会降低开塞成功率。在灌注桩桩体混凝土强度达到70%时,开始注浆。

另外,在一些地区也采用桩底抛石压浆的技术,在成孔时按设计标高超钻0.2m~0.3m,钢筋笼绑扎注浆管并安装就位,随后抛入0.2m~0.3m的碎石,粒径约为20mm~40mm。在桩身混凝土灌注完成,达到设计强度70%~80%的强度后,进行桩底注浆,对孔底土层进行加固,提高桩基承载力。

浆液水灰比是影响注浆有效性,水灰比过大将降低注浆有效性,过小则增大注浆阻力,降低可注性。水灰比的选择应根据土的饱和度、渗透性确定,结合工程经验给出上述数据。当浆液水灰比不大于0.5,加入减水剂等外加剂,可增加浆液流动性及对土体的增强效应。

5.7 长螺旋钻孔压灌桩

5.7.1 长螺旋钻孔压灌桩成桩工艺具有穿透力强、低噪音、无振动、无泥浆污染、施工效率高、质量稳定等特点,属非挤土桩。长螺旋钻孔压灌桩施工可按下列步骤进行:施工准备、定位放线、钻孔、泵送混凝土、插筋、桩头剔凿等。

5.7.2 钻机就位并调整机身应用钻孔塔身的前后垂直标杆检查导杆,校正位置,使钻杆垂直对准桩位中心,以保证桩身垂直偏差。

如孔底虚土大于允许厚度,应用辅助工具(掏土或夯土工具)或二次下钻重新清孔。

如遇特殊地质情况,应由长螺旋灌后插钢筋笼灌注桩设计人员根据图纸与现场地质实际情况综合确定,并及时通知监理。

钻进过程中,当遇到卡钻、钻机摇晃、发生异常声响或遇到障碍物时,应立即停钻,查明原因,采取相应措施后方可继续作业。

钻杆下转到预定深度,应根据地质勘察报告以及实际钻孔出土情况,判断是否已达设计要求的土层。在地下水位以下的砂土层中钻进时,应有防止钻杆内进水的措施。

5.7.3 长螺旋钻孔压灌桩成桩施工时,为提高混凝土的流动性,一般宜掺入粉煤灰。每方混凝土的粉煤灰掺量宜为70kg~90kg,坍落度应控制在180mm~200mm,这主要是考虑保证施工中混合料的顺利输送。坍落度过大,易产生泌水、离析等现象,在泵压作用下,骨料与砂浆分离,导致堵管。坍落度过小,混合料流动性差,也容易造成堵管。另外所用粗骨料石子粒径不宜大于30mm。

5.7.4 施工时要始终保持混凝土泵料斗内的混凝土液面在料斗底面以上一定高度,以免泵送时吸入空气,造成堵管。

5.7.7 钢筋笼规格及配筋按施工图进行。主筋与箍筋及加强筋点焊焊接。保护层垫块,每笼不少于3组,每组不少于4块。

钢筋在制作、运输与安装过程中,采用四点起吊,必要时要采取措施防止钢筋笼变形。钢筋笼制作完成后,应放置于干净地面上,吊入桩孔后,应牢固固定,防止上浮。

5.7.8 灌注桩后插钢筋笼工艺近年有较大发展,插筋深度提高到目前的20m~30m,较好地解决了地下水位以下压灌桩的配筋问题。但后插钢筋笼的导向问题没有得到很好的解决,施工时应注意根据具体条件采取综合措施控制钢筋笼的垂直度和保护层有效厚度。

5.8 沉管灌注桩

5.8.1 总结沉管灌注桩多年施工经验,缩径、断桩等质量问题多由拔管速度不当引起,拔管速度应视土质情况按设计要求控制。

单打法:即一次拔管。拔管时,先振动5s~10s,再开始拔桩管,应边振边拔,每提升0.5m停拔,振5s~10s后再拔管0.5m,再振5s~10s,如此反复进行直至地面。

复打法:在同一桩孔内进行两次单打,或根据需要进行局部复打。

反插法:先振动再拔管,每提升0.5m~1.0m,再把桩管下沉0.3m~0.5m(且宜大于活瓣桩尖长度的2/3),如此反复进行,保持振动至桩管全部拔出。

5.8.2 桩锤锤击沉管打桩机的桩锤一般采用电动落锤、柴油锤和蒸汽锤三种,其中柴油锤应用较广,不同型号的柴油锤其冲击部分的重量不同,适用于不同类型的锤击沉管打桩机,应根据具体工程情况选用。

桩机就位:将桩管对准预先埋在桩位上的预制桩尖或将桩管对准桩位中心,将桩尖活瓣合拢,于是放松卷扬机钢丝绳,利用桩机及桩本身自重,把桩尖垂直地压入土中。在钢管与预制桩尖接口处应垫以稻草绳或麻绳,以作缓冲层。

群桩基础和桩中心距小于4倍桩径或小于5m的桩基,应选择合适的打桩顺序,一般采用跳打法,中间空出的桩应在邻桩混凝土强度达到设计强度的50%后方可施打。

桩管入土的控制原则:

(1)桩端位于一般土层时,以控制桩端设计标高为主,贯入度可作参考;

(2)桩端达到坚硬、硬塑的黏性土、粉土、中密以上砂土、碎石类土以及风化岩时,以贯入度为主,桩端标高控制作参考;

(3)贯入度已达到而桩端标高未达到时,应继续锤击3阵,按每阵10击的贯入度不大于设计规定的数值加以确认,必要时贯入度应通过试验与有关单位研究确定。

5.8.3 振动冲击沉管桩机采用振动冲击锤作为动力,施工时以振动力和打击力联合作用,将桩管沉入土中,在达到设计标高后,向管内灌注混凝土,然后边振动边拔管成桩。

在拔管过程中,桩管内混凝土顶面标高至少不低于地面以上5m。不足时及时补灌,以防止混凝土中断形成缩颈。

混凝土的浇灌高度应大于桩顶设计标高 0.5m,适时修整桩顶,凿去浮浆后,应保证桩顶设计标高及混凝土质量。

对于某些密实度大,低压缩性且土质较硬的黏土,可先采用导孔的方法,先钻去部分较硬土层,以减少桩尖阻力,然后再用振动沉管灌注桩施工工艺。

5.8.5 对于混凝土充盈系数小于 1.0 的桩,宜全长复打,对可能有断桩和缩颈桩的,应采用局部复打。成桩后的桩身混凝土顶面标高不应低于设计标高 500mm。全长复打时,桩管入土深度宜接近原桩长,局部复打应大于断桩或缩颈区 1m 以上。

5.9 干作业成孔灌注桩

5.9.2 机械干作业施工前,应充分了解工程地质和水文地质。机械干作业成孔时,应埋设孔口护筒,防止孔口土方及孔口坍塌及积土回落孔内,并满足遇上层滞水或雨季的施工要求。成孔后,尽快验孔和浇筑成桩,未浇筑混凝土前,应防止人或车辆在孔口盖板上行走。

5.9.3 人工挖土成孔后应进行混凝土护壁。护壁起支护与防水双重作用,厚度宜为 80mm～150mm,上下壁搭接 50mm～75mm,护壁分为外齿式和内齿式两种。护壁通常采用素混凝土,但当桩径、桩长较大,或土质较差、有渗水时应在护壁中配筋,上下护壁的主筋应搭接。每段高度决定于土壁直立状态的能力,以 0.5m～1.0m 为一施工段。

护壁混凝土达到一定强度后便可拆除模板,再开挖下一段土方,然后继续支模灌注混凝土,如此循环,直至挖到设计要求的深度。

5.9.4 桩净距小于 2.5m 时,应采用间隔开挖间隔灌注,施工时应跳挖,并保证最小的施工净距 5.0m,这是经验教训的总结。考虑安全施工的需要,还应保证人工挖孔桩的孔径不小于 1200mm,人工挖孔桩挖孔深度不大于 30m。

人工挖孔灌注桩适用于无地下水或地下水较少或含砂量少的黏土、粉质黏土或岩层。

人工挖孔灌注桩是用人工挖孔成孔,浇筑混凝土成桩。挖孔扩底灌注桩是在挖孔灌注桩的基础上,扩大桩底尺寸而成。这类桩由于受力性能可靠,不需大型机具设备,施工操作工艺简单,在各地应用较为普遍,已成为大直径灌注桩施工的一种主要工艺方式。

挖孔及挖孔扩底灌注桩的特点是:施工机具简单,施工工艺操作简便,占场地小,设备费用省,工程造价低,施工无振动、无噪声、无环境污染,可多桩同时进行,施工速度快;但成桩工艺存在劳动强度较大,单桩施工速度较慢,安全性差,对周围建筑物影响大等问题。

挖孔及挖孔扩底灌注桩可用于高层建筑、公用建筑、水工结构。对地下水位较高、涌水量大、未经截水处理的透水地层不应采用,淤泥、淤泥质土层也不宜采用。

挖孔灌注桩的施工可按下列步骤进行:定位放线;挖第一节桩孔土方;支模浇筑第一节混凝土护壁;在护壁上二次定位;安装活动井盖,垂直运输架,起重电动葫芦或卷扬机,活底吊桶,排水、通风、照明设置;第二节桩身挖土;清理周边孔壁,校核桩孔垂直度和直径;拆上节模板,支第二节模板,浇筑第二节混凝土护壁;重复第二节挖土、支模、浇筑混凝土护壁工序,循环作业至设计深度;检查持力层后进行扩底;清理虚土、排除积水、检查尺寸和持力层;吊放钢筋笼就位;浇筑桩身混凝土。

遇有局部或厚度不大于 1.5m 的流动性淤泥或可能出现涌土、流砂时,每节护壁高度应减小到 300mm～500mm,并随挖、随验、随混凝土,同时也可采用钢护筒或有效的降水措施,以及在混凝土中添加速凝剂。

待穿过松软土层和流砂层后,再按一般的方法边挖边灌注混凝土护壁,继续开挖桩孔;开挖遇到流砂现象严重的桩孔时,先将附近无流砂的桩孔挖深,使其起到集水井作用。集水井选在地下

水流的上方。

少量渗水时,应在桩孔内设置集水坑;当渗水量过大时,应采取现场截水、降水或水下灌注混凝土等有效措施。桩孔内排水时,应注意地下水位变化。严禁在桩孔中边抽水边开挖边灌注混凝土,包括相邻桩的灌注。

当地下水渗出较快或雨水流入,抽排水不及时,会出现积水。开挖过程中孔底要挖集水坑,及时下泵抽水。如有少量积水,浇筑混凝土时可在首盘采用半干硬性的,大量积水一时有排除困难的情况下,则应用导管水下浇筑混凝土的方法,确保施工质量。

5.9.6 同一段内挖土次序先中间后周边。模板高度取决于开挖土方施工段的高度,宜为 1m,由 4 块或 8 块活动钢模板组合而成。

5.10 钢 桩

5.10.1 防腐的类型有牺牲厚度法、涂装法、有机物防腐层、无机物防腐层和电气防蚀。牺牲厚度法宜选用低合金钢材;涂装法应在桩的表层进行喷砂除锈处理,并涂以 75μm 以上富锌底漆,然后再涂以常用的涂料,厚度宜为 300μm～600μm;有机物防腐层的厚度应大于 1mm;无机物防腐层是将混凝土或砂浆包在钢桩外层,厚度宜为 100mm;电气防蚀有两种方法,外加电流法和牺牲阳极法,外加电流法适用于金属电阻率小于 2000Ω·cm 的情况,牺牲阳极法一般情况下是在钢桩施工结束后进行安装,使用年限为 10 年～15 年,到期后进行更换。

5.10.5 焊接是钢桩施工中的关键工序,应严格控制质量。如焊丝不烘干,会引起烧焊时含氢量高,使焊缝容易产生气孔而降低其强度和韧性,因而焊丝应在 200℃～300℃温度下烘干 2h,据有关资料,未烘干的焊丝其含氢量为 12mL/100g,经过 300℃温度下烘干 2h 后,减少到 9.5mL/100g。

现场焊接受气候的影响很大,雨天烧焊时,由于水分蒸发会有大量氢气混入焊缝内形成气孔。大于 10m/s 的风速会使自保护气体和电弧火焰不稳定。雨天或刮风条件下施工,应采取防风避雨措施,否则质量不能保证。

焊缝温度未冷却到一定温度就锤击,易导致焊缝出现裂缝,浇水骤冷更易使之发生脆裂,因此,应对冷却时间予以限定且要自然冷却。有资料介绍,1min 歇息,母材温度即降至 300℃,此时焊缝强度可以经受锤击压力。

外观检查和无破损检验是确保焊接质量的重要环节。超声或拍片的数量应视工程的重要程度和焊接人员的技术水平而定,这里提供的数量仅是一般工程的要求。还应注意检验应实行随机抽样。

H 型钢桩或其他薄壁钢桩不同于钢管桩,其断面与刚度本来就小,为保证原有的刚度和强度不致因焊接而削弱,一般应加连接板。

5.10.7 钢管桩出厂时,两端应有防护圈,以防坡口受损。H 型钢桩的刚度不大,若支承点不合理,堆放层数过多,均会造成桩体弯曲,影响施工。

5.10.8 钢管桩内取土需配以专用抓斗,若要穿透砂层或硬土层,可在桩下端焊一圈钢箍以增强穿透力,厚度为 8mm～12mm,但需先试沉桩,方可确定采用。H 型钢桩的刚度不如钢管桩,且两个方向的刚度不一,很容易在刚度小的方向发生失稳,因而要对锤重予以限制。如在刚度小的方向设约束装置有利于顺利沉桩。H 型钢桩送桩时,锤的能量损失约 1/3～4/5,故桩端持力层较好时,一般不送桩。大块石或混凝土块容易嵌入 H 型钢桩的槽口内,随桩一起沉入下层土内,如遇硬土层则使沉桩困难,甚至继续锤击导致桩体失稳,故应事先清障。

5.10.9 本条第 2 款中,由于桥梁桩基的特殊性,本款不包含桥梁桩基。

5.10.10 沉桩过程中,当遇到贯入度剧变,桩身突然发生倾斜、位移或有严重回弹,桩顶或桩身出现严重裂缝、变形等情况时,应暂停沉桩,分析原因,采取有效措施。

在沉桩影响范围内有新浇筑的混凝土,强度未达到设计要求时,28d内不得进行沉桩施工作业,否则会影响新浇筑混凝土的质量。

锤击沉桩应考虑锤击振动和挤土等对岸坡稳定或临近建(构)筑物的影响,可根据具体情况采取措施并对岸坡和邻近建(构)筑物位移和沉降等进行观察,及时记录,如有异常变化,应停止沉桩并研究处理。

5.11 锚杆静压桩

5.11.1 锚杆材料可以根据压桩力进行选择,当压桩力小于400kN时,采用M24螺栓;当压桩力为400kN~500kN时,采用M27螺栓。

5.11.2 锚固螺栓的安设方式见图3。

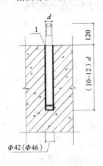 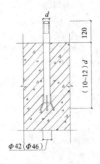

(a)后成孔埋设锚杆　　(b)预先埋设爪肢锚杆

图3　锚固螺栓的安设方式
1—粘结剂;d—锚杆直径

5.11.4 施工期间锚杆静压桩的压桩力大于建(构)筑物基础底板或承台的抵抗能力,会造成基础上抬或损坏。本条作为强制性条文,应严格执行。

5.11.5 本条对压桩施工进行了说明。

3 压桩施工应连续进行是指中途不得长时间停顿,以免土体固结超静水压力消散,引起摩阻力剧增。如应中途停顿,桩尖应停留在软土层中,且停留时间不宜大于24h。如遇到压力急剧增加,可能遇碎石障碍物或压入较硬土层,这时液压系统可采用稍压入,持荷,再压入,再持荷的方法,直至达到设计深度或承载力。

4 压桩采用硫黄胶泥接桩施工应符合现行国家标准《建筑地基基础工程施工质量验收规范》GB 50202的规定。由于对环境污染严重,不推荐使用硫黄胶泥接桩。

5.11.7 本条对压桩的控制标准作出原则性的规定。最终压桩力与工程地质条件、桩承载状况、桩规格及桩入土深度、桩端持力层性状等因素有关,需要综合考虑后确定。

5.12 岩石锚杆基础

5.12.1 岩石锚杆基础是将上部传来的竖向荷载通过锚杆的拉结作用传递到底部稳定的岩土层中的一种基础形式,适用于直接建在基岩上的柱基,以及承受拉力或水平力较大的建筑物基础,多用于建(构)筑物的抗浮施工。锚杆基础应与基岩连成整体。

5.12.6 岩石锚杆基础所使用的锚杆宜采用螺纹钢筋作为主筋,增加主筋与混凝土的握裹力,不需要处理结构防水问题。

5.12.8 本条中的水泥砂浆配合比为重量比。

5.12.11 预应力锚杆基础较少采用,一般用于已经浮起来的建(构)筑物的修复处理工程,宜采用精轧螺纹钢或钢绞线,并处理好防水问题。采用预应力锚杆基础时,在底板或侧墙的预留孔应由设计人员做专门设计,对预留孔做构造加强措施。预留孔尺寸要满足预应力操作的空间以及锚头隐蔽封堵的要求。

5.13 沉井与沉箱

5.13.1 砂垫层计算简图见图4,砂垫层的厚度视沉井(箱)的重量和地基土的承载力而定,沉井(箱)第一次制作时的重量通过素混凝土垫层扩散后的荷载应小于下卧层地基土的承载力特征值。可按下式计算:

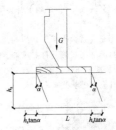

图4　砂垫层计算简图

$$p \geqslant \frac{G_0}{2h_s \tan\alpha + L} + \gamma_s h_s \quad (5)$$

式中:p——砂垫层底部土层的承载力(kN/m²);
　　　G_0——第一节沉井下沉时,单位长度重量(kN/m);
　　　h_s——砂垫层的厚度(m);
　　　α——砂垫层的压力扩散角(°),一般可取30°~40°;
　　　L——混凝土垫层的宽度(m),一般可取刃脚外100mm~200mm;
　　　γ_s——砂的天然容重(kN/m³)。

在软土地区砂垫层厚度不宜小于600mm,砂垫层每层铺设厚度不应大于250mm,应逐层洒水控制最佳含水量。新浇筑沉井(箱)第一节混凝土时,砂垫层的允许承载力可采用100kN/m²。混凝土垫层的厚度不应小于150mm,混凝土的强度等级不应低于C20,亦可采用下式计算:

$$h = \frac{\frac{G}{R_1} - b}{2} \quad (6)$$

式中:h——混凝土垫层的厚度(m);
　　　G——沉井(箱)第一节单位长度重量(kN/m);
　　　R_1——砂垫层的承载力设计值(kN/m²),宜取100kN/m²;
　　　b——刃脚踏面宽度(m)。

分节水平施工缝宜做成凸形,接缝处应清除水泥薄膜、松动石子、软弱混凝土层,并清理干净,混凝土浇筑前施工缝处应充分湿润。

5.13.3 本条对沉井(箱)下沉施工的第一节强度、后面各节强度以及下卧层的地基承载力的要求作了规定。

5.13.4 大于两次下沉的沉井,包括两次下沉,应有接高稳定性的措施。

5.13.5 对于高压缩性的软土层,应严格控制"锅底"深度,防止突沉。按勤测勤纠的原则进行沉井(箱)的下沉。

5.13.9 沉井受力钢筋的混凝土净保护层厚度根据设计要求施工,设计未提出时也可按表11的要求选取。

表11　钢筋的混凝土净保护层最小厚度(mm)

构件类别	工作条件	保护层最小厚度
墙、板	与水、土接触或处于高湿度	30
	与污水接触或受水气影响	35
梁、柱	与水、土接触或处于高湿度	35
	与污水接触或受水气影响	40
底板	有垫层的下层钢筋	40
	无垫层的下层钢筋	70

注:1　梁柱内箍筋的混凝土保护层最小厚度不应小于25mm。
　　2　表列保护层厚度按混凝土等级不低于C25时给出,如混凝土等级低于C25,保护层厚度尚应增加5mm。
　　3　当沉井(箱)位于沿海地区,受盐雾影响时,其最外层钢筋保护层的厚度不小于45mm。
　　4　其他与水、土接触而不受水气影响的构件,按现行国家标准《混凝土结构设计规范》GB 50010执行。

5.13.14 触变泥浆的物理力学性能指标宜根据沉井下沉时所通过的不同土层，按实验数据选取，无实验数据时可按表12选用。

表12　触变泥浆的物理力学性能指标

项　目		砂	粉质黏土	黏土
密度(g/cm³)		1.20～1.25	1.10～1.20	1.10～1.15
失水量(mL/30min)		12～15	15～20	12～15
泥皮厚(mm)		2～4	2～3	2～5
静切力(mg/cm²)	1min	30～60	30～50	20～40
	10min	60～80	50～80	40～80
黏度(s)		25～35	22～30	20～25
胶体率(%)		99～97	100～98	98～97
稳定性(g/cm³)		0.01～0.02	0.00～0.03	0.02～0.03
pH值		≥8	≥8	≥8
含砂率(%)		<4	<3	<4

5.13.21 浇筑顺序为从刃脚处向中间对称顺序浇筑，浇筑前刃脚处的土应尽量掏除干净。浇筑过程中应维持物料塔及人员塔内气压的稳定，待封底混凝土达到设计强度后方可停止供气。

6　基坑支护施工

6.1　一般规定

6.1.1 基坑工程施工前应学习和研究设计文件，充分了解设计意图，并根据设计文件、现场条件、周边环境、气候条件等编制施工组织设计或施工方案，以达到保证基坑工程、主体地下结构安全实施和减少对基坑周边环境影响的目的。施工方案应按各地有关规定履行审批手续。

施工方案主要内容一般应包括工程概况和特点、工程地质和水文地质条件、周围环境条件、基坑支护设计方案简介、施工平面布置及场内交通组织、支护结构施工方案、挖土方案、降排水方案、地下结构施工方案、支撑拆除方案、季节性施工措施(防台、防汛、防冻等)、支护变形控制和环境保护措施、监测方案、应急预案以及质量保证措施、安全保证措施、文明施工措施等，对于重要和复杂的基坑工程，应结合工程特点、难点进行分析并采取针对性措施。

由于基坑工程的施工具有一定的风险性和不可预见性，故提出施工组织设计或施工方案中应有针对性的应急预案，并建立相应的应急响应机制，配置足够的应急材料、机械、人力资源。

临水基坑施工方案编制应考虑波浪、潮位等对施工的影响，并应符合防汛主管部门的规定。江、河、湖、海等堤坝附近基坑工程应加强对堤坝的保护。临水基坑工程一般需要修筑临时性围堰，创造干作业条件；筑岛施工时施工平台应注意潮汐影响，施工平台应高出最高潮水位或最高水位。

6.1.2 根据工程实践，基坑支护结构变形与施工工况有很大关系，应根据工程场地实际和设计要求，确定合理的施工方案，明确支护结构施工与土方开挖、降水、地下结构施工各工序间的合理作业时间与工序控制，更关键的是在实际施工中严格按照施工方案组织施工，这对于保证基坑工程安全、减小基坑支护结构变形和环境影响意义重大。

6.1.3 基坑工程除应确保本体安全外，还应保障周边相邻环境的安全，应制定相应的方案，确保不影响周围建(构)筑物及邻近市政管线与地下设施等的正常使用功能。支护结构施工及拆除时应根据环境条件要求，在基坑工程与保护对象之间设置隔断屏障，对需要保护的管线采取架空保护，邻近建(构)筑物预先进行基础加固、托换等措施也可以有效减少基坑工程对环境的不利影响。本条作为强制性条文，应严格执行。

6.1.4 基坑工程施工应采取信息化施工，对支护结构自身、已经完成的桩基、主体地下结构以及基坑影响范围内的建(构)筑物、地下管线、道路的沉降、位移等进行监测，并根据监测信息及时调整施工方案、施工工序或工艺。

随着近年来基坑工程规模日益扩大，基坑工程对周边环境的影响不容忽视。一般情况下，若基坑开挖深度大于相邻建(构)筑物的基础底标高，或在原有桩基、地下管线附近进行开挖，或邻近有地铁、高架及老建筑、保护建筑等的，除进行监测外还应采取针对性的环境保护措施。

基坑监测测点不仅设置在基坑区域之外，往往在基坑内和支护结构上也设置了一些水位、变形等观测点。这些测点容易受到土方开挖、周边重载车辆行走等因素的影响，应制定切实可行的措施予以保护，这是基坑工程信息化施工的基础和前提。

6.1.5 紧邻围护墙的地面超载和施工荷载对支护结构影响很大，往往引起围护墙变形的增大，其荷载大小应严格按照设计文件的要求予以控制。重型设备行走区域应与设计协商先行采取加固处理或按实际荷载大小、位置进行相关区域支护结构设计。地面超载包括坑外的临时施工堆载如零星的建筑材料、小型施工器材等，设计中通常按不大于20kN/m²考虑。施工荷载指在基坑开挖期间，作用在坑边或围护墙附近荷载较大且时间较长或频繁出现的荷载，如挖土机、土方车等。

当基坑开挖深度深且设置多道支撑或基坑周边无施工场地和施工通道时，可考虑设置施工栈桥或施工平台供车辆行走与材料堆放。施工栈桥可与基坑支撑、立柱体系结合设置，也可独立设置。

6.1.6 基坑工程邻近正在进行桩基施工(主要指具有明显挤土效应的锤击式或压入式桩基施工)、基坑开挖、边坡工程、盾构顶进时，相邻工程应通过调整施工流程，协调好各自的施工进度等，避免有害影响的产生。

6.2　灌注桩排桩围护墙

6.2.2 灌注桩的成孔质量是保证成桩质量的一个重要因素，若试成孔测得的现场实测指标不符合设计要求，应及时采取技术措施或重新考虑施工工艺。试成孔可选取非排桩设计位置进行，有成熟施工经验时也可选择排桩设计位置进行试成孔。在非排桩设计位置进行试成孔时，试成孔完毕后应用砂浆或其他材料密实封填。

6.2.3 本条规定是为了防止在混凝土初凝前，邻桩施工对其造成扰动，故采用隔桩跳打的施工方法，若无法调整桩位施工时，应停顿36h以后方可在邻桩侧进行施工。

6.2.4 在满足最小泛浆高度前提下，具体泛浆高度可根据施工单位的工程经验确定，若桩顶标高接近地面，无法满足最小泛浆高度要求时应确保泛浆充分，保证清除预留长度后桩身混凝土强度等级达到设计要求。水下混凝土应提高等级进行浇筑，以保证桩身混凝土强度达到设计要求，强度等级提高要求见本规范条文说明第5.6.16条。

6.2.5 截水帷幕采用双轴搅拌桩时，水泥掺量宜为12%～14%，对于安全等级为一级、二级的基坑，应采用双排搅拌桩，前后排宜错开排列，相邻桩搭接长度不宜小于200mm。三级基坑可采用单排搅拌桩，搭接长度不宜小于300mm。

三轴水泥土搅拌桩作防渗帷幕，水泥掺入量宜为20%。相邻桩搭接若因故超时，搭接施工中应放慢搅拌速度保证搭接质量。若因时间过长无法搭接或搭接不良，应作为冷缝记录在案，并采取在冷缝处补做搅拌桩或高压喷射注浆等技术措施，且补桩的深度应与截水帷幕的深度相同。

6.2.6 工程实践表明高压喷射桩作防渗帷幕的隔水效果不如搅拌桩帷幕，一般情况不应采用其作为主要帷幕形式，仅在特殊情况下(如施工空间狭小或有邻近障碍物)以及特殊部位(如存在旧搅拌桩帷幕等)的局部作为补强替代措施。

6.2.7 在粉土、砂土中，可采用先施工搅拌止水帷幕，再在止水帷幕中进行排桩施工(俗称"套打")。套打的灌注桩应跟在搅拌桩后施工,相隔时间不宜超过一周。

6.3 板桩围护墙

6.3.2 混凝土板桩桩尖一般偏向始桩一侧,相邻桩打入将侧向挤压始桩,始桩加长可防止位移。

6.3.4 由于打入法施工产生挤土及振动效应,对周边环境造成的影响大,故作此规定。

6.3.5 单桩打入施工速度较快,但误差较大,容易造成排桩不能闭合。屏风法沉桩是指先将一组桩依次打入土中 1/2~2/3 的深度,再轮流击打桩顶,基本同步沉至设计标高。屏风法能有效消除打桩累积偏差,保证闭合部位桩能打入。

当桩位无法咬合封闭形成开口时,可在开口处附加桩位,并使其紧顶主桩,起到挡土作用。

6.3.7 本条为了保证混凝土板桩施工前的质量,对混凝土构件的拆模强度、吊运及沉桩强度作了规定。

6.3.9 板桩拔除前应拆除支撑、围檩,并应将表面围檩限位或支撑抗滑构件、电焊疤等清除干净。为防止桩体拔出和拔桩带出泥土在土体中形成空隙造成周围土体变形,此条规定拔桩后注浆充填。

6.4 咬合桩围护墙

6.4.1 咬合桩应按图 5 进行编号,Ⅰ序桩是奇数桩,Ⅱ序桩为偶数桩,咬合桩施工的顺序应按 1→3→2→5→4→7→6……的顺序施工。

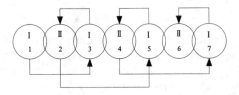

图 5 咬合桩施工顺序图

6.4.2 Ⅰ序桩被切割时混凝土强度达 30% 以上的称为"硬切割",通常采用全回转套管或旋转刀头的钻机施工。Ⅰ序桩被切割时混凝土未终凝或处于塑性状态的称为"软切割",通常采用全套管钻孔咬合桩机、旋挖桩机施工。

6.4.3 全套管钻孔咬合桩施工前先要构筑导墙,导墙示意图见图6。施工期间,导墙经常承受静、动荷载的作用。为便于桩机作业,导墙内侧净空应较桩径稍大一些,导墙的施工精度直接影响钻孔咬合桩的施工精度。

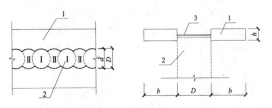

图 6 导墙示意图
1—导墙;2—钻孔咬合桩;3—钢管支撑;d—钻孔咬合桩直径;
D—定位孔直径,D=d+30mm~50mm;b—导墙宽度,1m~1.5m;
h—导墙厚度,200mm~500mm

6.4.5 压入套管后可用螺旋机或抓斗从套管内取土。如遇地下障碍物套管底无法超前时,可向套管内注入一定量的水或泥浆。

6.4.6 为保证垂直度应做好纠偏措施,可按下列方法进行纠偏:

(1)套管纠偏宜用钻机的两个顶升油缸和两个推拉油缸调节套管的垂直度。

(2)对于偏斜的Ⅰ序桩,宜向套管内填砂或黏土,边填土边拔起套管,直至将套管提升到上一次检查合格的地方,然后调直套管,检查其垂直度,合格后重新下压。

(3)入土 5m 以下的Ⅱ序桩的纠偏方法与Ⅰ序桩的基本相同,但不能向套管内填土,而应填入与Ⅰ序桩相同的混凝土。

6.4.8 Ⅱ序桩的施工应在Ⅰ序桩初凝之后终凝之前完成,是为了实现有效咬合,是确保围护墙质量的关键点。

6.5 型钢水泥土搅拌墙

6.5.1 型钢水泥土搅拌墙宜优先采用三轴水泥土搅拌桩,单轴、双轴也可,还可采用水泥加固土地下连续墙浇筑施工法(TRD 工法)施工。这种施工工法是日本近年来开发的一种新的施工方法,作为临时性的挡土墙或防渗墙,广泛地应用于地铁车站、基坑围护、垃圾填埋场、污染源的密封隔断、护岸等多种用途。水泥加固土地下连续墙浇筑施工法(TRD 工法)是一种把插入地基中的链锯式刀具主机连接,沿着横向移动,切割及灌注凝结剂、混合、搅拌、固结原来位置上的泥土,在地下形成连续墙的施工方法。此工法施工时,施工机械总高度低(施工刀具始终处于地下),稳定性好。连续墙厚度均匀,具有横向连续性。连续墙深度方向的质量均匀。TRD 施工机械可通过改变刀具宽度来形成不同宽度的防渗墙,适用于土层、砂层、砂砾石层地基。

6.5.3 三轴水泥土搅拌墙施工顺序一般有跳打方式、单侧挤压方式、先行钻孔套打方式。

跳打方式一般适用于 N 值 30 以下的土层。施工顺序如图 7 所示,按编号顺序施工。这种施工顺序较为常见。

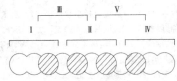

图 7 跳打方式施工顺序

单侧挤压方式一般适用于 N 值 30 以下的土层。在搅拌桩机来回走受到限制,或在施工水泥土搅拌墙转角部位时,通常采用这种施工方式,施工顺序按编号如图 8 所示施工。

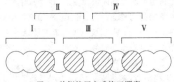

图 8 单侧挤压方式施工顺序

先行钻孔套打方式适用于 N 值 30 以上的硬质土层。在施工时,用装备有大功率减速机的钻机先行钻孔,局部松动硬土层,然后跳打或单侧挤压方式施工完成水泥土搅拌墙。搅拌桩直径与先行钻孔直径关系见表 13。先行施工时,可加入膨润土等外加剂便于松动土层。

表 13 搅拌桩直径与先行钻孔直径关系表(mm)

搅拌桩直径	650	850	1000
先行钻孔直径	400~650	500~800	700~1000

6.5.4 在砂性较重的土层中施工搅拌桩,为避免底部堆积过厚的砂层,利于型钢插入,可在底部重复喷浆搅拌,如图9所示。图中 T 按常规的下沉与提升速度确定。

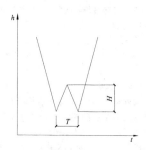

图 9　水泥土搅拌桩搅拌工艺图
t—搅拌时间；h—深度

6.5.5　在 H 型钢表面涂抹减摩材料前，应清除 H 型钢表面的铁锈和灰尘。减摩材料涂抹厚度大于 1mm，并涂抹均匀，以确保减摩材料层的粘结质量。

6.5.6　挤土量较小的机头有螺旋式和螺旋叶片式搅拌机头，其在施工过程中能通过螺旋效应排土，有效减小挤土量。三轴水泥土搅拌桩施工过程中的挤土效应比双轴水泥土搅拌桩和高压喷注浆更小。条文中推荐的施工参数是根据以往工程实践中的实测结果提出的，对于环境保护要求高的工程可进一步通过试验来确定相应参数。

6.5.7　型钢依靠自重插入有利于垂直度控制。若无法依靠自重插入，可借助带有液压钳的振动锤等辅助手段下沉到位，严禁采用多次重复起吊型钢并松钩后落下的插入方法。采用振动锤下落工艺时不应影响周边环境。

6.5.11　型钢水泥土搅拌墙中的水泥土搅拌桩应进行桩身强度检测。检测方法宜采用浆液试块强度试验，现场采取搅拌桩一定深度处的水泥土混合浆液，浆液应立即密封并进行水下养护，于 28d 龄期进行无侧限抗压强度试验。当进行浆液试块强度试验存在困难时，也可以在 28d 龄期时进行钻取桩芯强度试验，钻取的芯样应取自搅拌桩的不同深度，芯样应立即密封并及时进行无侧限抗压强度试验。

实际工程中，当能够建立原位试验结果与浆液试块强度试验或钻取桩芯强度试验结果的对应关系时，也可采用浆液试块强度试验或钻取桩芯强度试验结合原位试验方法综合检验桩身强度，此时部分浆液试块强度试验或钻取桩芯强度试验可用原位试验代替。

条文中确定搅拌桩取样数量时，每根桩或单桩系指三轴搅拌机经过一次成桩工艺形成的一幅三头搅拌桩，包括三个搭接的单头。

型钢水泥土搅拌墙作为基坑围护结构的一种形式实际应用已经有 10 多年的历史，但国内对于三轴水泥土搅拌桩的强度及其检测方法的研究相对不足，认识上还存在相当的分歧。这主要表现在：

首先，目前工程中对搅拌桩强度的争议较大，各种规范的要求也不统一，而工程实践中通过钻取桩芯强度试验得到的搅拌桩强度值普遍较低，特别是比一般规范、手册中要求的数值更低。

其次，国内尚无专门的水泥土搅拌桩检测技术规范，虽然相关规范对搅拌桩的强度及检测都有一些相应的要求，但这些要求并不统一、系统和全面。

在搅拌桩的强度试验中，几种方法都存在不同程度的缺陷，浆液试块强度试验不能真实地反映桩身全断面在场地内一定深度土层中的养护条件；钻孔取芯对芯样有一定破坏，检测出的无侧限抗压强度值离散性较大，且数值偏低；原位试验目前还缺乏大量的对比数据建立搅拌桩强度与试验值之间的关系。

另一方面，相比国外特别是日本，目前国内对水泥土搅拌桩的施工过程质量控制还比较薄弱，如为保证施工时墙体的垂直度，从而使墙体有较好的完整性，需校验钻机的纵横垂直度；每方注浆量

是保证墙体完整性和施工质量的重要的施工过程控制参数，需要在施工中加强检测，以上这些还没有有效地建立起来。因此，为了保证水泥土搅拌桩的施工质量和工程安全，对其强度进行检测，又是必不可少的一个重要手段。

目前，广东珠三角地区已出现一种大直径（旋喷）搅拌桩，其直径有 φ1000 及 φ1200，搭接 200mm～250mm，已成桩深度达 21.0m，可插透深度大于 10m 的砂层、砾砂层，厚度较大的淤泥层，28d 龄期抽芯检测，淤泥层达 1.71MPa～2.0MPa，砂层达 2.8MPa～3.5MPa。在 φ1200 大直径（旋喷）水泥土搅拌桩中成孔 φ600，灌入 C25 混凝土形成类刚性桩，已用于基坑重力式挡土墙及基坑止水帷幕，止水效果十分显著，已在广东、佛山、江西等地运用。

（1）浆液试块强度试验。

在搅拌桩施工过程中采取浆液进行浆液试块强度试验，是在搅拌桩刚搅拌完成、水泥土处于流动状态时，及时沿桩长范围进行取样，采用浸水养护一定龄期后，通过单轴无侧限抗压强度试验获取试块的强度试验值。

浆液试块强度试验应采用专用的取浆装置获取搅拌桩一定深度处的浆液，严禁取用桩顶泛浆和搅拌头带出浆液。取得的水泥土混合浆液应制备于专用的封闭养护罐中浸水养护，浆液灌装前宜在养护罐内壁涂抹薄层黄油以便于将来脱模，养护温度宜保持与取样点的土层温度相近。水泥土试块宜取边长为 70.7mm 的立方体。为便于与钻取桩芯强度试验等对比，水泥土试块也可制成直径 100mm、高径比 1：1 的圆柱体。试验样块制备、养护龄期达到后进行无侧限抗压强度试验。

浆液试块强度试验采取搅拌桩一定深度处尚未凝固的水泥土浆液，主要目的是为了克服钻孔取芯强度检测过程中不可避免的强度损失，使强度试验更具有可操作性和合理性。目前日本一般将取样器固定于型钢上，并将型钢插入刚刚搅拌完成的搅拌桩内获取浆液。

图 10 所示是一种简易的水泥土浆液取样装置示意图。原理很简单，取样装置附着于三轴搅拌机的搅拌头并送达取样点指定标高。送达过程由拉紧牵引绳 B 使得上下盖板打开，此时取样器处于敞开状态，保证水泥土浆液充分灌入，就位后由牵引绳 A 拉动控制摆杆关闭上下盖板，封闭取样罐，使浆液密封于取样罐中，取样装置随搅拌头提升至地面后可取出取样罐，得到浆液，整个过程操作也较方便。

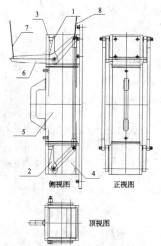

图 10　一种水泥土浆液取样装置示意图
1—上盖板；2—下盖板；3—上导向框；4—下导向框；5—养护罐；6—控制摆杆；7—牵引绳 A；8—牵引绳 B

浆液试块强度试验对施工中的搅拌桩没有损伤，成本较低，操作过程也较简便，且试块质量较好，试验结果离散性小。目前在日

本普遍采用此方法(钻取桩芯强度试验方法一般很少用)作为搅拌桩强度检验和施工质量控制的手段。随着各地型钢水泥土搅拌墙的广泛应用和浆液取样装置的完善及普及,宜加以推广发展。

(2)钻取桩芯强度试验。

钻取桩芯强度试验是在搅拌桩达到一定龄期后,通过地质钻机,连续钻取全桩长范围内的桩芯,并对取样点试样进行无侧限抗压强度试验。取样点应沿桩长不同深度和不同土层处的五点,以反映桩深不同处的水泥土强度,在基坑坑底附近应设取样点。钻取桩芯宜采用直径不小于 φ110 的钻头,试块宜直接采用圆柱体,直径即为所取的桩芯芯样直径,宜采用 1:1 的高径比。

一般认为钻取桩芯强度试验是一种比较可靠的桩身强度检验方法,但该方法缺点也较明显,主要是由于钻取桩芯过程和试验中总会在一定程度上损伤搅拌桩;取样过程中一般采用水冲法成孔,由于桩的不均匀性,水泥土易产生损伤破碎,钻孔取芯完成后,对芯样的处置方式也会对试验结果产生影响,如芯样暴露在空气中会导致水分的流失,取芯后制作试块的过程中会产生较大扰动等。由于以上原因导致一般通过钻取桩芯强度试验得到的搅拌桩强度值偏低,特别是较目前一些规范和手册上的要求值低,考虑工程实际情况和本次对水泥土搅拌桩强度及检测方法所做的试验研究,建议将取芯试验检测值乘以 1.2～1.3 的系数。

钻取桩芯强度试验宜采用扰动较小的取土设备来获取芯样,如采用双管单动取样器,且宜聘请有经验的专业取芯队伍,严格按照操作规定取样,钻取芯样应立即密封并及时进行强度试验。

(3)原位试验。

水泥土搅拌桩的原位检测方法主要包括静力触探试验、标准贯入试验、动力触探试验等几种方法。搅拌桩施工完成后一定龄期内进行现场原位测试,是一种较方便和直观的检测方法,能够更直接地反映水泥土搅拌桩的桩身质量和强度性能,但目前该方法工程应用经验还较少,需要进一步积累资料。

静力触探试验轻便、快捷,能较好地检测水泥土桩身强度沿深度的变化,但静力触探试验最大的问题是探头在遇到搅拌桩内的硬块和因探杆刚度较小而易发生探杆倾斜。因此,确保探杆的垂直度很重要,建议试验采用杆径较大的探杆,试验过程中也可采用测斜探头来控制探杆的垂直度。

标准贯入试验和动力触探试验在试验仪器、工作原理方面相似,都是以锤击数作为水泥土搅拌桩强度的评判标准。标准贯入试验除了能较好地检测水泥土桩身强度外,尚能取出搅拌桩芯样,直观地鉴别水泥土桩身的均匀性。

(4)搅拌桩强度与渗透系数。

型钢水泥土搅拌墙中的水泥土搅拌桩不仅仅起到截水作用,同时还作为受力构件,只是在设计计算中未考虑其刚度作用。因此,对水泥土搅拌桩的强度指标和渗透系数都需确保满足要求。

根据型钢水泥土搅拌墙的实际工程经验和室内试验结果,当水泥土搅拌桩的强度能得到保证,渗透系数一般为 10^{-7} cm/s 量级,基本上处于不透水的情况。目前,型钢水泥土搅拌墙工程和水泥土搅拌桩单作隔水的工程中出现的一些漏水情况,往往是由于基坑变形产生裂缝或水泥土搅拌桩搭接不好引起。同时,通过室内渗透试验测得的渗透系数一般与实际桩体的渗透系数相差较大。因此,本条重点强调工程应检测水泥土搅拌桩的桩身强度,搅拌桩仅用作隔水帷幕时,可单独采用渗透试验进行检测。

6.6 地下连续墙

6.6.1 泥浆配方和成槽机械选型与地质条件有关,常发生泥浆配方和成槽机械选型不当而产生的槽壁坍塌事故。在地下连续墙正式施工前进行试成槽可避免类似事故发生,确保工程顺利进行。根据工程情况,对于环境保护要求较高的工程或地质条件较复杂的情况不应在原位进行试成槽,对于要求较低的工程可进行原位试成槽。

6.6.2 导墙是保证地下连续墙轴线位置及成槽质量的关键。

1 现浇导墙质量易保证,现浇导墙有倒"L"形和"["形等,导墙形状可根据不同土质条件选用。

2 导墙顶面应高出施工场地地面 100mm,以防止地表水流入槽内。高于地下水位 0.5m 以上,可以保持泥浆对槽壁的压力,起到护壁作用。导墙底部应置于原状土层,以保证成槽过程中槽壁稳定和竖向承载力满足地下连续墙施工的荷载要求。

3 实际成槽施工中,两侧导墙内侧面之间的净距应比设计槽段宽度大 40mm 进行施工,以便于成槽机械作业。

4 拆模后,应立即在导墙内加支撑,直至槽段开挖时拆除。支撑水平间距宜为 1.5m～2m,上下各一道。

5 在暗浜区或松散杂填土层中,可事先加固导墙两侧土体,并将导墙底加深至原状土中。加固方法宜采用三轴水泥土搅拌桩。

6.6.3 宽度可根据地下连续墙的厚度、长度以及土质情况综合确定,一般较浅的地下连续墙选择加 40mm,较深的地下连续墙可选择加 60mm。

6.6.4 通过泥浆试配与现场检验确定是否修改泥浆的配比,检验内容主要包括对稳定性、形成泥皮性能、泥浆流动特性及泥浆比重的检验。遇有含盐或受化学污染的土层时,应配制专用泥浆,以免泥浆性能达不到规定要求,影响成槽质量。

6.6.5 泥浆的主要作用是护壁,此外泥浆还有携渣、冷却机具和切土润滑的功能。合理使用泥浆可保持槽壁的稳定性和提高成槽效率。本条规定了新制泥浆的性能控制指标。

通过沟槽循环或水下混凝土置换出来的泥浆,由于膨润土和CMC 等主要成分的消耗及土渣和电解质离子的混入,其质量比原泥浆质量显著恶化。恶化程度因成槽方法、地质条件和混凝土灌注方法等施工条件而异。本条规定了循环使用的泥浆控制指标。

6.6.6 成槽的质量是直接影响地下连续墙质量的重要因素,因此应保证成槽质量。

1 单元槽段长度应根据施工现场地质条件、成槽设备、槽壁稳定等因素确定。

2 泥浆质量和泥浆液面高低对槽壁稳定有很大影响。泥浆液面愈高所需的泥浆相对密度愈小,即槽壁失稳的可能性愈小。地下连续施工时保持槽壁的稳定性防止槽壁坍方是十分重要的问题。如发生塌方,不仅可能造成埋住挖槽机的危险,使施工拖延,同时可能引起地面沉陷而使挖槽机械倾覆,对邻近的建筑物和地下管线造成破坏。如在吊放钢筋笼之后,或在浇筑混凝土过程中产生塌方,塌方的土体会混入混凝土内,造成墙体缺陷,甚至会使墙体内外贯通,成为产生管涌的通道。

3 由于槽壁形状基本决定墙体外形,成槽的精度基本决定了墙体的制作精度,所以在成槽过程中加强对其垂直度、宽度和泥浆性能指标等的观测,并随时加以修正才能保证成槽质量,当偏移量过大时应立即停止施工。

4 成槽过程中每个槽段分布 2 处,分 3 次抽检泥浆指标,自成槽开挖到三分之一深度开始至槽底均匀分布检测。2 处应分在不同的两抓,当只有一抓时,只需测 1 处即可。

6.6.7 接头处的土渣一方面是由于混凝土流动推挤到单元槽段接头处,另一方面是先施工的槽段接头面上附有的泥皮和土渣,因此为保证单元槽段接头部位的抗渗性能,在清槽过程中还要对先施工的墙体接头面上的土渣和泥皮用刷子刷除或用水枪喷射高压水冲洗。

6.6.8 施工接头有多种形式可供选择,施工接头应满足受力和防渗的要求,并要求施工简便、质量可靠。

1 接头管(箱)及连接件在混凝土的侧压力及顶拔力作用下不得产生较大变形,应具有足够强度和刚度。

2 配合接头管(箱)可以抵抗混凝土压力,防止墙体倾斜,发生位移及防止混凝土绕流而影响下一槽段施工。施工时需按图施工,且满足钢结构施工质量验收标准。如发生绕流,会使后浇段混凝土与工字钢之间的粘结不够牢固,并形成渗水通道,从而导致接头漏水,应做好防绕流措施。

4 导向插板用于套铣一期槽段或二期槽段开挖时铣槽机的定位及垂直度控制。混凝土浇筑时可能对导向插板造成挤压,导致移位,需采取有效措施固定其位置。钢筋笼限位块的设置主要用来防止在二期槽段开挖时,铣槽机对钢筋笼的切削破坏。套铣接头有以下优点:

(1)施工中不需要其他配套设备;

(2)可节省材料费用,降低施工成本;

(3)无预挖区,且可全速灌注,无绕流问题,确保接头质量和施工安全性;

(4)挖掘二期槽时可铣掉两侧一期槽已硬化的混凝土,并在浇筑二期槽时形成水密性良好的混凝土套铣接头。

6.6.9 槽段钢筋笼的整体吊放应进行验算,并应对经验算的钢筋笼进行试吊放。吊具、吊点加固钢筋及确定钢筋吊放标高的吊筋,应进行起吊重量分析,通过强度验算确定合适的规格,以防止钢筋笼散架对人员和周边设施的损害。钢筋笼高宽比、高厚比较大,纵横钢筋连接的笼体整体刚度较差,为防止吊放过程中产生不可恢复的变形,可以通过设置纵横向钢筋桁架、外侧钢筋剪刀撑、笼口上部钢筋剪刀撑、吊点加固钢筋等加强钢筋笼刚度,提高钢筋笼的整体稳定性。由于现在的基坑越来越深,导致钢筋笼的长度越来越大,对施工也提出了更高的要求。

6.6.10 本条对钢筋笼制作和吊装作出规定。

1 分节吊放钢筋笼在同一个平台上制作和预拼装,可保证钢筋接驳器、注浆管、超声波探测管等预埋件位置和钢筋笼几何尺寸的正确,同时也便于做出拼接标记,保证吊放拼装过程中的精度。

3 制作钢筋笼时要预先确定浇筑混凝土用导管的位置,由于这部分空间要上下贯通,因而周围需增设箍筋和连接筋进行加固。尤其在单元槽段接头附近插入导管时,由于此处钢筋较密集更需特别加以处理。

4 钢筋笼保护层垫块的作用是保证地下连续墙混凝土保护层厚度,防止钢筋贴于槽壁。保护层垫块宜采用 4mm～6mm 厚钢板制作成"⊓⊔"形,与主筋焊接。

5 两台起重机同时起吊应注意负荷的分配,每台起重机分配质量的负荷不允许大于该机允许负荷的 80%。

6 成槽后槽底有大量沉渣,不进行清基钢筋将无法顺利吊放入槽底。

7 异形槽段成槽施工时,在相邻槽段浇筑完成后进行是为了保证槽段不容易塌方,同时施工异形槽段时,应采取有效的措施保证槽壁的稳定。措施有降水、增加泥浆比重和槽壁加固等。

6.6.12 现浇地下连续墙混凝土通常采用导管法连续浇筑。

1 导管接缝密闭,导管前端应设置隔水栓,可防止泥浆进入导管,保证混凝土浇筑质量。

2 导管间距过大或导管处混凝土表面高差太大易造成槽段端部和两根导管之间的混凝土面下凹,泥浆易卷入墙体混凝土中。使用的隔水栓应有良好的隔水性能,并应保证顺利排出,隔水栓宜采用球胆或与桩身混凝土强度等级相同的细石混凝土制作。

3 在 4h 内浇筑混凝土主要是避免槽壁坍塌或降低钢筋握裹力。

4 水下灌注的混凝土实际强度会比混凝土标准试块强度等级低,为使墙身实际强度达到设计要求,墙身强度等级较低时,一般采用提高一级混凝土强度等级进行配制。但当墙身强度等级较高时,按提高一级配制混凝土尚嫌不足,所以在无试验依据的情况下,水下混凝土配制的标准试块强度等级应比设计墙身强度等级高,提高等级可按条文说明表10选用。

5 采用导管法浇筑混凝土时,如果导管入深度太浅,可能使墙身浇筑面上面的被泥浆污染的混凝土卷入墙体内,当埋入过深时,又会使混凝土在导管内流动不畅,在某些情况下还会产生钢筋笼上浮。根据以往施工经验,规定导管的埋入深度为 2m～4m。

6 为了保证混凝土有较好的流动性,需控制好浇筑速度,在浇筑混凝土时,顶面往往存在一层浮浆,硬化后需要凿除,为此混凝土需要超浇 300mm～500mm,以便将设计标高以上的浮浆层用风镐打去。

6.6.13 地下连续墙墙底注浆可消除墙底沉淤,加固墙侧和墙底附近的土层。墙底注浆可减少地下连续墙的沉降,也可使地下连续墙底部承载力和侧壁摩阻力充分发挥,提高地下连续墙的竖向承载力。

1 地下连续墙墙底注浆宜在每幅槽段内设置2根注浆管,注浆管间距不宜大于3m,注浆管下端伸至槽底以下 200mm～500mm 的规定是为了防止地下连续墙混凝土浇筑后包裹注浆管头,堵塞注浆管。

3 注浆压力应大于注浆深度处土层压力,注浆一般在浇筑压顶圈梁之前进行。注浆量可根据土层情况及类似工程经验确定,必要时可根据工程现场试验确定。压浆可分阶段进行,可采用注浆压力和注浆量双控的原则。

4 注浆前疏通注浆管,确保注浆管畅通,可采用清水开塞的方法,这是确保注浆成功的重要环节,通常在地下连续墙混凝土浇筑完成后 7h～8h 进行。清水开塞是采用高压水劈通压浆管,为墙底注浆做准备的一个环节。对于深度大于 45m 的地下连续墙,由于混凝土浇筑时间较长,一般可结合同条件养护试块确定具体的清水开塞时间。

6.6.15 预制地下连续墙是近年来发展的一项新技术,目前已经推广应用于地下二层地下室,优点是减少现场的施工工序,并对环境保护有利。为了保证预制墙在施工前的质量,要求预制墙段达到设计强度100%方可起吊。预制墙段一般进行平面起吊,墙段相对长细比较大,故应对起吊过程墙段跨中进行弯矩计算和裂缝验算,防止起吊过程产生的过大内力及裂缝大于设计要求。

6.6.16 本条对预制地下连续墙施工作出规定。

1 由于预制地下连续墙构件较重,合理确定墙体分幅和墙体长度显得非常重要。现阶段由于受到起吊和运输等方面的限制,预制地下连续墙大多采用单节墙段,墙体长度一般仅适用于 9m 以内的基坑,因此工程应用受到了一定限制。

2 预制地下连续墙不像现浇地下连续墙采用隔幅成槽成墙的施工工艺。根据预制地下连续墙施工工艺,适宜采用连续成槽、连续吊放墙段,并吊放若干段后再进行接头桩和压密注浆施工。成槽深度落深 100mm～200mm。考虑槽底铺垫碎石加固。

3 预制墙段与槽壁间宜有 20mm 的间隙,墙底有沉渣,墙底固定措施通常在成槽结束后往槽底投放适量碎石,碎石投放至高出设计墙底标高 50mm～100mm,墙段吊放后依靠墙段自重压实碎石,然后通过预先设置在墙段内的注浆管进行压浆,通过压浆置换出槽内泥浆,从而达到固化槽底碎石和填充墙段两侧间隙的目的。预制墙段间的墙缝处理是预制地下连续墙的施工关键之一。其作用:①连接各墙段,使墙段连成整体;②止水抗渗;③墙段安放的调整间隙。墙缝接头采用现浇钢筋混凝土,其可以起到上述三方面作用。墙槽缝隙需填充,墙体与槽壁间的摩阻力需恢复和提高,压密注浆可以起到上述作用。故本条规定采用钢筋混凝土接头和压密注浆工艺进行墙缝和墙墙缝隙处理。

4 预制墙段安放的位置和垂直度是由两搁置横梁来控制的,因此搁置横梁设置位置和标高准确至关重要。预制墙段的垂直度由搁置面的水平度来控制,而搁置面的水平度不仅与搁置横梁设置的高差有关,也与预制墙段的搁置点的实际位置尺寸有关,因此搁置面的水平度控制应将两者结合起来。实际操作时,应先实测预制墙段搁置点的位置尺寸(图11),然后对号入座,进行搁置横梁安装的标高及高差控制。

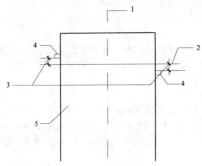

图 11 预制墙段搁置点示意图
1—弹出墙段中心线；2—弹出水平控制线；3—实测搁置点位置尺寸；
4—搁置点；5—预制墙段

6.7 水泥土重力式围护墙

6.7.1 当墙体施工深度较深或墙深范围内的土层以砂土为主时，宜采用三轴水泥土搅拌桩。

6.7.2 施工中遇有明浜、池塘及洼地需回填时，往往就近挖土回填。如果回填土土性较差，可以掺入 8%～10% 的水泥灰土，并分层压实。

6.7.3 保持连续搭接施工、严格控制桩位和桩身垂直度是形成连续墙体的关键，也是检验施工工艺、施工组织和质量控制的要点。桩与桩的搭接长度不宜小于 200mm，搭接时间不应大于 16h，如因特殊原因大于上述时间，应对最后一根桩先进行空钻留出榫头以待下一批桩搭接；如间歇时间太长与下一根无法搭接，应采取局部补桩或注浆措施。

6.7.4 现浇的钢筋混凝土压顶板有利于墙体的整体性，防止坑外地表水从墙顶渗入墙体而引起墙体的损坏。连接钢筋上端应锚入压顶板，下端应插入水泥土加固体 1.5m～2.0m。

6.7.5 加强构件上端应进入压顶板，下端宜进入开挖面以下。

6.7.6 水泥土围护结构属于地下隐蔽工程，开挖时也只暴露第一排桩的一侧，因此，应重视施工期和开挖期的质量检验。

因气温、外掺剂、水泥品种等因素的不同，水泥土的初凝速度也不同。施工间歇常由机械故障、停电等因素造成。为此应有应急措施，尽量缩短施工间歇时间。

1 施工期应严格进行每项工序的质量管理，每根桩都有完整的施工记录，并进行抽查。施工过程中应做好资料的记录与整理，主要记录内容如下：

(1)拌制水泥浆液的罐数、水泥和外掺剂用量以及泵送浆液的时间等应有专人记录，喷浆量及搅拌深度应采用经国家计量部门认证的监测仪器进行自动记录；

(2)搅拌机喷浆提升的速度和次数应符合施工工艺要求，应有专人记录搅拌机每米下沉或提升的时间，深度记录误差不得大于100mm，时间记录误差不应大于 5s。

桩位偏差不是定位偏差，一般来说，为了保证桩位偏差在50mm 以内，需要保证定位偏差在 20mm 以内。桩位偏差在50mm 以内，垂直度偏差在 1/100 之内是施工单位经过努力可以达到的，在桩头搭接 200mm 时大体可以确保 10m～15m 长度范围内相邻桩有较好的搭接。

2 取样时试块不得采用桩顶冒浆制作。

若因工程需要，可在有效桩长范围内钻芯取样做抗压强度试验。有效桩长范围内的桩身强度代表值可以取同一钻芯取样点处上、中、下三点取得试样抗压强度标准值的平均值。上、中、下三点分别为有效桩顶向下 0.2L(不小于 3m)、0.5L 和 0.8L 处，L 为有效桩长。取样点的位置可根据实际桩长范围内土层分布情况适当调整。当场地内有软弱土层时，需在该土层深度范围内取样作为代表点。

开挖前应进行质量抽查，合格后方可开挖基坑。需要测试强度的桩芯应尽可能完整，并切成圆柱体以进行无侧限抗压强度试验。

直观检查桩芯强度可根据以下情况判断质量状况：取出桩芯呈硬塑状态时通常不需再做试验测试强度；呈软塑状态时，为不合格；呈可塑状态时，质量欠佳，应按现场情况和设计条件进行综合分析，做出判断。

钻芯取样后应对桩体采取灌浆等修补措施。

6.8 土钉墙

6.8.1 土钉不宜超越用地红线，基坑围护设计宜考虑土钉施工对以后产生的不利影响。土钉施工和土钉支护的变形可能对邻近建筑的地基基础产生不利影响，因此，土钉不应打入邻近建筑的地基基础之下。

6.8.2 土钉施工与其他工序，如降水、土方开挖相互交叉，各工序之间密切协调、合理安排，不仅能提高施工效率，更能确保工程安全。

土钉墙施工应按顺序分层开挖，在完成上层作业面的土钉与喷射混凝土以前，不得进行下一层的开挖。开挖深度和作业顺序应保证裸露边坡能在规定的时间内保持自立。当用机械进行土方作业时，严禁边壁超挖或造成边壁土体松动。基坑的边壁宜采用小型机具或铲锹进行切削清坡，以保证边坡平整。

排水沟和集水坑宜用砖砌并用砂浆抹面，坑中集水应及时排。

6.8.5 先喷上一层混凝土，再铺设钢筋网，既可保证岩土层稳定性较差时的作业安全，又可减少岩土层表面的起伏差，便于保证钢筋网保护层。

采用双层钢筋网时，第一层钢筋网被混凝土覆盖后再铺设第二层钢筋网，有利于减少喷射作业过程中物料的回弹率，增加钢筋与壁面之间喷射混凝土的密实性。

6.8.6 面层喷射混凝土施工分为干法和湿法。所谓干法，即是将水泥、砂石料拌合后，用压缩空气输送到工作面，在喷到工作面上的同时加水，在拌合输送和喷射的过程中均为粉状拌合物，因此对空气的污染是不可避免的。湿法喷射即是将水泥、砂石料加水拌合形成混凝土，通过管道输送到工作面，快速喷射到岩(土)面上。湿喷法对大气的污染要小得多，因此从环境保护角度建议采用湿喷工艺。

2 按规定区段进行喷射作业，有利于保证喷射混凝土支护的质量，并便于施工管理，喷射混凝土的喷射顺序应自下而上，以免松散的回弹物料粘污尚未喷射的壁面。同时，下部喷层还能起到对上部喷层的支托作用，可减少或防止喷层的松脱和坠落。工程实践表明，只有当壁面上形成 10mm 左右厚度的塑性层后，粗骨料才能嵌入。为减少回弹损失，一次喷射的混凝土厚度不宜过薄。同时，一次喷射的厚度也不宜过大，否则容易造成离层或因自重过大而坠落。为保证施工时的喷射混凝土厚度达到规定值，可在边壁面上垂直打入短的钢筋段作为标志。当面层厚度大于 100mm时应分两次喷射，每次喷射厚度宜为 50mm～70mm。喷射混凝土配合比应通过试验确定。粗骨料最大粒径不宜大于 12mm，水灰比不宜大于 0.45。

3 当喷头与受喷面垂直，喷头与受喷面的距离控制在 0.8m～1.0m 进行喷射作业时，粗骨料易嵌入塑性砂浆层中。喷射冲击力适宜表现为一次喷射厚度大，回弹率低，粉尘浓度小。但是，目前不少单位对这个问题往往不够重视，偏离了这一技术要求，从而造成了回弹率高，粉尘浓度大，恶化了作业环境。因此，本款对此特别作了规定。

4 喷射混凝土中由于砂率较高，水泥用量较大，以及掺有速凝剂，其收缩变形要比现浇混凝土大。因此，喷射混凝土施工后，应对其保持较长时间的喷水养护。

6.8.8 本条中关于孔深的误差为 50mm,也即要求孔深只能长,不能短,是根据孔底清渣、杆体顺利下放等因素而定的,同时也使锚固效果得到保证。

对孔径提出规定是为了能有足够厚度的浆体包裹杆体,并确保浆体与孔壁粘结均匀,以保证设计要求的锚固效果。

6.9 内 支 撑

6.9.2 基坑开挖后,围护墙体表面的水泥土、泥浆、松软混凝土等附着物会影响冠梁、腰梁与围护墙的连接质量,故在施工前,应清理围护墙表面的附着层。

6.9.3 本条给出了混凝土支撑的施工要点。

1 若围护墙采用钻孔桩、地下连续墙等混凝土墙体,为保证墙体混凝土质量,混凝土浇筑过程中有泛浆高度的要求,该泛浆高度范围内的混凝土可能夹杂泥浆,可能达不到设计强度等级要求,故在冠梁施工前应凿除该泛浆混凝土至设计围护墙顶标高。

2 混凝土支撑的底模可采用木模、钢模,也可采用混凝土垫层,土方开挖后,应清理混凝土支撑底模,否则附着的底模在基坑后续施工过程中一旦脱落,可能造成人员伤亡事故。

3 对于长度大于 100m 的混凝土支撑构件,施工中若采用一次性整体浇筑的方法,会产生压缩变形、收缩变形、温度变形及徐变变形等效应,在超长混凝土支撑中的负作用非常明显,分段浇筑可以减少这些效应的影响。另外,养护对减小混凝土的变形也非常重要,工程中可结合气候条件采用浇水养护、草袋覆盖洒水养护等方法。

6.9.4 本条给出了钢支撑的施工要点。

1 钢支撑的整体刚度主要依赖于构件之间合理的连接构造,端板与支撑杆件的连接、支撑构件之间的连接,均应满足截面强度要求,必要时增设加劲肋板,肋板数量、尺寸应满足支撑端头局部稳定要求和传递支撑力的要求;

2 为保证围护墙与冠梁、腰梁间的传力均匀、可靠,其间隙可采用混凝土、水泥砂浆等进行填实;

3 应根据支撑平面布置、支撑安装精度、设计预应力值、土方开挖流程、周边环境保护要求等合理确定钢支撑预应力施加的流程;

4 由于设计与现场施工可能存在偏差,在分级施加预应力时,应随时检查支撑节点和基坑监测数据,并通过与支撑轴力数据的分析比较,判断设计与现场工况的相符性,并采取合理的加固措施;

5 为了减少八字撑对主撑杆件预应力施加过程中的约束,主撑预应力施加完毕后方可安装八字撑;

6 支撑杆件预应力施加后以及基坑开挖过程中会产生一定的预应力损失,为保证预应力达到设计要求,当预应力损失达到一定程度后,应及时进行补充、复加预应力。

6.9.6 本条给出了立柱的施工要点。

2 立柱施工的定位和垂直度控制是保证立柱竖向承载力满足设计要求的关键,施工时应采用有效的技术措施控制定位、垂直度和转向偏差;

3 采用格构柱或钢管作为立柱时,先安放立柱再浇筑立柱混凝土,一方面可较好地保证立柱定位、垂直度和转向偏差,另一方面混凝土浇筑也不受影响;采用 H 型钢作为立柱时,混凝土导管单侧设置不利于保证立柱桩混凝土浇筑质量,故宜先浇筑立柱桩混凝土,再插入 H 型钢;

4 立柱桩成孔直径大于立柱截面尺寸,立柱周围与土体之间存在较大空隙,其悬臂高度(跨度)将大于设计计算跨度,为保证立柱在各种工况条件下的稳定,立柱周边空隙应采用砂石等材料均匀对称回填密实。

6.9.7 支撑拆除前应设置可靠的换撑,且换撑与永久结构应达到设计要求的强度。换撑可实现围护体应力安全有序的调整、转移

和再分配,达到各阶段基坑变形控制要求。换撑包括基坑围护墙与地下结构外墙之间的换撑和地下结构内部开口、后浇带等水平结构不连续位置的换撑。换撑可采用混凝土换撑板带、临时钢钉或混凝土支撑、回填料或素混凝土等。

1 钢筋混凝土支撑拆除方法中,机械拆除可采用空压机结合风镐、镐头机、切割机械等设备。风镐、镐头机等拆除作业较简单,但是效率较低,工期较长,安全性较差,产生的振动、噪音及粉尘等对周边环境具有一定的污染。机械切割作业较简单,振动、噪音及粉尘等污染较小,但需要吊装机械配合使用。上海等地近年来采用遥控的金刚链切割机等机械,可达到高效率拆除支撑的目的。爆破拆除方法除常规利用炸药的爆破拆除外,还有静态膨胀剂拆除法。常规炸药爆破拆除具有一定的技术含量,效率较高,工期短,施工较安全,但爆破振动、爆破飞石、噪音及粉尘对周边环境具有一定影响;静态膨胀剂拆除通过膨胀剂将混凝土胀裂,施工方法简单,对周边环境影响小,但成本较高。

2 若基坑面较大,混凝土支撑拆除除满足设计工况要求外,尚应根据地下结构分区施工的先后顺序确定分区拆除的顺序。在现场场地狭小条件下拆除基坑第一道支撑时,若地下室顶板尚未施工,该阶段的施工平面布置可能极为困难,故应结合实际情况,选择合理的分区拆除流程,以满足平面布置要求。

3 钢筋混凝土支撑爆破拆除时,爆破孔可采用钻孔的方式形成,但钻孔费工费时,且产生粉尘、噪音等污染,故规定在支撑混凝土浇筑时预留爆破孔。爆破作业可通过爆破参数优化、延时爆破、预裂切割等技术最大限度地减少对永久结构和周边环境的影响。对周边环境保护要求较高的混凝土支撑爆破,通过密孔、小药量、预裂切割爆破和松动爆破等技术,先在冠梁或腰梁与支撑连接节点形成裂缝或断口,使大面积支撑爆破时的振动波传递到该节点后即被隔绝,可减少爆破振动向外的传递,从而减弱爆破振动对永久结构和周边建筑的影响。

6.9.8 采用爆破法拆除支撑结构时,应根据支撑结构特点搭设防护架等设施,以控制飞石和粉尘,保护永久结构及周边环境的安全。本条作为强制性条文,应严格执行。

6.10 锚 杆(索)

6.10.1 锚杆(索)一般适用于开挖深度较浅、采用钢板桩或混凝土板桩围护且周边有足够场地的基坑,场地不足时,应采用可回收锚杆(又称可拆卸锚杆)。外拉锚系统的材料一般用钢筋、钢索、型钢等,其一端与围护墙围檩连接,另一端与基坑外的锚桩连接。

1 通过试成锚确定施工参数及施工工艺,可以确保施工的安全性。

2 由于拉锚需要一定的长度,锚桩距离基坑有一定距离,故外拉锚系统需要足够的场地,同时应保证不得有阻碍锚桩打设和拉锚设置的障碍物。可回收锚杆可以通过拔出回收钢绞线,避免筋材滞留于地层内。

6.10.2 钻孔过程中,当遇到塌孔的土层,宜采用泥浆循环护壁或跟管钻进。钻孔完成后采用泥浆循环清孔,清除孔底沉渣。压力分散型锚杆、可重复高压注浆型锚杆及可拆卸锚杆施工宜采用套管护壁钻孔。端部扩大头可采用机械扩孔法、高压射水法或爆破扩孔法,爆破扩孔装药量应根据土层情况通过试验确定,安装锚杆前应测定扩大头的尺寸。套管护壁钻孔对钻孔周边扰动小,可有效防止钻孔时的塌孔现象,有利于保证注浆饱满和注浆质量,提高孔壁地层与注浆体的粘结强度。钻孔前,应根据设计要求和地层条件,定出孔位、做出标记。

6.10.3 本条规定钢筋锚杆的制作应预先调直、除油、除锈,是为了满足钢筋与注浆材料的有效粘结。钢筋接长可采用对接、锥螺纹连接、双面焊接。沿杆体轴线方向设置对中支架,主要是为了使杆体处于钻孔中心,并保证杆体保护层厚度满足设计要求。

6.10.4 钢丝、钢绞线长度应尽量相同,以满足杆体中每根钢丝、

钢绞线受力均匀的要求。由钢丝、钢绞线组成的锚杆杆体通常在平台上组装，以利于每根钢丝、钢绞线按一定规律平直排列。注浆管、排气管应与杆体绑扎牢固。

6.10.5 水泥浆或水泥砂浆的配合比直接影响浆体的强度、密实性和注浆作业的顺利进行。水灰比太小，可注性差、易堵管，常影响注浆作业的正常进行；水灰比太大，浆液易离析，注浆体密实度不易保证，硬化过程中易收缩，浆体强度损失较大，常影响锚固效果。为保证围护墙与钢围檩间的传力均匀、可靠，控制围护墙的变形，围檩与围护墙之间的空隙可采用混凝土、水泥砂浆等进行填实。对永久性锚杆锚头与锚杆自由段间的空隙应进行注浆，目的是使自由锻杆体有效防腐。已有的调查结果显示，锚头附近的杆体是腐蚀多发区。

6.10.6 锚杆张拉和锁定是锚杆施工的最后一道工序，也是检验锚杆性能最直接的方式。对张拉预紧、锚具的选型方面进行控制，可满足锚杆张拉的要求。正式张拉前，取 0.1 倍～0.2 倍设计拉力值对各钢绞线预紧十分重要，有利于减缓张拉过程中各钢绞线的受力不均匀性以及减小锚杆的预应力损失。锚杆超张拉是为了补偿张拉时锚夹片回缩引起的预应力损失。

6.11 与主体结构相结合的基坑支护

6.11.1 由于两墙合一地下连续墙垂直度要求高，应采用具备自动纠偏功能的成槽设备，确保垂直精度满足使用的要求。在成槽过程中应随时注意槽壁垂直度情况，每一抓到底后，应用超声波测井仪检测成槽情况。

地下连续墙接头是连续墙防渗的关键环节，除了严格控制泥浆指标外，宜选用防水性能更好的刚性接头。

对于两墙合一地下连续墙，剪力槽、插筋、接驳器等预埋件应固定可靠，位置准确，应对每个槽段的导墙顶标高进行测量，宜确定预埋件的位置。预埋件处应设置泡沫板等材料，以便减少开挖后凿毛的工作量。

6.11.2 由于结构水平构件是永久结构，为保证混凝土外观的质量，结构水平构件底模不宜采用土模或以混凝土垫层作为底模的方式进行施工。采用木模或钢模进行施工时，一般需要设置支撑系统，为减小模板与其支撑系统的竖向变形，需对土层采取临时加固措施，加固的方法可采用混凝土垫层。若土质较好且疏干降水效果较好时，也可采取在土层上铺设枕木以扩大支承面积的方法来控制竖向变形。预理筋应避免采用螺纹钢筋，因为螺纹筋弯曲后难以调直，容易脆断，强度无法保证，目前多倾向于使用预埋套管接头。

6.11.3 围护结构封闭后，经降水后也可采用干作业施工灌注桩立柱桩和立柱。

先安放钢管立柱，再浇筑立柱桩混凝土，钢立柱的垂直度及中心位置容易控制。钢管立柱内的混凝土与立柱桩的混凝土连续浇筑，质量易于控制。采用这种方法，钢管外部的混凝土随钢管内的混凝土同时上升，且内外混凝土高差也较小，但管外混凝土因此消耗量较大，故采用这种方法经济性较差。目前还有一种方法在工程实践中可参考使用，即钢管内混凝土与立柱桩混凝土分两次浇筑。立柱桩混凝土浇筑时，根据立柱桩顶标高的要求，在满足泛浆高度的条件下，停止浇筑，待立柱桩混凝土强度达到设计要求后，用混凝土切削专用装置伸入钢管内，对钢管内泛浆混凝土进行切削清除，混凝土切削装置的直径应略小于钢管内径，混凝土切削清除后在钢管内浇筑混凝土至设计标高。钢管内混凝土强度等级一般高于立柱桩混凝土强度等级，浇筑时应严格控制不同强度等级混凝土的施工交界面，确保混凝土的浇捣质量。低强度等级混凝土浇灌至钢管底部以下一定距离时，应更换高强度等级混凝土进行浇筑，以保证钢管内混凝土强度等级符合设计要求。不同强度等级混凝土的施工交界面一般位于钢管底部 2m～3m，该施工交界面的标高可采用测绳等装置进行控制。

由于立柱安装时，土方尚未开挖，立柱是在地面以下的孔中进行就位安装的。为了保证立柱安装的位置和垂直度达到设计要求，就应采用专用装置进行中心位置和垂直度控制。立柱垂直度调控装置可在地面进行，也可在立柱深度范围内进行。通常情况在地面进行调控易于控制，调控效果易于保证。在地面进行调控时，可采用人工机械调垂法和液压自动调垂法。人工机械调垂法可在立柱长度较短时采用，该方法调垂装置较简单，成本较低，操作较方便；当立柱长度较长时，人工机械调垂难以达到精度要求，调垂过程时间也较长，在这种情况下，应采用精度和时间易于控制的液压自动调垂法进行立柱垂直度调控。

立柱桩桩端后注浆可消除桩底沉淤，加固桩侧和桩底附近的土层。桩底注浆可减少立柱桩的沉降，较大地提高立柱桩的竖向承载力。

6.11.5 逆作法施工主要考虑以下问题：

1 施工组织设计应包括下列内容：

(1)围护结构施工方案；

(2)竖向支承桩柱的施工方案；

(3)先期地下结构施工方案，包括水平结构与竖向结构节点施工方案；

(4)后期地下结构施工方案，包括先期施工地下结构和后期施工地下结构的接缝处理方案；

(5)逆作施工阶段临时构件的拆除方案；

(6)地下水控制、土方挖运、监测方案；

(7)施工安全与作业环境控制方案；

(8)制定应急预案。

3 逆作法水平结构施工前应预先会同设计确定出土口、各种施工预留口和降水井口，取土口大小应考虑设备作业需求确定，并请设计针对洞口进行复核；预留洞口处施工缝宜留设槽雄口，以利于防水。

4 水平结构施工前应设置垫层，垫层厚度不宜小于 100mm，混凝土强度不宜小于 C20，同时不宜大于 C35。其目的是为确保模板及其支架的承载安全，同时以利于文明施工。对个别淤泥质土层，采取相应的加固措施可避免水平结构施工时产生过大沉降，以造成结构变形。垫层强度过低可能导致垫层失效，过高造成拆除困难、浪费、不经济。

8 规定水平结构达到设计规定强度90%后，方可进行下一层土方的开挖，主要是考虑结构要承受竖向静荷载和动荷载。

7 地下水控制

7.1 一般规定

7.1.1 基础施工过程中，通常都需采取集水明排的施工措施，当涉及地下水位以下的含水土层时，无论有无支护结构，均需进行降水，甚至采用地下水回灌等地下水控制措施。降水的作用是防止基坑边坡和基底的渗水，保持坑底干燥，便于基础施工，同时减少土体含水量便于土方开挖与运输，提高土体强度，增加边坡的稳定性。

当基坑开挖深度较小，通常仅需将浅层潜水位控制在坡面和坑底以下。当基坑开挖深度较大时，常常涉及承压水控制，需通过有效的减压降水措施，将承压水位降低至安全埋深以下。为避免基坑侧壁、坑底发生流砂、渗漏等不良现象，以及满足基坑周边环境的保护要求，需在基坑周边以及坑底局部区域采用截水或防渗措施。为控制基坑周边地下水位下降引起的地面沉降，可采取坑外地下水回灌措施，控制地下水位，达到减小地层压缩变形与地面沉降的目的。

7.1.2 由于各地区区域工程地质与水文地质条件的差异、施工工艺水平的高低不一,所以降水施工方案的选择更应遵循参考地区成熟相关工程经验的原则。基坑开挖前,应制定完整、可靠的基坑降水设计方案,根据环境条件,并结合基坑降水设计方案编制施工组织设计,原则上应保证基坑降水不对基坑周围环境产生明显的不利影响。

7.1.3 基坑降水引起的地面沉降有多种理论计算的方法,但至今均未达到实用阶段,主要限于难以获取计算参数或无参数使用经验。

目前常用的是一种经验方法,按下式计算:

$$\Delta b = \sum_{i=1}^{n} b_{0i} m_{vi} s_i \gamma_w F \tag{7}$$

式中:Δb——地层压缩量或地面沉降量(mm);

n——降水影响深度范围内的土层总数;

b_{0i}——第 i 土层的初始厚度(m);

m_{vi}——第 i 土层的体积压缩系数(MPa^{-1});

s_i——第 i 土层中的水位降深(m);

γ_w——地下水重度(kN/m^3);

F——沉降经验系数,其值与土性及降水的持续时间有关。

对于敏感环境的降水工程,可根据场地工程地质与水文地质条件、截水帷幕结构特征等,建立三维地下水渗流数值模型,采用有限元的方法进行分析与评估。

7.1.4 电渗作为单独的降水措施使用已不多,在渗透系数不大的地区,为改善降水效果,可用电渗作为辅助手段。破碎带也可用降水管井进行降水。

7.1.5 降水系统施工后,应进行试抽水试验,主要目的是检验其降水是否达到设计要求,同时根据各降水井出水量及停抽后地下水位变化情况判断截水效果。试抽水试验如不满足设计要求,应采取措施或重新施工直至达到要求为止。

7.1.6 基坑开挖过程中,应对地下水位、抽(排)水量、降(排)水设备运行状态实行动态监测,其目的在于监控地下水控制效果、降(排)水运行是否正常,并监测地面及建(构)筑物沉降,分析降水深度与地表沉降之间的相关性,以此评估对周边环境的影响程度。对于涉及承压水降水的深基坑工程,应对基坑内外的地下水进行水位自动监测,确保有效控制地下水。

7.2 集水明排

7.2.1 应结合场地地表排水系统进行基坑排水沟和集水井设置。排水沟可采用砖砌砂浆抹面,也可采用混凝土浇筑而成。基坑四周每隔30m~40m宜设一个集水井,排水沟纵坡坡度宜控制在1‰~2‰,流向集水井,排水系统应通过沉淀系统后排入市政管线。

7.2.2 多级放坡开挖时,为确保边坡土体的稳定,一般在分级平台上设置排水沟,排水沟应采用钢筋混凝土封底,防止地表水渗入土中引起边坡失稳。

7.2.3 排水沟及集水井应采取喷涂防渗砂浆等可靠措施防止地表水渗入地下。为了防止基坑变形导致排水沟开裂,宜配置构造钢筋,并应经常检查,发现开裂,立即封堵。盲沟施工时,可回填碎石,然后在碎石上浇筑垫层。

7.2.4 排水沟底面应比挖土面低0.3m~0.4m,集水井底面应比沟底面低0.5m以上。为防止开挖排水沟和集水井导致基坑边部变形增大,靠近基坑边部的排水沟和集水井应与基坑边部保持一定距离。坑底排水沟和集水井可随垫层浇筑形成。

7.2.5 地下水包括疏干降水和减压降水而排出的水,由于减压降水的排水量较大,排水系统设计时,应按最大流量要求设计。

7.3 降 水

7.3.1 条文表中的降水井类型及适用范围是根据目前常用的降水设备和工程实践经验制定。降水管井泛指抽汲地下水的大直径

抽水井,可分为疏干井和减压井。井点泛指小直径抽水井,如轻型井点、喷射井点等。

有降水工程经验的施工单位可根据以往工程资料,对现场地质条件认真校核并采用合适的降水方案。无经验时,可通过现场降水试验最终确定降水方案。

7.3.2、7.3.3 其他形式的基坑涌水量及降水井数量、设计单井出水量等可参考相关规范、规程及手册进行估算。

7.3.4 将承压水位控制在基坑开挖面或坑底以下是保证基坑底部稳定的先决条件。当开挖面或坑底至承压含水层顶板之间的覆盖层厚度小于1.50m时,为满足坑底抗渗要求,应将承压水位降低至开挖面或坑底以下。

减压降水一般可分为坑内减压降水和坑外减压降水。当受施工条件限制,或为满足基坑工程的特殊需要以及环境保护要求时,也可同时采取坑内减压降水和坑外减压降水措施。减压降水方案的选用应遵守以下原则:

(1)满足以下条件之一时,应采用坑内降水方案:

1)当截水帷幕部插入减压降水承压含水层中,截水帷幕伸入承压含水层中的长度 L 不小于承压含水层厚度的1/2(如图12所示),或不小于9.00m(如图13所示),截水帷幕对基坑内外承压水渗流具有明显的阻隔效应;

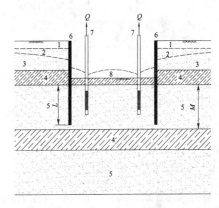

图12 坑内降水结构图一(坑内承压含水层半封闭)
1—潜水位;2—承压水位;3—潜水含水层;4—弱透水层(半隔水层);
5—承压含水层;6—止水帷幕;7—减压井;8—基坑底面

2)当截水帷幕伸入减压降水承压含水层,并进入承压含水层底板以下的半隔水层或弱透水层中,截水帷幕已完全阻断了基坑内外承压含水层之间的水力联系(如图14所示)。

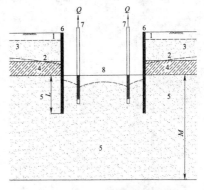

图13 坑内降水结构图二(悬挂式止水帷幕)
1—潜水位;2—承压水位;3—潜水含水层;4—弱透水层(半隔水层);
5—承压含水层;6—止水帷幕;7—减压井;8—基坑底面

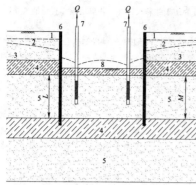

图 14 坑内降水结构图三(坑内承压含水层全封闭)
1—潜水位;2—承压水位;3—潜水含水层;4—弱透水层(半隔水层);
5—承压含水层;6—止水帷幕;7—减压井;8—基坑底面

(2)满足以下条件之一时,截水帷幕未在降水目的承压含水层中形成有效的隔水边界,宜优先选用坑外降水方案:

1)当截水帷幕未插入下部降水目的承压含水层(如图15所示);

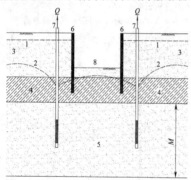

图 15 坑外降水结构图一(坑内外承压含水层全连通)
1—潜水位;2—承压水位;3—潜水含水层;4—弱透水层(半隔水层);
5—承压含水层;6—止水帷幕;7—减压井;8—基坑底面

2)截水帷幕伸入降水目的承压含水层的长度 L 较小(如图16所示)。

(3)当不满足上述选用条件之一时,可综合考虑现场施工条件、水文地质条件、截水帷幕特征以及基坑周围环境特征与保护要求等,选用合理的减压降水方案。

7.3.5 应根据基坑工程的不同工况制订降水运行方案,确定不同开挖深度下应开启的井数和开启顺序,使地下水位始终处于安全的深度,且应将降水对环境的影响减小到最低限度。当环境条件复杂、降水引起基坑外地面沉降量大于环境控制标准时,可采取控制降水幅度、人工地下水回灌或其他有效的环境保护措施。

降水试运行阶段的目的是对电力系统(包括备用电源)、排水系统、井内抽水泵、量测系统、自动监测系统等进行一次全面的检验。

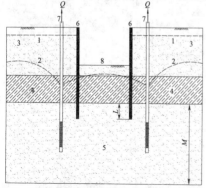

图 16 坑外降水结构图二(坑内外承压含水层几乎全连通)
1—潜水位;2—承压水位;3—潜水含水层;4—弱透水层(半隔水层);
5—承压含水层;6—止水帷幕;7—减压井;8—基坑底面

7.3.6 浅层潜水位观测井位于水位线以下的滤管长度不宜小于3.0m,承压水位观测井滤管的长度不宜小于2.0m,观测井可做备用井。对于水文地质条件复杂或减压降水幅度大于10m的基坑工程,宜采用自动监测手段。地下水位监测资料应予以及时整理、分析,以尽早发现与处理潜在问题。

7.3.7 轻型井点成孔施工可采用水冲法或钻孔法。

(1)水冲法成孔施工:利用高压水流冲开土层,冲孔管依靠自重下沉。砂性土中冲孔所需水流压力为0.4MPa~0.5MPa,黏性土中冲孔所需水流压力为0.6MPa~0.7MPa。冲孔达到设计深度后,应尽快减低水压、拔出冲孔管,向孔内沉入井点管并在井点管外壁与孔壁之间快速回填滤料(粗砂、砾砂)。

(2)钻孔法成孔施工:适用于坚硬地层或井点紧靠建筑物,一般可采用长螺旋钻孔机进行成孔施工。成孔达到设计深度后,向孔内沉入井点管,井点管外壁与孔壁之间回填滤料(粗砂、砾砂)。

7.3.8 喷射井点成孔施工采用钻孔法。成孔达到设计深度后,向孔内沉入井点管,井点管外壁与孔壁之间回填滤料(粗砂、砾砂)。

7.3.10 管井一般由井口、井管、过滤器及沉淀管四个部分组成。井管可用金属材料(如钢管、铸铁管、钢筋笼管等)或非金属材料(如塑料管、水泥管等)。降水管井宜采用联合洗井法,先用空压机洗井,待出水后改用活塞洗井。活塞洗井一定要将水拉出井口,形成井喷状,要求洗井到清水,然后再用空压机洗井并清除井底沉渣。

7.3.12 封井时间和措施除应符合设计要求外,尚应符合下列规定:

(1)对于基础底板浇筑前已停止降水的管井,浇筑底板前可将井管切割至垫层面附近,井管内采用黏性土或混凝土充填密实。

(2)基础底板浇筑前后仍需保留并持续降水的管井,应采取以下专门的封井措施:

1)基础底板浇筑前,首先应将穿越基础底板部位的过滤器更换为同规格的钢管,钢管外壁应焊接多道环形止水钢板,其外圈直径不应小于井管直径200mm;

2)井管内可采取水下浇灌混凝土或注浆的方法进行内封闭,内封闭完成后,将基础底板面以上的井管割除;

3)在残留井管内部,管口下方约200mm处及管口处分别采用钢板焊接、封闭,该两道内止水钢板之间浇灌混凝土或注浆;

4)预留井管管口宜低于基础底板顶面40mm~50mm,井管管口焊封后,用水泥砂浆填入基础底板面预留孔洞抹平。

7.4 截 水

7.4.1 基坑工程截水措施可采用双轴水泥搅拌桩、三轴水泥搅拌桩、高压喷射注浆、注浆、地下连续墙、小齿口钢板桩等。目前,冻结法已广泛应用于地铁联络通道的设计与施工中,但冻结法施工时有冻胀和融沉等不利因素,设计和施工中应注意加强对周边环境的保护措施。

7.4.2 截水帷幕应连续,截水桩的垂直度、桩与桩之间的搭接尺寸应保证深层截水帷幕的连续、截水可靠。截水帷幕自身应具有一定的强度,满足设计要求的围护结构变形的要求。

7.4.3 截水帷幕插入深度设计首先应满足基坑开挖后地基土抗渗流(或抗管涌)稳定性的要求,还应满足不同降水施工工艺的要求,如轻型井点降水、管井降水等。基坑开挖面标高变化时,截水帷幕插入深度应满足不同开挖深度区域疏干降水的设计要求。若基坑不同区域高差相差较大,宜分别形成封闭截水帷幕。

7.4.5 降低承压水水头对周边环境具有一定的不利影响,因此,应根据实际地层条件、减压降水设计要求及环境保护要求,采取不同的截水措施。

7.4.7 水土流失严重时,应立即回填基坑后再采取补救措施。

7.5 回　灌

7.5.1 回灌措施包括回灌井、回灌砂井、回灌砂沟和水位观测井等。回灌砂井、回灌砂沟一般用于浅层潜水回灌，回灌井用于承压水回灌。

回灌可以消除或减轻由于水位降低后形成的降水漏斗而引起周围建筑物及地下管线的不均匀沉降等不利影响。潜水位、承压水位降低的区域都可采用地下水回灌技术，在砂性土、粉性土层中效果相对明显。

7.5.5 为了提高回灌效率，需要采取有效措施减小回灌水流向含水层的渗流阻力，一般可通过增大过滤层的垂向和水平向厚度或采用双层过滤器达到上述目的。当回灌井过滤器采用普通单层过滤结构时，宜扩大过滤器部位的孔径以增大过滤层水平向厚度，扩孔孔径宜大于井身其他部位孔径200mm以上。当不采取扩孔措施时，回灌井过滤器宜采用双层过滤结构。

7.5.6 回灌水源应采用洁净的水或利用同一含水层中的地下水，不得污染地下水资源。

7.5.7 回灌时根据水位动态变化调节回灌水量，不能使水位压力过大，防止因水位抬升过高而对基坑产生负面效应。

8　土 方 施 工

8.1　一 般 规 定

8.1.1 基坑开挖前应综合考虑多种因素，主要是为了达到基坑安全、保护环境和方便施工的目的。基坑开挖施工方案的主要内容一般包括工程概况和特点、工程地质和水文地质资料、周边环境、基坑支护设计、施工平面布置及场内交通组织、挖土机械选型、挖土工况、挖土方法、降排水措施、季节性施工措施、支护变形控制和环境保护措施、监测方案、安全技术措施和应急预案等，施工方案应按照相关规定履行审批手续。土方的平衡与调配是土方工程施工的重要工作，一般先由设计单位提出基本平衡数据，再由施工单位根据实际情况进行平衡计算。若工程量较大，施工中还应进行多次平衡调整。在平衡计算中应综合考虑土的松散性、压缩性、沉陷量等影响土方量变化的因素。为达到文明施工、资源节约利用的目的，土方工程施工线路、弃土地点等应事先确定。

8.1.2 若场地较大，可在场地中设置集水井，并通过水泵进行强排水。

8.1.3 若机械设备需直接进入基坑进行施工作业，其入坑坡道除了考虑本身的稳定性外，还应考虑机械设备的外形尺寸及爬坡能力，若坡道遇支护结构，或坡道区域土质较差，应进行必要的加固处理。目前的基坑规模越来越大，而施工场地越来越小，施工栈桥的应用日益广泛。施工栈桥可提高土方开挖效率，还可在基础结构施工阶段作为材料临时堆放场地，也可作为起重作业和混凝土浇筑的作业点。施工栈桥应根据周围场地条件、基坑形状、支撑布置、施工设备和施工方法等进行专门设计。

8.1.4 基坑开挖期间可能会出现相邻区域有其他工程项目在同时施工的情况，有时相邻工程的距离很近，甚至有共用围护结构的情况。若围护设计对相邻工程的具体情况缺乏足够的认识，设计时没有考虑可能发生的最不利工况，极易产生施工风险。所以在相邻工程同时施工时，应在相互了解施工工况的基础上，通过充分的论证或协调，制定针对性的技术措施，合理确定并不断优化围护设计方案和施工方案，确保施工安全。

8.1.5 场地边角土方、边坡修整等应采用人工方式挖除，主要是为了防止机械超挖和机械扰动土体。为减少基坑暴露时间，开挖至基坑底标高后，垫层应及时进行施工，一般坑底有200m²的面积即可浇筑垫层。若周边环境保护要求较高，或基坑变形过大，也可根

据设计要求设置加强垫层。

8.1.7 大量工程实践证明，合理确定每个开挖空间的大小、开挖空间相对的位置关系、开挖空间的先后顺序，严格控制每个开挖步骤的时间，减少无支撑暴露时间，是控制基坑变形和保护周边环境的有效手段。基坑土方开挖在深度范围内进行合理分层，在平面上进行合理分块，并确定各分块开挖的先后顺序，可充分利用未开挖部分土体的抵抗能力，有效控制土体位移，以达到减缓基坑变形、保护周边环境的目的。同时基坑周边、施工栈桥、放坡平台、挖方边坡坡顶的施工荷载应按照设计要求进行控制，土方宜及时外运，不应在邻近的（建）构）筑物及基坑周边影响范围内堆放。为避免机械挖土过程中的工程桩位移现象，应采取控制分层厚度、稳定开挖面临时边坡等措施；挖土机械不得直接在工程桩顶部行走，若工程桩较密或现场条件限制而无法避让的，桩顶应采取覆土并铺设路基箱等保护措施。挖土机械应避免碰撞工程桩、支撑立柱、支撑、围护墙、降水井管、监测点等。

8.1.9 坑底以上200mm～300mm土方采用人工修底，放坡开挖基坑的边坡采用人工修坡，主要是为了防止机械超挖和土体受到扰动。

8.1.10 基坑开挖阶段的信息化施工和动态控制方法既是检验设计和施工合理性的重要手段，也是动态指导设计和施工的有效方法。通过信息化施工技术的运用，可及时了解基坑开挖阶段的各种变化，及时比较勘察、设计所预期的状态与监测结果的差别，对原设计成果和施工方案进行评价，预测下阶段基坑施工中可能出现的新行为、新动态，为施工期间进行设计优化和合理组织施工提供可靠的信息，对围护设计和基坑开挖方案提出针对性的调整或优化，将问题抑制在萌芽状态，以确保基坑工程安全。

8.2　基 坑 开 挖

8.2.1 地下水控制的方法包括隔水、集水明排、基坑降水和地下水回灌等。良好的地下水控制措施可保证坑底干燥，方便施工，提高土体抗剪能力和基坑稳定性，防止基坑突涌，减小坑底隆起。

8.2.2 基坑开挖时，围护结构的水平位移或开挖面土坡的滑移不仅与场地、地质条件、基坑平面、周边环境等有关，同时还与开挖面应力释放速率有关，故强调分层开挖。为防止开挖面的坡度过陡，引起土体位移、坑底隆起、桩基侧移等异常现象发生，开挖过程中的临时边坡坡度应保证其稳定性。基坑内的局部深坑可综合考虑其深度、平面位置、支护形式等因素确定开挖方法，局部深坑邻近基坑边时，为有效控制围护墙或边坡的稳定，可视局部深坑开挖深度、周边环境保护要求、支护设计、场地条件等因素确定开挖的顺序和时间。

8.2.3 本条规定了基坑放坡开挖的基本要求。

　　1 基坑采用放坡开挖不仅施工简便，而且比较经济，但放坡开挖需要一定的施工场地才能确保边坡的稳定。

　　2 放坡开挖施工前，应进行边坡设计，通过理论计算分析和类似工程经验，合理确定坡体坡度、放坡平台宽度等参数，并制定合理的施工顺序和环境保护措施。

　　3 在地下水位较高地区，放坡开挖可采取截水帷幕、降水等措施。对于无截水帷幕的多级放坡基坑，在满足降水深度要求和边坡稳定的条件下，降水系统可设置在放坡平台或坡顶，当不能满足降水深度要求或边坡稳定时，坡顶和放坡平台应分别设置降水系统。

　　4 若土质条件较差或边坡留置时间较长，应采取必要的护坡措施。护坡除采用水泥砂浆、挂网砂浆、混凝土、钢筋混凝土等方式外，尚有薄膜覆盖法、土袋或砌石压坡法等。护坡面层宜扩展至坡顶一定的距离，也可与坡顶的施工道路结合，以利于边坡的整体稳定性，必要时还可在坡面插入钢管、钢筋、毛竹等。施工过程中护坡面若出现破损、开裂等现象，应及时进行修补，以避免地表水渗入而影响边坡的稳定。

5 放坡开挖的坡面区域若存在暗浜、明浜或浜填土等不良土质，应采取土体加固等措施，若有必要，局部区域也可采取支护措施。

8.2.4 板桩外拉锚支护的基坑开挖可参照土钉支护、土层锚杆支护的基坑开挖方法。

1 对于复合土钉墙支护、土层锚杆支护的基坑，截水帷幕或排桩墙（挡土墙）先施工，由于其受力和抗渗要求的特殊性，故规定开挖前应满足强度和龄期要求。

2 由于土方开挖与基坑支护交替进行，所以开挖应和支护施工相协调。一般情况下，应先开挖基坑周边以供支护作业的沟槽，该沟槽的宽度和深度应满足支护施工作业的要求。

3 分层分段开挖时，每层开挖深度应与土钉或土层锚杆的竖向间距一致，且分层标高应考虑土钉或土层锚杆竖向作业面的要求。分段长度的控制是为了保证基坑安全，一般情况下，挖土速度要快于钻孔、注浆、张拉施工速度，若支护施工跟不上挖土的进度，则临空面暴露时间可能过长，不利于基坑稳定。

4 每层每段开挖后应在规定的时间内完成支护。考虑到土钉支护的强度要求，土钉注浆完成后一般48h后可开挖下一层土方。对于土层锚杆支护的基坑，应在锚杆张拉锁定浆液达到设计强度后方可开挖下层土方。对于面积较大的基坑，可采取岛式开挖的方式，在周边土方分层开挖并进行支护施工期间，根据具体情况确定中部土方开挖的时间和方法。

8.2.5 基坑开挖及支撑施工过程中，应选定科学合理的施工参数，施工参数主要是根据基坑规模、几何尺寸、支撑形式、开挖方式、地基条件和周边环境要求等确定，包括分层开挖层数、每层开挖深度、每层土体无支撑暴露的时间、每层土体无支撑暴露的平面尺寸及高度等。实践证明，每一个开挖步骤过程中围护墙体暴露空间和时间越小，则控制基坑变形的效果越好，因此加快开挖和支撑速度的施工工艺，是提高基坑工程技术经济效果的重要环节。

8.2.6 一般支撑设计不考虑相应的竖向荷载，挖土机械和运输车辆若直接在支撑上行走或作业，可能会产生支撑下沉、变形甚至断裂等后果。土方开挖过程中挖土机械和运输车辆应尽量避让支撑，若无法避让，一般情况下可采取支撑上部覆土并铺设路基箱的方式，可使荷载均匀传递至支撑下方土体。

8.2.7 面积较大的基坑，通常采用对撑、对撑桁架、斜撑桁架及边桁架、圆环形支撑、竖向斜撑等形式，根据支撑形式选择适宜的开挖方式可较好地控制基坑变形，且便于施工。若周边环境保护要求较高，较大的基坑一般采用分块施工的方法，合理制定开挖先后顺序是保证分块开挖达到预期效果的重要手段。盆式开挖和岛式开挖是分块开挖的两种典型方式。

8.2.8 本条规定了盆式开挖基坑的基本要求。

1 先开挖基坑中部的土方，挖土过程中在基坑中形成类似盆状的土体，然后再开挖基坑周边的土方，这种挖土方式通常称为盆式开挖。盆式开挖由于保留基坑周边的土方，减小了基坑围护暴露的时间，对控制围护墙的变形和减小周边环境的影响较为有利。盆式开挖一般适用于周边环境保护要求较高，或支撑布置较为密集的基坑，或采用竖向斜撑的基坑。

2 盆式开挖形成的边坡，其留置时间可能较长，盆边与盆底高差、边坡坡度、放坡平台宽度等参数应通过稳定性验算确定，必要时可采取降水、护坡、土体加固等措施。采用二级放坡时，若挖土机械需在放坡平台上作业的，还应考虑机械作业时的尺寸要求和附加荷载因素。盆式开挖过程中，先行完成中部土方，此时未形成有效的支撑体系，故应保留足够的盆边宽度和高度，以及足够平缓的边坡坡度，以抵抗围护墙变形和边坡自身的稳定。

3 对于中部采用对撑的基坑，盆边土体的开挖应结合支撑的平面布置先行开挖对撑对应区域的盆边土体，以尽快形成对撑；对于逆作法施工的基坑，盆边土体应分块、间隔、对称开挖；对于利用中部主体结构设置竖向斜撑的基坑，在竖向斜撑形成后再开挖盆边土体。

8.2.9 先开挖基坑周边的土方时，挖土过程中在基坑中部形成类似岛状的土体，然后再开挖基坑中部的土方，这种挖土方式通常称为岛式开挖。岛式开挖可在较短时间内完成基坑周边土方开挖及支撑系统施工，这种开挖方式对基坑变形控制较为有利。基坑中部大面积无支撑空间的土方开挖较为方便，可在支撑系统养护阶段进行开挖。岛式开挖适用于支撑系统沿基坑周边布置且中部留有较大空间的基坑。边桁架与角撑相结合的支撑体系、圆环形桁架支撑体系、圆形围檩体系的基坑采用岛式土方开挖较为典型。土钉支护、土层锚杆支护的基坑也可采用岛式土方开挖方式。

1 基坑周边土方的开挖范围不应影响该区域整个支撑系统的形成，在满足支撑系统整体形成的条件下，周边土方的开挖宽度应尽量减小，以加快挖土速度，尽早形成基坑周边的支撑系统。

2 岛式开挖形成的边坡，其留置时间可能较长，岛状土体的高差、边坡坡度、放坡平台宽度等参数应通过稳定性验算确定，必要时可采取降水、护坡、土体加固等措施。采用二级放坡时，若挖土机械需在放坡平台上作业的，还应考虑机械作业时的尺寸要求和附加荷载因素。土方运输车辆、挖土机械等在中部岛状土体顶部进行作业时，边坡稳定性计算应考虑施工机械的荷载影响。

8.2.10 狭长形基坑一般是针对地铁车站、明挖隧道、地下通道、大型箱涵等采用对撑形式的长形基坑，其中尤以中心城区的地铁车站较为典型。

1 基坑平面分区应按照设计或基础底板施工缝设置要求确定，分层厚度应与支撑竖向间距保持一致。考虑到狭长形基坑钢支撑的受力特点和土方开挖的特性，基础底板及时浇筑可改善围护结构的受力特征，保证基坑的稳定。

2 采用斜面分层分段开挖时，每小段长度一般按照1个~2个支撑水平间距确定。狭长形基坑开挖中保证纵向斜坡稳定是至关重要的，坡度过陡、雨季施工、排水不畅、坡脚扰动等都会引起土坡坍塌、围护结构变形过大甚至失稳，因此开挖前一定要慎重确定纵向放坡坡度，必要时可采取降水、护坡、土体加固等稳定措施，纵向斜面的施工技术参数需要通过计算确定。纵向斜面的分层厚度、平台宽度、分段长度等由支撑的水平和竖向间距确定，狭长形基坑斜面分层分段开挖方法如图17。

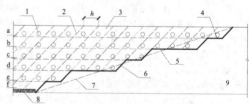

图17 狭长形基坑斜面分层分段开挖方法
1—支撑；2—每小段开挖边坡；3—每小段限时开挖并支撑；4—开挖宽度平台；5—安全加宽平台；6—各级小坡度；7—斜面总坡度；8—结构底板；9—开挖总宽度

3 设计一般根据周边环境保护要求，对每层每段开挖和钢支撑形成时间有较为严格的限制，宜为12h~36h。

8.2.11 逆作法是指利用先施工完成的地下连续墙或其他形式围护墙作为基坑施工时的围护体系，利用地下结构各层梁、板、柱等作为围护结构的支撑体系，地下结构由地面向下逐层施工，直至基础底板施工完成的方法。盖挖法是先用地下连续墙或其他围护墙作为围护结构，然后施工钢筋混凝土盖板或临时型钢盖板，在盖板、围护墙、立柱桩保护下进行土方开挖和结构施工。

1 由于逆作法和盖挖法的施工涉及永久水平和竖向结构与支护体系相结合，故施工期间的水平和垂直位移、受力情况等应满足主体结构和支护结构的设计要求。

2 取土口不仅可解决土方及其他材料设备的垂直运输问题，还有利于暗挖工程的通风。取土口的位置和大小应满足水平构件受力和变形的要求，且位置宜上下对齐。取土口的钢筋可采用插筋、接驳器等形式预留，施工时应采取技术措施进行保护，取土口封闭时应对钢筋及施工缝进行清理后方可浇筑混凝土。

4 面积较大的基坑宜采用盆式开挖，盆边边坡除了其自身稳定外，还应考虑其上部水平结构施工产生的荷载。若盆边环境复杂，盆边区域土方宜采用对称、抽条、限时开挖的方式，必要时，可设置临时斜撑以保证围护结构的稳定。

5 基坑暗挖由于受到上部楼板或盖板的限制，坑内土方开挖应预先设计作业的顺序、区域和线路，宜采用小型挖土机械与人工挖土相结合的方式，坑内土方的水平运输可采用小型挖土机械驳运、专用运输带输送等方式，垂直运输可采用挖土机械或专用挖土架等设备。

6 暗挖作业处于封闭环境下，空气质量较差，取土口等预留洞作为自然通风不能满足要求时，应设置专用通风口，并及时安装风机、风管等形成通风系统，对挖土作业面和楼层面进行强制通风。由于暗挖作业时光线较差，应配置合理的照明系统，照明系统可利用永久照明系统的预理管线，也可在结构内配置临时照明系统。

8.3 岩石基坑开挖

8.3.2 不良地质主要包括断层破碎带、软弱夹层、溶洞、滑坡体、易风化、软化、膨胀、松动的岩体，有害矿物岩脉，地下水活动较严重的岩体等。

8.3.3 强风化的硬质岩石和中风化的软质岩石采用机械开挖方式，即采用大功率推土机带裂土器(松土器)将岩石裂松成碎块，再用推土机集料装运。能否采用机械开挖方式，要考虑岩石的风化程度、岩层的倾向和节理发育情况、施工机械的切入力等因素，并通过现场试验确定。同时松土效率与机械作业人员的操作技术和经验密切相关。

8.3.4 岩石基坑爆破开挖过程中，要保证基坑底部和边坡的稳定。通过中间开槽和台阶式开挖可及时进行分层分段支护，避免无序的大爆破开挖；通过预留保护层可以防止上部台阶爆破对基底岩体造成破坏或不利影响；通过采用控制性爆破手段，如微差爆破、预裂爆破、光面爆破、减振爆破等技术，减小爆破对基坑边坡和支护结构的影响；岩石坡面和基底可采用风镐或安装在挖掘机械上的破碎锤进行修整。

8.3.5 周边环境不允许采用炸药爆破的区域，或基坑岩质极为敏感的区域，可采用静力爆破。静力爆破是通过膨胀将岩石破碎的方法，其无振动、无飞石、无冲击波、无粉尘、无噪音的特点符合环保的要求。

8.3.6 岩石基坑爆破的参数主要包括单位体积炸药消耗量、炮孔直径和深度、炮孔间距和排距等。开挖过程中应针对不同的岩体条件，通过分析爆破效果，调整爆破参数，进一步改善爆破效果，避免岩石出现爆破裂隙或使原有构造缝隙的发展大于允许范围，以及岩体的自然状态产生不应有的恶化。

8.4 土方堆放与运输

8.4.1 土方的平衡计算应综合考虑土方量的各种变更因素，如土的松散率、压缩率、沉降量等。

8.4.3 土方运输车辆加盖或采取覆盖措施，是为了防止运输过程中土方遗撒，污染城市道路及环境。

8.4.4 堆土的堆放高度不宜过高，大于设计超载要求会造成基坑安全问题。

8.4.5 临时堆土与基坑的距离和基坑影响的范围应由设计计算确认后方可堆放，否则基坑周边禁止堆土。临时堆土的坡角至坑边距离一般为：干燥密实土不小于3m，松软土不小于5m。

8.5 基坑回填

8.5.1 若设计无规定时，应通过稳定性计算确定边坡坡度；土方回填的高度较高时，应采取多级放坡的方式，或采取放缓坡度等稳

定措施。

8.5.2 回填土料可采用碎石类土、砂土、黏土、石粉等，回填土料含水率的大小直接影响到压实质量，压实前应先试验，以得到符合密实度要求的最优含水率。含水率过大，应采取翻松、晾晒、风干、换土、掺入干土等措施；含水率过小，应洒水湿润。

8.5.4 压实机具主要有压路机、打夯机、振动器等。铺土厚度、压实遍数宜根据施工经验或试验确定。

8.5.5 压实系数是回填密实度质量控制的重要指标，压实系数是土的控制干密度与最大干密度的比值，最大干密度是在最优含水率条件下，通过标准击实试验确定的。各种土的最优含水率可参考表14。含水率控制范围以外的土料应采取针对性的技术措施。

表14 土的最优含水率参考表

土的种类	砂土	黏土	粉质黏土	粉土
最优含水率(%)(重量比)	8~12	19~23	12~15	16~22

8.5.6 采用压路机机械压实时，碾轮每次重叠宽度可控制在150mm~250mm，行驶速度宜控制在2km/h。

8.5.7 在行车、堆重、干湿交替等作用下，土体会逐渐沉降，若设计对沉降量无规定，采用机械回填时，砂土的预留沉降量(填土高度的百分比)可取1.5%，粉质黏土的预留沉降量可取3%~3.5%。

8.5.8 本条规定了土方回填的要求。

2 基坑设置混凝土换撑或钢换撑，换撑下方的回填密实度较难保证，一般可采取在该部位回填砂、素混凝土的方法，也可在回填至换撑标高后，拆除换撑后再回填压实。

3 基坑回填处理不当或地面超载过大可能会引起受力分布情况的变化，对基础结构可能会产生不利影响，故规定对称、均衡回填的要求。

4 若基坑较深，从地面直接将回填土料填至坑底时，土料降落高度较大，对已经完工的防水层可能产生破坏，可采用设置简易滑槽入坑的方法控制降落高度和速度，有利于工程产品保护。

9 边坡施工

9.1 一般规定

9.1.1 施工组织设计是保证边坡工程安全施工的重要环节，施工方案应结合边坡的具体工程技术条件和设计原则，采取合理可行的施工措施。施工组织设计的具体内容可参照现行国家标准《建筑边坡工程技术规范》GB 50330的规定。

边坡工程施工还应事先做好施工险情应急措施和抢险预案。边坡工程施工出现险情时，应立即执行应急预案，并尽快向勘察和设计等单位反馈信息，查清原因并结合边坡永久性支护要求进一步制定施工抢险方案或更改边坡支护设计方案。

9.1.3 在边坡开挖后，应在设计规定的时间内实施支护结构，或者在设计规定时间内采取一定的封闭措施。

9.1.5 边坡工程应由设计提出监测要求，由业主委托有资质的监测单位编制监测方案，经设计、监理和业主共同认可后实施。方案应包括监测项目、监测目的、测试方法、测点布置、监测项目报警值、信息反馈制度和现场原始状态资料记录要求等内容。

9.2 喷锚支护

9.2.6 Ⅰ、Ⅱ类岩质边坡应尽量采用部分逆作法，这样既能确保工程开挖中的安全，又便于施工。但应注意对未支护开挖岩体的高度与宽度应依据岩体的破碎、风化程度作严格控制，以免施工中出现事故。

9.3 挡土墙

9.3.2 排水孔孔径宜为50mm~100mm，间距宜为1.5m~3.0m。

9.3.5 挡墙内部砂浆的饱满、密实是挡墙施工质量优劣的关键。为保证砂浆的饱满和密实,应采用"坐浆"、"灌浆"、"挤浆"三种方法相结合的施工方法进行砌筑。具体操作方法是:打一层底浆,将石材的大面向下放置在砂浆上,让砂浆与石材紧密结合,满铺一层石材后马上将砂浆灌入石材之间的缝隙,并保证砂浆在缝隙内密实,同时将小石头嵌挤到大石头的缝隙中,挤出过多的砂浆。按上述方法反复进行打底浆—铺石材—灌浆—挤浆,砌筑时应注意上、下层石材交错排列,竖缝不得重合,每层石材应放置稳定。

9.3.9 墙后填土应优先选择透水性较强的填料并清除填土中的草和树皮、树根等杂物。当采用黏性土作填料时,宜掺入适量的碎石。不应采用淤泥、耕植土、膨胀性黏土或软弱有害的岩土体作为填料。挡墙墙后填方地面的横坡坡度大于1:6时,为了避免填方沿原地面滑动,填方基底粗糙处理的办法有铲除草皮和耕植土、开挖台阶等。

9.4 边坡开挖

9.4.1 放坡开挖是在一定的环境条件下,控制边坡开挖的深度及坡度,使边坡达到自身稳定的施工方法。该方法安全、便捷、经济,当满足下列条件时,应优先采用放坡开挖:

(1)边坡场地开阔,坡体土质稳定性条件较好,边坡在一定的坡率下开挖安全;

(2)边坡在一定的坡率下开挖不影响邻近已有建(构)筑物、各种地下管线及周边环境的安全和正常使用;

(3)对地下水位埋藏较浅的坡体,应能有效地降低地下水位且使坡体保持干燥。

放坡开挖时,边坡的侧壁形式可根据具体情况选用下列3种形式,见图18:

(a)单一坡型:适用于边坡开挖深度较小、坡壁土质均匀的边坡。

(b)折线坡型:适用于边坡开挖深度较大,且组成坡壁的上下岩土层有较大差异性的边坡。

(c)台阶坡型:适用于边坡开挖深度大或坡壁土质不均匀的边坡。应根据工程的实际情况在不同岩土层的分界处或一定深度处设置一级或多级过渡平台,对土层平台宽度不宜小于1m,对岩石平台宽度不宜小于0.5m。

(a)单一坡型　　(b)折线坡型　　(c)台阶坡型
图18 边坡侧壁形式示意图
1—坡底;2—坡脚;3—坡面;4—坡肩;5—坡顶;6—平台

9.4.3 土质条件较好、开挖深度较浅的边坡,当由施工单位自行确定边坡开挖的坡比时,边坡的垂直开挖深度及坡比可按表15中的数值采用。当地有可靠的施工经验时,也可根据当地经验采用,无经验时可根据表15进行开挖施工。

表15 边坡开挖允许坡比(高宽比)

土的类别	性状	坡高 5m 以内	坡高 5m~10m
杂填土	中密~密实	1:0.75~1:1.00	—
黏性土	坚硬	1:0.75~1:1.00	1:1.00~1:1.25
	硬塑	1:1.00~1:1.25	1:1.25~1:1.50
	可塑	1:1.25~1:1.50	1:1.50~1:1.75
粉土	中密~密实,稍湿	1:1.00~1:1.25	1:1.25~1:1.50
黄土	黄土状土(Q₄),可塑~软塑	1:0.50~1:0.75	1:0.75~1:1.00
	马兰黄土(Q₃),可塑~硬塑	1:0.30~1:0.50	1:0.50~1:0.75
	离石黄土(Q₂),可塑~硬塑	1:0.20~1:0.30	1:0.30~1:0.50
	午城黄土(Q₁),可塑~硬塑	1:0.10~1:0.20	1:0.20~1:0.30

续表15

土的类别	性状		坡高 5m 以内	坡高 5m~10m
砂土	—		自然休止角	
碎石土	密实	(充填物为硬塑~坚硬状态的黏性土)	1:0.35~1:0.50	1:0.50~1:0.75
	中密		1:0.50~1:0.75	1:0.75~1:1.00
	稍密		1:0.75~1:1.00	1:1.00~1:1.25
碎石土	密实	(充填物为中密~密实状态的砂土)	1:1.00	—
	中密		1:1.40	—
	稍密		1:1.60	—
硬质岩石	微风化		1:0.10~1:0.20	1:0.20~1:0.35
	中等风化		1:0.20~1:0.35	1:0.35~1:0.50
	强分化		1:0.35~1:0.50	1:0.50~1:0.75
	全风化		1:0.50~1:0.75	1:0.75~1:1.00
软质岩石	微风化		1:0.35~1:0.50	1:0.50~1:0.75
	中等风化		1:0.50~1:0.75	1:0.75~1:1.00
	强风化		1:0.75~1:1.00	1:1.00~1:1.25
	全风化		1:1.00~1:1.25	1:1.25~1:1.50

注:1 使用本表时,要满足场地地下水位低于边坡坡底的设计标高2m以上及边坡坡肩以外1.5倍的坡高范围内无动、静荷载。

2 对于混合土,可参照本表中相近的土类执行。

3 本表不适用于岩石层层面或主要节理面有顺向滑动可能的岩质边坡。

9.4.4 本条规定的放坡坡比应通过稳定性计算的是指符合下列条件之一的边坡:

(1)坡面采用折线型或台阶型开挖的边坡;

(2)边坡开挖大于本规范条文说明表15所规定深度的边坡;

(3)坡顶距坡脚1.5倍的开挖深度范围内,有长期荷载作用的边坡;

(4)由较松软的土体构成的边坡;

(5)具有与坡向一致的软弱结构面的边坡;

(6)有其他不利因素作用,易使坡壁失稳的边坡。

边坡的稳定性计算可选用下列方法并应符合现行国家标准《建筑边坡工程技术规范》GB 50330的规定。

黏性土开挖边坡的稳定性可用圆弧滑动简单条分法计算确定(见图19)。圆弧滑动整体稳定系数 K 可按下式计算:

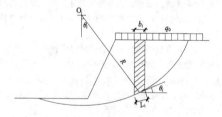

图19 圆弧滑动简单条分法计算图
R—滑动半径(m)

$$K=\frac{\sum C_{ik}L_i+\sum(q_0b_i+W_i)\cos\theta_i\tan\varphi_{ik}}{\sum(q_0b_i+W_i)\sin\theta_i} \quad (8)$$

式中:K——边坡整体稳定系数,不应小于1.3;

C_{ik}——第 i 条块土的黏聚力标准值(kPa);

L_i——第 i 条块滑弧长度(m);

q_0——坡顶面作用的均布荷载(kPa);

b_i——第 i 条块的宽度(m);

W_i——第 i 条块土的重力,按上覆土的天然土重计算(kN);

θ_i——第 i 条块弧线中点的切线与水平线的夹角(°);

φ_{ik}——第 i 条块土的内摩擦角标准值(°)。

砂土或碎石土构成的边坡,土体的黏聚力取为0,放坡坡率的稳定性可按直线滑动法计算确定。直线滑动整体稳定系数 K 可按下式计算:

$$K=\frac{\tan\varphi_k}{\tan\theta}\qquad(9)$$

式中：K——边坡整体稳定系数，不应小于 1.3；

φ_k——土的内摩擦角标准值($°$)；

θ——直线滑动面与水平面的夹角($°$)。

本条适用于由施工单位自行确定放坡形式及坡率的边坡施工。

9.4.5 当开挖区内的地下水位高于坑底时，应采取措施，降低地下水位宜至坡底下 1m～2m，且待坡体干燥后才能进行开挖施工。开挖施工应按照先上后下的开挖顺序，分段、分层按设计要求开挖。

9.4.7 水是造成边坡失稳的一个重要原因，边坡施工一定要严格做好防水、排水措施。

9.4.8 边坡坡底标高的施工质量应符合现行国家标准《建筑地基基础工程施工质量验收规范》GB 50202 的有关规定。

10 安全与绿色施工

10.0.1 本条规定是为了科学地评价建筑施工安全生产情况，提高安全生产工作和文明施工的管理水平，预防伤亡事故的发生，确保职工的安全和健康，实现检查评价工作的标准化、规范化。

10.0.2 安全检查是消除事故隐患，预防事故，保证安全生产的重要手段和措施，是为了不断改善生产条件和作业环境，使作业环境达到最佳状态。

10.0.3 特殊工种工人应参加主管部门办的培训班，经考试合格后，发给上岗证，每两年还需进行一次复审，并经公司各级安全教育，考试合格后上岗。

10.0.4 机械设备应按时进行保养，当发现有漏保失修或超载带病运转等情况时，使用者应立即停用并向机电技术人员反映情况，机电技术人员应立即组织维修，同时应严格按现行行业标准《建筑机械使用安全技术规程》JGJ 33 的规定操作施工机械，确保机械使用安全。

10.0.5 施工现场由于用电设备种类多、电容量大、工作环境不固定、露天作业、临时使用的特点，在电气线路的敷设、电器元件、电缆的选配及电路的设置等方面容易存在不规范行为，引发触电伤亡事故。因此，按规范使用施工临时用电十分重要。

10.0.6 施工现场的电焊等工种离不开氧气瓶等易燃易爆物品的使用，不注意防火措施容易造成严重的人员伤亡及财产损失。因此，应注重施工现场的防火防爆安全。

10.0.7 相邻工程由于打桩或基坑开挖产生的相互影响已引发多起工程事故，本条文提出原则性措施来避免或减少相互影响。

10.0.8 工程桩与围护桩的施工间歇期，在有孔隙水压力监测时，控制土的固结度不应低于 80%；在无孔隙水压力监测时，砂质粉土不少于 20d，淤泥质黏土不少于 30d。当围护桩和工程桩流水施工时，应控制安全距离和时间间隔。

10.0.9 沉桩时减少振动、挤土的措施可以参考下面几种措施：

（1）预钻孔沉桩。预钻孔孔径可比桩径（或方桩对角线长度）小 50mm～100mm，深度可根据桩距和砂土的密实度、渗透性确定，宜为桩长的 1/3～1/2，引孔的垂直度偏差不宜大于 0.5%，施工时应随钻随打，引孔中有积水时宜用开口型桩尖。当桩端持力层需进入较坚硬的岩层时，应配备可入岩的钻孔桩机或冲孔桩机。

（2）对饱和淤泥、淤泥质土、黏性土地基，设置袋装砂井或塑料排水板，以消除部分超孔隙水压力，袋装砂井直径宜为 70mm～80mm，间距宜为 1.0m～1.5m，深度宜根据饱和黏性土厚度确定，塑料排水板的深度、间距与袋装砂井相同。

（3）开挖地面防震沟、防挤土沟，并可与其他措施结合使用，防震沟、防挤地沟宽度可取 0.5m～0.8m，深度按土质情况决定。

（4）合理安排沉桩流程、控制沉桩速率和日打桩量，24h 内休止时间不应小于 8h。

列出的一些减少打桩对邻近建筑物影响的措施是对多年实践经验的总结。如某工程，未采取任何措施沉桩地面隆起达 150mm～500mm，采用预钻孔措施后地面隆起则降为 20mm～100mm。控制打桩速率也是减少挤土隆起的有效措施之一。对于经检测确有桩体上涌的情况，应实施复打。具体用哪一种措施要根据工程实际条件综合分析确定，有时可同时采用几种措施。即使采取了措施，也应加强监测。

10.0.12 本条对人的职业安全作了相应的规定。

从事挖孔作业的工人应经健康检查和井下、高空、用电、吊装及简单机械操作等安全作业培训且考核合格后，方可进入现场施工。

施工现场所有设备、设施、安全装置、工具、配件以及个人劳保用品等应经常检查，确保完好和安全使用。

孔内有人时，孔上应有人监督防护，孔口配合人员应集中精力，密切监视坑内的情况，并积极配合孔内作业人员进行作业，不得擅离岗位，在孔内上下递送工具物品时，严禁用抛掷的方法。孔内操作人员要 2h 轮换一次，严禁操作人员在孔内停留时间过久。

施工时注意孔内状况，发现流砂、涌水、护壁变形、有毒气体等异常现象，应及时采取处理措施，严重时应停止作业并迅速撤离。

10.0.17 施工现场醒目位置是指主入口、主要临街面、有毒有害物品堆放处等。

10.0.18 工程项目部应贯彻文物保护法律法规，制定施工现场文物保护措施，并有应急预案。

10.0.19 化学品和重金属污染品存放应采取隔断和硬化处理。

10.0.20 现场机械保养、限额领料、废弃物排放和再生利用等应制度健全，做到有据可查，有责必究。

10.0.22 基础施工，特别是钻孔过程中会有大量的泥浆水排放，为防止污染环境，钻孔过程中的泥浆水应先集中在泥浆沉淀池，符合要求后排放到工地的排水系统。

中华人民共和国国家标准

混凝土结构工程施工规范

Code for construction of concrete structures

GB 50666—2011

主编部门：中华人民共和国住房和城乡建设部
批准部门：中华人民共和国住房和城乡建设部
施行日期：２０１２ 年 ８ 月 １ 日

中华人民共和国住房和城乡建设部
公　告

第 1110 号

关于发布国家标准
《混凝土结构工程施工规范》的公告

现批准《混凝土结构工程施工规范》为国家标准，编号为 GB 50666 - 2011，自 2012 年 8 月 1 日起实施。其中，第 4.1.2、5.1.3、5.2.2、6.1.3、6.4.10、7.2.4（2）、7.2.10、7.6.3（1）、7.6.4、8.1.3 条（款）为强制性条文，必须严格执行。

本规范由我部标准定额研究所组织中国建筑工业出版社出版发行。

中华人民共和国住房和城乡建设部
2011 年 7 月 29 日

前　言

本规范是根据原建设部《关于印发〈2007 年工程建设标准规范制订、修订计划（第一批）〉的通知》（建标〔2007〕125 号）的要求，由中国建筑科学研究院会同有关单位编制而成。

本规范是混凝土结构工程施工的通用标准，提出了混凝土结构工程施工管理和过程控制的基本要求。本规范在控制施工质量的同时，为贯彻执行国家技术经济政策，反映建筑领域可持续发展理念，加强了节能、节地、节水、节材与环境保护等要求。本规范积极采用了新技术、新工艺、新材料。

本规范在编制过程中，总结了近年来我国混凝土结构工程施工的实践经验和研究成果，借鉴了有关国际和国外先进标准，开展了多项专题研究，广泛地征求了有关方面的意见，对具体内容进行了反复讨论、协调和修改，最后经审查定稿。

本规范共分 11 章、6 个附录。主要内容是：总则，术语，基本规定，模板工程，钢筋工程，预应力工程，混凝土制备与运输，现浇结构工程，装配式结构工程，冬期、高温和雨期施工，环境保护等。

本规范中以黑体字标志的条文为强制性条文，必须严格执行。

本规范由住房和城乡建设部负责管理和对强制性条文的解释，由中国建筑科学研究院负责具体技术内容的解释。请各单位在本规范执行过程中，总结经验，积累资料，并将有关意见和建议寄送中国建筑科学研究院《混凝土结构工程施工规范》管理组（地址：北京市朝阳区北三环东路 30 号，邮政编码：100013，电子邮箱：concode@126.com），以便今后修订时参考。

本 规 范 主 编 单 位：中国建筑科学研究院

本 规 范 参 编 单 位：中国建筑第八工程局有限公司

上海建工集团股份有限公司

中国建筑第二工程局有限公司

中国建筑一局（集团）有限公司

中国中铁建工集团有限公司

浙江省长城建设集团股份有限公司

青建集团股份公司

北京市建设监理协会

中冶建筑研究总院有限公司

黑龙江省寒地建筑科学研究院

东南大学

同济大学

华中科技大学

北京榆构有限公司

瑞安房地产发展有限公司

沛丰建筑工程（上海）有限公司

北京东方建宇混凝土科学

技术研究院

浙江华威建材集团有限
公司

西卡中国集团

广州市裕丰控股股份有限
公司

柳州欧维姆机械股份有限
公司

本规范主要起草人员：袁振隆　程志军　王玉岭
　　　　　　　　　　王沧州　王晓锋　王章夫
　　　　　　　　　　朱万旭　朱广祥　李小阳
　　　　　　　　　　李东彬　李宏伟　李景芳
　　　　　　　　　　肖绪文　吴月华　何晓阳

冷发光　张元勃　张同波
林晓辉　赵挺生　赵　勇
姜　波　耿树江　郭正兴
郭景强　龚　剑　蒋勤俭
赖宜政　路来军

本规范主要审查人员：叶可明　杨嗣信　胡德均
　　　　　　　　　　钟　波　艾永祥　赵玉章
　　　　　　　　　　张良杰　汪道金　张　琨
　　　　　　　　　　陈　浩　高俊岳　白生翔
　　　　　　　　　　韩素芳　徐有邻　李晨光
　　　　　　　　　　尤天直　郑文忠　冯　健
　　　　　　　　　　魏建东　丛小密　杨思忠

目 次

Contents

1 总　则

1.0.1 为在混凝土结构工程施工中贯彻国家技术经济政策，保证工程质量，做到技术先进、工艺合理、节约资源、保护环境，制定本规范。

1.0.2 本规范适用于建筑工程混凝土结构的施工，不适用于轻骨料混凝土及特殊混凝土的施工。

1.0.3 本规范为混凝土结构工程施工的基本要求；当设计文件对施工有专门要求时，尚应按设计文件执行。

1.0.4 混凝土结构工程的施工除应符合本规范外，尚应符合国家现行有关标准的规定。

2 术　语

2.0.1 混凝土结构　concrete structure

以混凝土为主制成的结构，包括素混凝土结构、钢筋混凝土结构和预应力混凝土结构，按施工方法可分为现浇混凝土结构和装配式混凝土结构。

2.0.2 现浇混凝土结构　cast-in-situ concrete structure

在现场原位支模并整体浇筑而成的混凝土结构，简称现浇结构。

2.0.3 装配式混凝土结构　precast concrete structure

由预制混凝土构件或部件装配、连接而成的混凝土结构，简称装配式结构。

2.0.4 混凝土拌合物工作性　workability of concrete

混凝土拌合物满足施工操作要求及保证混凝土均匀密实应具备的特性，主要包括流动性、黏聚性和保水性。简称混凝土工作性。

2.0.5 自密实混凝土　self-compacting concrete

无需外力振捣，能够在自重作用下流动并密实的混凝土。

2.0.6 先张法　pre-tensioning

在台座或模板上先张拉预应力筋并用夹具临时锚固，在浇筑混凝土并达到规定强度后，放张预应力筋而建立预应力的施工方法。

2.0.7 后张法　post-tensioning

结构构件混凝土达到规定强度后，张拉预应力筋并用锚具永久锚固而建立预应力的施工方法。

2.0.8 成型钢筋　fabricated steel bar

采用专用设备，按规定尺寸、形状预先加工成型的普通钢筋制品。

2.0.9 施工缝　construction joint

按设计要求或施工需要分段浇筑，先浇筑混凝土达到一定强度后继续浇筑混凝土所形成的接缝。

2.0.10 后浇带　post-cast strip

为适应环境温度变化、混凝土收缩、结构不均匀沉降等因素影响，在梁、板（包括基础底板）、墙等结构中预留的具有一定宽度且经过一定时间后再浇筑的混凝土带。

3 基本规定

3.1 施工管理

3.1.1 承担混凝土结构工程施工的施工单位应具备相应的资质，并应建立相应的质量管理体系、施工质量控制和检验制度。

3.1.2 施工项目部的机构设置和人员组成，应满足混凝土结构工程施工管理的需要。施工操作人员应经过培训，应具备各自岗位需要的基础知识和技能水平。

3.1.3 施工前，应由建设单位组织设计、施工、监理等单位对设计文件进行交底和会审。由施工单位完成的深化设计文件应经原设计单位确认。

3.1.4 施工单位应保证施工资料真实、有效、完整和齐全。施工项目技术负责人应组织施工全过程的资料编制、收集、整理和审核，并应及时存档、备案。

3.1.5 施工单位应根据设计文件和施工组织设计的要求制定具体的施工方案，并应经监理单位审核批准后组织实施。

3.1.6 混凝土结构工程施工前，施工单位应对施工现场可能发生的危害、灾害与突发事件制定应急预案。应急预案应进行交底和培训，必要时应进行演练。

3.2 施工技术

3.2.1 混凝土结构工程施工前，应根据结构类型、特点和施工条件，确定施工工艺，并应做好各项准备工作。

3.2.2 对体形复杂、高度或跨度较大、地基情况复杂及施工环境条件特殊的混凝土结构工程，宜进行施工过程监测，并应及时调整施工控制措施。

3.2.3 混凝土结构工程施工中采用的新技术、新工艺、新材料、新设备，应按有关规定进行评审、备案。施工前应对新的或首次采用的施工工艺进行评价，制定专门的施工方案，并经监理单位核准。

3.2.4 混凝土结构工程施工中采用的专利技术，不应违反本规范的有关规定。

3.2.5 混凝土结构工程施工应采取有效的环境保护措施。

3.3 施工质量与安全

3.3.1 混凝土结构工程各工序的施工，应在前一道工序质量检查合格后进行。

3.3.2 在混凝土结构工程施工过程中，应及时进行自检、互检和交接检，其质量不应低于现行国家标准《混凝土结构工程施工质量验收规范》GB 50204 的有关规定。对检查中发现的质量问题，应按规定程序及时处理。

3.3.3 在混凝土结构工程施工过程中，对隐蔽工程应进行验收，对重要工序和关键部位应加强质量检查或进行测试，并应作出详细记录，同时宜留存图像资料。

3.3.4 混凝土结构工程施工使用的材料、产品和设备，应符合国家现行有关标准、设计文件和施工方案的规定。

3.3.5 材料、半成品和成品进场时，应对其规格、型号、外观和质量证明文件进行检查，并应按现行国家标准《混凝土结构工程施工质量验收规范》GB 50204 等的有关规定进行检验。

3.3.6 材料进场后，应按种类、规格、批次分开储存与堆放，并应标识明晰。储存与堆放条件不应影响材料品质。

3.3.7 混凝土结构工程施工前，施工单位应制定检测和试验计划，并应经监理（建设）单位批准后实施。监理（建设）单位应根据检测和试验计划制定见证计划。

3.3.8 施工中为各种检验目的所制作的试件应具有真实性和代表性，并应符合下列规定：

    1 试件均应及时进行唯一性标识；

    2 混凝土试件的抽样方法、抽样地点、抽样数量、养护条件、试验龄期应符合现行国家标准《混凝土结构工程施工质量验收规范》GB 50204、《混凝土强度检验评定标准》GB/T 50107 等的有关规定；混凝土试件的制作要求、试验方法应符合现行国家标准《普通混凝土力学性能试验方法标准》GB/T 50081 等的有关规定；

    3 钢筋、预应力筋等试件的抽样方法、抽样数量、制作要求和试验方法应符合国家现行有关标准的规定。

3.3.9 施工现场应设置满足需要的平面和高程控制点作为确定结构位置的依据，其精度应符合规划、设计要求和施工需要，并应防止扰动。

3.3.10 混凝土结构工程施工中的安全措施、劳动保护、防火要求等，应符合国家现行有关标准的规定。

4 模板工程

4.1 一般规定

4.1.1 模板工程应编制专项施工方案。滑模、爬模等工具式模板工程及高大模板支架工程的专项施工方案，应进行技术论证。

4.1.2 模板及支架应根据施工过程中的各种工况进行设计，应具有足够的承载力和刚度，并应保证其整体稳固性。

4.1.3 模板及支架应保证工程结构和构件各部分形状、尺寸和位置准确，且应便于钢筋安装和混凝土浇筑、养护。

4.2 材 料

4.2.1 模板及支架材料的技术指标应符合国家现行有关标准的规定。

4.2.2 模板及支架宜选用轻质、高强、耐用的材料。连接件宜选用标准定型产品。

4.2.3 接触混凝土的模板表面应平整，并应具有良好的耐磨性和硬度；清水混凝土模板的面板材料应能保证脱模后所需的饰面效果。

4.2.4 脱模剂应能有效减小混凝土与模板间的吸附力，并应有一定的成膜强度，且不应影响脱模后混凝土表面的后期装饰。

4.3 设 计

4.3.1 模板及支架的形式和构造应根据工程结构形式、荷载大小、地基土类别、施工设备和材料供应等条件确定。

4.3.2 模板及支架设计应包括下列内容：

    1 模板及支架的选型及构造设计；

    2 模板及支架上的荷载及其效应计算；

    3 模板及支架的承载力、刚度验算；

    4 模板及支架的抗倾覆验算；

    5 绘制模板及支架施工图。

4.3.3 模板及支架的设计应符合下列规定：

    1 模板及支架的结构设计宜采用以分项系数表达的极限状态设计方法；

    2 模板及支架的结构分析中所采用的计算假定和分析模型，应有理论或试验依据，或经工程验证可行；

    3 模板及支架应根据施工过程中各种受力工况进行结构分析，并确定其最不利的作用效应组合；

    4 承载力计算应采用荷载基本组合；变形验算可仅采用永久荷载标准值。

4.3.4 模板及支架设计时，应根据实际情况计算不同工况下的各项荷载及其组合。各项荷载的标准值可按本规范附录 A 确定。

4.3.5 模板及支架结构构件应按短暂设计状况进行承载力计算。承载力计算应符合下式要求：

$$\gamma_0 S \leqslant \frac{R}{\gamma_R} \qquad (4.3.5)$$

式中：γ_0 ——结构重要性系数，对重要的模板及支架宜取 $\gamma_0 \geqslant 1.0$；对一般的模板及支架应取 $\gamma_0 \geqslant 0.9$；

S——模板及支架按荷载基本组合计算的效应设计值，可按本规范第4.3.6条的规定进行计算；

R——模板及支架结构构件的承载力设计值，应按国家现行有关标准计算；

γ_R——承载力设计值调整系数，应根据模板及支架重复使用情况取用，不应小于1.0。

4.3.6 模板及支架的荷载基本组合的效应设计值，可按下式计算：

$$S = 1.35\alpha \sum_{i\geq 1} S_{G_{ik}} + 1.4\psi_{cj} \sum_{j\geq 1} S_{Q_{jk}} \quad (4.3.6)$$

式中：$S_{G_{ik}}$——第i个永久荷载标准值产生的效应值；

$S_{Q_{jk}}$——第j个可变荷载标准值产生的效应值；

α——模板及支架的类型系数：对侧面模板，取0.9；对底面模板及支架，取1.0；

ψ_{cj}——第j个可变荷载的组合值系数，宜取$\psi_{cj} \geq 0.9$。

4.3.7 模板及支架承载力计算的各项荷载可按表4.3.7确定，并应采用最不利的荷载基本组合进行设计。参与组合的永久荷载应包括模板及支架自重（G_1）、新浇筑混凝土自重（G_2）、钢筋自重（G_3）及新浇筑混凝土对模板的侧压力（G_4）等；参与组合的可变荷载宜包括施工人员及施工设备产生的荷载（Q_1）、混凝土下料产生的水平荷载（Q_2）、泵送混凝土或不均匀堆载等因素产生的附加水平荷载（Q_3）及风荷载（Q_4）等。

表4.3.7 参与模板及支架承载力计算的各项荷载

	计算内容	参与荷载项
模板	底面模板的承载力	$G_1 + G_2 + G_3 + Q_1$
	侧面模板的承载力	$G_4 + Q_2$
支架	支架水平杆及节点的承载力	$G_1 + G_2 + G_3 + Q_1$
	立杆的承载力	$G_1 + G_2 + G_3 + Q_1 + Q_4$
	支架结构的整体稳定	$G_1 + G_2 + G_3 + Q_1 + Q_3$ $G_1 + G_2 + G_3 + Q_1 + Q_4$

注：表中的"+"仅表示各项荷载参与组合，而不表示代数相加。

4.3.8 模板及支架的变形验算应符合下列规定：

$$a_{fG} \leqslant a_{f,lim} \quad (4.3.8)$$

式中：a_{fG}——按永久荷载标准值计算的构件变形值；

$a_{f,lim}$——构件变形限值，按本规范第4.3.9条的规定确定。

4.3.9 模板及支架的变形限值应根据结构工程要求确定，并宜符合下列规定：

1 对结构表面外露的模板，其挠度限值宜为模板构件计算跨度的1/400；

2 对结构表面隐蔽的模板，其挠度限值宜取为模板构件计算跨度的1/250；

3 支架的轴向压缩变形限值或侧向挠度限值，宜取为计算高度或计算跨度的1/1000。

4.3.10 支架的高宽比不宜大于3；当高宽比大于3时，应加强整体稳固性措施。

4.3.11 支架应按混凝土浇筑前和混凝土浇筑时两种工况进行抗倾覆验算。支架的抗倾覆验算应满足下式要求：

$$\gamma_0 M_0 \leqslant M_r \quad (4.3.11)$$

式中：M_0——支架的倾覆力矩设计值，按荷载基本组合计算，其中永久荷载的分项系数取1.35，可变荷载的分项系数取1.4；

M_r——支架的抗倾覆力矩设计值，按荷载基本组合计算，其中永久荷载的分项系数取0.9，可变荷载的分项系数取0。

4.3.12 支架结构中钢构件的长细比不应超过表4.3.12规定的容许值。

表4.3.12 支架结构钢构件容许长细比

构件类别	容许长细比
受压构件的支架立柱及桁架	180
受压构件的斜撑、剪刀撑	200
受拉构件的钢杆件	350

4.3.13 多层楼板连续支模时，应分析多层楼板间荷载传递对支架和楼板结构的影响。

4.3.14 支架立柱或竖向模板支承在土层上时，应按现行国家标准《建筑地基基础设计规范》GB 50007的有关规定对土层进行验算；支架立柱或竖向模板支承在混凝土结构构件上时，应按现行国家标准《混凝土结构设计规范》GB 50010的有关规定对混凝土结构构件进行验算。

4.3.15 采用钢管和扣件搭设的支架设计时，应符合下列规定：

1 钢管和扣件搭设的支架宜采用中心传力方式；

2 单根立杆的轴力标准值不宜大于12kN，高大模板支架单根立杆的轴力标准值不宜大于10kN；

3 立杆顶部承受水平杆扣件传递的竖向荷载时，立杆应按不小于50mm的偏心距进行承载力验算，高大模板支架的立杆应按不小于100mm的偏心距进行承载力验算；

4 支承模板的顶部水平杆可按受弯构件进行承载力验算；

5 扣件抗滑移承载力验算可按现行行业标准《建筑施工扣件式钢管脚手架安全技术规范》JGJ 130的有关规定执行。

4.3.16 采用门式、碗扣式、盘扣式或盘销式等钢管架搭设的支架，应采用支架立柱杆端插入可调托座的中心传力方式，其承载力及刚度可按国家现行有关标准的规定进行验算。

4.4 制作与安装

4.4.1 模板应按图加工、制作。通用性强的模板宜制作成定型模板。

4.4.2 模板面板背楞的截面高度宜统一。模板制作与安装时，面板拼缝应严密。有防水要求的墙体，其模板对拉螺栓中部应设止水片，止水片应与对拉螺栓环焊。

4.4.3 与通用钢管支架匹配的专用支架，应按图加工、制作。搁置于支架顶端可调托座上的主梁，可采用木方、木工字梁或截面对称的型钢制作。

4.4.4 支架立柱和竖向模板安装在土层上时，应符合下列规定：

1 应设置具有足够强度和支承面积的垫板；

2 土层应坚实，并应有排水措施；对湿陷性黄土、膨胀土，有防水措施；对冻胀性土，应有防冻胀措施；

3 对软土地基，必要时可采用堆载预压的方法调整模板面板安装高度。

4.4.5 安装模板时，应进行测量放线，并应采取保证模板位置准确的定位措施。对竖向构件的模板及支架，应根据混凝土一次浇筑高度和浇筑速度，采取竖向模板抗侧移、抗浮和抗倾覆措施。对水平构件的模板及支架，应结合不同的支架和模板面板形式，采取支架间、模板间及模板与支架间的有效拉结措施。对可能承受较大风荷载的模板，应采取防风措施。

4.4.6 对跨度不小于4m的梁、板，其模板施工起拱高度宜为梁、板跨度的1/1000～3/1000。起拱不得减少构件的截面高度。

4.4.7 采用扣件式钢管作模板支架时，支架搭设应符合下列规定：

1 模板支架搭设所采用的钢管、扣件规格，应符合设计要求；立杆纵距、立杆横距、支架步距以及构造要求，应符合专项施工方案的要求。

2 立杆纵距、立杆横距不应大于1.5m，支架步距不应大于2.0m；立杆纵向和横向宜设置扫地杆，纵向扫地杆距立杆底部不宜大于200mm，横向扫地杆宜设置在纵向扫地杆的下方；立杆底部宜设置底座或垫板。

3 立杆接长除顶层步距可采用搭接外，其余各层步距接头应采用对接扣件连接，两个相邻立杆的接头不应设置在同一步距内。

4 立杆步距的上下两端应设置双向水平杆，水平杆与立杆的交错点应采用扣件连接，双向水平杆与立杆的连接扣件之间的距离不应大于150mm。

5 支架周边应连续设置竖向剪刀撑。支架长度或宽度大于6m时，应设置中部纵向或横向的竖向剪刀撑，剪刀撑的间距和单幅剪刀撑的宽度均不宜大于8m，剪刀撑与水平杆的夹角宜为45°～60°；支架高度

大于3倍步距时，支架顶部宜设置一道水平剪刀撑，剪刀撑应延伸至周边。

6 立杆、水平杆、剪刀撑的搭接长度，不应小于0.8m，且不应少于2个扣件连接，扣件盖板边缘至杆端不应小于100mm。

7 扣件螺栓的拧紧力矩不应小于40N·m，且不应大于65N·m。

8 支架立杆搭设的垂直偏差不宜大于1/200。

4.4.8 采用扣件式钢管作高大模板支架时，支架搭设除应符合本规范第4.4.7条的规定外，尚应符合下列规定：

1 宜在支架立杆顶端插入可调托座，可调托座螺杆外径不应小于36mm，螺杆插入钢管的长度不应小于150mm，螺杆伸出钢管的长度不应大于300mm，可调托座伸出顶层水平杆的悬臂长度不应大于500mm；

2 立杆纵距、横距不应大于1.2m，支架步距不应大于1.8m；

3 立杆顶层步距内采用搭接时，搭接长度不应小于1m，且不应少于3个扣件连接；

4 立杆纵向和横向应设置扫地杆，纵向扫地杆距立杆底部不宜大于200mm；

5 宜设置中部纵向或横向的竖向剪刀撑，剪刀撑的间距不宜大于5m；沿支架高度方向搭设的水平剪刀撑的间距不宜大于6m；

6 立杆的搭设垂直偏差不宜大于1/200，且不宜大于100mm；

7 应根据周边结构的情况，采取有效的连接措施加强支架整体稳固性。

4.4.9 采用碗扣式、盘扣式或盘销式钢管架作模板支架时，支架搭设应符合下列规定：

1 碗扣架、盘扣架或盘销架的水平杆与立柱的扣接应牢靠，不应滑脱；

2 立杆上的上、下层水平杆间距不应大于1.8m；

3 插入立杆顶端可调托座伸出顶层水平杆的悬臂长度不应大于650mm，螺杆插入钢管的长度不应小于150mm，其直径应满足与钢管内径间隙不大于6mm的要求。架体最顶层的水平杆步距应比标准步距缩小一个节点间距；

4 立柱间应设置专用斜杆或扣件钢管斜杆加强模板支架。

4.4.10 采用门式钢管架搭设模板支架时，应符合现行行业标准《建筑施工门式钢管脚手架安全技术规范》JGJ 128的有关规定。当支架高度较大或荷载较大时，主立杆钢管直径不宜小于48mm，并应设水平加强杆。

4.4.11 支架的竖向斜撑和水平斜撑应与支架同步搭设，支架应与成型的混凝土结构拉结。钢管支架的竖

向斜撑和水平斜撑的搭设，应符合国家现行有关钢管脚手架标准的规定。

4.4.12 对现浇多层、高层混凝土结构，上、下楼层模板支架的立杆宜对准。模板及支架杆件等应分散堆放。

4.4.13 模板安装应保证混凝土结构构件各部分形状、尺寸和相对位置准确，并应防止漏浆。

4.4.14 模板安装应与钢筋安装配合进行，梁柱节点的模板宜在钢筋安装后安装。

4.4.15 模板与混凝土接触面应清理干净并涂刷脱模剂，脱模剂不得污染钢筋和混凝土接槎处。

4.4.16 后浇带的模板及支架应独立设置。

4.4.17 固定在模板上的预埋件、预留孔和预留洞，均不得遗漏，且应安装牢固、位置准确。

4.5 拆除与维护

4.5.1 模板拆除时，可采取先支的后拆、后支的先拆，先拆非承重模板、后拆承重模板的顺序，并应从上而下进行拆除。

4.5.2 底模及支架应在混凝土强度达到设计要求后再拆除；当设计无具体要求时，同条件养护的混凝土立方体试件抗压强度应符合表 4.5.2 的规定。

表 4.5.2　底模拆除时的混凝土强度要求

构件类型	构件跨度（m）	达到设计混凝土强度等级值的百分率（%）
板	≤2	≥50
	>2，≤8	≥75
	>8	≥100
梁、拱、壳	≤8	≥75
	>8	≥100
悬臂结构		≥100

4.5.3 当混凝土强度能保证其表面及棱角不受损伤时，方可拆除侧模。

4.5.4 多个楼层间连续支模的底层支架拆除时间，应根据连续支模的楼层间荷载分配和混凝土强度的增长情况确定。

4.5.5 快拆支架体系的支架立杆间距不应大于 2m。拆模时，应保留立杆并顶托支承楼板，拆模时的混凝土强度可按本规范表 4.5.2 中构件跨度为 2m 的规定确定。

4.5.6 后张预应力混凝土结构构件，侧模宜在预应力筋张拉前拆除；底模及支架不应在结构构件建立预应力前拆除。

4.5.7 拆下的模板及支架杆件不得抛掷，应分散堆放在指定地点，并应及时清运。

4.5.8 模板拆除后应将其表面清理干净，对变形和损伤部位应进行修复。

4.6 质量检查

4.6.1 模板、支架杆件和连接件的进场检查，应符合下列规定：

1 模板表面应平整；胶合板模板的胶合层不应脱胶翘角；支架杆件应平直，应无严重变形和锈蚀；连接件应无严重变形和锈蚀，并不应有裂纹；

2 模板的规格和尺寸，支架杆件的直径和壁厚，及连接件的质量，应符合设计要求；

3 施工现场组装的模板，其组成部分的外观和尺寸，应符合设计要求；

4 必要时，应对模板、支架杆件和连接件的力学性能进行抽样检查；

5 应在进场时和周转使用前全数检查外观质量。

4.6.2 模板安装后应检查尺寸偏差。固定在模板上的预埋件、预留孔和预留洞，应检查其数量和尺寸。

4.6.3 采用扣件式钢管作模板支架时，质量检查应符合下列规定：

1 梁下支架立杆间距的偏差不宜大于 50mm，板下支架立杆间距的偏差不宜大于 100mm；水平杆间距的偏差不宜大于 50mm；

2 应检查支架顶部承受模板荷载的水平杆与支架立杆连接的扣件数量，采用双扣件构造设置的抗滑移扣件，其上下应顶紧，间隙不应大于 2mm；

3 支架顶部承受模板荷载的水平杆与支架立杆连接的扣件拧紧力矩，不应小于 40N·m，且不应大于 65 N·m；支架每步双向水平杆应与立杆扣接，不得缺失。

4.6.4 采用碗扣式、盘扣式或盘销式钢管架作模板支架时，质量检查应符合下列规定：

1 插入立杆顶端可调托座伸出顶层水平杆的悬臂长度，不应超过 650mm；

2 水平杆杆端与立杆连接的碗扣、插接和盘销的连接状况，不应松脱；

3 按规定设置的竖向和水平斜撑。

5 钢 筋 工 程

5.1 一 般 规 定

5.1.1 钢筋工程宜采用专业化生产的成型钢筋。

5.1.2 钢筋连接方式应根据设计要求和施工条件选用。

5.1.3 当需要进行钢筋代换时，应办理设计变更文件。

5.2 材 料

5.2.1 钢筋的性能应符合国家现行有关标准的规定。常用钢筋的公称直径、公称截面面积、计算截面面积及理论重量，应符合本规范附录 B 的规定。

5.2.2 对有抗震设防要求的结构，其纵向受力钢筋的性能应满足设计要求；当设计无具体要求时，对按一、二、三级抗震等级设计的框架和斜撑构件（含梯段）中的纵向受力普通钢筋应采用 HRB335E、HRB400E、HRB500E、HRBF335E、HRBF400E 或 HRBF500E 钢筋，其强度和最大力下总伸长率的实测值，应符合下列规定：

    1 钢筋的抗拉强度实测值与屈服强度实测值的比值不应小于 1.25；

    2 钢筋的屈服强度实测值与屈服强度标准值的比值不应大于 1.30；

    3 钢筋的最大力下总伸长率不应小于 9%。

5.2.3 施工过程中应采取防止钢筋混淆、锈蚀或损伤的措施。

5.2.4 施工中发现钢筋脆断、焊接性能不良或力学性能显著不正常等现象时，应停止使用该批钢筋，并应对该批钢筋进行化学成分检验或其他专项检验。

5.3 钢筋加工

5.3.1 钢筋加工前应将表面清理干净。表面有颗粒状、片状老锈或有损伤的钢筋不得使用。

5.3.2 钢筋加工宜在常温状态下进行，加工过程中不应对钢筋进行加热。钢筋应一次弯折到位。

5.3.3 钢筋宜采用机械设备进行调直，也可采用冷拉方法调直。当采用机械设备调直时，调直设备不应具有延伸功能。当采用冷拉方法调直时，HPB300 光圆钢筋的冷拉率不宜大于 4%；HRB335、HRB400、HRB500、HRBF335、HRBF400、HRBF500 及 RRB400 带肋钢筋的冷拉率，不宜大于 1%。钢筋调直过程中不应损伤带肋钢筋的横肋。调直后的钢筋应平直，不应有局部弯折。

5.3.4 钢筋弯折的弯弧内直径应符合下列规定：

    1 光圆钢筋，不应小于钢筋直径的 2.5 倍；

    2 335MPa 级、400MPa 级带肋钢筋，不应小于钢筋直径的 4 倍；

    3 500MPa 级带肋钢筋，当直径为 28mm 以下时不应小于钢筋直径的 6 倍，当直径为 28mm 及以上时不应小于钢筋直径的 7 倍；

    4 位于框架结构顶层端节点处的梁上部纵向钢筋和柱外侧纵向钢筋，在节点角部弯折处，当钢筋直径为 28mm 以下时不宜小于钢筋直径的 12 倍，当钢筋直径为 28mm 及以上时不宜小于钢筋直径的 16 倍；

    5 箍筋弯折处尚不应小于纵向受力钢筋直径；箍筋弯折处纵向受力钢筋为搭接钢筋或并筋时，应按钢筋实际排布情况确定箍筋弯弧内直径。

5.3.5 纵向受力钢筋的弯折后平直段长度应符合设计要求及现行国家标准《混凝土结构设计规范》GB 50010 的有关规定。光圆钢筋末端作 180°弯钩时，弯

钩的弯折后平直段长度不应小于钢筋直径的 3 倍。

5.3.6 箍筋、拉筋的末端应按设计要求作弯钩，并应符合下列规定：

    1 对一般结构构件，箍筋弯钩的弯折角度不应小于 90°，弯折后平直段长度不应小于箍筋直径的 5 倍；对有抗震设防要求或设计有专门要求的结构构件，箍筋弯钩的弯折角度不应小于 135°，弯折后平直段长度不应小于箍筋直径的 10 倍和 75mm 两者之中的较大值；

    2 圆形箍筋的搭接长度不应小于其受拉锚固长度，且两末端均应作不小于 135°的弯钩，弯折后平直段长度对一般结构构件不应小于箍筋直径的 5 倍，对有抗震设防要求的结构构件不应小于箍筋直径的 10 倍和 75mm 的较大值；

    3 拉筋用作梁、柱复合箍筋中单肢箍筋或梁腰筋间拉结筋时，两端弯钩的弯折角度均不应小于 135°，弯折后平直段长度应符合本条第 1 款对箍筋的有关规定；拉筋用作剪力墙、楼板等构件中拉结筋时，两端弯钩可采用一端 135°另一端 90°，弯折后平直段长度不应小于拉筋直径的 5 倍。

5.3.7 焊接封闭箍筋宜采用闪光对焊，也可采用气压焊或单面搭接焊，并宜采用专用设备进行焊接。焊接封闭箍筋下料长度和端头加工应按焊接工艺确定。焊接封闭箍筋的焊点设置，应符合下列规定：

    1 每个箍筋的焊点数量应为 1 个，焊点宜位于多边形箍筋中的某边中部，且距箍筋弯折处的位置不宜小于 100mm；

    2 矩形柱箍筋焊点宜设在柱短边，等边多边形柱箍筋焊点可设在任一边；不等边多边形柱箍筋焊点应位于不同边上；

    3 梁箍筋焊点应设置在顶边或底边。

5.3.8 当钢筋采用机械锚固措施时，钢筋锚固端的加工应符合国家现行相关标准的规定。采用钢筋锚固板时，应符合现行行业标准《钢筋锚固板应用技术规程》JGJ 256 的有关规定。

5.4 钢筋连接与安装

5.4.1 钢筋接头宜设置在受力较小处；有抗震设防要求的结构中，梁端、柱端箍筋加密区范围内不宜设置钢筋接头，且不应进行钢筋搭接。同一纵向受力钢筋不宜设置两个或两个以上接头。接头末端至钢筋弯起点的距离，不应小于钢筋直径的 10 倍。

5.4.2 钢筋机械连接施工应符合下列规定：

    1 加工钢筋接头的操作人员应经专业培训合格后上岗，钢筋接头的加工应经工艺检验合格后方可进行。

    2 机械连接接头的混凝土保护层厚度宜符合现行国家标准《混凝土结构设计规范》GB 50010 中受力钢筋的混凝土保护层最小厚度规定，且不得小于

15mm。接头之间的横向净间距不宜小于 25mm。

3 螺纹接头安装后应使用专用扭力扳手校核拧紧扭力矩。挤压接头压痕直径的波动范围应控制在允许波动范围内，并使用专用量规进行检验。

4 机械连接接头的适用范围、工艺要求、套筒材料及质量要求等应符合现行行业标准《钢筋机械连接技术规程》JGJ 107 的有关规定。

5.4.3 钢筋焊接施工应符合下列规定：

1 从事钢筋焊接施工的焊工应持有钢筋焊工考试合格证，并应按照合格证规定的范围上岗操作。

2 在钢筋工程焊接施工前，参与该项工程施焊的焊工应进行现场条件下的焊接工艺试验，经试验合格后，方可进行焊接。焊接过程中，如果钢筋牌号、直径发生变更，应再次进行焊接工艺试验。工艺试验使用的材料、设备、辅料及作业条件均应与实际施工一致。

3 细晶粒热轧钢筋及直径大于 28mm 的普通热轧钢筋，其焊接参数应经试验确定；余热处理钢筋不宜焊接。

4 电渣压力焊只应使用于柱、墙等构件中竖向受力钢筋的连接。

5 钢筋焊接接头的适用范围、工艺要求、焊条及焊剂选择、焊接操作及质量要求等应符合现行行业标准《钢筋焊接及验收规程》JGJ 18 的有关规定。

5.4.4 当纵向受力钢筋采用机械连接接头或焊接接头时，接头的设置应符合下列规定：

1 同一构件内的接头宜分批错开。

2 接头连接区段的长度为 35d，且不应小于 500mm，凡接头中点位于该连接区段长度内的接头均应属于同一连接区段；其中 d 为相互连接两根钢筋中较小直径。

3 同一连接区段内，纵向受力钢筋接头面积百分率为该区段内有接头的纵向受力钢筋截面面积与全部纵向受力钢筋截面面积的比值；纵向受力钢筋的接头面积百分率应符合下列规定：

1）受拉接头，不宜大于 50%；受压接头，可不受限制；

2）板、墙、柱中受拉机械连接接头，可根据实际情况放宽；装配式混凝土结构构件连接处受拉接头，可根据实际情况放宽；

3）直接承受动力荷载的结构构件中，不宜采用焊接；当采用机械连接时，不应超过 50%。

5.4.5 当纵向受力钢筋采用绑扎搭接接头时，接头的设置应符合下列规定：

1 同一构件内的接头宜分批错开。各接头的横向净间距 s 不应小于钢筋直径，且不应小于 25mm。

2 接头连接区段的长度为 1.3 倍搭接长度，凡接头中点位于该连接区段长度内的接头均应属于同一

连接区段；搭接长度可取相互连接两根钢筋中较小直径计算。纵向受力钢筋的最小搭接长度应符合本规范附录 C 的规定。

3 同一连接区段内，纵向受力钢筋接头面积百分率为该区段内有接头的纵向受力钢筋截面面积与全部纵向受力钢筋截面面积的比值（图 5.4.5）；纵向受压钢筋的接头面积百分率可不受限制；纵向受拉钢筋的接头面积百分率应符合下列规定：

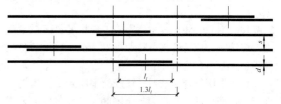

图 5.4.5　钢筋绑扎搭接接头连接区
段及接头面积百分率

注：图中所示搭接接头同一连接区段内的搭接钢筋为两根，当各钢筋直径相同时，接头面积百分率为 50%。

1）梁类、板类及墙类构件，不宜超过 25%；基础筏板，不宜超过 50%。

2）柱类构件，不宜超过 50%。

3）当工程中确有必要增大接头面积百分率时，对梁类构件，不应大于 50%；对其他构件，可根据实际情况适当放宽。

5.4.6 在梁、柱类构件的纵向受力钢筋搭接长度范围内应按设计要求配置箍筋，并应符合下列规定：

1 箍筋直径不应小于搭接钢筋较大直径的 25%；

2 受拉搭接区段的箍筋间距不应大于搭接钢筋较小直径的 5 倍，且不应大于 100mm；

3 受压搭接区段的箍筋间距不应大于搭接钢筋较小直径的 10 倍，且不应大于 200mm；

4 当柱中纵向受力钢筋直径大于 25mm 时，应在搭接接头两个端面外 100mm 范围内各设置两个箍筋，其间距宜为 50mm。

5.4.7 钢筋绑扎应符合下列规定：

1 钢筋的绑扎搭接接头应在接头中心和两端用铁丝扎牢；

2 墙、柱、梁钢筋骨架中各竖向面钢筋网交叉点应全数绑扎；板上部钢筋网的交叉点应全数绑扎，底部钢筋网除边缘部分外可间隔交错绑扎；

3 梁、柱的箍筋弯钩及焊接封闭箍筋的焊点应沿纵向受力钢筋方向错开设置；

4 构造柱纵向钢筋宜与承重结构同步绑扎；

5 梁及柱中箍筋、墙中水平分布钢筋、板中钢筋距构件边缘的起始距离宜为 50mm。

5.4.8 构件交接处的钢筋位置应符合设计要求。当设计无具体要求时，应保证主要受力构件和构件中主要受力方向的钢筋位置。框架节点处梁纵向受力钢筋

宜放在柱纵向钢筋内侧；当主次梁底部标高相同时，次梁下部钢筋应放在主梁下部钢筋之上；剪力墙中水平分布钢筋宜放在外侧，并宜在墙端弯折锚固。

5.4.9 钢筋安装应采用定位件固定钢筋的位置，并宜采用专用定位件。定位件应具有足够的承载力、刚度、稳定性和耐久性。定位件的数量、间距和固定方式，应能保证钢筋的位置偏差符合国家现行有关标准的规定。混凝土框架梁、柱保护层内，不宜采用金属定位件。

5.4.10 钢筋安装过程中，因施工操作需要而对钢筋进行焊接时，应符合现行行业标准《钢筋焊接及验收规程》JGJ 18 的有关规定。

5.4.11 采用复合箍筋时，箍筋外围应封闭。梁类构件复合箍筋内部，宜选用封闭箍筋，奇数肢也可采用单肢箍筋；柱类构件复合箍筋内部可部分采用单肢箍筋。

5.4.12 钢筋安装应采取防止钢筋受模板、模具内表面的脱模剂污染的措施。

5.5 质量检查

5.5.1 钢筋进场检查应符合下列规定：

　　1 应检查钢筋的质量证明文件；

　　2 应按国家现行有关标准的规定抽样检验屈服强度、抗拉强度、伸长率、弯曲性能及单位长度重量偏差；

　　3 经产品认证符合要求的钢筋，其检验批量可扩大一倍。在同一工程中，同一厂家、同一牌号、同一规格的钢筋连续三次进场检验均一次检验合格时，其后的检验批量可扩大一倍；

　　4 钢筋的外观质量；

　　5 当无法准确判断钢筋品种、牌号时，应增加化学成分、晶粒度等检验项目。

5.5.2 成型钢筋进场时，应检查成型钢筋的质量证明文件、成型钢筋所用材料质量证明文件及检验报告，并应抽样检验成型钢筋的屈服强度、抗拉强度、伸长率和重量偏差。检验批量可由合同约定，同一工程、同一原材料来源、同一组生产设备生产的成型钢筋，检验批量不宜大于30t。

5.5.3 钢筋调直后，应检查力学性能和单位长度重量偏差。但采用无延伸功能的机械设备调直的钢筋，可不进行本条规定的检查。

5.5.4 钢筋加工后，应检查尺寸偏差；钢筋安装后，应检查品种、级别、规格、数量及位置。

5.5.5 钢筋连接施工的质量检查应符合下列规定：

　　1 钢筋焊接和机械连接施工前均应进行工艺检验。机械连接应检查有效的型式检验报告。

　　2 钢筋焊接接头和机械连接接头应全数检查外观质量，搭接连接接头应抽检搭接长度。

　　3 螺纹接头应抽检拧紧扭矩值。

　　4 钢筋焊接施工中，焊工应及时自检。当发现焊接缺陷及异常现象时，应查找原因，并采取措施及时消除。

　　5 施工中应检查钢筋接头百分率。

　　6 应按现行行业标准《钢筋机械连接技术规程》JGJ 107、《钢筋焊接及验收规程》JGJ 18 的有关规定抽取钢筋机械连接接头、焊接接头试件作力学性能检验。

6 预应力工程

6.1 一般规定

6.1.1 预应力工程应编制专项施工方案。必要时，施工单位应根据设计文件进行深化设计。

6.1.2 预应力工程施工应根据环境温度采取必要的质量保证措施，并应符合下列规定：

　　1 当工程所处环境温度低于－15℃时，不宜进行预应力筋张拉；

　　2 当工程所处环境温度高于35℃或日平均环境温度连续5日低于5℃时，不宜进行灌浆施工；当在环境温度高于35℃或日平均环境温度连续5日低于5℃条件下进行灌浆施工时，应采取专门的质量保证措施。

6.1.3 当预应力筋需要代换时，应进行专门计算，并应经原设计单位确认。

6.2 材　　料

6.2.1 预应力筋的性能应符合国家现行有关标准的规定。常用预应力筋的公称直径、公称截面面积、计算截面面积及理论重量应符合本规范附录B的规定。

6.2.2 预应力筋用锚具、夹具和连接器的性能，应符合现行国家标准《预应力筋用锚具、夹具和连接器》GB/T 14370 的有关规定，其工程应用应符合现行行业标准《预应力筋用锚具、夹具和连接器应用技术规程》JGJ 85 的有关规定。

6.2.3 后张预应力成孔管道的性能应符合国家现行有关标准的规定。

6.2.4 预应力筋等材料在运输、存放、加工、安装过程中，应采取防止其损伤、锈蚀或污染的措施，并应符合下列规定：

　　1 有粘结预应力筋展开后应平顺，不应有弯折，表面不应有裂纹、小刺、机械损伤、氧化铁皮和油污等；

　　2 预应力筋用锚具、夹具、连接器和锚垫板表面应无污物、锈蚀、机械损伤和裂纹；

　　3 无粘结预应力筋护套应光滑、无裂缝、无明显褶皱；

　　4 后张预应力用成孔管道内外表面应清洁，无锈蚀，不应有油污、孔洞和不规则的褶皱，咬口不应有开裂或脱落。

6.3 制作与安装

6.3.1 预应力筋的下料长度应经计算确定，并应采用砂轮锯或切断机等机械方法切断。预应力筋制作或安装时，不应用作接地线，并应避免焊渣或接地电火花的损伤。

6.3.2 无粘结预应力筋在现场搬运和铺设过程中，不应损伤其塑料护套。当出现轻微破损时，应及时采用防水胶带封闭；严重破损的不得使用。

6.3.3 钢绞线挤压锚具应采用配套的挤压机制作，挤压操作的油压最大值应符合使用说明书的规定。采用的摩擦衬套应沿挤压套筒全长均匀分布；挤压完成后，预应力筋外端露出挤压套筒不应少于 1mm。

6.3.4 钢绞线压花锚具应采用专用的压花机制作成型，梨形头尺寸和直线锚固段长度不应小于设计值。

6.3.5 钢丝镦头及下料长度偏差应符合下列规定：

  1 镦头的头型直径不宜小于钢丝直径的 1.5 倍，高度不宜小于钢丝直径；

  2 镦头不应出现横向裂纹；

  3 当钢丝束两端均采用镦头锚具时，同一束中各根钢丝长度的极差不应大于钢丝长度的 1/5000，且不应大于 5mm。当成组张拉长度不大于 10m 的钢丝时，同组钢丝长度的极差不得大于 2mm。

6.3.6 成孔管道的连接应密封，并应符合下列规定：

  1 圆形金属波纹管接长时，可采用大一规格的同波型波纹管作为接头管，接头管长度可取其内径的 3 倍，且不宜小于 200mm，两端旋入长度宜相等，且接头管两端应采用防水胶带密封；

  2 塑料波纹管接长时，可采用塑料焊接机热熔焊接或采用专用连接管；

  3 钢管连接可采用焊接连接或套筒连接。

6.3.7 预应力筋或成孔管道应按设计规定的形状和位置安装，并应符合下列规定：

  1 预应力筋或成孔管道应平顺，并与定位钢筋绑扎牢固。定位钢筋直径不宜小于 10mm，间距不宜大于 1.2m，板中无粘结预应力筋的定位间距可适当放宽，扁形管道、塑料波纹管或预应力筋曲线曲率较大处的定位间距，宜适当缩小。

  2 凡施工时需要预先起拱的构件，预应力筋或成孔管道宜随构件同时起拱。

  3 预应力筋或成孔管道控制点竖向位置允许偏差应符合表 6.3.7 的规定。

表 6.3.7 预应力筋或成孔管道控制点竖向位置允许偏差

构件截面高（厚）度 h (mm)	h≤300	300<h≤1500	h>1500
允许偏差（mm）	±5	±10	±15

6.3.8 预应力筋和预应力孔道的间距和保护层厚度，应符合下列规定：

  1 先张法预应力筋之间的净间距，不宜小于预应力筋公称直径或等效直径的 2.5 倍和混凝土粗骨料最大粒径的 1.25 倍，且对预应力钢丝、三股钢绞线和七股钢绞线分别不应小于 15mm、20mm 和 25mm。当混凝土振捣密实性有可靠保证时，净间距可放宽至粗骨料最大粒径的 1.0 倍；

  2 对后张法预制构件，孔道之间的水平净间距不宜小于 50mm，且不宜小于粗骨料最大粒径的 1.25 倍；孔道至构件边缘的净间距不宜小于 30mm，且不宜小于孔道外径的 50%；

  3 在现浇混凝土梁中，曲线孔道在竖直方向的净间距不应小于孔道外径，水平方向的净间距不宜小于孔道外径的 1.5 倍，且不应小于粗骨料最大粒径的 1.25 倍；从孔道外壁至构件边缘的净间距，梁底不宜小于 50mm，梁侧不宜小于 40mm；裂缝控制等级为三级的梁，从孔道外壁至构件边缘的净间距，梁底不宜小于 60mm，梁侧不宜小于 50mm；

  4 预留孔道的内径宜比预应力束外径及需穿过孔道的连接器外径大 6mm～15mm，且孔道的截面积宜为穿入预应力束截面积的 3 倍～4 倍；

  5 当有可靠经验并能保证混凝土浇筑质量时，预应力孔道可水平并列贴紧布置，但每一列束中的孔道数量不应超过 2 个；

  6 板中单根无粘结预应力筋的水平间距不宜大于板厚的 6 倍，且不宜大于 1m；带状束的无粘结预应力筋根数不宜多于 5 根，束间距不宜大于板厚的 12 倍，且不宜大于 2.4m；

  7 梁中集束布置的无粘结预应力筋，束的水平净间距不宜小于 50mm，束至构件边缘的净间距不宜小于 40mm。

6.3.9 预应力孔道应根据工程特点设置排气孔、泌水孔及灌浆孔，排气孔可兼作泌水孔或灌浆孔，并应符合下列规定：

  1 当曲线孔道波峰和波谷的高差大于 300mm 时，应在孔道波峰设置排气孔，排气孔间距不宜大于 30m；

  2 当排气孔兼作泌水孔时，其外接管伸出构件顶面高度不宜小于 300mm。

6.3.10 锚垫板、局部加强钢筋和连接器应按设计要求的位置和方向安装牢固，并应符合下列规定：

  1 锚垫板的承压面应与预应力筋或孔道曲线末端的切线垂直。预应力筋曲线起始点与张拉锚固点之间的直线段最小长度应符合表 6.3.10 的规定；

  2 采用连接器接长预应力筋时，应全面检查连接器的所有零件，并应按产品技术手册要求操作；

  3 内埋式固定端锚垫板不应重叠，锚具与锚垫板应贴紧。

表 6.3.10 预应力筋曲线起始点与
张拉锚固点之间直线段最小长度

预应力筋张拉力 N(kN)	N≤1500	1500<N≤6000	N>6000
直线段最小长度（mm）	400	500	600

6.3.11 后张法有粘结预应力筋穿入孔道及其防护，应符合下列规定：

1 对采用蒸汽养护的预制构件，预应力筋应在蒸汽养护结束后穿入孔道；

2 预应力筋穿入孔道后至孔道灌浆的时间间隔不宜过长，当环境相对湿度大于 60%或处于近海环境时，不宜超过 14d；当环境相对湿度不大于 60%时，不宜超过 28d；

3 当不能满足本条第 2 款的规定时，宜对预应力筋采取防锈措施。

6.3.12 预应力筋等安装完成后，应做好成品保护工作。

6.3.13 当采用减摩材料降低孔道摩擦阻力时，应符合下列规定：

1 减摩材料不应对预应力筋、成孔管道及混凝土产生不利影响；

2 灌浆前应将减摩材料清除干净。

6.4 张拉和放张

6.4.1 预应力筋张拉前，应进行下列准备工作：

1 计算张拉力和张拉伸长值，根据张拉设备标定结果确定油泵压力表读数；

2 根据工程需要搭设安全可靠的张拉作业平台；

3 清理锚垫板和张拉端预应力筋，检查锚垫板后混凝土的密实性。

6.4.2 预应力筋张拉设备及压力表应定期维护和标定。张拉设备和压力表应配套标定和使用，标定期限不应超过半年。当使用过程中出现反常现象或张拉设备检修后，应重新标定。

注：1 压力表的量程应大于张拉工作压力读值，压力表的精确度等级不应低于 1.6 级；

2 标定张拉设备用的试验机或测力计的测力示值不确定度，不应大于 1.0%；

3 张拉设备标定时，千斤顶活塞的运行方向应与实际张拉工作状态一致。

6.4.3 施加预应力时，混凝土强度应符合设计要求，且同条件养护的混凝土立方体抗压强度，应符合下列规定：

1 不应低于设计混凝土强度等级值的 75%；

2 采用消除应力钢丝或钢绞线作为预应力筋的先张法构件，尚不应低于 30MPa；

3 不应低于锚具供应商提供的产品技术手册要

求的混凝土最低强度要求；

4 后张法预应力梁和板，现浇结构混凝土的龄期分别不宜小于 7d 和 5d。

注：为防止混凝土早期裂缝而施加预应力时，可不受本条的限制，但应满足局部受压承载力的要求。

6.4.4 预应力筋的张拉控制应力应符合设计及专项施工方案的要求。当施工中需要超张拉时，调整后的张拉控制应力 σ_{con} 应符合下列规定：

1 消除应力钢丝、钢绞线：

$$\sigma_{con} \leqslant 0.80 f_{ptk} \qquad (6.4.4\text{-}1)$$

2 中强度预应力钢丝：

$$\sigma_{con} \leqslant 0.75 f_{ptk} \qquad (6.4.4\text{-}2)$$

3 预应力螺纹钢筋：

$$\sigma_{con} \leqslant 0.90 f_{pyk} \qquad (6.4.4\text{-}3)$$

式中：σ_{con}——预应力筋张拉控制应力；

f_{ptk}——预应力筋极限强度标准值；

f_{pyk}——预应力筋屈服强度标准值。

6.4.5 采用应力控制方法张拉时，应校核最大张拉力下预应力筋伸长值。实测伸长值与计算伸长值的偏差应控制在±6%之内，否则应查明原因并采取措施后再张拉。必要时，宜进行现场孔道摩擦系数测定，并可根据实测结果调整张拉控制力。预应力筋张拉伸长值的计算和实测值的确定及孔道摩擦系数的测定，可分别按本规范附录 D、附录 E 的规定执行。

6.4.6 预应力筋的张拉顺序应符合设计要求，并应符合下列规定：

1 应根据结构受力特点、施工方便及操作安全等因素确定张拉顺序；

2 预应力筋宜按均匀、对称的原则张拉；

3 现浇预应力混凝土楼盖，宜先张拉楼板、次梁的预应力筋，后张拉主梁的预应力筋；

4 对预制屋架等平卧叠浇构件，应从上而下逐榀张拉。

6.4.7 后张预应力筋应根据设计和专项施工方案的要求采用一端或两端张拉。采用两端张拉时，宜两端同时张拉，也可一端先张拉锚固，另一端补张拉。当设计无具体要求时，应符合下列规定：

1 有粘结预应力筋长度不大于 20m 时，可一端张拉，大于 20m 时，宜两端张拉；预应力筋为直线形时，一端张拉的长度可延长至 35m；

2 无粘结预应力筋长度不大于 40m 时，可一端张拉，大于 40m 时，宜两端张拉。

6.4.8 后张有粘结预应力筋应整束张拉。对直线形或平行编排的有粘结预应力钢绞线束，当能确保各根钢绞线不受叠压影响时，也可逐根张拉。

6.4.9 预应力筋张拉时，应从零拉力加载至初拉力后，量测伸长值初读数，再以均匀速率加载至张拉控制力。塑料波纹管内的预应力筋，张拉力达到张拉控制力后宜持荷 2min～5min。

6.4.10 预应力筋张拉中应避免预应力筋断裂或滑脱。当发生断裂或滑脱时，应符合下列规定：

1 对后张法预应力结构构件，断裂或滑脱的数量严禁超过同一截面预应力筋总根数的3%，且每束钢丝或每根钢绞线不得超过一丝；对多跨双向连续板，其同一截面应按每跨计算；

2 对先张法预应力构件，在浇筑混凝土前发生断裂或滑脱的预应力筋必须更换。

6.4.11 锚固阶段张拉端预应力筋的内缩量应符合设计要求。当设计无具体要求时，应符合表6.4.11的规定。

表6.4.11 张拉端预应力筋的内缩量限值

锚具类别		内缩量限值 (mm)
支承式锚具（螺母锚具、镦头锚具等）	螺母缝隙	1
	每块后加垫板的缝隙	1
夹片式锚具	有顶压	5
	无顶压	6~8

6.4.12 先张法预应力筋的放张顺序，应符合下列规定：

1 宜采取缓慢放张工艺进行逐根或整体放张；

2 对轴心受压构件，所有预应力筋宜同时放张；

3 对受弯或偏心受压的构件，应先同时放张预压应力较小区域的预应力筋，再同时放张预压应力较大区域的预应力筋；

4 当不能按本条第1~3款的规定放张时，应分阶段、对称、相互交错放张；

5 放张后，预应力筋的切断顺序，宜从张拉端开始依次切向另一端。

6.4.13 后张法预应力筋张拉锚固后，如遇特殊情况需卸锚时，应采用专门的设备和工具。

6.4.14 预应力筋张拉或放张时，应采取有效的安全防护措施，预应力筋两端正前方不得站人或穿越。

6.4.15 预应力筋张拉时，应对张拉力、压力表读数、张拉伸长值、锚固回缩值及异常情况处理等作出详细记录。

6.5 灌浆及封锚

6.5.1 后张法有粘结预应力筋张拉完毕并经检查合格后，应尽早进行孔道灌浆，孔道内水泥浆应饱满、密实。

6.5.2 后张法预应力筋锚固后的外露多余长度，宜采用机械方法切割，也可采用氧-乙炔焰切割，其外露长度不宜小于预应力筋直径的1.5倍，且不应小于30mm。

6.5.3 孔道灌浆前应进行下列准备工作：

1 应确认孔道、排气兼泌水管及灌浆孔畅通；对预埋管成型孔道，可采用压缩空气清孔；

2 应采用水泥浆、水泥砂浆等材料封闭端部锚具缝隙，也可采用封锚罩封闭外露锚具；

3 采用真空灌浆工艺时，应确认孔道系统的密封性。

6.5.4 配制水泥浆用水泥、水及外加剂除应符合国家现行有关标准的规定外，尚应符合下列规定：

1 宜采用普通硅酸盐水泥或硅酸盐水泥；

2 拌用水和掺加的外加剂中不应含有对预应力筋或水泥有害的成分；

3 外加剂应与水泥作配合比试验并确定掺量。

6.5.5 灌浆用水泥浆应符合下列规定：

1 采用普通灌浆工艺时，稠度宜控制在12s~20s，采用真空灌浆工艺时，稠度宜控制在18s~25s；

2 水灰比不应大于0.45；

3 3h自由泌水率宜为0，且不应大于1%，泌水应在24h内全部被水泥浆吸收；

4 24h自由膨胀率，采用普通灌浆工艺时不应大于6%；采用真空灌浆工艺时不应大于3%；

5 水泥浆中氯离子含量不应超过水泥重量的0.06%；

6 28d标准养护的边长为70.7mm的立方体水泥浆试块抗压强度不应低于30MPa；

7 稠度、泌水率及自由膨胀率的试验方法应符合现行国家标准《预应力孔道灌浆剂》GB/T 25182的规定。

注：1 一组水泥浆试块由6个试块组成；

2 抗压强度为一组试块的平均值，当一组试块中抗压强度最大值或最小值与平均值相差超过20%时，应取中间4个试块强度的平均值。

6.5.6 灌浆用水泥浆的制备及使用，应符合下列规定：

1 水泥浆宜采用高速搅拌机进行搅拌，搅拌时间不应超过5min；

2 水泥浆使用前应经筛孔尺寸不大于1.2mm×1.2mm的筛网过滤；

3 搅拌后不能在短时间内灌入孔道的水泥浆，应保持缓慢搅动；

4 水泥浆应在初凝前灌入孔道，搅拌后至灌浆完毕的时间不宜超过30min。

6.5.7 灌浆施工应符合下列规定：

1 宜先灌注下层孔道，后灌注上层孔道；

2 灌浆应连续进行，直至排气管排除的浆体稠度与注浆孔处相同且无气泡后，再顺浆体流动方向依次封闭排气孔；全部出浆口封闭后，宜继续加压0.5MPa~0.7MPa，并应稳压1min~2min后封闭灌浆口；

3 当泌水较大时，宜进行二次灌浆和对泌水孔进行重力补浆；

4 因故中途停止灌浆时，应用压力水将未灌注完孔道内已注入的水泥浆冲洗干净。

6.5.8 真空辅助灌浆时，孔道抽真空负压宜稳定保持为 0.08MPa～0.10MPa。

6.5.9 孔道灌浆应填写灌浆记录。

6.5.10 外露锚具及预应力筋应按设计要求采取可靠的保护措施。

6.6 质量检查

6.6.1 预应力工程材料进场检查应符合下列规定：

1 应检查规格、外观、尺寸及其质量证明文件；

2 应按现行国家有关标准的规定进行力学性能的抽样检验；

3 经产品认证符合要求的产品，其检验批量可扩大一倍。在同一工程中，同一厂家、同一品种、同一规格的产品连续三次进场检验均一次检验合格时，其后的检验批量可扩大一倍。

6.6.2 预应力筋的制作应进行下列检查：

1 采用镦头锚时的钢丝下料长度；

2 钢丝镦头外观、尺寸及头部裂纹；

3 挤压锚具制作时挤压记录和挤压锚具成型后锚具外预应力筋的长度；

4 钢绞线压花锚具的梨形头尺寸。

6.6.3 预应力筋、预留孔道、锚垫板和锚固区加强钢筋的安装应进行下列检查：

1 预应力筋的外观、品种、级别、规格、数量和位置等；

2 预留孔道的外观、规格、数量、位置、形状以及灌浆孔、排气兼泌水孔等；

3 锚垫板和局部加强钢筋的外观、品种、级别、规格、数量和位置等；

4 预应力筋锚具和连接器的外观、品种、规格、数量和位置等。

6.6.4 预应力筋张拉或放张应进行下列检查：

1 预应力筋张拉或放张时的同条件养护混凝土试块的强度；

2 预应力筋张拉记录；

3 先张法预应力筋张拉后与设计位置的偏差。

6.6.5 灌浆用水泥浆及灌浆应进行下列检查：

1 配合比设计阶段检查稠度、泌水率、自由膨胀率、氯离子含量和试块强度；

2 现场搅拌后检查稠度、泌水率，并根据验收规定检查试块强度；

3 灌浆质量检查灌浆记录。

6.6.6 封锚应进行下列检查：

1 锚具外的预应力筋长度；

2 凸出式封锚端尺寸；

3 封锚的表面质量。

7 混凝土制备与运输

7.1 一般规定

7.1.1 混凝土结构施工宜采用预拌混凝土。

7.1.2 混凝土制备应符合下列规定：

1 预拌混凝土应符合现行国家标准《预拌混凝土》GB 14902 的有关规定；

2 现场搅拌混凝土宜采用具有自动计量装置的设备集中搅拌；

3 当不具备本条第 1、2 款规定的条件时，应采用符合现行国家标准《混凝土搅拌机》GB/T 9142 的搅拌机进行搅拌，并应配备计量装置。

7.1.3 混凝土运输应符合下列规定：

1 混凝土宜采用搅拌运输车运输，运输车辆应符合国家现行有关标准的规定；

2 运输过程中应保证混凝土拌合物的均匀性和工作性；

3 应采取保证连续供应的措施，并应满足现场施工的需要。

7.2 原 材 料

7.2.1 混凝土原材料的主要技术指标应符合本规范附录 F 和国家现行有关标准的规定。

7.2.2 水泥的选用应符合下列规定：

1 水泥品种与强度等级应根据设计、施工要求，以及工程所处环境条件确定；

2 普通混凝土宜选用通用硅酸盐水泥；有特殊需要时，也可选用其他品种水泥；

3 有抗渗、抗冻融要求的混凝土，宜选用硅酸盐水泥或普通硅酸盐水泥；

4 处于潮湿环境的混凝土结构，当使用碱活性骨料时，宜采用低碱水泥。

7.2.3 粗骨料宜选用粒形良好、质地坚硬的洁净碎石或卵石，并应符合下列规定：

1 粗骨料最大粒径不应超过构件截面最小尺寸的 1/4，且不应超过钢筋最小净间距的 3/4；对实心混凝土板，粗骨料的最大粒径不宜超过板厚的 1/3，且不应超过 40mm；

2 粗骨料宜采用连续粒级，也可用单粒级组合成满足要求的连续粒级；

3 含泥量、泥块含量指标应符合本规范附录 F 的规定。

7.2.4 细骨料宜选用级配良好、质地坚硬、颗粒洁净的天然砂或机制砂，并应符合下列规定：

1 细骨料宜选用 Ⅱ 区中砂。当选用 Ⅰ 区砂时，应提高砂率，并应保持足够的胶凝材料用量，同时应满足混凝土的工作性要求；当采用Ⅲ区砂时，宜适当降低砂率；

2 混凝土细骨料中氯离子含量，对钢筋混凝土，按干砂的质量百分率计算不得大于 **0.06%**；对预应力混凝土，按干砂的质量百分率计算不得大于 **0.02%**；

3 含泥量、泥块含量指标应符合本规范附录 F 的规定；

4 海砂应符合现行行业标准《海砂混凝土应用技术规范》JGJ 206 的有关规定。

7.2.5 强度等级为 C60 及以上的混凝土所用骨料，除应符合本规范第 7.2.3 和 7.2.4 条的规定外，尚应符合下列规定：

1 粗骨料压碎指标的控制值应经试验确定；

2 粗骨料最大粒径不宜大于 25mm，针片状颗粒含量不应大于 8.0%，含泥量不应大于 0.5%，泥块含量不应大于 0.2%；

3 细骨料细度模数宜控制为 2.6～3.0，含泥量不应大于 2.0%，泥块含量不应大于 0.5%。

7.2.6 有抗渗、抗冻融或其他特殊要求的混凝土，宜选用连续级配的粗骨料，最大粒径不宜大于 40mm，含泥量不应大于 1.0%，泥块含量不应大于 0.5%；所用细骨料含泥量不应大于 3.0%，泥块含量不应大于 1.0%。

7.2.7 矿物掺合料的选用应根据设计、施工要求，以及工程所处环境条件确定，其掺量应通过试验确定。

7.2.8 外加剂的选用应根据设计、施工要求，混凝土原材料性能以及工程所处环境条件等因素通过试验确定，并应符合下列规定：

1 当使用碱活性骨料时，由外加剂带入的碱含量（以当量氧化钠计）不宜超过 1.0kg/m³，混凝土总碱含量尚应符合现行国家标准《混凝土结构设计规范》GB 50010 等的有关规定；

2 不同品种外加剂首次复合使用时，应检验混凝土外加剂的相容性。

7.2.9 混凝土拌合及养护用水，应符合现行行业标准《混凝土用水标准》JGJ 63 的有关规定。

7.2.10 未经处理的海水严禁用于钢筋混凝土结构和预应力混凝土结构中混凝土的拌和和养护。

7.2.11 原材料进场后，应按种类、批次分开储存与堆放，应标识明晰，并应符合下列规定：

1 散装水泥、矿物掺合料等粉体材料，应采用散装罐分开储存；袋装水泥、矿物掺合料、外加剂等，应按品种、批次分开码垛堆放，并应采取防雨、防潮措施，高温季节应有防晒措施；

2 骨料应按品种、规格分别堆放，不得混入杂物，并应保持洁净和颗粒级配均匀。骨料堆放场地的

地面应做硬化处理，并应采取排水、防尘和防雨等措施。

3 液体外加剂应放置于阴凉干燥处，应防止日晒、污染、浸水，使用前应搅拌均匀；有离析、变色等现象时，应经检验合格后再使用。

7.3 混凝土配合比

7.3.1 混凝土配合比设计应经试验确定，并应符合下列规定：

1 应在满足混凝土强度、耐久性和工作性要求的前提下，减少水泥和水的用量；

2 当有抗冻、抗渗、抗氯离子侵蚀和化学腐蚀等耐久性要求时，尚应符合现行国家标准《混凝土结构耐久性设计规范》GB/T 50476 的有关规定；

3 应分析环境条件对施工及工程结构的影响；

4 试配所用的原材料应与施工实际使用的原材料一致。

7.3.2 混凝土的配制强度应按下列规定计算：

1 当设计强度等级低于 C60 时，配制强度应按下式确定：

$$f_{cu,0} \geqslant f_{cu,k} + 1.645\sigma \qquad (7.3.2\text{-}1)$$

式中：$f_{cu,0}$ ——混凝土的配制强度（MPa）；

$f_{cu,k}$ ——混凝土立方体抗压强度标准值（MPa）；

σ ——混凝土强度标准差（MPa），应按本规范第 7.3.3 条确定。

2 当设计强度等级不低于 C60 时，配制强度应按下式确定：

$$f_{cu,0} \geqslant 1.15 f_{cu,k} \qquad (7.3.2\text{-}2)$$

7.3.3 混凝土强度标准差应按下列规定计算确定：

1 当具有近期的同品种混凝土的强度资料时，其混凝土强度标准差 σ 应按下列公式计算：

$$\sigma = \sqrt{\frac{\sum_{i=1}^{n} f_{cu,i}^2 - n m_{f_{cu}}^2}{n-1}} \qquad (7.3.3)$$

式中：$f_{cu,i}$ ——第 i 组的试件强度（MPa）；

$m_{f_{cu}}$ ——n 组试件的强度平均值（MPa）；

n ——试件组数，n 值不应小于 30。

2 按本条第 1 款计算混凝土强度标准差时：强度等级不高于 C30 的混凝土，计算得到的 σ 大于等于 3.0MPa 时，应按计算结果取值；计算得到的 σ 小于 3.0MPa 时，σ 取 3.0MPa。强度等级高于 C30 且低于 C60 的混凝土，计算得到的 σ 大于等于 4.0MPa 时，应按计算结果取值；计算得到的 σ 小于 4.0MPa 时，σ 应取 4.0MPa。

3 当没有近期的同品种混凝土强度资料时，其混凝土强度标准差 σ 可按表 7.3.3 取用。

表 7.3.3　混凝土强度标准差 σ 值（MPa）

混凝土强度等级	≤C20	C25～C45	C50～C55
σ	4.0	5.0	6.0

7.3.4 混凝土的工作性指标应根据结构形式、运输方式和距离、泵送高度、浇筑和振捣方式，以及工程所处环境条件等确定。

7.3.5 混凝土最大水胶比和最小胶凝材料用量，应符合现行行业标准《普通混凝土配合比设计规程》JGJ 55 的有关规定。

7.3.6 当设计文件对混凝土提出耐久性指标时，应进行相关耐久性试验验证。

7.3.7 大体积混凝土的配合比设计，应符合下列规定：

1 在保证混凝土强度及工作性要求的前提下，应控制水泥用量，宜选用中、低水化热水泥，并宜掺加粉煤灰、矿渣粉；

2 温度控制要求较高的大体积混凝土，其胶凝材料用量、品种等宜通过水化热和绝热温升试验确定；

3 宜采用高性能减水剂。

7.3.8 混凝土配合比的试配、调整和确定，应按下列步骤进行：

1 采用工程实际使用的原材料和计算配合比进行试配。每盘混凝土试配量不应小于 20L；

2 进行试拌，并调整砂率和外加剂掺量等使拌合物满足工作性要求，提出试拌配合比；

3 在试拌配合比的基础上，调整胶凝材料用量，提出不少于 3 个配合比进行试配。根据试件的试压强度和耐久性试验结果，选定设计配合比；

4 应对选定的设计配合比进行生产适应性调整，确定施工配合比；

5 对采用搅拌运输车运输的混凝土，当运输时间较长时，试配时应控制混凝土坍落度经时损失值。

7.3.9 施工配合比应经技术负责人批准。在使用过程中，应根据反馈的混凝土动态质量信息对混凝土配合比及时进行调整。

7.3.10 遇有下列情况时，应重新进行配合比设计：

1 当混凝土性能指标有变化或有其他特殊要求时；

2 当原材料品质发生显著改变时；

3 同一配合比的混凝土生产间断三个月以上时。

7.4　混凝土搅拌

7.4.1 当粗、细骨料的实际含水量发生变化时，应及时调整粗、细骨料和拌合用水的用量。

7.4.2 混凝土搅拌时应对原材料用量准确计量，并应符合下列规定：

1 计量设备的精度应符合现行国家标准《混凝土搅拌站（楼）》GB 10171 的有关规定，并应定期校准。使用前设备应归零。

2 原材料的计量应按重量计，水和外加剂溶液可按体积计，其允许偏差应符合表 7.4.2 的规定。

表 7.4.2　混凝土原材料计量允许偏差（%）

原材料品种	水泥	细骨料	粗骨料	水	矿物掺合料	外加剂
每盘计量允许偏差	±2	±3	±3	±1	±2	±1
累计计量允许偏差	±1	±2	±2	±1	±1	±1

注：1　现场搅拌时原材料计量允许偏差应满足每盘计量允许偏差要求；

　　2　累计计量允许偏差指每一运输车中各盘混凝土的每种材料累计称量的偏差，该项指标仅适用于采用计算机控制计量的搅拌站；

　　3　骨料含水率应经常测定，雨、雪天施工应增加测定次数。

7.4.3 采用分次投料搅拌方法时，应通过试验确定投料顺序、数量及分段搅拌的时间等工艺参数。矿物掺合料宜与水泥同步投料，液体外加剂宜滞后于水和水泥投料；粉状外加剂宜溶解后再投料。

7.4.4 混凝土应搅拌均匀，宜采用强制式搅拌机搅拌。混凝土搅拌的最短时间可按表 7.4.4 采用，当能保证搅拌均匀时可适当缩短搅拌时间。搅拌强度等级 C60 及以上的混凝土时，搅拌时间应适当延长。

表 7.4.4　混凝土搅拌的最短时间（s）

混凝土坍落度（mm）	搅拌机机型	搅拌机出料量（L）		
		<250	250～500	>500
≤40	强制式	60	90	120
>40，且<100	强制式	60	60	90
≥100	强制式	60		

注：1　混凝土搅拌时间指从全部材料装入搅拌筒中起，到开始卸料时止的时间段；

　　2　当掺有外加剂与矿物掺合料时，搅拌时间应适当延长；

　　3　采用自落式搅拌机时，搅拌时间宜延长 30s；

　　4　当采用其他形式的搅拌设备时，搅拌的最短时间也可按设备说明书的规定或经试验确定。

7.4.5 对首次使用的配合比应进行开盘鉴定，开盘鉴定应包括下列内容：

1 混凝土的原材料与配合比设计所采用原材料的一致性；

2 出机混凝土工作性与配合比设计要求的一致性；

3 混凝土强度；

4 混凝土凝结时间；

5 工程有要求时，尚应包括混凝土耐久性能等。

7.5 混凝土运输

7.5.1 采用混凝土搅拌运输车运输混凝土时，应符合下列规定：

1 接料前，搅拌运输车应排净罐内积水；

2 在运输途中及等候卸料时，应保持搅拌运输车罐体正常转速，不得停转；

3 卸料前，搅拌运输车罐体宜快速旋转搅拌20s以上后再卸料。

7.5.2 采用搅拌运输车运输混凝土时，施工现场车辆出入口处应设置交通安全指挥人员，施工现场道路应顺畅，有条件时宜设置循环车道；危险区域应设置警戒标志；夜间施工时，应有良好的照明。

7.5.3 采用搅拌运输车运输混凝土，当混凝土坍落度损失较大不能满足施工要求时，可在运输车罐内加入适量的与原配合比相同成分的减水剂。减水剂加入量应事先由试验确定，并应作出记录。加入减水剂后，搅拌运输车罐体应快速旋转搅拌均匀，并应达到要求的工作性能后再泵送或浇筑。

7.5.4 当采用机动翻斗车运输混凝土时，道路应通畅，路面应平整、坚实，临时坡道或支架应牢固，铺板接头应平顺。

7.6 质 量 检 查

7.6.1 原材料进场时，供方应对进场材料按材料进场验收所划分的检验批提供相应的质量证明文件，外加剂产品尚应提供使用说明书。当能确认连续进场的材料为同一厂家的同批出厂材料时，可按出厂的检验批提供质量证明文件。

7.6.2 原材料进场时，应对材料外观、规格、等级、生产日期等进行检查，并应对其主要技术指标按本规范第7.6.3条的规定划分检验批进行抽样检验，每个检验批检验不得少于1次。

经产品认证符合要求的水泥、外加剂，其检验批量可扩大一倍。在同一工程中，同一厂家、同一品种、同一规格的水泥、外加剂，连续三次进场检验均一次合格时，其后的检验批量可扩大一倍。

7.6.3 原材料进场质量检查应符合下列规定：

1 应对水泥的强度、安定性及凝结时间进行检验。同一生产厂家、同一等级、同一品种、同一批号且连续进场的水泥，袋装水泥不超过200t应为一批，散装水泥不超过500t应为一批。

2 应对粗骨料的颗粒级配、含泥量、泥块含量、针片状含量指标进行检验，压碎指标可根据工程需要进行检验，应对细骨料颗粒级配、含泥量、泥块含量指标进行检验。当设计文件有要求或结构处于易发生碱骨料反应环境中时，应对骨料进行碱活性检验。抗冻等级F100及以上的混凝土用骨料，

应进行坚固性检验。骨料不超过400m³或600t为一检验批。

3 应对矿物掺合料细度（比表面积）、需水量比（流动度比）、活性指数（抗压强度比）、烧失量指标进行检验。粉煤灰、矿渣粉、沸石粉不超过200t应为一检验批，硅灰不超过30t应为一检验批。

4 应按外加剂产品标准规定对其主要匀质性指标和掺外加剂混凝土性能指标进行检验。同一品种外加剂不超过50t应为一检验批。

5 当采用饮用水作为混凝土用水时，可不检验。当采用中水、搅拌站清洗水或施工现场循环水等其他水源时，应对其成分进行检验。

7.6.4 当使用中水泥质量受不利环境影响或水泥出厂超过三个月（快硬硅酸盐水泥超过一个月）时，应进行复验，并应按复验结果使用。

7.6.5 混凝土在生产过程中的质量检查应符合下列规定：

1 生产前应检查混凝土所用原材料的品种、规格是否与施工配合比一致。在生产过程中应检查原材料实际称量误差是否满足要求，每一工作班应至少检查2次；

2 生产前应检查生产设备和控制系统是否正常、计量设备是否归零；

3 混凝土拌合物的工作性检查每100m³不应少于1次，且每一工作班不应少于2次，必要时可增加检查次数；

4 骨料含水率的检验每工作班不应少于1次；当雨雪天气等外界影响导致混凝土骨料含水率变化时，应及时检验。

7.6.6 混凝土应进行抗压强度试验。有抗冻、抗渗等耐久性要求的混凝土，还应进行抗冻性、抗渗性等耐久性指标的试验。其试件留置方法和数量，应按现行国家标准《混凝土结构工程施工质量验收规范》GB 50204的有关规定执行。

7.6.7 采用预拌混凝土时，供方应提供混凝土配合比通知单、混凝土抗压强度报告、混凝土质量合格证和混凝土运输单；当需要其他资料时，供需双方应在合同中明确约定。预拌混凝土质量控制资料的保存期限，应满足工程质量追溯的要求。

7.6.8 混凝土坍落度、维勃稠度的质量检查应符合下列规定：

1 坍落度和维勃稠度的检验方法，应符合现行国家标准《普通混凝土拌合物性能试验方法标准》GB/T 50080的有关规定；

2 坍落度、维勃稠度的允许偏差应符合表7.6.8的规定；

3 预拌混凝土的坍落度检查应在交货地点进行；

4 坍落度大于220mm的混凝土，可根据需要测定其坍落扩展度，扩展度的允许偏差为±30mm。

表 7.6.8　混凝土坍落度、维勃稠度的允许偏差

坍落度（mm）			
设计值（mm）	≤40	50～90	≥100
允许偏差（mm）	±10	±20	±30
维勃稠度（s）			
设计值（s）	≥11	10～6	≤5
允许偏差（s）	±3	±2	±1

7.6.9 掺引气剂或引气型外加剂的混凝土拌合物，应按现行国家标准《普通混凝土拌合物性能试验方法标准》GB/T 50080 的有关规定检验含气量，含气量宜符合表 7.6.9 的规定。

表 7.6.9　混凝土含气量限值

粗骨料最大公称粒径（mm）	混凝土含气量（%）
20	≤5.5
25	≤5.0
40	≤4.5

8　现浇结构工程

8.1　一般规定

8.1.1 混凝土浇筑前应完成下列工作：

　1　隐蔽工程验收和技术复核；

　2　对操作人员进行技术交底；

　3　根据施工方案中的技术要求，检查并确认施工现场具备实施条件；

　4　施工单位填报浇筑申请单，并经监理单位签认。

8.1.2 混凝土拌合物入模温度不应低于 5℃，且不应高于 35℃。

8.1.3 混凝土运输、输送、浇筑过程中严禁加水；混凝土运输、输送、浇筑过程中散落的混凝土严禁用于混凝土结构构件的浇筑。

8.1.4 混凝土应布料均衡。应对模板及支架进行观察和维护，发生异常情况应及时进行处理。混凝土浇筑和振捣应采取防止模板、钢筋、钢构、预埋件及其定位件移位的措施。

8.2　混凝土输送

8.2.1 混凝土输送宜采用泵送方式。

8.2.2 混凝土输送泵的选择及布置应符合下列规定：

　1　输送泵的选型应根据工程特点、混凝土输送高度和距离、混凝土工作性确定；

　2　输送泵的数量应根据混凝土浇筑量和施工条件确定，必要时应设置备用泵；

　3　输送泵设置的位置应满足施工要求，场地应

平整、坚实，道路应畅通；

　4　输送泵的作业范围不得有阻碍物；输送泵设置位置应有防范高空坠物的设施。

8.2.3 混凝土输送泵管与支架的设置应符合下列规定：

　1　混凝土输送泵管应根据输送泵的型号、拌合物性能、总输出量、单位输出量、输送距离以及粗骨料粒径等进行选择；

　2　混凝土粗骨料最大粒径不大于 25mm 时，可采用内径不小于 125mm 的输送泵管；混凝土粗骨料最大粒径不大于 40mm 时，可采用内径不小于 150mm 的输送泵管；

　3　输送泵管安装连接应严密，输送泵管道转向宜平缓；

　4　输送泵管应采用支架固定，支架应与结构牢固连接，输送泵管转向处支架应加密；支架应通过计算确定，设置位置的结构应进行验算，必要时应采取加固措施；

　5　向上输送混凝土时，地面水平输送泵管的直管和弯管总的折算长度不宜小于竖向输送高度的 20%，且不宜小于 15m；

　6　输送泵管倾斜或垂直向下输送混凝土，且高差大于 20m 时，应在倾斜或竖向管下端设置直管或弯管，直管或弯管总的折算长度不宜小于高差的 1.5 倍；

　7　输送高度大于 100m 时，混凝土输送泵出料口处的输送泵管位置应设置截止阀；

　8　混凝土输送泵管及其支架应经常进行检查和维护。

8.2.4 混凝土输送布料设备的设置应符合下列规定：

　1　布料设备的选择应与输送泵相匹配；布料设备的混凝土输送管内径宜与混凝土输送泵管内径相同；

　2　布料设备的数量及位置应根据布料设备工作半径、施工作业面大小以及施工要求确定；

　3　布料设备应安装牢固，且应采取抗倾覆措施；布料设备安装位置处的结构或专用装置应进行验算，必要时应采取加固措施；

　4　应经常对布料设备的弯管壁厚进行检查，磨损较大的弯管应及时更换；

　5　布料设备作业范围不得有阻碍物，并应有防范高空坠物的设施。

8.2.5 输送混凝土的管道、容器、溜槽不应吸水、漏浆，并应保证输送通畅。输送混凝土时，应根据工程所处环境条件采取保温、隔热、防雨等措施。

8.2.6 输送泵输送混凝土应符合下列规定：

　1　应先进行泵水检查，并应湿润输送泵的料斗、活塞等直接与混凝土接触的部位；泵水检查后，应清除输送泵内积水；

2 输送混凝土前，宜先输送水泥砂浆对输送泵和输送管进行润滑，然后开始输送混凝土；

3 输送混凝土应先慢后快、逐步加速，应在系统运转顺利后再按正常速度输送；

4 输送混凝土过程中，应设置输送泵集料斗网罩，并应保证集料斗有足够的混凝土余量。

8.2.7 吊车配备斗容器输送混凝土应符合下列规定：

1 应根据不同结构类型以及混凝土浇筑方法选择不同的斗容器；

2 斗容器的容量应根据吊车吊运能力确定；

3 运输至施工现场的混凝土宜直接装入斗容器进行输送；

4 斗容器宜在浇筑点直接布料。

8.2.8 升降设备配备小车输送混凝土应符合下列规定：

1 升降设备和小车的配备数量、小车行走路线及卸料点位置应能满足混凝土浇筑需要；

2 运输至施工现场的混凝土宜直接装入小车进行输送，小车宜在靠近升降设备的位置进行装料。

8.3 混凝土浇筑

8.3.1 浇筑混凝土前，应清除模板内或垫层上的杂物。表面干燥的地基、垫层、模板上应洒水湿润；现场环境温度高于35℃时，宜对金属模板进行洒水降温；洒水后不得留有积水。

8.3.2 混凝土浇筑应保证混凝土的均匀性和密实性。混凝土宜一次连续浇筑。

8.3.3 混凝土应分层浇筑，分层厚度应符合本规范第8.4.6条的规定，上层混凝土应在下层混凝土初凝之前浇筑完毕。

8.3.4 混凝土运输、输送入模的过程应保证混凝土连续浇筑，从运输到输送入模的延续时间不宜超过表8.3.4-1的规定，且不应超过表8.3.4-2的规定。掺早强型减水剂、早强剂的混凝土，以及有特殊要求的混凝土，应根据设计及施工要求，通过试验确定允许时间。

表8.3.4-1 运输到输送入模的延续时间（min）

条 件	气 温	
	≤25℃	>25℃
不掺外加剂	90	60
掺外加剂	150	120

表8.3.4-2 运输、输送入模及其间歇总的时间限值（min）

条 件	气 温	
	≤25℃	>25℃
不掺外加剂	180	150
掺外加剂	240	210

8.3.5 混凝土浇筑的布料点宜接近浇筑位置，应采取减少混凝土下料冲击的措施，并应符合下列规定：

1 宜先浇筑竖向结构构件，后浇筑水平结构构件；

2 浇筑区域结构平面有高差时，宜先浇筑低区部分，再浇筑高区部分。

8.3.6 柱、墙模板内的混凝土浇筑不得发生离析，倾落高度应符合表8.3.6的规定；当不能满足要求时，应加设串筒、溜管、溜槽等装置。

表8.3.6 柱、墙模板内混凝土浇筑倾落高度限值（m）

条 件	浇筑倾落高度限值
粗骨料粒径大于25mm	≤3
粗骨料粒径小于等于25mm	≤6

注：当有可靠措施能保证混凝土不产生离析时，混凝土倾落高度可不受本表限制。

8.3.7 混凝土浇筑后，在混凝土初凝前和终凝前，宜分别对混凝土裸露表面进行抹面处理。

8.3.8 柱、墙混凝土设计强度等级高于梁、板混凝土设计强度等级时，混凝土浇筑应符合下列规定：

1 柱、墙混凝土设计强度比梁、板混凝土设计强度高一个等级时，柱、墙位置梁、板高度范围内的混凝土经设计单位确认，可采用与梁、板混凝土强度等级相同的混凝土进行浇筑；

2 柱、墙混凝土设计强度比梁、板混凝土设计强度高两个等级及以上时，应在交界区域采取分隔措施；分隔位置应在低强度等级的构件中，且距高强度等级构件边缘不应小于500mm；

3 宜先浇筑强度等级高的混凝土，后浇筑强度等级低的混凝土。

8.3.9 泵送混凝土浇筑应符合下列规定：

1 宜根据结构形状及尺寸、混凝土供应、混凝土浇筑设备、场地内外条件等划分每台输送泵的浇筑区域及浇筑顺序；

2 采用输送管浇筑混凝土时，宜由远而近浇筑；采用多根输送管同时浇筑时，其浇筑速度宜保持一致；

3 润滑输送管的水泥砂浆用于湿润结构施工缝时，水泥砂浆应与混凝土浆液成分相同；接浆厚度不应大于30mm，多余水泥砂浆应收集后运出；

4 混凝土泵送浇筑应连续进行；当混凝土不能及时供应时，应采取间歇泵送方式；

5 混凝土浇筑后，应清洗输送泵和输送管。

8.3.10 施工缝或后浇带处浇筑混凝土，应符合下列规定：

1 结合面应为粗糙面，并应清除浮浆、松动石子、软弱混凝土层；

2 结合面处应洒水湿润，但不得有积水；

3 施工缝处已浇筑混凝土的强度不应小于1.2MPa；

4 柱、墙水平施工缝水泥砂浆接浆层厚度不应大于30mm，接浆层水泥砂浆应与混凝土浆液成分相同；

5 后浇带混凝土强度等级及性能应符合设计要求；当设计无具体要求时，后浇带混凝土强度等级宜比两侧混凝土提高一级，并宜采用减少收缩的技术措施。

8.3.11 超长结构混凝土浇筑应符合下列规定：

1 可留设施工缝分仓浇筑，分仓浇筑间隔时间不应少于7d；

2 当留设后浇带时，后浇带封闭时间不得少于14d；

3 超长整体基础中调节沉降的后浇带，混凝土封闭时间应通过监测确定，应在差异沉降稳定后封闭后浇带；

4 后浇带的封闭时间尚应经设计单位确认。

8.3.12 型钢混凝土结构浇筑应符合下列规定：

1 混凝土粗骨料最大粒径不应大于型钢外侧混凝土保护层厚度的1/3，且不宜大于25mm；

2 浇筑应有足够的下料空间，并应使混凝土充盈整个构件各部位；

3 型钢周边混凝土浇筑宜同步上升，混凝土浇筑高差不应大于500mm。

8.3.13 钢管混凝土结构浇筑应符合下列规定：

1 宜采用自密实混凝土浇筑；

2 混凝土应采取减少收缩的技术措施；

3 钢管截面较小时，应在钢管壁适当位置留有足够的排气孔，排气孔孔径不应小于20mm；浇筑混凝土应加强排气孔观察，并应确认浆体流出和浇筑密实后再封堵排气孔；

4 当采用粗骨料粒径不大于25mm的高流态混凝土或粗骨料粒径不大于20mm的自密实混凝土时，混凝土最大倾落高度不宜大于9m；倾落高度大于9m时，宜采用串筒、溜槽、溜管等辅助装置进行浇筑；

5 混凝土从管顶向下浇筑时应符合下列规定：

　1）浇筑应有足够的下料空间，并应使混凝土充盈整个钢管；

　2）输送管端内径或斗容器下料口内径应小于钢管内径，且每边应留有不小于100mm的间隙；

　3）应控制浇筑速度和单次下料量，并应分层浇筑至设计标高；

　4）混凝土浇筑完毕后应对管口进行临时封闭。

6 混凝土从管底顶升浇筑时应符合下列规定：

　1）应在钢管底部设置进料输送管，进料输送管应设止流阀门，止流阀门可在顶升浇筑的混凝土达到终凝后拆除；

　2）应合理选择混凝土顶升浇筑设备；应配备上、下方通信联络工具，并应采取可有效控制混凝土顶升或停止的措施；

　3）应控制混凝土顶升速度，并均衡浇筑至设计标高。

8.3.14 自密实混凝土浇筑应符合下列规定：

1 应根据结构部位、结构形状、结构配筋等确定合适的浇筑方案；

2 自密实混凝土粗骨料最大粒径不宜大于20mm；

3 浇筑应能使混凝土充填到钢筋、预埋件、预埋钢构件周边及模板内各部位；

4 自密实混凝土浇筑布料点应结合拌合物特性选择适宜的间距，必要时可通过试验确定混凝土布料点下料间距。

8.3.15 清水混凝土结构浇筑应符合下列规定：

1 应根据结构特点进行构件分区，同一构件分区应采用同批混凝土，并应连续浇筑；

2 同层或同区内混凝土构件所用材料牌号、品种、规格应一致，并应保证结构外观色泽符合要求；

3 竖向构件浇筑时应严格控制分层浇筑的间歇时间。

8.3.16 基础大体积混凝土结构浇筑应符合下列规定：

1 采用多条输送泵管浇筑时，输送泵管间距不宜大于10m，并宜由远及近浇筑；

2 采用汽车布料杆输送浇筑时，应根据布料杆工作半径确定布料点数量，各布料点浇筑速度应保持均衡；

3 宜先浇筑深坑部分再浇筑大面积基础部分；

4 宜采用斜面分层浇筑方法，也可采用全面分层、分块分层浇筑方法，层与层之间混凝土浇筑的间歇时间应能保证混凝土浇筑连续进行；

5 混凝土分层浇筑应采用自然流淌形成斜坡，并应沿高度均匀上升，分层厚度不宜大于500mm；

6 抹面处理应符合本规范第8.3.7条的规定，抹面次数宜适当增加；

7 应有排除积水或混凝土泌水的有效技术措施。

8.3.17 预应力结构混凝土浇筑应符合下列规定：

1 应避免成孔管道破损、移位或连接处脱落，并应避免预应力筋、锚具及锚垫板等移位；

2 预应力锚固区等配筋密集部位应采取保证混凝土浇筑密实的措施；

3 先张法预应力混凝土构件，应在张拉后及时浇筑混凝土。

8.4 混凝土振捣

8.4.1 混凝土振捣应能使模板内各个部位混凝土密实、均匀，不应漏振、欠振、过振。

8.4.2 混凝土振捣应采用插入式振动棒、平板振动器或附着振动器，必要时可采用人工辅助振捣。

8.4.3 振动棒振捣混凝土应符合下列规定：

1 应按分层浇筑厚度分别进行振捣，振动棒的前端应插入前一层混凝土中，插入深度不应小于 50mm；

2 振动棒应垂直于混凝土表面并快插慢拔均匀振捣；当混凝土表面无明显塌陷、有水泥浆出现、不再冒气泡时，应结束该部位振捣；

3 振动棒与模板的距离不应大于振动棒作用半径的 50%；振捣插点间距不应大于振动棒的作用半径的 1.4 倍。

8.4.4 平板振动器振捣混凝土应符合下列规定：

1 平板振动器振捣应覆盖振捣平面边角；

2 平板振动器移动间距应覆盖已振实部分混凝土边缘；

3 振捣倾斜表面时，应由低处向高处进行振捣。

8.4.5 附着振动器振捣混凝土应符合下列规定：

1 附着振动器应与模板紧密连接，设置间距应通过试验确定；

2 附着振动器应根据混凝土浇筑高度和浇筑速度，依次从下往上振捣；

3 模板上同时使用多台附着振动器时，应使各振动器的频率一致，并应交错设置在相对面的模板上。

8.4.6 混凝土分层振捣的最大厚度应符合表 8.4.6 的规定。

表 8.4.6 混凝土分层振捣的最大厚度

振捣方法	混凝土分层振捣最大厚度
振动棒	振动棒作用部分长度的 1.25 倍
平板振动器	200mm
附着振动器	根据设置方式，通过试验确定

8.4.7 特殊部位的混凝土应采取下列加强振捣措施：

1 宽度大于 0.3m 的预留洞底部区域，应在洞口两侧进行振捣，并应适当延长振捣时间；宽度大于 0.8m 的洞口底部，应采取特殊的技术措施；

2 后浇带及施工缝边角处应加密振捣点，并应适当延长振捣时间；

3 钢筋密集区域或型钢与钢筋结合区域，应选择小型振动棒辅助振捣、加密振捣点，并应适当延长振捣时间；

4 基础大体积混凝土浇筑流淌形成的坡脚，不得漏振。

8.5 混凝土养护

8.5.1 混凝土浇筑后应及时进行保湿养护，保湿养护可采用洒水、覆盖、喷涂养护剂等方式。养护方式应根据现场条件、环境温湿度、构件特点、技术要求、施工操作等因素确定。

8.5.2 混凝土的养护时间应符合下列规定：

1 采用硅酸盐水泥、普通硅酸盐水泥或矿渣硅酸盐水泥配制的混凝土，不应少于 7d；采用其他品种水泥时，养护时间应根据水泥性能确定；

2 采用缓凝型外加剂、大掺量矿物掺合料配制的混凝土，不应少于 14d；

3 抗渗混凝土、强度等级 C60 及以上的混凝土，不应少于 14d；

4 后浇带混凝土的养护时间不应少于 14d；

5 地下室底层墙、柱和上部结构首层墙、柱，宜适当增加养护时间；

6 大体积混凝土养护时间应根据施工方案确定。

8.5.3 洒水养护应符合下列规定：

1 洒水养护宜在混凝土裸露表面覆盖麻袋或草帘后进行，也可采用直接洒水、蓄水等养护方式；洒水养护应保证混凝土表面处于湿润状态；

2 洒水养护用水应符合本规范第 7.2.9 条的规定；

3 当日最低温度低于 5℃ 时，不应采用洒水养护。

8.5.4 覆盖养护应符合下列规定：

1 覆盖养护宜在混凝土裸露表面覆盖塑料薄膜、塑料薄膜加麻袋、塑料薄膜加草帘进行；

2 塑料薄膜应紧贴混凝土裸露表面，塑料薄膜内应保持有凝结水；

3 覆盖物应严密，覆盖物的层数应按施工方案确定。

8.5.5 喷涂养护剂养护应符合下列规定：

1 应在混凝土裸露表面喷涂覆盖致密的养护剂进行养护；

2 养护剂应均匀喷涂在结构构件表面，不得漏喷；养护剂应具有可靠的保湿效果，保湿效果可通过试验检验；

3 养护剂使用方法应符合产品说明书的有关要求。

8.5.6 基础大体积混凝土裸露表面应采用覆盖养护方式；当混凝土浇筑体表面以内 40mm～100mm 位置的温度与环境温度的差值小于 25℃ 时，可结束覆盖养护。覆盖养护结束但尚未达到养护时间要求时，可采用洒水养护方式直至养护结束。

8.5.7 柱、墙混凝土养护方法应符合下列规定：

1 地下室底层和上部结构首层柱、墙混凝土带模养护时间，不应少于 3d；带模养护结束后，可采用洒水养护方式继续养护，也可采用覆盖养护或喷涂养护剂养护方式继续养护；

2 其他部位柱、墙混凝土可采用洒水养护，也可采用覆盖养护或喷涂养护剂养护。

8.5.8 混凝土强度达到 1.2MPa 前，不得在其上踩踏、堆放物料、安装模板及支架。

8.5.9 同条件养护试件的养护条件应与实体结构部位养护条件相同，并应妥善保管。

8.5.10 施工现场应具备混凝土标准试件制作条件，并应设置标准试件养护室或养护箱。标准试件养护应符合国家现行有关标准的规定。

8.6 混凝土施工缝与后浇带

8.6.1 施工缝和后浇带的留设位置应在混凝土浇筑前确定。施工缝和后浇带宜留设在结构受剪力较小且便于施工的位置。受力复杂的结构构件或有防水抗渗要求的结构构件，施工缝留设位置应经设计单位确认。

8.6.2 水平施工缝的留设位置应符合下列规定：

　　1 柱、墙施工缝可留设在基础、楼层结构顶面，柱施工缝与结构上表面的距离宜为 0mm～100mm，墙施工缝与结构上表面的距离宜为 0mm～300mm；

　　2 柱、墙施工缝也可留设在楼层结构底面，施工缝与结构下表面的距离宜为 0mm～50mm；当板下有梁托时，可留设在梁托下 0mm～20mm；

　　3 高度较大的柱、墙、梁以及厚度较大的基础，可根据施工需要在其中部留设水平施工缝；当因施工缝留设改变受力状态而需要调整构件配筋时，应经设计单位确认；

　　4 特殊结构部位留设水平施工缝应经设计单位确认。

8.6.3 竖向施工缝和后浇带的留设位置应符合下列规定：

　　1 有主次梁的楼板施工缝应留设在次梁跨度中间 1/3 范围内；

　　2 单向板施工缝应留设在与跨度方向平行的任何位置；

　　3 楼梯梯段施工缝宜设置在梯段板跨度端部 1/3 范围内；

　　4 墙的施工缝宜设置在门洞口过梁跨中 1/3 范围内，也可留设在纵横墙交接处；

　　5 后浇带留设位置应符合设计要求；

　　6 特殊结构部位留设竖向施工缝应经设计单位确认。

8.6.4 设备基础施工缝留设位置应符合下列规定：

　　1 水平施工缝应低于地脚螺栓底端，与地脚螺栓底端的距离应大于 150mm；当地脚螺栓直径小于 30mm 时，水平施工缝可留设在深度不小于地脚螺栓埋入混凝土部分总长度的 3/4 处。

　　2 竖向施工缝与地脚螺栓中心线的距离不应小于 250mm，且不应小于螺栓直径的 5 倍。

8.6.5 承受动力作用的设备基础施工缝留设位置，应符合下列规定：

　　1 标高不同的两个水平施工缝，其高低结合处应留设成台阶形，台阶的高宽比不应大于 1.0；

　　2 竖向施工缝或台阶形施工缝的断面处应加插钢筋，插筋数量和规格应由设计确定；

　　3 施工缝的留设应经设计单位确认。

8.6.6 施工缝、后浇带留设界面，应垂直于结构构件和纵向受力钢筋。结构构件厚度或高度较大时，施工缝或后浇带界面宜采用专用材料封挡。

8.6.7 混凝土浇筑过程中，因特殊原因需临时设置施工缝时，施工缝留设应规整，并宜垂直于构件表面，必要时可采取增加插筋、事后修凿等技术措施。

8.6.8 施工缝和后浇带应采取钢筋防锈或阻锈等保护措施。

8.7 大体积混凝土裂缝控制

8.7.1 大体积混凝土宜采用后期强度作为配合比设计、强度评定及验收的依据。基础混凝土，确定混凝土强度时的龄期可取为 60d（56d）或 90d；柱、墙混凝土强度等级不低于 C80 时，确定混凝土强度时的龄期可取为 60d（56d）。确定混凝土强度时采用大于 28d 的龄期时，龄期应经设计单位确认。

8.7.2 大体积混凝土施工配合比设计应符合本规范第 7.3.7 条的规定，并应加强混凝土养护。

8.7.3 大体积混凝土施工时，应对混凝土进行温度控制，并应符合下列规定：

　　1 混凝土入模温度不宜大于 30℃；混凝土浇筑体最大温升值不宜大于 50℃。

　　2 在覆盖养护或带模养护阶段，混凝土浇筑体表面以内 40mm～100mm 位置处的温度与混凝土浇筑体表面温度差值不应大于 25℃；结束覆盖养护或拆模后，混凝土浇筑体表面以内 40mm～100mm 位置处的温度与环境温度差值不应大于 25℃。

　　3 混凝土浇筑体内部相邻两测温点的温度差值不应大于 25℃。

　　4 混凝土降温速率不宜大于 2.0℃/d；当有可靠经验时，降温速率要求可适当放宽。

8.7.4 基础大体积混凝土测温点设置应符合下列规定：

　　1 宜选择具有代表性的两个交叉竖向剖面进行测温，竖向剖面交叉位置宜通过基础中部区域。

　　2 每个竖向剖面的周边及以内部位应设置测温点，两个竖向剖面交叉处应设置测温点；混凝土浇筑体表面测温点应设置在保温覆盖层底部或模板内侧面，并应与两个剖面上的周边测温点位置及数量对应；环境测温点不应少于 2 处。

　　3 每个剖面的周边测温点应设置在混凝土浇筑体表面以内 40mm～100mm 位置处；每个剖面的测温点宜竖向、横向对齐；每个剖面竖向设置的测温点不应少于 3 处，间距不应小于 0.4m 且不宜大于 1.0m；每个剖面横向设置的测温点不应少于 4 处，间距不应小于 0.4m 且不应大于 10m。

4 对基础厚度不大于 1.6m，裂缝控制技术措施完善的工程，可不进行测温。

8.7.5 柱、墙、梁大体积混凝土测温点设置应符合下列规定：

1 柱、墙、梁结构实体最小尺寸大于 2m，且混凝土强度等级不低于 C60 时，应进行测温。

2 宜选择沿构件纵向的两个横向剖面进行测温，每个横向剖面的周边及中部区域应设置测温点；混凝土浇筑体表面测温点应设置在模板内侧表面，并应与两个剖面上的周边测温点位置及数量对应；环境测温点不应少于 1 处。

3 每个横向剖面的周边测温点应设置在混凝土浇筑体表面以内 40mm～100mm 位置处；每个横向剖面的测温点宜对齐；每个剖面的测温点不应少于 2 处，间距不应小于 0.4m 且不宜大于 1.0m。

4 可根据第一次测温结果，完善温差控制技术措施，后续施工可不进行测温。

8.7.6 大体积混凝土测温应符合下列规定：

1 宜根据每个测温点被混凝土初次覆盖时的温度确定各测点部位混凝土的入模温度；

2 浇筑体周边表面以内测温点、浇筑体表面测温点、环境测温点的测温，应与混凝土浇筑、养护过程同步进行；

3 应按测温频率要求及时提供测温报告，测温报告应包含各测温点的温度数据、温差数据、代表点位的温度变化曲线、温度变化趋势分析等内容；

4 混凝土浇筑体表面以内 40mm～100mm 位置的温度与环境温度的差值小于 20℃时，可停止测温。

8.7.7 大体积混凝土测温频率应符合下列规定：

1 第一天至第四天，每 4h 不应少于一次；

2 第五天至第七天，每 8h 不应少于一次；

3 第七天至测温结束，每 12h 不应少于一次。

8.8 质量检查

8.8.1 混凝土结构施工质量检查可分为过程控制检查和拆模后的实体质量检查。过程控制检查应在混凝土施工全过程中，按施工段划分和工序安排及时进行；拆模后的实体质量检查应在混凝土表面未作处理和装饰前进行。

8.8.2 混凝土结构施工的质量检查，应符合下列规定：

1 检查的频率、时间、方法和参加检查的人员，应根据质量控制的需要确定。

2 施工单位应对完成施工的部位或成果的质量进行自检，自检应全数检查。

3 混凝土结构施工质量检查应作出记录；返工

和修补的构件，应有返工修补前后的记录，并应有图像资料。

4 已经隐蔽的工程内容，可检查隐蔽工程验收记录。

5 需要对混凝土结构的性能进行检验时，应委托有资质的检测机构检测，并应出具检测报告。

8.8.3 混凝土浇筑前应检查混凝土送料单，核对混凝土配合比，确认混凝土强度等级，检查混凝土运输时间，测定混凝土坍落度，必要时还应测定混凝土扩展度。

8.8.4 混凝土结构施工过程中，应进行下列检查：

1 模板：

1）模板及支架位置、尺寸；

2）模板的变形和密封性；

3）模板涂刷脱模剂及必要的表面湿润；

4）模板内杂物清理。

2 钢筋及预埋件：

1）钢筋的规格、数量；

2）钢筋的位置；

3）钢筋的混凝土保护层厚度；

4）预埋件规格、数量、位置及固定。

3 混凝土拌合物：

1）坍落度、入模温度等；

2）大体积混凝土的温度测控。

4 混凝土施工：

1）混凝土输送、浇筑、振捣等；

2）混凝土浇筑时模板的变形、漏浆等；

3）混凝土浇筑时钢筋和预埋件位置；

4）混凝土试件制作；

5）混凝土养护。

8.8.5 混凝土结构拆除模板后应进行下列检查：

1 构件的轴线位置、标高、截面尺寸、表面平整度、垂直度；

2 预埋件的数量、位置；

3 构件的外观缺陷；

4 构件的连接及构造做法；

5 结构的轴线位置、标高、全高垂直度。

8.8.6 混凝土结构拆模后实体质量检查方法与判定，应符合现行国家标准《混凝土结构工程施工质量验收规范》GB 50204 等的有关规定。

8.9 混凝土缺陷修整

8.9.1 混凝土结构缺陷可分为尺寸偏差缺陷和外观缺陷。尺寸偏差缺陷和外观缺陷可分为一般缺陷和严重缺陷。混凝土结构尺寸偏差超出规范规定，但尺寸偏差对结构性能和使用功能未构成影响时，应属于一般缺陷；而尺寸偏差对结构性能和使用功能构成影响时，应属于严重缺陷。外观缺陷分类应符合表 8.9.1 的规定。

表 8.9.1　混凝土结构外观缺陷分类

名称	现　　象	严重缺陷	一般缺陷
露筋	构件内钢筋未被混凝土包裹而外露	纵向受力钢筋有露筋	其他钢筋有少量露筋
蜂窝	混凝土表面缺少水泥砂浆而形成石子外露	构件主要受力部位有蜂窝	其他部位有少量蜂窝
孔洞	混凝土中孔穴深度和长度均超过保护层厚度	构件主要受力部位有孔洞	其他部位有少量孔洞
夹渣	混凝土中夹有杂物且深度超过保护层厚度	构件主要受力部位有夹渣	其他部位有少量夹渣
疏松	混凝土中局部不密实	构件主要受力部位有疏松	其他部位有少量疏松
裂缝	缝隙从混凝土表面延伸至混凝土内部	构件主要受力部位有影响结构性能或使用功能的裂缝	其他部位有少量不影响结构性能或使用功能的裂缝
连接部位缺陷	构件连接处混凝土有缺陷及连接钢筋、连接件松动	连接部位有影响结构传力性能的缺陷	连接部位有基本不影响结构传力性能的缺陷
外形缺陷	缺棱掉角、棱角不直、翘曲不平、飞边凸肋等	清水混凝土构件有影响使用功能或装饰效果的外形缺陷	其他混凝土构件有不影响使用功能的外形缺陷
外表缺陷	构件表面麻面、掉皮、起砂、沾污等	具有重要装饰效果的清水混凝土构件有外表缺陷	其他混凝土构件有不影响使用功能的外表缺陷

8.9.2 施工过程中发现混凝土结构缺陷时，应认真分析缺陷产生的原因。对严重缺陷施工单位应制定专项修整方案，方案应经论证审批后再实施，不得擅自处理。

8.9.3 混凝土结构外观一般缺陷修整应符合下列规定：

　　1 露筋、蜂窝、孔洞、夹渣、疏松、外表缺陷，应凿除胶结不牢固部分的混凝土，应清理表面，洒水湿润后应用1∶2～1∶2.5水泥砂浆抹平；

　　2 应封闭裂缝；

　　3 连接部位缺陷、外形缺陷可与面层装饰施工一并处理。

8.9.4 混凝土结构外观严重缺陷修整应符合下列

规定：

　　1 露筋、蜂窝、孔洞、夹渣、疏松、外表缺陷，应凿除胶结不牢固部分的混凝土至密实部位，清理表面，支设模板，洒水湿润，涂抹混凝土界面剂，应采用比原混凝土强度等级高一级的细石混凝土浇筑密实，养护时间不应少于7d。

　　2 开裂缺陷修整应符合下列规定：

　　　　1）民用建筑的地下室、卫生间、屋面等接触水介质的构件，均应注浆封闭处理。民用建筑不接触水介质的构件，可采用注浆封闭、聚合物砂浆粉刷或其他表面封闭材料进行封闭。

　　　　2）无腐蚀介质工业建筑的地下室、屋面、卫生间等接触水介质的构件，以及有腐蚀介质的所有构件，均应注浆封闭处理。无腐蚀介质工业建筑不接触水介质的构件，可采用注浆封闭、聚合物砂浆粉刷或其他表面封闭材料进行封闭。

　　3 清水混凝土的外形和外表严重缺陷，宜在水泥砂浆或细石混凝土修补后ml磨光机械磨平。

8.9.5 混凝土结构尺寸偏差一般缺陷，可结合装饰工程进行修整。

8.9.6 混凝土结构尺寸偏差严重缺陷，应会同设计单位共同制定专项修整方案，结构修整后应重新检查验收。

9　装配式结构工程

9.1　一般规定

9.1.1 装配式结构工程应编制专项施工方案。必要时，专业施工单位应根据设计文件进行深化设计。

9.1.2 装配式结构正式施工前，宜选择有代表性的单元或部分进行试制作、试安装。

9.1.3 预制构件的吊运应符合下列规定：

　　1 应根据预制构件形状、尺寸、重量和作业半径等要求选择吊具和起重设备，所采用的吊具和起重设备及其施工操作，应符合国家现行有关标准及产品应用技术手册的规定；

　　2 应采取保证起重设备的主钩位置、吊具及构件重心在竖直方向上重合的措施；吊索与构件水平角不宜小于60°，不应小于45°；吊运过程应平稳，不应有大幅度摆动，且不应长时间悬停；

　　3 应设专人指挥，操作人员应位于安全位置。

9.1.4 预制构件经检查合格后，应在构件上设置可靠标识。在装配式结构的施工全过程中，应采取防止预制构件损伤或污染的措施。

9.1.5 装配式结构施工中采用专用定型产品时，专用定型产品及施工操作应符合国家现行有关标准及产品应用技术手册的规定。

9.2 施工验算

9.2.1 装配式混凝土结构施工前，应根据设计要求和施工方案进行必要的施工验算。

9.2.2 预制构件在脱模、吊运、运输、安装等环节的施工验算，应将构件自重标准值乘以脱模吸附系数或动力系数作为等效荷载标准值，并应符合下列规定：

1 脱模吸附系数宜取 1.5，也可根据构件和模具表面状况适当增减；复杂情况，脱模吸附系数宜根据试验确定；

2 构件吊运、运输时，动力系数宜取 1.5；构件翻转及安装过程中就位、临时固定时，动力系数可取 1.2。当有可靠经验时，动力系数可根据实际受力情况和安全要求适当增减。

9.2.3 预制构件的施工验算应符合设计要求。当设计无具体要求时，宜符合下列规定：

1 钢筋混凝土和预应力混凝土构件正截面边缘的混凝土法向压应力，应满足下式的要求：

$$\sigma_{cc} \leqslant 0.8f'_{ck} \qquad (9.2.3-1)$$

式中：σ_{cc} ——各施工环节在荷载标准组合作用下产生的构件正截面边缘混凝土法向压应力（MPa），可按毛截面计算；

f'_{ck} ——与各施工环节的混凝土立方体抗压强度相应的抗压强度标准值（MPa），按现行国家标准《混凝土结构设计规范》GB 50010 - 2010 表 4.1.3-1 以线性内插法确定。

2 钢筋混凝土和预应力混凝土构件正截面边缘的混凝土法向拉应力，宜满足下式的要求：

$$\sigma_{ct} \leqslant 1.0f'_{tk} \qquad (9.2.3-2)$$

式中：σ_{ct} ——各施工环节在荷载标准组合作用下产生的构件正截面边缘混凝土法向拉应力（MPa），可按毛截面计算；

f'_{tk} ——与各施工环节的混凝土立方体抗压强度相应的抗拉强度标准值（MPa），按现行国家标准《混凝土结构设计规范》GB 50010 - 2010 表 4.1.3-2 以线性内插法确定。

3 预应力混凝土构件的端部正截面边缘的混凝土法向拉应力，可适当放松，但不应大于 $1.2f'_{tk}$。

4 施工过程中允许出现裂缝的钢筋混凝土构件，其正截面边缘混凝土法向拉应力限值可适当放松，但开裂截面处受拉钢筋的应力，应满足下式：

$$\sigma_s \leqslant 0.7f_{yk} \qquad (9.2.3-3)$$

式中：σ_s ——各施工环节在荷载标准组合作用下产生的构件受拉钢筋应力，应按开裂截面计算（MPa）；

f_{yk} ——受拉钢筋强度标准值（MPa）。

5 叠合式受弯构件尚应符合现行国家标准《混凝土结构设计规范》GB 50010 的有关规定。在叠合层施工阶段验算中，作用在叠合板上的施工活荷载标准值可按实际情况计算，且取值不宜小于 1.5kN/m²。

9.2.4 预制构件中的预埋吊件及临时支撑，宜按下式进行计算：

$$K_c S_c \leqslant R_c \qquad (9.2.4)$$

式中：K_c ——施工安全系数，可按表 9.2.4 的规定取值；当有可靠经验时，可根据实际情况适当增减；

S_c ——施工阶段荷载标准组合作用下的效应值，施工阶段的荷载标准值按本规范附录 A 及第 9.2.3 条的有关规定取值；

R_c ——按材料强度标准值计算或根据试验确定的预埋吊件、临时支撑、连接件的承载力；对复杂或特殊情况，宜通过试验确定。

表 9.2.4 预埋吊件及临时支撑的施工安全系数 K_c

项 目	施工安全系数（K_c）
临时支撑	2
临时支撑的连接件 预制构件中用于连接临时支撑的预埋件	3
普通预埋吊件	4
多用途的预埋吊件	5

注：对采用 HPB300 钢筋吊环形式的预埋吊件，应符合现行国家标准《混凝土结构设计规范》GB 50010 的有关规定。

9.3 构件制作

9.3.1 制作预制构件的场地应平整、坚实，并应采取排水措施。当采用台座生产预制构件时，台座表面应光滑平整，2m 长度内表面平整度不应大于 2mm，在气温变化较大的地区宜设置伸缩缝。

9.3.2 模具应具有足够的强度、刚度和整体稳定性，并应能满足预制构件预留孔、插筋、预埋吊件及其他预埋件的定位要求。模具设计应满足预制构件质量、生产工艺、模具组装与拆卸、周转次数等要求。跨度较大的预制构件的模具应根据设计要求预设反拱。

9.3.3 混凝土振捣除可采用本规范第 8.4.2 条规定的方式外，尚可采用振动台等振捣方式。

9.3.4 当采用平卧重叠法制作预制构件时，应在下层构件的混凝土强度达到 5.0MPa 后，再浇筑上层构件混凝土，上、下层构件之间应采取隔离措施。

9.3.5 预制构件可根据需要选择洒水、覆盖、喷涂养护剂养护，或采用蒸汽养护、电加热养护。采用蒸汽养护时，应合理控制升温、降温速度和最高温度，构件表面宜保持 90%～100%的相对湿度。

9.3.6 预制构件的饰面应符合设计要求。带面砖或石材饰面的预制构件宜采用反打成型法制作，也可采用后贴工艺法制作。

9.3.7 带保温材料的预制构件宜采用水平浇筑方式成型。采用夹芯保温的预制构件，宜采用专用连接件连接内外两层混凝土，其数量和位置应符合设计要求。

9.3.8 清水混凝土预制构件的制作应符合下列规定：

1 预制构件的边角宜采用倒角或圆弧角；

2 模具应满足清水表面设计精度要求；

3 应控制原材料质量和混凝土配合比，并应保证每班生产构件的养护温度均匀一致；

4 构件表面应采取针对清水混凝土的保护和防污染措施。出现的质量缺陷应采用专用材料修补，修补后的混凝土外观质量应满足设计要求。

9.3.9 带门窗、预埋管线预制构件的制作，应符合下列规定：

1 门窗框、预埋管线应在浇筑混凝土前预先放置并固定，固定时应采取防止窗破坏及污染窗体表面的保护措施；

2 当采用铝窗框时，应采取避免铝窗框与混凝土直接接触发生电化学腐蚀的措施；

3 应采取控制温度或受力变形对门窗产生的不利影响的措施。

9.3.10 采用现浇混凝土或砂浆连接的预制构件结合面，制作时应按设计要求进行处理。设计无具体要求时，宜进行拉毛或凿毛处理，也可采用露骨料粗糙面。

9.3.11 预制构件脱模起吊时的混凝土强度应根据计算确定，且不宜小于 15MPa。后张有粘结预应力混凝土预制构件应在预应力筋张拉并灌浆后起吊，起吊时同条件养护的水泥浆试块抗压强度不宜小于 15MPa。

9.4 运输与堆放

9.4.1 预制构件运输与堆放时的支承位置应经计算确定。

9.4.2 预制构件的运输应符合下列规定：

1 预制构件的运输线路应根据道路、桥梁的实际条件确定，场内运输宜设置循环线路；

2 运输车辆应满足构件尺寸和载重要求；

3 装卸构件过程中，应采取保证车体平衡、防止车体倾覆的措施；

4 应采取防止构件移动或倾倒的绑扎固定措施；

5 运输细长构件时应根据需要设置水平支架；

6 构件边角部或绳索接触处的混凝土，宜采用垫衬加以保护。

9.4.3 预制构件的堆放应符合下列规定：

1 场地应平整、坚实，并应采取良好的排水措施；

2 应保证最下层构件垫实，预埋吊件宜向上，标识宜朝向堆垛间的通道；

3 垫木或垫块在构件下的位置宜与脱模、吊装时的起吊位置一致；重叠堆放构件时，每层构件间的垫木或垫块应在同一垂直线上；

4 堆垛层数应根据构件与垫木或垫块的承载力及堆垛的稳定性确定，必要时应设置防止构件倾覆的支架；

5 施工现场堆放的构件，宜按安装顺序分类堆放，堆垛宜布置在吊车工作范围内且不受其他工序施工作业影响的区域；

6 预应力构件的堆放应根据反拱影响采取措施。

9.4.4 墙板类构件应根据施工要求选择堆放和运输方式。外形复杂墙板宜采用插放架或靠放架直立堆放和运输。插放架、靠放架应安全可靠。采用靠放架直立堆放的墙板宜对称靠放、饰面朝外，与竖向的倾斜角不宜大于 10°。

9.4.5 吊运平卧制作的混凝土屋架时，应根据屋架跨度、刚度确定吊索绑扎形式及加固措施。屋架堆放时，可将几榀屋架绑扎成整体。

9.5 安装与连接

9.5.1 装配式结构安装现场应根据工期要求以及工程量、机械设备等现场条件，组织立体交叉、均衡有效的安装施工流水作业。

9.5.2 预制构件安装前的准备工作应符合下列规定：

1 应核对已施工完成结构的混凝土强度、外观质量、尺寸偏差等符合设计要求和本规范的有关规定；

2 应核对预制构件混凝土强度及预制构件和配件的型号、规格、数量等符合设计要求；

3 应在已施工完成结构及预制构件上进行测量放线，并应设置安装定位标志；

4 应确认吊装设备及吊具处于安全操作状态；

5 应核实现场环境、天气、道路状况满足吊装施工要求。

9.5.3 安放预制构件时，其搁置长度应满足设计要求。预制构件与其支承构件间宜设置厚度不大于 30mm 坐浆或垫片。

9.5.4 预制构件安装过程中应根据水准点和轴线校正位置，安装就位后应及时采取临时固定措施。预制构件与吊具的分离应在校准定位及临时固定措施安装完成后进行。临时固定措施的拆除应在装配式结构能达到后续施工承载要求后进行。

9.5.5 采用临时支撑时，应符合下列规定：

1 每个预制构件的临时支撑不宜少于 2 道；

2 对预制柱、墙板的上部斜撑，其支撑点距离底部的距离不宜小于高度的 2/3，且不应小于高度的 1/2；

3 构件安装就位后，可通过临时支撑对构件的位置和垂直度进行微调。

9.5.6 装配式结构采用现浇混凝土或砂浆连接构件时，除应符合本规范其他章节的有关规定外，尚应符合下列规定：

1 构件连接处现浇混凝土或砂浆的强度及收缩性能应满足设计要求。设计无具体要求时，应符合下列规定：

　　1) 承受内力的连接处应采用混凝土浇筑，混凝土强度等级值不应低于连接处构件混凝土强度设计等级值的较大值；

　　2) 非承受内力的连接处可采用混凝土或砂浆浇筑，其强度等级不应低于 C15 或 M15；

　　3) 混凝土粗骨料最大粒径不宜大于连接处最小尺寸的 1/4。

2 浇筑前，应清除浮浆、松散骨料和污物，并宜洒水湿润。

3 连接节点、水平拼缝应连续浇筑；竖向拼缝可逐层浇筑，每层浇筑高度不宜大于 2m，应采取保证混凝土或砂浆浇筑密实的措施。

4 混凝土或砂浆强度达到设计要求后，方可承受全部设计荷载。

9.5.7 装配式结构采用焊接或螺栓连接构件时，应符合设计要求或国家现行有关钢结构施工标准的规定，并应对外露铁件采取防腐和防火措施。采用焊接连接时，应采取避免损伤已施工完成结构、预制构件及配件的措施。

9.5.8 装配式结构采用后张预应力筋连接构件时，预应力工程施工应符合本规范第 6 章的规定。

9.5.9 装配式结构构件间的钢筋连接可采用焊接、机械连接、搭接及套筒灌浆连接等方式。钢筋锚固及钢筋连接长度应满足设计要求。钢筋连接施工应符合国家现行有关标准的规定。

9.5.10 叠合式受弯构件的后浇混凝土层施工前，应按设计要求检查结合面粗糙度和预制构件的外露钢筋。施工过程中，应控制施工荷载不超过设计取值，并应避免单个预制构件承受较大的集中荷载。

9.5.11 当设计对构件连接处有防水要求时，材料性能及施工应符合设计要求及国家现行有关标准的规定。

9.6 质 量 检 查

9.6.1 制作预制构件的台座或模具在使用前应进行下列检查：

1 外观质量；

2 尺寸偏差。

9.6.2 预制构件制作过程中应进行下列检查：

1 预埋吊件的规格、数量、位置及固定情况；

2 复合墙板夹芯保温层和连接件的规格、数量、位置及固定情况；

3 门窗框和预埋管线的规格、数量、位置及固定情况；

4 本规范第 8.8.3 条规定的检查内容。

9.6.3 预制构件的质量应进行下列检查：

1 预制构件的混凝土强度；

2 预制构件的标识；

3 预制构件的外观质量、尺寸偏差；

4 预制构件上的预埋件、插筋、预留孔洞的规格、位置及数量；

5 结构性能检验应符合现行国家标准《混凝土结构工程施工质量验收规范》GB 50204 的有关规定。

9.6.4 预制构件的起吊、运输应进行下列检查：

1 吊具和起重设备的型号、数量、工作性能；

2 运输线路；

3 运输车辆的型号、数量；

4 预制构件的支座位置、固定措施和保护措施。

9.6.5 预制构件的堆放应进行下列检查：

1 堆放场地；

2 垫木或垫块的位置、数量；

3 预制构件堆垛层数、稳定措施。

9.6.6 预制构件安装前应进行下列检查：

1 已施工完成结构的混凝土强度、外观质量和尺寸偏差；

2 预制构件的混凝土强度，预制构件、连接件及配件的型号、规格和数量；

3 安装定位标识；

4 预制构件与后浇混凝土结合面的粗糙度，预留钢筋的规格、数量和位置；

5 吊具及吊装设备的型号、数量、工作性能。

9.6.7 预制构件安装连接应进行下列检查：

1 预制构件的位置及尺寸偏差；

2 预制构件临时支撑、垫片的规格、位置、数量；

3 连接处现浇混凝土或砂浆的强度、外观质量；

4 连接处钢筋连接及其他连接质量。

10 冬期、高温和雨期施工

10.1 一 般 规 定

10.1.1 根据当地多年气象资料统计，当室外日平均气温连续 5 日稳定低于 5℃时，应采取冬期施工措施；当室外日平均气温连续 5 日稳定高于 5℃时，可解除冬期施工措施。当混凝土未达到受冻临界强度而气温骤降至 0℃以下时，应按冬期施工的要求采取应急防护措施。工程越冬期间，应采取维护保温措施。

10.1.2 当日平均气温达到30℃及以上时，应按高温施工要求采取措施。

10.1.3 雨季和降雨期间，应按雨期施工要求采取措施。

10.1.4 混凝土冬期施工，应按现行行业标准《建筑工程冬期施工规程》JGJ/T 104的有关规定进行热工计算。

10.2 冬期施工

10.2.1 冬期施工混凝土宜采用硅酸盐水泥或普通硅酸盐水泥；采用蒸汽养护时，宜采用矿渣硅酸盐水泥。

10.2.2 用于冬期施工混凝土的粗、细骨料中，不得含有冰、雪冻块及其他易冻裂物质。

10.2.3 冬期施工混凝土用外加剂，应符合现行国家标准《混凝土外加剂应用技术规范》GB 50119的有关规定。采用非加热养护方法时，混凝土中宜掺入引气剂、引气型减水剂或含有引气组分的外加剂，混凝土含气量宜控制为3.0%~5.0%。

10.2.4 冬期施工混凝土配合比，应根据施工期间环境气温、原材料、养护方法、混凝土性能要求等经试验确定，并宜选择较小的水胶比和坍落度。

10.2.5 冬期施工混凝土搅拌前，原材料预热应符合下列规定：

1 宜加热拌合水，当仅加热拌合水不能满足热工计算要求时，可加热骨料；拌合水与骨料的加热温度可通过热工计算确定，加热温度不应超过表10.2.5的规定；

2 水泥、外加剂、矿物掺合料不得直接加热，应置于暖棚内预热。

表10.2.5 拌合水及骨料最高加热温度（℃）

水泥强度等级	拌合水	骨 料
42.5以下	80	60
42.5、42.5R及以上	60	40

10.2.6 冬期施工混凝土搅拌应符合下列规定：

1 液体防冻剂使用前应搅拌均匀，由防冻剂溶液带入的水分应从混凝土拌合水中扣除；

2 蒸汽法加热骨料时，应加大对骨料含水率测试频率，并应将由骨料带入的水分从混凝土拌合水中扣除；

3 混凝土搅拌前应对搅拌机械进行保温或采用蒸汽进行加温，搅拌时间应比常温搅拌时间延长30s~60s；

4 混凝土搅拌时应先投入骨料与拌合水，预拌后再投入胶凝材料与外加剂。胶凝材料、引气剂或含引气组分外加剂不得与60℃以上热水直接接触。

10.2.7 混凝土拌合物的出机温度不宜低于10℃；入模温度不应低于5℃；预拌混凝土或需远距离运输的混凝土，混凝土拌合物的出机温度可根据距离经热工计算确定，但不宜低于15℃。大体积混凝土的入模温度可根据实际情况适当降低。

10.2.8 混凝土运输、输送机具及泵管应采取保温措施。当采用泵送工艺浇筑时，应采用水泥浆或水泥砂浆对泵和泵管进行润滑、预热。混凝土运输、输送与浇筑过程中应进行测温，其温度应满足热工计算的要求。

10.2.9 混凝土浇筑前，应清除地基、模板和钢筋上的冰雪和污垢，并应进行覆盖保温。

10.2.10 混凝土分层浇筑时，分层厚度不应小于400mm。在被上一层混凝土覆盖前，已浇筑层的温度应满足热工计算要求，且不得低于2℃。

10.2.11 采用加热方法养护现浇混凝土时，应根据加热产生的温度应力对结构的影响采取措施，并应合理安排混凝土浇筑顺序与施工缝留置位置。

10.2.12 冬期浇筑的混凝土，其受冻临界强度应符合下列规定：

1 当采用蓄热法、暖棚法、加热法施工时，采用硅酸盐水泥、普通硅酸盐水泥配制的混凝土，不应低于设计混凝土强度等级值的30%；采用矿渣硅酸盐水泥、粉煤灰硅酸盐水泥、火山灰质硅酸盐水泥、复合硅酸盐水泥配制的混凝土时，不应低于设计混凝土强度等级值的40%。

2 当室外最低气温不低于−15℃时，采用综合蓄热法、负温养护法施工的混凝土受冻临界强度不低于4.0MPa；当室外最低气温不低于−30℃时，采用负温养护法施工的混凝土受冻临界强度不应低于5.0MPa。

3 强度等级等于或高于C50的混凝土，不宜于设计混凝土强度等级值的30%。

4 有抗渗要求的混凝土，不宜小于设计混凝土强度等级值的50%。

5 有抗冻耐久性要求的混凝土，不宜低于设计混凝土强度等级值的70%。

6 当采用暖棚法施工的混凝土中掺入早强剂时，可按综合蓄热法受冻临界强度取值。

7 当施工需要提高混凝土强度等级时，应按提高后的强度等级确定受冻临界强度。

10.2.13 混凝土结构工程冬期施工养护，应符合下列规定：

1 当室外最低气温不低于−15℃时，对地面以下的工程或表面系数不大于5m⁻¹的结构，宜采用蓄热法养护，并应对结构易受冻部位加强保温措施；对表面系数为5m⁻¹~15m⁻¹的结构，宜采用综合蓄热法养护。采用综合蓄热法养护时，混凝土中应掺加具有减水、引气性能的早强剂或早强型外加剂；

2 对不易保温养护且对强度增长无具体要求的一般混凝土结构，可采用掺防冻剂的负温养护法进行养护；

3 当本条第1、2款不能满足施工要求时，可采用暖棚法、蒸汽加热法、电加热法等方法进行养护，但应采取降低能耗的措施。

10.2.14 混凝土浇筑后，对裸露表面应采取防风、保湿、保温措施，对边、棱角及易受冻部位应加强保温。在混凝土养护和越冬期间，不得直接对负温混凝土表面浇水养护。

10.2.15 模板和保温层的拆除除应符合本规范第4章及设计要求外，尚应符合下列规定：

1 混凝土强度应达到受冻临界强度，且混凝土表面温度不应高于5℃；

2 对墙、板等薄壁结构构件，宜推迟拆模。

10.2.16 混凝土强度未达到受冻临界强度和设计要求时，应继续进行养护。当混凝土表面温度与环境温度之差大于20℃时，拆模后的混凝土表面应立即进行保温覆盖。

10.2.17 混凝土工程冬期施工应加强骨料含水率、防冻剂掺量检查，以及原材料、入模温度、实体温度和强度监测；应依据气温的变化，检查防冻剂掺量是否符合配合比与防冻剂说明书的规定，并应根据需要调整配合比。

10.2.18 混凝土冬期施工期间，应按国家现行有关标准的规定对混凝土拌合水温度、外加剂溶液温度、骨料温度、混凝土出机温度、浇筑温度、入模温度，以及养护期间混凝土内部和大气温度进行测量。

10.2.19 冬期施工混凝土强度试件的留置，除应符合现行国家标准《混凝土结构工程施工质量验收规范》GB 50204 的有关规定外，尚应增加不少于2组的同条件养护试件。同条件养护试件应在解冻后进行试验。

10.3 高温施工

10.3.1 高温施工时，露天堆放的粗、细骨料应采取遮阳防晒等措施。必要时，可对粗骨料进行喷雾降温。

10.3.2 高温施工的混凝土配合比设计，除应符合本规范第7.3节的规定外，尚应符合下列规定：

1 应分析原材料温度、环境温度、混凝土运输方式与时间对混凝土初凝时间、坍落度损失等性能指标的影响，根据环境温度、湿度、风力和采取温控措施的实际情况，对混凝土配合比进行调整；

2 宜在近似现场运输条件、时间和预计混凝土浇筑作业最高气温的天气条件下，通过混凝土试拌、试运输的工况试验，确定适合高温天气条件下施工的混凝土配合比；

3 宜降低水泥用量，并可采用矿物掺合料替代部分水泥；宜选用水化热较低的水泥；

4 混凝土坍落度不宜小于70mm。

10.3.3 混凝土的搅拌应符合下列规定：

1 应对搅拌站料斗、储水器、皮带运输机、搅拌楼采取遮阳防晒措施。

2 对原材料进行直接降温时，宜采用对水、粗骨料进行降温的方法。对水直接降温时，可采用冷却装置冷却拌合用水，并应对水管及水箱加设遮阳和隔热设施，也可在水中加碎冰作为拌合用水的一部分。混凝土拌合时掺加的固体冰应确保在搅拌结束前融化，且在拌合用水中应扣除其重量。

3 原材料最高入机温度不宜超过表10.3.3的规定。

表 10.3.3 原材料最高入机温度（℃）

原 材 料	最高入机温度
水泥	60
骨料	30
水	25
粉煤灰等矿物掺合料	60

4 混凝土拌合物出机温度不宜大于30℃。出机温度可按下式计算：

$$T_0 = \frac{0.22(T_g W_g + T_s W_s + T_c W_c + T_m W_m) + T_w W_w + T_g W_{wg} + T_s W_{ws} + 0.5 T_{ice} W_{ice} - 79.6 W_{ice}}{0.22(W_g + W_s + W_c + W_m) + W_w + W_{wg} + W_{ws} + W_{ice}}$$

(10.3.3)

式中：T_0 ——混凝土的出机温度（℃）；

T_g、T_s ——粗骨料、细骨料的入机温度（℃）；

T_c、T_m ——水泥、矿物掺合料的入机温度（℃）；

T_w、T_{ice} ——搅拌水、冰的入机温度（℃）；冰的入机温度低于0℃时，T_{ice} 应取负值；

W_g、W_s ——粗骨料、细骨料干重量（kg）；

W_c、W_m ——水泥、矿物掺合料重量（kg）；

W_w、W_{ice} ——搅拌水、冰重量（kg），当混凝土不加冰拌合时，$W_{ice} = 0$；

W_{wg}、W_{ws} ——粗骨料、细骨料中所含水重量（kg）。

5 当需要时，可采取掺加干冰等附加控温措施。

10.3.4 混凝土宜采用白色涂装的混凝土搅拌运输车运输；混凝土输送管应进行遮阳覆盖，并应洒水降温。

10.3.5 混凝土拌合物入模温度应符合本规范第8.1.2条的规定。

10.3.6 混凝土浇筑宜在早间或晚间进行，且应连续浇筑。当混凝土水分蒸发较快时，应在施工作业面采取挡风、遮阳、喷雾等措施。

10.3.7 混凝土浇筑前，施工作业面宜采取遮阳措施，并应对模板、钢筋和施工机具采用洒水等降温措施，但浇筑时模板内不得积水。

10.3.8 混凝土浇筑完成后，应及时进行保湿养护。

侧模拆除前宜采用带模湿润养护。

10.4 雨 期 施 工

10.4.1 雨期施工期间，水泥和矿物掺合料应采取防水和防潮措施，并应对粗骨料、细骨料的含水率进行监测，及时调整混凝土配合比。

10.4.2 雨期施工期间，应选用具有防雨水冲刷性能的模板脱模剂。

10.4.3 雨期施工期间，混凝土搅拌、运输设备和浇筑作业面应采取防雨措施，并应加强施工机械检查维修及接地接零检测工作。

10.4.4 雨期施工期间，除应采用防护措施外，小雨、中雨天气不宜进行混凝土露天浇筑，且不应进行大面积作业的混凝土露天浇筑；大雨、暴雨天气不应进行混凝土露天浇筑。

10.4.5 雨后应检查地基面的沉降，并应对模板及支架进行检查。

10.4.6 雨期施工期间，应采取防止模板内积水的措施。模板内和混凝土浇筑分层面出现积水时，应在排水后再浇筑混凝土。

10.4.7 混凝土浇筑过程中，因雨水冲刷致使水泥浆流失严重的部位，应采取补救措施后再继续施工。

10.4.8 在雨天进行钢筋焊接时，应采取挡雨等安全措施。

10.4.9 混凝土浇筑完毕后，应及时采取覆盖塑料薄膜等防雨措施。

10.4.10 台风来临前，应对尚未浇筑混凝土的模板及支架采取临时加固措施；台风结束后，应检查模板及支架，已验收合格的模板及支架应重新办理验收手续。

11 环 境 保 护

11.1 一 般 规 定

11.1.1 施工项目部应制定施工环境保护计划，落实责任人员，并应组织实施。混凝土结构施工过程的环境保护效果，宜进行自评估。

11.1.2 施工过程中，应采取建筑垃圾减量化措施。施工过程中产生的建筑垃圾，应进行分类、统计和处理。

11.2 环 境 因 素 控 制

11.2.1 施工过程中，应采取防尘、降尘措施。施工现场的主要道路，宜进行硬化处理或采取其他扬尘控制措施。可能造成扬尘的露天堆储材料，宜采取扬尘控制措施。

11.2.2 施工过程中，应对材料搬运、施工设备和机具作业等采取可靠的降低噪声措施。施工作业在施工

场界的噪声级，应符合现行国家标准《建筑施工场界噪声限值》GB 12523 的有关规定。

11.2.3 施工过程中，应采取光污染控制措施。可能产生强光的施工作业，应采取防护和遮挡措施。夜间施工时，应采用低角度灯光照明。

11.2.4 应采取沉淀、隔油等措施处理施工过程中产生的污水，不得直接排放。

11.2.5 宜选用环保型脱模剂。涂刷模板脱模剂时，应防止洒漏。含有污染环境成分的脱模剂，使用后剩余的脱模剂及其包装等不得与普通垃圾混放，并应由厂家或有资质的单位回收处理。

11.2.6 施工过程中，对施工设备和机具维修、运行、存储时的漏油，应采取有效的隔离措施，不得直接污染土壤。漏油应统一收集并进行无害化处理。

11.2.7 混凝土外加剂、养护剂的使用，应满足环境保护和人身健康的要求。

11.2.8 施工中可能接触有害物质的操作人员应采取有效的防护措施。

11.2.9 不可循环使用的建筑垃圾，应集中收集，并应及时清运至有关部门指定的地点。可循环使用的建筑垃圾，应加强回收利用，并应做好记录。

附录 A 作用在模板及支架上的荷载标准值

A.0.1 模板及支架自重（G_1）的标准值应根据模板施工图确定。有梁楼板及无梁楼板的模板及支架自重的标准值，可按表 A.0.1 采用。

表 A.0.1 模板及支架的自重标准值（kN/m²）

项目名称	木模板	定型组合钢模板
无梁楼板的模板及小楞	0.30	0.50
有梁楼板模板（包含梁的模板）	0.50	0.75
楼板模板及支架（楼层高度为4m以下）	0.75	1.10

A.0.2 新浇筑混凝土自重（G_2）的标准值宜根据混凝土实际重力密度 γ_c 确定，普通混凝土 γ_c 可取 24kN/m³。

A.0.3 钢筋自重（G_3）的标准值应根据施工图确定。一般梁板结构，楼板的钢筋自重可取 1.1kN/m³，梁的钢筋自重可取 1.5kN/m³。

A.0.4 采用插入式振动器且浇筑速度不大于 10m/h、混凝土坍落度不大于 180mm 时，新浇筑混凝土对模板的侧压力（G_4）的标准值，可按下列公式分别计算，并应取其中的较小值：

$$F = 0.28\gamma_c t_0 \beta V^{\frac{1}{2}} \quad \text{(A.0.4-1)}$$

$$F = \gamma_c H \quad \text{(A.0.4-2)}$$

当浇筑速度大于 10m/h，或混凝土坍落度大于 180mm 时，侧压力（G_4）的标准值可按公式（A.0.4-2）计算。

式中：F——新浇筑混凝土作用于模板的最大侧压力标准值（kN/m²）；

γ_c——混凝土的重力密度（kN/m³）；

t_0——新浇混凝土的初凝时间（h），可按实测确定；当缺乏试验资料时可采用 $t_0 = 200/(T + 15)$ 计算，T 为混凝土的温度（℃）；

β——混凝土坍落度影响修正系数：当坍落度大于 50mm 且不大于 90mm 时，β 取 0.85；坍落度大于 90mm 且不大于 130mm 时，β 取 0.9；坍落度大于 130mm 且不大于 180mm 时，β 取 1.0；

V——浇筑速度，取混凝土浇筑高度（厚度）与浇筑时间的比值（m/h）；

H——混凝土侧压力计算位置处至新浇筑混凝土顶面的总高度（m）。

混凝土侧压力的计算分布图形如图 A.0.4 所示，图中 $h = F/\gamma_c$。

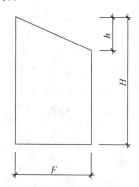

图 A.0.4 混凝土侧压力分布
h—有效压头高度；H—模板内混凝土总高度；
F—最大侧压力

A.0.5 施工人员及施工设备产生的荷载（Q_1）的标准值，可按实际情况计算，且不应小于 2.5kN/m²。

A.0.6 混凝土下料产生的水平荷载（Q_2）的标准值可按表 A.0.6 采用，其作用范围可取为新浇筑混凝土侧压力的有效压头高度 h 之内。

表 A.0.6 混凝土下料产生的
水平荷载标准值（kN/m²）

下料方式	水平荷载
溜槽、串筒、导管或泵管下料	2
吊车配备斗容器下料或小车直接倾倒	4

A.0.7 泵送混凝土或不均匀堆载等因素产生的附加水平荷载（Q_3）的标准值，可取计算工况下竖向永久荷载标准值的 2%，并应作用在模板支架上端水平方向。

A.0.8 风荷载（Q_4）的标准值，可按现行国家标准《建筑结构荷载规范》GB 50009 的有关规定确定，此时基本风压可按 10 年一遇的风压取值，但基本风压不应小于 0.20kN/m²。

附录 B 常用钢筋的公称直径、公称截面面积、计算截面面积及理论重量

B.0.1 钢筋的计算截面面积及理论重量，应符合表 B.0.1 的规定。

表 B.0.1 钢筋的计算截面面积及理论重量

公称直径（mm）	不同根数钢筋的计算截面面积（mm²）									单根钢筋理论重量（kg/m）
	1	2	3	4	5	6	7	8	9	
6	28.3	57	85	113	142	170	198	226	255	0.222
8	50.3	101	151	201	252	302	352	402	453	0.395
10	78.5	157	236	314	393	471	550	628	707	0.617
12	113.1	226	339	452	565	678	791	904	1017	0.888
14	153.9	308	461	615	769	923	1077	1231	1385	1.21
16	201.1	402	603	804	1005	1206	1407	1608	1809	1.58
18	254.5	509	763	1017	1272	1527	1781	2036	2290	2.00
20	314.2	628	942	1256	1570	1884	2199	2513	2827	2.47
22	380.1	760	1140	1520	1900	2281	2661	3041	3421	2.98
25	490.9	982	1473	1964	2454	2945	3436	3927	4418	3.85
28	615.8	1232	1847	2463	3079	3695	4310	4926	5542	4.83
32	804.2	1609	2413	3217	4021	4826	5630	6434	7238	6.31
36	1017.9	2036	3054	4072	5089	6107	7125	8143	9161	7.99
40	1256.6	2513	3770	5027	6283	7540	8796	10053	11310	9.87
50	1963.5	3928	5892	7856	9820	11784	13748	15712	17676	15.42

B.0.2 钢绞线的公称直径、公称截面面积及理论重量，应符合表 B.0.2 的规定。

表 B.0.2 钢绞线的公称直径、公称截面
面积及理论重量

种类	公称直径（mm）	公称截面面积（mm²）	理论重量（kg/m）
1×3	8.6	37.7	0.296
	10.8	58.9	0.462
	12.9	84.8	0.666
1×7 标准型	9.5	54.8	0.430
	12.7	98.7	0.775
	15.2	140	1.101
	17.8	191	1.500
	21.6	285	2.237

B.0.3 钢丝的公称直径、公称截面面积及理论重量，应符合表 B.0.3 的规定。

表 B.0.3　钢丝的公称直径、公称截面面积及理论重量

公称直径（mm）	公称截面面积（mm²）	理论重量（kg/m）
5.0	19.63	0.154
7.0	38.48	0.302
9.0	63.62	0.499

附录 C　纵向受力钢筋的最小搭接长度

C.0.1 当纵向受拉钢筋的绑扎搭接接头面积百分率不大于 25% 时，其最小搭接长度应符合表 C.0.1 的规定。

表 C.0.1　纵向受拉钢筋的最小搭接长度

钢筋类型		混凝土强度等级								
		C20	C25	C30	C35	C40	C45	C50	C55	≥C60
光面钢筋	300 级	48d	41d	37d	34d	31d	29d	28d	—	—
带肋钢筋	335 级	46d	40d	37d	33d	30d	29d	27d	26d	25d
	400 级	—	48d	43d	39d	36d	34d	33d	31d	30d
	500 级	—	58d	52d	47d	43d	41d	39d	38d	36d

注：d 为搭接钢筋直径。两根直径不同钢筋的搭接长度，以较细钢筋的直径计算。

C.0.2 当纵向受拉钢筋搭接接头面积百分率为 50% 时，其最小搭接长度应按本规范表 C.0.1 中的数值乘以系数 1.15 取用；当接头面积百分率为 100% 时，应按本规范表 C.0.1 中的数值乘以系数 1.35 取用；当接头面积百分率为 25%～100% 的其他中间值时，修正系数可按内插取值。

C.0.3 纵向受拉钢筋的最小搭接长度根据本规范第 C.0.1 和 C.0.2 条确定后，可按下列规定进行修正。但在任何情况下，受拉钢筋的搭接长度不应小于 300mm：

　　1　当带肋钢筋的直径大于 25mm 时，其最小搭接长度应按相应数值乘以系数 1.1 取用；

　　2　环氧树脂涂层的带肋钢筋，其最小搭接长度应按相应数值乘以系数 1.25 取用；

　　3　当施工过程中受力钢筋易受扰动时，其最小搭接长度应按相应数值乘以系数 1.1 取用；

　　4　末端采用弯钩或机械锚固措施的带肋钢筋，其最小搭接长度可按相应数值乘以系数 0.6 取用；

　　5　当带肋钢筋的混凝土保护层厚度为搭接钢筋直径的 3 倍，且配有箍筋时，其最小搭接长度可按相应数值乘以系数 0.8 取用；当带肋钢筋的混凝土保护层厚度为搭接钢筋直径的 5 倍，且配有箍筋时，其最小搭接长度可按相应数值乘以系数 0.7 取用；当带肋

钢筋的混凝土保护层厚度大于搭接钢筋直径 3 倍且小于 5 倍，且配有箍筋时，修正系数可按内插取值；

　　6　有抗震要求的受力钢筋的最小搭接长度，一、二级抗震等级应按相应数值乘以系数 1.15 采用；三级抗震等级应按相应数值乘以系数 1.05 采用。

　　注：本条中第 4 和 5 款情况同时存在时，可仅选其中之一执行。

C.0.4 纵向受压钢筋绑扎搭接时，其最小搭接长度应根据本规范第 C.0.1～C.0.3 条的规定确定相应数值后，乘以系数 0.7 取用。在任何情况下，受压钢筋的搭接长度不应小于 200mm。

附录 D　预应力筋张拉伸长值计算和量测方法

D.0.1 一端张拉的单段曲线或直线预应力筋，其张拉伸长值可按下式计算：

$$\Delta L_p = \frac{\sigma_{pt}\left[1 + e^{-(\mu\theta + \kappa l)}\right]l}{2E_p} \qquad (D.0.1)$$

式中：ΔL_p —— 预应力筋张拉伸长计算值（mm）；

　　　l —— 预应力筋张拉端至固定端的长度，可近似取预应力筋在纵轴上的投影长度（m）；

　　　θ —— 预应力筋曲线两端切线的夹角（rad）；

　　　σ_{pt} —— 张拉控制应力扣除锚口摩擦损失后的应力值（MPa）；

　　　E_p —— 预应力筋弹性模量（MPa），可按国家现行相关标准的规定取用；必要时，可采用实测数据；

　　　μ —— 预应力筋与孔道壁之间的摩擦系数；

　　　κ —— 孔道每米长度局部偏差产生的摩擦系数（m⁻¹）。

D.0.2 多曲线段或直线段与曲线段组成的预应力筋，可根据扣除摩擦损失后的预应力筋有效应力分布，采用分段叠加法计算其张拉伸长值。

D.0.3 预应力筋张拉伸长值可按下列方法确定：

　　1　实测张拉伸长值可采用量测千斤顶油缸行程的方法确定，也可采用量测外露预应力筋长度的方法确定；当采用量测千斤顶油缸行程的方法时，实测张拉伸长值尚应扣除千斤顶体内的预应力筋张拉伸长值、张拉过程中工具锚和固定端工作锚楔紧引起的预应力筋内缩值；

　　2　实际张拉伸长值 ΔL 可按下列公式计算确定：

$$\Delta L = \Delta L_1 + \Delta L_2 \qquad (D.0.3-1)$$

$$\Delta L_2 = \frac{N_0}{N_{con} - N_0}\Delta L_1 \qquad (D.0.3-2)$$

式中：ΔL_1 —— 从初拉力至张拉控制力之间的实测张拉伸长值（mm）；

ΔL_2——初拉力下的推算伸长值（mm），计算示意如图 D.0.3；

N_{con}——张拉控制力（kN）；

N_0——初拉力（kN）。

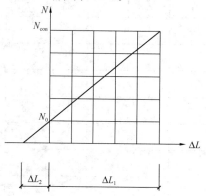

图 D.0.3 初拉力下推算伸长值计算示意

附录 E 张拉阶段摩擦预应力损失测试方法

E.0.1 孔道摩擦损失可采用压力差法测试。现场测试的设备安装（图 E.0.1）应符合下列规定：

1 预应力筋末端的切线、工作锚、千斤顶、压力传感器及工具锚应对中；

2 预应力筋两端拉力可用压力传感器或与千斤顶配套的精密压力表测量；

3 预应力筋两端均宜安装千斤顶。当预应力筋的张拉伸长值超出千斤顶最大行程时，张拉端可串联安装两台或多台千斤顶。

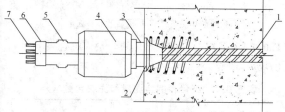

图 E.0.1 摩擦损失测试设备安装示意

1—预留孔道；2—锚垫板；3—工作锚（无夹片）；4—千斤顶；
5—压力传感器；6—工具锚（有夹片）；7—预应力筋

E.0.2 孔道摩擦损失的现场测试步骤应符合下列规定：

1 预应力筋两端的千斤顶宜同时加载至初张拉力，初张拉力可取 $0.1N_{con}$。

2 固定端千斤顶稳压后，应往张拉端千斤顶供油，并应分级量测张拉力在 $0.5N_{con} \sim 1.0N_{con}$ 范围内两端的压力值，分级不宜少于 3 级，每级持荷不宜少于 2min。

E.0.3 孔道摩擦系数可按下列规定计算确定：

1 孔道摩擦系数可取为各级张拉力下相应计算

摩擦系数的平均值；

2 各级张拉下相应计算摩擦系数 μ，可按下式确定：

$$\mu = \frac{-\ln\left(\dfrac{N_2}{N_1}\right) - \kappa l}{\theta} \quad (E.0.3)$$

式中 N_1——张拉端的拉力（N），取为所测得的压力扣除锚口预拉力损失后的力值；

N_2——固定端的拉力（N），取为所测得的压力加上锚口预拉力损失后的力值；

l——两端工具锚之间预应力筋的总长度（m），可近似取预应力筋在纵轴上的投影长度；

θ——预应力筋曲线各段两端切线的夹角之和（rad），当端部区段预应力筋曲线有水平偏转时，尚应计入端部曲线的附加转角。

附录 F 混凝土原材料技术指标

F.0.1 通用硅酸盐水泥化学指标应符合表 F.0.1 的规定。

表 F.0.1 通用硅酸盐水泥化学指标（%）

品种	代号	不溶物（质量分数）	烧失量（质量分数）	三氧化硫（质量分数）	氧化镁（质量分数）	氯离子（质量分数）
硅酸盐水泥	P·I	≤0.75	≤3.0	≤3.5	≤5.0	≤0.06
	P·II	≤1.50	≤3.5			
普通硅酸盐水泥	P·O	—	≤5.0			
矿渣硅酸盐水泥	P·S·A	—	—	≤4.0	≤6.0	
	P·S·B	—	—		—	
火山灰质硅酸盐水泥	P·P	—	—	≤3.5	≤6.0	
粉煤灰硅酸盐水泥	P·F	—	—			
复合硅酸盐水泥	P·C	—	—			

注：1 硅酸盐水泥压蒸试验合格时，其氧化镁的含量（质量分数）可放宽至 6.0%；

2 A 型矿渣硅酸盐水泥（P·S·A）、火山灰质硅酸盐水泥、粉煤灰硅酸盐水泥、复合硅酸盐水泥中氧化镁的含量（质量分数）大于 6.0% 时，应进行水泥压蒸安定性试验并合格；

3 氯离子含量有更低要求时，该指标由供需双方协商确定。

F.0.2 粗骨料的颗粒级配范围应符合表 F.0.2 的规定。

表 F.0.2　粗骨料的颗粒级配范围

级配情况	公称粒级(mm)	累计筛余，按质量（%）											
		方孔筛筛孔边长尺寸（mm）											
		2.36	4.75	9.5	16.0	19.0	26.5	31.5	37.5	53	63	75	90
连续粒级	5~10	95~100	80~100	0~15	0	—	—	—	—	—	—	—	—
	5~16	95~100	85~100	30~60	0~10	0	—	—	—	—	—	—	—
	5~20	95~100	90~100	40~80	—	0~10	0	—	—	—	—	—	—
	5~25	95~100	90~100	—	30~70	—	0~5	0	—	—	—	—	—
	5~31.5	95~100	90~100	70~90	—	15~45	—	0~5	0	—	—	—	—
	5~40	—	95~100	70~90	—	30~65	—	—	0~5	0	—	—	—
单粒级	10~20	—	95~100	85~100	—	0~15	0	—	—	—	—	—	—
	16~31.5	—	95~100	—	85~100	—	—	0~10	0	—	—	—	—
	20~40	—	—	95~100	—	80~100	—	—	0~10	0	—	—	—
	31.5~63	—	—	—	—	—	—	95~100	75~100	45~75	0~10	0	—
	40~80	—	—	—	—	—	—	—	95~100	70~100	30~60	0~10	0

F.0.3　粗骨料中针、片状颗粒含量应符合表 F.0.3 的规定。

表 F.0.3　粗骨料中针、片状颗粒含量（%）

混凝土强度等级	≥C60	C55~C30	≤C25
针片状颗粒含量（按质量计）	≤8	≤15	≤25

F.0.4　粗骨料的含泥量和泥块含量应符合表 F.0.4 的规定。

表 F.0.4　粗骨料的含泥量和泥块含量（%）

混凝土强度等级	≥C60	C55~C30	≤C25
含泥量（按质量计）	≤0.5	≤1.0	≤2.0
泥块含量（按质量计）	≤0.2	≤0.5	≤0.7

F.0.5　粗骨料的压碎指标值应符合表 F.0.5 的规定。

表 F.0.5　粗骨料的压碎指标值（%）

粗骨料种类	岩石品种	混凝土强度等级	压碎指标值
碎石	沉积岩	C60~C40	≤10
		≤C35	≤16
	变质岩或深成的火成岩	C60~C40	≤12
		≤C35	≤20
	喷出的火成岩	C60~C40	≤13
		≤C35	≤30
卵石、碎卵石	—	C60~C40	≤12
		≤C35	≤16

F.0.6　细骨料的分区及级配范围应符合表 F.0.6 的规定。

表 F.0.6　细骨料的分区及级配范围

方孔筛筛孔尺寸	级配区		
	Ⅰ区	Ⅱ区	Ⅲ区
	累计筛余（%）		
9.50mm	0	0	0
4.75mm	10~0	10~0	10~0
2.36mm	35~5	25~0	15~0
1.18mm	65~35	50~10	25~0
600μm	85~71	70~41	40~16
300μm	95~80	92~70	85~55
150μm	100~90	100~90	100~90

注：除 4.75mm、600μm、150μm 筛孔外，其余各筛孔累计筛余可超出分界线，但其总量不得大于 5%。

F.0.7　细骨料的含泥量和泥块含量应符合表 F.0.7 的规定。

表 F.0.7　细骨料的含泥量和泥块含量（%）

混凝土强度等级	≥C60	C55~C30	≤C25
含泥量（按质量计）	≤2.0	≤3.0	≤5.0
泥块含量（按质量计）	≤0.5	≤1.0	≤2.0

F.0.8　粉煤灰应符合表 F.0.8 的规定。

表 F.0.8　粉煤灰技术要求

项目		技术要求		
		Ⅰ级	Ⅱ级	Ⅲ级
细度（45μm方孔筛筛余）	F类粉煤灰	≤12.0%	≤25.0%	≤45.0%
	C类粉煤灰			

续表 F.0.8

项目		技术要求		
		Ⅰ级	Ⅱ级	Ⅲ级
需水量比	F类粉煤灰	≤95%	≤105%	≤115%
	C类粉煤灰			
烧失量	F类粉煤灰	≤5.0%	≤8.0%	≤15.0%
	C类粉煤灰			
含水量	F类粉煤灰	≤1.0%		
	C类粉煤灰			
三氧化硫	F类粉煤灰	≤3.0%		
	C类粉煤灰			
游离氧化钙	F类粉煤灰	≤1.0%		
	C类粉煤灰	≤4.0%		
安定性（雷氏夹沸煮后增加距离）（mm）	C类粉煤灰	≤5mm		

F.0.9 矿渣粉应符合表 F.0.9 的规定。

表 F.0.9　矿渣粉技术要求

项目		技术要求		
		S105	S95	S75
密度（g/cm³）		≥2.8		
比表面积（m²/kg）		≥500	≥400	≥300
活性指数	7d	≥95%	≥75%	≥55%
	28d	≥105%	≥95%	≥75%
流动度比		≥95%		
烧失量		≤3.0%		
含水量		≤1.0%		
三氧化硫		≤4.0%		
氯离子		≤0.06%		

F.0.10 硅灰应符合表 F.0.10 的规定。

表 F.0.10　硅灰技术要求

项目		技术要求
比表面积		≥15000
SiO₂ 含量		≥85%
烧失量		≤6%
Cl⁻ 含量		≤0.02%
需水量比		≤125%
含水率		≤3.0%
活性指数	28d	≥85%

F.0.11 沸石粉应符合表 F.0.11 的规定。

表 F.0.11　沸石粉技术要求

项目	技术要求		
	Ⅰ级	Ⅱ级	Ⅲ级
吸铵值（mmol/100g）	≥130	≥100	≥90
细度（80μm 方孔水筛筛余）	≤4%	≤10%	≤15%
需水量比	≤125%	≤120%	≤120%
28d 抗压强度比	≥75%	≥70%	≥62%

F.0.12 常用外加剂性能指标应符合表 F.0.12 的规定。

表 F.0.12　常用外加剂性能指标

项目		高性能减水剂			高效减水剂		普通减水剂			引气减水剂	泵送剂	早强剂	缓凝剂	引气剂
		早强型	标准型	缓凝型	标准型	缓凝型	早强型	标准型	缓凝型					
减水率（%）		≥25	≥25	≥25	≥14	≥14	≥8	≥8	≥8	≥10	≥12	—	—	≥6
泌水率（%）		≤50	≤60	≤70	≤90	≤100	≤95	≤100	≤100	≤70	≤70	≤100	≤100	≤70
含气量（%）		≤6.0	≤6.0	≤6.0	≤3.0	≤4.5	≤4.0	≤4.0	≤5.5	≥3.0	≤5.5	—	—	≥3.0
凝结时间之差（min）	初凝	−90~+90	−90~+120	>+90	−90~+90	>+90	−90~+90	−90~+120	>+90	−90~+120	—	−90~+90	>+90	−90~+120
	终凝			—										
1h 经时变化量	坍落度（mm）	—	≤80	≤60							≤80			
	含气量（%）									−1.5~+1.5				−1.5~+1.5
抗压强度比（%）	1d	≥180	≥170		≥140		≥135					≥135		
	3d	≥170	≥160		≥130		≥130	≥115		≥115		≥130		≥95
	7d	≥145	≥150	≥140	≥125	≥125	≥110	≥115	≥110	≥110	≥115	≥110	≥100	≥95
	28d	≥130	≥140	≥130	≥120	≥120	≥100	≥110	≥110	≥100	≥110	≥100	≥100	≥90
收缩率比（%）	28d	≤110	≤110	≤110	≤135	≤135	≤135	≤135	≤135	≤135	≤135	≤135	≤135	≤135
相对耐久性（200次）（%）		—	—	—	—	—	—	—	—	≥80	—	—	—	≥80

注：1　除含气量和相对耐久性外，表中所列数据应为掺外加剂混凝土与基准混凝土的差值或比值；
　　2　凝结时间之差性能指标中的"—"号表示提前，"+"号表示延缓；
　　3　相对耐久性（200次）性能指标中的"≥80"表示将 28d 龄期的受检混凝土试件快速冻融循环 200 次后，动弹性模量保留值≥80%；
　　4　1h 含气量经时变化量指标中的"—"号表示含气量增加，"+"号表示含气量减少；
　　5　其他品种外加剂的相对耐久性指标的测定，由供、需双方协商确定；
　　6　当用户对泵送剂等产品有特殊要求时，需要进行的补充试验项目、试验方法和指标，由供需双方协商决定。

F. 0. 13 混凝土拌合用水水质应符合表 F.0.13 的规定。

表 F. 0. 13　混凝土拌合用水水质要求

项　目	预应力混凝土	钢筋混凝土	素混凝土
pH 值	≥5.0	≥4.5	≥4.5
不溶物(mg/L)	≤2000	≤2000	≤5000
可溶物(mg/L)	≤2000	≤5000	≤10000
氯化物(以 Cl^- 计,mg/L)	≤500	≤1000	≤3500
硫酸盐(以 SO_4^{2-} 计,mg/L)	≤600	≤2000	≤2700
碱含量(以当量 Na_2O 计,mg/L)	≤1500	≤1500	≤1500

本规范用词说明

1　为便于在执行本规范条文时区别对待,对要求严格程度不同的用词说明如下:

　　1) 表示很严格,非这样做不可的用词:
　　　　正面词采用"必须";反面词采用"严禁";
　　2) 表示严格,在正常情况下均应这样做的用词:
　　　　正面词采用"应";反面词采用"不应"或"不得";
　　3) 表示允许稍有选择,在条件允许时首先这样做的用词:
　　　　正面词采用"宜";反面词采用"不宜";
　　4) 表示有选择,在一定条件下可以这样做的用词,采用"可"。

2　本规范中指明应按其他有关标准执行的写法为:"应符合……的规定"或"应按……执行"。

引用标准名录

1　《建筑地基基础设计规范》GB 50007

2　《建筑结构荷载规范》GB 50009

3　《混凝土结构设计规范》GB 50010

4　《普通混凝土拌合物性能试验方法标准》GB/T 50080

5　《普通混凝土力学性能试验方法标准》GB/T 50081

6　《混凝土强度检验评定标准》GB/T 50107

7　《混凝土外加剂应用技术规范》GB 50119

8　《混凝土结构工程施工质量验收规范》GB 50204

9　《混凝土结构耐久性设计规范》GB/T 50476

10　《混凝土搅拌机》GB/T 9142

11　《混凝土搅拌站(楼)》GB 10171

12　《建筑施工场界噪声限值》GB 12523

13　《预应力筋用锚具、夹具和连接器》GB/T 14370

14　《预拌混凝土》GB 14902

15　《预应力孔道灌浆剂》GB/T 25182

16　《钢筋焊接及验收规程》JGJ 18

17　《普通混凝土配合比设计规程》JGJ 55

18　《混凝土用水标准》JGJ 63

19　《预应力筋用锚具、夹具和连接器应用技术规程》JGJ 85

20　《建筑工程冬期施工规程》JGJ/T 104

21　《钢筋机械连接技术规程》JGJ 107

22　《建筑施工门式钢管脚手架安全技术规范》JGJ 128

23　《建筑施工扣件式钢管脚手架安全技术规范》JGJ 130

24　《海砂混凝土应用技术规范》JGJ 206

25　《钢筋锚固板应用技术规程》JGJ 256

中华人民共和国国家标准

混凝土结构工程施工规范

GB 50666—2011

条 文 说 明

制 订 说 明

《混凝土结构工程施工规范》GB 50666—2011，经住房和城乡建设部 2011 年 7 月 29 日以第 1110 号公告批准、发布。

本规范制定过程中，编制组进行了充分的调查研究，总结了近年来我国混凝土结构工程施工的实践经验和研究成果，借鉴了有关国际标准和国外先进标准，开展了多项专题研究，与国家标准《混凝土结构工程施工质量验收规范》GB 50204 及其他相关标准进行了协调。

为便于广大施工、监理、质检、设计、科研、学校等单位有关人员在使用本规范时能正确理解和执行条文规定，《混凝土结构工程施工规范》编制组按章、节、条顺序编制了本规范的条文说明，对条文规定的目的、依据以及执行中需注意的有关事项进行了说明，还着重对强制性条文的强制理由作了解释。但是，本条文说明不具备与规范正文同等的法律效力，仅供使用者作为理解和把握规范规定的参考。

目　次

1 总　则

1.0.1 本规范所给出的混凝土结构工程施工要求，是为了保证工程的施工质量和施工安全，并为施工工艺提供技术指导，使工程质量满足设计文件和相关标准的要求。混凝土结构工程施工，还应贯彻节材、节水、节能、节地和保护环境等技术经济政策。本规范主要依据我国科学技术成果、常用施工工艺和工程实践经验，并参考国际与国外先进标准制定而成。

1.0.2 本规范适用的建筑工程混凝土结构施工包括现场施工及预拌混凝土生产、预制构件生产、钢筋加工等场外施工。轻骨料混凝土系指干表观密度不大于 $1950kg/m^3$ 的混凝土。特殊混凝土系指有特殊性能要求的混凝土，如膨胀、耐酸、耐碱、耐油、耐热、耐磨、防辐射等。"轻骨料混凝土及特殊混凝土的施工"系专指其混凝土分项工程施工；对其他分项工程（如模板、钢筋、预应力等），仍可按本规范的规定执行。轻骨料混凝土和特殊混凝土的配合比设计、拌制、运输、泵送、振捣等有其特殊性，应按国家现行相关标准执行。

1.0.3 本规范总结了近年来我国混凝土结构工程施工的实践经验和研究成果，提出了混凝土结构工程施工管理和过程控制的基本要求。当设计文件对混凝土结构施工有不同于本规范的专门要求时，应遵照设计文件执行。

3 基本规定

3.1 施工管理

3.1.1 与混凝土结构施工相关的企业资质主要有：房屋建筑工程施工总承包企业资质；预拌商品混凝土专业企业资质、混凝土预制构件专业企业资质、预应力工程专业承包企业资质；钢筋作业分包企业资质、混凝土作业分包企业资质、脚手架作业分包企业资质、模板作业分包企业资质等。

施工单位的质量管理体系应覆盖施工全过程，包括材料的采购、验收和储存，施工过程中的质量自检、互检、交接检，隐蔽工程检查和验收，以及涉及安全和功能的项目抽查检验等环节。混凝土结构施工全过程中，应随时记录并处理出现的问题和质量偏差。

3.1.2 施工项目部应确定人员的职责、分工和权限，制定工作制度、考核制度和奖惩制度。施工项目部的机构设置应根据项目的规模、结构复杂程度、专业特点、人员素质等确定。施工操作人员应具备相应的技能，对有从业证书要求的，还应具有相应证书。

3.1.3 对预应力、装配式结构等工程，当原设计文件深度不够，不足以指导施工时，需要施工单位进行深化设计。深化设计文件应经原设计单位认可。对于改建、扩建工程，应经承担该改建、扩建工程的设计单位认可。

3.1.4 施工单位应重视施工资料管理工作，建立施工资料管理制度，将施工资料的形成和积累纳入施工管理的各个环节和有关人员的职责范围。在资料管理过程中应保证施工资料的真实性和有效性。除应建立配套的管理制度，明确责任外，还应根据工程具体情况采取措施，堵塞漏洞，确保施工资料真实、有效。

3.1.6 混凝土结构施工现场应采取必要的安全防护措施，各项设备、设施和安全防护措施应符合相关强制性标准的规定。对可能发生的各种危害和灾害，应制定应急预案。本条中的突发事件主要指天气骤变、停水、断电、道路运输中断、主要设备损坏、模板质量安全事故等。

3.2 施工技术

3.2.1 混凝土结构施工前的准备工作包括：供水、用电、道路、运输、模板及支架、混凝土覆盖与养护、起重设备、泵送设备、振捣设备、施工机具和安全防护设施等。

3.2.2 施工阶段的监测内容可根据设计文件的要求和施工质量控制的需要确定。施工阶段的监测内容一般包括：施工环境监测（如风向、风速、气温、湿度、雨量、气压、太阳辐射等）、结构监测（如结构沉降观测、倾斜测量、楼层水平度测量、控制点标高与水准测量以及构件关键部位或截面的应变、应力监测和温度监测等）。

3.2.3 采用新技术、新工艺、新材料、新设备，应经过试验和技术鉴定，并应制定可行的技术措施。设计文件中指定使用新技术、新工艺、新材料时，施工单位应依据设计要求进行施工。施工单位欲使用新技术、新工艺、新材料时，应经监理单位核准，并按相关规定办理。本条的"新的施工工艺"系指以前未在任何工程施工中应用的施工工艺，"首次采用的施工工艺"系指施工单位以前未实施过的施工工艺。

3.3 施工质量与安全

3.3.1、3.3.2 在混凝土结构施工过程中，应贯彻执行施工质量控制和检验的制度。每道工序均应及时进行检查，确认符合要求后方可进行下道工序施工。施工企业实行的"过程三检制"是一种有效的企业内部质量控制方法，"过程三检制"是指自检、互检和交接检三种检查方式。对发现的质量问题及时返修、返工，是施工单位进行质量过程控制的必要手段。本规范第4～9章提出了施工质量检查的主要内容，在实际操作中可根据质量控制的需要调整、补充检查内容。

3.3.3 混凝土结构工程的隐蔽工程验收，主要包括钢筋、预埋件等，现行国家标准《混凝土结构工程施工质量验收规范》GB 50204 中对此已有明确规定。本条强调除应对隐蔽工程进行验收外，还应对重要工序和关键部位加强质量检查或进行测试，并要求应有详细记录和宜有必要的图像资料。这些规定主要考虑隐蔽工程、重要工序和关键部位对于混凝土结构的重要性。当隐蔽工程的检查、验收与相应检验批的检查、验收内容相同时，可以合并进行。

3.3.5 施工中使用的原材料、半成品和成品以及施工设备和机具，应符合国家相关标准的要求。为适当减少有关产品的检验工作量，本规范有关章节对符合限定条件的产品进场检查作了适当调整。对来源稳定且连续检验合格，或经产品认证符合要求的产品，进场时可按本规范的有关规定放宽检验。"经产品认证符合要求的产品"系指经产品认证机构认证，认证结论为符合认证要求的产品。产品认证机构应经国家认证认可监督管理部门批准。放宽检验系指扩大检验批量，不是放宽检验指标。

3.3.7、3.3.8 试件留置是混凝土结构施工检测和试验计划的重要内容。混凝土结构施工过程中，确认混凝土强度等级达到要求应采用标准养护的混凝土试件；混凝土结构构件拆撑、脱模、吊装、施加预应力及施工期间负荷时的混凝土强度，应采用同条件养护的混凝土试件。当施工阶段混凝土强度指标要求较低，不适宜用同条件养护试件进行强度测试时，可根据经验判断。

3.3.9 混凝土结构施工前，需确定结构位置、标高的控制点和水准点，其精度应符合规划管理和工程施工的需要。用于施工抄平、放线的水准点或控制点的位置，应保持牢固稳定，不下沉，不变形。施工现场应对设置的控制点和水准点进行保护，使其不受扰动，必要时应进行复测以确定其准确度。

4 模板工程

4.1 一般规定

4.1.1 模板工程主要包括模板和支架两部分。模板面板、支承面板的次楞和主楞以及对拉螺栓等组件统称为模板。模板背侧的支承（撑）架和连接件等统称为支架或模板支架。

模板工程专项施工方案一般包括下列内容：模板及支架的类型；模板及支架的材料要求；模板及支架的计算书和施工图；模板及支架安装、拆除相关技术措施；施工安全和应急措施（预案）；文明施工、环境保护等技术要求。

本规范中高大模板支架工程是指搭设高度 8m 及以上；搭设跨度 18m 及以上，施工总荷载 15kN/m² 及以上；集中线荷载 20kN/m 及以上的模板支架工程。

本条专门提出了对"滑模、爬模等工具式模板工程及高大模板支架工程的专项施工方案应进行技术论证"的要求。模板工程的安全一直是施工现场安全生产管理的重点和难点，根据住房和城乡建设部《危险性较大的分部分项工程安全管理办法》（建质〔2009〕87号）的规定，超过一定规模的危险性较大的混凝土模板支架工程为：搭设高度 8m 及以上；搭设跨度 18m 及以上，施工总荷载 15kN/m² 及以上；集中线荷载 20kN/m 及以上。国外部分相关规范也有区分基本模板工程、特殊模板工程的类似规定。本条文规定高大模板工程和工具式模板工程所指对象按建质〔2009〕87号文确定即可。提出"高大模板工程"术语是区别于浇筑一般构件的模板工程，并便于模板工程施工作业人员的简易理解。条文规定的专项施工方案的技术论证包括专家评审。

关于模板工程现有多本专业标准，如行业标准《钢框胶合板模板技术规程》JGJ 96、《液压爬升模板工程技术规程》JGJ 195、《液压滑动模板施工安全技术规程》JGJ 65、《建筑工程大模板技术规程》JGJ74，国家标准《组合钢模板技术规范》GB 50214 等，应遵照执行。

4.1.2 模板及支架是施工过程中的临时结构，应根据结构形式、荷载大小等结合施工过程的安装、使用和拆除等主要工况进行设计，保证其安全可靠，具有足够的承载力和刚度，并保证其整体稳固性。根据现行国家标准《工程结构可靠性设计统一标准》GB 50153 的有关规定，本规范中的"模板及支架的整体稳固性"系指在遭遇不利施工荷载工况时，不因构造不合理或局部支撑杆件缺失造成整体性坍塌。模板及支架设计时应考虑模板及支架自重、新浇筑混凝土自重、钢筋自重、新浇筑混凝土对模板侧面的压力、施工人员及施工设备荷载、混凝土下料产生的水平荷载、泵送混凝土或不均匀堆载等因素产生的附加水平荷载、风荷载等。本条直接影响模板及支架的安全，并与混凝土结构施工质量密切相关，故列为强制性条文，应严格执行。

4.2 材料

4.2.2 混凝土结构施工用的模板材料，包括钢材、铝材、胶合板、塑料、木材等。目前，国内建筑行业现浇混凝土施工的模板多使用木材作主、次楞，竹（木）胶合板作面板，但木材的大量使用不利于保护国家有限的森林资源，而且周转使用次数少的不耐用的木质模板在施工现场将会造成大量建筑垃圾，应引起重视。为符合"四节一环保"的要求，应提倡"以钢代木"，即提倡采用轻质、高强、耐用的模板材料，如铝合金和增强塑料等。支架材料宜选用钢材或铝合金等轻质高强的可再生材料，不提倡采用木支架。连接件将面板和支架连接为可靠的整体，采用标准定型连接件有利于操作安全、连接可靠和重复使用。

4.2.3 模板脱模剂有油性、水性等种类。为不影响后期的混凝土表面实施粉刷、批腻子及涂料装饰等，宜采用水性的脱模剂。

4.3 设 计

4.3.3 模板及支架中杆件之间的连接考虑了可重复使用和拆卸方便，设计计算分析的计算假定和分析模型不同于永久性的钢结构或薄壁型钢结构，本条要求计算假定和分析模型应有理论或试验依据，或经工程经验验证可行。设计中实际选取的计算假定和分析模型应尽可能与实际结构受力特点一致。模板及支架的承载力计算采用荷载基本组合；变形验算采用永久荷载标准值，即不考虑可变荷载，当所有永久荷载同方向时，即为永久荷载标准值的代数和。

4.3.5 本条对模板及支架的承载力设计提出了基本要求。通过引入结构重要性系数 γ_0，区分了"重要"和"一般"模板及支架的设计要求，其中"重要的模板及支架"包括高大模板支架、跨度较大、承载较大或体型复杂的模板及支架等。另外，还引入承载力设计值调整系数 γ_R 以考虑模板及支架的重复使用情况，其中对周转使用的工具式模板及支架，γ_R 应大于1.0；对新投入使用的非工具式模板与支架，γ_R 可取1.0。

模板及支架结构构件的承载力设计值可按相应材料的结构设计规范采用，如钢模板及钢支架的设计符合现行国家标准《钢结构设计规范》GB 50017 的规定；冷弯薄壁型钢支架的设计符合现行国家标准《冷弯薄壁型钢结构技术规范》GB 50018 的规定；铝合金模板及铝合金支架的设计符合现行国家标准《铝合金结构设计规范》GB 50429 的规定。

4.3.6 基于目前房屋建筑的混凝土楼板厚度以120mm以上为主，其单位面积自重与施工荷载相当，因此，根据现行国家标准《建筑结构荷载规范》GB 50009 相关规定的对由永久荷载效应控制的组合，应取1.35的永久荷载分项系数，为便于施工计算，统一取1.35系数。从理论和设计习惯两个方面考虑，侧面模板设计时模板侧压力永久荷载分项系数取1.2更为合理，本条公式中通过引入模板及支架的类型系数 α 解决此问题，1.35乘以0.9近似等于1.2。

4.3.7 作用在模板及支架上的荷载分为永久荷载和可变荷载。将新浇筑混凝土的侧压力列为永久荷载是基于混凝土浇筑入模后侧压力相对稳定地作用在模板上，直至混凝土逐渐凝固而消失，符合"变化与平均值相比可以忽略不计或变化是单调的并能趋于限值"的永久荷载定义。对于塔吊钩住混凝土料斗等容器下料产生的荷载，美国规范 ACI347 认为可以按料斗的

容量、料斗离楼面模板的距离、料斗下料的时间和速度等因素计算作用到模板面上的冲击荷载，考虑对浇筑混凝土地点的混凝土下料与施工人员作业荷载不同时，混凝土下料产生的荷载主要与混凝土侧压力组合，并作用在有效压头范围内。

当支架结构与周边已浇筑混凝土并具有一定强度的结构可靠拉结时，可以不验算整体稳定。对相对独立的支架，在其高度方向上与周边结构无法形成有效拉结的情况下，可分别计算泵送混凝土或不均匀堆载等因素产生的附加水平荷载（Q_3）作用下和风荷载（Q_4）作用下支架的整体稳定性，以保证支架架体的构造合理性，防止突发性的整体坍塌事故。

4.3.8 模板面板的变形量直接影响混凝土构件的尺寸和外观质量。对于梁板等水平构件，其模板面板及面板背侧支撑的变形验算采用施加其上的混凝土、钢筋和模板自重的荷载标准值；对于墙等竖向模板，其模板面板及面板背侧支撑的变形验算采用新浇筑混凝土的侧压力的荷载标准值。

4.3.9 本条中"结构表面外露的模板"可以认为是拆模后不做水泥砂浆粉刷找平的模板，"结构表面隐蔽的模板"是拆模后需要做水泥砂浆粉刷找平的模板。对于模板构件的挠度限值，在控制面板的挠度时应注意面板背部主、次楞的弹性变形对面板挠度的影响，适当提高主楞的挠度限值。

4.3.10 对模板支架高宽比的限定主要为了保证在周边无结构提供有效侧向刚性连接的条件下，防止细高形的支架倾覆整体失稳。整体稳固性措施包括支架体内加强竖向和水平剪刀撑的设置；支架体外设置抛撑、型钢桁架撑、缆风绳等。

4.3.11 混凝土浇筑前，支架在搭设过程中，因为相应的稳固性措施未到位，在风力很大时可能会发生倾覆，倾覆力矩主要由风荷载（Q_4）产生；混凝土浇筑时，支架的倾覆力矩主要由泵送混凝土或不均匀堆载等因素产生的附加水平荷载（Q_3）产生，附加水平荷载（Q_3）以水平力的形式呈线荷载作用在支架顶部外边缘上。抗倾覆力矩主要由钢筋、混凝土和模板自重等永久荷载产生。

4.3.13 在多、高层建筑的混凝土结构工程施工中，已浇筑的楼板可能还未达到设计强度，或者已经达到设计强度，但施工荷载显著超过其设计荷载，因此，必须考虑设置足够层数的支架，以避免相应各层楼板产生过大的应力和挠度。在设置多层支架时，需要确定各层楼板荷载向下传递时的分配情况。验算支架和楼板承载力可采用简化方法分析。当用简化方法分析时，可假定建筑基础为刚性板，模板支架层的立杆为刚性杆，由支架立杆相连的多层楼板的刚度假定为相等，按浇筑混凝土楼面新增荷载和拆除连续支架层的最底层荷载重新分布的两种最不利工况，分析计算连续多层模板支架立杆和混凝土楼面承担的最大荷载效

应，决定合理的最少连续支模层数。

4.3.14 支架立柱或竖向模板下的土层承载力设计值，应按现行国家标准《建筑地基基础设计规范》GB 50007的规定或工程地质报告提供的数据采用。

4.3.15 在扣件钢管模板支架的立杆顶端插入可调托座，模板上的荷载直接传给立杆，为中心传力方式；模板搁置在扣件钢管支架顶部的水平钢管上，其荷载通过水平杆与立杆的直角扣件传至立杆，为偏心传力方式，实际偏心距为53mm左右，本条规定的50mm为取整数值。中心传力方式有利于立杆的稳定性，因此宜采用中心传力方式。

本条第2款规定的单根立杆轴力标准值是基于支架顶部双向水平杆通过直角扣件扣接到立杆形成"双扣件"的传力形式确定的，根据试验，双扣件抗滑力范围在17kN~20kN之间，考虑一定安全系数后提出了10kN、12kN的要求。工程施工技术人员也可根据工地的钢管管径及壁厚、扣件的规格和质量，进行双扣件抗滑试验制定立杆的单根承载力限值。

4.3.16 门式、碗扣式和盘扣式钢管架的顶端插入可调托座，其传力方式均为中心传力方式，有利于立杆的稳定性，值得推广应用。

4.4 制作与安装

4.4.1 模板可在工厂或施工现场加工、制作。将通用性强的模板制作成定型模板可以有效地节约材料。

4.4.5 模板及支架的安装应与其施工图一致。混凝土竖向构件主要有柱、墙和筒壁等，水平构件主要有梁、楼板等。

4.4.6 对跨度较大的现浇混凝土梁、板，考虑到自重的影响，适度起拱有利于保证构件的形状和尺寸。执行时应注意本条的起拱高度未包括设计起拱值，而只考虑模板本身在荷载下的下垂，故对钢模板可取偏小值，对木模板可取偏大值。当施工措施能够保证模板下垂符合要求，也可不起拱或采用更小的起拱值。

4.4.7 扣件钢管支架因其灵活性好，通用性强，施工单位经过多年工程施工积累已有一定储备量，成为目前我国的主要模板支架形式。本条对采用扣件钢管作模板支架制定了一些基本的量化构造尺寸规定。

4.4.8 采用扣件式钢管搭设高大模板支架的问题一直是模板支架安全监管的重点和难点。支架搭设应强调完整性，扣件式钢管支架的搭设灵活性也带来了随意性，大尺寸梁、板混凝土构件下的扣件钢管模板支架的立杆上每步纵、横向水平钢管设置不全，每隔2根或3根立杆设置双向水平杆，交叉层上的水平杆单向设置等连接构造不完整是扣件钢管模板支架整体坍塌的主要原因。因此，基于用扣件钢管搭设高大模板支架的多起整体坍塌事故分析和经验教训，特别强调扣件钢管高大模板支架搭设应完整，以及立杆上每步的双向水平杆均应与立杆扣接，应将其作为扣件钢管

模板支架安装过程中的检查重点。支架宜设置中部纵向或横向的竖向剪刀撑，剪刀撑的间距不宜大于5m；沿支架高度方向搭设的水平剪刀撑的间距不宜大于6m，搭设的高大模板支架应与施工方案一致。

采用满堂支架的高大模板支架时，在支架中间区域设置少量的用塔吊标准节安装的桁架柱，或用加密的钢管立杆、水平杆及斜杆搭设成的塔架等高承载力的临时柱，形成防止突发性模板支架整体坍塌的二道防线，经实践证明是行之有效的。

本条第1款规定可调托座螺杆插入钢管的长度不应小于150mm，螺杆伸出钢管的长度不应大于300mm，插入立杆顶端可调托座伸出顶层水平杆的悬臂长度不应大于500mm（图1）。对非高大模板支架，如支架立杆顶部采用可调托座时，其构造也应符合此规定。

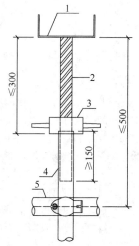

图1 扣件式钢管支架顶部的可调托座

1—可调托座；2—螺杆；3—调节螺母；4—扣件式钢管支架立杆；5—扣件式钢管支架水平杆

4.4.9 基于用碗扣架搭设模板支架的整体坍塌事故分析，对采用碗扣和盘扣钢管架搭设模板支架时，限定立柱顶端插入可调托座伸出顶层水平杆的长度（图2），以及将顶部两层水平杆间的距离比标准步距缩小一个碗扣或盘扣节点间距，更有利于立杆的稳定性。

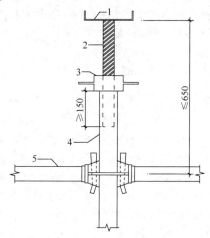

图2 碗扣式、盘扣式或盘销式钢管支架顶部的可调托座

1—可调托座；2—螺杆；3—调节螺母；4—立杆；5—水平杆

碗扣式钢管架的竖向剪刀撑和水平剪刀撑可采用扣件钢管搭设，一般形成的基本网格为 4m～6m；盘扣式钢管架的竖向剪刀撑和水平剪刀撑直接采用斜杆，并要求纵、横向每 5 跨每层设置斜杆，竖向每 4 步设置水平层斜杆。

4.4.10 目前施工单位多采用标准型门架，其主立杆直径为 42mm；当支架高度较高或荷载较大时，主立杆钢管直径大于 48mm 的门架性能更好。

4.4.16 后浇带部位的模板及支架通常需保留到设计允许封闭后浇带的时间。该部分模板及支架应独立设置，便于两侧的模板及支架及时拆除，加快模板及支架的周转使用。

4.5 拆除与维护

4.5.4 多层、高层建筑施工中，连续 2 层或 3 层模板支架的拆除要求与单层模板支架不同，需根据连续支模层间荷载分配计算以及混凝土强度的增长情况确定底层支架拆除时间。冬期施工高层建筑时，气温低，混凝土强度增长慢，连续模板支架层数一般不少于 3 层。

4.5.5 快拆支架体系也称为早拆模板体系或保留支柱施工法。能实现模板块早拆的基本原理是因支柱保留，将拆模跨度由长跨改为短跨，所需的拆模强度降至设计强度的一定比例，从而加快了承重模板的周转速度。支柱顶部早拆柱头是其核心部件，它既能维持顶托板支撑住混凝土构件的底面，又能将支架梁连带模板块一起降落。

4.6 质量检查

4.6.3 本条规定了采用扣件钢管架支模时应检查的基本内容和偏差控制值。检查中，钢管支架立杆在全长范围内只允许在顶部进行一次搭接。对梁板模板下钢管支架采用顶部双向水平杆与立杆的"双扣件"扣接方式，应检查双扣件是否紧贴。

5 钢筋工程

5.1 一般规定

5.1.1 成型钢筋的应用可减少钢筋损耗且有利于质量控制，同时缩短钢筋现场存放时间，有利于钢筋的保护。成型钢筋的专业化生产应采用自动化机械设备进行钢筋调直、切割和弯折，其性能应符合现行行业标准《混凝土结构用成型钢筋》JG/T 226 的有关规定。

5.1.2 混凝土结构施工的钢筋连接方式由设计确定，且应考虑施工现场的各种条件。如设计要求的连接方式因施工条件需要改变，需办理变更文件。如设计没有规定，可由施工单位根据《混凝土结构设计规范》

GB 50010 等国家现行相关标准的有关规定和施工现场条件与设计共同商定。

5.1.3 钢筋代换主要包括钢筋品种、级别、规格、数量等的改变，涉及结构安全，故本条予以强制。钢筋代换后应经设计单位确认，并按规定办理相关审查手续。钢筋代换应按国家现行相关标准的有关规定，考虑构件承载力、正常使用（裂缝宽度、挠度控制）及配筋构造等方面的要求，需要时可采用并筋的代换形式。不宜用光圆钢筋代换带肋钢筋。本条为强制性条文，应严格执行。

5.2 材 料

5.2.1 与热轧光圆钢筋、热轧带肋钢筋、余热处理钢筋、钢筋焊接网性能及检验相关的国家现行标准有：《钢筋混凝土用钢　第 1 部分：热轧光圆钢筋》GB 1499.1、《钢筋混凝土用钢 第 2 部分：热轧带肋钢筋》GB 1499.2、《钢筋混凝土用余热处理钢筋》GB 13014、《钢筋混凝土用钢　第 3 部分：钢筋焊接网》GB 1499.3。与冷加工钢筋性能及检验相关的国家现行标准有：《冷轧带肋钢筋》GB 13788、《冷轧扭钢筋》JG 190 等。冷加工钢筋的应用可参照《冷轧带肋钢筋混凝土结构技术规程》JGJ 95、《冷轧扭钢筋混凝土构件技术规程》JGJ 115、《冷拔低碳钢丝应用技术规程》JGJ 19 等国家现行标准的有关规定。

5.2.2 本条提出了针对部分框架、斜撑构件（含梯段）中纵向受力钢筋强度、伸长率的规定，其目的是保证重要结构构件的抗震性能。本条第 1 款中抗拉强度实测值与屈服强度实测值的比值，工程中习惯称为"强屈比"，第 2 款中屈服强度实测值与屈服强度标准值的比值，工程中习惯称为"超强比"或"超屈比"，第 3 款中最大力下总伸长率习惯称为"均匀伸长率"。

牌号带"E"的钢筋是专门为满足本条性能要求生产的钢筋，其表面轧有专用标志。

本条中的框架包括各类混凝土结构中的框架梁、框架柱、框支梁、框支柱及板柱-抗震墙的柱等，其抗震等级应根据国家现行相关标准由设计确定；斜撑构件包括伸臂桁架的斜撑、楼梯的梯段等，相关标准中未对斜撑构件规定抗震等级，当建筑中其他构件需要应用牌号带 E 钢筋时，则建筑中所有斜撑构件均应满足本条规定。

本条为强制性条文，应严格执行。

5.2.3 本条规定的施工过程包括钢筋运输、存放及作业面施工。

HRB（热轧带肋钢筋）、HRBF（细晶粒钢筋）、RRB（余热处理钢筋）是三种常用带肋钢筋品种的英文缩写，钢筋牌号为该缩写加上代表强度等级的数字。各种钢筋表面的轧制标志各不相同，HRB335、HRB400、HRB500 分别为 3、4、5，HRBF335、HRBF400、HRBF500 分别为 C3、C4、

C5，RRB400为K4。对于牌号带"E"的热轧带肋钢筋，轧制标志上也带"E"，如HRB335E为3E、HRBF400E为C4E。钢筋在运输和存放时，不得损坏包装和标志，并应按牌号、规格、炉批分别堆放。钢筋加工后用于施工的过程中，要能够区分不同强度等级和牌号的钢筋，避免混用。

钢筋除防锈外，还应注意焊接、撞击等原因造成的钢筋损伤。后浇带等部位的外露钢筋在混凝土施工前也应避免锈蚀、损伤。

5.2.4 对性能不良的钢筋批，可根据专项检验结果进行处理。

5.3 钢筋加工

5.3.1 钢筋加工前应清理表面的油渍、漆污和铁锈。清除钢筋表面油漆、漆污、铁锈可采用除锈机、风砂枪等机械方法；当钢筋数量较少时，也可采用人工除锈。除锈后的钢筋要尽快使用，长时间未使用的钢筋在使用前同样应按本条规定进行清理。有颗粒状、片状老锈或有损伤的钢筋性能无法保证，不应在工程中使用。对于锈蚀程度较轻的钢筋，也可根据实际情况直接使用。

5.3.2 钢筋弯折可采用专用设备一次弯折到位。对于弯折过度的钢筋，不得回弯。

5.3.3 机械调直有利于保证钢筋质量，控制钢筋强度，是推荐采用的钢筋调直方式。无延伸功能指调直机械设备的牵引力不大于钢筋的屈服力。如采用冷拉调直，应控制调直冷拉率，以免影响钢筋的力学性能。带肋钢筋进行机械调直时，应注意保护钢筋横肋，以避免横肋损伤造成钢筋锚固性能降低。钢筋无局部弯折，一般指钢筋中心线同直线的偏差不应超过全长的1%。

5.3.4 本条统一规定了各种钢筋弯折时的弯弧内直径，并在国家标准《混凝土结构工程施工质量验收规范》GB 50204－2002的基础上根据相关标准规范的规定进行了补充。拉筋弯折处，弯弧内直径除应符合本条第5款对箍筋的规定外，尚应考虑拉筋实际勾住钢筋的具体情况。

5.3.5 本条规定的纵向受力钢筋弯折后平直段长度包括受拉光面钢筋180°弯钩、带肋钢筋在节点内弯折锚固、带肋钢筋弯钩锚固、分批截断钢筋延伸锚固等情况，本规范仅规定了光圆钢筋180°弯钩的弯折后平直段长度，其他构造应符合设计要求及现行国家标准《混凝土结构设计规范》GB 50010的有关规定。

5.3.6 本条规定了箍筋、拉筋末端的弯钩构造要求，适用于焊接封闭箍筋之外的所有箍筋、拉筋；其中拉筋包括梁、柱复合箍筋中单肢箍筋，梁腰筋间拉结筋，剪力墙、楼板钢筋网片拉结筋等。箍筋、拉筋弯钩的弯弧内直径应符合本规范第5.3.4条的规定。有抗震设防要求的结构构件，即设计图纸和相关标准规范中规定具有抗震等级的结构构件，箍筋弯钩可按不小于135°弯折。本条中的设计专门要求指构件受扭、弯剪扭等复合受力状态，也包括全部纵向受力钢筋配筋率大于3%的柱。本条第3款中，拉筋用作单肢箍筋或梁腰筋间拉结筋时，弯钩的弯折后平直段长度按第1款规定确定即可。加工两端135°弯钩拉筋时，可做成一端135°另一端90°，现场安装后再将90°弯钩端弯成满足要求的135°弯钩。

5.3.7 焊接封闭箍筋宜以闪光对焊为主；采用气压焊或单面搭接焊时，应注意最小适用直径。批量加工的焊接封闭箍筋应在专业加工场地采用专用设备完成。对焊点部位的要求主要是考虑便于施焊、有利于结构安全等因素。

5.3.8 钢筋机械锚固包括贴焊钢筋、穿孔塞焊锚板及应用锚固板等形式，钢筋锚固端的加工应符合《混凝土结构设计规范》GB 50010等国家现行相关标准的规定。当采用钢筋锚固板时，钢筋加工及安装等要求均应符合现行行业标准《钢筋锚固板应用技术规程》JGJ 256的有关规定。

5.4 钢筋连接与安装

5.4.1 受力钢筋的连接接头宜设置在受力较小处。梁端、柱端箍筋加密区的范围可按现行国家标准《混凝土结构设计规范》GB 50010的有关规定确定。如需在箍筋加密区内设置接头，应采用性能较好的机械连接和焊接接头。同一纵向受力钢筋在同一受力区段内不宜多次连接，以保证钢筋的承载、传力性能。"同一纵向受力钢筋"指同一结构层、结构跨及原材料供货长度范围内的一根纵向受力钢筋，对于跨度较大梁，接头数量的规定可适当放松。本条还对接头距钢筋弯起点的距离作出了规定。

5.4.2 本条提出了钢筋机械连接施工的基本要求。螺纹接头安装时，可根据安装需要采用管钳、扭力扳手等工具，但安装后应使用专用扭力扳手校核拧紧力矩，安装用扭力扳手和校核用扭力扳手应区分使用，二者的精度、校准要求均有所不同。

5.4.3 本条提出了钢筋焊接施工的基本要求。焊工是焊接施工质量的保证，本条提出了焊工考试合格证、焊接工艺试验等要求。不同品种钢筋的焊接及电渣压力焊的适用条件是焊接施工中较为重要的问题，本规范参考相关规范提出了技术规定。焊接施工还应按相关标准、规定做好劳动保护和安全防护，防止发生火灾、烧伤、触电以及损坏设备等事故。

5.4.4 本条规定了纵向受力钢筋机械连接和焊接的接头位置和接头百分率要求。计算接头连接区段长度时，d为相互连接两根钢筋中较小直径，并按该直径计算连接区段内的接头面积百分率；当同一构件内不同连接钢筋计算的连接区段长度不同时取大值。装配式混凝土结构为由预制构件拼装的整体结构，构件连接处无法做到分批连接，多采用同截面100%连接的形式，施工中应采取措施保证连接的质量。

5.4.5 本条规定了纵向受力钢筋绑扎搭接的最小搭接长度、接头位置和接头百分率要求。计算接头连接区段长度时，搭接长度可取相互连接两根钢筋中较小直径计算，并按该直径计算连接区段内的接头面积百分率；当同一构件内不同连接钢筋计算的连接区段长度不同时取大值。附录C中给出了各种条件下确定受拉钢筋、受压钢筋最小搭接长度的方法。

5.4.6 搭接区域的箍筋对于约束搭接传力区域的混凝土、保证搭接钢筋传力至关重要。根据相关规范的要求，规定了搭接长度范围内的箍筋直径、间距等构造要求。

5.4.7 本条规定了钢筋绑扎的细部构造。墙、柱、梁钢筋骨架中各竖向面钢筋网不包括梁顶、梁底的钢筋网。板底部钢筋网的边缘部分需全部扎牢，中间部分可间隔交错扎牢。箍筋弯钩及焊接封闭箍筋的对焊接接头布置要求是为了保证构件不存在明显薄弱的受力方向。构造柱纵向钢筋与承重结构钢筋同步绑扎，可使构造柱与承重结构可靠连接、上下贯通，避免后植筋施工引起的质量及安全隐患。混凝土浇筑施工时可先浇框架梁、柱等主要受力结构，后浇构造柱混凝土。第5款中50mm的规定系根据工程经验提出，具体适用范围为：梁端第一个箍筋的位置，柱底部第一个箍筋的位置，也包括暗柱及剪力墙边缘构件；楼板边第一根钢筋的位置；墙体底部第一个水平分布钢筋及暗柱箍筋的位置。

5.4.8 本条规定了构件交接处钢筋的位置。对主次梁结构，本条规定底部标高相同时次梁的下部钢筋放到主梁下部钢筋之上，此规定适用于常规结构，对于承受方向向上的反向荷载，或某些有特殊要求的主次梁结构，也可按实际情况选择钢筋布置方式。剪力墙水平分布钢筋为主要受力钢筋，故放在外侧；对于承受平面内弯矩较大的挡土墙等构件，水平分布钢筋也可放在内侧。

5.4.9 钢筋定位件用来固定施工中混凝土构件中的钢筋，并保证钢筋的位置偏差符合现行国家标准《混凝土结构工程施工质量验收规范》GB 50204等的有关规定。确定定位件的数量、间距和固定方式需考虑钢筋在绑扎、混凝土浇筑等施工过程中可能承受的施工荷载。钢筋定位件主要有专用定位件、水泥砂浆或混凝土制成的垫块、金属马凳、梯子筋等。专用定位件多为塑料制成，有利于控制钢筋的混凝土保护层厚度、安装尺寸偏差和构件的外观质量。砂浆或混凝土垫块的强度是定位件承载力、刚度的基本保证。对细长的定位件，还应防止失稳。定位件将留在混凝土构件中，不应降低混凝土结构的耐久性，如砂浆或混凝土垫块的抗渗、抗冻、防腐等性能应与结构混凝土相同或相近。从耐久性角度出发，不应在框架梁、柱混凝土保护层内使用金属定位件。对于精度要求较高的预制构件，应减少砂浆或混凝土垫块的使用。当采用体量较大的定位件时，定位件不能影响结构的受力性能。本条所称定位件有时也称间隔件。

5.4.10 施工中随意进行的定位焊接可能损伤纵向钢筋、箍筋，对结构安全造成不利影响。如因施工操作原因需对钢筋进行焊接，需按现行行业标准《钢筋焊接及验收规程》JGJ 18 的有关规定进行施工，焊接质量应满足其要求。施工中不应对不可焊钢筋进行焊接。

5.4.11 由多个封闭箍筋或封闭箍筋、单肢箍筋共同组成的多肢箍即为复合箍筋。复合箍筋的外围应选用一个封闭箍筋。对于偶数肢的梁箍筋，复合箍筋均宜由封闭箍筋组成；对于奇数肢的梁箍筋，复合箍筋宜由若干封闭箍筋和一个拉筋组成；柱箍筋内部可根据施工需要选择使用封闭箍筋和拉筋。单肢箍筋在复合箍筋内部的交错布置，是为了利于构件均匀受力。当采用单肢箍筋时，单肢箍筋的弯钩应符合本规范第5.3.5条的规定。

5.4.12 如钢筋表面受脱模剂污染，会严重影响钢筋的锚固性能和混凝土结构的耐久性。

5.5 质量检查

5.5.1 钢筋的质量证明文件包括产品合格证和出厂检验报告等。

5.5.2 成型钢筋所用钢筋在生产企业进厂已检验，成型钢筋在工地进场时以检验质量证明文件和材料的检验合格报告为主，并辅助较大批量的屈服强度、抗拉强度、伸长率及重量偏差检验。成型钢筋的质量证明文件为专业加工企业提供的产品合格证、出厂检验报告。

5.5.3 为便于控制钢筋调直后的性能，本条要求对冷拉调直后的钢筋力学性能和单位长度重量偏差进行检验。

5.5.4 本条的规定主要包括钢筋切割、弯折后的尺寸偏差，各种钢筋、钢筋骨架、钢筋网的安装位置偏差等。安装后还应及时检查钢筋的品种、级别、规格、数量。

5.5.5 钢筋连接是钢筋工程施工的重要内容，应在施工过程中重点检查。

6 预应力工程

6.1 一般规定

6.1.1 预应力专项施工方案内容一般包括：施工顺序和工艺流程；预应力施工工艺，包括预应力筋制作、孔道预留、预应力筋安装、预应力筋张拉、孔道灌浆和封锚等；材料采购和检验、机具配备和张拉设备标定；施工进度和劳动力安排、材料供应计划；有关分项工程的配合要求；施工质量要求和质量保证措施；施工安全要求和安全保证措施；施工现场管理机构等。

预应力混凝土工程的施工图深化设计内容一般包括：材料、张拉锚固体系、预应力筋束形定位坐标图、张拉端及固定端构造、张拉控制应力、张拉或放张顺序及工艺、锚具封闭构造、孔道摩擦系数取值等。根据本规范第3.1.3条规定，预应力专业施工单位完成的深化设计文件应经原设计单位确认。

6.1.2 工程经验表明，当工程所处环境温度低于－15℃时，易造成预应力筋张拉阶段的脆性断裂，不宜进行预应力筋张拉；灌浆施工会受环境温度影响，高温下因水分蒸发水泥浆的稠度将迅速提高，而冬期的水泥浆易受冻结冰，从而造成灌浆操作困难，且难以保证质量，因此应尽量避开高温环境下灌浆和冬期灌浆。如果不得已在冬期环境下灌浆施工，应通过采用抗冻水泥浆或对构件采取保温措施等来保证灌浆质量。

6.1.3 预应力筋的品种、级别、规格、数量由设计单位根据相关标准选择，并经结构设计计算确定，任何一项参数的变化都会直接影响预应力混凝土的结构性能。预应力筋代换意味着其品种、级别、规格、数量以及锚固体系的相应变化，将会带来结构性能的变化，包括构件承载能力、抗裂度、挠度以及锚固区承载能力等，因此进行代换时，应按现行国家标准《混凝土结构设计规范》GB 50010等进行专门的计算，并经原设计单位确认。本条为强制性条文，应严格执行。

6.2 材　料

6.2.1 预应力筋系施加预应力的钢丝、钢绞线和精轧螺纹钢筋等的总称。与预应力筋相关的国家现行标准有：《预应力混凝土用钢绞线》GB/T 5224、《预应力混凝土用钢丝》GB/T 5223、《中强度预应力混凝土用钢丝》YB/T 156、《预应力混凝土用螺纹钢筋》GB/T 20065、《无粘结预应力钢绞线》JG 161等。

6.2.2 与预应力筋用锚具相关的国家现行标准有：《预应力筋用锚具、夹具和连接器》GB/T 14370和《预应力筋用锚具、夹具和连接器应用技术规程》JGJ 85。前者系产品标准，主要是生产厂家生产、质量检验的依据；后者是锚夹具产品工程应用的依据，包括设计选用、进场检验、工程施工等内容。

6.2.3 后张法预应力成孔主要采用塑料波纹管以及金属波纹管。而竖向孔道常采用钢管成孔。与塑料波纹管相关的现行行业标准为《预应力混凝土桥梁用塑料波纹管》JT/T 529。与金属波纹管相关的现行行业标准为《预应力混凝土用金属波纹管》JG 225。

6.2.4 各种工程材料都有其合理的运输和储存要求。预应力筋、预应力筋用锚具、夹具和连接器，以及成孔管道等工程材料基本都是金属材料，因此在运输、存放过程中，应采取防止其损伤、锈蚀或污染的保护措施，并在使用前进行外观检查。此外，塑料波纹管尽管没有锈蚀问题，仍应注意保护其不受外力作用下的变形，避免污染、暴晒。

6.3 制作与安装

6.3.1 计算下料长度时，一般需考虑预应力筋在结构内的长度、锚夹具厚度、张拉操作长度、镦头的预留量、弹性回缩值、张拉伸长值和台座长度等因素。对于需要进行孔道摩擦系数测试的预应力筋，尚需考虑压力传感器等的长度。

高强预应力钢材受高温焊渣或接地电火花损伤后，其材性会受较大影响，而且预应力筋截面也可能受到损伤，易造成张拉时脆断，故应避免。

6.3.2 无粘结预应力筋护套破损，会影响预应力筋的全长封闭性，同时一定程度上也会影响张拉阶段的摩擦损失，故需保护其塑料护套。尤其在地下结构等潮湿环境中采用无粘结预应力筋时，更需要注意其护套要完整。对于轻微破损处可用防水聚乙烯胶带封闭，其中每圈胶带搭接宽度一般大于胶带宽度的1/2，缠绕层数不少于2层，而且缠绕长度超过破损长度30mm。

6.3.3 挤压锚具的性能受到挤压机之挤压模具技术参数的影响，如果不配套使用，尽管其挤压油压及制作后的尺寸参数符合要求，也会出现性能不满足要求的情况。通常的摩擦衬套有异形钢丝簧和内外带螺纹的管状衬套两种，不论采用何种摩擦衬套，均需保证套筒握裹预应力筋区段内摩擦衬套均匀分布，以保证可靠的锚固性能。

6.3.4 压花锚具的性能主要取决于梨形头和直线段长度。一般情况下，对直径为15.2mm和12.7mm的钢绞线，梨形头的长度分别不小于150mm和130mm，梨形头的最大直径分别不小于95mm和80mm，梨形头前的直线锚固段长度分别不小于900mm和700mm。

6.3.5 钢丝束采用镦头锚具时，锚具的效率系数主要取决于镦头的强度，而镦头强度与采用的工艺及钢丝的直径有关。冷镦时由于冷作硬化，镦头的强度提高，但脆性增加，且容易出现裂纹，影响强度发挥，因此需事先确认钢丝的可镦性，以确保镦头质量。另外，钢丝下料长度的控制主要是为保证钢丝的两端均采用镦头锚具时钢丝的受力均匀性。

6.3.6 圆截面金属波纹管的连接采用大一规格的管道连接，其工艺成熟，现场操作方便。扁形金属波纹管无法采用旋入连接工艺，通常也可采用更大规格的扁管套接工艺。塑料波纹管采用热熔焊接工艺或专用连接套管均能保证质量。

6.3.7 管道定位钢筋支托的间距与预应力筋重量和波纹管自身刚度有关。一般曲线预应力筋的关键点（如最高点、最低点和反弯点等位置）需要有定位的支托钢筋，其余位置的定位钢筋可按等间距布置。值得注意的是，一般设计文件中所给出的预应力筋束形为预应力筋中心的位置，确定支托钢筋位置时尚需考虑管道或无粘结应力筋束的半径。管道安装后应采用火烧丝与钢筋支托绑扎牢靠，必要时点焊定位钢筋。梁中铺设多根成束无粘结预应力筋时，尚需注意同一束的各根筋保持平行，防止相互扭绞。

6.3.9 采用普通灌浆工艺时，从一端注入的水泥浆往前流动，并同时将孔道内的空气从另一端排出。当预应力孔道呈起伏状时，易出现水泥浆流过但空气未被往前挤压而滞留于管道内的情况；曲线孔道中的浆体由于重力下沉、水分上浮会出现泌水现象；当空气滞留于管道内时，将出现灌浆缺陷，还可能被泌出的水充满，不利于预应力筋的防腐，波峰与波谷高差越大这种现象越严重。所以，本条规定曲线孔道波峰部位设置排气管兼泌水管，该管不仅可排除空气，还可以将泌水集中排除在孔道外。泌水管常采用钢丝增强塑料管以及壁厚不小于 2mm 的聚乙烯管，有时也可用薄壁钢管，以防止混凝土浇筑过程中出现排气管压扁。

6.3.10 本条是锚具安装工艺及质量控制规定，主要是保证锚具及连接器能够正常工作，不致因安装质量问题出现锚具及预应力筋的非正常受力状态。例如锚垫板的承压面与预应力筋（或孔道）曲线末端的切线不垂直时，会导致锚具和预应力筋受力异常，容易造成预应力筋滑脱或提前断裂。有关参数是根据国外相关资料，并结合我国工程实践经验提出的。

6.3.11 预应力筋的穿束工艺可分为先穿束和后穿束，其中在混凝土浇筑前将预应力筋穿入管道内的工艺方法称为"先穿束"，而待混凝土浇筑完毕再将预应力筋穿入孔道的工艺方法称为"后穿束"。一般情况下，先穿束会占用工期，而且预应力筋穿入孔道后至张拉并灌浆的时间间隔较长，在环境湿度较大的南方地区或雨季容易造成预应力筋的锈蚀，进而影响孔道摩擦，甚至影响预应力筋的力学性能；而后穿束时，预应力筋穿入孔道后至张拉灌浆的时间间隔较短，可有效防止预应力筋锈蚀，同时不占用结构施工工期，有利于加快施工速度，是较好的工艺方法。对一端为埋入端，另一端为张拉端的预应力筋，只能采用先穿束工艺，而两端张拉的预应力筋，最好采用后穿束工艺。本条规定主要考虑预应力筋在施工阶段的防锈，有关时间限制是根据国内外相关标准及我国工程实践经验提出的。

6.3.12 预应力筋、管道、端部锚具、排气管等安装后，仍有大量的后续工程在同一工位或其周边进行，如果不采取合理的措施进行保护，很容易造成已安装

工程的破损、移位、损伤、污染等问题，影响后续工程及工程质量。例如，外露预应力筋需采取保护措施，否则容易受混凝土污染；垫板喇叭口和排气管口需封闭，否则养护水或雨水进入孔道，使预应力筋和管道锈蚀，而混凝土还可能由垫板喇叭口进入预应力孔道，影响预应力筋的张拉。

6.3.13 对于超长的预应力筋，孔道摩擦引起的预应力损失比较大，影响预加力效应。采用减摩材料可有效降低孔道摩擦，有利于提高预加力效应。通常的后张有粘结预应力孔道减摩材料可选用石墨粉、复合钙基脂加石墨、工业凡士林加石墨等。减摩材料会降低预应力筋与灌浆料的粘结力，灌浆前必须清除。

6.4 张拉和放张

6.4.1 预应力筋张拉前，根据张拉控制应力和预应力筋面积确定张拉力，然后根据千斤顶标定结果确定油泵压力表读数，同时根据预应力筋曲线线形及摩擦系数计算张拉伸长值；现场检查确认混凝土施工质量，确保张拉阶段不致出现局部承压区破坏等异常情况。

6.4.2 张拉设备由千斤顶、油泵及油管等组成，其输出力需通过油泵中的压力表读数来确定，所以需要使用前进行标定。为消除系统误差影响，要求设备配套标定并配套使用。此外千斤顶的活塞运行方向不同，其内摩擦也有差异，所以规定千斤顶活塞运行方向应与实际张拉工作状态一致。

6.4.3 先张法构件的预应力是靠粘结力传递，过低的混凝土强度相应的粘结强度也较低，造成预应力传递长度增加，因此本条规定了放张时的混凝土最低强度值。后张法结构中，预应力是靠端部锚具传递的，应保证锚垫板和局部受压加强钢筋选用和布置得当，特别是当采用铸造锚垫板时，应根据锚具供应商提供的产品技术手册相关的技术参数选用与锚具配套的锚垫板和局部加强钢筋，以及确定张拉时要求达到的混凝土强度等技术要求，而这些技术要求需要通过锚固区传力性能检验来确定。另一方面，混凝土结构过早施加预应力，会造成过大的徐变变形，因此有必要控制张拉时混凝土的龄期。但是，当张拉预应力筋是为防止混凝土早期出现的收缩裂缝时，可不受有关混凝土强度限值及龄期的限制。

6.4.4 设计方所给张拉控制力是指千斤顶张拉预应力筋的力值。由于施工现场的情况往往比较复杂，而且可能存在设计未考虑的额外影响因素，可能需要对张拉控制力进行适当调整，以建立设计要求的有效预应力。预应力孔道的实际摩擦系数可能与设计取值存在差异，当摩擦系数实测值与设计计算取值存在一定偏差时，可通过适当调整张拉力来减小偏差。另外，对要求提高构件在施工阶段的抗裂性能而在使用阶段受压区内设置的预应力筋，以及要求部分抵消由于应

力松弛、摩擦、分批张拉、预应力筋与张拉台座之间的温差等因素产生的预应力损失的情况，也可以适当调整张拉力。消除应力钢丝和钢绞线质量较稳定，且常用于后张法预应力工程，从充分利用高强度，但同时避免产生过大的松弛损失，并降低施工阶段钢绞线断裂的原则出发限制其应力不应大于80%的抗拉强度标准值；中强度预应力钢丝主要用于先张法构件，故其限值应力低于钢绞线；而精轧螺纹钢筋从偏于安全考虑限制其张拉控制应力不大于其屈服强度标准值的90%。

6.4.5 预应力筋张拉时，由于不可避免地受到各种因素的影响，包括千斤顶等设备的标定误差、操作控制偏差、孔道摩擦力变化、预应力筋实际截面积或弹性模量的偏差等，会使得预应力筋的有效预应力与设计值产生差异，从而出现预应力筋实测张拉伸长值与计算值之间的偏差。张拉预应力筋的目的是建立设计希望的预应力，而伸长值校核是为了判断张拉质量是否达到设计规定的要求。如果各项参数都与设计相符，一般情况下张拉力值的偏差在±5%范围内是合理的，考虑到实际工程的测量精度及预应力筋材料参数的偏差等因素，适当放松了对伸长值偏差的限值，将其最大偏差放宽到±6%。必要时，宜进行现场孔道摩擦系数测定，并可根据实测结果调整张拉控制力。

6.4.6 预应力筋的张拉顺序应使混凝土不产生超应力、构件不扭转与侧弯，因此，对称张拉是一个重要原则，对张拉比较敏感的结构构件，若不能对称张拉，也应尽量做到逐步渐进的施加预应力。减少张拉设备的移动次数也是施工中应考虑的因素。

6.4.8 一般情况下，同一束有粘结预应力筋应采取整束张拉，使各根预应力筋建立的应力均匀。只有在能够确保预应力筋张拉没有叠压影响时，才允许采用逐根张拉工艺，如平行编排的直线束、只有平面内弯曲的扁锚束以及弯曲角度较小的平行编排的短束等。

6.4.9 预应力筋在张拉前处于松弛状态，需要施加一定的初拉力将其拉紧，初拉力可取为张拉控制力的10%～20%。对塑料波纹管成孔管道内的预应力筋，达到张拉控制力后的持荷，对保证预应力筋充分伸长并建立准确的预应力值非常有效。

6.4.10 预应力工程的重要目的是通过配置的预应力筋建立设计希望的准确的预应力值。然而，张拉阶段出现预应力筋的断裂，可能意味着，其材料、加工制作、安装及张拉等一系列环节中出现了问题。同时，由于预应力筋断裂或滑脱对结构构件的受力性能影响极大，因此，规定应严格限制其断裂或滑脱的数量。先张法预应力构件中的预应力筋不允许出现断裂或滑脱，若在浇筑混凝土前出现断裂或滑脱，相应的预应力筋应予以更换。本条虽然设在张拉和放张一节中，但其控制的不仅是张拉质量，同时也是对材料、制作、安装等工序的质量要求，本条为强制性条文，应严格执行。

6.4.11 锚固阶段张拉端预应力筋的内缩量系指预应力筋锚固过程中，由于锚具零件之间和锚具与预应力筋之间的相对移动和局部塑性变形造成的回缩值。对于某些锚具的内缩量可能偏大时，只要设计有专门规定，可按设计规定确定；当设计无专门规定时，则应符合本条的规定，并需要采取必要的工艺措施予以满足。在现行行业标准《预应力筋用锚具、夹具和连接器应用技术规程》JGJ 85 中给出了预应力筋的内缩量测试方法。

6.4.12 本条规定了先张法预应力构件的预应力筋放张原则，主要考虑确保施工阶段先张法构件的受力不出现异常情况。

6.4.13 后张法预应力筋张拉锚固后，处于高应力工作状态，对其简单直接放松张拉力，可能会造成很大的危险，因此规定应采用专门的设备和工具放张。

6.5 灌浆及封锚

6.5.1 张拉后的预应力筋处于高应力状态，对腐蚀很敏感，同时全部拉力由锚具承担，因此应尽早进行灌浆保护预应力筋以提供预应力筋与混凝土之间的粘结。饱满、密实的灌浆是保证预应力筋防腐和提供足够粘结力的重要前提。

6.5.2 锚具外多余预应力筋常采用无齿锯或机械切断机切断，也可采用氧-乙炔焰切割多余预应力筋。当采用氧-乙炔焰切割时，为避免热影响可能波及锚具部位，宜适当加大外露预应力筋的长度或采取对锚具降温等措施。本条规定的外露预应力筋长度要求，主要考虑到锚具正常工作及可能的热影响。

6.5.4 孔道灌浆一般采用素水泥浆。普通硅酸盐水泥、硅酸盐水泥配制的水泥浆泌水率较小，是很好的灌浆材料。水泥浆中掺入外加剂可改善其稠度、泌水率、膨胀率、初凝时间、强度等特性，但预应力筋对应力腐蚀较为敏感，故水泥和外加剂中均不能含有对预应力筋有害的化学成分，特别是氯离子的含量应严格控制。灌浆用水泥质量相关的现行国家标准有《通用硅酸盐水泥》GB 175，所掺外加剂的质量及使用相关的现行国家标准有《混凝土外加剂》GB 8076 和《混凝土外加剂应用技术规范》GB 50119 等。

6.5.5 良好的水泥浆性能是保证灌浆质量的重要前提之一。本条规定的目的是保证水泥浆的稠度满足灌浆施工要求的前提下，尽量降低水泥浆的泌水率、提高灌浆的密实度，并保证通过水泥浆提供预应力筋与混凝土良好的粘结力。稠度是以 1725mL 漏斗中水泥浆的流锥时间（s）表述的。稠度大意味着水泥浆黏稠，其流动性差；稠度小意味着水泥浆稀，其流动性好。合适的稠度指标是顺利施灌的重要前提，采用普通灌浆工艺时，因有空气阻力，灌浆阻力较大，需要较小的稠度，而采用真空灌浆工艺时，由于孔道抽真空处于负压，浆体在孔道内的流动比较容易，因此可以选择较大的稠度指标。本条分普通灌浆和真空灌浆工艺给出不同的稠度控制建议指标12s～20s和18s～25s是根据工程经验提出的。

泌出的水在孔道内没有排除时，会形成灌浆质量缺陷，容易造成高应力下的预应力筋的腐蚀。所以，需要尽量降低水泥浆的泌水率，最好将泌水率降为0。当有水泌出时，应将其排除，故规定泌水应在24h内全部被水泥浆吸收。水泥浆的适度膨胀有利于提高灌浆密实性，提高灌浆饱满度，但过度的膨胀率可能造成孔道破损，反而影响预应力工程质量，故应控制其膨胀率，本规范用自由膨胀率来控制，并考虑普通灌浆工艺和真空灌浆工艺的差异。水泥浆强度高，意味着其密实度高，对预应力筋的防护是有利的。建筑工程中常用的预应力筋束，M30强度的水泥浆可有效提供对预应力筋的防护并提供足够的粘结力。

6.5.6 采用专门的高速搅拌机（一般为1000r/min以上）搅拌水泥浆，一方面提高劳动效率，减轻劳动强度，同时有利于充分搅拌均匀水泥及外加剂等材料，获得良好的水泥浆；如果搅拌时间过长，将降低水泥浆的流动性。水泥浆采用滤网过滤，可清除搅拌中未被充分分散开的颗粒，可降低灌浆压力，并提高灌浆质量。当水泥浆中掺有缓凝剂且有可靠工程经验时，水泥浆拌合后至灌入孔道的时间可适当延长。

6.5.7 本条规定了一般性的灌浆操作工艺要求。对因故尚未灌注完成的孔道，应采用压力水冲洗该孔道，并采取措施后再行灌浆。

6.5.8 真空灌浆工艺是为提高孔道灌浆质量开发的新技术，采用该技术必须保证孔道的质量和密封性，并严格按有关技术要求进行操作。

6.5.9 灌浆质量的检测比较困难，详细填写有关灌浆记录，有利于灌浆质量的把握和今后的检查。灌浆记录内容一般包括灌浆日期、水泥品种、强度等级、配合比、灌浆压力、灌浆量、灌浆起始和结束时间，以及灌浆出现的异常情况及处理情况等。

6.5.10 锚具的封闭保护是一项重要的工作。主要是防止锚具及垫板的腐蚀、机械损伤，并保证抗火能力。为保证耐久性，封锚混凝土的保护层厚度大小需随所处环境的严酷程度而定。无粘结预应力筋通常要求全长封闭，不仅需要常规的保护，还需要更为严密的全封闭不透水的保护系统，所以不仅其锚具应认真封闭，预应力筋与锚具的连接处也应确保密封性。

6.6 质量检查

6.6.1 预应力工程材料主要指预应力筋、锚具、夹具和连接器、成孔管道等。进场后需复验的材料性能主要有：预应力筋的强度、锚夹具的锚固效率系数、成孔管道的径向刚度及抗渗性等。原材料进场时，供方应按材料进场验收所划分的检验批，向需方提供有效的质量证明文件。

6.6.2 预应力筋制作主要包括下料、端部锚具制作等内容。钢丝束采用镦头锚具时，需控制下料长度偏差和镦头的质量，因此检查下料长度和镦头的外观、尺寸等。镦头的力学性能通过锚具组件试验确定，可在锚具等材料检验中确认。

挤压锚具的制作质量，一方面需要依靠组件的拉力试验确定，而大量的挤压锚制作质量，则需要靠挤压记录和挤压后的外观质量来判断，包括挤压油压、挤压锚表面是否有划痕，是否平直，预应力筋外露长度等。钢绞线压花锚具的质量，主要依赖于其压花后形成的梨形头尺寸，因此检验其梨形头尺寸。

6.6.3 预应力筋、预留孔道、锚垫板和锚固区加强钢筋的安装质量，主要应检查确认预应力筋品种、级别、规格、数量和位置，成孔管道的规格、数量、位置、形状以及灌浆孔、排气兼泌水孔，锚垫板和局部加强钢筋的品种、级别、规格、数量和位置，预应力筋锚具和连接器的品种、规格、数量和位置等。实际上作为原材料的预应力筋、锚具、成孔管道等已经过进场检验，主要是检查与设计的符合性，而管道安装中的排气孔、泌水孔是不能忽略的细节。

6.6.4 预应力筋张拉和放张质量首先与材料、制作以及安装质量相关，在此基础上，需要保证张拉和放张时的同条件养护混凝土试块的强度符合设计要求，锚固阶段预应力筋的内缩量，夹片式锚具锚固后夹片的位置及预应力筋划伤情况等，都是张拉锚固质量相关的重要的因素。而大量后张预应力筋的张拉质量，要根据张拉记录予以判断，包括张拉伸长值、回缩值、张拉过程中预应力筋的断裂或滑脱数量等。

6.6.5 灌浆质量与成孔质量有关，同时依赖于水泥浆的质量和灌浆操作的质量。首先水泥浆的稠度、泌水率、膨胀率等应予控制，其次灌浆施工应严格按操作工艺要求进行，其质量除现场查外，更多依据灌浆记录，最后还要根据水泥浆试块的强度试验报告确认水泥浆的强度是否满足要求。

6.6.6 封锚是对外露锚具的保护，同样是重要的工程环节。首先锚具外预应力筋长度应符合设计要求，其次封闭的混凝土的尺寸应满足设计要求，以保证足够的保护层厚度，最后还应保证封闭砂浆或混凝土的质量，包括与结构混凝土的结合及封锚材料的密实性等。当然，采用混凝土封闭时，混凝土强度也是重要的质量因素。

7 混凝土制备与运输

7.1 一般规定

7.1.2 根据目前我国大多数混凝土结构工程的实际

情况，混凝土制备可分为预拌混凝土和现场搅拌混凝土两种方式。现场搅拌混凝土宜采用与混凝土搅拌站相同的搅拌设备，按预拌混凝土的技术要求集中搅拌。当没有条件采用预拌混凝土，且施工现场也没有条件采用具有自动计量装置的搅拌设备进行集中搅拌时，可根据现场条件采用搅拌机搅拌。此时使用的搅拌机应符合现行国家标准《混凝土搅拌机》GB/T 9142 的有关要求，并应配备能够满足要求的计量装置。

7.1.3 搅拌运输车的旋转拌合功能能够减少运输途中对混凝土性能造成的影响，故混凝土宜选用搅拌运输车运输。当距离较近或受条件限制时也可采取机动翻斗车等方式运输。

混凝土自搅拌地点至工地卸料地点的运输过程中，拌合物的坍落度可能损失，同时还可能出现混凝土离析，需要采取措施加以防止。当采用翻斗车和其他敞开式工具运输时，由于不具备搅拌运输车的旋转拌合功能，更应采取有效措施预防。

混凝土连续施工是保证混凝土结构整体性和某些重要功能（例如防水功能）的重要条件，故在混凝土制备、运输时应根据混凝土浇筑量大小、现场浇筑速度、运输距离和道路状况等，采取可靠措施保证混凝土能够连续不间断供应。这些措施可能涉及具备充足的生产能力、配备足够的运输工具、选择可靠的运输路线以及制定应急预案等。

7.2 原 材 料

7.2.1 为了方便施工，本规范附录 F 列出了混凝土常用原材料的技术指标。主要有通用硅酸盐水泥技术指标，粗骨料和细骨料的颗粒级配范围，针、片状颗粒含量和压碎指标值，骨料的含泥量和泥块含量，粉煤灰、矿渣粉、硅灰、沸石粉等技术要求，常用外加剂性能指标和混凝土拌合用水水质要求等。考虑到某些材料标准今后可能修订，故使用时应注意与国家现行相关标准对照，以及随着技术发展而对相关指标进行的某些更新。

7.2.2 水泥作为混凝土的主要胶凝材料，其品种和强度等级对混凝土性能和结构的耐久性都很重要。本条给出选择水泥的依据和原则：第 1 款给出选择水泥的基本依据；第 2 款给出选择水泥品种的通用原则；第 3、4 款给出有特殊需要时的选择要求。

现行国家标准《通用硅酸盐水泥》GB 175 - 2007 规定的通用硅酸盐水泥为硅酸盐水泥、普通硅酸盐水泥、矿渣硅酸盐水泥、火山灰质硅酸盐水泥、粉煤灰硅酸盐水泥和复合硅酸盐水泥。作为混凝土结构工程使用的水泥，通常情况下选用通用硅酸盐水泥较为适宜。有特殊需求时，也可选用其他非硅酸盐类水泥，但不能对混凝土性能和结构功能产生不良影响。

对于有抗渗、抗冻融要求的混凝土，由于可能处于潮湿环境中，故宜选用硅酸盐水泥和普通硅酸盐水泥，并经试验确定适宜掺量的矿物掺合料，这样既可避免由于盲目选择水泥而带来混凝土耐久性的下降，又可防止不同种类的混合材及掺量对混凝土的抗渗性能和抗冻融性能产生不利影响。

本条第 4 款要求控制水泥的碱含量，是为了预防发生混凝土碱骨料反应，提高混凝土的抗腐蚀、侵蚀能力。

7.2.3 本规范中对混凝土结构工程用粗骨料的要求，与国家现行标准《混凝土结构工程施工质量验收规范》GB 50204 - 2002、《普通混凝土用砂、石质量及检验方法标准》JGJ 52 - 2006 的相关要求协调一致。

7.2.4 本条第 1～3 款的规定与国家标准《混凝土质量控制标准》GB 50164 - 2011 和行业标准《普通混凝土用砂、石质量及检验方法标准》JGJ 52 - 2006 一致。对于海砂，由于其含有大量氯离子及硫酸盐、镁盐等成分，会对钢筋混凝土和预应力混凝土的性能与耐久性产生严重危害，使用时应符合现行行业标准《海砂混凝土应用技术规范》JGJ206 的有关规定。本条第 2 款为强制性条文，应严格执行。

7.2.5 岩石在形成过程中，其内部会产生一定的纹理和缺陷，在受压条件下，会在纹理和缺陷部位形成应力集中效应而产生破坏。研究表明，混凝土强度等级越高，其所用粗骨料粒径应越小，较小的粗骨料其内部的缺陷在加工过程中会得到很大程度的消除。工程实践和研究证明，强度等级为 C60 及以上的混凝土，其所用粗骨料粒径不宜大于 25mm。

7.2.6 选用级配良好的粗骨料可改善混凝土的均匀性和密实度。骨料的含泥量和泥块含量可对混凝土的抗渗、抗冻融等耐久性能产生明显劣化，故本条提出较一般混凝土更为严格的技术要求。

7.2.7 常用的矿物掺合料主要有粉煤灰、磨细矿渣微粉和硅粉等，不同的矿物掺合料掺入混凝土中，对混凝土的工作性、力学性能和耐久性所产生的作用既有共性，又不完全相同。故选择矿物掺合料的品种、等级和确定掺量时，应依据混凝土所处环境、设计要求、施工工艺要求等因素经试验确定，并应符合相关矿物掺合料应用技术规范以及相关标准的要求。

7.2.8 外加剂是混凝土的重要组分，其掺入量小，但对混凝土的性能改变却有明显影响，混凝土技术的发展与外加剂技术的发展是密不可分的。混凝土外加剂经过半个世纪的发展，其品种已发展到今天的 30～40 种，品种的增加使外加剂应用技术越来越专业化，因此，配制混凝土选用外加剂应根据混凝土性能、施工工艺、结构所处环境等因素综合确定。

本规范碱含量限值的规定与现行国家标准《混凝土外加剂应用技术规范》GB 50119 - 2003 的要求一致，控制外加剂带入混凝土中的碱含量，是为了预防混凝土发生碱骨料反应。

两种或两种以上外加剂复合使用时，可能会发生某些化学反应，造成相容性不良的现象，从而影响混凝土的工作性，甚至影响混凝土的耐久性能，因此本条规定应事先经过试验对相容性加以确认。

7.2.9 混凝土拌合及养护用水对混凝土品质有重要影响。现行行业标准《混凝土用水标准》JGJ 63 对混凝土拌合及养护用水的各项性能指标提出了具体规定。其中中水来源和成分较为复杂，中水进行化学成分检验，确认符合 JGJ 63 标准的规定时可用作混凝土拌合及养护用水。

7.2.10 海水中含有大量的氯盐、硫酸盐、镁盐等化学物质，掺入混凝土中后，会对钢筋产生锈蚀，对混凝土造成腐蚀，严重影响混凝土结构的安全性和耐久性，因此，严禁直接采用海水拌制和养护钢筋混凝土结构和预应力混凝土结构的混凝土。本条为强制性条文，应严格执行。

7.3 混凝土配合比

7.3.1 本条规定了混凝土配合比设计应遵照的基本原则：

1 配合比设计首先应考虑设计提出的强度等级和耐久性要求，同时要考虑施工条件。在满足混凝土强度、耐久性和施工性能等要求基础上，为节约资源等原因，应采用尽可能低的水泥用量和单位用水量。

2 国家现行标准《混凝土结构耐久性设计规范》GB/T 50476 和《普通混凝土配合比设计规程》JGJ 55 对冻融环境、氯离子侵蚀环境等条件下的混凝土配合比设计参数均有规定，设计配合比时应符合其要求。

3 冬期、高温等环境下施工混凝土有其特殊性，其配合比设计应按照不同的温度进行设计，有关参数可按现行行业标准《建筑工程冬期施工规程》JGJ/T 104 及本规范第 10 章的有关规定执行。

4 混凝土配合比设计时所用的原材料（如水泥、砂、石、外加剂、水等）应采用施工实际使用的材料，并应符合国家现行相关标准的要求。

7.3.2 本条规定了混凝土配制强度的计算公式。配制强度的计算分两种情况，对于 C60 以下的混凝土，仍然沿用传统的计算公式。对于 C60 及以上的混凝土，按照传统的计算公式已经不能满足要求，本规范进行了简化处理，统一乘一个 1.15 的系数。该系数已在实际工程应用中得到检验。

7.3.3 本条规定了混凝土强度标准差的取值方法。当具有前一个月或前三个月统计资料时，首先应采用统计资料计算标准差，使其具有相对较好的科学性和针对性。只有当无统计资料时才可按照表中规定的数值直接选择。

7.3.4 本条规定了确定混凝土工作性指标应遵照的基本要求。工作性是一项综合技术指标，包括流动性（稠度）、黏聚性和保水性三个主要方面。测定和表示拌合物工作性的方法和指标很多，施工中主要采用坍落仪测定的坍落度及用维勃仪测定的维勃时间作为稠度的主要指标。

7.3.6 混凝土的耐久性指标包括氯离子含量、碱含量、抗渗性、抗冻性等。在确定设计配合比前，应对设计规定的混凝土耐久性能进行试验验证，以保证混凝土质量满足设计规定的性能要求。部分指标也可辅以计算验证。

7.3.8 本条规定了混凝土配合比试配、调整和确定应遵照的基本步骤。

7.3.9 本条规定了混凝土配合比确定后应经过批准，并规定配合比在使用过程中应该结合混凝土质量反馈的信息及时进行动态调整。

应经技术负责人批准，是指对于现场搅拌的混凝土，应由监理（建设）单位现场总监理工程师批准；对于混凝土搅拌站，应由搅拌站的技术或质量负责人等批准。

7.3.10 需要重新进行配合比设计的情况，主要是考虑材料质量、生产条件等状况发生变化，与原配合比设定的条件产生较大差异。本条明确规定了混凝土配合比应在哪些情况下重新进行设计。

7.4 混凝土搅拌

7.4.3 根据投料顺序不同，常用的投料方法有：先拌水泥净浆法、先拌砂浆法、水泥裹砂法和水泥裹砂石法等。

先拌水泥净浆法是指先将水泥和水充分搅拌成均匀的水泥净浆后，再加入砂和石搅拌成混凝土。

先拌砂浆法是指先将水泥、砂和水投入搅拌筒内进行搅拌，成为均匀的水泥砂浆后，再加入石子搅拌成均匀的混凝土。

水泥裹砂法是指先将全部砂子投入搅拌机中，并加入总拌合水量 70% 左右的水（包括砂子的含水量），搅拌 10s～15s，再投入水泥搅拌 30s～50s，最后投入全部石子、剩余水及外加剂，再搅拌 50s～70s 后出罐。

水泥裹砂石法是指先将全部的石子、砂和 70% 拌合水投入搅拌机，拌合 15s，使骨料湿润，再投入全部水泥搅拌 30s 左右，然后加入 30% 拌合水再搅拌 60s 左右即可。

7.4.5 本条规定了开盘鉴定的主要内容。开盘鉴定一般可按照下列要求进行组织：施工现场拌制的混凝土，其开盘鉴定由监理工程师组织，施工单位项目部技术负责人、混凝土专业工长和试验室代表等共同参加。预拌混凝土搅拌站的开盘鉴定，由预拌混凝土搅拌站总工程师组织，搅拌站技术、质量负责人和试验室代表等参加，当有合同约定时应按照合同约定进行。

7.5 混凝土运输

7.5.1 采用混凝土搅拌运输车运输混凝土时，接料前应用水湿润罐体，但应排净积水；运输途中或等候卸料期间，应保持罐体正常运转，一般为（3～5）r/min，以防止混凝土沉淀、离析和改变混凝土的施工性能；临卸料前先进行快速旋转，可使混凝土拌合物更加均匀。

7.5.3 采用混凝土搅拌运输车运输混凝土时，当因道路堵塞或其他意外情况造成坍落度损失过大，在罐内加入适量减水剂以改善其工作性的做法，已经在部分地区实施。根据工程实践检验，当减水剂的加入量受控时，对混凝土的其他性能无明显影响。在对特殊情况下发生的坍落度损失过大的情况采取适宜的处理措施时，杜绝向混凝土内加水的违规行为，本条允许在特殊情况下采取加入适量减水剂的做法，并对其加以规范。要求采取该种做法时，应事先批准、作出记录，减水剂加入量应经试验确定并加以控制，加入后应搅拌均匀。现行国家标准《预拌混凝土》GB/T 14902－2003 中第 7.6.3 条规定：当需要在卸前掺入外加剂时，外加剂掺入后搅拌运输车应快速进行搅拌，搅拌的时间应由试验确定。

7.5.4 采用机动翻斗车运送混凝土，道路应经事先勘察确认通畅，路面应修筑平坦；在坡道或临时支架上运送混凝土，坡道或临时支架应搭设牢固，脚手板接头应铺设平顺，防止因颠簸、振荡造成混凝土离析或撒落。

7.6 质量检查

7.6.1 原材料进场时，供方应按材料进场验收所划分的检验批，向需方提供有效的质量证明文件，这是证明材料质量合格以及保证材料能够安全使用的基本要求。各种建筑材料均应具有质量证明文件，这一要求已列入我国法律、法规和各项技术标准。

当能够确认两次以上进场的材料为同一厂家同批生产时，为了在保证材料质量的前提下简化对质量证明文件的核查工作，本条规定也可按照出厂检验批提供质量证明文件。

7.6.2 本条规定的目的，一是通过原材料进场检验，保证材料质量合格，杜绝假冒伪劣和不合格产品用于工程；二是在保证工程材料质量合格的前提下，合理降低检验成本。本条提出了扩大检验批的条件，主要是从材料质量的一致性和稳定性考虑做出的规定。

7.6.3 本条第 1 款参照国家标准《混凝土结构工程施工质量验收规范》GB 50204—2002 的相关规定。强度、安定性是水泥的重要性能指标，进场时应复验。水泥质量直接影响混凝土结构的质量。本款为强制性条文，应严格执行。

7.6.4 水泥出厂超过三个月（快硬硅酸盐水泥超过一个月），或因存放不当等原因，水泥质量可能产生

受潮结块等品质下降，直接影响混凝土结构质量，故本条强制规定此时应进行复验，应严格执行。

本条"应按复验结果使用"的规定，其含义是当复验结果表明水泥品质未下降时可以继续使用；当复验结果表明水泥强度有轻微下降时可在一定条件下使用。当复验结果表明水泥安定性或凝结时间出现不合格时，不得在工程上使用。

7.6.7 本条根据各地施工现场对采用预拌混凝土的管理要求，规定了预拌混凝土生产单位应向工程施工单位提供的主要技术资料。其中混凝土抗压强度报告和混凝土质量合格证应在 32d 内补送，其他资料应在交货时提供。本条所指其他资料应在合同中约定，主要是指当工程结构有要求时，应提供混凝土氯化物和碱总量计算书、砂石碱活性试验报告等。

7.6.8 混凝土拌合物的工作性应以坍落度或维勃稠度表示，坍落度适用于塑性和流动性混凝土拌合物，维勃稠度适用于干硬性混凝土拌合物。其检测方法应按现行国家标准《普通混凝土拌合物性能试验方法标准》GB/T 50080 的规定进行。

混凝土拌合物坍落度可按表 1 分为 5 级，维勃稠度可按表 2 分为 5 级。

表 1　混凝土拌合物按坍落度的分级

等　级	坍落度（mm）
S1	10 ～ 40
S2	50 ～ 90
S3	100 ～ 150
S4	160 ～ 210
S5	≥220

注：坍落度检测结果，在分级评定时，其表达值可取舍至临近的 10mm。

表 2　混凝土拌合物按维勃稠度的分级

等　级	维勃时间（s）
V0	≥31
V1	30 ～ 21
V2	20 ～ 11
V3	10 ～ 6
V4	5 ～ 3

8 现浇结构工程

8.1 一 般 规 定

8.1.1 本条规定了混凝土浇筑前应该完成的主要检查和验收工作。对将被下一工序覆盖而无法事后检

查的内容进行隐蔽工程验收，对所浇筑结构的位置、标高、几何尺寸、预留预埋等进行技术复核工作。技术复核工作在某些地区也称为工程预检。

8.1.2 本条规定了混凝土入模温度的上下限值要求。规定混凝土最低入模温度是为了保证在低温施工阶段混凝土具有一定的抗冻能力；规定混凝土入模最高温度是为了控制混凝土最高温度，以利于混凝土裂缝控制。大体积混凝土入模温度尚应符合本规范第8.7.3条的规定。

8.1.3 混凝土运输、输送、浇筑过程中加水会严重影响混凝土质量；运输、输送、浇筑过程中散落的混凝土，不能保证混凝土拌合物的工作性和质量。本条为强制性条文，应严格执行。

8.1.4 混凝土浇筑时要求布料均衡，是为了避免集中堆放或不均匀布料造成模板和支架过大的变形。混凝土浇筑过程中模板内钢筋、预埋件等移动，会产生质量隐患。浇筑过程中需设专人分别对模板和预埋件以及钢筋、预应力筋等进行看护，当模板、预埋件、钢筋位移超过允许偏差时应及时纠正。本条中所指的预埋件是指除钢筋以外按设计要求预埋在混凝土结构中的构件或部件，包括波纹管、锚垫板等。

8.2 混凝土输送

8.2.1 混凝土输送是指对运输至现场的混凝土，采用输送泵、溜槽、吊车配备斗容器、升降设备配备小车等方式送至浇筑点的过程。为提高机械化施工水平，提高生产效率，保证施工质量，应优先选用预拌混凝土泵送方式。

8.2.2 本条对输送泵选择及布置作了规定。

1 常用的混凝土输送泵有汽车泵、拖泵（固定泵）、车载泵三种类型。由于各种输送泵的施工要求和技术参数不同，泵的选型应根据工程需要确定。

2 混凝土输送泵的配备数量，应根据混凝土一次浇筑量和每台泵的输送能力以及现场施工条件经计算确定。混凝土泵配备数量可根据现行行业标准《混凝土泵送施工技术规程》JGJ/T 10的相关规定进行计算。对于一次浇筑量较大、浇筑时间较长的工程，为避免输送泵可能遇到的故障而影响混凝土浇筑，应考虑设置备用泵。

3 输送泵设置位置的合理与否直接关系到输送泵管距离的长短、输送泵管弯管的数量，进而影响混凝土输送能力。为了最大限度发挥混凝土输送能力，合理设置输送泵的位置显得尤为重要。

4 输送泵采用汽车泵时，其布料杆作业范围不得有障碍物、高压线等；采用汽车泵、拖泵或车载泵进行泵送施工时，应离开建筑物一定距离，防止高空坠物。在建筑下方固定位置设置拖泵进行混凝土泵送施工时，应在拖泵上方设置安全防护设施。

8.2.3 本条对输送泵管的选择和支架的设置作了规定。

1 混凝土输送泵管应与混凝土输送泵相匹配。通常情况下，汽车泵采用内径150mm的输送泵管；拖泵和车载泵采用内径125mm的输送泵管。在特殊工程需要的情况下，拖泵也可采用内径150mm的输送泵管，此时，可采用相同管径的输送泵输送混凝土，也可采用大小接头转换管径的方法输送混凝土。

2 在通常情况下，内径125mm的输送泵管适用于粗骨料最大粒径不大于25mm的混凝土；内径150mm的输送泵管适用于粗骨料最大粒径不大于40mm的混凝土。有些地区有采用粗骨料最大粒径为31.5mm的混凝土，这种混凝土虽然可以采用125mm的输送泵管进行输送，但对输送泵和输送泵管的损耗较大。

3 输送泵管的弯管采用较大的转弯半径以使输送管道转向平缓，可以大大减少混凝土输送泵的泵口压力，降低混凝土输送难度。如果输送泵管安装接头不严密或不按要求安装接头密封圈，而使输送管道漏气、漏浆，这些因素都是造成堵泵的直接原因，所以在施工现场应严格控制。

4 水平输送泵管和竖向输送泵管都应该采用支架进行固定，支架与输送泵管的连接和支架与结构的连接都应连接牢固。输送泵管、支架严禁直接与脚手架或模架相连接，以防发生安全事故。由于在输送泵管的弯管转向区域受力较大，通常情况弯管转向区域的支架应加密。输送泵管对支架的作用以及支架对结构的作用都应经过验算，必要时对结构进行加固，以确保支架使用安全和对结构无损害。

5 为了控制竖向输送泵管内的混凝土在自重作用下对混凝土产生过大的压力，水平输送泵管的直管和弯管总的折算长度与竖向输送高度之比应进行控制，根据以往工程经验，比值按0.2倍的输送高度控制较为合理。水平输送泵的直管和弯管的折算长度可按现行行业标准《混凝土泵送施工技术规程》JGJ/T 10进行计算。

6 输送泵管倾斜或垂直向下输送混凝土时，在高差较大的情况下，由于输送泵管内的混凝土在自重作用下会下落而造成空管，此时极易产生堵管。根据以往工程经验，当高差大于20m时，堵管几率大大增加，所以有必要对输送泵管下端的直管和弯管总的折算长度进行控制。直管和弯管总的折算长度可按现行行业标准《混凝土泵送施工技术规程》JGJ/T 10进行计算。当采用自密实混凝土时，输送泵管下端的直管和弯管总的折算长度与上下高差的倍数关系，可通过试验确定。当输送泵管下端的直管和弯管总的折算长度控制有困难时，可采用在输送泵管下端设置截止阀的方法解决。

7 输送高度较小时，输送泵出口处的输送泵管位置可不设截止阀。输送高度大于100m时，混凝土自重对输送泵的泵口压力将大大增加，为了对混凝土输送过程进行有效控制，要求在输送泵出口处的输送泵管位置设置截止阀。

8 混凝土输送泵管在输送混凝土时，重复承受着非常大的作用力，其输送泵管的磨损以及支架的疲劳损坏经常发生，所以对输送泵管及其支架进行经常检查和维护是非常重要的。

8.2.4 本条对输送布料设备的选择和布置作了规定。

1 布料设备是指安装在输送泵管前端，用于混凝土浇筑的布料机或布料杆。布料设备应根据工程结构特点、施工工艺、布料要求和配管情况等进行选择。布料设备的输送管内径在通常情况下是与混凝土输送泵管内径相一致的，最常用的布料设备输送管采用内径 125mm 的规格。如果采用内径 150mm 输送泵管时，可采用 150mm～125mm 转换接头进行管径转换，或者采用相同管径的混凝土布料设备。

2 布料设备的施工方案是保证混凝土施工质量的关键，合理的施工方案应能使布料设备均衡而迅速地进行混凝土下料浇筑。

3 布料设备在浇筑混凝土时，一般会根据工程特点，安装在结构上或施工设施上。由于布料设备在使用过程中冲击力较大，所以安装位置处的结构或施工设施应进行相应的验算，不满足承载要求时应采取加固措施。

4 布料设备在使用中，弯管处磨损最大，爆管或堵管通常都发生在弯管处。对弯管加强检查、及时更换，是保证安全施工的重要环节。弯管壁厚可使用测厚仪检查。

5 布料设备伸开后作业高度和工作半径都较大，如果作业范围内有障碍物、高压线等，容易导致安全事故发生，所以施工前应勘察现场、编写针对性施工方案。布料设备作业时，应控制出料口位置，必要时应采取高空防护措施，防止出料口混凝土高空坠落。

8.2.5 为了保证混凝土的工作性，提出了输送混凝土的过程根据工程所处环境条件采取相应技术措施的要求。

8.2.6 输送泵使用前要求编制操作规程，操作规程应符合产品说明书要求。本条对输送泵输送混凝土的主要环节作了规定。

1 泵水是为了检查输送泵的性能以及通过湿润输送泵的有关部位来达到适宜输送的条件。

2 用水泥砂浆对输送泵和输送泵管进行湿润是顺利输送混凝土的关键，如果不采取这一技术措施将会造成堵泵或堵管。

3 开始输送混凝土时掌握节奏是顺利进行混凝土输送的重要手段。

4 输送泵集料斗设网罩，是为了过滤混凝土中大粒径石块或泥块；集料斗具有足够混凝土余量，是为了避免吸入空气产生堵泵。

8.2.7 本条对吊车配备斗容器输送混凝土作了规定。应结合起重机起重能力、混凝土浇筑量以及输送周期等因素综合确定斗容器容量大小。运输至现场的混凝土直接装入斗容器进行输送，而不采用相互转运的方式输送混凝土，以及斗容器在浇筑点直接布料，是为了减少混凝土拌合物转运次数，以保证混凝土工作性和质量。在特殊情况下，可采用先集中卸料后小车输送至浇筑点的方式，卸料点地坪应湿润并不得有积水。

8.2.8 本条所指的升降设备包括用于运载人或物料的升降电梯以及用于运载物料的升降井架。采用升降设备配合小车输送混凝土在工程中时有发生，为了保证混凝土浇筑质量，要求编制具有针对性的施工方案。运输后的混凝土若采用先卸料，后进行小车装运的输送方式，装料点应采用硬地坪或铺设钢板形式与地基土隔离，硬地坪或钢板面应湿润并不得有积水。为了减少混凝土拌合物转运次数，通常情况下不宜采用多台小车相互转载的方式输送混凝土。

8.3 混凝土浇筑

8.3.1 在模板工程完工后或在垫层上完成相应工序施工，一般都会留有不同程度的杂物，为了保证混凝土质量，应清除这部分杂物。为了避免干燥的表面吸附混凝土中的水分，而使混凝土特性发生改变，洒水湿润是必需的。金属模板若温度过高，同样会影响混凝土的特性，洒水可以达到降温的目的。现场环境温度是指工程施工现场实测的大气温度。

8.3.2 混凝土浇筑均匀性是为了保证混凝土各部位浇筑后具有相类同的物理和力学性能；混凝土浇筑密实性是为了保证混凝土浇筑后具有相应的强度等级。对于每一块连续区域的混凝土建议采用一次连续浇筑的方法；若混凝土方量过大或因设计施工要求而需留设施工缝或后浇带，则分隔后的每块连续区域应该采用一次连续浇筑的方法。混凝土连续浇筑是为了保证每个混凝土浇筑段成为连续均匀的整体。

8.3.3 混凝土分层厚度的确定应与采用的振捣设备相匹配，以免发生因振捣设备原因而产生漏振或欠振情况；混凝土连续浇筑是相对的，在连续浇筑过程中会因各种原因而产生时间间歇，时间间歇应尽量缩短，最长时间间歇应保证上层混凝土在下层混凝土初凝之前覆盖。为了减少时间间歇，应保证混凝土的供应量。

8.3.4 混凝土连续浇筑的原则是上层混凝土应在下层混凝土初凝之前完成浇筑，但为了更好地控制混凝土质量，混凝土还应该以最少的运载次数和最短的时间完成混凝土运输、输送入模过程，本规范表 8.3.4-1 的延续时间规定可作为通常情况下的时间控制值，应务力做到。混凝土运输过程中会因交通等原因而产生时间间歇，运输到现场的混凝土也会因为输送等原因而产生时间间歇，在混凝土浇筑过程中也会因为不同部位浇筑及振捣工艺要求而减慢输送产生时间间歇。对各种原因产生的总的时间间歇应进行控制，本规范表8.3.4-2规定了运输、输送入模及其间歇总的时间限值要求。表格中外加剂为常规品种，对于掺早强型减水剂、早强剂的混凝土以及有特殊要求的混凝土，延续时间会更小，应通过试验确定。

8.3.5 减少混凝土下料冲击的主要措施是使混凝土布料点接近浇筑位置，采用串筒、溜管、溜槽等装置也可以减少混凝土下料冲击。在通常情况下可直接采用输送泵管或布料设备进行布料，采用这种集中布料的方式可最大限度减少与钢筋的碰撞；若输送泵管或布料设备的端部通过串筒、溜管、溜槽等辅助装置进行下料时，其下料端的尺寸只需比输送泵管或布料设备的端部尺寸略大即可；大量工程实践证明，串筒、溜管下料端口直径过大或溜槽下料端口过宽，是发生混凝土浇筑离析的主要原因。

对于泵送混凝土或非泵送混凝土，在通常情况下可先浇筑竖向混凝土结构，后浇筑水平向混凝土结构；对于采用压型钢板组合楼板的工程，也可先浇筑水平向混凝土结构，后浇筑竖向混凝土结构；先浇筑低区部分混凝土再浇筑高区部分混凝土，可保证高低相接处的混凝土浇筑密实。

8.3.6 混凝土浇筑倾落高度是指所浇筑结构的高度加上混凝土布料点距本次浇筑结构顶面的距离。混凝土浇筑离析现象的产生，与混凝土下料方式、最大粗骨料粒径以及混凝土倾落高度有最主要的关系。大量工程实践证明，泵送混凝土采用最大粒径不大于25mm的粗骨料，且混凝土最大倾落高度控制在6m以内时，混凝土不会发生离析，这主要是因为混凝土较小的石子粒径减少了与钢筋的冲击。对于粗骨料粒径大于25mm的混凝土其倾落高度仍应严格控制。本条表中倾落高度限值适用于常规情况，对柱、墙底部钢筋极为密集的特殊情况，仍需增加措施防止混凝土离析。

8.3.7 为避免混凝土浇筑后裸露表面产生塑性收缩裂缝，在初凝、终凝前进行抹面处理是非常关键的。每次抹面可采用铁板压光磨平两遍或用木蟹抹平搓毛两遍的工艺方法。对于梁板结构以及易产生裂缝的结构部位应适当增加抹面次数。

8.3.8 本条对结构柱、墙混凝土设计强度等级高于梁、板混凝土设计强度等级时的浇筑作了规定。

1 柱、墙位置梁板高度范围内的混凝土是侧向受限的，相同强度等级的混凝土在侧向受限条件下的强度等级会提高。但由于缺乏试验数据，无法说明这个区域的混凝土强度可以提高两个等级，故本条规定了只可按提高一个强度等级进行考虑。所谓混凝土相差一个等级是指相互之间的强度等级差值为C5，一个等级以上即为C5的整数倍。

2 柱、墙混凝土设计强度比梁、板混凝土设计强度高两个等级及以上时，应在低强度等级的构件中采用分隔措施，分隔位置的两侧采用相应强度等级的混凝土浇筑。

3 在高强度等级混凝土与低强度等级混凝土之间采取分隔措施是为了保证混凝土交界面工整清晰，分隔可采用钢丝网板等措施。对于钢筋混凝土结构工程，分隔位置两侧的混凝土虽然分别浇筑，但应保证在一侧混凝土浇筑后的初凝前，完成另一侧混凝土的覆盖。因此分隔位置不是施工缝，而是临时隔断。

8.3.9 本条对泵送混凝土浇筑作了规定。

1 当需要采用多台混凝土输送泵浇筑混凝土时，应充分考虑各种因素来确定各台输送泵的浇筑区域以及浇筑顺序，从方案上对混凝土浇筑进行质量控制。

2 采用输送泵管浇筑混凝土时，由远而近的浇筑方式应该优先采用，这样的施工方法比较简单，过程中只需适时拆除输送泵管即可。在特殊情况下，也可采用由近而远的浇筑方式，但距离不宜过长，否则容易造成堵管或造成浇筑完成的混凝土表面难以进行抹面收尾工作。各台混凝土输送泵保持浇筑速度基本一致，是为了均衡浇筑，避免产生混凝土冷缝。

3 混凝土泵送前，通常先泵送水泥砂浆，少数浆液可用于湿润开始浇筑区域的结构施工缝，多余浆液应采用集料斗等容器收集后运出，不得用于结构浇筑。水泥砂浆与混凝土浆液同成分是指以该强度等级混凝土配合比为基准，去除石子后拌制的水泥砂浆。由于泵送混凝土粗骨料粒径通常采用不大于25mm的石子，所以要求接浆层厚度不应大于30mm。

4 在混凝土供应不及时的情况下，为了能使混凝土连续浇筑，满足第8.3.4条的规定，采用间歇泵送方式是通常采用的方法。所谓间歇泵送就是指在预计后续混凝土不能及时供应的情况下，通过间歇式泵送，控制性地放慢现场现有混凝土的泵送速度，以达到后续混凝土供应后仍能保持混凝土连续浇筑的过程。

5 通常情况混凝土泵送结束后，可采用在上端管内加入棉球及清水的方法直接从上往下进行清洗输送泵管，输送泵管中的混凝土随清洗过程下落，废弃的混凝土在底部收集处理。为了充分利用输送泵管内的混凝土，可采用水洗泵送的工艺。水洗泵送的工艺是指在最后泵送部分的混凝土后面加入黏性浆液以及足够的清水，通过泵送清水方式将输送泵管内的混凝土泵送至要求高度，然后在结束混凝土泵送后，通过采用在上端输送泵管内加入棉球及清水的方法，从上往下进行清洗输送泵管的整个施工工艺过程。

8.3.10 本条对施工缝或后浇带处浇筑混凝土作了规定。

1 采用粗糙面、清除浮浆、清理疏松石子、清理软弱混凝土层是保证新老混凝土紧密结合的技术措施。如果施工缝或后浇带处由于搁置时间较长，而受建筑废弃物污染，则首先应清理建筑废弃物，并对结构构件进行必要的整修。现浇结构分次浇筑的结合面也是施工缝的一种类型。

2 充分湿润施工缝或后浇带，避免施工缝或后浇带积水是保证新老混凝土充分结合的技术措施。

3 施工缝处已浇筑混凝土的强度低于 1.2MPa 时，不能保证新老混凝土的紧密结合。

4 过厚的接浆层中若没有粗骨料，将会影响混凝土的强度等级。目前混凝土粗骨料最大粒径一般采用 25mm 石子，所以接浆层厚度应控制 30mm 以下。

5 后浇带处的混凝土，由于部位特殊，环境较差，浇筑过程也有可能产生泌水集中，为了确保质量，可采用提高一级强度等级的混凝土进行浇筑。为了使后浇带处的混凝土与两侧的混凝土充分紧密结合，采取减少收缩的技术措施是必要的。减少收缩的技术措施包括混凝土组成材料的选择、配合比设计、浇筑方法以及养护条件等。

8.3.11 本条对超长结构混凝土浇筑作了规定。

1 超长结构是指按规范要求需要设缝或因种种原因无法设缝的结构构件。大量工程实践证明，分仓浇筑超长结构是控制混凝土裂缝的有效技术措施，本条规定了分仓间隔浇筑混凝土的最短时间。

2 对于需要留设后浇带的工程，本条规定了后浇带最短的封闭时间。

3 整体基础中调节沉降的后浇带，典型的是主楼与裙房基础间的沉降后浇带。为了解决相互间的差异沉降以及超长结构裂缝控制问题，通常采用留设后浇带的方法。

4 后浇带的留设一般都会有相应的设计要求，所以后浇带的封闭时间尚应征得设计单位确认。

8.3.12 本条对型钢混凝土结构浇筑作了规定。

1 型钢周边绑扎钢筋后，在型钢和钢筋密集处的各部分，为了保证混凝土充填密实，本款规定了混凝土粗骨料最大粒径。

2 应根据施工图纸以及现场施工实际，仔细分析并确定混凝土下料位置，以确保混凝土有充分的下料位置，并能使混凝土充盈整个构件的各部位。

3 型钢周边混凝土浇筑同步上升，是为了避免混凝土高差过大而产生的侧向力，造成型钢整体位移超过允许偏差。

8.3.13 本条对钢管混凝土结构浇筑作了规定。

1 本规范中所指的钢管是广义的，包括圆形钢管、方形钢管、矩形钢管、异形钢管等。钢管结构一般会采用 2 层一节或 3 层一节方式进行安装。由于所浇筑的钢管高度较高，混凝土振捣受到限制，所以以往工程有采用高抛的浇筑方式。高抛浇筑的目的是为了利用混凝土的冲击力来达到自身密实的作用。由于施工技术的发展，自密实混凝土已普遍采用，所以可

采用免振的自密实混凝土来解决振捣问题。

2 由于混凝土材料与钢材的特性不同，钢管内浇筑的混凝土由于收缩而与钢管内壁产生间隙难以避免。所以钢管混凝土应采取切实有效的技术措施来控制混凝土收缩，减少管壁与混凝土的间隙。采用聚羧酸类外加剂配制的混凝土其收缩率会大幅减少，在施工中可根据实际情况加以选用。

3 在钢管适当位置留设排气孔是保证混凝土浇筑密实的有效技术措施。混凝土从管顶向下浇筑时，钢管底部通常要求设置排气孔。排气孔的设置是为了防止初始混凝土下料过快而覆盖管径，造成钢管底部空气无法排除而采取的技术措施；其他适当部位排气孔设置应根据工程实际确定。

4 在钢管内一般采用无配筋或少配筋的混凝土，所以浇筑过程中受钢筋碰撞影响而产生混凝土离析的情况基本可以避免。采用聚羧酸类外加剂配制的粗骨料最大粒径相对较小的自密实混凝土或高流态混凝土，其综合效果较好，可以兼顾混凝土收缩、混凝土振捣以及提高混凝土最大倾落高度。与自密实混凝土相比，高流态混凝土一般仍需进行辅助振捣。

5 从管顶向下浇筑混凝土类同于在模板中浇筑混凝土，在参照模板中浇筑混凝土方法的同时，应认真执行本款的技术要求。

6 在具备相应浇筑设备的条件下，从管底顶升浇筑混凝土也是可以采取的施工方法。在钢管底部设置的进料输送管应能与混凝土输送泵管进行可靠的连接。止流阀门是为了在混凝土浇筑后及时关闭，以便拆除混凝土输送泵管。采用这种浇筑方式最重要的是过程控制，顶升或停止操作指令必须迅速正确传达，不得有误，否则极易产生安全事故；采用目前常用的泵送设备以及通信联络方式进行顶升浇筑混凝土时，进行预演加强过程控制是确保安全施工的关键。

8.3.14 本条对自密实混凝土浇筑作了规定。

1 浇筑方案应充分考虑自密实混凝土的特性，应根据结构部位、结构形状、结构配筋等情况选择具有针对性的自密实混凝土配合比和浇筑方案。由于自密实混凝土流动性大，施工方案中应对模板拼缝提出相应要求，模板侧压力计算应充分考虑自密实混凝土的特点。

2 采用粗骨料最大粒径为 25mm 的石子较难配制真正意义上的自密实混凝土，自密实混凝土采用粗骨料最大粒径不大于 20mm 的石子进行配制较为理想，所以采用粗骨料最大粒径不大于 20mm 的石子配制自密实混凝土应该是首选。

3 在钢筋、预埋件、预埋钢构周边及模板内各边角处，为了保证混凝土浇筑密实，必要时可采用小规格振动棒进行适宜的辅助振捣，但不宜多振。

4 自密实混凝土虽然具有很大的流动性，但在浇筑过程中为了更好地保证混凝土质量，控制混凝土

流淌距离，选择适宜的布料点并控制间距，是非常有必要的。在缺乏经验的情况下，可通过试验确定混凝土布料点下料间距。

8.3.15 本条对清水混凝土结构浇筑作了规定。

1 构件分区是指对整个工程不同的构件进行划分，而每一个分区包含了某个区域的结构构件。对于结构构件较大的大型工程，应根据视觉特点将大型构件分为不同的分区，同一构件分区应采用同批混凝土，并一次连续浇筑。

2 同层混凝土是指每一相同楼层的混凝土，同区混凝土是指同层混凝土的某一区段。对于某一个单位工程，如果条件允许可考虑采用同一材料牌号、品种、规格的材料；对于较大的单位工程，如果无法完全做到材料牌号、品种、规格一致，同层或同区混凝土应该采用同一材料牌号、品种、规格的材料。

3 混凝土连续浇筑过程中，分层浇筑覆盖的间歇时间应尽可能缩短，以杜绝层间接缝痕迹。

8.3.16 由于柱、墙和梁板大体积混凝土浇筑与一般柱、墙和梁板混凝土浇筑并无本质区别，这一部分大体积混凝土结构浇筑按常规做法施工，本条仅对基础大体积混凝土浇筑作出规定。

1 采用输送泵管浇筑基础大体积混凝土时，输送泵管前端通常不会接布料设备浇筑，而是采用输送泵管直接下料或在输送泵管前段增加弯管进行左右转向浇筑。弯管转向后的水平输送泵管长度一般为3m～4m比较合适，故规定了输送泵管间距不宜大于10m的要求。如果输送泵管前端采用布料设备进行混凝土浇筑时，可根据混凝土输送量的要求将输送泵管间距适当增大。

2 用汽车布料杆浇筑混凝土时，首先应合理确定布料点的位置和数量，汽车布料杆的工作半径应能覆盖这些位置。各布料点的浇筑应均衡，以保证各结构部位的混凝土均衡上升，减少相互之间的高差。

3 先浇筑深坑部分再浇筑大面积基础部分，可保证高差交接部位的混凝土浇筑密实，同时也便于进行平面上的均衡浇筑。

4 基础大体积混凝土浇筑最常采用的方法为斜面分层；如果对混凝土流淌距离有特殊要求的工程，混凝土可采用全面分层或分块分层的浇筑方法。保证各层混凝土连续浇筑的条件下，层与层之间的间歇时间应尽可能缩短，以满足整个混凝土浇筑过程连续。

5 对于分层浇筑的每层混凝土通常采用自然流淌形成斜坡，根据分层厚度要求逐步沿高度均衡上升。不大于500mm分层厚度要求，可用于斜面分层、全面分层、分块分层浇筑方法。

6 参见本规范第8.3.7条说明，由于大体积混凝土易产生表面收缩裂缝，所以抹面次数要求适当增加。

7 混凝土浇筑前，基坑可能因雨水或洒水产生积水，混凝土浇筑过程中也可能产生泌水，为了保证混凝土浇筑质量，可在垫层上设置排水沟和集水井。

8.3.17 本条对预应力结构混凝土浇筑作了规定。具体技术规定也适用于预应力结构的混凝土振捣要求。

1 由于这些部位钢筋、预应力筋、孔道、配件及埋件非常密集，混凝土浇筑及振捣过程易使其位移或脱落，故作本款规定。

2 保证锚固区等配筋密集部位混凝土密实的关键是合理确定浇筑顺序和浇筑方法。施工前应对配筋密集部位进行图纸审核，在混凝土配合比、振捣方法以及浇筑顺序等方面制定相应的技术措施。

3 及时浇筑混凝土有利于控制先张法预应力混凝土构件的预应力损失，满足设计要求。

8.4 混凝土振捣

8.4.1 混凝土漏振、欠振会造成混凝土不密实，从而影响混凝土结构强度等级。混凝土过振容易造成混凝土泌水以及粗骨料下沉，产生不均匀的混凝土结构。对于自密实混凝土应该采用免振的浇筑方法。

8.4.2 对于模板的边角以及钢筋、埋件密集区域应采取适当延长振捣时间、加密振捣点等技术措施，必要时可采用微型振捣棒或人工辅助振捣。接触振动会产生很大的作用力，所以应避免碰撞模板、钢构、预埋件等，以防止产生超出允许范围的位移。本条中所指的预埋件是指除钢筋以外按设计要求预埋在混凝土结构中的构件或部件，用于预应力工程的波纹管也属于预埋件的范围。

8.4.3 振动棒通常用于竖向结构以及厚度较大的水平结构振捣，本条对振动棒振捣混凝土作了规定。

1 混凝土振捣应按层进行，每层混凝土都应进行充分的振捣。振动棒的前端插入前一层混凝土是为了保证两层混凝土间能进行充分的结合，使其成为一个连续的整体。

2 通过观察混凝土振捣过程，判断混凝土每一振捣点的振捣延续时间。

3 混凝土振动棒移动的间距应根据振动棒作用半径而定。对振动棒与模板间的最大距离作出规定，是为了保证模板面振捣密实。采用方格型排列振捣方式时，振捣间距应满足1.4倍振动棒的作用半径要求；采用三角形排列振捣方式时，振捣间距应满足1.7倍振动棒的作用半径要求；综合两种情况，对振捣间距作出1.4倍振动棒的作用半径要求。

8.4.4 平板振动器通常可用于配合振动棒辅助振捣结构表面；对于厚度较小的水平结构或薄壁片式结构可单独采用平板振动器振捣。本条对平板振动器振捣混凝土作了规定。

1 由于平板振动器作用范围相对较小，所以平板振动器移动应覆盖振捣平面各边角。

2 平板振动器移动间距覆盖已振实部分混凝土

的边缘是为了避免产生漏振区域。

3 倾斜表面振捣时，由低向高处进行振捣是为了保证后浇筑部分混凝土的密实。

8.4.5 附着振动器通常在装配式结构工程的预制构件中采用，在特殊现浇结构中也可采用附着振动器。本条对附着振动器振捣混凝土作了规定。

1 附着振动器与模板紧密连接，是为了保证振捣效果。不同的附着振动器其振动作用范围不同，安装在不同类型的模板上其振动作用范围也可能不同，所以通过试验确定其安装间距很有必要。

2 附着振动器依次从下往上进行振捣是为了保证浇筑区域振动器处于工作状态，而非浇筑区域振动器处于非工作状态，随着浇筑高度的增加，从下往上逐步开启振动器。

3 各部位附着振动器的频率要求一致是为了避免振动器开启后模板系统的不规则振动，保证模板的稳定性。相对面模板附着振动器交错设置，是为了充分利用振动器的作用范围均匀振捣混凝土。

8.4.6 混凝土分层振捣最大厚度应与采用的振捣设备相匹配，以免发生因振捣设备原因而产生漏振或欠振情况。由于振动棒种类很多，其作用半径也不尽相同，所以分层振捣最大厚度难以用固定数值表述。大量工程实践证明，采用 1.25 倍振动棒作用部分长度作为分层振捣最大厚度的控制是合理的。采用平板振动器时，其分层振捣厚度按 200mm 控制较为合理。

8.4.7 本条对需采用加强振捣措施的部位作了规定。

1 宽度大于 0.3m 的预留洞底部采用在预留洞两侧进行振捣，是为了尽可能减少预留洞两端振捣点的水平间距，充分利用振动棒作用半径来加强混凝土振捣，以保证预留洞底部混凝土密实。宽度大于 0.8m 的预留洞底部，应采取特殊技术措施，避免预留洞底部形成空洞或不密实情况产生。特殊技术措施包括在预留洞底部区域的侧向模板位置留设孔洞，浇筑操作人员可在孔洞位置进行辅助浇筑与振捣；在预留洞中间设置用于混凝土下料的临时小柱模板，在临时小柱模板内进行混凝土下料和振捣，临时小柱模板内的混凝土在拆模后进行凿除。

2 后浇带及施工缝边角由于构造原因易产生不密实情况，所以混凝土浇筑过程中加密振捣点、延长振捣时间是必要的。

3 钢筋密集区域或型钢与钢筋结合区域由于构造原因易产生不密实情况，所以混凝土浇筑过程采用小型振动棒辅助振捣、加密振捣点、延长振捣时间是必要的。

4 基础大体积混凝土浇筑由于流淌距离相对较远，坡顶与坡脚距离往往较大，较远位置的坡脚往往容易漏振，故本款作此规定。

8.5 混凝土养护

8.5.1 混凝土早期塑性收缩和干燥收缩较大，易于造成混凝土开裂。混凝土养护是补充水分或降低失水速率，防止混凝土产生裂缝，确保达到混凝土各项力学性能指标的重要措施。在混凝土初凝、终凝抹面处理后，应及时进行养护工作。混凝土终凝后至养护开始的时间间隔应尽可能缩短，以保证混凝土养护所需的湿度以及对混凝土进行温度控制。覆盖养护可采用塑料薄膜、麻袋、草帘等进行覆盖；喷涂养护剂养护是通过养护液在混凝土表面形成致密的薄膜层，以达到混凝土保湿目的。洒水、覆盖、喷涂养护剂等养护方式可单独使用，也可同时使用，采用何种养护方式应根据工程实际情况合理选择。

8.5.2 混凝土养护时间应根据所采用的水泥种类、外加剂类型、混凝土强度等级及结构部位进行确定。粉煤灰或矿渣粉的数量占胶凝材料总量不小于 30%的混凝土，以及粉煤灰加矿渣粉的总量占胶凝材料总量不小于 40%的混凝土，都可认为是大掺量矿物掺合料混凝土。由于地下室基础底板与地下室底层墙柱以及地下室结构与上部结构首层墙柱施工间隔时间通常都会较长，在这较长的时间内基础底板或地下室结构的收缩基本完成，对于刚度很大的基础底板或地下室结构会对与之相连的墙柱产生很大的约束，从而极易造成结构竖向裂缝产生，对这部分结构增加养护时间是必要的，养护时间可根据工程实际按施工方案确定。对于大体积混凝土尚应根据混凝土相应点温差来控制养护时间，温差符合本规范第 8.7.3 条规定后方可结束混凝土养护。本条所说的养护时间包含混凝土未拆模时的带模养护时间以及混凝土拆模后的养护时间。

8.5.3 对养护环境温度没有特殊要求的结构构件，可采用洒水养护方式。混凝土洒水养护应根据温度、湿度、风力情况、阳光直射条件等，通过观察不同结构混凝土表面，确定洒水次数，确保混凝土处于饱和湿润状态。当室外日平均气温连续 5 日稳定低于 5℃时应按冬期施工相关要求进行养护；当日最低温度低于 5℃时，可能已处在冬期施工期间，为了防止可能产生的冰冻情况而影响混凝土质量，不应采用洒水养护。

8.5.4 本条对覆盖养护作了规定。

1 对养护环境温度有特殊要求或洒水养护有困难的结构构件，可采用覆盖养护方式。对结构构件养护过程有温差要求时，通常采用覆盖养护方式。覆盖养护应及时，应尽量减少混凝土裸露时间，防止水分蒸发。

2 覆盖养护的原理是通过混凝土的自然温升在塑料薄膜内产生凝结水，从而达到湿润养护的目的。在覆盖养护过程中，应经常检查塑料薄膜内的凝结水，确保混凝土裸露表面处于湿润状态。

3 每层覆盖物都应严密，要求覆盖物相互搭接不小于 100mm。覆盖物层数的确定应综合考虑环境因素以及混凝土温差控制要求。

8.5.5 本条对喷涂养护剂养护作了规定。

1 对养护环境温度没有特殊要求或洒水养护有困难的结构构件，可采用喷涂养护剂养护方式。对拆模后的墙柱以及楼板裸露表面在持续洒水养护有困难时可采用喷涂养护剂养护方式；对于采用爬升式模板脚手施工的工程，由于模板脚手爬升后无法对下部的结构进行持续洒水养护，可采用喷涂养护剂养护方式。

2 喷涂养护剂养护的原理是通过喷涂养护剂，使混凝土裸露表面形成致密的薄膜层，薄膜层能封住混凝土表面，阻止混凝土表面水分蒸发，达到混凝土养护的目的。养护剂后期应能自行分解挥发，而不影响装修工程施工。养护剂应具有可靠的保湿效果，必要时可通过试验检验养护剂的保湿效果。

3 喷涂方法应符合产品技术要求，严格按照使用说明书要求进行施工。

8.5.6 基础大体积混凝土的前期养护，由于对温差有控制要求，通常不适宜采用洒水养护方式，而应采用覆盖养护方式。覆盖养护层的厚度应根据环境温度、混凝土内部温升以及混凝土温差控制要求确定，通常在施工方案中确定。混凝土温差达到结束覆盖养护条件后，但仍有可能未达到总的养护时间要求，在这种情况下后期养护可采用洒水养护方法，直至混凝土养护结束。

8.5.7 混凝土带模养护在实践中证明是行之有效的，带模养护可以解决混凝土表面过快失水的问题，也可以解决混凝土温差控制问题。根据本规范第8.5.2条条文说明所述的原因，地下室底层和上部结构首层柱、墙前期采用带模养护是有益的。在带模养护的条件下混凝土达到一定强度后，可拆除模板进行后期养护。拆模后采用洒水养护方法，工程实践证明养护效果好。洒水养护的水温与混凝土表面的温差如果能控制在25℃以内当然最好，但由于洒水养护的水量一般较小，洒水后水温会很快升高，接近混凝土表面温度，所以采用常温水进行洒水养护也是可行的。

8.5.8 混凝土在未到达一定强度时，踩踏、堆放荷载、安装模板及支架等易于破坏混凝土内部结构，导致混凝土产生裂缝及影响混凝土后期性能。在实际操作中，混凝土是否达到1.2MPa要求，可根据经验进行判定。

8.5.9 保证同条件养护试件性能与实体结构所处环境相同，是试件准确反映结构实体强度的条件。妥善保管措施应避免试件丢失、混淆、受损。

8.5.10 具备混凝土标准试块制作条件，采用标准试块养护室或养护箱进行标准试块养护，其主要目的是为了保证现场留样的试块得到标准养护。

8.6 混凝土施工缝与后浇带

8.6.1 混凝土施工缝与后浇带留设位置要求在混凝土浇筑之前确定，是为了强调留设位置应事先计划，而不得在混凝土浇筑过程中随意留设。本条同时给出了施工缝和后浇带留设的基本原则。对于受力较复杂的双向板、拱、穹拱、薄壳、斗仓、筒仓、蓄水池等结构构件，其施工缝留设位置应符合设计要求。对有防水抗渗要求的结构构件，施工缝或后浇带的位置容易产生薄弱环节，所以施工缝位置留设同样应符合设计要求。

8.6.2 本条对水平施工缝的留设位置作了规定。

1 楼层结构的类型包括有梁有板的结构、有梁无板的结构、无梁有板的结构。对于有梁无板的结构，施工缝位置是指在梁顶面；对于无梁有板的结构，施工缝位置是指在板顶面。

2 楼层结构的底面是指梁、板、无梁楼盖柱帽的底面。楼层结构的下弯锚固钢筋长度会对施工缝留设的位置产生影响，有时难以满足0mm～50mm的要求，施工缝留设的位置通常在下弯锚固钢筋的底部，此时应符合本规范第8.6.2条第4款要求。

3 对于高度较大的柱、墙、梁（墙梁）及厚度较大的基础底板等不便于一次浇筑或一次浇筑质量难以保证时，可考虑在相应位置设置水平施工缝。施工时应根据分次混凝土浇筑的工况进行施工荷载验算，如需调整构件配筋，其结果应征得设计单位确认。

4 特殊结构部位的施工缝是指第1～3款以外的水平施工缝。

8.6.3 本条规定了一般结构构件竖向施工缝和后浇带留设的要求。对于结构构件面积较大、混凝土方量较大的工程等不便于一次浇筑或一次浇筑质量难以保证时，可考虑在相应位置设置竖向施工缝。对于超长结构设置分仓的施工缝、基础底板留设分区的施工缝、核心筒与楼板结构间留设的施工缝、巨型柱与楼板结构间留设的施工缝等情况，由于在技术上有特殊要求，在这些特殊位置留设竖向施工缝，应征得设计单位确认。

8.6.4 设备与设备基础是通过地脚螺栓相互连接的，本条对设备基础水平施工缝和竖向施工缝作出规定，是为了保证地脚螺栓受力性能可靠。

8.6.5 承受动力作用的设备基础不仅要保证地脚螺栓受力性能的可靠，还要保证设备基础施工缝两侧的混凝土受力性能可靠，施工缝的留设应征得设计单位确认。对于竖向施工缝或台阶形施工缝，为了使设备基础施工缝两侧混凝土成为一个可靠的整体，可在施工缝位置处加设插筋，插筋数量、位置、长度等应征得设计单位确认。

8.6.6 为保证结构构件的受力性能和施工质量，对于基础底板、墙板、梁板等厚度或高度较大的结构构件，施工缝或后浇带界面建议采用专用材料封挡。专用材料可采用定制模板、快易收口板、钢板网、钢丝网等。

8.6.7 混凝土浇筑过程中，因暴雨、停电等特殊原因无法继续浇筑混凝土，或不满足本规范表 8.3.4-2 运输、输送入模及其间歇总的时间限值要求，而不得不临时留设施工缝时，施工缝应尽可能规整，留设位置和留设界面应垂直于结构构件表面，当有必要时可在施工缝处留设加强钢筋。如果临时施工缝留设在构件剪力较大处、留设界面不垂直于结构构件时，应在施工缝处采取增加加强钢筋并事后修凿等技术措施，以保证结构构件的受力性能。

8.6.8 施工缝和后浇带往往由于留置时间较长，而在其位置容易受建筑废弃物污染，本条规定要求采取技术措施进行保护。保护内容包括模板、钢筋、埋件位置的正确，还包括施工缝和后浇带位置处已浇筑混凝土的质量；保护方法可采用封闭覆盖等技术措施。如果施工缝和后浇带间隔施工时间可能会使钢筋产生锈蚀情况时，还应对钢筋采取防锈或阻锈措施。

8.7 大体积混凝土裂缝控制

8.7.1 大体积混凝土系指体量较大或预计会因胶凝材料水化引起混凝土内外温差过大而容易导致开裂的混凝土。根据工程施工工期要求，在满足施工期间结构强度发展需要的前提下，对用于基础大体积混凝土和高强度等级混凝土的结构构件，提出了可以采用 60d（56d）或更长龄期的混凝土强度，这样有利于通过提高矿物掺合料用量并降低水泥用量，从而达到降低混凝土水化温升、控制裂缝的目的。现行国家标准《混凝土结构设计规范》GB 50010 的相关规定也提出设计单位可以采用大于 28d 的龄期确定混凝土强度等级，此时设计规定龄期可以作为结构评定和验收的依据。56d 龄期是 28d 龄期的 2 倍，对大体积混凝土，国外工程或外方设计的国内工程采用 56d 龄期较多，而国内设计的项目采用 60d、90d 龄期较多，为了兼顾所以一并列出。

8.7.2 大体积混凝土结构或构件不仅包括厚大的基础底板，还包括厚墙、大柱、宽梁、厚板。大体积混凝土裂缝控制与边界条件、环境条件、原材料、配合比、混凝土过程控制和养护等因素密切相关。大体积混凝土配合比的设计，可以借鉴成功的工程经验，也可以根据相关试验加以确定。大体积混凝土施工裂缝控制是关键，在采用中、低水化热水泥的基础上，通过掺加粉煤灰、矿渣粉和高性能外加剂都可以减少水泥用量，可对裂缝控制起到良好作用。裂缝控制的关键在于减少混凝土收缩，减少收缩的技术措施包括混凝土组成材料的选择、配合比设计、浇筑方法以及养护条件等。近年来，聚羧酸类高效减水剂的发展，不但可以有效减少混凝土水泥用量，其配制的混凝土还可以大幅减少混凝土收缩，这一新技术的采用已经成为混凝土裂缝控制的发展方向，成为工程实践中裂缝控制的有效技术措施。除基础、墙、柱、梁、板大体积混凝土以外的其他结构部位同样可以采用这个方法来进行裂缝控制。

8.7.3 本条对大体积混凝土施工时的温度控制提出了规定。控制温差是解决混凝土裂缝控制的关键，温差控制主要通过混凝土覆盖或带模养护过程进行，温差可通过现场测温数据经计算获得。

1 控制混凝土入模温度，可以降低混凝土内部最高温度，必要时可采取技术措施降低原材料的温度，以达到减小入模温度的目的，入模温度可以通过现场测温获得；控制混凝土最大温升是有效控制温差的关键，减少混凝土内部最大温升主要从配合比上进行控制，最大温升值可以通过现场测温获得；在大体积混凝土浇筑前，为了对最大温升进行控制，可按现行国家标准《大体积混凝土施工规范》GB 50496 进行绝热温升计算，绝热温升即为预估的混凝土最大温升，绝热温升计算值加上预估的入模温度即为预估的混凝土内部最高温度。

2 本条分别按覆盖养护或带模养护、结束覆盖养护或拆模后两个阶段规定了混凝土浇筑体与表面（环境）温度的差值要求。根据本规范第 8.5.6 条的规定，当基础大体积混凝土浇筑体表面以内 40mm～100mm 位置的温度与环境温度的差值小于 25℃ 时，可结束覆盖养护，柱、墙、梁等大体积混凝土也可参照此规定确定拆模时间。

本条中所说的混凝土浇筑体表面温度是指保温覆盖层或模板与混凝土交界面之间测得的温度，表面温度在覆盖养护或带模养护时用于温差计算；环境温度用来确定结束覆盖养护或拆模的时间，在拆除覆盖养护层或拆除模板后用于温差计算。由于结束覆盖养护或拆模后无法测得混凝土表面温度，故采用在基础表面以内 40mm～100mm 位置设置测温点来代替混凝土表面温度，用于温差计算。

当混凝土浇筑体表面以内 40mm～100mm 位置处的温度与混凝土浇筑体表面温度差值有大于 25℃ 趋势时，应增加保温覆盖层或在模板外侧加挂保温覆盖层；结束覆盖养护或拆模后，当混凝土浇筑体表面以内 40mm～100mm 位置处的温度与环境温度差值有大于 25℃ 的趋势时，应重新覆盖或增加外保温措施。

3 测温点布置以及相邻两测温点的位置关系应该符合本规范第 8.7.4 和 8.7.5 条的规定。

4 降温速率可通过现场测温数据经计算获得。

8.7.4 本条对基础大体积混凝土测温点设置提出了规定。

1 由于各个工程基础形状各异，测温点的设置难以统一，选择具有代表性和可比性的测温点进行测温是主要目的。竖向剖面可以是基础的整个剖面，也可以根据对称性选择半个剖面。

2 每个剖面的测温点由浇筑体表面以内 40mm～100mm 位置处的周边测温点和其之外的内部测温点组

成。通常情况下混凝土浇筑体最大温升发生在基础中部区域，选择竖向剖面交叉处进行测温，能够反映中部高温区域混凝土温度变化情况。在覆盖养护或带模养护阶段，覆盖保温层底部或模板内侧的测温点反映的是混凝土浇筑体的表面温度，用于计算混凝土温差。要求表面测温点与两个剖面上的周边测温点位置及数量对应，以便于合理计算混凝土温差。对于基础侧面采用砖等材料作为胎膜，且胎膜后用材料回填而保温有保证时，可与基础底部一样无需进行混凝土表面测温。环境测温点应距基础周边一定距离，并应保证该测温点不受基础温升影响。

3 每个剖面的周边及以内部位测温点上下、左右对齐是为了反映相邻两处测温点温度变化的情况，便于对混凝土温差进行计算；测温点竖向、横向间距不应小于 0.4m 的要求是为了合理反映两点之间的温差。

4 厚度不大于 1.6m 的基础底板，温升很容易根据绝热温升计算进行预估，通常可以根据工程施工经验来采取技术措施进行温差控制。所以裂缝控制技术措施完善的工程可以不进行测温。

8.7.5 柱、墙、梁大体积混凝土浇筑通常可以在第一次混凝土浇筑中进行测温，并根据测温结果完善混凝土裂缝控制施工措施，在这种情况下后续工程可不用继续测温。对于柱、墙大体积混凝土的纵向是指高度方向；对于梁大体积混凝土的纵向是指跨度方向。环境测温点应距浇筑的结构边一定距离，以保证该测温点不受浇筑结构温升影响。

8.7.6 本条对混凝土测温提出了相应的要求，对大体积混凝土测温开始与结束时间作了规定。虽然混凝土裂缝控制要求在相应温差不大于 25℃ 时可以停止覆盖养护，但考虑到天气变化对温差可能产生的影响，测温还应继续一段时间，故规定温差小于 20℃ 时，才可停止测温。

8.7.7 本条对大体积混凝土测温频率进行了规定，每次测温都应形成报告。

8.8 质量检查

8.8.1 施工质量检查是指施工单位为控制质量进行的检查，并非工程的验收检查。考虑到施工现场的实际情况，将混凝土结构施工质量检查划分为两类，对应于混凝土施工的两个阶段，即过程控制检查和拆模后的实体质量检查。

过程控制检查包括技术复核（预检）和混凝土施工过程中为控制施工质量而进行的各项检查；拆模后的实体质量检查应及时进行，为了保证检查的真实性，检查时混凝土表面不应进行过处理和装饰。

8.8.2 对混凝土结构的施工质量进行检查，是检验结构质量是否满足设计要求并达到合格要求的手段。为了达到这一目的，施工单位需要在不同阶段进行各

种不同内容、不同类别的检查。各种检查随工程不同而有所差异，具体检查内容应根据工程实际作出要求。

1 提出了确定各项检查应当遵守的原则，即各种检查应根据质量控制的需要来确定检查的频率、时间、方法和参加检查的人员。

2 明确规定施工单位对所完成的施工部位或成果应全数进行质量自检，自检要求符合国家现行标准提出的要求。自检不同于验收检查，自检应全数检查，而验收检查可以是抽样检查。

3 要求做出记录和有图像资料，是为了使检查结果必要时可以追溯，以及明确检查责任。对于返工和修补的构件，记录的作用更加重要，要求有返工修补前后的记录。而图像资料能够直观反映质量情况，故对于返工和修补的构件提出此要求。

4 为了减少检查的工作量，对于已经隐蔽、不可直接观察和量测的内容如插筋锚固长度、钢筋保护层厚度、预埋件锚筋长度与焊接等，如果已经进行过隐蔽工程验收且无异常情况，可仅检查隐蔽工程验收记录。

5 混凝土结构或构件的性能检验比较复杂，一般通过检验报告或专门的试验给出，在施工现场通常不进行检查。但有时施工现场出于某种原因，也可能需要对混凝土结构或构件的性能进行检查。当遇到这种情形时，应委托具备相应资质的单位，按照有关标准规定的方法进行，并出具检验报告。

8.8.3 为了保证所浇筑的混凝土符合设计和施工要求，本条规定了浇筑前应进行的质量检查工作，在确认无误后再进行混凝土浇筑。当坍落度大于 220mm 时，还应对扩展度进行检查。对于现场拌制的混凝土，应按相关规范要求检查水泥、砂石、掺合料、外加剂等原材料。

8.8.4 本条对混凝土结构的质量过程控制检查内容提出了要求。检查内容包括这些内容，但不限于这些内容。当有更多检查内容和要求时，可由施工方案给出。

8.8.5 本条对混凝土结构拆模后的检查内容提出了要求。检查内容包括这些内容，但不限于这些内容。当有更多检查内容和要求时，可由施工方案给出。

8.8.6 对混凝土结构质量进行的各种检查，尽管其目的、作用可能不同，但是方法却基本一样。现行国家标准《混凝土结构工程施工质量验收规范》GB 50204 已经对主要检查方法作出了规定，故直接采取该标准的规定即可；当个别检查方法本标准未明确时，可参照其他相关标准执行。当没有相关标准可执行时，可由施工方案确定检查方法，以解决缺少检查方法、检查方法不明确等问题，但施工方案确定的检查方法应报监理单位批准后实施。

8.9 混凝土缺陷修整

8.9.1 本条对混凝土缺陷类型进行了规定。

8.9.2 本条强调分析缺陷产生原因后制定针对性修整方案的管理要求，对严重缺陷的修补方案应报设计单位和监理单位，方案论证及批准后方可实施。混凝土结构缺陷信息、缺陷修整方案的相关资料应及时归档，做到可追溯。

8.9.3 本条明确了混凝土结构外观一般缺陷修整方法。在实际工程中可依据不同的缺陷情况，制定针对性技术方案用于结构修整。连接部位缺陷应该理解为连接有错位，而非指混凝土露筋、蜂窝、孔洞、夹渣、疏松、外表缺陷等情况。

8.9.4 本条明确了混凝土结构外观严重缺陷修整方法。由于目前市场上新材料、新修整方法很多，具体实施中可根据各工程实际加以运用。考虑到严重缺陷可能对结构安全性、耐久性产生影响，因此，其缺陷修整方案应按有关规定审批后方可实施。

8.9.5 对于结构尺寸偏差的一般缺陷，不影响结构安全以及正常使用时，可结合装饰工程进行修整即可。

8.9.6 本条规定了发生有可能影响安全使用的严重缺陷，应采取的管理程序。这种类型的缺陷修整方案，施工单位应会同设计单位共同制定修整方案，在修整后对混凝土结构尺寸进行检查验收，以确保结构使用安全。

9 装配式结构工程

9.1 一般规定

9.1.1 装配式结构工程，应编制专项施工方案，并经监理单位审核批准，为整个施工过程提供指导。根据工程实际情况，装配式结构专项施工方案内容一般包括：预制构件生产、预制构件运输与堆放、现场预制构件的安装与连接、与其他有关分项工程的配合、施工质量要求和质量保证措施、施工过程的安全要求和安全保证措施、施工现场管理机构和质量管理措施等。

装配式混凝土结构深化设计应包括施工过程中脱模、堆放、运输、吊装等各种工况，并应考虑施工顺序及支撑拆除顺序的影响。装配式结构深化设计一般包括：预制构件设计详图、构件模板图、构件配筋图、预埋件设计详图、构件连接构造详图及装配详图、施工工艺要求等。对采用标准预制构件的工程，也可根据有关的标准设计图集进行施工。根据本规范第3.1.3条规定，装配式结构专业施工单位完成的深化设计文件应经原设计单位认可。

9.1.2 当施工单位第一次从事某种类型的装配式结构施工或结构形式比较复杂时，为保证预制构件制作、运输、装配等施工过程的可靠，施工前可针对重点过程进行试制作和试安装，发现问题要及时解决，

以减少正式施工中可能发生的问题和缺陷。

9.1.3 本条中的"吊运"包括预制构件的起吊、平吊及现场吊装等。预制构件的安全吊运是装配式结构工程施工中最重要的环节之一。"吊具"是起重设备主钩与预制构件之间连接的专用吊装工具。"起重设备"包括起吊、平吊及现场吊装用到的各种门式起重机、汽车起重机、塔式起重机等。尺寸较大的预制构件常采用分配梁或分配桁架作为吊具，此时分配梁、分配桁架要有足够的刚度。吊索要有足够长度满足吊装时水平夹角要求，以保证吊索和各吊点受力均匀。自制、改造、修复和新购置的吊具需按国家现行相关标准的有关规定进行设计验算或试验检验，并经认定合格后方可投入使用。预制构件的吊运尚应参照现行行业标准《建筑施工高处作业安全技术规范》JGJ 80的有关规定执行。

9.1.4 对预制构件设置可靠标识有利于在施工中发现质量问题并及时进行修补、更换。构件标识要考虑与构件装配图的对应性：如设计要求构件只能以某一特定朝向搬运，则需在构件上作出恰当标识；如有必要时，尚需通过约定标识表示构件在结构中的位置和方向。预制构件的保护范围包括构件自身及其预留预埋配件、建筑部件等。

9.1.5 专用定型产品主要包括预埋吊件、临时支撑系统等，专用定型产品的性能及使用要求均应符合有关国家现行标准及产品应用手册的规定。应用专用定型产品的施工操作，同样应按相关操作规定执行。

9.2 施工验算

9.2.1 施工验算是装配式混凝土结构设计的重要环节，一般考虑构件脱模、翻转、运输、堆放、吊装、临时固定、节点连接以及预应力筋张拉或放张等施工全过程。装配式结构施工验算的主要内容为临时性结构以及预制构件、预埋吊件及预埋件、吊具、临时支撑等，本节仅规定了预制构件、预埋吊件、临时支撑的施工验算，其他施工验算可按国家现行相关标准的有关规定进行。

装配式混凝土结构的施工验算除要考虑自重、预应力和施工荷载外，尚需考虑施工过程中的温差和混凝土收缩等不利影响；对于高空安装的预制结构，构件装配工况和临时支撑系统验算还需考虑风荷载的作用；对于预制构件作为临时施工阶段承托模板或支撑时，也需要进行相应工况的施工验算。

9.2.2 预制构件的施工验算应采用等效荷载标准值进行，等效荷载标准值由预制构件的自重乘以脱模吸附系数或动力系数后得到。脱模时，构件和模板间会产生吸附力，本规范通过引入脱模吸附系数来考虑吸附力。脱模吸附系数与构件和模具表面状况有很大关系，但为简化和统一，基于国内施工经验，本规范将脱模吸附系数取为1.5，并规定可根据构件和模具表

面状况适当增减。复杂情况的脱模吸附系数还需要通过试验来确定。根据不同的施工状态，动力系数取值也不一样，本规范给出了一般情况下的动力系数取值规定。计算时，脱模吸附系数和动力系数是独立考虑的，不进行连乘。

9.2.3 本条规定了钢筋混凝土和预应力混凝土预制构件的施工验算要求。如设计规定的施工验算要求与本条规定不同，可按设计要求执行。通过施工验算可确定各施工环节预制构件需要的混凝土强度，并校核预制构件的截面和配筋参考国内外规范的相关规定，本规范以限制正截面混凝土受压、受拉应力及受拉钢筋应力的形式给出了预制构件施工验算控制指标。

本条的公式（9.2.3-1）～（9.2.3-3）中计算混凝土压应力 σ_{cc}、混凝土拉应力 σ_{ct}、受拉钢筋应力 σ_s，均采用荷载标准组合，其中构件自重按本规范第 9.2.2 条规定的等效荷载标准值。受拉钢筋应力 σ_s 按开裂截面计算，可按国家标准《混凝土结构设计规范》GB 50010-2010 第 7.1.3 条规定的正常使用极限状态验算平截面基本假定计算；对于单排配筋的简单情况，也可按该规范第 7.1.4 条的简化公式计算 σ_s。

本条第 4 款规定的施工过程中允许出现裂缝的情况，可由设计单位与施工单位根据设计要求共同确定，且只适用于配置纵向受拉钢筋屈服强度不大于 500MPa 的构件。

9.2.4 预埋吊件是指在混凝土浇筑成型前埋入预制构件内用于吊装连接的金属件，通常为吊钩或吊环形式。临时支撑是指预制构件安放就位后到与其他构件最终连接之前，为保证构件的承载力和稳定性的支撑设施，经常采用的有斜撑、水平撑、牛腿、悬臂托梁以及竖向支架等。预埋吊件和临时支撑均可采用专用定型产品或经设计计算确定。

对于预埋吊件、临时支撑的施工验算，本规范采用安全系数法进行设计，主要考虑几个因素：工程设计普遍采用安全系数法，并已为国外和我国香港、台湾地区的预制结构相关标准所采纳；预埋吊件、临时支撑多由单自由度或超静定次数较少的钢构（配）件组成，安全系数法有利于判断系统的安全度，并与螺栓、螺纹等机械加工设计相比较、协调；缺少采用概率极限状态设计法的相关基础数据；现行国家标准《工程结构可靠性设计统一标准》GB 50153 中规定"当缺乏统计资料时，工程结构设计可根据可靠的工程经验或必要的试验研究进行，也可采用容许应力或单一安全系数等经验方法进行。"

本条的施工安全系数为预埋吊件、临时支撑的承载力标准值或试验值与施工阶段的荷载标准组合作用下的效应值之比。表 9.2.4 的规定系参考了国内外相关标准的数值并经校准后给出的。施工安全系数的取值需要考虑较多的因素，例如需要考虑构件自重荷载分项系数、钢筋弯折后的应力集中对强度的折减、动

力系数、钢丝绳角度影响、临时结构的安全系数、临时支撑的重复使用性等，从数值上可能比永久结构的安全系数大。施工安全系数也可根据具体施工实际情况进行适当增减。另外，对复杂或特殊情况，预埋吊件、临时支撑的承载力则建议通过试验确定。

9.3 构件制作

9.3.1 台座是直接在上面制作预制构件的"地坪"，主要采用混凝土台座、钢台座两种。台座主要用于长线法生产预应力预制构件或不用模具的中小构件。表面平整度可用靠尺和塞尺配合进行量测。

9.3.2 模具是专门用来生产预制构件的各种模板系统，可为固定在构件生产场地的固定模具，也可为方便移动的模具。定型钢模生产的预制构件质量较好，在条件允许的情况下建议尽量采用；对于形状复杂、数量少的构件也可采用木模或其他材料制作。清水混凝土预制构件建议采用精度较高的模具制作。预制构件预留孔设施、插筋、预埋吊件及其他预埋件要可靠地固定在模具上，并避免在浇筑混凝土过程中产生移位。对于跨度较大的预制构件，如设计提出反拱要求，则模具需根据设计要求设置反拱。

9.3.3 预制构件的振捣与现浇结构不同之处就是可采用振动台的方式，振动台多用于中小预制构件和专用模具生产的先张法预应力预制构件。选择振捣机械时还应注意对模具稳定性的影响。

9.3.4 实践中混凝土强度控制可根据当地生产经验的总结，根据不同混凝土强度、不同气温采用时间控制的方式。上、下层构件的隔离措施可采用各种类型的隔离剂，但应注意环保要求。

9.3.6 在带饰面的预制构件制作的反打一次成型系指将面砖先铺放于模板内，然后直接在面砖上浇筑混凝土，用振动器振捣成型的工艺。采用反打一次成型工艺，取消了砂浆层，使混凝土直接与面砖背面凹槽粘结，从而有效提高了二者之间的粘接强度，避免了面砖脱落引发的不安全因素及给修复工作带来的不便，而且可做到饰面平整、光洁、砖缝清晰、平直，整体效果较好。饰面一般为面砖或石材，面砖背面宜带有燕尾槽，石材背面应做涂覆防水处理，并宜采用不锈钢卡件与混凝土进行机械连接。

9.3.7 有保温要求的预制构件保温材料的性能需符合设计要求，主要性能指标为吸水率和热工性能。水平浇筑方式有利于保温材料在预制构件中的定位。如采用竖直浇筑方式成型，保温材料可在浇筑前放置并固定。

采用夹心保温构造时，需要采取可靠连接措施保证保温材料外的两层混凝土可靠连接，专用连接件或钢筋桁架是常用的两种措施。部分有机材料制成的专用连接件热工性能较好，可以完全达到热工"断桥"，而钢筋桁架只能做到部分"断桥"。连接措施的数量

和位置需要进行专项设计，专用连接件可根据使用手册的规定直接选用。必要时在构件制作前应进行专项试验，检验连接措施的定位和锚固性能。

9.3.8 清水混凝土预制构件的外观质量要求较高，应采取专项保障措施。

9.3.10 本条规定主要适用需要通过现浇混凝土或砂浆进行连接的预制构件结合面。拉毛或凿毛的具体要求应符合设计文件及相关标准的有关规定。露骨料粗糙面的施工工艺主要有两种：在需要露骨料部位的模板表面涂刷适量的缓凝剂；在混凝土初凝或脱模后，采用高压水枪、人工喷水加手刷等措施冲洗掉未凝结的水泥砂浆。当设计要求预制构件表面不需要进行粗糙处理时，可按设计要求执行。

9.3.11 预制构件脱模起吊时，混凝土应具有足够的强度，并根据本规范第9.2节的有关规定进行施工验算。实践中，预先留设混凝土立方体试件，与预制构件同条件养护，并用该同条件养护试件的强度作为预制构件混凝土强度控制的依据。施工验算应考虑脱模方法（平放竖直起吊、单边起吊、倾斜或旋转后竖直起吊等）和预埋吊件的验算，需要时应进行必要调整。

9.4 运输与堆放

9.4.1 预制构件运输与堆放时，如支承位置设置不当，可能造成构件开裂等缺陷。支承点位置应根据本规范第9.2节的有关规定进行计算、复核。按标准图生产的构件，支承点应按标准图设置。

9.4.2 本条的规定主要是为了运输安全和保护预制构件。道路、桥梁的实际条件包括荷重限值及限高、限宽、转弯半径等，运输线路制定还要考虑交通管理方面的相关规定。构件运输时同样应满足本规范9.4.3条关于堆放的有关规定。

9.4.3 本条规定主要是为了保护堆放中的预制构件。当垫木放置位置与脱模、吊装的起吊位置一致时，可不再单独进行使用验算，否则需根据堆放条件进行验算。堆垛的安全、稳定特别重要，在构件生产企业及施工现场均应特别注意。预应力构件均有一定的反拱，长期堆放时反拱还会随时间增长，堆放时应考虑反拱因素的影响。

9.4.4 插放架、靠放架应安全可靠，满足强度、刚度及稳定性的要求。如受运输路线等因素限制而无法直立运输时，也可平放运输，但需采取保护措施，如在运输车上放置使构件均匀受力的平台等。

9.4.5 屋架属细长薄腹构件，平卧制作方便且省地，但脱模、翻身等吊运过程中产生的侧向弯矩容易导致混凝土开裂，故此作业前需采取加固措施。

9.5 安装与连接

9.5.1 装配式结构的安装施工流水作业很重要，科学的组织有利于质量、安全和工期。预制构件应按设计文件、专项施工方案要求的顺序进行安装与连接。

9.5.2 本条规定了进行现场安装施工的准备工作。已施工完成结构包括现浇混凝土结构和装配式混凝土结构，现浇结构的混凝土强度应符合设计要求，尺寸包括轴线、标高、截面以及预留钢筋、预埋件的位置等。预制构件进场或现场生产后，在装配前应进行构件尺寸检查和资料检查。

在已施工完成结构及预制构件上进行的测量放线应方便安装施工，避免被遮挡而影响定位。预制构件的放线包括构件中心线、水平线、构件安装定位点等。对已施工完成结构，一般根据控制轴线和控制水平线依次放出纵横轴线、柱中心线、墙板两侧边线、节点线、楼板的标高线、楼梯位置及标高线、异形构件位置线及必要的编号，以便于装配施工。

9.5.3 考虑到预制构件与其支承构件不平整，如直接接触或出现集中受力的现象，设置座浆或垫片有利于均匀受力，另外也可以在一定范围内调整构件的高程。垫片一般为铁片或橡胶片，其尺寸按现行国家标准《混凝土结构设计规范》GB 50010 的局部受压承载力要求确定。对叠合板、叠合梁等的支座，可不设置坐浆或垫片，其竖向位置可通过临时支撑加以调整。

9.5.4 临时固定措施是装配式结构安装过程承受施工荷载，保证构件定位的有效措施。临时固定措施可以在不影响结构承载力、刚度及稳定性前提下分阶段拆除，对拆除方法、时间及顺序，可事先通过验算制定方案。临时支撑及其连接件、预埋件的设计计算应符合本规范第9.2节的有关规定。

9.5.5 装配式结构工程施工过程中，当预制构件或整个结构自身不能承受施工荷载时，需要通过设置临时支撑来保证施工定位、施工安全及工程质量。临时支撑包括水平构件下方的临时竖向支撑，在水平构件两端支承构件上设置的临时牛腿，竖向构件的临时斜撑（如可调式钢管支撑或型钢支撑）等。

对于预制墙板，临时斜撑一般安放在其背面，且一般不少于2道，对于宽度比较小的墙板也可仅设置1道斜撑。当墙板底没有水平约束时，墙板的每道临时支撑包括上部斜撑和下部支撑，下部支撑可做成水平支撑或斜向支撑。对于预制柱，由于其底部纵向钢筋可以起到水平约束的作用，故一般仅设置上部斜撑。柱子的斜撑也最少要设置2道，且要设置在两个相邻的侧面上，水平投影相互垂直。

临时斜撑与预制构件一般做成铰接，并通过预埋件进行连接。考虑到临时斜撑主要承受的是水平荷载，为充分发挥其作用，对上部的斜撑，其支撑点距离板底的距离不宜小于板高的2/3，且不应小于板高的1/2。

9.5.6 装配式结构连接施工的浇筑用材料主要为混

凝土、砂浆、水泥浆及其他复合成分的灌浆料等，不同材料的强度等级值应按相关标准的规定进行确定。对于混凝土、砂浆，可采用留置同条件试块或其他实体强度检测方法确定强度。连接处可能有不同强度等级的多个预制构件，确定浇筑用材料的强度等级值时按此处不同构件强度设计等级值的较大值即可，如梁柱节点一般柱的强度较高，可按柱的强度确定浇筑用材料的强度。当设计通过设计计算提出专门要求时，浇筑用材料的强度也可采用其他强度。可采用微型振捣棒等措施保证混凝土或砂浆浇筑密实。

9.5.7 本条规定采用焊接或螺栓连接构件时的施工技术要求，可参考国家现行标准《钢结构工程施工质量验收规范》GB 50205、《建筑钢结构焊接技术规程》JGJ 81、《钢结构高强度螺栓连接的设计、施工及验收规程》JGJ 82 的有关规定执行。当采用焊接连接时，可能产生的损伤主要为预制构件、已施工完成结构开裂和橡胶支垫、镀锌铁件等配件损坏。

9.5.8 后张预应力筋连接也是一种预制构件连接形式，其张拉、放张、封锚等均与预应力混凝土结构施工基本相同，可按本规范第 6 章的有关规定执行。

9.5.9 装配式结构构件间钢筋的连接方式主要有焊接、机械连接、搭接及套筒灌浆连接等，其中前三种为常用的连接方式，可按本规范第 5 章及现行行业标准《钢筋焊接及验收规程》JGJ 18、《钢筋机械连接技术规程》JGJ 107 等的有关规定执行。钢筋套筒灌浆连接是用高强、快硬的无收缩砂浆填充在钢筋与专用套筒连接件之间，砂浆凝固硬化后形成钢筋接头的钢筋连接施工方式。套筒灌浆连接的整体性较好，其产品选用、施工操作和验收需遵守相关标准的规定。

9.5.10 结合面粗糙度和外露钢筋是叠合式受弯构件整体受力的保证。施工荷载应满足设计要求，单个预制构件承受较大施工荷载会带来安全和质量隐患。

9.5.11 构件连接处的防水可采用构造防水或其他弹性防水材料或硬性防水砂浆，具体施工和材料性能应符合设计及相关标准的规定。

9.6 质 量 检 查

9.6.1～9.6.7 本节各条根据装配式结构工程施工的特点，提出了预制构件制作、运输与堆放、安装与连接等过程中的质量检查要求。具体如下：

　　1 模具质量检查主要包括外观和尺寸偏差检查；

　　2 预制构件制作过程中的质量检查除应符合现浇结构要求外，尚应包括预埋吊件、复合墙板夹心保温层及连接件、门窗框和预埋管线等检查；

　　3 预制构件的质量检查为构件出厂前（场内生产的预制构件为工序交接前）进行，主要包括混凝土强度、标识、外观质量及尺寸偏差、预埋预留设施质量及结构性能检验情况；根据现行国家标准《混凝土结构工程施工质量验收规范》GB 50204 的相关规定，

预制构件的结构性能检验应按批进行，对于部分大型构件或生产较少的构件，当采取加强材料和制作质量检验的措施时，也可不作结构性能检验，具体的结构性能检验要求也可根据工程合同约定；

　　4 预制构件起吊、运输的质量检查包括吊具和起重设备、运输线路、运输车辆、预制构件的固定保护等检查；

　　5 预制构件堆放的质量检查包括堆放场地、垫木或垫块、堆垛层数、稳定措施等检查；

　　6 预制构件安装前的质量检查包括已施工完成结构质量、预制构件质量复核、安装定位标识、结合面检查、吊具及现场吊装设备等检查；

　　7 预制构件安装连接的质量检查包括预制构件的位置及尺寸偏差、临时固定措施、连接处现浇混凝土或砂浆质量、连接处钢筋连接及锚板等其他连接质量的检查。

10 冬期、高温和雨期施工

10.1 一 般 规 定

10.1.1 冬期施工中的冬期界限划分原则在各个国家的规范中都有规定。多年来，我国和多数国家均以"室外日平均气温连续 5 日稳定低于 5℃"为冬期划分界限，其中"连续 5 日稳定低于 5℃"的说法是依气象部门术语引进的，且气象部门可提供这方面的资料。本规范仍以 5℃ 作为进入或退出冬期施工的界限。

　　我国的气候属于大陆性季风型气候，在秋末冬初和冬末春初时节，常有寒流突袭，气温骤降 5℃～10℃ 的现象经常发生，此时会在一两天之内最低气温突然降至 0℃ 以下，寒流过后气温又恢复正常。因此，为防止短期内的寒流袭击造成新浇筑的混凝土发生冻结损伤，特规定当气温骤降至 0℃ 以下时，混凝土应按冬期施工要求采取应急防护措施。

10.1.2 高温条件下拌合、浇筑和养护的混凝土比低温度下施工养护的混凝土早期强度高，但 28d 强度和后期强度通常要低。根据美国规范 ACI 305R-99《Hot Weather Concreting》，当混凝土 24h 初始养护温度为 100F（38℃），试块的 28d 抗压强度将比规范规定的温度下养护低 10%～15%。

　　混凝土高温施工的定义温度，美国是 24℃，日本和澳大利亚是 30℃。我国《铁路混凝土工程施工技术指南》中给出，当日平均气温高于 30℃ 时，按照暑期规定施工。本规范综合考虑我国气候特点和施工技术水平，高温施工温度定义为日平均气温达到 30℃。

10.1.3 "雨期"并不完全是指气象概念上的雨季，而是指必须采取措施保证混凝土施工质量的下雨时间

段。本规范所指雨期，包括雨季和雨天两种情况。

10.2 冬 期 施 工

10.2.1 冬期施工配制混凝土应考虑水泥对混凝土早期强度、抗渗、抗冻等性能的影响。矿渣硅酸盐水泥、火山灰质硅酸盐水泥、粉煤灰硅酸盐水泥和复合硅酸盐水泥中均含有 20%～70% 不等的混合材料。这些混合材料性质千差万别，质量各不相同，水泥水化速率也不尽相同。因此，为提高混凝土早期强度增长率，以便尽快达到受冻临界强度，冬期施工宜优先选用硅酸盐水泥或普通硅酸盐水泥。使用其他品种硅酸盐水泥时，需通过试验确定混凝土在负温下的强度发展规律、抗渗性能等是否满足工程设计和施工进度的要求。

研究表明，矿渣水泥经过蒸养后的最终强度比标养强度能提高 15% 左右，具有较好的蒸养适应性，故提出蒸汽养护的情况下宜使用矿渣硅酸盐水泥。

10.2.2 骨料由于含水在负温下冻结形成尺寸不同的冻块，若在没有完全融化时投入搅拌机中，搅拌过程中骨料冻块很难完全融化，将会影响混凝土质量。因此骨料在使用前应事先运至保温棚内存放，或在使用前使用蒸汽管或蒸汽排管等进行加热，融化冻块。

10.2.3 混凝土中掺入引气剂，是提高混凝土结构耐久性的一个重要技术手段，在国内外已形成共识。而在负温混凝土中掺入引气剂，不但可以提高耐久性，同时也可以在混凝土未达到受冻临界强度之前有效抵消拌合水结冰时产生的冻结应力，减少混凝土内部结构损伤。

10.2.4 冬期施工混凝土配合比的确定尤为重要，不同的养护方法、不同的防冻剂、不同的气温都会影响配合比参数的选择。因此，在配合比设计中要依据施工参数、要素进行全面考虑，但和常温要求的原则还是一样，即尽可能降低混凝土的用水量，减小水胶比，在满足施工工艺条件下，减小坍落度，降低混凝土内部的自由水结冰率。

10.2.6 采用热水搅拌混凝土，特别是 60℃ 以上的热水，若水泥直接与热水接触，易造成急凝、速凝或假凝现象；同时，也会对混凝土的工作性造成影响，坍落度损失加大。因此，冬期施工中，当采用热水搅拌混凝土时，应先投入骨料和水或者是 2/3 的水进行预拌，待水温降低后，再投入胶凝材料与外加剂进行搅拌，搅拌时间应较常温条件下延长 30s～60s。

引气剂或含有引气组分的外加剂，也不应与 60℃ 以上热水直接接触，否则易造成气泡内气相压力增大，导致引气效果下降。

10.2.7 混凝土入模温度的控制是为了保证新拌混凝土浇筑后，有一段正温养护期供水泥早期水化，从而保证混凝土尽快达到受冻临界强度，不致引起冻害。混凝土出机温度较高，但经过运输与输送、浇筑之后，入模温度会产生不同程度的降低。冬期施工中，应尽量避免混凝土在运输与输送、浇筑过程中的多次倒运。对于商品混凝土，为防止运输过程中的热量损失，应对运输车进行保温，泵送过程中还需对泵管进行保温，都是为了提高混凝土的入模温度。工程实践表明，混凝土出机温度为 10℃ 时，经过运输与输送热损，入模温度也仅能达到 5℃；而对于预拌混凝土，由于运距较远，运输时间较长，热损失加大，故一般会提高出机温度至 15℃ 以上。因此，冬期施工方案中，应根据施工期间的气温条件、运输与浇筑方式、保温材料种类等情况，对混凝土的运输和输送、浇筑等过程进行热工计算，确保混凝土的入模温度满足早期强度增长和防冻的要求。

对于大体积混凝土，为防止混凝土内外温差过大，可以适当降低混凝土的入模温度，但要采取保温防护措施，保证新拌混凝土在入模后，水化热上升期之前不会发生冻害。

10.2.9 地基、模板与钢筋上的冰雪在未清除的情况下进行混凝土浇筑，会对混凝土表观质量以及钢筋粘结力产生严重影响。混凝土直接浇筑于冷钢筋上，容易在混凝土与钢筋之间形成冰膜，导致钢筋粘结力下降。因此，在混凝土浇筑前，应对钢筋及模板进行覆盖保温。

10.2.10 分层浇筑混凝土时，特别是浇筑工作面较大时，会造成新拌混凝土热量损失加速，降低了混凝土的早期蓄热。因此规定分层浇筑时，适当加大分层厚度，分层厚度不应小于 400mm；同时，应加快浇筑速度，防止下层混凝土在覆盖前受冻。

10.2.11 混凝土结构加热养护的升温、降温阶段会在内部形成一定的温度应力，为防止温度应力对结构的影响，应在混凝土浇筑前合理安排浇筑顺序或者留置施工缝，预防温度应力造成混凝土开裂。

10.2.12 混凝土受冻临界强度是指冬期浇筑的混凝土在受冻以前不致引起冻害，必须达到的最低强度，是负温混凝土冬期施工中的重要技术指标。在达到此强度之后，混凝土即使受冻也不会对后期强度及性能产生影响。我国冬期施工学术与施工界在近三十年的科学研究与工程实践过程中，按气温条件、混凝土性质等确定出混凝土的受冻临界强度控制值。对条文前 5 款分别说明如下：

1 采用蓄热法、暖棚法、加热法等方法施工的混凝土，一般不掺入早强剂或防冻剂，即所谓的普通混凝土，其受冻临界强度按原 JGJ 104 规程中规定的 30% 和 40% 采用，经多年实践证明，是安全可靠的。暖棚法、加热法养护的混凝土也存在受冻临界强度，当其没有达到受冻临界强度之前，保温层或暖棚的拆除、电器或蒸汽的停止加热都有可能造成混凝土受冻。因此，将采用这三种方法施工的混凝土归为一类进行受冻临界强度的规定，是考虑到混凝土性质类似，混凝土在达到受冻临界强度后方可拆除保温层，或拆除暖棚，或停止通蒸汽加热，或停止通电加热。同时，也可达到节能、节材的目的，即采用蓄热法、暖棚法、加热法养护的混凝土，在达到受冻临界强度后即可停止保温，或停止加热，从而降低工程造价，减少不必要的能源浪费。

2 采用综合蓄热法、负温养护法施工的混凝土，在混凝土配制中掺入了早强剂或防冻剂，混凝土液相拌合水结冰时的冰晶形态发生畸变，对混凝土产生的冻胀破坏力减弱。根据 20 世纪 80 年代的研究以及多年的工程实践结果表明，采用综合蓄热法和负温养护法（防冻剂法）施工的混凝土，其受冻临界强度值按气温界限进行划分是合理的。因此，仍遵循现行行业标准《建筑工程冬期施工规程》JGJ/T 104 的有关规定。

3 根据黑龙江省寒地建筑科学研究院以及国内部分大专院校的研究表明，强度等级为 C50 及 C50 级以上混凝土的受冻临界强度一般在混凝土设计强度等级值的 21%～34% 之间。鉴于高强度混凝土多作为结构的主要受力构件，其受冻对结构的安全影响重大，因此，将 C50 及 C50 级以上的混凝土受冻临界强度确定为不宜小于 30%。

4 负温混凝土可以通过增加水泥用量、降低用水量、掺加外加剂等措施来提高强度，虽然受冻后可保证强度达到设计要求，但由于其内部因冻结会产生大量缺陷，如微裂缝、孔隙等，造成混凝土抗渗性能大量降低。黑龙江省寒地建筑科学研究院科研数据表明，掺早强型防冻剂的 C20、C30 混凝土强度分别达到 10MPa、15MPa 后受冻，其抗渗等级可达到 P6；掺防冻型防冻剂时，抗渗等级可达到 P8。经折算，混凝土受冻前的抗压强度达到设计强度等级值的 50%。一般工业与民用建筑的设计抗渗等级多为 P6～P8。因此，规定有抗渗要求的混凝土受冻临界强度不宜小于设计混凝土强度等级值的 50%，是保证有抗渗要求混凝土工程冬期施工质量和结构耐久性的重要技术要求。

5 对于有抗冻融要求的混凝土结构，例如建筑中的水池、水塔等，使用中将与水直接接触，混凝土中的含水率极易达到饱和临界值，受冻环境较严峻，很容易破坏。冬期施工中，确定合理的受冻临界强度值将直接关系到有抗冻要求混凝土的施工质量是否满足设计年限与耐久性。国际建研联 RILEM（39-BH）委员会在《混凝土冬季施工国际建议》中规定："对于有抗冻要求的混凝土，考虑耐久性时不得小于设计强度的 30%～50%"；美国 ACI306 委员会在《混凝土冬季施工建议》中规定："对有抗冻要求的掺引气剂混凝土为设计强度的 60%～80%"；俄罗斯国家建筑标准与规范（СНиП3.03.01）中规定："在使用期间遭受冻融的构件，不小于设计强度的 70%"；我国

行业标准《水工建筑物抗冰冻设计规范》SL 211-2006 规定："在受冻期间可能有外来水分时，大体积混凝土和钢筋混凝土均不应低于设计强度等级的 85%"。综合分析这类结构的工作条件和特点，并参考国内外有关规范，确定了有抗冻耐久性要求的混凝土，其受冻临界强度值不宜小于设计强度值 70% 的规定，用以指导此类工程建设，保证工程质量。

10.2.13 冬期施工，应重点加强对混凝土在负温下的养护，考虑到冬期施工养护方法分为加热法和非加热法，种类较多，操作工艺与质量控制措施不尽相同，而对能源的消耗也有所区别，因此，根据气温条件、结构形式、进度计划等因素选择适宜的养护方法，不仅能保证混凝土工程质量，同时也会有效地降低工程造价，提高建设效率。

采用综合蓄热法养护的混凝土，可执行较低的受冻临界强度值；混凝土中掺入适量的减水、引气以及早强剂或早强型外加剂也可有效地提高混凝土的早期强度增长速度；同时，可取消混凝土外部加热措施，减少能源消耗，有利于节能、节材，是目前最为广泛应用的冬期施工方法。

鉴于现代混凝土对耐久性要求越来越高，无机盐类防冻剂中多含有大量碱金属离子，会对混凝土的耐久性产生不利影响，因此，将负温养护法（防冻剂法）应用范围规定为一般混凝土结构工程；对于重要结构工程或部位，仍推荐采用其他养护法进行。

冬期施工加热法养护混凝土主要为蒸汽加热法和电加热法，具体参照现行行业标准《建筑工程冬期施工规程》JGJ/T 104 进行操作。鉴于棚暖法、蒸汽法、电热法养护需要消耗大量的能源，不利于节能和环保，故规定当采用蓄热法、综合蓄热法或负温养护法不能满足施工要求时，可采用棚暖法、蒸汽法、电热法，并采取节能降耗措施。

10.2.14 冬期施工中，由于边、棱角等突出部位以及薄壁结构等表面系数较大，散热快，不易进行保温，若管理不善，经常会造成局部混凝土受冻，形成质量缺陷。因此，对结构的边、棱角及易受冻部位采取保温层加倍的措施，可以有效地避免混凝土局部产生受冻，影响工程质量。

10.2.15 拆除模板后，混凝土立即暴露在大气环境中，降温速率过快或者与环境温差较大，会使混凝土产生温度裂缝。对于达到拆模强度而未达到受冻临界强度的混凝土结构，应采取保温材料继续进行养护。

10.2.17 规定了混凝土冬期施工中尤为关键的质量控制与检查项目：骨料含水率、防冻剂掺量以及温度与强度。混凝土防冻剂的掺量会随着气温的降低而增大，为防止混凝土受冻，施工技术人员应及时监测每日的气温，收集未来几日的气象资料，并根据这些气温材料，及时调整防冻剂的掺量或调整混凝土配合比。

10.2.18 规定了冬期施工中，应对原材料、混凝土运输与浇筑、混凝土养护期间的温度进行监测，用以控制混凝土冬期施工的热工参数，便于与热工计算的温度值进行比对，以便出现偏差时进行混凝土养护措施的调整，从而控制混凝土负温施工质量。混凝土冬期施工测温项目和频次可按现行行业标准《建筑工程冬期施工规程》JGJ/T 104 的规定进行。

10.2.19 冬期施工中，对负温混凝土强度的监测不宜采用回弹法。目前较为常用的方法是留置同条件养护试件和采用成熟度法进行推算。本条规定了同条件养护试件的留置数量，用于施工期间监测混凝土受冻临界强度、拆模或拆除支架时强度，确保负温混凝土施工安全与施工质量。

10.3 高温施工

10.3.1 高温施工时，原材料温度对混凝土配合比、混凝土出机温度、入模温度以及混凝土拌合物性能等影响很大，所以应采取必要措施确保原材料降低温度以满足高温施工的要求。

10.3.2 原材料温度、天气、混凝土运输方式与时间等客观条件对混凝土配合比影响很大。在初次使用前，进行实际条件下的工况试运行，以保证高温天气条件下混凝土性能指标的稳定性是必要的。同时，根据环境温度、湿度、风力和采取温控措施实际情况，对混凝土配合比进行调整。

水泥的水化热将使混凝土的温度升高，导致混凝土表面水分的蒸发速度加快，从而使混凝土表面干缩裂缝产生的机会增大，因此，应尽可能采用低水泥用量和水化热小的水泥。

高温天气条件下施工的混凝土坍落度不宜过低，以保证混凝土浇筑工作效率。

10.3.3 混凝土高温天气搅拌首先应对机具设备采取遮阳措施；对混凝土搅拌温度进行估算，达不到规定要求温度时，对原材料采取直接降温措施；采取对原材料进行直接降温时，对水、石子进行降温最方便和有效；混凝土加冰拌合时，冰的重量不宜超过拌合用水量（扣除粗细骨料含水）的 50%，以便于冰的融化。混凝土拌合物出机温度计算公式参考了美国 ACI305R-99 规范，简化了混凝土各类原材料比热容值的影响因素，在现场测量出各原材料的入机温度和每罐使用重量，就可以方便估算出该批混凝土拌合物的出机温度，减少了参数，方便现场使用。

10.3.5 混凝土浇筑入模温度较高时，坍落度损失增加，初凝时间缩短，凝结速率增加，影响混凝土浇筑成型，同时混凝土干缩、塑性、温度裂缝产生的危险增加。

我国行业标准《水工混凝土施工规范》DL/T 5144-2011 规定，高温季节施工时，混凝土浇筑温度不宜大于 28℃；日本和澳大利亚相关规范规定，夏季混凝土的浇筑温度低于 35℃；本条明确在高温施工时，混凝土入模温度仍执行不应高于 35℃的规定，与本规范第 8.1.2 条相一致。

10.3.6 混凝土浇筑应尽可能避开高温时段。同时，应对混凝土可能出现的早期干缩裂缝进行预测，并做好预防措施计划。混凝土水分蒸发速率增大时，产生早期干缩裂缝的风险也随之增加。当水分蒸发速率较快时，应在施工作业面采取挡风、遮阳、喷雾等措施改善作业面环境条件，有利于预防混凝土可能产生的干缩、塑性裂缝。

10.4 雨期施工

10.4.1 现场储存的水泥和掺合料应采用仓库、料棚存放或加盖覆盖物等防水和防潮措施。当粗、细骨料淋雨后含水率变化时，应及时调整混凝土配合比。现场可采用快速干炒法将粗、细骨料炒至饱和面干，测其含水率变化，按含水率变化值计算后相应增加粗、细骨料重量或减少用水量，调整配合比。

10.4.3 混凝土浇筑作业面较广，设备移动量大，雨天施工危险性较大，必须严格进行三级保护，接地接零检查及维修按现行行业标准《施工现场临时用电安全技术规范》JGJ 46 的有关规定执行。当模板及支架的金属构件在相邻建筑物（构筑物）及现场设置的防雷装置接闪器的保护范围以外时，应按 JGJ 46 标准的规定对模板及支架的金属构件安装防雷接地装置。

10.4.4 混凝土浇筑前，应及时了解天气情况，小雨、中雨尽可能不要进行混凝土露天浇筑施工，且不应开始大面积作业面的混凝土露天浇筑施工。当必须施工时，应当采取基槽或模板内排水、砂石材料覆盖、混凝土搅拌和运输设备防雨、浇筑作业面防雨覆盖等措施。

10.4.5 雨后地基土沉降现象相当普遍，特别是回填土、粉砂土、湿陷性黄土等。除对地基土进行压实、地基土面层处理及设置排水设施外，应在模板及支架上设置沉降观测点，雨后及时对模板及支架进行沉降观测和检查，沉降超过标准时，应采取补救措施。

10.4.7 补救措施可采用补充水泥砂浆、铲除表层混凝土、插短钢筋等方法。

10.4.10 临时加固措施包括将支架或模板与已浇筑并有一定强度的竖向构件进行拉结，增加缆风绳、抛撑、剪刀撑等。

11 环境保护

11.1 一般规定

11.1.1 施工环境保护计划一般包括环境因素分析、控制原则、控制措施、组织机构与运行管理、应急准备和响应、检查和纠正措施、文件管理、施工用地保护和生态复原等内容。环境因素控制措施一般包括对扬尘、噪声与振动、光、气、水污染的控制措施，建筑垃圾的减量计划和处理措施，地下各种设施以及文物保护措施等。

对施工环境保护计划的执行情况和实施效果可由现场施工项目部进行自评估，以利于总结经验教训，并进一步改进完善。

11.1.2 对施工过程中产生的建筑垃圾进行分类，区分可循环使用和不可循环使用的材料，可促进资源节约和循环利用。对建筑垃圾进行数量或重量统计，可进一步掌握废弃物产生来源，为制定建筑垃圾减量化和循环利用方案提供基础数据。

11.2 环境因素控制

11.2.1 为做好施工操作人员健康防护，需重点控制作业区扬尘。施工现场的主要道路，由于建筑材料运输等因素，较易引起较大的扬尘量，可采取道路硬化、覆盖、洒水等措施控制扬尘。

11.2.2 在施工中（尤其是在噪声敏感区域施工时），要采取有效措施，降低施工噪声。根据现行国家标准《建筑施工场界噪声限值》GB 12523 的规定，钢筋加工、混凝土拌制、振捣等施工作业在施工场界的允许噪声级：昼间为 70dB（A 声级），夜间为 55dB（A 声级）。

11.2.3 电焊作业产生的弧光即使在白昼也会造成光污染。对电焊等可能产生强光的施工作业，需对施工操作人员采取防护措施，采取避免弧光外泄的遮挡措施，并尽量避免在夜间进行电焊作业。

对夜间室外照明应加设灯罩，将透光方向集中在施工范围内。对于离居民区较近的施工地段，夜间施工时可设密目网屏障遮挡光线。

11.2.5 目前使用的脱模剂大多数是矿物油基的反应型脱模剂。这类脱模剂由不可再生资源制备，不可生物降解，并可向空气中释放出具有挥发性的有机物。因此，剩余的脱模剂及其包装等需由厂家或者有资质的单位回收处理，不能与普通垃圾混放。随着环保意识的增强和脱模剂相关产品的创新与发展，也出现了环保型的脱模剂，其成分对环境不会产生污染。对于这类脱模剂，可不要求厂家或者有资质的单位回收处理。

11.2.7 目前市场上还存在着采用污染性较大甚至有毒的原材料生产的外加剂、养护剂，不仅在建筑施工时，而且在建筑使用时都可能危害环境和人身健康。如某些早强剂、防冻剂中含有有毒的重铬酸盐、亚硝酸盐，致使洗刷混凝土搅拌机后排出的水污染周围环境。又如，掺入以尿素为主要成分的防冻剂的混凝土，在混凝土硬化后和建筑物使用中会有氨气逸出，污染环境，危害人身健康。因此要求外加剂、养护剂的使用应满足环保和健康要求。

11.2.9 施工单位应按照相关部门的规定处置建筑垃圾，将不可循环使用的建筑垃圾集中收集，并及时清运至指定地点。

建筑垃圾的回收利用，包括在施工阶段对边角废料在本工程中的直接利用，比如利用短的钢筋头制作楼板钢筋的上铁支撑、地锚拉环等，利用剩余混凝土浇筑构造柱、女儿墙、后浇带预制盖板等小型构件等，还包括在其他工程中的利用，如建筑垃圾中的碎砂石块用于其他工程中作为路基材料、地基处理材料、再生混凝土中的骨料等。

附录 A 作用在模板及支架上的荷载标准值

A.0.2 本条提出了混凝土自重标准值的规定，具体规定同原国家标准《混凝土结构工程施工及验收规范》GB 50204-92（以下简称 GB 50204-92 规范）。工程中单位体积混凝土重量有大的变化时，可根据实测单位体积重量进行调整。

A.0.4 本条对混凝土侧压力标准值的计算进行了规定。对于新浇混凝土的侧压力计算，GB 50204-92 规范的公式是基于坍落度为 60mm～90mm 的混凝土，以流体静压力原理为基础，将以往的测试数据规格化为混凝土浇筑温度为 20℃下按最小二乘法进行回归分析推导得到的，并且浇筑速度限定在 6m/h 以下。本规范给出的计算公式以 GB 50204-92 规范的计算公式按坍落度 150mm 左右作为基础，并将东南大学补充的新浇混凝土侧压力测试数据和上海电力建设有限责任公司的测试数据重新进行规格化，修正了 GB 50204-92 规范的公式，并将浇筑速度限定在 10m/h 以下。修正时，针对如今在混凝土中普遍添加外加剂的实际状况，省略了原 β_1 的外加剂影响修正系数，把它统一考虑在计算公式中，用一个坍落度调整系数 β 作修正。GB 50204-92 规范公式在浇筑速度较大时计算值较大，所以本规范修正调整时把公式计算值略降了些，对浇筑速度小的时候影响较小。对浇筑速度限定为在 10m/h 以下，这是对比参考了国外的规范而作出的规定。

施工中，当浇筑小截面柱子等，青建集团股份公司和中国建筑第八工程局有限公司等单位抽样统计，浇筑速度通常在 10m/h～20m/h；混凝土墙浇筑速度常在 3m/h～10m/h 左右。对于分层浇筑次数少的柱子模板或浇筑流动度特别大的自密实混凝土模板，可直接采用 $\gamma_c H$ 计算新浇混凝土侧压力。

A.0.5 本条对施工人员及施工设备荷载标准值作出规定。作用在模板与支架上的施工人员及施工设备荷载标准值的取值，GB 50204-92 规范中规定：计算模板及支承模板的小楞时均布荷载为 2.5kN/m²，并以 2.5kN 的集中荷载进行校核，取较大弯矩值进行设计；对于直接支架小楞的构件取均布荷载为 1.5kN/m²；而当计算支架立柱时为 1.0kN/m²。该条文中集中荷载的规定主要沿用了我国 20 世纪 60 年代编写的国家标准《钢筋混凝土工程施工及验收规范》GBJ 10-65 附录一的普通模板设计计算参考资料的规定，除考虑均布荷载外，还考虑了双轮手推车运输混凝土的轮子压力 250kg 的集中荷载。GB 50204-92 规范还综合考虑了模板支架计算的荷载由上至下传递的分散均摊作用，由于施工过程中不均匀堆载等施工荷载的不确定性，造成施工人员计算荷载的不确定性更大，加之局部荷载作用下荷载的扩散作用缺乏足够的统计数据，在支架立柱设计中存在荷载取值偏小的不安全因素。

由于施工现场中的材料堆放和施工人员荷载具有随意性，且往往材料堆积越多的地方人员越密集，产生的局部荷载不可忽视。东南大学和中国建筑科学研究院合作，在 2009 年初通过现场模拟楼板浇筑时的施工活荷载分布扩散和传递测试试验，证明了在局部荷载作用的区域内的模板支架立杆承受了约 90% 的荷载，相邻的立杆承担相当少的荷载，受荷区外的立柱几乎不受影响。综上，本条规定在计算模板、小楞、支承小楞构件和支架立杆时采用相同的荷载取值 2.5kN/m²。

A.0.6 当从模板底部开始浇筑竖向混凝土构件时，其混凝土侧压力在原有 $\gamma_c H$ 的基础上，还会因倾倒混凝土加大，故本条参考 GB 50204-92 规范、美国规范 ACI347 的相关规定，提出了混凝土下料产生的水平荷载标准值。本条未考虑振捣混凝土的荷载项，主要原因为：GB 50204-92 规范中规定了振捣混凝土时产生的荷载，对水平面模板可采用 2kN/m²；对竖向面模板可采用 4kN/m²，并作用在混凝土有效压头范围内；对于倾倒混凝土在竖向面模板上产生的水平荷载 2kN/m²~6kN/m²，也作用在混凝土有效压头范围内。对于振捣混凝土产生的荷载项，国家标准《钢筋混凝土工程施工及验收规范》GBJ 10-65 规定为只在没有施工荷载时（如梁的底模板）才有此项荷载，其值为 100kg/m²。

A.0.7 本条规定了附加水平荷载项。未预见因素产生的附加水平荷载是新增荷载项，是考虑施工中的泵送混凝土和浇筑斜面混凝土等未预见因素产生的附加水平荷载。美国 ACI347 规范规定了泵送混凝土和浇筑斜面混凝土等产生的水平荷载取竖向永久荷载的 2%，并以线荷载形式作用在模板支架的上边缘水平方向上；或直接以不小于 1.5kN/m 的线荷载作用在模板支架上边缘的水平方向上进行计算。日本也规定有相应的该荷载项。该荷载项主要用于支架结构的整体稳定验算。

A.0.8 本条规定水平风荷载标准值根据现行国家标准《建筑结构荷载规范》GB 50009 的有关规定确定。

考虑到模板及支架为临时性结构，确定风荷载标准值时的基本风压可采用较短的重现期，本规范取为 10 年。基本风压是根据当地气象台站历年来的最大风速记录，按基本风压的标准要求换算得到的，对于不同地区取不同的数值。本条规定了基本风压的最小值 0.20kN/m²。对风荷载比较敏感或自重较轻的模板及支架，可取用较长重现期的基本风压进行计算。

附录 B 常用钢筋的公称直径、公称截面面积、计算截面面积及理论重量

B.0.1~B.0.3 本节给出了常用钢筋的公称直径、公称截面面积、计算截面面积及理论重量，供工程中使用。其他钢筋的相关参数可按产品标准中的规定取值。

附录 C 纵向受力钢筋的最小搭接长度

C.0.1、C.0.2 根据国家标准《混凝土结构设计规范》GB 50010-2010 的规定，绑扎搭接受力钢筋的最小搭接长度应根据钢筋及混凝土的强度经计算确定，并根据搭接钢筋接头面积百分率等进行修正。当接头面积百分率为 25%~100% 的中间值时，修正系数按 25%~50%、50%~100% 两段分别内插取值。

C.0.3 本条提出了纵向受拉钢筋最小搭接长度的修正方法以及受拉钢筋搭接长度的最低限值。对末端采用机械锚固措施的带肋钢筋，常用的钢筋机械锚固措施为钢筋贴焊、锚固板端焊、锚固板螺纹连接等形式；如末端机械锚固钢筋按本规范规定折减锚固长度，机械锚固措施的配套材料、钢筋加工及现场施工操作应符合现行国家标准《混凝土结构设计规范》GB 50010 及相关标准的有关规定。

C.0.4 有些施工工艺，如滑模施工，对混凝土凝固过程中的受力钢筋产生扰动影响，因此，其最小搭接长度应相应增加。本条给出了确定纵向受压钢筋搭接时最小搭接长度的方法以及受压钢筋搭接长度的最低限值。

附录 D 预应力筋张拉伸长值计算和量测方法

D.0.1 对目前工程常用的高强低松弛钢丝和钢绞线，其应力比例极限（弹性范围）可达到 $0.8f_{ptk}$ 左右，而规范规定预应力筋张拉控制应力不得大于 $0.8f_{ptk}$，因此，预应力筋张拉伸长值可根据预应力筋应力分布并按虎克定律计算。预应力筋的张拉伸长值可采用积分的方法精确计算。但在工程应用中，常假

定一段预应力筋上的有效预应力为线性分布，从而可以推导得到一端张拉的单段曲线或直线预应力筋张拉伸长值计算简化公式（D.0.1）。工程实例分析表明，按简化公式和积分方法计算得到的结果相差仅为0.5%左右，因此简化公式可满足工程精度要求。值得注意的是，对于大量应用的后张法钢绞线有粘结预应力体系，在张拉端锚口区域存在锚口摩擦损失，因此，在伸长值计算中，应扣除锚口摩擦损失。行业标准《预应力筋用锚具、夹具和连接器应用技术规程》JGJ 85-2010 给出了锚口摩擦损失的测试方法，并规定锚口摩擦损失率不应大于6%。

D.0.2 建筑结构工程中的预应力筋一般采用由直线和抛物线组合而成的线形，可根据扣除摩擦损失后的预应力筋有效应力分布，采用分段叠加法计算其张拉伸长值，而摩擦损失可按现行国家标准《混凝土结构设计规范》GB 50010 的有关规定进行计算。对于多跨多波段曲线预应力筋，可采用分段分析其摩擦损失。

D.0.3 预应力筋在张拉前处于松弛状态，初始张拉时，千斤顶油缸会有一段空行程，在此段行程内预应力筋的张拉伸长值为零，需要把这段空行程从张拉伸长值的实测值中扣除。为此，预应力筋伸长值需要在建立初拉力后开始测量，并可根据张拉力与伸长值成正比的关系来计算实际张拉伸长值。

张拉伸长值量测方法有两种：其一，量测千斤顶油缸行程，所量测数值包含了千斤顶体内的预应力筋张拉伸长值和张拉过程中工具锚和固定端工作锚楔紧引起的预应力筋内缩值，必要时应将锚具楔紧对预应力筋伸长值的影响扣除；其二，当采用后卡式千斤顶张拉钢绞线时，可采用量测外露预应力筋端头的方法确定张拉伸长值。

附录 E　张拉阶段摩擦预应力损失测试方法

E.0.1 张拉阶段摩擦预应力损失可采用应变法、压力差法和张拉伸长值推算法等方法进行测试。压力差法是在主动端和被动端各装一个压力传感器（或千斤顶），通过测出主动端和被动端的力来反演摩擦系数，压力差法设备安装和数据处理相对简便，施工规范采纳的即为此方法。而且压力差实测值也可以为施工中调整张拉控制应力提供参考。由于压力差法的预应力筋两端都要装传感器或千斤顶，因此对于采用埋入式固定端的情况不适用。

E.0.3 在实际工程中，每束预应力筋的摩擦系数 κ、μ 值是波动的，因此分别选择两束的测试数据解联立方程求出 κ、μ 是不可行的。工程上最为常用的是采用假定系数法来确定摩擦系数，而且一般先根据直线束测试或直接取设计值来确定 κ 后，再根据预应力筋几何线形参数及张拉端和锚固端的压力测试结果来计算确定 μ。当然，也可按设计值确定 μ 后，再推算确定 κ。另外，如果测试数据量较大，且束形参数有一定差异时，也可采用最小二乘法回归确定孔道摩擦系数。

中华人民共和国国家标准

钢结构工程施工规范

Code for construction of steel structures

GB 50755—2012

主编部门：中华人民共和国住房和城乡建设部
批准部门：中华人民共和国住房和城乡建设部
施行日期：2 0 1 2 年 8 月 1 日

中华人民共和国住房和城乡建设部
公　告

第 1263 号

关于发布国家标准
《钢结构工程施工规范》的公告

现批准《钢结构工程施工规范》为国家标准，编号为 GB 50755—2012，自 2012 年 8 月 1 日起实施。其中，第 11.2.4、11.2.6 条为强制性条文，必须严格执行。

本规范由我部标准定额研究所组织中国建筑工业出版社出版发行。

中华人民共和国住房和城乡建设部

2012 年 1 月 21 日

前　　言

本规范是根据中华人民共和国住房和城乡建设部《关于印发〈2007 年工程建设标准规范制订、修订计划（第一批）〉的通知》（建标〔2007〕125 号）的要求，由中国建筑股份有限公司和中建钢构有限公司会同有关单位共同编制而成的。

本规范是钢结构工程施工的通用技术标准，提出了钢结构工程施工和过程控制的基本要求，并作为制订和修订相关专用标准的依据。在编制过程中，编制组进行了广泛的调查研究，总结了我国几十年来的钢结构工程施工实践经验，借鉴了有关国外标准，开展了多项专题研究，并以多种方式广泛征求了有关单位和专家的意见，对主要问题进行了反复讨论、协调和修改，最后经审查定稿。

本规范共分 16 章，主要内容包括：总则、术语和符号、基本规定、施工阶段设计、材料、焊接、紧固件连接、零件及部件加工、构件组装及加工、钢结构预拼装、钢结构安装、压型金属板、涂装、施工测量、施工监测、施工安全和环境保护等。

本规范中以黑体字标志的条文为强制性条文，必须严格执行。

本规范由住房和城乡建设部负责管理和对强制性条文解释，由中国建筑股份有限公司负责具体技术内容的解释。为了提高规范质量，请各单位在执行本规范的过程中，注意总结经验，积累资料，随时将有关的意见和建议反馈给中国建筑股份有限公司（地址：北京市三里河路 15 号中建大厦中国建筑股份有限公司科技部；邮政编码：100037；电子邮箱：gb50755@cscec.com.cn），以供今后修订时参考。

本 规 范 主 编 单 位：中国建筑股份有限公司
　　　　　　　　　　中建钢构有限公司

本 规 范 参 编 单 位：中国建筑第三工程局有限公司
　　　　　　　　　　上海市机械施工有限公司
　　　　　　　　　　浙江东南网架股份有限公司
　　　　　　　　　　宝钢钢构有限公司
　　　　　　　　　　中冶建筑研究总院有限公司
　　　　　　　　　　中建一局钢结构工程有限公司
　　　　　　　　　　江苏沪宁钢机股份有限公司
　　　　　　　　　　中国建筑东北设计研究院有限公司
　　　　　　　　　　上海建工集团股份有限公司
　　　　　　　　　　中国建筑第二工程局有限公司
　　　　　　　　　　中建工业设备安装有限公司
　　　　　　　　　　北京市建筑工程研究院有限责任公司
　　　　　　　　　　赫普（中国）有限公司
　　　　　　　　　　中建钢构江苏有限公司
　　　　　　　　　　中国京冶工程技术有限

公司

本规范主要起草人员：毛志兵　张　琨　肖绪文　
王　宏　戴立先　陈振明　
张晶波　周观根　吴欣之　
贺明玄　侯兆新　路克宽　
鲍广鉴　费新华　陈晓明　
廖功华　庞京辉　孙　哲

方　军　马合生　吴聚龙
秦　杰　吴浩波　崔晓强
刘世民　卞若宁　李小明

本规范主要审查人员：马克俭　陈禄如　汪大绥
贺贤娟　杨嗣信　金虎根
柴　昶　范懋达　郭彦林
王翠坤　束伟农

目　　次

Contents

1 总　则

1.0.1 为在钢结构工程施工中贯彻执行国家的技术经济政策，做到安全适用、确保质量、技术先进、经济合理，制定本规范。

1.0.2 本规范适用于工业与民用建筑及构筑物钢结构工程的施工。

1.0.3 钢结构工程应按本规范的规定进行施工，并按现行国家标准《建筑工程施工质量验收统一标准》GB 50300 和《钢结构工程施工质量验收规范》GB 50205 进行质量验收。

1.0.4 钢结构工程的施工，除应符合本规范外，尚应符合国家现行有关标准的规定。

2　术语和符号

2.1　术　语

2.1.1 设计文件　design document

由设计单位完成的设计图纸、设计说明和设计变更文件等技术文件的统称。

2.1.2 设计施工图　design drawing

由设计单位编制的作为工程施工依据的技术图纸。

2.1.3 施工详图　detail drawing for construction

依据钢结构设计施工图和施工工艺技术要求，绘制的用于直接指导钢结构制作和安装的细化技术图纸。

2.1.4 临时支承结构　temporary structure

在施工期间存在的、施工结束后需要拆除的结构。

2.1.5 临时措施　temporary measure

在施工期间为了满足施工需求和保证工程安全而设置的一些必要的构造或临时零部件和杆件，如吊装孔、连接板、辅助构件等。

2.1.6 空间刚度单元　space rigid unit

由构件组成的基本稳定空间体系。

2.1.7 焊接空心球节点　welded hollow spherical node

管直接焊接在球上的节点。

2.1.8 螺栓球节点　bolted spherical node

管与球采用螺栓相连的节点，由螺栓球、高强度螺栓、套筒、紧固螺钉和锥头或封板等零、部件组成。

2.1.9 抗滑移系数　mean slip coefficient

高强度螺栓连接摩擦面滑移时，滑动外力与连接中法向压力的比值。

2.1.10 施工阶段结构分析　structure analysis of construction stage

在钢结构制作、运输和安装过程中，为满足相关功能要求所进行的结构分析和计算。

2.1.11 预变形　preset deformation

为使施工完成后的结构或构件达到设计几何定位的控制目标，预先进行的初始变形设置。

2.1.12 预拼装　test assembling

为检验构件形状和尺寸是否满足质量要求而预先进行的试拼装。

2.1.13 环境温度　ambient temperature

制作或安装时现场的温度。

2.2　符　号

2.2.1　几何参数

b——宽度或板的自由外伸宽度；

d——直径；

f——挠度、弯曲矢高；

h——截面高度；

l——长度、跨度；

m——高强度螺母公称厚度；

n——垫圈个数；

r——半径；

s——高强度垫圈公称厚度；

t——板、壁的厚度；

p——螺纹的螺距；

Δ——接触面间隙、增量；

H——柱高度；

R_a——表面粗糙度参数。

2.2.2　作用及荷载

P——高强度螺栓设计预拉力；

T——高强度螺栓扭矩。

2.2.3　其他

k——系数。

3　基　本　规　定

3.0.1 钢结构工程施工单位应具备相应的钢结构工程施工资质，并应有安全、质量和环境管理体系。

3.0.2 钢结构工程实施前，应有经施工单位技术负责人审批的施工组织设计、与其配套的专项施工方案等技术文件，并按有关规定报送监理工程师或业主代表；重要钢结构工程的施工技术方案和安全应急预案，应组织专家评审。

3.0.3 钢结构工程施工的技术文件和承包合同技术文件，对施工质量的要求不得低于本规范和现行国家标准《钢结构工程施工质量验收规范》GB 50205 的有关规定。

3.0.4 钢结构工程制作和安装应满足设计施工图的要求。施工单位应对设计文件进行工艺性审查；当需要修改设计时，应取得原设计单位同意，并应办理相关设计变更文件。

3.0.5 钢结构工程施工及质量验收时，应使用有效计量器具。各专业施工单位和监理单位应统一计量标准。

3.0.6 钢结构施工用的专用机具和工具，应满足施工要求，且应在合格检定有效期内。

3.0.7 钢结构施工应按下列规定进行质量过程控制：

　　1 原材料及成品进行进场验收；凡涉及安全、功能的原材料及半成品，按相关规定进行复验，见证取样、送样；

　　2 各工序按施工工艺要求进行质量控制，实行工序检验；

　　3 相关各专业工种之间进行交接检验；

　　4 隐蔽工程在封闭前进行质量验收。

3.0.8 本规范未涉及的新技术、新工艺、新材料和新结构，首次使用时应进行试验，并应根据试验结果确定所必须补充的标准，且应经专家论证。

4 施工阶段设计

4.1 一般规定

4.1.1 本章适用于钢结构工程施工阶段结构分析和验算、结构预变形设计、施工详图设计等内容的施工阶段设计。

4.1.2 进行施工阶段设计时，选用的设计指标应符合设计文件、现行国家标准《钢结构设计规范》GB 50017等的有关规定。

4.1.3 施工阶段的结构分析和验算时，荷载应符合下列规定：

　　1 恒荷载应包括结构自重、预应力等，其标准值应按实际计算；

　　2 施工活荷载应包括施工堆载、操作人员和小型工具重量等，其标准值可按实际计算；

　　3 风荷载可根据工程所在地和实际施工情况，按不小于10年一遇风压取值，风荷载的计算应按现行国家标准《建筑结构荷载规范》GB 50009的有关规定执行；当施工期间可能出现大于10年一遇风压取值时，应制定应急预案；

　　4 雪荷载的取值和计算应按现行国家标准《建筑结构荷载规范》GB 50009的有关规定执行；

　　5 覆冰荷载的取值和计算应按现行国家标准《高耸结构设计规范》GB 50135的有关规定执行；

　　6 起重设备和其他设备荷载标准值宜按设备产品说明书取值；

　　7 温度作用宜按当地气象资料所提供的温差变化计算；结构由日照引起向阳面和背阳面的温差，宜按现行国家标准《高耸结构设计规范》GB 50135的

有关规定执行；

　　8 本条第1～7款未规定的荷载和作用，可根据工程的具体情况确定。

4.2 施工阶段结构分析

4.2.1 当钢结构工程施工方法或施工顺序对结构的内力和变形产生较大影响，或设计文件有特殊要求时，应进行施工阶段结构分析，并应对施工阶段结构的强度、稳定性和刚度进行验算，其验算结果应满足设计要求。

4.2.2 施工阶段结构分析的荷载效应组合和荷载分项系数取值，应符合现行国家标准《建筑结构荷载规范》GB 50009等的有关规定。

4.2.3 施工阶段分析结构重要性系数不应小于0.9，重要的临时支承结构其重要性系数不应小于1.0。

4.2.4 施工阶段的荷载作用、结构分析模型和基本假定应与实际施工状况相符合。施工阶段的结构宜按静力学方法进行弹性分析。

4.2.5 施工阶段的临时支承结构和措施应按施工状况的荷载作用，对构件应进行强度、稳定性和刚度验算，对连接节点应进行强度和稳定验算。当临时支承结构作为设备承载结构时，应进行专项设计；当临时支承结构或措施对结构产生较大影响时，应提交原设计单位确认。

4.2.6 临时支承结构的拆除顺序和步骤应通过分析和计算确定，并应编制专项施工方案，必要时应经专家论证。

4.2.7 对吊装状态的构件或结构单元，宜进行强度、稳定性和变形验算，动力系数宜取1.1～1.4。

4.2.8 索结构中的索安装和张拉顺序应通过分析和计算确定，并应编制专项施工方案，计算结果应经原设计单位确认。

4.2.9 支承移动式起重设备的地面或楼面，应进行承载力和变形验算。当支承地面处于边坡或临近边坡时，应进行边坡稳定验算。

4.3 结构预变形

4.3.1 当在正常使用或施工阶段因自重及其他荷载作用，发生超过设计文件或国家现行有关标准规定的变形限值，或设计文件对主体结构提出预变形要求时，应在施工期间对结构采取预变形。

4.3.2 结构预变形计算时，荷载应取标准值，荷载效应组合应符合现行国家标准《建筑结构荷载规范》GB 50009的有关规定。

4.3.3 结构预变形值应结合施工工艺，通过结构分析计算，并应由施工单位与原设计单位共同确定。结构预变形的实施应进行专项工艺设计。

4.4 施工详图设计

4.4.1 钢结构施工详图应根据结构设计文件和有关

技术文件进行编制，并应经原设计单位确认；当需要进行节点设计时，节点设计文件也应经原设计单位确认。

4.4.2 施工详图设计应满足钢结构施工构造、施工工艺、构件运输等有关技术要求。

4.4.3 钢结构施工详图应包括图纸目录、设计总说明、构件布置图、构件详图和安装节点详图等内容；图纸表达应清晰、完整，空间复杂构件和节点的施工详图，宜增加三维图形表示。

4.4.4 构件重量应在钢结构施工详图中计算列出，钢板零部件重量宜按矩形计算，焊缝重量宜以焊接构件重量的 1.5% 计算。

5 材　料

5.1 一般规定

5.1.1 本章适用于钢结构工程材料的订货、进场验收和复验及存储管理。

5.1.2 钢结构工程所用的材料应符合设计文件和国家现行有关标准的规定，应具有质量合格证明文件，并应经进场检验合格后使用。

5.1.3 施工单位应制定材料的管理制度，并应做到订货、存放、使用规范化。

5.2 钢　材

5.2.1 钢材订货时，其品种、规格、性能等均应符合设计文件和国家现行有关钢材标准的规定，常用钢材产品标准宜按表 5.2.1 采用。

表 5.2.1 常用钢材产品标准

标准编号	标　准　名　称
GB/T 699	《优质碳素结构钢》
GB/T 700	《碳素结构钢》
GB/T 1591	《低合金高强度结构钢》
GB/T 3077	《合金结构钢》
GB/T 4171	《耐候结构钢》
GB/T 5313	《厚度方向性能钢板》
GB/T 19879	《建筑结构用钢板》
GB/T 247	《钢板和钢带包装、标志及质量证明书的一般规定》
GB/T 708	《冷轧钢板和钢带的尺寸、外形、重量及允许偏差》
GB/T 709	《热轧钢板和钢带的尺寸、外形、重量及允许偏差》
GB 912	《碳素结构钢和低合金结构钢热轧薄钢板和钢带》

续表 5.2.1

标准编号	标　准　名　称
GB/T 3274	《碳素结构钢和低合金结构钢热轧厚钢板和钢带》
GB/T 14977	《热轧钢板表面质量的一般要求》
GB/T 17505	《钢及钢产品交货一般技术要求》
GB/T 2101	《型钢验收、包装、标志及质量证明书的一般规定》
GB/T 11263	《热轧 H 型钢和剖分 T 型钢》
GB/T 706	《热轧型钢》
GB/T 8162	《结构用无缝钢管》
GB/T 13793	《直缝电焊钢管》
GB/T 17395	《无缝钢管尺寸、外形、重量及允许偏差》
GB/T 6728	《结构用冷弯空心型钢尺寸、外形、重量及允许偏差》
GB/T 12755	《建筑用压型钢板》
GB 8918	《重要用途钢丝绳》
YB 3301	《焊接 H 型钢》
YB/T 152	《高强度低松弛预应力热镀锌钢绞线》
YB/T 5004	《镀锌钢绞线》
GB/T 5224	《预应力混凝土用钢绞线》
GB/T 17101	《桥梁缆索用热镀锌钢丝》
GB/T 20934	《钢拉杆》

5.2.2 钢材订货合同应对材料牌号、规格尺寸、性能指标、检验要求、尺寸偏差等有明确的约定。定尺钢材应留有复验取样的余量；钢材的交货状态，宜按设计文件对钢材的性能要求与供货厂家商定。

5.2.3 钢材的进场验收，除应符合本规范的规定外，尚应符合现行国家标准《钢结构工程施工质量验收规范》GB 50205 的有关规定。对属于下列情况之一的钢材，应进行抽样复验：

　　1 国外进口钢材；

　　2 钢材混批；

　　3 板厚等于或大于 40mm，且设计有 Z 向性能要求的厚板；

　　4 建筑结构安全等级为一级，大跨度钢结构中主要受力构件所采用的钢材；

　　5 设计有复验要求的钢材；

　　6 对质量有疑义的钢材。

5.2.4 钢材复验内容应包括力学性能试验和化学成分分析，其取样、制样及试验方法可按表 5.2.4 中所列的标准执行。

表 5.2.4 钢材试验标准

标准编号	标 准 名 称
GB/T 2975	《钢及钢产品 力学性能试验取样位置及试样制备》
GB/T 228.1	《金属材料 拉伸试验 第1部分：室温试验方法》
GB/T 229	《金属材料 夏比摆锤冲击试验方法》
GB/T 232	《金属材料 弯曲试验方法》
GB/T 20066	《钢和铁 化学成分测定用试样的取样和制样方法》
GB/T 222	《钢的成品化学成分允许偏差》
GB/T 223	《钢铁及合金化学分析方法》

5.2.5 当设计文件无特殊要求时，钢结构工程中常用牌号钢材的抽样复验检验批宜按下列规定执行：

1 牌号为 Q235、Q345 且板厚小于 40mm 的钢材，应按同一生产厂家、同一牌号、同一质量等级的钢材组成检验批，每批重量不应大于 150t；同一生产厂家、同一牌号的钢材供货重量超过 600t 且全部复验合格时，每批的组批重量可扩大至 400t；

2 牌号为 Q235、Q345 且板厚大于或等于 40mm 的钢材，应按同一生产厂家、同一牌号、同一质量等级的钢材组成检验批，每批重量不应大于 60t；同一生产厂家、同一牌号的钢材供货重量超过 600t 且全部复验合格时，每批的组批重量可扩大至 400t；

3 牌号为 Q390 的钢材，应按同一生产厂家、同一质量等级的钢材组成检验批，每批重量不应大于 60t；同一生产厂家的钢材供货重量超过 600t 且全部复验合格时，每批的组批重量可扩大至 300t；

4 牌号为 Q235GJ、Q345GJ、Q390GJ 的钢板，应按同一生产厂家、同一牌号、同一质量等级的钢材组成检验批，每批重量不应大于 60t；同一生产厂家、同一牌号的钢材供货重量超过 600t 且全部复验合格时，每批的组批重量可扩大至 300t；

5 牌号为 Q420、Q460、Q420GJ、Q460GJ 的钢材，每个检验批应由同一牌号、同一质量等级、同一炉号、同一厚度、同一交货状态的钢材组成，每批重量不应大于 60t；

6 有厚度方向要求的钢板，宜附加逐张超声波无损探伤复验。

5.2.6 进口钢材复验的取样、制样及试验方法应按设计文件和合同规定执行。海关商检结果经监理工程师认可后，可作为有效的材料复验结果。

5.3 焊 接 材 料

5.3.1 焊接材料的品种、规格、性能等应符合国家现行有关产品标准和设计要求，常用焊接材料产品标准宜按表 5.3.1 采用。焊条、焊丝、焊剂、电渣焊熔嘴等焊接材料应与设计选用的钢材相匹配，且应符合现行国家标准《钢结构焊接规范》GB 50661 的有关规定。

表 5.3.1 常用焊接材料产品标准

标准编号	标 准 名 称
GB/T 5117	《碳钢焊条》
GB/T 5118	《低合金钢焊条》
GB/T 14957	《熔化焊用钢丝》
GB/T 8110	《气体保护电弧焊用碳钢、低合金钢焊丝》
GB/T 10045	《碳钢药芯焊丝》
GB/T 17493	《低合金钢药芯焊丝》
GB/T 5293	《埋弧焊用碳钢焊丝和焊剂》
GB/T 12470	《埋弧焊用低合金钢焊丝和焊剂》
GB/T 10432.1	《电弧螺柱焊用无头焊钉》
GB/T 10433	《电弧螺柱焊用圆柱头焊钉》

5.3.2 用于重要焊缝的焊接材料，或对质量合格证明文件有疑义的焊接材料，应进行抽样复验，复验时焊丝宜按五个批（相当炉批）取一组试验，焊条宜按三个批（相当炉批）取一组试验。

5.3.3 用于焊接切割的气体应符合现行国家标准《钢结构焊接规范》GB 50661 和表 5.3.3 所列标准的规定。

表 5.3.3 常用焊接切割用气体标准

标准编号	标 准 名 称
GB/T 4842	《氩》
GB/T 6052	《工业液体二氧化碳》
HG/T 2537	《焊接用二氧化碳》
GB 16912	《深度冷冻法生产氧气及相关气体安全技术规程》
GB 6819	《溶解乙炔》
HG/T 3661.1	《焊接切割用燃气 丙烯》
HG/T 3661.2	《焊接切割用燃气 丙烷》
GB/T 13097	《工业用环氧氯丙烷》
HG/T 3728	《焊接用混合气体 氩—二氧化碳》

5.4 紧 固 件

5.4.1 钢结构连接用的普通螺栓、高强度大六角头螺栓连接副、扭剪型高强度螺栓连接副等紧固件，应符合表 5.4.1 所列标准的规定。

表 5.4.1　钢结构连接用紧固件标准

标准编号	标准名称
GB/T 5780	《六角头螺栓　C级》
GB/T 5781	《六角头螺栓　全螺纹　C级》
GB/T 5782	《六角头螺栓》
GB/T 5783	《六角头螺栓　全螺纹》
GB/T 1228	《钢结构用高强度大六角头螺栓》
GB/T 1229	《钢结构用高强度大六角螺母》
GB/T 1230	《钢结构用高强度垫圈》
GB/T 1231	《钢结构用高强度大六角头螺栓、大六角螺母、垫圈技术条件》
GB/T 3632	《钢结构用扭剪型高强度螺栓连接副》
GB/T 3098.1	《紧固件机械性能　螺栓、螺钉和螺柱》

5.4.2 高强度大六角头螺栓连接副和扭剪型高强度螺栓连接副，应分别有扭矩系数和紧固轴力（预拉力）的出厂合格检验报告，并随箱带。当高强度螺栓连接副保管时间超过 6 个月后使用时，应按相关要求重新进行扭矩系数或紧固轴力试验，并应在合格后再使用。

5.4.3 高强度大六角头螺栓连接副和扭剪型高强度螺栓连接副，应分别进行扭矩系数和紧固轴力（预拉力）复验，试验螺栓应从施工现场待安装的螺栓批中随机抽取，每批应抽取 8 套连接副进行复验。

5.4.4 建筑结构安全等级为一级，跨度为 40m 及以上的螺栓球节点钢网架结构，其连接高强度螺栓应进行表面硬度试验，8.8 级的高强度螺栓其表面硬度应为 HRC21～29，10.9 级的高强度螺栓其表面硬度应为 HRC32～36，且不得有裂纹或损伤。

5.4.5 普通螺栓作为永久性连接螺栓，且设计文件要求或对其质量有疑义时，应进行螺栓实物最小拉力载荷复验，复验时每一规格螺栓应抽查 8 个。

5.5　钢铸件、锚具和销轴

5.5.1 钢铸件选用的铸件材料应符合表 5.5.1 中所列标准和设计文件的规定。

表 5.5.1　钢铸件标准

标准编号	标准名称
GB/T 11352	《一般工程用铸造碳钢件》
GB/T 7659	《焊接结构用铸钢件》

5.5.2 预应力钢结构锚具应根据预应力构件的品种、锚固要求和张拉工艺等选用，锚具材料应符合设计文件、国家现行标准《预应力筋用锚具、夹具和连接器》GB/T 14370 和《预应力筋用锚具、夹具和连接器应用技术规程》JGJ 85 的有关规定。

5.5.3 销轴规格和性能应符合设计文件和现行国家标准《销轴》GB/T 882 的有关规定。

5.6　涂装材料

5.6.1 钢结构防腐涂料、稀释剂和固化剂，应按设计文件和国家现行有关产品标准的规定选用，其品种、规格、性能等应符合设计文件及国家现行有关产品标准的要求。

5.6.2 富锌防腐油漆的锌含量应符合设计文件及现行行业标准《富锌底漆》HG/T 3668 的有关规定。

5.6.3 钢结构防火涂料的品种和技术性能，应符合设计文件和现行国家标准《钢结构防火涂料》GB 14907 等的有关规定。

5.6.4 钢结构防火涂料的施工质量验收应符合现行国家标准《钢结构工程施工质量验收规范》GB 50205 的有关规定。

5.7　材料存储

5.7.1 材料存储及成品管理应有专人负责，管理人员应经企业培训上岗。

5.7.2 材料入库前应进行检验，核对材料的品种、规格、批号、质量合格证明文件、中文标志和检验报告等，应检查表面质量、包装等。

5.7.3 检验合格的材料应按品种、规格、批号分类堆放，材料堆放应有标识。

5.7.4 材料入库和发放应有记录。发料和领料时应核对材料的品种、规格和性能。

5.7.5 剩余材料应回收管理。回收入库时，应核对其品种、规格和数量，并应分类保管。

5.7.6 钢材堆放应减少钢材的变形和锈蚀，并应放置垫木或垫块。

5.7.7 焊接材料存储应符合下列规定：

　　1 焊条、焊丝、焊剂等焊接材料应按品种、规格和批号分别存放在干燥的存储室内；

　　2 焊条、焊剂及栓钉瓷环在使用前，应按产品说明书的要求进行焙烘。

5.7.8 连接用紧固件应防止锈蚀和碰伤，不得混批存储。

5.7.9 涂装材料应按产品说明书的要求进行存储。

6　焊　接

6.1　一般规定

6.1.1 本章适用于钢结构施工过程中焊条电弧焊接、气体保护电弧焊接、埋弧焊接、电渣焊接和栓钉焊接等施工。

6.1.2 钢结构施工单位应具备现行国家标准《钢结构焊接规范》GB 50661 规定的基本条件和人员资质。

6.1.3 焊接施工图的焊接符号表示方法，应符合现行国家标准《焊缝符号表示法》GB/T 324 和《建筑结构制图标准》GB/T 50105 的有关规定，图中应标明工厂施焊和现场施焊的焊缝部位、类型、坡口形式、焊缝尺寸等内容。

6.1.4 焊缝坡口尺寸应按现行国家标准《钢结构焊接规范》GB 50661 的有关规定执行，坡口尺寸的改变应经工艺评定合格后执行。

6.2 焊接从业人员

6.2.1 焊接技术人员（焊接工程师）应具有相应的资格证书；大型重要的钢结构工程，焊接技术负责人应取得中级及以上技术职称并有五年以上焊接生产或施工实践经验。

6.2.2 焊接质量检验人员应接受过焊接专业的技术培训，并应经岗位培训取得相应的质量检验资格证书。

6.2.3 焊缝无损检测人员应取得国家专业考核机构颁发的等级证书，并应按证书合格项目及权限从事焊缝无损检测工作。

6.2.4 焊工应经考试合格并取得资格证书，应在认可的范围内焊接作业，严禁无证上岗。

6.3 焊 接 工 艺

Ⅰ 焊接工艺评定及方案

6.3.1 施工单位首次采用的钢材、焊接材料、焊接方法、接头形式、焊接位置、焊后热处理等各种参数及参数的组合，应在钢结构制作及安装前进行焊接工艺评定试验。焊接工艺评定试验方法和要求，以及免予工艺评定的限制条件，应符合现行国家标准《钢结构焊接规范》GB 50661 的有关规定。

6.3.2 焊接施工前，施工单位应以合格的焊接工艺评定结果或采用符合免除工艺评定条件为依据，编制焊接工艺文件，并应包括下列内容：

　　1 焊接方法或焊接方法的组合；

　　2 母材的规格、牌号、厚度及覆盖范围；

　　3 填充金属的规格、类别和型号；

　　4 焊接接头形式、坡口形式、尺寸及其允许偏差；

　　5 焊接位置；

　　6 焊接电源的种类和极性；

　　7 清根处理；

　　8 焊接工艺参数（焊接电流、焊接电压、焊接速度、焊层和焊道分布）；

　　9 预热温度及道间温度范围；

　　10 焊后消除应力处理工艺；

　　11 其他必要的规定。

Ⅱ 焊接作业条件

6.3.3 焊接时，作业区环境温度、相对湿度和风速等应符合下列规定，当超出本条规定且必须进行焊接时，应编制专项方案：

　　1 作业环境温度不应低于-10℃；

　　2 焊接作业区的相对湿度不应大于 90%；

　　3 当手工电弧焊和自保护药芯焊丝电弧焊时，焊接作业区最大风速不应超过 8m/s；当气体保护电弧焊时，焊接作业区最大风速不应超过 2m/s。

6.3.4 现场高空焊接作业应搭设稳固的操作平台和防护棚。

6.3.5 焊接前，应采用钢丝刷、砂轮等工具清除待焊处表面的氧化皮、铁锈、油污等杂物，焊缝坡口宜按现行国家标准《钢结构焊接规范》GB 50661 的有关规定进行检查。

6.3.6 焊接作业应按工艺评定的焊接工艺参数进行。

6.3.7 当焊接作业环境温度低于 0℃且不低于-10℃时，应采取加热或防护措施，应将焊接接头和焊接表面各方向大于或等于钢板厚度的 2 倍且不小于 100mm 范围内的母材，加热到规定的最低预热温度且不低于 20℃后再施焊。

Ⅲ 定 位 焊

6.3.8 定位焊焊缝的厚度不应小于 3mm，不宜超过设计焊缝厚度的 2/3；长度不宜小于 40mm 和接头中较薄部件厚度的 4 倍；间距宜为 300mm～600mm。

6.3.9 定位焊焊缝与正式焊缝应具有相同的焊接工艺和焊接质量要求。多道定位焊焊缝的端部应为阶梯状。采用钢衬垫板的焊接接头，定位焊宜在接头坡口内进行。定位焊焊接时预热温度宜高于正式施焊预热温度 20℃～50℃。

Ⅳ 引弧板、引出板和衬垫板

6.3.10 当引弧板、引出板和衬垫板为钢材时，应选用屈服强度不大于被焊钢材标称强度的钢材，且焊接性应相近。

6.3.11 焊接接头的端部应设置焊缝引弧板、引出板。焊条电弧焊和气体保护电弧焊焊缝引出长度应大于 25mm，埋弧焊缝引出长度应大于 80mm。焊接完成并完全冷却后，可采用火焰切割、碳弧气刨或机械等方法除去引弧板、引出板，并应修磨平整，严禁用锤击落。

6.3.12 钢衬垫板应与接头母材密贴连接，其间隙不应大于 1.5mm，并应与焊缝充分熔合。手工电弧焊和气体保护电弧焊时，钢衬垫板厚度不应小于 4mm；埋弧焊时，钢衬垫板厚度不应小于 6mm；电渣焊时钢衬垫板厚度不应小于 25mm。

Ⅴ 预热和道间温度控制

6.3.13 预热和道间温度控制宜采用电加热、火焰加热和红外线加热等加热方法，并应采用专用的测温仪器测量。预热的加热区域应在焊接坡口两侧，宽度应为焊件施焊处板厚的 1.5 倍以上，且不应小于 100mm。温度测量点，当为非封闭空间构件时，宜在焊件受热面的背面离焊接坡口两侧不小于 75mm 处；当为封闭空间构件时，宜在正面离焊接坡口两侧不小于 100mm 处。

6.3.14 焊接接头的预热温度和道间温度，应符合现行国家标准《钢结构焊接规范》GB 50661 的有关规定；当工艺选用的预热温度低于现行国家标准《钢结构焊接规范》GB 50661 的有关规定时，应通过工艺评定试验确定。

Ⅵ 焊接变形的控制

6.3.15 采用的焊接工艺和焊接顺序应使构件的变形和收缩最小，可采用下列控制变形的焊接顺序：

1 对接接头、T 形接头和十字接头，在构件放置条件允许或易于翻转的情况下，宜双面对称焊接；有对称截面的构件，宜对称于构件中性轴焊接；有对称连接杆件的节点，宜对称于节点轴线同时对称焊接；

2 非对称双面坡口焊缝，宜先焊深坡口侧部分焊缝，然后焊满浅坡口侧，最后完成深坡口侧焊缝。特厚板宜增加轮流对称焊接的循环次数；

3 长焊缝宜采用分段退焊法、跳焊法或多人对称焊接法。

6.3.16 构件焊接时，宜采用预留焊接收缩余量或预置反变形方法控制收缩和变形，收缩余量和反变形值宜通过计算或试验确定。

6.3.17 构件装配焊接时，应先焊收缩量较大的接头、后焊收缩量较小的接头，接头应在拘束较小的状态下焊接。

Ⅶ 焊后消除应力处理

6.3.18 设计文件或合同文件对焊后消除应力有要求时，需经疲劳验算的结构中承受拉应力的对接接头或焊缝密集的节点或构件，宜采用电加热器局部退火和加热炉整体退火等方法进行消除应力处理；仅为稳定结构尺寸时，可采用振动法消除应力。

6.3.19 焊后热处理应符合现行行业标准《碳钢、低合金钢焊接构件　焊后热处理方法》JB/T 6046 的有关规定。当采用电加热器对焊接构件进行局部消除应力热处理时，应符合下列规定：

1 使用配有温度自动控制仪的加热设备，其加热、测温、控温性能应符合使用要求；

2 构件焊缝每侧面加热板（带）的宽度应至少为钢板厚度的 3 倍，且不应小于 200mm；

3 加热板（带）以外构件两侧宜用保温材料覆盖。

6.3.20 用锤击法消除中间焊层应力时，应使用圆头手锤或小型振动工具进行，不应对根部焊缝、盖面焊缝或焊缝坡口边缘的母材进行锤击。

6.3.21 采用振动法消除应力时，振动时效工艺参数选择及技术要求，应符合现行行业标准《焊接构件振动时效工艺　参数选择及技术要求》JB/T 10375 的有关规定。

6.4 焊 接 接 头

Ⅰ 全熔透和部分熔透焊接

6.4.1 T 形接头、十字接头、角接接头等要求全熔透的对接和角接组合焊缝，其加强角焊缝的焊脚尺寸不应小于 $t/4$［图 6.4.1（a）～图 6.4.1（c）］，设计有疲劳验算要求的吊车梁或类似构件的腹板与上翼缘连接焊缝的焊脚尺寸应为 $t/2$，且不应大于 10mm［图 6.4.1（d）］。焊脚尺寸的允许偏差为 0～4mm。

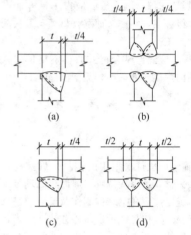

图 6.4.1　焊脚尺寸

6.4.2 全熔透坡口焊缝对接接头的焊缝余高，应符合表 6.4.2 的规定：

表 6.4.2　对接接头的焊缝余高（mm）

设计要求焊缝等级	焊缝宽度	焊缝余高
一、二级焊缝	<20	0～3
	≥20	0～4
三级焊缝	<20	0～3.5
	≥20	0～5

6.4.3 全熔透双面坡口焊缝可采用不等厚的坡口深度，较浅坡口深度不应小于接头厚度的 1/4。

6.4.4 部分熔透焊接应保证设计文件要求的有效焊缝厚度。T 形接头和角接接头中部分熔透坡口焊缝与角焊缝构成的组合焊缝，其加强角焊缝的焊脚尺寸应为接头中最薄板厚的 1/4，且不应超过 10mm。

Ⅱ 角焊缝接头

6.4.5 由角焊缝连接的部件应密贴，根部间隙不宜超过 2mm；当接头的根部间隙超过 2mm 时，角焊缝的焊脚尺寸应根据根部间隙值增加，但最大不应超过 5mm。

6.4.6 当角焊缝的端部在构件上时，转角处宜连续包角焊，起弧和熄弧点距焊缝端部宜大于 10.0mm；当角焊缝端部不设置引弧和引出板的连续焊缝，起熄弧点（图 6.4.6）距焊缝端部宜大于 10.0mm，弧坑应填满。

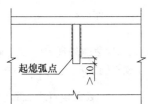

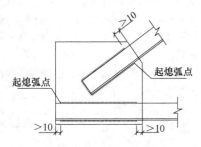

图 6.4.6 起熄弧点位置

6.4.7 间断角焊缝每焊段的最小长度不应小于 40mm，焊段之间的最大间距不应超过较薄焊件厚度的 24 倍，且不应大于 300mm。

Ⅲ 塞焊与槽焊

6.4.8 塞焊和槽焊可采用手工电弧焊、气体保护电弧焊及自保护电弧焊等焊接方法。平焊时，应分层熔敷焊接，每层熔渣应冷却凝固并清除后再重新焊接；立焊和仰焊时，每道焊缝焊完后，应待熔渣冷却并清除后再施焊后续焊道。

6.4.9 塞焊和槽焊的两块钢板接触面的装配间隙不得超过 1.5mm。塞焊和槽焊焊接时严禁使用填充板材。

Ⅳ 电 渣 焊

6.4.10 电渣焊应采用专用的焊接设备，可采用熔化嘴和非熔化嘴方式进行焊接。电渣焊采用的衬垫可使用钢衬垫和水冷铜衬垫。

6.4.11 箱形构件内隔板与面板 T 形接头的电渣焊焊接宜采取对称方式进行焊接。

6.4.12 电渣焊衬垫板与母材的定位焊宜采用连续焊。

Ⅴ 栓 钉 焊

6.4.13 栓钉应采用专用焊接设备进行施焊。首次栓钉焊接时，应进行焊接工艺评定试验，并应确定焊接工艺参数。

6.4.14 每班焊接作业前，应至少试焊 3 个栓钉，并应检查合格后再正式施焊。

6.4.15 当受条件限制而不能采用专用设备焊接时，栓钉可采用焊条电弧焊和气体保护电弧焊焊接，并应按相应的工艺参数施焊，其焊缝尺寸应通过计算确定。

6.5 焊接质量检验

6.5.1 焊缝的尺寸偏差、外观质量和内部质量，应按现行国家标准《钢结构工程施工质量验收规范》GB 50205 和《钢结构焊接规范》GB 50661 的有关规定进行检验。

6.5.2 栓钉焊接后应进行弯曲试验抽查，栓钉弯曲 30° 后焊缝和热影响区不得有肉眼可见裂纹。

6.6 焊接缺陷返修

6.6.1 焊缝金属或母材的缺欠超过相应的质量验收标准时，可采用砂轮打磨、碳弧气刨、铲凿或机械等方法彻底清除。采用焊接修复前，应清洁修复区域的表面。

6.6.2 焊缝缺陷返修应符合下列规定：

1 焊缝焊瘤、凸起或余高过大，应采用砂轮或碳弧气刨清除过量的焊缝金属；

2 焊缝凹陷、弧坑、咬边或焊缝尺寸不足等缺陷应进行补焊；

3 焊缝未熔合、焊缝气孔或夹渣等，在完全清除缺陷后应进行补焊；

4 焊缝或母材上裂纹应采用磁粉、渗透或其他无损检测方法确定裂纹的范围及深度，应用砂轮打磨或碳弧气刨清除裂纹及其两端各 50mm 长的完好焊缝或母材，并应用渗透或磁粉探伤方法确定裂纹完全清除后，再重新进行补焊。对于拘束度较大的焊接接头上裂纹的返修，碳弧气刨清除裂纹前，宜在裂纹两端钻止裂孔后再清除裂纹缺陷。焊接裂纹的返修，应通知焊接工程师对裂纹产生的原因进行调查和分析，应制定专门的返修工艺方案后按工艺要求进行；

5 焊缝缺陷返修的预热温度应高于相同条件下正常焊接的预热温度 30℃～50℃，并应采用低氢焊接方法和焊接材料进行焊接；

6 焊缝返修部位应连续焊成，中断焊接时应采取后热、保温措施；

7 焊缝同一部位的缺陷返修次数不宜超过两次。当超过两次时，返修前应先对焊接工艺进行工艺评定，并应评定合格后再进行后续的返修焊接。返修后的焊接接头区域应增加磁粉或着色检查。

7 紧固件连接

7.1 一般规定

7.1.1 本章适用于钢结构制作和安装中的普通螺栓、扭剪型高强度螺栓、高强度大六角头螺栓、钢网架螺栓球节点用高强度螺栓及拉铆钉、自攻钉、射钉等紧固件连接工程的施工。

7.1.2 构件的紧固件连接节点和拼接接头，应在检验合格后进行紧固施工。

7.1.3 经验收合格的紧固件连接节点与拼接接头，应按设计文件的规定及时进行防腐和防火涂装。接触腐蚀性介质的接头应用防腐腻子等材料封闭。

7.1.4 钢结构制作和安装单位，应按现行国家标准《钢结构工程施工质量验收规范》GB 50205 的有关规定分别进行高强度螺栓连接摩擦面的抗滑移系数试验，其结果应符合设计要求。当高强度螺栓连接节点按承压型连接或张拉型连接进行强度设计时，可不进行摩擦面抗滑移系数的试验。

7.2 连接件加工及摩擦面处理

7.2.1 连接件螺栓孔应按本规范第 8 章的有关规定进行加工，螺栓孔的精度、孔壁表面粗糙度、孔径及孔距的允许偏差等，应符合现行国家标准《钢结构工程施工质量验收规范》GB 50205 的有关规定。

7.2.2 螺栓孔孔距超过本规范第 7.2.1 条规定的允许偏差时，可采用与母材相匹配的焊条补焊，并应经无损检测合格后重新制孔，每组孔中经补焊重新钻孔的数量不得超过该组螺栓数量的 20%。

7.2.3 高强度螺栓摩擦面对因板厚公差、制造偏差或安装偏差等产生的接触面间隙，应按表 7.2.3 规定进行处理。

表 7.2.3 接触面间隙处理

项目	示 意 图	处 理 方 法
1		$\Delta < 1.0$mm 时不予处理
2	磨斜面	$\Delta = (1.0 \sim 3.0)$mm 时将厚板一侧磨成 1:10 缓坡，使间隙小于 1.0mm
3		$\Delta > 3.0$mm 时加垫板，垫板厚度不小于 3mm，最多不超过三层，垫板材质和摩擦面处理方法应与构件相同

7.2.4 高强度螺栓连接处的摩擦面可根据设计抗滑移系数的要求选择处理工艺，抗滑移系数应符合设计要求。采用手工砂轮打磨时，打磨方向应与受力方向垂直，且打磨范围不应小于螺栓孔径的 4 倍。

7.2.5 经表面处理后的高强度螺栓连接摩擦面，应符合下列规定：

　　1 连接摩擦面应保持干燥、清洁，不应有飞边、毛刺、焊接飞溅物、焊疤、氧化铁皮、污垢等；

　　2 经处理后的摩擦面应采取保护措施，不得在摩擦面上作标记；

　　3 摩擦面采用生锈处理方法时，安装前应以细钢丝刷垂直于构件受力方向除去摩擦面上的浮锈。

7.3 普通紧固件连接

7.3.1 普通螺栓可采用普通扳手紧固，螺栓紧固应使被连接件接触面、螺栓头和螺母与构件表面密贴。普通螺栓紧固应从中间开始，对称向两边进行，大型接头宜采用复拧。

7.3.2 普通螺栓作为永久性连接螺栓时，紧固连接应符合下列规定：

　　1 螺栓头和螺母侧应分别放置平垫圈，螺栓头侧放置的垫圈不应多于 2 个，螺母侧放置的垫圈不应多于 1 个；

　　2 承受动力荷载或重要部位的螺栓连接，设计有防松动要求时，应采取有防松动装置的螺母或弹簧垫圈，弹簧垫圈应放置在螺母侧；

　　3 对工字钢、槽钢等有斜面的螺栓连接，宜采用斜垫圈；

　　4 同一个连接接头螺栓数量不应少于 2 个；

　　5 螺栓紧固后外露丝扣不应少于 2 扣，紧固质量检验可采用锤敲检验。

7.3.3 连接薄钢板采用的拉铆钉、自攻钉、射钉等，其规格尺寸应与被连接钢板相匹配，其间距、边距等应符合设计文件的要求。钢拉铆钉和自攻螺钉的钉头部分应靠在较薄的板件一侧。自攻螺钉、钢拉铆钉、射钉等与连接钢板应紧固密贴，外观应排列整齐。

7.3.4 自攻螺钉（非自攻自钻螺钉）连接板上的预制孔径 d_0，可按下列公式计算：

$$d_0 = 0.7d + 0.2t_1 \qquad (7.3.4-1)$$

$$d_0 \leqslant 0.9d \qquad (7.3.4-2)$$

式中：d——自攻螺钉的公称直径（mm）；

　　　　t_1——连接板的总厚度（mm）。

7.3.5 射钉施工时，穿透深度不应小于 10.0mm。

7.4 高强度螺栓连接

7.4.1 高强度大六角头螺栓连接副应由一个螺栓、一个螺母和两个垫圈组成，扭剪型高强度螺栓连接副应由一个螺栓、一个螺母和一个垫圈组成，使用组合应符合表 7.4.1 的规定。

表 7.4.1 高强度螺栓连接副的使用组合

螺栓	螺母	垫圈
10.9S	10H	（35～45）HRC
8.8S	8H	（35～45）HRC

7.4.2 高强度螺栓长度应以螺栓连接副终拧后外露 2 扣～3 扣丝为标准计算，可按下列公式计算。选用的高强度螺栓公称长度应取修约后的长度，应根据计算出的螺栓长度 l 按修约间隔 5mm 进行修约。

$$l = l' + \Delta l \tag{7.4.2-1}$$

$$\Delta l = m + ns + 3p \tag{7.4.2-2}$$

式中：l' —— 连接板层总厚度；

Δl —— 附加长度，或按表 7.4.2 选取；

m —— 高强度螺母公称厚度；

n —— 垫圈个数，扭剪型高强度螺栓为 1，高强度大六角头螺栓为 2；

s —— 高强度垫圈公称厚度，当采用大圆孔或槽孔时，高强度垫圈公称厚度按实际厚度取值；

p —— 螺纹的螺距。

表 7.4.2 高强度螺栓附加长度 Δl（mm）

高强度螺栓种类	螺栓规格						
	M12	M16	M20	M22	M24	M27	M30
高强度大六角头螺栓	23	30	35.5	39.5	43	46	50.5
扭剪型高强度螺栓	—	26	31.5	34.5	38	41	45.5

注：本表附加长度 Δl 由标准圆孔垫圈公称厚度计算确定。

7.4.3 高强度螺栓安装时应先使用安装螺栓和冲钉。在每个节点上穿入的安装螺栓和冲钉数量，应根据安装过程所承受的荷载计算确定，并应符合下列规定：

1 不应少于安装孔总数的 1/3；

2 安装螺栓不应少于 2 个；

3 冲钉穿入数量不宜多于安装螺栓数量的 30%；

4 不得用高强度螺栓兼做安装螺栓。

7.4.4 高强度螺栓应在构件安装精度调整后进行拧紧。高强度螺栓安装应符合下列规定：

1 扭剪型高强度螺栓安装时，螺母带圆台面的一侧应朝向垫圈有倒角的一侧；

2 大六角头高强度螺栓安装时，螺栓头下垫圈有倒角的一侧应朝向螺栓头，螺母带圆台面的一侧应朝向垫圈有倒角的一侧。

7.4.5 高强度螺栓现场安装时应能自由穿入螺栓孔，不得强行穿入。螺栓不能自由穿入时，可采用铰刀或锉刀修整螺栓孔，不得采用气割扩孔，扩孔数量应征得设计单位同意，修整后或扩孔后的孔径不应超过螺栓直径的 1.2 倍。

7.4.6 高强度大六角头螺栓连接副施拧可采用扭矩法或转角法，施工时应符合下列规定：

1 施工用的扭矩扳手使用前应进行校正，其扭矩相对误差不得大于 ±5%；校正用的扭矩扳手，其扭矩相对误差不得大于 ±3%；

2 施拧时，应在螺母上施加扭矩；

3 施拧应分为初拧和终拧，大型节点应在初拧和终拧间增加复拧。初拧扭矩可取施工终拧扭矩的 50%，复拧扭矩应等于初拧扭矩。终拧扭矩应按下式计算：

$$T_c = kP_c d \tag{7.4.6}$$

式中：T_c —— 施工终拧扭矩（N·m）；

k —— 高强度螺栓连接副的扭矩系数平均值，取 0.110～0.150；

P_c —— 高强度大六角头螺栓施工预拉力，可按表 7.4.6-1 选用（kN）；

d —— 高强度螺栓公称直径（mm）；

表 7.4.6-1 高强度大六角头螺栓施工预拉力（kN）

螺栓性能等级	螺栓公称直径（mm）						
	M12	M16	M20	M22	M24	M27	M30
8.8S	50	90	140	165	195	255	310
10.9S	60	110	170	210	250	320	390

4 采用转角法施工时，初拧（复拧）后连接副的终拧转角度应符合表 7.4.6-2 的要求；

表 7.4.6-2 初拧（复拧）后连接副的终拧转角度

螺栓长度 l	螺母转角	连接状态
$l \leqslant 4d$	1/3 圈（120°）	连接形式为一层芯板加两层盖板
$4d < l \leqslant 8d$ 或 200mm 及以下	1/2 圈（180°）	
$8d < l \leqslant 12d$ 或 200mm 以上	2/3 圈（240°）	

注：1 d 为螺栓公称直径；

2 螺母的转角为螺母与螺栓杆间的相对转角；

3 当螺栓长度 l 超过螺栓公称直径 d 的 12 倍时，螺母的终拧角度应由试验确定。

5 初拧或复拧后应对螺母涂画颜色标记。

7.4.7 扭剪型高强度螺栓连接副应采用专用电动扳手施拧，施工时应符合下列规定：

1 施拧应分为初拧和终拧，大型节点宜在初拧和终拧间增加复拧；

2 初拧扭矩值应取本规范公式（7.4.6）中 T_c 计算值的 50%，其中 k 应取 0.13，也可按表 7.4.7 选用；复拧扭矩应等于初拧扭矩；

表 7.4.7 扭剪型高强度螺栓初拧（复拧）扭矩值（N·m）

螺栓公称直径（mm）	M16	M20	M22	M24	M27	M30
初拧（复拧）扭矩	115	220	300	390	560	760

3 终拧应以拧掉螺栓尾部梅花头为准，少数不能用专用扳手进行终拧的螺栓，可按本规范第7.4.6条规定的方法进行终拧，扭矩系数 k 取 0.13；

4 初拧或复拧后应对螺母涂画颜色标记。

7.4.8 高强度螺栓连接节点螺栓群初拧、复拧和终拧，应采用合理的施拧顺序。

7.4.9 高强度螺栓和焊接混用的连接节点，当设计文件无规定时，宜先螺栓紧固后焊接的施工顺序。

7.4.10 高强度螺栓连接副的初拧、复拧、终拧，宜在24h内完成。

7.4.11 高强度大六角头螺栓连接用扭矩法施工紧固时，应进行下列质量检查：

1 应检查终拧颜色标记，并应用 0.3kg 重小锤敲击螺母对高强度螺栓进行逐个检查；

2 终拧扭矩应按节点数 10% 抽查，且不应少于 10 个节点；对每个被抽查节点应按螺栓数 10% 抽查，且不应少于 2 个螺栓；

3 检查时应先在螺杆端面和螺母上画一直线，然后将螺母拧松约 60°；再用扭矩扳手重新拧紧，使两线重合，测得此时的扭矩应为 $0.9T_{ch} \sim 1.1T_{ch}$。T_{ch} 可按下式计算：

$$T_{ch} = kPd \qquad (7.4.11)$$

式中：T_{ch}——检查扭矩（N·m）；

P——高强度螺栓设计预拉力（kN）；

k——扭矩系数。

4 发现有不符合规定时，应再扩大 1 倍检查；仍有不合格者时，则整个节点的高强度螺栓应重新施拧；

5 扭矩检查宜在螺栓终拧 1h 以后、24h 之前完成，检查用的扭矩扳手，其相对误差不得大于±3%。

7.4.12 高强度大六角头螺栓连接转角法施工紧固，应进行下列质量检查：

1 应检查终拧颜色标记，同时应用约 0.3kg 重小锤敲击螺母对高强度螺栓进行逐个检查；

2 终拧转角应按节点数抽查 10%，且不应少于 10 个节点；对每个被抽查节点应按螺栓数抽查 10%，且不应少于 2 个螺栓；

3 应在螺杆端面和螺母相对位置画线，然后全部卸松螺母，应再按规定的初拧扭矩和终拧角度重新拧紧螺母，测量终止线与原终止线画线间的角度，应符合表 7.4.6-2 的要求，误差在±30°者应为合格；

4 发现有不符合规定时，应再扩大 1 倍检查；仍有不合格者时，则整个节点的高强度螺栓应重新施拧；

5 转角检查宜在螺栓终拧 1h 以后、24h 之前完成。

7.4.13 扭剪型高强度螺栓终拧检查，应以目测尾部梅花头拧断为合格。不能用专用扳手拧紧的扭剪型高强度螺栓，应按本规范第 7.4.11 条的规定进行质量检查。

检查。

7.4.14 螺栓球节点网架总拼完成后，高强度螺栓与球节点应紧固连接，螺栓拧入螺栓球内的螺纹长度不应小于螺栓直径的 1.1 倍，连接处不应出现有间隙、松动等未拧紧情况。

8 零件及部件加工

8.1 一般规定

8.1.1 本章适用于钢结构制作中零件及部件的加工。

8.1.2 零件及部件加工前，应熟悉设计文件和施工详图，应做好各道工序的工艺准备；并应结合加工的实际情况，编制加工工艺文件。

8.2 放样和号料

8.2.1 放样和号料应根据施工详图和工艺文件进行，并应按要求预留余量。

8.2.2 放样和样板（样杆）的允许偏差应符合表 8.2.2 的规定。

表 8.2.2 放样和样板（样杆）的允许偏差

项　目	允许偏差
平行线距离和分段尺寸	±0.5mm
样板长度	±0.5mm
样板宽度	±0.5mm
样板对角线差	1.0mm
样杆长度	±1.0mm
样板的角度	±20′

8.2.3 号料的允许偏差应符合表 8.2.3 的规定。

表 8.2.3 号料的允许偏差（mm）

项　目	允许偏差
零件外形尺寸	±1.0
孔距	±0.5

8.2.4 主要零件应根据构件的受力特点和加工状况，按工艺规定的方向进行号料。

8.2.5 号料后，零件和部件应按施工详图和工艺要求进行标识。

8.3 切　割

8.3.1 钢材切割可采用气割、机械切割、等离子切割等方法，选用的切割方法应满足工艺文件的要求。切割后的飞边、毛刺应清理干净。

8.3.2 钢材切割面应无裂纹、夹渣、分层等缺陷和大于 1mm 的缺棱。

8.3.3 气割前钢材切割区域表面应清理干净。切割时，应根据设备类型、钢材厚度、切割气体等因素选择适合的工艺参数。

8.3.4 气割的允许偏差应符合表8.3.4的规定。

表8.3.4　气割的允许偏差（mm）

项　　目	允许偏差
零件宽度、长度	±3.0
切割面平面度	0.05t，且不应大于2.0
割纹深度	0.3
局部缺口深度	1.0

注：t为切割面厚度。

8.3.5 机械剪切的零件厚度不宜大于12.0mm，剪切面应平整。碳素结构钢在环境温度低于−20℃、低合金结构钢在环境温度低于−15℃时，不得进行剪切、冲孔。

8.3.6 机械剪切的允许偏差应符合表8.3.6的规定。

表8.3.6　机械剪切的允许偏差（mm）

项　　目	允许偏差（mm）
零件宽度、长度	±3.0
边缘缺棱	1.0
型钢端部垂直度	2.0

8.3.7 钢网架（桁架）用钢管杆件宜用管子车床或数控相贯线切割机下料，下料时应预放加工余量和焊接收缩量，焊接收缩量可由工艺试验确定。钢管杆件加工的允许偏差应符合表8.3.7的规定。

表8.3.7　钢管杆件加工的允许偏差（mm）

项　　目	允许偏差
长　　度	±1.0
端面对管轴的垂直度	0.005r
管口曲线	1.0

注：r为管半径。

8.4　矫正和成型

8.4.1 矫正可采用机械矫正、加热矫正、加热与机械联合矫正等方法。

8.4.2 碳素结构钢在环境温度低于−16℃、低合金结构钢在环境温度低于−12℃时，不应进行冷矫正和冷弯曲。碳素结构钢和低合金结构钢在加热矫正时，加热温度应为700℃～800℃，最高温度严禁超过900℃，最低温度不得低于600℃。

8.4.3 当零件采用热加工成型时，可根据材料的含碳量，选择不同的加热温度。加热温度应控制在900℃～1000℃，也可控制在1100℃～1300℃；碳素

结构钢和低合金结构钢在温度分别下降到700℃和800℃前，应结束加工；低合金结构钢应自然冷却。

8.4.4 热加工成型温度应均匀，同一构件不应反复进行热加工；温度冷却到200℃～400℃时，严禁捶打、弯曲和成型。

8.4.5 工厂冷成型加工钢管，可采用卷制或压制工艺。

8.4.6 矫正后的钢材表面，不应有明显的凹痕或损伤，划痕深度不得大于0.5mm，且不应超过钢材厚度允许负偏差的1/2。

8.4.7 型钢冷矫正和冷弯曲的最小曲率半径和最大弯曲矢高，应符合表8.4.7的规定。

表8.4.7　冷矫正和冷弯曲的最小曲率半径和最大弯曲矢高（mm）

钢材类别	图　例	对应轴	矫正		弯曲	
			r	f	r	f
钢板扁钢		x-x	50t	$\frac{l^2}{400t}$	25t	$\frac{l^2}{200t}$
		y-y（仅对扁钢轴线）	100b	$\frac{l^2}{800b}$	50b	$\frac{l^2}{400b}$
角钢		x-x	90b	$\frac{l^2}{720b}$	45b	$\frac{l^2}{360b}$
槽钢		x-x	50h	$\frac{l^2}{400h}$	25h	$\frac{l^2}{200h}$
		y-y	90b	$\frac{l^2}{720b}$	45b	$\frac{l^2}{360b}$
工字钢		x-x	50h	$\frac{l^2}{400h}$	25h	$\frac{l^2}{200h}$
		y-y	50b	$\frac{l^2}{400b}$	25b	$\frac{l^2}{200b}$

注：r为曲率半径；f为弯曲矢高；l为弯曲弦长；t为板厚；b为宽度；h为高度。

8.4.8 钢材矫正后的允许偏差应符合表8.4.8的规定。

表 8.4.8　钢材矫正后的允许偏差（mm）

项　　目		允许偏差	图　　例
钢板的局部平面度	$t\leqslant14$	1.5	
	$t>14$	1.0	
型钢弯曲矢高		$l/1000$ 且不应大于 5.0	
角钢肢的垂直度		$b/100$ 且双肢栓接角钢的角度不得大于 90°	
槽钢翼缘对腹板的垂直度		$b/80$	
工字钢、H 型钢翼缘对腹板的垂直度		$b/100$ 且不大于 2.0	

8.4.9　钢管弯曲成型的允许偏差应符合表 8.4.9 的规定。

表 8.4.9　钢管弯曲成型的允许偏差（mm）

项　　目	允许偏差
直径	$\pm d/200$ 且 $\leqslant\pm5.0$
构件长度	±3.0
管口圆度	$d/200$ 且 $\leqslant5.0$
管中间圆度	$d/100$ 且 $\leqslant8.0$
弯曲矢高	$l/1500$ 且 $\leqslant5.0$

注：d 为钢管直径。

8.5　边　缘　加　工

8.5.1　边缘加工可采用气割和机械加工方法，对边缘有特殊要求时宜采用精密切割。

8.5.2　气割或机械剪切的零件，需要进行边缘加工时，其刨削量不应小于 2.0mm。

8.5.3　边缘加工的允许偏差应符合表 8.5.3 的规定。

表 8.5.3　边缘加工的允许偏差

项　　目	允许偏差
零件宽度、长度	±1.0mm
加工边直线度	$l/3000$，且不应大于 2.0mm
相邻两边夹角	$\pm6'$
加工面垂直度	$0.025t$，且不应大于 0.5mm
加工面表面粗糙度	$Ra\leqslant50\mu m$

8.5.4　焊缝坡口可采用气割、铲削、刨边机加工等方法，焊缝坡口的允许偏差应符合表 8.5.4 的规定。

表 8.5.4　焊缝坡口的允许偏差

项　　目	允许偏差
坡口角度	$\pm5°$
钝边	±1.0mm

8.5.5　零部件采用铣床进行铣削加工边缘时，加工后的允许偏差应符合表 8.5.5 的规定。

表 8.5.5　零部件铣削加工后的允许偏差（mm）

项　　目	允许偏差
两端铣平时零件长度、宽度	±1.0
铣平面的平面度	0.3
铣平面的垂直度	$l/1500$

8.6　制　　孔

8.6.1　制孔可采用钻孔、冲孔、铣孔、铰孔、镗孔和锪孔等方法，对直径较大或长形孔也可采用气割制孔。

8.6.2　利用钻床进行多层板钻孔时，应采取有效的防止窜动措施。

8.6.3　机械或气割制孔后，应清除孔周边的毛刺、切屑等杂物；孔壁应圆滑，应无裂纹和大于 1.0mm 的缺棱。

8.7　螺栓球和焊接球加工

8.7.1　螺栓球宜热锻成型，加热温度宜为 1150℃～1250℃，终锻温度不得低于 800℃，成型后螺栓球不应有裂纹、褶皱和过烧。

8.7.2　螺栓球加工的允许偏差应符合表 8.7.2 的规定。

表 8.7.2　螺栓球加工的允许偏差（mm）

项　　目		允许偏差
球直径	$d\leqslant120$	$+2.0$ / -1.0
	$d>120$	$+3.0$ / -1.5
球圆度	$d\leqslant120$	1.5
	$120<d\leqslant250$	2.5
	$d>250$	3.0
同一轴线上两铣平面平行度	$d\leqslant120$	0.2
	$d>120$	0.3
铣平面距球中心距离		±0.2
相邻两螺栓孔中心线夹角		$\pm30'$
两铣平面与螺栓孔轴线垂直度		$0.005r$

注：r 为螺栓球半径；d 为螺栓球直径。

8.7.3 焊接空心球宜采用钢板热压成半圆球，加热温度宜为 1000℃～1100℃，并应经机械加工坡口后焊成圆球。焊接后的成品球表面应光滑平整，不应有局部凸起或褶皱。

8.7.4 焊接空心球加工的允许偏差应符合表 8.7.4 的规定。

表 8.7.4 焊接空心球加工的允许偏差（mm）

项　目		允许偏差
直　径	$d \leqslant 300$	±1.5
	$300 < d \leqslant 500$	±2.5
	$500 < d \leqslant 800$	±3.5
	$d > 800$	±4
圆　度	$d \leqslant 300$	±1.5
	$300 < d \leqslant 500$	±2.5
	$500 < d \leqslant 800$	±3.5
	$d > 800$	±4
壁厚减薄量	$t \leqslant 10$	$\leqslant 0.18t$ 且不大于 1.5
	$10 < t \leqslant 16$	$\leqslant 0.15t$ 且不大于 2.0
	$16 < t \leqslant 22$	$\leqslant 0.12t$ 且不大于 2.5
	$22 < t \leqslant 45$	$\leqslant 0.11t$ 且不大于 3.5
	$t > 45$	$\leqslant 0.08t$ 且不大于 4.0
对口错边量	$t \leqslant 20$	$\leqslant 0.10t$ 且不大于 1.0
	$20 < t \leqslant 40$	2.0
	$t > 40$	3.0
焊缝余高		0～1.5

注：d 为焊接空心球的外径；t 为焊接空心球的壁厚。

8.8 铸钢节点加工

8.8.1 铸钢节点的铸造工艺和加工质量应符合设计文件和国家现行有关标准的规定。

8.8.2 铸钢节点加工宜包括工艺设计、模型制作、浇注、清理、热处理、打磨（修补）、机械加工和成品检验等工序。

8.8.3 复杂的铸钢节点接头宜设置过渡段。

8.9 索节点加工

8.9.1 索节点可采用铸造、锻造、焊接等方法加工成毛坯，并应经车削、铣削、刨削、钻孔、镗孔等机械加工而成。

8.9.2 索节点的普通螺纹应符合现行国家标准《普通螺纹　基本尺寸》GB/T 196 和《普通螺纹　公差》GB/T 197 中有关 7H/6g 的规定，梯形螺纹应符合现行国家标准《梯形螺纹》GB/T 5796 中 8H/7e 的有关规定。

9 构件组装及加工

9.1 一般规定

9.1.1 本章适用于钢结构制作及安装中构件的组装及加工。

9.1.2 构件组装前，组装人员应熟悉施工详图、组装工艺及有关技术文件的要求，检查组装用的零部件的材质、规格、外观、尺寸、数量等均应符合设计要求。

9.1.3 组装焊接处的连接接触面及沿边缘 30mm～50mm 范围内的铁锈、毛刺、污垢等，应在组装前清除干净。

9.1.4 板材、型材的拼接应在构件组装前进行；构件的组装应在部件组装、焊接、校正并经检验合格后进行。

9.1.5 构件组装应根据设计要求、构件形式、连接方式、焊接方法和焊接顺序等确定合理的组装顺序。

9.1.6 构件的隐蔽部位应在焊接和涂装检查合格后封闭；完全封闭的构件内表面可不涂装。

9.1.7 构件应在组装完成并经检验合格后再进行焊接。

9.1.8 焊接完成后的构件应根据设计和工艺文件要求进行端面加工。

9.1.9 构件组装的尺寸偏差，应符合设计文件和现行国家标准《钢结构工程施工质量验收规范》GB 50205 的有关规定。

9.2 部件拼接

9.2.1 焊接 H 型钢的翼缘板拼接缝和腹板拼接缝的间距，不宜小于 200mm。翼缘板拼接长度不应小于 600mm；腹板拼接宽度不应小于 300mm，长度不应小于 600mm。

9.2.2 箱形构件的侧板拼接长度不应小于 600mm，相邻两侧板拼接缝的间距不宜小于 200mm；侧板在宽度方向不宜拼接，当宽度超过 2400mm 确需拼接时，最小拼接宽度不宜小于板宽的 1/4。

9.2.3 设计无特殊要求时，用于次要构件的热轧型钢可采用直口全熔透焊接拼接，其拼接长度不应小于 600mm。

9.2.4 钢管接长时每个节间宜为一个接头，最短接长长度应符合下列规定：

　　1 当钢管直径 $d \leqslant 500$mm 时，不应小于 500mm；

　　2 当钢管直径 500mm$< d \leqslant$1000mm，不应小于直径 d；

　　3 当钢管直径 $d > 1000$mm 时，不应小于 1000mm；

4 当钢管采用卷制方式加工成型时，可有若干个接头，但最短接长长度应符合本条第1～3款的要求。

9.2.5 钢管接长时，相邻管节或管段的纵向焊缝应错开，错开的最小距离（沿弧长方向）不应小于钢管壁厚的5倍，且不应小于200mm。

9.2.6 部件拼接焊缝应符合设计文件的要求，当设计无要求时，应采用全熔透等强对接焊缝。

9.3 构 件 组 装

9.3.1 构件组装宜在组装平台、组装支承架或专用设备上进行，组装平台及组装支承架应有足够的强度和刚度，并应便于构件的装卸、定位。在组装平台或组装支承架上宜画出构件的中心线、端面位置线、轮廓线和标高线等基准线。

9.3.2 构件组装可采用地样法、仿形复制装配法、胎模装配法和专用设备装配法等方法；组装时可采用立装、卧装等方式。

9.3.3 构件组装间隙应符合设计和工艺文件要求，当设计和工艺文件无规定时，组装间隙不宜大于2.0mm。

9.3.4 焊接构件组装时应预设焊接收缩量，并应对各部件进行合理的焊接收缩量分配。重要或复杂构件宜通过工艺性试验确定焊接收缩量。

9.3.5 设计要求起拱的构件，应在组装时按规定的起拱值进行起拱，起拱允许偏差为起拱值的0～10%，且不应大于10mm。设计未要求但施工工艺要求起拱的构件，起拱允许偏差不应大于起拱值的±10%，且不应大于±10mm。

9.3.6 桁架结构组装时，杆件轴线交点偏移不应大于3mm。

9.3.7 吊车梁和吊车桁架组装、焊接完成后不应允许下挠。吊车梁的下翼缘和重要受力构件的受拉面不得焊接工装夹具、临时定位板、临时连接板等。

9.3.8 拆除临时工装夹具、临时定位板、临时连接板等，严禁用锤击落，应在距离构件表面3mm～5mm处采用气割切除，对残留的焊疤应打磨平整，且不得损伤母材。

9.3.9 构件端部铣平后顶紧接触面应有75%以上的面积密贴，应用0.3mm的塞尺检查，其塞入面积应小于25%，边缘最大间隙不应大于0.8mm。

9.4 构 件 端 部 加 工

9.4.1 构件端部加工应在构件组装、焊接完成并经检验合格后进行。构件的端面铣平加工可用端铣床加工。

9.4.2 构件的端部铣平加工应符合下列规定：

1 应根据工艺要求预先确定端部铣削量，铣削量不宜小于5mm；

2 应按设计文件及现行国家标准《钢结构工程施工质量验收规范》GB 50205的有关规定，控制铣平面的平面度和垂直度。

9.5 构 件 矫 正

9.5.1 构件外形矫正宜采取先总体后局部、先主要后次要、先下部后上部的顺序。

9.5.2 构件外形矫正可采用冷矫正和热矫正。当设计有要求时，矫正方法和矫正温度应符合设计文件要求；当设计文件无要求时，矫正方法和矫正温度应符合本规范第8.4节的规定。

10 钢结构预拼装

10.1 一 般 规 定

10.1.1 本章适用于合同要求或设计文件规定的构件预拼装。

10.1.2 预拼装前，单个构件应检查合格；当同一类型构件较多时，可选择一定数量的代表性构件进行预拼装。

10.1.3 构件可采用整体预拼装或累积连续预拼装。当采用累积连续预拼装时，两相邻单元连接的构件应分别参与两个单元的预拼装。

10.1.4 除有特殊规定外，构件预拼装应按设计文件和现行国家标准《钢结构工程施工质量验收规范》GB 50205的有关规定进行验收。预拼装验收时，应避开日照的影响。

10.2 实 体 预 拼 装

10.2.1 预拼装场地应平整、坚实；预拼装所用的临时支承架、支承凳或平台应经测量准确定位，并应符合工艺文件要求。重型构件预拼装所用的临时支承结构应进行结构安全验算。

10.2.2 预拼装单元可根据场地条件、起重设备等选择合适的几何形态进行预拼装。

10.2.3 构件应在自由状态下进行预拼装。

10.2.4 构件预拼装应按设计图的控制尺寸定位，对有预起拱、焊接收缩等的预拼装构件，应按预起拱值或收缩量的大小对尺寸定位进行调整。

10.2.5 采用螺栓连接的节点连接件，必要时可在预拼装定位后进行钻孔。

10.2.6 当多层板叠采用高强度螺栓或普通螺栓连接时，宜先使用不少于螺栓总数10%的冲钉定位，再采用临时螺栓紧固。临时螺栓在一组孔内不得少于螺栓孔数量的20%，且不应少于2个；预拼装时应使板层密贴。螺栓孔应采用试孔器进行检查，并应符合下列规定：

1 当采用比孔公称直径小1.0mm的试孔器检查

时，每组孔的通过率不应小于85%；

2 当采用比螺栓公称直径大0.3mm的试孔器检查时，通过率应为100%。

10.2.7 预拼装检查合格后，宜在构件上标注中心线、控制基准线等标记，必要时可设置定位器。

10.3 计算机辅助模拟预拼装

10.3.1 构件除可采用实体预拼装外，还可采用计算机辅助模拟预拼装方法，模拟构件或单元的外形尺寸应与实物几何尺寸相同。

10.3.2 当采用计算机辅助模拟预拼装的偏差超过现行国家标准《钢结构工程施工质量验收规范》GB 50205的有关规定时，应按本规范第10.2节的要求进行实体预拼装。

11 钢结构安装

11.1 一 般 规 定

11.1.1 本章适用于单层钢结构、多高层钢结构、大跨度空间结构及高耸钢结构等工程的安装。

11.1.2 钢结构安装现场应设置专门的构件堆场，并应采取防止构件变形及表面污染的保护措施。

11.1.3 安装前，应按构件明细表核对进场的构件，查验产品合格证；工厂预拼装过的构件在现场组装时，应根据预拼装记录进行。

11.1.4 构件吊装前应清除表面上的油污、冰雪、泥沙和灰尘等杂物，并应做好轴线和标高标记。

11.1.5 钢结构安装应根据结构特点按照合理顺序进行，并应形成稳固的空间刚度单元，必要时应增加临时支承结构或临时措施。

11.1.6 钢结构安装校正时应分析温度、日照和焊接变形等因素对结构变形的影响。施工单位和监理单位宜在相同的天气条件和时间段进行测量验收。

11.1.7 钢结构吊装宜在构件上设置专门的吊装耳板或吊装孔。设计文件无特殊要求时，吊装耳板和吊装孔可保留在构件上，需去除耳板时，可采用气割或碳弧气刨方式在离母材3mm～5mm位置切除，严禁采用锤击方式去除。

11.1.8 钢结构安装过程中，制孔、组装、焊接和涂装等工序的施工均应符合本规范第6、8、9、13章的有关规定。

11.1.9 构件在运输、存放和安装过程中损坏的涂层，以及安装连接部位，应按本规范第13章的有关规定补漆。

11.2 起重设备和吊具

11.2.1 钢结构安装宜采用塔式起重机、履带吊、汽车吊等定型产品。选用非定型产品作为起重设备时，应编制专项方案，并应经评审后再组织实施。

11.2.2 起重设备应根据起重设备性能、结构特点、现场环境、作业效率等因素综合确定。

11.2.3 起重设备需要附着或支承在结构上时，应得到设计单位的同意，并应进行结构安全验算。

11.2.4 钢结构吊装作业必须在起重设备的额定起重量范围内进行。

11.2.5 钢结构吊装不宜采用抬吊。当构件重量超过单台起重设备的额定起重量范围时，构件可采用抬吊的方式吊装。采用抬吊方式时，应符合下列规定：

1 起重设备应进行合理的负荷分配，构件重量不得超过两台起重设备额定起重量总和的75%，单台起重设备的负荷量不得超过额定起重量的80%；

2 吊装作业应进行安全验算并采取相应的安全措施，应有经批准的抬吊作业专项方案；

3 吊装操作时应保持两台起重设备升降和移动同步，两台起重设备的吊钩、滑车组均应基本保持垂直状态。

11.2.6 用于吊装的钢丝绳、吊装带、卸扣、吊钩等吊具应经检查合格，并应在其额定许用荷载范围内使用。

11.3 基础、支承面和预埋件

11.3.1 钢结构安装前应对建筑物的定位轴线、基础轴线和标高、地脚螺栓位置等进行检查，并应办理交接验收。当基础工程分批进行交接时，每次交接验收不应少于一个安装单元的柱基础，并应符合下列规定：

1 基础混凝土强度应达到设计要求；

2 基础周围回填夯实应完毕；

3 基础的轴线标志和标高基准点应准确、齐全。

11.3.2 基础顶面直接作为柱的支承面、基础顶面预埋钢板（或支座）作为柱的支承面时，其支承面、地脚螺栓（锚栓）的允许偏差应符合表11.3.2的规定。

表11.3.2 支承面、地脚螺栓（锚栓）的允许偏差（mm）

项 目		允许偏差
支承面	标 高	±3.0
	水平度	1/1000
地脚螺栓（锚栓）	螺栓中心偏移	5.0
	螺栓露出长度	+30.0 0
	螺纹长度	+30.0 0
预留孔中心偏移		10.0

11.3.3 钢柱脚采用钢垫板作支承时，应符合下列规定：

1 钢垫板面积应根据混凝土抗压强度、柱脚底板承受的荷载和地脚螺栓（锚栓）的紧固拉力计算确定；

2 垫板应设置在靠近地脚螺栓（锚栓）的柱脚底板加劲板或柱肢下，每根地脚螺栓（锚栓）侧应设1组～2组垫板，每组垫板不得多于5块；

3 垫板与基础面和柱底面的接触应平整、紧密；当采用成对斜垫板时，其叠合长度不应小于垫板长度的2/3；

4 柱底二次浇灌混凝土前垫板间应焊接固定。

11.3.4 锚栓及预埋件安装应符合下列规定：

1 宜采取锚栓定位支架、定位板等辅助固定措施；

2 锚栓和预埋件安装到位后，应可靠固定；当锚栓埋设精度较高时，可采用预留孔洞、二次埋设等工艺；

3 锚栓应采取防止损坏、锈蚀和污染的保护措施；

4 钢柱地脚螺栓紧固后，外露部分应采取防止螺母松动和锈蚀的措施；

5 当锚栓需要施加预应力时，可采用后张拉方法，张拉力应符合设计文件的要求，并应在张拉完成后进行灌浆处理。

11.4 构 件 安 装

11.4.1 钢柱安装应符合下列规定：

1 柱脚安装时，锚栓宜使用导入器或护套；

2 首节钢柱安装后应及时进行垂直度、标高和轴线位置校正，钢柱的垂直度可采用经纬仪或线锤测量；校正合格后钢柱应可靠固定，并应进行柱底二次灌浆，灌浆前应清除柱底板与基础面间杂物；

3 首节以上的钢柱定位轴线应从地面控制轴线直接引上，不得从下层柱的轴线引上；钢柱校正垂直度时，应确定钢梁接头焊接的收缩量，并应预留焊缝收缩变形值；

4 倾斜钢柱可采用三维坐标测量法进行测校，也可采用柱顶投影点结合标高进行测校，校正合格后宜采用刚性支撑固定。

11.4.2 钢梁安装应符合下列规定：

1 钢梁宜采用两点起吊；当单根钢梁长度大于21m，采用两点吊装不能满足构件强度和变形要求时，宜设置3个～4个吊装点吊装或采用平衡梁吊装，吊点位置应通过计算确定；

2 钢梁可采用一机一吊或一机串吊的方式吊装，就位后应立即临时固定连接；

3 钢梁面的标高及两端高差可采用水准仪与标尺进行测量，校正完成后应进行永久性连接。

11.4.3 支撑安装应符合下列规定：

1 交叉支撑宜按从下到上的顺序组合吊装；

2 无特殊规定时，支撑构件的校正宜在相邻结构校正固定后进行；

3 屈曲约束支撑应按设计文件和产品说明书的要求进行安装。

11.4.4 桁架（屋架）安装应在钢柱校正合格后进行，并应符合下列规定：

1 钢桁架（屋架）可采用整榀或分段安装；

2 钢桁架（屋架）应在起扳和吊装过程中防止产生变形；

3 单榀钢桁架（屋架）安装时应采用缆绳或刚性支撑增加侧向临时约束。

11.4.5 钢板剪力墙安装应符合下列规定：

1 钢板剪力墙吊装时应采取防止平面外的变形措施；

2 钢板剪力墙的安装时间和顺序应符合设计文件要求。

11.4.6 关节轴承节点安装应符合下列规定：

1 关节轴承节点应采用专门的工装进行吊装和安装；

2 轴承总成不宜解体安装，就位后应采取临时固定措施；

3 连接销轴与孔装配时应密贴接触，宜采用锥形孔、轴，应采用专用工具顶紧安装；

4 安装完毕后应做好成品保护。

11.4.7 钢铸件或铸钢节点安装应符合下列规定：

1 出厂时应标识清晰的安装基准标记；

2 现场焊接应严格按焊接工艺专项方案施焊和检验。

11.4.8 由多个构件在地面组拼的重型组合构件吊装时，吊点位置和数量应经计算确定。

11.4.9 后安装构件应根据设计文件或吊装工况的要求进行安装，其加工长度宜根据现场实际测量确定；当后安装构件与已完成结构采用焊接连接时，应采取减少焊接变形和焊接残余应力措施。

11.5 单层钢结构

11.5.1 单跨结构宜从跨端一侧向另一侧、中间向两端或两端向中间的顺序进行吊装。多跨结构，宜先吊主跨、后吊副跨；当有多台起重设备共同作业时，也可多跨同时吊装。

11.5.2 单层钢结构在安装过程中，应及时安装临时柱间支撑或稳定缆绳，应在形成空间结构稳定体系后再扩展安装。单层钢结构安装过程中形成的临时空间结构稳定体系应能承受结构自重、风荷载、雪荷载、施工荷载以及吊装过程中冲击荷载的作用。

11.6 多层、高层钢结构

11.6.1 多层及高层钢结构宜划分多个流水作业段进

行安装，流水段宜以每节框架为单位。流水段划分应符合下列规定：

1 流水段内的最重构件应在起重设备的起重能力范围内；

2 起重设备的爬升高度应满足下节流水段内构件的起吊高度；

3 每节流水段内的柱长度应根据工厂加工、运输堆放、现场吊装等因素确定，长度宜取 2 个～3 个楼层高度，分节位置宜在梁顶标高以上 1.0m～1.3m 处；

4 流水段的划分应与混凝土结构施工相适应；

5 每节流水段可根据结构特点和现场条件在平面上划分流水区进行施工。

11.6.2 流水作业段内的构件吊装宜符合下列规定：

1 吊装可采用整个流水段内先柱后梁、或局部先柱后梁的顺序；单柱不得长时间处于悬臂状态；

2 钢楼板及压型金属板安装应与构件吊装进度同步；

3 特殊流水作业段内的吊装顺序应按安装工艺确定，并应符合设计文件的要求。

11.6.3 多层及高层钢结构安装校正应依据基准柱进行，并应符合下列规定：

1 基准柱应能够控制建筑物的平面尺寸并便于其他柱的校正，宜选择角柱为基准柱；

2 钢柱校正宜采用合适的测量仪器和校正工具；

3 基准柱应校正完毕后，再对其他柱进行校正。

11.6.4 多层及高层钢结构安装时，楼层标高可采用相对标高或设计标高进行控制，并应符合下列规定：

1 当采用设计标高控制时，应以每节柱为单位进行柱标高调整，并应使每节柱的标高符合设计的要求；

2 建筑物总高度的允许偏差和同一层内各节柱的柱顶高度差，应符合现行国家标准《钢结构工程施工质量验收规范》GB 50205 的有关规定。

11.6.5 同一流水作业段、同一安装高度的一节柱，当各柱的全部构件安装、校正、连接完毕并验收合格后，应再从地面引放上一节柱的定位轴线。

11.6.6 高层钢结构安装时应分析竖向压缩变形对结构的影响，并应根据结构特点和影响程度采取预调安装标高、设置后连接构件等相应措施。

11.7 大跨度空间钢结构

11.7.1 大跨度空间钢结构可根据结构特点和现场施工条件，采用高空散装法、分条分块吊装法、滑移法、单元或整体提升（顶升）法、整体吊装法、折叠展开式整体提升法、高空悬拼安装法等安装方法。

11.7.2 空间结构吊装单元的划分应根据结构特点、运输方式、起重设备性能、安装场地条件等因素确定。

11.7.3 索（预应力）结构施工应符合下列规定：

1 施工前应对钢索、锚具及零配件的出厂报告、产品质量保证书、检测报告，以及索体长度、直径、品种、规格、色泽、数量等进行验收，并应验收合格后再进行预应力施工；

2 索（预应力）结构施工张拉前，应进行全过程施工阶段结构分析，并应以分析结果为依据确定张拉顺序，编制索（预应力）施工专项方案；

3 索（预应力）结构施工张拉前，应进行钢结构分项验收，验收合格后方可进行预应力张拉施工；

4 索（预应力）张拉应符合分阶段、分级、对称、缓慢匀速、同步加载的原则，并应根据结构和材料特点确定超张拉的要求；

5 索（预应力）结构宜进行索力和结构变形监测，并应形成监测报告。

11.7.4 大跨度空间钢结构施工应分析环境温度变化对结构的影响。

11.8 高耸钢结构

11.8.1 高耸钢结构可采用高空散件（单元）法、整体起扳法和整体提升（顶升）法等安装方法。

11.8.2 高耸钢结构采用整体起扳法安装时，提升吊点的数量和位置应通过计算确定，并应对整体起扳过程中结构不同施工倾斜角度或倾斜状态进行结构安全验算。

11.8.3 高耸钢结构安装的标高和轴线基准点向上传递时，应对风荷载、环境温度和日照等对结构变形的影响进行分析。

12 压型金属板

12.0.1 本章适用于楼层和平台中组合楼板的压型金属板施工，也适用于作为浇筑混凝土永久性模板用途的非组合楼板的压型金属板施工。

12.0.2 压型金属板安装前，应绘制各楼层压型金属板铺设的排版图；图中应包含压型金属板的规格、尺寸和数量，与主体结构的支承构造和连接详图，以及封边挡板等内容。

12.0.3 压型金属板安装前，应在支承结构上标出压型金属板的位置线。铺放时，相邻压型金属板端部的波形槽口应对准。

12.0.4 压型金属板应采用专用吊具装卸和转运，严禁直接采用钢丝绳绑扎吊装。

12.0.5 压型金属板与主体结构（钢梁）的锚固支承长度应符合设计要求，且不应小于 50mm；端部锚固可采用点焊、贴角焊或射钉连接，设置位置应符合设计要求。

12.0.6 转运至楼面的压型金属板应当天安装和连接完毕，当有剩余时应固定在钢梁上或转移到地面堆场。

12.0.7 支承压型金属板的钢梁表面应保持清洁，压型金属板与钢梁顶面的间隙应控制在 1mm 以内。

12.0.8 安装边模封口板时，应与压型金属板波距对齐，偏差不大于 3mm。

12.0.9 压型金属板安装应平整、顺直，板面不得有施工残留物和污物。

12.0.10 压型金属板需预留设备孔洞时，应在混凝土浇筑完毕后使用等离子切割或空心钻开孔，不得采用火焰切割。

12.0.11 设计文件要求在施工阶段设置临时支承时，应在混凝土浇筑前设置临时支承，待浇筑的混凝土强度达到规定强度后方可拆除。混凝土浇筑时应避免在压型金属板上集中堆载。

13 涂 装

13.1 一 般 规 定

13.1.1 本章适用于钢结构的油漆类防腐涂装、金属热喷涂防腐、热浸镀锌防腐和防火涂料涂装等工程的施工。

13.1.2 钢结构防腐涂装施工宜在构件组装和预拼装工程检验批的施工质量验收合格后进行。涂装完毕后，宜在构件上标注构件编号；大型构件应标明重量、重心位置和定位标记。

13.1.3 钢结构防火涂料涂装施工应在钢结构安装工程和防腐涂装工程检验批施工质量验收合格后进行。当设计文件规定构件可不进行防腐涂装时，安装验收合格后可直接进行防火涂料涂装施工。

13.1.4 钢结构防腐涂装工程和防火涂装工程的施工工艺和技术应符合本规范、设计文件、涂装产品说明书和国家现行有关产品标准的规定。

13.1.5 防腐涂装施工前，钢材应按本规范和设计文件要求进行表面处理。当设计文件未提出要求时，可根据涂料产品对钢材表面的要求，采用适当的处理方法。

13.1.6 油漆类防腐涂料涂装工程和防火涂料涂装工程，应按现行国家标准《钢结构工程施工质量验收规范》GB 50205 的有关规定进行质量验收。

13.1.7 金属热喷涂防腐和热浸镀锌防腐工程，可按现行国家标准《金属和其他无机覆盖层 热喷涂锌、铝及其合金》GB/T 9793 和《热喷涂金属件表面预处理通则》GB/T 11373 等有关规定进行质量验收。

13.1.8 构件表面的涂装系统应相互兼容。

13.1.9 涂装施工时，应采取相应的环境保护和劳动保护措施。

13.2 表 面 处 理

13.2.1 构件采用涂料防腐涂装时，表面除锈等级可按设计文件及现行国家标准《涂装前钢材表面锈蚀等级和除锈等级》GB 8923 的有关规定，采用机械除锈和手工除锈方法进行处理。

13.2.2 构件的表面粗糙度可根据不同底涂层和除锈等级按表 13.2.2 进行选择，并应按现行国家标准《涂装前钢材表面粗糙度等级的评定（比较样块法）》GB/T 13288 的有关规定执行。

表 13.2.2　构件的表面粗糙度

钢材底涂层	除锈等级	表面粗糙度 $Ra(\mu m)$
热喷锌/铝	Sa3 级	60～100
无机富锌	Sa2½～Sa3 级	50～80
环氧富锌	Sa2½ 级	30～75
不便喷砂的部位	St3 级	

13.2.3 经处理的钢材表面不应有焊渣、焊疤、灰尘、油污、水和毛刺等；对于镀锌构件，酸洗除锈后，钢材表面应露出金属色泽，并应无污渍、锈迹和残留酸液。

13.3 油漆防腐涂装

13.3.1 油漆防腐涂装可采用涂刷法、手工滚涂法、空气喷涂法和高压无气喷涂法。

13.3.2 钢结构涂装时的环境温度和相对湿度，除应符合涂料产品说明书的要求外，还应符合下列规定：

　　1 当产品说明书对涂装环境温度和相对湿度未作规定时，环境温度宜为 5℃～38℃，相对湿度不应大于 85%，钢材表面温度应高于露点温度 3℃，且钢材表面温度不应超过 40℃；

　　2 被施工物体表面不得有凝露；

　　3 遇雨、雾、雪、强风天气时应停止露天涂装，应避免在强烈阳光照射下施工；

　　4 涂装后 4h 内应采取保护措施，避免淋雨和沙尘侵袭；

　　5 风力超过 5 级时，室外不宜喷涂作业。

13.3.3 涂料调制应搅拌均匀，应随拌随用，不得随意添加稀释剂。

13.3.4 不同涂层间的施工应有适当的重涂间隔时间，最大及最小重涂间隔时间应符合涂料产品说明书的规定，应超过最小重涂间隔再施工，超过最大重涂间隔时应按涂料说明书的指导进行施工。

13.3.5 表面除锈处理与涂装的间隔时间宜在 4h 之内，在车间内作业或湿度较低的晴天不应超过 12h。

13.3.6 工地焊接部位的焊缝两侧宜留出暂不涂装的区域，应符合表 13.3.6 的规定，焊缝及焊缝两侧也可涂装不影响焊接质量的防腐涂料。

表 13.3.6 焊缝暂不涂装的区域（mm）

图　示	钢板厚度 t	暂不涂装的区域宽度 b
	t<50	50
	50≤t≤90	70
	t>90	100

13.3.7 构件油漆补涂应符合下列规定：

1 表面涂有工厂底漆的构件，因焊接、火焰校正、曝晒和擦伤等造成重新锈蚀或附有白锌盐时，应经表面处理后再按原涂装规定进行补漆；

2 运输、安装过程的涂层碰损、焊接烧伤等，应根据原涂装规定进行补涂。

13.4 金属热喷涂

13.4.1 钢结构金属热喷涂方法可采用气喷涂或电喷涂，并应按现行国家标准《金属和其他无机覆盖层 热喷涂 锌、铝及其合金》GB/T 9793 的有关规定执行。

13.4.2 钢结构表面处理与热喷涂施工的间隔时间，晴天或湿度不大的气候条件下应在 12h 以内，雨天、潮湿、有盐雾的气候条件下不应超过 2h。

13.4.3 金属热喷涂施工应符合下列规定：

1 采用的压缩空气应干燥、洁净；

2 喷枪与表面宜成直角，喷枪的移动速度应均匀，各喷涂层之间的喷枪方向应相互垂直、交叉覆盖；

3 一次喷涂厚度宜为 $25\mu m \sim 80\mu m$，同一层内各喷涂带间应有 1/3 的重叠宽度；

4 当大气温度低于 5℃ 或钢结构表面温度低于露点 3℃ 时，应停止热喷涂操作。

13.4.4 金属热喷涂层的封闭剂或首道封闭油漆施工宜采用涂刷方式施工，施工工艺要求应符合本规范第 13.3 节的规定。

13.5 热浸镀锌防腐

13.5.1 构件表面单位面积的热浸镀锌质量应符合设计文件规定的要求。

13.5.2 构件热浸镀锌应符合现行国家标准《金属覆盖层 钢铁制件热浸镀锌层技术要求及试验方法》GB/T 13912 的有关规定，并应采取防止热变形的措施。

13.5.3 热浸镀锌造成构件的弯曲或扭曲变形，应采

取延压、滚轧或千斤顶等机械方式进行矫正。矫正时，宜采取垫木方等措施，不得采用加热矫正。

13.6 防火涂装

13.6.1 防火涂料涂装前，钢材表面除锈及防腐涂装应符合设计文件和国家现行有关标准的规定。

13.6.2 基层表面应无油污、灰尘和泥沙等污垢，且防锈层应完整、底漆无漏刷。构件连接处的缝隙应采用防火涂料或其他防火材料填平。

13.6.3 选用的防火涂料应符合设计文件和国家现行有关标准的规定，具有抗冲击能力和粘结强度，不应腐蚀钢材。

13.6.4 防火涂料可按产品说明书要求在现场进行搅拌或调配。当天配置的涂料应在产品说明书规定的时间内用完。

13.6.5 厚涂型防火涂料，属于下列情况之一时，宜在涂层内设置与构件相连的钢丝网或其他相应的措施：

1 承受冲击、振动荷载的钢梁；

2 涂层厚度大于或等于 40mm 的钢梁和桁架；

3 涂料粘结强度小于或等于 0.05MPa 的构件；

4 钢板墙和腹板高度超过 1.5m 的钢梁。

13.6.6 防火涂料施工可采用喷涂、抹涂或滚涂等方法。

13.6.7 防火涂料涂装施工应分层施工，应在上层涂层干燥或固化后，再进行下道涂层施工。

13.6.8 厚涂型防火涂料有下列情况之一时，应重新喷涂或补涂：

1 涂层干燥固化不良，粘结不牢或粉化、脱落；

2 钢结构接头和转角处的涂层有明显凹陷；

3 涂层厚度小于设计规定厚度的 85%；

4 涂层厚度未达到设计规定厚度，且涂层连续长度超过 1m。

13.6.9 薄涂型防火涂料面层涂装施工应符合下列规定：

1 面层应在底层涂装干燥后开始涂装；

2 面层涂装应颜色均匀、一致，接槎应平整。

14 施工测量

14.1 一般规定

14.1.1 本章适用于钢结构工程的平面控制、高程控制及细部测量。

14.1.2 施工测量前，应根据设计施工图和钢结构安装要求，编制测量专项方案。

14.1.3 钢结构安装前应设置施工控制网。

14.2 平面控制网

14.2.1 平面控制网，可根据场区地形条件和建筑物

的结构形式，布设十字轴线或矩形控制网，平面布置为异形的建筑可根据建筑物形状布设多边形控制网。

14.2.2 建筑物的轴线控制桩应根据建筑物的平面控制网测定，定位放线可选择直角坐标法、极坐标法、角度（方向）交会法、距离交会法等方法。

14.2.3 建筑物平面控制网，四层以下宜采用外控法，四层及以上宜采用内控法。上部楼层平面控制网，应以建筑物底层控制网为基础，通过仪器竖向垂直接力投测。竖向投测宜以每50m～80m设一转点，控制点竖向投测的允许误差应符合表14.2.3的规定。

表14.2.3　控制点竖向投测的允许误差（mm）

项　　目		测量允许误差
每　　层		3
总高度 H	$H \leqslant 30m$	5
	$30m < H \leqslant 60m$	8
	$60m < H \leqslant 90m$	13
	$90m < H \leqslant 150m$	18
	$H > 150m$	20

14.2.4 轴线控制基准点投测至中间施工层后，应进行控制网平差校核。调整后的点位精度应满足边长相对误差达到1/20000和相应的测角中误差±10″的要求。设计有特殊要求时应根据限差确定其放样精度。

14.3　高程控制网

14.3.1 首级高程控制网应按闭合环线、附合路线或结点网形布设。高程测量的精度，不宜低于三等水准的精度要求。

14.3.2 钢结构工程高程控制点的水准点，可设置在平面控制网的标桩或外围的固定地物上，也可单独埋设。水准点的个数不应少于3个。

14.3.3 建筑物标高的传递宜采用悬挂钢尺测量方法进行，钢尺读数时应进行温度、尺长和拉力修正。标高向上传递时宜从两处分别传递，面积较大或高层结构宜从三处分别传递。当传递的标高误差不超过±3.0mm时，可取其平均值作为施工楼层的标高基准；超过时，则应重新传递。标高竖向传递投测的测量允许误差应符合表14.3.3的规定。

表14.3.3　标高竖向传递投测的
测量允许误差（mm）

项　　目		测量允许误差
每　　层		±3
总高度 H	$H \leqslant 30m$	±5
	$30m < H \leqslant 60m$	±10
	$H > 60m$	±12

注：表中误差不包括沉降和压缩引起的变形值。

14.4　单层钢结构施工测量

14.4.1 钢柱安装前，应在柱身四面分别画出中线或安装线，弹线允许误差为1mm。

14.4.2 竖直钢柱安装时，应在相互垂直的两轴线方向上采用经纬仪，同时校测钢柱垂直度。当观测面为不等截面时，经纬仪应安置在轴线上；当观测面为等截面时，经纬仪中心与轴线间的水平夹角不得大于15°。

14.4.3 钢结构厂房吊车梁与轨道安装测量应符合下列规定：

　　1　应根据厂房平面控制网，用平行借线法测定吊车梁的中心线；吊车梁中心线投测允许误差为±3mm，梁面垫板标高允许偏差为±2mm；

　　2　吊车梁上轨道中心线投测的允许误差为±2mm，中间加密点的间距不得超过柱距的两倍，并应将各点平行引测到牛腿顶部靠近柱的侧面，作为轨道安装的依据；

　　3　应在柱牛腿面架设水准仪按三等水准精度要求测设轨道安装标高。标高控制点的允许误差为±2mm，轨道跨距允许误差为±2mm，轨道中心线投测允许误差为±2mm，轨道标高点允许误差为±1mm。

14.4.4 钢屋架（桁架）安装后应有垂直度、直线度、标高、挠度（起拱）等实测记录。

14.4.5 复杂构件的定位可由全站仪直接架设在控制点上进行三维坐标测定，也可由水准仪对标高、全站仪对平面坐标进行共同测控。

14.5　多层、高层钢结构施工测量

14.5.1 多层及高层钢结构安装前，应对建筑物的定位轴线、底层柱的轴线、柱底基础标高进行复核，合格后再开始安装。

14.5.2 每节钢柱的控制轴线应从基准控制轴线的转点引测，不得从下层柱的轴线引出。

14.5.3 安装钢梁前，应测量钢梁两端柱的垂直度变化，还应监测邻近各柱因梁连接而产生的垂直度变化；待一区域整体构件安装完成后，应进行结构整体复测。

14.5.4 钢结构安装时，应分析日照、焊接等因素可能引起构件的伸缩或弯曲变形，并应采取相应措施。安装过程中，宜对下列项目进行观测，并应作记录：

　　1　柱、梁焊缝收缩引起柱身垂直度偏差值；

　　2　钢柱受日照温差、风力影响的变形；

　　3　塔吊附着或爬升对结构垂直度的影响。

14.5.5 主体结构整体垂直度的允许偏差为 $H/2500 + 10mm$（H 为高度），但不应大于50.0mm；整体平面弯曲允许偏差为 $L/1500$（L 为宽度），且不应大于25.0mm。

14.5.6 高度在150m以上的建筑钢结构，整体垂直度宜采用GPS或相应方法进行测量复核。

14.6 高耸钢结构施工测量

14.6.1 高耸钢结构的施工控制网宜在地面布设成田字形、圆形或辐射形。

14.6.2 由平面控制点投测到上部直接测定施工轴线点，应采用不同测量法校核，其测量允许误差为4mm。

14.6.3 标高±0.000m以上塔身铅垂度的测设宜使用激光铅垂仪，接收靶在标高100m处收到的激光仪旋转360°划出的激光点轨迹圆直径应小于10mm。

14.6.4 高耸钢结构标高低于100m时，宜在塔身中心点设置铅垂仪；标高为100m～200m时，宜设置四台铅垂仪；标高为200m以上时，宜设置包括塔身中心点在内的五台铅垂仪。铅垂仪的点位应从塔的轴线点上直接测定，并应用不同的测设方法进行校核。

14.6.5 激光铅垂仪投测到接收靶的测量允许误差应符合表14.6.5的要求。有特殊要求的高耸钢结构，其允许误差应由设计和施工单位共同确定。

表 14.6.5 激光铅垂仪投测到接收靶的测量允许误差

塔高（m）	50	100	150	200	250	300	350
高耸结构验收允许偏差（mm）	57	85	110	127	143	165	—
测量允许误差（mm）	10	15	20	25	30	35	40

14.6.6 高耸钢结构施工到100m高度时，宜进行日照变形观测，并绘制出日照变形曲线，列出最小日照变形区间。

14.6.7 高耸钢结构标高的测定，宜用钢尺沿塔身铅垂方向往返测量，并宜对测量结果进行尺长、温度和拉力修正，精度应高于1/10000。

14.6.8 高度在150m以上的高耸钢结构，整体垂直度宜采用GPS进行测量复核。

15 施 工 监 测

15.1 一 般 规 定

15.1.1 本章适用于高层结构、大跨度空间结构、高耸结构等大型重要钢结构工程，按设计要求和合同约定进行的施工监测。

15.1.2 施工监测方法应根据工程监测对象、监测目的、监测频度、监测时长、监测精度要求等具体情况选定。

15.1.3 钢结构施工期间，可对结构变形、结构内力、环境量等内容进行过程监测。钢结构工程具体的监测内容及监测部位可根据不同的工程要求和施工状况选取。

15.1.4 采用的监测仪器和设备应满足数据精度要求，且应保证数据稳定和准确，宜采用灵敏度高、抗腐蚀性好、抗电磁波干扰强、体积小、重量轻的传感器。

15.2 施 工 监 测

15.2.1 施工监测应编制专项施工监测方案。

15.2.2 施工监测点布置应根据现场安装条件和施工交叉作业情况，采取可靠的保护措施。应力传感器应根据设计要求和工况需要布置于结构受力最不利部位或特征部位。变形传感器或测点宜布置于结构变形较大部位。温度传感器宜布置于结构特征断面，宜沿四面和高程均匀分布。

15.2.3 钢结构工程变形监测的等级划分及精度要求，应符合表15.2.3的规定。

15.2.4 变形监测方法可按表15.2.4选用，也可同时采用多种方法进行监测。应力应变宜采用应力计、应变计等传感器进行监测。

表 15.2.3 钢结构工程变形监测的等级划分及精度要求

等级	垂直位移监测		水平位移监测	适用范围
	变形观测点的高程中误差（mm）	相邻变形观测点的高差中误差（mm）	变形观测点的点位中误差（mm）	
一等	0.3	0.1	1.5	变形特别敏感的高层建筑、空间结构、高耸构筑物、工业建筑等
二等	0.5	0.3	3.0	变形比较敏感的高层建筑、空间结构、高耸构筑物、工业建筑等
三等	1.0	0.5	6.0	一般性的高层建筑、空间结构、高耸构筑物、工业建筑等

注：1 变形观测点的高程中误差和点位中误差，指相对于邻近基准点的中误差；

2 特定方向的位移中误差，可取表中相应点位中误差的$1/\sqrt{2}$作为限值；

3 垂直位移监测，可根据变形观测点的高程中误差或相邻变形观测点的高差中误差，确定监测精度等级。

表 15.2.4 变形监测方法的选择

类 别	监 测 方 法
水平变形监测	三角形网、极坐标法、交会法、GPS测量、正倒垂线法、视准线法、引张线法、激光准直法、精密测（量）距、伸缩仪法、多点位移法、倾斜仪等

续表 15.2.4

类别	监测方法
垂直变形监测	水准测量、液体静力水准测量、电磁波测距三角高程测量等
三维位移监测	全站仪自动跟踪测量法、卫星实时定位测量法等
主体倾斜	经纬仪投点法、差异沉降法、激光准直法、垂线法、倾斜仪、电垂直梁法等
挠度观测	垂线法、差异沉降法、位移计、挠度计等

15.2.5 监测数据应及时采集和整理,并应按频次要求采集,对漏测、误测或异常数据应及时补测或复测、确认或更正。

15.2.6 应力应变监测周期,宜与变形监测周期同步。

15.2.7 在进行结构变形和结构内力监测时,宜同时进行监测点的温度、风力等环境量监测。

15.2.8 监测数据应及时进行定量和定性分析。监测数据分析可采用图表分析、统计分析、对比分析和建模分析等方法。

15.2.9 需要利用监测结果进行趋势预报时,应给出预报结果的误差范围和适用条件。

16 施工安全和环境保护

16.1 一般规定

16.1.1 本章适用于钢结构工程的施工安全和环境保护。

16.1.2 钢结构施工前,应编制施工安全、环境保护专项方案和安全应急预案。

16.1.3 作业人员应进行安全生产教育和培训。

16.1.4 新上岗的作业人员应经过三级安全教育。变换工种时,作业人员应先进行操作技能及安全操作知识的培训,未经安全生产教育和培训合格的作业人员不得上岗作业。

16.1.5 施工时,应为作业人员提供符合国家现行有关标准规定的合格劳动保护用品,并应培训和监督作业人员正确使用。

16.1.6 对易发生职业病的作业,应对作业人员采取专项保护措施。

16.1.7 当高空作业的各项安全措施经检查不合格时,严禁高空作业。

16.2 登高作业

16.2.1 搭设登高脚手架应符合现行行业标准《建筑施工扣件式钢管脚手架安全技术规范》JGJ 130 和《建筑施工碗扣式钢管脚手架安全技术规范》JGJ 166

的有关规定;当采用其他登高措施时,应进行结构安全计算。

16.2.2 多层及高层钢结构施工应采用人货两用电梯登高,对电梯尚未到达的楼层应搭设合理的安全登高设施。

16.2.3 钢柱吊装松钩时,施工人员宜通过钢挂梯登高,并应采用防坠器进行人身保护。钢挂梯应预先与钢柱可靠连接,并应随柱起吊。

16.3 安全通道

16.3.1 钢结构安装所需的平面安全通道应分层平面连续搭设。

16.3.2 钢结构施工的平面安全通道宽度不宜小于600mm,且两侧应设置安全护栏或防护钢丝绳。

16.3.3 在钢梁或钢桁架上行走的作业人员应佩戴双钩安全带。

16.4 洞口和临边防护

16.4.1 边长或直径为20cm~40cm的洞口应采用刚性盖板固定防护;边长或直径为40cm~150cm的洞口应架设钢管脚手架、满铺脚手板等;边长或直径在150cm以上的洞口应张设密目安全网防护并加护栏。

16.4.2 建筑物楼层钢梁吊装完毕后,应及时分区铺设安全网。

16.4.3 楼层周边钢梁吊装完成后,应在每层临边设置防护栏,且防护栏高度不应低于1.2m。

16.4.4 搭设临边脚手架、操作平台、安全挑网等应可靠固定在结构上。

16.5 施工机械和设备

16.5.1 钢结构施工使用的各类施工机械,应符合现行行业标准《建筑机械使用安全技术规程》JGJ 33 的有关规定。

16.5.2 起重吊装机械应安装限位装置,并应定期检查。

16.5.3 安装和拆除塔式起重机时,应有专项技术方案。

16.5.4 群塔作业应采取防止塔吊相互碰撞措施。

16.5.5 塔吊应有良好的接地装置。

16.5.6 采用非定型产品的吊装机械时,必须进行设计计算,并应进行安全验算。

16.6 吊装区安全

16.6.1 吊装区域应设置安全警戒线,非作业人员严禁入内。

16.6.2 吊装物吊离地面200mm~300mm时,应进行全面检查,并应确认无误后再正式起吊。

16.6.3 当风速达到10m/s时,宜停止吊装作业;当风速达到15m/s时,不得吊装作业。

6.6.4 高空作业使用的小型手持工具和小型零部件应采取防止坠落措施。

16.6.5 施工用电应符合现行行业标准《施工现场临时用电安全技术规范》JGJ 46 的有关规定。

16.6.6 施工现场应有专业人员负责安装、维护和管理用电设备和电线路。

16.6.7 每天吊至楼层或屋面上的构件未安装完时，应采取牢靠的临时固定措施。

16.6.8 压型钢板表面有水、冰、霜或雪时，应及时清除，并应采取相应的防滑保护措施。

16.7 消防安全措施

16.7.1 钢结构施工前，应有相应的消防安全管理制度。

16.7.2 现场施工作业用火应经相关部门批准。

16.7.3 施工现场应设置安全消防设施及安全疏散设施，并应定期进行防火巡查。

16.7.4 气体切割和高空焊接作业时，应清除作业区危险易燃物，并应采取防火措施。

16.7.5 现场油漆涂装和防火涂料施工时，应按产品说明书的要求进行产品存放和防火保护。

16.8 环境保护措施

16.8.1 施工期间应控制噪声，应合理安排施工时间，并应减少对周边环境的影响。

16.8.2 施工区域应保持清洁。

16.8.3 夜间施工灯光应向场内照射；焊接电弧应采取防护措施。

16.8.4 夜间施工应做好申报手续，应按政府相关部门批准的要求施工。

16.8.5 现场油漆涂装和防火涂料施工时，应采取防污染措施。

16.8.6 钢结构安装现场剩下的废料和余料应妥善分类收集，并应统一处理和回收利用，不得随意搁置、堆放。

本规范用词说明

1 为便于在执行本规范条文时区别对待，对要求严格程度不同的用词说明如下：

　　1）表示很严格，非这样做不可的用词：
　　　　正面词采用"必须"，反面词采用"严禁"；

　　2）表示严格，在正常情况下均应这样做的用词：
　　　　正面词采用"应"，反面词采用"不应"或"不得"；

　　3）表示允许稍有选择，在条件许可时首先这样做的用词：
　　　　正面词采用"宜"，反面词采用"不宜"；

　　4）表示有选择，在一定条件下可这样做的用词，采用"可"。

2 条文中指明应按其他有关标准执行的写法为："应符合……规定"或"应按……执行"。

引用标准名录

1 《建筑结构荷载规范》GB 50009
2 《钢结构设计规范》GB 50017
3 《建筑结构制图标准》GB/T 50105
4 《高耸结构设计规范》GB 50135
5 《钢结构工程施工质量验收规范》GB 50205
6 《建筑工程施工质量验收统一标准》GB 50300
7 《钢结构焊接规范》GB 50661
8 《普通螺纹　基本尺寸》GB/T 196
9 《普通螺纹　公差》GB/T 197
10 《钢的成品化学成分允许偏差》GB/T 222
11 《钢铁及合金化学分析方法》GB/T 223
12 《金属材料　拉伸试验　第1部分：室温试验方法》GB/T 228.1
13 《金属材料　夏比摆锤冲击试验方法》GB/T 229
14 《金属材料　弯曲试验方法》GB/T 232
15 《钢板和钢带包装、标志及质量证明书的一般规定》GB/T 247
16 《焊缝符号表示法》GB/T 324
17 《优质碳素结构钢》GB/T 699
18 《碳素结构钢》GB/T 700
19 《热轧型钢》GB/T 706
20 《冷轧钢板和钢带的尺寸、外形、重量及允许偏差》GB/T 708
21 《热轧钢板和钢带的尺寸、外形、重量及允许偏差》GB/T 709
22 《销轴》GB/T 882
23 《碳素结构钢和低合金结构钢热轧薄钢板和钢带》GB 912
24 《钢结构用高强度大六角头螺栓》GB/T 1228
25 《钢结构用高强度大六角螺母》GB/T 1229
26 《钢结构用高强度垫圈》GB/T 1230
27 《钢结构用高强度大六角头螺栓、大六角螺母、垫圈技术条件》GB/T 1231
28 《低合金高强度结构钢》GB/T 1591
29 《型钢验收、包装、标志及质量证明书的一般规定》GB/T 2101
30 《钢及钢产品　力学性能试验取样位置及试样制备》GB/T 2975
31 《合金结构钢》GB/T 3077
32 《紧固件机械性能　螺栓、螺钉和螺柱》GB/T 3098.1

33 《碳素结构钢和低合金结构钢热轧厚钢板和钢带》GB/T 3274

34 《钢结构用扭剪型高强度螺栓连接副》GB/T 3632

35 《耐候结构钢》GB/T 4171

36 《氩》GB/T 4842

37 《碳钢焊条》GB/T 5117

38 《低合金钢焊条》GB/T 5118

39 《预应力混凝土用钢绞线》GB/T 5224

40 《埋弧焊用碳钢焊丝和焊剂》GB/T 5293

41 《厚度方向性能钢板》GB/T 5313

42 《六角头螺栓 C级》GB/T 5780

43 《六角头螺栓 全螺纹 C级》GB/T 5781

44 《六角头螺栓》GB/T 5782

45 《六角头螺栓 全螺纹》GB/T 5783

46 《梯形螺纹》GB/T 5796

47 《工业液体二氧化碳》GB/T 6052

48 《结构用冷弯空心型钢尺寸、外形、重量及允许偏差》GB/T 6728

49 《溶解乙炔》GB 6819

50 《焊接结构用铸钢件》GB/T 7659

51 《气体保护电弧焊用碳钢、低合金钢焊丝》GB/T 8110

52 《结构用无缝钢管》GB/T 8162

53 《重要用途钢丝绳》GB 8918

54 《涂装前钢材表面锈蚀等级和除锈等级》GB 8923

55 《金属和其他无机覆盖层 热喷涂 锌、铝及其合金》GB/T 9793

56 《碳钢药芯焊丝》GB/T 10045

57 《电弧螺柱焊用无头焊钉》GB/T 10432.1

58 《电弧螺柱焊用圆柱头焊钉》GB/T 10433

59 《热轧H型钢和剖分T型钢》GB/T 11263

60 《一般工程用铸造碳钢件》GB/T 11352

61 《热喷涂金属件表面预处理通则》GB/T 11373

62 《埋弧焊用低合金钢焊丝和焊剂》GB/T 12470

63 《建筑用压型钢板》GB/T 12755

64 《工业用环氧氯丙烷》GB/T 13097

65 《涂装前钢材表面粗糙度等级的评定（比较样块法）》GB/T 13288

66 《直缝电焊钢管》GB/T 13793

67 《金属覆盖层 钢铁制件热浸镀锌层技术要求及试验方法》GB/T 13912

68 《预应力筋用锚具、夹具和连接器》GB/T 14370

69 《钢结构防火涂料》GB 14907

70 《熔化焊用钢丝》GB/T 14957

71 《热轧钢板表面质量的一般要求》GB/T 14977

72 《深度冷冻法生产氧气及相关气体安全技术规程》GB 16912

73 《桥梁缆索用热镀锌钢丝》GB/T 17101

74 《无缝钢管尺寸、外形、重量及允许偏差》GB/T 17395

75 《低合金钢药芯焊丝》GB/T 17493

76 《钢及钢产品交货一般技术要求》GB/T 17505

77 《建筑结构用钢板》GB/T 19879

78 《钢和铁 化学成分测定用试样的取样和制样方法》GB/T 20066

79 《钢拉杆》GB/T 20934

80 《建筑机械使用安全技术规程》JGJ 33

81 《施工现场临时用电安全技术规范》JGJ 46

82 《预应力筋用锚具、夹具和连接器应用技术规程》JGJ 85

83 《建筑施工扣件式钢管脚手架安全技术规范》JGJ 130

84 《建筑施工碗扣式钢管脚手架安全技术规范》JGJ 166

85 《高强度低松弛预应力热镀锌钢绞线》YB/T 152

86 《焊接H型钢》YB 3301

87 《镀锌钢绞线》YB/T 5004

88 《碳钢、低合金钢焊接构件 焊后热处理方法》JB/T 6046

89 《焊接构件振动时效工艺 参数选择及技术要求》JB/T 10375

90 《焊接用二氧化碳》HG/T 2537

91 《焊接切割用燃气 丙烯》HG/T 3661.1

92 《焊接切割用燃气 丙烷》HG/T 3661.2

93 《富锌底漆》HG/T 3668

94 《焊接用混合气体 氩—二氧化碳》HG/T 3728

中华人民共和国国家标准

钢结构工程施工规范

GB 50755—2012

条 文 说 明

制 订 说 明

国家标准《钢结构工程施工规范》GB 50755—2012，经住房和城乡建设部 2012 年 1 月 21 日以第 1263 号公告批准、发布。

本规范在编制过程中，编制组进行了广泛的调查研究，总结了我国几十年来的钢结构工程施工实践经验，借鉴了有关国际和国外先进标准，开展了多项专题研究，并以多种方式广泛征求了有关单位和专家的意见，对主要问题进行了反复讨论、协调和修改。

为了便于广大设计、施工、科研、学校等单位有关人员在使用规范时正确理解和执行条文规定，编制组按章、节、条顺序编制了本规范的条文说明，对条文规定的目的、依据以及执行中需注意的有关事项进行了说明，还着重对强制性条文的强制性理由作了解释。但是，本条文说明不具备与规范正文同等的法律效力，仅供使用者作为理解和把握规范规定的参考。在使用过程中如果发现条文说明有不妥之处，请将有关的意见和建议反馈给中国建筑股份有限公司或中建钢构有限公司。

目　次

3 基 本 规 定

3.0.1 本条规定了从事钢结构工程施工单位的资质和相关管理要求，以规范市场准入制度。

3.0.2 本条规定在工程施工前完成钢结构施工组织设计、专项施工方案等技术文件的编制和审批，以规范项目施工技术管理。钢结构施工组织设计一般包括编制依据、工程概况、资源配置、进度计划、施工平面布置、主要施工方案、施工质量保证措施、安全保证措施及应急预案、文明施工及环境保护措施、季节施工措施、夜间施工措施等内容，也可以根据工程项目的具体情况对施工组织设计的编制内容进行取舍。

组织专家进行重要钢结构工程施工技术方案和安全应急预案评审的目的，是为广泛征求行业各方意见，以达到方案优化、结构安全的目的；评审可采取召开专家会、征求专家意见等方式。重要钢结构工程一般指：建筑结构的安全等级为一级的钢结构工程；建筑结构的安全等级为二级，且采用新颖的结构形式或施工工艺的大型钢结构工程。

3.0.5 计量器具应检验合格且在有效期内，并按有关规定正确操作和使用。由于不同计量器具有不同的使用要求，同一计量器具在不同使用状况下，测量精度不同，为保证计量的统一性，同一项目的制作单位、安装单位、土建单位和监理单位等统一计量标准。

3.0.7 本条第 1 款规定的见证，指在取样和送样全过程中均要求有监理工程师或建设单位技术负责人在场见证确认。

4 施工阶段设计

4.1 一 般 规 定

4.1.1 本条规定了钢结构工程施工阶段设计的主要内容，包括施工阶段的结构分析和验算、结构预变形设计、临时支承结构和施工措施的设计、施工详图设计等内容。

4.1.3 第 2 款中当无特殊情况时，高层钢结构楼面施工活荷载宜取 $0.6 \text{ kN/m}^2 \sim 1.2 \text{ kN/m}^2$。

4.2 施工阶段结构分析

4.2.1 对结构安装成形过程进行施工阶段分析主要为保证结构安全，或满足规定功能要求，或将施工阶段分析结果作为其他分析和研究的初始状态。在进行施工阶段的结构分析和验算时，验算应力限值一般在设计文件中规定，结构应力大小要求在设计文件规定的限值范围内，以保证结构安全；当设计文件未提供

验算应力限值时，限值大小要求由设计单位和施工单位协商确定。

4.2.3 重要的临时支承结构一般包括：当结构强度或稳定达到极限时可能会造成主体结构整体破坏的承重支承架、安全措施或其他施工措施等。

4.2.4 本条规定了施工阶段结构分析模型的结构单元、构件和连接节点与实际情况相符。当施工单位进行施工阶段分析时，结构计算模型一般由原设计单位提供，目的为保持与设计模型在结构属性上的一致性。因施工阶段结构是一个时变结构系统，计算模型要求包括各施工阶段主体结构与临时结构。

4.2.5 当临时支承结构作为设备承载结构时，如滑移轨道、提升牛腿等，其要求有时高于现行有关建筑结构设计标准，本条规定应进行专项设计，其设计指标应按照设备标准的相关要求。

4.2.6 通过分析和计算确定拆撑顺序和步骤，其目的是为了使主体结构变形协调、荷载平稳转移、支承结构的受力不超出预定要求和结构成形相对平稳。为了有效控制临时支承结构的拆除过程，对重要的结构或柔性结构可进行拆除过程的内力和变形监测。实际工程施工时可采用等比或等距的卸载方案，经对比分析后选择最优方案。

4.2.7 吊装状态的构件和结构单元未形成空间刚度单元，极易产生平面外失稳和较大变形，为保证结构安全，需要进行强度、稳定性和变形验算；若验算结果不满足要求，需采取相应的加强措施。

吊装阶段结构的动力系数是在正常施工条件下，在现场实测所得。本条规定了动力系数取值范围，可根据选用起重设备而取不同值。当正常施工条件下且无特殊要求时，吊装阶段结构的动力系数可按下列数值选取：液压千斤顶提升或顶升取 1.1；穿心式液压千斤顶钢绞线提升取 1.2；塔式起重机、拔杆吊装取1.3；履带式、汽车式起重机吊装取 1.4。

4.2.9 移动式起重设备主要指移动式塔式起重机、履带式起重机、汽车起重机、滑移驱动设备等，设备的支承面主要是指支承地面和楼面。当支承面不满足承载力、变形或稳定的要求时，需进行加强或加固处理。

4.3 结构预变形

4.3.1 本条对主体结构需要设置预变形的情况做了规定。预变形可按下列形式进行分类：根据预变形的对象不同，可分为一维预变形、二维预变形和三维预变形，如一般高层建筑或以单向变形为主的结构可采取一维预变形；以平面转动变形为主的结构可采取二维预变形；在三个方向上都有显著变形的结构可采取三维预变形。根据预变形的实现方式不同，可分为制作预变形和安装预变形，前者是在工厂加工制作时就进行预变形，后者是在现场安装时进行的结构预变形。

根据预变形的预期目标不同，可分为部分预变形和完全预变形，前者根据结构理论分析的变形结果进行部分预变形，后者则是进行全部预变形。

4.3.3 结构预变形值通过分析计算确定，可采用正装法、倒拆法等方法计算。实际预变形的取值大小一般由施工单位和设计单位共同协商确定。

正装法是对实际结构的施工过程进行正序分析，即跟踪模拟施工过程，分析结构的内力和变形。正装法计算预变形值的基本思路为：设计位形作为安装的初始位形，按照实际施工顺序对结构进行全过程正序跟踪分析，得到施工成形时的变形，把该变形反号叠加到设计位形上，即为初始位形。类似选代法，若结构非线性较强，基于该初始位形施工成形的位形将不满足设计要求，需要经过多次正装分析反复设置变形预调值才能得到精确的初始位形和各分步位形。

倒拆法与正装法不同，是对施工过程的逆序分析，主要是分析所拆除的构件对剩余结构变形和内力的影响。倒拆法计算预变形值的基本思路为：根据设计位形，计算最后一施工步所安装的构件对剩余结构变形的影响，根据该变形确定最后一施工步构件的安装位形。如此类推，依次倒退分析各施工步的构件对剩余结构变形的影响，从而确定各构件的安装位形。

体形规则的高层钢结构框架柱的预变形值（仅预留弹性压缩量）可根据工程完工后的钢柱轴向应力计算确定。体形规则的高层钢结构每楼层柱段弹性压缩变形 ΔH，按公式（1）进行计算：

$$\Delta H = H\sigma/E \qquad (1)$$

式中：ΔH——每楼层柱段压缩变形；

H——为该楼层层高；

σ——为竖向轴力标准值的应力；

E——为弹性模量。

本条规定的专项工艺设计是指在加工和安装阶段为了达到预变形的目的，编制施工详图、制作工艺和安装方案时所采取的一系列技术措施，如对节点的调整、构件的长度和角度调整、安装坐标定位预设等。结构预变形控制值可根据施工期间的变形监测结果进行修正。

4.4 施工详图设计

4.4.1 钢结构施工详图作为制作、安装和质量验收的主要技术文件，其设计工作主要包括节点构造设计和施工详图绘制两项内容。节点构造设计是以便于钢结构加工制作和安装为原则，对节点构造进行完善，根据结构设计施工图提供的内力进行焊接或螺栓连接节点设计，以确定连接板规格、焊缝尺寸和螺栓数量等内容；施工详图绘制主要包括图纸目录、施工详图设计总说明、构件布置图、构件详图和安装节点详图

等内容。钢结构施工详图的深度可参考国家建筑标准设计图集《钢结构设计制图深度和表示方法》03G102 的相关规定，施工详图总说明是钢结构加工制作和现场安装需强调的技术条件和对施工安装的相关要求；构件布置图为构件在结构布置图的编号，包括构件编号原则、构件编号和构件表；构件详图为构件及零部件的大样图以及材料表；安装节点主要表明构件与外部构件的连接形式、连接方法、控制尺寸和有关标高等。

钢结构施工详图设计除符合结构设计施工图外，还要满足其他相关技术文件的要求，主要包括钢结构制作和安装工艺技术要求以及钢筋混凝土工程、幕墙工程、机电工程等与钢结构施工交叉施工的技术要求。

钢结构施工详图需经原设计单位确认，其目的是验证施工详图与结构设计施工图的符合性。当钢结构工程项目较大时，施工详图数量相对较多，为保证施工工期，施工详图一般分批提交设计单位确认。若项目钢结构工程量小且原设计施工图可以直接进行施工时，可以不进行施工详图设计。

4.4.2 本条规定施工详图设计时需重点考虑的施工构造、施工工艺等相关要求，下列列举了一些施工构造及工艺要求。

1 封闭或管截面构件应采取相应的防水或排水构造措施；混凝土浇筑或雨期施工时，水容易从工艺孔进入箱形截面内或直接聚积在构件表面低凹处，应采取措施以防止构件锈蚀、冬季结冰构件胀裂，构造措施要求在结构设计施工图中绘出；

2 钢管混凝土结构柱底板和内隔板应设置混凝土浇筑孔和排气孔，必要时可在柱壁上设置浇筑孔和排气孔；排气孔的大小、数量和位置满足设计文件及相关规定的要求；中国工程建设标准化协会标准《矩形钢管混凝土结构技术规程》CECS 159 规定，内隔板浇筑孔径不应小于 200mm，排气孔孔径宜为 25mm；

3 构件加工和安装过程中，根据工艺要求设置的工艺措施，以保证施工过程装配精度、减少焊接变形等；

4 管桁架支管可根据制作装配要求设置对接接头；

5 铸钢节点应考虑铸造工艺要求；

6 安装用的连接板、吊耳等宜根据安装工艺要求设置，在工厂完成；安装用的吊装耳板要求进行验算，包括计算平面外受力；

7 与索连接的节点，应考虑索张拉工艺的构造要求；

8 桁架等大跨度构件的预起拱以及其他构件的预设尺寸；

9 构件的分段分节。

5 材 料

5.2 钢 材

5.2.6 钢材的海关商检项目与复验项目有些内容可能不一致，本条规定可作为有效的材料复验结果，是经监理工程师认可的全部商检结果或商检结果的部分内容，视商检项目和复验项目的内容一致性而定。

6 焊 接

6.1 一般规定

6.1.4 现行国家标准《气焊、焊条电弧焊、气体保护焊和高能束焊的推荐坡口》GB/T 985.1 和《埋弧焊的推荐坡口》GB/T 985.2 中规定了坡口的通用形式，其中坡口各部分尺寸均给出了一个范围，并无确切的组合尺寸。总的来说，上述两个国家标准比较适合于使用焊接变位器等工装设备及坡口加工、组装精度较高的条件，如机械行业中的焊接加工，对建筑钢结构制作的焊接施工则不太适合，尤其不适合于建筑钢结构工地安装中各种钢材厚度和焊接位置的需要。

目前大跨度空间和超高层建筑等大型钢结构多数已由国内进行施工图设计，现行国家标准《钢结构焊接规范》GB 50661 对坡口形式和尺寸的规定已经与国际上的部分国家应用较成熟的标准进行了接轨，参考了美国和日本等国家的标准规定。因此，本规范规定焊缝坡口尺寸按照现行国家标准《钢结构焊接规范》GB 50661 对坡口形式和尺寸的相关规定由工艺要求确定。

6.2 焊接从业人员

6.2.1 本条对从事钢结构焊接技术和管理的焊接技术人员要求进行了规定，特别是对于负责大型重要钢结构工程的焊接技术人员从技术水平和能力方面提出更多的要求。本条所定义的焊接技术人员（焊接工程师）是指钢结构的制作、安装中进行焊接工艺的设计、施工计划和管理的技术人员。

6.3 焊接工艺

6.3.1 焊接工艺评定是保证焊缝质量的前提之一，通过焊接工艺评定选择最佳的焊接材料、焊接方法、焊接工艺参数、焊后热处理等，以保证焊接接头的力学性能达到设计要求。凡从事钢结构制作或安装的施工单位要求分别对首次采用的钢材、焊接材料、焊接方法、焊后热处理等，进行焊接工艺评定试验，现行国家标准《钢结构焊接规范》GB 50661 对焊接工艺评定试验方法和内容做了详细的规定和说明。

6.3.4 搭设防护棚能起防弧光、防风、防雨、安全保障措施等作用。

6.3.10 衬垫的材料有很多，如钢材、铜块、焊剂、陶瓷等，本条主要是对钢衬垫的用材规定。引弧板、引出板和衬垫板所用钢材应对焊缝金属性能不产生显著影响，不要求与母材材质相同，但强度等级应不高于母材，焊接性不比所焊母材差。

6.3.11 焊接开始和焊接熄弧时由于焊接电弧能量不足、电弧不稳定，容易造成夹渣、未熔合、气孔、弧坑和裂纹等质量缺陷，为确保正式焊缝的焊接质量，在对接、T接和角接等主要焊缝两端引熄弧区域装配引弧板、引出板，其坡口形式与焊缝坡口相同，目的为将缺陷引至正式焊缝之外。为确保焊缝的完整性，规定了引弧板、引出板的长度。对于少数焊缝位置，由于空间局限不便设置引弧板、引出板时，焊接时要采取改变引熄弧点位置或其他措施保证焊缝质量。

6.3.12 焊缝钢衬垫在整个焊缝长度内连续设置，与母材紧密连接，最大间隙控制在 1.5mm 以内，并与母材采用间断焊焊缝；但在周期性荷载结构中，纵向焊缝的钢衬垫与母材焊接时，沿衬垫长度需要连续施焊。规定钢衬垫的厚度，主要保证衬垫板有足够的厚度以防止熔穿。

6.3.15~6.3.17 焊接变形控制主要目的是保证构件或结构要求的尺寸，但有时焊接变形控制的同时会使焊接应力和焊接裂纹倾向随之增大，应采取合理的工艺措施、装焊顺序、热量平衡等方法来降低或平衡焊接变形，避免刚性固定或强制措施控制变形。本规范给出的一些方法，是实践经验的总结，根据实际结构情况合理的采用，对控制焊接构件的变形是有效的。

6.3.18~6.3.21 目前国内消除焊缝应力主要采用的方法为消除应力热处理和振动消除应力处理两种。消除应力热处理主要用于承受较大拉应力的厚板对接焊缝或承受疲劳应力的厚板或节点复杂、焊缝密集的重要受力构件，主要目的是为了降低焊接残余应力或保持结构尺寸的稳定。局部消除应力热处理通常用于重要焊接接头的应力消除或减少；振动消除应力虽能达到一定的应力消除目的，但消除应力的效果目前学术界还难以准确界定。如果是为了结构尺寸的稳定，采用振动消除应力方法对构件进行整体处理既可操作也经济。

有些钢材，如某些调质钢、含钒钢和耐大气腐蚀钢，进行消除应力热处理后，其显微组织可能发生不良变化，焊缝金属或热影响区的力学性能会产生恶化，或产生裂纹。应慎重选择消除应力热处理。同时，应充分考虑消除应力热处理后可能引起的构件变形。

6.4 焊接接头

6.4.1 对 T 形、十字形、角接接头等要求熔透的对接和角对接组合焊缝，为减少应力集中，同时避免过大的焊脚尺寸，参照国内外相关规范的规定，确定了对静载结构和动载结构的不同焊脚尺寸的要求。

6.4.13 首次指施工单位首次使用新材料、新工艺的栓钉焊接，包括穿透型的焊接。

6.4.14 试焊栓钉目的是为调整焊接参数，对试焊栓钉的检查要求较高，达到完全熔合和四周全部焊满，栓钉弯曲 30°检查时热影响区无裂纹。

6.4.15 实际应用中，由于装配顺序、焊接空间要求以及安装空间需要，构件上的局部部位的栓钉无法采用专用栓钉焊设备进行焊接，需要采用焊条电弧焊、气体保护焊进行角焊缝焊接。此时应对栓钉角焊缝的强度进行计算，确保焊缝强度不低于原来全熔透的强度；为确保栓钉焊缝的质量，对焊接部位的母材应进行必要的清理和焊前预热，相关工艺应满足对应方法的工艺要求。

6.6 焊接缺陷返修

6.6.1、6.6.2 焊缝金属或部分母材的缺欠超过相应的质量验收标准时，施工单位可以选择局部修补或全部重焊。焊接或母材的缺陷修补前应分析缺陷的性质和种类及产生原因。如不是因焊工操作或执行工艺参数不严格而造成的缺陷，应从工艺方面进行改进，编制新的工艺并经过焊接试验评定后进行修补，以确保返修成功。多次对同一部位进行返修，会造成母材的热影响区的热应变脆化，对结构的安全有不利影响。

7 紧固件连接

7.1 一般规定

7.1.4 制作方试验的目的是为验证摩擦面处理工艺的正确性，安装方复验的目的是验证摩擦面在安装前的状况是否符合设计要求。现行国家标准《钢结构设计规范》GB 50017，在承压型连接设计方面，取消了对摩擦面抗滑移系数值的要求，只有对摩擦面外观上的要求，因此本条规定对承压型连接和张拉型连接一样，施工单位可以不进行摩擦面抗滑移系数的试验和复验。另外，对钢板原轧制表面不做处理时，一般其接触面间的摩擦系数能达到 0.3（Q235）和 0.35（Q345），因此在设计采用的摩擦面抗滑移系数为 0.3时，由设计方提出也可以不进行摩擦面抗滑移系数的试验和复验。本条同样适用于涂层摩擦面的情况。

7.2 连接件加工及摩擦面处理

7.2.1 对于摩擦型高强度螺栓连接，除采用标准孔外，还可以根据设计要求，采用大圆孔、槽孔（椭圆孔）。当设计荷载不是主要控制因素时，采用大圆孔、槽孔便于安装和调节尺寸。

7.2.3 当摩擦面间有间隙时，有间隙一侧的螺栓紧固力就有一部分以剪力形式通过拼接板传向较厚一侧，结果使有间隙一侧摩擦面间正压力减少，摩擦承载力降低，即有间隙的摩擦面其抗滑移系数降低。因此，本条对因钢板公差、制造偏差或安装偏差等产生的接触面间隙采用的处理方法进行规定，本条中第 2 种也可以采用加填板的处理方法。

7.2.4 本条规定了高强度螺栓连接处的摩擦面处理方法，是为方便施工单位根据企业自身的条件选择，但不论选用哪种处理方法，凡经加工过的表面，其抗滑移系数值最小值要求达到设计文件规定。常见的处理方法有喷砂（丸）处理、喷砂后生赤锈处理、喷砂后涂无机富锌漆、砂轮打磨手工处理、手工钢丝刷清理处理、设计要求涂层摩擦面等。

7.3 普通紧固件连接

7.3.4 被连接板件上安装自攻螺钉（非自钻自攻螺钉）用的钻孔孔径直接影响连接的强度和柔度。孔径的大小应由螺钉的生产厂家规定。欧洲标准建议曾以表格形式给出了孔径的建议值。本规范以归纳出公式形式，给出的预制孔建议值。

7.4 高强度螺栓连接

7.4.2 本条规定了高强度螺栓长度计算和选用原则，螺栓长度是按外露（2～3）扣螺纹的标准确定，螺栓露出太少或陷入螺母都有可能对螺栓螺纹与螺母螺纹连接的强度有不利的影响，外露过长，除不经济外，还给高强度螺栓施拧时带来困难。

按公式（7.4.2）方法计算所得的螺栓长度规格可能很多，本条规定了采取修约的方法得出高强度螺栓的公称长度，即选用的螺栓采购长度，修约按 2 舍 3 入、或 7 舍 8 入的原则取 5mm 的整倍数，并尽量减少螺栓的规格数量。螺纹的螺距可参考下表选用。

表 1 螺距取值（mm）

螺栓规格	M12	M16	M20	M22	M24	M27	M30
螺距 p	1.75	2	2.5	2.5	3	3	3.5

7.4.3 本条对高强度螺栓安装采用安装螺栓和冲钉的规定，冲钉主要取定位作用，安装螺栓主要取紧固作用，尽量消除间隙。安装螺栓和冲钉的数量要保证能承受构件的自重和连接校正时外力的作用，规定每个节点安装的最少个数是为了防止连接后构件位置偏移，同时限制冲钉用量。冲钉加工成锥形，中部直径与孔直径相同。

高强度螺栓不得兼做安装螺栓是为了防止螺纹的损伤和连接副表面状态的改变引起扭矩系数的变化。

7.4.4 对于大六角头高强度螺栓连接副，垫圈设置内倒角是为了与螺栓头下的过渡圆弧相配合，因此在安装时垫圈带倒角的一侧必须朝向螺栓头，否则螺栓头就不能很好与垫圈密贴，影响螺栓的受力性能。对于螺母一侧的垫圈，因倒角侧的表面较为平整、光滑，拧紧时扭矩系数较小，且离散率也较小，所以垫圈有倒角一侧朝向螺母。

7.4.5 气割扩孔很不规则，既削弱了构件的有效截面，减少了传力面积，还会给扩孔处钢材造成缺陷，故规定不得气割扩孔。最大扩孔量的限制也是基于构件有效截面和摩擦传力面积的考虑。

7.4.6 用于大六角头高强度螺栓施工终拧值检测，以及校核施工扭矩扳手的标准扳手须经过计量单位的标定，并在有效期内使用，检测与校核用的扳手应为同一把扳手。

7.4.7 扭剪型高强度螺栓以扭断螺栓尾部梅花部分为终拧完成，无终拧扭矩规定，因而初拧的扭矩是参照大六角头高强度螺栓，取扭矩系数的中值 0.13，按公式（7.4.6）中 T_c 的 50% 确定的。

7.4.8 高强度螺栓连接副初拧、复拧和终拧原则上应以接头刚度较大的部位向约束较小的方向、螺栓群中央向四周的顺序，是为了使高强度螺栓连接处板层能更好密贴。下面是典型节点的施拧顺利：

　　1 一般节点从中心向两端，如图 1 所示：

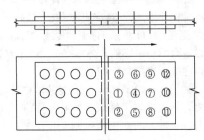

图 1　一般节点施拧顺序

　　2 箱形节点按图 2 中 *A*、*C*、*B*、*D* 顺序；

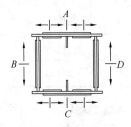

图 2　箱形节点施拧顺序

　　3 工字梁节点螺栓群按图 3 中①～⑥顺序；

　　4 H 型截面柱对接节点按先翼缘后腹板；

　　5 两个节点组成的螺栓群按先主要构件节点，后次要构件节点的顺序。

7.4.14 对于螺栓球节点网架，其刚度（挠度）往往比设计值要弱。主要原因是因为螺栓球与钢管连接的

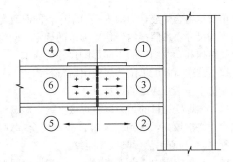

图 3　工字梁节点施拧顺序

高强度螺栓紧固不到位，出现间隙、松动等情况，当下部支撑系统拆除后，由于连接间隙、松动等原因，挠度明显加大，超过规范规定的限值，本条规定的目的是避免上述情况的发生。

8　零件及部件加工

8.2　放样和号料

8.2.1～8.2.3 放样是根据施工详图用 1∶1 的比例在样台上放出大样，通常按生产需要制作样板或样杆进行号料，并作为切割、加工、弯曲、制孔等检查用。目前国内大多数加工单位已采用数控加工设备，省略了放样和号料工序；但是有些加工和组装工序仍需放样、做样板和号料等工序。样板、样杆一般采用铝板、薄白铁板、纸板、木板、塑料板等材料制作，按精度要求选用不同的材料。

　　放样和号料时应预留余量，一般包括制作和安装时的焊接收缩余量，构件的弹性压缩量，切割、刨边和铣平等加工余量，及厚钢板展开时的余量等。

8.2.4 本条规定号料方向，主要考虑钢板沿轧制方向和垂直轧制方向力学性能有差异，一般构件主要受力方向与钢板轧制方向一致，弯曲加工方向（如弯折线、卷制轴线）与钢板轧制方向垂直，以防止出现裂纹。

8.2.5 号料后零件和部件应进行标识，包括工程号、零部件编号、加工符号、孔的位置等，便于切割及后续工序工作，避免造成混乱。同时将零部件所用材料的相关信息，如钢种、厚度、炉批号等移植到下料配套表和余料上，以备检查和后用。

8.3　切　割

8.3.1 钢材切割的方法很多，本条中主要列出了气割（又称火焰切割）、机械切割、等离子切割三种，切割时按其厚度、形状、加工工艺、设计要求，选择最适合的方法进行。切割方法可参照表 2 选用。

8.3.3 为保证气割操作顺利和气割面质量，不论采用何种气割方法，切割前要求将钢材切割区域表面清理干净。

表 2　钢材的切割方法

类别	选用设备	适用范围
气割	自动或半自动切割机、多头切割机、数控切割机、仿形切割机、多维切割机	适用于中厚钢板
	手工切割	小零件板及修正下料，或机械操作不便时
机械切割	剪板机、型钢冲剪机	适用板厚＜12mm 的零件钢板、压型钢板、冷弯型钢
	砂轮锯	适用于切割厚度＜4mm 的薄壁型钢及小型钢管
	锯床	适用于切割各种型钢及梁柱等构件
等离子切割	等离子切割机	适用于较薄钢板（厚度可至 20mm～30mm）、钢条及不锈钢

8.3.5、8.3.6　采用剪板机或型钢剪切机切割钢材是速度较快的一种切割方法，但切割质量不是很好。因为在钢材的剪切过程中，一部分是剪切而另一部分为撕断，其切断面边缘产生很大的剪切应力，在剪切面附近连续 2mm～3mm 范围以内，形成严重的冷作硬化区，使这部分钢材脆性很大。因此，规定对剪切零件的厚度不宜大于 12mm，对较厚的钢材或直接受动荷载的钢板不应采用剪切，否则要将冷作硬化区刨除；如剪切边为焊接边，可不作处理。基于这个原因，规定了在低温下进行剪切时碳素结构钢和低合金结构钢剪切和冲孔操作的最低环境温度。

8.4　矫正和成型

8.4.2　对冷矫正和冷弯曲的最低环境温度进行限制，是为了保证钢材在低温情况下受到外力时不致产生冷脆断裂，在低温下钢材受外力而脆断要比冲孔和剪切加工时而断裂更敏感，故环境温度限制较严。

当设备能力受到限制、钢材厚度较厚，处于低温条件下或冷矫正达不到质量要求时，则采用加热矫正，规定加热温度不要超过 900℃。因为超过此温度时，会使钢材内部组织发生变化，材质变差，而800℃～900℃属于退火或正火区，是热塑变形的理想温度。当低于 600℃后，因为矫正效果不大。且在500℃～550℃也存在热脆性。故当温度降到 600℃时，就应停止矫正工作。

8.4.7　冷矫正和冷弯曲的最小曲率半径和最大弯曲矢高的允许值，是根据钢材的特性、工艺的可行性以及成型后外观质量的限制而作出的。

8.5　边缘加工

8.5.2　为消除切割对主体钢材造成的冷作硬化和热影响的不利影响，使加工边缘加工达到设计规范中关于加工边缘应力取值和压杆曲线的有关要求，规定边缘加工的最小刨削量不应小于 2.0mm。本条中需要进行边缘加工的有：

1　需刨光顶紧的构件边缘，如：吊车梁等承受动力荷载的构件有直接传递承压力的部位，如支座部位、加劲肋、腹板端部等；受力较大的钢柱底端部位，为使其压力由承压面直接传至底板，以减小连接焊缝的焊脚尺寸；钢柱现场对接连接部位；高层、超高层钢结构核心筒与钢框架梁连接部位的连接板端部；对构件或连接精度要求高的部位。

2　对直接承受动力荷载的构件，剪切切割和手工切割的外边缘。

8.6　制　孔

8.6.1　本条规定了孔的制作方法，钻孔、冲孔为一次制孔（其中，冲孔的板厚应≤12mm）。铣孔、铰孔、镗孔和锪孔方法为二次制孔，即在一次制孔的基础上进行孔的二次加工。也规定了采用气割制孔的方法，实际加工时一般直径在 80mm 以上的圆孔，钻孔不能实现时可采用气割制孔；另外对于长圆孔与异形孔一般可采用先行钻孔然后再采用气割制孔的方法。对于采用冲孔制孔时，钢板厚度应控制在 12mm 以内，因为过厚钢板冲孔后孔内壁会出现分层现象。

8.7　螺栓球和焊接球加工

8.7.1　螺栓球是网架杆件互相连接的受力部件，采用热锻成型质量容易得到保证，一般采用现行国家标准《优质碳素结构钢》GB/T 699 规定的 45 号圆钢热锻成型，若用钢锭在采取恰当的工艺并能确保螺栓球的锻制质量时，也可用钢锭热锻而成。

8.8　铸钢节点加工

8.8.3　设置过渡段的目的为提高现场焊接质量，过渡段材质应与相接之构件的材质相同，其长度可取"500 和截面尺寸"中的最大值。

8.9　索节点加工

8.9.1　索节点毛坯加工工艺有三种方式：①铸造工艺：包括模型制作、检验、浇注、清理、热处理、打磨、修补、机械加工、检验等工序；②锻造工艺：包括下料、加热、锻压、机械加工、检验等工序；③焊接工艺：包括下料、组装、焊接、机械加工、检验等工序。

9 构件组装及加工

9.1 一般规定

9.1.2 构件组装前，要求对组装人员进行技术交底，交底内容包括施工详图、组装工艺、操作规程等技术文件。组装之前，组装人员应检查组装用的零件、部件的编号、清单及实物，确保实物与图纸相符。

9.1.5 确定组装顺序时，应按组装工艺进行。编制组装工艺时，应考虑设计要求、构件形式、连接方式、焊接方法和焊接顺序等因素。对桁架结构应考虑腹杆与弦杆、腹杆与腹杆之间多次相贯的焊接要求，特别对隐蔽焊缝的焊接要求。

9.2 部件拼接

9.2.4、9.2.5 本条文适用于所有直径的圆钢管和锥形钢管的接长。钢管可分为焊接钢管和无缝钢管，焊接钢管一般有三种成型方式：即卷制成型、压制成型和连续冷弯成型（即高频焊接钢管）。当钢管采用卷制成型时，由于受加工设备（卷板机）加工能力的限制，大多数卷板机的宽度最大为 4000mm，即能加工的钢管长度（也称管节或管段）最长为 4000mm，因此一个构件一般需要 2～5 段管节对接接长。所以规定当采用卷制成型时，在一个间间（即两个节点之间）允许有多个接头。

9.3 构件组装

9.3.2 确定构件组装方法时，应根据构件形式、尺寸、数量、组装场地、组装设备等综合考虑。

地样法是用 1：1 的比例在组装平台上放出构件实样，然后根据零件在实样上的位置，分别组装后形成构件。这种组装方法适用于批量较小的构件。

仿形复制装配法是先用地样法组装成平面（单片）构件，并将其定位点焊牢固，然后将其翻身，作为复制胎模在其上面装配另一平面（单片）构件，往返两次组装。这种组装方法适用于横断面对称的构件。

胎模装配法是将构件的各个零件用胎模定位在其组装位置上的组装方法。这种组装方法适用于批量大、精度要求高的构件。

专用设备装配法是将构件的各个零件直接放到设备上进行组装的方法。这种组装方法精度高、速度快、效率高、经济性好。

立装是根据构件的特点，选择自上而下或自下而上的组装方法。这种组装方法适用于放置平稳、高度不高的构件。

卧装是将构件放平后进行组装的方法，这种组装

方法适用于断面不大、长度较长的细长构件。

9.3.5 设计要求或施工工艺要求起拱的构件，应根据起拱值的大小在施工详图设计或组装工序中考虑。对于起拱值较大的构件，应在施工详图设计中予以考虑。当设计要求起拱时，构件的起拱允许偏差应为正偏差（不允许负偏差）。

10 钢结构预拼装

10.1 一般规定

10.1.1 当前复杂钢结构工程逐渐增多，有很多构件受到运输或吊装等条件的限制，只能分段分体制作或安装，为了检验其制作的整体性和准确性、保证现场安装定位，按合同或设计文件规定要求在出厂前进行工厂内预拼装，或在施工现场进行预拼装。预拼装分构件单体预拼装（如多节柱、分段梁或桁架、分段管结构等）、构件平面整体预拼装及构件立体预拼装。

10.1.2 对于同一类型构件较多时，因制作工艺没有较大的变化、加工质量较为稳定，本条规定可选用一定数量的代表性构件进行预拼装。

10.1.3 整体预拼装是将需进行预拼装范围内的全部构件，按施工详图所示的平面（空间）位置，在工厂或现场进行的预拼装，所有连接部位的接缝，均用临时工装连接板给予固定。累积连续预拼装是指，如果预拼装范围较大，受场地、加工进度等条件的限制将该范围切分成若干个单元，各单元内的构件可分别进行预拼装。

10.1.4 对于特殊钢结构预拼装，若没有相关的验收标准时，施工单位可在构件加工前编制工程的专项验收标准，进行验收。

10.2 实体预拼装

10.2.1 本条规定对重大桁架的支承架需进行验算，小型的构件预拼装胎架可根据施工经验确定。根据预拼装单元的构件类型，预拼装支垫可选用钢平台、支承凳、型钢等形式。

10.2.2 可通过变换坐标系统采用卧拼方式；若有条件，也可按照钢结构安装状态进行定位。

10.2.3 本条规定的自由状态是指在预拼过程中可以用卡具、夹具、点焊、拉紧装置等临时固定，调整各部位尺寸后，在连接部位每组孔用不多于 1/3 且不少于两个普通螺栓固定，再拆除临时固定，按验收要求进行各部位尺寸的检查。

10.2.7 本条规定标注标记主要为了方便现场安装，并与拼装结果相一致。标记包括上、下定位中心线、标高基准线、交线中心点；对管、筒体结构、工地焊缝连接处，除应有上述标记外，还可焊接或准备一定数量的卡具、角钢或钢板定位器等，以便现场可按

预拼装结果进行安装。

10.3 计算机辅助模拟预拼装

10.3.1 本规范提出计算机辅助模拟预拼装方法，因具有预拼装速度快、精度高、节能环保、经济实用的目的。钢结构组件计算机模拟拼装方法，对制造已完成的构件进行三维测量，用测量数据在计算机中构造构件模型，并进行模拟拼装，检查拼装干涉和分析拼装精度，得到构件连接件加工所需要的信息。构思的模拟预拼装有两种方法，一是按照构件的预拼装图纸要求，将构造的构件模型在计算机中按照图纸要求的理论位置进行预拼装，然后逐个检查构件间的连接关系是否满足产品技术要求，反馈回检查结果和后续作业需要的信息；二是保证构件在自重作用下不发生超过工艺允许的变形的支承条件下，以保证构件间的连接为原则，将构造的构件模型在计算机中进行模拟预拼装，检查构件的拼装位置与理论位置的偏差是否在允许范围内，并反馈回检查结果作为预拼装调整及后续作业的调整信息。当采用计算机辅助模拟预拼装方法时，要求预拼装的所有单个构件均有一定的质量保证；模拟拼装构件或单元外形尺寸均应严格测量，测量时可采用全站仪、计算机和相关软件配合进行。

11 钢结构安装

11.1 一般规定

11.1.2 施工现场设置的构件堆场的基本条件有：满足运输车辆通行要求；场地平整；有电源、水源，排水通畅；堆场的面积满足工程进度需要，若现场不能满足要求时可设置中转场地。

11.1.5 本条规定的合理顺序需考虑到平面运输、结构体系转换、测量校正、精度调整及系统构成等因素。安装阶段的结构稳定性对保证施工安全和安装精度非常重要，构件在安装就位后，应利用其他相邻构件或采用临时措施进行固定。临时支承结构或临时措施应能承受结构自重、施工荷载、风荷载、雪荷载、吊装产生的冲击荷载等荷载的作用，并不至于使结构产生永久变形。

11.1.6 钢结构受温度和日照的影响变形比较明显，但此类变形属于可恢复的变形，要求施工单位和监理单位在大致相同的天气条件和时间段进行测量验收，可避免测量结果不一致。

11.1.7 在构件上设置吊装耳板或吊装孔可降低钢丝绳绑扎难度，提高施工效率，保证施工安全。在不影响主体结构的强度和建筑外观及使用功能的前提下，保留吊装耳板和吊装孔可避免在除去此类措施时对结构母材造成损伤。对于需要覆盖厚型防火涂料、混凝土或装饰材料的部位，在采取防锈措施后不宜对吊装

耳板的切割余量进行打磨处理。现场焊接引入、引出板的切除处理也可参照吊装耳板的处理方式。

11.2 起重设备和吊具

11.2.1 非定型产品主要是指采用卷扬机、液压油缸千斤顶、吊装扒杆、龙门吊机等作为吊装起重设备，属于非常规的起重设备。

11.2.4 进行钢结构吊装的起重机械设备，必须在其额定起重量范围内吊装作业，以确保吊装安全。若超出额定起重量进行吊装作业，易导致生产安全事故。

11.2.5 抬吊适用的特殊情况是指：施工现场无法使用较大的起重设备；需要吊装的构件数量较少，采用较大起重设备经济投入明显不合理。当采用双机抬吊作业时，每台起重设备所分配的吊装重量不得超过其额定起重量的80%，并应编制专项作业指导书。在条件许可时，可事先用较轻构件模拟双机抬吊工况进行试吊。

11.2.6 吊装用钢丝绳、吊装带、卸扣、吊钩等吊具，在使用过程中可能存在局部的磨耗、破坏等缺陷，使用时间越长存在缺陷的可能性越大，因此本条规定应对吊具进行全数检查，以保证质量合格要求，防止安全事故发生。并在额定许用荷载的范围内进行作业，以保证吊装安全。

11.3 基础、支承面和预埋件

11.3.3 为了便于调整钢柱的安装标高，一般在基础施工时，先将混凝土浇筑到比设计标高略低 40mm～60mm，然后根据柱脚类型和施工条件，在钢柱安装、调整后，采用一次或二次灌筑法将缝隙填实。由于基础未达到设计标高，在安装钢柱时，当采用钢垫板作支承时，钢垫板面积的大小应根据基础混凝土的抗压强度、柱底板的荷载（二次灌筑前）和地脚螺栓的紧固拉力计算确定，取其中较大者；

钢垫板的面积推荐下式进行近似计算：

$$A = \frac{Q_1 + Q_2}{C}\varepsilon \qquad (2)$$

式中：A——钢垫板面积（cm^2）；

ε——安全系数，一般为 1.5～3；

Q_1——二次浇筑前结构重量及施工荷载等（kN）；

Q_2——地脚螺栓紧固力（kN）；

C——基础混凝土强度等级（kN/cm^2）。

11.3.4 考虑到锚栓和预埋件的安装精度容易受到混凝土施工的影响，而钢结构和混凝土的施工允许误差并不一致，所以要求对其采取必要的固定支架、定位板等辅助措施。

11.4 构件安装

11.4.1 首节柱安装时，利用柱底螺母和垫片的方式

调节标高,精度可达±1mm,如图4所示。在钢柱校正完成后,因独立悬臂柱易产生偏差,所以要求可靠固定,并用无收缩砂浆灌实柱底。

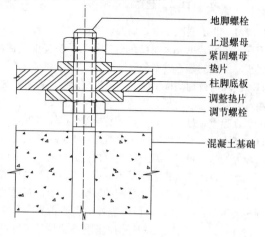

图4 柱脚底板标高精确调整

柱顶的标高误差产生原因主要有以下几方面:钢柱制作误差,吊装后垂直度偏差造成,钢柱焊接产生焊接收缩,钢柱与混凝土结构的压缩变形,基础的沉降等。对于采用现场焊接连接的钢柱,一般通过焊缝的根部间隙调整其标高,若偏差过大,应根据现场实际测量值调整柱在工厂的制作长度。

因钢柱安装后总存在一定的垂直度偏差,对于有顶紧接触面要求的部位就必然会出现在最低的地方是顶紧的,而其他部位呈现楔形的间隙,为保证顶紧面传力可靠,可在间隙部位采用塞不同厚度不锈钢片的方式处理。

11.4.2 钢梁采用一机串吊是指多根钢梁在地面分别绑扎,起吊后分别就位的作业方式,可以加快吊装作业的效率。钢梁吊点位置可参考表3选取。

表3 钢梁吊点位置

钢梁的长度(m)	吊点至梁中心的距离(m)
>15	2.5
10<L≤15	2.0
5<L≤10	1.5
≤5	1.0

当单根钢梁长度大于21m时,若采用2点起吊,所需的钢丝绳较长,而且易产生钢梁侧向变形,采用多点吊装可避免此现象。

11.4.3 支撑构件安装后对结构的刚度影响较大,故要求支撑的固定一般在相邻结构固定后,再进行支撑的校正和固定。

11.4.5 钢板墙属于平面构件,易产生平面外变形,所以要求在钢板墙堆放和吊装时采取相应的措施,如增加临时肋板,防止钢板剪力墙的变形。钢板剪力墙

主要为抗侧向力构件,其竖向承载力较小,钢板剪力墙开始安装时间应按设计文件的要求进行,当安装顺序有改变时应经设计单位的批准。设计时宜进行施工模拟分析,确定钢板剪力墙的安装及连接固定时间,以保证钢板剪力墙的承载力要求。对钢板剪力墙未安装的楼层,即钢板剪力墙安装以上的楼层,应保证施工期间结构的强度、刚度和稳定满足设计文件要求,必要时应采取相应的加强措施。

11.4.7 钢铸件与普通钢结构构件的焊接一般为不同材质的对接。由于现场焊接条件差,异种材质焊接工艺要求高。本条规定对于铸钢节点,要求在施焊前进行焊接工艺评定试验,并在施焊中严格执行,以保证现场焊接质量。

11.4.8 由多个构件拼装形成的组合构件,具有构件体型大、单体重量重、重心难以确定等特点,施工期间构件有组拼、翻身、吊装、就位等各种姿态,选择合适的吊点位置和数量对组合构件非常重要,一般要求经过计算分析确定,必要时采取加固措施。

11.4.9 后安装构件安装时,结构受荷载变形,构件实际尺寸与设计尺寸有一定的差别,施工时构件加工和安装长度应采用现场实际测量长度。当后安装构件焊接时,一般拘束度较大,采用的焊接工艺应减少焊接收缩对永久结构造成影响。

11.5 单层钢结构

11.5.2 单层钢结构安装过程中,采用临时稳定缆绳和柱间支撑对于保证施工阶段结构稳定非常重要。要求每一施工步骤完成时,结构均具有临时稳定的特征。

11.6 多层、高层钢结构

11.6.1 多高层钢结构由于制作和吊装的需要,须对整个建筑从高度方向划分若干个流水段,并以每节框架为单位。在吊装时,除保证单节框架自身的刚度外,还需保证自升式塔式起重机(特别是内爬式塔式起重机)在爬升过程中的框架稳定。

钢柱分节时既要考虑工厂的加工能力、运输限制条件以及现场塔吊的起重性能等因素,还应综合考虑现场作业的效率以及与其他工序施工的协调,所以钢柱分节一般取2层~3层为一节;在底层柱较重的情况下,也可适当减少钢柱的长度。

为了加快吊装进度,每节流水段(每节框架)内还需在平面上划分流水区。把混凝土筒体和塔式起重机爬升区划分为一个主要流水区;余下部分的区域,划分为次要流水区;当采用两台或两台以上的塔式起重机施工时,按其不同的起重半径划分各自的施工区域。将主要部位(混凝土筒体、塔式起重机爬升区)安排在先行施工的区域,使其早日达到强度,为塔吊爬升创造条件。

11.6.2 高层钢结构在立面上划分多个流水作业段进行吊装，多数节的框架其结构类型基本相同，部分节较为特殊，如根据建筑和结构上的特殊要求，设备层、结构加强层、底层大厅、旋转餐厅层、屋面层等，为此应制定特殊构件吊装顺序。

整个流水段内先柱后梁的吊装顺序，是在标准流水作业段内先安装钢柱，再安装框架梁，然后安装其他构件，按层进行，从下到上，最终形成框架。国内目前多数采用此法，主要原因是：影响构件供应的因素多，构件配套供应有困难；在构件不能按计划供应的情况下尚可继续进行安装，有机动的余地；管理工作相对容易。

局部先柱后梁的吊装顺序是针对标准流水作业段而言，即安装若干根钢柱后立即安装框架梁、次梁和支撑等，由下而上逐间构成空间标准间，并进行校正和固定。然后以此标准间为依靠，按规定方向进行安装，逐步扩大框架，直至该施工层完成。

11.6.4 楼层标高的控制应视建筑要求而定，有的要按设计标高控制，而有的只要求按相对标高控制即可。当采用设计标高控制时，每安装一节柱，就要按设计标高进行调整，无疑是比较麻烦的，有时甚至是很困难的。

1 当按相对标高进行控制时，钢结构总高度的允许偏差是经计算确定的，计算时除应考虑荷载使钢柱产生的压缩变形值和各节钢柱间焊接的收缩余量外，尚应考虑逐节钢柱制作长度的允许偏差值。如无特殊要求，一般都采用相对标高进行控制安装。

2 当按设计标高进行控制时，每节钢柱的柱顶或梁的连接点标高，均以底层的标高基准点进行测量控制，同时也应考虑荷载使钢柱产生的压缩变形值和各节钢柱间焊接的收缩余量值。除设计要求外，一般不采用这种结构高度的控制方法。

不论采用相对标高还是设计标高进行多层、高层钢结构安装，对同一层柱顶标高的差值均应控制在5mm以内，使柱顶高度偏差不致失控。

11.6.6 高层钢结构安装时，随着楼层升高结构承受的荷载将不断增加，这对已安装完成的竖向结构将产生竖向压缩变形，同时也对局部构件（如伸臂桁架杆件）产生附加应力和弯矩。在编制安装方案时，根据设计文件的要求，并结合结构特点以及竖向变形对结构的影响程度，考虑是否需要采取预调整安装标高、设置构件后连接固定等措施。

11.7 大跨度空间钢结构

11.7.1 确定空间结构安装方法要考虑结构的受力特点，使结构完成后产生的残余内力和变形最小，并满足原设计文件的要求。同时考虑现场技术条件，重点使方案确定时能够考虑到现场的各种环境因素，如与其他专业的交叉作业、临时措施实施的可行性、设备

吊装的可行性等。

本条列出了几种典型的空间钢结构安装方法：

高空散装法适用于全支架拼装的各种空间网格结构，也可根据结构特点选用少支架的悬挑拼装施工方法；分条或分块安装法适用于分割后结构的刚度和受力状况改变较小的空间网格结构，分条或分块的大小根据设备的起重能力确定；滑移法适用于能设置平行滑轨的各种空间网格结构，尤其适用于跨越施工（待安装的屋盖结构下部不允许搭设支架或行走起重机）或场地狭窄、起重运输不便等情况，当空间网格结构为大面积大柱网或狭长平面时，可采用滑移法施工；整体提升法适用于平板空间网格结构，结构在地面整体拼装完毕后提升至设计标高、就位；整体顶升法适用于支点较少的空间网格结构，结构在地面整体拼装完毕后顶升至设计标高、就位；整体吊装法适用于中小型空间网格结构，吊装时可在高空平移或旋转就位；折叠展开式整体提升法适用于柱面网壳结构，在地面或接近地面的工作平台上折叠起来拼装，然后将折叠的机构用提升设备提升到设计标高，最后在高空补足原先去掉的杆件，使机构变成结构；高空悬拼安装法适用大悬挑空间钢结构，目的为减少临时支承数量。

11.7.3 钢索材料是索（预应力）结构最重要的组成材料，其质量控制尤为关键。索体下料长度是钢索材料最重要的参数，要多方核算确定。索体下料长度应经计算确定。应采用应力下料的方法，考虑施工过程中张拉力及结构变形对索长的影响，同时给定施工时的温度，由索体生产厂家根据具体索体确定温度对索长的修正。索体张拉端调节量需综合考虑结构变形大小、索体施工误差等因素后与索厂共同确定。在给定索体下料图纸时，同时需标出索夹在索体上的安装位置，由厂家在生产时标出。

索（预应力）结构是一种半刚性结构，在整个施工过程中，结构受力和变形要经历几个阶段，因此需要对全过程进行受力仿真计算分析，以确保整个施工过程安全、准确。

索（预应力）结构施工控制的要点是拉索张拉力和结构外形控制。在实际操作中同时达到设计要求难度较大，一般应与设计单位商讨相应的控制标准，使张拉力和结构外形能兼顾达到要求。

对钢索施加预应力可采用液压千斤顶直接张拉；也可采用顶升撑杆、结构局部下沉或抬高、支座位移、横向牵拉或顶推拉索等多种方式对钢索施加预应力。一般情况下，张拉时不将所有拉索一次张拉到位，而采用分批分级进行张拉的方法。根据整个结构特点将预应力张拉力分为若干级，使得相邻构件变形、应力差异较小，对结构受力有利，同时也易于控制最终张拉力。

11.7.4 温度变化对构件有热胀冷缩的影响，结构跨度越大温度影响越敏感，特别是合拢施工需选取适当

的时间段，避免次应力的产生。

11.8 高耸钢结构

11.8.1 本条规定了高耸钢结构的三种常用的安装方法。

高空散件（单元）法：利用起重机械将每个安装单元或构件进行逐件吊运并安装，整个结构的安装过程为从下至上流水作业。上部构件或安装单元在安装前，下部所有构件均应根据设计布置和要求安装到位，即保证已安装的下部结构是稳定和安全的。

整体起扳法：先将结构在地面支承架上进行平面卧拼装，拼装完成后采用整体起扳系统（即将结构整体拉起到设计的竖直位置的起重系统），将结构整体起扳就位，并进行固定安装。

整体提升（顶升）法：先将钢桅杆结构在较低位置进行拼装，然后利用整体提升（顶升）系统将结构整体提升（顶升）到设计位置就位且固定安装。

11.8.3 受测量仪器的仰角限制和大气折光的影响，高耸结构的标高和轴线基准点应逐步从地面向上转移。由于高耸结构刚度相对较弱，受环境温度和日照的影响变形较大，转移到高空的测量基准点经常处于动态变化的状态。一般情况下，若此类变形属于可恢复的变形，则可认定高空的测量基准点有效。

12 压型金属板

12.0.4 使用专用吊具装卸及转运而不采用钢丝绳直接绑扎压型金属板是为了避免损坏压型金属板，造成局部变形，吊点应保证压型金属板变形小。

12.0.5 采用焊接连接时应注意选择合适的焊接工艺，边缘与梁的焊缝长度 20mm～30mm，焊缝间距根据压型金属板波谷的间距确定，一般控制在300mm 左右。

12.0.6 本条主要从安全角度出发，防止压型金属板发生高空坠落事故。

12.0.10 尽量避免在压型金属板固定前对其切割及开孔，以免造成混凝土浇筑时楼板变形较大。设备孔洞的开设一般先设置模板，混凝土浇筑并拆模后采用等离子切割或空心钻开孔。若确需开设孔洞，一般要求在波谷平板处开设，不得破坏波肋；如果孔洞较大，切割压型金属板后必须对洞口采取补强措施。

12.0.11 压型金属板的临时支承措施可采取临时支承柱、临时支承梁或者吊挂措施，以防止压型金属板在混凝土浇筑过程变形过大或产生爆模现象。

13 涂 装

13.1 一 般 规 定

13.1.8 规定构件表面防腐油漆的底层漆、中间漆和

面层漆之间的搭配相互兼容，以及防腐油漆与防火涂料相互兼容，以保证涂装系统的质量。整个涂装体系的产品尽量来自于同一厂家，以保证涂装质量的可追溯性。

13.2 表 面 处 理

13.2.1 本条规定了构件表面处理的除锈方法，可根据表 4 选用。

表 4 除锈等级和除锈方法

除锈等级	除锈方法	处理手段和清洁度要求	
Sa1	喷射或抛射（喷（抛）棱角砂、铁丸、断丝和混合磨料	轻度除锈	仅除去疏松轧制氧化皮、铁锈和附着物
Sa2		彻底除锈	轧制氧化皮、铁锈和附着物几乎全部被除去，至少有 2/3 面积无任何可见残留物
Sa2 1/2		非常彻底除锈	轧制氧化皮、铁锈和附着物残留在钢材表面的痕迹已是点状或条状的轻微污痕，至少有 95% 面积无任何可见残留物
Sa3		除锈到出白	表面上轧制氧化皮、铁锈和附着物全部除去，具有均匀多点光泽
St2	手工和动力工具（使用铲刀、钢丝刷、机械钢丝刷、砂轮等）		无可见油脂污垢，无附着不牢的氧化皮、铁锈和油漆涂层等附着物
St3			无可见油脂污垢，无附着不牢的氧化皮、铁锈和油漆涂层等附着物。除锈比 St2 更彻底，底材显露部分的表面应具有金属光泽

13.2.2 钢材表面的粗糙度对漆膜的附着力、防腐性能和使用寿命有较大的影响。粗糙度大，表面积也将增大，漆膜与钢材表面的附着力相应增强；但是，当粗糙度太大时，如漆膜用量一定时，则会造成漆膜厚度分布不均匀，特别是在波峰处的漆膜厚度往往低于设计要求，引起早期的锈蚀，另外，还常常在较深的波谷凹坑内截留住气泡，将成为漆膜起泡的根源。粗糙度太小，不利于附着力的提高。所以，本条提出对表面粗糙度的要求。表面粗糙度的大小取决于磨料粒度的大小、形状、材料和喷射速度、喷射压力、作用时间等工艺参数，其中以磨料粒度的大小对粗糙影响较大。

13.3 油漆防腐涂装

13.3.1 通常高压无气喷涂法涂装效果好、效率高，对大面积的涂装及施工条件允许的情况下应采用高压无气喷涂法，可参照《高压无气喷涂典型工艺》JB/T 9188 执行；对于狭长、小面积以及复杂形状构件可采用涂刷法、手工滚涂法、空气喷涂法。

13.4 金属热喷涂

13.4.1 金属热喷涂工艺有火焰喷涂法、电弧喷涂法和等离子喷涂法等。由于环境条件和操作因素所限，目前工程上应用的热喷涂方法仍以火焰喷涂法为主。该方法用氧气和乙炔焰熔化金属丝，由压缩空气吹送至待喷涂结构表面，即为本条的气喷法。气喷法适用于热喷锌涂层，电喷涂法适用于热喷涂铝涂层，等离子喷涂法适用于喷涂耐腐蚀合金涂层。

13.5 热浸镀锌防腐

13.5.2 构件热浸镀锌时，减少热变形的措施有：

1 构件最大尺寸宜一次放入镀锌池；
2 封闭截面构件在两端开孔；
4 在构件角部应设置工艺孔，半径大于 40mm；
5 构件的板厚应大于 3.2mm。

13.6 防火涂装

13.6.6 薄涂型防火涂料的底涂层（或主涂层）宜采用重力式喷枪喷涂，局部修补和小面积施工时宜用手工抹涂，面层装饰涂料宜涂刷、喷涂或滚涂。厚涂型防火涂料宜采用压送式喷涂机喷涂，喷涂遍数、涂层厚度应根据施工要求确定，且须在前一遍干燥后喷涂。

14 施 工 测 量

14.2 平面控制网

14.2.2 本条规定了四种定位放线的测量方法，选择测量方法应根据仪器配置情况自由选择，以控制网满足施工需要为原则，各种方法的适用范围如下：

1 直角坐标法适用于平面控制点连线平行于坐标轴方向及建筑物轴线方向时，矩形建筑物定位的情况；

2 极坐标法适用于平面控制点的连线不受坐标轴方向的影响（平行或不平行坐标轴），任意形状建筑物定位的情况，以及采用光电测距仪定位的情况；

3 角度（方向）交会法适用于平面控制点距待测点位距离较长、量距困难或不便量距的情况；

4 距离交会法适用于平面控制点距待测点距离不超过所用钢尺的全长且场地量距条件较好的情况。

14.2.3 本条规定的允许误差的依据为现行国家规范《工程测量规范》GB 50026 的轴线竖向传递允许偏差的规定，以及现行国家规范《钢结构工程施工质量验收规范》GB 50205 施工要求限差的 0.4 倍。竖向投测转点在 50m～80m 之间选取时，当设备仪器精度低时取小值，精度高时取大值。

14.3 高程控制网

14.3.3 对于建筑物标高的传递，要对钢尺进行温度、拉力等的校正。引测的允许偏差是参考《工程测量规范》GB 50026－2007 第 8.3.11 条的有关规定。

14.4 单层钢结构施工测量

14.4.5 对于空间异形桁架、复杂空间网格、倾斜钢柱等复杂结构，不能直接简单利用仪器测量的构件，要根据实际的情况设置三维坐标点，利用全站仪进行三维坐标测定。

14.5 多层、高层钢结构施工测量

14.5.2 控制轴线要从最近的基准点进行引测，避免误差累积。

14.5.3 钢柱与钢梁焊接时，由于焊接收缩对钢柱的垂直度影响较大。对有些钢柱一侧没有钢梁焊接连接，要求在焊接前对钢柱的垂直度进行预偏，通过焊接收缩对钢柱的垂直度进行调整，精度会更高，具体预偏的大小，根据结构形式、焊缝收缩量等因素综合确定。每节钢柱一般连接多层钢梁，因主梁刚度较大，钢梁焊接时会导致钢柱变动，并且可能波及相邻的钢柱变动，因此待一个区域整体构件安装完成后进行整体复测，以保证结构的整体测量精度。

14.5.4 高层钢结构对温度非常敏感，日照、环境温差、焊接等温度变化，以及大型塔吊作业运行，会使构件在安装过程中不断变动外形尺寸，施工中需要采取相应的措施进行调整。首先尽量选择一些环境因素影响不大的时段对钢柱进行测量，但在实际作业过程中不可能完全做到。实际施工时需要根据建筑物的特点，做好一些观测和记录，总结环境因素对结构的影响，测量时根据实际情况进行预偏，保证测量钢柱的垂直度。

14.6 高耸钢结构施工测量

14.6.2 高耸钢结构的特点是塔身截面较小、高度较高，投测时相邻两点的距离较近，需要采取多种方法进行校核。

14.6.6 塔身由于截面较小，日照对结构的垂直度影响较大，应对不同时段的日照对结构的影响进行监测，总结结构的变形规律，对实际施工进行指导。

15 施 工 监 测

15.2 施 工 监 测

15.2.2 规定施工现场对监测点的保护，主要是防止监测点受外界环境的扰动、破坏和覆盖。

15.2.3 钢结构工程变形监测的等级划分及精度要求

参考了现行国家标准《工程测量规范》GB 50026。本规范将等级划分为三个等级，基本与 GB 50026 规范中四个等级的前三个等级相同。

变形监测的精度等级，是按变形观测点的水平位移点位中误差、垂直位移的高程中误差或相邻变形观测点的高差中误差的大小来划分。它是根据我国变形监测的经验，并参考国外规范有关变形监测的内容确定的。其中，相邻点高差中误差指标，是为了适合一些只要求相对沉降的监测项目而规定的。

变形监测分为三个精度等级，一等适用于高精度变形监测项目，二、三等适用于中等精度变形监测项目。变形监测的精度指标值，是综合了设计和相关施工规范已确定的允许变形量的1/20作为测量精度值，这样在允许范围之内，可确保建（构）筑物安全使用，且每个周期的观测值能反映监测体的变形情况。

15.2.4 本条列出了不同监测类别的变形监测方法。具体应用时，可根据监测项目的特点、精度要求、变形速率以及监测体的安全性等指标，综合选用。

16 施工安全和环境保护

16.1 一 般 规 定

16.1.2 因钢结构施工危险性较高，本条规定编制专门的施工安全方案和安全应急预案，以减少现场安全事故，现场安全主要含人员安全、设备安全和结构安全等。

16.1.3 本条规定的作业人员包括焊接、切割、行车、起重、叉车、电工等与钢结构工程施工有关的特殊工种和岗位。

16.1.5 作业人员的劳动保护用品是指在建筑施工现场，从事建筑施工活动的人员使用的安全帽、安全带以及安全（绝缘）鞋、防护眼镜、防护手套、防尘（毒）口罩等个人劳动保护用品。施工企业应建立完善的劳动保护用品管理制度，包括采购、验收、保管、发放、使用、更换、报废等内容，并遵照中华人民共和国住房和城乡建设部建质〔2007〕255 文件《建筑施工人员个人劳动保护用品使用管理暂行规定》执行。

16.2 登 高 作 业

16.2.3 钢柱安装时应将安全爬梯、安全通道或安全绳在地面上铺设，固定在构件上，减少高空作业，减小安全隐患。钢柱吊装采取登高摘钩的方法时，尽量使用防坠器，对登高作业人员进行保护。安全爬梯的承载必须经过安全计算。

16.3 安 全 通 道

16.3.3 规定采用双钩安全带，目的是使作业人员在跨越钢柱等障碍时，充分利用安全带对施工人员进行保护。

16.4 洞口和临边防护

16.4.3 防护栏一般采用钢丝绳、脚手管等材料制成。

16.5 施工机械和设备

16.5.3 本条规定安装和拆除塔吊要有专项技术方案，特别是高层内爬式塔吊的拆除，在布设塔吊时就要进行考虑。

16.5.6 钢结构安装采用的非定型吊装机械，包括施工单位根据自行施工经验设计的卷扬机、液压油缸千斤顶、吊装扒杆、龙门吊机等，因没有成熟的验收标准，实际施工中必须进行详细的计算以确保使用安全。

中华人民共和国国家标准

砌体结构工程施工规范

Code for construction of masonry structures engineering

GB 50924—2014

主编部门：陕 西 省 住 房 和 城 乡 建 设 厅
批准部门：中华人民共和国住房和城乡建设部
施行日期：2 0 1 4 年 1 0 月 1 日

中华人民共和国住房和城乡建设部
公　告

第 313 号

住房城乡建设部关于发布国家标准
《砌体结构工程施工规范》的公告

　　现批准《砌体结构工程施工规范》为国家标准，编号为 GB 50924—2014，自 2014 年 10 月 1 日起实施。其中，第 4.2.2、6.2.4、8.3.5 条为强制性条文，必须严格执行。

　　本规范由我部标准定额研究所组织中国建筑工业出版社出版发行。

中华人民共和国住房和城乡建设部
2014 年 1 月 29 日

前　言

　　根据住房和城乡建设部《关于印发〈2009 年工程建设标准规范制订、修订计划（第一批）〉的通知》（建标〔2009〕88 号）的要求，规范编制组经广泛调查研究，认真总结实践经验，参考有关国际标准和国外先进标准，并在广泛征求意见的基础上，编制本规范。

　　本规范的主要技术内容是：1　总则；2　术语；3　基本规定；4　原材料；5　砌筑砂浆；6　砖砌体工程；7　混凝土小型空心砌块砌体工程；8　石砌体工程；9　配筋砌体工程；10　填充墙砌体工程；11　冬期与雨期施工；12　安全与环保。

　　本规范中以黑体字标志的条文为强制性条文，必须严格执行。

　　本规范由住房和城乡建设部负责管理和对强制性条文的解释，由陕西省建筑科学研究院负责具体技术内容的解释。执行过程中如有意见或建议请寄送陕西省建筑科学研究院（地址：西安市环城西路北段 272 号，邮政编码：710082）。

　　本 规 范 主 编 单 位：陕西省建筑科学研究院
　　　　　　　　　　　　陕西建工集团第五建筑工程有限公司

　　本 规 范 参 编 单 位：陕西建工第三建设集团有限公司

　　　　　　　　　　　　四川省建筑科学研究院
　　　　　　　　　　　　辽宁省建设科学研究院
　　　　　　　　　　　　天津市建工工程总承包有限公司
　　　　　　　　　　　　中天建设集团有限公司
　　　　　　　　　　　　中国建筑东北设计研究院有限公司
　　　　　　　　　　　　天津天筑建材有限公司
　　　　　　　　　　　　西安建筑科技大学
　　　　　　　　　　　　潍坊市建设工程质量安全监督站
　　　　　　　　　　　　北京首钢建设集团有限公司

本规范主要起草人员：高宗祺　孙永民　王双林
　　　　　　　　　　王奇维　吴　体　由世岐
　　　　　　　　　　郝宝林　张鸿勋　刘　斌
　　　　　　　　　　和　平　胡长明　赵　瑞
　　　　　　　　　　杨申武　侯汝欣　赵向东
　　　　　　　　　　王　蓉　张昌叙

本规范主要审查人员：肖绪文　周九仪　白生翔
　　　　　　　　　　王庆霖　苑振芳　吴松勤
　　　　　　　　　　张元勃　金　睿　林文修
　　　　　　　　　　霍瑞琴　郑祥斌

目 次

Contents

1 总 则

1.0.1 为保证砌体结构工程的施工质量，做到技术先进、工艺合理、施工安全和节能环保，制定本规范。

1.0.2 本规范适用于建筑工程的砖、石、砌块等砌体结构工程的施工。

1.0.3 砌体结构工程的施工除应符合本规范外，尚应符合国家现行有关标准的规定。

2 术 语

2.0.1 砌体结构工程 masonry structure engineering

由块体和砂浆砌筑而成的墙、柱作为建筑物主要受力构件及其他构件的结构工程。

2.0.2 配筋砌体工程 reinforced masonry engineering

由配置钢筋的砌体作为建筑物主要受力构件的结构工程。配筋砌体工程包括配筋砖砌体、砖砌体和钢筋混凝土面层或钢筋砂浆面层的组合砌体、砖砌体和钢筋混凝土构造柱组合墙、配筋砌块砌体工程等。

2.0.3 顺砖 stretcher

砌筑时，条面朝外的砖；也称条砖。

2.0.4 丁砖 header

砌筑时，端面朝外的砖。

2.0.5 斜槎 stepped racking

墙体砌筑过程中，在临时间断部位所采用的一种斜坡状留槎形式。

2.0.6 直槎 serrated racking

墙体砌筑过程中，在临时间断处的上下层块体间进退尺寸不小于 1/4 块长的竖直留槎形式。

2.0.7 马牙槎 toothing indenting

砌体结构构造柱部位墙体的一种砌筑形式，每一进退的水平尺寸为 60mm，沿高度方向的尺寸不超过 300mm。

2.0.8 皮数杆 story pole

用于控制每皮块体砌筑时的竖向尺寸以及各构件标高的标志杆。

2.0.9 钢筋砖过梁 reinforced brick lintel

用普通砖和砂浆砌成，底部配有钢筋的过梁。

2.0.10 芯柱 core column

在小砌块墙体的孔洞内浇筑混凝土形成的柱，分为素混凝土芯柱和钢筋混凝土芯柱。

2.0.11 预拌砂浆 ready-mixed mortar

由专业生产厂生产的湿拌砂浆或干混砂浆。

2.0.12 薄层砂浆砌筑法 the method of thin-layer mortar masonry

采用专用砂浆砌筑墙体的一种方法，其水平灰缝厚度和竖向灰缝宽度不大于 5mm。

2.0.13 墙梁 wall beam

由钢筋混凝土托梁和梁上计算高度范围内的砌体墙组成的组合受力构件。

2.0.14 夹心墙 cavity wall with insulation

墙体中预留的连续空腔内填充保温或隔热材料，并在墙的内叶和外叶之间用防锈的金属拉结件连接形成的墙体，又称夹心复合墙或空腔墙。

2.0.15 相对含水率 comparatively percentage of moisture

块体含水率与吸水率的比值。

2.0.16 透明缝 transparent seam

砌体中相邻块体间的竖缝砌筑砂浆不饱满，且彼此未紧密接触而造成沿墙体厚度通透的竖向缝。

2.0.17 瞎缝 blind seam

砌体中相邻块体间无砌筑砂浆，又彼此接触的水平缝或竖向缝。

2.0.18 假缝 suppositious seam

为掩盖砌体灰缝内在质量缺陷，砌筑砌体时仅在靠近砌体表面处抹有砂浆，而内部无砂浆的竖向灰缝。

2.0.19 植筋 bonded rebars

以专用的结构胶粘剂将钢筋锚固于基材混凝土中。

3 基 本 规 定

3.1 施 工 准 备

3.1.1 施工前，应对施工图进行设计交底及图纸会审，并应形成会议纪要。

3.1.2 施工单位应编制砌体结构工程施工方案，并应经监理单位审核批准后组织实施。

3.1.3 施工前，应对现场道路、水电供给、材料供应及存放、机械设备、施工设施、安全防护、环保设施等进行检查。

3.1.4 砌体结构施工前，应完成下列工作：

  1 进场原材料的见证取样复验；

  2 砌筑砂浆及混凝土配合比的设计；

  3 砌块砌体应按设计及标准要求绘制排块图、节点组砌图；

  4 检查砌筑施工操作人员的技能资格，并对操作人员进行技术、安全交底；

  5 完成基槽、隐蔽工程、上道工序的验收，且经验收合格；

  6 放线复核；

  7 标志板、皮数杆设置；

  8 施工方案要求砌筑的砌体样板已验收合格；

  9 现场所用计量器具符合检定周期和检定标准规定。

3.1.5 建筑物或构筑物的放线应符合下列规定：

1 位置和标高应引自基准点或设计指定点；

2 基础施工前，应在建筑物的主要轴线部位设置标志板；

3 砌筑基础前，应先用钢尺校核轴线放线尺寸，允许偏差应符合表3.1.5的规定。

表 3.1.5 放线尺寸的允许偏差

长度 L、宽度 B（m）	允许偏差（mm）
L（或 B）≤30	±5
30＜L（或 B）≤60	±10
60＜L（或 B）≤90	±15
L（或 B）＞90	±20

3.1.6 砌入墙体内的各种建筑构配件、埋设件、钢筋网片与拉结筋应预制及加工，并应按不同型号、规格分别存放。

3.1.7 施工前及施工过程中，应根据工程项目所在地气象资料，针对不利于施工的气象情况，及时采取相应措施。

3.2 控 制 措 施

3.2.1 砌体结构工程施工现场应建立相应的质量管理体系，应有健全的质量、安全及环境保护管理制度。

3.2.2 砌体结构工程施工所用的施工图应经审查机构审查合格；当需变更时，应由原设计单位同意并提供有效设计变更文件。

3.2.3 砌体结构工程中所用材料的品种、强度等级应符合设计要求。

3.2.4 砌体结构工程质量全过程控制应形成记录文件，并应符合下列规定：

1 各工序按工艺要求，应自检、互检和交接检；

2 工程中工序间应进行交接验收和隐蔽工程的质量验收，各工序的施工应在前一道工序检查合格后进行；

3 砌体结构的单位（子单位）工程施工完成后，应进行观感质量检查，并应对建筑物垂直度、标高、全高进行测量。

3.2.5 砌体结构工程的施工质量检查时，各分项工程主控项目及一般项目的检查方法及抽样数量应符合现行国家标准《砌体结构工程施工质量验收规范》GB 50203的规定。

3.3 技 术 规 定

3.3.1 基础墙的防潮层，当设计无具体要求时，宜采用1:2.5的水泥砂浆加防水剂铺设，其厚度可为20mm。抗震设防地区建筑物，不应采用卷材作基础墙的水平防潮层。

3.3.2 砌体结构施工中，在墙的转角处及交接处应

设置皮数杆，皮数杆的间距不宜大于15m。

3.3.3 砌体的砌筑顺序应符合下列规定：

1 基底标高不同时，应从低处砌起，并应由高处向低处搭接。当设计无要求时，搭接长度 L 不应小于基础底的高差 H，搭接长度范围内下层基础应扩大砌筑（图3.3.3）；

2 砌体的转角处和交接处应同时砌筑；当不能同时砌筑时，应按规定留槎、接槎；

3 出檐砌体应按层砌筑，同一砌筑层应先砌墙身后砌出檐；

4 当房屋相邻结构单元高差较大时，宜先砌筑高度较大部分，后砌筑高度较小部分。

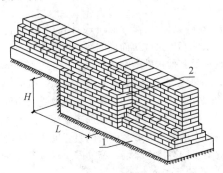

图 3.3.3 基础标高不同时的搭砌
示意图（条形基础）
1—混凝土垫层；2—基础扩大部分

3.3.4 对设有钢筋混凝土抗风柱的房屋，应在柱顶与屋架间的支撑均已连接固定后，方可砌筑山墙。

3.3.5 基础砌完后，应及时双侧同步回填。当设计为单侧回填时，应在砌体强度达到设计要求后进行。

3.3.6 设计要求的洞口、沟槽或管道应在砌筑时预留或预埋，并应符合设计规定。未经设计同意，不得随意在墙体上开凿水平沟槽。对宽度大于300mm的洞口上部，应设置过梁。

3.3.7 当墙体上留置临时施工洞口时，应符合下列规定：

1 墙上留置临时施工洞口净宽度不应大于1m，其侧边距交接处墙面不应小于500mm；

2 临时施工洞口顶部宜设置过梁，亦可在洞口上部采取逐层挑砖的方法封口，并应预埋水平拉结筋；

3 对抗震设防烈度为9度及以上地震区建筑物的临时施工洞口位置，应会同设计单位确定；

4 墙梁构件的墙体部分不宜留置临时施工洞口；当需留置时，应会同设计单位确定。

3.3.8 砌体中的预埋铁件及钢筋的防腐应符合设计要求。预埋木砖应进行防腐处理，放置时木纹应与钉子垂直。

3.3.9 砌体的垂直度、表面平整度、灰缝厚度及砂浆饱满度，均应随时检查并在砂浆终凝前进行校正。

砌筑完基础或每一楼层后，应校核砌体的轴线和标高。

3.3.10 搁置预制梁、板的砌体顶面应找平，安装时应坐浆。当设计无具体要求时，宜采用1∶3的水泥砂浆坐浆。

3.3.11 伸缩缝、沉降缝、防震缝中，不得夹有砂浆、块体碎渣和其他杂物。

3.3.12 当砌筑垂直烟道、通气孔道、垃圾道时，宜采用桶式提升工具，随砌随提。当烟道、通气道、垃圾道采用水泥制品时，接缝处外侧宜带有槽口，安装时除坐浆外，尚应采用1∶2水泥砂浆将槽口填封密实。

3.3.13 施工脚手架眼不得设置在下列墙体或部位：

   1 120mm厚墙、清水墙、料石墙、独立柱和附墙柱；

   2 过梁上部与过梁成60°角的三角形范围及过梁净跨度1/2的高度范围内；

   3 宽度小于1m的窗间墙；

   4 门窗洞口两侧石砌体300mm，其他砌体200mm范围内；转角处石砌体600mm，其他砌体450mm范围内；

   5 梁或梁垫下及其左右500mm范围内；

   6 轻质墙体；

   7 夹心复合墙外叶墙；

   8 设计不允许设置脚手眼的部位。

3.3.14 当临时施工洞口补砌时，块材及砂浆的强度不应低于砌体材料强度；脚手眼应采用相同块材填塞，且应灰缝饱满。临时施工洞口、脚手眼补砌处的块材及补砌用块材应采用水湿润。

3.3.15 砌体结构工程施工段的分段位置宜设在结构缝、构造柱或门窗洞口处。相邻施工段的砌筑高度差不得超过一个楼层的高度，也不宜大于4m。砌体临时间断处的高度差，不得超过一步脚手架的高度。

3.3.16 砌体施工质量控制等级应按现行国家标准《砌体结构工程施工质量验收规范》GB 50203的规定执行。施工质量控制等级应符合设计要求。当设计无要求时，不应低于B级，并应按本规范附录A的要求进行评定及检查。

4 原 材 料

4.1 一般规定

4.1.1 对工程中所使用的原材料、成品及半成品应进行进场验收，检查其合格证书、产品检验报告等，并应符合设计及国家现行有关标准要求。对涉及结构安全、使用功能的原材料、成品及半成品应按有关规定进行见证取样、送样复验；其中水泥的强度和安定性应按其批号分别进行见证取样、复验。

4.1.2 砖或小砌块在运输装卸过程中，不得倾倒和抛掷。进场后应按强度等级分类堆放整齐，堆置高度不宜超过2m。

4.2 水 泥

4.2.1 砌筑砂浆所用水泥宜采用通用硅酸盐水泥或砌筑水泥，且应符合现行国家标准《通用硅酸盐水泥》GB 175和《砌筑水泥》GB/T 3183的规定。水泥强度等级应根据砂浆品种及强度等级的要求进行选择，M15及以下强度等级的砌筑砂浆宜选用32.5级的通用硅酸盐水泥或砌筑水泥；M15以上强度等级的砌筑砂浆宜选用42.5级普通硅酸盐水泥。

4.2.2 当在使用中对水泥质量受不利环境影响或水泥出厂超过3个月、快硬硅酸盐水泥超过1个月时，应进行复验，并应按复验结果使用。

4.2.3 不同品种、不同强度等级的水泥不得混合使用。

4.2.4 水泥应按品种、强度等级、出厂日期分别堆放，应设防潮垫层，并应保持干燥。

4.3 砂

4.3.1 砌体结构工程使用的砂，应符合国家现行标准《混凝土和砂浆用再生细骨料》GB/T 25176、《普通混凝土用砂、石质量及检验方法标准》JGJ 52和《再生骨料应用技术规程》JGJ/T 240的规定。

4.3.2 砌筑砂浆用砂宜选用过筛中砂，毛石砌体宜选用粗砂。

4.3.3 水泥砂浆和强度等级不小于M5的水泥混合砂浆，砂中含泥量不应超过5%；强度等级小于M5的水泥混合砂浆，砂中含泥量不应超过10%。

4.3.4 人工砂、山砂、海砂及特细砂，应经试配并满足砌筑砂浆技术条件要求。

4.3.5 砂子进场时应按不同品种、规格分别堆放，不得混杂。

4.4 块 材

4.4.1 砌体结构工程使用的砖，应符合设计要求及国家现行标准《烧结普通砖》GB 5101、《烧结多孔砖和多孔砌块》GB 13544、《蒸压灰砂砖》GB 11945、《粉煤灰砖》JC 239、《蒸压粉煤灰多孔砖》GB 26541、《烧结空心砖和空心砌块》GB 13545、《混凝土实心砖》GB/T 21144和《混凝土多孔砖》JC 943的规定。砌体结构工程用砖不得采用非蒸压粉煤灰砖及未掺加水泥的各类非蒸压砖。

4.4.2 用于清水墙、柱表面的砖，应边角整齐、色泽均匀。

4.4.3 砌体结构工程使用的小砌块，应符合设计要求及现行国家标准《普通混凝土小型空心砌块》GB 8239、《轻集料混凝土小型空心砌块》GB/T 15229、

《蒸压加气混凝土砌块》GB 11968 的规定。

4.4.4 加气混凝土砌块在运输、装卸及堆放过程中应防止雨淋。

4.4.5 采用薄层砂浆砌筑法施工的砌体结构块体材料，其外观几何尺寸允许偏差为±1mm。

4.4.6 砌体结构工程使用的石材，应符合设计要求及现行国家标准《建筑材料放射性核素限量》GB 6566 的规定。

4.4.7 石砌体所用的石材应质地坚实、无风化剥落和裂纹，且石材表面应无水锈和杂物。

4.4.8 清水墙、柱的石材外露面，不应存在断裂、缺角等缺陷，并应色泽均匀。

4.5 钢 筋

4.5.1 砌体结构工程使用的钢筋，应符合设计要求及国家现行标准《钢筋混凝土用钢 第1部分：热轧光圆钢筋》GB 1499.1、《钢筋混凝土用钢 第2部分：热轧带肋钢筋》GB 1499.2 及《冷拔低碳钢丝应用技术规程》JGJ 19 的规定。

4.5.2 钢筋在运输、堆放和使用中，不得锈蚀和损伤；应避免被泥、油或其他对钢筋有不利影响的物质所污染。

4.5.3 钢筋应按不同生产厂家、牌号及规格分批验收，分别存放，且应设牌标识。

4.6 石灰、石灰膏和粉煤灰

4.6.1 砌体结构工程中使用的生石灰及磨细生石灰粉应符合现行行业标准《建筑生石灰》JC/T 479 的有关规定。

4.6.2 建筑生石灰、建筑生石灰粉制作石灰膏应符合下列规定：

    1 建筑生石灰熟化成石灰膏时，应采用孔径不大于 3mm×3mm 的网过滤，熟化时间不得少于 7d；建筑生石灰粉的熟化时间不得少于 2d；

    2 沉淀池中贮存的石灰膏，应防止干燥、冻结和污染，严禁使用脱水硬化的石灰膏；

    3 消石灰粉不得直接用于砂浆中。

4.6.3 在砌筑砂浆中掺入粉煤灰时，宜采用干排灰。

4.6.4 建筑生石灰及建筑生石灰粉保管时应分类、分等级存放在干燥的仓库内，且不宜长期储存。

4.7 其 他 材 料

4.7.1 砌体结构工程中使用的砂浆拌合用水及混凝土拌合、养护用水，应符合现行行业标准《混凝土用水标准》JGJ 63 的规定。

4.7.2 砌体砂浆中使用的增塑剂、早强剂、缓凝剂、防水剂、防冻剂等外加剂，应符合国家现行标准《混凝土外加剂》GB 8076、《混凝土外加剂应用技术规范》GB 50119 和《砌筑砂浆增塑剂》JG/T 164 的规

定，并应根据设计要求与现场施工条件进行试配。

4.7.3 种植锚固筋的胶粘剂，应采用专门配制的改性环氧树脂胶粘剂、改性乙烯基酯类胶粘剂或改性氨基甲酸酯胶粘剂，其基本性能应符合现行国家标准《工程结构加固材料安全性鉴定技术规范》GB 50728 的规定。种植锚固件的胶粘剂，其填料应在工厂制胶时添加，不得在施工现场掺入。

4.7.4 夹心复合墙所用的保温（隔热）材料应符合国家现行标准《墙体材料应用统一技术规范》GB 50574 和《装饰多孔砖夹心复合墙技术规程》JGJ/T 274 规定的技术性能指标和防火性能要求。

5 砌 筑 砂 浆

5.1 一 般 规 定

5.1.1 工程中所用砌筑砂浆，应按设计要求对砌筑砂浆的种类、强度等级、性能及使用部位核对后使用，其中对设计有抗冻要求的砌筑砂浆，应进行冻融循环试验，其结果应符合现行行业标准《砌筑砂浆配合比设计规程》JGJ/T 98 的要求。

5.1.2 砌体结构工程施工中，所用砌筑砂浆宜选用预拌砂浆，当采用现场拌制时，应按砌筑砂浆设计配合比配制。对非烧结类块材，宜采用配套的专用砂浆。

5.1.3 不同种类的砌筑砂浆不得混合使用。

5.1.4 砂浆试块的试验结果，当与预拌砂浆厂的试验结果不一致时，应以现场取样的试验结果为准。

5.2 预 拌 砂 浆

5.2.1 砌体结构工程使用的预拌砂浆，应符合设计要求及国家现行标准《预拌砂浆》GB/T 25181、《蒸压加气混凝土用砌筑砂浆与抹灰砂浆》JC 890 和《预拌砂浆应用技术规程》JGJ/T 223 的规定。

5.2.2 不同品种和强度等级的产品应分别运输、储存和标识，不得混杂。

5.2.3 湿拌砂浆应采用专用搅拌车运输，湿拌砂浆运至施工现场后，应进行稠度检验，除直接使用外，应储存在不吸水的专用容器内，并应根据不同季节采取遮阳、保温和防雨雪措施。

5.2.4 湿拌砂浆在储存、使用过程中不应加水。当存放过程中出现少量泌水时，应拌和均匀后使用。

5.2.5 干混砂浆及其他专用砂浆在运输和储存过程中，不得淋水、受潮、靠近火源或高温。袋装砂浆应防止硬物划破包装袋。

5.2.6 干混砂浆及其他专用砂浆储存期不应超过 3 个月；超过 3 个月的干混砂浆在使用前应重新检验，合格后使用。

5.2.7 湿拌砂浆、干混砂浆及其他专用砂浆的使用

时间应按厂方提供的说明书确定。

5.3 现场拌制砂浆

5.3.1 现场拌制砂浆应根据设计要求和砌筑材料的性能，对工程中所用砌筑砂浆进行配合比设计，当原材料的品种、规格、批次或组成材料有变更时，其配合比应重新确定。

5.3.2 配制砌筑砂浆时，各组分材料应采用质量计量。在配合比计量过程中，水泥及各种外加剂配料的允许偏差为±2%；砂、粉煤灰、石灰膏配料的允许偏差为±5%。砂子计量时，应扣除其含水量对配料的影响。

5.3.3 改善砌筑砂浆性能时，宜掺入砌筑砂浆增塑剂。

5.3.4 现场搅拌的砂浆应随拌随用，拌制的砂浆应在3h内使用完毕；当施工期间最高气温超过30℃时，应在2h内使用完毕。对掺用缓凝剂的砂浆，其使用时间可根据其缓凝时间的试验结果确定。

5.4 砂 浆 拌 合

5.4.1 砌筑砂浆的稠度宜符合表5.4.1的规定。

表 5.4.1　砌筑砂浆的稠度

砌体种类	砂浆稠度（mm）
烧结普通砖砌体	70～90
混凝土实心砖、混凝土多孔砖砌体 普通混凝土小型空心砌块砌体 蒸压灰砂砖砌体 蒸压粉煤灰砖砌体	50～70
烧结多孔砖、空心砖砌体 轻骨料小型空心砌块砌体 蒸压加气混凝土砌块砌体	60～80
石砌体	30～50

5.4.2 砌筑砂浆的稠度、保水率、试配抗压强度应同时符合要求；当在砌筑砂浆中掺用有机塑化剂时，应有其砌体强度的形式检验报告，符合要求后方可使用。

5.4.3 现场拌制砌筑砂浆时，应采用机械搅拌，搅拌时间自投料完起算，应符合下列规定：

1　水泥砂浆和水泥混合砂浆不应少于120s；

2　水泥粉煤灰砂浆和掺用外加剂的砂浆不应少于180s；

3　掺液体增塑剂的砂浆，应先将水泥、砂干拌混合均匀后，将混有增塑剂的拌合水倒入干混砂浆中继续搅拌；掺固体增塑剂的砂浆，应先将水泥、砂和增塑剂干拌混合均匀后，将拌合水倒入其中继续搅拌。从加水开始，搅拌时间不应少于210s。

4　预拌砂浆及加气混凝土砌块专用砂浆的搅拌时间应符合有关技术标准或产品说明书的要求。

5.5 砂浆试块制作及养护

5.5.1 砂浆试块应在现场取样制作。砂浆立方体试块制作及养护应符合现行行业标准《建筑砂浆基本性能试验方法标准》JGJ/T 70 的规定。

5.5.2 砌筑砂浆的验收批，同一类型、强度等级的砂浆试块不应少于3组。

5.5.3 砂浆试块制作应符合下列规定：

1　制作试块的稠度应与实际使用的稠度一致；

2　湿拌砂浆应在卸料过程中的中间部位随机取样；

3　现场拌制的砂浆，制作每组试块时应在同一搅拌盘内取样。同一搅拌盘内砂浆不得制作一组以上的砂浆试块。

6　砖砌体工程

6.1 一 般 规 定

6.1.1 砖砌体的灰缝应横平竖直，厚薄均匀。水平灰缝厚度和竖向灰缝宽度宜为10mm，但不应小于8mm，且不应大于12mm。

6.1.2 与构造柱相邻部位砌体应砌成马牙槎，马牙槎应先退后进，每个马牙槎沿高度方向的尺寸不宜超过300mm，凹凸尺寸宜为60mm。砌筑时，砌体与构造柱间应沿墙高每500mm设拉结钢筋，钢筋数量及伸入墙内长度应满足设计要求。

6.1.3 夹心复合墙用的拉结件形式、材料和防腐应符合设计要求和相关技术标准规定。

6.2 砌 　 筑

6.2.1 混凝土砖、蒸压砖的生产龄期应达到28d后，方可用于砌体的施工。

6.2.2 当砌筑烧结普通砖、烧结多孔砖、蒸压灰砂砖和蒸压粉煤灰砖砌体时，砖应提前1d～2d适度湿润，不得采用干砖或吸水饱和状态的砖砌筑。砖湿润程度宜符合下列规定：

1　烧结类砖的相对含水率宜为60%～70%；

2　混凝土多孔砖及混凝土实心砖不宜浇水湿润，但在气候干燥炎热的情况下，宜在砌筑前对其浇水湿润；

3　其他非烧结类砖的相对含水率宜为40%～50%。

6.2.3 砖基础大放脚形式应符合设计要求。当设计无规定时，宜采用二皮砖一收或二皮与一皮砖间隔一收的砌筑形式，退台宽度均应为60mm，退台处面层砖应丁砖砌筑。

6.2.4 砖砌体的转角处和交接处应同时砌筑。在抗震设防烈度 8 度及以上地区，对不能同时砌筑的临时间断处应砌成斜槎，其中普通砖砌体的斜槎水平投影长度不应小于高度（h）的 2/3（图 6.2.4），多孔砖砌体的斜槎长高比不应小于 1/2。斜槎高度不得超过一步脚手架高度。

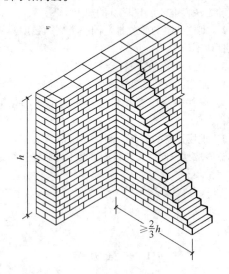

图 6.2.4　砖砌体斜槎砌筑示意图

6.2.5 砖砌体的转角处和交接处对非抗震设防及在抗震设防烈度为 6 度、7 度地区的临时间断处，当不能留斜槎时，除转角处外，可留直槎，但应做成凸槎。留直槎处应加设拉结钢筋（图 6.2.5），其拉结筋应符合下列规定：

　　1　每 120mm 墙厚应设置 1φ6 拉结钢筋；当墙厚为 120mm 时，应设置 2φ6 拉结钢筋；

　　2　间距沿墙高不应超过 500mm，且竖向间距偏差不应超过 100mm；

　　3　埋入长度从留槎处算起每边均不应小于 500mm；对抗震设防烈度 6 度、7 度的地区，不应小于 1000mm；

　　4　末端应设 90°弯钩。

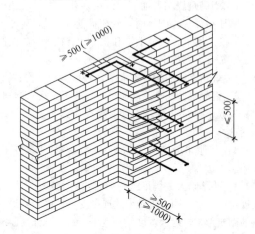

图 6.2.5　砖砌体直槎和拉结筋示意图

6.2.6 砌体组砌应上下错缝，内外搭砌；组砌方式宜采用一顺一丁、梅花丁、三顺一丁（图 6.2.6）。

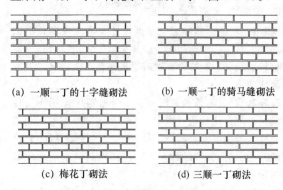

（a）一顺一丁的十字缝砌法　　（b）一顺一丁的骑马缝砌法

（c）梅花丁砌法　　（d）三顺一丁砌法

图 6.2.6　砌体组砌方式示意图

6.2.7 砖砌体的下列部位不得使用破损砖：

　　1　砖柱、砖垛、砖拱、砖碹、砖过梁、梁的支承处、砖挑层及宽度小于 1m 的窗间墙部位；

　　2　起拉结作用的丁砖；

　　3　清水砖墙的顺砖。

6.2.8 砖砌体在下列部位应使用丁砌层砌筑，且应使用整砖：

　　1　每层承重墙的最上一皮砖；

　　2　楼板、梁、柱及屋架的支承处；

　　3　砖砌体的台阶水平面上；

　　4　挑出层。

6.2.9 水池、水箱和有冻胀环境的地面以下工程部位不得使用多孔砖。

6.2.10 砌砖工程宜采用"三一"砌筑法。

6.2.11 当采用铺浆法砌筑时，铺浆长度不得超过 750mm；当施工期间气温超过 30℃时，铺浆长度不得超过 500mm。

6.2.12 多孔砖的孔洞应垂直于受压面砌筑。

6.2.13 砌体灰缝的砂浆应密实饱满，砖墙水平灰缝的砂浆饱满度不得小于 80%，砖柱的水平灰缝和竖向灰缝饱满度不应小于 90%；竖缝宜采用挤浆或加浆方法，不得出现透明缝、瞎缝和假缝。不得用水冲浆灌缝。

6.2.14 砌体接槎时，应将接槎处的表面清理干净，洒水湿润，并应填实砂浆，保持灰缝平直。

6.2.15 拉结钢筋应预制加工成型，钢筋规格、数量及长度符合设计要求，且末端应设 90°弯钩。埋入砌体中的拉结钢筋，应位置正确、平直，其外露部分在施工中不得任意弯折。

6.2.16 厚度 240mm 及以下墙体可单面挂线砌筑；厚度为 370mm 及以上的墙体宜双面挂线砌筑；夹心复合墙应双面挂线砌筑。

6.2.17 砖柱和带壁柱墙砌筑应符合下列规定：

　　1　砖柱不得采用包心砌法；

　　2　带壁柱墙的壁柱应与墙身同时咬槎砌筑；

3 异形柱、垛用砖，应根据排砖方案事先加工。

5.2.18 实心砖的弧拱式及平拱式过梁的灰缝应砌成楔形缝。灰缝的宽度，在拱底面不应小于 5mm；在拱顶面不应大于 15mm。平拱式过梁拱脚应伸入墙内不小于 20mm，拱底应有 1‰起拱。

5.2.19 砖过梁底部的模板，应在灰缝砂浆强度不低于设计强度 75%时，方可拆除。

6.2.20 采用板类保温（隔热）材料的夹心复合墙应沿墙高分段砌筑，每段墙体施工顺序应为：砌筑内叶墙、施工保温层、设置砂浆挡板并留置空气间层、砌筑外叶墙、设置拉结件，每段砌筑高度不应大于 600mm（图 6.2.20）。

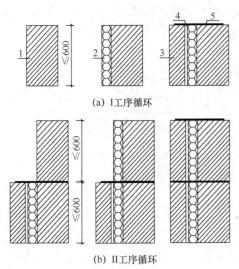

(a) I 工序循环

(b) II 工序循环

图 6.2.20 板类保温夹心复合墙施工顺序
1—内叶墙；2—保温板；3—外叶墙；
4—预留空气间层；5—放置拉结件

6.2.21 采用絮状或散粒保温（隔热）材料的夹心复合墙应沿墙高分段砌筑，每段砌筑高度不宜大于 600mm，可先砌内叶墙，再砌外叶墙，或内外叶墙同时砌筑，每段砌完随填保温材料。

6.2.22 夹心复合墙中内外叶墙的拉结件（图 6.2.22）设置应符合设计要求，并应符合下列规定：

1 不应与墙、柱其他拉结钢筋搁置在同一灰缝内，拉结件在灰缝内的埋入长度不应小于 60mm；

2 不得将拉结件后放置或明露于墙体外侧，不得填满灰缝后将拉结件压入灰缝中；

3 已固定好的拉结件不得再移动；

4 当采用可调节拉结件时，应先将带扣眼的部分砌入内叶墙，待砌筑外叶墙时再铺设带扣件的部分，并应保持拉结件两部分位置水平。

6.2.23 在门窗洞口边，外叶墙应设阳槎与内叶墙搭接砌筑，且应沿竖向每隔 300mm 设置 U 形拉结筋。

6.2.24 外叶墙在底层墙体底部、每层圈梁处的墙体底部应设置泄水口，泄水口位置底层砖竖缝应为空缝，或应在竖缝内埋设 10mm 的导流管作为泄水口，

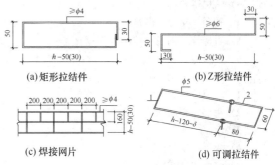

(a) 矩形拉结件　　(b) Z 形拉结件

(c) 焊接网片　　(d) 可调拉结件

图 6.2.22 拉结件示意图
1—扣钉件；2—孔眼件；
h—夹心墙总厚度；δ—保温层厚度；
$h-50(30)$—内（外）叶墙厚度分别为 240(115)、
190(90)对应的拉结件长度

泄水口间距宜为 500mm。

6.2.25 砌筑夹心复合墙时，空腔侧墙面水平缝和竖缝应随砌随刮平，并防止砂浆和杂物落入两片墙之间的空腔内及保温板上。

6.2.26 砌筑装饰夹心复合墙时，外叶墙应随砌随划缝，深度宜为 8mm～10mm；且应采用专门的勾缝剂勾凹圆或 V 形缝，灰缝应厚薄均匀、颜色一致。

6.2.27 砖砌体应随砌随清理干净凸出墙面的余灰。清水墙砌体应随砌随压缝，后期勾缝应深浅一致，深度宜为 8mm～10mm，并应将墙面清扫干净。

6.2.28 砌筑水池、化粪池、窨井和检查井，应符合下列规定：

1 当设计无要求时，应采用普通砖和水泥砂浆砌筑，并砌筑严实；

2 砌体应同时砌筑；当同时砌筑有困难时，接槎应砌成斜槎；

3 各种管道及附件，应在砌筑时按设计要求埋设。

6.2.29 正常施工条件下，砖砌体每日砌筑高度宜控制在 1.5m 或一步脚手架高度内。

6.3 质 量 检 查

6.3.1 砖、水泥、钢筋、预拌砂浆、专用砌筑砂浆、复合夹心墙的保温材料、外加剂等原材料进场时，应检查其质量合格证明；对有复检要求的原材料应送检，检验结果应满足设计及相应国家现行标准要求。

6.3.2 砖的质量检查，应包括其品种、规格、尺寸、外观质量及强度等级，符合设计及产品标准要求后方可使用。

6.3.3 砖砌体工程施工过程中，应对下列主控项目及一般项目进行检查，并应形成检查记录：

1 主控项目包括：

1）砖强度等级；

2）砂浆强度等级；

3）斜槎留置；

4）转角、交接处砌筑；

5）直槎拉结钢筋及接槎处理；

6）砂浆饱满度。

 2 一般项目包括：

1）轴线位移；

2）每层及全高的墙面垂直度；

3）组砌方式；

4）水平灰缝厚度；

5）竖向灰缝宽度；

6）基础、墙、柱顶面标高；

7）表面平整度；

8）后塞口的门窗洞口尺寸；

9）窗口偏移；

10）水平灰缝平直度；

11）清水墙游丁走缝。

6.3.4 砖砌体工程施工过程中，应对拉结钢筋及复合夹心墙拉结件进行隐蔽前的检查。

7 混凝土小型空心砌块砌体工程

7.1 一 般 规 定

7.1.1 底层室内地面以下或防潮层以下的砌体，应采用水泥砂浆砌筑，小砌块的孔洞应采用强度等级不低于 Cb20 或 C20 的混凝土灌实。Cb20 混凝土性能应符合现行行业标准《混凝土砌块（砖）砌体用灌孔混凝土》JC 861 的规定。

7.1.2 防潮层以上的小砌块砌体，宜采用专用砂浆砌筑；当采用其他砌筑砂浆时，应采取改善砂浆和易性和粘结性的措施。

7.1.3 小砌块砌筑时的含水率，对普通混凝土小砌块，宜为自然含水率，当天气干燥炎热时，可提前浇水湿润；对轻骨料混凝土小砌块，宜提前 1d～2d 浇水湿润。不得雨天施工，小砌块表面有浮水时，不得使用。

7.2 砌 筑

7.2.1 砌筑墙体时，小砌块产品龄期不应小于 28d。

7.2.2 承重墙使用的小砌块应完整、无破损、无裂缝。

7.2.3 小砌块表面的污物应在砌筑时清理干净，灌孔部位的小砌块，应清除掉底部孔洞周围的混凝土毛边。

7.2.4 当砌筑厚度大于 190mm 的小砌块墙体时，宜在墙体内外侧双面挂线。

7.2.5 小砌块应将生产时的底面朝上反砌于墙上。

7.2.6 小砌块墙内不得混砌黏土砖或其他墙体材料。当需局部嵌砌时，应采用强度等级不低于 C20 的适宜尺寸的配套预制混凝土砌块。

7.2.7 小砌块砌体应对孔错缝搭砌。搭砌应符合下列规定：

 1 单排孔小砌块的搭接长度应为块体长度的 1/2；多排孔小砌块的搭接长度不宜小于砌块长度的 1/3；

 2 当个别部位不能满足搭砌要求时，应在此部位的水平灰缝中设 $\phi4$ 钢筋网片，且网片两端与该位置的竖缝距离不得小于 400mm，或采用配块；

 3 墙体竖向通缝不得超过 2 皮小砌块，独立柱不得有竖向通缝。

7.2.8 墙体转角处和纵横交接处应同时砌筑。临时间断处应砌成斜槎，斜槎水平投影长度不应小于斜槎高度。临时施工洞口可预留直槎，但在补砌洞口时，应在直槎上下搭砌的小砌块孔洞内用强度等级不低于 Cb20 或 C20 的混凝土灌实（图 7.2.8）。

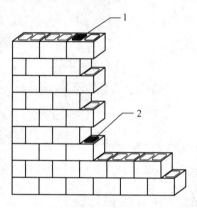

图 7.2.8 施工临时洞口直槎砌筑示意图
1—先砌洞口灌孔混凝土（随砌随灌）；
2—后砌洞口灌孔混凝土（随砌随灌）

7.2.9 厚度为 190mm 的自承重小砌块墙体宜与承重墙同时砌筑。厚度小于 190mm 的自承重小砌块墙宜后砌，且应按设计要求预留拉结筋或钢筋网片。

7.2.10 砌筑小砌块时，宜使用专用铺灰器铺放砂浆，且应随铺随砌。当未采用专用铺灰器时，砌筑时的一次铺灰长度不宜大于 2 块主规格块体的长度。水平灰缝应满铺下皮小砌块的全部壁肋或单排、多排孔小砌块的封底面；竖向灰缝宜将小砌块一个端面朝上满铺砂浆，上墙应挤紧，并应加浆插捣密实。

7.2.11 砌筑小砌块墙体时，对一般墙面，应及时用原浆勾缝，勾缝宜为凹缝，凹缝深度宜为 2mm；对装饰夹心复合墙体的墙面，应采用勾缝砂浆进行加浆勾缝，勾缝宜为凹圆或 V 形缝，凹缝深度宜为 4mm～5mm。

7.2.12 小砌块砌体的水平灰缝厚度和竖向灰缝宽度宜为 10mm，但不应小于 8mm，也不应大于 12mm，且灰缝应横平竖直。

7.2.13 需移动砌体中的小砌块或砌筑完成的砌体被撞动时，应重新铺砌。

7.2.14 砌入墙内的构造钢筋网片和拉结筋应放置在

水平灰缝的砂浆层中，不得有露筋现象。钢筋网片应采用点焊工艺制作，且纵横筋相交处不得重叠点焊，应控制在同一平面内。

7.2.15 直接安放钢筋混凝土梁、板或设置挑梁墙体的顶皮小砌块应正砌，并应采用强度等级不低于 Cb20 或 C20 混凝土灌实孔洞，其灌实高度和长度应符合设计要求。

7.2.16 固定现浇圈梁、挑梁等构件侧模的水平拉杆、扁铁或螺栓所需的穿墙孔洞，宜在砌体灰缝中预留，或采用设有穿墙孔洞的异型小砌块，不得在小砌块上打洞。利用侧砌的小砌块孔洞进行支模时，模板拆除后应采用强度等级不低于 Cb20 或 C20 混凝土填实孔洞。

7.2.17 砌筑小砌块墙体应采用双排脚手架或工具式脚手架。当需在墙上设置脚手眼时，可采用辅助规格的小砌块侧砌，利用其孔洞作脚手眼，墙体完工后应采用强度等级不低于 Cb20 或 C20 的混凝土填实。

7.2.18 小砌块夹心复合墙的砌筑应符合本规范第 6.2.20～6.2.26 条的规定。

7.2.19 正常施工条件下，小砌块砌体每日砌筑高度宜控制在 1.4m 或一步脚手架高度内。

7.3 混凝土芯柱

7.3.1 砌筑芯柱部位的墙体，应采用不封底的通孔小砌块。

7.3.2 每根芯柱的柱脚部位应采用带清扫口的 U 型、E 型、C 型或其他异型小砌块砌留操作孔。砌筑芯柱部位的砌块时，应随砌随刮去孔洞内壁凸出的砂浆，直至一个楼层高度，并应及时清除芯柱孔洞内掉落的砂浆及其他杂物。

7.3.3 芯柱混凝土宜采用符合现行行业标准《混凝土砌块(砖)砌体用灌孔混凝土》JC 861 的灌孔混凝土。

7.3.4 浇筑芯柱混凝土，应符合下列规定：

1 应清除孔洞内的杂物，并应用水冲洗，湿润孔壁；

2 当用模板封闭操作孔时，应有防止混凝土漏浆的措施；

3 砌筑砂浆强度大于 1.0MPa 后，方可浇筑芯柱混凝土，每层应连续浇筑；

4 浇筑芯柱混凝土前，应先浇 50mm 厚与芯柱混凝土配比相同的去石水泥砂浆，再浇筑混凝土；每浇筑 500mm 左右高度，应捣实一次，或边浇筑边用插入式振捣器捣实；

5 应预先计算每个芯柱的混凝土用量，按计量浇筑混凝土；

6 芯柱与圈梁交接处，可在圈梁下 50mm 处留置施工缝。

7.3.5 芯柱混凝土在预制楼盖处应贯通，不得削弱芯柱截面尺寸。

7.3.6 芯柱混凝土的拌制、运输、浇筑、养护、成

品质量，应符合现行国家标准《混凝土结构工程施工质量验收规范》GB 50204 的要求。

7.4 质量检查

7.4.1 小砌块、水泥、钢筋、预拌砂浆、专用砌筑砂浆、复合夹心墙的保温材料、外加剂等原材料进场时，应检查其质量合格证书；对有复检要求的原材料应及时送检，检验结果应满足设计及国家现行相关标准要求。

7.4.2 小砌块的质量检查，应包括其品种、规格、尺寸、外观质量及强度等级，符合设计及产品标准要求后方可使用。

7.4.3 小砌块砌体工程施工中，应对下列主控项目及一般项目进行检查，并应形成检查记录：

1 主控项目包括：

1）小砌块强度等级；

2）砂浆强度等级；

3）芯柱混凝土强度等级；

4）砂浆水平灰缝和竖向灰缝的饱满度；

5）转角、交接处砌筑；

6）芯柱质量检查；

7）斜槎留置。

2 一般项目包括：

1）轴线位移；

2）每层及全高的墙面垂直度；

3）水平灰缝厚度；

4）竖向灰缝宽度；

5）基础、墙、柱顶面标高；

6）表面平整度；

7）后塞口的门窗洞口尺寸；

8）窗口偏移；

9）水平灰缝平直度；

10）清水墙游丁走缝。

7.4.4 小砌块砌体工程施工过程中，应对拉结钢筋或钢筋网片进行隐蔽前的检查。

7.4.5 对小砌块砌体的芯柱检查应符合下列规定：

1 对小砌块砌体的芯柱混凝土密实性，应采用锤击法进行检查，也可采用钻芯法或超声法进行检测；

2 楼盖处芯柱尺寸及芯柱设置应逐层检查。

8 石砌体工程

8.1 一般规定

8.1.1 石砌体的转角处和交接处应同时砌筑。对不能同时砌筑而又需留置的临时间断处，应砌成斜槎。

8.1.2 梁、板类受弯构件石材，不应存在裂痕。梁的顶面和底面应为粗糙面，两侧面应为平整面；板的

顶面和底面应为平整面，两侧面应为粗糙面。

8.1.3 石砌体应采用铺浆法砌筑，砂浆应饱满，叠砌面的粘灰面积应大于80%。

8.1.4 石砌体每天的砌筑高度不得大于1.2m。

8.1.5 石砌体勾缝时，应符合下列规定：

1 勾平缝时，应将灰缝嵌塞密实，缝面应与石面相平，并应把缝面压光；

2 勾凸缝时，应先用砂浆将灰缝补平，待初凝后再抹第二层砂浆，压实后应将其捋成宽度为40mm的凸缝；

3 勾凹缝时，应将灰缝嵌塞密实，缝面宜比石面深10mm，并把缝面压平溜光。

8.2 砌　筑

Ⅰ 毛 石 砌 体

8.2.1 毛石砌体所用毛石应无风化剥落和裂纹，无细长扁薄和尖锥，毛石应呈块状，其中部厚度不宜小于150mm。

8.2.2 毛石砌体宜分皮卧砌，错缝搭砌，搭接长度不得小于80mm，内外搭砌时，不得采用外面侧立石块中间填心的砌筑方法，中间不得有铲口石、斧刃石和过桥石（图8.2.2）；毛石砌体的第一皮及转角处、交接处和洞口处，应采用较大的平毛石砌筑。

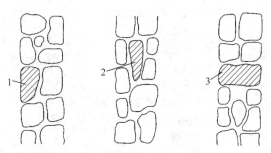

图 8.2.2　铲口石、斧刃石、过桥石示意
1—铲口石；2—斧刃石；3—过桥石

8.2.3 毛石砌体的灰缝应饱满密实，表面灰缝厚度不宜大于40mm，石块间不得有相互接触现象。石块间较大的空隙应先填塞砂浆，后用碎石块嵌实，不得采用先摆碎石后塞砂浆或干填碎石块的方法。

8.2.4 砌筑时，不应出现通缝、干缝、空缝和孔洞。

8.2.5 砌筑毛石基础的第一皮毛石时，应先在基坑底铺设砂浆，并将大面向下。阶梯形毛石基础的上级阶梯的石块应至少压砌下级阶梯的1/2，相邻阶梯的毛石应相互错缝搭砌。

8.2.6 毛石基础砌筑时应拉垂线及水平线。

8.2.7 毛石砌体应设置拉结石，拉结石应符合下列规定：

1 拉结石应均匀分布，相互错开，毛石基础同皮内宜每隔2m设置一块；毛石墙应每0.7m²墙面至少设置一块，且同皮内的中距不应大于2m；

2 当基础宽度或墙厚不大于400mm时，拉结石的长度应与基础宽度或墙厚相等；当基础宽度或墙厚大于400mm时，可用两块拉结石内外搭接，搭接长度不应小于150mm，且其中一块的长度不应小于基础宽度或墙厚的2/3。

8.2.8 毛石、料石和实心砖的组合墙中（图8.2.8），毛石、料石砌体与砖砌体应同时砌筑，并应每隔（4～6）皮砖用（2～3）皮丁砖与毛石砌体拉结砌合，毛石与实心砖的咬合尺寸应大于120mm，两种砌体间的空隙应采用砂浆填满。

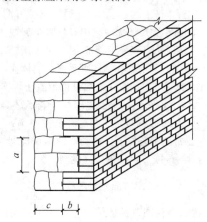

图 8.2.8　毛石与实心砖组合墙示意图
a—拉结砌合高度；b—拉结砌合宽度；
c—毛石墙的设计厚度

Ⅱ 料 石 砌 体

8.2.9 各种砌筑用料石的宽度、厚度均不宜小于200mm，长度不宜大于厚度的4倍。除设计有特殊要求外，料石加工的允许偏差应符合表8.2.9的规定。

表 8.2.9　料石加工的允许偏差

料石种类	允　许　偏　差	
	宽度、厚度（mm）	长度（mm）
细料石	±3	±5
粗料石	±5	±7
毛料石	±10	±15

8.2.10 料石砌体的水平灰缝应平直，竖向灰缝应宽窄一致，其中细料石砌体灰缝不宜大于5mm，粗料石和毛料石砌体灰缝不宜大于20mm。

8.2.11 料石墙砌筑方法可采用丁顺叠砌、二顺一丁、丁顺组砌、全顺叠砌。

8.2.12 料石墙的第一皮及每个楼层的最上一皮应丁砌。

8.3 挡 土 墙

8.3.1 砌筑挡土墙除应按本节执行外，尚应符合本规范第8.1～8.2节的规定。

8.3.2 砌筑毛石挡土墙应符合下列规定：

1 毛石的中部厚度不宜小于 200mm；

2 每砌（3~4）皮宜为一个分层高度，每个分层高度应找平一次；

3 外露面的灰缝厚度不得大于 40mm，两个分层高度间的错缝不得小于 80mm。

8.3.3 料石挡土墙宜采用同皮内丁顺相间的砌筑形式。当中间部分用毛石填砌时，丁砌料石伸入毛石部分的长度不应小于 200mm。

8.3.4 砌筑挡土墙，应按设计要求架立坡度样板收坡或收台，并应设置伸缩缝和泄水孔，泄水孔宜采取抽管或埋管方法留置。

8.3.5 挡土墙必须按设计规定留设泄水孔；当设计无具体规定时，其施工应符合下列规定：

1 泄水孔应在挡土墙的竖向和水平方向均匀设置，在挡土墙每米高度范围内设置的泄水孔水平间距不应大于 2m；

2 泄水孔直径不应小于 50mm；

3 泄水孔与土体间应设置长宽不小于 300mm、厚不小于 200mm 的卵石或碎石疏水层。

8.3.6 挡土墙内侧回填土应分层夯填密实，其密实度应符合设计要求。墙顶土面应有排水坡度。

8.4 质 量 检 查

8.4.1 料石进场时应检查其品种、规格、颜色以及强度等级的检验报告，并应符合设计要求，石材材质应质地坚实，无风化剥落和裂缝。

8.4.2 应对现场二次加工的料石进行检查，其检查结果应符合本规范第 8.2.9 条的规定。

8.4.3 石砌体工程施工中，应对下列主控项目及一般项目进行检查，并应形成检查记录：

1 主控项目包括：

1) 石材强度等级；

2) 砂浆强度等级；

3) 灰缝的饱满度。

2 一般项目包括：

1) 轴线位置；

2) 基础和墙体顶面标高；

3) 砌体厚度；

4) 每层及全高的墙面垂直度；

5) 表面平整度；

6) 清水墙面水平灰缝平直度；

7) 组砌形式。

9 配筋砌体工程

9.1 一 般 规 定

9.1.1 配筋砖砌体和配筋混凝土砌块砌体的施工除

应符合本章要求外，尚应符合本规范第 6 章、第 7 章的规定。

9.1.2 配筋砖砌体构件、组合砌体构件和配筋砌块砌体剪力墙构件的混凝土、砂浆的强度等级及钢筋的牌号、规格、数量应符合设计要求。

9.1.3 配筋砌体中钢筋的防腐符合设计要求。

9.1.4 设置在砌体水平灰缝内的钢筋，应沿灰缝厚度居中放置。灰缝厚度应大于钢筋直径 6mm 以上；当设置钢筋网片时，应大于网片厚度 4mm 以上，但灰缝最大厚度不宜大于 15mm。砌体外露面砂浆保护层的厚度不应小于 15mm。

9.1.5 伸入砌体内的拉结钢筋，从接缝处算起，不应小于 500mm。对多孔砖墙和砌块墙不应小于 700mm。

9.1.6 网状配筋砌体的钢筋网，不得用分离放置的单根钢筋代替。

9.2 配筋砖砌体施工

9.2.1 钢筋砖过梁内的钢筋应均匀、对称放置，过梁底面应铺 1:2.5 水泥砂浆层，其厚度不宜小于 30mm，钢筋应埋入砂浆层中，两端伸入支座砌体内的长度不应小于 240mm，并应有 90°弯钩埋入墙的竖缝内。钢筋砖过梁的第一皮砖应丁砌。

9.2.2 网状配筋砌体的钢筋网，宜采用焊接网片。

9.2.3 由砌体和钢筋混凝土或配筋砂浆面层构成的组合砌体构件，其连接受力钢筋的拉结筋应在两端做成弯钩，并在砌筑砌体时正确埋入。

9.2.4 组合砌体构件的面层施工，应在砌体外围分段支设模板，每段支模高度宜在 500mm 以内，浇水润湿模板及砖砌体表面，分层浇筑混凝土或砂浆，并振捣密实；钢筋砂浆面层施工，可采用分层抹浆的方法，面层厚度应符合设计要求。

9.2.5 墙体与构造柱的连接处应砌成马牙槎，其砌筑要求应符合本规范第 6.1.2 条规定。

9.2.6 设置钢筋混凝土构造柱的砌体，应按先砌墙后浇筑构造柱混凝土的顺序施工。浇筑混凝土前应将砖砌体与模板浇水润湿，并清理模板内残留的杂物。

9.2.7 构造柱混凝土可分段浇筑，每段高度不宜大于 2m。浇筑构造柱混凝土时，应采用小型插入式振动棒边浇筑边振捣的方法。

9.2.8 钢筋混凝土构造柱的竖向受力钢筋应在基础梁和楼层圈梁中锚固，锚固长度应符合设计要求。

9.3 配筋砌块砌体施工

9.3.1 配筋砌块砌体的施工应采用专用砌筑砂浆和专用灌孔混凝土，其性能应符合现行行业标准《混凝土小型空心砌块和混凝土砖砌筑砂浆》JC 860 和《混凝土砌块（砖）砌体用灌孔混凝土》JC 861 的有关规定。

9.3.2 芯柱的纵向钢筋应通过清扫口与基础圈梁、

楼层圈梁、连系梁伸出的竖向钢筋绑扎搭接或焊接连接，搭接或焊接长度应符合设计要求。当钢筋直径大于22mm时，宜采用机械连接。

9.3.3 芯柱竖向钢筋应居中设置，顶端固定后再浇筑芯柱混凝土。

9.3.4 配筋砌块砌体剪力墙的水平钢筋，在凹槽砌块的混凝土带中的锚固、搭接长度应符合设计要求。

9.3.5 配筋砌块砌体剪力墙两平行钢筋间的净距不应小于50mm。水平钢筋搭接时应上下搭接，并应加设短筋固定（图9.3.5）。水平钢筋两端宜锚入端部灌孔混凝土中。

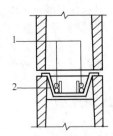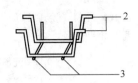

图 9.3.5　水平钢筋搭接示意图
1—水平搭接钢筋；2—搭接部位固定支架的兜筋；
3—固定支架加设的短筋

9.3.6 浇筑芯柱混凝土时，其连续浇筑高度不应大于1.8m。

9.3.7 配筋混凝土砌块砌体工程中，芯柱的施工除应符合本章有关规定外，尚应满足本规范第7.3节的规定。

9.3.8 当剪力墙墙端设置钢筋混凝土柱作为边缘构件时，应按先砌筑砌块墙体，后浇筑混凝土柱的施工顺序，墙体中的水平钢筋应在柱中锚固，并应满足钢筋的锚固长度要求。

9.4　质量检查

9.4.1 配筋砌体施工质量检查，除应符合本章规定外，尚应符合本规范第6章和第7章相关规定。

9.4.2 配筋砌体工程施工中，应对下列主控项目及一般项目进行检查，并应形成检查记录：

 1 主控项目包括：

  1）钢筋品种、规格、数量和设置部位；

  2）混凝土强度等级；

  3）马牙槎尺寸；

  4）马牙槎拉结筋；

  5）钢筋连接；

  6）钢筋锚固长度；

  7）钢筋搭接长度；

 2 一般项目包括：

  1）构造柱中心线位置；

  2）构造柱层间错位；

  3）每层及全高的构造柱垂直度；

  4）灰缝钢筋防腐；

  5）网状配筋规格；

  6）网状配筋位置；

  7）钢筋保护层厚度；

  8）凹槽水平钢筋间距。

9.4.3 混凝土构造柱拆模后，应对构造柱外观缺陷进行检查。检查的方法应符合现行国家标准《混凝土结构工程施工质量验收规范》GB 50204 的规定。

10　填充墙砌体工程

10.1　一般规定

10.1.1 轻骨料混凝土小型空心砌块、蒸压加气混凝土砌块砌筑时，其产品龄期应大于28d；蒸压加气混凝土砌块的含水率宜小于30%。

10.1.2 吸水率较小的轻骨料混凝土小型空心砌块及采用薄层砂浆砌筑法施工的蒸压加气混凝土砌块，砌筑前不应对其浇水湿润；在气候干燥炎热的情况下，对吸水率较小的轻骨料混凝土小型空心砌块宜在砌筑前浇水湿润。

10.1.3 采用普通砂浆砌筑填充墙时，烧结空心砖、吸水率较大的轻骨料混凝土小型空心砌块应提前1d～2d浇水湿润；蒸压加气混凝土砌块采用专用砂浆或普通砂浆砌筑时，应在砌筑当天对砌块砌筑面浇水湿润。块体湿润程度宜符合下列规定：

 1 烧结空心砖的相对含水率宜为60%～70%；

 2 吸水率较大的轻骨料混凝土小型空心砌块、蒸压加气混凝土砌块的相对含水率宜为40%～50%。

10.1.4 在没有采取有效措施的情况下，不应在下列部位或环境中使用轻骨料混凝土小型空心砌块或蒸压加气混凝土砌块砌体：

 1 建筑物防潮层以下墙体；

 2 长期浸水或化学侵蚀环境；

 3 砌体表面温度高于80℃的部位；

 4 长期处于有振动源环境的墙体。

10.1.5 在厨房、卫生间、浴室等处采用轻骨料混凝土小型空心砌块、蒸压加气混凝土砌块砌筑墙体时，墙体底部宜现浇混凝土坎台，其高度宜为150mm。

10.1.6 填充墙的拉结筋当采用化学植筋的方式设置时，应按本规范附录B的规定进行拉结钢筋的施工，并应按本规范附录C的要求对拉结筋进行实体检测。

10.1.7 填充墙砌体与主体结构间的连接构造应符合设计要求，未经设计同意，不得随意改变连接构造方法。

10.1.8 在填充墙上钻孔、镂槽或切锯时，应使用专用工具，不得任意剔凿。

10.1.9 各种预留洞、预埋件、预埋管，应按设计要求设置，不得砌筑后剔凿。

10.1.10 抗震设防地区的填充砌体应按设计要求设置构造柱及水平连系梁，且填充砌体的门窗洞口部位，砌块砌筑时不应侧砌。

10.2 砌　筑

Ⅰ　一般规定

10.2.1 填充墙砌体砌筑，应在承重主体结构检验批验收合格后进行；填充墙顶部与承重主体结构之间的空隙部位，应在填充墙砌筑 14d 后进行砌筑。

10.2.2 轻骨料混凝土小型空心砌块应采用整块砌块砌筑；当蒸压加气混凝土砌块需断开时，应采用无齿锯切割，裁切长度不应小于砌块总长度的 1/3。

10.2.3 蒸压加气混凝土砌块、轻骨料混凝土小型空心砌块等不同强度等级的同类砌块不得混砌，亦不应与其他墙体材料混砌。

Ⅱ　烧结空心砖砌体

10.2.4 烧结空心砖墙应侧立砌筑，孔洞应呈水平方向。空心砖墙底部宜砌筑 3 皮普通砖，且门窗洞口两侧一砖范围内应采用烧结普通砖砌筑。

10.2.5 砌筑空心砖墙的水平灰缝厚度和竖向灰缝宽度宜为 10mm，且不应小于 8mm，也不应大于 12mm。竖缝应采用刮浆法，先抹砂浆后再砌筑。

10.2.6 砌筑时，墙体的第一皮空心砖应进行试摆。排砖时，不够半砖处采用普通砖或配砖补砌，半砖以上的非整砖宜采用无齿锯加工制作。

10.2.7 烧结空心砖砌体组砌时，应上下错缝，交接处应咬槎搭砌，掉角严重的空心砖不宜使用。转角及交接处应同时砌筑，不得留直槎，留斜槎时，斜槎高度不宜大于 1.2m。

10.2.8 外墙采用空心砖砌筑时，应采取防雨水渗漏的措施。

Ⅲ　轻骨料混凝土小型空心砌块砌体

10.2.9 轻骨料混凝土小型空心砌块砌体的砌筑要求应符合本规范第 7.2 节的规定。

10.2.10 当小砌块墙体孔洞中需填充隔热或隔声材料时，应砌一皮填充一皮，且应填满，不得捣实。

10.2.11 轻骨料混凝土小型空心砌块填充墙砌体，在纵横墙交接处及转角处应同时砌筑；当不能同时砌筑时，应留成斜槎，斜槎水平投影长度不应小于高度的 2/3。

10.2.12 当砌筑带保温夹心层的小砌块墙体时，应将保温夹心层一侧靠置室外，并应对孔错缝。左右相邻小砌块中的保温夹心层应相互衔接，上下皮保温夹心层间的水平灰缝处宜采用保温砂浆砌筑。

Ⅳ　蒸压加气混凝土砌块砌体

10.2.13 填充墙砌筑时应上下错缝，搭接长度不宜小于砌块长度的 1/3，且不应小于 150mm。当不能满足时，在水平灰缝中应设置 $2\phi6$ 钢筋或 $\phi4$ 钢筋网片加强，加强筋从砌块搭接的错缝部位起，每侧搭接长度不宜小 700mm。

10.2.14 蒸压加气混凝土砌块采用薄层砂浆砌筑法砌筑时，应符合下列规定：

　　1　砌筑砂浆应采用专用粘结砂浆；

　　2　砌块不得用水浇湿，其灰缝厚度宜为 2mm～4mm；

　　3　砌块与拉结筋的连接，应预先在相应位置的砌块上表面开设凹槽；砌筑时，钢筋应居中放置在凹槽砂浆内；

　　4　砌块砌筑过程中，当在水平面和垂直面上有超过 2mm 的错边量时，应采用钢齿磨板和磨砂板磨平，方可进行下道工序施工。

10.2.15 采用非专用粘结砂浆砌筑时，水平灰缝厚度和竖向灰缝宽度不应超过 15mm。

10.3 质量检查

10.3.1 填充墙砌体的质量检查，除应符合本章规定外，尚应符合本规范第 6.3.1、6.3.2、7.4.1、7.4.2、9.4.3 条的规定。

10.3.2 填充墙砌体工程施工中，应对下列主控项目及一般项目进行检查，并应形成检查记录：

　　1　主控项目包括：

　　　　1）块体强度等级；

　　　　2）砂浆强度等级；

　　　　3）与主体结构连接；

　　　　4）植筋实体检测。

　　2　一般项目包括：

　　　　1）轴线位置；

　　　　2）每层墙面垂直度；

　　　　3）表面平整度；

　　　　4）后塞口的门窗洞口尺寸；

　　　　5）窗口偏移；

　　　　6）水平灰缝砂浆饱满度；

　　　　7）竖缝砂浆饱满度；

　　　　8）拉结筋、网片位置；

　　　　9）拉结筋、网片埋置长度；

　　　　10）砌块搭砌长度；

　　　　11）灰缝厚度；

　　　　12）灰缝宽度。

11　冬期与雨期施工

11.1 冬　期　施　工

Ⅰ　一般规定

11.1.1 冬期施工所用材料应符合下列规定：

1 砌筑前，应清除块材表面污物和冰霜，遇水浸冻后的砖或砌块不得使用；

2 石灰膏应防止受冻，当遇冻结，应经融化后方可使用；

3 拌制砂浆所用砂，不得含有冰块和直径大于10mm的冻结块；

4 砂浆宜采用普通硅酸盐水泥拌制，冬期砌筑不得使用无水泥拌制的砂浆；

5 拌合砂浆宜采用两步投料法，水的温度不得超过80℃，砂的温度不得超过40℃，砂浆稠度宜较常温适当增大；

6 砌筑时砂浆温度不应低于5℃；

7 砌筑砂浆试块的留置，除应按常温规定要求外，尚应增设一组与砌体同条件养护的试块。

11.1.2 冬期施工过程中，施工记录除应按常规要求外，尚应包括室外温度、暖棚气温、砌筑砂浆温度及外加剂掺量。

11.1.3 不得使用已冻结的砂浆，严禁用热水掺入冻结砂浆内重新搅拌使用，且不宜在砌筑时的砂浆内掺水。

11.1.4 当混凝土小砌块冬期施工砌筑砂浆强度等级低于 M10 时，其砂浆强度等级应比常温施工提高一级。

11.1.5 冬期施工搅拌砂浆的时间应比常温期增加(0.5~1.0)倍，并应采取有效措施减少砂浆在搅拌、运输、存放过程中的热量损失。

11.1.6 砌筑工程冬期施工用砂浆应选用外加剂法。

11.1.7 砌体施工时，应将各种材料按类别堆放，并应进行覆盖。

11.1.8 冬期施工过程中，对块材的浇水湿润应符合下列规定：

1 烧结普通砖、烧结多孔砖、蒸压灰砂砖、蒸压粉煤灰砖、烧结空心砖、吸水率较大的轻骨料混凝土小型空心砌块在气温高于0℃条件下砌筑时，应浇水湿润，且应即时砌筑；在气温不高于0℃条件下砌筑时，不应浇水湿润，但应增大砂浆稠度；

2 普通混凝土小型空心砌块、混凝土多孔砖、混凝土实心砖及采用薄灰砌筑法的蒸压加气混凝土砌块施工时，不应对其浇水湿润；

3 抗震设防烈度为9度的建筑物，当烧结普通砖、烧结多孔砖、蒸压粉煤灰砖、烧结空心砖无法浇水湿润时，当无特殊措施，不得砌筑。

11.1.9 冬期施工的砖砌体应采用"三一"砌筑法施工。

11.1.10 冬期施工中，每日砌筑高度不宜超过1.2m，砌筑后应在砌体表面覆盖保温材料，砌体表面不得留有砂浆。在继续砌筑前，应清理干净砌筑表面的杂物，然后再施工。

Ⅱ 外 加 剂 法

11.1.11 当最低气温不高于－15℃时，采用外加剂法砌筑承重砌体，其砂浆强度等级应按常温施工时的规定提高一级。

11.1.12 在氯盐砂浆中掺加砂浆增塑剂时，应先加氯盐溶液后再加砂浆增塑剂。

11.1.13 外加剂溶液应由专人配制，并应先配制成规定浓度溶液置于专用容器中，再按使用规定加入搅拌机中。

11.1.14 下列砌体工程，不得采用掺氯盐的砂浆：

1 对可能影响装饰效果的建筑物；

2 使用湿度大于80%的建筑物；

3 热工要求高的工程；

4 配筋、铁埋件无可靠的防腐处理措施的砌体；

5 接近高压电线的建筑物；

6 经常处于地下水位变化范围内，而又无防水措施的砌体；

7 经常受40℃以上高温影响的建筑物。

11.1.15 砖与砂浆的温度差值砌筑时宜控制在20℃以内，且不应超过30℃。

Ⅲ 暖 棚 法

11.1.16 地下工程、基础工程以及建筑面积不大又急需砌筑使用的砌体结构应采用暖棚法施工。

11.1.17 当采用暖棚法施工时，块体和砂浆在砌筑时的温度不应低于5℃。距离所砌结构底面0.5m处的棚内温度也不应低于5℃。

11.1.18 在暖棚内的砌体养护时间，应符合表11.1.18的规定。

表 11.1.18 暖棚法砌体的养护时间

暖棚内温度（℃）	5	10	15	20
养护时间不少于（d）	6	5	4	3

11.1.19 采用暖棚法施工，搭设的暖棚应牢固、整齐。宜在背风面设置一个出入口，并应采取保温避风措施。当需设两个出入口时，两个出入口不应对齐。

11.2 雨 期 施 工

11.2.1 雨期施工应结合本地区特点，编制专项雨期施工方案，防雨应急材料应准备充足，并对操作人员进行技术交底，施工现场应做好排水措施，砌筑材料应防止雨水冲淋。

11.2.2 雨期施工应符合下列规定：

1 露天作业遇大雨时应停工，对已砌筑砌体应及时进行覆盖；雨后继续施工时，应检查已完工砌体的垂直度和标高；

2 应加强原材料的存放和保护，不得久存受潮；

3 应加强雨期施工期间的砌体稳定性检查；

4 砌筑砂浆的拌合量不宜过多,拌好的砂浆应防止雨淋;

5 电气装置及机械设备应有防雨设施。

11.2.3 雨期施工时应防止基槽灌水和雨水冲刷砂浆,每天砌筑高度不宜超过1.2m。

11.2.4 当块材表面存在水渍或明水时,不得用于砌筑。

11.2.5 夹心复合墙每日砌筑工作结束后,墙体上口应采用防雨布遮盖。

12 安全与环保

12.1 安 全

12.1.1 砌体结构工程施工中,应按施工方案对施工作业人员进行安全交底,并应形成书面交底记录。

12.1.2 施工机械的使用,应符合现行行业标准《建筑机械使用安全技术规程》JGJ 33和《施工现场临时用电安全技术规范》JGJ 46的有关规定,并应定期检查、维护。

12.1.3 采用升降机、龙门架及井架物料提升机运输材料设备时,应符合现行行业标准《建筑施工升降机安装、使用、拆卸安全技术规程》JGJ 215和《龙门架及井架物料提升机安全技术规范》JGJ 88的有关规定,且一次提升总重量不得超过机械额定起重或提升能力,并应有防散落、抛洒措施。

12.1.4 车辆运输块材的装箱高度不得超出车厢,砂浆车内浆料应低于车厢上口0.1m。

12.1.5 安全通道应搭设可靠,并应有明显标识。

12.1.6 现场人员应佩戴安全帽,高处作业时应系好安全带。在建工程外侧应设置密目安全网。

12.1.7 采用滑槽向基槽或基坑内人工运送物料时,落差不宜超过5m。严禁向有人作业的基槽或基坑内抛掷物料。

12.1.8 距基槽或基坑边沿2.0m以内不得堆放物料;当在2.0m以外堆放物料时,堆置高度不应大于1.5m。

12.1.9 基础砌筑前应仔细检查基坑和基槽边坡的稳定性,当有塌方危险或支撑不牢固时,应采取可靠措施。作业人员出入基槽或基坑,应设上下坡道、踏步或梯子,并应有雨雪天防滑设施或措施。

12.1.10 砌筑用脚手架应按经审查批准的施工方案搭设,并应符合国家现行相关脚手架安全技术规范的规定。验收合格后,不得随意拆除和改动脚手架。

12.1.11 作业人员在脚手架上施工时,应符合下列规定:

1 在脚手架上砍砖时,应向内将碎砖打在脚手板上,不得向架外砍砖;

2 在脚手架上堆普通砖、多孔砖不得超过3层,

空心砖或砌块不得超过2层;

3 翻拆脚手架前,应将脚手板上的杂物清理干净。

12.1.12 在建筑高处进行砌筑作业时,应符合现行行业标准《建筑施工高处作业安全技术规范》JGJ 80的相关规定。不得在卸料平台上、脚手架上、升降机、龙门架及井架物料提升机出入口位置进行块材的切割、打凿加工。不得站在墙顶操作和行走。工作完毕应将墙上和脚手架上多余的材料、工具清理干净。

12.1.13 楼层卸料和备料不应集中堆放,不得超过楼板的设计活荷载标准值。

12.1.14 作业楼层的周围应进行封闭围护,同时应设置防护栏及张挂安全网。楼层内的预留洞口、电梯口、楼梯口,应搭设防护栏杆,对大于1.5m的洞口,应设置围挡。预留孔洞应加盖封堵。

12.1.15 生石灰运输过程中应采取防水措施,且不应与易燃易爆物品共同存放、运输。

12.1.16 淋灰池、水池应有护墙或护栏。

12.1.17 未施工楼层板或屋面板的墙或柱,当可能遇到大风时,其允许自由高度不得超过表12.1.17的规定。当超过允许限值时,应采用临时支撑等有效措施。

12.1.18 现场加工区材料切割、打凿加工人员,砂浆搅拌作业人员以及搬运人员,应按相关要求佩戴好劳动防护用品。

12.1.19 工程施工现场的消防安全应符合现行国家标准《建设工程施工现场消防安全技术规范》GB 50720的有关规定。

表12.1.17 墙和柱的允许自由高度(m)

墙（柱）厚 (mm)	$1300<砌体密度≤1600(kg/m^3)$			砌体密度$>1600(kg/m^3)$		
	风载(kN/m^2)			风载(kN/m^2)		
	0.3(约7级风)	0.4(约8级风)	0.5(约9级风)	0.3(约7级风)	0.4(约8级风)	0.5(约9级风)
190	1.4	1.1	0.7	—	—	—
240	2.2	1.7	1.1	2.8	2.1	1.4
370	4.2	3.2	2.1	5.2	3.9	2.6
490	7.0	5.2	3.5	8.6	6.5	4.3
620	11.4	8.6	5.7	14.0	10.5	7.0

注:1 本表适用于施工处相对标高H在10m范围内的情况。当$10m<H≤15m$、$15m<H≤20m$时,表中的允许自由高度应分别乘以0.9、0.8的系数;当$H>20m$时,应通过抗倾覆算验确定其允许自由高度。

2 当所砌筑的墙有横墙或其他结构与其连接,而且间距小于表内允许自由高度限值的2倍时,砌筑高度可不受本表的限制。

12.2 环 境 保 护

12.2.1 施工现场应制定砌体结构工程施工的环境保护措施,并应选择清洁环保的作业方式,减少对周边地区的环境影响。

12.2.2 施工现场拌制砂浆及混凝土时，搅拌机应有防风、隔声的封闭围护设施，并宜安装除尘装置，其噪声限值应符合国家有关规定。

12.2.3 水泥、粉煤灰、外加剂等应存放在防潮且不易扬尘的专用库房。露天堆放的砂、石、水泥、粉状外加剂、石灰等材料，应进行覆盖。石灰膏应存放在专用储存池。

12.2.4 对施工现场道路、材料堆场地面宜进行硬化，并应经常洒水清扫，场地应清洁。

12.2.5 运输车辆应无遗洒，驶出工地前宜清洗车轮。

12.2.6 在砂浆搅拌、运输、使用过程中，遗漏的砂浆应回收处理。砂浆搅拌及清洗机械所产生的污水，应经过沉淀池沉淀后排放。

12.2.7 高处作业时不得扬洒物料、垃圾、粉尘以及废水。

12.2.8 施工过程中，应采取建筑垃圾减量化措施。作业区域垃圾应当天清理完毕，施工过程中产生的建筑垃圾，应进行分类处理。

12.2.9 不可循环使用的建筑垃圾，应收集到现场封闭式垃圾站，并应清运至有关部门指定的地点。可循环使用的建筑垃圾，应回收再利用。

12.2.10 机械、车辆检修和更换油品时，应防止油品洒漏在地面或渗入土壤。废油应回收，不得将废油直接排入下水管道。

12.2.11 切割作业区域的机械应进行封闭围护，减少扬尘和噪声排放。

12.2.12 施工期间应制定减少扰民的措施。

附录 A 砌体工程施工质量控制等级评定及检查

A.0.1 施工前及施工中对承担砌体结构工程施工的总承包商及施工分包商的施工质量控制等级，应分别对其近期施工的工程及本工程施工情况按表 A.0.1 进行评定及检查。

A.0.2 当施工质量控制等级的有关要素检查结果低于相应质量控制等级要求时，应采取有效措施使之恢复到要求后，再进行正常施工。

表 A.0.1 砌体工程施工质量控制
评定（检查）记录

工程名称		施工日期	
建设单位		项目负责人	
施工总承包单位		项目负责人	

续表 A.0.1

监理单位		总监理工程师	
施工单位		项目经理	专业技术负责人
设计或规范规定的施工质量控制等级			

《砌体结构工程施工质量验收规范》GB 50203 的规定			检查情况记录
现场质量管理	A级	监督检查制度健全，并严格执行；施工方有在岗专业技术管理人员，人员齐全，并持证上岗	
	B级	监督检查制度基本健全，并能执行；施工方有在岗专业技术管理人员，人员齐全，并持证上岗	
	C级	有监督检查制度；施工方有在岗专业技术管理人员	
砂浆、混凝土强度	A级	试块按规定制作，强度满足验收规定，离散性小	
	B级	试块按规定制作，强度满足验收规定，离散性较小	
	C级	试块按规定制作，强度满足验收规定，离散性大	
砂浆拌合方式	A级	机械拌合；配合比计量控制严格	
	B级	机械拌合；配合比计量控制一般	
	C级	机械或人工拌合；配合比计量控制较差	
砌筑工人	A级	中级工以上，其中高级工不少于30%	
	B级	高、中级工不少于70%	
	C级	初级工以上	
核验等级			
处理意见			

会签栏	监理单位（签章）	施工总承包单位（签章）	施工单位（签章）	
			项目经理	专业技术负责人
	年 月 日	年 月 日	年 月 日	年 月 日

附录B 拉结钢筋的植筋施工方法

B.1 一般规定

B.1.1 植筋所用胶粘剂的技术性能应符合本规范第4.7.3条的规定，寒冷地区所用的植筋胶粘剂，应具有耐冻融性能试验合格证书。

B.1.2 化学植筋宜采用下列施工工序（图B.1.2）。

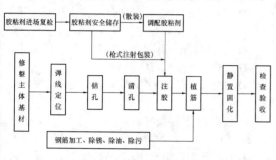

图 B.1.2 化学植筋的施工工序

B.2 植 筋 施 工

B.2.1 植筋工程的施工环境应符合现行国家标准《建筑结构加固工程施工质量验收规范》GB 50550 的有关规定。

B.2.2 拉结钢筋的植筋孔位应根据块体模数及填充墙的排块设计进行定位。

B.2.3 植筋孔壁应完整，不得有裂缝和局部损伤，植筋孔洞深度应符合设计和现行国家标准《混凝土结构加固设计规范》GB 50367 的规定。

B.2.4 植筋孔洞成孔后，应用毛刷及吹风设备清除孔内粉尘，反复处理不应少于3次。

B.2.5 现场调配胶粘剂时，应按产品说明书规定的配合比和工艺要求进行配置，并在规定的时间内使用。

B.2.6 注入胶粘剂时，不应妨碍孔洞的空气排出，注入量应按产品说明书确定，并以植入钢筋后有少许胶液溢出为宜。严禁采用钢筋蘸胶后直接塞入孔洞的方法植入。

B.2.7 注入植筋胶后，应立即插入钢筋，并应按单一方向边转边插，直至达到规定的深度。

B.2.8 钢筋植入后，在胶粘剂未达到产品使用说明书规定的固化期前，不得扰动所植钢筋。

附录C 拉结钢筋的植筋施工质量检查

C.0.1 每一检验批抽检的锚固钢筋最小容量应符合表 C.0.1 的规定。

表 C.0.1 检验批抽检锚固钢筋样本最小容量

检验批的容量	样本最小容量	检验批的容量	样本最小容量
≤90	5	281～500	20
91～150	8	501～1200	32
151～280	13	1201～3200	50

C.0.2 锚固钢筋拉拔试验的轴向受拉非破坏承载力检验值应为 6.0kN。抽检钢筋在检验值作用下，基材应无裂缝，钢筋应无滑移和宏观裂损；持荷 2min 期间荷载值降低不应大于 5%。

本规范用词说明

1 为便于在执行本规范条文时区别对待，对要求严格程度不同的用词说明如下：

1） 表示很严格，非这样做不可的：
正面词采用"必须"，反面词采用"严禁"；

2） 表示严格，在正常情况下均应这样做的：
正面词采用"应"，反面词采用"不应"或"不得"；

3） 表示允许稍有选择，在条件许可时首先应这样做的：
正面采用"宜"，反面词采用"不宜"；

4） 表示有选择，在一定条件下可以这样做的，采用"可"。

2 条文中指明应按其他有关标准执行的写法为："应符合……规定"或"应按……执行"。

引用标准名录

1《混凝土外加剂应用技术规范》GB 50119

2《砌体结构工程施工质量验收规范》GB 50203

3《混凝土结构工程施工质量验收规范》GB 50204

4《混凝土结构加固设计规范》GB 50367

5《建筑结构加固工程施工质量验收规范》GB 50550

6《墙体材料应用统一技术规范》GB 50574

7《建设工程施工现场消防安全技术规范》GB 50720

8《工程结构加固材料安全性鉴定技术规范》GB 50728

9《通用硅酸盐水泥》GB 175

10《钢筋混凝土用钢 第1部分：热轧光圆钢筋》GB 1499.1

11《钢筋混凝土用钢 第2部分：热轧带肋钢筋》GB 1499.2

12 《砌筑水泥》GB/T 3183

13 《烧结普通砖》GB 5101

14 《建筑材料放射性核素限量》GB 6566

15 《混凝土外加剂》GB 8076

16 《普通混凝土小型空心砌块》GB 8239

17 《蒸压灰砂砖》GB 11945

18 《蒸压加气混凝土砌块》GB 11968

19 《烧结多孔砖和多孔砌块》GB 13544

20 《烧结空心砖和空心砌块》GB 13545

21 《轻集料混凝土小型空心砌块》GB/T 15229

22 《混凝土实心砖》GB/T 21144

23 《混凝土和砂浆用再生细骨料》GB/T 25176

24 《预拌砂浆》GB/T 25181

25 《蒸压粉煤灰多孔砖》GB 26541

26 《冷拔低碳钢丝应用技术规程》JGJ 19

27 《建筑机械使用安全技术规程》JGJ 33

28 《施工现场临时用电安全技术规范》JGJ 46

29 《普通混凝土用砂、石质量及检验方法标准》JGJ 52

30 《混凝土用水标准》JGJ 63

31 《建筑砂浆基本性能试验方法标准》JGJ/T 70

32 《建筑施工高处作业安全技术规范》JGJ 80

33 《龙门架及井架物料提升机安全技术规范》JGJ 88

34 《砌筑砂浆配合比设计规程》JGJ/T 98

35 《砌筑砂浆增塑剂》JG/T 164

36 《建筑施工升降机安装、使用、拆卸安全技术规程》JGJ 215

37 《预拌砂浆应用技术规程》JGJ/T 223

38 《再生骨料应用技术规程》JGJ/T 240

39 《装饰多孔砖夹心复合墙技术规程》JGJ/T 274

40 《粉煤灰砖》JC 239

41 《建筑生石灰》JC/T 479

42 《混凝土小型空心砌块和混凝土砖砌筑砂浆》JC 860

43 《混凝土砌块（砖）砌体用灌孔混凝土》JC 861

44 《蒸压加气混凝土用砌筑砂浆与抹面砂浆》JC 890

45 《混凝土多孔砖》JC 943

中华人民共和国国家标准

砌体结构工程施工规范

GB 50924—2014

条 文 说 明

制 订 说 明

《砌体结构工程施工规范》GB 50924—2014 经住房和城乡建设部 2014 年 1 月 29 日以第 313 号公告批准、发布。

本规范编制过程中，编制组对我国砌体结构工程的施工状况、材料应用现状进行了大量的调查研究，总结了砌体结构工程施工领域的实践经验，同时参考了国外先进技术标准，通过试验，取得了确保砌体结构施工质量的重要技术参数，为科学、合理地制订砌体结构工程施工规范提供了依据。

为便于广大设计、施工、科研、学校等单位有关人员在使用本规范时能正确理解和执行条文规定，《砌体结构工程施工规范》编制组按章、节、条的顺序编制了本规范的条文说明，对条文规定的目的、依据以及执行中需注意的有关事项进行了说明，还着重对强制性条文的强制性理由做了解释。但是，本条文说明不具备与规范正文同等的法律效力，仅供使用者作为理解和把握规范规定的参考。

目　　次

1 总 则

1.0.1 阐明了砌体结构工程施工过程中应遵循的原则和制定本标准的目的，是保证砌体结构工程施工质量和施工安全的基本要求，并在施工过程中，贯彻节材、节水、节能、节地和保护环境等国家经济技术政策。本规范主要依据我国砌体结构工程的技术研究成果，结合新型墙体材料的应用，并借鉴国外先进技术标准制订而成。

1.0.2 规定了本规范的适用范围，所适用的块材与现行国家标准《砌体结构设计规范》GB 50003 的范围一致。

1.0.3 本条是指砌体结构工程施工过程中，对所涉及的技术要求、安全防护、环境保护等规定应符合国家现行有关标准规定。同时，本规范作为砌体结构工程的施工通用标准，对施工过程中涉及的其他砌体结构专用标准，应同时执行。

3 基 本 规 定

3.1 施 工 准 备

3.1.4 在砌体结构砌筑前，对条文规定的内容进行严格的检查与核实，可有效地控制质量、减少操作失误及经济损失。

3.1.5 复核轴线放线尺寸是避免技术性错误的重要措施，不应被忽视。

3.1.7 及时有效的关注天气变化，了解短期、中期、长期天气预报，根据天气变化情况，调整施工方案及作业时间，减少天气对施工的影响，保证工期和质量，是降低工程项目成本的重要手段。

3.2 控 制 措 施

3.2.1 规定了从事砌体结构工程施工企业的资质及管理要求，同时考虑施工过程中，在保证质量和安全的前提下，还应有对环境保护的制度和措施，并且要求所制定的管理体系应贯穿于砌体结构工程施工的全过程。

3.2.2 本条对设计文件的有效性进行了规定。

3.2.3 砌体结构工程施工所用的水泥、钢筋、块材等材料的品种、强度等级众多，且性能存在差异，对砌体结构性能有着直接的影响，因此应按设计要求使用。

3.2.4 本条对工程施工过程中的质量控制和单位（子单位）工程完成后提出了检查和验收要求，同时为了便于追溯，明确责任，规定各种检查应形成记录。

3.3 技 术 规 定

3.3.2 实践证明，皮数杆是保证砌体砌筑质量的重

要措施。它能使墙面平整，砌体水平灰缝平直并厚度一致，避免发生错缝、错皮现象，故施工中应坚持使用。

3.3.3 对挑檐砌筑顺序作出规定，是防止挑檐倾翻；对相邻高差较大部位的砌体结构单元砌筑顺序作出规定，是考虑该部位可能出现不均匀沉降而引起相邻墙体的变形。

3.3.6 墙体表面留置水平沟槽，破坏了块体边缘较薄的实体部分，减少了块体有效承载截面，影响砌体强度。且在竖直荷载作用下，加大了偏心受力，于砌体承载极为不利。

3.3.7 在墙上留置临时施工洞口，限于施工条件，有时难免。如留置不当，必然削弱墙体的整体性，或造成洞口砌体变形，影响砌体受力和抗震性能，因此，对留洞位置和补砌要求均作了规定。

3.3.11 地震震害教训表明，在伸缩缝、沉降缝及防震缝中夹有杂物时，墙体出现明显水平裂缝或外鼓等震害现象。因此，规定了施工中掉落于这些缝中的碎砖和其他杂物应及时清除，否则，当墙体砌筑高度较高时，则难以清除了。

3.3.12 主要考虑到垂直砌筑的烟道、通气孔、垃圾道部位，当施工措施不当时，会导致砂浆、砖块等杂物落入其中，影响后期的使用功能，因此提出该要求。对接缝部位的处理提出要求，也是考虑到接缝处应可靠连接和封闭严密。

3.3.13 对施工过程中脚手架眼留设进行限制，主要是保证留设脚手架眼部位结构构件受力的安全性、脚手架的稳定性，保护外墙面的完整和使用功能。

3.3.16 砌体施工质量控制等级是针对施工和管理的各项要素提出的控制要求和评价依据，是确保砌体施工质量的基础，也是衡量施工技术水平的依据。因此规定施工中应按设计要求及现行国家标准《砌体结构工程施工质量验收规范》GB 50203 的要求实施控制。但由于施工质量控制等级是由现场质量管理、砂浆与混凝土强度、砂浆拌合、砌筑工人技术等级四要素确定的，一些要素有可能在施工过程中发生变化，从而影响施工质量控制等级的改变，本条提出了对施工质量的控制应贯穿于施工全过程中。

4 原 材 料

4.1 一 般 规 定

4.1.1 由于工程中所使用的原材料、成品及半成品的质量会直接影响工程质量，因此对工程所使用的原材料、半成品及成品加强进场验收的同时，要求对涉及结构安全、使用功能的原材料、成品及半成品按照有关规定进行见证取样和复检。

4.1.2 对堆置高度进行规定，是考虑堆置高度过高

时，取块材不方便，也易造成倾倒损坏。

4.2 水　泥

4.2.2 根据《建设工程质量管理条例》规定，对建筑材料必须进行检验；未经检验或检验不合格的，不得使用。水泥是砌筑砂浆和混凝土的重要胶结材料，其强度是水泥的重要性能指标。由于施工中水泥在现场的存放有可能出现混乱或存放时间过久、受潮湿环境影响等，导致水泥强度降低及其他性能改变，一般超过3个月、快硬硅酸盐水泥超过1个月时，强度影响较明显，而水泥强度降低将直接影响建筑结构安全，因此将本条作为强制性条文，要求对水泥进行复查试验，并应按试验结果使用。

4.2.3 考虑到各种水泥因矿物组成和各矿物质的含量不同，具有不同化学物理性能。如将具有不同水化热的水泥混合使用，则可能造成混凝土内部局部温高或局部温低的现象，这种温差不一致将产生不均匀的收缩变形是形成温度裂缝的主要原因之一。

4.2.4 考虑到水泥是一种具有较大比表面积、极易吸湿的材料，与潮湿空气接触，会吸收空气中的水分和二氧化碳而发生部分水化反应和碳化反应，所以水泥应放置在干燥的环境里。

4.3 砂

4.3.3 砂中的泥粒一般较细，含泥较多时，会增加集料的比表面积，加大用水量和水泥用量。由于泥粒中的黏土类矿物质吸水性较强，吸水时膨胀，干燥时收缩，且泥粒包裹在砂的表面，影响水泥浆与砂之间的粘结能力，从而对砂浆强度、干缩及耐久性产生不利影响。因此应根据砂浆强度等级要求对砂中的含泥量进行限制。

4.4 块　材

4.4.1 据调查，国内出现了许多采用非蒸压粉煤灰砖和矿渣砖的砌体结构工程事故，且难以进行结构加固，只得拆除重建。为避免再次出现该类工程事故，本条提出了砌体结构工程用砖不得采用非蒸压粉煤灰砖及未掺加水泥的各类非蒸压砖的规定。

4.4.4 使用较潮湿的加气混凝土砌块砌筑墙体，除会加大砌体收缩，易导致墙体裂缝产生外，还易产生"走浆"现象，墙体稳定性差，并影响灰缝的砂浆饱满度和砌体抗剪强度，故使用前应防止雨淋。

4.4.7 为了确保石材与砂浆粘结牢固，规定石材表面的风化剥落层、泥垢及水锈等杂质，在砌筑前都应清除干净。

4.6 石灰、石灰膏和粉煤灰

4.6.2 我国建筑石灰目前还处于立窑生产，燃烧不均匀，易产生"欠烧"或"过烧"现象，以及建筑生石灰的细度有限，在短时间内不能完成水化反应成为膏状 $Ca(OH)_2$，因此，对采用建筑生石灰和建筑生石灰粉制作石灰膏的熟化时间进行了规定。

4.7 其他材料

4.7.3 砌体结构工程中用到的锚固用胶粘剂，其基本性能包括胶体性能与粘结性能，由于在实际工程中，往往仅考虑胶粘剂的粘结强度检验，而忽视了对其韧性和耐湿热老化性能的要求，因此本条对锚固用胶粘剂的性能指标提出了要求，便于工程中对材料质量进行控制。

5　砌　筑　砂　浆

5.1 一般规定

5.1.2 为了实现节能减排和绿色施工，减少粉尘、噪声污染，要求砌体结构施工中优先选用预拌砂浆。当条件不具备，需要现场拌制砂浆时，应确保达到设计配合比要求。

对于非烧结类块材如蒸压加气混凝土砌块、蒸压硅酸盐砖、混凝土小型空心砌块、混凝土砖，由于原材料及生产工艺差异，致使其表面粗糙不一，吸水特性（吸水率和初始吸水速度）不同，因而宜采用配套的专用砂浆，以保证相互间的粘结强度。

5.1.3 不同种类砂浆，由于原材料的种类、性能及技术指标存在差异，混合使用可能会对砂浆的性能和强度产生影响。

5.2 预拌砂浆

5.2.3 为了防止湿拌砂浆在运输过程中产生离析，湿拌砂浆的运输要求采用具有搅拌功能的专用运输车，同时湿拌砂浆在储存过程中，为了防止特殊环境对砂浆性能产生不利影响，要求针对不同的储存环境采取相应的防护措施。

5.2.4 砂浆在储存、使用过程中如有泌水现象，砌筑时水分容易被基层吸收，使砂浆变得干涩，难以摊铺均匀，从而影响砂浆的正常硬化，最终降低砌体的质量。

5.2.5 干混砂浆及其他专用砂浆中的水泥遇水会发生化学反应，使水泥结块，从而影响砂浆性能，降低其强度，并缩短砂浆的储存期。干混砂浆中的有机外加剂易燃，且燃烧时可能挥发出有毒、有害气体，因此应远离火源、热源。

5.2.6 依据现行国家标准《预拌砂浆》GB/T 25181的规定，干混砂浆及其他专用砂浆从生产日期起保质期为3个月，由于普通干混砂浆大多是以水泥为胶凝材料，其强度随储存期的延长会有所下降，因此要求储存超过3个月的干混砂浆使用前应重新检验，满足设计强度要求后方可使用。对其他含有有机胶凝材料的特种干混砂浆的保质期，可按相应的产品说明使用。

5.2.7 由于湿拌砂浆、干混砂浆及其他专用砂浆中的外加剂种类、用量存在差异，其凝结时间也不同，因此，使用时间应按照厂方提供的产品说明书确定。

5.4 砂浆拌合

5.4.2 由于砌筑砂浆中掺用塑化剂，在其稠度得到改善时，砂浆的强度也可能受到影响，因此，本条规定要求，砂浆使用性能改善的同时，还应保证砂浆的强度满足设计要求。

5.4.3 为了保证砌筑砂浆拌制的均匀性，降低劳动强度和利于环境保护，对预拌砂浆和现场拌制砂浆的拌制方式要求采用机械搅拌，并对搅拌时间提出了要求。

5.5 砂浆试块制作及养护

5.5.3 试验表明，砂浆稠度对砂浆试块的强度影响较大，特别是水泥砂浆，由于保水性较差，采用钢底模时，试块强度影响更为明显。为了使砂浆试块的强度尽可能的反映工程实体，要求砂浆试块制作时的稠度必须与实际使用的砂浆稠度一致。

6 砖砌体工程

6.1 一般规定

6.1.1 灰缝横平竖直，厚薄均匀，既是对砌体表面美观的要求，尤其是清水墙，也有利于砌体传力。水平灰缝过薄，有时难起上下块材的垫平作用，也不满足配置钢筋的要求；灰缝过厚，会影响砌体的抗压强度。试验表明，普通砖砌体 12mm 水平灰缝的砌体抗压强度比 10mm 水平灰缝的砌体抗压强度降低 5%，多孔砖砌体，其强度降低幅度还要大些，约为 9%。

6.1.2 构造柱是唐山地震以后总结推广的房屋抗震设防的一项重要构造措施，对提高砌体结构整体性能和抗震性能起着很重要的作用，已为工程实践证明和震害验证。马牙槎留置和拉结钢筋的设置是提高砌体结构整体性的关键。

6.2 砌 筑

6.2.1 考虑到混凝土砖、蒸压砖早期收缩值大，如果这时用于砌筑墙体，将会出现明显的收缩裂缝。试验结果表明，在正常环境条件下，将混凝土砖、蒸压砖放置一个月左右，可使其收缩大为减小，这是预防墙体早期开裂的一项重要技术措施。

6.2.2 试验研究和工程实践证明，砖的湿润程度对砌体的施工质量影响较大：干砖砌筑不利于砂浆强度

的正常增长，大大降低砌体的抗压和抗剪强度，影响砌体的整体性，且砌筑困难；吸水饱和的砖砌筑时，不仅使刚砌的砌体尺寸稳定性差，易出现墙体平面外变形，还容易出现砂浆流淌，灰缝薄厚不均。本条考虑到临时浇水过多会使砌体表面形成一层水膜，在砌筑时会使砌体走样或滑动，影响砌体的垂直度等砌筑质量。

研究表明：各类砌筑用砖的吸水率大小、吸水和失水速度快慢存在明显差异，因而砖砌筑时的适宜含水率也应有所不同，采用相对含水率来控制砖的湿润程度是适宜的。

6.2.4 砖砌体转角处和交接处的砌筑和接槎质量，是保证砖砌体结构整体性能和抗震性能的关键之一，唐山、汶川等地区震害教训充分证明了这一点。通过对交接处同时砌筑和不同留槎形式接槎部位连接性能的模拟试验分析，证明同时砌筑的连接性能最佳；留踏步槎（斜槎）的次之；留直槎并按规定加拉结钢筋的再次之；仅留直槎不加拉结钢筋的最差。上述不同砌筑和留槎形式连接性能之比为 1：0.93：0.85：0.72。因此为了不降低砖砌体转角处和交接处墙体的整体性和抵抗水平荷载的能力，确保砌体结构房屋的安全，对其砌筑方式做了强制性规定，应在施工过程中严格执行。

6.2.5 留直槎加设拉结钢筋，其连接性能较留斜槎时降低有限。现行国家标准《建筑抗震设计规范》GB 50011 同以往版本相比，显著增加了构造柱的密度和数量，这样砌筑墙体时需要留槎的部位明显减少，故对抗震设防烈度相对较低的 6 度、7 度地区允许采用留直槎加设拉结钢筋的做法。

6.2.6 一顺一丁、梅花丁、三顺一丁砌筑形式在砌体施工中较多，且整体性较好，可有效避免产生竖向通缝。

6.2.10 通过调查了解到，目前使用大铲的地区，较多采用"三一"砌筑法，这种方法不论对水平灰缝还是竖向灰缝的砂浆饱满度都是有利的，故本规范强调砌砖工程宜采用"三一"砌筑法。

6.2.11 铺浆长度过长，对水平灰缝的饱满度有不良影响，且关系到砖与砂浆的粘结，根据有关单位对铺浆后不同时间砌筑的砌体进行试验，试验结果表明，采用铺浆法砌筑时，铺浆长度对砌体的抗剪强度影响明显：在气温 15℃时，铺浆后立即砌砖和铺浆后间隔 1min 和 3min 再砌砖，砌体抗剪强度相差 10% 和 29%；气温为 29℃时，则相差 29% 和 61%。

6.2.12 多孔砖的孔洞垂直于受压面，能使砌体有较大的有效受压面积，有利于砂浆结合层进入上下砖块的孔洞中产生"销键"作用，提高砌体的抗剪强度和整体性。

6.2.13 有关单位的研究表明，当水泥混合砂浆水平灰缝饱满度达到 73.6% 时，则可满足《砌体结构设

计规范》GB 50003 所规定的砌体抗压强度。水平灰缝饱满度不小于80％也是沿用已久的规定。竖向灰缝砂浆饱满度的优劣对砌体的抗剪强度、弹性模量都有直接影响，有关单位试验得到结果为：竖缝无砂浆的砌体抗剪强度比竖缝有砂浆的砌体抗剪强度降低23％。

6.2.14 墙体连接的质量与留槎、接槎都直接有关。本条对接槎的要求是为了增强砌体连接部位的粘结力和整体性。

6.2.15 连接墙体的钢筋和因抗震需要而设置的钢筋都起拉结作用，是保证砌体整体性和抗震共同工作的关键。钢筋不平直，影响受力作用；任意弯折拉结钢筋的外露部分，易松动钢筋，从而影响锚固效果，故施工中应高度重视。

6.2.17 砖柱、带壁柱墙均为重要受力构件，必须确保构件的整体性。据以往多地调查发现，发生过砖柱倒塌事故的多与采用包心砌法有关。另外，也出现过较多带壁柱墙的柱与墙之间出现多皮砖砌成纵向通缝的事故，最严重者曾发生过19皮砖的纵向通缝，致使两者不能共同受力，从而成为某工程整体倒塌的原因之一。随着建筑技术的发展，异形柱、垛、墙体设计不断出现，对用于这些部位的表面用砖应进行专门加工，方能满足设计要求。

6.2.18 砖平拱过梁是砖砌拱体结构的一个特例，是矢高极小的一种拱体，从其受力特点及施工工艺考虑，必须保证拱脚下面伸入墙内的长度和拱底应有的起拱量，保持楔形灰缝形态。

6.2.19 过梁底部的模板是砌筑过程中的承重结构，只有砂浆达到一定强度后，过梁部位砌体方可承受荷载作用，才能拆除底模。

6.2.20 由于留置空气间层对墙体排出外叶墙渗水和冷凝水的作用非常关键，为了确保后砌外叶墙过程中砂浆不堵塞空气间层，要求设置砂浆挡板。

6.2.25 该规定是为了便于保温板安装和防止形成"热桥"，影响墙体保温效果。

6.2.26 划缝便于二次勾缝处理，二次勾缝砂浆一般掺加适量防水剂，凹圆或 V 形缝形式，有利于排水。

6.2.28 水池、化粪池、窨井和检查井等施工，在防渗方面较一般砖砌体高，故应用普通砖和水泥砂浆砌筑。这类构筑物的施工工作面比较小，一般均能同时砌筑，如同时砌筑确有困难，留置斜槎也完全可以做到。管道及预埋件必须在砌筑时埋设，是为了避免事后开凿补埋而产生渗漏现象。

6.3 质量检查

6.3.3 施工单位专业质量检查人员抽样检查（专检）是质量自控的重要环节，也是砌体工程检验批和分项工程验收的基础，应认真执行。

7 混凝土小型空心砌块砌体工程

7.1 一般规定

7.1.1 用混凝土灌实小砌块砌体一些部位的孔洞，属于构造措施，主要目的是提高砌体的耐久性及结构整体性。考虑到小砌块壁肋较薄的特殊性，规定即使在非冻胀地区，亦应灌实其孔洞。

7.1.3 普通混凝土小砌块具有吸水率小和吸水、失水速度迟缓的特点，一般情况下砌墙时可不浇水。轻骨料混凝土小砌块的吸水率较大，吸水、失水速度较普通混凝土小砌块快，应提前对其浇水湿润，以保证砂浆不至于失水过快而影响砌体强度。使用较潮湿的小砌块砌筑墙体，易产生"走浆"现象，墙体稳定性差，并影响灰缝的砂浆饱满度和砌体抗剪强度，故不得雨天施工；小砌块表面也不得有浮水。

7.2 砌 筑

7.2.1 小砌块龄期达到28d之前，自身收缩速度较快，其后收缩速度减慢，且强度趋于稳定。部分工程实践经验证明，由于采用了龄期低于28d的小砌块，墙体普遍产生较多的收缩裂缝。为有效控制砌体收缩裂缝，规定砌体施工时所用的小砌块产品龄期不应小于28d。

7.2.2 小砌块为薄壁、大孔且块体较大的建筑材料，单个块体如果存在破损、裂缝缺陷时，对砌体强度将产生不利影响；小砌块的原有裂缝也容易发展并形成新的墙体裂缝。

7.2.3 清理小砌块表面的污物，是为了使小砌块与砌筑砂浆或抹灰层之间粘结得更好。小砌块在制造中形成孔洞周围的混凝土毛边使孔洞缩小，用于芯柱部位将引起柱断面颈缩，影响芯柱质量。因此，要求在砌筑前清除。同时，孔洞大一些，也便于芯柱混凝土浇筑密实。工程实践表明，即使按此要求施工，芯柱混凝土浇筑密实的难度也较大。

7.2.4 夹心墙与插填聚苯板或其他绝热保温材料的自保温小砌块，其墙体厚度一般都较厚，为保证墙体两侧面平整和垂直，提出宜挂双线砌筑。

7.2.5 所谓反砌，即小砌块生产时的底面朝上砌筑于墙体上。块体底面的肋较宽，且多数有毛边，因此，底面朝上易于铺放砂浆和保证水平灰缝砂浆的饱满度，这也是确定砌体强度指标试件的基本砌法。

7.2.6 小砌块是混凝土制成的薄壁空心墙体材料，与黏土砖或其他墙体材料的线膨胀值不一致。混砌极易引起砌体裂缝，影响砌体强度和墙体整体性。

7.2.7 单排孔小砌块孔肋对齐、错缝搭砌，属于施工技术的基本要求，主要是保证墙体整体性，避免形成竖向砌筑通缝，影响砌体强度。同时，也可使墙体转角等交接部位的芯柱孔洞上下贯通。鉴于设计原因，有时个别部位不易做到完全孔对孔，肋对肋。对此，应采取配筋措施或适宜规格的配块，以保证小砌块墙体的正常受力性能。

7.2.8 该条规定在施工洞口处预留直槎时，要求在直槎处的两侧小砌块孔洞中灌实混凝土，主要是为了保证接槎处墙体的整体性，且该处理方法较设置构造柱方便。

7.2.10 小砌块不应浇水砌筑，为防止砂浆中水分被小砌块吸收，以随铺随砌为宜。垂直灰缝饱满度对防止墙体裂缝和渗水至关重要，故要求加浆插捣密实。

7.2.12 工程实践表明，小砌块砌体水平灰缝的厚度和垂直灰缝的宽度宜为10mm，这也是小砌块外形尺寸设计时的基本要求。大于12mm的水平灰缝不但降低砌体强度，而且也不便于铺灰操作；而小于8mm，则易造成空缝、瞎缝及露筋，故应按本条文要求砌筑。

7.2.13 小砌块砌体是薄壁空心墙，水平缝铺灰面积较小，撬动或碰动了已砌筑的小砌块会影响砌体质量。因此，新砌筑的砌体，不宜采用黏土砖墙的敲击法来矫正，而应拆除重砌。

7.2.14 砌入小砌块墙体的ϕ4点焊钢筋网片，若纵横向钢筋重叠则为8mm厚，有露筋的可能。因此，钢筋点焊要求宜在同一平面内。

7.2.15 对未设置圈梁或混凝土垫块的混凝土砌块墙体，在设置钢筋混凝土梁、板或跳梁的部位，现行国家标准《砌体结构设计规范》GB 50003已提出了明确规定，为了确保该部位的受力安全，对其做法提出了应符合设计要求的规定。

7.2.16 考虑支模需要，同时防止在已砌好的墙体上打洞，特提出本条措施。当外墙利用侧砌的小砌块孔洞支模时，为防止该部位存在渗水隐患，待拆除支模后应对孔洞用混凝土灌实。

7.2.17 小砌块属薄壁空心材料，墙上留设脚手孔洞会造成墙体局部受压；事后镶砌，将使该部位砂浆较难饱满密实。多年施工实践证实，小砌块墙体施工做到不设脚手孔洞。因此，条文作了严格规定。

7.3 混凝土芯柱

7.3.2 在芯柱根部设置清扫口，一是用于清扫孔道内杂物，二是便于上下芯柱钢筋绑扎固定。施工时，芯柱清扫口可用U型砌块砌筑，但仅用一种单孔U型块竖将在此部位发生两皮同缝的状况。为避免此现象，应与双孔E型块同用为宜。C型小砌块用于墙体90°转角部位，可使转角芯柱底部相互贯通。

7.3.3 采用符合现行行业标准《混凝土砌块（砖）砌体用灌孔混凝土》JC 861的专用混凝土，混凝土坍落度比一般混凝土大，有利于浇筑，稍许振捣即可密实，对保证砌体施工质量和结构受力有利。如采用非

泵送的预拌混凝土坍落度过大时又会给施工操作带来一定的困难。因此对芯柱所用混凝土进行了规定。

7.3.4 "5·12"汶川地震的震害表明，在遭遇地震时芯柱将发挥重要作用，在地震烈度较高的地区，芯柱破坏较为严重，而破坏的芯柱多数都存在浇筑不密实的情况。由于芯柱混凝土较难浇筑密实，因此，本次规范规定了芯柱的施工质量控制要求。

为使芯柱的混凝土有较好的整体性，应实行连续浇筑，直浇至离该芯柱最上一皮小砌块顶面50mm止，使每层圈梁的底与所有芯柱交接处均形成凹凸形暗键，以增强房屋的抗震能力。

7.3.5 芯柱在楼盖处不贯通将会大大削弱芯柱的抗震作用。芯柱混凝土浇筑质量对小砌块建筑的安全至关重要，根据"5·12"汶川地震震害调查分析，在小砌块建筑墙体中芯柱较普遍存在混凝土不密实的情况，甚至有的芯柱存在一段中缺失混凝土（断柱），从而导致墙体开裂、错位，破坏较为严重。因此本规范规定了芯柱混凝土浇筑质量的要求。

7.4 质量检查

7.4.3 小砌块砌体工程中，小砌块和芯柱混凝土、砌筑砂浆强度等级是砌体力学性能是否满足要求最基本的条件，因此在该条规定中作为主控项目进行检查。

小砌块砌体施工时对砂浆饱满度的要求，严于砖砌体的规定。究其原因：一是由于小砌块壁较薄，肋较窄，小砌块与砂浆的粘结面不大；二是砂浆饱满度对砌体强度及墙体整体性影响远较砖砌体大，其中，抗剪强度较低又是小砌块的一个弱点；三是考虑了建筑物使用功能（如防渗漏）的需要。竖向灰缝饱满度对防止墙体裂缝和渗水至关重要，应进行检查。

7.4.5 在实际工程中，常有小砌块砌体的芯柱漏灌或灌不密实的情况，如射洪县某工程出现芯柱漏灌导致的质量事故，哈尔滨某样板工程也存在芯柱灌不密实。在保定对多个工程实例的芯柱采用钻芯法进行的调查中，芯柱不密实的情况也非常普遍。因此，为使芯柱混凝土浇筑质量得到保证，本条规定了相应的检查方法。

8 石砌体工程

8.1 一般规定

8.1.1 为保证石砌体结构的整体性，石砌体的转角处和交接处首先要求同时砌筑，对不能同时砌筑又必须留置的临时间断处，要求应砌成斜槎。

8.1.2 由于石材开采时可能产生振裂的裂痕，为确保受弯石材构件的安全，对存在裂痕的石材在使用上进行了限制。石材裂痕可用水湿法进行检查，即用清

水把石材构件淋湿后擦干净，再用手锤在水痕周围轻轻敲打，有细小的水珠或金黄色的水痕显露出来，即为裂痕所在。也可用锤在有疑问的构件上轻敲，有时会把有裂痕的地方敲断。

8.1.4 考虑到毛石本身的形状不规则且自重较大，而砌筑时砂浆强度增长又较缓慢，如日砌筑高度过大，将难以保证砌体的稳定性，严重时产生下沉、滑移甚至会发生倒塌，故本条规定每天的砌筑高度不得大于1.2m。

8.2 砌 筑

I 毛石砌体

8.2.1 毛石砌体系指用乱毛石、平毛石砌筑而成的砌体。乱毛石系指形状不规则的石块；平毛石系指形状不规则，但有两个平面大致平行的石块。

考虑到石块过小或过薄，都会影响砌体的强度和搭砌效果，故要求石块应呈块状，而石块应无细长薄片和尖锥，并规定其中部厚度不宜小于150mm。

8.2.2 由于毛石砌体一般以几皮为一分层高度，为保证砌筑质量，本条规定分皮卧砌，在施工中，应根据各皮石块间利用自然形状经敲打修整以便能与先砌石块基本咬合，搭接紧密。

8.2.3 砂浆饱满度是影响砌体强度的一个重要因素，为保证砌筑质量，本条要求砂浆应饱满，施工中应特别注意防止石块间无浆而直接接触的情况。由于毛石形状不规则，棱角多，在叠砌时容易形成空隙，故为了保证砌体强度和稳定性，本条强调对较大的空隙应采用先填塞砂浆后用碎石块嵌实的合理工艺，并规定不得采用先摆碎石块后塞砂浆或干填碎石块的方法。

8.2.5 为使毛石基础与地基或基础垫层粘结紧密，保证传力均匀和石块平稳，故要求砌筑第一皮石块应坐浆并将大面向下。

毛石基础的扩大部分为阶梯形时，考虑到如果顺向压砌不够，则易于翘动，影响砌体的稳定性，故本条规定，上级阶梯应至少压砌下级阶梯石块的1/2。同时，相邻阶梯的毛石应相互错缝搭砌，以保证砌体质量。

8.2.7 设置拉结石是保证毛石砌体整体性的重要因素之一，施工中必须严格执行。

根据有关资料介绍，毛石墙厚度一般400mm左右，大于400mm的不多。结合石材实际情况，为合理设置拉结石，故本条规定，当基础宽度或墙厚不大于400mm时，拉结石的长度应与基础宽度或墙厚相等；当基础宽度和墙厚大于400mm时，允许采用两块石块搭接，但必须内外搭接并保持一定的搭接长度，以保证砌体的整体性。

8.2.8 本条规定毛石和实心砖组合墙中，毛石砌体与砖砌体应同时砌筑，是为了保证组合墙的整体性。

II 料 石 砌 体

8.2.9 料石的长度与厚度、宽度的比例关系，主要从料石的抗折性能考虑，不同的材质，其抗折性能也不同。对于料石的宽度和厚度均不宜小于200mm，长度不宜大于厚度的4倍，这样规定除比较符合实际外，而且不影响砌体的受力性能，施工时也比较灵活，各地可以根据当地的石质和使用经验，确定料石长度。

8.2.11 丁顺叠砌是一皮顺石与一皮丁石相隔砌成，二顺一丁是两皮顺石与一皮丁石相砌成。上述两种方法上下皮竖缝相互错开1/2石宽、石长。

丁顺组砌是同皮内每1～3块顺石与1块丁石相隔砌成，丁石中距不大于2m，上皮丁石座中于下皮顺石，上下皮竖缝相互错开至少1/2石宽；全顺是每皮均为顺砌石，上下皮错缝相互错开1/2石长。丁顺叠砌和二顺一丁适用于墙厚等于石长或二块石宽；丁顺组砌适用墙厚为两块料石宽度；全顺适用于墙厚等于石宽。

墙体砌筑时，应根据墙体厚度，确定砌筑形式及绘制墙体组砌图。

8.2.12 第一皮丁砌是为了保证料石墙更好的受力，楼层的最上一皮丁砌能更好地保证墙体支承楼屋面板及墙体稳定。

8.3 挡 土 墙

8.3.2 由于挡土墙一般体积较大，故要求所用毛石的中部厚度应增大，但为了节约砂浆和确保砌体质量，施工时，毛石宜大小搭配使用。本条规定每砌（3～4）皮为一个分层高度，并应找平一次，是为了能及时发现并纠正砌筑中的偏差，以保证工程质量。挡土墙的厚度和所用的石材尺寸一般都较大，因而其外露面的灰缝厚度也相应比一般毛石砌体稍大些，故规定"不得大于40mm"。另外，为增强砌体的整体性，参照有关技术资料，规定"两分层高度间的错缝不得小于80mm"。

8.3.3 从挡土墙的整体性和稳定性考虑，对料石挡土墙，建议采用同皮内丁顺相间的砌合法砌筑。当中间部分用毛石填砌时，但为了保证拉结强度，规定丁砌料石伸入毛石部分的长度不应小于200mm。

8.3.4 挡土墙因承受侧向压力，一般为变截面，故砌筑时，应按设计要求架立坡度样板进行收坡或收台。本条增加了设计无具体要求时，泄水孔的具体做法。

8.3.5 挡土墙的泄水孔未设置或设置不当，会使其墙后渗入的地表水或地下水不易排出，导致挡土墙的土压力增加，且渗入基础的积水易造成墙体倒塌或基础沉陷，影响房屋的结构安全和施工安全，因此将本条作为强制性条文，要求在挡土墙施工中必须合理设置泄水孔。

对在施工场地周围砌筑的石砌体挡土墙,由于不属于房屋设计内容,设计单位一般也不专门进行详细的施工图设计,因此当设计对泄水孔的设置要求不明确时,应按条文规定执行。

8.3.6 挡土墙内侧的回填土的质量是保证挡土墙可靠性的重要因素之一,应控制其质量,并在顶面应有适当坡度使流水流向挡土墙外侧面,以保证挡土墙内侧土含水量不增加或增加不多,而不会使墙的侧向土压力有明显变化,以确保挡土墙的安全性。

8.4 质量检查

8.4.1 材料是否符合要求,是保证质量的前提,应认真按规定查验质量证明及检验报告,并加强对石材外观质量的检查验收。

8.4.2 由于对少量形状、尺寸不良的料石在砌筑前需进行二次加工,当二次加工的石材偏差较大时,会影响石砌体的质量,因此应对现场二次加工的料石进行检查。

9 配筋砌体工程

9.1 一般规定

9.1.1 配筋砌体属于砌体和混凝土或钢筋共同受力的组合构件,因此其施工的砌筑要求应符合第6章和第7章的规定。

9.1.2 配筋砌体中的钢筋的品种、规格、数量和混凝土或砂浆的强度直接影响砌体的结构性能,因此应符合设计要求。随着各种专用砂浆、专用混凝土及各种高性能钢筋在砌体施工中推广普及,其改进的性能已经在设计规范的强度取值时得到反映,因此施工时应按设计要求正确选用砂浆、混凝土的种类、等级。

9.1.3 现行国家标准《砌体结构设计规范》GB 50003中,根据不同环境类别,对配筋砌体中的钢筋耐久性提出了相应的防腐要求,因此,为保证配筋砌体结构的耐久性,对配筋砌体中的钢筋防腐处理提出了应符合设计要求的规定。

9.1.4 水平灰缝中的钢筋居中放置,是为了使钢筋具有有效保护时还能保证砂浆与块体有效的粘结。由于灰缝过厚会降低砌体的抗压强度,因此规定灰缝厚度不宜超过15mm。

9.1.5 砌体与横墙连接试验结果表明,在采用M5砂浆的情况下,钢筋伸入砌体内500mm,可以保证钢筋不会滑移。考虑到多孔砖与实心砖砌体中锚固钢筋的有效粘结面积存在差异,结合试验数据和可靠性分析,提出对于孔洞率不大于30%的多孔砖的钢筋锚固长度应为实心砖墙体的1.4倍。

9.1.6 焊接钢筋网片可增加锚固效果,能够较好地

控制配筋砌体构件的变形,提高承载力,而分离的钢筋无法达到这一效果。

9.2 配筋砖砌体施工

9.2.1 钢筋砖过梁的钢筋设置方式对过梁的承载力关系重大,为保证施工质量,根据施工经验做出此条规定。

9.2.2 焊接网片较平直,尤其是在工厂生产时更能保证网片的平整度,这样更能保证网片上下部分的砂浆层厚度。

9.2.3 拉结钢筋可以保证组合砌体两侧的钢筋混凝土能较好地共同受力。

9.2.8 配筋砖砌体中的构造柱已经是主要的受力构件,因此对其钢筋的锚固长度作出规定。

9.3 配筋砌块砌体施工

9.3.1 对于块体高度较高的混凝土砌块,普通砂浆很难保证竖向灰缝的砌筑质量。调查发现普通砂浆砌筑的砌块墙体会出现竖向灰缝不饱满,甚至出现"瞎缝"、"通缝",影响了墙体的整体性。因此要求配筋砌块砌体应采用与块体材料相适应且能提高砌筑工作性能的专用砌筑砂浆。同样在配筋砌块砌体中,由于砌块孔洞较小且竖向及横向钢筋较多,只有采用高流态低收缩的专用灌孔混凝土才能较好地保证配筋砌体墙的整体性。

9.3.2 芯柱是保证配筋砌块砌体整体性能的重要构造措施,同时也是受力构件,因此芯柱钢筋的锚固与连接质量必须达到设计及规范要求。

9.3.4 配筋砌块砌体的水平钢筋是提高抗震能力的重要保证,因此对其搭接和锚固进行了规定。

9.3.5 控制配筋砌块砌体的水平钢筋搭接方式和净距,可保证灌孔混凝土的浇筑质量同时为保证钢筋重叠部位上下搭接,要求水平钢筋搭接时应设连接件。

9.3.6 本条对芯柱混凝土连续浇筑时的高度进行规定主要是为了保证芯柱的混凝土浇筑质量。

9.4 质量检查

9.4.2 配筋砌体中的钢筋位置及数量对构件的承载能力影响较大,为了避免漏放,提出了应对钢筋品种、规格、数量和设置部位进行检查验收。

10 填充墙砌体工程

10.1 一般规定

10.1.4 考虑轻骨料混凝土小型空心砌块或蒸压加气混凝土砌块长期处于该条文所列环境中易产生损伤,降低砌体强度和耐久性,故作此规定。

10.1.5 根据多年工程实践,厨房、卫生间、浴室及

其他用水较多房间和地面环境比较潮湿的房间，容易对墙体根部侵蚀，当墙体采用轻骨料混凝土小型空心砌块、蒸压加气混凝土砌块时，考虑到块材的强度较低且耐久性较差、吸湿性大等因素，作出此规定。

10.1.7 在现行国家标准《砌体结构设计规范》GB 50003 中，对填充墙与主体结构的连接分脱开和不脱开两种，其构造与对主体结构的受力影响差异较大，因此对填充墙砌体与主体结构的连接提出此要求。

10.1.10 四川汶川地震的震害表明，门窗洞口边的砌块采用侧砌时，震害较严重，为了加强地震区填充墙体在门窗洞口抗震薄弱部位的抗震能力，对门窗洞口的砌筑进行了规定。

10.2 砌　筑

Ⅰ　一 般 规 定

10.2.3 由于不同强度等级的砌块或与其他墙体材料混砌时，容易使填充墙体或墙体接缝部位出现收缩裂缝等现象。为了预防和减轻这一危害，提出此规定。

Ⅱ　烧结空心砖砌体

10.2.8 外墙采用空心砖砌筑时，因竖缝难使砂浆饱满和砂浆硬化过程中的收缩原因，往往导致雨水渗入内墙面的问题，严重影响使用功能。对此，除设计上采取措施外，施工单位也应予以足够重视，预防和减轻这一危害。

Ⅳ　蒸压加气混凝土砌块砌体

10.2.14 由于采用薄层砂浆砌筑时，灰缝厚度仅为 2mm～4mm，而拉结筋直径不小于 6mm，不采取措施，钢筋就无法置于灰缝内，规定将其埋入凹槽内，以保证水平灰缝的平直度；对水平面和垂直面上的错边量进行规定是保证灰缝平直和墙面平整的重要措施。

11　冬期与雨期施工

11.1　冬 期 施 工

Ⅰ　一 般 规 定

11.1.1 块材表面的污物、冰霜以及遭水浸冻都会影响砌体的砌筑质量并降低它与砂浆的粘结强度，因此应加以限制。

普通硅酸盐水泥早期强度增长较快，有利于砂浆在冻结前具有一定强度，故建议采用。为了保证砂浆能在负温下硬化，增长强度，规定不得使用无水泥砂浆。

如果砂子里含有大于 10mm 冻块时，说明砂子还处于 0℃ 以下温度，不能使用。

在砌砖工程施工中，为了保证砖和砂浆的粘结强度，通常规定对砖必须浇水湿润。但在冬季砌筑时，不宜对砖浇水。否则水在材料表面有可能结成冰薄膜，降低砂浆的粘结力。故提出增加砂浆稠度的办法来解决粘结强度问题，数值多少，各因各地情况不一，不作统一规定。

两步投料法，是指先现将砂子与水进行拌制，再加入水泥进行搅拌。对拌合砂浆的方法和原材料的温度进行规定，是为了防止砂浆拌合时，因水和砂过热造成水泥假凝而影响施工。

规定留置一组同条件养护砂浆试块，主要是为施工单位控制冬期砌体砌筑质量，检验砂浆强度的增长情况，而不作为砂浆强度验评条件。

11.1.4 小砌块由于粘灰面较小，为保证冬季施工质量，对强度等级低于 M10 的砌筑砂浆提出了提高一个等级的规定。

11.1.7 冬期施工的主要问题是，当砌块体积较大时，吸热量多，随着温度降低，砂浆塑性也很快下降，影响砌筑质量。覆盖保温是防止砂浆冻结以后，水泥水化反应停止，而影响强度和粘结力。

Ⅱ　外 加 剂 法

11.1.11 为了弥补砂浆早期受冻而造成的后期强度损失，对砌筑砂浆适当提高强度等级。

11.1.12 主要考虑在拌制砂浆时先加增塑剂后加盐溶液时，盐对增塑剂中的微沫有消泡作用，从而降低增塑剂的效能。

11.1.14 掺氯盐砂浆的砌体一般都发生盐析现象，影响装饰工程质量和效果。此外，由于砂浆中掺了盐，增加了吸湿性和导电性。因此本条提出了使用氯盐砂浆的有关限制。

11.1.15 本条规定是为了防止砖与砂浆之间温差过大时，砖与砂浆之间由于热量迅速传递和损失，从而产生冰膜，影响砌体强度。

Ⅲ　暖 棚 法

11.1.16 由于搭设暖棚需要大量的材料、设备和劳动力，成本高，因此较适用于地下工程、基础工程以及建筑面积不大的砌体结构工程中。

11.1.17 提出砂浆、块体以及棚内温度要求，主要目的是要保证砌体中的砂浆具有一定温度以利其强度增长。

11.2　雨 期 施 工

11.2.4 当块材表面存在水渍或明水，砌筑时易在砂浆与砌块间形成水膜，并产生"走浆"现象，影响砌体的稳定和砌体的抗剪强度。

12 安全与环保

12.1 安　全

12.1.1 砌体结构施工安全是工程施工现场安全管理的重要组成部分，应在施工前对现场施工操作人员进行专门的安全交底，并形成记录文件。

12.1.3 为了保证施工安全，除了对垂直运输设备的机械性能进行了规定外，还要求必须预先对提升设备的提升重量进行确定，并始终进行严格的限量控制。

12.1.7 向基槽或基坑内运送物料时，为了防止物料伤人和物料滚落破损，进行了此规定。

12.1.8 由于在基槽或基坑边沿附近堆放物料，会影响基槽或基坑的边坡稳定性，且堆放的物料也可能受意外扰动而掉落或倾倒伤人，因此对基槽、基坑周围堆放物料的距离和高度进行了规定。

12.1.11 为了防止在脚手架上作业时从脚手架上掉下的碎砖、砌块伤人，对在脚手架上施工时提出了相关规定。

12.1.15 由于生石灰遇水发生反应会产生大量的热，所以规定生石灰不宜与易燃、易爆物品共同存放、贮运，以免酿成事故。

12.1.18 为了防止作业人员在施工操作过程中的人体健康造成伤害，要求作业人员应按照要求佩戴好安全帽、防护眼镜、口罩、手套、工作服、胶鞋等防护用品。

12.1.19 随着建设规模的扩大，工程现场施工过程中的火灾危害日趋严重，不仅对人民的生命财产造成损失，也会对工程质量带来严重隐患，因此对加强和落实施工现场的消防安全措施提出要求。

12.2 环　境　保　护

12.2.4 对施工现场道路、材料堆场地面进行硬化，以减少土层外露所导致的晴天扬尘和雨天泥浆污染。

12.2.5 车辆运行产生的扬尘、泥浆污染等，占人为污染的比重较高，应严格控制。

12.2.6 回收遗漏砂浆，含水泥浆的污水沉淀后排放，以避免水泥凝结淤塞、污染排水管网等公共设施。

中华人民共和国国家标准

木结构工程施工规范

Code for construction of timber structures

GB/T 50772—2012

主编部门：中华人民共和国住房和城乡建设部
批准部门：中华人民共和国住房和城乡建设部
施行日期：２０１２年１２月１日

中华人民共和国住房和城乡建设部
公 告

第 1399 号

《木结构工程施工规范》的公告

现批准《木结构工程施工规范》为国家标准，编号为 GB/T 50772—2012，自 2012 年 12 月 1 日起实施。

本规范由我部标准定额研究所组织中国建筑工业出版社出版发行。

中华人民共和国住房和城乡建设部

2012 年 5 月 28 日

前 言

本规范是根据原建设部《关于印发〈2006 年工程建设标准规范制订、修订计划（第一批）〉的通知》（建标〔2006〕77 号）的要求，由哈尔滨工业大学和黑龙江省建设集团有限公司会同有关单位共同编制完成的。

本规范在编制过程中，编制组经过广泛的调查研究，总结吸收了国内外木结构工程的施工经验，并在广泛征求意见的基础上，结合我国的具体情况进行了编制，最后经审查定稿。

本规范共分 11 章，主要内容包括：总则、术语、基本规定、木结构工程施工用材、木结构构件制作、构件连接与节点施工、木结构安装、轻型木结构制作与安装、木结构工程防火施工、木结构工程防护施工和木结构工程施工安全。

本规范由住房和城乡建设部负责管理，由哈尔滨工业大学负责具体技术内容的解释。在执行本规范过程中，请各单位结合工程实践，提出意见和建议，并寄送哈尔滨工业大学《木结构工程施工规范》编制组〔地址：哈尔滨市南岗区黄河路 73 号哈尔滨工业大学（二校区）2453 信箱，邮编：150090，传真：0451-86283098，电子邮件：e.c.zhu@hit.edu.cn〕，以供今后修订时参考。

本规范主编单位：哈尔滨工业大学
　　　　　　　　　黑龙江省建设集团有限公司
本规范参编单位：中国建筑西南设计研究院有限公司

四川省建筑科学研究院
同济大学
重庆大学
中国林业科学研究院
公安部天津消防研究所

本规范参加单位：加拿大木业协会
　　　　　　　　　德胜（苏州）洋楼有限公司
　　　　　　　　　苏州皇家整体住宅系统股份有限公司
　　　　　　　　　上海现代建筑设计（集团）有限公司
　　　　　　　　　山东龙腾实业有限公司
　　　　　　　　　长春市新阳光防腐木业有限公司

本规范主要起草人员：祝恩淳　潘景龙　樊承谋
　　　　　　　　　　　张　厚　倪　春　王永维
　　　　　　　　　　　杨学兵　何敏娟　程少安
　　　　　　　　　　　聂圣哲　倪　竣　邱培芳
　　　　　　　　　　　张盛东　周淑容　陈松来
　　　　　　　　　　　蒋明亮　姜铁华　张华君
　　　　　　　　　　　张成龙　周和俭　高承勇

本规范主要审查人员：刘伟庆　龙卫国　张新培
　　　　　　　　　　　申世杰　刘　雁　任海清
　　　　　　　　　　　杨　军　王　力　王公山
　　　　　　　　　　　丁延生　姚华军

目　　次

Contents

1 总　　则

1.0.1 为使木结构工程施工技术先进，确保工程质量与施工安全，制定本规范。

1.0.2 本规范适用于木结构的制作安装、木结构的防护，以及木结构的防火施工。

1.0.3 木结构工程的施工，除应符合本规范外，尚应符合国家现行有关标准的规定。

2 术　　语

2.0.1 原木　log

伐倒并除去树皮、树枝和树梢的树干。

2.0.2 方木　rough sawn timber

直角锯切、截面为矩形或方形的木材。

2.0.3 规格材　dimension lumber

由原木锯解成截面宽度和高度在一定范围内，尺寸系列化的锯材，并经干燥、刨光、定级和标识后的一种木产品。

2.0.4 目测应力分等规格材　visually stress-graded dimension lumber

根据肉眼可见的各种缺陷的严重程度，按规定的标准划分材质等级和强度等级的规格材，简称目测分等规格材。

2.0.5 机械应力分等规格材　machine stress-rated dimension lumber

采用机械应力测定设备对规格材进行非破坏性试验，按测得的弹性模量或其他物理力学指标并按规定的标准划分材质等级和强度等级的规格材，简称机械分等规格材。

2.0.6 层板　lamination

用于制作层板胶合木的木板。按其层板评级分等方法，分为普通层板、目测分等和机械（弹性模量）分等层板。

2.0.7 层板胶合木　glued-laminated timber

以木板层叠胶合而成的木材产品，简称胶合木，也称结构用集成材。按层板种类，分为普通层板胶合木、目测分等和机械分等层板胶合木。

2.0.8 木基结构板材　wood-based structural panel

将原木旋切成单板或将木材切削成木片经胶合热压制成的承重板材，包括结构胶合板和定向木片板，可用于轻型木结构的墙面、楼面和屋面的覆面板。

2.0.9 结构复合木材　structural composite lumber（SCL）

将原木旋切成单板或切削成木片，施胶加压而成的一类木结构用材，包括旋切板胶合木、平行木片胶合木、层叠木片胶合木及定向木片胶合木等。

2.0.10 工字形木搁栅　wood I-joist

用锯材或结构复合木材作翼缘、定向木片板或结构胶合板作腹板制作的工字形截面受弯构件。

2.0.11 标识　stamp

表明材料、构配件等的产地、生产企业、质量等级、规格、执行标准和认证机构等内容的标记图案。

2.0.12 放样　lofting

根据设计文件要求和相应的标准、规范规定绘制足尺结构构件大样图的过程。

2.0.13 起拱　camber

为减小桁架或梁等受弯构件的视觉挠度，制作时使构件向上拱起。

2.0.14 钉连接　nailed connection

利用圆钉抗弯、抗剪和钉孔孔壁承压传递构件间作用力的一种销连接形式。

2.0.15 齿连接　step joint

在木构件上开凿齿槽并与另一木构件抵承，利用其承压和抗剪能力传递构件间作用力的一种连接形式。

2.0.16 螺栓连接　bolted connection

利用螺栓的抗弯、抗剪能力和螺栓孔孔壁承压传递构件间作用力的一种销连接形式。

2.0.17 齿板　truss plate

用镀锌钢板冲压成多齿的连接件，能传递构件间的拉力和剪力，主要用于由规格材制作的木桁架节点的连接。

2.0.18 指接　finger joint

木材接长的一种连接形式，将两块木板端头用铣刀切削成相互啮合的指形序列，涂胶加压成为长板。

2.0.19 檩条　purlin

支承在桁架上弦上的屋面承重构件。

2.0.20 轻型木结构　light wood frame construction

主要由规格材和木基结构板，并通过钉连接制作的剪力墙与横隔（楼、屋盖）所构成的木结构，多用于1层~3层房屋。

2.0.21 搁栅　joist

一种较小截面尺寸的受弯木构件（包括工字形木搁栅），用于楼盖或顶棚，分别称为楼盖搁栅或顶棚搁栅。

2.0.22 椽条　rafter

屋盖体系中支承屋面板的受弯构件。

2.0.23 墙骨　stud

轻型木结构墙体中的竖向构件，是主要的受压构件，并保证覆面板平面外的稳定和整体性。

2.0.24 覆面板　structural sheathing

轻型木结构中钉合在墙体木构架单侧或双侧及楼盖搁栅或椽条顶面的木基结构板材，又分别称为墙面板、楼面板和屋面板。

2.0.25 木结构的防护　protection of wood structures

为保证木结构在规定的设计使用年限内安全、可靠地满足使用功能要求，采取防腐、防虫蛀、防火和防潮通风等措施予以保护。

2.0.26 防腐剂 preservative

能毒杀木腐菌、昆虫、凿船虫以及其他侵害木材生物的化学药剂。

2.0.27 载药量 retention

木构件经防腐剂加压处理后，能长期保持在木材内部的防腐剂量，按每立方米的千克数计算。

2.0.28 透入度 penetration

木构件经防护剂加压处理后，防腐剂透入木构件的深度或占边材的百分率。

2.0.29 进场验收 on-site acceptance

对进入施工现场的材料、构配件和设备等按相关的标准要求进行检验，以对产品质量合格与否做出认定。

2.0.30 见证检验 evidential testing

在监理单位或建设单位监督下，由施工单位有关人员现场取样，送至具备相应资质的检测机构所进行的检验。

2.0.31 交接检验 handover inspection

施工下一工序的承担方与上一工序完成方经双方检查其已完成工序的施工质量的认定活动。

3 基 本 规 定

3.0.1 木结构工程施工单位应具有建筑工程施工资质，主要专业工种应有操作上岗证。

3.0.2 木结构工程施工分部工程应划分为木结构制作安装和木结构防护（防腐、防火）分项工程。当两个分项工程由两个或两个以上有相应资质的企业进行施工时，应以木结构制作与安装施工企业为主承包企业，并应负责分部工程的施工安排和质量管理。

3.0.3 木结构工程应按设计文件（含施工图、设计变更文字说明等）施工，并应达到现行国家标准《木结构工程施工质量验收规范》GB 50206 各项质量标准的规定。设计文件应由有资质的设计单位出具和通过当地施工图审查部门审查。

3.0.4 木结构工程施工前，应由建设单位组织监理、施工和设计单位进行设计文件会审和设计单位作技术交底，结果应记录在案。施工单位应制定完整的施工方案，并应经建设或监理单位审核确认后再进行施工。

3.0.5 木结构工程施工所用材料、构配件的等级应符合设计文件的规定；可使用力学性能、防火、防护性能达到或超过设计文件规定等级的相应材料、构配件替代。作等强（效）换算处理时，应经设计单位复核并签发相应的技术文件认可；不得采用性能低于设计文件规定的材料、构配件替代。

3.0.6 进入施工现场的材料、构配件，应按现行国家标准《木结构工程施工质量验收规范》GB 50206 的有关规定做进场验收和见证检验，并应在检验合格后再在工程中应用。施工过程中各种工序交接时尚应进行交接检验，并应由监理单位签发可否继续施工的文件。

3.0.7 木结构工程外观质量应分为 A、B、C 三级，并应达到下列要求：

1 结构外露、外观要求高、需油漆但显露木纹，应为 A 级。施工时木构件表面应用砂纸打磨，表面空隙应用木料和不收缩材料封填。

2 结构外露、外观要求不高并需油漆，应为 B 级。施工时木材表面应刨光，可允许有偶尔的漏刨和细小的缺漏（空隙、缺损），但不应有松软节子和空洞。

3 外观无特殊要求、允许有目测等级规定的缺陷、孔洞，表面无需加工处理，应为 C 级。

3.0.8 木结构工程中木材的防护方案应按表 3.0.8 的规定选择。除允许采用表面涂刷工艺进行防护（包含防火）处理外，其他防护处理均应在木构件制作完成后和安装前进行。已作防护处理的木构件不宜再行锯解、削刨等加工。确需作局部加工处理而导致局部未被浸渍药剂的外露木材，应作妥善修补。

表 3.0.8　木结构的使用环境

使用分类	使用条件	应用环境	常用构件
C1	户内，且不接触土壤	在室内干燥环境中使用，能避免气候和水分的影响	木梁、木柱等
C2	户内，且不接触土壤	在室内环境中使用，有时受潮湿和水分的影响，但能避免气候的影响	木梁、木柱等
C3	户外，但不接触土壤	在室外环境中使用，暴露在各种气候中，包括淋湿，但不长期浸泡在水中	木梁等
C4A	户外，且接触土壤或浸在淡水中	在室外环境中使用，暴露在各种气候中，且与地面接触或长期浸泡在淡水中	木柱等

3.0.9 进口木材、木产品、构配件以及金属连接件等，应有产地国的产品质量合格证书和产品标识，并应符合合同技术条款的规定。

4 木结构工程施工用材

4.1 原木、方木与板材

4.1.1 进场木材的树种、规格和强度等级应符合设计文件的规定。

4.1.2 木料锯割应符合下列规定：

1 当构件直接采用原木制作时，应将原木剥去树皮，并应砍平木节。原木沿长度应呈平缓锥体，其斜率不应超过 0.9%，每 1m 长度内直径改变不应大于 9mm。

2 当构件用方木或板材制作时，应按设计文件规定的尺寸将原木进行锯割，锯割时截面尺寸应按表 4.1.2 的规定预留干缩量。落叶松、木麻黄等收缩量较大的原木，预留干缩量尚应大于表 4.1.2 规定的 30%。

表 4.1.2　方木、板材加工预留干缩量（mm）

方木、板材厚度	预留干缩量
15～25	1
40～60	2
70～90	3
100～120	4
130～140	5
150～160	6
170～180	7
190～200	8

3 东北落叶松、云南松等易开裂树种，锯制成方木时宜采用"破心下料"的方法［图 4.1.2（a）］；原木直径较小时，可采用"按侧边破心下料"的方法［图 4.1.2（b）］，并应按图 4.1.2（c）所示的方法拼接成截面较大的方木。

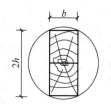

(a) 破心下料

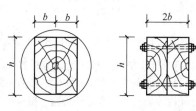

(b) 按侧边破心下料　　(c) 截面拼接方法

图 4.1.2　破心下料示意

4.1.3 木材的干燥可选择自然干燥（气干）或窑干，并应符合下列规定：

1 采用气干法时，应将木材放置在遮阳避雨通风的敞篷内，木料应采用立架或平行或井字积木法进行自然干燥，干燥时间应根据木料截面尺寸、树种及施工季节确定，含水率应符合本规范第 4.1.5 条的规定。

2 采用窑干法时，应由有资质的木材干燥企业实施完成。

4.1.4 原木、方木与板材应分别按表 4.1.4-1～表 4.1.4-3 的规定划分每根木料的等级；不得采用普通商品材的等级标准替代。

表 4.1.4-1　原木材质等级标准

项次	缺　陷　名　称		木　材　等　级		
			Ⅰa	Ⅱa	Ⅲa
1	腐朽		不允许	不允许	不允许
2	木节	在构件任何 150mm 长度上沿周长所有木节尺寸的总和，与所测部位原木周长的比值	≤1/4	≤1/3	≤2/5
		每个木节的最大尺寸与所测部位原木周长的比值	≤1/10（连接部位为≤1/12）	≤1/6	≤1/6
3	扭纹	斜率不大于	≤8	≤12	≤15
4	裂缝	在连接的受剪面上	不允许	不允许	不允许
		在连接部位的受剪面附近，其裂缝深度（有对面裂缝时，两者之和）与原木直径的比值	≤1/4	≤1/3	不限
5	髓心		应避开受剪面	不限	不限

注：1 Ⅰa、Ⅱa 等材不允许有死节，Ⅲa 等材允许有死节（不包括发展中的腐朽节），直径不应大于原木直径的 1/5，且每 2m 内不得多于 1 个。

　2 Ⅰa 等材不允许有虫眼，Ⅱa、Ⅲa 等材允许有表层的虫眼。

　3 木节尺寸按垂直于构件长度方向测量。直径小于 10mm 的木节不计。

表 4.1.4-2　方木材质等级标准

项次	缺　陷　名　称		木　材　等　级		
			Ⅰa	Ⅱa	Ⅲa
1	腐朽		不允许	不允许	不允许
2	木节	在构件任一面任何 150mm 长度上所有木节尺寸的总和与所在面宽的比值	≤1/3（普通部位）；≤1/4（连接部位）	≤2/5	≤1/2
3	斜纹	斜率（%）	≤5	≤8	≤12

续表 4.1.4-2

项次	缺陷名称		木材等级		
			Ⅰa	Ⅱa	Ⅲa
4	裂缝	在连接的受剪面上	不允许	不允许	不允许
		在连接部位的受剪面附近,其裂缝深度(有对面裂缝时,用两者之和)与材宽的比值	≤1/4	≤1/3	不限
5	髓心		应避开受剪面	不限	不限

注：1 Ⅰa 等材不允许有死节,Ⅱa、Ⅲa 等材允许有死节(不包括发展中的腐朽节),对于Ⅱa 等材直径不应大于 20mm,且每延米中不得多于 1 个,对于Ⅲa 等材直径不应大于 50mm,每延米中不得多于 2 个。

2 Ⅰa 等材不允许有虫眼,Ⅱa、Ⅲa 等材允许有表层的虫眼。

3 木节尺寸按垂直于构件长度方向测量。木节表现为条状时,在条状的一面不量(图4.1.4);直径小于 10mm 的木节不计。

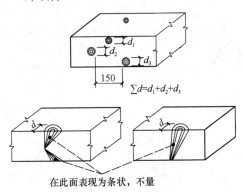

在此面表现为条状,不量

图 4.1.4 木节量法

表 4.1.4-3 板材材质等级标准

项次	缺陷名称		木材等级		
			Ⅰa	Ⅱa	Ⅲa
1	腐朽		不允许	不允许	不允许
2	木节	在构件任一面任何 150mm 长度上所有木节尺寸的总和与所在面宽的比值	≤1/4(普通部位);≤1/5(连接部位)	≤1/3	≤2/5
3	斜纹	斜率（%）	≤5	≤8	≤12
4	裂缝	连接部位的受剪面及其附近	不允许	不允许	不允许
5	髓心		不允许	不允许	不允许

注：Ⅰa 等材不允许有死节,Ⅱa、Ⅲa 等材允许有死节(不包括发展中的腐朽节),对于Ⅱa 等材直径不应大于 20mm,且每延米中不得多于 1 个,对于Ⅲa 等材直径不应大于 50mm,每延米中不得多于 2 个。

4.1.5 制作构件时,原木、方木全截面平均含水率不应大于 25%,板材不应大于 20%,用作拉杆的连接板,其含水率不应大于 18%。

4.1.6 干燥好的木材,应放置在避雨、遮阳且通风良好的场所内,板材应采用纵向平行堆垛法存放,并应采取压重等防止板材翘曲的措施。

4.1.7 从市场直接购置的方木、板材应有树种证明文件,并应按本规范第 4.1.4 条的要求分等验收。

4.1.8 工程中使用的木材,应按现行国家标准《木结构工程施工质量验收规范》GB 50206 的有关规定做木材强度见证检验,强度等级应符合设计文件的规定。

4.2 规 格 材

4.2.1 进场规格材的树种、等级和规格应符合设计文件的规定。

4.2.2 规格材的截面尺寸应符合表 4.2.2-1 和表 4.2.2-2 的规定。截面尺寸误差不应超过±1.5mm。

表 4.2.2-1 规格材标准截面尺寸（mm）

截面尺寸宽×高	40×40	40×65	40×90	40×115	40×140	40×185	40×235	40×285
截面尺寸宽×高	—	65×65	65×90	65×115	65×140	65×185	65×235	65×285
截面尺寸宽×高	—	—	90×90	90×115	90×140	90×185	90×235	90×285

注：1 表中截面尺寸均为含水率不大于 20%、由工厂加工的干燥木材尺寸;

2 进口规格材截面尺寸与表列规格材尺寸相差不超过 2mm 时,可视为相同规格的规格材,但在设计时,应按进口规格材的实际截面尺寸进行计算;

3 不得将不同规格系列的规格材在同一建筑中混合使用。

表 4.2.2-2 机械分等速生树种规格材截面尺寸（mm）

截面尺寸宽×高	45×75	45×90	45×140	45×190	45×240	45×290

注：1 表中截面尺寸均为含水率不大于 20%、由工厂加工的干燥木材尺寸;

2 不得将不同规格系列的规格材在同一建筑中混合使用。

4.2.3 目测分等规格材应按现行国家标准《木结构工程施工质量验收规范》GB 50206 的有关规定做抗弯强度见证检验或目测等级见证检验,机械分等规格材应做抗弯强度见证检验,并应在见证检验合格后再使用。目测分等规格材的材质等级应符合表4.2.3-1~表 4.2.3-3 的规定。

表 4.2.3-1　目测分等[1]规格材等级材质标准

项次	缺陷名称[2]		材质等级 I_c	材质等级 II_c	材质等级 III_c
1	振裂和干裂		允许个别长度不超过600mm，不贯通，如贯通，参见劈裂要求		贯通：长度不超过600mm 不贯通：900mm长或不超过1/4构件长 干裂无限制；贯通干裂参见劈裂要求
2	漏刨		构件的10%轻度漏刨[3]		轻度漏刨不超过构件的5%，包含长达600mm的散布漏刨[5]，或重度漏刨[4]
3	劈裂		$b/6$		$1.5b$
4	斜纹	斜率（%）	≤8	≤10	≤12
5	钝棱[6]		$h/4$ 和 $b/4$，全长或与其相当，如果在1/4长度内，钝棱不超过 $h/2$ 或 $b/3$		$h/3$ 和 $b/3$，全长或与其相当，如果在1/4长度内，钝棱不超过 $2h/3$ 或 $b/2$
6	针孔虫眼		每25mm的节孔允许48个针孔虫眼，以最差材面为准		
7	大虫眼		每25mm的节孔允许12个6mm的大虫眼，以最差材面为准		
8	腐朽—材心[17]		不允许		当 $h>40mm$ 时不允许，否则 $h/3$ 或 $b/3$
9	腐朽—白腐[18]		不允许		1/3体积
10	腐朽—蜂窝腐[19]		不允许		$b/6$ 坚实[13]
11	腐朽—局部片状腐[20]		不允许		$b/6$[13],[14]
12	腐朽—不健全材		不允许		最大尺寸 $b/12$ 和50mm长，或等效的多个小尺寸[13]
13	扭曲、横弯和顺弯[7]		1/2中度		轻度

项次	木节和节孔[16]（mm）		健全节、卷入节和均布节[8] 材边	健全节、卷入节和均布节[8] 材心	非健全节、松节和节孔[9]	健全节、卷入节和均布节 材边	健全节、卷入节和均布节 材心	非健全节、松节和节孔[10]	任何木节 材边	任何木节 材心	节孔[11]
14	截面高度（mm）	40	10	10	10	13	13	13	16	16	16
		65	13	13	13	19	19	19	22	22	22
		90	19	22	19	25	38	25	32	51	32
		115	25	38	22	32	48	29	41	60	35
		140	29	48	25	38	57	32	48	73	38
		185	38	57	32	51	70	38	64	89	51
		235	48	67	32	64	93	38	83	108	64
		285	57	76	32	76	95	38	95	121	76

项次	缺陷名称[2]		材 质 等 级			
			IVc		Vc	
1	振裂和干裂		贯通—1/3 构件长 不贯通—全长 3 面振裂—1/6 构件长 干裂无限制 贯通干裂参见劈裂要求		不贯通—全长 贯通和三面振裂 1/3 构件长	
2	漏刨		散布漏刨伴有不超过构件 10% 的重度漏刨[4]		任何面的散布漏刨中，宽面含不超过 10% 的重度漏刨[4]	
3	劈裂		$L/6$		$2b$	
4	斜纹	斜率（%）	≤25		≤25	
5	钝棱[6]		$h/2$ 或 $b/2$，全长或其相当，如果在 1/4 长度内，钝棱不超过 $7h/8$ 或 $3b/4$		$h/3$ 或 $b/3$，全长或其相当，如果在 1/4 长度内，钝棱不超过 $h/2$ 或 $3b/4$	
6	针孔虫眼		每 25mm 的节孔允许 48 个针孔虫眼，以最差材面为准			
7	大虫眼		每 25mm 的节孔允许 12 个 6mm 的大虫眼，以最差材面为准			
8	腐朽—材心[17]		1/3 截面[13]		1/3 截面[15]	
9	腐朽—白腐[18]		无限制		无限制	
10	腐朽—蜂窝腐[19]		100% 坚实		100% 坚实	
11	腐朽—局部片状腐[20]		1/3 截面		1/3 截面	
12	腐朽—不健全材		1/3 截面，深入部分 1/6 长度[15]		1/3 截面，深入部分 1/6 长度[15]	
13	扭曲，横弯和顺弯[7]		中度		1/2 中度	

14	木节和节孔[16]（mm）		任何木节		节孔[12]	任何木节		节孔
			材边	材心				
	截面高度（mm）	40	19	19	19	19	19	19
		65	32	32	32	32	32	32
		90	44	64	44	44	64	38
		115	57	76	48	57	76	44
		140	70	95	51	70	95	51
		185	89	114	64	89	114	64
		235	114	140	76	114	140	76
		285	140	165	89	140	165	89

项次	缺陷名称[2]	材 质 等 级	
		VIc	VIIc
1	振裂和干裂	表层—不长于 600mm 贯通干裂同劈裂	贯通：600mm 长 不贯通：900mm 长或不超过 1/4 构件长
2	漏刨	构件的 10% 轻度漏刨[3]	轻度漏刨不超过构件的 5%，包含长达 600mm 的散布漏刨[5] 或重度漏刨[4]

续表4.2.3-1

项次	缺陷名称[2]		材 质 等 级		
			VI c		VII c
3	劈裂		b		1.5b
4	斜纹 斜率(%)		≤17		≤25
5	钝棱[6]		h/4 或 b/4，全长或与其相当，如果在1/4长度内钝棱不超过 h/2 或 b/3		h/3 或 b/3，全长或与其相当，如果在1/4长度内钝棱不超过 2h/3 或 b/2，≤L/4
6	针孔虫眼		每25mm的节孔允许48个针孔虫眼，以最差材面为准		
7	大虫眼		每25mm的节孔允许12个6mm的大虫眼，以最差材面为准		
8	腐朽—材心[17]		不允许		h/3 或 b/3
9	腐朽—白腐[18]		不允许		1/3 体积
10	腐朽—蜂窝腐[19]		不允许		b/6
11	腐朽—局部片状腐[20]		不允许		b/6[14]
12	腐朽—不健全材		不允许		最大尺寸 b/12 和 50mm 长，或等效的小尺寸[13]
13	扭曲，横弯和顺弯[7]		1/2 中度		轻度
14	木节和节孔[16](mm) 截面高度(mm)		健全节、卷入节和均布节[8]	非健全节、松节和节孔[10]	任何木节	节孔[11]
		40	—	—	—	—
		65	19	16	25	19
		90	32	19	38	25
		115	38	25	51	32
		140	—	—	—	—
		185	—	—	—	—
		235	—	—	—	—
		285	—	—	—	—

注：1 目测分等应包括构件所有材面以及两端。表中，b 为构件宽度，h 为构件厚度，L 为构件长度。

2 除本注解已说明，缺陷定义详见国家标准《锯材缺陷》GB/T 4823。

3 指深度不超过1.6mm的一组漏刨、漏刨之间的表面刨光。

4 重度漏刨为宽度上深度为3.2mm、长度为全长的漏刨。

5 部分或全部漏刨，或全部糙面。

6 离材端全部或部分占据材面的钝棱，当表面要求满足允许漏刨规定，窄面上破坏要求满足允许节孔的规定（长度不超过同一等级最大节孔直径的2倍），钝棱的长度可为300mm，每根构件允许出现一次。含有该缺陷的构件不得超过总数的5%。

7 顺纹允许值是横弯的2倍。

8 卷入节是指被树脂或树皮包围不与周围木材连生的木节，均布节是指在构件任何150mm长度上所有木节尺寸的总和必须小于最大木节尺寸的2倍。

9 每1.2m有一个或数个小节孔，小节孔直径之和与单个节孔直径相等。

10 每0.9m有一个或数个小节孔，小节孔直径之和与单个节孔直径相等。

11 每0.6m有一个或数个小节孔，小节孔直径之和与单个节孔直径相等。

12 每0.3m有一个或数个小节孔，小节孔直径之和与单个节孔直径相等。

13 仅允许厚度为40mm。

14 构件窄面均有局部片状腐朽时，长度限制为节孔尺寸的2倍。

15 钉入边不得破坏。

16 节孔可全部或部分贯通构件。除非特别说明，节孔的测量方法与节子相同。

17 材心腐朽指某些树种沿髓心发展的局部腐朽，用目测鉴定。心材腐朽存在于活树中，在被砍伐的木材中不会发展。

18 白腐指木材中白色或棕色的小壁孔或斑点，由白腐菌引起。白腐存在于活树中，在使用时不会发展。

19 蜂窝腐与白腐相似但囊孔更大。含蜂窝腐的构件较未含蜂窝腐的构件不易腐朽。

20 局部片状腐朽为柏树中槽状或壁孔状的区域。所有引起局部片状腐朽的木腐菌在树砍伐后不再生长。

表 4.2.3-2　规格材的允许扭曲值（mm）

长度(m)	扭曲程度	宽度(mm)					
		40	65和90	115和140	185	235	285
1.2	极轻	1.6	3.2	5	6	8	10
	轻度	3	6	10	13	16	19
	中度	5	10	13	19	22	29
	重度	6	13	19	25	32	38
1.8	极轻	2.4	5	8	10	11	14
	轻度	5	10	13	19	22	29
	中度	7	13	19	29	35	41
	重度	10	19	29	38	48	57
2.4	极轻	3.2	5	10	13	16	19
	轻度	6	6	19	25	32	38
	中度	10	19	29	38	48	57
	重度	13	25	38	51	64	76
3.0	极轻	4	8	11	16	19	24
	轻度	8	16	22	32	38	48
	中度	13	22	35	48	60	70
	重度	16	32	48	64	79	95
3.7	极轻	5	10	14	19	24	29
	轻度	10	19	29	38	48	57
	中度	14	29	41	57	70	86
	重度	19	38	57	76	95	114
4.3	极轻	6	11	16	22	27	33
	轻度	11	12	32	44	54	67
	中度	16	32	48	67	83	68
	重度	22	44	67	89	111	133
4.9	极轻	6	13	19	25	32	38
	轻度	13	25	38	51	64	76
	中度	19	38	57	76	95	114
	重度	25	51	76	102	127	152
5.5	极轻	8	14	21	29	37	43
	轻度	14	29	41	57	70	86
	中度	22	41	64	86	108	127
	重度	29	57	86	108	143	171
≥6.1	极轻	8	16	24	32	40	48
	轻度	16	32	48	64	79	95
	中度	25	48	70	95	117	143
	重度	32	64	95	127	159	191

续表 4.2.3-3

长度(m)	扭曲程度	宽度(mm)						
		40	65	90	115和140	185	235	285
3.7	极轻	13	10	10	8	6	5	5
	轻度	25	19	17	16	13	11	10
	中度	38	29	25	25	21	19	14
	重度	51	38	35	32	29	25	21
4.3	极轻	16	13	11	10	8	6	5
	轻度	32	25	22	19	16	13	10
	中度	51	38	32	29	25	22	19
	重度	70	51	44	38	32	25	25
4.9	极轻	19	16	13	11	10	8	6
	轻度	41	32	25	22	19	16	13
	中度	64	48	38	35	29	22	22
	重度	83	64	51	44	38	32	29
5.5	极轻	25	19	16	13	11	10	8
	轻度	51	35	29	25	22	19	16
	中度	76	52	41	38	32	25	25
	重度	102	70	57	51	44	38	32
6.1	极轻	29	22	19	16	13	11	10
	轻度	57	38	35	32	25	22	19
	中度	86	57	52	48	38	32	29
	重度	114	76	70	64	51	44	38
6.7	极轻	32	25	22	19	16	13	11
	轻度	64	44	41	38	32	25	22
	中度	95	67	62	57	48	38	32
	重度	127	89	83	76	64	48	38
7.3	极轻	38	29	25	22	19	16	13
	轻度	76	51	30	44	38	32	25
	中度	114	76	48	67	57	48	41
	重度	152	102	95	89	76	64	57

4.2.4　进场规格材的含水率不应大于 20%，并应按现行国家标准《木结构工程施工质量验收规范》GB 50206 的有关规定检验。规格材的存储应符合本规范第 4.1.6 条的规定。

4.2.5　截面尺寸方向经剖解的规格材作承重构件使用时，应重新定级。

4.3　层板胶合木

4.3.1　层板胶合木应由有资质的专业加工厂制作。

4.3.2　进场层板胶合木的类别、组坯方式、强度等级、截面尺寸和适用环境，应符合设计文件的规定，并应有产品质量合格证书和产品标识。

4.3.3　进场层板胶合木或胶合木构件应有符合现行国家标准《木结构试验方法标准》GB/T 50329 规定的胶缝完整性检验和层板指接强度检验合格报告。用作受弯构件的层板胶合木应在荷载效应标准组合作用下的抗弯性能见证性检验，并应符合现行国家标准《木结构工程施工质量验收规范》GB 50206 的有关规定。

4.3.4　直线形层板胶合木构件的层板厚度不宜大于 45mm，弧形层板胶合木构件的层板厚度不应大于截面最小曲率半径的 1/125。

表 4.2.3-3　规格材的允许横弯值（mm）

长度(m)	扭曲程度	宽度(mm)						
		40	65	90	115和140	185	235	285
1.2和1.8	极轻	3.2	3.2	3.2	3.2	1.6	1.6	1.6
	轻度	6	6	6	5	3.2	1.6	1.6
	中度	10	10	10	6	5	3.2	3.2
	重度	13	13	13	10	6	5	5
2.4	极轻	6	6	5	3.2	3.2	1.6	1.6
	轻度	10	10	8	6	5	5	3.2
	中度	13	13	10	10	6	6	5
	重度	19	19	16	13	10	10	6
3.0	极轻	10	8	6	5	5	3.2	3.2
	轻度	19	16	13	11	10	6	5
	中度	35	25	19	16	13	11	10
	重度	44	32	29	25	22	19	16

4.3.5 层板胶合木的构造和外观应符合下列要求：

1 各层板的木纹方向与构件长度方向应一致。层板在长度方向应采用指接，宽度方向可为平接。受拉构件和受弯构件受拉区截面高度的 1/10 范围内的同一层板的指接头间距，不应小于 1.5m，相邻上、下层板的指接头间距不应小于层板厚的 10 倍，同一截面上的指接头数量不应多于叠合层板总数的 1/4；相邻层间的平接头应错开布置（图 4.3.5-1），错开距离不应小于 40mm。层板宽度较大时可在层板底部开槽。

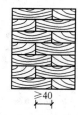

图 4.3.5-1 平接头
布置示意

图 4.3.5-2 外观 C 级层
板错位示意

2 胶缝厚度应均匀，厚度应为 0.1mm～0.3mm，可允许局部有厚度超过 0.3mm 的胶层，但长度不应超过 300mm，且最厚处不应超过 1.0mm。胶缝局部未粘结长度不应超过 150mm，承受剪力较大的区段未粘结长度不应超过 75mm，未粘结区段不应贯通整个构件截面宽度，相邻未粘结区段间的净距不应小于 600mm。

3 胶合木构件截面宽度允许偏差不超过 ±2mm；高度允许偏差不超过 ±0.4mm 乘以叠合的层板数；长度不应超过样板尺寸的 ±3%，并不应超过 ±6.0mm。外观要求为 C 级的构件，截面高、宽和板间错位（图 4.3.5-2）不应超过表 4.3.5 的规定。

4 各层板髓心应在同一侧 [图 4.3.5-3 (a)]，但当构件处于可能导致木材含水率超过 20% 的气候

条件下或室外不能遮雨的情况下，除底层板髓心应向下外，其余各层板髓心均应向上 [图 4.3.5-3 (b)]。

5 胶合木构件的实际尺寸与产品公称尺寸的绝对偏差不应超过 ±5mm，且相对偏差不应超过 3%。

**表 4.3.5 胶合木结构外观 C 级时的
构件截面允许偏差**（mm）

截面高度或宽度 （mm）	截面高度或宽度 的允许偏差	错位的 最大值
（h 或 b）<100	±2	4
100≤（h 或 b）<300	±3	5
300≤（h 或 b）	±6	6

4.3.6 进场层板胶合木的平均含水率不应大于 15%。

4.3.7 已作防护处理的层板胶合木，应有防止搬运过程中发生磕碰而损坏其保护层的包装。

4.3.8 层板胶合木的存储应符合本规范第 4.1.6 条的规定。

4.4 木基结构板材

4.4.1 轻型木结构的墙体、楼盖和屋盖的覆面板，应采用结构胶合板或定向木片板等木基结构板材，不得用普通的商品胶合板或刨花板替代。

4.4.2 进场结构胶合板与定向木片板应有产品质量合格证书和产品标识，品种、规格和等级应符合设计文件的规定，并应有下列检验合格保证文件：

1 楼面板应有干态及湿态重新干燥条件下的集中静载、冲击荷载与均布荷载作用下的力学性能检验报告，并应符合现行国家标准《木结构工程施工质量验收规范》GB 50206 的有关规定。

2 屋面板应有干态及湿态条件下的集中静载、冲击荷载及干态条件下的均布荷载作用力学性能的检验报告，并应符合现行国家标准《木结构工程施工质量验收规范》GB 50206 的有关规定。

4.4.3 结构胶合板进场验收时尚应检查其表层单板的质量，其缺陷不应超过现行国家标准《木结构覆板用胶合板》GB/T 22349 有关表层单板的规定。

4.4.4 进场结构胶合板与定向木片板应做静曲强度见证检验，并应符合现行国家标准《木结构工程施工质量验收规范》GB 50206 的有关规定后再在工程中使用。

4.4.5 结构胶合板和定向木片板应放置在通风良好的场所，应平卧叠放，顶部应均匀压重。

4.5 结构复合木材及工字形木搁栅

4.5.1 进场结构复合木材和工字形木搁栅的规格应符合设计文件的规定，并应有产品质量合格证书和产品标识。

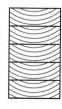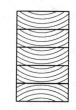

(a) 一般条件下　　　　(b) 其他条件下
图 4.3.5-3 叠合的层板髓心布置

4.5.2 进场结构复合木材应有符合设计文件规定的侧立或平置抗弯强度检验合格证书。工字形木搁栅尚应做荷载效应标准组合下的结构性能见证检验，并应符合现行国家标准《木结构工程施工质量验收规范》GB 50206 的有关规定。

4.5.3 使用结构复合木材作构件时，不宜在其原有厚度方向作切割、刨削等加工。

4.5.4 工字形木搁栅应垂直放置，腹板应垂直于地面，堆放时两层搁栅间应沿长度方向每隔 2.4m 设置一根（2×4）in. 规格材作垫条。工字形木搁栅需平置时，腹板应平行于地面，不得在其上放置重物。

4.5.5 进场的结构复合木材及其预制构件应存放在遮阳、避雨，且通风良好的有顶场所内，并应按产品说明书的规定堆放。

4.6 木结构用钢材

4.6.1 进场木结构用钢材的品种、规格应符合设计文件的规定，并应具有相应的抗拉强度、伸长率、屈服点，以及碳、硫、磷等化学成分的合格证明。承受动荷载或工作温度低于 −30℃ 的结构，不应采用沸腾钢，且应有相应屈服强度钢材 D 等级冲击韧性指标的合格保证；直径大于 20mm 且用于钢木桁架下弦的圆钢，尚应有冷弯合格的保证。

4.6.2 进场木结构用钢材应做见证检验，性能应符合现行国家标准《碳素结构钢》GB/T 700 的有关规定。

4.7 螺　栓

4.7.1 螺栓及螺帽的材质等级和规格应符合设计文件的规定，并应具有符合现行国家标准《六角头螺栓》GB/T 5782 和《六角头螺栓　C级》GB/T 5780 的有关规定的合格保证。

4.7.2 圆钢拉杆端部螺纹应按现行国家标准《普通螺纹　基本牙型》GB/T 192 的有关规定加工，不应采用板牙等工具手工制作。

4.8 剪　板

4.8.1 剪板应采用热轧钢冲压或可锻铸铁制作，其种类、规格和形状应符合表 4.8.1 的规定。

表 4.8.1　剪板的种类、规格和形状

材料	热轧钢冲压剪板	可锻铸铁（玛钢）
形状		
规格	67mm、102mm	67mm、102mm

4.8.2 进场剪板连接件（剪板和紧固件）应配套使用，其规格应符合设计文件的规定。

4.9 圆　钉

4.9.1 进场圆钉的规格（直径、长度）应符合设计文件的规定，并应符合现行行业标准《一般用途圆钢钉》YB/T 5002 的有关规定。

4.9.2 承重钉连接用圆钉应做抗弯强度见证检验，并应在符合设计规定后再使用。

4.10 其他金属连接件

4.10.1 连接件与紧固件应按设计图要求的材质和规格由专门生产企业加工，板厚不大于 3mm 的连接件，宜采用冲压成形；需要焊接时，焊缝质量不应低于三级。

4.10.2 板厚小于 3mm 的低碳钢连接件均应有镀锌防锈层，其镀锌层重量不应小于 $275g/m^2$。

4.10.3 连接件与紧固件应按现行国家标准《木结构工程施工质量验收规范》GB 50206 的有关规定做进场验收。

5　木结构构件制作

5.1　放样与样板制作

5.1.1 木桁架等组合构件制作前应放样。放样应在平整的工作台面上进行，应以 1:1 的足尺比例将构件按设计图标注尺寸绘制在台面上，对称构件可仅绘制其一半。工作台应设置在避雨、遮阳的场所内。

5.1.2 除方木、胶合木桁架下弦杆以净截面几何中心线外，其余杆件及原木桁架下弦等各杆均应以毛截面几何中心线与设计图标注中心线一致 [图 5.1.2（a）、图 5.1.2（b）]；当桁架上弦杆需要作偏心处理时，上弦杆毛截面几何中心线与设计图标注中心线的距离应为设计偏心距 [图 5.1.2（c）]，偏心距 e_1 不宜大于上弦截面高度的 1/6。

5.1.3 除设计文件规定外，桁架应作 $l/200$ 的起拱（l 为跨度），应将上弦脊节点上提 $l/200$，其他上弦节点中心应落在脊节点和端节点的连线上，且节间水平投影应保持不变；应在保持桁架高度不变的条件下，决定桁架下弦的各节点位置，下弦有中央节点并设接头时应与上弦同样处理，下弦应呈二折线状 [图 5.1.3（a）]；当下弦杆无中央节点或接头位于中央节点的两侧节点上时，两侧节点的上提量应按比例确定，下弦应呈三折线状 [图 5.1.3（b）]。胶合木梁应在工厂制作时起拱，起拱后应使上下边缘呈弧形，起拱量应符合设计文件的规定。

5.1.4 胶合木弧形构件、刚架、拱及需起拱的胶合木梁等构件放样时，其各部位的曲率或起拱量应按设

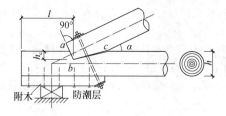

(a) 原木桁架

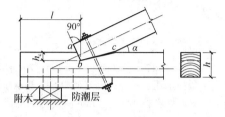

(b) 方木、胶合木桁架

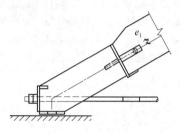

(c) 上弦设偏心情况

图 5.1.2 构件截面中心线与设计中心线关系

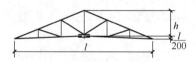

(a) 下弦中央节点设接头情况

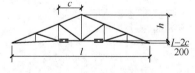

(b) 下弦中央节点两侧设接头情况

图 5.1.3 桁架放样起拱示意

计文件的规定确定，但胶合木生产时模具各部位的曲率可由胶合木加工企业自行确定。

5.1.5 放样时除应绘出节点处各杆的槽齿等细部外，尚应绘出构件接头位置与细节，并均应符合本规范第 6 章的有关规定。除设计文件规定外，原木、方木桁架上弦杆一侧接头不应多于 1 个。三角形豪式桁架，上弦接头不宜设在脊节点两侧或端节间，应设在其他中间节间的节点附近 [图 5.1.5 (a)]；梯形豪式桁架，上弦接头宜设在第一节间的第二节点处 [图 5.1.5 (b)]。方木、原木结构桁架下弦受拉接头不宜多于 2 个，并应位于下弦节点处。胶合木结构桁架上、下弦不宜设接头。原木三角形豪式桁架的上弦

杆，除设计图个别标注外，梢径端应朝向中央节点。

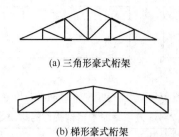

(a) 三角形豪式桁架

(b) 梯形豪式桁架

图 5.1.5 桁架构件接头位置

5.1.6 桁架足尺大样的尺寸应用经计量认证合格的量具度量，大样尺寸与设计尺寸间的偏差不应超过表 5.1.6 的规定。

表 5.1.6 大样尺寸允许偏差

桁架跨度 (m)	跨度偏差 (mm)	高度偏差 (mm)	节点间距偏差 (mm)
≤15	±5	±2	±2
>15	±7	±3	±2

5.1.7 构件样板应用木纹平直不易变形，且含水率不大于 10% 的板材或胶合板制作。样板与大样尺寸间的偏差不得大于 ±1mm，使用过程中应防止受潮和破损。

5.1.8 放样和样板应在交接检验合格后再在构件加工时使用。

5.2 选 材

5.2.1 方木、原木结构应按表 5.2.1 的规定选择原木、方木和板材的目测材质等级。木材含水率应符合本规范第 4.1.5 条的规定，因条件限制使用湿材时，应经设计单位同意。

配料时尚应符合下列规定：

1 受拉构件螺栓连接区段木材及连接板应符合表 4.1.4-1～表 4.1.4-3 中 Ⅰa 等材关于连接部位的规定。

2 受弯或压弯构件中木材的节子、虫孔、斜纹等天然缺陷应处于受压或压应力较大一侧；其初始弯曲应处于构件受载变形的反方向。

3 木构件连接区段内的木材不应有腐朽、开裂和斜纹等较严重缺陷。齿连接处木材的髓心不应处于齿连接受剪面的一侧（图 5.2.1）。

4 采用东北落叶松、云南松等易开裂树种的木材制作桁架下弦，应采用"破心下料"或"按侧边破心下料"的木材 [图 4.1.2 (a)、图 4.1.2 (b)]，按侧边破心下料后对拼的木材 [图 4.1.2 (b)] 宜选自同一根木料。

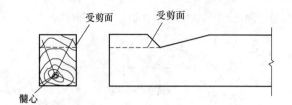

图 5.2.1 齿连接中木材髓心的位置

表 5.2.1 方木、原木结构构件的材质等级

主要用途	材质等级
受拉或拉弯构件	Ⅰa
受弯或压弯构件	Ⅱa
受压或次要的受弯构件	Ⅲa

5.2.2 层板胶合木构件所用层板胶合木的类别、强度等级、截面尺寸及使用环境，应按设计文件的规定选用；不得用相同强度等级的异等非对称组坯胶合木替代同等或异等对称组坯胶合木。凡截面作过剖解的层板胶合木，不应用作承重构件。异等非对称组坯胶合木受拉层板的位置应符合设计文件的规定。

5.2.3 防腐处理的木材（含层板胶合木）应按设计文件规定的木结构使用环境选用。

5.3 构 件 制 作

5.3.1 方木、原木结构构件应按已制作的样板和选定的木材加工，并应符合下列规定：

1 方木桁架、柱、梁等构件截面宽度和高度与设计文件的标注尺寸相比，不应小于 3mm 以上；方木檩条、椽条及屋面板等板材不应小于 2mm 以上；原木构件的平均梢径不应小于 5mm 以上，梢径端应位于受力较小的一端。

2 板材构件的倒角高度不应大于板宽的 2%。

3 方木截面的翘曲不应大于构件宽度的 1.5%，其平面上的扭曲，每 1m 长度内不应大于 2mm。

4 受压及压弯构件的单向纵向弯曲，方木不应大于构件全长的 1/500，原木不应大于全长的 1/200。

5 构件的长度与样板相比偏差不应超过±2mm。

6 构件与构件间的连接处加工应符合本规范第 6 章的有关规定。

7 构件外观应符合本规范第 3.0.7 条的规定。

5.3.2 层板胶合木构件应选择符合设计文件规定的类别、组坯方式、强度等级、截面尺寸和使用环境的层板胶合木加工制作。胶合木应仅作长度方向的切割及两端面和必要的槽口加工。加工完成的构件，保存时端部与切口处均应采取密封措施。

5.3.3 单、双坡梁、弧形构件或桁架、拱等组合构件需用层板胶合木制作或胶合木梁式构件需起拱时，应按样板和设计文件规定的层板胶合木类别、强度等级和使用条件，委托有胶合木生产资质的专业加工厂以构件形式加工，其层板胶合木的质量应按本规范第 4.3.3 条～第 4.3.5 条的规定验收，层板胶合木的尺寸应按样板验收，偏差应符合本规范第 5.3.1 条的规定。

5.3.4 层板胶合木弧形构件的矢高及梁式构件起拱的允许偏差，跨度在 6m 以内不应超过±6mm；跨度每增加 6m，允许偏差可增大±3mm，但总偏差不应超过 19mm。

6 构件连接与节点施工

6.1 齿连接节点

6.1.1 单齿连接的节点（图 6.1.1-1），受压杆轴线应垂直于槽齿承压面并通过其几何中心，非承压面交接缝上口 c 点处宜留不大于 5mm 的缝隙；双齿连接节点（图 6.1.1-2），两槽齿抵承面均应垂直于上弦轴线，第一齿顶点 a 应位于上、下弦杆的上边缘交点处，第二齿顶点 c 应位于上弦杆轴线与下弦杆上边缘的交点处。第二齿槽应至少比第一齿深 20mm，非承压面上口 e 点宜留不大于 5mm 的缝隙。

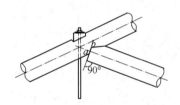

(a) 原木桁架上弦杆单齿连接

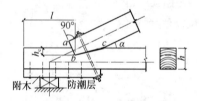

(b) 方木桁架端节点单齿连接

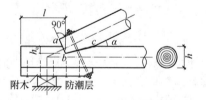

(c) 原木桁架端节点单齿连接

图 6.1.1-1 单齿连接节点

6.1.2 齿连接齿槽深度应符合设计文件的规定，偏差不应超过±2.0mm，受剪面木材不应有裂缝或斜纹；下弦杆为胶合木时，各受剪面上不应有未粘结胶缝。桁架支座节点处的受剪面长度不应小于设计长度 10mm 以上；受剪面宽度，原木不应小于设计宽度 4mm 以上，方木与胶合木不应小于 3mm 以上。承压面应紧密，局部缝隙宽度不应大于 1mm。

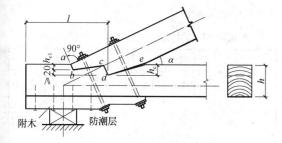

图 6.1.1-2　双齿连接节点

6.1.3 桁架支座端节点的齿连接，每齿均应设一枚保险螺栓，保险螺栓应垂直于上弦杆轴线（图 6.1.1-1、图 6.1.1-2），且宜位于非承压面的中心，施钻时应在节点组合后一次成孔。腹杆与上、下弦杆的齿连接处，应在截面两侧用扒钉扣牢。在 8 度和 9 度地震烈度区，应用保险螺栓替代扒钉。

6.2　螺栓连接及节点

6.2.1 螺栓的材质、规格及在构件上的布置应符合设计文件的规定，并应符合下列要求：

1 当螺栓承受的剪力方向与木纹方向一致时，其最小边距、端距与间距（图 6.2.1-1）不应小于表 6.2.1 的规定。构件端部呈斜角时，端距应按图 6.2.1-2 中的 C 量取；当螺栓承受剪力的方向垂直于木纹方向时，螺栓的横纹最小边距在受力边不应小于螺栓直径的 4.5 倍，非受力边不应小于螺栓直径的 2.5 倍（图 6.2.1-3）；采用钢板作连接板时，钢板上的端距不应小于螺栓直径的 2 倍，边距不应小于螺栓直径的 1.5 倍。螺栓孔附近木材不应有干裂、斜纹、松节等缺陷。

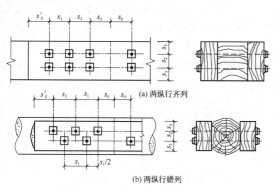

图 6.2.1-1　螺栓的排列

表 6.2.1　螺栓排列的最小边距、端距与间距

构造特点	顺　纹			横　纹	
	端　距		中距	边距	中距
	s_0	s_0'	s_1	s_3	s_2
两纵行齐列	7d		7d		3.5d
两纵行错列			10d	3d	2.5d

注：1　d 为螺栓直径。
　　2　湿材 s_0 应增加 30mm。

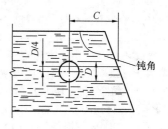

图 6.2.1-2　构件端部
斜角时的端距

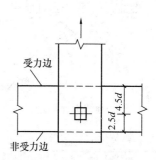

图 6.2.1-3　横纹螺栓
排列的边距

2 采用单排螺栓连接时，各螺栓中心应与构件的轴线一致；当连接上设两排和两排以上螺栓时，其合力作用点应位于构件的轴线上；采用钢板作连接板时，钢板应分条设置（图 6.2.1-4）。

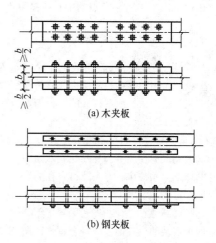

(a) 木夹板

(b) 钢夹板

图 6.2.1-4　螺栓的布置

3 施工现场制作时应将连接件与被连接件一起定位并临时固定，并应根据放样的螺栓孔位置用电钻一次钻通；采用钢连接板时，应用钢钻头一次成孔。除特殊要求外，钻孔时钻杆应垂直于构件表面，螺栓孔孔径可大于螺杆直径，但不应超过 1mm。

4 除设计文件规定外，螺栓垫板的厚度不应小于螺栓直径的 0.3 倍，方形垫板边长或圆垫板直径不应小于螺栓直径的 3.5 倍，拧紧螺帽后螺杆外露长度不应小于螺栓直径的 0.8 倍，螺纹保留在木夹板内的长度不应大于螺栓直径的 1.0 倍。

5 螺栓中心位置在进孔处的偏差不应大于螺栓直径的 0.2 倍，出孔处顺木纹方向不应大于螺栓直径的 1.0 倍，垂直木纹方向不应大于螺栓直径的 0.5 倍，且不应大于连接板宽度的 1/25。螺帽拧紧后各构件应紧密结合，局部缝隙不应大于 1mm。

6.2.2 用螺栓连接而成的节点宜采用中心螺栓连接方法，中心螺栓应位于各构件轴线的交点上（图 6.2.2）。

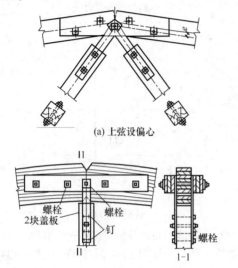

(a) 上弦设偏心

螺栓 2块盖板　螺栓 钉　螺栓

(b) 上弦不设偏心

图 6.2.2 螺栓连接节点的中心螺栓位置

6.3 剪 板 连 接

6.3.1 剪板连接所用剪板的规格应符合设计文件的规定，剪板与所用的螺栓、六角头或方头螺钉及垫圈等紧固件应配套。螺栓或螺钉杆的直径与剪板螺栓孔之差不应大于 1.5mm。

6.3.2 钻具应与剪板的规格配套，并应在被连接木构件上一次完成剪板凹槽和螺栓孔或六角头、方头螺钉引孔的加工。六角头、方头螺钉引孔的直径在有螺纹段可取杆径的 70%。

6.3.3 剪板的间距、边距和端距应符合设计文件的规定。剪板安装的位置偏差应符合本规范第 6.2.1 条第 5 款的规定。

6.3.4 剪板连接的紧固件（螺栓、六角头或方头螺钉）应定期复拧紧，并应直至木材达到建设地区平衡含水率为止。拧紧的程度应以不致木材局部开裂为限。

6.4 钉 连 接

6.4.1 钉连接所用圆钉的规格、数量和在连接处的排列（图 6.4.1）应符合设计文件的规定，并应符合下列规定：

　　1 钉排列的最小边距、端距和中距不应小于表 6.4.1 的规定。

表 6.4.1 钉排列的最小边距、端距和中距

a	顺纹		横纹		
	中距 s_1	端距 s_0	中距 s_2		边距 s_3
			齐列	错列或斜列	
$a \geq 10d$	$15d$	$15d$	$4d$	$3d$	$4d$
$10d > a > 4d$	取插入值	$15d$	$4d$	$3d$	$4d$
$a = 4d$	$25d$	$15d$	$4d$	$3d$	$4d$

注：1 表中 d 为钉直径；a 为构件被钉穿的厚度。
　　2 当使用的木材为软质阔叶材时，其顺纹中距和端距尚应增大 25%。

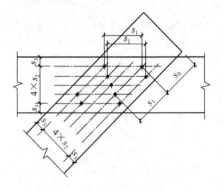

图 6.4.1 钉连接的斜列布置

　　2 除特殊要求外，钉应垂直构件表面钉入，并应打入至钉帽与被连接构件表面齐平；当构件木材为易开裂的落叶松、云南松等树种时，均应预钻孔，孔径可取钉直径的 0.8 倍～0.9 倍，孔深不应小于钉入深度的 0.6 倍。

　　3 当圆钉需从被连接构件的两面钉入，且钉入中间构件的深度不大于该构件厚度的 2/3 时，可两面正对钉入；无法正对钉入时，两面钉子应错位钉入，且在中间构件钉尖错开的距离不应小于钉直径的 1.5 倍。

6.4.2 钉连接进钉处的位置偏差不应大于钉直径，钉紧后各构件间应紧密，局部缝隙不应大于 1.0mm。

6.4.3 钉子斜钉（图 6.4.3）时，钉轴线应与杆件约呈 30°角，钉入点高度宜为钉长的 1/3。

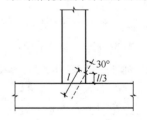

图 6.4.3 斜钉的形式

6.5 金属节点及连接件连接

6.5.1 非标准金属节点及连接件应按设计文件规定

的材质、规格和经放样后的几何尺寸加工制作，并应符合下列规定：

1 需机械加工的金属节点及连接件或其中的零部件，应委托有资质的机械加工企业制作。铆焊件可现场制作，但不应使用毛料，几何尺寸与样板尺寸的偏差不应超过±1.0mm。

2 金属节点连接件上的各种焊缝长度和焊脚尺寸及焊缝等级应符合设计文件的规定，并应符合下列规定：

1）钢板间直角焊缝的焊脚尺寸（h_f）不应小于$1.5\sqrt{t}$（较厚板厚度），并不应大于较薄板厚度的1.2倍；板边缘角焊缝的焊脚尺寸不应大于板厚减1mm～2mm；板厚为6mm以下时，不应大于6mm。直角角焊缝的施焊长度不应小于$8h_f+10$mm，也不应小于50mm；角焊缝的焊脚尺寸h_f应按图6.5.1-1的最小尺寸检查。

2）圆钢与钢板间焊缝的焊脚尺寸h_f不应小于钢筋直径的0.29倍或3mm，也不应大于钢板厚度的1.2倍；施焊长度不应小于30mm，焊缝截面应符合图6.5.1-2的规定。

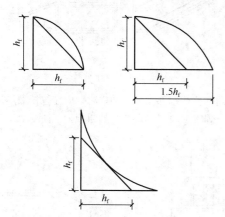

图6.5.1-1　直角角焊缝的焊脚尺寸规定

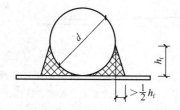

图6.5.1-2　圆钢与钢板间的焊缝截面

3）圆钢与绑条间的搭接焊缝宜饱满（与两圆钢公切线平齐），焊缝表面距公切线的距离a不应大于较小圆钢直径的0.1倍（图6.5.1-3）。焊缝长度不应小于30mm。

3 金属节点和连接件表面应有防锈涂层，用钢板厚度不足3mm制成的连接件表面应作镀锌处理，镀锌层厚度不应小于275g/m²。

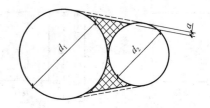

图6.5.1-3　圆钢与圆钢间的焊缝截面

6.5.2 金属节点与构件的连接类型和方法应符合设计文件的规定，受压抵承面间应严密，局部间隙不应大于1.0mm。除设计文件规定外，各构件轴线应相交汇于金属节点的合力作用点（图6.5.2）。

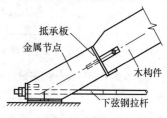

(a) 支座节点

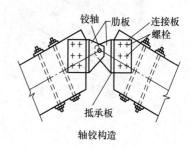

轴铰构造

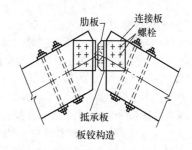

板铰构造

(b) 三铰拱中央节点

图6.5.2　金属节点与构件轴线关系

6.5.3 选择金属连接件在构件上的固定位置和方法时，应防止连接件限制木构件因湿胀干缩和受力变形引起木材横纹受拉而被撕裂。主次木梁采用梁托等连接件时，应正确连接（图6.5.3）。

6.6　木构件接头

6.6.1 受压木构件应采用平接头（图6.6.1），不应采用斜接头。两木构件对顶的抵承面应刨平顶紧，两侧木夹板应用系紧螺栓固定，木夹板厚度不应小于被连接构件厚度的1/2，长度不应小于构件宽度的5倍，系紧螺栓的直径不应小于12mm，接头每侧螺栓

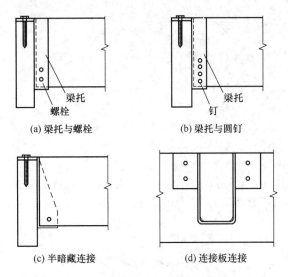

(a) 梁托与螺栓　　　　(b) 梁托与圆钉

(c) 半暗藏连接　　　　(d) 连接板连接

图 6.5.3　主次木梁采用连接件的正确连接方法

不应少于 2 个。

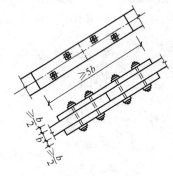

图 6.6.1　木构件受压接头

6.6.2　受拉木构件亦应采用平接头（图 6.2.1-4）。当采用木夹板时，其材质应符合本规范第 5.2.1 条第 1 款的规定，木夹板的宽度应等于被连接构件的宽度，厚度应符合设计文件的规定，且不应小于 100mm，亦不应小于被连接构件厚度的 1/2。受力螺栓数量和排列应符合设计文件的规定，且接头每侧不宜少于 6 个；原木受拉接头，螺栓不应采用单行排列。当采用钢夹板时，钢夹板的厚度和宽度应符合设计文件的规定，且厚度不宜小于 6mm。钢夹板的形式、螺栓排列等尚应符合本规范第 6.2.1 条第 2 款的规定。

6.6.3　方木、原木结构受弯构件的接头应设置在连续构件的反弯点附近，可采用斜接头形式（图 6.6.3），夹板及系紧螺栓应符合本规范第 6.6.1 条的

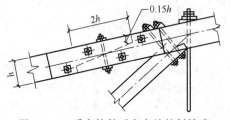

图 6.6.3　受弯构件反弯点处的斜接头

规定，竖向系紧螺栓的直径不应小于 12mm。

6.7　圆钢拉杆

6.7.1　圆钢的材质与直径应符合设计文件的规定。圆钢接头应采用双面绑条焊，不应采用搭接焊。每根绑条的直径不应小于圆钢拉杆直径的 0.75 倍，长度不应小于拉杆直径的 8 倍，并应对称布置于拉杆接头。焊缝应符合本规范第 6.5.1 条第 2 款的规定，焊缝质量不应低于三级，使用环境在 −30℃ 以下时，焊缝质量不应低于二级。

钢木（胶合木）桁架单圆钢拉杆端节点处需分两叉时，可采用图 6.7.1-1 所示的套环形式，套环内弯折处应焊横挡，外弯折处上、下侧应焊小钢板。套环、横挡直径应等同于圆钢拉杆，套环与圆钢间焊缝应按双面绑条焊处理。

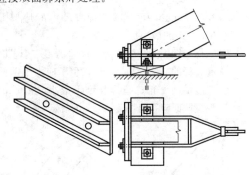

图 6.7.1-1　分叉套环

圆钢拉杆端部需变径加粗时，应在拉杆端加用双面绑条焊接一段有锥形变径的粗圆钢（图 6.7.1-2）。

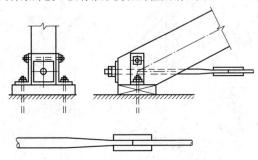

图 6.7.1-2　圆钢拉杆端部变径

6.7.2　圆钢拉杆端部螺纹应机械加工，不应用板牙等工具手工制作。拉杆两端应用双螺帽锁紧，锁紧后螺杆外露螺帽长度不应小于拉杆直径的 0.8 倍，拉杆螺帽垫板的尺寸、厚度应符合设计文件的规定，并应符合本规范第 6.2.1 条第 4 款的规定。

6.7.3　钢木（胶合木）桁架下弦拉杆自由长度超过直径的 250 倍时，应设置直径不小于 10mm 的圆钢吊杆，吊杆与圆钢拉杆宜采用机械连接。

6.7.4　木（胶合木）桁架采用型钢拉杆时，型钢材质和规格、节点构造及连接形式，均应符合设计文件的规定。

7 木结构安装

7.1 木结构拼装

7.1.1 木结构的拼装应制订相应的施工方案，并应经监理单位核定后施工。大跨胶合木拱、刚架等结构可采用现场高空散装拼装。大跨空间木结构可采用高空散装或地面分块、分条、整体拼装后吊装就位。分条、分块拼装或整体吊装时，应根据其不同的边界条件，验算在自重和施工荷载作用下各构件与节点的安全性，构件的工作应力不应超过木材设计强度的 1.2 倍，超过时应做临时性加固处理。

7.1.2 桁架及拼合柱、拼合梁等结构构件宜地面拼装后整体吊装就位。工厂预制的木结构应在工厂做试拼装，各杆件编号后运至现场应重新拼装，也可拼装后运至现场。

7.1.3 桁架宜采用竖向拼装，必须平卧拼装时，应验算翻转过程中桁架平面外的节点、接头和构件的安全性。翻转时，吊点应设在上弦节点上，吊索与水平线夹角不应小于 60°，并应根据翻转时桁架上弦端节点是否离地确定其计算简图。验算时木桁架荷载取值不应小于桁架自重的 0.6 倍，钢木桁架不应小于桁架自重的 0.8 倍，并应简化为均布线荷载。

7.1.4 桁架、组合截面柱等构件拼装后的几何尺寸偏差不应超过表 7.1.4 的规定。

表 7.1.4 桁架、组合截面柱等构件拼装后的几何尺寸允许偏差

构件名称	项 目		允许偏差（mm）	检查方法
组合截面柱	截面高度		−3	量具测量
	截面宽度		−2	
	长度	≤15m	±10	
		>15m	±15	
桁架	矢高	跨度≤15m	±10	量具测量
		跨度>15m	±15	
	节间距离	—	±5	
	起拱	正误差	+20	
		负误差	−10	
	跨度	≤15m	±10	
		>15m	±15	

7.2 运输与储存

7.2.1 构件水平运输时，应将构件整齐地堆放在车厢内。工字形、箱形截面梁可分层分隔堆放，但上、下分隔层垫块竖向应对齐，悬臂长度不宜超过构件长度的 1/4。

桁架整体水平运输时，宜竖向放置，支承点应设在桁架两端节点支座处，下弦杆的其他位置不得有支承物；应根据桁架的跨度大小设置若干对斜撑，但至少在上弦中央节点处的两侧应设置斜撑，并应与车厢牢固连接。数榀桁架并排竖向放置运输时，还应在上弦节点处用绳索将各桁架彼此系牢。当需采用悬挂式运输时，悬挂点应设在上弦节点处，并应按本规范第 7.1.3 条的规定，验算桁架各杆件和节点的安全性。

7.2.2 木构件应存放在通风良好的仓库或避雨、通风良好的有顶场所内，应分层分隔堆放，各层垫条厚度应相同，上、下各层垫条应在同一垂线上。

桁架宜竖向站立放置，临时支承点应设在下弦端节点处，并应在上弦节点处设斜支撑防止侧倾。

7.3 木结构吊装

7.3.1 除木柱因需站立，吊装时可仅设一个吊点外，其余构件吊装吊点均不宜少于 2 个，吊索与水平线夹角不宜小于 60°，捆绑吊点处应设垫板。

7.3.2 构件、节点、接头及吊具自身的安全性，应根据吊点位置、吊索夹角和被吊构件的自重等进行验算，木构件的工作应力不应超过木材设计强度的 1.2 倍。安全性不足时应做临时加固。

桁架吊装时，除应进行安全性验算外，尚应针对不同形式的桁架作下列相应的临时加固：

1 不论何种形式的桁架，两吊点间均应设横杆（图 7.3.2）。

2 钢木桁架或跨度超过 15m、下弦杆截面宽度小于 150mm 或下弦杆接头超过 2 个的全木桁架，应在靠近下弦处设横杆［图 7.3.2（a）］，且对于芬克式钢木桁架，横杆应连续布置［图 7.3.2（b）］。

3 梯形、平行弦或下弦杆低于两支座连线的折

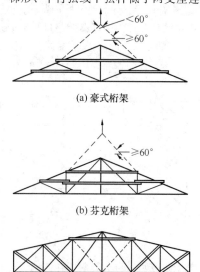

(a) 豪式桁架

(b) 芬克桁架

(c) 梯形桁架

图 7.3.2 吊装时桁架临时加固示意

线形桁架,两点吊装时,应加设反向的临时斜杆[图7.3.2(c)]。

7.4 木梁、柱安装

7.4.1 木柱应支承在混凝土柱墩或基础上,柱墩顶标高不应低于室外地面标高0.3m,虫害地区不应低于0.45m。木柱与柱墩接触面间应设防潮层,防潮层可选用耐久性满足设计使用年限的防水卷材。柱与柱墩间应用螺栓固定(图7.4.1),连接件应可靠地锚固在柱墩中,连接件上的螺栓孔宜开成竖向的椭圆孔。未经防护处理的木柱不应直接接触或埋入土中。

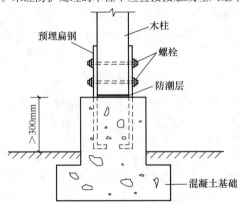

图7.4.1 柱的固定示意

7.4.2 木柱安装前应在柱侧面和柱墩顶面上标出中心线,安装时应按中心线对中,柱位偏差不应超过±20mm。安装第一根柱时应至少在两个方向设临时斜撑,后安装的柱纵向应用连梁或柱间支撑与首根柱相连,横向应至少在一侧面设斜撑。柱在两个方向的垂直度偏差不应超过柱高的1/200,且柱顶位置偏差不应大于15mm。

7.4.3 木梁安装位置应符合设计文件的规定,其支承长度除应符合设计文件的规定外,尚不应小于梁宽和120mm中的较大者,偏差不应超过±3mm;梁的间距偏差不应超过±6mm,水平度偏差不应大于跨度的1/200,梁顶标高偏差不应超过±5mm,不应在梁底切口调整标高(图7.4.3)。

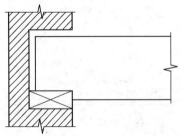

图7.4.3 梁底切口

7.4.4 未经防护处理的木梁搁置在砖墙或混凝土构件上时,其接触面间应设防潮层,且梁端不应埋入墙身或混凝土中,四周应留有宽度不小于30mm的间

隙,并应与大气相通(图7.4.4)。

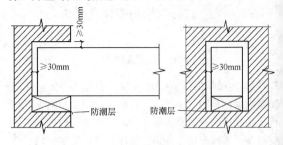

图7.4.4 木梁伸入墙体时留间隙

7.4.5 木梁支座处的抗侧倾、抗侧移定位板的孔,宜开成椭圆形(图7.4.5)。

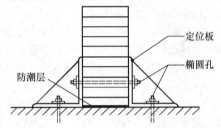

图7.4.5 支座处的定位板

7.4.6 当异等组坯的层板胶合木用作梁或偏心受压构件时,应按设计文件规定的截面布置方式安装,不得调换构件的受力方向。

7.5 楼盖安装

7.5.1 首层木楼盖搁栅应支承在距室外地面0.6m以上的墙或基础上,楼盖底部应至少留有0.45m的空间,其空间应有良好的通风条件。搁栅的位置、间距及支承长度应符合设计文件的规定,其防潮、通风等处理应符合本规范第7.4.4条的规定,安装间距偏差不应超过±20mm,水平度不应超过搁栅跨度的1/200。

7.5.2 其他楼层楼盖主梁和搁栅的安装位置应符合设计文件的规定。当主梁和搁栅支承在砖墙或混凝土构件上时,应符合本规范第7.4.4条的规定;当搁栅与主梁规定用金属连接件连接时,应符合本规范第6.5.3条的规定。

7.5.3 木楼板应采用符合设计文件规定的厚度的企口板,长度方向的接头应位于搁栅上,相邻板接头应错开至少一个搁栅间距,板在每根搁栅处应用长度为60mm的圆钉从板边斜向钉牢在搁栅上。

7.6 屋盖安装

7.6.1 桁架安装前应先按设计文件规定的位置标出支座中心线。桁架支承在砖墙或混凝土构件上时应设经防护处理的垫木,并应按本规范第7.4.4条的规定设防潮层和通风构造措施。在抗震设防区还应用直径不小于20mm的螺栓与砖墙或混凝土构件锚固。桁架支承在木柱上时，柱顶应设暗榫嵌入桁架下弦，应用U形扁钢锚固并设斜撑与桁架上弦第二节点牵牢（图7.6.1）。

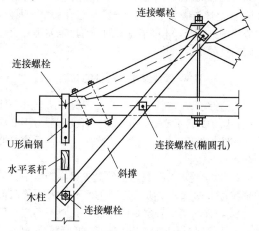

图 7.6.1　桁架支承在木柱上

7.6.2　第一榀桁架就位后应在桁架上弦各节点处两侧设临时斜撑，当山墙有足够的平面外刚度时，也可用檩条与山墙可靠地拉结。后续安装的桁架应至少在脊节点及其两侧各一节点处架设檩条或设置临时剪刀撑与已安装的桁架连接，应能保证桁架的侧向稳定性。

7.6.3　屋盖的桁架上弦横向水平支撑、垂直支撑与桁架的水平系杆，以及柱间支撑，应按设计文件规定的布置方案安装。除梯形桁架端部的垂直支撑外，其他桁架的横向支撑和垂直支撑均应固定在桁架上、下弦节点处，并应用螺栓固定，固定点距桁架节点中心距离不宜大于 400mm。剪刀撑在两杆相交处的间隙应用等厚度的木垫块填充并用螺栓一并固定。设防烈度 8 度和 8 度以上地区，所用螺栓直径不得小于 14mm。

7.6.4　檩条的布置和固定方法应符合设计文件的规定，安装时宜先安装桁架节点处的檩条，弓曲的檩条应弓背朝向屋脊放置。檩条在山墙支座处的通风、防潮处理，应按本规范第 7.4.4 条的规定施工。在原木桁架上，原木檩条应设檩托，并应用直径不小于 12mm 的螺栓固定［图 7.6.4（a）］；方木檩条竖放在方木或胶合木桁架上时，应设找平垫块［图 7.6.4（b）］。斜放檩条时，可用斜搭接头［图 7.6.4（c）］或用卡板［图 7.6.4（d）］，采用钉连接时，钉长不应小于被固定构件的厚度（高度）的 2 倍。轻型屋面中的檩条或檩条兼作屋盖支撑系统杆件时，檩条在桁架上均应用直径不小于 12mm 螺栓固定［图 7.6.4（e）］；在山墙及内横墙处檩条应由埋件固定［图 7.6.4（f）］或用直径不小于 10mm 的螺栓固定；在设防烈度 8 度及以上地区，檩条应斜放，节点处檩条应固定在山墙及内横墙的卧梁埋件上［图 7.6.4（g）］，支承长度不应小于 120mm，双脊檩应相互拉结。

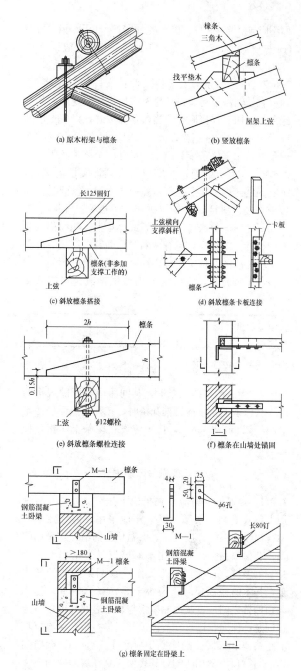

图 7.6.4　檩条固定方法示意

7.6.5　通过桁架就位、节点处檩条和各种支撑安装的调整，使桁架的安装偏差不应超过下列规定：

　　1　支座两中心线距离与桁架跨度的允许偏差为 ±10mm（跨度≤15m）和 ±15mm（跨度＞15m）。

　　2　垂直度允许偏差为桁架高度的 1/200。

　　3　间距允许偏差为 ±6mm。

　　4　支座标高允许偏差为 ±10mm。

7.6.6　天窗架的安装应在桁架稳定性有充分保证的前提下进行。其与桁架上弦节点的连接方法和支撑布置应按设计文件的规定施工。天窗架柱下端的两侧木夹板应在桁架上弦杆底设木垫块后，用螺栓彼此相连，而不应与桁架上弦杆直接连接。天窗架和下部桁架应位于同一平面内，其垂直度偏差也不应超过天窗架高度的1/200。

7.6.7 屋盖椽条的安装应按设计文件的规定施工，除屋脊处和需外挑檐口的椽条应用螺栓固定外，其余椽条均可用钉连接固定。当檩条竖放时，椽条支承处应设三角形垫块〔图7.6.4（b）〕。椽条接头应设在檩条处，相邻椽条接头至少错开一个檩条间距。

7.6.8 木望板的铺设方案应符合设计文件的规定，抗震烈度8度和以上地区木望板应密铺。密铺时板间可用平接、斜接或高低缝拼接。望板宽度不宜小于150mm，长向接头应位于椽条或檩条上，相邻望板接头应错开。望板应在屋脊两侧对称铺钉，钉长不应小于望板厚度的2倍，可分段铺钉，并应逐段封闭。封檐板应平直光洁，板间应采用燕尾榫或龙凤榫（图7.6.8）。

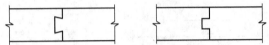

图7.6.8 燕尾榫与龙凤榫示意

7.6.9 当需铺钉挂瓦条时，其间距应与瓦的规格匹配。在椽条上直接铺钉挂瓦条时，挂瓦条截面尺寸不应小于20mm×30mm，接头应设在椽条上，相邻挂瓦条接头宜错开。

7.7 顶棚与隔墙安装

7.7.1 顶棚梁支座应设在桁架下弦节点处，并应采用上吊式安装（图7.7.1），不应采用可能导致下弦木材横纹受拉的连接方式。保温顶棚的吊杆宜用圆钢，非保温顶棚中可采用不易劈裂且含水率不大于15%的木杆。顶棚搁栅应支承在顶棚梁两侧的托木上，托木的截面尺寸不应小于50mm×50mm。托木与顶棚梁之间，以及顶棚搁栅与托木之间，可用钉连接固定。保温顶棚可在搁栅顶部铺设衬板，保温层顶面距桁架下弦底面的净距不应小于100mm。搁栅间距应与吊顶类型相匹配，其底面标高在房间四周应一致，偏差不应超过±5mm，房间中部应起拱，中央起拱高度不应小于房间短边长度的1/200，且不宜大于1/100。

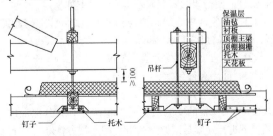

图7.7.1 保温顶棚构造示意

7.7.2 木隔墙的顶梁、地梁和两端龙骨应用钉连接

或通过预埋件牢固地与主体结构构件相连。龙骨间距不宜大于500mm，截面不宜小于40mm×65mm。龙骨间应设同截面尺寸的横撑，横撑间距不应大于1.5m。龙骨与顶梁、地梁和横撑均应在一个平面内，并应用圆钉钉合，木隔墙骨架的垂直度偏差不应超过隔墙高度的1/200。

7.8 管线穿越木构件的处理

7.8.1 管线穿越木构件时，开孔洞应在防护处理前完成；防护处理后必需开孔洞时，开孔洞后应用喷涂法补作防护处理。层板胶合木构件，开孔洞后应立即用防水材料密封。

7.8.2 以承受均布荷载为主的简支梁，开水平孔的位置应符合图7.8.2所示，但孔径不应大于梁高的1/10或胶合木梁一层层板的厚度，孔间距不应小于600mm。管线与孔壁间应留有一定的间隙。在梁的其他区域开孔或孔间距小于600mm时，应由设计单位验算同意后再施工。

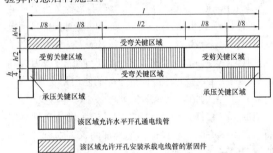

图7.8.2 承受均布荷载的简支梁允许开孔区域

7.8.3 以承受均布荷载为主的简支梁可在距梁支座1/8跨度范围内钻直径不大于25mm贯通梁截面高度的竖向小孔，但孔边距不应小于孔径的3倍。

7.8.4 除设计文件规定外，在梁的跨中部位或受拉杆件上不应开水平孔悬吊重物，可在图7.8.2所示的区域内开水平孔悬吊轻质物体。

8 轻型木结构制作与安装

8.1 基础与地梁板

8.1.1 轻型木结构的墙体应支承在混凝土基础或砌体基础顶面的混凝土圈梁上，混凝土基础或圈梁顶面应原浆抹平，倾斜度不应大于2‰。基础圈梁顶面标高应高于室外地面标高0.2m以上，在虫害区应高于0.45m以上，并应保证室内外高差不小于0.3m。无地下室时，首层楼盖也应架空，楼盖底与楼盖下的地面间应留有净空高度不小于150mm的空间。在架空空间高度内的内外墙基础上应设通风洞口，通风口总面积不宜小于楼盖面积的1/150，且不宜设在同一基础墙上，通风口外侧应设百叶窗。

8.1.2 地梁板应采用经加压防腐处理的规格材，其截面尺寸应与墙骨相同。地梁板与混凝土基础或圈梁应采用预埋螺栓、化学锚栓或植筋锚固，螺栓直径不应小于12mm，间距不应大于2.0m，埋深不应小于300mm，螺母下应设直径不小于50mm的垫圈。在每根地梁板两端和每片剪力墙端部，均应有螺栓锚固，端距不应大于300mm，钻孔孔径可大于螺杆直径1mm~2mm。地梁板与基础顶的接触面间应设防潮层，防潮层可选用厚度不小于0.2mm的聚乙烯薄膜，存在的缝隙应用密封材料填满。

8.2 墙体制作与安装

8.2.1 承重墙（剪力墙）所用规格材、覆面板的品种、强度等级及规格，应符合设计文件的规定。墙体木构架的墙骨、底梁板和顶梁板等规格材的宽度应一致。承重墙墙骨规格材的材质等级不应低于Vc级。墙骨规格材可采用指接，但不应采用连接板接长。

8.2.2 除设计文件规定外，墙骨间距不应大于610mm，且其整数倍应与所用墙面板标准规格的长、宽尺寸一致，并应使墙面板的接缝位于墙骨厚度的中线位置。承重墙转角和外墙与内承重墙相交处的墙骨不应少于2根规格材（图8.2.2-1）；楼盖梁支座处墙骨规格材的数量应符合设计文件的规定；门窗洞口宽度大于墙骨间距时，洞口两边墙骨应至少用2根规格材，靠洞边的1根可用作门窗过梁的支座（图8.2.2-2）。

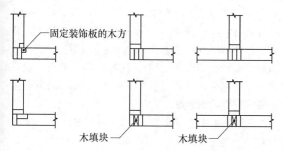

图 8.2.2-1 承重墙转角和相交处墙骨布置

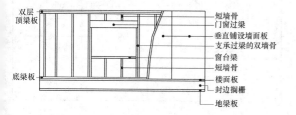

图 8.2.2-2 首层承重墙木构架示意

8.2.3 底梁板可用1根规格材，长度方向可用平接头对接，其接头不应位于墙骨底端。承重墙顶梁板应用2根规格材平叠，每根规格材长度方向可用平接头对接，下层接头应位于墙骨中心，上、下层规格材接头应错开至少一个墙骨间距。顶梁板在外墙转角和内外墙交接处应彼此交叉搭接，并应用钉钉牢。当承重墙顶梁板需采用1根规格材时，对接接头处应用镀锌薄钢片和钉彼此相连。承重墙门窗洞口过梁（门楣）的材质等级、品种及截面尺寸，应符合设计文件的规定。当过梁标高较高，需切断顶梁板时，过梁两端与顶梁板相接处应用厚度不小于3mm的镀锌钢板用钉连接彼此相连。非承重墙顶梁板，可采用1根规格材，其长度方向的接头也应位于墙骨顶端中心上。

8.2.4 墙体门窗洞口的实际净尺寸应根据设计文件规定的门窗规格确定。窗洞口的净尺寸宜大于窗框外缘尺寸每边20mm~25mm；门洞口的净尺寸，其宽度和高度宜分别大于门框外缘尺寸76mm和80mm。

8.2.5 墙体木构架宜分段水平制作或工厂预制，顶梁板应用2枚长度为80mm的钉子垂直地将其钉牢在每根墙骨的顶端，两层顶梁板间应用长度为80mm的钉子按不大于600mm的间距彼此钉牢，应用2枚长度为80mm的钉子从底梁板底垂直钉牢在每根墙骨底端。木构架采用原位垂直制作时，应先将底梁板用长度为80mm、间距不大于400mm的圆钉，通过楼面板钉牢在该层楼盖搁栅或封边（头）搁栅上，应用4枚长度为60mm的钉子，从墙骨两侧对称斜向与底梁板钉牢，斜钉要求应符合本规范第6.4.3条的规定。洞口边缘处由数根规格材构成墙骨时，规格材间应用长度为80mm的钉子按不大于750mm的间距相互钉牢。

8.2.6 墙体木构架应按设计文件规定的墙体位置垂直地安装在相应楼层的楼面板上，并应按设计文件的规定，安装上、下楼层墙骨间或墙骨与屋盖椽条间的抗风连接件。除设计文件规定外，木构架的底梁板挑出下层墙面的距离不应大于底梁板宽度的1/3；应采用长度为80mm的钉子按不大于400mm的间距将底梁板通过楼面板与该层楼盖搁栅或封边（头）搁栅钉牢。墙体转角处及内外墙交接处的多根规格材墙骨，应用长度为80mm的钉子按不大于750mm的间距彼此钉牢。在安装过程中或已安装在楼盖上但尚未铺钉墙面板的木构架，均应设置能防止木构架平面内变形或整体倾倒的必要的临时支撑（图8.2.6）。

8.2.7 墙面板的种类和厚度应符合设计文件的规定，采用木基结构板，且墙骨间距分别为400mm和600mm时，墙面板厚度应分别不小于9mm和11mm；采用石膏板，墙面板厚度应分别不小于9mm和12mm。

8.2.8 铺钉墙面板时，宜先铺钉墙体一侧的，外墙应先铺钉室外侧的墙面板。另一侧墙面板应在墙体安装、锚固、楼盖安装、管线铺设、保温隔音材料填充等工序完成后进行铺钉。

8.2.9 墙面板应整张铺钉，并应自底（地）梁板底边缘一直铺钉至顶梁板顶边缘。仅在墙边部和洞口

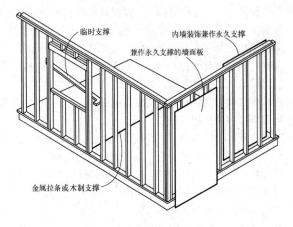

临时支撑
内墙装饰兼作永久支撑
兼作永久支撑的墙面板
金属拉条或木制支撑

图 8.2.6　墙体支撑

处，可使用宽度不小于 300mm 的窄板，但不应多于
两片。使用宽度小于 300mm 的板条，水平接缝应位
于增设的横挡上。墙面板长向垂直于墙骨铺钉时，竖
向接头应位于墙骨中心线上，且两板间应留 3mm 间
隙，上、下两板的竖向接头应错位布置。墙面板长向
平行于墙骨铺钉时，两板间接缝也应位于墙骨中心线
上，并应留 3mm 间隙。墙体两面对应位置的墙面板
接缝应错开，并应避免接缝位于同一墙骨上，仅当墙
骨规格材截面宽度不小于 65mm 时，墙体两面墙板接
缝可位于同一墙骨上，但两面的钉位应错开。

8.2.10　墙面板边缘凡与墙骨或底（地）梁板、顶梁
板钉合时，钉间距不应大于 150mm，并应根据所用
规格材截面厚度决定是否需要约 30°斜钉；板中部与
墙骨间的钉合，钉间距不应大于 300mm。钉的规格
应符合表 8.2.10 的规定。

表 8.2.10　墙面板、楼面板钉连接的要求

板厚 （mm）	连接件的最小长度（mm）			钉的最大间距 （mm）
	普通圆钉或 麻花钉	螺纹圆钉 或木螺钉	骑马钉 （U字钉）	
$t{\leq}10$	50	45	40	沿板边缘支 座 150，沿板 跨中支座 300
$10{<}t{\leq}20$	50	45	50	
$t{>}20$	60	50	不允许	

注：木螺钉的直径不得小于 3.2mm；骑马钉的直径或厚度不得小
于 1.6mm。

8.2.11　采用圆钢螺栓对墙体抗倾覆锚固时，每片墙
肢的两端应各设一根圆钢，其直径不应小于 12mm。
圆钢应直至房屋顶层墙体顶梁板并可靠锚固，圆钢中
部应设正反扣螺纹，并应通过套筒拧紧。

8.2.12　墙体的制作与安装偏差不应超过表 8.2.12
的规定。

表 8.2.12　墙体制作与安装允许偏差

项次	项　目		允许偏差 （mm）	检查方法
1	墙骨	墙骨间距	±40	钢尺量
2		墙体垂直度	±1/200	直角尺和 钢板尺量
3		墙体水平度	±1/150	水平尺量
4		墙体角度偏差	±1/270	直角尺和 钢板尺量
5		墙骨长度	±3	钢尺量
6		单根墙骨出平面偏差	±3	钢尺量
7	顶梁板、 底梁板	顶梁板、底梁板的平直度	±1/150	水平尺量
8		顶梁板作为弦杆传递 荷载时的搭接长度	±12	钢尺量
9	墙面板	规定的钉间距	+30	钢尺量
10		钉头嵌入墙面板表面的最大深度	±3	卡尺量
11		木框架上墙面板之间的最大缝隙	±3	卡尺量

8.3　柱制作与安装

8.3.1　柱所用木材的树种、等级和截面尺寸应符合
设计文件的规定。规格材组合柱应用双排圆钉或螺栓
紧固，厚度为 40mm 的规格材，钉长不应小于
76mm，顺纹间距不应大于 300mm，并应逐层钉合；
螺栓直径不应小于 10mm，顺纹间距不应大于
450mm，并应组合成整体。

8.3.2　柱应支承在混凝土基础或混凝土垫块上，并
应与预埋螺栓可靠地锚固。室外柱支承面标高应高于
室外地面标高 450mm 以上。柱与混凝土基础接触面
间应设防潮层，可采用厚度不小于 0.2mm 的聚乙烯
薄膜或其他防潮卷材。

8.3.3　柱的制作与安装偏差不应超过表 8.3.3 的
规定。

表 8.3.3　轻型木结构木柱制作与安装允许偏差

项　目	允许偏差（mm）
截面尺寸	±3
钉或螺栓间距	+30
长度	±3
垂直度（双向）	H/200

注：H 为柱高度。

8.4　楼盖制作与安装

8.4.1　楼盖梁及各种搁栅、横撑或剪刀撑的布置，
以及所用规格材的截面尺寸和材质等级，应符合设计
文件的规定。

8.4.2 当用数根侧立规格材制作拼合梁时，应符合下列规定：

1 单跨梁各规格材不得有除指接以外的接头。多跨梁的中间跨每根规格材在同一跨度内应最多有一个接头，其距中间支座边缘的距离应（图8.4.2）按下列公式计算。边跨支座端不得设接头。接头可用对接的平接头，两相临规格材的接头不应设在同一截面处：

$$l'_1 = \frac{l_1}{4} \pm 150mm \qquad (8.4.2-1)$$

$$l'_2 = \frac{l_2}{4} \pm 150mm \qquad (8.4.2-2)$$

2 可用钉或螺栓将各规格材连接成整体。当规格材厚为40mm并采用钉连接时，钉的长度不应小于90mm，且应双排布置。钉的横纹中距和边距不应小于钉直径的4倍，顺纹中距不应大于450mm，端距应为100mm～150mm，钉入方式应符合图8.4.2所示；采用螺栓连接时，螺栓直径不应小于12mm，可单排布置在梁高的中心线位置。螺栓的顺纹中距不应大于1.2m，端距应为150mm～600mm。

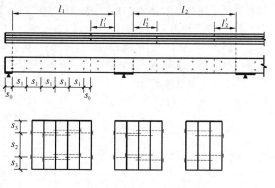

图 8.4.2　规格材拼合梁

3 规格材拼合梁应支承在木柱或墙体中的墙骨上，其支承长度不得小于90mm。

8.4.3 除设计文件规定外，搁栅间距不应大于610mm。搁栅间距的整数倍应与楼面板标准规格的长、宽尺寸一致，并应使楼面板的接缝位于搁栅厚度的中心位置。施工放样时，应在支承搁栅的承重墙的顶梁板或梁上标记出搁栅中心线的位置。

8.4.4 搁栅支承在地梁板或顶梁板上时，其支承长度不应小于40mm；支承在外墙顶梁板上时，搁栅顶端应距地梁板或顶梁板外边缘为一个封头搁栅的厚度。搁栅应用两枚长度为80mm的钉子斜向钉在地梁板或顶梁板上（图6.4.3）。当首层楼盖的搁栅或木梁必须支承在混凝土构件或砖墙上时，支承处的木材应防腐处理，支承面间应设防潮层，搁栅或木梁两侧及端头与混凝土或砖墙间应留有不小于20mm的间隙，且应与大气相通。

当搁栅支承在规格材拼合梁顶时，每根搁栅应用两枚长度为80mm的圆钉，斜向钉牢（图6.4.3）在拼合梁上。两根搭接的搁栅尚应用4枚长度为80mm的圆钉两侧相互对称地钉牢［图8.4.4（a）］。当搁栅支承在规格材拼合梁的侧面时，应支承在拼合梁侧面的托木或金属连接件上［图8.4.4（b）、图8.4.4（c）］。托木应在支承每根搁栅处用2枚长度为80mm的圆钉钉牢在拼合梁侧面。当托木截面不小于40mm×65mm时，每根搁栅应用2枚长度为80mm的圆钉斜向钉入拼合梁；托木截面为40mm×40mm时，应至少用4枚长度为80mm的圆钉斜向钉入拼合梁。金属连接件与拼合梁和搁栅的连接应符合该连接件的使用说明规定。

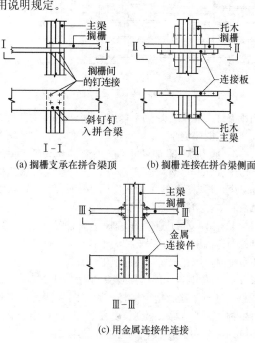

图 8.4.4　搁栅支承在拼合梁上

8.4.5 楼盖的封头搁栅和封边搁栅（图8.4.5），应设在地梁板或各楼层墙体的顶梁板上，应用间距不大于150mm、长为60mm的圆钉，两侧交错斜向钉牢在地梁板或顶梁板上；封头搁栅尚应贴紧楼盖搁栅顶端，并应用3枚长度为80mm圆钉平直地与其钉牢。

8.4.6 搁栅间应设置能防止平面外扭曲的木底撑和剪刀撑作侧向支撑，木底撑和剪刀撑宜设在同一平面内（图8.4.5）。当搁栅底直接铺钉木基结构板或石膏板时，可不设置木底撑。当要求楼盖平面内抗剪刚度较大时，搁栅间的剪刀撑可改用规格材制作的实心横撑（图8.4.5）。木底撑、剪刀撑和横撑等侧向支撑的间距，以及距搁栅支座的距离，均不应大于2.1m。侧向支撑安装时应符合下列规定：

1 木底撑截面尺寸不应小于20mm×65mm，且应通长设置，接头应位于搁栅厚度的中心线处，与每根搁栅相交处应用2枚长度为60mm的圆钉钉牢。

2 横撑应由厚度不小于40mm、高度与搁栅一致的规格材制成，应用2枚长为80mm圆钉从搁栅侧

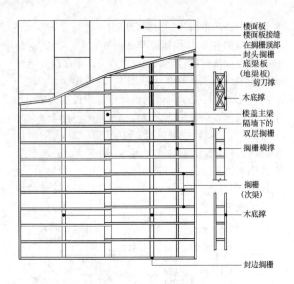

图 8.4.5　楼盖木构架示意

面垂直钉入横撑端头或用 4 枚长度为 60mm 的圆钉斜向钉牢在搁栅侧面。

3　剪刀撑的截面尺寸不应小于 20mm×65mm 或 40mm×40mm，两端应切割成斜面，且应与搁栅侧面抵紧，每根剪刀撑的两端应用 2 枚长度为 60mm 的圆钉钉牢在搁栅侧面。

4　侧向支撑应垂直于搁栅连续布置，并应直抵两端封边搁栅。同一列支撑应布置在同一直线上。施工放样时，应在搁栅顶面标记出该直线。

8.4.7　楼板洞口四周所用封头和封边搁栅规格材的规格，应与楼盖搁栅规格材一致（图 8.4.7）。除设计文件规定外，封头搁栅长度大于 0.8m 且小于等于 2.0m 时，支承封头搁栅的封边搁栅应用两根规格材；当封头搁栅长度大于 1.2m 且小于等于 3.2m 时，封头搁栅也应用两根规格材制作。更大的洞口则应满足设计文件的规定。施工时应按设计文件洞口位置和尺寸，先固定里侧封边搁栅，再安装外侧封头搁栅和各断尾搁栅，最后钉合里侧封头搁栅和外侧封边搁栅。开洞口处封头搁栅与封边搁栅间的钉连接要求应符合表 8.4.7 的规定。

表 8.4.7　开洞口周边搁栅的钉连接构造要求

连接构件名称	钉连接要求
开洞口处每根封头搁栅端和封边搁栅的连接（垂直钉连接）	5 枚 80mm 长钉或 3 枚 100mm 长钉
被切断搁栅和洞口封头搁栅（垂直钉连接）	5 枚 80mm 长钉或 3 枚 100mm 长钉
洞口周边双层封边梁和双层封头搁栅	80mm 长钉中心距 300mm

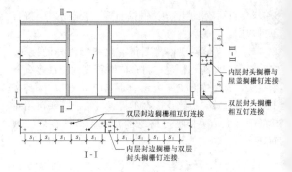

图 8.4.7　楼板开洞构造示意

8.4.8　楼盖局部需挑出承重墙时搁栅应按图 8.4.8 安装。当悬挑端仅承受本层楼盖或屋盖荷载，悬挑搁栅的截面为 40mm×185mm 和 40mm×235mm 时，外挑长度分别不得超过 400mm 或 600mm。当外挑长度超过 600mm 或尚需承受上层楼、屋盖荷载时，应由设计文件规定。沿楼盖搁栅方向的悬挑，在悬挑范围内被切断的原封边搁栅应改为实心横撑［图 8.4.8（a）］；垂直于楼盖搁栅方向的悬挑，悬挑搁栅在室内部分的长度不得小于外挑长度的 6 倍，悬挑搁栅末端应采用两根规格材作悬挑部分的封头搁栅（原楼盖搁栅），被切断的楼盖搁栅在悬挑搁栅间也应安装实心横撑［图 8.4.8（b）］。悬挑封边搁栅在室内部分所用规格材数量，以及各搁栅间的钉连接要求，应按本规范第 8.4.7 条的规定处理；横撑与搁栅间的连接应按本规范第 8.4.6 条的规定处理。

悬挑长度	搁栅最小尺寸
400mm	40mm×185mm
600mm	40mm×235mm
>600mm	设计决定

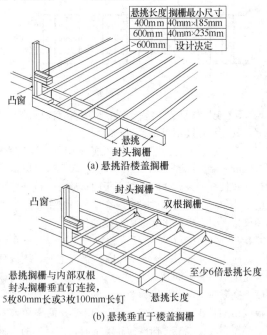

图 8.4.8　悬挑搁栅布置

8.4.9　当楼盖需支承平行于搁栅的非承重墙时，墙体下应设置搁栅或使墙体落在两根搁栅间的实心横撑上，横撑的截面尺寸不应小于 40mm×90mm，间距不应大于 1.2m，钉连接应符合本规范第 8.4.6 条的规定。当非承重墙垂直于搁栅布置，且距搁栅支座不大于 0.9m 时，搁栅可不做特殊处理。

8.4.10 采用工字形木搁栅时，应按下列要求施工：

1 应按设计文件的规定布置和安装工字形木搁栅封头、封边搁栅，以及搁栅和梁的各类支撑。

2 工字形木搁栅作梁使用时支承长度不应小于 90mm，作搁栅使用时支承长度不应小于 45mm。每侧下翼缘宜用两枚长 60mm 的钉子与顶梁板钉牢，钉位距搁栅端头不应小于 38mm。

3 应按设计文件或产品说明书规定，在集中力作用点（含支座）处安装加劲肋。加劲肋应对称布置在搁栅腹板的两侧，一端应顶紧在直接承受集中作用的搁栅翼缘底面，另一端与翼缘宜留 30mm～50mm 的间隙，应用结构胶将加劲肋粘贴在搁栅腹板和翼缘上。

4 工字形木搁栅搬运和放置时不应处于平置状态，腹板应平行于地面。必须平置放置时，其上不得有重物。

5 对高宽比较大的工字形木搁栅，在安装就位后但尚未安装平面外或搁栅间支撑前，上翼缘应及时设置横向临时支撑，可采用木条（38mm×38mm）和钉连接（两枚 60mm 长钉子）逐根拉结，并应连接到相对不动的构件上。

6 未铺钉楼面板前，不得在搁栅上堆放重物。搁栅间未设支撑前，人员不得在其上走动。

8.4.11 楼面板所用木基结构板的种类和规格应符合设计文件的规定。设计文件未作规定时，其厚度不应小于表 8.4.11 的规定。

表 8.4.11　木基结构板材楼面板的厚度

搁栅最大间距（mm）	木基结构板材(结构胶合板或 OSB)的最小厚度(mm)	
	$Q_k \leqslant 2.5kN/m^2$	$2.5kN/m^2 < Q_k < 5.0kN/m^2$
400	15	15
500	15	18
600	18	22

8.4.12 楼面板应覆盖至封头或封边搁栅的外边缘，宜整张（1.22m×2.44m）钉合。设计文件未作规定时，楼面板的长度方向应垂直于楼盖搁栅，板带长度方向的接缝应位于搁栅轴线上，相邻板间应留 3mm 缝隙；板带间宽度方向的接缝应错开布置（图 8.4.12），除企口板外，板带间接缝下的搁栅间应根据设计文件的规定，决定是否设置横撑及横撑截面的大小。铺钉楼面板时，搁栅上宜涂刷弹性胶粘剂（液体钉）。楼面板的排列及钉合要求还应分别符合本规范第 8.2.9 条和第 8.2.10 条的规定。铺钉楼面板时，可从楼盖一角开始，板面排列应整齐划一。

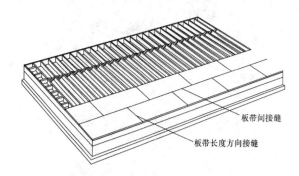

图 8.4.12　楼面板安装示意

8.4.13 楼盖制作与安装偏差不应大于表 8.4.13 的规定。

表 8.4.13　楼盖制作与安装允许偏差

项　目	允许偏差（mm）	备　注
搁栅间距	±40	—
楼盖整体水平度	1/250	以房间短边计
楼盖局部平整度	1/150	以每米长度计
搁栅截面高度	±3	—
搁栅支承长度	−6	—
楼面板钉间距	+30	—
钉头嵌入楼面板深度	+3	—
板缝隙	±1.5	—
任意三根搁栅顶面间的高差	±1.0	—

8.5　椽条-顶棚搁栅型屋盖制作与安装

8.5.1 椽条与顶棚搁栅的布置，所用规格材的材质等级和截面尺寸应符合设计文件的规定。椽条或顶棚搁栅的间距最大不应超过 610mm，且其整数倍应与所用屋面板或顶棚覆面板标准规格的长、宽尺寸一致。

8.5.2 坡度小于 1:3 的屋面，椽条在外墙檐口处可支承在承椽板上 ［图 8.5.2-1（a）］，亦可支承在墙体的顶梁板上 ［图 8.5.2-1（b）］。椽条应在支承处锯出三角槽口，支承长度不应小于 40mm，并应用 3 枚长度为 80mm 圆钉斜向（图 6.4.3）钉牢在承椽板或顶梁板上。承椽板所用规格材的截面尺寸应等同于墙体顶梁板，并应在每根顶棚搁栅处各用 1 枚长度为 80mm 的圆钉分别钉牢在顶棚搁栅和封头搁栅上。椽条在屋脊处应支承在屋脊梁上 ［图 8.5.2-2（a）］，椽条端部应切割成斜面，并应用 4 枚长度为 60mm 的圆钉斜向钉牢在屋脊梁上或用 3 枚长度为 80mm 的钉子从屋脊梁背面钉入椽条端部。屋脊梁截面尺寸不宜小于 40mm×140mm，且截面高度应至少大于椽条一个尺寸等级。屋脊梁均应设间距不大于 1.2m 的竖向支承杆，杆截面尺寸不应小于 40mm×90mm。竖向支

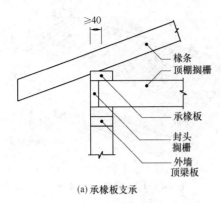

(a) 承椽板支承

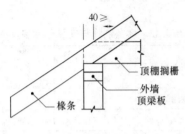

(b) 顶梁板支承

图 8.5.2-1　椽条支承在承椽板或顶梁板上

承杆下端应通过顶棚搁栅顶面支承在承重墙或梁上，其上、下端均应用 2 枚长度 80mm 的圆钉分别与屋脊梁和搁栅相互钉牢。顶棚搁栅可用 2 枚长度为 80mm 的钉子与顶梁板斜向钉牢（图 6.4.3）。当椽条与顶棚搁栅相邻时，应用 3 枚长度为 80mm 的圆钉相互钉牢。

当椽条跨度较大时，除椽条中间支座（屋脊梁）外，两侧可设矮墙［图 8.5.2-2（b）］或对称斜撑［图 8.5.2-2（c）］。矮墙的构造应符合本规范第 8.3

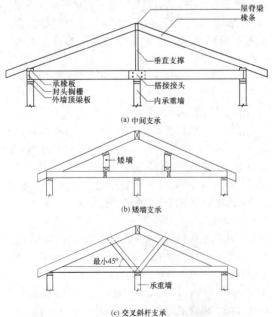

(a) 中间支承

(b) 矮墙支承

(c) 交叉斜杆支承

图 8.5.2-2　椽条中间支承形式

节的规定，但可仅单面铺钉覆面板或仅在部分墙骨间设斜撑。矮墙应支承在顶棚搁栅上，搁栅间应设横撑。矮墙墙骨、底、顶梁板的截面尺寸不应小于 40mm×90mm。对称斜撑的倾角不应小于 45°，截面尺寸不应小于 40mm×90mm，上端应用 3 枚长度为 80mm 的圆钉与椽条侧面钉牢，下端应用 2 枚长度为 80mm 的圆钉斜钉在内墙顶梁板上。

8.5.3　坡度等于和大于 1：3 的屋面（图 8.5.3），椽条在檐口处应直接支承在外墙的顶梁板上［图 8.5.2-1（b）］，三角槽口支承长度不应小于 40mm，并应用 2 枚长度为 80mm 的圆钉斜向与顶梁板钉合。椽条应贴紧顶棚搁栅，并应用圆钉可靠地连接，用钉规格与数量应符合设计文件的规定。设计文件无明确规定时，不应少于表 8.5.3 的规定。在屋脊处，椽条支承在屋脊板上，其端部应切成斜面，应用 4 枚长度为 60mm 或 3 枚长为 80mm 的圆钉相互钉牢，屋脊板两侧的椽条可错开，但错开距离不应大于椽条厚度。屋脊板厚度不应小于 40mm，高度应大于椽条规格材至少一个尺寸等级。跨度不大的屋盖，可不设屋脊板，两侧椽条应对称地对顶，但应设连接板，每侧应用 4 枚长度为 60mm 的圆钉与椽条钉牢。当椽条的跨度较大时，椽条的中部位置可设椽条连杆（图 8.5.3），连杆的截面尺寸不应小于 40mm×90mm，两端的钉连接应符合设计文件的规定，每端应至少用 3 枚长度为 80mm 的圆钉与椽条钉牢。当椽条连杆的长度超过 2.4m 时，各椽条连杆间应设系杆，截面尺寸不应小于 40mm×90mm，应用两枚长度为 80mm 的圆钉与连杆钉牢。

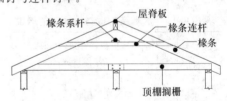

图 8.5.3　坡度等于和大于 1：3 的屋面

表 8.5.3　坡度等于和大于 1：3 屋盖椽条与顶棚搁栅间钉连接要求

屋面坡度	椽条间距(mm)	钉长不小于 80mm 的最少钉数											
		椽条与每根顶棚搁栅连接						椽条每隔 1.2m 与顶棚搁栅连接					
		房屋宽度达到 8m			房屋宽度达到 9.8m			房屋宽度达到 8m			房屋宽度达到 9.8m		
		屋面雪荷(kPa)			屋面雪荷(kPa)			屋面雪荷(kPa)			屋面雪荷(kPa)		
		≤1.0	1.5	≥2.0	≤1.0	1.5	≥2.0	≤1.0	1.5	≥2.0	≤1.0	1.5	≥2.0
1：3	400	4	5	6	5	7	8	11	—	—	—	—	—
	600	6	8	9	8	—	—	11	—	—	—	—	—
1：2.4	400	4	5	5	7	7	10	7	—	9	—	—	—
	600	5	8	7	7	—	10	7	—	—	—	—	—

屋面坡度	椽条间距 (mm)	钉长不小于80mm的最少钉数											
		椽条与每根顶棚搁栅连接						椽条每隔1.2m与顶棚搁栅连接					
		房屋宽度 达到8m			房屋宽度 达到9.8m			房屋宽度 达到8m			房屋宽度 达到9.8m		
		屋面雪荷(kPa)			屋面雪荷(kPa)			屋面雪荷(kPa)			屋面雪荷(kPa)		
		≤1.0	1.5	≥2.0	≤1.0	1.5	≥2.0	≤1.0	1.5	≥2.0	≤1.0	1.5	≥2.0
1:2	400	4	4	4	4	7	8	8	9	8	—	—	—
	600	4	5	6	5	7	8	6	8	9	8	—	—
1:1.71	400	4	4	4	4	5	7	5	5	7	7	9	11
	600	4	4	5	4	5	7	5	7	7	7	9	11
1:1.33	400	4	4	4	4	4	5	5	5	6	5	6	7
	600	4	4	4	4	4	5	5	5	6	5	6	7
1:1	400	4	4	4	4	4	4	4	4	5	4	4	5
	600	4	4	4	4	4	4	4	4	5	4	4	5

8.5.4 顶棚搁栅与墙体顶梁板的固定方法应与楼盖搁栅相同。屋顶设阁楼时，顶棚搁栅间应按楼盖搁栅的要求设置木底撑、剪刀撑或横撑等侧向支撑。坡度等于和大于 1∶3 的屋顶，顶棚搁栅应连续，可用搭接接头拼接，但接头应支承在中间墙体上。搭接接头钉连接的用钉量应在表 8.5.3 规定的基础上增加 1 枚。檐口处椽条间宜设横撑，横撑的截面应与椽条相同，其外侧应与顶梁板或承椽板平齐，应用 2 枚长度为 60mm 的钉子斜向与顶梁板或承椽板钉牢，两端应各用同规格钉子斜向与椽条钉牢。

8.5.5 山墙处应用两根相同尺寸的规格材作椽条，彼此应用长度为 80mm、间距不大于 600mm 圆钉钉合。椽条下山墙墙骨的顶端宜切割成与椽条相吻合的坡角切口、与椽条抵合，并应用 2 枚长度为 80mm 的圆钉钉牢[图 8.5.5(a)]。

当檐口需外挑出山墙时，椽条布置应符合图 8.5.5(b)所示。两根规格材构成的椽条应安装在距离山墙为檐口外挑长度 2 倍的位置。悬挑椽条应支承在山墙顶梁板上，并应用 2 枚长度为 80mm 的钉子斜向钉合，另一端与封头椽条用 2 枚长度为 80mm 的钉子钉合。悬挑椽条与封头椽条的截面尺寸应与其他椽条截面尺寸一致。

8.5.6 复杂屋盖中的戗椽与谷椽所用规格材截面高度应高于一般椽条截面至少 50mm（图 8.5.6），与其相连的脊面椽条和坡面椽条端头应切割成双向斜坡，并应用 2 枚长度为 80mm 的圆钉斜向钉牢。

8.5.7 老虎窗应在主体屋面板铺钉完成后安装。支承老虎窗墙骨的封边椽条和封头椽条应用两根规格材制作（图 8.5.7），并应用长度为 80mm 的圆钉按 600mm 的间距彼此钉合。封边椽条与封头椽条以及封头椽条与断尾椽条的钉连接，应符合本规范第

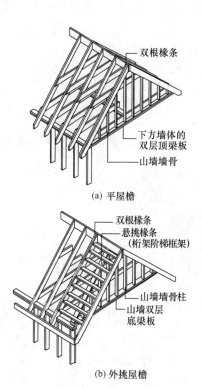

(a) 平屋檐

(b) 外挑屋檐

图 8.5.5　山墙处椽条的布置

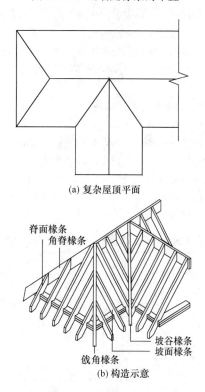

(a) 复杂屋顶平面

(b) 构造示意

图 8.5.6　复杂屋盖示意

8.4.7 条的规定。老虎窗的坡谷椽条与其支承构件间钉连接应与一般椽条的钉连接要求一致。

8.5.8 屋面椽条安装完毕后，应及时铺钉屋面板，屋面板铺钉不及时时，应设临时支撑。临时支撑可采

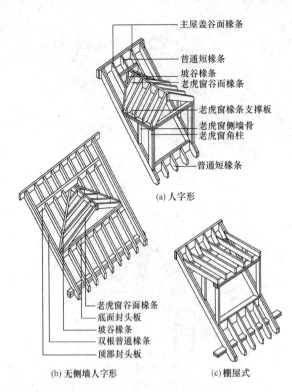

（a）人字形

老虎窗谷面椽条
底面封头板
坡谷椽条
双根普通椽条
顶部封头板

（b）无侧墙人字形　　（c）棚屋式

图 8.5.7　老虎窗制作与安装

主屋盖谷面椽条
普通短椽条
坡谷椽条
老虎窗谷面椽条
老虎窗椽条支撑板
老虎窗侧墙骨
老虎窗角柱
普通短椽条

用交叉斜杆形式，并应设在椽条的底部。每根斜杆应至少各用 1 枚长度为 80mm 的圆钉与每根椽条钉牢。椽条顶面不直接铺钉木基结构板作屋面板时，屋盖系统均应按设计文件的规定，安装屋盖的永久性支撑系统。

8.5.9　屋面板所用木基结构板的种类和规格应符合设计文件的规定，设计文件无规定时，不上人屋面屋面板的厚度不应小于表 8.5.9 的规定。板的布置和与椽条的钉连接要求应符合本规范第 8.2.10 条的规定，板下无支承的板间接缝应用 H 形金属夹将两板嵌牢。未铺钉屋面板前，椽条上不得施加集中力，也不得堆放成捆的结构板等重物。

表 8.5.9　不上人屋面屋面板的最小厚度

椽条或轻型木桁架间距（mm）	木基结构板的最小厚度（mm）	
	$G_k \leqslant 0.3N/m^2$ $S_k \leqslant 2.0N/m^2$	$0.3N/m^2 < G_k \leqslant 1.3N/m^2$ $S_k \leqslant 2.0N/m^2$
400	9	11
500	9	11
600	12	12

8.5.10　屋盖宜按下列程序和要求进行安装：

　1　顶棚搁栅的安装和固定，宜按楼盖施工方法进行。

　2　顶棚搁栅顶面宜临时铺钉木基结构板作安装屋盖其他构件的操作平台。

　3　宜将屋盖的控制点或线（屋脊梁、屋脊板及

其与戗角椽条的交点、竖向支承杆和支承矮墙的位置等）的平面位置标记在操作平台的木基结构板上。

　4　宜按设计文件规定的标高和各控制点（线）安装竖向支承杆、屋脊梁、矮墙和屋脊板。屋脊板可用一定数量的椽条支顶架设。对于四坡屋顶，可同时架设戗角椽条、坡谷椽条等。椽条长度宜按设计文件规定并结合其端部各面需要切割的倾角和屋脊梁、板的厚度等因素作适当调整。

　5　宜对称于屋脊梁、屋脊板、戗角椽条、坡谷椽条安装普通椽条和坡面椽条，同时宜制作老虎窗洞口。

　6　宜安装山墙椽条、封头椽条。

　7　宜铺钉屋面板。

　8　宜安装老虎窗结构构件，并宜铺钉老虎窗侧墙板和屋面板。

8.5.11　轻型木结构屋盖制作安装的偏差，不应超过表 8.5.11 的规定。

表 8.5.11　轻型木结构屋盖安装允许偏差

项次	项目		允许偏差（mm）	检查方法
1	椽条、搁栅	顶棚搁栅间距	±40	钢尺量
2		搁栅截面高度	±3	钢尺量
3		任三根椽条间顶面高差	±1	钢尺量
4	屋面板	钉间距	+30	钢尺量
5		钉头嵌入楼/屋面板表面的最大距离	+3	钢尺量
6		屋面板局部平整度（双向）	6/1m	水平尺

8.6　齿板桁架型屋盖制作与安装

8.6.1　齿板桁架应由专业加工厂加工制作，并应有产品质量合格证书和产品标识。桁架应作下列进场验收：

　1　桁架所用规格材应与设计文件规定的树种、材质等级和规格一致。

　2　齿板应与设计文件规定的规格、类型和尺寸一致。

　3　桁架的几何尺寸偏差不应超过表 8.6.1 的规定。

表 8.6.1　齿板桁架制作允许误差

	相同桁架间尺寸差	与设计尺寸间的误差
桁架长度	13mm	19mm
桁架高度	6mm	13mm

注：1　桁架长度指不包括悬挑或外伸部分的桁架总长，用于限定制作误差。

　　2　桁架高度指不包括悬挑或外伸等上、下弦杆突出部分的全榀桁架最高部位处的高度，为上弦顶面到下弦底面的总高度，用于限定制作误差。

4 齿板的安装位置偏差不应超过图8.6.1-1所示的规定。

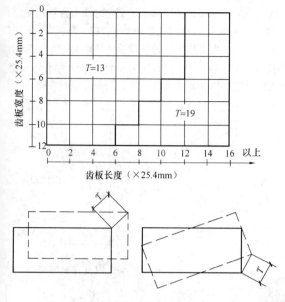

图 8.6.1-1 齿板位置偏差允许值

5 齿板连接的缺陷面积，当连接处的构件宽度大于50mm时，不得超过齿板与该构件接触面积的20%；当构件宽度小于50mm时，不得超过10%。缺陷面积应为齿板与构件接触面范围内的木材表面缺陷面积与板齿倒伏面积之和。

6 齿板连接处木构件的缝隙不应超过图8.6.1-2所示的规定。除设计文件规定外，宽度超过允许值的缝隙，均应用宽度不小于19mm、厚度与缝隙宽度相当的金属片填实，并应用螺纹钉固定在被填塞的构件上。

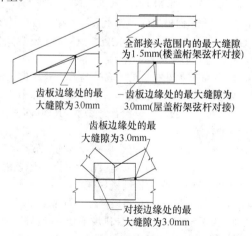

图 8.6.1-2 齿板桁架木构件间允许缝隙限值

8.6.2 齿板桁架运输时应防止因平面外弯曲而损坏，宜数榀同规格桁架紧靠直立捆绑在一起，支承点应设在原支座处，并应设临时斜撑。

8.6.3 齿板桁架吊装时，宜作临时加固。除跨度在6m以下的桁架可中央单点起吊外，其他跨度桁架均应两点起吊。跨度超过9m的桁架宜设分配梁，索夹角 θ 不应大于60°（图8.6.3）。桁架两端可系导向绳。

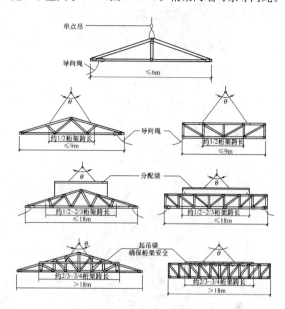

图 8.6.3 齿板桁架起吊示意

8.6.4 齿板桁架的间距和支承在墙体顶梁板上的位置应符合设计文件的规定。当采用木基结构板作屋面板时，桁架间距尚应使其整数倍与屋面板标准规格的长、宽尺寸一致。桁架支座处应用3枚长度为80mm的钉子斜向（图6.4.3）钉牢在顶梁板上。各桁架支座处桁架间宜设实心横撑（图8.6.4），横撑截面尺寸应等同桁架下弦杆，并应分别用两枚长度为80mm的钉子与下弦侧面和顶梁板垂直或斜向钉牢。

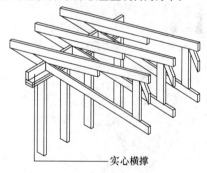

图 8.6.4 桁架间支座
处横撑的设置

8.6.5 桁架可逐榀吊装就位，或多榀桁架按间距要求在地面用永久性或临时支撑组合成数榀后一起吊装。吊装就位的桁架，应设临时支撑保证其安全和垂直度。当采用逐榀吊装时，第一榀桁架的临时支撑应有足够的能力防止后续桁架倾覆，支撑杆件的截面不应小于40mm×90mm，支撑的间距应为2.4m～3.0m，位置应与被支撑桁架的上弦杆的水平支撑点一致，应用2枚长度为80mm的钉子与其他支撑杆件钉牢，支撑的另一端应可靠地锚固在地面［图8.6.5

（a）］或内侧楼板上［图 8.6.5（b）］。

（a）室外地面支撑

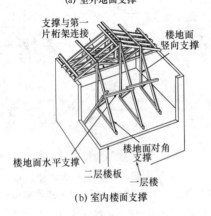

（b）室内楼面支撑

图 8.6.5 屋面桁架的临时支撑

8.6.6 桁架的垂直度调整应与桁架间的临时支撑设置同时进行。桁架间临时支撑应设在上弦杆或屋面板平面、下弦杆或天花板平面，以及桁架竖向腹杆所在的平面内。其中，上弦杆平面内支撑沿纵向应连续，宜两坡对称设置，间距应为 2.4m～3.0m，中部一根宜设置在距屋脊 150mm 处，屋顶端部还应设约呈 45°夹角的对角支撑，并应使上弦杆平面内形成稳定的三

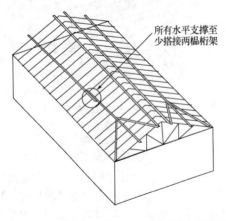

图 8.6.6-1 桁架上弦杆平面内设置临时支撑

角形支撑布局（图 8.6.6-1）。桁架竖向腹杆平面内的支撑应为桁架上、下弦杆之间的对角支撑（图 8.6.6-2），间距应为 2.4m～3.0m 布置一对，并应至少在屋盖两端部布置。下弦杆平面内应设置通长的纵向连续水平系杆，系杆可设在下弦杆的上顶面并用钉连接固

定。下弦杆平面内还应设 45°交角的对角支撑（图 8.6.6-3），位置应与竖向腹杆平面内的对角支撑一致，并应至少在屋盖端部水平支撑之间布置对角支撑（图 8.6.6-3）。凡纵向需连续的临时支撑，均可采用搭接接头，搭接长度应跨越两榀相邻桁架，支撑与桁架的钉连接均应用 2 枚长度为 80mm 的钉子钉牢。永久性桁架支撑位置适合时，可充当部分临时支撑。

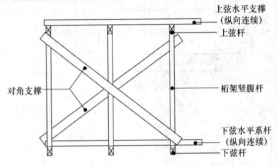

图 8.6.6-2 桁架竖向腹杆平面内设置临时支撑

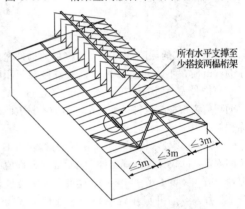

图 8.6.6-3 桁架下弦杆平面内设置临时支撑

8.6.7 钉合屋面桁架的各类永久性支撑应按设计文件的规定安装，支撑与桁架的连接点应位于桁架节点处，但应避开齿板所在位置。

8.6.8 屋面或天花板上的天窗或检修人孔应位于桁架之间，除设计文件规定外，不得切断或拆除桁架的弦杆、支撑以及腹杆。设置老虎窗时，其构造应按设计文件的规定处理。

8.6.9 屋面板的布置与钉合应符合本规范第 8.4.12 条的规定。未钉屋面铺板前不得在齿板桁架上作用集中荷载和堆放成捆的屋面铺板材料。

8.6.10 齿板桁架安装偏差应符合下列规定：

1 齿板桁架整体平面外拱度或任一弦杆的拱度最大限值应为跨度或杆件节间距离的 1/200 和 50mm 中的较小者。

2 全跨度范围内任一点处的桁架上弦杆顶与相应下弦杆底的垂直偏差限值应为上弦顶和下弦底相应点间距离的 1/50 和 50mm 中的较小者。

3 齿板桁架垂直度偏差不应超过桁架高度的 1/200，间距偏差不应超过 6mm。

8.6.11 屋面板应按本规范第8.5.9条的规定铺钉，安装偏差不应超过本规范第8.5.11条的规定。

8.7 管线穿越

8.7.1 管线在轻型木结构的墙体、楼盖与顶棚中穿越，应符合下列规定：

1 承重墙墙骨开孔后的剩余截面高度不应小于原高度的2/3（图8.7.1-1），非承重墙剩余高度不应小于40mm，顶梁板和底梁板剩余宽度不应小于50mm。

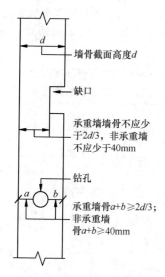

图8.7.1-1 墙骨开孔限制

2 楼盖搁栅、顶棚搁栅和椽条等木构件不应在底边或受拉边缘切口。可在其腹部开直径或边长不大于1/4截面高度的洞孔，但距上、下边缘的剩余高度均不应小于50mm（图8.7.1-2）。楼盖搁栅和不承受拉力的顶棚搁栅支座端上部可开槽口，但槽深不应大于搁栅截面高度的1/3，槽口的末端距支座边的距离不应大于搁栅截面高度的1/2，可在距支座1/3跨度范围内的搁栅顶部开深度不大于搁栅高度的1/6的缺口。

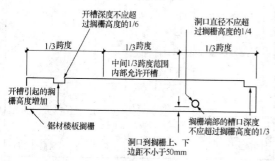

图8.7.1-2 搁栅开槽口和洞口示意

3 管线穿过木构件孔洞时，管壁与孔洞四壁间应余留不小于1mm的缝隙。水管不宜置于外墙

体中。

4 工字形木搁栅开孔或开槽口应根据产品说明书进行。

8.7.2 凡结构承重构件的安装遇建筑设备影响时，应由设计单位出具变更设计，不得擅自处理。

9 木结构工程防火施工

9.0.1 木结构防火工程应按设计文件规定的木构件燃烧性能、耐火极限指标和防火构造要求施工，且应符合现行国家标准《建筑设计防火规范》GB 50016和《木结构设计规范》GB 50005的有关规定。防火处理所用的防火材料或阻燃剂不应危及人畜安全，并不应污染环境。

9.0.2 防火材料或阻燃剂应按说明书验收，包装、运输应符合药剂说明书规定，应储存在封闭的仓库内，并应与其他材料隔离。

9.0.3 木构件采用加压浸渍阻燃处理时，应由专业加工企业施工，进场时应有经阻燃处理的相应的标识。验收时应检查构件燃烧性能是否满足设计文件规定的证明文件。

9.0.4 木构件防火涂层施工，可在木结构工程安装完成后进行。防火涂层应符合设计文件的规定，木材含水率不应大于15%，构件表面应清洁，应无油性物质污染，木构件表面喷涂层应均匀，不应有遗漏，其干厚度应符合设计文件的规定。

9.0.5 防火墙设置和构造应按设计文件的规定施工，砖砌防火墙厚度和烟道、烟囱壁厚度不应小于240mm，金属烟囱应外包厚度不小于70mm的矿棉保护层或耐火极限不低于1.00h的防火板覆盖。烟囱与木构件间的净距不应小于120mm，且应有良好的通风条件。烟囱出楼屋面时，其间隙应用不燃材料封闭。砌体砌筑时砂浆应饱满，清水墙应仔细勾缝。

9.0.6 墙体、楼、屋盖空腔内填充的保温、隔热、吸声等材料的防火性能，不应低于难燃性B$_1$级。

9.0.7 墙体和顶棚采用石膏板（防火或普通石膏板）作覆面板并兼作防火材料时，紧固件（钉子或木螺栓）贯入木构件的深度不应小于表9.0.7的规定。

表9.0.7 兼做防火材料石膏板紧固件贯入木构件的深度（mm）

耐火极限	墙 体		顶 棚	
	钉	木螺丝	钉	木螺丝
0.75h	20	20	30	30
1.00h	20	20	45	45
1.50h	20	20	60	60

9.0.8 楼盖、楼梯、顶棚以及墙体内最小边长超过25mm的空腔，其贯通的竖向高度超过3m，或贯通

的水平长度超过 20m 时，均应设置防火隔断。天花板、屋顶空间，以及未占用的阁楼空间所形成的隐蔽空间面积超过 300m²，或长边长度超过 20m 时，均应设置防火隔断，并应分隔成面积不超过 300m² 且长边长度不超过 20m 的隐蔽空间。

9.0.9 隐蔽空间内相关部位的防火隔断应采用下列材料：

1 厚度不小于 40mm 的规格材。

2 厚度不小于 20mm 且由钉交错钉合的双层木板。

3 厚度不小于 12mm 的石膏板、结构胶合板或定向木片板。

4 厚度不小于 0.4mm 的薄钢板。

5 厚度不小于 6mm 的无机增强水泥板。

9.0.10 电源线敷设的施工应符合下列规定：

1 敷设在墙体或楼盖中的电源线应用穿金属管线或检验合格的阻燃型塑料管。

2 电源线明敷时，可用金属线槽或穿金属管线。

3 矿物绝缘电缆可采用支架或沿墙明敷。

9.0.11 埋设或穿越木构件的各类管道敷设的施工应符合下列规定：

1 管道外壁温度达到 120℃ 及以上时，管道和管道的包覆材料及施工时的胶粘剂等，均应采用检验合格的不燃材料。

2 管道外壁温度在 120℃ 以下时，管道和管道的包覆材料等应采用检验合格的难燃性不低于 B_1 的材料。

9.0.12 隔墙、隔板、楼板上的孔洞缝隙及管道、电缆穿越处需封堵时，应根据其所在位置构件的面积按要求选择相应的防火封堵材料，并应填塞密实。

9.0.13 木结构房屋室内装饰、电器设备的安装等工程，应符合现行国家标准《建筑内部装修设计防火规范》GB 50222 的有关规定。

10 木结构工程防护施工

10.0.1 木结构防护工程应按设计文件规定的防护（防腐、防虫害）要求，并按本规范第 3.0.8 条规定的不同使用环境和工程所在地的虫害等实际情况，根据下列要求选用化学防腐剂及防腐处理木材：

1 防护用药剂不应危及人畜安全和污染环境。

2 需油漆的木构件宜采用水溶性防护剂或以挥发性的碳氢化合物为溶剂的油溶性防护剂。

3 在建筑物预定的使用期限内，木材防腐和防虫性能应稳定持久。

4 防腐剂不应与金属连接件起化学反应。木材经处理后，不应增加其吸湿性。

10.0.2 防腐剂应按说明书验收，包装、运输应符合药剂说明书的规定，应储存在封闭的仓库内，并应与其他材料隔离。

10.0.3 木材防腐处理应采用加压浸渍法施工。药物不易浸入的木材，可采用刻痕处理。C1 类环境条件下，也可采用冷热槽浸渍法或常温浸渍法。木材浸渍法防护处理应由有资质的专门企业完成。

10.0.4 木构件应在防护处理前完成制作、预拼装等工序。防腐剂处理完成后的木构件不得不作必要的再加工时，切割面、孔眼及运输吊装过程中的表皮损伤处等，可用喷洒法或涂刷法修补防护层。

10.0.5 不同使用环境下的原木、方木和规格材构件，经化学药剂防腐处理后应达到表 10.0.5-1 规定的以防腐剂活性成分计的最低载药量和表 10.0.5-2 规定的药剂透入度，并应采用钻孔取样的方法测定。

表 10.0.5-1 不同使用环境防腐木材及其制品应达到的载药量

类别	防腐剂名称	活性成分	组成比例(%)	最低载药量 (kg/m³) 使用环境			
				C1	C2	C3	C4A
水溶性	硼化合物[1]	三氧化二硼	100	2.8	2.8[2]	NR[3]	NR
	季铵铜(ACQ) ACQ-2	氧化铜	66.7	4.0	4.0	4.0	6.4
		DDAC[4]	33.3				
	ACQ-3	氧化铜	66.7	4.0	4.0	4.0	6.4
		BAC[5]	33.3				
	ACQ-4	氧化铜	66.7	4.0	4.0	4.0	6.4
		DDAC	33.3				
	铜唑(CuAz) CuAz-1	铜	49	3.3	3.3	3.3	6.5
		硼酸	49				
		戊唑醇	2				
	CuAz-2	铜	96.1	1.7	1.7	1.7	3.3
		戊唑醇	3.9				
	CuAz-3	铜	96.1	1.7	1.7	1.7	3.3
		丙环唑	3.9				
	CuAz-4	铜	96.1	1.0	1.0	1.0	2.4
		戊唑醇	1.95				
		丙环唑	1.95				
	唑醇啉(PTI)	戊唑醇	47.6	0.21	0.21	0.21	NR
		丙环唑	47.6				
		吡虫啉	4.8				
	酸性铬酸铜(ACC)	氧化铜	31.8	NR	4.0	4.0	8.0
		三氧化铬	68.2				
	柠檬酸铜(CC)	氧化铜	62.3	4.0	4.0	4.0	NR
		柠檬酸	37.7				
油溶性	8-羟基喹啉铜(Cu8)	铜	100	0.32	0.32	0.32	NR
	环烷酸铜(CuN)	铜	100	NR	NR	0.64	NR

注：1 硼化合物包括硼酸、四硼酸钠、八硼酸钠、五硼酸钠等及其混合物；

2 有白蚁危害时 C2 环境下硼化合物应为 4.5kg/m³；

3 NR 为不建议使用；

4 DDAC 为二癸基二甲基氯化铵；

5 BAC 为十二烷基苄基二甲基氯化铵。

表10.0.5-2　防护剂透入度检测规定

木材特征	透入深度或边材透入率		钻孔采样数量（个）	试样合格率（%）
	$t<125mm$	$t\geqslant125mm$		
易吸收不需要刻痕	63mm或85%（C1、C2）、90%（C3、C4A）	63mm或85%（C1、C2）、90%（C3、C4A）	20	80
需要刻痕	10mm或85%（C1、C2）、90%（C3、C4A）	13mm或85%（C1、C2）、90%（C3、C4A）	20	80

注：t为需处理木材的厚度；是否刻痕根据木材的可处理性、天然耐久性及设计要求确定。

10.0.6　胶合木结构宜在化学药剂处理前胶合，并宜采用油溶性防护剂以防吸水变形。必要时也可先处理后胶合。经化学防腐处理后在不同使用环境下胶合木构件的药剂最低保持量及其透入度，应分别不小于表10.0.6-1和表10.0.6-2的规定。检测方法应符合本规范第10.0.5条的规定。

表10.0.6-1　胶合木防护药剂最低载药量与检测深度

药剂 类别	名称	胶合前处理 最低载药量（kg/m³） 使用环境				检测深度（mm）	胶合后处理 最低载药量（kg/m³） 使用环境				检测深度（mm）
		C1	C2	C3	C4A		C1	C2	C3	C4A	
水溶性	硼化合物	2.8	2.8[1]	NR	NR	13~25	NR	NR	NR	NR	—
	季铵铜（ACQ） ACQ-2	4.0	4.0	4.0	6.4	13~25	NR	NR	NR	NR	—
	ACQ-3	4.0	4.0	4.0	6.4	13~25	NR	NR	NR	NR	—
	ACQ-4	4.0	4.0	4.0	6.4	13~25	NR	NR	NR	NR	—
	铜唑（CuAz） CuAz-1	3.3	3.3	3.3	6.5	13~25	NR	NR	NR	NR	—
	CuAz-2	1.7	1.7	1.7	3.1	13~25	NR	NR	NR	NR	—
	CuAz-3	1.7	1.7	1.7	3.1	13~25	NR	NR	NR	NR	—
	CuAz-4	1.0	1.0	1.0	2.4	13~25	NR	NR	NR	NR	—
	唑醇啉（PTI）	0.21	0.21	0.21	NR	13~25	NR	NR	NR	NR	—
	酸性铬酸铜（ACC）	NR	4.0	4.0	NR	13~25	NR	NR	NR	NR	—
	柠檬酸铜（CC）	4.0	4.0	4.0	NR	13~25	NR	NR	NR	NR	—
油溶性	8-羟基喹啉铜（Cu8）	0.32	0.32	0.32	NR	13~25	0.32	0.32	0.32	NR	0~15
	环烷酸铜（CuN）	NR	NR	0.64	NR	13~25	0.64	0.64	0.64	NR	0~15

注：1　有白蚁危害时应为4.5kg/m³。

表10.0.6-2　胶合前处理的木构件防护药剂透入深度或边材透入率

木材特征	使用环境		钻孔采样的数量（个）
	C1、C2或C3	C4A	
易吸收不需要刻痕	75mm或90%	75mm或90%	20
需要刻痕	25mm	32mm	20

10.0.7　经化学防腐处理后的结构胶合板和结构复合木材，其防护剂的最低保持量及其透入度不应低于表10.0.7的规定。

10.0.8　木结构防腐的构造措施应按设计文件的规定进行施工，并应符合下列规定：

　　1　首层木楼盖应设架空层，支承于基础或墙体上，方木、原木结构楼盖底面距室内地面不应小于400mm，轻型木结构不应小于150mm。楼盖的架空空间应设通风口，通风口总面积不应小于楼盖面积的1/150。

　　2　木屋盖下设吊顶顶棚形成闷顶时，屋盖系统应设老虎窗或山墙百叶窗，也可设檐口疏钉板条（图10.0.8-1）。

表10.0.7　结构胶合板、结构复合木材中防护剂的最低载药量与检测深度（mm）

药剂 类别	名称	结构胶合板 最低载药量（kg/m³） 使用环境				检测深度（mm）	结构复合木材 最低载药量（kg/m³） 使用环境				检测深度（mm）
		C1	C2	C3	C4A		C1	C2	C3	C4A	
水溶性	硼化合物	2.8	2.8[1]	NR	NR	0~10	NR	NR	NR	NR	—
	季铵铜（ACQ） ACQ-2	4.0	4.0	4.0	6.4	0~10	NR	NR	NR	NR	—
	ACQ-3	4.0	4.0	4.0	6.4		NR	NR	NR	NR	—
	ACQ-4	4.0	4.0	4.0	6.4		NR	NR	NR	NR	—
	铜唑（CuAz） CuAz-1	3.3	3.3	3.3	6.5		NR	NR	NR	NR	—
	CuAz-2	1.7	1.7	1.7	3.1		NR	NR	NR	NR	—
	CuAz-3	1.7	1.7	1.7	3.1		NR	NR	NR	NR	—
	CuAz-4	1.0	1.0	1.0	2.4		NR	NR	NR	NR	—
	唑醇啉（PTI）	0.21	0.21	0.21	NR		NR	NR	NR	NR	—
	酸性铬酸铜（ACC）	NR	4.0	4.0	NR		NR	NR	NR	NR	—
	柠檬酸铜（CC）	4.0	4.0	4.0	NR		NR	NR	NR	NR	—
油溶性	8-羟基喹啉铜（Cu8）	0.32	0.32	0.32	NR	0~10	0.32	0.32	0.32	NR	0~10
	环烷酸铜（CuN）	0.64	0.64	0.64	NR	0~10	0.64	0.64	0.64	0.96	0~10

注：1　有白蚁危害时应为4.5kg/m³。

　　3　木梁、桁架等支承在混凝土或砌体等构件上时，构件的支承部位不应被封闭，在混凝土或构件周围及端面应至少留宽度为30mm的缝隙（图7.4.4），并应与大气相通。支座处宜设防腐垫木，应至少有防潮层。

　　4　木柱应支承在柱墩上，柱墩顶面距室内、外地面的高度分别不应小于300mm，且在接触面间应有卷材防潮层。当柱脚采用金属连接件连接并有雨水侵蚀时，金属连接件不应存水。

　　5　屋盖系统的内排水天沟应避开桁架端节点设

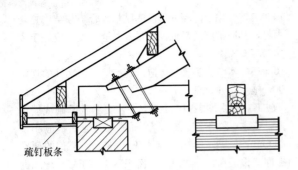

疏钉板条

图 10.0.8-1 木屋盖的通风防潮

置［图 10.0.8-2（a）］或架空设置［图 10.0.8-2（b）］，并应避免天沟渗漏雨水而浸泡桁架端节点。

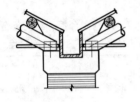

（a）天沟与桁架支座节点构造-1

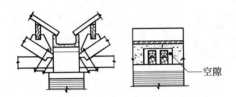

（b）天沟与桁架支座节点构造-2

图 10.0.8-2 内排水屋盖桁架支座
节点构造示意

10.0.9 轻型木结构外墙的防水和保护，应符合下列规定：

　1 外墙木基结构板外表应铺设防水透气膜（呼吸纸），透气膜应连续铺设，膜间搭接长度不应小于100mm，并应用胶粘剂粘结，防水透气膜正、反面的布置应正确。透气膜可用盖帽钉或通过经防腐处理的木条钉在墙骨上。

　2 外墙里侧应设防水膜。防水膜可用厚度不小于0.15mm的聚乙烯塑料膜。防水膜也应连续铺设，并应与外墙里侧覆面板（木基结构板或石膏板）一起钉牢在墙骨上，防水膜应夹在墙骨与覆面板间。

　3 防水透气膜外应设外墙防护板，防护板类别及与外墙木构架的连接方法应符合设计文件的规定，防护板和防水透气膜间应留有不小于25mm的间隙，并应保持空气流通。

10.0.10 木结构中外露钢构件及未作镀锌处理的金属连接件，均应按设计文件规定的涂料作防护处理。钢材除锈等级不应低于St3，涂层应均匀，其干厚度应符合设计文件的规定。

11 木结构工程施工安全

11.0.1 木结构施工现场应按现行国家标准《建设工程施工现场消防安全技术规范》GB 50720 的有关规定配置灭火器和消防器材，并应设专人负责现场消防安全。

11.0.2 木结构工程施工机具应选用国家定型产品，并应具有安全和合格证书。使用过程中可能涉及人身安全的施工机具，均应经当地安全生产行政主管部门的审批后再使用。

11.0.3 固定式电锯、电刨、起重机械等应有安全防护装置和操作规程，并应经专门培训合格，且持有上岗证的人员操作。

11.0.4 施工现场堆放木材、木构件及其他木制品应远离火源，存放地点应在火源的上风向。可燃、易燃和有害药剂的运输、存储和使用应制定安全操作规程，并应按安全操作规程规定的程序操作。

11.0.5 木结构工程施工现场严禁明火操作，当必须现场施焊等操作时，应做好相应的保护并由专人负责，施焊完毕后 30min 内现场应有人员看管。

11.0.6 木结构施工现场的供配电、吊装、高空作业等涉及生产安全的环节，均应制定安全操作规程，并应按安全操作规程规定的程序操作。

本规范用词说明

　1 为便于在执行本规范条文时区别对待，对要求严格程度不同的用词说明如下：

　　1） 表示很严格，非这样做不可的用词：
　　　　正面词采用"必须"，反面词采用"严禁"；

　　2） 表示严格，在正常情况下均应这样做的用词：
　　　　正面词采用"应"，反面词采用"不应"或"不得"；

　　3） 表示允许稍有选择，在条件许可时首先这样做的用词：
　　　　正面词采用"宜"，反面词采用"不宜"；

　　4） 表示有选择，在一定条件下可这样做的用词，采用"可"。

　2 条文中指明应按其他有关标准执行的写法为："应符合……规定"或"应按……执行"。

引用标准名录

　1 《木结构设计规范》GB 50005

　2 《建筑设计防火规范》GB 50016

　3 《木结构工程施工质量验收规范》GB 50206

　4 《建筑内部装修设计防火规范》GB 50222

5 《木结构试验方法标准》GB/T 50329

6 《建设工程施工现场消防安全技术规范》GB 50720

7 《普通螺纹 基本牙型》GB/T 192

8 《碳素结构钢》GB/T 700

9 《锯材缺陷》GB/T 4823

10 《六角头螺栓 C级》GB/T 5780

11 《六角头螺栓》GB/T 5782

12 《木结构覆板用胶合板》GB/T 22349

13 《一般用途圆钢钉》YB/T 5002

中华人民共和国国家标准

木结构工程施工规范

GB/T 50772—2012

条 文 说 明

制 订 说 明

《木结构工程施工规范》GB/T 50772—2012，经住房和城乡建设部 2012 年 5 月 28 日以第 1399 号公告批准、发布。

本规范以我国木结构工程的施工实践为基础，并借鉴和吸收了国际先进技术和经验而制订。规范制订的原则是合理区分木结构产品生产与木结构构件制作与安装，突出构件制作安装；采用先进可行施工技术，使施工质量达到现行国家标准《木结构工程施工质量验收规范》GB 50206 的要求，并保持与相关的现行国家规范、标准的一致性。

本规范制订过程中，编制组进行了大量调查研究，侧重解决了以下问题：（1）原国家标准《木结构工程施工及验收规范》GBJ 206‑83 等设计与施工规范，是基于将木材作为一种原材料而进行现场制作构件的施工方法的经验制订的，而现代木结构的设计与施工，是基于工业化标准化生产的木产品。（2）我国原有木结构以主要采用方木、原木的屋盖体系为主，而现代木结构广泛采用层板胶合木、结构复合木材、木基结构板材等木产品，结构形式呈多样化，对施工技术水平要求更高。（3）轻型木结构在我国获得大量应用，但原有《木结构工程施工及验收规范》GBJ 206‑83 并不包含对应的结构体系。（4）随材料科学和木结构防护技术的发展，原有木结构防护施工技术需更新。规范编制组针对这些问题对规范进行了认真制订，并与《木结构工程施工质量验收规范》GB 50206、《木结构设计规范》GB 50005 等相关国家标准进行了协调，形成本规范。

为便于广大设计、施工、科研、教学等单位有关人员在使用本规范时能正确理解和执行条文规定，《木结构工程施工规范》编制组按章、节、条顺序编制了本规范的条文说明。对条文规定的目的、依据以及执行中需注意的有关事项进行了说明。但是，本条文说明不具备与规范正文同等的法律效力，仅供使用者作为理解和把握规范规定的参考。

目　　次

1 总 则

1.0.1 制定本规范的目的是采用先进的木结构施工方法，使工程质量达到《木结构工程施工质量验收规范》GB 50206 的要求。

1.0.2 本规范的适用范围为新建木结构工程施工的两个分项工程，即木结构工程的制作安装与木结构工程的防火防护。木结构包括分别由原木、方木和胶合木制作的木结构和主要由规格材和木基结构板材制作的轻型木结构。

1.0.3 明确相关规范的配套使用，其中主要的配套规范为《木结构工程施工质量验收规范》GB 50206 和《木结构设计规范》GB 50005。

2 术 语

本规范共给出 31 个木结构工程施工的主要术语。其中一部分是从建筑结构施工、检验的角度赋予其涵义，而相当部分参照国际上木结构常用的术语而编写。英文术语所指为内容一致，并不一定是两者单词的直译，但尽可能与国际木结构术语保持一致。

3 基 本 规 定

3.0.1 规定木结构工程施工单位应具有资质，针对目前建筑安装工程施工企业的实际情况，强调应有木结构工程施工技术队伍，才能承担木结构工程施工任务。主要工种是指木材定级员、放样、木工和焊接等工种。

3.0.2 木结构工程的防护分项工程可以分包，但其管理、施工质量仍应由木结构工程制作、安装施工单位负责。

3.0.3 本条强调施工应贯彻"照图施工"的原则，设计文件主要是施工图和相关的文字说明。木结构设计文件的出具和审查过程应与钢结构、混凝土结构和砌体结构相同。

3.0.4 施工前的图纸会审、技术交底应解决施工图中尚未表示清晰的一些细节及实际施工的困难，并作出相应的变更，其记录应作为施工内业资料的一部分。

3.0.5 工程施工中时遇材料替换的情况，本条规定材料的代换原则。用等强换算方法使用高等级材料替代低等级材料，有时并不安全，也可能影响使用功能和耐久性，故需设计单位复核同意。

3.0.6 进场验收、见证检验主要是控制木结构工程所用材料、构配件的质量；交接检验主要是控制制作和安装质量。它们是木结构工程施工质量控制的基本环节，是木结构分部工程验收的主要依据。

3.0.7 木材所显露出的纹理，具有自然美，成为雅致的装饰面。本规范将木结构外观参照胶合木结构分为 A、B、C 级，A 级相当于室内装饰要求，B 级相当于室外装饰要求，而 C 级相当于木结构不外露的要求。

3.0.8 木结构使用环境的分类，依据是林业行业标准《防腐木材的使用分类和要求》LY/T 1636 - 2005，主要为选择正确的木结构防护方法。

3.0.9 从国际市场进口木材和木产品，是发展我国木结构的重要途径。本条所指木材和木产品包括方木、原木、规格材、胶合木、木基结构板材、结构复合木材、工字形木搁栅、齿板桁架以及各类金属连接件等产品。国外大部分木产品和金属连接件，是工业化生产的产品，都有产品标识。产品标识标志产品的生产厂家、树种、强度等级和认证机构名称等。对于产地国具有产品标识的木产品，既要求具有产品质量合格证书，也要求有相应的产品标识。对于产地国本来就没有产品标识的木产品，可只要求产品质量合格证书。

另外，在美欧等国家和地区，木产品的标识是经过严格的质量认证的，等同于产品质量合格证书。这些产品标识一旦经由我国相关认证机构确认，在我国也等同于产品质量合格证书。但我国目前尚没有具有资质的认证机构。

4 木结构工程施工用材

4.1 原木、方木与板材

4.1.1 方木、原木结构设计中，木材的树种决定了木材的强度等级。《木结构设计规范》GB 50005 - 2003 给出了它们的对应关系，如表1、表2 所示。已列入我国设计规范的进口树种木材的"识别要点"，详见现行国家标准《木结构设计规范》GB 50005。

表 1 针叶树种木材适用的强度等级

强度等级	组别	适 用 树 种
TC17	A	柏木 长叶松 湿地松 粗皮落叶松
	B	东北落叶松 欧洲赤松 欧洲落叶松
TC15	A	铁杉 油杉 太平洋海岸黄柏 花旗松—落叶松 西部铁杉 南方松
	B	鱼鳞云杉 西南云杉 南亚松
TC13	A	油松 新疆落叶松 云南松 马尾松 扭叶松 北美落叶松 海岸松
	B	红皮云杉 丽江云杉 樟子松 红松 西加云杉 俄罗斯红松 欧洲云杉 北美山地云杉 北美短叶松

续表1

强度等级	组别	适用树种
TC11	A	西北云杉　新疆云杉　北美黄松　云杉—松—冷杉　铁—冷杉　东部铁杉　杉木
	B	冷杉　速生杉木　速生马尾松　新西兰辐射松

表2　阔叶树种木材适用的强度等级

强度等级	适 用 树 种
TB20	青冈　栲木　门格里斯木　卡普木　沉水稍　克隆　绿心木　紫心木　李叶豆　塔特布木
TB17	栎木　达荷玛木　萨佩莱木　苦油树　毛罗藤黄
TB15	锥栗（栲木）　桦木　黄梅兰蒂　梅萨瓦木　水曲柳　红劳罗木
TB13	深红梅兰蒂　浅红梅兰蒂　白梅兰蒂　巴西红厚壳木
TB11	大叶椴　小叶椴

4.1.2 新伐下的树称湿材，其含水率在纤维饱和点（约30%）以上。自纤维饱和点至大气平衡含水率，木材的体积将随含水率的降低而缩小。木材的纵向干缩率很小，一般约为0.1%，弦向约为6%～12%，径向约为3%～6%。因此，为满足设计要求的构件截面尺寸，湿材下料需要一定的干缩预留量。

图1　方木、原木的干裂

由于木材的弦向干缩率较径向约大1倍，干燥过程中圆木或方木的中心和周边部位含水率不一致，中心部位水分不易蒸发而含水率高，含髓心的木料，因髓心阻碍外层木材的收缩，易发生开裂，如图1所示，特别是对于东北落叶松、云南松等收缩量较大的木材更为严重。"破心下料"使髓心在外，易干燥，缓解了约束因素，木材干缩变形较自由，能显著缓解干裂现象的发生。但"破心下料"要求木材的直径较大，"按侧边破心下料"可有一定的改进。但这些下料方法不能取得完整方木，只能拼合。

4.1.3 自然干燥周期与树种、木材截面尺寸和当地季节有关。表3给出了北京地区一些树种从含水率为60%降至15%在不同季节需要的时间，供参考。由表可见，采用自然干燥，通常是无法满足现代工程进度要求的。人工干燥需用设备较多，工艺复杂，故应委托专业木材加工厂进行。

表3　木材自然干燥周期（d）

树种	干燥开始季节	板厚20mm～40mm			板厚50mm～60mm		
		最长	最短	平均	最长	最短	平均
红松	晚冬(3月)～初春(4月)	68	41	52	102	90	96
	初夏(6月)	29	9	19	45	38	42
	初秋(8月)	50	36	43	106	64	85
	晚秋(9月)～初冬(11月)	86	22	54	176	168	172
水曲柳	晚冬(3月)～初春(4月)	69	48	59	192	84	138
	初夏(6月)	62	15	39	121	111	116
	初秋(8月)	72	39	56	157	130	144
	晚秋(9月)～初冬(11月)	143	77	110	175	87	131
桦木	晚冬(3月)～初春(4月)	60	45	55	175	85	110
	初夏(6月)	25	20	23	155	65	110
	初秋(8月)	85	60	73	179	120	150
	晚秋(9月)～初冬(11月)	97	95	96	195	161	178

4.1.4 木材的目测分级是根据肉眼可见木材缺陷的严重程度来评定每根木料的等级。对于原木、方木的各项强度设计值，现行木结构设计规范并未考虑这些缺陷的程度不同所带来的影响。事实上，木材缺陷对各力学性能的影响不尽相同，例如，木材缺陷对受拉构件承载力的影响显然要比受压、受剪构件等大。因此，将每块木材做目测分级将有利于构件制作时的选材配料。

4.1.5 木结构采用较干的木材制作，在相当程度上可减小因干缩导致的松弛变形和裂缝的危害，对保证工程质量具有重要作用。较大截面尺寸的木料，其表层和中心部位的含水率在干燥过程中有较大差别。原西南建筑科学研究院对30余根截面为120mm×160mm的云南松的实测结果表明，木材表层含水率为16.2%～19.6%时，其全截面平均含水率为24.7%～27.3%。本条规定的含水率是指全截面平均含水率。

4.1.6 木材是吸湿性材料，具有湿胀干缩的物理性能。本条措施保证木材不过多吸收水分，减小湿胀干缩变形。

4.1.7 现行国家标准《木结构设计规范》GB 50005按方木、原木的树种规定其强度等级，因此首先要明确木材的树种。我国木结构用方木、原木的材质等级评定标准与市场商品材的等级评定标准不同，因此从市场购买的方木、原木进场时应由工程技术人员按要求重新分等验收。

4.1.8 现行国家标准《建筑工程施工质量验收统一标准》GB 50300规定，涉及结构安全的材料应按规定进行见证检验。因此进场方木、原木应做强度见证检验，这也是因为正确识别树种并非容易。检验方法应按现行国家标准《木结构工程施工质量验收规范》GB 50206执行。

4.2 规 格 材

4.2.1 规格材的强度等物理力学性能指标与其树种、等级和规格有关，因此，进场规格材的等级、规格和树种应与设计文件相符。规格材是一种工业化生产的木产品，不管是国产还是进口的，都应有产品质量合格证书和产品标识，其数种、等级、生产厂家和分级机构可以通过产品标识体现出来。

4.2.2 现行国家标准《木结构设计规范》GB 50005规定了国产规格材的尺寸系列，采用我国惯用的公制单位(mm 或 m)。我国规定的目测分级规格材的截面尺寸与北美地区不同，主要是由于习惯使用的计量单位不同而产生的，北美地区惯用英制单位。但实际上将北美规格材的公称尺寸用公制、英制间的关系换算后仍有差别。例如规格材公称截面为(2×4)英寸，对应的公制尺寸应为50.8mm×101.6mm，但实际尺寸为38mm×89mm。因此(2×4)英寸为习惯用语，或是未经干燥、刨平时的规格材的名义尺寸，规格材公称尺寸与实际截面尺寸的关系，公称截面边长在6英寸及以下时，实际尺寸比公称尺寸小0.5英寸，边长在8英寸及以上时，实际尺寸比公称尺寸小0.75英寸。如截面规格为2×8英寸的规格材，其实际截面尺寸为(2−0.5)×(8−0.75)英寸＝38mm×184mm。木结构设计规范规定截面尺寸(高、宽)差别在±2mm以内，可视为同规格的规格材，但不同尺寸系列的规格材不能混用。

4.2.3 北美地区规格材强度设计值的取值，是以足尺试验结果为依据的，并给出了不同树种、不同规格的各目测等级的强度设计值。我国对规格材的研究甚少，尚未给出适合我国树种的各级规格材的强度设计值。因此表4.2.3-1～表4.2.3-3仅为对规格材目测分等时对应等级衡量木材缺陷的标准。规格材抗弯强度见证检验或目测等级见证检验的抽样方法、试验方法及评定标准见现行国家标准《木结构工程施工质量验收规范》GB 50206。

关于规格材的名称术语，我国的原木、方木也采用目测分等，但不区分强度指标。作为木产品，木材目测或机械分等后，是区分强度指标的。因此作为合格产品，规格材应分别称为目测应力分等规格材(visually stress-graded lumber)或机械应力分等规格材(machine stress-rated lumber)。目测分等规格材或机械分等规格材，是按其分等方式的一种简称。

北美地区与我国目测分等规格材的材质等级对应关系应符合表4的规定。部分国家和地区与我国机械分等规格材的强度等级对应关系应符合表5的规定。

表4　北美地区与我国目测分等规格材的材质等级对应关系

中国规范规格材等级	北美规格材等级
I_c	Select structural
II_c	No. 1
III_c	No. 2
IV_c	No. 3
V_c	Stud
VI_c	Construction
VII_c	Standard

表5　部分国家和地区与我国机械分等规格材的强度等级对应关系

中国	M10	M14	M18	M22	M26	M30	M35	M40
北美	—	1200f −1.2E	1450f −1.3E	1650f −1.5E	1800f −1.6E	2100f −1.8E	2400f −2.0E	2850f −2.3E
新西兰		MSG6	MSG8	MSG10		MSG12		MSG15
欧洲(盟)	—	C14	C18	C22	C27	C30	C35	C40

4.2.5 规格材截面剖解后，缺陷所占截面的比例等条件发生改变，其强度也就发生改变，因此原则上不能再作为承重构件使用。如果能重新定级，可以按重新定级的等级使用，但应注意，新等级规格材的截面尺寸必须符合规格材的尺寸系列，方能重新定级。

4.3 层板胶合木

4.3.1 在我国，胶合木一度曾在施工现场制作，这种做法显然不能保证产品质量。现代胶合木对层板及制作工艺都有严格要求，并要求成套的设备，只适宜在工厂制作。本条强调胶合木应由有资质的专业生产厂家制作，旨在保证产品质量。

4.3.2 现行国家标准《胶合木结构技术规范》GB/T 50708将制作胶合木的层板划分为普通层板、目测分等层板和机械弹性模量分等层板，因而有普通层板胶合木、目测分等层板胶合木和机械弹性模量分等层板胶合木类别之分。按组坯方式不同，后两者又分为同等组合胶合木、对称异等组合和非对称异等组合胶合木。胶合木构件的工作性能与胶合木的类别、组坯方式、强度等级、截面尺寸及设计规定的工作环境直接相关，因此本条规定以上各项应与设计文件相符。本条按《木结构工程施工质量验收规范》GB 50206的规定，要求进场胶合木或胶合木构件应有产品质量合格证书和产品标识，产品标识包括生产厂家、胶合木的种类和强度等级等信息。

4.3.3 胶合木构件可在生产厂家直接加工完成，也可以将胶合木作为一种木产品进场，在现场加工成胶合木构件。但不管以哪种方式进场，都应按《木结构工程施工质量验收规范》GB 50206的规定，要求有胶缝完整性检验和层板指接强度检验合格报告。胶缝完整性要求和层板指接强度要求是胶合木生产过程中控制质量的必要手段,是进场胶合木生产厂家须提供的质量证明文件。当缺乏证明文件时,应在进场验收时由有资质的检测机构完成,并出具报告,并应满足国家标准《结构用集成材》GB/T 26899 的相关规定。

现行国家标准《木结构工程施工质量验收规范》GB 50206 规定对进场胶合木进行荷载效应标准组合作用下的抗弯性能检验,是对胶合木产品质量合格的验证。要求在检验荷载作用下胶缝不开裂,原有漏胶胶缝不发展,最大挠度不超过规定的限值。检验合格的试验梁可继续作为构件使用,不致浪费。

4.3.4 现行国家标准《木结构设计规范》GB 50005 和《胶合木结构技术规范》GB/T 50708 都规定直线形层板胶合木构件的层板不大于 45mm。弧形构件在制作时需将层板在弧形模子上加压预弯,待胶固结后,撤去压力,达到所需弧度。在这一制作过程中,在层板中会产生残余应力,影响构件的强度。层板越厚和曲率越大,残余应力越大,故需限制弧形构件层板的厚度。《木结构设计规范》GB 50005‐2003 规定胶合木弧形构件层板的厚度不大于 R/300,但美国木结构设计规范 NDS‐2005 规定,软木类层板的厚度不大于 R/125,硬木及南方松层板厚度不大于 R/100。本条取为 R/125,并与国家标准《结构用集成材》GB/T 26899 的规定一致。

4.3.5 层板胶合木作为产品进场,只能作必要的外观检查,无法对层板质量再行检验。本条规定了外观检查的内容。

4.3.6 制作胶合木构件时,层板的含水率不应大于 15%,否则将影响胶合质量,且同一构件中各层板间的含水率差别不应超过 5%,以避免层板间过大的收缩变形差而产生过大的内应力(湿度应力),甚至出现裂缝等损伤。

4.3.7 本条规定主要为避免胶合木防护层局部损坏而影响防护效果。通常的做法是胶合木构件出厂时用塑料薄膜包覆,既防磕碰损坏,也防止胶合木受潮或干裂。

4.4 木基结构板材

4.4.1、4.4.2 木基结构板材包括结构胶合板和定向木片板,在轻型木结构中除需承受平面外的弯矩作用,重要的是使木构架能承受平面内的剪力,并具有足够的刚度,构成木构架的抗侧力体系,因此应有可靠的结构性能保证。结构胶合板和定向木片板尽管在外观上与装修和家具制作用胶合板、刨花板有相似之处,但两类板材在制作材料的要求和制作工艺上有很大不同,因此其结构性能有很大不同。例如,结构胶合板单板厚度 1.5mm≤t≤5.5mm,层数较少;定向木片板则是长度不小于 30mm 的木片,且面层木片需沿板的长度定向铺设。木基结构板材均需用耐水胶压

制而成。另一个重要区别在于,针对在结构中使用的部位(墙体、楼盖、屋盖),木基结构板材需经受不同环境条件下的荷载检验,即干、湿态荷载检验。干态是指木基结构板材未被水浸入过,并在 20℃±3℃ 和 65%±5% 的相对湿度条件下至少养护 2 周,达到平衡含水率;湿态是指在板表面连续 3 天用水喷淋的状态(但又不是浸泡);湿态重新干燥是指连续 3 天水喷淋后又被重新干燥至干态状态。

进场批次具有两方面含义。批次是指板材生产厂标识的批次,因此,对于每次进场量较少又多次进场,但又是同生产厂的同批次板材的情况,检验报告可用于全部进场板材;对于一次进场量大的情况,可能会使用不同批次的板材,则应有各相应批次的检验报告。

4.4.3、4.4.4 结构胶合板进场验收时只需检查上、下表面两层单板的缺陷。对于进场时已有第 4.4.2 条规定的检验合格证书,仅需作板的静曲强度和静曲弹性模量见证检验。取样及检验方法和评定标准见《木结构工程施工质量验收规范》GB 50206。

4.4.5 有过大翘曲变形的板不允许在工程中使用,因此在存放中应采取措施防止产生翘曲变形。

4.5 结构复合木材及工字形木搁栅

4.5.1~4.5.5 结构复合木材是一类重组木材。用数层厚度为 2.5mm~6.4mm 的单板施胶连续辊轴热压而成的称为旋切板胶合木(LVL,也称单板层集材);将木材旋切成厚度为 2.5mm~6.4mm,长度不小于 150 倍厚度的木片施胶加压而成的称为平行木片胶合木(PSL)和层叠木片胶合木(LSL),均呈厚板状。使用时可沿木材纤维方向锯割成所需截面宽度的木构件,但在板厚方向不宜再加工。结构复合木材的一重要用途是将其制作成预制构件。例如用 LVL 作翼缘,OSB 作腹板,经开槽胶合后制作工字形木搁栅。

目前国内尚无结构复合木材及其预制构件的产品和相关的技术标准,主要依赖进口。因此,进场验收时应认真检查产地国的产品质量合格证书和产品标识。对于结构复合木材应作平置、侧立抗弯强度见证检验以及工字形木搁栅作荷载效应标准组合下的变形见证检验,其抽样、检验方法及评定标准见《木结构工程施工质量验收规范》GB 50206。由于工字形木搁栅等受弯构件检验时,仅加载至正常使用荷载,不会对合格构件造成损伤,因此检验合格后,试样仍作工程用材。进口的工字形木搁栅,一般同时具备产品质量合格证书和产品标识,国产的工字形木搁栅,现阶段不一定具有产品标识,但要求有产品质量合格证书。

4.5.3 结构复合木材是按规定的截面尺寸生产的木产品,如果沿厚度方向切割,会破坏产品的内部构造,影响其力学性能。

4.6 木结构用钢材

4.6.1 木结构用钢材宜选择 Q235 或以上屈服强度等级的钢材，不能因为用于木结构就放松对钢材质量的要求。对于承受动荷载或在−30℃以下工作的木结构，不应采用沸腾钢，冲击韧性应符合 Q235 或以上屈服强度等级钢材 D 等级的标准。

4.6.2 钢材见证检验抽样方法及试验方法均应符合《木结构工程施工质量验收规范》GB 50206 的规定。

4.7 螺 栓

4.7.2 圆钢拉杆端部的螺纹在荷载作用下需有抗拉的能力，采用板牙等工具加工的螺纹往往不规范，螺纹深浅不一致造成过大的应力集中，而影响其承载性能。因此强调应采用车床等设备机械加工，以保证螺纹质量。

4.8 剪 板

4.8.1 剪板连接属于键连接形式，在现行国家标准《木结构设计规范》GB 50005 中并未采用，目前也尚未见国产产品，但《胶合木结构技术规范》GB/T 50708 采用了剪板连接。该种连接件在北美属于规格化的标准产品，有直径为 67mm 和 102mm 两种规格。分别采用美国热轧碳素钢 SAE1010 和铸钢 32520 级（ASTM A47 标准）。

4.8.2 剪板连接的承载力取决于其规格和木材的树种，《胶合木结构技术规范》GB/T 50708 规定了剪板连接的承载力，应用时应注意国产树种与剪板产地国树种的差异。

4.9 圆 钉

4.9.2 圆钉抗弯强度见证检验的抽样方法、试验方法和评定标准见现行国家标准《木结构工程施工质量验收规范》GB 50206。

4.10 其他金属连接件

4.10.1 轻型木结构中常用的金属连接件钢板往往较薄，为了增加钢板平面外的刚度，在钢板的一些部位需压出加劲肋。现场制作存在实际困难，又需作防腐处理，因此规定由专业加工厂冲压成形加工。

5 木结构构件制作

5.1 放样与样板制作

5.1.1 放样和制作样板是一种传统的木结构构件制作工艺。尽管现代计算机绘图技术能精确地绘出各构件的细部尺寸，但除非采用数控木工机床方法制作构件，否则将其复制到各个构件上时仍存在丈量等方面的误差。尤其是批量加工制作时工作量大，不易保证尺寸统一，因此，本规范要求木结构施工时应首先放样和制作样板。

5.1.2 明确构件截面中心与设计图标注的中心线的关系，使实物能符合设计时的计算简图和确定结构的外貌尺寸。如三角形豪式原木桁架以两端节点上、下弦杆的毛截面几何中心线交点间的距离为计算跨度，方木桁架则以上弦杆毛截面和下弦杆净截面几何中心线交点间的距离为计算跨度。

5.1.3 方木、原木结构和胶合木结构桁架的制作均应按跨度的 1/200 起拱，以减少视觉上的下垂感。本条规定了脊节点的提高量为起拱高度，在保持桁架高度不变的情况下，钢木桁架下弦提高量取决于下弦节点的位置，木桁架取决于下弦杆接头的位置。桁架高度是指上弦中央节点至两支座连线间的距离。

5.1.4 胶合木构件往往设计成弧形，制作时先按要求的曲率形成弧形模架，再将层板胶胶加压，胶固化后即成弧形构件。由于在制作过程中会在层板中产生残余应力，影响胶合木的强度，且胶合木弧形构件在使曲率减小的弯矩作用下产生横纹拉应力，因此应严格控制弧形构件的曲率。考虑制作中卸去压力后构件的曲率会产生回弹（回弹量与树种、层板厚度等因素有关），模架的曲率一般比拟制作的构件的曲率大一些，两者有如下经验关系可供参考：

$$\rho_0 = \rho\left(1 - \frac{1}{n}\right) \tag{1}$$

式中，ρ_0 为模架拱面的曲率半径；ρ 为弧形构件下表面的设计曲率半径；n 为层板层数。

胶合木直梁跨度不大时一般不做起拱处理，必须起拱时，其制作工艺与弧形构件相同。

5.1.5 桁架上弦杆不仅有轴向压力，当有节间荷载时尚有弯矩作用，接头应设在轴力和弯矩较小的位置。对于三角形豪式桁架，上弦杆接头不应设在脊节点两侧或端节点间，而应设在其他节间的靠近节点的反弯点处，而梯形豪式桁架上弦端间往往无轴向压力作用，可视为简支梁，节点附近仅有不大的弯矩作用。为便于起拱，桁架下弦接头放在节点处。

5.1.6 放样使用的量具需经计量认证，满足测量精度（±1mm）的方可使用。长度计量通常采用钢尺和钢板尺，不得使用皮尺。

5.1.7、5.1.8 样板是制作构件的模具，使用过程中应保持不变形和必要的精度，交接验收合格方能使用。

5.2 选 材

5.2.1 现行国家标准《木结构设计规范》GB 50005 对方木、原木结构木材强度取值的规定，仅取决于树种，未考虑允许的缺陷对强度的影响。实际上不同的受力方式对这些缺陷的敏感程度是不同的，表 5.2.1

和相应的本条内容正是考虑了缺陷对不同受力构件的影响程度。影响较大的，选用好的材料，即缺陷少的木材，影响小的，可选用缺陷多一点的木材。

5.2.2 层板胶合木的类别含普通层板胶合木、目测分等层板胶合木和机械弹性模量分等层板胶合木，后两类又分为同等组合胶合木、对称异等组合和非对称异等组合胶合木。应严格按设计文件规定的类别、强度等级、截面尺寸和使用环境定制或购买。由于组坯不同，胶合木的力学性能就不同，因此强度等级相同但组坯不同的胶合木不得相互替换。截面锯解后的胶合木，其各强度指标已不能保证，因此不能再作为结构材使用。

5.3 构件制作

5.3.1 方木、原木结构构件的制作允许偏差来自于现行国家标准《木结构设计规范》GB 50005 和《木结构工程施工质量验收规范》GB 50206 的规定。

5.3.2 层板胶合木作为一种木产品用以制作各类胶合木构件。构件制作一般直接在胶合木生产厂家完成，也可以在现场制作，但所用胶合木的类别（普通层板、目测分等层板或机械弹性模量分等层板）、强度等级、截面尺寸和适用环境都必须符合设计文件的要求。本条规定制作构件时胶合木只应进行长度方向切割及槽口、螺栓孔等加工，目的在于禁止将较大截面的胶合木锯解成较小截面的构件。因为这样处理会影响胶合木的强度，特别是异等组坯的情况，更是如此。

5.3.4 弧形胶合木构件的曲率制作允许偏差和梁的起拱允许偏差，目前尚无统一规定，本条参照 ANSI A190.1 给出了胶合木梁允许偏差。

6 构件连接与节点施工

6.1 齿连接节点

6.1.1～6.1.3 齿连接主要通过构件间的承压面传递压力，又称抵承结合，为此施工时注意传递压力的承压面应紧密相抵，而非承压面的接触可留有一定的缝隙。如图 6.1.1-1 所示的 bc 非承压面，若过于严密，可引起桁架下弦杆因局部横纹承压而受损。

保险螺栓的作用是一旦下弦杆顺纹受剪面出问题，不致使桁架迅速塌落，而可及时抢修。因此，保险螺栓尽管在正常使用过程中几乎不受荷载作用，但为安全是必须安装的，且其直径应满足设计文件的规定。

6.2 螺栓连接及节点

6.2.1 采用双排螺栓的钢夹板做连接件往往会妨碍

木构件的干缩变形，导致木材横纹受拉开裂而丧失抗剪承载力，因此需将钢夹板分割成两条，每条设一排螺栓，但两排螺栓的合力作用点仍应与构件轴线一致。

螺栓连接中力的传递依赖于孔壁的挤压，因此连接件与被连接件上的螺栓孔应同心，否则不仅安装螺栓困难，更不利的是增加了连接滑移量，甚至发生各个击破现象而不能达到设计承载力要求。我国工程实践曾发现，有的屋架投入使用后下弦接头的滑移量最大达到 30mm，原因是下弦和木夹板分别钻孔，装配时孔位不一致，就重新扩孔以装入螺栓，屋架受力后必然产生很大滑移。采用本条规定的一次成孔方法，可有效解决螺栓不同心问题，缺点是当连接件为钢夹板时，所用长钻杆的麻花钻，需特殊加工。

螺栓连接中，螺栓杆不承受轴向力作用，仅在连接破坏时，承受不大的拉力作用，因此垫板尺寸仅需满足构造要求，无需验算木材横纹局压承载力。

6.2.2 中心螺栓连接节点，实际上是一种销连接节点，可防止构件相对转动时导致木材横纹受拉劈裂，如图 2 所示。

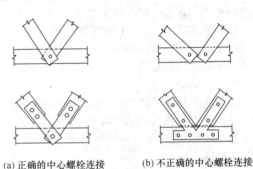

(a) 正确的中心螺栓连接　　(b) 不正确的中心螺栓连接

图 2　不同的连接方式

6.3 剪板连接

6.3.1～6.3.4 剪板连接的工作方式类似螺栓，但木材的承压面在剪板周边与木材的接触面处，紧固件（螺栓或方头螺钉）主要受剪。连接施工时，剪板凹槽和螺栓孔需用专用钻具（图 3）一次成形，保证剪板和紧固件同心。紧固件直径和剪板需配套。

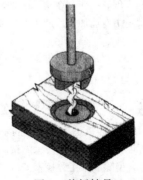

图 3　剪板钻具

否则连接滑移量大，承载力降低。考虑到制作安装过程中木材含水率变化引起紧固件松动，故应复拧紧。

6.4 钉 连 接

6.4.1、6.4.2 钉连接中钉子的直径与长度应符合设计文件的规定，施工中不允许使用与设计文件规定的同直径不同长度或同长度不同直径的钉子替代，这是因为钉连接的承载力与钉的直径和长度有关。

硬质阔叶材和落叶松等树种木材，钉钉子时易发生木材劈裂或钉子弯曲，故需设引孔，即预钻孔径为0.8倍~0.9倍钉子直径的孔，施工时亦需将连接件与被连接件临时固定在一起，一并预留孔。

6.5 金属节点及连接件连接

6.5.1 重型木结构或大跨空间木结构采用传统的齿连接、螺栓连接节点往往承载力不足或无法实现计算简图要求，如理想的铰接或一个节点上相交构件过多而存在构造上的困难，因此采用金属节点，木构件与金属节点相连，从而构成平面的或空间的木结构。金属连接件很好地替代了木主梁与木次梁，以及木主梁在支座处的传统连接方法，特别是在胶合木结构中获得了广泛应用。本条文规定了金属节点和连接件的制作要求，其中一些焊缝尺寸的规定是对构造焊缝的要求，受力焊缝的尺寸应满足设计文件的规定。

6.5.2 木构件与金属节点的连接仍应满足齿连接（抵承结合）或螺栓连接的要求。

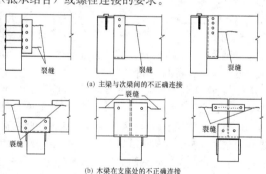

(a) 主梁与次梁间的不正确连接

(b) 木梁在支座处的不正确连接

图 4 木构件与金属连接件不正确的连接

6.5.3 如木构件与金属连接件的固定方法不正确，常常因限制了木材的干缩变形或荷载作用下的变形而造成木材横纹受拉，导致木材撕裂。如图4所示主梁与次梁和木梁在支座处因不正确的连接造成木构件开裂，这些连接方法是不可取的。

6.6 木构件接头

6.6.1 木构件受压接头利用两对顶的抵承面传递压力，理论上夹板与螺栓不受力，仅为构造要求。斜接头两侧的抵承面不能有效地传递压力，故不能采用。

规定木夹板的厚度和长度，主要为使构件或组合构件（如桁架）在吊装和使用过程中具有足够的平面外强度和刚度。

6.6.2 受拉接头中螺栓与夹板都是受力部件，应满足设计文件的规定。原木受拉接头若采用单排螺栓连接，则原木受剪面与木材中心重合，是不允许的。

6.6.3 受弯构件接头并不可能做到与原木构件等强（承载力与刚度），因此受弯构件接头只能设在反弯点附近，基本不受荷载作用。

6.7 圆钢拉杆

6.7.1 圆钢拉杆搭接接头的焊缝易撕裂，故不应采用。

6.7.2 拉杆螺帽下的垫板尺寸取决于木材的局部承压强度，垫板厚度取决于其抗弯要求，皆由设计计算决定，故应符合设计文件的规定。

6.7.3 钢下弦拉杆自由长度过大，会发生下垂，故设吊杆避免下垂。

7 木结构安装

7.1 木结构拼装

7.1.1 大跨和空间木结构的拼装，应制定相应的拼、吊装施工方案。支座存在水平推力的结构，特别是大跨空间木结构，宜采用高空散装法，但需要较大工程量搭接施工脚手架。地面分块、分条或整体拼装后再吊装就位时，应进行结构构件与节点的安全性验算。需考虑拼装时的支承情况和吊装时的吊点位置两种情况验算。木材设计强度取值与使用年限有关，拼、吊装时结构所受荷载作用时段短，故取最大工作应力不超过1.2倍的木材设计强度。

7.1.2~7.1.4 桁架采用竖向拼装可避免上弦杆接头各节点在桁架翻转过程中损坏。桁架翻转瞬间支座一般不离地，因此在两吊点情况下对于三角形桁架，翻转时上弦杆可视为平面外的两个单跨悬臂梁。对于梯形或平行弦桁架，计算简图可视为双悬臂梁。钢木桁架下弦杆占桁架自重的比例要比木桁架小，故验算时木桁架的荷载比例略比钢木桁架大。

7.2 运输与储存

7.2.1 桁架等平面构件水平运输时不宜平卧叠放在车辆上，以免在装卸和运输过程中因颠簸使平面外受弯而损坏。实腹梁和空腹梁等构件在运输中悬臂长度不能过长，以免负弯矩过大而受损。

7.2.2 大型或超长构件无法存放在仓库或敞棚内时，也应采取防雨淋措施，如用五彩布、塑料布等遮盖。

7.3 木结构吊装

7.3.1、7.3.2 桁架吊装时的安全性验算应以吊点处为支座，作用有绳索产生的竖向和水平支反力。桁架自重及附着在桁架上的临时加固构件的全部荷载简化为上弦节点荷载，或上弦杆自重简化为上弦节点荷载，下弦杆及腹杆简化为下弦节点荷载，其他临时加固构件按实际情况简化为上、下弦节点荷载，两种计算简图，并考虑系统的动力系数。特别需注意桁架发生拉压杆变化的情况，齿连接不能受拉，钢拉杆不能受压，发生这类情况时必须采取临时加固措施，如增设反向的斜腹杆等解决。

绳索的水平夹角小，可以降低起吊高度，但过小的水平夹角会明显增大桁架平面内的水平作用力而导致平面外失稳。因此规定了绳索的水平夹角不小于60°。规定两吊点间用水平杆加固桁架，目的在于缓解这一水平作用的危害。考虑到吊装时下弦杆截面宽度较小的大跨桁架，特别是钢木桁架下弦不能受压，设置连续的水平杆临时加固桁架，防止下弦失稳。

7.4 木梁、柱安装

7.4.1～7.4.5 木腐菌的孢子和菌丝侵蚀到含水率大于20%且空气容积含量为5%～15%时，就会大量繁殖而导致木材腐朽。因此规定柱底距室外地坪的高度并设防潮层和不与土壤接触，一方面是缓解土壤中的木腐菌直接侵蚀，另一方面使柱根部木材能处于干燥状态，不利于木腐菌的繁殖。另据调查，木构件距地面0.45m以后，可大大减缓白蚁的侵蚀。木梁端部支承在砌体或混凝土构件上，要求木梁支座四周设通风槽，目的是使木材能有干燥的环境条件。

7.4.6 异等组坯的层板胶合木梁或偏心受压构件，其正反两个方向的力学性能并不对称，安装时应特别注意受拉区的位置与设计文件相符，避免工程事故。

7.5 楼盖安装

7.5.1～7.5.3 首层楼盖底与室内地坪间至少应留有0.45m净空，且应在四周基础（勒脚）上开设通风洞，使有良好的通风条件，保证楼盖木构件处于干燥状态。

7.6 屋盖安装

7.6.1 大量的现场调查表明，木桁架的腐朽主要发生在支座桁架节点，其原因一是屋面檐口部位漏雨，二是支座节点被砌死在墙体中，不通风，木材含水率高，为木腐菌提供了繁殖的有利条件。因此桁架支座处的防腐处理十分重要。

抗震区木柱与桁架上弦第二节点间设斜撑可增强房屋的侧向刚度，侧向水平荷载在斜撑中产生的轴力应直接传递至屋架上弦节点，斜撑与下弦杆相交处（图7.6.1）的螺栓只起夹紧作用，不应传递轴力，故在斜撑上开椭圆孔。

7.6.2 砌体房屋木屋盖采用硬山搁檩，第一榀桁架可靠近山墙就位，当山墙有足够刚度时，可用檩条作支撑，保持稳定，否则应设斜撑作临时支撑。此时应注意斜撑根部的可靠连接，以免偶然作用下斜撑脱落而导致桁架倾倒。

7.6.3 屋盖支撑体系是保证屋盖系统整体性和空间刚度的重要条件，必须按设计文件安装。一个屋盖系统根据其纵向刚度不同，至少在1个～2个开间内设置由桁架间垂直支撑、上弦间的横向支撑、下弦系杆及梯形或平行弦桁架端竖杆间的垂直支撑构成的空间稳定体系，其他桁架则通过檩条和下弦水平系杆与其相连而构成屋盖的空间结构体系，特别是使屋盖系统在纵向具有足够的刚度，以抵抗风荷载等水平作用力。垂直支撑连接如图5所示。

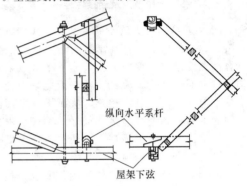

纵向水平系杆

屋架下弦

图5 屋盖桁架垂直水平支撑的连接

7.6.4 本条规定主要针对简支檩条的安装，采用轻型屋面时，由于风吸力可能超过屋面自重，故需用螺栓固定，防止檩条被风吸力掀起。

7.6.5 桁架平面的垂直度可用线垂或经纬仪测量，垂直度满足偏差要求的桁架应严密地坐落在支座上，局部缝隙应打入硬木片并用钉牵牢。

7.6.6 天窗架与桁架连体吊装就位，因其高度大，两者相连的节点刚度差，容易损坏，故规定单独吊装，即桁架可靠固定后再吊装天窗架。天窗架竖向荷载主要依靠天窗架柱传至屋架上弦节点。在荷载作用下，柱底与屋架上弦顶面间的抵承面存在较大的挤压变形，若夹板螺栓直接与桁架上弦相固定，则竖向荷载可能通过螺栓受弯、剪传至桁架上弦杆，导致木材横纹受拉而遭到损坏，故规定螺栓在上弦杆下面穿过，仅将两夹板彼此夹紧。

7.6.7～7.6.9 瓦屋面在挂瓦条上直接钉挂瓦条，缺点是无法铺设防水卷材，密铺木望板有利于提高屋面结构刚度与整体性。铁皮屋面一般均应设木望板。

7.7 顶棚与隔墙安装

7.7.1 顶棚梁应上吊在桁架下弦节点处，以避免下弦成为拉弯杆件。上吊式是为避免桁架下弦木材横纹受拉而撕裂。桁架下弦底表面距顶棚保温层顶至少应留有 100mm 的间隙，防止下弦埋入保温层，因不通风，受潮腐朽。

7.7.2 顶、地梁和两端龙骨应用直径不小于 10mm、间距不大于 1.2m 的膨胀螺栓固定。

7.8 管线穿越木构件的处理

7.8.1 浸渍法防护处理，药剂只能渗入木材表面下一定深度，不可能全截面均达到一定的药剂量，因此要求开孔应在防护处理前完成，防止损及防护性能。必须在防护处理后开孔，则应用喷涂法在孔壁周围重作防护处理。

7.8.2 在木梁上切口或开水平孔均减少梁的有效面积并引起应力集中，因此需对其位置和数量加以必要的限制。图 7.8.2 中的竖线和斜线区的弯曲应力和剪应力在均布荷载作用下，均小于设计应力的 50%，是允许开设水平孔的位置，这些孔洞主要是供管网穿越，并非用作悬吊重物。

7.8.3 梁截面上竖向钻洞（孔）同样会减少梁的有效截面并引起应力集中。据分析，竖向孔对承载力的影响约为截面因开孔造成截面损失率的 1.5 倍，如若梁宽为 140mm，孔径为 25mm，截面损失率为 1/5～1/6，而承载力损失约为 1/4。对于均布荷载作用下的简支梁，在距支座 1/8 跨度范围内，其弯曲应力不会超过设计应力的 50%，只要这个梁区段抗剪承载力有一定富余，钻竖向小孔是可以的。

7.8.4 木构件上钻孔悬吊重物等可能引起木材横纹受拉，原则上一律不允许，本规范图 7.8.2 所示的区域因工作应力低，允许开孔的目的虽是为了管网穿越，但悬吊轻质物体尚可允许，其界限由设计单位验算决定。

8 轻型木结构制作与安装

8.1 基础与地梁板

8.1.1 见本规范第 7.5.1～第 7.5.3 条条文说明。

8.1.2 除采用预埋的方式，按我国轻型木结构的施工经验，可采用化学锚栓，应选用抗拔承载力不低于 $\phi12$ 的螺栓承载力的化学锚栓。当采用植筋时，钢筋直径不应小于 12mm，植筋深度不小于钢筋直径的 15 倍，且应满足《混凝土结构后锚固技术规程》JGJ 145-2004 的要求。

8.2 墙体制作与安装

8.2.1 轻型木结构实际上是由剪力墙和横隔组成的板式结构（盒子房），剪力墙是重要的基本构件，其承载力取决于规格材、覆面板的规格尺寸、品种、间距以及钉连接的性能。因此施工时规格材、覆面板应符合设计文件的规定。要求墙骨、底梁板和顶梁板等

规格材的宽度一致，主要是为使墙骨木构架的表面平齐，便于铺钉覆面板。国产与进口规格材的尺寸系列略有不同（4.2.2 条），截面尺寸差别不超过 2mm 的规格材，受力性能无明显差别，故可视为同规格的规格材使用。但不同尺寸系列的规格材不能混用，原因之一是混用会给铺钉覆面板造成困难。墙骨规格材不低于 Vc 等规定，来自于《木结构设计规范》GB 50005，施工时应予遵守。

8.2.2 覆面板的标准尺寸为 2440mm×1220mm，除非经专门设计，墙骨的间距一般有 406mm（16in）和 610mm（24in）两种，便于两者钉合，使接缝位于墙骨中心。墙骨所用规格材的截面宽度不小于 40mm（38mm），主要是考虑钉合墙面板时钉连接的边、端距要求。在接缝处使用截面宽度为 38mm 的规格材作墙骨，钉的边距稍差，因此钉往往需要斜向钉合。考虑可能的湿胀变形，覆面板在墙骨上的接缝处应留不小于 3mm 的缝隙。

8.2.3 规定了顶梁板和底梁板的基本构造和制作要求。承重墙的顶梁板还兼作楼盖横隔的边缘构件（受拉弦杆），故需两根叠放。非承重墙可采用 1 根规格材作顶梁板，但墙骨应相应加长，以便与承重墙等高。

8.2.4 门窗洞口的尺寸应大于所容纳的门框、窗框的外缘尺寸，以便于安装。安装后的间隙宜用聚氨酯发泡剂堵塞，以保持房屋的气密性。

8.2.5、8.2.6 规定墙体木构架最基本的构造、钉合和安装要求。

8.2.7 木基结构板与墙体木构架共同形成剪力墙，其中木基结构板主要承受面内剪力，因此本条规定其厚度和种类符合设计文件的要求，并对其最小厚度作出了规定。所谓的 400mm、600mm 墙骨间距，实际上是 16 英寸、24 英寸的近似值，实际尺寸是 406mm、610mm，是与木基结构板材的标准幅面尺寸 1220mm、2440mm 匹配的。有关现行国家标准已采用了 400mm、600mm 的表述方法，本规范的本条也如此表述，以免混乱。但按 400mm、600mm 实际上是无法布置墙骨的，这一点施工时应予注意。

8.2.8～8.2.10 规定剪力墙覆面板的钉合顺序和钉合方法。作为剪力墙使用的外墙体，其抗侧刚度主要取决于墙面板的接缝多寡和接缝位置，接缝少，刚度大。接缝又应落在墙骨上。轻型木结构住宅层高一般规定为 2.4m，因此对于基本尺寸为 1.2m×2.4m 的覆面板，不论垂直或平行于墙骨铺钉都是恰到好处的。铺钉时需特别注意墙体洞口上、下方墙面板设计图标明的接缝位置。当要求竖向接缝位于洞口上、下方中部的墙骨上时，剪力墙具有连续性，施工时不应将接缝改设在洞口两边的墙骨上。

8.2.11 采用圆钢螺栓整体锚固墙体时，圆钢螺栓下端应与基础锚固，可利用地梁板的锚固螺栓。为此应

将地梁板锚固螺栓适当增长螺杆丝扣，通过正反扣套筒螺母与圆钢螺栓相连。

8.2.12 墙体制作与安装偏差的丈量工具，对于几何尺寸可用钢尺测量，垂直度、水平偏差等可用工程质量检测器测量。

8.3 柱制作与安装

8.3.1、8.3.2 柱是重要承重构件，所用木材的树种、等级或截面尺寸等应符合设计文件的规定。该两条还规定了保证柱子达到预期承载性能的制作要求和构造措施。

8.3.3 同 8.2.12 条条文说明。

8.4 楼盖制作与安装

8.4.1 楼盖梁和各种搁栅是楼盖结构中的主要承重构件，需满足承载力和变形要求。因此所用规格材的树种、等级、规格（截面尺寸）和布置等均需满足设计文件的规定。

8.4.2 用数根规格材制作的楼盖梁，当截面上存在规格材对接接头时，该截面的抗弯承载力有较大的削弱，而只在连续梁的反弯点处弯矩为零，因此规格材对接接头只允许设在本条规定的范围内。规格材之间的连接规定是为从构造上保证梁的承载性能达到预期效果。

8.4.4 搁栅支承在楼盖梁上，应使搁栅上的荷载能可靠地传至梁上。但另一方面，搁栅应有防止楼盖梁整体失稳的作用，因此图 8.4.4（a）中，搁栅与梁间需要用圆钉钉牢，图 8.4.4（b）中需要用连接板拉结两侧搁栅。

8.4.5～8.4.8 从构造要求出发，规定了楼盖搁栅布置，楼盖开洞口和楼盖局部悬挑及连接的要求。施工中应特别注意悬挑的长度和悬挑端所受的荷载，在第 8.4.8 条的规定范围外，搁栅最小尺寸和钉连接要求均应遵守设计文件的规定。

8.4.9 因由多根搁栅支承，非承重墙可以垂直于搁栅方向布置，但距搁栅支座的距离不应超过 1.2m，否则应按设计文件的规定处理。当非承重墙平行于搁栅布置时，墙体可能只坐落在楼面板上，因此规定非承重墙下方需设间距不大于 1.2m 的横撑，由两根搁栅来承担墙体。

8.4.10 工字形木搁栅的腹板较薄，有时腹板上还开有洞口。当翼缘上有较大集中力作用时（如支座处），可能造成腹板失稳。因此，应根据设计文件或工字形木搁栅的使用说明规定，确定是否在集中力作用位置设加劲肋。

8.4.11、8.4.12 规定了楼面板的最小宽度和铺钉规则。板与搁栅间涂刷弹性胶粘剂（液体钉）的目的是减少木材干缩后人员走动时楼板可能发出的噪声。第 8.4.11 条中搁栅的间距 400mm、500mm 和 600mm

是英制单位 16 英寸、20 英寸和 24 英寸的近似值，施工时应按实际尺寸 406mm、508mm 和 610mm 执行。

8.4.13 楼盖制作安装偏差可以用钢尺丈量和工程质量检测器检测。

8.5 椽条-顶棚搁栅型屋盖制作与安装

8.5.1 椽条与顶棚搁栅均为屋盖的主要受力构件，所用规格材的树种、等级及截面尺寸应由设计文件规定。

8.5.2 坡度小于 1∶3 的屋顶，一般视椽条为斜梁，是受弯构件。椽条在檐口处可直接支承在顶梁板上，也可支承在承椽板上。这主要是因为椽条和顶棚搁栅在此处可以彼此不相钉合，两者的支座可以不在一个高度上。另一方面，在屋脊处椽条需支承在能承受竖向荷载的屋脊梁上，且屋脊梁应有支座。

当房屋跨度较大时，椽条往往需要较大截面尺寸的规格材，可采用本条图 8.5.2-2（b）、图 8.5.2-2（c）所示的增设中间支座的方法，以减少椽条的计算跨度。交叉斜杆支承方案中斜杆的倾角不应小于 45°，否则应在两交叉杆顶部设水平拉杆，以增强斜杆对椽条的支承作用。

8.5.3 坡度等于和大于 1∶3 的屋顶，椽条与顶棚搁栅应视为三铰拱体系。椽条在檐口处只能直接支承在顶梁板上，且紧靠在顶棚搁栅处，两者相互钉合，使搁栅能拉牢椽条，起拱拉杆作用。因此施工中应重视椽条与顶棚搁栅间的钉连接质量。在屋脊处，两侧椽条通过屋脊板相互对顶，屋脊板理论上不受荷载作用，无需竖向支座。对采用三铰拱桁架形式的屋盖，尽管能节省材料，但半跨活荷载作用对该结构十分不利，必须严格按设计图的规定施工，不得马虎。图中椽条连杆是为了减小椽条的计算跨度，跨度较小时亦可不设。

8.5.4 顶棚搁栅的安装钉合要求与楼盖搁栅一致，但对坡度大于 1∶3 的屋盖，因顶棚搁栅承受拉力，故要求支承在内承重墙或梁上的搁栅搭接的钉连接用钉量要多一些、强一些。

8.5.5～8.5.7 规定了椽条在山墙、戗角、坡谷及老虎窗等位置的构造、安装和钉合要求。

8.5.8、8.5.9 规定了屋面板的铺钉要求。在屋面板铺钉完成前，椽条平面外尚无支撑，承载能力有限，因此规定施工时不得在其上施加集中力和堆放重物。其中椽条的间距 400mm、500mm 和 600mm 也是英制单位 16 英寸、20 英寸和 24 英寸的近似值，施工时应按实际尺寸 406mm、508mm 和 610mm 执行。

8.5.10 为了保证此类屋盖的安装质量，规定了其施工程序和操作要点。其中临时铺钉木基结构板，可以不满铺，可根据屋盖各控制点位置和操作要求铺钉。

8.5.11 轻型木结构屋盖的制作安装偏差可用钢尺

测量。

8.6 齿板桁架型屋盖制作与安装

8.6.1 由于齿板桁架制作时需专门的将齿板压入桁架节点的设备，施工现场制作无法保证质量。因此规定齿板桁架由专业加工厂生产。齿板桁架进场时，除检查其产品质量合格证书和产品标识外，还应按本条规定的内容作进场检验。进口的齿板桁架，一般同时具备产品质量合格证书和产品标识，国产的齿板桁架，现阶段不一定具有产品标识，但要求有产品质量合格证书。

8.6.2、8.6.3 齿板桁架平面外刚度差，连接节点较脆弱。搬运和吊装需特别小心，确保其不受损害。安装就位后做好临时支撑，防止倾倒。

8.6.4 规定了齿板桁架屋盖一般构造要求，桁架除用规定的圆钉在支座处与墙体顶梁板钉牢外，还应按设计要求用镀锌金属连接件作可靠的锚固，防止屋盖在风荷载作用下掀起破损。

8.6.5、8.6.6 齿板桁架弦杆的截面宽度一般仅为38mm，各节点用齿板连接，其平面外的刚度较差。桁架支座处的支承面窄，站立时稳定性差，因此吊装就位后临时支撑的设置十分重要。条文规定临时支撑应在上、下弦和腹杆三个平面设置，并应设置可靠的斜向支撑，防止施工阶段整体倾倒。

8.6.7 齿板桁架屋盖的支撑系统是保证屋盖整体性的重要构件，需按设计文件的规定施工，不得缺省。

8.6.8 齿板桁架各杆件尺寸都经受力计算确定，切断或移除其杆件会危及结构安全。不允许因安装天窗或设检修口而改变桁架的构件布置。

8.6.9 同8.5.9条条文说明。

8.6.10 齿板桁架的安装偏差可用钢尺量取和工程质量检测器检测。

8.6.11 屋面板铺设钉合规定，同8.5.9条条文说明。

8.7 管线穿越

8.7.1 轻型木结构墙体、楼盖中的夹层空间为室内管线的敷设提供了方便，但构件上开槽口或开孔均减少其有效面积并引起应力集中，因此需对开孔的位置和大小加以必要的限制。本条规定了墙骨、搁栅等各类木构件允许开洞的尺寸和位置。

8.7.2 承重构件涉及结构安全，施工人员不得自行改变结构方案。本条规定受设备等影响必须调整结构方案时，需由设计单位作必要的设计变更，确保安全。

9 木结构工程防火施工

9.0.1 木结构工程的防火措施除遵守必要的外部环境（如防火间距）条件外，应从两方面着手。一是达到规定的木结构构件的燃烧性能耐火极限规定，二是防火的构造措施。本章即从这两方面的施工要求，做了必要的规定。

9.0.2 规定了防火材料、阻燃剂进场验收、运输、保管和存储的要求。

9.0.3、9.0.4 规定了已完成防火处理的木构件进场验收的要求。规定了木构件阻燃处理的基本要求。表面涂刷防火涂料，不能改变木构件的可燃烧性。需要作改善木构件燃烧性能的防火措施，均应采用加压浸渍法施工，而一般的施工现场没有这样的施工条件和设备，故应由专业消防企业来完成。

9.0.5～9.0.12 规定了防火构造措施所用材料和施工的基本要求。

9.0.13 木结构房屋火灾的引发，往往由其他工种施工的防火缺失所致，故房屋装修也应满足相应的防火规范要求。

10 木结构工程防护施工

10.0.1 木结构工程的防护包括防腐和防虫害两个方面，这两个方面的工作由工程所在地的环境条件和虫害情况决定，需单独处理或同时处理。对防护用药剂的基本要求是能起到防护作用又不能危及人畜安全和污染环境。

10.0.2 规定了防护药剂的进场验收、运输、保管和存储的要求。

10.0.3 规定了各种防护处理工艺的适用场合。喷洒法和涂刷法只能使药物附着在木构件表面，易剥落破损，不能持久，只能作为局部修补。常温浸渍法药物只能深入木材表层，保持量小，只能用在C1类条件下，其他环境条件均应采用加压或冷热槽浸渍法处理。除喷洒法、涂刷法外的其他防护处理，受工艺和设备条件的限制，木材防护处理应由专业加工企业完成。

10.0.4 规定了木材防护处理与构件加工制作的先后顺序。防护处理后的构件不宜再行加工，以保持防护效果，使构件满足耐久性要求。

10.0.5～10.0.7 规定了各种适用于木材防腐的药剂和相应的保持量和透入度以及进场验收要求。主要内容为防护剂的透入度及保持量。

10.0.8 除了防护处理，防腐、防潮的构造措施非常重要。本条规定了这些构造要求，主要体现了我国木结构工程的施工经验，要点是保持良好通风，避免雨水渗漏，勿使木构件与混凝土或土壤直接接触。

10.0.9 轻型木结构外墙通常是承重的剪力墙，其保护是保证结构耐久性的措施，本条内容正是基于这一点提出。

11 木结构工程施工安全

11.0.2、11.0.3 木材加工机具易对操作人员造成伤害，故对机具的安全性必须重视，本条规定所用机具应为国家定型产品，具有安全合格证书。强调大型木工机具的操作人员应有上岗证。

11.0.1、11.0.4~11.0.6 木结构工程施工现场失火时有发生，因此规定了木结构工程施工现场必要的防火措施和消防设备。

中华人民共和国国家标准

木结构工程施工质量验收规范

Code for acceptance of construction quality
of timber structures

GB 50206—2012

主编部门：中华人民共和国住房和城乡建设部
批准部门：中华人民共和国住房和城乡建设部
施行日期：2　0　1　2　年　8　月　1　日

中华人民共和国住房和城乡建设部
公 告

第 1355 号

关于发布国家标准《木结构
工程施工质量验收规范》的公告

现批准《木结构工程施工质量验收规范》为国家标准，编号为 GB 50206—2012，自 2012 年 8 月 1 日起实施。其中，第 4.2.1、4.2.2、4.2.12、5.2.1、5.2.2、5.2.7、6.2.1、6.2.2、6.2.11、7.1.4 条为强制性条文，必须严格执行。原国家标准《木结构工程施工质量验收规范》GB 50206—2002 同时废止。

本规范由我部标准定额研究所组织中国建筑工业出版社出版发行。

中华人民共和国住房和城乡建设部

2012 年 3 月 30 日

前 言

本规范是根据原建设部《关于印发〈2006 年工程建设标准规范制订、修订计划（第一批）〉的通知》（建标〔2006〕77 号）的要求，由哈尔滨工业大学和中建新疆建工（集团）有限公司会同有关单位对原国家标准《木结构工程施工质量验收规范》GB 50206—2002 进行修订而成。

本规范在修订过程中，规范修订组经过广泛的调查研究，总结吸收了国内外木结构工程的施工经验，并在广泛征求意见的基础上，结合我国的具体情况进行了修订，最后经审查定稿。

本规范共分 8 章和 10 个附录，主要内容包括：总则、术语、基本规定、方木与原木结构、胶合木结构、轻型木结构、木结构的防护、木结构子分部工程验收等。

本规范中以黑体字标志的条文为强制性条文，必须严格执行。

本规范由住房和城乡建设部负责管理和对强制性条文的解释，由哈尔滨工业大学负责具体技术内容的解释。在执行本规范过程中，请各单位结合工程实践，提出意见和建议，并寄送到哈尔滨工业大学《木结构工程施工质量验收规范》编制组（地址：哈尔滨市南岗区黄河路 73 号哈尔滨工业大学（二校区）2453 信箱，邮编：150090，电子邮件：e. c. zhu@hit. edu. cn），以供今后修订时参考。

本规范主编单位、参编单位、参加单位、主要起草人员和主要审查人员：

主 编 单 位：哈尔滨工业大学
中建新疆建工（集团）有限公司

参 编 单 位：四川省建筑科学研究院
中国建筑西南设计研究院有限公司
同济大学
重庆大学
东北林业大学
中国林业科学研究院
公安部天津消防研究所

参 加 单 位：加拿大木业协会
德胜洋楼（苏州）有限公司
苏州皇家整体住宅系统股份有限公司
明迪木构建设工程有限公司
上海现代建筑设计有限公司
山东龙腾实业有限公司
长春市新阳光防腐木业有限公司

主要起草人员：祝恩淳 潘景龙 樊承谋
倪 春 李桂江 王永维
杨学兵 何敏娟 程少安
倪 竣 聂圣哲 张学利
周淑容 张盛东 陈松来
许 方 蒋明亮 方桂珍
倪照鹏 张家华 姜铁华
张华君 张成龙

主要审查人员：刘伟庆 龙卫国 张新培
申世杰 刘 雁 任海清
杨 军 王 力 王公山
丁延生 姚华军

目　　次

Contents

1 总　则

1.0.1 为加强建筑工程质量管理，统一木结构工程施工质量的验收，保证工程质量，制定本规范。

1.0.2 本规范适用于方木、原木结构、胶合木结构及轻型木结构等木结构工程施工质量的验收。

1.0.3 木结构工程施工质量验收应以工程设计文件为基础。设计文件和工程承包合同中对施工质量验收的要求，不得低于本规范的规定。

1.0.4 本规范应与现行国家标准《建筑工程施工质量验收统一标准》GB 50300 配套使用。

1.0.5 木结构工程施工质量验收，除应符合本规范外，尚应符合国家现行有关标准的规定。

2 术　语

2.0.1 方木、原木结构　rough sawn and round timber structure

承重构件由方木（含板材）或原木制作的结构。

2.0.2 胶合木结构　glued-laminated timber structure

承重构件由层板胶合木制作的结构。

2.0.3 轻型木结构　light wood frame construction

主要由规格材和木基结构板，并通过钉连接制作的剪力墙与横隔（楼盖、屋盖）所构成的木结构，多用于 1 层~3 层房屋。

2.0.4 规格材　dimension lumber

由原木锯解成截面宽度和高度在一定范围内，尺寸系列化的锯材，并经干燥、刨光、定级和标识后的一种木产品。

2.0.5 目测应力分等规格材　visually stress-graded dimension lumber

根据肉眼可见的各种缺陷的严重程度，按规定的标准划分材质和强度等级的规格材，简称目测分等规格材。

2.0.6 机械应力分等规格材　machine stress-rated dimension lumber

采用机械应力测定设备对规格材进行非破坏性试验，按测得的弹性模量或其他物理力学指标并按规定的标准划分材质等级和强度等级的规格材，简称机械分等规格材。

2.0.7 原木　log

伐倒并除去树皮、树枝和树梢的树干。

2.0.8 方木　rough sawn timber

直角锯切、截面为矩形或方形的木材。

2.0.9 层板胶合木　glued-laminated timber

以木板层叠胶合而成的木材产品，简称胶合木，也称结构用集成材。按层板种类，分为普通层板胶合木、目测分等和机械分等层板胶合木。

2.0.10 层板　lamination

用于制作层板胶合木的木板。按其层板评级分等方法不同，分为普通层板、目测分等和机械（弹性模量）分等层板。

2.0.11 组坯　combination of laminations

制作层板胶合木时，沿构件截面高度各层层板质量等级的配置方式，分为同等组坯、异等组坯、对称异等组坯和非对称异等组坯。

2.0.12 木基结构板材　wood-based structural panel

将原木旋切成单板或将木材切削成木片经胶合热压制成的承重板材，包括结构胶合板和定向木片板，可用于轻型木结构的墙面、楼面和屋面的覆面板。

2.0.13 结构复合木材　structural composite lumber（SCL）

将原木旋切成单板或切削成木片，施胶加压而成的一类木基结构用材，包括旋切板胶合木、平行木片胶合木、层叠木片胶合木及定向木片胶合木等。

2.0.14 工字形木搁栅　wood I-joist

用锯材或结构复合木材作翼缘、定向木片板或结构胶合板作腹板制作的工字形截面受弯构件。

2.0.15 齿板　truss plate

用镀锌钢板冲压成多齿的连接件，能传递构件间的拉力和剪力，主要用于由规格材制作的木桁架节点的连接。

2.0.16 齿板桁架　truss connected with truss plates

由规格材并用齿板连接而制成的桁架，主要用作轻型木结构的楼盖、屋盖承重构件。

2.0.17 钉连接　nailed connection

利用圆钉抗弯、抗剪和钉孔孔壁承压传递构件间作用力的一种销连接形式。

2.0.18 螺栓连接　bolted connection

利用螺栓的抗弯、抗剪能力和螺栓孔孔壁承压传递构件间作用力的一种销连接形式。

2.0.19 齿连接　step joint

在木构件上开凿齿槽并与另一木构件抵承，利用其承压和抗剪能力传递构件间作用力的一种连接形式。

2.0.20 墙骨　stud

轻型木结构墙体中的竖向构件，是主要的受压构件，并保证覆面板平面外的稳定和整体性。

2.0.21 覆面板　structural sheathing

轻型木结构中钉合在墙体木构架单侧或双侧及楼盖搁栅或椽条顶面的木基结构板材，又分别称为墙面板、楼面板和屋面板。

2.0.22 搁栅　joist

一种较小截面尺寸的受弯木构件（包括工字形木搁栅），用于楼盖或顶棚，分别称为楼盖搁栅或顶棚搁栅。

2.0.23 拼合梁 built-up beam

将数根规格材（3 根~5 根）彼此用钉或螺栓拼合在一起的受弯构件。

2.0.24 檩条 purlin

垂直于桁架上弦支承椽条的受弯构件。

2.0.25 椽条 rafter

屋盖体系中支承屋面板的受弯构件。

2.0.26 指接 finger joint

木材接长的一种连接形式，将两块木板端头用铣刀切削成相互咬合的指形排列，涂胶加压成为长板。

2.0.27 木结构防护 protection of wood structures

为保证木结构在规定的设计使用年限内安全、可靠地满足使用功能要求，采取防腐、防虫蛀、防火和防潮通风等措施予以保护。

2.0.28 防腐剂 wood preservative

能毒杀木腐菌、昆虫、凿船虫以及其他侵害木材生物的化学药剂。

2.0.29 载药量 retention

木构件经防腐剂加压处理后，能长期保持在木材内部的防腐剂量，按每立方米的千克数计算。

2.0.30 透入度 penetration

木构件经防腐剂加压处理后，防腐剂透入木构件按毫米计的深度或占边材的百分率。

2.0.31 标识 stamp

表明材料构件等的产地、生产企业、质量等级、规格、执行标准和认证机构等内容的标记图案。

2.0.32 检验批 inspection lot

按同一的生产条件或按规定的方式汇总起来供检验用的，由一定数量样本组成的检验体。

2.0.33 批次 product lot

在规定的检验批范围内，因原材料、制作、进场时间不同，或制作生产的批次不同而划分的检验范围。

2.0.34 进场验收 on-site acceptance

对进入施工现场的材料、构配件和设备等按相关的标准要求进行检验，以对产品质量合格与否做出认定。

2.0.35 交接检验 handover inspection

施工下一工序的承担方与上一工序完成方经双方检查其已完成工序的施工质量的认定活动。

2.0.36 见证检验 evidential testing

在监理单位或者建设单位监督下，由施工单位有关人员现场取样，送至具备相应资质的检测机构所进行的检验。

3 基本规定

3.0.1 木结构工程施工单位应具备相应的资质、健全的质量管理体系、质量检验制度和综合质量水平的考评制度。

施工现场质量管理可按现行国家标准《建筑工程施工质量验收统一标准》GB 50300 的有关规定检查记录。

3.0.2 木结构子分部工程应由木结构制作安装与木结构防护两分项工程组成，并应在分项工程皆验收合格后，再进行子分部工程的验收。

3.0.3 检验批应按材料、木产品和构、配件的物理力学性能质量控制和结构构件制作安装质量控制分别划分。

3.0.4 木结构防护工程应按表 3.0.4 规定的不同使用环境验收木材防腐施工质量。

表 3.0.4　木结构的使用环境

使用分类	使用条件	应用环境	常用构件
C1	户内，且不接触土壤	在室内干燥环境中使用，能避免气候和水分的影响	木梁、木柱等
C2	户内，且不接触土壤	在室内环境中使用，有时受潮湿和水分的影响，但能避免气候的影响	木梁、木柱等
C3	户外，但不接触土壤	在室外环境中使用，暴露在各种气候中，包括淋湿，但不长期浸泡在水中	木梁等
C4A	户外，且接触土壤或浸在淡水中	在室外环境中使用，暴露在各种气候中，且与地面接触或长期浸泡在淡水中	木柱等

3.0.5 除设计文件另有规定外，木结构工程应按下列规定验收其外观质量：

1 A 级，结构构件外露，外观要求很高而需油漆，构件表面洞孔需用木材修补，木材表面应用砂纸打磨。

2 B 级，结构构件外露，外表要求用机具刨光油漆，表面允许有偶尔的漏刨、细小的缺陷和空隙，但不允许有松软节的孔洞。

3 C 级，结构构件不外露，构件表面无需加工刨光。

3.0.6 木结构工程应按下列规定控制施工质量：

1 应有本工程的设计文件。

2 木结构工程所用的木材、木产品、钢材以及连接件等，应进行进场验收。凡涉及结构安全和使用功能的材料或半成品，应按本规范或相应专业工程质量验收标准的规定进行见证检验，并应在监理工程师或建设单位技术负责人监督下取样、送检。

3 各工序应按本规范的有关规定控制质量，每道工序完成后，应进行检查。

4 相关各专业工种之间，应进行交接检验并形成记录。未经监理工程师和建设单位技术负责人检查认可，不得进行下道工序施工。

5 应有木结构工程竣工图及文字资料等竣工文件。

3.0.7 当木结构施工需要采用国家现行有关标准尚未列入的新技术（新材料、新结构、新工艺）时，建设单位应征得当地建筑工程质量行政主管部门同意，并应组织专家组，会同设计、监理、施工单位进行论证，同时应确定施工质量验收方法和检验标准，并应依此作为相关木结构工程施工的主控项目。

3.0.8 木结构工程施工所用材料、构配件的材质等级应符合设计文件的规定。可使用力学性能、防火、防护性能超过设计文件规定的材质等级的相应材料、构配件替代。当通过等强（等效）换算处理进行材料、构配件替代时，应经设计单位复核，并应签发相应的技术文件认可。

3.0.9 进口木材、木产品、构配件，以及金属连接件等，应有产地国的产品质量合格证书和产品标识，并应符合合同技术条款的规定。

4 方木与原木结构

4.1 一般规定

4.1.1 本章适用于由方木、原木及板材制作和安装的木结构工程施工质量验收。

4.1.2 材料、构配件的质量控制应以一幢方木、原木结构房屋为一个检验批；构件制作安装质量控制应以整幢房屋的一楼层或变形缝间的一楼层为一个检验批。

4.2 主控项目

4.2.1 方木、原木结构的形式、结构布置和构件尺寸，应符合设计文件的规定。

检查数量：检验批全数。

检验方法：实物与施工设计图对照、丈量。

4.2.2 结构用木材应符合设计文件的规定，并应具有产品质量合格证书。

检查数量：检验批全数。

检验方法：实物与设计文件对照，检查质量合格证书、标识。

4.2.3 进场木材均应作弦向静曲强度见证检验，其强度最低值应符合表 4.2.3 的要求。

表 4.2.3 木材静曲强度检验标准

木材种类	针叶材				阔叶材				
强度等级	TC11	TC13	TC15	TC17	TB11	TB13	TB15	TB17	TB20
最低强度 (N/mm²)	44	51	58	72	58	68	78	88	98

检查数量：每一检验批每一树种的木材随机抽取 3 株（根）。

检验方法：本规范附录 A。

4.2.4 方木、原木及板材的目测材质等级不应低于表 4.2.4 的规定，不得采用普通商品材的等级标准替代。方木、原木及板材的目测材质等级应按本规范附录 B 评定。

检查数量：检验批全数。

检验方法：本规范附录 B。

表 4.2.4 方木、原木结构构件木材的材质等级

项次	构 件 名 称	材质等级
1	受拉或拉弯构件	I a
2	受弯或压弯构件	II a
3	受压构件及次要受弯构件（如吊顶小龙骨）	III a

4.2.5 各类构件制作时及构件进场时木材的平均含水率，应符合下列规定：

1 原木或方木不应大于 25%。

2 板材及规格材不应大于 20%。

3 受拉构件的连接板不应大于 18%。

4 处于通风条件不畅环境下的木构件的木材，不应大于 20%。

检查数量：每一检验批每一树种每一规格木材随机抽取 5 根。

检验方法：本规范附录 C。

4.2.6 承重钢构件和连接所用钢材应有产品质量合格证书和化学成分的合格证书。进场钢材应见证检验其抗拉屈服强度、极限强度和延伸率，其值应满足设计文件规定的相应等级钢材的材质标准指标，且不应低于现行国家标准《碳素结构钢》GB 700 有关 Q235 及以上等级钢材的规定。—30℃以下使用的钢材不宜低于 Q235D 或相应屈服强度钢材 D 等级的冲击韧性规定。钢木屋架下弦所用圆钢，除应作抗拉屈服强度、极限强度和延伸率性能检验外，尚应作冷弯检验，并应满足设计文件规定的圆钢材质标准。

检查数量：每检验批每一钢种随机抽取两件。

检验方法：取样方法、试样制备及拉伸试验方法应分别符合现行国家标准《钢材力学及工艺性能试验取样规定》GB 2975、《金属拉伸试验试样》GB 6397 和《金属材料室温拉伸试验方法》GB/T 228 的有关规定。

4.2.7 焊条应符合现行国家标准《碳钢焊条》GB 5117 和《低合金钢焊条》GB 5118 的有关规定，型号应与所用钢材匹配，并应有产品质量合格证书。

检查数量：检验批全数。

检验方法：实物与产品质量合格证书对照检查。

4.2.8 螺栓、螺帽应有产品质量合格证书，其性能应符合现行国家标准《六角头螺栓》GB 5782 和《六

角头螺栓-C 级》GB 5780 的有关规定。

检查数量：检验批全数。

检验方法：实物与产品质量合格证书对照检查。

4.2.9 圆钉应有产品质量合格证书，其性能应符合现行行业标准《一般用途圆钢钉》YB/T 5002 的有关规定。设计文件规定钉子的抗弯屈服强度时，应作钉子抗弯强度见证检验。

检查数量：每检验批每一规格圆钉随机抽取10 枚。

检验方法：检查产品质量合格证书、检测报告。强度见证检验方法应符合本规范附录 D 的规定。

4.2.10 圆钢拉杆应符合下列要求：

1 圆钢拉杆应平直，接头应采用双面绑条焊。绑条直径不应小于拉杆直径的 75%，在接头一侧的长度不应小于拉杆直径的 4 倍。焊脚高度和焊缝长度应符合设计文件的规定。

2 螺帽下垫板应符合设计文件的规定，且不应低于本规范第 4.3.3 条第 2 款的要求。

3 钢木屋架下弦圆钢拉杆、桁架主要受拉腹杆、蹬式节点拉杆及螺栓直径大于 20mm 时，均应采用双螺帽自锁。受拉螺杆伸出螺帽的长度，不应小于螺杆直径的 80%。

检查数量：检验批全数。

检验方法：丈量、检查交接检验报告。

4.2.11 承重钢构件中，节点焊缝焊脚高度不得小于设计文件的规定，除设计文件另有规定外，焊缝质量不得低于三级，-30℃以下工作的受拉构件焊缝质量不得低于二级。

检查数量：检验批全部受力焊缝。

检验方法：按现行行业标准《建筑钢结构焊接技术规范》JGJ 81 的有关规定检查，并检查交接检验报告。

4.2.12 钉连接、螺栓连接节点的连接件（钉、螺栓）的规格、数量，应符合设计文件的规定。

检查数量：检验批全数。

检验方法：目测、丈量。

4.2.13 木桁架支座节点的齿连接，端部木材不应有腐朽、开裂和斜纹等缺陷，剪切面不应位于木材髓心侧；螺栓连接的受拉接头，连接区段木材及连接板均应采用 I 等材，并应符合本规范附录 B 的有关规定；其他螺栓连接接头也应避开木材腐朽、裂缝、斜纹和松节等缺陷部位。

检查数量：检验批全数。

检验方法：目测。

4.2.14 在抗震设防区的抗震措施应符合设计文件的规定。当抗震设防烈度为 8 度及以上时，应符合下列要求：

1 屋架支座处应有直径不小于 20mm 的螺栓锚固在墙或混凝土圈梁上。当支承在木柱上时，柱与屋

架间应有木夹板式的斜撑，斜撑上段应伸至屋架上弦节点处，并应用螺栓连接（图 4.2.14）。柱与屋架下弦应有暗榫，并应用 U 形铁连接。桁架木腹杆与上弦杆连接处的扒钉应改用螺栓压紧承压面，与下弦连接处则应采用双面扒钉。

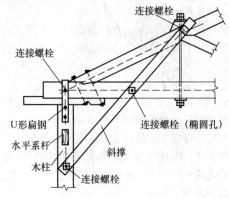

图 4.2.14 屋架与木柱的连接

2 屋面两侧应对称斜向放檩条，檐口瓦应与挂瓦条扎牢。

3 檩条与屋架上弦应用螺栓连接，双脊檩应互相拉结。

4 柱与基础间应有预埋的角钢连接，并应用螺栓固定。

5 木屋盖房屋，节点处檩条应固定在山墙及内横墙的卧梁埋件上，支承长度不应小于 120mm，并应有螺栓可靠锚固。

检查数量：检验批全数。

检验方法：目测、丈量。

4.3 一般项目

4.3.1 各种原木、方木构件制作的允许偏差不应超出本规范表 E.0.1 的规定。

检查数量：检验批全数。

检验方法：本规范表 E.0.1。

4.3.2 齿连接应符合下列要求：

1 除应符合设计文件的规定外，承压面应与压杆的轴线垂直。单齿连接压杆轴线通过承压面中心；双齿连接，第一齿顶点应位于上、下弦杆上边缘的交点处，第二齿顶点应位于上弦杆轴线与下弦杆上边缘的交点处，第二齿承压面应比第一齿承压面至少深 20mm。

2 承压面应平整，局部隙缝不应超过 1mm，非承压面应留外口约 5mm 的楔形缝隙。

3 桁架支座处齿连接的保险螺栓应垂直于上弦杆轴线，木腹杆与上、下弦杆间应有扒钉扣紧。

4 桁架端支座垫木的中心线，方木桁架应通过上、下弦杆净截面中心线的交点；原木桁架则应通过上、下弦杆毛截面中心线的交点。

检查数量：检验批全数。

检验方法：目测、丈量，检查交接检验报告。

4.3.3 螺栓连接（含受拉接头）的螺栓数目、排列方式、间距、边距和端距，除应符合设计文件的规定外，尚应符合下列要求：

1 螺栓孔径不应大于螺栓杆直径 1mm，也不应小于或等于螺栓杆直径。

2 螺帽下应设钢垫板，其规格除应符合设计文件的规定外，厚度不应小于螺杆直径的 30%，方形垫板的边长不应小于螺杆直径的 3.5 倍，圆形垫板的直径不应小于螺杆直径的 4 倍，螺帽拧紧后螺栓外露长度不应小于螺杆直径的 80%。螺纹段剩留在木构件内的长度不应大于螺杆直径的 1.0 倍。

3 连接件与被连接件间的接触面应平整，拧紧螺帽后局部允许有缝隙，但缝宽不超过 1mm。

检查数量：检验批全数。

检验方法：目测、丈量。

4.3.4 钉连接应符合下列规定：

1 圆钉的排列位置应符合设计文件的规定。

2 被连接件间的接触面应平整，钉紧后局部缝隙宽度不应超过 1mm，钉帽应与被连接件外表面齐平。

3 钉孔周围不应有木材被胀裂等现象。

检查数量：检验批全数。

检验方法：目测、丈量。

4.3.5 木构件受压接头的位置应符合设计文件的规定，应采用承压面垂直于构件轴线的双盖板连接（平接头），两侧盖板厚度均不应小于对接构件宽度的 50%，高度应与对接构件高度一致。承压面应锯平并彼此顶紧，局部缝隙不应超过 1mm。螺栓直径、数量、排列应符合设计文件的规定。

检查数量：检验批全数。

检验方法：目测、丈量，检查交接检验报告。

4.3.6 木桁架、梁及柱的安装允许偏差不应超出本规范表 E.0.2 的规定。

检查数量：检验批全数。

检验方法：本规范表 E.0.2。

4.3.7 屋面木构架的安装允许偏差不应超出本规范表 E.0.3 的规定。

检查数量：检验批全数。

检验方法：目测、丈量。

4.3.8 屋盖结构支撑系统的完整性应符合设计文件规定。

检查数量：检验批全数。

检验方法：对照设计文件、丈量实物，检查交接检验报告。

5 胶合木结构

5.1 一般规定

5.1.1 本章适用于主要承重构件由层板胶合木制作

和安装的木结构工程施工质量验收。

5.1.2 层板胶合木可采用分别由普通胶合木层板、目测分等或机械分等层板按规定的构件截面组坯胶合而成的普通层板胶合木、目测分等与机械分等同等组合胶合木，以及异等组合的对称与非对称组合胶合木。

5.1.3 层板胶合木构件应由经资质认证的专业加工企业加工生产。

5.1.4 材料、构配件的质量控制应以一幢胶合木结构房屋为一个检验批；构件制作安装质量控制应以整幢房屋的一楼层或变形缝间的一楼层为一个检验批。

5.2 主控项目

5.2.1 胶合木结构的结构形式、结构布置和构件截面尺寸，应符合设计文件的规定。

检查数量：检验批全数。

检验方法：实物与设计文件对照、丈量。

5.2.2 结构用层板胶合木的类别、强度等级和组坯方式，应符合设计文件的规定，并应有产品质量合格证书和产品标识，同时应有满足产品标准规定的胶缝完整性检验和层板指接强度检验合格证书。

检查数量：检验批全数。

检验方法：实物与证明文件对照。

5.2.3 胶合木受弯构件应作荷载效应标准组合作用下的抗弯性能见证检验。在检验荷载作用下胶缝不应开裂，原有漏胶胶缝不应发展，跨中挠度的平均值不应大于理论计算值的 1.13 倍，最大挠度不应大于表 5.2.3 的规定。

检查数量：每一检验批同一胶合工艺、同一层板类别、树种组合、构件截面组坯的同类型构件随机抽取 3 根。

检验方法：本规范附录 F。

表 5.2.3　荷载效应标准组合作用下受弯木构件的挠度限值

项次	构　件　类　别		挠度限值（m）
1	檩条	$L \leqslant 3.3m$	$L/200$
		$L > 3.3m$	$L/250$
2	主梁		$L/250$

注：L 为受弯构件的跨度。

5.2.4 弧形构件的曲率半径及其偏差应符合设计文件的规定，层板厚度不应大于 $R/125$（R 为曲率半径）。

检查数量：检验批全数。

检验方法：钢尺丈量。

5.2.5 层板胶合木构件平均含水率不应大于 15%，同一构件各层板间含水率差别不应大于 5%。

检查数量：每一检验批每一规格胶合木构件随

机抽取 5 根。

　　检验方法：本规范附录 C。

5.2.6 钢材、焊条、螺栓、螺帽的质量应分别符合本规范第 4.2.6~4.2.8 条的规定。

5.2.7 各连接节点的连接件类别、规格和数量应符合设计文件的规定。桁架端节点齿连接胶合木端部的受剪面及螺栓连接中的螺栓位置，不应与漏胶胶缝重合。

　　检查数量：检验批全数。

　　检验方法：目测、丈量。

5.3 一 般 项 目

5.3.1 层板胶合木构造及外观应符合下列要求：

　　1 层板胶合木的各层木板木纹应平行于构件长度方向。各层木板在长度方向应为指接。受拉构件和受弯构件受拉区截面高度的 1/10 范围内同一层板上的指接间距，不应小于 1.5m，上、下层板间指接头位置应错开不小于木板厚的 10 倍。层板宽度方向可用平接头，但上、下层板间接头错开的距离不应小于 40mm。

　　2 层板胶合木胶缝应均匀，厚度应为 0.1mm~0.3mm。厚度超过 0.3mm 的胶缝的连续长度不应大于 300mm，且厚度不得超过 1mm。在构件承受平行于胶缝平面剪力的部位，漏胶长度不应大于 75mm，其他部位不应大于 150mm。在第 3 类使用环境条件下，层板宽度方向的平接头和板底开槽的槽内均应用胶填满。

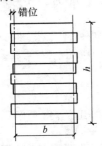

图 5.3.1　外观 C 级层板错位示意
b—截面宽度；h—截面高度

　　3 胶合木结构的外观质量应符合本规范第 3.0.5 条的规定，对于外观要求为 C 级的构件截面，可允许层板有错位（图 5.3.1），截面尺寸允许偏差和层板错位应符合表 5.3.1 的要求。

　　检查数量：检验批全数。

　　检验方法：厚薄规（塞尺）、量器、目测。

表 5.3.1　外观 C 级时的胶合木构件截面的允许偏差（mm）

截面的高度或宽度	截面高度或宽度的允许偏差	错位的最大值
(h 或 b)<100	±2	4
100≤(h 或 b)<300	±3	5
300≤(h 或 b)	±6	6

5.3.2 胶合木构件的制作偏差不应超出本规范表 E.0.1 的规定。

　　检查数量：检验批全数。

　　检验方法：角尺、钢尺丈量，检查交接检验报告。

5.3.3 齿连接、螺栓连接、圆钢拉杆及焊缝质量，应符合本规范第 4.3.2、4.3.3、4.2.10 和 4.2.11 条的规定。

5.3.4 金属节点构造、用料规格及焊缝质量应符合设计文件的规定。除设计文件另有规定外，与其相连的各构件轴线应相交于金属节点的合力作用点，与各构件相连的连接类型应符合设计文件的规定，并应符合本规范第 4.3.3~4.3.5 条的规定。

　　检查数量：检验批全数。

　　检验方法：目测、丈量。

5.3.5 胶合木结构安装偏差不应超出本规范表 E.0.2 的规定。

　　检查数量：过程控制检验批全数，分项验收抽取总数 10% 复检。

　　检验方法：本规范表 E.0.2。

6 轻型木结构

6.1 一 般 规 定

6.1.1 本章适用于由规格材及木基结构板材为主要材料制作与安装的木结构工程施工质量验收。

6.1.2 轻型木结构材料、构配件的质量控制应以同一建设项目同期施工的每幢建筑面积不超过 300m²、总建筑面积不超过 3000m² 的轻型木结构建筑为一检验批，不足 3000m² 者应视为一检验批，单体建筑面积超过 300m² 时，应单独视为一检验批；轻型木结构制作安装质量控制应以一幢房屋的一层为一检验批。

6.2 主 控 项 目

6.2.1 轻型木结构的承重墙（包括剪力墙）、柱、楼盖、屋盖布置、抗倾覆措施及屋盖抗掀起措施等，应符合设计文件的规定。

　　检查数量：检验批全数。

　　检验方法：实物与设计文件对照。

6.2.2 进场规格材应有产品质量合格证书和产品标识。

　　检查数量：检验批全数。

　　检验方法：实物与证书对照。

6.2.3 每批次进场目测分等规格材应由有资质的专业分等人员做目测等级见证检验或做抗弯强度见证检验；每批次进场机械分等规格材应作抗弯强度见证检验，并应符合本规范附录 G 的规定。

检查数量：检验批中随机取样，数量应符合本规范附录 G 的规定。

检验方法：本规范附录 G。

6.2.4 轻型木结构各类构件所用规格材的树种、材质等级和规格，以及覆面板的种类和规格，应符合设计文件的规定。

检查数量：全数检查。

检验方法：实物与设计文件对照，检查交接报告。

6.2.5 规格材的平均含水率不应大于 20%。

检查数量：每一检验批每一树种每一规格等级规格材随机抽取 5 根。

检验方法：本规范附录 C。

6.2.6 木基结构板材应有产品质量合格证书和产品标识，用作楼面板、屋面板的木基结构板材应有该批次干、湿态集中荷载、均布荷载及冲击荷载检验的报告，其性能不应低于本规范附录 H 的规定。

进场木基结构板材应作静曲强度和静曲弹性模量见证检验，所测得的平均值应不低于产品说明书的规定。

检验数量：每一检验批每一树种每一规格等级随机抽取 3 张板材。

检验方法：按现行国家标准《木结构覆板用胶合板》GB/T 22349 的有关规定进行见证试验，检查产品质量合格证书，该批次木基结构板干、湿态集中力、均布荷载及冲击荷载下的检验合格证书。检查静曲强度和弹性模量检验报告。

6.2.7 进场结构复合木材和工字形木搁栅应有产品质量合格证书，并应有符合设计文件规定的平弯或侧立抗弯性能检验报告。

进场工字形木搁栅和结构复合木材受弯构件，应作荷载效应标准组合作用下的结构性能检验，在检验荷载作用下，构件不应发生开裂等损伤现象，最大挠度不应大于表 5.2.3 的规定，跨中挠度的平均值不应大于理论计算值的 1.13 倍。

检验数量：每一检验批每一规格随机抽取 3 根。

检验方法：按本规范附录 F 的规定进行，检查产品质量合格证书、结构复合木材材料强度和弹性模量检验报告及构件性能检验报告。

6.2.8 齿板桁架应由专业加工厂加工制作，并应有产品质量合格证书。

检查数量：检验批全数。

检验方法：实物与产品质量合格证书对照检查。

6.2.9 钢材、焊条、螺栓和圆钉应符合本规范第 4.2.6~4.2.9 条的规定。

检查数量：检验批全数。

6.2.10 金属连接件应冲压成型，并应具有产品质量合格证书和材质合格保证。镀锌防锈层厚度不应小于 $275g/m^2$。

检查数量：检验批全数。

检验方法：实物与产品质量合格证书对照检查。

6.2.11 轻型木结构各类构件间连接的金属连接件的规格、钉连接的用钉规格与数量，应符合设计文件的规定。

检查数量：检验批全数。

检验方法：目测、丈量。

6.2.12 当采用构造设计时，各类构件间的钉连接不应低于本规范附录 J 的规定。

检查数量：检验批全数。

检验方法：目测、丈量。

6.3 一般项目

6.3.1 承重墙（含剪力墙）的下列各项应符合设计文件的规定，且不应低于现行国家标准《木结构设计规范》GB 50005 有关构造的规定：

1 墙骨间距。

2 墙体端部、洞口两侧及墙体转角和交接处，墙骨的布置和数量。

3 墙骨开槽或开孔的尺寸和位置。

4 地梁板的防腐、防潮及与基础的锚固措施。

5 墙体顶梁板规格材的层数、接头处理及在墙体转角和交接处的两层顶梁板的布置。

6 墙体覆面板的等级、厚度及铺钉布置方式。

7 墙体覆面板与墙骨钉连接用钉的间距。

8 墙体与楼盖或基础间连接件的规格尺寸和布置。

检查数量：检验批全数。

检验方法：对照实物目测检查。

6.3.2 楼盖下列各项应符合设计文件的规定，且不应低于现行国家标准《木结构设计规范》GB 50005 有关构造的规定：

1 拼合梁钉或螺栓的排列、连续拼合梁规格材接头的形式和位置。

2 搁栅或拼合梁的定位、间距和支承长度。

3 搁栅开槽或开孔的尺寸和位置。

4 楼盖洞口周围搁栅的布置和数量；洞口周围搁栅间的连接、连接件的规格尺寸及布置。

5 楼盖横撑、剪刀撑或木底撑的材质等级、规格尺寸和布置。

检查数量：检验批全数。

检验方法：目测、丈量。

6.3.3 齿板桁架的进场验收，应符合下列规定：

1 规格材的树种、等级和规格应符合设计文件的规定。

2 齿板的规格、类型应符合设计文件的规定。

3 桁架的几何尺寸偏差不应超过表 6.3.3 的规定。

4 齿板的安装位置偏差不应超过图 6.3.3-1 所示的规定。

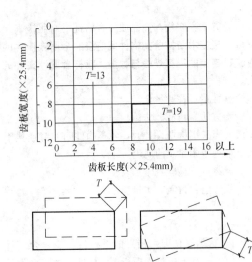

图 6.3.3-1 齿板位置偏差允许值

表 6.3.3　桁架制作允许误差（mm）

	相同桁架间尺寸差	与设计尺寸间的误差
桁架长度	12.5	18.5
桁架高度	6.5	12.5

注：1　桁架长度指不包括悬挑或外伸部分的桁架总长，用于限定制作误差；

2　桁架高度指不包括悬挑或外伸等上、下弦杆突出部分的全榀桁架最高部位处的高度，为上弦顶面到下弦底面的总高度，用于限定制作误差。

　　5　齿板连接的缺陷面积，当连接处的构件宽度大于 50mm 时，不应超过齿板与该构件接触面积的 20%；当构件宽度小于 50mm 时，不应超过齿板与该构件接触面积的 10%。缺陷面积应为齿板与构件接触面范围内的木材表面缺陷面积与板齿倒伏面积之和。

　　6　齿板连接处木构件的缝隙不应超过图 6.3.3-2 所示的规定。除设计文件有特殊规定外，宽度超过允许值的缝隙，均应有宽度不小于 19mm、厚度与缝隙

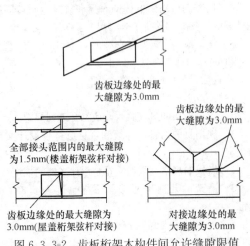

图 6.3.3-2　齿板桁架木构件间允许缝隙限值

宽度相当的金属片填实，并应有螺纹钉固定在被填塞的构件上。

　　检查数量：检验批全数的 20%。

　　检验方法：目测、量器测量。

6.3.4　屋盖下列各项应符合设计文件的规定，且不应低于现行国家标准《木结构设计规范》GB 50005 有关构造的规定：

　　1　椽条、天棚搁栅或齿板屋架的定位、间距和支承长度；

　　2　屋盖洞口周围椽条与顶棚搁栅的布置和数量；洞口周围椽条与顶棚搁栅间的连接、连接件的规格尺寸及布置；

　　3　屋面板铺钉方式及与搁栅连接用钉的间距。

　　检查数量：检验批全数。

　　检验方法：钢尺或卡尺量、目测。

6.3.5　轻型木结构各种构件的制作与安装偏差，不应大于本规范表 E.0.4 的规定。

　　检查数量：检验批全数。

　　检验方法：本规范表 E.0.4。

6.3.6　轻型木结构的保温措施和隔气层的设置等，应符合设计文件的规定。

　　检查数量：检验批全数。

　　检验方法：对照设计文件检查。

7　木结构的防护

7.1　一　般　规　定

7.1.1　本章适用于木结构防腐、防虫和防火的施工质量验收。

7.1.2　设计文件规定需要作阻燃处理的木构件应按现行国家标准《建筑设计防火规范》GB 50016 的有关规定和不同构件类别的耐火极限、截面尺寸选择阻燃剂和防护工艺，并应由具有专业资质的企业施工。对于长期暴露在潮湿环境下的木构件，尚应采取防止阻燃剂流失的措施。

7.1.3　木材防腐处理应根据设计文件规定的各木构件用途和防腐要求，按本规范第 3.0.4 条的规定确定其使用环境类别并选择合适的防腐剂。防腐处理宜采用加压法施工，并应由具有专业资质的企业施工。经防腐药剂处理后的木构件不宜再进行锯解、刨削等加工处理。确需作局部加工处理导致局部未被浸渍药剂的木材外露时，该部位的木材应进行防腐修补。

7.1.4　阻燃剂、防火涂料以及防腐、防虫等药剂，不得危及人畜安全，不得污染环境。

7.1.5　木结构防护工程的检验批可分别按本规范第 4～6 章对应的方木与原木结构、胶合木结构或轻型木结构的检验批划分。

7.2 主控项目

7.2.1 所使用的防腐、防虫及防火和阻燃药剂应符合设计文件表明的木构件(包括胶合木构件等)使用环境类别和耐火等级,且应有质量合格证书的证明文件。经化学药剂防腐处理后的每批次木构件(包括成品防腐木材),应有符合本规范附录K规定的药物有效性成分的载药量和透入度检验合格报告。

检查数量:检验批全数。

检验方法:实物对照、检查检验报告。

7.2.2 经化学药剂防腐处理后进场的每批次木构件应进行透入度见证检验,透入度应符合本规范附录K的规定。

检查数量:每检验批随机抽取5根~10根构件,均匀地钻取20个(油性药剂)或48个(水性药剂)芯样。

检验方法:现行国家标准《木结构试验方法标准》GB/T 50329。

7.2.3 木结构构件的各项防腐构造措施应符合设计文件的规定,并应符合下列要求:

1 首层木楼盖应设置架空层,方木、原木结构楼盖底面距室内地面不应小于400mm,轻型木结构不应小于150mm。支承楼盖的基础或墙上应设通风口,通风口总面积不应小于楼盖面积的1/150,架空空间应保持良好通风。

2 非经防腐处理的梁、檩条和桁架等支承在混凝土构件或砌体上时,宜设防腐垫木,支承面间应有卷材防潮层。梁、檩条和桁架等支座不应封闭在混凝土或墙体中,除支承面外,该部位构件的两侧面、顶面及端面均应与支承构件间留30mm以上能与大气相通的缝隙。

3 非经防腐处理的柱应支承在柱墩上,支承面间应有卷材防潮层。柱与土壤严禁接触,柱墩顶面距土地面的高度不应小于300mm。当采用金属连接件固定并受雨淋时,连接件不应存水。

4 木屋盖设吊顶时,屋盖系统应有老虎窗、山墙百叶窗等通风装置。寒冷地区保温层设在吊顶内时,保温层顶距桁架下弦的距离不应小于100mm。

5 屋面系统的内排水天沟不应直接支承在桁架、屋面梁等承重构件上。

检查数量:检验批全数。

检验方法:对照实物、逐项检查。

7.2.4 木构件需作防火阻燃处理时,应由专业工厂完成,所使用的阻燃药剂应具有有效性检验报告和合格证书,阻燃剂应采用加压浸渍法施工。经浸渍阻燃处理的木构件,应有符合设计文件规定的药物吸收干量的检验报告。采用喷涂法施工的防火涂层厚度应均匀,见证检验的平均厚度不应小于该药物说明书的规定值。

检查数量:每检验批随机抽取20处测量涂层厚度。

检验方法:卡尺测量、检查合格证书。

7.2.5 凡木构件外部需用防火石膏板等包覆时,包覆材料的防火性能应有合格证书,厚度应符合设计文件的规定。

检查数量:检验批全数。

检验方法:卡尺测量、检查产品合格证书。

7.2.6 炊事、采暖等所用烟道、烟囱应用不燃材料制作且密封,砖砌烟囱的壁厚不应小于240mm,并应有砂浆抹面,金属烟囱应外包厚度不小于70mm的矿棉保护层和耐火极限不低于1.00h的防火板,其外边缘距木构件的距离不应小于120mm,并应有良好通风。烟囱出屋面处的空隙应用不燃材料封堵。

检查数量:检验批全数。

检验方法:对照实物。

7.2.7 墙体、楼盖、屋盖空腔内现场填充的保温、隔热、吸声等材料,应符合设计文件的规定,且防火性能不应低于难燃性 B_1 级。

检查数量:检验批全数。

检验方法:实物与设计文件对照、检查产品合格证书。

7.2.8 电源线敷设应符合下列要求:

1 敷设在墙体或楼盖中的电源线应用穿金属管线或检验合格的阻燃型塑料管。

2 电源线明敷时,可用金属线槽或穿金属管线。

3 矿物绝缘电缆可采用支架或沿墙明敷。

检查数量:检验批全数。

检验方法:对照实物、查验交接检验报告。

7.2.9 埋设或穿越木结构的各类管道敷设应符合下列要求:

1 管道外壁温度达到120℃及以上时,管道和管道的包覆材料及施工时的胶粘剂等,均应采用检验合格的不燃材料。

2 管道外壁温度在120℃以下时,管道和管道的包覆材料等应采用检验合格的难燃性不低于 B_1 的材料。

检查数量:检验批全数。

检验方法:对照实物,查验交接检验报告。

7.2.10 木结构中外露钢构件及未作镀锌处理的金属连接件,应按设计文件的规定采取防锈蚀措施。

检查数量:检验批全数。

检验方法:实物与设计文件对照。

7.3 一般项目

7.3.1 经防护处理的木构件,其防护层有损伤或因局部加工而造成防护层缺损时,应进行修补。

检查数量:检验批全数。

检验方法:根据设计文件与实物对照检查,检查交接报告。

7.3.2 墙体和顶棚采用石膏板（防火或普通石膏板）作覆面板并兼作防火材料时，紧固件（钉子或木螺钉）贯入构件的深度不应小于表7.3.2的规定。

检查数量：检验批全数。

检验方法：实物与设计文件对照，检查交接报告。

表7.3.2 石膏板紧固件贯入木构件的深度（mm）

耐火极限	墙　体		顶　棚	
	钉	木螺钉	钉	木螺钉
0.75h	20	20	30	30
1.00h	20	20	45	45
1.50h	20	20	60	60

7.3.3 木结构外墙的防护构造措施应符合设计文件的规定。

检查数量：检验批全数。

检验方法：根据设计文件与实物对照检查，检查交接报告。

7.3.4 楼盖、楼梯、顶棚以及墙体内最小边长超过25mm的空腔，其贯通的竖向高度超过3m，水平长度超过20m时，均应设置防火隔断。天花板、屋顶空间，以及未占用的阁楼空间所形成的隐蔽空间面积超过300m²，或长边长度超过20m时，均应设防火隔断，并应分隔成隐蔽空间。防火隔断应采用下列材料：

　　1 厚度不小于40mm的规格材。

　　2 厚度不小于20mm且由钉交错钉合的双层木板。

　　3 厚度不小于12mm的石膏板、结构胶合板或定向木片板。

　　4 厚度不小于0.4mm的薄钢板。

　　5 厚度不小于6mm的钢筋混凝土板。

检查数量：检验批全数。

检验方法：根据设计文件与实物对照检查，检查交接报告。

8　木结构子分部工程验收

8.0.1 木结构子分部工程质量验收的程序和组合，应符合现行国家标准《建筑工程施工质量验收统一标准》GB 50300 的有关规定。

8.0.2 检验批及木结构分项工程质量合格，应符合下列规定：

　　1 检验批主控项目检验结果应全部合格。

　　2 检验批一般项目检验结果应有80%以上的检查点合格，且最大偏差不应超过允许偏差的1.2倍。

　　3 木结构分项工程所含检验批检验结果均应合格，且应有各检验批质量验收的完整记录。

8.0.3 木结构子分部工程质量验收应符合下列规定：

　　1 子分部工程所含分项工程的质量验收均应合格。

　　2 子分部工程所含分项工程的质量资料和验收记录应完整。

　　3 安全功能检测项目的资料应完整，抽检的项目均应合格。

　　4 外观质量验收应符合本规范第3.0.5条的规定。

8.0.4 木结构工程施工质量不合格时，应按现行国家标准《建筑工程施工质量验收统一标准》GB 50300 的有关规定进行处理。

附录A　木材强度等级检验方法

A.1　一　般　规　定

A.1.1 本检验方法适用于已列入现行国家标准《木结构设计规范》GB 50005 树种的原木、方木和板材的木材强度等级检验。

A.1.2 当检验某一树种的木材强度等级时，应根据其弦向静曲强度的检测结果进行判定。

A.2　取样及检测方法

A.2.1 试材应在每检验批每一树种木材中随机抽取3株（根）木料，应在每株（根）试材的髓心外切取3个无疵弦向静曲强度试件为一组，试件尺寸和含水率应符合现行国家标准《木材抗弯强度试验方法》GB/T 1936.1 的有关规定。

A.2.2 弦向静曲强度试验和强度实测计算方法，应按现行国家标准《木材抗弯强度试验方法》GB/T 1936.1 有关规定进行，并应将试验结果换算至木材含水率为12%时的数值。

A.2.3 各组试件静曲强度试验结果的平均值中的最低值不低于本规范表4.2.3的规定值时，应为合格。

附录B　方木、原木及板材材质标准

B.0.1 方木的材质标准应符合表B.0.1的规定。

B.0.2 木节尺寸应按垂直于构件长度方向测量，并应取沿构件长度方向150mm范围内所有木节尺寸的总和（图B.0.2a）。直径小于10mm的木节应不计，所测面上呈条状的木节应不量（图B.0.2b）。

表 B.0.1　方木材质标准

项次	缺陷名称		木材等级		
			I_a	II_a	III_a
1	腐朽		不允许	不允许	不允许
2	木节	在构件任一面任何150mm长度上所有木节尺寸的总和与所在面宽的比值	≤1/3（连接部位≤1/4）	≤2/5	≤1/2
		死节	不允许	允许,但不包括腐朽节,直径不应大于20mm,且每延米中不得多于1个	允许,但不包括腐朽节,直径不应大于50mm,且每延米中不得多于2个
3	斜纹	斜率	≤5%	≤8%	≤12%
4	裂缝	在连接的受剪面上	不允许	不允许	不允许
		在连接部位的受剪面附近,其裂缝深度（有对面裂缝时,用两者之和）不得大于材宽的	≤1/4	≤1/3	不限
5	髓心		不在受剪面上	不限	不限
6	虫眼		不允许	允许表层虫眼	允许表层虫眼

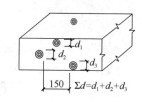

(a) 量测的木节

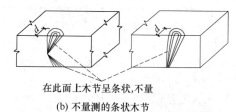

在此面上木节呈条状,不量

(b) 不量测的条状木节

图 B.0.2　木节量测法

B.0.3 原木的材质标准应符合表 B.0.3 的规定。

表 B.0.3　原木材质标准

项次	缺陷名称		木材等级		
			I_a	II_a	III_a
1	腐朽		不允许	不允许	不允许
2	木节	在构件任何150mm长度上沿周长所有木节尺寸的总和,与所测部位原木周长的比值	≤1/4	≤1/3	≤2/5
		每个木节的最大尺寸与所测部位原木周长的比值	≤1/10（普通部位）; ≤1/12（连接部位）	≤1/6	≤1/6
		死节	不允许	不允许	允许,但直径不大于原木直径的1/5,且2m长度内不多于1个

续表 B.0.3

项次	缺陷名称		木材等级		
			I_a	II_a	III_a
3	扭纹	斜率	≤8%	≤12%	≤15%
4	裂缝	在连接部位的受剪面上	不允许	不允许	不允许
		在连接部位的受剪面附近,其裂缝深度（有对面裂缝时,两者之和）与原木直径的比值	≤1/4	≤1/3	不限
5	髓心	位置	不在受剪面上	不限	不限
6	虫眼		不允许	允许表层虫眼	允许表层虫眼

注:木节尺寸按垂直于构件长度方向测量。直径小于10mm的木节不计。

B.0.4 板材的材质标准应符合表 B.0.4 的规定。

表 B.0.4　板材材质标准

项次	缺陷名称		木材等级		
			I_a	II_a	III_a
1	腐朽		不允许	不允许	不允许
2	木节	在构件任一面任何150mm长度上所有木节尺寸的总和与所在面宽的比值	≤1/4（连接部位≤1/5）	≤1/3	≤2/5
		死节	不允许	允许,但不包括腐朽节,直径不应大于20mm,且每延米中不得多于1个	允许,但不包括腐朽节,直径不应大于50mm,且每延米中不得多于2个
3	斜纹	斜率	≤5%	≤8%	≤12%
4	裂缝	连接部位的受剪面及其附近	不允许	不允许	不允许
5	髓心		不允许	不允许	不允许

附录 C　木材含水率检验方法

C.1　一　般　规　定

C.1.1 本检验方法适用于木材进场后构件加工前的木材和已制作完成的木构件的含水率测定。

C.1.2 原木、方木（含板材）和层板宜采用烘干法（重量法）测定,规格材以及层板胶合木等木构件亦可采用电测法测定。

C.2　取样及测定方法

C.2.1 烘干法测定含水率时,应从每检验批同一树种同一规格材的树种中随机抽取5根木料作试材,每根试材应在距端头200mm处沿截面均匀地截取5个尺寸为20mm×20mm×20mm的试样,应按现行国家标准《木材含水率测定方法》GB/T 1931 的有关规定测定每个试件中的含水率。

C.2.2 电测法测定含水率时，应从检验批的同一树种，同一规格的规格材，层板胶合木构件或其他木构件随机抽取 5 根为试材，应从每根试材距两端200mm 起，沿长度均匀分布地取三个截面，对于规格材或其他木构件，每一个截面的四面中部应各测定含水率，对于层板胶合木构件，则应在两侧测定每层层板的含水率。

C.2.3 电测仪器应由当地计量行政部门标定认证。测定时应严格按仪表使用要求操作，并应正确选择木材的密度和温度等参数，测定深度不应小于 20mm，且应有将其测量值调整至截面平均含水率的可靠方法。

C.3 判定规则

C.3.1 烘干法应以每根试材的 5 个试样平均值为该试材含水率，应以 5 根试材中的含水率最大值为该批木料的含水率，并不应大于本规范有关木材含水率的规定。

C.3.2 规格材应以每根试材的 12 个测点的平均值为每根试材的含水率，5 根试材的最大值应为检验批该树种该规格的含水率代表值。

C.3.3 层板胶合木构件的三个截面上各层层板含水率的平均值为该构件含水率，同一层板的 6 个含水率平均值应作该层层板的含水率代表值。

附录 D 钉弯曲试验方法

D.1 一般规定

D.1.1 本试验方法适用于测定木结构连接中钉在静荷载作用下的弯曲屈服强度。

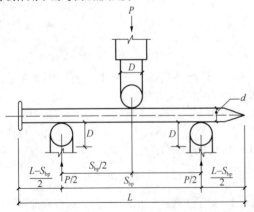

图 D.1.2 跨度中点加载的钉弯曲试验

D—滚轴直径；d—钉杆直径；L—钉子长度；
S_{bp}—跨度；P—施加的荷载

D.1.2 钉在跨度中央受集中荷载弯曲（图 D.1.2），根据荷载-挠度曲线确定其弯曲屈服强度。

D.2 仪器设备

D.2.1 一台压头按等速运行经过标定的试验机，准确度应达到 ±1%。

D.2.2 钢制的圆柱形滚轴支座，直径应为 9.5mm（图 D.1.2），当试件变形时滚轴应能转动。钢制的圆柱面压头，直径应为 9.5mm（图 D.1.2）。

D.2.3 挠度测量仪表的最小分度值应不大于 0.025mm。

D.3 试件的准备

D.3.1 对于杆身光滑的钉除采用成品钉外，也可采用已经冷拔用以制钉的钢丝作试件；木螺钉、麻花钉等杆身变截面的钉应采用成品钉作试件。

D.3.2 钉的直径应在每个钉的长度中点测量。准确度应达到 0.025mm。对于钉杆部分变截面的钉，应以无螺纹部分的钉杆直径为准。

D.3.3 试件长度不应小于 40mm。

D.4 试验步骤

D.4.1 钉的试验跨度应符合表 D.4.1 的规定。

表 D.4.1 钉的试验跨度

钉的直径（mm）	$d \leqslant 4.0$	$4.0 < d \leqslant 6.5$	$d > 6.5$
试验跨度（mm）	40	65	95

D.4.2 试件应放置在支座上，试件两端应与支座等距（图 D.1.2）。

D.4.3 施加荷载时应使圆柱面压头的中心点与每个圆柱形支座的中心点等距（图 D.1.2）。

D.4.4 杆身变截面的钉试验时，应将钉杆光滑部分与变截面部分之间的过渡区段靠近两个支座间的中心点。

D.4.5 加荷速度应不大于 6.5mm/min。

D.4.6 挠度应从开始加荷逐级记录，直至达到最大荷载，并应绘制荷载-挠度曲线。

D.5 试验结果

D.5.1 对照荷载-挠度曲线的直线段，沿横坐标向右平移 5% 钉的直径，绘制与其平行的直线（图 D.5.1），应取该直线与荷载-挠度曲线交点的荷载值作为钉的屈服荷载。如果该直线未与荷载-挠度曲线相交，则应取最大荷载作为钉的屈服荷载。

D.5.2 钉的抗弯屈服强度 f_y 应按下式计算：

$$f_y = \frac{3P_y S_{bp}}{2d^3} \qquad (D.5.2)$$

式中：f_y——钉的抗弯屈服强度；
$\qquad d$——钉的直径；

P_y——屈服荷载；

S_{bp}——钉的试验跨度。

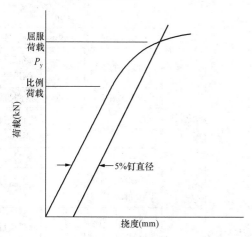

图 D.5.1 钉弯曲试验的荷载-挠度典型曲线

D.5.3 钉的抗弯屈服强度应取全部试件屈服强度的平均值，并不应低于设计文件的规定。

附录 E 木结构制作安装允许误差

E.0.1 方木、原木结构和胶合木结构桁架、梁和柱的制作误差，应符合表 E.0.1 的规定。

表 E.0.1 方木、原木结构和胶合木结构桁架、
梁和柱制作允许偏差

项次	项 目		允许偏差（mm）	检验方法
1	构件截面尺寸	方木和胶合木构件截面的高度、宽度	−3	钢尺量
		板材厚度、宽度	−2	
		原木构件梢径	−5	
2	构件长度	长度不大于 15m	±10	钢尺量桁架支座节点间距，梁、柱全长
		长度大于 15m	±15	
3	桁架高度	长度不大于 15m	±10	钢尺量脊节点中心与下弦中心距离
		长度大于 15m	±15	
4	受压或压弯构件纵向弯曲	方木、胶合木构件	L/500	拉线钢尺量
		原木构件	L/200	
5	弦杆节点间距		±5	钢尺量
6	齿连接刻槽深度		±2	
7	支座节点受剪面	长度	−10	
		宽度 方木、胶合木	−3	
		宽度 原木	−4	
8	螺栓中心间距	进孔处	±0.2d	钢尺量
		出孔处 垂直木纹方向	±0.5d 且不大于 4B/100	
		出孔处 顺木纹方向	±1d	
9	钉进孔处的中心间距		±1d	—

续表 E.0.1

项次	项 目	允许偏差（mm）	检验方法
10	桁架起拱	±20	以两支座节点下弦中心线为准，拉一水平线，用钢尺量
		−10	两跨中下弦中心线与拉线之间距离

注：d 为螺栓或钉的直径；L 为构件长度；B 为板的总厚度。

E.0.2 方木、原木结构和胶合木结构桁架、梁和柱的安装误差，应符合表 E.0.2 的规定。

表 E.0.2 方木、原木结构和胶合木结构桁架、
梁和柱安装允许偏差

项次	项 目	允许偏差（mm）	检验方法
1	结构中心线的间距	±20	钢尺量
2	垂直度	H/200 且不大于 15	吊线钢尺量
3	受压或压弯构件纵向弯曲	L/300	吊（拉）线钢尺量
4	支座轴线对支承面中心位移	10	钢尺量
5	支座标高	±5	用水准仪

注：H 为桁架或柱的高度；L 为构件长度。

E.0.3 方木、原木结构和胶合木结构屋面木构架的安装误差，应符合表 E.0.3 的规定。

表 E.0.3 方木、原木结构和胶合木结构
屋面木构架的安装允许偏差

项次	项 目		允许偏差（mm）	检验方法
1	檩条、椽条	方木、胶合木截面	−2	钢尺量
		原木梢径	−5	钢尺量，椭圆时取大小径的平均值
		间距	−10	钢尺量
		方木、胶合木上表面平直	4	沿坡拉线钢尺量
		原木上表面平直	7	
2	油毡搭接宽度		−10	钢尺量
3	挂瓦条间距		±5	
4	封山、封檐板平直	下边缘	5	拉 10m 线，不足 10m 拉通线，钢尺量
		表面	8	

E.0.4 轻型木结构的制作安装误差应符合表 E.0.4

的规定。

表 E.0.4 轻型木结构的制作安装允许偏差

项次	项 目			允许偏差 (mm)	检验方法
1	楼盖主梁、柱子及连接件	楼盖主梁	截面宽度/高度	±6	钢板尺量
			水平度	±1/200	水平尺量
			垂直度	±3	直角尺和钢板尺量
			间距	±6	钢尺量
			拼合梁的钉间距	+30	钢尺量
			拼合梁的各构件的截面高度	±3	钢尺量
			支承长度	−6	钢尺量
2		柱子	截面尺寸	±3	钢尺量
			拼合柱的钉间距	+30	钢尺量
			柱子长度	±3	钢尺量
			垂直度	±1/200	靠尺量
3	楼盖主梁、柱子及连接件	连接件	连接件的间距	±6	钢尺量
			同一排列连接件之间的错位	±6	钢尺量
			构件上安装连接件开槽尺寸	连接件尺寸±3	卡尺量
			端距/边距	±6	钢尺量
			连接钢板的构件开槽尺寸	±6	卡尺量
4		楼(屋)盖	搁栅间距	±40	钢尺量
			楼盖整体水平度	±1/250	水平尺量
			楼盖局部水平度	±1/150	水平尺量
			搁栅截面高度	±3	钢尺量
			搁栅支承长度	−6	钢尺量
5	楼(屋)盖施工	楼(屋)盖	规定的钉间距	+30	钢尺量
			钉头嵌入楼、屋面板表面的最大深度	+3	卡尺量
6		楼(屋)盖齿板连接桁架	桁架间距	±40	钢尺量
			桁架垂直度	±1/200	直角尺和钢尺量
			齿板安装位置	±6	钢尺量
			弦杆、腹杆、支撑	19	钢尺量
			桁架高度	13	钢尺量

项次	项 目		允许偏差 (mm)	检验方法
7	墙体施工	墙骨柱	墙骨间距	±40	钢尺量
		墙体垂直度	±1/200	直角尺和钢尺量
		墙体水平度	±1/150	水平尺量
		墙体角度偏差	±1/270	直角尺和钢尺量
		墙骨长度	±3	钢尺量
		单根墙骨柱的出平面偏差	±3	钢尺量
8		顶梁板、底梁板	顶梁板、底梁板的平直度	+1/150	水平尺量
		顶梁板作为弦杆传递荷载时的搭接长度	±12	钢尺量
9		墙面板	规定的钉间距	+30	钢尺量
		钉头嵌入墙面板表面的最大深度	+3	卡尺量
		木框架上墙面板之间的最大缝隙	+3	卡尺量

附录 F 受弯木构件力学性能检验方法

F.1 一 般 规 定

F.1.1 本检验方法适用于层板胶合木和结构复合木材制作的受弯构件(梁、工字形木搁栅等)的力学性能检验,可根据受弯构件在设计规定的荷载效应标准组合作用下构件未受损伤和跨中挠度实测值判定。

F.1.2 经检验合格的试件仍可用作工程用材。

F.2 取样方法、数量及几何参数

F.2.1 在进场的同一批次、同一工艺制作的同类型受弯构件中应随机抽取 3 根作试件。当同类型的构件尺寸规格不同时,试件应在受荷条件不利或跨度较大的构件中抽取。

F.2.2 试件的木材含水率不应大于 15%。

F.2.3 量取每根受弯构件跨中和距两支座各 500mm 处的构件截面高度和宽度,应精确至±1.0mm,并应以平均截面高度和宽度计算构件截面的惯性矩;工字

形木搁栅应以产品公称惯性矩为计算依据。

F.3 试验装置与试验方法

F.3.1 试件应按设计计算跨度（l_0）简支地安装在支墩上（图 F.3.1）。滚动铰支座滚直径不应小于 60mm，垫板宽度应与构件截面宽度一致，垫板长度应由木材局部横纹承压强度决定，垫板厚度应由钢板的受弯承载力决定，但不应小于 8mm。

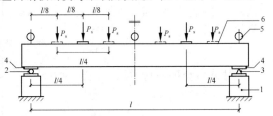

图 F.3.1 受弯构件试验

1—支墩；2—滚动铰支座；3—固定铰支座；4—垫板；5—位移计（百分表）；6—加载垫板；P_s—加载点的荷载；l—试件跨度

F.3.2 当构件截面高宽比大于 3 时，应设置防止构件发生侧向失稳的装置，支撑点应设在两支座和各加载点处，装置不应约束构件在荷载作用下的竖向变形。

F.3.3 当构件计算跨度 $l_0 \leqslant 4m$ 时，应采用两集中力四分点加载；当 $l_0 > 4m$ 时，应采用四集中力八分点加载。两种加载方案的最大试验荷载（检验荷载）P_{smax}（含构件及设备重力）应按下列公式计算：

$$P_{smax} = \frac{4M_s}{l_0} \quad (\text{F.3.3-1})$$

$$P_{smax} = \frac{2M}{l_0} \quad (\text{F.3.3-2})$$

式中：M_s——设计规定的荷载效应标准组合（N·mm）。

F.3.4 荷载应分五相同等级，应以相同时间间隔加载至试验荷载 P_{smax}，并应在 10min 之内完成。实际加载量应扣除构件自重和加载设备的重力作用。加载误差不应超过 ±1%。

F.3.5 构件在各级荷载下的跨中挠度，应通过在构件的两支座和跨中位置安装的 3 个位移计测定。当位移计为百分表时，其准确度等级应为 1 级；当采用位移传感器时，准确度不应低于 1 级，最小分度值不宜大于试件最大挠度的 1%；应快速记录位移计在各级试验荷载下的读数，或采用数据采集系统记录荷载和各位移传感器的读数，同时应填写表 F.3.5；应仔细检查各级荷载作用下，构件的损伤情况。

表 F.3.5 位移计读数记录

委托单位		委托日期		构件名称			试验日期	
试件含水率		截面尺寸		荷载效应标准组合（N·mm）			见证号	

No	荷载级别 每级荷载（kN）	加载时间 测读时间	百分表 1			百分表 2			百分表 3			损伤记录
			A_{1i}	ΔA_{1i}	$\Sigma\Delta A_{1i}$	A_{2i}	ΔA_{2i}	$\Sigma\Delta A_{2i}$	A_{3i}	ΔA_{3i}	$\Sigma\Delta A_{3i}$	
1												
2												
3												
...												
N												

记录：

审核：

F.4 跨中实测挠度计算

F.4.1 各级荷载作用下的跨中挠度实测值，应按下式计算：

$$w_i = \Sigma \Delta A_{2i} - \frac{1}{2}(\Sigma \Delta A_{1i} + \Sigma \Delta A_{3i}) \quad (F.4.1)$$

F.4.2 荷载效应标准组合作用下的跨中挠度 w_s，应按下式计算：

$$w_s = \left(w_5 + w_3 \frac{P_0}{P_3}\right)\eta \quad (F.4.2)$$

式中：w_5——第五级荷载作用下的跨中挠度；

w_3——第三级荷载作用下的跨中挠度；

P_3——第三级时外加荷载的总量（每个加载点处的三级外加荷载量）；

P_0——构件自重和加载设备自重按弯矩等效原则折算至加载点处的荷载；

η——荷载形式修正系数，当设计荷载简图为均布荷载时，对两集中力加载方案 η = 0.91，四集中力加载方案为 1.0，其他设计荷载简图可按材料力学以跨中弯矩等效时挠度计算公式换算。

F.5 判 定 规 则

F.5.1 试件在加载过程中不应有新的损伤出现，并应用 3 个试件跨中实测挠度的平均值与理论计算挠度比较，同时应用 3 个试件中跨中挠度实测值中的最大值与本规范规定的允许挠度比较，满足要求者应为合格。试验跨度 l_0 未取实际构件跨度时，应以实测挠度平均值与理论计算值的比较结果为评定依据。

F.5.2 受弯构件挠度理论计算值应以本规范第 F.2.3 条获得的构件截面尺寸、所采用的试验荷载简图、外加荷载量（P_{smax} 中扣除试件及设备自重）和设计文件表明的材料弹性模量，按工程力学计算原则计算确定，实测挠度平均值应取按本规范式（F.4.1）计算的挠度平均值。

附录 G 规格材材质等级检验方法

G.1 一 般 规 定

G.1.1 本检验方法适用于已列入现行国家标准《木结构设计规范》GB 50005 的各目测等级规格材和机械分等规格材材质等级检验。

G.1.2 目测分等规格材可任选抗弯强度见证检验或目测等级见证检验，机械分等规格材应选用抗弯强度见证检验。

G.2 规格材目测等级见证检验

G.2.1 目测分等规格材的材质等级应符合表 G.2.1 的规定。

表 G.2.1 目测分等[1]规格材材质标准

项次	缺陷名称[2]	材质等级		
		I_c	II_c	III_c
1	振裂和干裂	允许个别长度不超过 600mm，但不贯通；贯通时，应按劈裂要求检验		贯通：长度不超过 600mm 不贯通：900mm 长或不超过 1/4 构件长 干裂无限制；贯通干裂应按劈裂要求检验
2	漏刨	构件的 10%轻度漏刨[3]		轻度漏刨不超过构件的 5%，包含长达 600mm 的散布漏刨[5]，或重度漏刨[4]
3	劈裂	$b/6$		$1.5b$
4	斜纹：斜率不大于（%）	8	10	12
5	钝棱[6]	$h/4$ 和 $b/4$，全长或与其相当，如果在 1/4 长度内钝棱不超过 $h/2$ 或 $b/3$		$h/3$ 和 $b/3$，全长或与其相当，如果在 1/4 长度内钝棱不超过 $2h/3$ 或 $b/2$
6	针孔虫眼	每 25mm 的节孔允许 48 个针孔虫眼，以最差材面为准		

项次	缺陷名称[2]	材质等级		
		Ⅰc	Ⅱc	Ⅲc
7	大虫眼	每 25mm 的节孔允许 12 个 6mm 的大虫眼，以最差材面为准		
8	腐朽—材心[17]	不允许		当 h>40mm 时不允许，否则 h/3 或 b/3
9	腐朽—白腐[17]	不允许		1/3 体积
10	腐朽—蜂窝腐[17]	不允许		b/6 坚实[13]
11	腐朽—局部片状腐[17]	不允许		b/6 宽[13],[14]
12	腐朽—不健全材	不允许		最大尺寸 b/12 和 50mm 长，或等效的多个小尺寸[13]
13	扭曲、横弯和顺弯[7]	1/2 中度		轻度

14	木节和节孔[16]高度(mm)	健全节、卷入节和均布节[8]		非健全节，松节和节孔[9]	健全节、卷入节和均布节		非健全节，松节和节孔[10]	任何木节		节孔[11]
		材边	材心		材边	材心		材边	材心	
	40	10	10	10	13	13	13	16	16	16
	65	13	13	13	19	19	19	22	22	22
	90	19	22	19	25	38	25	32	51	32
	115	25	38	22	32	48	29	41	60	35
	140	29	48	25	38	57	32	48	73	38
	185	38	57	32	51	70	38	64	89	51
	235	48	67	32	64	93	38	83	108	64
	285	57	76	32	76	95	38	95	121	76

项次	缺陷名称[2]	材质等级	
		Ⅳc	Ⅴc
1	振裂和干裂	贯通—1/3 构件长 不贯通—全长 3 面振裂—1/6 构件长 干裂无限制 贯通干裂参见劈裂要求	不贯通—全长 贯通和三面振裂 1/3 构件长
2	漏刨	散布漏刨伴有不超过构件 10% 的重度漏刨[4]	任何面的散布漏刨中，宽面含不超过 10% 的重度漏刨[4]

项次	缺陷名称[2]	材质等级					
		IV$_c$			V$_c$		
3	劈裂	L/6			2b		
4	斜纹：斜率不大于（%）	25			25		
5	钝棱[6]	h/2 或 b/2，全长或与其相当，如果在 1/4 长度内钝棱不超过 7h/8 或 3b/4			h/3 或 b/3，全长或与其相当，如果在 1/4 长度内钝棱不超过 h/2 或 3b/4		
6	针孔虫眼	每 25mm 的节孔允许 48 个针虫眼，以最差材面为准					
7	大虫眼	每 25mm 的节孔允许 12 个 6mm 的大虫眼，以最差材面为准					
8	腐朽—材心[17]	1/3 截面[13]			1/3 截面[15]		
9	腐朽—白腐[17]	无限制			无限制		
10	腐朽—蜂窝腐[17]	100%坚实			100%坚实		
11	腐朽—局部片状腐[17]	1/3 截面			1/3 截面		
12	腐朽—不健全材	1/3 截面，深入部分 1/6 长度[15]			1/3 截面，深入部分 1/6 长度[15]		
13	扭曲，横弯和顺弯[7]	中度			1/2 中度		
14	木节和节孔[16] 高度（mm）	任何木节		节孔[12]	任何木节		节孔
		材边	材心				
	40	19	19	19	19	19	19
	65	32	32	32	32	32	32
	90	44	64	44	44	64	38
	115	57	76	48	57	76	44
	140	70	95	51	70	95	51
	185	89	114	64	89	114	64
	235	114	140	76	114	140	76
	285	140	165	89	140	165	89

项次	缺陷名称[2]	材质等级	
		VI$_c$	VII$_c$
1	振裂和干裂	表层—不长于 600mm 贯通干裂同劈裂	贯通：600mm 长 不贯通：900mm 长或不超过 1/4 构件长

项次	缺陷名称[2]	材质等级			
		VIc		VIIc	
2	漏刨	构件的 10%轻度漏刨[3]		轻度漏刨不超过构件的 5%，包含长达 600mm 的散布漏刨[5]或重度漏刨[4]	
3	劈裂	b		$1.5b$	
4	斜纹：斜率不大于（%）	17		25	
5	钝棱[6]	$h/4$ 或 $b/4$，全长或与其相当，如果在 1/4 长度内钝棱不超过 $h/2$ 或 $b/3$		$h/3$ 或 $b/3$，全长或与其相当，如果在 1/4 长度内钝棱不超过 $2h/3$ 或 $b/2$，$\leqslant L/4$	
6	针孔虫眼	每 25mm 的节孔允许 48 个针孔虫眼，以最差材面为准			
7	大虫眼	每 25mm 的节孔允许 12 个 6mm 的大虫眼，以最差材面为准			
8	腐朽—材心[17]	不允许		$h/3$ 或 $b/3$	
9	腐朽—白腐[18]	不允许		1/3 体积	
10	腐朽—蜂窝腐[19]	不允许		$b/6$	
11	腐朽—局部片状腐[20]	不允许		$b/6$[14]	
12	腐朽—不健全材	不允许		最大尺寸 $b/12$ 和 50mm 长，或等效的小尺寸[13]	
13	扭曲，横弯和顺弯[7]	1/2 中度		轻度	
14	木节和节孔[16] 高度（mm）	健全节、卷入节和均布节[8]	非健全节松节和节孔[10]	任何木节	节孔[11]
	40	—	—	—	—
	65	19	16	25	19
	90	32	19	38	25
	115	38	25	51	32
	140	—	—	—	—
	185	—	—	—	—

续表 G.2.1

项次	缺陷名称[2]	材质等级				
	木节和节孔[16]高度（mm）	VIc			VIIc	
		健全节、卷入节和均布节[8]	非健全节松节和节孔[10]		任何木节	节孔[11]
14	235	—	—		—	—
	285	—	—		—	—

注：1 目测分等应包括构件所有材面以及两端。b 为构件宽度，h 为构件厚度，L 为构件长度。

2 除本注解中已说明，缺陷定义详见国家标准《锯材缺陷》GB/T 4823—1995。

3 指深度不超过 1.6mm 的一组漏刨，漏刨之间的表面抛光。

4 重度漏刨为宽面上深度为 3.2mm、长度为全长的漏刨。

5 部分或全部漏刨，或全面糙面。

6 离材端全部或部分占据材面的钝棱，当表面要求满足允许漏刨规定，窄面上破坏要求满足允许节孔的规定（长度不超过同一等级最大节孔直径的 2 倍），钝棱的长度可为 300mm，每根构件允许出现一次。含有该缺陷的构件不得超过总数的 5%。

7 顺弯允许值是横弯的 2 倍。

8 卷入节是指被树脂或树皮包围不与周围木材连生的木节，均布节是指在构件任何 150mm 长度上所有木节尺寸的总和必须小于容许最大木节尺寸的 2 倍。

9 每 1.2m 有一个或数个小节孔，小节孔直径之和与单个节孔直径相等。

10 每 0.9m 有一个或数个小节孔，小节孔直径之和与单个节孔直径相等。

11 每 0.6m 有一个或数个小节孔，小节孔直径之和与单个节孔直径相等。

12 每 0.3m 有一个或数个小节孔，小节孔直径之和与单个节孔直径相等。

13 仅允许厚度为 40mm。

14 假如构件窄面均有局部片状腐，长度限制为节孔尺寸的 2 倍。

15 钉入边不得破坏。

16 节孔可全部或部分贯通构件。除非特别说明，节孔的测量方法与节子相同。

17 材心腐朽指某些树种沿树心发展的局部腐朽，用目测鉴定。心材腐朽存在于活树中，在被砍伐的木材中不会发展。

18 白腐指木材中白色或棕色的小壁孔或斑点，由白腐菌引起。白腐存在于活树中，在使用时不会发展。

19 蜂窝腐与白腐相似但囊孔更大。含蜂窝腐的构件较未含蜂窝腐的构件不易腐朽。

20 局部片状腐指柏树中槽状或壁孔状的区域。所有引起局部片状腐的木腐菌在树砍伐后不再生长。

G.2.2 取样方法和检验方法应符合下列规定：

1 进场的每批次同一树种或树种组合、同一目测等级的规格材作为一个检验批，每检验批应按表 G.2.2 规定的数目随机抽取检验样本。

2 应采用目测、丈量方法，并应符合表 G.2.1 的规定。

G.2.3 样本中不符合该目测等级的规格材的根数不应大于表 G.2.3 规定的合格判定数。

表 G.2.2 每检验批规格材抽样数量（根）

检验批容量	2～8	9～15	16～25	26～50	51～90
抽样数量	3	5	8	13	20
检验批容量	91～150	151～280	281～500	501～1200	1201～3200
抽样数量	32	50	80	125	200
检验批容量	3201～10000	10001～35000	35001～150000	150001～500000	>500000
抽样数量	315	500	800	1250	2000

表 G.2.3 规格材目测检验合格判定数（根）

抽样数量	2～5	8～13	20	32	50	80	125	200	>315
合格判定数	0	1	2	3	5	7	10	14	21

G.3 规格材抗弯强度见证检验

G.3.1 规格材抗弯强度见证检验应采用复式抽样法，试样应从每一进场批次、每一强度等级和每一规格尺寸的规格材中随机抽取，第 1 次抽取 28 根。试样长度不应小于 17h+200mm（h 为规格材截面高度）。

G.3.2 规格材试样应在试验地通风良好的室内静待数天，使同批次规格材试样间含水率最大偏差不大于

2%。规格材试样应测定平均含水率 w，平均含水率应大于等于10%，且应小于等于23%。

G.3.3 规格材试样在检验荷载 P_k 作用下的三分点侧立抗弯试验，应按现行国家标准《木结构试验方法标准》GB/T 50329 进行（图 G.3.3）。试样跨度不应小于 $17h$，安装时试样的拉、压边应随机放置，并应经 1min 等速加载至检验荷载 P_k。

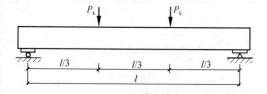

图 G.3.3 试样三分点侧立抗弯试验

P_k—加载点的荷载；l—规格材跨度

G.3.4 规格材侧立抗弯试验的检验荷载应按下列公式计算：

$$P_k = f_b \frac{bh^2}{2l} \qquad (G.3.4-1)$$

$$f_b = f_{bk} K_z K_l K_w \qquad (G.3.4-2)$$

$$K_l = \left(\frac{l}{l_0}\right)^{0.14} \qquad (G.3.4-3)$$

$$\left.\begin{array}{l} f_{bk} \geqslant 16.66 \text{N/mm}^2 \quad K_w = 1 + \dfrac{(15-w)(1-16.66/f_{bk})}{25} \\[3mm] f_{bk} < 16.66 \text{N/mm}^2 \quad K_w = 1.0 \end{array}\right\}$$

$$(G.3.4-4)$$

式中：b——规格材的截面宽度；

h——规格材的截面高度；

l——试样的跨度；

l_0——试样标准跨度，取 3.658m；

f_{bk}——规格材抗弯强度检验值，可按表 G.3.4-1 取值；

K_z——规格材抗弯强度的截面尺寸调整系数，可按表 G.3.4-2 取值；

K_l——规格材抗弯强度的跨度调整系数；

K_w——规格材抗弯强度的含水率调整系数；

w——试验时规格材的平均含水率。

表 G.3.4-1　进口北美目测分等规格材抗弯强度检验值（N/mm²）

等级	花旗松-落叶松（南）	花旗松-落叶松（北）	铁杉-冷杉（南）	铁杉-冷杉（北）	南方松	云杉-松-冷杉	其他北美树种
I_c	21.60	20.25	20.25	18.90	27.00	17.55	13.10
II_c	14.85	12.29	14.85	14.85	17.55	12.69	8.64

续表 G.3.4-1

等级	花旗松-落叶松（南）	花旗松-落叶松（北）	铁杉-冷杉（南）	铁杉-冷杉（北）	南方松	云杉-松-冷杉	其他北美树种
III_c	13.10	12.29	12.29	14.85	14.85	12.69	8.64
IV_c、V_c	7.56	6.89	7.29	8.37	8.37	7.29	5.13
VI_c	14.85	13.50	14.85	16.20	16.20	14.85	10.13
VII_c	8.37	7.56	7.97	9.40	9.05	7.97	5.81

注：1　表中所列强度检验值为规格材的抗弯强度特征值。

2　机械分等规格材的抗弯强度检验值应取所在等级规格材的抗弯强度特征值。

表 G.3.4-2　规格材强度截面尺寸调整系数

等级	截面高度（mm）	截面宽度（mm）	
		40、65	90
I_c、II_c、III_c、IV_c、V_c	≤90	1.5	1.5
	115	1.4	1.4
	140	1.3	1.3
	185	1.2	1.2
	235	1.1	1.1
	285	1.0	1.1
VI_c、VII_c	≤90	1.0	1.0

注：VI_c、VII_c 规格材截面高度均小于等于90mm。

G.3.5 规格材合格与否应按检验荷载 P_k 作用下试件破坏的根数判定。28根试件中小于等于1根发生破坏时，应为合格。试件破坏数大于3根时，应为不合格。试件破坏数为2根时，应另随机抽取53根试件进行规格材侧立抗弯试验。试件破坏数小于等于2根时，应为合格，大于2根时应为不合格。试验中未发生破坏的试件，可作为相应等级的规格材继续在工程中使用。

附录 H　木基结构板材的力学性能指标

H.0.1 木基结构板材在集中静载和冲击荷载作用下的力学性能，不应低于表 H.0.1 的规定。

表 H.0.1　木基结构板材在集中静载和冲击荷载作用下的力学指标[1]

用途	标准跨度（最大允许跨度）（mm）	试验条件	冲击荷载（N·m）	最小极限荷载[2]（kN）		0.89kN集中静载作用下的最大挠度[3]（mm）
				集中静载	冲击后集中静载	
楼面板	400(410)	干态及湿态重新干燥	102	1.78	1.78	4.8

续表 H.0.1

用途	标准跨度（最大允许跨度）（mm）	试验条件	冲击荷载（N·m）	最小极限荷载[2]（kN）		0.89kN集中静载作用下的最大挠度[3]（mm）
				集中静载	冲击后集中静载	
楼面板	500(500)	干态及湿态重新干燥	102	1.78	1.78	5.6
	600(610)	干态及湿态重新干燥	102	1.78	1.78	6.4
	800(820)	干态及湿态重新干燥	122	2.45	1.78	5.3
	1200(1220)	干态及湿态重新干燥	203	2.45	1.78	8.0
屋面板	400(410)	干态及湿态	102	1.78	1.33	11.1
	500(500)	干态及湿态	102	1.78	1.33	11.9
	600(610)	干态及湿态	102	1.78	1.33	12.7
	800(820)	干态及湿态	122	1.78	1.33	12.7
	1200(1220)	干态及湿态	203	1.78	1.33	12.7

注：1 本表为单个试验的指标。

2 100%的试件应能承受表中规定的最小极限荷载值。

3 至少90%的试件挠度不大于表中的规定值。在干态及湿态重新干燥试验条件下，木基结构板材在静载和冲击荷载后静载的挠度，对于屋面板只检查静载的挠度，对于湿态试验条件下的屋面板，不检查挠度指标。

H.0.2 木基结构板材在均布荷载作用下的力学性能，不应低于表 H.0.2 的规定。

表 H.0.2 木基结构板材在均布荷载作用下的力学指标

用途	标准跨度（最大允许跨度）（mm）	试验条件	性能指标[1]	
			最小极限荷载[2]（kPa）	最大挠度[3]（mm）
楼面板	400(410)	干态及湿态重新干燥	15.8	1.1
	500(500)	干态及湿态重新干燥	15.8	1.3
	600(610)	干态及湿态重新干燥	15.8	1.7
	800(820)	干态及湿态重新干燥	15.8	2.3
	1200(1220)	干态及湿态重新干燥	10.8	3.4
屋面板	400(410)	干态	7.2	1.7
	500(500)	干态	7.2	2.0
	600(610)	干态	7.2	2.5
	800(820)	干态	7.2	3.3
	1000(1020)	干态	7.2	4.4
	1200(1220)	干态	7.2	5.1

注：1 本表为单个试验的指标。

2 100%的试件应能承受表中规定的最小极限荷载值。

3 每批试件的平均挠度不应大于表中的规定值。为4.79kPa均布荷载作用下的楼面最大挠度；或1.68kPa均布荷载作用下的屋面最大挠度。

附录 J 按构造设计的轻型木结构钉连接要求

J.0.1 按构造设计的轻型木结构的钉连接应符合表 J.0.1 的规定。

表 J.0.1 按构造设计的轻型木结构的钉连接要求

序号	连接构件名称	最小钉长（mm）	钉的最小数量或最大间距
1	楼盖搁栅与墙体顶梁板或底梁板——斜向钉连接	80	2 颗
2	边框梁或封边板与墙体顶梁板或底梁板——斜向钉连接	60	150mm
3	楼盖搁栅木底撑或扁钢底撑与楼盖搁栅	60	2 颗
4	搁栅间剪刀撑	60	每端 2 颗
5	开孔周边双层封边梁或双层加强搁栅	80	300mm
6	木梁两侧附加托木与木梁	80	每根搁栅处 2 颗
7	搁栅与搁栅连接板	80	每端 2 颗
8	被切搁栅与开孔封头搁栅（沿开孔周边垂直钉连接）	80	5 颗
		100	3 颗
9	开孔处每根封头搁栅与封边搁栅的连接（沿开孔周边垂直钉连接）	80	5 颗
		100	3 颗
10	墙骨与墙体顶梁板或底梁板，采用斜向钉连接或垂直钉连接	60	4 颗
		100	2 颗
11	开孔两侧双根墙骨柱，或在墙体交接或转角处的墙骨处	80	750mm
12	双层顶梁板	80	600mm
13	墙体底梁板或地梁板与搁栅或封头块（用于外墙）	80	400mm
14	内隔墙与框架或楼面板	80	600mm
15	非承重墙开孔顶部水平构件每端	80	2 颗
16	过梁与墙骨	80	每端 2 颗
17	顶棚搁栅与墙体顶梁板——每侧采用斜向钉连接	80	2 颗
18	屋面椽条、桁架或屋面搁栅与墙体顶梁板——斜向钉连接	80	3 颗
19	椽条板与顶棚搁栅	100	2 颗
20	椽条与搁栅（屋脊板有支座时）	80	3 颗
21	两侧椽条在屋脊通过连接板连接，连接板与每根椽条的连接	60	4 颗
22	椽条与屋脊板——斜向钉连接或垂直钉连接	80	3 颗
23	椽条拉杆每端与椽条	80	2 颗
24	椽条拉杆侧向支撑与拉杆	60	2 颗
25	屋脊椽条与屋脊或屋谷椽条	80	2 颗
26	椽条撑杆与椽条	80	3 颗
27	椽条撑杆与承重墙——斜向钉连接	80	2 颗

J.0.2 按构造设计的轻型木结构中椽条与顶棚搁栅的钉连接，应符合表 J.0.2 的规定。

表 J.0.2　橡条与顶棚搁栅钉连接（屋脊无支承）

屋面坡度	椽条间距 (mm)	钉长不小于80mm的最少钉数											
		椽条与每根顶棚搁栅连接						椽条每隔1.2m与顶棚搁栅连接					
		房屋宽度达到8m			房屋宽度达到9.8m			房屋宽度达到8m			房屋宽度达到9.8m		
		屋面雪荷 (kPa)			屋面雪荷 (kPa)			屋面雪荷 (kPa)			屋面雪荷 (kPa)		
		≤1.0	1.5	≥2.0	≤1.0	1.5	≥2.0	≤1.0	1.5	≥2.0	≤1.0	1.5	≥2.0
1:3	400	4	5	6	5	7	8	11	—	—	—	—	—
	600	6	8	9	8	—	—	11	—	—	—	—	—
1:2.4	400	4	4	5	5	6	7	7	10	—	9	—	—
	600	5	7	6	7	—	11	7	10	—	—	—	—
1:2	400	4	4	4	4	4	5	6	8	9	—	—	—
	600	4	5	6	5	7	8	6	8	9	8	—	—
1:1.71	400	4	4	4	4	4	4	5	7	8	7	9	11
	600	4	4	4	4	6	7	5	7	8	7	9	11
1:1.33	400	4	4	4	4	4	4	4	5	6	5	6	7
	600	4	4	4	4	4	5	4	5	6	5	6	7
1:1	400	4	4	4	4	4	4	4	4	4	4	4	5
	600	4	4	4	4	4	4	4	4	4	4	4	5

附录K　各类木结构构件防护处理载药量及透入度要求

K.1　方木与原木结构、轻型木结构构件

K.1.1　方木、原木结构、轻型木结构构件采用的防腐、防虫药剂及其以活性成分计的最低载药量检验结果，应符合表 K.1.1 的规定。需油漆的木构件宜采用水溶性或以易挥发的碳氢化合物为溶剂的油溶性防护剂。

K.1.2　防护施工应在木构件制作完成后进行，并应选择正确的处理工艺。常压浸渍法可用于木构件处于 C1 类环境条件的防护处理；其他环境条件均应用加压浸渍法，特殊情况下可采用冷热槽浸渍法；对于不易吸收药剂的树种，浸渍前可在木材上顺纹刻痕，但刻痕深度不宜大于16mm。浸渍完成后的药剂透入度检验结果不应低于表 K.1.2 的规定。喷洒法和涂刷法应仅用于已经防护处理的木构件，因钻孔、开槽等操作造成未吸收药剂的木材外露而进行的防护修补。

表 K.1.1　不同使用条件下使用的防腐木材及其制品应达到的最低载药量

类别	防腐剂		活性成分	组成比例 (%)	最低载药量 (kg/m³)			
	名称				使用环境			
					C1	C2	C3	C4A
水溶性	硼化合物[1]		三氧化二硼	100	2.8	2.8[2]	NR[3]	NR
	季铵铜 (ACQ)	ACQ-2	氧化铜	66.7	4.0	4.0	4.0	6.4
			二癸基二甲基氯化铵 (DDAC)	33.3				

防腐剂			活性成分	组成比例（%）	最低载药量（kg/m³）			
类别	名称				使用环境			
					C1	C2	C3	C4A
水溶性	季铵铜（ACQ）	ACQ-3	氧化铜	66.7	4.0	4.0	4.0	6.4
			十二烷基苄基二甲基氯化铵（BAC）	33.3				
		ACQ-4	氧化铜	66.7	4.0	4.0	4.0	6.4
			DDAC	33.3				
	铜唑（CuAz）	CuAz-1	铜	49	3.3	3.3	3.3	6.5
			硼酸	49				
			戊唑醇	2				
		CuAz-2	铜	96.1	1.7	1.7	1.7	3.3
			戊唑醇	3.9				
		CuAz-3	铜	96.1	1.7	1.7	1.7	3.3
			丙环唑	3.9				
		CuAz-4	铜	96.1	1.0	1.0	1.0	2.4
			戊唑醇	1.95				
			丙环唑	1.95				
	唑醇啉（PTI）		戊唑醇	47.6	0.21	0.21	0.21	NR
			丙环唑	47.6				
			吡虫啉	4.8				
	酸性铬酸铜（ACC）		氧化铜	31.8	NR	4.0	4.0	8.0
			三氧化铬	68.2				
	柠檬酸铜（CC）		氧化铜	62.3	4.0	4.0	4.0	NR
			柠檬酸	37.7				
油溶性	8-羟基喹啉铜（Cu8）		铜	100	0.32	0.32	0.32	NR
	环烷酸铜（CuN）		铜	100	NR	NR	0.64	NR

注：1 硼化合物包括硼酸、四硼酸钠、八硼酸钠、五硼酸钠等及其混合物；
2 有白蚁危害时 C2 环境下硼化合物应为 4.5kg/m³；
3 NR 为不建议使用。

表 K.1.2 防护剂透入度检测规定

木材特征	透入深度或边材透入率		钻孔采样数量（个）	试样合格率（%）
	$t<125mm$	$t \geqslant 125mm$		
易吸收不需要刻痕	63mm 或 85%（C1、C2）、90%（C3、C4A）	63mm 或 85%（C1、C2）、90%（C3、C4A）	20	80
需要刻痕	10mm 或 85%（C1、C2）、90%（C3、C4A）	13mm 或 85%（C1、C2）、90%（C3、C4A）	20	80

注：t 为需处理木材的厚度；是否刻痕根据木材的可处理性、天然耐久性及设计要求确定。

K.2 胶合木结构构件、结构胶合板及结构复合材构件

K.2.1 胶合木结构可采用的防腐、防火药剂类别和规定的检测深度内以有效活性成分计的载药量不应低于表 K.2.1 的规定。胶合木结构宜在层板胶合、构件加工工序完成（包括钻孔、开槽等局部处理）后进行防护处理，并宜采用油溶性药剂；必要时可先作层板的防护处理，再进行胶合和构件加工。不论何种顺序，其药剂透入度不得小于表 K.2.2 的规定。

表 K.2.1 胶合木防护药剂最低载药量与检测深度

类别	名称	胶合前处理 最低载药量（kg/m³）使用环境 C1	C2	C3	C4A	检测深度（mm）	胶合后处理 最低载药量（kg/m³）使用环境 C1	C2	C3	C4A	检测深度（mm）
水溶性	硼化合物	2.8	2.8*	NR	NR	13~25	NR	NR	NR	NR	—
	季铵铜 ACQ ACQ-2	4.0	4.0	4.0	6.4	13~25					
	ACQ-3	4.0	4.0	4.0	6.4	13~25					
	ACQ-4	4.0	4.0	4.0	6.4	13~25					
	铜唑（CuAz） CuAz-1	3.3	3.3	3.3	6.5	13~25					
	CuAz-2	1.7	1.7	1.7	3.3	13~25					
	CuAz-3	1.7	1.7	1.7	3.3	13~25					
	CuAz-4	1.0	1.0	1.0	2.4	13~25					
	唑醇啉（PTI）	0.21	0.21	0.21	NR	13~25					
	酸性铬酸铜（ACC）	NR	4.0	4.0	NR	13~25					
	柠檬酸铜（CC）	4.0	4.0	4.0	NR	13~25					
油溶性	8-羟基喹啉铜（Cu8）	0.32	0.32	0.32	NR		0.32	0.32	0.32	NR	0~15
	环烷酸铜（CuN）	NR	NR	0.64	NR		0.64	0.64	0.64	NR	0~15

注：* 有白蚁危害时应为 4.5kg/m³。

K.2.2 对于胶合后处理的木构件，应从每一批量中的 20 个构件中随机钻孔取样；对于胶合前处理的木构件，应从每一批量中 20 块内层被接长的木板侧边各钻取一个试样。试样的透入深度或边材透入率应符合表 K.2.2 的要求。

表 K.2.2 胶合木构件防护药剂透入深度或边材透入率

木材特征	使用环境 C1、C2 或 C3	C4A	钻孔采样的数量（个）
易吸收不需要刻痕	75mm 或 90%	75mm 或 90%	20
需要刻痕	25mm	32mm	20

K.2.3 结构胶合板和结构复合材（旋切板胶合木、旋切片胶合木）防护剂的最低保持量及其检测深度，应符合表 K.2.3 的要求。

表 K.2.3 结构胶合板、结构复合材防护剂的最低载药量与检测深度

类别	名称	结构胶合板 最低载药量（kg/m³）使用环境 C1	C2	C3	C4A	检测深度（mm）	结构复合材 最低载药量（kg/m³）使用环境 C1	C2	C3	C4A	检测深度（mm）
水溶性	硼化合物	2.8	2.8*	NR	NR	0~10	NR	NR	NR	NR	—
	季铵铜 ACQ ACQ-2	4.0	4.0	4.0	6.4	0~10	NR	NR	NR	NR	—
	ACQ-3	4.0	4.0	4.0	6.4	0~10					
	ACQ-4	4.0	4.0	4.0	6.4	0~10					
	铜唑（CuAz） CuAz-1	3.3	3.3	3.3	6.5	0~10					
	CuAz-2	1.7	1.7	1.7	3.3	0~10					
	CuAz-3	1.7	1.7	1.7	3.3	0~10					
	CuAz-4	1.0	1.0	1.0	2.4	0~10					
	唑醇啉（PTI）	0.21	0.21	0.21	NR	0~10					
	酸性铬酸铜（ACC）	NR	4.0	4.0	8.0	0~10					
	柠檬酸铜（CC）	4.0	4.0	4.0	NR	0~10	NR	NR	NR	NR	—
油溶性	8-羟基喹啉铜（Cu8）	0.32	0.32	0.32	NR		0.32	0.32	0.32	NR	0~10
	环烷酸铜（CuN）	0.64	0.64	0.64	NR		0.64	0.64	0.64	0.96	0~10

注：* 有白蚁危害时应为 4.5kg/m³。

本规范用词说明

1 为了便于在执行本标准条文时区别对待，对要求严格程度不同的用词说明如下：

1）表示很严格，非这样做不可的用词：
正面词采用"必须"，反面词采用"严禁"。

2）表示严格，在正常情况下均应这样做的用词：
正面词采用"应"，反面词采用"不应"或"不得"。

3）表示允许稍有选择，在条件许可时首先应这样做的用词：
正面词采用"宜"，反面词采用"不宜"。

4）表示有选择，在一定条件下可以这样做的用词，采用"可"。

2 条文中指明应按其他有关标准执行的写法为："应符合……的规定"或"应按……执行"。

引用标准名录

1 《木结构设计规范》GB 50005

2 《建筑设计防火规范》GB 50016

3 《建筑工程施工质量验收统一标准》GB 50300

4 《木结构试验方法标准》GB/T 50329

5 《金属材料室温拉伸试验方法》GB/T 228

6　《碳素结构钢》GB 700

7　《木材含水率测定方法》GB/T 1931

8　《木材抗弯强度试验方法》GB/T 1936.1

9　《钢材力学及工艺性能试验取样规定》GB 2975

10　《碳钢焊条》GB 5117

11　《低合金钢焊条》GB 5118

12　《六角头螺栓-C级》GB 5780

13　《六角头螺栓》GB 5782

14　《金属拉伸试验试样》GB 6397

15　《木结构覆板用胶合板》GB/T 22349

16　《建筑钢结构焊接技术规范》JGJ 81

17　《一般用途圆钢钉》YB/T 5002

中华人民共和国国家标准

木结构工程施工质量验收规范

GB 50206—2012

条 文 说 明

修 订 说 明

本规范是在《木结构工程施工质量验收规范》GB 50206—2002 的基础上修订而成。本规范修订继续遵循了《建筑工程施工质量验收统一标准》GB 50300—2001 关于"验评分离、强化验收、完善手段、过程控制"的指导原则，并借鉴和吸收了国际先进技术和经验，与中国的具体情况相结合，制定技术水平先进和切实可行的木结构工程施工质量验收标准。同时，保持了规范的连续性和与相关的国家现行规范、标准的一致性。

本规范修订过程中，编制组进行了大量调查研究，重点修订了原规范在执行过程中遇到的以下几方面的问题：(1) 原规范侧重规定了木结构工程所用材料和产品的质量控制标准，缺乏关于木结构工程施工过程中的质量控制标准，较为突出的是胶合木结构和轻型木结构两类结构构件的制作、安装质量标准。(2) 厘清木结构产品，尤其是层板胶合木、结构复合木材、木基结构板材等生产过程中的质量控制标准与产品进场验收的关系，符合木结构工程施工质量验收的需要。(3) 制定恰当的材料进场质量检验（见证检

验）方法和判定标准，做到既保证质量又切实可行。规格材进场验收的问题尤为突出。(4) 随着材料科学和木结构防护技术的发展，原规范规定的某些木材防护材料需要更新。编制组针对这些问题对原规范进行了认真修订，并与《建筑工程施工质量验收统一标准》GB 50300、《木结构设计规范》GB 50005 等相关国家标准进行了协调，形成了本规范修订版。

本规范上一版的主编单位是哈尔滨工业大学，参编单位是铁道部科学研究院、东北林业大学、公安部天津消防科学研究所、温州市规划设计院，主要起草人是樊承谋、王用信、郭惠平、方桂珍、倪照鹏、陈松来、许方。

为便于工程技术人员在使用本规范时能正确把握和执行条文规定，编制组按章、条顺序编制了本规范的条文说明，对条文规定的目的、依据以及在执行中应注意的有关事项进行了说明。但本条文说明不具备与规范正文同等的法律效力，仅供使用者作为理解和把握规范规定的参考。

目　次

1 总　则

1.0.1 制定本规范的目的是贯彻《建筑工程施工质量验收统一标准》GB 50300 的相关规定，加强木结构工程施工质量管理，保证木结构工程质量。

1.0.2 本规范的适用范围为新建木结构工程的两个分项工程的施工质量验收，即木结构工程的制作安装与木结构工程的防火防护。木结构包括分别由原木、方木和胶合木制作的木结构和主要由规格材和木基结构板材制作的轻型木结构。

1.0.3 本规范的规定系木结构工程施工质量验收最低和最基本的要求。

1.0.4 本规范是遵照《建筑工程施工质量验收统一标准》GB 50300对工程质量验收的划分、验收的方法、验收的程序和组织的原则性规定而编制的，因此在执行本规范时应与其配套使用。

1.0.5 为保证工程质量，木结构工程施工质量验收尚应符合下列国家现行标准和规范的规定：

1 《木结构设计规范》GB 50005
2 《木结构试验方法标准》GB/T 50329
3 《木材物理力学试验方法》GB 1927~1943
4 《钢结构工程施工质量验收规范》GB 50205

2 术　语

本规范共给出了 36 个木结构工程施工质量验收的主要术语。其中一部分是从建筑结构施工、检验的角度赋予其涵义，而相当部分按国际上木结构常用的术语而编写。英文术语所指为内容一致，并不一定是两者单词的直译，但尽可能与国际木结构术语保持一致。

3 基 本 规 定

3.0.1 规定木结构工程施工单位应具备的基本条件。针对目前建筑安装工程施工企业的实际情况，强调应有木结构工程施工技术队伍，才能承担木结构工程施工任务。

3.0.2 《建筑工程施工质量验收统一标准》GB 50300 将建筑工程划分为主体结构、地基与基础、建筑装饰装修等分部工程，主体结构分部工程包括木结构、钢结构、混凝土结构等子分部工程，木结构子分部工程又包括方木和原木结构、胶合木结构、轻型木结构、木结构防护等分项工程。因此，方木和原木结构、胶合木结构、轻型木结构其中之一作为木结构分项工程与木结构防护分项工程构成木结构子分部工程。木结构工程的防护分项工程（防火、防腐）可以分包，但其管理、施工质量仍应由木结构工程制作、安装施工单位负责。

3.0.3 本条规定木结构子分部工程划分检验批的原则。

3.0.4 木结构使用环境的分类，依据是林业行业标准《防腐木材的使用分类和要求》LY/T 1636 - 2005，主要为选择正确的木结构防护方法服务。

3.0.5 木材所显露出的纹理，具有自然美，形成雅致的装饰面。本条将木结构外表参照原规范对胶合木结构的要求，分为 A、B、C 级。A 级相当于室内装饰要求，B 级相当于室外装饰要求，而 C 级相当于木结构不外露的要求。

3.0.6 本条具体规定木结构工程控制施工质量的内容：

1 在原规范的基础上增加了工程设计文件的要求，旨在强调按设计图纸施工。

2 木结构工程的主要材料是木材及木产品，包括方木、原木、层板胶合材、结构复合材、木基结构板材、金属连接件和结构用胶等。这些材料都涉及结构的安全和使用功能，因此要求做进场验收和见证检验。进场验收、见证检验主要是控制木结构工程所用材料、构配件的质量；交接检验主要是控制制作加工质量。这是木结构工程施工质量控制的基本环节，是木结构分部工程验收的主要依据。

3 控制每道工序的质量，关键在于按《木结构工程施工规范》的规定进行施工，并按本规范规定的控制指标进行自检。

4 各工序之间和专业工种之间的交接检验，关键于建立工程管理人员和技术人员的全局观念，将检验批、分项工程和木结构子分部工程形成有机整体。

5 在原规范的基础上增加了木结构工程竣工图及文字资料等竣工文件的要求。这是考虑到施工过程中可能对原设计方案进行了变更或材料替代，这些文件要求是保证工程质量的必要手段，也是将来结构维修、维护的重要依据。

3.0.7 木结构在我国发展较快，不断引进、研发新材料、新技术，各类木结构技术规范不可能将这些材料和技术全部包含在内，但又应鼓励创新和研发。本条规定了采用新技术的木结构工程施工质量的验收程序。

3.0.8 规定材料的替换原则。用等强换算方法使用高等级材料替代低等级材料，由于截面减小，可能影响抗火性能，故有时结构并不安全，截面减小还可能影响结构的使用功能和耐久性；反之，用等强换算方法使用低等级材料替代高等级材料，尚应符合国家现行标准《木结构设计规范》GB 50005 关于各类构件对木材材质等级的规定，故通过等强换算进行材料替换，需经设计单位复核同意。

3.0.9 从国际市场进口木材和木产品，是发展我国木结构的重要途径。本条所指木材和木产品包括方木、原木、规格材、胶合木、木基结构板材、结构复合木材、工字形木搁栅、齿板桁架以及各类金属连接件等产品。国外大部分木产品和金属连接件是工业化生产的产品，都有产品标识。产品标识标志产品的生产厂家、树种、强度等级和认证机构名称等。对于产地国具有产品标识的木产品，既要求具有产品质量合格证书，也要求有相应的产品标识。对于产地国本来就没有产品标识的木产品，可只要求产品质量合格证书。

另外，在美欧等国家和地区，木产品的标识是经过严格质量认证的，等同于产品质量合格证书。这些产品标识一旦经由我国相关认证机构确认，在我国也等同于产品质量合格证书。但我国目前尚没有具有资质的认证机构。

4 方木与原木结构

4.1 一般规定

4.1.1 规定了本章的适用范围。

4.1.2 原规范对划分检验批的规定不甚清楚，本次修订根据《建筑工程施工质量验收统一标准》GB 50300 关于划分检验批的规定以及质检部门的建议，对材料、构配件质量控制和木结构制作安装质量控制分别划分了检验批。施工和质量验收时屋盖宜作为一个楼层对待，单独划分为一个检验批。

4.2 主控项目

4.2.1 结构形式、结构布置和构件尺寸是否符合设计文件规定，是影响结构安全的第一要素，因此本条作为强制性条文执行。本规范将对结构安全会产生最重要影响的主控项目归结为三个方面，一是结构形式、结构布置和构件的截面尺寸，二是构件材料的材质标准和强度等级，三是木结构节点连接。关于该三方面的条文，皆列于强制性条文。设计文件包括本工程的施工图、设计变更和设计单位签发的技术联系单等资料。

4.2.2 构件所用材料的质量是否符合设计文件的规定，是影响结构安全的第二要素，是保证工程质量的关键之一，因此本条作为强制性条文执行。执行本条时尚应注意：

1 结构用木材应符合设计文件的规定，是指木材的树种（包括树种组合）或强度等级合乎规定。在我国现阶段，方木、原木结构所用木材的强度等级是由树种确定的，而同一树种或树种组合的木材，强度不再分级，所以明确了树种或树种组合，就明确了强度等级。我国虽然对方木、原木及板材划分为三个质量等级，但该三个质量等级木材的设计指标是相同

的，不加区分。

2 不管是国产还是进口的结构用材，其树种都应是已纳入现行国家标准《木结构设计规范》GB 50005 适用范围的，否则不能作为结构用材使用。

4.2.3 现行《木结构设计规范》GB 50005 按树种划分方木、原木的强度等级，而按目测外观质量划分的方木、原木的三个质量等级，仅是决定木材用途的依据（用于受拉还是受压构件），与木材的强度等级无关。因此，明确木材的树种是施工用材是否符合设计要求的关键。但目前木结构施工人员对树种的识别往往存在一定困难，为确保其木材的材质等级，进场木材均应作弦向静曲强度见证检验。本规范检验标准表 4.2.3 与《木结构设计规范》GB 50005 的规定是一致的。

4.2.4 我国现行《木结构设计规范》GB 50005 对不同目测等级的方木或原木在强度上未加区分，实际上三个等级木材的缺陷不同，对木材强度的影响程度也就不同；即使相同的缺陷，对木材抗拉、抗压强度的影响程度也不同。故规定了不同目测等级的木材不同的用途，等级高的用于受拉构件，低的可用于受压构件，施工及验收时应予注意。

结构用材木材的目测等级评定标准，不同于一般用途木材的商品等级，两者不能混淆。

4.2.5 控制木材的含水率，主要是为防止木材干裂和腐朽。原木、方木在干燥过程中，切向收缩最大，径向次之，纵向最小。外层木材会先于内层木材干燥，其干燥变形会受到内层木材的约束而受拉。当横纹拉应力超过木材的抗拉强度时，木材就发生开裂。

制作构件时，如果干裂裂缝与齿连接或螺栓连接的受剪面接近或重合，就会影响连接的承载力，甚至发生工程事故。木材含水率过大，干缩变形很大，会影响木结构节点连接的紧密性；含水率过大，木材的弹性模量降低，结构的变形加大；含水率超过 20% 而又通风不畅，木材则易发生腐朽。因此，无论是构件制作还是进场，都应控制含水率。

原木和截面较大的方木通常不能采用窑干法，难以达到干燥状态，其含水率控制在 25%，是指全截面的平均含水率。此时木材表层的含水率往往已降至 18% 以下，干燥裂缝已经呈现，制作构件选材时已经可以避开裂缝。干缩裂缝对板材的不利影响比方木、原木严重得多，但板材可以窑干，故含水率可控制在 20% 以下。干缩裂缝对板材受拉工作影响最为不利，用作受拉构件连接板的板材含水率控制在 18% 以下。

4.2.6 《木结构设计规范》GB 50005 明确规定承重木结构用钢材宜选择 Q235 等级，不能因为用于木结构就放松对钢材质量的要求。实际上，建筑结构钢材均可用于木结构，故本规范规定钢材的屈服强度和极限强度不低于 Q235 及以上等级钢材的指标要求。对于承受动荷载或在 −30℃ 以下工作的木结构，不应采

用沸腾钢，冲击韧性应满足相应屈服强度的 D 级要求，与《钢结构设计规范》GB 50017 保持一致。

4.2.7 焊条的种类、型号与焊件的钢材类别有关，故应按设计文件规定选用。对于 Q235 钢材，通常采用 E43 型焊条。E43 为碳钢焊条，药皮化学成分不同，适用于不同的焊缝类型、焊机和使用环境，如结构在 -30℃ 以下工作，宜选用 E43 中的低氢型焊条。

4.2.8 成品螺栓是标准件，强度等级通常用屈服比表示，如 4.8 级表示拉抗强度标准值为 400MPa，屈服强度标准值为 320MPa，这类螺栓进场时仅需检验合格证书。由于标准件的螺栓长度有时不满足木结构连接的要求，需要专门加工，则按 4.2.6 条的规定，螺栓杆使用的钢材应有力学性能检验合格报告。

4.2.9 圆钉的抗弯屈服强度以塑性截面模量计算，当设计文件规定圆钉的抗弯屈服强度时，需作强度见证检验。设计文件未作规定时，将视为由冷拔钢丝制作的普通圆钉，只需检验其产品合格证书。

4.2.10 拉杆的搭接接头偏心传力，对焊缝不利，拉杆本身也会产生弯曲应力，因此规定不应采用搭接接头而应采用双面绑条焊接头，并规定了接头的构造要求。

4.2.11 按钢结构设计规范规定，寒冷地区的焊缝为保证其延性，焊缝质量等级不得低于二级。

4.2.12 结构方案和布置、所用材料的材质等级和节点连接施工质量是控制工程质量、保证结构安全的三大关键要素，任何一个方面出现问题，都会直接影响结构安全，因此都是不允许出现施工偏差的项目。节点连接的施工质量，是影响木结构安全的第三要素，故本条按强制性条文执行。

4.2.13 木结构各类节点连接部位木材的质量符合要求，是节点连接承载力的重要保证，因此本条对连接部位木材的材质作出了专门规定。

木结构中的螺栓按其受力可分为受剪、受拉和系紧三类。木构件受拉接头中的螺栓，实际上主要是受弯工作，但因形式上传递的是被连接构件间界面上的剪力，仍习惯称为受剪螺栓；受拉螺栓（亦称圆钢拉杆）包括钢木屋架下弦、豪式屋架的竖拉杆以及支座节点的保险螺栓等，这类螺栓受拉工作；系紧螺栓，如受压接头系紧木夹板的螺栓，既不受拉也不受弯。螺栓孔附近木材中的干裂、斜纹、松节等缺陷都会影响销槽的承压强度，螺栓连接处应避开这些缺陷。

4.2.14 本条规定了保证木结构抗震安全的构造措施，系依据《木结构设计规范》GB 50005 和《建筑抗震设计规范》GB 50011 的有关规定制定。

4.3 一般项目

4.3.1 木桁架、梁、柱的制作偏差应在吊装前检查验收，以便及时更换达不到质量要求的构件或局部修正。

4.3.2 除 4.2.13 条规定外，齿连接的其他构造也影响其工作性能（见图 1）。

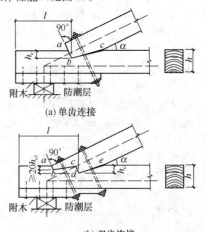

(a) 单齿连接

(b) 双齿连接

图 1 齿连接基本构造

1 压杆轴线与承压面垂直且通过承压面中心，则能保证压力完全通过承压面传递且使承压面均匀受压，从而使齿连接工作状态与设计计算假设一致。如果图 1a 所示的交角小于 90°，则齿连接的两个接触面都将承受压力，与计算假设不符。双齿连接第二齿比第一齿齿深至少大 20mm，是为避免图 1b 中 bd 间因存在斜纹剪切破坏。

2 保持承压面平整，亦为使其均匀承压，否则压应力会不均匀且连接变形过大。

3 保险螺栓在正常情况下不参与工作，但一旦受剪面破坏，螺栓则承担拉力，防止屋架突然倒塌。屋架端节点处的保险螺栓直径由设计图规定。腹杆采用过粗的扒钉，会导致木材劈裂，扒钉直径不宜大于 6mm～10mm。直径超过 6mm，应预先钻孔。

4 保证支座中心线通过上、下弦杆净截面中心线的交点（方木），或通过上、下弦杆毛截面中心线的交点（原木），都是为尽量使下弦杆均匀受拉，并与设计计算假设相符。例如，假使支座中心线内移，则支座轴线与上弦压杆轴线的交点上移，会使下弦不均匀受拉。原木屋架下弦杆采用毛截面对中是因为支座处原木底面需砍平，才能稳妥地坐落到支座上，砍平的高度大致与槽齿的深度相当。

另外，按我国习惯做法，支座节点齿连接上、下弦间不受力的交接缝的上口（图 1a 单齿连接的 c 点、图 1b 双齿连接的 e 点）通常留 5mm 的间隙。一方面是为从构造上保证压力完全通过抵承面传递，另一方面是为避免一旦上弦杆转动时（可能受节间荷载作用而弯曲），在上口形成支点产生力矩，从而使受剪面端部横纹受拉甚至撕裂，对抗剪不利。

4.3.3 除 4.2.12 条关于螺栓连接的规定外，本条对螺栓连接的其他方面作出规定。

1 接头处下弦与木夹板之间的相对滑移过大是

屋架变形过大的主要原因，控制螺栓孔直径就是为了减小节点连接的变形。施工时连接板与被连接构件应一次成孔，使孔位一致，便于安装螺栓。否则难以保证孔位一致，往往需要扩孔，造成椭圆孔，加大节点连接的滑移。

2 受剪螺栓或受紧螺栓中的拉力不大，施工中可按构造要求设置垫圈（板）。

3 保证螺栓连接的紧密性。

4.3.4 钉连接中钉子的直径与长度应符合设计文件的规定，施工中不允许使用与设计文件规定的同直径不同长度或同长度不同直径的钉子替代，这是因为钉连接的承载力与钉的直径和长度有关。

硬质阔叶材和落叶松等树种木材，钉钉子时易发生木材劈裂或钉子弯曲，故需设引孔，即预钻孔径为 0.8 倍～0.9 倍钉子直径的孔，施工时亦需将连接件与被连接件临时固定在一起，一并预留孔。

4.3.5 受压接头通过被连接构件端头抵承受压传力，因此要求承压面平整且垂直于轴线。承压面不平，则会受压不均匀，增加接头变形。斜搭接头只宜用于受弯构件在反弯点处的连接。

4.3.6、4.3.7 木桁架、梁、柱的安装偏差应在安装屋面木骨架之前检查验收，以便及时纠正。

4.3.8 首先检查支撑设置是否完整，檩条与上弦的连接是否到位。当采用木斜杆时应重点检查斜杆与上弦杆的螺栓连接；当采用圆钢斜杆时，应重点检查斜杆是否已用套筒张紧。抗震设防地区，檩条与上弦必须用螺栓连接，以免钉连接时钉子被拔出破坏。

5 胶合木结构

5.1 一般规定

5.1.1 规定了本章的适用范围。本章内容对原《木结构工程施工质量验收规范》GB 50206—2002 的相关内容作了较大调整。原规范对层板胶合木的制作方法作了很多规定，考虑到我国已单独制定了产品标准《结构用集成材》GB/T 26899，对层板胶合木的制作要求已作规定，这里不宜重复，故将相关内容删除，而将胶合木作为一种木产品对待。

5.1.2 《胶合木结构技术规范》GB/T 50708 将制作胶合木的层板划分为普通层板、目测分等层板和机械弹性模量分等层板，因而有普通层板胶合木、目测分等层板胶合木和机械弹性模量分等层板胶合木等类别。按组坯方式不同，后两者又分为同等组合胶合木、对称异等组合和非对称异等组合胶合木。普通层板胶合木即为现行《木结构设计规范》GB 50005 中的层板胶合木。

5.1.3 在我国，胶合木一度可在施工现场制作，这种做法显然不能保证产品质量。现代胶合木对层板及

制作工艺都有严格要求，只适宜在工厂制作。进场的是胶合木产品或已加工完成的构件。本条强调胶合木构件应由有资质的专业生产厂家制作，旨在保证产品质量。

5.2 主控项目

5.2.1 胶合木结构的常见结构形式包括屋盖、梁柱体系、框架、刚架、拱以及空间结构等形式。同方木、原木结构一样，胶合木结构的结构形式、结构布置和构件尺寸是否符合设计文件规定，是影响结构安全的第一要素，因此本条作为强制性条文执行。

5.2.2 层板胶合木的类别是指第 5.1.2 条中规定的三类层板胶合木。胶合木的类别、强度等级和组坯方式是影响结构安全的第二要素，是不允许出现偏差的项目，需重点控制，因此本条作为强制性条文执行。胶合质量直接影响胶合木受弯或压弯构件的工作性能，除检查质量合格证明文件，尚应检查胶缝完整性和层板指接强度检验合格报告，这些文件是证明胶合木质量可靠性的重要依据。如缺少此类报告，胶合木进场时应委托有资质的检验机构作见证检验，检验合格的标准见国家标准《结构用集成材》GB/T 26899。

5.2.3 本条规定对进场胶合木进行荷载效应标准组合作用下的抗弯性能检验，以验证构件的胶合质量和胶合木的弹性模量。所谓挠度的理论计算值，是按该构件层板胶合木强度等级规定的弹性模量和加载方式算得的挠度。本条基于弹性模量正态分布假设，且其变异系数取为 0.1。取三根试件进行试验，按数理统计理论，在 95% 保证率的前提下，弹性模量的平均值推定上限为实测平均值的 1.13 倍，故要求挠度的平均值不大于理论计算值的 1.13 倍。单根梁的最大挠度限值要求则是为了满足《木结构设计规范》GB 50005 规定的正常使用极限状态的要求。由于试验仅加载至荷载效应的标准组合，对于合格的产品不会产生任何损伤，试验完成后的构件仍可在工程中应用。对于那些跨度很大或外形特殊而数量又少的以受弯为主的层板胶合木构件，确无法进行试验检验的，应制定更严格的生产制作工艺，加强层板和胶缝的质量控制，并经专家组论证。质量有保证者，可不做荷载效应标准组合作用下的抗弯性能检验。

5.2.4 层板胶合木受弯构件往往设计成弧形。弧形构件在制作时需将层板在弧形模子上施加压预弯，待胶固结后，撤去压力，达到所需弧度。在这一制作过程中，层板中会产生残余应力，影响构件的强度。层板越厚和曲率越大，残余应力越大。另外，弧形构件在受到使曲率变小的弯矩作用时，会产生横纹拉应力，曲率越大，横纹拉应力越大，严重时会使构件横纹开裂导致破坏。故应严格检查和控制曲率半径。

5.2.5 制作胶合木构件时，要求层板的含水率不应大于 15%，否则将影响胶合质量，且同一构件中各

层板间的含水率差别不应超过5%，以避免层板间过大的收缩变形差而产生过大的内应力（湿度应力），甚至出现裂缝等损伤。胶合木制作完成后，生产厂家应采取措施，避免产品受潮。本条规定一是为保证胶合木构件制作时层板的含水率，二是为保证构件不受潮，从而保证工程质量。同一构件中各层板间的含水率差别，应由胶合木生产时控制，胶合木进场验收时可不必检验，只检验平均含水率。

5.2.6 胶合木结构节点连接本质上与方木、原木结构并无不同，故所用钢材、焊条、螺栓、螺帽的质量要求与方木、原木结构相同。

5.2.7 类似于方木、原木结构，胶合木结构中连接节点的施工质量是影响结构安全的要素之一，因而是控制施工质量的关键之一，不允许出现偏差。连接中避开漏胶胶缝，是为避免有缺陷的胶缝。本条是强制性条文。

5.3 一般项目

5.3.1 本条规定胶合木生产制作的构造和外观要求。

1 胶合木的构造要求是胶合木产品质量的重要保证，胶合木制作必须符合这些规定，产品进场时依照这些规定进行验收。

2 胶合木的3类使用环境是指：1类——空气温度达到20℃，相对湿度每年有2周～3周超过65%，大部分软质树种木材的平均平衡含水率不超过12%；2类——空气温度达到20℃，相对湿度每年有2周～3周超过85%，大部分软质树种木材的平均平衡含水率不超过20%；3类——导致木材的平均平衡含水率超过20%的气候环境，或木材处于室外无遮盖的环境中。

3 本规范将木结构的外观质量要求划分为A、B、C三级（第3.0.5条），胶合木外观质量为C级时，胶合木制作完成后不必作刨光处理。

5.3.2 胶合木构件制作的几何尺寸偏差与方木、原木构件相同。胶合木桁架、梁、柱的制作偏差应在吊装前检查验收，以便及时更换达不到质量要求的构件或局部修正。

5.3.3 胶合木结构中的齿连接、螺栓连接、圆钢拉杆及焊缝质量要求，与方木、原木结构相同，因此要求符合第4.3.2、4.3.3、4.2.10和4.2.11条的规定。

6 轻型木结构

6.1 一般规定

6.1.1 规定本章的适用范围。

6.1.2 规定检验批。轻型木结构应用最多的是住宅，每幢住宅的面积一般为200m²～300m²左右，本条规定总建筑面积不超过3000m²为一个检验批，约含10幢～15幢轻型木结构建筑。面积超过300m²，对轻型木结构而言是规模较大的重要建筑，例如公寓或学校，则应单独作为一个检验批。施工质量验收检验批的划分同方木、原木结构和胶合木结构。

6.2 主控项目

6.2.1 本条规定旨在要求轻型木结构的建造施工符合设计文件中的一些基本要求，保证结构达到预期的可靠水准。轻型木结构中剪力墙、楼盖、屋盖布置，以及由于质量轻所采取的抗倾覆及抗屋盖掀起措施，是否符合设计文件规定，是影响结构安全的第一要素，不允许出现偏差，因此本条作为强制性条文执行。

6.2.2 规格材是轻型木结构中最基本和最重要的受力杆件，作为一种标准化工业化生产且具有不同强度等级的木产品，必须由专业厂家生产才能保证产品质量，因此本条要求进场规格材应具有产品质量合格证书和产品标识，并作为强制性条文执行。

6.2.3 《建筑工程施工质量验收统一标准》GB 50300规定，涉及结构安全的材料应按规定进行见证检验。为此，原规范GB 50206-2002规定每树种、应力等级、规格尺寸至少应随机抽取15根试件，进行抗弯强度破坏性试验。在实施过程中，各方面对该条争议颇大。在北美，目测分等规格材的材质等级是由国家专业机构认定的有资质的分级员分级的。本条沿用这种方式，规定对进场规格材可按目测等级标准作见证检验，但应由有资质的专业人员完成。考虑到目前此类专业人员在我国尚无专业机构认定，这种检验方法并不能普遍适用。另据部分木结构施工企业反映，目前进场规格材的材质尚难以保证符合要求，故本条规定也可采用规格材抗弯强度见证检验的方法。对目测分等规格材，可视具体情况从两种方法中任选一种进行见证检验。其中的强度检验值是按美国木结构设计规范NDS-2005所列，与我国《木结构设计规范》GB 50005相同树种（树种组合）相同目测等级的规格材的设计指标推算的抗弯强度特征值。

按加拿大木业协会提供的规格材抗弯强度试验数据，采用蒙特卡洛法取样验算，证明采用本条规定的复式抽样检验法的错判率约为4%～8%，符合《建筑工程施工质量验收统一标准》GB 50300关于错判、漏判率的相关规定。规格材足尺强度检验是一个较复杂的问题，目前尚没有完全理想的方法。鉴于我国具体情况，本规范在规定进场目测见证检验的同时，还是规定了规格材抗弯强度见证检验的方法。

对机械分等规格材，目前只能采用抗弯强度见证检验方法。这主要是因为检测单位不可能具备各种不同类型的规格材分等仪器与设备。至于其抗弯强度检验值，也应取其相应等级的特征值。由于其等级标识就是抗弯强度特征值，故在检验方法中不必再列出该强度检验值。《木结构设计规范》GB 50005 将机械分等规格材划分为 M10、M14、M18、M22、M26、M30、M35 和 M40 等 8 个等级，按《木结构设计手册》的解释，其抗弯强度特征值应分别为 10、14、18…40N/mm^2。对于北美进口机械应力分等（MSR）规格材，例如美国木结构设计规范 NDS‑2005 中的 1200f‑1.2E 和 1450f‑1.3E 等级规格材，按其表列设计指标推算，其抗弯强度特征值则分别为 1200×2.1/145＝13.78N/mm^2 和 1450×2.1/145＝21.00N/mm^2。

关于规格材的名称术语，我国的原木、方木也采用目测分等，但不区分强度指标。作为木产品，木材目测或机械分等后，是区分强度指标的。因此作为合格产品，规格材应分别称为目测应力分等规格材（visually stress-graded lumber）或机械应力分等规格材（machine stress-rated lumber）。称为目测分等规格材或机械分等规格材，只是能区别其分等方式的一种称呼。

《木结构设计规范》GB 50005 已明确规定了我国与北美地区规格材目测分等的等级对应关系，验收时可参照表 1 执行。我国与国外规格材机械分等的等级对应关系，以及我国与其他国家和地区规格材目测分等的等级对应关系，目前尚未明确。

表 1 我国规格材与北美地区规格材目测分等等级的对应关系

中国规范规格材等级	北美规格材等级
Ⅰc	Select structural
Ⅱc	No. 1
Ⅲc	No. 2
Ⅳc	No. 3
Ⅴc	Stud
Ⅵc	Construction
Ⅶc	Standard

6.2.4 由规格材制作的构件的抗力与其树种、材质等级和规格尺寸有关，故要求符合设计文件的规定。

6.2.5 《木结构设计规范》GB 50005 要求规格材的含水率不应大于 20%，主要为防止腐朽和减少干燥裂缝。

6.2.6 对于进场时已具有本条规定的木基结构板材产品合格证书以及干、湿态强度检验合格证书的，仅需作板的静曲强度和静曲弹性模量见证检验，否则应按本条规定的项目补作相应的检验。

6.2.7 结构复合木材是一类重组木材。用数层厚度为 2.5mm～6.4mm 的单板施胶连续辊轴热压而成的

称为旋切板胶合木（LVL）；将木材旋切成厚度为 2.5mm～6.4mm，长度不小于 150 倍厚度的木片施胶加压而成的称为平行木片胶合木（PSL）和层叠木片胶合木（LSL），均呈厚板状。使用时可沿木材纤维方向锯割成所需截面宽度的木构件，但在板厚方向不再加工。结构复合木材的一重要用途是将其制作成预制构件。例如用 LVL 制作工字形木搁栅的翼缘、拼合柱和侧立受弯构件等。

目前国内尚无结构复合木材及其预制构件的产品和相关的技术标准，主要依赖进口。因此，验收时应认真检查产地国的产品质量合格证书、产品标识和合同技术条款的规定。结构复合木材用作平置或侧立受弯构件时，需作荷载效应标准组合下的抗弯性能见证检验。由于受弯构件检验时，仅加载至正常使用荷载，不会对合格构件造成损伤，因此检验合格后，试样仍可作工程用材。

关于进场工字形木搁栅和结构复合木材受弯构件应作荷载效应标准组合作用下的结构性能检验，见 5.2.3 条文说明。

6.2.8 齿板桁架采用规格材和齿板制作。由于制作时需专门的齿板压入桁架节点设备，施工现场制作无法保证质量，故齿板桁架应由专业加工厂生产。本条内容视为预制构件准许使用的基本要求。

6.2.10 轻型木结构中常用的金属连接件钢板往往较薄，采用焊接不易保证质量，且有些构件尚有加劲肋，并非平板，现场制作存在实际困难，又需作防腐处理，因此规定由专业加工厂冲压成形加工。

6.2.11 木结构的安全性，取决于构件的质量和构件间的连接质量，因此，本条列为强制性条文，严格要求金属连接件和钉连接用钉的规格、数量符合设计文件的规定，不允许出现偏差。轻型木结构中抗风抗震锚固措施（hold-down）所用的螺栓连接件，也是本条的执行范围。

6.2.12 轻型木结构构件间主要采用钉连接，按构造设计时，本条是钉连接的最低要求。需注意的是，当屋面坡度大于 1:3 时，椽条不再是单纯的斜梁式构件，而是与顶棚搁栅形成类似拱结构，顶棚搁栅需抵抗水平推力，椽条与顶棚搁栅间的钉连接比斜梁式椽条要求更严格一些。附录 J 表 J.0.2 系参考《加拿大建筑规范》2005（National Building Code of Canada 2005）有关条文制定。

6.3 一般项目

6.3.1、6.3.2、6.3.4 轻型木结构实际上是由剪力墙与横隔（楼盖、屋盖）两类基本的板式组合构件组成的板壁式房屋。各款内容都与结构的承载力和耐久性直接相关，但各款的具体要求，不论设计文件是否标明，均应满足《木结构设计规范》GB 50005 规定的构造要求，验收时应逐款检查。为避免重复，这里

仅列出检查项目，未列出标准。

6.3.3 影响齿板桁架结构性能的主要因素是齿板连接，故应对齿板安装位置偏差、板齿倒伏和齿板处规格材的表面缺陷进行检查。

   1 因规格材的强度与树种、材质等级和规格尺寸有关，故要求制作齿板桁架的规格材符合设计文件的规定。

   2 在国外齿板为专利产品，齿板连接的承载力与齿板的类型、规格尺寸和所连接的规格材树种有关。齿板制作时允许采用性能不低于原设计的规格材和齿板替代，但须经设计人员作设计变更。

   3 齿板桁架制作误差的规定与《轻型木桁架技术规范》JGJ/T 265一致。

   4 按长度和宽度将齿板安装的位置偏差规定为13mm（0.5英寸）和19mm（0.75英寸）两级。安装偏差由齿板的平动错位和转动错位两部分组成，两者之和即为齿板各角点设计位置与实际安装位置间的距离。验收时应量测各角点的最大距离。

   5 齿板安装过程中齿的倒伏以及连接处木材的缺陷都会导致板齿失效，本款旨在控制齿板连接中齿的失效程度。按《轻型木桁架技术规范》JGJ/T 265的规定，倒伏是指齿长的1/4以上没有垂直压入木材的齿；木材表面的缺陷面积包括木节、钝棱和树脂囊等。验收时应在齿板连接范围内用量具仔细测算齿倒伏和木材缺陷的面积之和。需指出的是，齿板连接缺陷面积的百分比，应逐杆计算。

   6 齿板连接处缝隙的规定与《轻型木桁架技术规范》JGJ/T 265一致。

6.3.5 本条统一规定轻型木结构的制作和安装偏差，各构件的制作偏差应在安装前检查，以便替换不合格构件。安装偏差的检查，应合理考虑各工序之间的衔接，便于纠正偏差。例如搁栅间距，应在铺钉楼、屋面板前检查。

6.3.6 保温措施和隔气层的设置不仅为满足建筑功能的要求，也是保证轻型木结构耐久性的重要措施。

7 木结构的防护

7.1 一般规定

7.1.1 规定本章的适用范围。

7.1.2 木构件防火处理有阻燃药物浸渍处理和防火涂层处理两类。为保证阻燃处理或防火涂层处理的施工质量，应由专业队伍施工。

7.1.3 木结构工程的防护包括防腐和防虫害两个方面，这两个方面的工作由工程所在地的环境条件和虫害情况决定，需单独处理或同时处理。对防护用药剂的基本要求是能起到防护作用又不能危及人、畜安全和污染环境。

7.2 主控项目

7.2.1 木材的防腐、防虫及防火和阻燃处理所使用的药剂，以及防腐处理的效果，即载药量和透入度要求，与木结构的使用环境和耐火等级密切相关，如有差错，轻则影响结构的耐久性和使用功能，重则影响结构的安全。防腐药剂使用不当，还会危及健康。因此严格要求所使用的药剂符合设计文件的规定，并应有产品质量合格证书和防腐处理木材载药量和透入度合格检验报告。如果不能提供合格检验报告，则应按《木结构试验方法标准》GB/T 50329的有关规定进行检测，载药量和透入度合格的防腐处理木材，方可工程应用。检验木材载药量时，应对每批处理的木材随机抽取20块并各取一个直径为5mm～10mm的芯样。当木材厚度小于等于50mm时，取样深度为15mm（即芯样长度为15mm）；厚度大于50mm时，取样深度为25mm。对透入度的检验，同样在每批防护处理的木材中随机抽取20块并各取一个芯样，但取样深度应超过附录K对各表规定的透入度。载药量和透入度的检验方法应按《木结构试验方法标准》GB/T 50329的有关规定进行。

7.2.2 在具备防腐处理木材载药量和透入度合格检验报告的前提下，本条通过规定对透入度进行见证检验，验证产品质量。

7.2.3 保持木构件良好的通风条件，不直接接触土壤、混凝土、砖墙等，以免水或湿气侵入，是保证木构件耐久性的必要环境条件，本条各款是木结构防护构造措施的基本施工质量要求。

7.2.4 使用不同的防火涂料达到相同的耐火极限，要求有不同的涂层厚度，故涂层厚度不应小于防火涂料说明书（经当地消防行政主管部门核准）的规定。

7.2.5 木构件表面覆盖石膏板可提高耐火性能，但石膏板有防火石膏板和普通石膏板之分，为改善木构件的耐火性能必须用防火石膏板，并应有合格证书。

7.2.6 为防止烟道火星窜出或烟道外壁温度过高而引燃木构件材料所作的相关规定。

7.2.7 尽量少使用易燃材料有利于防火，故对这些材料的防火性能作出了规定，与《木结构设计规范》GB 50005一致。难燃性 B₁ 标准见《建筑材料难燃性试验方法》GB 8625。

7.2.8 本条系对木结构房屋内电源线敷设作出的规定，参照上海市政工程建设标准《民用建筑电线电缆防火设计规程》DGJ 08-93有关规定制定。

7.2.9 对高温管道穿越木结构构件或敷设的规定，与《木结构设计规范》GB 50005一致。

7.3 一般项目

7.3.1 所谓妥善修补，即应将局部加工造成的创面用与原构件相同的防护药剂涂刷。

7.3.2 铺钉防火石膏板可提高木构件的抗火性能，但若钉连接的钉入深度不足，火灾发生时石膏板过早脱落将丧失抗火能力，故规定钉入深度。本条参考《加拿大建筑规范》2005（National Building Code of Canada 2005）有关条款制定。

7.3.3 木结构外墙必须采取适当的防护构造措施，避免木构件受潮腐朽和受虫蛀。这类构造措施通常包括设置防雨幕墙、泛水板、防虫网以及门窗洞口周边的密封等。应按设计文件的要求进行工程施工，实物与设计文件对照验收。

7.3.4 木结构构件间的空腔会形成通风道，助长火灾扩大，同时烟气将在这些空腔内流通，加重灾情。因此对过长的空腔应采取阻断措施。本条参考《加拿大建筑规范》2005（National Building Code of Canada

2005）有关条款制定。

8　木结构子分部工程验收

8.0.1 国家标准《建筑工程施工质量验收统一标准》GB 50300 第 6 章规定了建筑工程质量验收的程序和验收人员。为了贯彻与其配套使用的原则，本条强调木结构子分部工程质量验收应符合该统一标准的规定。

8.0.3 木结构分项工程现阶段划分为四个：方木与原木结构、胶合木结构、轻型木结构和木结构防护。前三个分项工程之一与木结构防护分项工程即组成木结构子分部工程。本条规定了木结构子分部工程最终验收合格的条件。

中华人民共和国国家标准

高耸结构设计标准

Standard for design of high-rising structures

GB 50135—2019

主编部门：中华人民共和国住房和城乡建设部
批准部门：中华人民共和国住房和城乡建设部
施行日期：２０１９年１２月１日

中华人民共和国住房和城乡建设部
公　告

2019 年　第 133 号

住房和城乡建设部关于发布国家标准
《高耸结构设计标准》的公告

现批准《高耸结构设计标准》为国家标准，编号为 GB 50135—2019，自 2019 年 12 月 1 日起实施。其中，第 5.1.2、7.1.5 条为强制性条文，必须严格执行。原《高耸结构设计规范》（GB 50135—2006）同时废止。

本标准在住房和城乡建设部门户网站（www.mohurd.gov.cn）公开，并由住房和城乡建设部标准定额研究所组织中国计划出版社出版发行。

中华人民共和国住房和城乡建设部
2019 年 5 月 24 日

前　　言

根据住房和城乡建设部《关于印发〈2014 年工程建设标准规范制订修订计划〉的通知》（建标〔2013〕169 号）要求，标准编制组经广泛调查研究，认真总结实践经验，参考有关国际标准和国外先进标准，并在广泛征求意见的基础上，修订本标准。

本标准的主要技术内容是：总则、术语和符号、基本规定、荷载与作用、钢塔架和桅杆结构、混凝土圆筒形塔、地基与基础以及相关的附录。

本标准修订的主要技术内容是：与国家近期颁布的新标准内容相协调，增加了风力发电塔相关设计内容；补充了高耸钢管结构节点设计的规定；提出了承受拉压交变作用下高强螺栓抗疲劳设计要求；提出了风力发电塔预应力锚栓基础和预应力岩石锚杆基础的设计要求。

本标准中以黑体字标志的条文为强制性条文，必须严格执行。

本标准由住房和城乡建设部负责管理和对强制性条文的解释，由同济大学负责具体技术内容的解释。执行过程中如有意见或建议，请寄送同济大学（地址：上海四平路 1239 号土木大楼 A703，邮编：200092）。

本 标 准 主 编 单 位：同济大学

本 标 准 参 编 单 位：同济大学建筑设计研究院（集团）有限公司
中冶东方工程技术有限公司
中广电广播电影电视设计研究院
重庆大学
大连理工大学
湖南大学
北京市市政工程设计研究总院
江苏省邮电规划设计院有限责任公司
中国电力工程顾问集团西北电力设计院有限公司
中国电力工程顾问集团西南电力设计院有限公司
中国移动通信集团设计院有限公司
电力规划设计总院
中国电子工程设计院
中国建筑西南设计研究院有限公司
中国建筑科学研究院
中石化洛阳工程有限公司
中讯邮电咨询设计院有限公司
河北省电力勘测设计研究院
中国电力工程顾问集团华东电力设计院有限公司
北京北广科技股份有限

公司
电联工程技术股份有限
公司
青岛中天斯壮科技有限
公司
内蒙古金海新能源科技股
份有限公司
青岛东方铁塔股份有限
公司
新疆金风科技股份有限
公司
青岛王宝强实业有限公司
上海矩尺土木科技有限
公司
浙江巨匠钢业有限公司

本标准主要起草人员：马人乐　牛春良　何建平
何敏娟　李喜来　肖克艰
邓洪洲　陈凯　荆建中

李正良　屠海明　梁　峰
罗　烈　肖洪伟　娄　宇
陈俊岭　吕兆华　杨靖波
黄冬平　王立成　董建尧
舒亚俐　付举宏　李占岭
武笑平　沈之容　曹向东
陈艾荣　黄荣鑫　葛卫春
廖宗高　徐华刚　陈　飞
范志华　王建磊　王　谦
舒兴平　王同华　丛　欧
王虎长　王宝山　沈卫明
张学斌

本标准主要审查人员：陈禄如　范　峰　章一萍
吴欣之　赵金城　秦惠纪
滕延京　谢郁山　李兴利
缪国庆　段　然

目　次

Contents

1 总　则

1.0.1 为了在高耸结构设计中做到安全适用、技术先进、经济合理、确保质量、保护环境,制定本标准。

1.0.2 本标准适用于钢及钢筋混凝土高耸结构,包括广播电视塔、旅游观光塔、通信塔、导航塔、输电高塔、石油化工塔、大气监测塔、烟囱、排气筒、水塔、矿井架、瞭望塔、风力发电塔等的设计。

1.0.3 高耸结构设计应综合考虑制作、防护、运输、现场施工以及建成后的环境影响和维护保养等问题。

1.0.4 高耸结构设计除应符合本标准的规定外,尚应符合国家现行有关标准的规定。

2　术语和符号

2.1　术　语

2.1.1 高耸结构　high-rising structure
高而细的结构。

2.1.2 钢塔架　steel tower
自立构架式高耸钢结构。

2.1.3 钢桅杆　guyed steel mast
由立柱和拉索构成的高耸钢结构。

2.1.4 混凝土圆筒形塔　reinforced concrete cylindrical tower
横截面为圆筒形、材料为钢筋混凝土的自立式高耸结构。

2.1.5 预应力锚栓　prestressed anchor bolt
通过锚固板锚固于基础中,用于连接上部结构的无黏结预应力地脚螺栓。

2.1.6 预应力岩石锚杆　prestressed anchor rod in rock
由自由段和锚固段构成的施加预应力的岩石锚杆。

2.1.7 连续倒塌　progressive collapse
初始的局部破坏,从构件到构件扩展,最终导致整个结构倒塌或与起因不相称的一部分结构倒塌。

2.2　符　号

2.2.1 作用和作用效应:

A_f——风压频遇值作用下塔楼处水平动位移幅值;

b——基本覆冰厚度;

N——纤绳拉力设计值;

q——塔筒线分布重力;

q_n——单位面积上的覆冰荷载;

q_1——单位长度上的覆冰荷载;

$1/r_c$——塔筒代表截面处的弯曲变形曲率;

$1/r_{dc}$——塔筒代表截面处的地震弯曲变形曲率;

S_A——与横风向临界风速计算相应的顺风向风荷载效应;

S_L——横风向风振效应;

S_{wk}——风荷载标准值的效应;

$\Delta u'$——纤绳层间水平位移差;

V_e——土体滑动面上剪切抗力的竖向分量之和;

v_{cr}——临界风速;

w_0——基本风压;

w_1——绝缘子串风荷载的标准值;

w_k——作用在高耸结构 z 高度处单位投影面积上的风荷载标准值;

$w_{0,R}$——对应于重现期为 R 的风压代表值;

w_x——垂直于导线及地线方向的水平风荷载标准值;

γ——覆冰重度。

2.2.2 计算指标:

C——高耸结构设计对变形、裂缝等规定的相应限值;

f_w——钢丝绳或钢绞线强度设计值;

f_u——锚栓经热处理后的最低抗拉强度;

R_t——单根锚杆抗拔承载力特征值;

σ_{cr}——筒壁局部稳定临界应力。

2.2.3 几何参数:

A——构件毛截面面积,纤绳的钢丝绳或钢绞线截面面积,塔筒截面面积,基础底面面积;

A_1——绝缘子串承受风压面积计算值;

d——导线或地线的外径或覆冰时的计算外径,圆截面构件、拉绳、缆索、架空线的直径,塔筒计算截面的外径,圆板(环)形基础底板的外径,锚杆直径;

d_0——石油化工塔的内径;

H——高耸结构总高度;

h——纤绳的间距,肋板的高度;

H_1——共振临界风速起始高度;

h_{cr}——土重法计算的临界深度;

h_t——基础上拔深度;

l_0——弹性支承点之间杆身计算长度;

r_c——筒体底截面的平均半径;

r_{co}——截面核心距(半径);

t——连接件的厚度,筒壁厚度;

α_0——土体重量计算的抗拔角;

θ——风向与导线或地线方向之间的夹角(°),塔柱与铅直线的夹角;

λ_0——弹性支承点之间杆身换算长细比;

ϕ——截面受压区半角。

2.2.4 计算系数及其他:

A_0——塔筒水平截面的换算截面面积;

B_1——覆冰时风荷载增大系数;

B_2——输电高塔构件覆冰时风荷载增大系数;

f_R——正常运行范围内风轮的最大旋转频率;

$f_{R,m}$——m 个风轮叶片的通过频率;

$f_{0,n}$——塔架(在整机状态下)的第 n 阶固有频率;

$f_{0,1}$——塔架(在整机状态下)的第一阶固有频率;

g——峰值因子;

I_{10}——10m 高紊流度;

Re——雷诺数;

St——斯脱罗哈数;

α_1——与构件直径有关的覆冰厚度修正系数;

α_2 ——覆冰厚度的高度递增系数；

α_t ——受拉钢筋的半角系数；

β_z ——高度 z 处的风振系数、输电高塔风振系数；

γ_0 ——高耸结构重要性系数；

γ_{R1} ——土体重的抗拔稳定系数；

γ_{R2} ——基础重的抗拔稳定系数；

ε_1 ——风压脉动和风压高度变化等的影响系数；

ε_2 ——振型、结构外形的影响系数；

ε_q ——综合考虑风压脉动、高度变化及振型影响的系数；

λ_j ——共振区域系数；

μ_s ——风荷载体型系数；

μ_{sc} ——导线或地线的体型系数；

μ_{sn} ——垂直于横梁的体型系数分量；

μ_{sp} ——平行于横梁的体型系数分量；

μ_z ——高度 z 处的风压高度变化系数；

ξ ——脉动增大系数，格构式桅杆杆身按压弯杆件计算时的刚度折减系数；

φ ——挡风系数；

ψ ——裂缝间纵向受拉钢筋应变不均匀系数，环形基础底板外形系数；

ψ_{wE} ——抗震基本组合中的风荷载组合值系数；

ω_{hs}、ω_{hp} ——塔筒水平截面的特征系数；

ω_v ——塔筒竖向截面的特征系数。

3 基 本 规 定

3.0.1 本标准采用以概率理论为基础的极限状态设计方法，以可靠指标度量结构构件的可靠度，采用分项系数的设计表达式进行设计。

3.0.2 本标准采用的设计基准期为50年。

3.0.3 高耸结构的设计使用年限应符合下列规定：

1 特别重要的高耸结构设计使用年限应为100年；

2 一般高耸结构的设计使用年限应为50年；

3 建于既有建筑物或构筑物上的通信塔，其设计使用年限宜与既有结构的后续设计使用年限相匹配；

4 风力发电塔的设计使用年限宜与发电设备的设计使用年限相匹配；

5 对有其他特殊要求的高耸结构，使用年限宜根据具体条件确定。

3.0.4 高耸结构在规定的设计使用年限内应满足下列功能要求：

1 在正常施工和使用时，能承受可能出现的各种荷载和作用；

2 在正常使用时，具有良好的工作性能；

3 在正常维护下，具有足够的耐久性能；

4 当发生偶然事件时，结构能保持必需的整体稳固性，不出现与起因不对应的破坏后果，防止出现结构的连续倒塌。

3.0.5 高耸结构设计时，应根据结构破坏可能产生的后果，根据危及人的生命、造成经济损失、产生社会、环境影响等的严重性，采用不同的安全等级。高耸结构安全等级的划分应符合表3.0.5的规定，并应符合下列规定：

1 高耸结构安全等级应按表3.0.5的要求采用。

表3.0.5 高耸结构安全等级

安全等级	破坏后果	高耸结构类型
一级	很严重	特别重要的高耸结构
二级	严重	一般的高耸结构
三级	不严重	次要的高耸结构

注：1 对特殊高耸结构，其安全等级可根据具体情况另行确定；
　　2 对风力发电塔，安全等级应为二级。

2 结构重要性系数 γ_0 应按下列规定采用：

1）对安全等级为一级的结构构件，不应小于1.1；

2）对安全等级为二级的结构构件，不应小于1.0；

3）对安全等级为三级的结构构件，不应小于0.9。

3.0.6 高耸结构除疲劳设计采用容许应力法外，应按极限状态法进行设计。

3.0.7 对于承载能力极限状态，高耸结构及构件应按荷载效应的基本组合和偶然组合进行设计。

1 基本组合应采用下列极限状态设计表达式中的最不利组合：

1）可变荷载效应控制的组合：

$$\gamma_0\left(\sum_{j=1}^{m}\gamma_{G_j}S_{G_jk}+\gamma_{Q_1}\gamma_{L_1}S_{Q_1K}+\sum_{i=2}^{n}\gamma_{Q_i}\gamma_{L_i}\psi_{C_i}S_{Q_ik}\right)\leqslant$$
$$R(\gamma_R,f_k,a_k,\cdots) \qquad (3.0.7-1)$$

2）永久荷载效应控制的组合：

$$\gamma_0\left(\sum_{j=1}^{m}\gamma_{G_j}S_{G_jk}+\sum_{i=1}^{n}\gamma_{Q_i}\gamma_{L_i}\psi_{C_i}S_{Q_ik}\right)\leqslant R(\gamma_R,f_k,a_k,\cdots)$$
$$(3.0.7-2)$$

式中：　γ_0 ——高耸结构重要性系数，按本标准第3.0.5条第2款的规定确定；

γ_{G_j} ——第 j 个永久荷载分项系数，按表3.0.7-1采用；

γ_{Q_1}、γ_{Q_i} ——第一个可变荷载、其他第 i 个可变荷载的分项系数，一般用1.4；可变荷载效应对结构有利时，分项系数为0；

γ_{Li} ——第 i 个可变荷载考虑设计使用年限的调整系数，其中 γ_{L1} 为主导可变荷载 Q_1 考虑设计使用年限的调整系数；

S_{G_jk} ——按第 j 个永久荷载标准值 G_{jk} 计算的荷载效应值；

S_{Q_ik} ——按第 i 个可变荷载标准值 Q_{ik} 计算的荷载效应值；

ψ_{C_i} ——可变荷载 Q_i 的组合值系数，按行业规范取值，当行业规范无特殊要求时按表3.0.7-2采用；

m ——参与组合的永久荷载数；

n ——参与组合的可变荷载数；

$R(\gamma_k,f_k,a_k)$ ——结构抗力；

γ_R ——结构抗力分项系数，其值应符合各类材料的结构设计标准规定；

f_k ——材料性能的标准值；

a_k ——几何参数的标准值，当几何参数的变异对结构构件有明显影响时可另增减一个附加值 Δ_a 考虑其不利影响。

表3.0.7-1 永久荷载分项系数

荷载效应对结构有利与否	控制荷载或结构计算内容	γ_{G_j}
不利	由可变荷载控制	1.20
	由永久荷载控制	1.35
有利	一般结构计算	1.00
	倾覆、滑移验算	0.90

注：初始状态下导线或纤绳张力的 γ_G=1.4。

表 3.0.7-2　不同荷载基本组合中可变荷载组合值系数表

荷载组合	可变荷载组合值系数				
	ψ_{CW}	ψ_{CI}	ψ_{CA}	ψ_{CT}	ψ_{CL}
I　G+W+L	1.00				0.70
II　G+I+W+L	0.25~0.70	1.00			0.70
III　G+A+W+L	0.60		1.00		0.70
IV　G+T+W+L	0.60			1.00	0.70

注：1　G 表示自重等永久荷载，W、A、I、T、L 分别表示风荷载、安装检修荷载、覆冰荷载、温度作用和塔楼屋面或平台的活荷载；

　　2　对于带塔楼或平台的高耸结构，塔楼顶及外平台面的活荷载准永久值加雪荷载组合值大于活荷载组合值时，该平台活荷载组合值改为准永久值，即 ψ_{CL} 均改为 0.40，而雪荷载组合系数 ψ_{CS} 在组合 I、III、IV 中均取 0.70；

　　3　在组合 II 中 ψ_{CW} 可取 0.25~0.70，即一般取 0.25，但 $0.25W_0 \geqslant 0.15 kN/m^2$ 对覆冰后冬季风速大的区域，可根据调查选用相应的值；

　　4　在组合 III 中，ψ_{CW} 可取 0.60，但对于临时固定状态的结构遭遇强风时，应取 $\psi_{CW}=1.00$，并按临时固定状况验算；

　　5　表中 ψ_{CW}、ψ_{CA}、ψ_{CT}、ψ_{CL} 分别为风荷载、安装检修荷载、覆冰荷载、温度作用和塔楼屋面或平台的活荷载的可变荷载组合值系数。

2　采用偶然组合设计时应符合下列规定：

　　1）高耸结构在偶然组合承载能力极限状态验算中，偶然作用的代表值不乘分项系数，与偶然作用同时出现的可变荷载应根据观测资料和工程经验采用适当的代表值；

　　2）具体的表达式及参数应按国家现行有关标准确定。

3.0.8　高耸结构抗震设计时，基本组合应采用下列极限状态表达式：

$$S = \gamma_G S_{GE} + \gamma_{Eh} S_{Ehk} + \gamma_{Ev} S_{Evk} + \psi_{wE} \gamma_w S_{wk} \quad (3.0.8\text{-}1)$$

$$S \leqslant R/\gamma_{RE} \quad (3.0.8\text{-}2)$$

式中：S——结构构件内力组合的设计值，包括组合的弯矩、轴力和剪力设计值等；

　　γ_{Eh}、γ_{Ev}——水平、竖向地震作用分项系数，按表 3.0.8 的规定采用；

　　γ_w——风荷载分项系数，取 1.4；

　　S_{GE}——重力荷载代表值的效应，可按本标准第 4.4.13 条的规定采用；

　　S_{Ehk}——水平地震作用标准值的效应；

　　S_{Evk}——竖向地震作用标准值的效应；

　　S_{wk}——风荷载标准值的效应；

　　ψ_{wE}——抗震基本组合中的风荷载组合值系数，可取 0.2；对于风力发电塔，取 0.7；

　　R——抗力，按本标准相应各章的有关规定计算；

　　γ_{RE}——承载力抗震调整系数，按有关标准取值。

表 3.0.8　地震作用分项系数

考虑地震作用的情况	γ_{Eh}	γ_{Ev}
仅考虑水平地震作用	1.3	—
仅考虑竖向地震作用	—	1.3
以水平地震为主的地震作用	1.3	0.5
以竖向地震为主的地震作用	0.5	1.3

3.0.9　对于正常使用极限状态，应根据不同的设计要求，分别采用荷载的短期效应组合（标准组合或频遇组合）和长期效应组合（准永久组合）进行设计，变形、裂缝等作用效应的代表值应符合下式规定：

$$S_d \leqslant C \quad (3.0.9\text{-}1)$$

式中：S_d——变形、裂缝等作用效应的代表值；

　　C——设计对变形、裂缝、加速度、振幅等规定的相应限值，应符合本标准第 3.0.11 条的规定。

1　标准组合：

$$S_d = \sum_{j=1}^{m} S_{G_j k} + S_{Q_1 k} + \sum_{i=2}^{n} \psi_{c_i} S_{Q_i k} \quad (3.0.9\text{-}2)$$

2　频遇组合：

$$S_d = \sum_{j=1}^{m} S_{G_j k} + \psi_{f_1} S_{Q_1 k} + \sum_{i=2}^{n} \psi_{q_i} S_{Q_i k} \quad (3.0.9\text{-}3)$$

3　准永久组合：

$$S_d = \sum_{j=1}^{m} S_{G_j k} + \sum_{i=1}^{n} \psi_{q_i} S_{Q_i k} \quad (3.0.9\text{-}4)$$

式中：ψ_{f_1}——第 1 个可变荷载的频遇值系数，按表 3.0.9 取值；

　　ψ_{q_i}——第 i 个可变荷载的准永久值系数，按表 3.0.9 取值。

表 3.0.9　高耸结构常用可变荷载的组合值、频遇值、准永久值系数表

荷载类别		组合值系数 ψ_c	频遇值系数 ψ_f	准永久值系数 ψ_q
风载		0.6(0.2)	0.4	0
塔楼楼面活荷载		0.7	0.6	0.5
外平台及塔楼屋面活荷载		0.7	0.6	0.4
雪荷载	地区 I	0.7	0.6	0.5
	地区 II	0.7	0.6	0.2
	地区 III	0.7	0.6	0

注：1　雪荷载的分区应按现行国家标准《建筑结构荷载规范》GB 50009 执行；

　　2　风荷载的 ψ_c 在验算抗震时用 0.2。

3.0.10　高耸结构按正常使用极限状态设计时，可变荷载代表值可按表 3.0.10 选取。

表 3.0.10　高耸结构按正常使用极限状态设计时可变荷载代表值

序号	高耸结构类别	验算内容	可变荷载代表值选用
1	微波塔	天线标高处角位移	标准值组合
2	带塔楼电视塔	塔楼处剪切变形	标准值组合
3	带塔楼电视塔	塔楼处加速度	频遇值组合
4	钢筋混凝土塔或烟囱	裂缝宽度验算	标准值组合
5	所有高耸结构	地基沉降及不均匀沉降验算	准永久（频遇值）组合
6	所有高耸结构	顶点水平位移	标准值组合
7	非线性变形较大的高耸结构	计算非线性变形及其对结构的不利影响	标准值乘分项系数组合

注：括号内代表值适用于风玫瑰图呈严重偏心的地区，计算地基不均匀沉降时可用频遇值作为风荷载的代表值。

3.0.11　高耸结构正常使用极限状态的控制条件应符合下列规定：

1　对于装有方向性较强（如微波塔、电视塔）或工艺要求较严格（如石油化工塔）的设备的高耸结构，在不均匀日照温度或风荷载标准值作用下，设备所在位置塔身的角位移应满足工艺要求；

2　在风荷载或多遇地震作用下，塔楼处的剪切位移角 θ 不宜大于 1/300；

3　在风荷载的动力作用下，设有游览设施或有人员在塔楼值班的塔，塔楼处振动加速度幅值应符合公式（3.0.11-1）的规定，塔身任意高度处的振动加速度可按公式（3.0.11-2）计算；

$$a = A_f \omega_1^2 \leqslant 200 \quad (3.0.11\text{-}1)$$

$$\omega_1 = \frac{2\pi}{T_1} \quad (3.0.11\text{-}2)$$

式中：A_f——风压频遇值作用下塔楼处水平位移幅值，其值为结构对应点在 $0.4w_k$ 作用下的位移值与 $0.4\mu_z\mu_s w_0$ 作用下的位移值之差，对仅有游客的塔楼可按实际使用情况取 A_f 为 6 级~7 级风作用下水平动位移幅值（mm）；

　　ω_1——塔第一圆频率（1/s）。

4　风力发电塔顶部加速度值不宜大于 $0.15g$，g 为重力加速度；

5　在各种荷载标准值组合作用下，钢筋混凝土构件的最大裂缝宽度应符合现行国家标准《混凝土结构设计规范》GB 50010 的规定，且不应大于 0.2mm；

6　高耸结构的基础变形值应符合本标准第 7.2.5 条的规定；

7　高耸结构在以风为主的荷载标准组合及以地震作用为主的荷载标准组合下，其水平位移角不得大于表 3.0.11 的规定。单管塔的水平位移值可比表 3.0.11 所列限值适当放宽，具体限值根据各行业标准确定；但同时应按荷载的设计值对塔身进行非线性承载能力极限状态验算，并将塔脚处非线性作用传给基础进行验算。对于下部为混凝土结构、上部为钢结构的自立式塔，钢结构塔位移应符合表3.0.11的规定；其下部混凝土结构应符合结构变形及开裂的有关规定。

表3.0.11 高耸结构水平位移角限值

结构类型		以风或多遇地震作用为主的荷载标准组合作用下		以罕遇地震作用为主的荷载标准组合作用下
		按线性分析	按非线性分析	
自立式塔	钢结构 $\frac{\Delta u}{H}$	1/75	1/50	$\frac{\Delta v}{h}$ 1/50
	混凝土 $\frac{\Delta u}{H}$	1/150	1/100	$\frac{\Delta v}{h}$ 1/50
桅杆	$\frac{\Delta u}{H}$	—	1/75	$\frac{\Delta v}{h}$ 1/50
	$\frac{\Delta u'}{h}$	—	1/50	

注：Δu 为水平位移，与分母代表的高度对应；Δv 为由剪切变形引起的水平位移，与分母代表的高度对应；$\Delta u'$ 为纤绳层间水平位移，与分母代表的高度对应；H 为总高度；h 对于桅杆为纤绳之间距，对于自立式塔为层高。

3.0.12 对于受变形、加速度控制非强度控制的高耸结构，宜采用适当的振动控制技术来减小结构变形及加速度。对于高度超过100m的风力发电塔，应采用振动控制技术减小共振。

3.0.13 风力发电塔架固有频率应符合下列规定：

1 结构固有频率 $f_{0,n}$ 和激振频率 f_R、$f_{R,m}$ 应满足下列公式要求：

$$\frac{f_R}{f_{0,1}} \leqslant 0.95 \qquad (3.0.13\text{-}1)$$

$$\left| \frac{f_{R,m}}{f_{0,n}} - 1 \right| \geqslant 0.05 \qquad (3.0.13\text{-}2)$$

式中：f_R——正常运行范围内风轮最大旋转频率；

$f_{0,1}$——塔架（在整机状态下）的第一阶固有频率，应通过实测或监测修正；

$f_{R,m}$——m 个风轮叶片的通过频率；

$f_{0,n}$——塔架在整机状态下的第 n 阶固有频率。

2 计算固有频率时，应考虑基础的影响；

3 对于同一型号塔架，宜做现场动力实测或监测；

4 在计算固有频率时，为了考虑不确定性因素的影响，频率应有±5%的浮动。

3.0.14 高耸结构地基基础设计前应进行岩土工程勘察。

3.0.15 在下列条件下，高耸钢结构可不进行抗震验算：

1 设防烈度为6度，高耸钢结构及其地基基础；

2 设防烈度小于或等于8度，Ⅰ、Ⅱ类场地的不带塔楼的钢塔架及其地基基础；

3 设防烈度小于9度的钢桅杆。

3.0.16 高耸结构应分别计算两个主轴方向和对角线方向的水平地震作用，并应进行抗震验算。

3.0.17 高耸结构的地震作用计算应采用振型分解反应谱法。对于重点设防类、特殊设防类高耸结构还应采用时程分析法做验算，地震波的选取应按现行国家标准《建筑抗震设计规范》GB 50011执行。

3.0.18 高耸结构的扭转地震效应的计算应采用空间模型。

4 荷载与作用

4.1 荷载与作用分类

4.1.1 高耸结构上的荷载与作用可分为下列三类：

1 永久荷载与作用：结构自重，固定的设备重，物料重，土重，土压力，初始状态下索线或纤绳的拉力，结构内部的预应力，地基变形作用等；

2 可变荷载与作用：风荷载，机械设备动力作用，覆冰荷载，多遇地震作用，雪荷载，安装检修荷载，塔楼楼面或平台的活荷载，温度作用等；

3 偶然荷载与作用：索线断线，撞击，爆炸，罕遇地震作用等。

4.1.2 荷载与作用应按下列原则确定：

1 仅列出风荷载、覆冰荷载及地震作用的标准值；

2 机械振动的作用按机械运行规律由机械专业人员测算提供；

3 其他荷载应按现行国家标准《建筑结构荷载规范》GB 50009执行。

4.2 风荷载

4.2.1 垂直作用于高耸结构表面单位计算面积上的风荷载标准值应按下式计算：

$$w_k = \beta_z \mu_s \mu_z w_0 \qquad (4.2.1)$$

式中：w_k——作用在高耸结构 z 高度处单位投影面积上的风荷载标准值（kN/m²）；

w_0——基本风压（kN/m²），取值不得小于0.35kN/m²；

μ_z——高度 z 处的风压高度变化系数；

μ_s——风荷载体型系数；

β_z——高度 z 处的风振系数。

4.2.2 基本风压 w_0 应以当地空旷平坦地面、离地10m高、50年重现期、10min平均年最大风速为标准，其值应按现行国家标准《建筑结构荷载规范》GB 50009执行，且应符合本标准第4.2.1条的规定。

4.2.3 当城市或建设地点的基本风压值在现行国家标准《建筑结构荷载规范》GB 50009的全国基本风压图上没有给出时，其基本风压值可根据当地年最大风速资料，按基本风压定义，通过统计分析确定，分析时应考虑样本数量的影响。当地没有风速资料时，可根据附近地区规定的基本风压或长期资料，通过气象和地形条件的对比分析确定；也可按现行国家标准《建筑结构荷载规范》GB 50009中全国基本风压分布图确定。

4.2.4 山区及偏僻地区的10m高处的风压，应通过实地调查和对比观察分析确定。一般情况可按附近地区的基本风压乘以下列调整系数采用：

1 对于山间盆地、谷地等闭塞地形，调整系数为0.75～0.85；

2 对于与风向一致的谷口、山口，调整系数为1.20～1.50。

4.2.5 沿海海面和海岛的10m高的风压，当缺乏实际资料时，可按邻近陆上基本风压乘以表4.2.5规定的调整系数采用。

表4.2.5 海面和海岛的基本风压调整系数

海面和海岛距海岸距离(km)	调整系数
<40	1.0
40～60	1.0～1.1
60～100	1.1～1.2

4.2.6 风压高度变化系数，对于平坦或稍有起伏的地形，应根据地面粗糙度类别按表4.2.6确定。

表 4.2.6　风压高度变化系数 μ_z

离地面或海平面高度(m)	地面粗糙度类别			
	A	B	C	D
5	1.09	1.00	0.65	0.51
10	1.28	1.00	0.65	0.51
15	1.42	1.13	0.65	0.51
20	1.52	1.23	0.74	0.51
30	1.67	1.39	0.88	0.51
40	1.79	1.52	1.00	0.60
50	1.89	1.62	1.10	0.69
60	1.97	1.71	1.20	0.77
70	2.05	1.79	1.28	0.84
80	2.12	1.87	1.36	0.91
90	2.18	1.93	1.43	0.98
100	2.23	2.00	1.50	1.04
150	2.46	2.25	1.79	1.33
200	2.64	2.46	2.03	1.58
250	2.78	2.63	2.24	1.81
300	2.91	2.77	2.43	2.02
350	2.91	2.91	2.60	2.22
400	2.91	2.91	2.76	2.40
450	2.91	2.91	2.91	2.58
500	2.91	2.91	2.91	2.74
≥550	2.91	2.91	2.91	2.91

1　地面粗糙度可分为 A、B、C、D 四类：

　1)A 类指近海海面、海岛、海岸、湖岸及沙漠地区；

　2)B 类指田野、乡村、丛林、丘陵以及房屋比较稀疏的乡镇；

　3)C 类指有密集建筑群的城市市区；

　4)D 类指有密集建筑群且房屋较高的城市市区。

2　在确定城区的地面粗糙度类别时，当无实测资料时，可按下列原则确定：

　1)以拟建高耸结构为中心，2km 为半径的迎风半圆影响范围内的建筑及构筑物密集度来区分粗糙度类别，风向以该地区最大风的风向为准，但也可取其主导风；

　2)以半圆影响范围内建筑及构筑物平均高度 $\bar{h}$ 来划分地面粗糙度类别：$\bar{h}$≥18m 时，为 D 类；9m<$\bar{h}$<18m 时，为 C 类；$\bar{h}$≤9m 时，为 B 类；

　3)影响范围内不同高度的面域；每座建筑物向外延伸距离为其高度的面域内均为该高度；当不同高度的面域相交时，交叠部分的高度取大者；

　4)平均高度 $\bar{h}$ 取各面域面积为权数计算。

3　对于山区的高耸结构，风压高度变化系数可按结构计算位置离山地周围平坦地面高度计算。

4.2.7　不同类型高耸结构的风荷载体型系数 μ_s 取值应符合下列规定：

1　悬臂结构，当计算局部表面[图 4.2.7-1(a)]分布的体型系数 μ_s 时，应按表 4.2.7-1 采用；当计算整体[图 4.2.7-1(b)]体型系数时，应按表 4.2.7-2 采用。

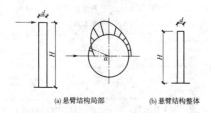

(a)悬臂结构局部　　(b)悬臂结构整体

图 4.2.7-1　悬臂结构

表 4.2.7-1　悬臂结构体型系数 μ_s

$\alpha(°)$	$H/d \geqslant 25$	$H/d = 7$	$H/d = 1$
0	+1.0	+1.0	+1.0
15	+0.8	+0.8	+0.8
30	+0.1	+0.1	+0.1
45	−0.9	−0.8	−0.7
60	−1.9	−1.7	−1.2
75	−2.5	−2.2	−1.5
90	−2.6	−2.2	−1.7
105	−1.9	−1.7	−1.2
120	−0.9	−0.8	−0.7
135	−0.7	−0.6	−0.5
150	−0.6	−0.5	−0.4
165	−0.6	−0.5	−0.4
180	−0.6	−0.5	−0.4

注：表中数值适用于 $\mu_s w_0 d^2 \geqslant 0.02$ 的表面光滑情况，其中 w_0 为基本风压，以 kN/m² 计，d 以 m 计。

表 4.2.7-2　悬臂结构整体计算体型系数 μ_s

截面		风向	H/d		
			25	7	1
正方形		垂直于一边	1.4	1.4	1.3
		沿对角线	1.5	1.5	1.4
正六及正八边形		任意	1.2	1.1	1.0
圆形	粗糙	任意	0.9	0.8	0.7
	光滑		0.6	0.5	0.5

注：1　表中圆形结构的 μ_s 值适用于 $\mu_s w_0 d^2 \geqslant 0.02$ 的情况，D 以 m 计；w_0 为基本风压，以 kN/m² 计；

　　2　表中"光滑"系指钢、混凝土等圆形结构的表面情况，"粗糙"系指结构表面凸出肋条较小的情况；

　　3　计算正方形对角线方向的风载时，体型系数按照表 4.2.7-2 取值，迎风面积按照正方形单面面积取值。

2　型钢及组合型钢结构(图 4.2.7-2)的体型系数应按表 4.2.7-3 采用。

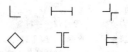

图 4.2.7-2　型钢及组合钢结构

表 4.2.7-3　型钢及组合型钢结构体型系数 μ_s

工　况	μ_s
型钢结构	1.3
组合型钢结构	

3　塔架结构(图 4.2.7-3)的体型系数应按下列规定取值：

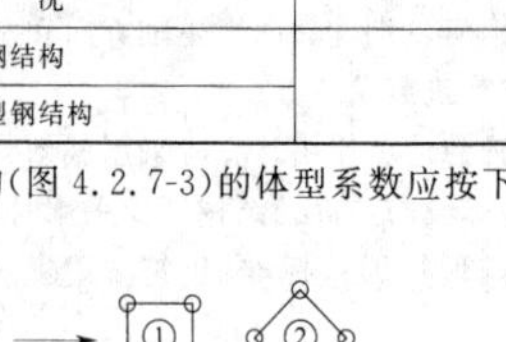

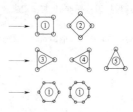

图 4.2.7-3　塔架结构截面形式

1)角钢塔架整体体型系数 μ_s 应按表 4.2.7-4 采用。

表 4.2.7-4　角钢塔架的整体体型系数 μ_s

ϕ	方　形			三角形
	风向①	风向②		任意风向
		单角钢	组合角钢	③④⑤
≤0.1	2.6	2.9	3.1	2.4

续表 4.2.7-4

ϕ	方　形			三角形
	风向①	风向②		任意风向
		单角钢	组合角钢	③④⑤
0.2	2.4	2.7	2.9	2.2
0.3	2.2	2.4	2.7	2.0
0.4	2.0	2.2	2.4	1.8
0.5	1.9	1.9	2.0	1.6

注：1　挡风系数 $\phi = \dfrac{\text{迎风面杆件和节点净投影面积}}{\text{迎风面轮廓面积}}$，均按塔架迎风面的一个塔面计算。

　　2　六边形及八边形塔架的 μ_s 值，可近似地按表中方形塔架参照对应的风向①或②采用；但六边形塔架迎风面积按两个相邻塔面计算，八边形塔架迎风面积按三个相邻塔面计算。

2）管子及圆钢塔架的整体体型系数 μ_s 应按下列规定取值：

a）当 $\mu_z w_0 d^2 \leqslant 0.002$ 时，μ_s 应按角钢塔架的整体体型系数 μ_s 值乘以 0.8 采用；

b）当 $\mu_z w_0 d^2 \geqslant 0.015$ 时，μ_s 值应按角钢塔架的整体体型系数 μ_s 值乘以 0.6 采用；

c）当 $0.002 < \mu_z w_0 d^2 < 0.015$ 时，μ_s 值应按插入法计算。

3）当高耸结构由不同类型截面组合而成时，应按不同类型杆件迎风面积加权平均选用 μ_s 值。

4　格构式横梁的体型系数应按下列规定取值：

1）矩形格构式横梁（图 4.2.7-4），当风向垂直于横梁（$\theta = 90°$）时，横梁的整体体型系数 μ_s 应按表 4.2.7-5 取值；当风向不与横梁垂直时，横梁的整体体型系数 μ_s 应按表 4.2.7-6 取值。

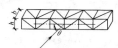

图 4.2.7-4　矩形格构式横梁

表 4.2.7-5　风向垂直于角钢桁架横梁的整体体型系数 μ_s

ϕ	b/h			
	$\leqslant 1$	2	4	$\geqslant 6$
$\leqslant 0.1$	2.6	2.6	2.6	2.6
0.2	2.4	2.5	2.6	2.6
0.3	2.2	2.3	2.3	2.4
0.4	2.0	2.1	2.2	2.3
$\geqslant 0.5$	1.8	1.9	2.0	2.1

注：其中：$\phi = \dfrac{\text{横梁正面投影面积}}{\text{横梁正面轮廓面积}}$。

表 4.2.7-6　风向不与横梁垂直时横梁整体体型系数 μ_s

$\theta(°)$	μ_{sn}	μ_{sp}
90	$1.0\mu_s$	0
45	$0.5\mu_s$	$0.21\mu_s$
0	0	$0.40\mu_s$

注：1　μ_{sn}、μ_{sp} 分别为垂直和平行于横梁的体型系数分量；

　　2　μ_s 为风向垂直于横梁时的整体体型系数；

　　3　计算 μ_{sn} 及 μ_{sp} 时，均以横梁正面面积为准。

2）三角形横梁的整体体型系数可按矩形横梁的值乘以 0.9 采用。

3）管子及圆钢组成的横梁可按本条第 3 款第 2 项的方法计算整体体型系数 μ_s 的值。

5　架空线、悬索、管材等（图 4.2.7-5）的体型系数应按表 4.2.7-7 取值。

图 4.2.7-5　架空线、悬索、管材
1—结构（线索、管）

表 4.2.7-7　架空线、悬索、管材体型系数 μ_{sn}

工　况	μ_{sn}
$\mu_z w_0 d^2 \leqslant 0.003$	$1.2\sin^2\theta$
$\mu_z w_0 d^2 \geqslant 0.02$	$0.7\sin^2\theta$
$0.003 < \mu_z w_0 d^2 < 0.02$	μ_{sn} 按插入法计算

注：μ_{sn} 为作用于结构的垂直风向分量 w_n 的体型系数；作用于结构的平行风向分量 w_p 的体型系数 μ_{sp} 影响较小，可不计。

6　架空管道为上下双管［图 4.2.7-6(a)］时，整体体型系数 μ_s 应按表 4.2.7-8 的规定取值；当架空管道为前后双管［图 4.2.7-6(b)］时，整体体型系数 μ_s 应按表 4.2.7-9 的规定取值。

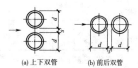

图 4.2.7-6　架空管道

表 4.2.7-8　架空管道为上下双管时体型系数 μ_s

s/d	$\leqslant 0.25$	0.5	0.75	1.0	1.5	2.0	$\geqslant 3.0$
μ_s	1.20	0.90	0.75	0.70	0.65	0.63	0.60

注：表中 μ_s 值适用于 $\mu_z w_0 d^2 \geqslant 0.02$。

表 4.2.7-9　架空管道为前后双管时体型系数 μ_s

s/d	$\leqslant 0.25$	0.5	1.5	3	4	6	8	$\geqslant 10$
μ_s	0.68	0.86	0.94	0.99	1.05	1.11	1.14	1.20

注：表中 μ_s 值适用于 $\mu_z w_0 d^2 \geqslant 0.02$ 的情况，并为前后两管的系数之和。

7　倒锥形水塔的水箱［图 4.2.7-7(a)］的体型系数和绝缘子［图 4.2.7-7(b)］的体型系数应按表 4.2.7-10 的规定取值。

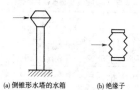

图 4.2.7-7　倒锥形水塔的水箱、绝缘子立面图

表 4.2.7-10　倒锥形水塔的水箱、绝缘子体型系数 μ_s

分　类	μ_s
倒锥形水塔的水箱	0.7
绝缘子	1.2

8　微波天线（图 4.2.7-8）的体型系数应按表 4.2.7-11 的规定取值。

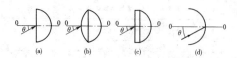

图 4.2.7-8　微波天线平面图

表 4.2.7-11　微波天线体型系数 μ_s

		整体体型系数 μ_s						
	水平角 $\theta(°)$	0	30	50	90	120	150	180
图 4.2.7-8(a)	垂直于天线面的分量 μ_{sn}	1.30	1.40	1.70	0.15	0.35	0.60	0.80
	平行于天线面的分量 μ_{sp}	0.01	0.05	0.06	0.19	0.22	0.17	0.06

续表 4.2.7-11

水平角 θ(°)		0	30	50	90	120	150	180
		整体体型系数 μ_s						
图 4.2.7-8(b)	垂直于天线面的分量 μ_{sn}	0.80	0.84	0.90	0	0.20	0.40	0.60
	平行于天线面的分量 μ_{sp}	0	0.40	0.55	0.41	0.29	0.14	0
图 4.2.7-8(c)	垂直于天线面的分量 μ_{sn}	1.10	1.20	1.30	0	0.24	0.48	0.70
	平行于天线面的分量 μ_{sp}	0	0.31	0.60	0.44	0.31	0.16	0
图 4.2.7-8(d)	垂直于天线面的分量 μ_{sn}	1.30	1.40	1.70	0.15	0.35	0.60	0.80
	平行于天线面的分量 μ_{sp}	0.01	0.05	0.06	0.19	0.22	0.17	0.06

9 石油化工塔型设备（图 4.2.7-9）的体型系数应按表 4.2.7-12 的规定取值。

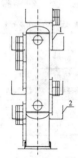

图 4.2.7-9 石油化工塔型设备
1—爬梯；2—平台

表 4.2.7-12 石油化工塔型设备的体型系数 μ_s

平台类型	塔型设备直径(m)						
	≤0.6	1.0	2.0	3.0	4.0	5.0	≥6.0
独立平台(带直梯)	0.88	0.81	0.75	0.72	0.71	0.70	0.69
联合平台(不带斜梯)	1.05	0.91	0.81	0.76	0.73	0.72	0.71
联合平台(带斜梯)	1.25	1.05	0.89	0.81	0.78	0.76	0.74

注：1 表中 μ_s 值适用于包括了平台、梯子、管线等影响的单个塔型设备，计算风荷载时其挡风面积可仅取塔型设备的外径；
2 当塔型设备直径为变直径时，可按各段高度和外径求加权平均值；
3 当设备直径为表中中间值时，μ_s 可用插入法计算。

10 球状结构（图 4.2.7-10）的体型系数应按表 4.2.7-13 的规定取值。

图 4.2.7-10 球状结构

表 4.2.7-13 球状结构的体型系数

分 类		μ_s
光滑球	$\mu_c w_0 d^2 \geq 0.02$	0.4
	$\mu_c w_0 d^2 < 0.02$	0.6
多面球		0.7

11 封闭塔楼和设备平台（图 4.2.7-11）的体型系数应按表 4.2.7-14 的规定取值。

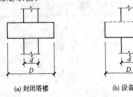

图 4.2.7-11 封闭塔楼和设备平台立面图

表 4.2.7-14 封闭塔楼和设备平台的体型系数

分 类	μ_s
D/d≤3	0.7
D/d>3	0.9

12 四管组合柱（图 4.2.7-12）的体型系数应按表 4.2.7-15 的规定取值。

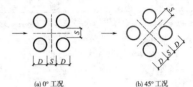

图 4.2.7-12 四管组合柱

表 4.2.7-15 四管组合柱体型系数 μ_s

工 况	μ_s
0°工况	1.93
45°工况	1.69

注：以一个圆管的直径计算挡风面积。

13 三管组合柱对角线风向［图 4.2.7-13(a)、(b)、(c)］的体型系数 μ_s 应按表 4.2.7-16 取值，0°风向［图 4.2.7-13(c)、(d)］的体型系数 μ_s 应按表 4.2.7-17 取值。

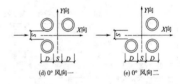

图 4.2.7-13 三管组合柱

表 4.2.7-16 三管组合柱对角线风向体型系数 μ_s

风 向	μ_s
45°风向一	1.56
45°风向二	1.49
45°风向三	1.15

注：以一个圆管的直径计算挡风面积。

表 4.2.7-17 三管组合柱 0°风向体型系数 μ_s

0°风向一	S/D			
	0.30	0.60	1.00	≥1.30
μ_{sX}	1.35	1.27	1.26	1.28
μ_{sY}	-0.93	-0.36	0	0
0°风向二	S/D			
	0.30	0.60	≥1.00	
μ_{sX}	1.26	1.24	1.22	
μ_{sY}	-0.32	-0.10	0	

注：1 以一个圆管的直径计算挡风面积；
2 μ_{sX}、μ_{sY} 分别为 X 方向和 Y 方向的体型系数，$\sqrt{\mu_{sX}^2+\mu_{sY}^2}$ 为整体体型系数，且整体体型系数在 x 轴、y 轴投影，应等于在 x 轴、y 轴上的单独体型系数。

4.2.8 高耸结构体型未在现行国家标准《建筑结构荷载规范》GB 50009 中列出的，但与本标准所列结构体型相似时，其风荷载体型系数可按本标准第 4.2.7 条的规定采用；特别重要或体型复杂的高耸结构，宜由风洞试验或数值风洞计算确定。

4.2.9 自立式高耸结构在 z 高度处的风振系数 β_z 可按下式确定：

$$\beta_z = 1 + \xi \varepsilon_1 \varepsilon_2 \quad (4.2.9)$$

式中：ξ——脉动增大系数，按表 4.2.9-1 采用，其中 T 取结构的基本自振周期；

ε_1——风压脉动和风压高度变化等的影响系数，按表 4.2.9-2 采用；

ε_2——振型、结构外形的影响系数，按表 4.2.9-3 采用。

表 4.2.9-1 脉动增大系数 ξ

$W_0 T^2$ ($kN \cdot s^2/m^2$)	阻尼比				
	0.01	0.02	0.03	0.04	0.05
0.01	1.47	1.26	1.18	1.14	1.11
0.02	1.57	1.32	1.22	1.17	1.14
0.04	1.69	1.39	1.27	1.21	1.17
0.06	1.77	1.44	1.31	1.24	1.19
0.08	1.83	1.47	1.33	1.26	1.21
0.10	1.88	1.50	1.36	1.28	1.23
0.20	2.04	1.61	1.43	1.34	1.28
0.40	2.24	1.73	1.53	1.41	1.34
0.60	2.36	1.81	1.59	1.46	1.38
0.80	2.46	1.88	1.64	1.50	1.42
1.00	2.53	1.93	1.67	1.53	1.44
2.00	2.80	2.10	1.81	1.64	1.54
4.00	3.09	2.30	1.96	1.77	1.65
6.00	3.28	2.43	2.06	1.86	1.72
8.00	3.42	2.52	2.14	1.92	1.77
10.00	3.54	2.60	2.20	1.97	1.82
20.00	3.91	2.85	2.40	2.14	1.96
30.00	4.14	3.01	2.53	2.24	2.06

注：1 表中给出了结构对应的阻尼比从左向右依次为 0.01~0.05，可根据结构型式相应选取；对于单管塔可取阻尼比 0.01，其余类型塔的阻尼比可按照本标准第 4.4.6 条选取。

2 对于上部用钢材、下部用混凝土的结构，可近似地分别根据钢和混凝土查取相应的 ε 值，并计算各自的风振系数。

表 4.2.9-2 考虑风压脉动和风压高度变化的影响系数 ε_1

地面粗糙度类别＼总高度 H(m)	10	20	40	60	80	100	150	200	250	300	350	400	450	500	550
A	0.81	0.76	0.70	0.65	0.61	0.58	0.51	0.46	0.43	0.39	0.39	0.39	0.39	0.39	0.39
B	0.93	0.86	0.77	0.71	0.66	0.62	0.55	0.49	0.45	0.41	0.38	0.38	0.38	0.38	0.38
C	1.48	1.30	1.12	1.01	0.92	0.85	0.73	0.64	0.57	0.52	0.48	0.45	0.42	0.42	0.42
D	2.44	2.03	1.65	1.44	1.29	1.17	0.97	0.84	0.74	0.66	0.60	0.55	0.51	0.48	0.45

注：1 对于结构外形或质量有较大突变的高耸结构，风振计算时应按随机振动理论进行。

2 计算时，对地面粗糙度 B 类地区可直接带入基本风压，而对 A 类、C 类、D 类地区应按当地的基本风压分别乘以 1.28、0.54、0.26。

表 4.2.9-3 考虑振型和结构外形的影响系数 ε_2

相对高度 z/H	结构顶部和底部的宽度比 $l_z(H)/l_z(0)$				
	1.0	0.5	0.3	0.2	0.1
1.0	1.00	0.88	0.76	0.66	0.56
0.9	0.88~0.92	0.81~0.86	0.72~0.75 (0.78~0.81)	0.64~0.67 (0.76~0.79)	0.57~0.59 (0.84~0.87)
0.8	0.76~0.83	0.72~0.82	0.66~0.71 (0.75~0.81)	0.60~0.65 (0.77~0.83)	0.56~0.60 (0.94~1.02)
0.7	0.64~0.73	0.63~0.75	0.58~0.66 (0.68~0.77)	0.54~0.61 (0.71~0.77)	0.52~0.59 (0.91~1.04)
0.6	0.52~0.63	0.52~0.66	0.49~0.59 (0.57~0.70)	0.46~0.55 (0.61~0.73)	0.47~0.56 (0.81~0.97)
0.5	0.40~0.51	0.40~0.55	0.39~0.48 (0.45~0.58)	0.37~0.48 (0.49~0.62)	0.40~0.51 (0.65~0.84)
0.4	0.29~0.40	0.29~0.42	0.29~0.40 (0.33~0.45)	0.28~0.39 (0.37~0.49)	0.32~0.44 (0.48~0.66)
0.3	0.18~0.28	0.19~0.28	0.19~0.29 (0.23~0.32)	0.19~0.29 (0.23~0.35)	0.23~0.35 (0.31~0.48)

续表 4.2.9-3

相对高度 z/H	结构顶部和底部的宽度比 $l_z(H)/l_z(0)$				
	1.0	0.5	0.3	0.2	0.1
0.2	0.09~0.17	0.10~0.18	0.10~0.19	0.10~0.21	0.13~0.23 (0.16~0.29)
0.1	0.03~0.07	0.03~0.07	0.03~0.07	0.03~0.08	0.05~0.12

注：1 表中有括弧的，括弧内的系数适用于直线变化结构，括弧外的系数适用于凹线形变化的结构，其余无括弧的系数两者均适用。

2 表中变化范围中的数字为 A 类地貌至 D 类地貌，B 类地貌可取该数字范围内约 1/5 处，C 类可约取 1/2 处。

4.2.10 钢桅杆风振系数应符合下列规定：

1 杆身风振系数应按下列规定确定：

1) 当钢桅杆高度不大于 150m 时：

悬臂段 $\beta_z(z) = 2.1$；

非悬臂段 $\beta_z(z) = 1.6$；

2) 当钢桅杆高度大于 150m 时：

$$\beta_z(z) = 1 + \varepsilon_1 \sqrt{\sum_{j=1}^{4}(\varepsilon_{2j}\varepsilon_{3j})} \quad (4.2.10-1)$$

$$\varepsilon_1 = 2gI_{10}\left(\frac{10 \cdot dH}{z^2}\right)^\alpha$$

$$\varepsilon_{2j} = \left[\frac{\xi_j \Phi_j(z)}{\sum_{i=1}^{N} \Phi_j(z_i)^2}\right]^2$$

$$\varepsilon_{3j} = \sum_{i=1}^{N}\sum_{k=1}^{N} i^\alpha k^\alpha \Phi_j(i)\Phi_j(k)\exp\left(-\frac{|i-k| \cdot dH}{60}\right)$$

式中：g——峰值因子，取 2.5；

I_{10}——10m 高紊流度，A 类、B 类、C 类、D 类地貌分别为 12%、14%、23%、39%；

α——风剖面指数，A 类、B 类、C 类、D 类地貌分别为 0.12、0.15、0.22、0.30；

ξ_j——脉动增大系数，按表 4.2.9-1 采用；

H——塔身全高；

N——沿杆身全高取 N 个等分点计算风振系数，每小段的长度为 $dH = H/N$，点的编号自下至上为 $1, 2, \cdots, N$；

$\Phi_j(i)$——杆身第 i 点所在高度的第 j 阶振型系数。

2 钢桅杆纤绳风振系数应按下列规定确定：

1) 当钢桅杆高度不大于 150m 时：

$$\beta_z = 1.6$$

2) 当钢桅杆高度大于 150m 时：

$$\beta_z = 1 + \xi \varepsilon_q \quad (4.2.10-2)$$

式中：ξ——脉动增大系数，按表 4.2.9-1 采用，其中 T 取纤绳的基本自振周期；

ε_q——综合考虑风压脉动、高度变化及振型影响的系数，按表 4.2.10 采用。

表 4.2.10 综合考虑风压脉动、高度变化及振型影响的系数 ε_q

纤绳高度(m)＼$\omega l/(\pi\sqrt{S/m})$	10	30	50	100	150	200	250	300	≥350
≤1.7	0.66~ 2.41	0.56~ 1.67	0.50~ 1.38	0.43~ 1.04	0.38~ 0.85	0.34~ 0.73	0.31~ 0.65	0.29~ 0.58	0.29~ 0.52
2.0	0.63~ 2.29	0.53~ 1.50	0.48~ 1.30	0.41~ 1.00	0.37~ 0.81	0.33~ 0.71	0.30~ 0.63	0.28~ 0.57	0.28~ 0.51
2.3	0.54~ 2.05	0.46~ 1.40	0.43~ 1.17	0.37~ 0.90	0.34~ 0.72	0.30~ 0.65	0.28~ 0.58	0.26~ 0.53	0.26~ 0.48
2.5	0.42~ 1.54	0.36~ 1.10	0.34~ 0.93	0.30~ 0.72	0.28~ 0.62	0.26~ 0.55	0.24~ 0.49	0.23~ 0.45	0.23~ 0.42
≥2.7	0.20~ 0.74	0.18~ 0.56	0.17~ 0.50	0.17~ 0.42	0.17~ 0.40	0.16~ 0.36	0.16~ 0.33	0.16~ 0.31	0.16~ 0.29

注：1 变化范围的数字 A 至 D 类地貌，B 类地貌取该数字范围内约 1/10 处，C 类取 1/2 处。

2 表中，ω 为考虑杆身影响后的纤绳实际基频(rad/s)；l 为纤绳弦向长度(m)；S 为纤绳张力(N)；m 为纤绳线质量密度(kg/m)；

3 两端铰支的纤绳的基频为 $\omega = \dfrac{\pi}{l}\sqrt{\dfrac{S}{m}}$。

4.2.11 高耸结构应考虑由脉动风引起的垂直于风向的横向共振的验算。

4.2.12 对于竖向斜率不大于2%的圆筒形塔、烟囱等圆截面构筑物以及圆管、拉绳和悬索等圆截面构件，应根据雷诺数 Re 的不同情况按下列规定进行横风向风振的验算：

1 可按下列公式计算结构或构件的雷诺数 Re、临界风速 v_{cr}、结构顶部风速 v_H：

$$Re = 69000vd \qquad (4.2.12-1)$$

$$v_{cr,j} = \frac{d}{St \cdot T_j} = \frac{5d}{T_j} \qquad (4.2.12-2)$$

$$v_H = 40\sqrt{\mu_H w_0} \qquad (4.2.12-3)$$

式中：$v_{cr,j}$——第 j 振型临界风速（m/s）；

v——计算雷诺数时所取风速（m/s），可取 $v = v_{cr,j}$；

d——圆筒形结构的外径（m），有锥度时可取 2/3 高度处的外径；

St——斯脱罗哈数，对圆形截面结构或构件取 0.2；

T_j——结构或构件的 j 振型的自振周期（s）；

v_H——结构顶部的风速（m/s）；

μ_H——高度 H 处风压高度变化系数。

2 圆形截面结构或构件的横风向风振响应分析应符合下列规定：

1）当雷诺数 $Re < 3×10^5$ 且 $v_H > v_{cr,1}$ 时，应在构造上采取防振措施或控制结构的临界风速 $v_{cr,1}$ 不小于 15m/s；

2）当雷诺数 $Re ⩾ 3.5×10^6$ 且 $1.2v_H > v_{cr,j}$ 时，应验算共振响应。横向共振引起的等效静风荷载 w_{Ldj}（kN/m²）应按下列公式计算：

$$w_{Ldj} = \frac{\mu_L v_{cr,j}^2 \varphi_{ji} |\lambda_j|}{3200\zeta_j} \qquad (4.2.12-4)$$

$$H_1 = H\left(\frac{v_{cr,j}}{1.2v_{H,a}}\right)^{\frac{1}{\alpha}} \qquad (4.2.12-5)$$

式中：φ_{ji}——第 j 振型在 i 点的相对位移；

$v_{cr,j}$——第 j 振型的共振临界风速（m/s），按公式（4.2.12-2）计算；

$v_{H,a}$——粗糙度指数为 α 时的结构顶点的风速（m/s）；

ζ_j——结构第 j 振型阻尼比，对于高振型，可参考类似资料，如无试验资料，也可取与第 1 振型相同的值；

μ_L——横向力系数，取 0.25；

λ_j——共振区域系数，由表 4.2.12 确定；

H_1——共振临界风速起始高度。

表 4.2.12 λ_j 计算用表

振型序号	H_1/H										
	0	0.1	0.2	0.3	0.4	0.5	0.6	0.7	0.8	0.9	1.0
1	1.56	1.55	1.54	1.49	1.42	1.31	1.15	0.94	0.68	0.37	0
2	0.83	0.82	0.76	0.60	0.37	0.09	−0.16	−0.33	−0.38	−0.27	0
3	0.52	0.48	0.32	0.06	−0.19	−0.30	−0.21	0	0.20	0.23	0
4	0.30	0.33	0.12	−0.20	−0.23	0	0.16	−0.05	−0.14	−0.18	0

注：校核横风向风振时考虑的振型序号不大于4，对一般悬臂结构可只考虑第1或第2振型。

3）当雷诺数为 $3×10^5 ⩽ Re < 3.5×10^6$ 时，不发生超临界范围的共振，可不做处理。

4.2.13 对于非圆截面构筑物，其横风向风振可按本标准公式（4.2.12-1）～公式（4.2.12-5）进行验算，并宜通过风洞试验或可靠资料确定有关系数，当无试验值时，可按下列规定取值：

1 斯脱罗哈数 St 取 0.15；

2 方形截面以及深宽比 $1 ⩽ D/B ⩽ 2$ 的矩形截面的横风向力系数 μ_L 取 0.60；

3 公式中圆筒外径 d 由迎风面最大宽度 B 代替。

4.2.14 考虑横风向风振时，风荷载的总效应 S 应按下式进行计算：

$$S = \sqrt{0.36S_D^2 + S_L^2} \qquad (4.2.14)$$

式中：S_L——横风向风振效应；

S_D——发生横风向共振时相应的顺风向风荷载效应。

4.2.15 输电高塔设计风荷载可根据行业的具体情况确定，并应符合下列规定：

1 输电高塔设计基本风速的重现期取值应按国家现行标准有关规定确定。

2 位于山地上的高塔的基本风速应符合下列规定：

1）宜采用统计分析和对比观测等方法，由临近地区气象台、站的气象资料推算，并应结合实际运行经验确定；

2）当无可靠资料时，宜将附近平原地区的统计值提高 10%。

3 大跨越高塔的基本风速应符合下列规定：

1）当无可靠资料时，宜将附近陆上相同电压等级输电线路的风速统计值换算到跨越处历年大风季节平均最低水位以上 10m 处，并增加 10%，考虑水面影响再增加 10% 后选用；

2）大跨越高塔的基本风速不应低于相连接的陆上输电线路的基本风速，且 330kV 及以下大跨越高塔的基本风速不低于 25m/s，500kV、±400kV 及以上大跨越高塔的基本风速不低于 30m/s；

3）必要时，尚宜按稀有风速条件进行验算。

4.2.16 对于处于地形条件复杂或几何形状复杂的高耸结构，可通过风洞试验或数值模拟来确定风荷载计算参数。

4.3 覆冰荷载

4.3.1 设计电视塔、无线电塔桅和输电高塔等类似结构时，应考虑结构构件、架空线、拉绳等表面覆冰后所引起的荷载及挡风面积增大的影响和不均匀脱冰时产生的不利影响。

4.3.2 基本覆冰厚度应根据当地离地 10m 高度处的观测资料和设计重现期分析计算确定。当无观测资料时，应通过实地调查确定，或按下列经验数值分析采用：

1 重覆冰区：基本覆冰厚度可取 20mm～50mm；

2 中覆冰区：基本覆冰厚度可取 15mm～20mm；

3 轻覆冰区：基本覆冰厚度可取 5mm～10mm。

4.3.3 覆冰重力荷载的计算应符合下列规定：

1 圆截面的构件、拉绳、缆索、架空线等每单位长度上的覆冰重力荷载可按下式计算：

$$q_1 = \pi b\alpha_1\alpha_2(d + b\alpha_1\alpha_2)\gamma×10^{-6} \qquad (4.3.3-1)$$

式中：q_1——单位长度上的覆冰重力荷载（kN/m）；

b——基本覆冰厚度（mm），按本标准第 4.3.2 条的规定采用；

d——圆截面构件、拉绳、缆索、架空线的直径（mm）；

α_1——与构件直径有关的覆冰厚度修正系数，按表 4.3.3-1 采用；

α_2——覆冰厚度的高度递增系数，按表 4.3.3-2 采用；

γ——覆冰重度，一般取 9kN/m³。

2 非圆截面的其他构件每单位面积上的覆冰重力荷载 q_a（kN/m²）可按下式计算：

$$q_a = 0.6b\alpha_2\gamma×10^{-3} \qquad (4.3.3-2)$$

式中：q_a——单位面积上的覆冰重力荷载（kN/m²）。

表 4.3.3-1 与构件直径有关的覆冰厚度修正系数 α_1

直径（mm）	5	10	20	30	40	50	60	⩾70
α_1	1.10	1.00	0.90	0.80	0.75	0.70	0.63	0.60

表 4.3.3-2 覆冰厚度的高度递增系数 α_2

离地面高度（m）	10	50	100	150	200	250	300	⩾350
α_2	1.0	1.6	2.0	2.2	2.4	2.6	2.7	2.8

4.4 地震作用

4.4.1 基于结构使用功能和重要性，应按现行国家标准《建筑工程抗震设防分类标准》GB 50223 的规定将结构划分为特殊设防类、重点设防类、标准设防类、适度设防类四类，并应按现行国家标准《建筑抗震设计规范》GB 50011进行设计。

4.4.2 对设防烈度为7度(0.15g)及以上带塔楼的高耸结构、设防烈度为8度及以上的高耸混凝土结构和设防烈度为9度及以上的高耸钢结构,应同时考虑竖向地震作用和水平地震作用的不利组合。对高耸结构的悬挑桁架、悬臂梁、较大跨梁等,应考虑竖向地震作用。刚度中心与质量中心存在偏心时,应考虑地震作用的扭转效应。

4.4.3 带有塔楼的高耸结构应进行性能化设计。当高耸结构采用抗震性能设计时,应根据其抗震设防类别、设防烈度、场地条件、结构类型、功能要求、投资、造成损失大小和修复难易程度等,对选定的抗震性能目标提出技术和经济可行性综合分析和论证。

4.4.4 地震影响系数(图 4.4.4)应根据现行国家标准《建筑抗震设计规范》GB 50011采用,其最大值按本标准第 4.4.5 条的规定采用,其形状参数应符合下列规定:

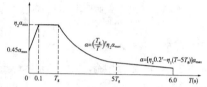

图 4.4.4 地震影响系数曲线
α—地震影响系数;α_max—地震影响系数最大值;η_1—直线下降段的下降斜率调整系数;γ—衰减指数;T_g—特征周期;η_2—阻尼调整系数;T—结构自振周期

1 直线上升段,周期小于 0.1s 的区段;
2 水平段,自 0.1s 至特征周期区段,应取最大值 α_{max};
3 曲线下降段,自特征周期至 5 倍特征周期区段,衰减指数应取 0.9;
4 直线下降段,自 5 倍特征周期至 6.0s 区段,下降斜率调整系数应取 0.02;
5 特征周期,根据场地类别和设计地震分组按表 4.4.4 采用;计算 8 度、9 度罕遇地震作用时,特征周期应增加 0.05s。

表 4.4.4 特征周期值(s)

设计地震分组	场 地 类 别			
	Ⅰ	Ⅱ	Ⅲ	Ⅳ
第一组	0.25	0.35	0.45	0.65
第二组	0.30	0.40	0.55	0.75
第三组	0.35	0.45	0.65	0.90

4.4.5 计算地震作用标准值时,水平地震影响系数最大值应按表 4.4.5 采用。

表 4.4.5 水平地震影响系数最大值

地震影响	烈 度			
	6	7	8	9
多遇地震	0.04	0.08(0.12)	0.16(0.24)	0.32
设防地震	0.12	0.23(0.34)	0.45(0.68)	0.90
罕遇地震	0.28	0.50(0.72)	0.90(1.20)	1.40

注:括号中数值分别用于设计基本地震加速度取为 0.15g(抗震设防烈度为 7 度)和 0.30g(抗震设防烈度为 8 度)的地区。

4.4.6 当高耸结构抗震阻尼比的取值不等于 0.05 时,地震影响系数曲线的阻尼调整系数 η_2 及形状参数应按下列规定调整:

1 曲线下降段的衰减指数应按下式确定:

$$\gamma = 0.9 + \frac{0.05 - \zeta}{0.3 + 6\zeta} \qquad (4.4.6\text{-}1)$$

式中:γ——曲线下降段的衰减指数;
ζ——结构抗震阻尼比,按表 4.4.6 采用。

表 4.4.6 结构抗震阻尼比

高耸结构类型	多遇地震、设防地震	罕遇地震
钢结构塔架或单管塔	0.02	0.03
钢结构电视塔(有塔楼)	0.025	0.03
混凝土高耸结构	0.04	0.08
预应力混凝土高耸结构	0.03	0.08

注:对于上部钢结构、下部钢筋混凝土的高耸结构,换算阻尼系数可根据该振型振动时能量耗散等效的原则确定。

2 直线下降段的下降斜率调整系数应按下式确定:

$$\eta_1 = 0.02 + \frac{0.05 - \zeta}{4 + 32\zeta} \qquad (4.4.6\text{-}2)$$

式中:η_1——直线下降段的下降斜率调整系数,当小于 0 时取 0。

3 阻尼调整系数应按下式确定:

$$\eta_2 = 1 + \frac{0.05 - \zeta}{0.08 + 1.6\zeta} \qquad (4.4.6\text{-}3)$$

式中:η_2——阻尼调整系数,当小于 0.55 时,应取 0.55。

4.4.7 计算高耸结构的地震作用时,其重力荷载代表值应取结构自重标准值和各竖向可变荷载的组合值之和。结构自重和各竖向可变荷载的组合值系数应按下列规定采用:

1 对结构自重(结构和构配件自重、固定设备重等)取 1.0;
2 对设备内的物料重取 1.0,对特殊情况可按国家现行有关标准采用;
3 对升降机、电梯的自重取 1.0,对吊重取 0.3;
4 对塔楼楼面和平台的等效均布荷载取 0.5,按实际情况考虑时取 1.0;
5 对塔楼顶的雪荷载取 0.5。

4.5 温度作用

4.5.1 对带塔楼的多功能电视塔或其他旅游塔,应计算塔楼内结构和邻近处塔楼外结构的温差作用效应。电梯井道封闭的多功能钢结构电视塔应计算温度作用引起井道相对于塔身的纵向变形值,并采取措施释放其应力,且不应影响使用。计算温差标准值 Δt 为当地的历年冬季或夏季最冷或最热的钢结构日平均气温或钢筋混凝土结构月平均气温与室内设计温度之差值,正负温差均应验算。

4.5.2 高耸结构由日照引起向阳面和背阳面的温差,应按实测数据采用,当无实测数据时可按不低于 20℃ 采用。

4.5.3 桅杆温度作用应按当地历年冬季或夏季最冷或最热的日平均气温与桅杆安装调试完成时的月平均气温之差计算。

5 钢塔架和桅杆结构

5.1 一般规定

5.1.1 钢塔架和桅杆结构(以下简称塔桅钢结构)设计应进行强度、稳定和变形验算。

5.1.2 对于承受疲劳动力作用的高耸钢结构应进行抗疲劳设计。

5.1.3 塔桅钢结构选用的钢材材质应符合现行国家标准《钢结构设计标准》GB 50017 的规定。螺栓、紧固件应符合国家现行相关标准的要求。

5.1.4 塔桅钢结构的钢材及连接强度设计值应按本标准附录 A 的表 A.0.1~表 A.0.4 采用,并按本标准表 A.0.5 折减。钢铰线的强度设计值可按本标准表 A.0.6 采用。单角钢连接计算应符合现行国家标准《钢结构设计标准》GB 50017 的规定。

5.1.5 塔桅钢结构应做长效防腐蚀处理。一般情况以热浸锌为宜,构件体型特殊且很大时可用热喷锌(铝)复合涂层。对厚度大于或等于 5mm 的构件,锌层平均厚度不应小于 86μm;对厚度小于 5mm 的构件,锌层平均厚度不应小于 65μm。

5.1.6 塔桅钢结构应有可靠的防雷接地,接地标准按国家现行有关标准执行。当采用镀锌钢塔体作为引下线时,必须保证塔体由避雷针到接地线全线连通,无绝缘涂层。高强缆索不应作为接地体。

5.1.7 桅杆结构设计时,宜有一层纤绳采用各向双纤绳,纤绳所在轴线不宜通过桅杆杆身轴线(图 5.1.7)。

5.1.8 塔桅钢结构节点处各杆件的内力宜交汇于一点。

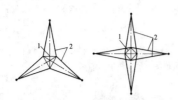

图 5.1.7 双纤绳布置方案
1—杆身；2—纤绳

5.2 塔桅钢结构的内力计算

5.2.1 塔桅钢结构宜按整体空间桁架做静力结构分析；对于需进行抗震验算的钢塔及安全等级属一级高耸结构的钢塔，应进行反应谱分析或时程分析。

5.2.2 桅杆可用梁索单元或杆索单元非线性有限元法做静力分析；当钢桅杆安全等级为一级时应进行非线性动力分析。当桅杆杆身为格构式并按压弯构件计算时，其刚度应乘以折减系数 ξ，折减系数可按下式确定：

$$\xi = \left(\frac{l_0}{i\lambda_0}\right)^2 \qquad (5.2.2)$$

式中：l_0——弹性支承点之间杆身计算长度(m)；

  i——杆身截面回转半径(m)；

  λ_0——弹性支承点之间杆身换算长细比，按本标准第 5.5.5 条的规定计算。

5.2.3 当计算所得四边形钢塔斜杆承担的剪力与同层塔柱承担的剪力之比 $\Delta = \left| \dfrac{Vb}{\sqrt{2}M\tan\theta} - 1 \right| \leqslant 0.4$ 时，斜杆内力宜取塔柱内力乘系数 α(图 5.2.3)，α 可按公式(5.2.3)确定。当未按本条规定的方法复核斜杆受力时，斜杆设计内力不宜小于主材内力的 3%。

$$\alpha = \mu(0.228 + 0.649\Delta) \cdot \frac{b}{h} \qquad (5.2.3)$$

式中：μ——斜杆为刚性时，$\mu = 1$；斜杆为柔性时，$\mu = 2$；

  V、M——层顶剪力、弯矩；

  b——为层顶宽度；

  θ——塔柱与铅直线之夹角；

  h——所计算截面以上塔体高度。

图 5.2.3 斜杆最小内力限值计算图
1—斜杆；2—指向塔心方向；3—上部结构

5.2.4 塔桅钢结构中的构造支撑的设计内力不应小于被它所支撑的杆件的内力值的 1/50。

5.2.5 塔桅钢结构中柔性预应力交叉斜杆的预拉力值不宜小于按线弹性理论计算时交叉斜杆的压力设计值，应按预应力结构体系进行计算。

5.3 塔桅钢结构的变形和整体稳定

5.3.1 塔桅钢结构在结构布置、结构形体设计时应考虑结构变形的影响，并进行变形验算。变形应满足本标准第 3.0.10 条和本标准第 3.0.11 条的规定。

5.3.2 桅杆除应按本标准第 5.1.1 条验算承载能力外，尚应验算各安装阶段的整体稳定，整体稳定安全系数不应低于 2.0。对于纤绳上有绝缘子的桅杆，应验算绝缘子破坏后的受力状况，此时可假定纤绳初应力值降低 20%，相应的稳定安全系数不应低于 1.6。

5.4 纤 绳

5.4.1 桅杆纤绳可按一端连接于杆身的抛物线计算。

5.4.2 纤绳的初应力应综合考虑桅杆变形、杆身的内力和稳定以及纤绳承载力等因素确定，宜在 200N/mm² ~ 300N/mm² 范围内选用。

5.4.3 纤绳的截面强度应按下式验算：

$$\frac{N}{A} \leqslant f_w \qquad (5.4.3)$$

式中：N——纤绳拉力设计值(N)；

  A——纤绳的钢丝绳或钢绞线截面面积(mm²)；

  f_w——钢丝绳或钢绞线强度设计值(N/mm²)，按本标准表 A.0.6、表 A.0.7 采用。

5.5 轴心受拉和轴心受压构件

5.5.1 轴心受拉和轴心受压构件的截面强度应按下式验算：

$$\frac{N}{A_n} \leqslant f \qquad (5.5.1)$$

式中：N——轴心拉力和轴心压力；

  A_n——构件净截面面积(mm²)，对多排螺栓连接的受拉构件，要计及锯齿形破坏情况；

  f——钢材的强度设计值(N/mm²)，按本标准附录 A 的表 A.0.1 采用，并按本标准附录 A 的表 A.0.5 修正。

5.5.2 轴心受压构件的稳定性应按下式验算：

$$\frac{N}{\varphi A} \leqslant f \qquad (5.5.2)$$

式中：A——构件毛截面面积；

  φ——轴心受压构件稳定系数，可根据构件长细比 λ、材料强度及截面类别按本标准附录 B 采用。

5.5.3 塔桅钢结构的构件长细比 λ 可按下列方法取值：

1 单角钢：

1)弦杆长细比 λ 按表 5.5.3-1 采用。

2)斜杆长细比 λ 按表 5.5.3-2 采用。

3)横杆和横膈长细比 λ 按表 5.5.3-3 采用。

表 5.5.3-1 塔架和桅杆的弦杆长细比 λ

弦杆形式	两塔面斜杆交点错开		二塔面斜杆交点不错开	
简图				
长细比	$\lambda = \dfrac{1.2l}{i_x}$		$\lambda = \dfrac{l}{i_{y0}}$	
符号说明	i_x——单角钢截面对平行肢轴的回转半径 i_{y0}——单角钢截面的最小回转半径 l——节间长度			

表 5.5.3-2　塔架和桅杆的斜杆长细比 λ

斜杆形式	单斜杆	双斜杆	双斜杆加辅助杆	
简图				
长细比	$\lambda = \dfrac{l}{i_{y0}}$	当斜杆不断开又互相不连接时： $\lambda = \dfrac{l}{i_{y0}}$ 斜杆断开，中间连接时： $\lambda = \dfrac{0.7l}{i_{y0}}$ 斜杆不断开，中间用螺栓连接时： $\lambda = \dfrac{l_1}{i_x}$	B点与相邻塔面的对应点之间有连杆： 当A点与相邻塔面的对应点之间有连杆时： $\lambda = \dfrac{l_1}{i_{y0}}$ 当A点与相邻塔面的对应点之间无连杆时： $\lambda = \dfrac{1.1l_1}{i_x}$ 两斜杆同时受压时： $\lambda = \dfrac{0.8l_1}{i_x}$	斜杆不断开又互相连接时： $\lambda = \dfrac{1.1l_1}{i_{y0}}$ 两斜杆同时受压时： $\lambda = \dfrac{1.25l}{i_x}$

表 5.5.3-3　塔架和桅杆的横杆和横膈长细比 λ

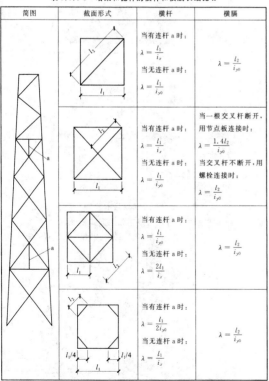

简图	截面形式	横杆	横膈
		当有连杆 a 时： $\lambda = \dfrac{l_2}{i_x}$ 当无连杆 a 时： $\lambda = \dfrac{l_1}{i_{y0}}$	$\lambda = \dfrac{l_2}{i_x}$
		当有连杆 a 时： $\lambda = \dfrac{l_1}{i_x}$ 当无连杆 a 时： $\lambda = \dfrac{l_2}{i_{y0}}$	当一根交叉杆断开，用节点板连接时： $\lambda = \dfrac{1.4l_2}{i_x}$ 当交叉杆不断开，用螺栓连接时： $\lambda = \dfrac{l_2}{i_x}$
		当有连杆 a 时： $\lambda = \dfrac{l_1}{i_x}$ 当无连杆 a 时： $\lambda = \dfrac{2l_1}{i_x}$	$\lambda = \dfrac{l_2}{i_{y0}}$
		当有连杆 a 时： $\lambda = \dfrac{l_1}{2i_{y0}}$ 当无连杆 a 时： $\lambda = \dfrac{l_1}{i_x}$	$\lambda = \dfrac{l_2}{i_{y0}}$

　　2　单角钢、双角钢、T形及十字形截面应按现行国家标准《钢结构设计标准》GB 50017 考虑扭转及弯扭屈曲采用等效长细比计算。

5.5.4　构件的容许长细比 λ 应符合表 5.5.4 的规定。

表 5.5.4　构件容许长细比 λ

杆件类型		长细比
受压杆件	弦杆	150
	斜杆、横杆	180
	辅助杆	200
受拉杆件	无预拉力	350
	有预拉力	—
桅杆两相邻纤绳结点间杆身长细比	格构式桅杆	100
	实复式桅杆	150

注：格构式桅杆采用换算长细比。

5.5.5　格构式轴心受压构件的稳定性应按本标准公式(5.5.2)验算。此时对虚轴长细比采用换算长细比 λ_0，λ_0 应按表 5.5.5 计算，并应符合下列规定：

　　1　缀板式构件的单肢长细比 λ_1 不应大于 40；

　　2　斜缀条与构件轴线间的倾角应为 40°~70°；

　　3　缀条式轴心受压格构式构件的单肢长细比 λ_1 不应大于构件双向长细比的 70%；缀板式轴心受压格构式构件的单肢长细比 λ_1 不应大于构件双向长细比的 50%。

表 5.5.5　格构式构件换算长细比 λ_0

构件截面形式	缀材	计算公式	符号说明
四边形截面	缀板	$\lambda_{0x} = \sqrt{\lambda_x^2 + \lambda_1^2}$ $\lambda_{0y} = \sqrt{\lambda_y^2 + \lambda_1^2}$	λ_x, λ_y—整个构件对 x-x 轴或 y-y 轴的长细比； λ_1—单肢对最小刚度轴 1-1 的长细比
	缀条	$\lambda_{0x} = \sqrt{\lambda_x^2 + 40\dfrac{A}{A_{1x}}}$ $\lambda_{0y} = \sqrt{\lambda_y^2 + 40\dfrac{A}{A_{1y}}}$	A_{1x}, A_{1y}—构件截面中垂直于 x-x 轴或 y-y 轴各斜缀条毛截面面积之和
等边三角形截面	缀板	$\lambda_{0x} = \sqrt{\lambda_x^2 + \lambda_1^2}$ $\lambda_{0y} = \sqrt{\lambda_y^2 + \lambda_1^2}$	λ_1—单肢长细比
	缀条	$\lambda_{0x} = \sqrt{\lambda_x^2 + 56\dfrac{A}{A_1}}$ $\lambda_{0y} = \sqrt{\lambda_y^2 + 56\dfrac{A}{A_1}}$	A_1—构件截面中各斜缀条毛截面面积之和

5.5.6　所有对地夹角不大于 30°的杆件，应能承受跨中 1kN 检修荷载。此时，不与其他荷载组合。

5.6　拉弯和压弯构件

5.6.1　高耸结构拉弯和压弯构件的计算应按现行国家标准《钢结构设计标准》GB 50017 执行。

5.6.2　单圆钢管或多边形钢管塔径厚比 D/t 不宜大于 400，单管塔除应按现行国家标准《钢结构设计标准》GB 50017 中压弯构件的有关公式进行强度和稳定验算外，尚应进行局部稳定验算。单管塔受弯时，考虑到管壁局部稳定影响，当验算弯矩作用平面内稳定时，其设计强度 f 值乘以修正系数 μ_d。μ_d 应按公式(5.6.2-1)~公式(5.6.2-4)计算。当径厚比 D/t 大于公式(5.6.2-1)~公式(5.6.2-4)规定范围时，应按本标准附录 C 计算单管塔局部稳定。

$$\text{对 Q235：}\mu_d = \begin{cases} 1.0 & D/t \leqslant 140 \\ 0.566 + \dfrac{73.85}{D/t} - \dfrac{1832.5}{(D/t)^2} & 140 \leqslant D/t \leqslant 300 \end{cases}$$

$$(5.6.2\text{-}1)$$

$$\text{对 Q345：}\mu_d = \begin{cases} 1.0 & D/t \leqslant 110 \\ 0.554 + \dfrac{66.62}{D/t} - \dfrac{1926.5}{(D/t)^2} & 110 < D/t \leqslant 245 \end{cases}$$

$$(5.6.2\text{-}2)$$

对 Q390：$\mu_d = \begin{cases} 1 & D/t \leqslant 107.8 \\ 0.5 + \dfrac{82.33}{D/t} - \dfrac{3064.6}{(D/t)^2} & 107.8 < D/t \leqslant 230 \end{cases}$

$$(5.6.2-3)$$

对 Q420：$\mu_d = \begin{cases} 1 & D/t \leqslant 103.8 \\ 0.498 + \dfrac{79.25}{D/t} - \dfrac{2718}{(D/t)^2} & 103.8 < D/t \leqslant 220 \end{cases}$

$$(5.6.2-4)$$

5.7 焊 缝 连 接

5.7.1 高耸钢结构中，承受疲劳动力作用且受拉或高频振动的对接焊缝及角接焊缝，宜采用一级焊缝；其他对接焊缝及角接焊缝可采用二级焊缝。所有对接焊缝宜与较薄母材等厚。对于操作空间狭小，无法按二级焊缝要求焊接的位置，允许采用熔透并按二级焊缝做外观检查。次要结构的焊缝可采用角焊缝，按二级焊缝做外观检查。

5.7.2 高耸钢结构中的对接焊缝、角焊缝的承载能力应按现行国家标准《钢结构设计标准》GB 50017 进行验算。

5.7.3 承受疲劳动力荷载的高耸钢结构应按现行国家标准《钢结构设计标准》GB 50017 对焊缝相邻处的母材进行疲劳验算。

5.7.4 高耸空间桁架结构的主管与支杆连接(图 5.7.4-1)应符合下列规定：

1 应使上下两支杆相连的节点板连成一体。

2 应符合螺栓连接的构造要求。

3 应符合螺栓连接的承载能力要求。

4 节点板与钢管的焊缝应满足上下两支杆内力 N_{x1}，N_{x2} 在焊缝处的合力 ΔN 及弯矩 $\Delta M = \Delta N \cdot \dfrac{D}{2}$ 的强度要求(图 5.7.4-2)。N，$N+\Delta N$ 为主管上段和下段内力。ΔN、ΔM 为焊缝内力。

5 节点板宽 b_1 与板厚 t_1 之比不应大于 15，节点板厚 $t_1 \leqslant t-2$，且 t_1 不应小于 4mm，t 为主管壁厚。

6 当完全符合本条第 1 款～第 5 款要求且节点板的长度 l_g 与主管直径 D 的比值 l_g/D 大于本标准附录 D 表 D.0.1 中节点板临界比值要求时，可不对主管承载力进行验算，否则应按现行国家标准《钢结构设计标准》GB 50017 的规定或按弹塑性有限元法验算主管承载力，在荷载设计值作用下，塑性发展深度不应大于 0.1t。

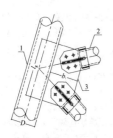

图 5.7.4-1　主管与支杆连接
1—主管；2—支杆；3—厚板 t_1

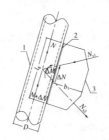

图 5.7.4-2　主管与节点板连接
1—主管；2—焊缝；3—厚板 t_1

5.7.5 高耸钢结构主管与支管用相贯线焊接时，应符合下列规定：

1 主管径厚比 D/t 不宜大于 45；支管与主管直径之比不宜小于 0.4，主管壁厚与支管壁厚之比 t/t_i 不宜小于 1.2，主管长细比不宜小于 40。应按本条第 2 款第 1 项～第 4 项要求设计焊缝。当满足上述条件时可不做主管局部承载力验算，否则应按现行国家标准《钢结构设计标准》GB 50017 相应要求做主管局部承载力验算。

2 主管与支管的相贯焊缝应符合下列规定：

1)相贯线焊缝包括坡口线应该连续，圆滑过渡。

2)当支管壁厚 t_i 不大于 6mm 时，可用相贯线全长角焊缝连接，焊脚尺寸 $h_f = 1.2 t_i$，按二级焊缝要求做外观检查。

3)当支管壁厚 t_i 大于 6mm 时，当节点受疲劳劳动力作用或高频振动，或主管与支管轴线最小夹角小于 30°时，相贯线焊缝应全长按四分区方式设计(图 5.7.5-1，图 5.7.5-2)，应按一级焊缝检查；主管表面与支管表面相贯焊缝夹角 ψ 的使用范围与焊缝坡口角度 Φ 的关系应按表 5.7.5-1 确定；焊缝的焊脚尺寸 $T = \alpha t$，t 为支管厚度，α 为系数，应按表 5.7.5-2 取值。

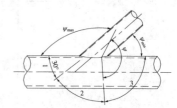

图 5.7.5-1
1—A 区；2—B 区；3—C 区和 D 区

表 5.7.5-1　ψ 使用范围与坡口角度 Φ

	ψ 使用范围(°)	坡口角度 Φ
A 区	180～150	$\Phi \geqslant 45°$
B 区	150～75	$37.5° \leqslant \Phi \leqslant 60°$
C 区	75～37.5	$\Phi = \psi/2$，最大 37.5°
D 区	37.5～20	$\Phi = \psi/2$

表 5.7.5-2　ψ 使用范围与系数 α 取值

ψ(°)	α
$180 > \psi \geqslant 70$	1.50
$70 > \psi \geqslant 40$	1.70
$40 > \psi \geqslant 20$	2.00

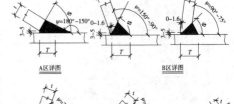

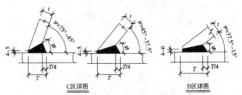

图 5.7.5-2　钢管相贯焊缝四分区法

4)当支管壁厚 t_i 大于 6mm 时，除本款第 3 项之外的其他情况，相贯线焊缝全长可按三分区方式设计(图 5.7.5-3)。对接焊缝全熔透，和角焊缝可按二级焊缝做外观检查。

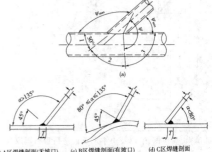

图 5.7.5-3　钢管相贯焊缝三分区法
1—A 区；2—B 区；3—C 区

5)当与主管连接的多根支管在节点处相互干扰时,应首先确保受力大的主要支管按本款第 1 项~第 4 项的要求做相贯线焊接,受力较小的次要支管可通过其他过渡板与主管连接。两根支管受力相当时,则通过对称中心的加强板辅助相贯线连接(图5.7.5-4),并按现行国家标准《钢结构设计标准》GB 50017 相应要求验算主管局部承载力。

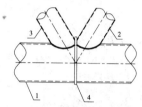

图 5.7.5-4 加强板辅助相贯线连接
1—主管;2—支管 A;3—支管 B;4—对称中心加强板

5.7.6 当塔柱节点上有与塔柱受力相当的杆件集中力作用时,可对塔柱做局部加强,并应按本标准第 5.7.5 条要求进行验算。

5.8 螺栓连接

5.8.1 高耸钢结构中的普通螺栓连接应符合下列规定:
1 应按现行国家标准《钢结构设计标准》GB 50017 相应要求进行螺栓承载能力验算;
2 应符合现行国家标准《钢结构设计标准》GB 50017 中关于普通螺栓连接的构造要求;
3 应规定螺栓防松措施,防松措施可用双螺母或扣紧螺母。

5.8.2 高耸钢结构中的高强螺栓连接应符合下列规定:
1 应按现行国家标准《钢结构设计标准》GB 50017 相应要求进行高强螺栓承载能力验算,其中高强螺栓承压型连接应确保在荷载标准值下保持高强螺栓状态;
2 应符合现行国家标准《钢结构设计标准》GB 50017 中关于高强螺栓连接的构造要求;
3 对于不同防腐蚀涂层,不同受力特征的高强螺栓应按如下不同要求施加预应力:
1)对于室内无长效防腐蚀涂层的高强螺栓,按现行国家标准《钢结构设计标准》GB 50017 规定的扭矩法施加预应力;
2)对于有长效防腐蚀涂层的高强螺栓中受剪及受一般拉力作用者,用转角法施加预应力;
3)对于有长效防腐蚀涂层的高强螺栓中受拉压交变疲劳作用者,用直接张拉法施加预应力。

5.8.3 承受疲劳动力作用的高强螺栓的应力幅应按下式计算:

$$\Delta\sigma = \frac{\Delta T}{A_d \left(1 + \frac{A_c}{A_d}\right)} \quad (5.8.3)$$

式中:$\Delta\sigma$——高强螺栓的应力幅(MPa),不应大于按现行国家标准《钢结构设计标准》GB 50017 确定的容许疲劳应力幅;
ΔT——拉力幅值;
A_c——受压钢板面积,当构造条件复杂时,A_c 不易确定时,应按实测或有限元计算确定;
A_d——螺栓的面积。

5.9 法兰连接

5.9.1 高耸钢管结构中的法兰连接应与结构整体计算模型相匹配,与施工条件相适应,与受力性质相对应:
1 按空间桁架计算钢管结构,其节点邻近处的法兰可用高强度普通螺栓连接,加双螺母防松;

2 按空间刚架计算的钢管结构或按空间桁架计算的钢管结构杆件中段的法兰应用刚接法兰,用高强螺栓连接,并提出明确的预应力设计参数;
3 非标准或大直径管结构的连接可采用有加劲肋法兰;
4 标准化或较小直径管结构的连接可采用无加劲肋法兰;
5 小直径管结构应采用外法兰;大直径管结构可采用内法兰,并设计配套施工辅助设施;基础顶面与大型单管塔连接可用双面 T 形法兰;
6 所受压力与拉力相比大一个数量级或以上的法兰应采用承压型法兰,钢管和法兰焊接后端面铣平顶紧,焊缝不传递压力,螺栓传递可能承受的较小拉力;
7 刚接柱脚可用双层法兰。

5.9.2 刚接法兰的计算应符合下列规定:
1 刚接法兰中摩擦型高强螺栓群同时受弯矩 M 和轴拉力 N 时,单个螺栓最大拉力应按下式计算:

$$N_{max}^b = \frac{My_n}{\sum y_i^2} + \frac{N}{n_0} \leqslant N_t^b \quad (5.9.2-1)$$

式中:y_i——第 i 个螺栓到法兰中性轴的距离;
y_n——离法兰中性轴最远的螺栓到法兰中性轴的距离;
n_0——法兰盘上螺栓总数;
N_t^b——摩擦型高强螺栓抗拉设计承载力。

2 刚接法兰中法兰板厚度 t 应按下式计算:

$$t \geqslant \sqrt{\frac{5M_{max}}{f}} \quad (5.9.2-2)$$

式中:M_{max}——按单个螺栓最大拉力均布到法兰板对应区域时计算得到的法兰板单位宽度最大弯矩;无加劲肋法兰时,按悬臂板计算;有加劲肋法兰时,按两边沿加劲板边固结,一边沿管壁铰接弹性薄板近似计算弯矩;
f——钢材抗拉强度设计值。

单位板宽法兰板最大弯矩 M_{max} 应按下列公式计算:

$$M_{max} = m_b q b^2 \quad (5.9.2-3)$$

$$q = \frac{N_{tmax}}{ba} \quad (5.9.2-4)$$

式中:a——固结边长度;
b——简支边长度(图5.9.2-1,实际取扇形区域的平均宽度),

$$b = \frac{b_1 + b_2}{2}$$

N_{tmax}——单个螺栓最大拉力设计值;
m_b——弯矩计算系数,按表5.9.2取值。

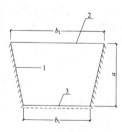

图 5.9.2-1 法兰板受弯计算简图
1—固定边(靠加劲板);2—自由边;3—简支边(靠钢管)

表 5.9.2 均布荷载下有加劲肋法兰(一边简支,两边固结板)弯矩计算系数 m_b 和加劲板反力比 α

a/b	0.35	0.40	0.45	0.50	0.55	0.60	0.65	0.70	0.75	0.80	0.85
m_b	0.0785	0.0834	0.0874	0.0895	0.0900	0.0901	0.0900	0.0897	0.0892	0.0884	0.0872
α	0.67	0.71	0.73	0.74	0.76	0.77	0.79	0.80	0.81	0.82	0.83
a/b	0.90	0.95	1.00	1.10	1.20	1.30	1.40	1.50	1.75	2.00	>2.00
m_b	0.0860	0.0848	0.0843	0.0840	0.0838	0.0836	0.0835	0.0834	0.0833	0.0833	0.0833
α	0.83	0.84	0.85	0.86	0.87	0.88	0.89	0.90	0.91	0.92	1.00

3 刚接法兰的加劲板强度按平面内拉、弯计算,拉力大小按三边支承板的两固结边支承反力计,拉力中心与螺栓对齐。加劲板与法兰板的焊缝、加劲板与筒壁焊缝按上述同样受力分别验算。法兰加劲肋板焊缝(图 5.9.2-2)应进行如下计算。加劲板受力 $F = \alpha N_{tmax}$。α 按表 5.9.2 取值。

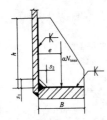

图 5.9.2-2　内、外法兰肋板焊缝计算示意图

竖向对接焊缝验算:

$$\tau_f = \frac{\alpha N_{tmax}}{t(h - S_1 - 2t)} \leqslant f_v^w \qquad (5.9.2\text{-}5)$$

$$\sigma_f = \frac{6\alpha N_{tmax} e}{t(h - S_1 - 2t)^2} \leqslant f_t^w \qquad (5.9.2\text{-}6)$$

$$\sqrt{\sigma_f^2 + 3\tau_f^2} \leqslant 1.1 f_t^w \qquad (5.9.2\text{-}7)$$

水平对接焊缝验算:

$$\sigma_f = \frac{\alpha N_{tmax}}{t(B - S_2 - 2t)} \leqslant f_t^w \qquad (5.9.2\text{-}8)$$

式中:σ_f——垂直于焊缝长度方向的拉应力;

τ_f——平行焊缝长度方向的剪应力;

B——加劲板宽度;

t——肋板的厚度(mm);

e——N_{tmax} 偏心距,取螺栓中心到钢管外壁的距离;

α——加劲板承担反力的比例,按表 5.9.2 取值,加劲板受力为:$F = \alpha N_{tmax}$;

h——肋板的高度;

S_1——肋板下端切角高度;

S_2——加劲板横向切角尺寸;

f_t^w、f_v^w——对接焊缝抗拉、抗剪强度设计值。

4 刚接法兰抗剪按高强螺栓抗剪验算。

5.9.3 半刚接法兰的计算应符合下列规定:

1 半刚接法兰用高强度普通螺栓连接。在荷载频遇值作用下,法兰不宜开缝;在承载能力极限状态下,法兰可开缝,并绕特定的转动中心轴转动。

2 半刚接法兰既可能受轴压又可能受轴拉时,轴压力通过钢管与法兰板之间的焊缝直接传递。应保证焊缝与钢管壁等强,拉力 N 则通过螺栓传递。

1)有加劲肋法兰单个螺栓拉力应按下式计算:

$$N_{max}^b = \frac{N}{n_0} \leqslant N_t^b \qquad (5.9.3\text{-}1)$$

2)无加劲肋法兰(图 5.9.3-1)单个螺栓拉力应按下式计算:

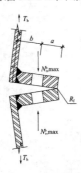

图 5.9.3-1　无加劲肋法兰受力

$$N_{t,max}^b = m T_b \cdot \frac{a+b}{a} \leqslant N_t^b \qquad (5.9.3\text{-}2)$$

式中:T_b——一个螺栓对应的筒壁拉力;

$N_{t,max}^b$——单个螺栓受力;

m——工作条件系数,取 0.65。

3 半刚接法兰主要受弯矩作用时:

1)有加劲肋外法兰、有加劲肋内法兰[图 5.9.3-2(a)、图 5.9.3-2(b)]螺栓最大拉力应按下式计算:

$$N_{max}^b = \frac{M y_n}{\sum (y_i)^2} \qquad (5.9.3\text{-}3)$$

式中:y_i——螺栓群转动中心轴到第 i 个螺栓的距离;

y_n——离螺栓群转动中心轴最远螺栓的距离。

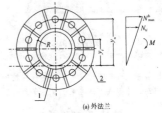

(a) 外法兰

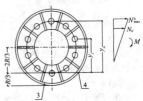

(b)内法兰

图 5.9.3-2　法兰螺栓群计算形心轴

1—外焊缝;2—受压区形心轴;3—内法兰;4—受压区形心轴

2)无加劲肋法兰螺栓最大拉力按下式计算:

$$N_{t,max}^b = \frac{2mM}{nR} \cdot \frac{a+b}{a} \leqslant N_t^b \qquad (5.9.3\text{-}4)$$

式中:M——法兰板所受的弯矩;

R——钢管的外半径;

n——法兰板上螺栓数目。

4 半刚接法兰板厚度应按本标准第 5.9.2 条第 2 款计算。

5 半刚接法兰加劲板对应的焊缝应按本标准第 5.9.2 条第 3 款验算。

6 半刚接法兰所受剪力不应大于螺栓拉力在法兰板内产生的压力对应的摩擦力。

5.9.4 承压型法兰应按铣平顶紧计算管端承压(图 5.9.4)。法兰仅承受次要工况下的弯矩或拉力作用时,法兰计算应与刚接法兰相同。

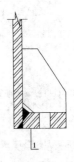

图 5.9.4　承压型法兰

1—端面铣平

5.9.5 双层法兰应与基础中预应力锚栓配套使用。双层法兰应按下列规定计算(图 5.9.5):

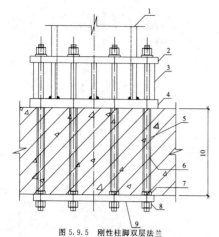

图 5.9.5 刚性柱脚双层法兰
1—柱脚；2—上法兰板；3—加劲板；4—下法兰板；5—套管；6—预应力
锚栓（高强螺栓）；7—定位螺母；8—受力螺母；9—下锚板；10—基础高度

1 下法兰板与混凝土接触的毛面积按基础顶面混凝土局部承压确定，应满足下列公式要求：

$$\sigma_{l,max} = \frac{M}{W} + \frac{N}{A} \quad (5.9.5-1)$$

$$1.35\sigma_{l,max} \le \frac{nP}{A} \le f_c \quad (5.9.5-2)$$

式中：f_c——混凝土轴线抗压强度设计值；

$\quad\quad P$——锚栓预拉力；

$\quad\quad \sigma_{l,max}$——无预应力状态下基础底法兰面按平截面假定计算得到的最大拉应力设计值。

2 下法兰板分布荷载取 σ_{max}，应根据本标准第 5.9.2 条进行抗弯验算。

3 螺栓最大拉力 N^b_{max} 应按下式验算：

$$N^b_{max} \le 0.8P \quad (5.9.5-3)$$

4 上法兰板按设计预拉力均布在螺栓作用区间计算荷载抗弯，应按公式(5.9.2-2)计算。

5 加劲板应按本标准第 5.9.2 条第 3 款进行计算。

6 螺栓加预拉力应用直接张拉法，宜超张拉 15%。

7 下锚板应计算混凝土多向局部承压和板抗弯。

5.10 构造要求

Ⅰ 一般规定

5.10.1 塔桅钢结构应采取防锈措施，在可能积水的部分必须设置排水孔。对管形和其他封闭形截面的构件，当采用热喷铝或油漆防锈时，端部应密封；当采用热浸锌防锈时，端部不得密封。在锌液易滞留的部位应设溢流孔。

5.10.2 角钢塔的腹杆应伸入弦杆，钢塔腹杆应直接与弦杆相连，或用不小于腹杆厚度的节点板连接；当采用螺栓连接时，腹杆与弦杆间的净距离不宜小于 10mm。当节点板与弦杆采用角焊缝连接时，尚应兼顾角焊缝高度的影响。

5.10.3 塔桅钢结构主要受力构件塔柱、横杆、斜杆及其连接件宜符合下列规定：

1 钢板厚度不应小于 5mm；

2 角钢截面不应小于 L45×4；

3 圆钢直径不应小 φ16；

4 钢管壁厚不应小于 4mm。

5.10.4 塔桅钢结构截面的边数不小于 4 时，应按结构计算要求设置横膈。当塔柱及其连接抗弯刚度较大，横膈按计算为零杆时，可按构造要求设置横膈，宜每隔 2 节～3 节设置一道横膈；在塔柱变坡处，桅杆运输单元的两端及纤绳节点处应设置横膈。横膈应

具有足够的刚度。

5.10.5 单管塔底部开设人孔等较大孔洞时，应采取加强圈补强或贴板补强等补强措施。

5.10.6 焊接材料的强度宜与主体钢材的强度相应。当不同强度的钢材焊接时，宜按强度低的钢材选择焊接材料。当大直径圆钢对接焊时，宜采用铜模电渣焊及熔槽焊，也可用"X"形坡口电弧焊。对接焊缝强度不应低于母材强度。高耸结构钢管宜选用热轧无缝钢管或焊接钢管，不宜选用热扩无缝管，当钢管对接焊接时，焊缝强度不应低于钢管的母材强度。

5.10.7 焊缝的布置应对称于构件重心，避免立体交叉和集中在一处。

5.10.8 焊缝的坡口形式应根据焊件尺寸和施工条件按国家现行有关标准的要求确定，并应符合下列规定：

1 钢板对接的过渡段的坡度不得大于 1:2.5；

2 钢管或圆钢对接的过渡段长度不得小于直径差的 2 倍。

5.10.9 角焊缝的构造尺寸应符合现行国家标准《钢结构设计标准》GB 50017 的规定。

5.10.10 圆钢与圆钢、圆钢与钢板或型钢间的角焊缝有效厚度，不宜小于圆钢直径的 20%（当两圆钢直径不同时，取平均直径），且不宜小于 3mm，并不应大于钢板厚度的 1.2 倍；计算长度不应小于 20mm。

5.10.11 塔桅结构构件端部的焊缝应采用围焊，所有围焊的转角处应连续施焊。

Ⅲ 螺栓连接

5.10.12 构件采用螺栓连接时，连接螺栓的直径不应小于 12mm，每一杆件在接头一端的螺栓数不宜少于 2 个，连接法兰盘的螺栓数不应少于 3 个。对桅杆的腹杆或格构式构件的缀条与弦杆的连接及钢塔中相当于精制螺栓的销连接可用一个螺栓。弦杆角钢对接，在接头一端的螺栓数不宜少于 6 个。

5.10.13 螺栓排列和距离应符合表 5.10.13 的规定。

表 5.10.13 螺栓的排列和允许距离

名称		位置和方向	最大允许距离（取两者的较小值）	最小允许距离
中心间距	外排（垂直内力方向或顺内力方向）		8d_0 或 12t	3d_0
	中间排	垂直内力方向	16d_0 或 24t	
		顺内力方向 构件受压力	12d_0 或 18t	
		构件受拉力	16d_0 或 24t	
	沿对角线方向		—	
中心至构件边缘距离	顺内力方向			2d_0
	垂直内力方向	剪切边或手工气割边	4d_0 或 8t	1.5d_0
		轧制边、自动气割或锯割边 高强度螺栓		1.5d_0
		其他螺栓或铆钉		1.2d_0

注：1 d_0 为螺栓或铆钉的孔径，t 为外层较薄板件的厚度。
2 钢板边缘与刚性构件（如角钢、槽钢等）相连的螺栓或铆钉的最大间距，可按中间排的数值采用。
3 当有试验根据时，螺栓的允许距离可适当调整，但应按相关标准执行。

5.10.14 受剪螺栓的螺纹不宜进入剪切面。高耸钢结构中受拉普通螺栓应用双螺母防松，其他普通螺栓应用扣紧螺母防松。靠近地面的塔柱和拉线的连接螺栓宜采取防拆卸措施。

Ⅳ 法兰盘连接

5.10.15 当圆钢或钢管与法兰盘焊接且设置加劲肋时，加劲肋的厚度除应满足支承法兰板的受力要求及焊缝传力要求外，不宜小于肋长的 1/15，并应不小于 5mm。加劲肋与法兰板及钢管交汇处应切除直角边长不小于 20mm 的三角，应避免三向焊缝交叉。

5.10.16 塔柱由角钢或其他格构式杆件组成时，塔柱与法兰盘的连接构造应与柱脚相同。

6 混凝土圆筒形塔

6.1 一般规定

6.1.1 本章适用于电视塔、排气塔、水塔支筒、风力发电塔等结构设计,风力发电塔应采用预应力混凝土结构。

预应力混凝土圆筒形塔宜采用后张法有黏结预应力混凝土,并应配置非预应力钢筋。当采用无黏结预应力混凝土时,受拉预应力筋的应力应按无黏结预应力筋的有效预应力与无黏结预应力筋在荷载作用下的应力增量之和进行计算,并应符合国家有关规定。烟囱的截面设计应按现行国家标准《烟囱设计规范》GB 50051 执行。

6.1.2 混凝土及预应力混凝土圆筒形塔身的正常使用极限状态设计控制条件应符合本标准第3.0.11条的有关规定。

6.1.3 塔身由于设置悬挑平台、牛腿、挑梁、支承托架、天线杆、塔楼等而受到局部荷载作用时,荷载组合和设计控制条件等应根据实际情况按国家现行有关标准确定。

6.1.4 高耸结构后张预应力混凝土构件的一般规定及计算,如张拉控制应力,预应力损失及钢筋和混凝土等应按现行国家标准《混凝土结构设计规范》GB 50010 执行。

6.1.5 对于抗震设防烈度为7度及以上的高耸混凝土结构,采用预应力混凝土时,应采取有效措施保证结构具有必要的延性。

6.2 塔身变形和塔筒截面内力计算

6.2.1 计算圆筒形塔的动力特征时,可将塔身简化成多质点悬臂体系,可沿塔高每5m～10m设1个质点,每座塔的质点总数不宜少于8个。

每个质点的重力荷载代表值应取相邻上下质点距离内结构自重的一半,有塔楼时应包括相应的塔楼自重、楼面固定设备重、楼面活荷载标准值的1/2。

6.2.2 计算结构自振特性和正常使用极限状态时,可将塔身视为弹性体系。其截面刚度可按下列规定取值:

　1　计算结构自振特性时,混凝土高耸结构取$0.85E_cI$,预应力混凝土高耸结构取$1.0E_cI$。

　2　计算正常使用极限状态时,混凝土高耸结构取$0.65E_cI$,预应力混凝土高耸结构取βE_cI,其中β为刚度折减系数,可按表6.2.2取值。

表 6.2.2　刚度折减系数 β

λ	0	0.1	0.2	0.3	0.4	0.5	0.6	≥0.7
β	0.65	0.66	0.68	0.72	0.76	0.80	0.84	0.85

注:1　λ为预应力度,即有效预压应力和标准荷载组合下混凝土中的拉应力之比;
　　2　E_c为混凝土的弹性模量,I为圆环截面的惯性矩。

6.2.3 计算不均匀日照引起的塔身变位时,截面曲率$(1/r_c)$可按下式计算:

$$1/r_c = \alpha_T \Delta t/d \qquad (6.2.3)$$

式中:α_T——混凝土的线膨胀系数,取1×10^{-5}/℃;
　　　Δt——由日照引起的塔身向阳面和背阳面的温度差;
　　　d——塔筒计算截面的外径。

6.2.4 考虑横向风振时,截面的组合弯矩可按下式计算:

$$M_{max} = \sqrt{M_C^2 + 0.36M_A^2} \qquad (6.2.4)$$

式中:M_{max}——截面组合弯矩(kN·m);
　　　M_C——横向风振引起的弯矩(kN·m);
　　　M_A——相应于临界风速的顺风向弯矩(kN·m)。

6.2.5 在塔身截面i处由塔体竖向荷载和水平位移所产生的附加弯矩M_{ai}可按下式计算(图6.2.5):

$$M_{ai} = \sum_{j=i+1}^{n} G_j(u_j - u_i) \qquad (6.2.5)$$

式中:G_j——j质点的重力荷载(考虑竖向地震影响时应包括竖向地震作用);
　　　u_i、u_j——i、j质点的最终水平位移,计算时包括日照温差和基础倾斜的影响和材料的非线性影响。

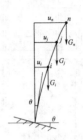

图 6.2.5　附加弯矩

6.3 塔筒截面承载能力验算

6.3.1 塔筒截面无孔洞时(图6.3.1),水平截面承载能力可按下列公式验算:

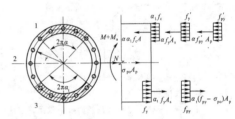

图 6.3.1　塔筒截面无孔洞时极限承载力计算简图
1—受压区;2—中和区;3—受拉区

$$N \leqslant \alpha\alpha_1 f_cA - \sigma_{po}A_p + \alpha f'_{py}A_p - \alpha_t(f_{py} - \sigma_{po})A_p + (\alpha - \alpha_t)f_yA_s \qquad (6.3.1-1)$$

$$M + M_a \leqslant (\alpha_1 f_cAr + rf_yA_s + r_pf'_{py}A_p)\frac{\sin\alpha\pi}{\pi} + \\ [(f_{py} - \sigma_{po})A_pr_p + rf_yA_s]\frac{\sin\alpha_t\pi}{\pi} \qquad (6.3.1-2)$$

$$r = \frac{r_1 + r_2}{2} \qquad (6.3.1-3)$$

$$\alpha_t = 1 - 1.5\alpha \qquad (6.3.1-4)$$

式中:A——塔筒截面面积;
　　　A_p、A_s——全部纵向预应力钢筋和非预应力钢筋的截面面积;
　　　r_1、r_2——环形截面的内、外半径;
　　　r_p——预应力钢筋的半径;
　　　α——受压区的半角系数,按公式(6.3.1-1)确定;
　　　α_1——受压区混凝土矩形应力图的应力与混凝土抗压强度设计值的比值,当混凝土强度等级不超过C50时,α_1取为1.0;当混凝土强度等级为C80时,α_1取为0.94,其间按线性内插法取用;
　　　α_t——受拉钢筋的半角系数,当$\alpha \geqslant \frac{2}{3}$时,取$\alpha_t = 0$;
　　　f_{py}、f'_{py}——预应力钢筋的抗拉、抗压强度(N/mm²);
　　　f_y、f'_y——非预应力钢筋的抗拉、抗压强度(N/mm²),$f_y = f'_y$;
　　　σ_{po}——消压状态时预应力钢筋中的拉应力(N/mm²)。

6.3.2 当混凝土塔身有孔洞时,其水平截面极限承载能力可按本标准附录E验算。

6.4 塔筒裂缝宽度验算

6.4.1 预应力混凝土塔筒的抗裂验算应按现行国家标准《混凝土结构设计规范》GB 50010 的有关规定进行。

6.4.2 验算混凝土和预应力混凝土塔筒裂缝宽度时,应按$e_{0k} \leqslant$

r_{co} 和 $e_{0k}>r_{co}$ 两种偏心情况计算截面混凝土压应力和钢筋拉应力。此时轴向力和截面圆心的偏心距 e_{0k} 应分别按下列规定计算：

1 轴向力对截面圆心的偏心距 e_{0k}：

1）当截面上无孔洞或有两个大小相等且对称的孔洞时：

$$e_{0k}=\frac{M_k+M_{ak}}{N_k+N_{pe}} \tag{6.4.2-1}$$

2）当截面上有孔且大小不相等或不对称时：

$$e_{0k}=\frac{M_k+M_{ak}-N_{pe}a}{N_k+N_{pe}} \tag{6.4.2-2}$$

式中：N_k、M_k、M_{ak}——荷载标准值（包括风荷载）作用下的截面轴向力（N）、弯矩（N·m）和附加弯矩（N·m）；

a——截面形心轴至圆心轴的距离（m），可按本标准附录 F 计算；

N_{pe}——有效预应力，预应力钢筋对构件产生的轴向力（N）。

2 截面核心距 r_{co} 可按本标准附录 F 进行计算。

6.4.3 当 $e_{0k}\leqslant r_{co}$（图 6.4.3）且塔筒计算截面无孔洞时，应按下列规定确定背风面和迎风面混凝土压应力；当塔筒计算截面有孔洞时，可按本标准附录 G 进行计算。

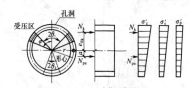

$e_{0k}\leqslant r_{co}$ 全截面受力情况

图 6.4.3 水平截面在标准荷载作用下的计算

1 背风面混凝土的压应力 σ'_c 应按下式计算：

$$\sigma'_c=\frac{N_{pe}+N_k}{A_0}\left(1-2\frac{e_{0k}}{r}\right) \tag{6.4.3-1}$$

2 迎风面混凝土的压应力 σ_c 应按下式计算：

$$\sigma_c=\frac{N_{pe}+N_k}{A_0}\left(1-2\frac{e_{0k}}{r}\right) \tag{6.4.3-2}$$

式中：A_0——塔筒水平截面的换算截面面积，$A_0=2\pi rt(1+\omega_{hs}+\omega_{hp})$；$t$ 为筒壁厚度；

ω_{hs}、ω_{hp}——塔筒水平截面的特征系数，取 $\omega_{hs}=2.5\rho_s\alpha_{Es}$，$\omega_{hp}=2.5\rho_p\alpha_{Ep}$；$\alpha_{Es}$、$\alpha_{Ep}$ 为钢筋、预应力钢筋和混凝土弹性模量之比；$\alpha_{Es}=E_s/E_c$，$\alpha_{Ep}=E_p/E_c$，ρ_s、ρ_p 为纵向普通钢筋和预应力钢筋的配筋率。

6.4.4 当 $e_{0k}>r_{co}$（图 6.4.4）且塔筒计算截面无孔洞时，应按下列规定确定背风面混凝土压应力和迎风面纵向钢筋和预应力钢筋的拉应力；当塔筒计算截面有孔洞时，可按本标准附录 G 进行计算。

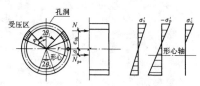

$e_{0k}>r_{co}$，拉压区均存在情况

图 6.4.4 水平截面在标准荷载作用下的计算

1 背风面混凝土的压应力 σ'_c 应按下式计算：

$$\sigma'_c=\frac{N_k+N_{pe}}{A}\cdot\frac{\pi(1-\cos\varphi)}{\sin\varphi-[\varphi+\pi(\omega_{hs}+\omega_{hp})]\cos\varphi} \tag{6.4.4-1}$$

式中：A——塔筒水平截面面积。

2 迎风面纵向钢筋和预应力钢筋的拉应力 σ_s 和 σ_p 应按下列公式计算：

$$\sigma_s=2.5\alpha_{Es}\frac{1+\cos\varphi}{1-\cos\varphi}\sigma'_c \tag{6.4.4-2}$$

$$\sigma_p=2.5\alpha_{Ep}\frac{1+\cos\varphi}{1-\cos\varphi}\sigma'_c \tag{6.4.4-3}$$

3 截面受压区半角 φ 可按下式计算：

$$\frac{e_{0k}}{r}=\frac{\varphi-\frac{1}{2}\sin2\varphi+\pi(\omega_{hs}+\omega_{hp})}{2[\sin\varphi-\varphi\cos\varphi-\pi(\omega_{hs}+\omega_{hp})\cos\varphi]} \tag{6.4.4-4}$$

6.4.5 混凝土塔筒在荷载标准值和温度共同作用下产生的最大水平裂缝宽度 ω_{max}（mm）可按下列公式计算：

$$\omega_{max}=\alpha_{cr}\psi\frac{\sigma_{sk}}{E_s}\left(1.9c_s+0.08\frac{d_{eq}}{\rho_{te}}\right) \tag{6.4.5-1}$$

$$\sigma_{sk}=\sigma_s+0.5E_s\Delta t\alpha_T \tag{6.4.5-2}$$

$$\psi=1.1-\frac{0.65f_{tk}}{\rho_{te}\sigma_{sk}} \tag{6.4.5-3}$$

$$d_{eq}=\frac{\sum n_id_i^2}{\sum n_i\nu_id_i} \tag{6.4.5-4}$$

$$\rho_{te}=\frac{A_s+A_p}{A_{te}} \tag{6.4.5-5}$$

式中：σ_{sk}——在标准荷载和温度共同作用下的纵向钢筋拉应力或预应力钢筋等效应力；

σ_s——在荷载标准组合值作用下的纵向钢筋拉应力（N/mm²）或预应力钢筋的等效应力，可按本标准第 6.4.4 条计算；

α_T——混凝土线膨胀系数，取 $1\times10^{-5}/℃$；

Δt——筒壁内外温差（℃）；

α_{cr}——构件受力特征系数，按表 6.4.5-1 采用；

ψ——裂缝间纵向受拉钢筋应变不均匀系数，当 $\psi<0.2$ 时取 0.2，当 $\psi>1.0$ 时取 1.0，对直接承受重复荷载的构件，$\psi=1$；

f_{tk}——混凝土抗拉强度标准值（N/mm²）；

ρ_{te}——按有效受拉混凝土截面面积计算的纵向受拉钢筋配筋率；对无黏结后张构件，仅取纵向受拉普通钢筋计算配筋率；在最大裂缝宽度计算中，当 $\rho_{te}<0.01$ 时，取 $\rho_{te}=0.01$；

c_s——最外层纵向受拉钢筋外边缘至受拉区底边的距离（mm），当 $c_s<20$ 时，取 $c_s=20$；当 $c_s>65$ 时，取 $c_s=65$；

A_{te}——有效受拉混凝土截面面积（mm²）；

A_s——受拉区纵向非预应力钢筋截面面积（mm²）；

A_p——受拉区纵向预应力钢筋截面面积（mm²）；

d_{eq}——受拉区纵向钢筋的等效直径（mm）；

d_i——受拉区第 i 种纵向钢筋的公称直径（mm）；

n_i——受拉区第 i 种纵向钢筋的根数；

ν_i——受拉区第 i 种纵向钢筋的相对黏结特性系数，按表 6.4.5-2 采用。

表 6.4.5-1 构件受力特征系数

类型	α_{cr}	
	钢筋混凝土构件	预应力混凝土构件
受弯、偏心受压	1.9	1.5
偏心受拉	2.4	—
轴心受拉	2.7	2.2

表 6.4.5-2 钢筋的相对黏结特性系数

钢筋类别	非预应力钢筋		先张法预应力钢筋			后张法预应力钢筋		
	光面钢筋	带肋钢筋	带肋钢筋	螺旋肋钢丝	钢绞线	带肋钢筋	钢绞线	光面钢丝
ν_i	0.7	1.0	1.0	0.8	0.6	0.8	0.5	0.4

注：1 对环氧树脂涂层带肋钢筋，其相对黏结特性系数应按表中系数的 80% 取用。

2 当 $e_{0k}<r_{co}$ 时，不需验算水平裂缝宽度。

6.4.6 混凝土塔筒由于内外温差所产生的最大竖向裂缝宽度 ω_{max} 可按本标准第 6.4.5 条的公式进行计算，但 σ_{sk} 应按下列公式计算：

$$\sigma_{sk}=E_s\Delta t\alpha_T(1-\xi) \tag{6.4.6-1}$$

$$\xi = -\omega_v + \sqrt{\omega_v^2 + 2\omega_v} \qquad (6.4.6-2)$$

$$\omega_v = 2\rho_{tc}\alpha_E \qquad (6.4.6-3)$$

式中:ξ——受压区相对高度;

ω_v——塔筒竖向截面的特征系数;

α_E——钢筋和混凝土的弹性模量比,$\alpha_E = E_s/E_c$。

6.5 混凝土塔筒的构造要求

6.5.1 塔筒的最小厚度 t_{min}(mm)可按下式计算,但不应小于 180mm:

$$t_{min} = 100 + 0.01d \qquad (6.5.1)$$

式中:d——塔筒外直径(mm)。

6.5.2 塔筒外表面沿高度坡度可连续变化,也可分段采用不同的坡度。塔筒壁厚可沿高度均匀变化,也可分段阶梯形变化。

6.5.3 对混凝土塔筒,混凝土强度等级不宜低于C30;混凝土的水胶比应符合现行国家标准《混凝土结构设计规范》GB 50010 的规定,且不大于0.5;对预应力混凝土筒壁,混凝土强度等级不宜低于C40。钢筋的混凝土保护层厚度不宜小于30mm,筒壁外表面距预留孔道壁的距离应大于40mm,且不宜小于孔道直径的一半。孔道之间的净距不应小于50mm 或孔道直径。孔道直径应比预应力钢筋束外径、钢筋对焊接头处外径或需穿过孔道的锚具外径大 10mm~15mm。

6.5.4 筒壁上的孔洞应规整,同一截面上开多个孔洞时,宜沿圆周均匀分布,其圆心角总和不应超过140°,单个孔洞的圆心角不应大于70°。同一截面上两个孔洞之间的筒壁宽度不宜小于筒壁厚度的3倍,且不应小于两相邻孔洞宽度之和的25%。当同一截面上圆心角总和大于70°时,洞口影响范围及以下截面的混凝土强度等级宜大于上部截面一个等级。

6.5.5 混凝土塔筒应配置双排纵向钢筋和双层环向钢筋,且纵向普通钢筋宜采用变形带肋钢筋,其最小配筋率应符合表6.5.5 的规定。在后张法预应力塔筒中,应配置非预应力构造钢筋,当有较多的非预应力受力钢筋时,可代替构造钢筋。

表 6.5.5 混凝土塔筒的最小配筋率(%)

塔筒配筋类别		最小配筋率
纵向钢筋	外排	0.25
	内排	0.20
环向钢筋	外排	0.20
	内排	0.20

注:受拉侧环向钢筋最小配筋率尚不应小于$(45f_t/f_y)$%,其中 f_y、f_t 分别为钢筋和混凝土抗拉强度设计值。

6.5.6 纵向钢筋和环向钢筋的最小直径和最大间距应符合表6.5.6 的规定。

表 6.5.6 钢筋最小直径和钢筋最大间距(mm)

配筋类别	钢筋最小直径	钢筋最大间距
纵向钢筋	12	外侧 250,内侧 300
配筋类别	钢筋最小直径	钢筋最大间距
环向钢筋	8	200,且不大于筒壁厚度

6.5.7 内、外层环向钢筋应分别与内、外排纵向钢筋绑扎成钢筋网(图6.5.7)。内外钢筋网之间应用拉筋连接,拉筋直径不宜小于6mm,拉筋的纵横间距可取500mm。拉筋应交错布置,并应与纵向钢筋连接牢固。

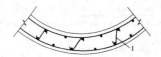

图 6.5.7 纵向钢筋与环向钢筋布置
1—拉筋

6.5.8 当纵向钢筋直径不大于18mm 时,可采用非焊接或焊接的搭接接头;当纵向钢筋直径大于18mm 时,宜采用机械连接或

对焊接接头。环向钢筋可采用搭接接头,地震区应采用焊接接头。环向钢筋应放置在纵向钢筋的外侧。

钢筋的搭接和锚固应按现行国家标准《混凝土结构设计规范》GB 50010 执行。同一截面上搭接接头的截面积不应超过钢筋总截面积的1/4;焊接接头则接头面积不应超过钢筋总截面积的1/2,且接头位置应均匀错开。

6.5.9 塔筒孔洞处的加强钢筋应按下列要求配置:

1 加强钢筋应布置在孔洞边缘3倍筒壁厚度范围内,其面积可同方向被孔洞切断钢筋截面积的1.3倍;其中环向加强钢筋的一半应贯通整个环形截面;

2 矩形孔洞的四角处应配置45°方向的斜向钢筋,每处斜向钢筋可按筒壁每100mm 厚度采用250mm² 的钢筋面积,且钢筋不宜少于2根;

3 所有加强钢筋伸过孔洞边缘的长度不应小于45 倍钢筋直径;

4 孔洞宜设计成圆形。矩形孔洞的转角宜设计成弧形(图6.5.9)。

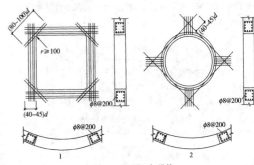

图 6.5.9 洞口加强筋
1—矩形孔洞;2—圆形孔洞

6.5.10 在后张法有黏结预应力混凝土塔筒两端及中部应设置灌浆孔,其间距不宜大于12m。孔道灌浆应密实,水泥浆强度等级不应低于M20,其水胶比宜为0.40~0.45,并应按有关规定掺加膨胀剂,筒壁端部应设排气孔。

6.5.11 配置钢丝、钢绞线的后张法预应力筒壁的端部,在预应力筋的锚具下和张拉设备的支承处应进行局部加强,宜附加横向钢筋网或螺旋式钢筋,其配筋量由计算确定,应根据现行国家标准《混凝土结构设计规范》GB 50010 中相应的条文计算,且体积配筋率 ρ_v 不应小于 0.5%,构件端部锚固区的混凝土截面可适当加大。

6.5.12 后张法预应力构件的锚固应选用可靠的锚具,其制作方法和质量要求应符合现行国家标准《混凝土结构工程施工及验收规范》GB 50204 的规定。

7 地基与基础

7.1 一般规定

7.1.1 高耸结构的基础宜根据结构特点、地质条件按表 7.1.1 选型。

表 7.1.1 高耸结构地基基础选型

地基状况		中低压缩性土	高压缩性土	微风化岩石
上部结构类型	构架式(底部有横杆)塔	独立扩展基础(正放或斜置)	独立承台桩基础	锚杆基础
	构架式(底部无横杆)塔	独立扩展基础(正放)加连梁	独立承台桩基础加连梁	
	圆环截面混凝土烟囱	环形扩展、壳体基础	圆形或环形承台桩基础	
	可移位的单管通信塔或其他简易塔	无埋深预制基础	无埋深预制基础加局部地基处理	锚杆加无埋深预制承台
	石油化工塔	多边形或圆形扩展基础	多边形或圆形承台桩基础	—
	桅杆中心杆身基础	矩形或圆形基础	矩形或圆形承台桩基础	—
	桅杆纤绳基础	纤绳锚板基础	重力锚固基础	—
	风力发电塔	板式或梁板式基础、预应力锚栓、筒式基础加预应力锚栓	桩式承台加预应力锚栓	预应力抗疲劳锚杆基础加预应力锚栓

注:构架式塔包括钢结构或混凝土结构的空间桁架或空间刚架式塔。

7.1.2 高耸结构的地基基础应进行承载能力计算。

1 表 7.1.2 中的高耸结构应进行地基变形验算。

表 7.1.2 需验算地基变形的高耸结构

地基主要受力层状况		地基承载力特征值 f_{ak}(kPa)				
		$80 \leqslant f_{ak}$ <100	$100 \leqslant f_{ak}$ <130	$130 \leqslant f_{ak}$ <160	$160 \leqslant f_{ak}$ <200	$200 \leqslant f_{ak}$ <300
结构类型	烟囱 高度(m)	>40	>50	>75	>75	>100
	水塔 高度(m)	>20	>30	>30	>30	>30
	水塔 容积(m³)	>100	>200	>300	>500	>1000
	通信塔和单功能电视发射塔 高度(m)	>60	>80	>100	>120	>150
	钢桅杆 高度(m)	>60	>70	>80	>90	>120
	风力发电塔 高度(m)	>50	>60	>65	>70	>80

注:地基主要受力层指独立基础下为 $1.5b$(b 为基础底面宽度),且厚度不小于 5m 范围内的地基土层。

2 非表 7.1.2 中所列高耸结构有下列情况之一时,仍应做地基变形验算:

1)在基础上及其附近有地面堆载或相邻基础荷载差异较大,可能引起地基产生过大的不均匀沉降时;

2)软弱地基上相邻建筑距离近,可能发生倾斜时;

3)地基内有厚度较大或厚薄不均的填土或地基土,其自重固结未完成时;

4)石化塔在 f_{ak}<200kPa 的地基上均应计算地基变形;

5)采用地基处理消除湿陷性黄土地基的部分湿陷量时,下部未处理湿陷性黄土层的剩余湿陷量应符合现行国家标准《湿陷性黄土地区建筑规范》GB 50025 的规定。

7.1.3 高耸结构基础设计应符合下列规定:

1 电视塔、微波塔基础底面在正常使用极限状态下及风力发电塔在正常运行工况下,基底不应出现零应力区;

2 观光塔、带有旅游功能的电视塔基础底面在地震作用下,基底不宜出现零应力区;

3 石油化工塔基础底面在正常操作或充水试压情况下,基础底面不应出现零应力区,在停产检修时可出现零应力区,但不应超过 15%;

4 其他各类塔基础底面在考虑地震设计组合时或在正常使用极限状态标准组合作用下,基底零应力区面积不应大于基础底面的 1/4。

7.1.4 高耸结构地基基础设计时,所采用的作用效应与相应的抗力限值应符合下列规定:

1 按地基承载力确定基础底面积及埋深或按单桩承载力确定桩数时,传至基础或承台底面上的作用效应应采用正常使用极限状态下作用的标准组合;相应的抗力应采用地基承载力特征值或单桩承载力特征值;

2 计算地基变形时,传至基础底面上的作用效应应采用正常使用极限状态下作用的准永久组合,当风玫瑰图严重偏心时,应取风的频遇值组合,不应计入地震作用;

3 计算挡土墙、地基及滑坡稳定以及基础抗拔稳定时,作用效应应采用承载能力极限状态下作用的基本组合,但其分项系数应为 1.0;

4 在确定基础或桩承台高度、挡土墙截面厚度,计算基础或挡土墙内力,确定配筋和验算材料强度时,上部结构传来的作用效应组合和相应的基底反力应采用承载能力极限状态下作用的基本组合,采用相应的分项系数;验算基础裂缝宽度时,应按正常使用极限状态下作用的标准组合并考虑长期作用的影响进行计算。

7.1.5 风力发电塔基础应进行抗疲劳设计。设计中应采用预应力锚栓保证混凝土在疲劳作用下的拉应力不大于混凝土抗拉强度的标准值,验算时疲劳荷载应采用风机工作荷载及相对应的作用次数。

7.1.6 当高耸结构基础有可能处于地下水位以下时,应考虑地下水对基础及覆土实际可能的浮力作用。

7.1.7 高耸结构基础应根据地下水对基础有无侵蚀性进行相应的防侵蚀处理。

7.1.8 对存在液化土层的地基上的高耸结构,基础设计时应按现行国家标准《建筑抗震设计规范》GB 50011 的规定选择抗液化措施。

7.2 地基计算

7.2.1 地基承载力的计算应符合下列规定:

1 当轴心荷载作用时:

$$p_k \leqslant f_a \qquad (7.2.1-1)$$

式中:p_k——相应于作用的标准组合时,基础底面的平均压力值(kPa);

f_a——修正后的地基承载力特征值,应按现行国家标准《建筑地基基础设计规范》GB 50007 的规定采用。

2 当偏心荷载作用时,除应符合公式(7.2.1-1)的规定外,尚应按下式验算:

$$p_{kmax} \leqslant 1.2 f_a \qquad (7.2.1-2)$$

式中:p_{kmax}——相应于作用的标准组合时,基础底面边缘的最大压力值(kPa)。

当考虑地震作用时,在公式(7.2.1-1)、公式(7.2.1-2)中应采用调整后的地基抗震承载力 f_{aE} 代替地基承载力特征值 f_a,地基抗震承载力 f_{aE} 应按现行国家标准《建筑抗震设计规范》GB 50011 的规定采用。

7.2.2 当基础承受轴心荷载和在核心区内承受偏心荷载时,验算地基承载力的基础底面压力可按下列公式计算:

1 矩形和圆(环)形基础承受轴心荷载时:

$$p_k = \frac{F_k + G_k}{A} \qquad (7.2.2-1)$$

式中：F_k——相应于作用的标准组合时，上部结构传至基础的竖
向力值(kN)；

　　G_k——基础自重和基础上的土重标准值(kN)；

　　A——基础底面面积(m^2)。

　　2　矩形和圆(环)形基础承受(单向)偏心作用时：

$$p_{kmax}=\frac{F_k+G_k}{A}+\frac{M_k}{W} \qquad (7.2.2-2)$$

$$p_{kmin}=\frac{F_k+G_k}{A}-\frac{M_k}{W} \qquad (7.2.2-3)$$

式中：M_k——相应于作用的标准组合时，上部结构传至基础的力
矩值(kN·m)；

　　W——基础底面的抵抗矩(m^3)；

　　p_{kmin}——相应于作用的标准组合时，基础边缘最小压力值
(kPa)。

　　3　当矩形基础承受双向偏心荷载时：

$$p_{kmax}=\frac{F_k+G_k}{A}+\frac{M_{kx}}{W_x}+\frac{M_{ky}}{W_y} \qquad (7.2.2-4)$$

$$p_{kmin}=\frac{F_k+G_k}{A}-\frac{M_{kx}}{W_x}-\frac{M_{ky}}{W_y} \qquad (7.2.2-5)$$

式中：M_{kx}、M_{ky}——相应于作用的标准组合时，上部结构传至基础
对 x 轴、y 轴的力矩值(kN·m)；

　　W_x、W_y——矩形基础底面对 x 轴、y 轴的抵抗矩(m^3)。

7.2.3　当基础在核心区外承受偏心荷载，且基础脱开基底面积不
大于全部面积的1/4时，验算地基承载力的基础底面压力可按下
列公式确定。当基础底面脱开地基土的面积不大于全部面积的
1/4，且符合本标准第7.2.1条规定时，可不验算基础的倾覆。

　　1　矩形基础承受单向偏心荷载时(图7.2.3-1)：

$$p_{kmax}=\frac{2(F_k+G_k)}{3la} \qquad (7.2.3-1)$$

$$3a\geqslant0.75b \qquad (7.2.3-2)$$

式中：b——平行于 x 轴的基础底面边长(m)；

　　l——平行于 y 轴的基础底面边长(m)；

　　a——合力作用点至基础底面最大压应力边缘的距离(m)。

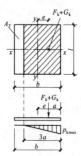

图7.2.3-1　在单向偏心荷载作用下矩形基础
底面部分脱开时的基底压力
A_T—基底脱开面积；e—偏心距

　　2　矩形基础承受双向偏心荷载时(图7.2.3-2)：

$$p_{kmax}=\frac{F_k+G_k}{3a_xa_y} \qquad (7.2.3-3)$$

$$a_xa_y\geqslant0.125bl \qquad (7.2.3-4)$$

式中：a_x——合力作用点至 e_x 一侧基础边缘的距离(m)，按 $\frac{b}{2}-e_x$
计算；

　　a_y——合力作用点至 e_y 一侧基础边缘的距离(m)，按 $\frac{l}{2}-e_y$
计算；

　　e_x——x 方向的偏心距(m)，按 $\frac{M_{kx}}{F_k+G_k}$ 计算；

　　e_y——y 方向的偏心距(m)，按 $\frac{M_{ky}}{F_k+G_k}$ 计算。

　　3　圆(环)形基础承受偏心荷载时(图7.2.3-3)：

$$p_{kmax}=\frac{F_k+G_k}{\xi r_1^2} \qquad (7.2.3-5)$$

$$a_c=\tau r_1 \qquad (7.2.3-6)$$

式中：r_1——基础底板半径(m)；

　　r_2——环形基础孔洞的半径(m)，当 $r_2=0$ 时即为圆形基础；

　　a_c——基底受压面积宽度(m)；

　　ξ,τ——系数，根据比值 r_2/r_1 及 e/r_1 按本标准附录H确定。

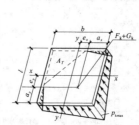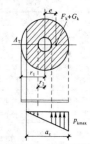

图7.2.3-2　在双向偏心荷载作　　图7.2.3-3　在偏心荷载作
用下，矩形基础底面部分脱开时　　用下，圆(环)形基础底面部
的基础压力　　　　　　　　　　分脱开时的基底压力

7.2.4　高耸结构的地基变形计算应符合下列规定：

　　1　计算值不应大于地基变形允许值；

　　2　地基最终沉降量应按现行国家标准《建筑地基基础设计规
范》GB 50007的规定计算；

　　3　当计算风荷载作用下的地基变形时，应采用地基土的三轴
试验不排水模量(弹性模量)代替变形模量；

　　4　对于高度低于100m的高耸结构，当地基土均匀，又无相
邻地面荷载的影响时，在地基最终沉降量能满足允许沉降量的要
求后，可不验算倾斜；

　　5　基础倾斜应按下式计算：

$$\tan\theta=\frac{s_1-s_2}{b(或\,d)} \qquad (7.2.4)$$

式中：s_1、s_2——基础倾斜方向两端边缘的最终沉降量(mm)，对矩
形基础可按现行国家标准《建筑地基基础设计规
范》GB 50007计算，对圆板(环)形基础可按现行国
家标准《烟囱设计规范》GB 50051计算；对构架式
塔的分离式基础，为单个基础的中心点沉降；

　　b——矩形基础底板沿倾斜方向的边长(mm)，构架式塔
的分离式基础的中心距(mm)；

　　d——圆板(环)形基础底板的外径(mm)。

7.2.5　高耸结构的地基变形允许值应满足工艺要求，并应符合表
7.2.5的规定。

表7.2.5　高耸结构的地基变形允许值

结构类型			沉降量允许值(mm)	倾斜 $\tan\theta$ 允许值
电视塔、通信塔等		$H\leqslant20$	400	0.0080
		$20<H\leqslant50$		0.0060
		$50<H\leqslant100$		0.0050
		$100<H\leqslant150$	300	0.0040
		$150<H\leqslant200$		0.0030
		$200<H\leqslant250$	200	0.0020
		$250<H\leqslant300$		0.0015
		$300<H\leqslant400$	150	0.0010
石油化工塔	一般石油化工塔		200	0.0040
	分馏类石油化工塔	$d_0\leqslant3.2$		0.0040
		$d_0>3.2$		0.0025
风力发电塔			100	0.0040

注：H 为高耸结构的总高度(m)；d_0 为石油化工塔的内径(m)。

7.2.6　高耸结构各组成部分相邻基础间的沉降差应满足工艺要
求，并应符合表7.2.6的规定。

表 7.2.6 高耸结构相邻基础间的沉降差限值

结 构 类 型	地基土类别	
	中低压缩性土	高压缩性土
当基础不均匀沉降时会产生附加应力的结构	≤0.002l	≤0.003l
当基础不均匀沉降时不产生附加应力的结构	≤0.005l	≤0.005l

注:l 为相邻基础中心间的距离(mm)。

7.2.7 处于山坡地的高耸结构应按现行国家标准《建筑地基基础设计规范》GB 50007 进行地基稳定性计算。

7.3 基础设计

Ⅰ 天然地基基础

7.3.1 基础不加连系梁且塔底无横杆的构架式塔的独立基础的柱墩宜采用斜立式,其倾斜方向及柱心倾斜度宜与塔柱一致(图 7.3.1)。

图 7.3.1 斜立式基础

7.3.2 底面无横杆的构架式塔宜在基础顶面以下 300mm 左右设连系梁(图 7.3.2),连梁及基础柱墩可作为空间刚架整体计算,基础底面可作为固定端,但不计周围土对基础柱墩的嵌固作用。基础连梁应按偏心拉压杆计算。截面计算时除按刚架算得内力外,尚应计入由混凝土梁自重引起的弯矩。基础柱墩应按偏心拉压杆设计。基础底板设计时应考虑基础受压和抗拔,根据不同受力状况计算出板的正负弯矩,并应分别在板底和板顶配置受力钢筋。在冻土区域基础连梁应采用防冻胀措施。

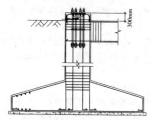

图 7.3.2 基础顶部连梁

7.3.3 圆板、环形扩展基础的外形尺寸宜符合下列规定:

1 圆形扩展基础(图 7.3.3-1):

$$\frac{r_1}{r_c} \approx 1.5 \qquad (7.3.3-1)$$

$$h \geqslant \frac{r_1 - r_2}{2.2}; h \geqslant \frac{r_3}{4.0} \qquad (7.3.3-2)$$

$$h_1 \geqslant \frac{h}{2} \qquad (7.3.3-3)$$

2 环形扩展基础(图 7.3.3-2):

$$r_4 \geqslant \psi r_c \qquad (7.3.3-4)$$

$$h \geqslant \frac{r_1 - r_2}{2.2}; h \geqslant \frac{r_3 - r_4}{3} \qquad (7.3.3-5)$$

$$h_1 \geqslant \frac{h}{2}; h_2 \geqslant \frac{h}{2} \qquad (7.3.3-6)$$

式中:r_c——筒体底截面的平均半径(m),$r_c = \frac{r_2 + r_3}{2}$;

r_1、r_2、r_3、r_4——基础不同位置的半径(m);

h、h_1、h_2——基础底板不同位置的厚度(m);

ψ——环形基础底板外形系数,可根据比值 r_1/r_c 按图 7.3.3-3 确定,或按 $\psi = -3.9 \times \left(\frac{r_1}{r_c}\right)^3 + 12.9 \times \left(\frac{r_1}{r_c}\right)^2 - 15.3 \times \frac{r_1}{r_c} + 7.3$ 进行计算。

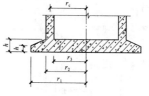

图 7.3.3-1 圆形扩展基础

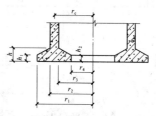

图 7.3.3-2 环形扩展基础

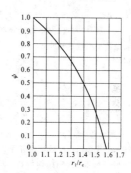

图 7.3.3-3 环形基础底板外形系数 ψ 曲线

7.3.4 计算矩形扩展基础强度时,坡形顶面的扩展基础(图 7.3.4)底压力可按下列规定采用:

计算任一截面 x-x 的内力时,可采用按下式求得的基底均布荷载设计值 p。

$$p = \frac{p_{\max} + p_x}{2} \qquad (7.3.4)$$

式中:p——基底均布荷载(kPa);

$p_{\max}$——由基础顶面内力传来形成的基底边缘最大压力(kPa);

p_x——由基础顶面内力传来形成的计算截面 x-x 处的基底压力(kPa)。

图 7.3.4 坡形顶面扩展基的荷载计算

7.3.5 计算圆形、环形基础底板强度时(图 7.3.5),可取基础外悬挑中点处的基底最大压力 p 作为基底均布荷载,p 值可按下式计算,对基底部分脱开的基础,除基础压力分布的计算不同外,底板强度计算时 p 的取法相同。

$$p = \frac{N}{A} + \frac{M \frac{r_1 + r_2}{2}}{I} \qquad (7.3.5)$$

式中:N——相应于作用效应基本组合上部结构传至基础的轴向力设计值(不包括基础底板自重及基础底板上的土重)(kN);

M——相应于作用效应基本组合上部结构传至基础的力矩设计值（kN·m）；

A——基础底板的面积（m²）；

I——基础底板的惯性矩（m⁴）。

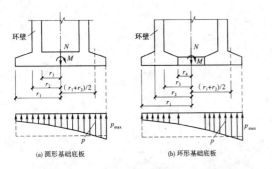

(a) 圆形基础底板　　(b) 环形基础底板

图 7.3.5　圆形、环形基础的基底荷载计算

7.3.6 高耸结构扩展基础（独立基础整体和圆环形基础局部）在承受拔力时均应进行底板抗拔强度计算，按计算在底板上表面配负弯矩钢筋，并应满足最小配筋率要求。可按下式求得基础上表面均布荷载设计值基本组合 p：

$$p = \frac{1.35G}{A} \qquad (7.3.6)$$

式中：G——考虑作用分项系数的基础自重及抗拔角范围内覆土重，抗拔角应按本标准第 7.4.3 条的规定采用；

A——基础底板的面积（m²）。

7.3.7 高耸钢结构基础顶面的锚栓设计应符合下列规定：

1 锚栓设计应根据上部高耸钢结构传到塔脚的上拔力或弯矩、水平力等进行，考虑安装构造要求并根据基础顶后浇混凝土情况进行必要验算；

2 塔脚底板安装后必须与下部混凝土支撑面贴合紧密，严禁长期悬空；当塔脚底板下设置后浇混凝土层时，应按压弯构件并考虑水平剪力，验算施工期悬空段锚栓的强度与稳定；

3 普通锚栓宜用双螺母防松；

4 普通锚栓埋设深度应根据现行国家标准《混凝土结构设计规范》GB 50010 的规定按受拉钢筋锚固要求确定。

7.3.8 风力发电塔等受疲劳荷载作用的基础锚栓应采用预应力锚栓，并应符合下列规定：

1 预应力锚栓按直接张拉法施工时，其预拉力计算值 P 应按下式确定：

$$0.37 f_u A_e \leqslant P \leqslant 0.63 f_u A_e \qquad (7.3.8-1)$$

式中：f_u——锚栓经热处理后的最低抗拉强度，对 8.8 级取为 830MPa，对 10.9 级取为 1040MPa；

A_e——锚栓螺纹处的有效面积。

预应力锚栓抗拉承载力设计值 P_d 应按下式确定：

$$P_d = 0.8P \qquad (7.3.8-2)$$

2 预应力锚栓对混凝土施加预压力应使正常工作状态下混凝土的拉应力小于其抗拉强度；

3 预应力锚栓为后张拉锚栓时，应采用套管使其与混凝土隔离，并做防腐蚀处理；

4 荷载分散板、锚固板对混凝土的局压验算应符合现行国家标准《混凝土结构设计规范》GB 50010 的规定，并应配置间接钢筋；板厚应根据其受弯验算确定；

5 直接张拉法紧固预应力锚栓时，超张拉系数可取为 1.15；锚栓使用第一年后，应重新张拉一次；

6 预应力锚栓承受疲劳动力荷载作用时，应验算其疲劳应力幅不超过允许应力幅，且应保证其在工作环境温度下的冲击韧性；

7 预应力锚栓的锚固板应置于基础底部。

Ⅱ 桩基础

7.3.9 当地基的软弱土层较深厚，上部荷载大而集中，采用浅基础已不能满足高耸结构对地基承载力和变形的要求时，宜采用桩基础。

7.3.10 高耸结构的桩基础可采用预制钢筋混凝土桩、混凝土灌注桩和钢管桩。桩的选型和设计宜符合下列规定：

1 选用时应根据地质情况、上部结构类型、荷载大小、施工条件、设计单桩承载力、沉桩设备、建筑场地环境等因素，通过技术经济比较进行综合分析后确定。

2 应选择较硬土层作为桩端持力层。桩端全断面进入持力层的深度，对于黏性土、粉土，不宜小于 $2d$；对于砂土，不宜小于 $1.5d$；对于碎石土类，不宜小于 $1d$。当存在软弱下卧层时，桩端以下硬土层厚度不宜小于 $3d$。对于嵌岩桩，嵌岩深度应综合荷载、上覆土层、基岩、桩径、桩长等因素确定；嵌入倾斜的完整和较完整岩的全断面深度不宜小于 $0.4d$ 且不宜小于 $0.5m$，倾斜度大于 30% 的中风化岩，宜根据倾斜度及岩石完整性适当加大嵌岩深度；嵌入平整、完整的坚硬岩的深度不宜小于 $0.2d$，且不应小于 $0.2m$。d 为圆形截面桩的直径或方形截面桩的边长。

3 桩基计算包括桩顶作用效应计算，桩基竖向抗压及抗拔承载力计算，桩基沉降计算，桩基的变形允许值、桩基水平承载力与位移计算，桩身承载力与抗裂计算，桩承台计算等，均应按现行行业标准《建筑桩基技术规范》JGJ 94 的规定进行。

7.3.11 承受水平推力的桩的设计应符合下列规定：

1 承受水平推力的桩，桩身内力可按 m 法计算，m 为地基土水平抗力系数的比例系数。桩纵向筋的长度不得小于 $4.0/\alpha$，α 为桩的水平变形系数。m 和 α 应符合现行行业标准《建筑桩基技术规范》JGJ 94 的规定。当桩长小于 $4.0/\alpha$ 时，应通长配筋。

2 承受水平推力的单桩独立承台之间应设正交双向拉梁，其截面高度不应小于桩距的 1/15，受拉钢筋截面可按所连接桩的最大轴力的 10% 作为拉力计算确定。

3 承受水平力的桩在桩顶 $5d$（d 为圆形截面桩的直径或方形截面桩的边长）范围内箍筋应适当加密。

4 受横向力较大或对横向变位要求严格的高耸结构桩基，应验算横向变位，必要时尚应验算桩身裂缝宽度。桩顶位移限值应小于 10mm。

7.3.12 高耸结构桩的抗拔设计应符合下列规定：

1 除通信塔、输电塔外，对于安全等级为一级或二级的高耸结构，应通过抗拔试验求得单桩的抗拔承载力。

2 高耸结构桩基础单桩的抗拔承载力特征值 R_a，初步计算时可根据下式计算：

$$R_a \leqslant G \times 0.9 + \frac{\alpha_b u_p \sum f_i l_i}{\gamma_s} \qquad (7.3.12)$$

式中：γ_s——桩侧阻力分项系数，一般取 $\gamma_s = 2.0$；

α_b——桩与土之间抗拔极限摩阻力与受压极限摩阻力间的折减系数。当无试验资料且桩的入土深度不小于 6.0m 时，可根据土质和桩的入土深度，取 $\alpha_b = 0.6 \sim 0.8$（砂性土，桩入土较浅时取低值；黏性土，桩入土较深时取高值）；

f_i——桩穿过的各分层土的极限摩阻力（kPa）；

l_i——桩穿过的各分层土的厚度（m）；

u_p——桩的截面周长（m）；

G——桩身的有效重力（kN），水下部分按浮重计。

应按现行国家标准《混凝土结构设计规范》GB 50010 验算抗拔桩桩身的受拉承载力。

7.3.13 抗拔桩设计应满足裂缝控制要求，并应符合下列构造规定：

1 抗压又抗拔桩应按计算及构造要求通长配置钢筋。纵向钢筋沿桩周均匀布置，纵向筋焊接接头必须符合受拉接头的要求。

2 具有多根抗压又抗拔桩的桩式承台，其顶面和底面均应根据双向可变弯矩的计算或构造要求配筋，上下层钢筋之间应设架立筋。

3 抗拔桩主筋和基础柱墩主筋锚入承台的长度均应按抗震区受拉钢筋的锚固长度或者非抗震区受拉钢筋锚固长度计算，每个桩中宜有两根主筋用附加钢筋与锚栓焊接连通，附加钢筋不宜小于 $\phi 12$。

Ⅲ 岩石锚杆基础

7.3.14 当高耸结构建设场地岩层外露或埋深较浅时，宜按岩石锚杆基础设计。岩石锚杆基础的承载力特征值应按岩土工程勘察报告确定，岩石锚杆基础适用于中风化以上的硬质岩。

7.3.15 对于承受拉力或较大水平力的高耸结构单独基础，当承受非疲劳动力作用且建设场地为稳定的岩石基础时，宜采用岩石锚杆基础(图 7.3.15)。岩石锚杆基础的基座应与基岩连成整体，并应符合下列规定：

1 锚杆孔直径，一般为 3 倍至 4 倍锚杆直径(d)，但不应小于 1 倍锚杆直径加 50mm。锚杆钢筋的锚固长度应大于 40d，锚杆中心间距不小于 6 倍锚杆孔直径(d_1)，锚杆到基础的边距不应小于 150mm，锚杆钢筋离孔底距离宜为 50mm。

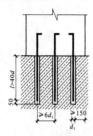

图 7.3.15 普通锚杆基础
d_1—锚杆孔直径；l—锚杆的有效锚固长度；d—锚杆直径

2 锚杆插入上部结构的长度应符合钢筋的锚固长度规定。

3 锚杆宜采用热轧带肋钢筋；锚杆应按作用效应基本组合计算的拔力，并按钢筋强度设计值计算其截面。

4 灌孔的水泥砂浆或细石混凝土强度等级不宜低于 M30 或 C30，灌浆前应将锚杆孔清理干净，并保证灌注密实。

7.3.16 岩石普通锚杆基础中单根锚杆所承受的拔力应按下列公式验算：

$$N_{ti}=\frac{F_k+G_k}{n}-\frac{M_{xk}y_i}{\sum y_i^2}-\frac{M_{yk}x_i}{\sum x_i^2} \quad (7.3.16\text{-}1)$$

$$N_{tmax}\leqslant R_t \quad (7.3.16\text{-}2)$$

式中：F_k——相应于作用效应标准组合作用在基础顶面的竖向压力值(kN)，拔力为负值；

G_k——基础自重及其上的土重标准值(kN)；

M_{xk}、M_{yk}——按作用效应标准组合计算作用在基础底面形心的力矩值(kN·m)；

x_i、y_i——第 i 根锚杆至基础底面形心的 y 轴、x 轴的距离(m)；

N_{ti}——按作用效应标准组合下，第 i 根锚杆所承受的拔力值(kN)；

R_t——单根锚杆抗拔承载力特征值(kN)。

7.3.17 单根锚杆抗拔承载力特征值的确定应符合下列规定：

1 对于安全等级为一级的高耸结构，单根锚杆的抗拔承载力特征值应通过现场试验确定，其试验方法应符合现行国家标准《建筑地基基础设计规范》GB 50007 的规定。

2 对于安全等级为二级的高耸结构，单根锚杆的抗拔承载力特征值可按下式计算：

$$R_t\leqslant 0.8\pi d_1 l f \quad (7.3.17)$$

式中：R_t——单根锚杆的抗拔承载力(kN)；

d_1——锚杆孔直径(m)；

l——锚杆有效锚固长度(m)，当 l 超过 13 倍锚杆孔直径 d_1 时，取 $l=13d_1$；

f——砂浆与岩石间的黏结强度特征值(kPa)，由试验确定；当缺乏资料时，可根据岩质情况按表 7.3.17 取用。

表 7.3.17 砂浆与岩石间的黏结强度特征值(kPa)

岩石坚硬程度	软岩	较软岩	硬质岩
黏结强度 f	100～200	200～400	400～600

注：水泥砂浆强度等级为 M30，或细石混凝土强度等级 C30。

Ⅳ 预应力岩石锚杆基础

7.3.18 当高耸结构建设场地岩层外露，地基中中风化岩及以上的硬质岩埋藏较浅，且地基承受疲劳动力荷载作用时，如按锚杆基础设计，应采用预应力岩石锚杆基础。

7.3.19 预应力锚杆预应力 P 和抗拉承载力 R_t 的确定应按下列公式计算：

$$P=\min(0.63R_{tk},0.5R_{tk1}) \quad (7.3.19\text{-}1)$$

$$R_t=0.8P \quad (7.3.19\text{-}2)$$

式中：R_t——单根锚杆的抗拔承载力(kN)；

R_{tk}——单根锚杆的抗拔承载力标准值(kN)；

R_{tk1}——单根锚杆锚固端的抗拔承载力标准值(kN)。

7.3.20 预应力岩石锚杆应露出基础顶面，锚栓应采用套管与基础混凝土隔离；基础的顶部配筋计算及构造要求应等同普通岩石锚杆基础要求。

7.3.21 预应力岩石锚杆的材料要求、预拉力计算及施加应按高强螺栓相关规定执行。

7.3.22 承受疲劳动力作用的预应力岩石锚杆宜采用自锁式岩石锚杆或扩底岩石锚杆。

Ⅴ 几种特殊的基础形式

7.3.23 通信塔无埋深预制基础设计应符合下列规定(图 7.3.23)：

1 无埋深预制基础应建造在有可靠持力层的地基上面，地基承载力应符合本标准第 7.2.1 条的规定；

2 预制基础应按承载力极限状态下作用的基本组合，根据上部结构作用效应与相应的地基反力进行强度计算；

3 预制基础结构应验算抗倾覆、抗滑移稳定性；

4 预制基础应与上部结构可靠连接。预制基础各条块之间应采取可靠连接固定措施，以加强其整体刚性，保证各条块协同共同工作。

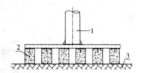

图 7.3.23 无埋深预制基础
1—上部结构；2—预制基础条块；3—处理后地坪

7.3.24 对于小型高耸结构，可根据工业化制造、装配化施工条件、岩土工程勘察资料等，采用螺旋钢桩基础。螺旋桩设计应符合下列规定：

1 螺旋钢桩应进行单桩承载力试验，抗力分项系数取 2；

2 螺旋钢桩应进行桩身承载能力验算；

3 螺旋钢桩应采取有效的防腐蚀措施。

7.3.25 高耸结构可根据工业化制造、施工条件、岩土工程勘察资料等，选用筒式基础。筒式基础的设计应包括地基土承载能力、筒式基础变形以及筒式基础强度验算等内容。

7.4 基础的抗拔稳定和抗滑稳定

7.4.1 承受上拔力的独立扩展基础、锚板基础等均应验算抗拔稳定性。扩展基础承受上拔力时，在验算其抗拔稳定性的同时，尚应按上拔力进行强度和配筋计算，并按计算结果在基础的上表面配置钢筋，配筋应满足最小配筋率要求。

7.4.2 基础抗拔稳定计算可根据抗拔土体和基础的不同分为土重法和剪切法。土重法适用于回填土体，剪切法适用于原状土体。

7.4.3 采用土重法计算钢塔基础的抗拔稳定时应符合下式规定（图7.4.3）：

$$F \leqslant \frac{G_e}{\gamma_{R1}} + \frac{G_f}{\gamma_{R2}} \qquad (7.4.3)$$

式中：F——基础的受拔力（kN），对应本标准第7.1.4条第3款组合值；

G_e——土体重量（kN），按本标准附录J计算，此时土的计算重度 γ_s 按表7.4.3-1采用；当基础上拔深度 $h_t \leqslant h_{cr}$ 时，取基础底板以上、抗拔角 α_0 以内的土体重[图7.4.3(a)]；当基础上拔深度 $h_t > h_{cr}$ 时，取 h_{cr} 以上、抗拔角 α_0 以内的土体重和高度为 $(h_t - h_{cr})$ 的土柱重之和[图7.4.3(b)]；

G_f——基础重（kN），按基础的体积与容重计算；

α_0——土体重量计算的抗拔角，按表7.4.3-1采用；

h_{cr}——土重法计算的临界深度（m），按表7.4.3-2采用；

γ_{R1}——土体滑动面上剪切力 V_e、土体重的抗拔稳定系数，可用 2.0；当专业标准有详细规定时，可按专业标准采用；

γ_{R2}——基础重的抗拔稳定系数，可用 1.4；当专业标准有详细规定时，可按专业标准采用。

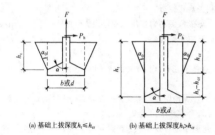

(a) 基础上拔深度 $h_t \leqslant h_{cr}$　　(b) 基础上拔深度 $h_t > h_{cr}$

图7.4.3　土重法基础抗拔稳定计算

表7.4.3-1　土的计算重力密度 γ_s 和土体计算抗拔角 α_0

类别	黏性土、粉土			粗砂、中砂、碎石土及风化岩石	细砂	粉砂	碎石土、砂类土
	坚硬、硬塑密实	可塑中密	软塑、流塑稍密	中密～密实的	稍密～密实的	稍密～密实的	松散
γ_s(kN/m³)	17	16	15	17	16	15	15
α_0(°)	25	20	10～0	28	26	22	0

表7.4.3-2　土重法计算的临界深度

回填土类别	密实情况	临界深度 h_{cr}	
		圆形基础	方形基础
砂土、碎石土、岩石	稍密的～密实的	2.5d	3.0b
黏性土、粉土	坚硬的～硬塑的、密实的	2.0d	2.5b
黏性土、粉土	可塑的、中密的	1.5d	2.0b
黏性土、粉土	软塑的、稍密的	1.2d	1.5b

注：1　公式(7.4.3)对非松散砂类土适用于 $h_t/b \leqslant 5.0$ 和 $h_t/d \leqslant 4.0$；对黏性土适用于 $h_t/b \leqslant 4.5$ 和 $h_t/d \leqslant 3.5$。

2　当高耸结构的基础可能处于地下水面以下或有可能被水淹没时，土重和基础重标准值均应减去水的浮力。

3　按土重法计算时需确保填土密度达到和超过表7.4.3-1中 γ_s。当对基础开挖方式及施工质量无把握时，抗拔角 α_0 可按0°取用。基础上拔深度内有多层土时，α_0 可按加权平均值取算。

4　上拔时的临界深度 h_{cr} 即为土体整体破坏的计算深度。

5　d、b 分别为圆形基础的直径和方形基础的边长。

6　当矩形基础的长边 l 与短边 b 之比小于 3 时，可折算为 $d = 0.6(b+l)$ 后，按圆形基础的临界深度 h_{cr} 采用。

7.4.4 采用土重法时，倾斜拉绳锚板基础的抗拔稳定应按下式计算（图7.4.4）：

$$F\sin\theta \leqslant \frac{G_e}{\gamma_{R1}} + \frac{G_f}{\gamma_{R2}} \qquad (7.4.4)$$

式中：F——垂直于锚板的拉绳拔力（kN），对应本标准第7.1.4条第3款组合值；

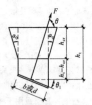

(a) 锚板上拔深度 $h_t \leqslant h_{cr}$　　(b) 锚板上拔深度 $h_t \geqslant h_{cr}$

图7.4.4　拉绳锚板基础的抗拔稳定计算

G_e——土体重量（kN），可按本标准附录J计算；按本标准第7.4.3条考虑浮力影响；

G_f——拉绳锚板基础重（kN），按本标准第7.4.3条考虑浮力影响；

θ——拔力 F 与水平地面的夹角；公式(7.4.4)仅适用于 $\theta > 45°$；当 $\theta \leqslant 45°$ 时，考虑土体剪切作用，可按本标准附录J计算；

γ_{R1}、γ_{R2}——同本标准公式(7.4.3)说明。

7.4.5 采用剪切法时基础抗拔稳定，对原状土体应按下列公式计算：

1　当 $h_t \leqslant h_{cr}$ 时[图7.4.5(a)]：

$$F \leqslant \frac{V_e}{\gamma_{R1}} + \frac{G_f}{\gamma_{R2}} \qquad (7.4.5-1)$$

2　当 $h_t > h_{cr}$ 时[图7.4.5(b)]：

$$F \leqslant \frac{V_e + G_e}{\gamma_{R1}} + \frac{G_f}{\gamma_{R2}} \qquad (7.4.5-2)$$

当基础埋置在软塑黏土内时：

$$F \leqslant \frac{8d^2c}{\gamma_{R1}} + \frac{G_f}{\gamma_{R2}} \qquad (7.4.5-3)$$

式中：V_e——土体滑动面上剪切抗力的竖向分量之和（kN），可按本标准附录J计算；

G_f——基础重，按基础的体积与容重计算（kN）；考虑浮力影响；

G_e——当 $h_t > h_{cr}$ 时，在 $h_t - h_{cr}$ 范围内土体的重量（kN），可按本标准附录J计算；考虑浮力影响；

h_{cr}——剪切法计算的临界深度（m），按表7.4.5采用；

c——凝聚力（kPa），按本标准附录J采用；

h_t、d——基础埋深（m）、基础宽度（m）；非松散砂类土适用于 $h_t/d \leqslant 4.0$，对黏性土适用于 $h_t/d \leqslant 3.5$。

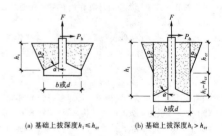

(a) 基础上拔深度 $h_t \leqslant h_{cr}$　　(b) 基础上拔深度 $h_t > h_{cr}$

图7.4.5　剪切法基础抗拔稳定计算

表7.4.5　剪切法计算的临界深度

基土类别	密实情况	临界深度 h_c
岩石、碎石、粗中砂	稍密的～密实的	4.0d～3.0d
细砂、粉砂	稍密的～密实的	3.0d～2.5d
黏性土、粉土	坚硬～可塑的、中密～密实的	3.5d～2.5d
黏性土、粉土	可塑的～软塑的、稍密的	2.5d～1.5d

注：d 为基础宽度。

7.4.6 无埋深基础的抗滑稳定验算应按下式进行：

$$\frac{(N+G)\mu}{P_h} \geq 1.5 \qquad (7.4.6)$$

式中：P_h——基底上部结构传至基础的水平力代表值（kN），对应本标准第 7.1.4 条第 3 款组合值；

N——上部结构传至基础的竖向力代表值（kN），与 P_h 对应；

G——基础自重（kN）；

μ——基础底面对地表土的摩擦系数，可按试验确定。

附录 A 材料及连接

A.0.1 钢材的强度设计值应根据钢材厚度或直径按表 A.0.1 采用。

表 A.0.1 钢材的强度设计值（N/mm²）

钢材		抗拉、抗压和抗弯 f	抗剪 f_v	端面承压（刨平顶紧）f_{ce}
牌号	厚度或直径（mm）			
Q235 钢	≤16	215	125	
	>16,≤40	205	120	320
	>40,≤100	200	115	
Q345 钢	≤16	305	175	
	>16,≤40	295	170	
	>40,≤63	290	165	400
	>63,≤80	280	160	
	>80,≤100	270	155	
Q390 钢	≤16	345	200	
	>16,≤40	330	190	
	>40,≤63	310	180	415
	>63,≤100	295	170	
Q420 钢	≤16	375	215	
	>16,≤40	355	205	
	>40,≤63	320	185	440
	>63,≤100	305	175	
Q360 钢	≤16	410	235	
	>16,≤40	390	225	
	>40,≤63	355	205	470
	>63,≤100	340	195	

注：1 20# 钢（无缝钢管）的强度设计值同 Q235 钢；

2 焊接高耸结构应至少采用 B 级钢材。

A.0.2 钢材的焊缝强度设计值应按表 A.0.2 采用。

表 A.0.2 焊缝的强度设计值（N/mm²）

焊接方法和焊条型号	构件钢材		对接焊缝				角焊缝
	牌号	厚度或直径（mm）	抗压 f_c^w	焊缝质量为下列等级时，抗拉 f_t^w		抗剪 f_v^w	抗拉、抗压和抗剪 f_f^w
				一级、二级	三级		
自动焊、半自动焊和 E43 型焊条的手工焊	Q235	≤16	215	215	185	125	
		>16,≤40	205	205	175	120	160
		>40,≤100	200	200	170	115	
自动焊、半自动焊和 E50、E55 型焊条的手工焊	Q345	≤16	305	305	260	175	
		>16,≤40	295	295	250	170	
		>40,≤63	290	290	245	165	200
		>63,≤80	280	280	240	160	
		>80,≤100	270	270	235	155	
	Q390	≤16	345	345	295	200	
		>16,≤40	330	330	280	190	200(E50)
		>40,≤63	310	310	265	180	220(E55)
		>63,≤100	295	295	250	170	
自动焊、半自动焊和 E55、E60 型焊条的手工焊	Q420	≤16	375	375	320	215	
		>16,≤40	355	355	300	205	220(E55)
		>40,≤63	320	320	270	185	240(E60)
		>63,≤100	305	305	260	175	
	Q460	≤16	410	410	350	235	
		>16,≤40	390	390	330	225	220(E55)
		>40,≤63	355	355	300	205	240(E60)
		>63,≤100	340	340	290	195	

注：1 自动焊和半自动焊所采用的焊丝和焊剂，应保证其熔敷金属抗拉强度不低于相应手工焊焊条的数值；

2 焊缝质量等级应符合现行国家标准《钢结构工程施工质量验收规范》GB 50205 的规定；

3 对接焊缝抗弯受压区强度设计值取 f_c^w，抗弯受拉区强度设计值取 f_t^w；

4 构件钢材为 20# 钢（无缝钢管）与 Q235 钢相同。

A.0.3 钢材的螺栓连接强度设计值应按表 A.0.3 采用。

表 A.0.3 螺栓连接的强度设计值（N/mm²）

螺栓的钢材牌号（或性能等级）和构件的钢材牌号		普通螺栓						锚栓	承压型连接高强度螺栓		
		C级螺栓			A级、B级螺栓						
		抗拉 f_t^b	抗剪 f_v^b	承压 f_c^b	抗拉 f_t^b	抗剪 f_v^b	承压 f_c^b	抗拉 f_t^a	抗拉 f_t^b	抗剪 f_v^b	承压 f_c^b
普通螺栓	4.8 级	170	140	—							
	6.8 级	300	240	—							
	8.8 级	400	300	—	400	320	—				
非预应力锚栓	Q235 钢							140			
	Q345 钢							180			
	35 号钢							190			
	45 号钢							215			
预应力锚栓	8.8 级							400			
	10.9 级							500			
承压型连接高强度螺栓	8.8 级								400	250	
	10.9 级								500	310	
构件	Q235 钢			305			405				470
	Q345 钢			385			510				590
	Q390 钢			400			530				615
	Q420 钢			425			560				655
	Q460 钢			450			595				695

注：1 A 级螺栓用于 $d\leq24$mm 和 $l\leq10d$ 或 $l\leq150$mm（按较小值）的螺栓；B 级螺栓用于 $d>24$mm 和 $l>10d$ 或 $l>150$mm（按较小值）的螺栓。d 为公称直径，l 为螺杆公称长度；

2 A、B 级螺栓孔的精度和孔壁表面粗糙度，C 级螺栓孔的允许偏差和孔壁表面粗糙度，均应符合现行国家标准《钢结构工程施工质量验收规范》GB 50205 的规定；

3 当有实验依据时，螺栓强度设计值可适当提高，但需按行业标准统一实行；

4 35 号钢、45 号钢锚栓材质应符合现行国家标准《优质碳素结构钢》GB/T 699 的规定，35 号钢一般不宜焊接，45 号钢一般不应焊接；

5 摩擦型高强螺栓连接的强度设计值按现行国家标准《钢结构设计标准》GB 50017 取值；

6 预应力锚栓应采用直接张拉法施工；

7 对于用直接张拉法施工的摩擦型高强螺栓，其强度可提高 10%。

A.0.4 钢丝绳弹性模量应按表 A.0.4 取值。

表 A.0.4　钢丝绳弹性模量（N/mm²）

钢丝绳类型	弹性模量 E_s（N/mm²）
单股钢丝绳	1.8×10^5
多股钢丝绳（中间为无机芯）	1.4×10^5
多股钢丝绳（中间为有机芯）	1.2×10^5

A.0.5 钢材强度设计值折减系数应按表 A.0.5 取值。

表 A.0.5　钢材强度设计值折减系数

连接形式	强度设计值折减系数
施工条件较差的高空安装焊缝	0.90
进行无垫板的单面施焊对接焊缝的连接	0.85

A.0.6 镀锌钢绞线强度设计值应按表 A.0.6 取值。

表 A.0.6　镀锌钢绞线强度设计值（MPa）

股数	热镀锌钢丝公称抗拉强度					备　注
	1270	1370	1470	1570	1670	1.整根钢绞线拉力设计值等于总截面与 f_g 的积；
	整根钢绞线抗拉强度设计值 f_g					2.强度设计值 f_g 中已计入了换算系数；3 股 0.92,7 股 0.92,19 股 0.90,37 股 0.85；
3 股	745	800	860	920	980	
7 股	745	800	860	920	980	3.拉线金具的强度设计值由国家标准《金
19 股	720	780	840	900	955	具强度标准值或试验破坏值定，$\gamma_R=1.8$
37 股	680	740	790	850	900	

A.0.7 钢丝绳强度设计值应按表 A.0.7 取值。

表 A.0.7　钢丝绳强度设计值（MPa）

钢丝绳公称抗拉强度	1470	1570	1670	1770	1870	1960	2160
钢丝绳抗拉强度设计值	735	785	835	885	935	980	1080

A.0.8 混凝土强度设计值应按表 A.0.8 取值。

表 A.0.8　混凝土强度设计值（N/mm²）

强度种类	强度等级													
	C15	C20	C25	C30	C35	C40	C45	C50	C55	C60	C65	C70	C75	C80
轴心抗压强度设计值 f_c	7.2	9.6	11.9	14.3	16.7	19.1	21.2	23.1	25.3	27.5	29.7	31.8	33.8	35.9
轴心抗拉强度设计值 f_t	0.91	1.10	1.27	1.43	1.57	1.71	1.80	1.89	1.96	2.04	2.09	2.14	2.18	2.22

A.0.9 混凝土受拉或受压的弹性模量应按表 A.0.9 取值。

表 A.0.9　混凝土弹性模量 E_c（1×10^4 N/mm²）

强度等级	C15	C20	C25	C30	C35	C40	C45	C50	C55	C60	C65	C70	C75	C80
E_c	2.20	2.55	2.80	3.00	3.15	3.25	3.35	3.45	3.55	3.60	3.65	3.70	3.75	3.80

A.0.10 普通钢筋强度设计值应按表 A.0.10 取值。

表 A.0.10　普通钢筋强度设计值（N/mm²）

牌号	抗拉强度设计值 f_y	抗压强度设计值 f'_y
HPB300	270	270
HRB335、HRBF335	300	300
HRB400、HRBF400、RRB400	360	360
HRB500、HRBF500	435	410

A.0.11 预应力钢筋强度标准值和设计值应按表 A.0.11 取值。

表 A.0.11　预应力钢筋强度标准值和设计值（N/mm²）

种类		符号	极限强度标准值 f_{ptk}	抗拉强度设计值 f_{py}	抗压强度设计值 f'_{py}
钢铰线	1×3	φ^S	1860	1320	390
			1720	1220	
			1570	1110	
	1×7		1860	1320	390
			1720	1220	
消除应力钢丝	光面	φ^P	1770	1250	410
	螺旋面	φ^H	1670	1180	
			1570	1110	
	刻痕	φ^I	1570	1110	410
热处理钢筋	40Si₂Mn	φ^{HT}	1470	1040	400
	48Si₂Mn				
	45Si₂Cr				

A.0.12 钢筋及钢绞线的弹性模量应按表 A.0.12 取值。

表 A.0.12　钢筋及钢绞线的弹性模量（N/mm²）

种　类	E_s
HPB235 级钢筋	2.1×10^5
HRB335 级钢筋、HRB400 级钢筋、RRB400 级钢筋、热处理钢筋	2.0×10^5
消除应力光面钢筋、螺旋肋钢筋、刻痕钢筋	2.05×10^5
钢铰线	1.95×10^5

附录 B　轴心受压钢构件的稳定系数

B.0.1 高耸结构常用轴心受压钢构件的截面分类应按表 B.0.1 确定。

表 B.0.1　高耸结构常用轴心受压钢构件的截面分类

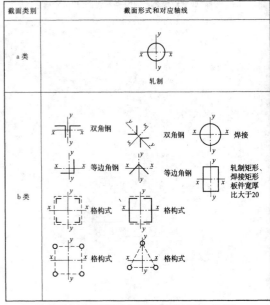

注：其他截面分类应按现行国家标准《钢结构设计标准》GB 50017 执行。

B.0.2 a 类截面轴心受压构件的稳定系数 φ 应按表 B.0.2 取值。

表 B.0.2　a 类截面轴心受压构件的稳定系数 φ

$\lambda\sqrt{\dfrac{f_y}{235}}$	0	1	2	3	4	5	6	7	8	9
0	1.000	1.000	1.000	1.000	0.999	0.999	0.998	0.998	0.997	0.996
10	0.995	0.994	0.993	0.992	0.991	0.989	0.988	0.986	0.985	0.983
20	0.981	0.979	0.977	0.976	0.974	0.972	0.970	0.968	0.966	0.964
30	0.963	0.961	0.959	0.957	0.955	0.952	0.950	0.948	0.946	0.944
40	0.941	0.939	0.937	0.934	0.932	0.929	0.927	0.924	0.921	0.919
50	0.916	0.913	0.910	0.907	0.904	0.900	0.897	0.894	0.890	0.886
60	0.883	0.879	0.875	0.871	0.867	0.863	0.858	0.854	0.849	0.844
70	0.839	0.834	0.829	0.824	0.818	0.813	0.807	0.801	0.795	0.789
80	0.783	0.776	0.770	0.763	0.757	0.750	0.743	0.736	0.728	0.721
90	0.714	0.706	0.699	0.691	0.684	0.676	0.668	0.661	0.653	0.645
100	0.638	0.630	0.622	0.615	0.607	0.600	0.592	0.585	0.577	0.570
110	0.563	0.555	0.548	0.541	0.534	0.527	0.520	0.514	0.507	0.500
120	0.494	0.488	0.481	0.475	0.469	0.463	0.457	0.451	0.445	0.440
130	0.434	0.429	0.423	0.418	0.412	0.407	0.402	0.397	0.392	0.387
140	0.383	0.378	0.373	0.369	0.364	0.360	0.356	0.351	0.347	0.343
150	0.339	0.335	0.331	0.327	0.323	0.320	0.316	0.312	0.309	0.305
160	0.302	0.298	0.295	0.292	0.289	0.285	0.282	0.279	0.276	0.273
170	0.270	0.267	0.264	0.262	0.259	0.256	0.253	0.251	0.248	0.246
180	0.243	0.241	0.238	0.236	0.233	0.231	0.229	0.226	0.224	0.222
190	0.220	0.218	0.215	0.213	0.211	0.209	0.207	0.205	0.203	0.201
200	0.199	0.198	0.196	0.194	0.192	0.190	0.189	0.187	0.185	0.183
210	0.182	0.180	0.179	0.177	0.175	0.174	0.172	0.171	0.169	0.168
220	0.166	0.165	0.164	0.162	0.161	0.159	0.158	0.157	0.155	0.154
230	0.153	0.152	0.150	0.149	0.148	0.147	0.146	0.144	0.143	0.142
240	0.141	0.140	0.139	0.138	0.136	0.135	0.134	0.133	0.132	0.131
250	0.130									

B.0.3 b 类截面轴心受压构件的稳定系数 φ 应按表 B.0.3 取值。

表 B.0.3 b 类截面轴心受压构件的稳定系数 φ

$\lambda\sqrt{\frac{f_y}{235}}$	0	1	2	3	4	5	6	7	8	9
0	1.000	1.000	1.000	0.999	0.999	0.998	0.997	0.996	0.995	0.994
10	0.992	0.991	0.989	0.987	0.985	0.983	0.981	0.978	0.976	0.973
20	0.970	0.967	0.963	0.960	0.957	0.953	0.950	0.946	0.943	0.939
30	0.936	0.932	0.929	0.925	0.922	0.918	0.914	0.910	0.906	0.903
40	0.899	0.895	0.891	0.887	0.882	0.878	0.874	0.870	0.865	0.861
50	0.856	0.852	0.847	0.842	0.838	0.833	0.828	0.823	0.818	0.813
60	0.807	0.802	0.797	0.791	0.786	0.780	0.774	0.769	0.763	0.757
70	0.751	0.745	0.739	0.732	0.726	0.720	0.714	0.707	0.701	0.694
80	0.688	0.681	0.675	0.668	0.661	0.655	0.648	0.641	0.635	0.628
90	0.621	0.614	0.608	0.601	0.594	0.588	0.581	0.575	0.568	0.561
100	0.555	0.549	0.542	0.536	0.529	0.523	0.517	0.511	0.505	0.499
110	0.493	0.487	0.481	0.475	0.470	0.464	0.458	0.453	0.447	0.442
120	0.437	0.432	0.426	0.421	0.416	0.411	0.406	0.402	0.397	0.392
130	0.387	0.383	0.378	0.374	0.370	0.365	0.361	0.357	0.353	0.349
140	0.345	0.341	0.337	0.333	0.329	0.326	0.322	0.318	0.315	0.311
150	0.308	0.304	0.301	0.298	0.295	0.291	0.288	0.285	0.282	0.279
160	0.276	0.273	0.270	0.267	0.265	0.262	0.259	0.256	0.254	0.251
170	0.249	0.246	0.244	0.241	0.239	0.236	0.234	0.232	0.229	0.227
180	0.225	0.223	0.220	0.218	0.216	0.214	0.212	0.210	0.208	0.206
190	0.204	0.202	0.200	0.198	0.197	0.195	0.193	0.191	0.190	0.188
200	0.186	0.184	0.183	0.181	0.180	0.178	0.176	0.175	0.173	0.172
210	0.170	0.169	0.167	0.166	0.165	0.163	0.162	0.160	0.159	0.158
220	0.156	0.155	0.154	0.153	0.151	0.150	0.149	0.148	0.146	0.145
230	0.144	0.143	0.142	0.141	0.140	0.138	0.137	0.136	0.135	0.134
240	0.133	0.132	0.131	0.130	0.129	0.128	0.127	0.126	0.125	0.124
250	0.123									

附录 D 节点板尺寸的临界值

D.0.1 节点板尺寸的临界值 (l_g/D) 可按表 D.0.1 取值。

表 D.0.1 节点板尺寸的临界值 (l_g/D)

λ \ $\Delta N/N$	0.050	0.075	0.100	0.125	0.150	0.175	0.200	0.225	0.250
50	1.4	1.6	1.8	2.0	2.1	2.3	2.4	2.5	2.6
55	1.3	1.5	1.7	1.9	2.0	2.2	2.3	2.4	2.5
60	1.2	1.4	1.7	1.8	1.9	2.0	2.1	2.2	2.3
65	1.1	1.4	1.6	1.7	1.8	1.9	2.0	2.1	2.2
70	1.1	1.3	1.5	1.6	1.7	1.8	1.9	2.0	2.1
75	1.0	1.2	1.4	1.5	1.6	1.7	1.8	1.9	2.0
80	1.0	1.1	1.3	1.4	1.5	1.6	1.7	1.8	1.9
85	0.9	1.1	1.2	1.3	1.4	1.5	1.6	1.7	1.8
90	0.9	1.0	1.2	1.3	1.4	1.4	1.5	1.6	1.7
95	0.8	0.9	1.1	1.2	1.3	1.4	1.5	1.5	1.6
100	0.7	0.8	1.0	1.1	1.2	1.3	1.4	1.4	1.5

注:1 l_g 为节点板长;

2 D 为主管直径;

3 $\Delta N/N$ 按本标准第 5.7.4 条规定采用;

4 λ 为主管长细比;

5 表中为满应力,当非满应力时,应对 λ 做修正,修正系数 $\varphi=\dfrac{\sigma}{f}$;

6 通常 l_g/D 在 2.0 以内,粗线左下方都满足不验算要求,超出部分适当注意延长节点板即可。

附录 C 单管塔局部稳定验算

C.0.1 当单管塔径厚比 D/t 超过本标准第 5.6.2 条公式(5.6.2-1)~公式(5.6.2-4)规定时,单管塔局部稳定应按下列公式验算:

$$\frac{N}{A}+\frac{M}{W}\leqslant \sigma_{cr} \tag{C.0.1-1}$$

$$\sigma_{cr}=\begin{cases}\dfrac{0.68}{\beta^2}f_y & \beta>\sqrt{2} \\ (0.909-0.375\beta^{1.2})f_y & \beta\leqslant\sqrt{2}\end{cases} \tag{C.0.1-2}$$

$$\beta=\sqrt{\frac{f_y}{\alpha\sigma_e}} \tag{C.0.1-3}$$

$$\sigma_e=1.21E\frac{t}{D} \tag{C.0.1-4}$$

$$\alpha=\frac{\alpha_N\sigma_N+\alpha_B\sigma_B}{\sigma_N+\sigma_B} \tag{C.0.1-5}$$

$$\sigma_N=\frac{N}{A} \tag{C.0.1-6}$$

$$\sigma_B=\frac{M}{W} \tag{C.0.1-7}$$

$$\alpha_N=\frac{0.83}{\sqrt{1+D/(200t)}} \tag{C.0.1-8}$$

$$\alpha_B=0.189+0.811\alpha_N \tag{C.0.1-9}$$

式中:σ_{cr}——筒壁局部稳定临界应力(MPa);

f_y——钢材屈服强度(MPa);

t——计算截面壁厚(mm);

D——计算截面外直径(mm);

E——钢材的弹性模量(MPa)。

附录 E 开孔塔筒截面承载力验算

E.0.1 塔筒受压区有一个孔洞时(图 E.0.1),应按下列公式计算:

$$N\leqslant\alpha\alpha_1 f_c A-\sigma_{po}A_p+\alpha f'_{py}A_p-\alpha_t(f_{py}-\sigma_{po})A_p+(\alpha-\alpha_t)f_y A_s \tag{E.0.1-1}$$

$$M+M_s\leqslant(\alpha_1 f_c Ar+rf_y A_s+r_p f'_{py}A_p)\cdot\frac{\sin(\alpha\pi-\alpha\theta+\theta)-\sin\theta}{\pi-\theta}+$$
$$[(f_{py}-\sigma_{po})A_p r_p+rf_y A_s]\frac{\sin\alpha_t(\pi-\theta)}{\pi-\theta}+\sigma_{po}A_p r\frac{\sin\theta}{\pi-\theta} \tag{E.0.1-2}$$

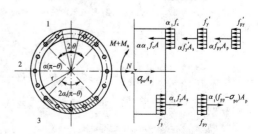

图 E.0.1 塔筒截面受压区有一个孔洞时计算简图
1—受压区;2—中和区;3—受拉区

E.0.2 塔筒截面上有两个对称孔洞时($\alpha_0=\pi$,受压区为 $2\theta_1$,受拉区为 $2\theta_2$,且 $\theta_1>\theta_2$)(图 E.0.2),应按下列公式计算:

$$N \leqslant \alpha \alpha_1 f_c A - \sigma_{po} A_p + \alpha f'_{py} A_p - \alpha_t (f_{py} - \sigma_{po}) A_p + (\alpha - \alpha_t) f_y A_s \tag{E.0.2-1}$$

$$M + M_a \leqslant (\alpha_1 f_c A r + r f_y A_s + r_p f'_{py} A_p) \cdot \frac{\sin(\alpha \pi - \alpha \theta_1 - \alpha \theta_2 + \theta_1) - \sin \theta_1}{\pi - \theta_1 - \theta_2} +$$

$$[(f_{py} - \sigma_{po}) A_p r_p + r f_y A_s] \frac{\sin(\alpha_t \pi - \alpha_t \theta_1 - \alpha_t \theta_2 + \theta_2) - \sin \theta_2}{\pi - \theta_1 - \theta_2} +$$

$$\sigma_{po} A_p r \frac{\sin \theta_1 - \sin \theta_2}{\pi - \theta_1 - \theta_2} \tag{E.0.2-2}$$

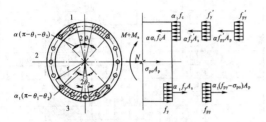

图 E.0.2 塔筒截面上有两个对称孔洞时计算简图
1—受压区；2—中和区；3—受拉区

E.0.3 塔筒截面上有两个非对称孔洞，且 $\alpha_0 \leqslant \alpha(\pi - \theta_1 - \theta_2) + \theta_1 + \theta_2$ 时，可按 $\theta = \theta_1 + \theta_2$ 的单孔洞截面计算。

E.0.4 塔筒截面上有两个非对称孔洞，且 $\alpha(\pi - \theta_1 - \theta_2) + \theta_1 + \theta_2 < \alpha_0 \leqslant \pi - \theta_2 - \alpha_t(\pi - \theta_1 - \theta_2)$ 时（受压区为 $2\theta_1$，且 $\theta_1 > \theta_2$）（图 E.0.4），应按下列公式计算：

$$N \leqslant \alpha \alpha_1 f_c A - \sigma_{po} A_p + \alpha f'_{py} A_p - \alpha_t (f_{py} - \sigma_{po}) A_p + (\alpha - \alpha_t) f_y A_s \tag{E.0.4-1}$$

$$M + M_a \leqslant (\alpha_1 f_c A r + r f_y A_s + r_p f'_{py} A_p) \cdot \frac{\sin(\alpha \pi - \alpha \theta_1 - \alpha \theta_2 + \theta_1) - \sin \theta_1}{\pi - \theta_1 - \theta_2} +$$

$$[(f_{py} - \sigma_{po}) A_p r_p + r f_y A_s] \frac{\sin(\alpha_t \pi - \alpha_t \theta_1 - \alpha_t \theta_2)}{\pi - \theta_1 - \theta_2} +$$

$$\frac{\sigma_{po} A_p r}{2} \frac{2 \sin \theta_1 + \sin(\alpha_0 + \theta_2) - \sin(\alpha_0 - \theta_2)}{\pi - \theta_1 - \theta_2} \tag{E.0.4-2}$$

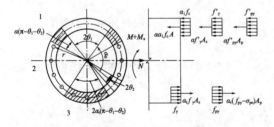

图 E.0.4 塔筒截面上有两个非对称孔洞，且
$\alpha(\pi - \theta_1 - \theta_2) + \theta_1 + \theta_2 < \alpha_0 \leqslant \pi - \theta_2 - \alpha_t(\pi - \theta_1 - \theta_2)$ 时计算简图
1—受压区；2—中和区；3—受拉区

E.0.5 塔筒截面上有两个非对称孔洞，且 $\alpha_0 > \pi - \theta_2 - \alpha_t(\pi - \theta_1 - \theta_2)$ 时（受压区为 $2\theta_1$，且 $\theta_1 > \theta_2$）（图 E.0.5），应按下列公式计算：

$$N \leqslant \alpha \alpha_1 f_c A - \sigma_{po} A_p + \alpha f'_{py} A_p - \alpha_t (f_{py} - \sigma_{po}) A_p + (\alpha - \alpha_t) f_y A_s \tag{E.0.5-1}$$

$$M + M_a \leqslant (\alpha_1 f_c A r + r f_y A_s + r_p f'_{py} A_p) \cdot \frac{\sin(\alpha \pi - \alpha \theta_1 - \alpha \theta_2 + \theta_1) - \sin \theta_1}{\pi - \theta_1 - \theta_2} +$$

$$\frac{1}{2}[(f_{py} - \sigma_{po}) A_p r_p + r f_y A_s] \frac{\sin(\beta_2) + \sin(\beta'_2) - \sin(\pi - \alpha_0 + \theta_2) + \sin(\pi - \alpha_0 - \theta_2)}{\pi - \theta_1 - \theta_2} +$$

$$\frac{\sigma_{po} A_p r}{2} \frac{2 \sin \theta_1 + \sin(\alpha_0 + \theta_2) - \sin(\alpha_0 - \theta_2)}{\pi - \theta_1 - \theta_2} \tag{E.0.5-2}$$

$$\beta_2 = k - \arcsin\left(-\frac{m}{2 \sin k}\right) \tag{E.0.5-3}$$

$$\beta'_2 = k + \arcsin\left(-\frac{m}{2 \sin k}\right) \tag{E.0.5-4}$$

$$m = \cos(\pi - \alpha_0 - \theta_2) - \cos(\pi - \alpha_0 + \theta_2) \tag{E.0.5-5}$$

$$k = \alpha_t(\pi - \theta_1 - \theta_2) + \theta_2 \tag{E.0.5-6}$$

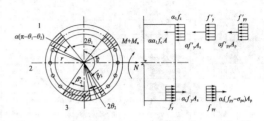

图 E.0.5 塔筒截面上有两个非对称孔洞，且
$\alpha_0 > \pi - \theta_2 - \alpha_t(\pi - \theta_1 - \theta_2)$ 时计算简图
1—受压区；2—中和区；3—受拉区

式中：A——扣除孔洞面积后塔筒截面面积；

θ_1、θ_2——塔筒截面受压、受拉区的孔洞半角（rad）；

α_0——计算截面有两个孔洞时，两孔洞角平分线的夹角（rad）。

附录 F 截面形心轴至圆心轴的距离及截面核心距计算

F.0.1 截面形心轴至圆心轴的距离可按下列公式计算：

1 当有一个孔洞时：

$$a = r \frac{\sin \theta}{\pi - \theta} \tag{F.0.1-1}$$

2 当有两个孔洞且对称布置时：

$$a = r \frac{\sin \theta_1 - \sin \theta_2}{\pi - \theta_1 - \theta_2} \tag{F.0.1-2}$$

3 当有两个孔洞且不对称布置时：

$$a = r \frac{\sin \theta_1 - 0.5 \sin(\alpha_0 - \theta_2) + 0.5 \sin(\alpha_0 + \theta_2)}{\pi - \theta_1 - \theta_2} \tag{F.0.1-3}$$

式中：θ——塔筒截面受压区的开孔洞半角（rad）；

θ_1、θ_2——塔筒截面受压、受拉区的开孔洞半角（rad）。

F.0.2 截面核心距 r_{co} 可按下列公式计算：

1 塔筒计算截面无孔洞或有两个对称布置的大小相等的孔洞时：

$$r_{co} = \frac{1}{2} r \tag{F.0.2-1}$$

2 塔筒截面受压区有一个孔洞时：

$$r_{co} = \frac{\pi - \theta - 0.5 \sin 2\theta - 2 \sin \theta}{2(\pi - \theta - \sin \theta)} r \tag{F.0.2-2}$$

3 塔筒截面有两个对称布置的大小不相等的孔洞（$\alpha_0 = \pi$，并将大孔洞置于受压区）时：

$$r_{co} = \frac{\pi - \theta_1 - \theta_2 - \frac{1}{2} \sin 2\theta_1 + \frac{1}{2} \sin 2\theta_2 - 2 \sin \theta_1 \cos \theta_2}{2[(\pi - \theta_1 - \theta_2) \cos \theta_2 - \sin \theta_1 + \sin \theta_2]} r \tag{F.0.2-3}$$

4 塔筒截面有两个非对称孔洞（$a_0 \neq \pi$，并将大孔洞置于受压区）且 $a_0 \leqslant \pi-\theta_2$ 时：

$$r_{co} = \frac{\pi-\theta_1-\theta_2-\frac{1}{2}\sin2\theta_1+\frac{1}{4}\left[\sin2(a_0-\theta_2)-\sin2(a_0+\theta_2)\right]+\sin(a_0-\theta_2)-\sin(a_0+\theta_2)-2\sin\theta_1}{2\left[(\pi-\theta_1-\theta_2)+\sin(a_0-\theta_2)-\sin(a_0+\theta_2)-2\sin\theta_1\right]}r$$

(F.0.2-4)

5 塔筒截面有两个非对称孔洞（$a_0 \neq \pi$，并将大孔洞置于受压区）且 $a_0 > \pi-\theta_2$ 时：

$$r_{co} = \frac{\pi-\theta_1-\theta_2-\frac{1}{2}\sin2\theta_1+\frac{1}{4}\left[\sin2(a_0-\theta_2)-\sin2(a_0+\theta_2)\right]-\cos(a_0+\theta_2)\left[\sin(a_0-\theta_2)-\sin(a_0+\theta_2)-2\sin\theta_1\right]}{-2\left[(\pi-\theta_1-\theta_2)\cos(a_0+\theta_2)+\sin(a_0-\theta_2)-\sin(a_0+\theta_2)-2\sin\theta_1\right]}r$$

(F.0.2-5)

式中：r——塔筒平均半径。

附录 G　开孔塔筒截面应力计算

G.0.1 混凝土和预应力混凝土塔筒水平截面的应力，当 $e_{0k} \leqslant r_{co}$ 时应按下列规定确定（图 G.0.1）：

1 背风面混凝土的压应力 σ'_c 应按下列公式计算：

1）塔筒截面受压区有一个孔洞时：

$$\sigma'_c = \frac{N_{pe}+N_k}{A_0}\left\{1+\frac{2\left(\frac{e_{0k}}{r}+\frac{\sin\theta}{\pi-\theta}\right)\left[(\pi-\theta)\cos\theta+\sin\theta\right]}{\pi-\theta-0.5\sin2\theta-\frac{2\sin^2\theta}{\pi-\theta}}\right\}$$

(G.0.1-1)

2）塔筒截面有两个孔洞（$a_0=\pi$，大孔洞置于受压区）时：

$$\sigma'_c = \frac{N_{pe}+N_k}{A_0}\left\{1+\frac{2\left(\frac{e_{0k}}{r}+\frac{\sin\theta_1-\sin\theta_2}{\pi-\theta_1-\theta_2}\right)\left[(\pi-\theta_1-\theta_2)\cos\theta_1+\sin\theta_1-\sin\theta_2\right]}{\pi-\theta_1-\theta_2-0.5(\sin2\theta_1+\sin2\theta_2)-2\frac{(\sin\theta_1-\sin\theta_2)^2}{\pi-\theta_1-\theta_2}}\right\}$$

(G.0.1-2)

3）塔筒截面有两个孔洞（$a_0\neq\pi$，大孔洞置于受压区）时：

$$\sigma'_c = \frac{N_{pe}+N_k}{A_0}\left\{1+\frac{2\left(\frac{e_{0k}}{r}+\frac{\sin\theta_1+P_1}{\pi-\theta_1-\theta_2}\right)\left[(\pi-\theta_1-\theta_2)\cos\theta_1+\sin\theta_1+P_1\right]}{(\pi-\theta_1-\theta_2)-0.5(\sin2\theta_1+P_2)-2\frac{(\sin\theta_1+P_1)^2}{\pi-\theta_1-\theta_2}}\right\}$$

(G.0.1-3)

$$P_1 = \frac{1}{2}\left[\sin(a_0+\theta_2)-\sin(a_0-\theta_2)\right]$$ (G.0.1-4)

$$P_2 = \frac{1}{2}\left[\sin2(a_0+\theta_2)-\sin2(a_0-\theta_2)\right]$$ (G.0.1-5)

2 迎风面混凝土的压应力 σ_c 应按下列公式计算：

1）塔筒计算截面受压区有一个孔洞时：

$$\sigma_c = \frac{N_{pe}+N_k}{A_0}\left[1-\frac{2\left(\frac{e_{0k}}{r}+\frac{\sin\theta}{\pi-\theta}\right)(\pi-\theta-\sin\theta)}{\pi-\theta-0.5\sin2\theta-\frac{2\sin^2\theta}{\pi-\theta}}\right]$$

(G.0.1-6)

2）塔筒截面有两个孔洞（$a_0=\pi$，大孔洞置于受压区）时：

$$\sigma_c = \frac{N_{pe}+N_k}{A_0}\left\{1-\frac{2\left(\frac{e_{0k}}{r}+\frac{\sin\theta_1-\sin\theta_2}{\pi-\theta_1-\theta_2}\right)\left[(\pi-\theta_1-\theta_2)\cos2\theta_2-(\sin\theta_1-\sin\theta_2)\right]}{\pi-\theta_1-\theta_2-0.5(\sin2\theta_1+\sin2\theta_2)-2\frac{(\sin\theta_1-\sin\theta_2)^2}{\pi-\theta_1-\theta_2}}\right\}$$

(G.0.1-7)

3）塔筒截面有两个孔洞（$a_0\neq\pi$，大孔洞置于受压区）且 $a_0 \leqslant \pi-\theta_2$ 时：

$$\sigma_c = \frac{N_{pe}+N_k}{A_0}\left\{1-\frac{2\left(\frac{e_{0k}}{r}+\frac{\sin\theta_1+P_1}{\pi-\theta_1-\theta_2}\right)\left[(\pi-\theta_1-\theta_2)-\sin\theta_1-P_1\right]}{(\pi-\theta_1-\theta_2)-0.5(\sin2\theta_1+P_2)-2\frac{(\sin\theta_1+P_1)^2}{\pi-\theta_1-\theta_2}}\right\}$$

(G.0.1-8)

4）塔筒截面有两个孔洞（$a_0\neq\pi$，大孔洞置于受压区）且 $a_0 > \pi-\theta_2$ 时：

$$\sigma_c = \frac{N_{pe}+N_k}{A_0}\left\{1-\frac{2\left(\frac{e_{0k}}{r}+\frac{\sin\theta_1+P_1}{\pi-\theta_1-\theta_2}\right)\left[-(\pi-\theta_1-\theta_2)\cos(a_0+\theta_2)-\sin\theta_1-P_1\right]}{(\pi-\theta_1-\theta_2)-0.5(\sin2\theta_1+P_2)-2\frac{(\sin\theta_1+P_1)^2}{\pi-\theta_1-\theta_2}}\right\}$$

(G.0.1-9)

式中：A_0——塔筒水平截面的换算截面面积，对于无孔洞截面：$A_0=2\pi rt(1+\omega_{hs}+\omega_{hp})$；对于有一个孔洞截面：$A_0=2(\pi-\theta)rt(1+\omega_{hs}+\omega_{hp})$；对于有两个孔洞截面：$A_0=2(\pi-\theta_1-\theta_2)rt(1+\omega_{hs}+\omega_{hp})$；$t$ 为筒壁厚度；

　ω_{hs}、ω_{hp}——塔筒水平截面的特征系数，取 $\omega_{hs}=2.5\rho_s\alpha_{Es}$，$\omega_{hp}=2.5\rho_p\alpha_{Ep}$，$\alpha_{Es}$、$\alpha_{Ep}$ 为钢筋、预应力钢筋和混凝土弹性模量之比，$\alpha_{Es}=E_s/E_c$，$\alpha_{Ep}=E_p/E_c$；ρ_s、ρ_p 为纵向普通钢筋和预应力钢筋的配筋率；

　θ_1、θ_2——两孔洞的半角，$\theta_1>\theta_2$，且 θ_1 位于受压区。

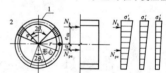

图 G.0.1　水平截面在标准荷载作用下的计算
（$e_{0k} \leqslant r_{co}$，全截面受力情况）
1—孔洞；2—受压区

G.0.2 混凝土和预应力混凝土塔筒水平截面的应力，当 $e_{0k} > r_{co}$ 时应按下列规定确定（图 G.0.2）：

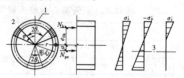

图 G.0.2　水平截面在标准荷载作用下的计算
（$e_{0k} > r_{co}$，拉压区均存在情况）
1—孔洞；2—受压区；3—形心轴

1 背风面混凝土的压应力 σ'_c 应按下列公式计算：

1）塔筒截面受压区有一个孔洞时：

$$\sigma'_c = \frac{N_k+N_{pe}}{A} \cdot \frac{(\pi-\theta)(\cos\theta-\cos\varphi)}{\sin\varphi-\varphi\cos\varphi-\sin\theta+\theta\cos\varphi-(\omega_{hs}+\omega_{hp})[(\pi-\theta)\cos\varphi+\sin\theta]}$$

(G.0.2-1)

2）塔筒截面有两个对称孔洞（$a_0=\pi$，大孔洞位于受压区）时：

$$\sigma'_c = \frac{N_k+N_{pe}}{A} \cdot \frac{(\pi-\theta_1-\theta_2)(\cos\theta_1-\cos\varphi)}{\sin\varphi-\varphi\cos\varphi-\sin\theta_1+\theta_1\cos\varphi-(\omega_{hs}+\omega_{hp})[(\pi-\theta_1-\theta_2)\cos\varphi+\sin\theta_1-\sin\theta_2]}$$

(G.0.2-2)

3）塔筒截面有两个非对称孔洞（$\alpha_0 \neq \pi$，大孔洞置于受压区）时：

$$\sigma'_c = \frac{N_k + N_{pe}}{A} \cdot \frac{(\pi - \theta_1 - \theta_2)(\cos\theta_1 - \cos\varphi)}{\sin\varphi - \varphi\cos\varphi - \sin\theta_1 + \theta_1\cos\varphi -}$$
$$\frac{}{(\omega_{hs} + \omega_{hp})\{(\pi - \theta_1 - \theta_2)\cos\varphi + }$$
$$\frac{}{\sin\theta_1 - \frac{1}{2}[\sin(\alpha_0 - \theta_2) - \sin(\alpha_0 + \theta_2)]\}}$$

(G.0.2-3)

式中：A——塔筒水平截面面积。如有两个孔洞时：$A = 2(\pi - \theta_1 - \theta_2)rt$；有一个孔洞时，令 $\theta_2 = 0$。

 2 迎风面纵向钢筋和预应力钢筋的拉应力 σ_s 和 σ_p 应按下列公式计算：

  1）塔筒截面有一个孔洞时：

$$\sigma_s = 2.5\alpha_{Es}\frac{1 + \cos\varphi}{\cos\theta - \cos\varphi}\sigma'_c \qquad (G.0.2\text{-}4)$$

$$\sigma_p = 2.5\alpha_{Ep}\frac{1 + \cos\varphi}{\cos\theta - \cos\varphi}\sigma'_c \qquad (G.0.2\text{-}5)$$

  2）塔筒截面有两个对称孔洞（$\alpha_0 = \pi$，大孔洞位于受压区）时：

$$\sigma_s = 2.5\alpha_{Es}\frac{\cos\theta_2 + \cos\varphi}{\cos\theta_1 - \cos\varphi}\sigma'_c \qquad (G.0.2\text{-}6)$$

$$\sigma_p = 2.5\alpha_{Ep}\frac{\cos\theta_2 + \cos\varphi}{\cos\theta_1 - \cos\varphi}\sigma'_c \qquad (G.0.2\text{-}7)$$

  3）塔筒截面有两个非对称孔洞（$\alpha_0 \neq \pi$，大孔洞置于受压区）且 $\alpha_0 \leqslant \pi - \theta_2$ 时：

$$\sigma_s = 2.5\alpha_{Es}\frac{1 + \cos\varphi}{\cos\theta_1 - \cos\varphi}\sigma'_c \qquad (G.0.2\text{-}8)$$

$$\sigma_p = 2.5\alpha_{Ep}\frac{1 + \cos\varphi}{\cos\theta_1 - \cos\varphi}\sigma'_c \qquad (G.0.2\text{-}9)$$

  4）塔筒截面有两个非对称孔洞（$\alpha_0 \neq \pi$，大孔洞置于受压区）且 $\alpha_0 > \pi - \theta_2$ 时：

$$\sigma_s = 2.5\alpha_{Es}\frac{\cos(\alpha_0 + \theta_2) + \cos\varphi}{\cos\theta_1 - \cos\varphi}\sigma'_c \qquad (G.0.2\text{-}10)$$

$$\sigma_p = 2.5\alpha_{Ep}\frac{\cos(\alpha_0 + \theta_2) + \cos\varphi}{\cos\theta_1 - \cos\varphi}\sigma'_c \qquad (G.0.2\text{-}11)$$

 3 截面受压区半角 φ 可按下列公式计算：

  1）塔筒截面受压区有一个孔洞时：

$$\frac{e_{0k}}{r} = \frac{\frac{1}{2}\varphi - \frac{1}{2}\sin\varphi\cos\varphi - \frac{1}{2}\theta - \frac{1}{4}\sin2\theta + \sin\theta\cos\varphi + }{\sin\varphi - \varphi\cos\varphi - \sin\theta + \theta\cos\varphi - (\omega_{hs} + \omega_{hp})[(\pi - \theta)\cos\varphi + \sin\theta]}$$
$$\text{（加号项）}(\omega_{hs} + \omega_{hp})\left(\frac{1}{2}\pi - \frac{1}{2}\theta - \frac{1}{4}\sin2\theta + \sin\theta\cos\varphi\right)$$

(G.0.2-12)

  2）塔筒截面有两个对称孔洞（$\alpha_0 = \pi$，大孔洞位于受压区）时：

$$\frac{e_{0k}}{r} = \frac{\left(\frac{1}{2}\pi - \frac{1}{2}\theta_1 - \frac{1}{2}\theta_2 - \frac{1}{4}\sin2\theta_2 - \frac{1}{4}\sin2\theta_1 + \sin\theta_1\cos\varphi - \sin\theta_2\cos\varphi\right)}{\sin\varphi - \varphi\cos\varphi - \sin\theta_1 + \theta_1\cos\varphi - (\omega_{hs} + \omega_{hp})[(\pi - \theta_1 - \theta_2)\cos\varphi + \sin\theta_1 - \sin\theta_2]}$$

其中分子中含 $\frac{1}{2}\varphi - \frac{1}{2}\sin\varphi\cos\varphi - \frac{1}{2}\theta_1 - \frac{1}{4}\sin2\theta_1 + \sin\theta_1\cos\varphi + (\omega_{hs} + \omega_{hp}) \cdot$

(G.0.2-13)

  3）塔筒截面有两个非对称孔洞（$\alpha_0 \neq \pi$，大孔洞置于受压区）时：

$$\frac{e_{0k}}{r} = \frac{\splitfrac{\frac{1}{2}\varphi - \frac{1}{2}\sin\varphi\cos\varphi - \frac{1}{2}\theta_1 - \frac{1}{4}\sin2\theta_1 + \sin\theta_1\cos\varphi + }{(\omega_{hs} + \omega_{hp})\left[\frac{1}{2}\pi - \frac{1}{2}\theta_1 - \frac{1}{2}\theta_2 - \frac{1}{4}\sin2\theta_1 - \frac{1}{8}\sin(2\alpha_0 + 2\theta_2) + \frac{1}{8}\sin(2\alpha_0 - 2\theta_2) + \sin\theta_1\cos\varphi + \frac{1}{2}\cos\varphi\sin(\alpha_0 + \theta_2) - \frac{1}{2}\cos\varphi\sin(\alpha_0 - \theta_2)\right]}}{\splitfrac{\sin\varphi - \varphi\cos\varphi - \sin\theta_1 + \theta_1\cos\varphi - }{(\omega_{hs} + \omega_{hp})\left[(\pi - \theta_1 - \theta_2)\cos\varphi + \sin\theta_1 - \frac{1}{2}\sin(\alpha_0 - \theta_2) + \frac{1}{2}\sin(\alpha_0 + \theta_2)\right]}}$$

(G.0.2-14)

附录 H 在偏心荷载作用下，圆形、环形基础基底
零应力区的基底压力计算系数

H.0.1 在偏心荷载作用下，圆形、环形基础基底零应力区的基底压力计算系数值可按表 H.0.1 采用。

表 H.0.1 在偏心荷载作用下，圆形、环形基础基底零应力区的基底压力计算系数

e/r_1	r_2/r_1																		
	0.00		0.50		0.55		0.60		0.65		0.70		0.75		0.80		0.85		0.90	
	τ	ξ	τ	ξ	τ	ξ	τ	ξ	τ	ξ	τ	ξ	τ	ξ	τ	ξ	τ	ξ	τ	ξ
0.25	2.000	1.571	—	—	—	—	—	—	—	—	—	—	—	—	—	—	—	—	—	—
0.26	1.960	1.539	—	—	—	—	—	—	—	—	—	—	—	—	—	—	—	—	—	—
0.27	1.924	1.509	—	—	—	—	—	—	—	—	—	—	—	—	—	—	—	—	—	—
0.28	1.889	1.480	—	—	—	—	—	—	—	—	—	—	—	—	—	—	—	—	—	—
0.29	1.854	1.450	—	—	—	—	—	—	—	—	—	—	—	—	—	—	—	—	—	—
0.30	1.820	1.421	—	—	—	—	—	—	—	—	—	—	—	—	—	—	—	—	—	—
0.31	1.787	1.392	—	—	—	—	—	—	—	—	—	—	—	—	—	—	—	—	—	—
0.32	1.755	1.364	1.976	1.164	—	—	—	—	—	—	—	—	—	—	—	—	—	—	—	—
0.33	1.723	1.335	1.946	1.146	1.987	1.088	—	—	—	—	—	—	—	—	—	—	—	—	—	—
0.34	1.692	1.307	1.917	1.128	1.957	1.072	2.000	1.005	—	—	—	—	—	—	—	—	—	—	—	—

e/r_1	r_2/r_1																		
	0.00		0.50		0.55		0.60		0.65		0.70		0.75		0.80		0.85		0.90	
	τ	ξ	τ	ξ	τ	ξ	τ	ξ	τ	ξ	τ	ξ	τ	ξ	τ	ξ	τ	ξ	τ	ξ
0.35	1.661	1.279	1.888	1.110	1.929	1.056	1.971	0.991	—	—	—	—	—	—	—	—	—	—	—	—
0.36	1.630	1.252	1.860	1.092	1.900	1.039	1.943	0.976	1.998	0.902	—	—	—	—	—	—	—	—	—	—
0.37	1.601	1.224	1.832	1.075	1.873	1.024	1.916	0.962	1.961	0.889	2.000	0.801	—	—	—	—	—	—	—	—
0.38	1.571	1.197	1.804	1.057	1.846	1.008	1.890	0.948	1.934	0.877	1.980	0.793	—	—	—	—	—	—	—	—
0.39	1.541	1.170	1.777	1.040	1.819	0.992	1.863	0.934	1.908	0.865	1.955	0.783	2.000	0.687	—	—	—	—	—	—
0.40	1.513	1.143	1.750	1.023	1.792	0.977	1.837	0.920	1.883	0.852	1.929	0.772	1.976	0.679	—	—	—	—	—	—
0.41	1.484	1.116	1.723	1.006	1.766	0.961	1.811	0.907	1.857	0.840	1.904	0.762	1.952	0.670	2.000	0.565	—	—	—	—
0.42	1.455	1.090	1.695	0.988	1.739	0.946	1.785	0.893	1.831	0.828	1.879	0.752	1.928	0.662	1.976	0.559	—	—	—	—
0.43	1.427	1.063	1.668	0.971	1.712	0.930	1.758	0.879	1.806	0.816	1.854	0.741	1.903	0.653	1.952	0.552	2.000	0.436	—	—
0.44	1.399	1.037	1.640	0.954	1.685	0.915	1.732	0.865	1.780	0.804	1.829	0.731	1.879	0.645	1.929	0.545	1.979	0.431	—	—
0.45	1.371	1.010	1.613	0.937	1.658	0.900	1.705	0.852	1.754	0.792	1.804	0.721	1.855	0.637	1.905	0.538	1.955	0.426	2.000	0.299
0.46	1.343	0.984	1.584	0.920	1.630	0.884	1.678	0.838	1.727	0.780	1.778	0.711	1.830	0.628	1.881	0.532	1.933	0.421	1.984	0.296
0.47	1.316	0.959	1.555	0.902	1.601	0.868	1.650	0.824	1.700	0.768	1.752	0.700	1.804	0.620	1.857	0.525	1.910	0.416	1.962	0.293
0.48	1.288	0.933	1.526	0.884	1.572	0.852	1.621	0.810	1.672	0.756	1.724	0.690	1.778	0.611	1.832	0.518	1.886	0.411	1.939	0.290
0.49	1.261	0.908	1.495	0.866	1.541	0.836	1.591	0.795	1.642	0.743	1.695	0.679	1.750	0.602	1.805	0.511	1.861	0.406	1.916	0.286
0.50	1.234	0.883	1.463	0.848	1.510	0.819	1.559	0.780	1.611	0.730	1.665	0.668	1.721	0.593	1.777	0.504	1.834	0.401	1.891	0.283
0.51	1.208	0.858	1.430	0.829	1.477	0.802	1.527	0.765	1.580	0.717	1.634	0.657	1.690	0.584	1.748	0.497	1.806	0.396	1.864	0.279

e/r_1	r_2/r_1																		
	0.00		0.50		0.55		0.60		0.65		0.70		0.75		0.80		0.85		0.90	
	τ	ξ	τ	ξ	τ	ξ	τ	ξ	τ	ξ	τ	ξ	τ	ξ	τ	ξ	τ	ξ	τ	ξ
0.52	1.181	0.833	1.397	0.810	1.444	0.785	1.494	0.750	1.547	0.704	1.602	0.646	1.659	0.575	1.717	0.490	1.776	0.390	1.836	0.276
0.53	—	—	1.363	0.791	1.410	0.768	1.460	0.735	1.513	0.691	1.569	0.635	1.627	0.565	1.686	0.482	1.746	0.385	1.807	0.272
0.54	—	—	1.328	0.772	1.375	0.750	1.425	0.719	1.479	0.677	1.536	0.623	1.594	0.556	1.654	0.475	1.715	0.379	1.776	0.269
0.55	—	—	1.293	0.752	1.340	0.732	1.390	0.703	1.444	0.663	1.501	0.611	1.560	0.546	1.621	0.467	1.683	0.374	1.745	0.265
0.56	—	—	1.258	0.732	1.304	0.714	1.355	0.687	1.409	0.649	1.466	0.599	1.526	0.536	1.587	0.459	1.650	0.368	1.713	0.261
0.57	—	—	—	—	1.268	0.696	1.318	0.670	1.373	0.635	1.430	0.587	1.491	0.526	1.553	0.452	1.616	0.362	1.680	0.257
0.58	—	—	—	—	—	—	1.282	0.654	1.336	0.620	1.394	0.575	1.455	0.516	1.518	0.444	1.582	0.356	1.647	0.254
0.59	—	—	—	—	—	—	—	—	1.299	0.605	1.357	0.562	1.418	0.506	1.482	0.436	1.547	0.350	1.613	0.250
0.60	—	—	—	—	—	—	—	—	1.261	0.591	1.320	0.550	1.381	0.496	1.445	0.427	1.511	0.344	1.578	0.246
0.61	—	—	—	—	—	—	—	—	—	—	1.282	0.537	1.344	0.485	1.408	0.419	1.475	0.338	1.542	0.242
0.62	—	—	—	—	—	—	—	—	—	—	—	—	1.306	0.474	1.371	0.411	1.438	0.332	1.506	0.238
0.63	—	—	—	—	—	—	—	—	—	—	—	—	—	—	1.333	0.402	1.400	0.326	1.469	0.234
0.64	—	—	—	—	—	—	—	—	—	—	—	—	—	—	1.294	0.393	1.362	0.319	1.432	0.230
0.65	—	—	—	—	—	—	—	—	—	—	—	—	—	—	—	—	1.324	0.313	1.394	0.225
0.66	—	—	—	—	—	—	—	—	—	—	—	—	—	—	—	—	—	—	1.356	0.221
0.67	—	—	—	—	—	—	—	—	—	—	—	—	—	—	—	—	—	—	1.317	0.217

注：1　$r_2/r_1 = 0$ 时为圆形基础，$r_2/r_1 > 0$ 时为环形基础；

2　当 e/r_1、r_2/r_1 为中间值时，τ、ξ 均可用内插法确定。

附录 J　基础和锚板基础抗拔稳定计算

J.0.1　利用土重法计算高耸结构基础的抗拔稳定时,本标准公式 (7.4.3)中的 G_e 可按下式计算:

$$G_e=(V_t-V_0)\gamma_0 \qquad (J.0.1)$$

式中:V_t——h_t 深度范围内的土体(包括基础)的体积(m^3);

V_0——h_t 深度范围内的基础体积(m^3);

γ_0——土的计算重度(kN/m^3)。

1　当 $h_t\leqslant h_{cr}$ 时:

方形底板:$G_e=\gamma_0\left[h_t\left(b^2+2bh_t\tan\alpha_0+\dfrac{4}{3}h_t^2\tan^2\alpha_0\right)-V_0\right]$

圆形底板:$G_e=\gamma_0\left[\dfrac{\pi h_t}{4}\left(d^2+2dh_t\tan\alpha_0+\dfrac{4}{3}h_t^2\tan^2\alpha_0\right)-V_0\right]$

2　当 $h_t>h_{cr}$ 时:

方形底板:

$G_e=\gamma_0\left[h_{cr}\left(b^2+2bh_{cr}\tan\alpha_0+\dfrac{4}{3}h_{cr}^2\tan^2\alpha_0\right)+b^2(h_t-h_{cr})-V_0\right]$

圆形底板:

$G_e=\gamma_0\left[\dfrac{\pi}{4}h_{cr}\left(d^2+2dh_{cr}\tan\alpha_0+\dfrac{4}{3}h_{cr}^2\tan^2\alpha_0\right)+d^2(h_t-h_{cr})-V_0\right]$

上述 G_e 的计算值应根据不同的 H/F 比值乘以下列系数采用:

当 $H/F=0.15\sim0.40$ 时,乘以 $1.00\sim0.90$;

当 $H/F=0.40\sim0.70$ 时,乘以 $0.90\sim0.80$;

当 $H/F=0.70\sim1.00$ 时,乘以 $0.80\sim0.75$;

此外,当底板坡角 $\alpha<45°$ 时,G_e 尚应乘以系数 0.8。

J.0.2　利用土重法计算拉绳锚板基础的抗拔稳定时,本标准公式 (7.4.4)中的 G_e 可按下式计算:

$$G_e=V_t\gamma_0 \qquad (J.0.2)$$

式中:V_t——锚板上 h_t 深度范围内的土体积(m^3);

γ_0——土的计算重度(kN/m^3)。

1　当 $h_t\leqslant h_{cr}$ 时,矩形锚板:

$G_e=\gamma_0 h_t\left[bl\cos\theta_1+(b\cos\theta_1+l)h_t\tan\alpha_0+\dfrac{4}{3}h_t^2\tan^2\alpha_0\right]$

2　当 $h_t>h_{cr}$ 时,矩形锚板:

$G_e=\gamma_0\left\{h_{cr}\left[bl\cos\theta_1+(b\cos\theta_1+l)h_{cr}\tan\alpha_0+\dfrac{4}{3}h_{cr}^2\tan^2\alpha_0\right]+bl(h_t-h_{cr})\cos\theta_1\right\}$

式中:θ_1——拉绳锚板面与水平面的夹角。

J.0.3　利用剪切法计算拉绳锚杆基础的抗拔稳定时,当本标准图 7.4.4 中 $\theta\leqslant45°$,且锚板处于原状土体中时,可按下式验算锚板基础的抗力:

$$F\leqslant0.5\gamma_0 A(\alpha_1 h_t/b+\alpha_2)/\gamma_{R3} \qquad (J.0.3)$$

式中:F——垂直于锚板的拉绳拔力($\theta_1=90°-\theta$);

A——矩形锚板面积;

b——锚板宽度(图 7.4.4);

γ_{R3}——土体抗剪稳定系数,一般可采用 2.0;当专业标准有详细规定时,可按专业标准采用;

α_1、α_2——与锚板正反面土压力及 θ 有关的系数,按本标准表 J.0.4-4 采用。

J.0.4　利用剪切法计算基础的抗拔稳定时,剪切抗力是由与土的凝聚力 c 和内摩擦角 φ 有关的两部分组成。

1　当 $h_t\leqslant h_{cr}$ 时,本标准公式(7.4.5-1)中土体滑动面上剪切抗力的总竖向分量 V_e 可按下式计算:

$$V_e=0.4A_1 ch_t^2+0.8A_2\gamma_t h_t^3 \qquad (J.0.4-1)$$

2　当 $h_t>h_{cr}$ 时,本标准公式(7.4.5-2)中的 V_e 可按下式计算:

$$V_e=0.4A_1 ch_{cr}^2+0.8A_2\gamma_t h_{cr}^3 \qquad (J.0.4-2)$$

本标准公式(7.4.5-2)中的 G_e 可按下式计算:

$$G_e=\left[\dfrac{\pi}{4}d^2(h_t-h_{cr})-\Delta V_0\right]\gamma_t \qquad (J.0.4-3)$$

式中:c——土体饱和状态下的凝聚力(N/m^2);对黏性土时,当具有塑性指数 I_p 和天然孔隙比 e 时可按表 J.0.4-1 确定;当粗略估计土体抗拔时,可根据土的密实度按表 J.0.4-2 确定;

A_1、A_2——与 φ、h_t/d 有关的无因次系数,按图 J.0.4-1~图 J.0.4-3 确定;这里的 φ 为土的计算内摩擦角,对黏性土和砂类土,按表 J.0.4-1~表 J.0.4-3 采用;

h_t——基础上拔深度(m);

γ_t——原状土的重度(N/m^3);

ΔV_0——h_t-h_{cr} 范围内的基础体积(m^3)。

当基底展开角 $\alpha>45°$ 时,上述 V_e 和 G_e,即本标准公式(7.4.5-1)和公式(7.4.5-2)的右侧 V_e 项应乘以系数 1.2,此外,尚应根据不同的 H/F 值乘以与本标准附录 J.0.1 相同的系数。

表 J.0.4-1　黏性土土凝聚力 c 和内摩擦角 φ

塑性指数 I_p	天然孔隙比											
	0.6		0.7		0.8		0.9		1.0		1.1	
	c (kN/m^2)	φ (°)	c (kN/m^2)	φ (°)	c (kN/m^2)	φ (°)	c (kN/m^2)	φ (°)	c (kN/m^2)	φ (°)	c (kN/m^2)	φ (°)
3	18	31	10	30	—	—	—	—	—	—	—	—
5	28	28	20	27	13	26	—	—	—	—	—	—
7	38	25	30	24	22	23	—	—	—	—	—	—
9	47	22	38	21	31	20	24	19	—	—	—	—
11	54	20	45	19	38	18	31	17	24	15	—	—
13	59	18	51	17	43	16	36	15	30	13	—	—
15	62	16	55	15	48	14	41	13	34	11	27	9
17	66	14	58	13	51	12	44	11	37	10	31	8
19	68	13	60	12	53	11	45	10	38	8	32	6

注:黏性土的凝聚力和内摩擦角和砂类土的内摩擦角,可按土工实验方法或其他野外鉴定方法确定。

表 J.0.4-2　黏性土凝聚力 c 和内摩擦角 φ

剪切指标	土 的 分 类		
	硬性	可塑	软塑
c (kN/m^2)	40~50	30~40	20~30
φ (°)	15~10	10~5	5~0

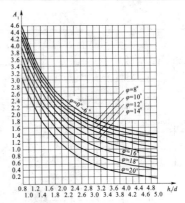

图 J.0.4-1　$A_1=f(\varphi,h_t/d)$ 曲线

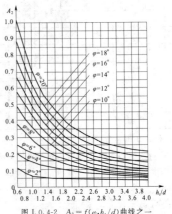

图 J.0.4-2　$A_2=f(\varphi,h_t/d)$ 曲线之一

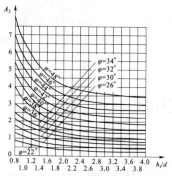

图 J.0.4-3 $A_2 = f(\varphi, h_t/d)$ 曲线之二

表 J.0.4-3 砂类土内摩擦角 φ

砂类土名称	密 实 度		
	密实	中密	稍密
砂砾、粗砂	45°~40°	40°~35°	35°~30°
中砂	40°~35°	35°~30°	30°~25°
细砂、粉砂	35°~30°	30°~25°	25°~20°

注：孔隙比 e 小者，φ 取大值。

表 J.0.4-4 锚板剪切法计算系数表

$\theta(°)$	$\varphi=20°$		$\varphi=30°$		$\varphi=40°$	
	α_1	α_2	α_1	α_2	α_1	α_2
30	0.97	2.17	1.53	2.40	2.21	2.76
35	0.92	2.13	1.45	2.32	2.07	2.61
40	0.87	2.11	1.37	2.26	1.90	2.47
45	0.85	2.09	1.30	2.19	1.83	2.38

本标准用词说明

　　1 为便于在执行本标准条文时区别对待，对要求严格程度不同的用词说明如下：
　　1）表示很严格，非这样做不可的：
　　　　正面词采用"必须"，反面词采用"严禁"；
　　2）表示严格，在正常情况下均应这样做的：
　　　　正面词采用"应"，反面词采用"不应"或"不得"；
　　3）表示允许稍有选择，在条件许可时首先应这样做的：
　　　　正面词采用"宜"，反面词采用"不宜"；
　　4）表示有选择，在一定条件下可以这样做的，采用"可"。
　　2 条文中指明应按其他有关标准执行的写法为："应符合……的规定"或"应按……执行"。

引用标准名录

《建筑地基基础设计规范》GB 50007
《建筑结构荷载规范》GB 50009
《混凝土结构设计规范》GB 50010
《建筑抗震设计规范》GB 50011
《钢结构设计标准》GB 50017
《湿陷性黄土地区建筑规范》GB 50025
《烟囱设计规范》GB 50051
《混凝土结构工程施工及验收规范》GB 50204
《钢结构工程施工质量验收规范》GB 50205
《建筑工程抗震设防分类标准》GB 50223
《优质碳素结构钢》GB/T 699
《建筑桩基技术规范》JGJ 94

中华人民共和国国家标准

高耸结构设计标准

GB 50135—2019

条 文 说 明

编 制 说 明

《高耸结构设计标准》GB 50135—2019，经住房和城乡建设部 2019 年 5 月 24 日以第 133 号公告批准发布。

本标准是在《高耸结构设计规范》GB 50135—2006（以下简称原标准）的基础上修订而成的。上一版的主编单位是同济大学、中广电广播电影电视设计研究院（原国家广播电影电视总局设计院）、中国建筑科学研究院、北京广播电影电视设备制造厂等，主要起草人是王肇民、马人乐、马星、牛春良、王俊、王建磊、王墨耕、邓洪洲、乐俊旺等。

本标准在修订的过程中，针对与各现行相关标准之间协调和高耸结构领域内出现的新技术、新工艺进行展开，根据已修订的上一级国家标准的修改内容，对原标准做相对应的修改。补充了三管柱、四管柱的风荷载体型系数，对高耸结构的风振系数做了修订；对高耸结构的抗震设计方法做了修改补充；根据高耸结构在 2008 年冰灾中的反应对原标准中抗"覆冰"设计参数及方法做了修改补充；对桅杆拉耳的疲劳破坏问题作出设计规定；对"热浸锌高强螺栓"和"拉压交变型高强螺栓"的设计方法作出规定；对高耸结构预应力柔性拉杆设计方法、法兰设计、相贯线焊接设计、预应力混凝土高耸结构设计做了相应的修改及补充；对"预应力锚栓"、无埋深预制基础、螺旋桩基础、筒式基础的设计方法作出规定；对独立扩展基础地反力计算表作出调整。收集了自原标准发布以来反馈的意见和建议，认真总结了工程设计经验，参考了国内外规范的有关内容，在全国范围内广泛征求了建设主管部门和设计院等有关使用单位的意见，并对反馈意见进行了汇总和处理。

本次修订，增加了附录 C、附录 D、附录 E、附录 F 和附录 G。标准的涵盖范围较原标准有一定程度的补充。

为了便于设计、施工、科研、学校等单位有关人员在使用本标准时能正确理解和执行条文规定，《高耸结构设计标准》编制组按章、节、条顺序编写了本标准的条文说明，对条文规定的目的、编制依据以及执行中需注意的有关事项进行了说明，还着重对强制性条文的强制性理由做了解释。但是，本条文说明不具备与标准正文同等的法律效力，仅供使用者作为理解和把握标准规定的参考。

目　次

1 总　则

1.0.2 输电高塔是指大跨越塔及高度高于 150m 的输电塔。

1.0.4 与本标准有关的现行国家标准有《建筑结构荷载规范》GB 50009、《钢结构设计标准》GB 50017、《混凝土结构设计规范》GB 50010、《建筑地基基础设计规范》GB 50007、《构筑物抗震设计规范》GB 50191 和《建筑抗震设计规范》GB 50011 等。

2　术语和符号

根据标准编制的统一标准及正文中出现的主要术语和符号编制本章。本章中出现的符号、计量单位和基本术语是按现行国家标准《工程结构设计基本术语标准》GB/T 50083 的有关规定采用的。

2.1 术　语

2.1.5 预应力锚栓主要由荷载分散板、锚固板、锚栓及其套管等组成。锚栓贯穿基础整个高度，连接整体性好。采用直接张拉法对锚栓施加准确的预拉力，使荷载分散板、锚固板对钢筋混凝土加压力。基础承受外荷载时，混凝土压应力有所释放但始终处于受压状态，不会出现裂缝，提高了连接的耐久性。

2.1.6 预应力岩石锚杆不同于普通岩石锚杆之处有两方面：其一，必须对锚杆施加预拉力；其二，锚杆的上端通过螺母锚于基础顶面，穿越基础的锚杆杆身必须采用套管使其与基础混凝土脱离，即成为非锚固的自由段，以保证对锚杆施加预应力时，锚杆产生足够的拉伸变形。而锚固段则是指预应力锚杆锚固于岩层中的区段。

3　基　本　规　定

3.0.3 对结构设计使用年限为 100 年的高耸结构，荷载等相关参数取值除根据现行国家标准《建筑结构荷载规范》GB 50009 要求选用之外，现行国家标准《建筑结构荷载规范》GB 50009 未定的应根据其他标准做调整。

后建于已建建筑物上的通信塔，其设计基准期仍为 50 年，但由于已建建筑物的使用寿命一般少于 50 年，所以不能要求在其上后建的塔的寿命要达到 50 年。影响其寿命的主要是其与老建筑连接的耐久性问题。

风力发电塔，其上的发电设备使用寿命一般为 25 年，但塔的设计基准期仍为 50 年，荷载重现期也按 50 年取。影响其使用寿命的主要是机械的疲劳荷载，按 1000 万次计，基本是 25 年。其实当一套发电设备在 25 年后报废时，新装的设备也不可能是原设备同样的疲劳作用，所以要求 50 年使用寿命无实际意义。

3.0.4 偶然事件包括爆炸、撞击、人为错误等与起因对应的破坏。

3.0.5 结构破坏可能产生的后果的严重性主要体现在对人的生命的危害、经济损失及社会影响等方面。

省级以上的电视塔安全等级为一级。烟囱高度大于或等于 200m 时，烟囱的安全等级为一级，否则，为二级；对于高度小于 200m 的电厂烟囱，当单机容量不小于 300MW 时，其安全等级按一级考虑。电压等级为 ±800kV、1000kV 的输电高塔安全等级为一级。

本条增加了高耸结构的安全等级为三级。以前高耸结构的数量少，且特别重要，因此规定其安全等级为一级或者二级。但是随着目前高耸结构数量日益增多，使用范围扩大，尤其是一些移动式基站的出现，因此增加了安全等级为三级的规定。对于临时的通信塔，安全等级为三级。

风力发电设备单机容量较小，通常风力发电机组不大于 0.6 万 kW。因此风力发电塔倒塌对电网冲击较小，不会严重影响居民生活及工业用电；由于技术的发展，风力发电设备已基本做到无人值守，且多安装于空旷地带，故风力发电塔倒塌不会造成大量人员伤亡，不会造成严重社会影响；风力发电塔倒塌引起的财产损失多在 1000 万～2000 万人民币之间，相对火电、水电、核电等电力设备，引起的财产损失较小。此外，风力发电塔一般使用寿命为 20 年～25 年。综合考虑风力发电塔倒塌造成的破坏损失，不论功率、高度，统一取安全等级为二级。

3.0.7 本条规定了在承载能力极限状态下，高耸结构及构件基本组合和偶然组合的设计方法。

1 可变荷载组合系数表 3.0.7-2 中关于覆冰重力荷载下风荷载的组合值系数，根据电力部门的实测和与国外规范的对比，综合实测和国外规范，此系数取值为 0.25～0.70，由设计者根据实际调查选取。

楼面、平台活荷载不根据使用年限做调整，因为活荷载对于高耸结构影响很小。

在安装检修荷载下（包括结构的整个安装过程，尚未形成完整的结构体系时），风的组合值系数与现行国家标准《建筑结构荷载规范》GB 50009 中的组合值系数统一取为 0.60。

在温度作用下，风的组合值系数在北方地区实际较大。本标准考虑实际情况并与现行国家标准《建筑结构荷载规范》GB 50009 中风的组合值系数统一取值为 0.60。

对桅杆结构，不应简单套用式（3.0.7-1）先做各种荷载效应计算，再将各种效应做线性迭加，而应先将桅杆的荷载与作用做不利组合，再计算非线性结构效应，然后与结构抗力比较。

2 偶然组合：高耸结构的偶然组合有"断线作用""罕遇地震"

等。"断线作用"按现行行业标准《架空输电线路荷载规范》DL/T 5551执行,"罕遇地震"按现行国家标准《建筑抗震设计规范》GB 50011执行。

3.0.9 本条按现行国家标准《建筑结构荷载规范》GB 50009的系数取值和高耸结构的特点,明确列出了高耸结构常见荷载的组合值系数、频遇值系数和准永久值系数,以便设计人员采用。

式(3.0.9-2)~式(3.0.9-4)中不包含地震作用。本条中短期效应组合指标准组合或频遇组合,长期效应组合指标准永久组合。

3.0.10 本条对各类高耸结构按正常使用极限状态设计时,可变荷载代表值的选取做了明确规定。其中,既考虑了与现行国家标准《建筑结构荷载规范》GB 50009、《建筑地基基础设计规范》GB 50007的协调,也考虑了高耸结构的特点。

3.0.11 本条规定了高耸结构正常使用极限状态的控制条件。

2 剪切位移角定义如下(图1):

$$\theta = \Delta / h$$

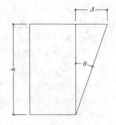

图1 剪切位移角

3 对于有游览设施或有人员值班的塔,本标准参见国内外的研究资料,当加速度幅值达到200mm/s²时,达到人不能忍受的程度,故明确限定在风荷载动力作用下塔楼处振动加速度幅值 $A_f \omega_a^2$ 不应大于200mm/s²。

5 混凝土塔的筒身有可能是抗裂控制。在这种情况下,可采用预应力或部分预应力技术提高抗裂度,满足标准要求。

7 考虑到某些高耸结构的实际正常使用条件限制较宽(如输电塔,行业规程认定可不做变形计算)。对于这类高耸结构,限定变形的目的仅仅是为了限定非线性变形对结构的不利作用。当在计算中考虑非线性变形对结构的不利作用时,可将变形限制条件适当放宽。因此,本标准将按非线性方法计算的高耸结构的最大变形限值放宽为 $H/50$。当然,前提是变形须满足使用工艺要求。对于单管塔,由于其用途很多,变形一般较大,在本标准中不宜给出一个统一的变形限度标准,故将这一问题留给使用单管塔的各行业标准制定者。

对于高耸结构,一般不做层间位移角限值要求,对于有塔楼的或容易造成非结构构件破坏的部位,应控制该部位的层间位移角,计算时应扣除该位置弯曲转角造成的层间变形值。

3.0.12 由于振动控制技术在国内高耸结构领域内已有一些应用,且通过实测对振动控制技术的有效性做了认定。故本标准本着实事求是的原则,提出当结构为变形或加速度控制非强度控制时,宜采用振动控制技术减小结构变形和加速度,以节约工程造价。

本条增加了风力发电塔减振要求。通过减振可以抑制风机共振或延缓共振,使风机机械控制策略有较长时间发挥作用,穿越共振频率区域,从而减少共振引起的停机。

3.0.13 风力发电塔架应在全部设计荷载情况下,稳定、安全地支撑风轮和机舱(包括发电机和传动系统等部件)。塔架应具有足够的强度,承受作用在风轮、机舱和塔架上的静荷载和动荷载,满足风力发电机组的设计寿命。应通过计算分析或试验确定塔架(在整机状态下)的固有频率和阻尼特性,并进行共振振计算分析,使其固有频率避开风轮旋转频率及叶片通过频率。塔架可能存在共振

情况时,允许通过调整控制策略等方法以避开共振点。本条增加了对风塔结构有自振频率的控制,这虽然不是结构反应,但仍然是牵涉到正常使用的结构特征参数,也难以归入承载能力极限状态,所以列入本条。宜对风力发电塔频率进行计算或实测。

3.0.14 岩土勘察是设计地基基础的最根本的依据,任何一个地基基础设计时,都必须进行岩土工程勘察。

岩土工程勘察要求应符合现行国家标准《建筑地基基础设计规范》GB 50007的相关规定。

3.0.15 本条与原标准第4.4.3条相对应,去除了原标准第4.4.3条第3款关于混凝土高耸筒体结构及其地基基础可不进行截面抗震验算的条件。原因是随着高耸结构的功能日益多样化,导致地震在结构验算尤其是对于塔楼结构验算时可能会起控制作用。因此去掉这部分内容,使得高耸结构的设计更加安全化。

3.0.16 高耸钢塔中在塔楼、塔头部位经常有悬挑距离较大的桁架、梁等,这些部位竖向地震作用可能成为最不利作用,所以在此提出要求。

4 荷载与作用

4.1 荷载与作用分类

本节将高耸结构上的荷载分为永久荷载、可变荷载、偶然荷载三类,并对各类荷载包括的内容作出具体规定。本节增加了风力发电塔的机械振动作用。

4.1.2 本条第2款是指类似风力发电塔的作用,应由风机设计人员提供。

4.2 风 荷 载

4.2.1 高耸结构受风荷载影响较大,影响风荷载的因素较多,计算方法也多种多样,它们都直接关系到风荷载的取值和结构安全。

对于主要承重结构,风荷载标准值的表达可有两种形式,一种为平均风压加上由脉动风引起导致结构风振的等效风压;另一种为平均风压乘以风振系数。由于在结构的风振计算中,一般往往是第1振型起主要作用,因而我国与大多数国家相同,采用后一种表达形式,即采用风振系数 β_z。它综合考虑了结构在风荷载作用下的动力响应,其中包括风速随时间、空间的变异性和结构的阻尼特性等因素。

显然,随着建设的发展,新的高耸结构的体型复杂性大大增加,而计算机更普遍应用到每个单位和个人,因而第一种方法将并已经开始在风工程中普遍使用。

当重现期 $R < 50$ 时,风压代表值的最小值应通过 $0.35g \dfrac{w_{0,R}}{w_0}$ 进行换算, $w_{0,R}$ 表示重现期为 R 的风压代表值。

本条风荷载为顺风向风阻,单位计算面积是指沿高耸结构高

度方向分段的当前计算段落的正面挡风面积。

4.2.2 基本风压的确定方法和重现期直接关系到当地基本风压值的大小，因而也直接关系到建筑结构在风荷载作用下的安全。

基本风压 W_0 是根据全国各气象台站历年来的最大风速记录，按基本风压的标准要求，将不同风仪高度和时次时距的年最大风速，统一换算为离地 10m 高，自记 10min 平均年最大风速（m/s）。根据该风速数据，经统计分析确定重现期为 50 年的最大风速，作为当地的基本风速 v_0。再按贝努利公式 $w_0 = \frac{1}{2}\rho v_0^2$ 确定基本风压。以往，国内的风速记录大多数根据风压板的观测结果和刻度所反映的风速，实际上是统一根据标准的空气密度 $\rho = 1.25\text{kg/m}^3$ 按上述公式反算而得的，因此在按风速确定风压时，可统一按公式 $w_0 = v_0^2/1600(\text{kN/m}^2)$ 计算。

鉴于当前各气象台站已累积了较多的根据风杯式自记风速仪记录的 10min 平均年最大风速数据，已具有合理计算的基础。但是要特别注意的是，按基本风压的标准要求，应以当地比较空旷平坦地面为计算依据。随着建设的发展，很多气象台站不再具备比较空旷平坦地面为计算依据的条件，应用时应特别注意。

现行国家标准《建筑结构荷载规范》GB 50009—2012 第 8.1.2 条规定："对于高层建筑、高耸结构以及对风荷载比较敏感的其他结构，基本风压的取值应适当提高，并应符合有关结构设计标准的规定。"对于高耸结构，经大量的调查和研究认为应当把基本风压提高到不小于 0.35kN/m^2。对于 w_0 在 0.35kN/m^2 及以上的风压，没有必要再另行增大 w_0。

4.2.4 对于山间盆地和谷地，一般可按推荐系数的平均值取，当地形对风的影响很大时，应做具体调查后确定。对于与风向一致的谷口、山口，根据欧洲钢结构协会标准 ECCS/T12，如果山谷狭窄，其收缩作用使风产生加速度，为考虑这种现象，对最不利情况，相应的系数最大可取到 1.5。国内一些资料也有到 1.4。本标准建议应通过实地调查和对比观察分析确定，如因故未进行上述工作，也可取较大系数 1.4。

4.2.6 随着我国建设事业的蓬勃发展，城市房屋的高度和密度日益增大，尤其是诸如北京、上海、广州等超大型城市群的发展，城市涵盖的范围越来越大，使城市地面下的大气边界层厚度与原来相比有显著增加。本次修订根据荷载规范的变化，提高了 C、D 两类地貌的粗糙度类别的梯度风高度，由 400m 和 450m 分别修改为 450m 和 550m。

根据地面粗糙度指数及梯度风高度，即可得出风压高度变化系数如下：

$$\mu_z^A = 1.284\left(\frac{z}{10}\right)^{0.24} \quad (1)$$

$$\mu_z^B = 1.000\left(\frac{z}{10}\right)^{0.30} \quad (2)$$

$$\mu_z^C = 0.544\left(\frac{z}{10}\right)^{0.44} \quad (3)$$

$$\mu_z^D = 0.262\left(\frac{z}{10}\right)^{0.60} \quad (4)$$

在确定城区的地面粗糙度类别时，当无 α 的实测时，可按下述原则近似确定：

（1）以拟建房屋为中心，2km 为半径的迎风半圆影响范围内的房屋高度和密集度来区分粗糙度类别，风向原则上应以该地区最大风的风向为准，但也可取其主导风向。

（2）以半圆影响范围内建筑物的平均高度 $\bar{h}$ 来划分地面粗糙度类别：$\bar{h} \geqslant 18\text{m}$，为 D 类；$9\text{m} < \bar{h} < 18\text{m}$，为 C 类；$\bar{h} \leqslant 9\text{m}$，为 B 类。

（3）影响范围内不同高度的面域可按下述原则确定，即每座建筑物向外延伸距离为高度的面域内均为该高度，当不同高度的面域相交时，交叠部分的高度取大者；

（4）平均高度 $\bar{h}$ 取各面域面积为权数计算。

对于山区的建筑物，风压高度变化系数按计算位置离山地周围平坦地面高度计算，这里说的山地周围平坦地面是指最邻近 B 类地貌处。

根据大量高耸结构工程设计经验，原标准规定的对于山区高耸结构地形修正系数设计而不适用，在本次修订时，将其删除。加入将风压改为风阻。

4.2.7 本条列出了不同类型的建筑物和各类结构体型及其体型系数，这些都是根据国内外的试验资料和外国规范中的建议性规定整理而成，当建筑物与表中列出的体型类同时可参考应用，否则仍应由风洞试验确定。

3、4 在表 4.2.7-3、表 4.2.7-4 中，挡风系数 φ 只列到 0.5 为止。对于 φ 大于 0.5 的体型系数，如无参考资料，也可取 φ 为 0.5 时较大值的体型系数。

5 索线与地面夹角一般为 $40° \sim 60°$，根据高耸结构实践，体型系数值与现行国家标准《建筑结构荷载规范》GB 50009—2012 表 8.3.1 体型系数项次 39 中的数值略有不同。《建筑结构荷载规范》GB 50009—2012 表 8.3.1 仅提供了拉索平面内的体型系数，当风不在拉索平面内时，作用更大。本标准表 4.2.7-5 提出了风不在拉索平面时，作用于结构的垂直风向分量的体型系数。

12 对四管组合柱开展了刚性模型测力及测压风洞试验。试验充分考虑了不同风向角、不同间距比等因素对结构体型系数的影响。为充分考虑雷诺数效应对于钝体结构体型系数的影响，亦开展了高风速下均匀流场、不同紊流度的紊流场等多种流场工况下的风洞试验，同时参考国内外相关资料得出其体型系数。

风洞试验开展了均匀流、8%紊流度、15%紊流度三种流场工况下的测力及测压试验。其中，风速为 30m/s 的均匀流工况时，结构处于超临界范围；紊流场可使钝体结构在较低雷诺数下表现出处于超临界区的受力特性，故可认为结构在 8%紊流度（风速 10m/s，15m/s）流场工况、15%紊流度（风速 10m/s，15m/s）流场工况下亦处于超临界范围。

对于同一来流攻角、同一间距比的体型系数，选取上述五种工况所测得体型系数的最大值（保留小数点后两位）作为其体型系数（表1）。

表 1　四管组合柱风荷载体型系数表

	S/D	μ_{sX}	μ_{sY}
$\beta=0°$	0.3	1.93	—
	0.6	1.58	—
	1.0	1.80	—
	1.3	1.83	—
$\beta=15°$	0.3	1.52	1.02
	0.6	1.56	0.42
	1.0	1.65	-0.17
	1.3	1.69	-0.26
$\beta=30°$	0.3	1.58	0.18
	0.6	1.59	0.22
	1.0	1.66	0
	1.3	1.67	0
$\beta=45°$	0.3	1.69	
	0.6	1.62	
	1.0	1.67	
	1.3	1.67	

13 对三管组合柱开展了刚性模型测力及测压风洞试验。试验中充分考虑的不同风向角、不同间距比等因素对结构体型系数的影响。为充分考虑雷诺数效应对于钝体结构体型系数的影响，亦开展了高风速下均匀流场、不同紊流度的紊流场等多种流场工况下的风洞试验，综合比较分析得出其体型系数（图2）。

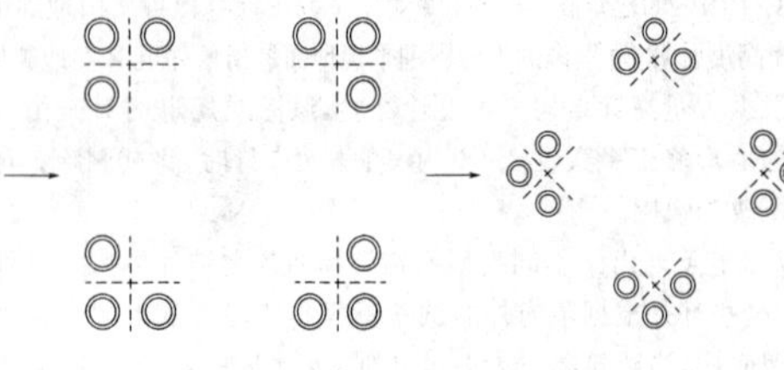

(1)0° 迎风工况   (2)45° 迎风工况

图 2 三管组合柱风向图

4.2.8 风荷载体型系数涉及的是关于固体与流体相互作用的流体动力学问题，对于不规则形状的固体，问题尤为复杂，无法给出理论上的结果。由于用计算流体动力学分析目前尚未成熟，至今一般仍由试验确定。鉴于真型实测的方法对结构设计的不现实性，目前只能采用相似原理，在边界层风洞内对拟建的建筑物模型进行测试。

4.2.9 风振系数应根据随机振动理论导出。

现行国家标准《建筑结构荷载规范》GB 50009 对顺风向风振系数作出了较大的修改，采用了国际上通用背景响应因子和共振响应因子的形式，但基本计算理论仍是基于第一振型的惯性风荷载法。自立式高耸结构刚度相对较小、自振频率相对较低，是以第一振型振动为主的风敏感结构，风荷载起控制作用。本标准列出的式 (4.2.9)是根据现行国家标准《建筑结构荷载规范》GB 50009 针对只考虑第一振型影响的结构有关公式转换而来的，考虑到方便套用，顺风向风振系数仍采用脉动增大系数和脉动影响系数的表达形式，并针对几种规则结构外形做了适当简化，其意义同现行国家标准《建筑结构荷载规范》GB 50009 是一致的。同时也根据现行国家标准《建筑结构荷载规范》GB 50009 的修改调整了相关参数的取值，编制了计算表格方便查用。由于现行国家标准《建筑结构荷载规范》GB 50009 将 A,B,C,D 四类场地 10m 高素流度从 8.8%、11.4%、16.7%、27.8%提高到 12%、14%、23%、39%，将峰值因子从 2.2 提高到 2.5，增大了脉动风荷载，因此使得各类地貌的风振系数均有增大。参考美国、日本和英国的规范及国内相关单位的一些实测数据，认为原标准将钢结构的阻尼比统一取 0.01 过于笼统，对于钢塔架偏小，因此建议将构架式钢塔架(包括角钢塔和钢管塔)的阻尼比由原来的 0.01 调整为 0.02，以减小现行国家标准《建筑结构荷载规范》GB 50009 调整所造成的风振系数增大程度，并给出阻尼比 0.01～0.05 分别对应的脉动增大系数，供不同类别的结构形式查用。

应该说明，随着计算机的普及应用和结构形式愈来愈多样性和复杂性，只考虑第一振型影响已不能满足要求，而且也无必要，可根据基本原理考虑多振型影响进行电算。

表 4.2.9-3 中变化范围数字为 A 类地貌至 D 类地貌，B 类、C 类地貌的查表为 1/5、1/2 处，例如 $Z/H = 0.6$，$l_x(H)/l_x(0) = 0.5$ 时，B 类可取 $\varepsilon_2 = 0.55$，C 类 $\varepsilon_2 = 0.59$。

4.2.10 钢桅杆风振系数根据随机振动理论导出，考虑到初步设计也很容易计算出桅杆杆身的前几阶振型，一般可考虑前 4 阶自振频率和振型(剔除扭转振型)，桅杆杆身的风振系数为：

$$\beta_z = 1 + \sqrt{\sum_{n=1}^{4} \xi_n^2 \frac{\left[\int_0^H \int_0^H \mu_1(z)\mu_1(z')\mu_z(z)\mu_z(z')\exp\left(-\frac{|z-z'|}{60}\right)\Phi_n(z)\Phi_n(z')dzdz'\right]^{1/2}}{\mu_z(z)\int_0^H \Phi_n(z)^2 dz} \Phi_n^2} \quad (5)$$

其中脉动系数：

$$\mu_1(z) = 2gI_{10}\left(\frac{z}{10}\right)^{-\alpha} \quad (6)$$

式中：ξ_n —— 脉动增大系数；

    g —— 峰值因子，取 2.5；

    I_{10} —— 10m 高素流度，A 类、B 类、C 类、D 类地貌分别为 12%、14%、23%、39%；

    α —— 风剖面指数，A 类、B 类、C 类、D 类地貌分别为 0.12、0.15、0.22、0.30；

    $\mu_z(z)$ —— 风压高度系数；

    $\Phi_n(z)$ —— n 阶振型在高度 z 处的取值。

按桅杆杆身风振系数的计算公式，可编程计算得到桅杆杆身沿高度变化的 z 高度的风振系数 β_z。

为方便计算，条文中根据风振系数计算公式给出简化算法，计算步骤如下：

桅杆杆身按纤绳层数分段，如 $(n-1)$ 层纤绳可分为 n 段(包括悬臂段)，每段按高度 4 等分，桅杆杆身被等分为 $N = 4n$ 个节点，则每段高度为 $dH = H/N$，各点的编号自下而上为 1、2、…、N，用以描述风振系数沿杆身全高 H 的变化规律，则风振系数计算公式中的积分计算转换成为求和计算，可用 EXCEL 软件计算出各点的风振系数。

对于桅杆纤绳，考虑脉动风荷载主要影响纤绳张力，故只考虑一阶振型的影响，将非均布动力风荷载等效为均布荷载，求得换算的均布荷载的风振系数，并编制相应表格(表 4.2.10)。B 类、C 类地貌的 ε_q 查表为 1/10、1/2 处，例如 $\omega_{s1}l/(\pi\sqrt{S/m}) = 2.0$，纤绳高度 100m，B 类、C 类地貌的 ε_q 分别为 0.47、0.70。

4.2.11 当构筑物受到风力作用时，不但顺风向可能发生风振，而且也可能发生横向风振。横风向风振是由不稳定的空气动力形成的，其性质远比顺风向风振更为复杂，其中包括旋涡脱落 Vortex-shedding、颤振 Flutter 等空气动力现象。

对圆截面柱体结构，当发生旋涡脱落，脱落频率与结构自振频率相符时，将出现共振。大量试验表明，旋涡脱落频率 f_s 与风速 v 成正比，与截面的直径 d 成反比。同时，雷诺数 $Re = \frac{vd}{\nu} = 69000vd$($\nu$ 为空气运动黏性系数，约为 1.45×10^{-5} m²/s)，斯托罗哈数 $St = \frac{f_s d}{v}$，它们在识别其振动规律方面有重要意义。

当风速较低，即 $Re < 3 \times 10^5$ 时，一旦 f_s 与结构自振频率相符，即发生亚临界的微风共振，对圆截面柱体，$St \approx 0.2$；当风速增大而处于超临界范围，即 $3 \times 10^5 \leqslant Re < 3.5 \times 10^6$ 时，旋涡脱落没有明显的周期，结构的横向振动也呈随机性；当风更大，即 $Re \geqslant 3.5 \times 10^6$ 时，即进入跨临界范围，重新出现规则的周期性旋涡脱落，一旦与结构自振频率接近，结构将发生强风共振。

因此规定，当雷诺数 $Re < 3 \times 10^5$ 且 $v_H > v_{cr,1}$ 时，可能发生第 1 振型微风共振(亚临界范围的共振)，此时应在构造上采取防振措施或控制结构的临界风速 $v_{cr,1}$ 不小于 15m/s，以降低微风共振的发生率。当雷诺数 $Re \geqslant 3.5 \times 10^6$ 且 $1.2v_H > v_{cr,1}$ 时，可能发生横风向共振(跨临界范围的共振)，此时应验算共振响应。

一般情况下，当风速在亚临界或超临界范围内时，不会对结构产生严重影响，即使发生微风共振，结构可能对正常使用有些影响，但也不至于破坏，设计时，只要采取适当构造措施，或按微风共振控制要求控制结构顶部风速即可。

当风速进入跨临界范围内时，结构有可能出现严重的振动，甚至破坏，国内外都曾发生过很多这类的损坏和破坏的事例，对此必须引起注意。

4.2.12 对亚临界的微风共振，微风共振时结构会发生共振声响，但一般不会对结构产生破坏。此时可采用调整结构布置以使结构基本周期 T_1 改变而不发生微风共振，或者控制结构的临界风速 $v_{cr,1}$ 不小于 15m/s，以降低共振的发生率。

对跨临界的强风共振，设计时必须按不同振型对结构予以验算。式(4.2.12-4)中的计算系数 λ_j 是对 j 振型情况下考虑与共振锁住区分布有关的折算系数。在临界风速 $v_{cr,j}$ 起始点高度 H_1 以上至 $1.3v_{cr,j}$ 一段范围内均为锁住区，风速均为 $v_{cr,j}$。共振锁住区的终点高度 $H_2 = H\left(\frac{1.3v_{cr,j}}{v_{H,a}}\right)^{\frac{1}{a}}$，式中 $v_{H,a}$ 为该地貌的结构顶点的风速。H_2 一般常在顶点高度之上，故锁住区取到结构顶点，计算系数 λ_j

就根据此点而作出。个别情况如 $H_2<H$,可根据实际情况进行计算,此时 λ_j 可按 $\lambda_j(H_1)-\lambda_j(H_2)$ 确定,如考虑安全,也可将 H_2 取至顶点。若临界风速起始点在结构顶部,不发生共振,也不必验算横风向的风振荷载。临界风速 $v_{cr,j}$ 计算时,应注意对不同振型是不同的。根据国外资料和我们的计算研究,一般考虑前四个振型就足够了,但以前两个振型的共振为最常见。还应注意到,对跨临界的强风共振验算时,考虑到结构强风共振的严重性及试验资料的局限性,应尽量提高验算要求。一些国外规范如 ISO 4354 就要求考虑增大风速验算。这里采用将顶部风速增大到 1.2 倍以扩大验算范围。

4.2.13 对于非圆截面的柱体,同样也存在旋涡脱落等空气动力不稳定问题,但其规律更为复杂,国外的风荷载规范逐渐趋向于也按随机振动的理论建立计算模型,目前,标准仍建议对重要的柔性结构宜在风洞试验的基础上进行设计。

4.2.14 基本风速一般取当地空旷平坦地面上 10m 高度处 10min 时距,平均的年最大风速观测数据,经概率统计得出 50(30) 年一遇最大值后确定的风速。

当发生横风向风振时,其顺风向与横风向综合风振效应按矢量和计算。一般情况下,顺风向风振与横风向风振的相关性较小,当发生横风向强风共振时,顺风向的风荷载可不考虑脉动风影响,仅考虑其静力风荷载组合。高耸结构等效风振系数一般在 1.6~1.8 左右,故顺风向静力效应可取总顺风向风荷载效应的 60%,相当于取等效风振系数约为 1.67。由于发生横风向共振时未必是设计风压条件,低于设计风速的所有风速都是可能发生的,故此时的顺风向风荷载应该为横风向共振条件下的对应风速下的风荷载。

4.3 覆冰荷载

4.3.1 在电力行业中,输电杆塔的导地线覆冰荷载比较复杂,且具有显著的行业特点,输电杆塔覆冰荷载计算应遵循电力行业的设计技术规程和规定。

4.3.2 电力行业根据 2005 年华中地区、2008 年初我国南方地区覆冰灾害情况分析结果,对输电线路基本覆冰划分为轻、中、重三个等级,采用不同的设计参数。按现行行业标准《重覆冰架空输电线路设计技术规程》DL/T 5440 对冰区划分和基本覆冰厚度取值进行了规定。输电高塔基本覆冰厚度重现期取值应与基本风速重现期取值一致。

4.4 地震作用

4.4.1 高耸结构根据使用功能和重要性的不同,将结构划分为四类设防,对应于每种设防标准,结构抗震设计的计算和构造要求也不同,直接涉及高耸结构的安全性和经济性。

本条是根据现行国家标准《建筑工程抗震设防分类标准》GB 50223—2008 中关于建筑工程的四个抗震设防类别进行划分的。

4.4.3 高耸结构的抗震性能目标可按现行行业标准《高层混凝土结构技术规程》JGJ 3 的相关规定并结合高耸结构的自身特点确定。

4.4.4 弹性反应谱理论仍是现阶段抗震设计的最基本理论,本标准的设计反应谱以地震影响系数曲线的形式给出,并有如下重要改进:

(1)设计反应谱周期延至 6s。根据地震学研究和强震观测资料统计分析,在周期 6s 范围内,有可能给出比较可靠的数据,也基本满足了国内高耸结构的抗震设计需要。对于长周期大于 6s 的结构,抗震设计反应谱应进行专门研究。

(2)理论上,设计反应谱存在两个下降阶段,即速度控制段和位移控制段,在加速度反应谱中,前者衰减指数为 1,后者衰减指数为 2。设计反应谱是用来预估建筑结构在其设计基准期内可能经受的地震作用,通常根据大量实际地震记录的反应谱进行统计并结合工程经验判断加以规定。为保持标准的延续性,在 $T\le 5T_g$ 范围内与《建筑抗震设计规范》GB 50011—89 相同,把《建筑抗震设计规范》GB 50011—89 的下平台改为倾斜段,使 $T>5T_g$

后的反应谱值有所下降,不同场地类别的最小值不同,较符合实际反应谱的统计规律。在 $T=6T_g$ 附近,新的反应比《建筑抗震设计规范》GB 50011—89 约增加 15%,其余范围取值的变动更小。

(3)为了与我国地震动参数区划图接轨,根据地震动参数区划的反应谱特征周期分区和不同场地类别确定反应谱特征周期 T_g,即特征周期不仅与场地类别有关,而且还与特征周期 T_g 分区有关,同时反映了震级大小、震中距和场地条件的影响。T_g 分区中的一区、二区、三区分别反映了近、中、远影响。为了适当调整和提高结构的抗震安全度,各分区中 Ⅰ、Ⅱ、Ⅲ 类场地的特征周期较《建筑抗震设计规范》GB 50011—89 的值约增大了 0.05s。同理,罕遇地震作用时,特征周期 T_g 值也适当延长。这样处理比较接近近年来得到的大量地震加速度资料的统计结果。与《建筑抗震设计规范》GB 50011—89 相比,安全度有一定提高。

4.4.5 现阶段采用抗震设防烈度所对应的水平地震影响系数最大值 α_{max},多遇地震烈度和罕遇地震烈度分别对应于 50 年设计基准期内超越概率为 63% 和 2%~3% 的地震烈度,也就是通常所说的小震烈度和大震烈度。为了与新的地震动参数区划图接口,表 4.4.5 中的 α_{max} 沿用标准 6 度、7 度、8 度、9 度的所对应的设计基本加速度之外,对于 7 度~8 度、8 度~9 度之间各增加一档,用括号内的数字表示,分别对应于现行国家标准《建筑抗震设计规范》GB 50011—2010 附录 A 中的 0.15g 和 0.30g。

高耸结构阻尼比的确定与现行国家标准《构筑物抗震设计规范》GB 50191 统一,明确其数值。由于本标准对于高于 200m 以上的塔推荐使用振动控制技术,故本条规定加振动控制设备的高耸结构的阻尼比可按"等效阻尼比"取值。

对于周期大于 6.0s 的高耸结构所采用的地震影响系数,应专门研究。

本条在原标准基础上增加了"设防地震"的水平地震影响系数。此修改是根据现行行业标准《高层混凝土结构技术规程》JGJ 3—2010 关于结构抗震性能的设计和相关规定,根据结构抗震性能目标,高耸结构应能满足设防地震作用下弹性的要求。

4.4.6 本条在原标准基础上补充了四类高耸结构在多遇地震、设防地震、罕遇地震作用下阻尼比的取值。

考虑到不同结构类型的抗震设计需要,提供了不同阻尼比(0.01~0.20)地震影响系数曲线相对于标准的地震影响系数 α(阻尼比为 0.05)的修正方法。根据实际强度记录的统计分析结果,这种修正可分两段进行:在反应谱平台阶段($\alpha=\alpha_{max}$),修正幅度最大;在反应谱上升段和($T<T_g$)和下降段($T>T_g$),修正幅度变小;在曲线两端(0s 和 6s),不同阻尼比下的 α 系数趋向接近。

表达式为:

上升段 $\quad [0.45+10(\eta_2-0.45)]T\,\alpha_{max}$

水平段 $\quad \eta_2\,\alpha_{max}$

下降段 $\quad (T_g/T)^\gamma\,\eta_2\,\alpha_{max}$

倾斜段 $\quad \left[0.2^\gamma-\dfrac{\eta_1}{\eta_2}(T-5T_g)\right]\eta_2\,\alpha_{max}$

对应于不同阻尼比计算地震影响系数的调整系数(表 2),条文中规定,当 $\eta_2<0.55$ 时取 0.55;当 $\eta_1<0.0$ 时取 0.0。

表 2 地震影响系数

ζ	η_2	γ	η_1
0.01	1.54	0.97	0.025
0.02	1.34	0.95	0.024
0.05	1.00	0.90	0.020
0.10	0.75	0.85	0.014
0.20	0.56	0.80	0.001

4.5 温度作用

4.5.1 经研究,对高寒地区的多功能钢结构电视塔,其塔楼内外结构的温度效应予考虑。本条确定了室外低温的计算标准值。

5 钢塔架和桅杆结构

5.1 一般规定

5.1.1 承载能力和疲劳关系到结构的安全性，而变形关系到结构的使用性，这三种状态中的任何一种都可能对结构计算起控制作用。

原标准中承载力、稳定的定义区间有重合，现改为强度、稳定和变形验算。

塔桅钢结构的承载能力是指结构或构件达到其允许的最大承载能力，或者虽未达到最大承载能力，但由于塑性变形使得结构或构件几何形状发生显著改变，彻底不能使用，也认为已经达到最大承载能力。塔桅结构的变形验算可以理解为结构或构件不能超过使用功能上允许的某个变形限值，例如，过大的变形不仅会对结构产生不利影响，可能还会使人们在心理上产生不安全的感觉，或者不满足工艺要求。

5.1.2 高耸结构的疲劳破坏主要是风力发电塔的破坏，每年都有若干起，造成很大的经济损失，《高耸结构设计规范》GB 50135—2006 修编时，风力发电塔还很少，所以未有针对性条款。目前每年有上万座风力发电塔建成，需维护的风塔的数量急剧增大，所以疲劳问题已成为风电发展中的重要问题。故本次修编加以强调，作为强制性条文，必须严格执行。风电塔的疲劳问题在钢结构方面主要是钢筒焊缝热影响区的母材疲劳问题和法兰连接螺栓的疲劳问题，以后这一问题更为普遍和典型。本标准第 5.8.2 条、第 5.8.3 条、第 5.9.1 条中有具体规定。本条为强制性条文，必须严格执行。

5.1.3 本条所指钢材材质应符合现行国家标准《钢结构设计标准》GB 50017 的规定是要求设计者根据钢结构设计的基本原理并结合高耸钢结构的特点来选择材料及辅助材料。材料选择对于钢结构来讲至关重要，涉及结构设计的安全性和经济性。

高耸钢结构是承受动力荷载（以风为主）的室外结构，而且绝大部分为焊接结构（小型角钢输电塔不在本标准覆盖范围之内）。所以在选择材料时应考虑以下几点：

（1）应选用 Q235-B 及以上的钢材；

（2）对于桅杆纤绳的拉耳设计，应考虑微风时扭转效应引起的疲劳荷载作用，材料和焊缝应比一般高耸钢结构提高一个等级；

（3）对于高耸钢结构的悬臂天线段，应考虑鞭梢效应及高频振动作用，适当选用较好的材料或适当降低应力比；

（4）对于寒冷地区的高耸钢结构，应考虑冷脆问题，适当提高材料等级；根据经验，冬季极限低温在 −20℃～−40℃ 的地区，可采用 C 级钢材；

（5）钢材的选择应考虑经济性，并易于采购，易于管理。

5.1.4 本条所涉及的表 A.0.3 中增加预应力锚栓的设计参数，其抗拉强度是按现行国家标准《钢结构设计标准》GB 50017 中关于高强螺栓的抗拉强度得出的。但因在表 A.0.3 注 6 中规定预应力锚栓应用直接张拉法施工，所以不得用扭矩法施工。抗拉和抗扭共同作用，强度要除以 1.2，此处只除以 1.1。提高强度利用率，也要有一定余地。而且对于锚栓加预应力，实践经验证明必须用直接张拉法，用扭矩法易于折断锚栓。

表 A.0.3 注 7 中提出对于用直接张拉法施工的摩擦型高强螺栓，其强度也可提高 10%，也是同理。但这种螺栓的螺杆长度要达到螺栓直径的 6 倍以上，其预应力损失才低于 20%，可被接受。由于标准适用范围增加了电力高塔，故电力高塔中常用的钢绞线的强度设计值亦予收录。国内电力系统使用螺栓品种、数量较钢结构建筑多，也对各类螺栓的承载能力进行过大量试验，试验结果比现行国家标准《钢结构设计标准》GB 50017 提供的承载能力略大，故电力系统普遍采用的螺栓承载力与现行国家标准《钢结构设计标准》GB 50017 有所区别。为了尊重试验结果，本标准

基本仍采用现行国家标准《钢结构设计标准》GB 50017 数据的前提下作出说明，即有大量可靠试验依据时，可根据行业内具体情况做适当修正，而修正需在行业内以行业标准形式统一规定。

5.1.5 高耸结构处于室外，大气环境腐蚀影响较大。由于维护费用问题越来越突出，故目前对高耸结构一般均做长效防腐蚀处理。本条所列两种长效防腐蚀方法均已经过大量工程实践验证。其他长效防腐方法如氟碳涂层法、无机富锌涂层法等均有较好的应用前景，但尚需经过一定量实际工程检验。

5.1.6 塔桅钢结构的防雷接地是普遍性的重要问题，且利用结构主体作为防雷引下线最为经济，防雷接地又与基础的设计与施工有关。故在此作为设计的一般规定。

5.1.7 与一般结构相比，桅杆结构是受气候影响更显著的高耸结构，风荷载和裹冰荷载常常是其控制荷载；且桅杆结构高度较大，横截面相对较小，杆身长细比通常在 100～200 左右，远大于一般的高耸结构。桅杆结构的柔索纤绳和细长杆导致横向荷载作用下的大变形，整个结构表现出强非线性，静力和动力特性十分复杂。

桅杆结构的非线性因素主要体现在：①纤绳弦向变形和弦向张力不成正比，纤绳动力刚度是非线性的；②二阶矩的影响，由于纤绳斜向张拉的作用，杆身内部轴向力很大，二阶矩的影响不容忽略；③阻尼的非线性，纤绳相当于一个等效的阻尼器，能迅速衰减杆身的振动，其阻尼作用与纤绳的变形有关。另外，通常桅杆每层纤绳均于空间相交于一点，且各层交点连成一条线，整个结构是一个瞬变体系，初始扭转刚度为零，发生扭转变形后才有抗扭刚度与弹性恢复力。所以桅杆结构在微风荷载作用下就易发生扭转振动。在正常使用情况下，微风出现的频率最大，因而桅杆发生微风风激振动的频率也就很高。

桅杆的这些特点使其在风荷载作用下易产生各种复杂的风效应，如顺风随机振动、横风涡激振动、自激振动、参数振动、混沌现象等。频繁且复杂的风激振动易使桅杆产生疲劳损伤，而疲劳损伤又是桅杆结构倒塌的最常见原因之一，因此，在桅杆结构设计时需要采取抗疲劳措施，以下分别从加固节点和增大结构抗扭刚度两方面考虑。①桅杆结构拉耳连接节点是最易发生疲劳破坏的部位，拉耳节点板在设计中只考虑平面内受拉，平面外刚度很小。杆身发生扭转时，纤绳与拉耳节点板会产生平面内夹角，使得节点板在平面外受弯，这种平面外受力状态对拉耳抗疲劳性能有不利的影响。工程中对于拉耳节点板平面外受力问题通常采用加劲板来增加其平面外刚度。②增大结构抗扭刚度可以通过改变纤绳布置方案来实现，增加纤绳数量和改变节点位置使得纤绳拉力作用方向线与结构中心不重合，可以为结构提供额外的抗扭刚度。

5.1.8 要求节点构造简单紧凑的目的主要是减小受风面积，同时也可以简化制作、节约钢材。选型应使传力明确，并尽量减小次应力影响，其节点构造应简单紧凑。

5.2 塔桅钢结构的内力计算

5.2.1 20 世纪 80 年代，塔架的内力计算采用平面桁架法或分层空间桁架法手算较多。但随着技术的进步，这些不太精确的方法已基本被淘汰，精确的整体空间桁架法已被广泛采用。故本标准修订中体现了这一变化，并提出对重要结构做动力分析的要求。

5.2.2 对于桅杆的计算，现已很少采用弹性支座连续梁法手算，所以去除这一方法。现用压弯杆-索或杆-索有限元法计算。

5.2.3 由于风沿高耸结构高度方向的实际分布状况是多变的，而计算公式无法反映这种复杂的变化，所以当按一般的方法计算塔架中某些斜杆的内力时，有时会得到非常小的内力值。而实际上当风的分布状况发生变化时，斜杆的内力会大大超过这一值。这一现象称为"埃菲尔效应"。国外塔桅结构设计规范中已对这种不利效应作出对策。在本标准修订过程中，经过研究并与英国规范对比，得出本条文。即对于计算结果中受力很小的斜杆，要控制其"最小内力"，以免在实际工作状态下内力不稳定造成结构的破坏。

当未按本条规定的方法复核斜杆受力时，为了保证斜材具有足够的承载能力，其设计内力不宜小于主材内力的3%。

5.2.4 塔桅钢结构中的构造支撑件（指零杆或计算法兰受力很小的横膈，再分式腹杆等）在没有初位移、初弯曲的线性内力计算中受力很小。但由于结构的初始缺陷，这些杆件有一定内力，而且此内力相对于计算给出的内力值差异极大。所以必须根据施工标准规定的初始缺陷限值给定一个最小内力。所以本条规定在计算所得内力和它所支撑的杆件内力的1/50两者中选取较大者作为设计内力。这一做法与现行国家标准《钢结构设计标准》GB 50017规定的二力杆的剪力计算接近，并经历了输电塔设计的多年考验。

5.2.5 柔性交叉斜杆分预应力和非预应力两种，非预应力柔性斜杆一旦受压则退出工作，拉杆仍有长细比限制。预应力柔性斜杆在施加预应力后使柔性斜杆在各种工况中始终处于受拉状态，计算整体塔架时应考虑预应力对塔柱和横杆产生的压力。

5.3 塔桅钢结构的变形和整体稳定

5.3.1 原标准第5.3.1条只是指出按第3.0.10条等验算，似与第3.0.10条重复。修改之前先指出在结构布局和形体设计时考虑减少结构变形的不利影响，然后再做验算，这样做出的工程设计应该更优。具体地说，结构整体适当的高宽比、纤绳的几何对称性、适当的预拉力、大跨度梁的适当预拱等都有利于减小变形。

5.3.2 桅杆按非线性有限元计算，根据本标准第5.2.2条，条件是设计风荷载不利组合。本条指在安装阶段，风压为0.1kN/m²，纤绳拉力按实际计取，再加安装荷载，此时桅杆可能发生杆身分枝弯曲失稳，要按本条规定验算桅杆的安全性。

5.4 纤绳

5.4.2 根据纤绳（钢绞线、钢丝绳）强度的提高以及设计经验的累积，将原标准中初应力改为200N/mm²～300N/mm²。原标准中初应力的范围太大，不利于设计质量；原标准中初应力偏低，此处将其略高。屋顶塔简易塔的纤绳预拉力不按本采用。

5.5 轴心受拉和轴心受压构件

5.5.1 受拉板的净截面积等于板的净宽与板厚的乘积。板的净宽度为整个宽度减去锯齿形截面上所有螺栓孔直径的和，再对每一孔间距上加上 $S^2/(4g)$，如图3所示。受拉板的净宽度 b_n：

$$b_n = b - n_0 d_0 + \sum_{i=1}^{n_0-1} \frac{S_i^2}{4g_i} \quad (7)$$

式中：b——受拉板的宽度（mm）；
　　n_0——锯齿形截面上的螺孔个数；
　　d_0——螺栓孔直径（mm）；
　　S_i——纵向相邻两孔的间距（mm）；
　　g_i——横向相邻两孔的间距（mm）。

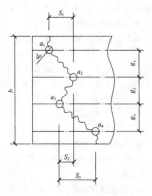

图3　拉板沿锯齿形截面破坏

5.5.3 根据近期的研究及电力系统的工程实践对表5.5.3-2做了补充和修改。与表中数据所对应的连接状态是腹杆直接连接在塔柱角钢肢上。

5.5.6 塔桅钢结构一般按空间桁架计算，其杆件均按二力杆计算，但实际上这些二力杆也会受到局部作用而受弯，为避免不安全而提出增加横向集中力作用，即检修荷载。

5.6 拉弯和压弯构件

5.6.2 原标准条文存在一定的局限性，原标准条文规定单管塔受弯时，其轴压应力占最大应力值控制在5%以内，且仅给出Q235和Q345两种钢材，使得公式应用受到限制。本次修订增加了Q390和Q420钢材强度修正系数的计算方法。

单管杆塔对刚度要求较低，按径厚比 $\frac{D}{t} < 100$ 设计时强度利用明显不足。而国外这类单管杆塔用得很多，其径厚比也突破100的限定。标准编制组以美国规范相应条文为蓝本，进一步考虑单管塔固有的部分轴压力不利作用，对美国规范计算公式做了适当调整（更趋向于安全）。在电力部门，美国规范的公式已在国内大量使用，未发生工程问题。那么本条文公式的使用应该更是可行的。而本条文的实施对与单管塔的建设可以节约大量材料和资金。但本条文公式的径厚比有一定范围限制，超过此范围时，按本标准附录C公式进行计算。

本条文规定单管塔径厚比不宜大于400，是基于原标准及目前单管塔应用情况确定的。

本条文中多边形钢管一般为8边形及以上。

5.7 焊缝连接

原标准这节的标题为"焊缝连接计算"，本次修订去除"计算"。因焊缝设计不仅包括计算，还包括选择种类、等级和尺寸等。

5.7.1 本标准涵盖风力发电塔等带疲劳动力作用的高耸结构，所以删除了原标准中"一般高耸结构不承受疲劳动力荷载"。

高耸结构中所有的焊缝原则上都可以用现行国家标准《钢结构设计标准》GB 50017的方法验算，但为了使高耸钢结构的焊接连接受力均衡，应力流顺畅，减少焊接对母材的不利影响，提高焊接的经济性，也是为了减少高耸钢结构设计中焊缝计算的工作量，分不同等级，提出了四条焊缝设计要求：

（1）对高耸钢结构中受疲劳动力作用且受拉的对接焊缝和角接焊缝，要求尽可能采用一级焊缝。因为一级焊缝有利于焊缝处母材允许疲劳应力幅的提高。提出"受拉"的原因是有些角接焊缝尽管有疲劳动力作用，但其应力变化均在受压范围内，所以不存在疲劳问题，也不必用一级焊缝。检验要求之所以取消，是因为与现行国家标准《钢结构设计标准》GB 50017相同。

（2）除（1）所规定的对接焊缝和角接焊缝，原则上按与母材等强设计，所以用二级焊缝。

（3）"等厚"是为了应力流的顺畅，也是因为等强等就不需要做对接焊缝强度验算。等厚也是为了限制焊缝设计过厚对母材产生不利影响。

（4）高耸结构中不可避免有一些角焊缝，这些角焊缝一般暴露在户外，受力也较复杂，故对其提出"按二级焊缝作外观检查"的进一步质量要求。

5.7.2、5.7.3 原标准第5.7.2条～第5.7.6条与现行国家标准《钢结构设计标准》GB 50017内容相同，故删除。原标准第5.7.7条的连接不常用，而且均为偏心连接，不提倡，故取消。但类似的对称连接方式还采用。因为这类对称连接方式的焊缝验算与现行国家标准《钢结构设计标准》GB 50017中的验算方法无本质区别，故不再列出。本标准第5.7.2条规定了焊缝要按现行国家标准《钢结构设计标准》GB 50017做承载能力验算；本标准第5.7.3条规定了与焊缝相邻的金属母材当受疲劳动力作用时应按现行国家标准《钢结构设计标准》GB 50017 做疲劳验算。

5.7.4 图 5.7.4-1 所示主管与支杆连接方式很常用,支杆可以跟钢管用双剪或单剪连接,也可以是角钢、螺栓抗剪连接。类似的连接还有水平向再加一根横杆的板-管连接,受力优于仅有斜杆的板-管连接。

这种连接的设计规定基于高耸钢结构的以下特点:①高耸钢结构杆件长细比较大,多为空间桁架结构,所以连接板与主管之焊缝上的力可归结为 ΔN 和 ΔM,没有垂直于立轴线方向的合力;②高耸钢结构主管内力源于风荷载引起高耸结构的弯矩,沿高度方向呈二次抛物线分布,从上到下增长速率很快;而支杆内力源于风荷载引起高耸结构的剪力,沿高度方向从上到下按算术方式增长,速率较慢,所以除了输电塔的横担节点、电视塔的塔楼节点之外,支杆相对于主管的内力大多要小一个数量级,所以当作出一些适当的设计规定后,实际上大部分高耸结构的板-管节点都可以免除钢管局部承载力这一最为复杂的验算,而其他验算都是相对基本而简单的。

关于具体要求的原因陈述如下:

(1)两支杆相连的节点板连成一体后,水平方向的分力可在节点板内平衡,不影响到连接焊缝。

(2)节点板的尺度要求与螺栓连接的构造要求是不同的,构造要求满足后,节点板的尺度往往足够大,可以省去很多麻烦。

(3)无论哪一种支杆及连接方式,支杆与节点板的连接均应符合现行国家标准《钢结构设计标准》GB 50017 的规定。

(4)节点板与主管的连接焊缝强度应符合现行国家标准《钢结构设计标准》GB 50017 的规定,与此同时节点板的强度也满足了现行国家标准《钢结构设计标准》GB 50017 的规定。

(5)主管是整体结构中的主要构件,此处按轴心受压设计,不希望受支杆连接板的过大不利影响,因而规定支板厚应比主管壁厚小 2mm 以上(包括2mm),本条比现行国家标准《钢结构设计标准》GB 50017 的规定严格,这是由于高耸钢结构主管与支管的受力相对比值和重要性差异决定的,也比较容易自然满足。

(6)主管与支管连接板焊接后,受到连接板传来的力 ΔN 和力矩 ΔM(见图 5.7.4-2),根据同济大学的研究以及大量工程实践调查,只要节点板长度 L_g 与主管直径 D 之比大于表 D.0.1 的要求,主管承载能力即可满足节点板处局部受力的要求,即大部分此类节点都无需进行复杂的主管局部承载能力的分析。这和现行国家标准《钢结构设计标准》GB 50017 的规定不同,现行国家标准《钢结构设计标准》GB 50017 因为不具备本条说明总结的高耸钢结构节点设计的两条基本特点,所以对此类节点都要求进行主管局部承载能力的验算。

另外,空间方向多块连接板同时与主管连接(呈 90°或 120°、135°)时的主管壁局部承载力要大于单块连接板作用时的主管壁局部承载力,不做计算。

5.7.5 主管与支管的相贯线焊接大量用于高耸钢结构中,原标准未涉及此内容,本次修订增加本条。

对于承受疲劳动力作用(风力发电塔)或高频振动(有鞭梢效应的电视塔或天线顶段)的相贯线,按一级焊缝且构造处理均按对接焊缝要求,这是必要的。相应施工难度会较大,但可以在设计时避免用相贯线焊缝。被焊接管交角小于 30°也是首先应该避免的,实在难以避免则按高标准做。

相贯线焊接有三大问题,一是焊缝强度问题,二是主管壁的局部承载力问题,三是焊缝残余应力和应力集中问题。

(1)焊缝强度问题,其实不是问题。因为按本标准规定无论是对接焊缝还是角焊缝,其强度都应与管壁强度相当。而高耸钢管构件均为压力大于拉力,抗压又以整体稳定控制,特别是支管,长细比一般都比较大,所以按强度验算应力水平很低,而相贯线长度总是大于圆周,所以焊缝强度就不必验算。

(2)主管壁的局部承载力问题,现行国家标准《钢结构设计标

准》GB 50017 有详细计算方法,但很烦琐,根据高耸结构钢管结构的两个基本特点:①支管力与主管力相比相当小;②支管长细比与主管长细比相比大得多(计算长度支管比主管大 40%左右,回转半径支管只有主管的 50%左右)。所以支管直径不应该取得过小。本条第1款按高耸钢结构的实际常见状况规定了几个设计参数的取值范围,然后按现行国家标准《钢结构设计标准》GB 50017 相应条款进行大量验算,验算结果及趋势都证明只要符合这些条件,相贯焊缝连接的主管局部承载力都满足要求,不必验算。这是绝大部分情况,少量不能满足上述规定的情况,就按现行国家标准《钢结构设计标准》GB 50017 验算。

(3)相贯线焊缝的残余应力和应力集中问题,主要是在疲劳作用下对结构安全很不利。当交角小于 30°时,尖角处的撕裂应力也较严重。所以将这两种情况和一般情况区别对待。A 区是不开坡口就能保证对接焊,B 区是稍加修整就能形成坡口并做对接焊。对于一般情况,C 区就用强度角焊缝即可,但对于有疲劳作用的节点或交角小于 30°的节点,则要在 C 区和 D 区切出适当的坡口,再做对接焊,这样才能减少焊接应力,保证焊接质量。这种方法借鉴于美国海洋钻井平台的焊接标准。在我国高耸钢结构中使用也超过 20 年(1993 年青岛电视塔使用了此技术,此后的 20 多年内多个大型钢管塔也用这种技术),没有出现过一例工程事故。所以将此技术列入本标准。

另一种情况是很多支管相连于主管,且发生干扰的情况,现行国家标准《钢结构设计标准》GB 50017 允许相互重叠,甚至重叠处可以有不完整的焊缝,然后规定不同的验算方法。根据高耸结构中此类"干扰"经常表现的形式,本标准不建议支管相互重叠,更不允许重叠处的间断焊缝,而是列出了利用对称中心加强板作为部分"媒介"传递部分内力的连接方式。这种方式受力明确、均衡。现行国家标准《钢结构设计标准》GB 50017 中有合适的验算方法,而且也在大量高耸钢结构中使用,取得了成熟的经验,所以列入本标准。

5.7.6 本条指例如输电塔的横担或是多功能电视塔的塔楼悬挑桁架与塔柱连接的情况。这类节点与一般腹杆和钢管柱连接不同,支管受力与主管受力比较接近。这种情况下主管的局部承载力问题就较为严重,因此可以用多种方法对塔柱做局部加强再进行验算。

5.8 螺栓连接

5.8.1 原标准第 5.8.1 条、第 5.8.2 条基本上引用了现行国家标准《钢结构设计标准》GB 50017 中普通螺栓承载能力验算的条文,本条将其简化为"按现行国家标准《钢结构设计标准》GB 50017 相应要求进行螺栓承载能力验算"。

本条第 3 款规定要有防松措施,这是高耸钢结构一贯坚持的要求,作为普通螺栓能在工程中使用的必要条件之一。条文中列出的两种防松措施是高耸结构中用得最广泛的措施。一般的弹簧垫片在高耸结构中不作为防松措施,因其实际效果不佳。

5.8.2 原标准未专门规定高强螺栓的设计要求,仅有一条注解。但高耸结构中的高强螺栓大多与通用高强螺栓不同。高耸结构大量采用镀锌的或做其他长效防腐蚀表面处理的高强螺栓,对于这些高强螺栓,无法按现行国家标准《钢结构设计标准》GB 50017 的规定用扭矩法施加预应力,因而达不到高强螺栓的效果,也无法确保其正常的受力性能。本条对高耸结构中常用的高强螺栓作出别于现行国家标准《钢结构设计标准》GB 50017 的特殊规定:

1 承载能力验算中,除一般同现行国家标准《钢结构设计标准》GB 50017 的规定外还增加一条:承压型高强螺栓应确保其在荷载标准值下保持高强螺栓的状态,即预应力仍有效。这对于保持长期受风振影响的高强螺栓的正常状态有很好的效果。

2 应符合构造要求。

3 对于不同的高强螺栓,规定了不同的施加预应力的要求:

1)一般同现行国家标准《钢结构设计标准》GB 50017;

2)对有长效防腐蚀涂层的受剪、受拉高强螺栓,因扭矩系数的离散性大,无法用扭矩法施工,又因螺栓杆长相对较短,不宜用直接张拉法,故退求其次用"转角法"施加预拉力。"转角法"对镀锌高强螺栓施加预拉力在美国和日本的规范中有详细介绍;

3)对于有长效防腐蚀涂层的高强螺栓中受拉压交变疲劳作用者,例如风力发电塔筒法兰连接用高强螺栓,以往大多用扭矩法施工,防松效果差,每隔3个月到半年要检查并拧紧螺栓,实际形同高强度普通螺栓,对抗疲劳作用非常不利,也多次因此引起倒塔。而采用直接张拉法施加应力,螺栓中没有反弹扭矩,不会因受压而反弹松动。经大量实际工程验证,这是长期保持受拉压交变疲劳作用的高强螺栓正常工作状态的成熟方法,故列入本标准。

5.8.3 本条规定了承受疲劳动力作用的高耸结构(如风力发电塔)的高强螺栓的疲劳应力幅的计算方法,这出自教材《钢结构基本原理》(沈祖炎等,中国建筑工业出版社,2000),但实际螺栓连接中受压钢板面积很难计取,故用有限元或实测计取更为准确。

5.9 法兰连接

5.9.1 高耸钢管结构中的主要连接方式之一是法兰连接,法兰连接的位置、形式与结构整体计算模式相关,与施工和维护条件相关,也与具体结构的受力特点有关。本条对法兰的选用作出原则规定:

1 钢管塔一般采用空间桁架的计算模式,这是因为构件长细比较大(大于30以上即可),杆件抗弯影响较小,用空间桁架计算既简单又准确。既然是空间桁架,在节点附近出现铰或半铰就符合整体计算模式。用普通螺栓连接的法兰尽管可以做到传递拉力、压力,甚至也可以抗弯,但在受弯时法兰板部分脱离接触,只能做半刚接。

2 按空间刚架计算的高耸结构,其构件的连接要求刚接,刚接的必要条件是有足够的抗弯强度和连续抗弯刚度。所以要用高强螺栓连接,对法兰施加预压力,使法兰板在受力过程中不开缝,抗弯刚度就连续了。空间桁架的杆件若过长,中间要加法兰连接,原则上也要刚接,否则相当于在一根压杆中间加一个半铰,其整体稳定承载力就会降低;钢管结构杆件中段一般为离节点3倍直径以上。

3 有加劲法兰受力合理,用钢较省,设计也相对灵活,所以用于非标准管结构连接成大型、重复性低的管结构连接较好,但其焊缝多是缺点,耗用劳动力也多。

4 无加劲法兰焊缝少,耗用劳动力少,用于标准化钢结构或重复率高的钢结构连接,模具成本降低,有一定成本优势,但其耗钢量大,造价一般较高。

5 小直径管结构内部不能进入操作,所以只能用外法兰,大直径管结构(如风塔)内部可进人,用内法兰可节省施工辅助设施,内法兰抗弯刚度小,但对大直径钢管,影响就会小一些,基础与大型单管塔连接法兰的螺栓布置要考虑螺栓埋在基础混凝土中的构造要求,中距应加倍,所以单面法兰强度不足,改为双面法兰既便于施工,设计强度又容易保证。

6 一般高耸结构的法兰所受拉力、压力相差不大,压力略大于拉力,此时钢管到法兰板之间力的传递要靠焊缝,对于一些特殊的主要受压力的高耸结构提升支架,钢管端磨平顶紧传递压力,结构效率很高。

7 双层法兰螺栓有较大的自由长度,施加预应力准确,预应力损失小;双层法兰上表面螺栓操作不受加劲板影响,两层法兰板之间的加劲板又可以有足够的长度布置焊缝,所以很适合于刚接柱脚。

5.9.2 本条规定了刚性法兰的计算要求。

1 刚接法兰在弯矩作用的同时可有拉力或压力作用。对螺栓及法兰板的不利作用是弯和拉共同作用。在本标准公式(5.9.2-1)中,不考虑受压。刚接法兰要求法兰板永远处于受压状态,法兰连接的刚度能保持连续。在这一前提下,变形处于弹性状态,且转

中心轴为通过法兰形心的中性轴。

2 公式(5.9.2-2)为允许法兰板部分进入塑性条件下的验算公式。法兰实际为厚板。螺母与法兰板上压力分布属局部环状分布。但这两种状态的精确计算只能根据有限元法,不利于工程设计。所以一般仍采用弹性薄板理论按荷载均布计算法兰板抗弯,最后允许局部进入塑性。其结果与按有限元法计算总体接近,在工程上也经长期实践检验。所以采用此法。

钢管构件所受压力一般大于拉力(因重力作用)。而压力分布一般都直接由筒壁通过筒壁与法兰板的内外环焊缝直接传给法兰板,然后在法兰板靠筒壁根部区域通过接触传递。因法兰板较厚,经扩散的局部承压足够且受压区常靠近支座,所以压力虽大但法兰板弯矩不大。一般要求法兰板与筒壁的焊缝承力不小于钢管抗压承载力。法兰板受弯则由螺栓最大拉力控制。这种设计方法比压力控制板厚更为经济。这已为有限元分析及工程实践所证明。

3 刚接法兰抗弯按最大螺栓所在板块计算,其加劲板与法兰板连接焊缝受力比法兰板与筒壁连接焊缝受力大。根据表5.9.2中分配系数 α,可得到加劲板及其焊缝受力。

4 刚接法兰抗剪按高强螺栓抗剪验算。一般不起控制作用,也无需对法兰顶紧面做表面处理,也不要测定摩擦系数。

5.9.3 本条规定了半刚接法兰的计算。

1 半刚接法兰用高强度普通螺栓连接,通常要加与同样高强度螺栓1/3设计预拉力相对应的扭矩,以基本达到法兰在荷载频遇值作用下不开缝的要求。当荷载继续增大时,法兰会开缝。法兰绕一转动中心轴转动,这对于内法兰和外法兰是不同的。按有限元分析可得到两个转动中心轴位置及相应的算式。

2 半刚接法兰受拉、受压在空间桁架杆件连接中最常见。一般压力大于拉力。所以以往按压力对法兰做验算。但有限元计算表明,压力的传递直接通过法兰板与筒壁焊缝及法兰板之间的接触,分布范围小且接近支座,对法兰计算不起控制作用。因此现按抗拉计算法兰板,已经几年工程实践验证,安全且节约材料。

3 主要受弯曲作用指类似单管塔、悬臂杆之类压应力与弯曲应力相比小一个数量级的杆件。

根据标准编制人员对多种典型法兰计算比较,外法兰将受压区转动中心放在离圆心处3R/4更为合理。但考虑到原标准将受压区形心定在钢管外壁也未发生事故,故折中取钢管内壁切线为受压区转动中心轴。内法兰将转动中心轴放在离圆心2R/3处更为合理。

对于空间桁架杆件,理论上仅受拉力、压力,无剪力亦无抗剪问题。若要考虑Af/85构造剪力,则有剪力必有弯矩,有弯矩则法兰上有压力区,此压力必产生摩擦抗剪。对于单管塔之类主要受弯连接,弯矩产生的局部区域压力产生的摩擦力足以抗剪。

5.9.4 承压型法兰用于压力产生的应力大大超过其他内力产生的应力情况,所以用管端局部承压传递压力。法兰、加劲板、焊缝与传递压力无关,仅用于传递其他内力。这样设计结构效率很高,已有成功的工程实例。一般这类法兰的连接用摩擦型高强度螺栓,这并不是为了利用其摩擦力,而是为了结构免除杆端的接缝变形且当巨大作用时产生振动效应。所以其抗弯计算也同刚性法兰。

5.9.5 双层法兰一般用于刚接柱脚。柱脚刚接要达到两个标准:①抗弯强度不小于柱截面;②抗弯刚度保持连续,没有突变。为达到后者要求,柱脚法兰就不能在弯矩作用下开缝。因此,柱脚要达到刚接,锚栓要加预拉力。锚栓加预拉力之后,柱脚在使用中永久处于受压状态,底板不脱离基础顶面。锚栓加预拉力则要设锚固板、锚栓套管。若不设套管,则预应力损失较大。对锚栓加预拉力应采用直接张拉法。若用扭矩法,锚栓处于复杂应力状态,折断的可能性加大,而锚栓万一折断则很难修复。直接张拉法施工锚栓处于简单受力状态,质量稳定且安全。

5.10 构造要求

Ⅰ 一般规定

5.10.1 本条增加了热浸锌时锌液宜滞留的部位应设溢流孔的要求。

5.10.2 钢管塔腹杆当采用相贯线连接时,用相贯线焊缝焊于弦杆上。

5.10.3 对钢塔主要受力构件圆钢最小直径的限定由 $\phi12$ 改为 $\phi16$。

5.10.4 本条区分了按计算要求设横隔和按构造要求设横隔这两种不同情况。实际上横隔有时在计算中是必须的,如"K"形腹杆中点,必须有横隔支撑。

5.10.5 单管塔底部开设人孔等较大孔洞时,往往对单管塔的极限承载力和刚度产生较大的削弱影响,其影响程度主要受开孔率 $\delta=\theta/2\pi$ 决定,θ 为人孔高度中心所在单管塔横截面开孔区域所对应的圆心角角度(rad)。需要采取适当的补强措施。

(1)贴板补强。

贴板补强构造形状及尺寸如图 4 所示。主要构造参数为贴板相对宽度比 $\phi[\phi=2s_b/s_d$,s_b 为贴板沿管壁周向的弧长(m),s_d 为人孔对应管壁周向弧长(m)]和贴板相对厚度比 $\phi[\phi=t_b/t$,t_b 为贴板厚度(m),t 为管壁厚度(m)]。

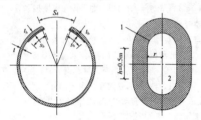

图 4 贴板补强构造形状及尺寸
1—孔边贴板补强区;2—开孔区

贴板补强构造简单,使用经验成熟。但这种构造存在以下缺点:补强金属过于分散,补强效率不高;使用贴板补强后,虽然降低了孔边的应力集中,但是由于外形尺寸的突变,在贴板的外围边界区域造成新的应力集中,使其容易在焊接脚趾处开裂;此构造由于没有和塔筒壳体形成整体,因而抗疲劳性能较差;此外,贴板与塔筒壳体对焊时,因塔筒刚度大,对角焊缝的冷却收缩起到了很大的约束作用,容易在焊缝处形成裂纹,特别是高强钢淬硬性大,对焊接裂纹比较敏感,更容易开裂。

(2)加强圈补强。

加强圈构造的形状及尺寸如图 5 所示。主要参数为加强圈的相对高度比 $\lambda[\lambda=2h/s_d$,h 为加强圈高度(m),s_d 为人孔对应管壁周向弧长(m)]和相对厚度比 $\gamma[\gamma=t_b/t$,t_b 为加强圈厚度(m);t 为管壁厚度(m)]。

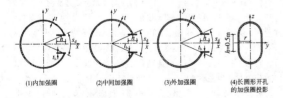

(1)内加强圈　(2)中间加强圈　(3)外加强圈　(4)长圆形开孔的加强圈投影

图 5 三种加强圈补强构造形状及尺寸

加强圈不仅能增大塔筒截面惯性矩,而且能有效约束孔边高应力区壳体的变形,因此能有效地降低孔边应力集中,改善结构性能。加强圈补强构造简单,焊缝质量容易检验。其缺点是焊缝处于孔洞边缘最大应力区域内,为达到补强的要求,焊缝应保证全焊透,焊缝质量检验要求高。根据加强圈与管壁的相对位置不同,可将加强圈分为内加强圈、中间加强圈和外加强圈三种。

(3)有限元模拟分析表明:

1)对于贴板补强构造的使用,应遵循以下原则:

①贴板补强构造比较适用于薄壁小开孔($\delta\leqslant7\%$)单管塔的补强,对厚壁大开孔($\delta>7\%$,特别是人孔)单管塔要慎重使用,并且使用时要采取措施(如在贴板上开孔塞焊),尽量减小贴板补强的缺点带来的不利影响,以获得尽可能好的补强效果;

②贴板宽度通常取相对宽度比 $\phi=1$(即"等面积"补强),$\phi>1$ 时,贴板补强不经济;

③对小开孔($\delta\leqslant7\%$)的情况,可取相对厚度比 $\psi=1.0$,对相对较大的开孔($\delta>7\%$ 的人孔)的情况,应取 $\psi=1.5$。

2)对于加强圈补强结构使用,应遵循以下原则:

①与贴板补强构造相比,加强圈补强构造更适用于实际工程中较大开孔的补强;

②可取加强圈相对高度比 $\lambda=0.6$,可取加强圈相对厚度比 $\gamma=1.5$;

③中间加强圈的补强效果最好,内加强圈次之,外加强圈最差。另外从加强圈和管壁的连接方面来看,中间加强圈的加工和焊接效果比较好。

(4)开孔补强现场足尺对比试验表明:

1)经贴板补强后或中加强圈补强后,单管塔开孔区的应力水平较补强前有所降低,应力集中现象缓解,补强效果显著;

2)相同荷载下经中加强圈补强后单管塔开孔区的应力峰值相对较低,且其高应力区相对较小,补强效果更好;

3)两种补强措施对单管塔的刚度补偿作用差异不大;

4)相同的补强效率要求下,中加强圈补强经济性略好。

Ⅲ 螺 栓 连 接

5.10.12 每一杆件在接头一边的螺栓数不宜少于 2 个,但对于相当于精制螺栓的销连接,可以只用 1 个螺栓。因这种连接螺栓(销)加工精度高,受力状态较理想化,质量可靠。而这在柔性杆连接中为常用构造,安装很方便,且节约节点用材。

5.10.14 本条增加了受剪螺栓的螺纹不宜进入剪切面的规定,以提高螺栓抗剪的可靠性。本条还强调由于高耸钢结构受风振作用,故重要螺栓连接,特别是有可能受拉压循环作用的螺栓,必须要有防松措施。一般螺栓也要用扣紧螺母防松。

6 混凝土圆筒形塔

6.1 一般规定

6.1.1 本章适用于普通混凝土和预应力混凝土圆筒形塔的设计,适用范围包含了风力发电塔。无黏结预应力混凝土的预应力钢筋达不到屈服状态,故本章用于塔身承载力计算的有关公式仅适用于有黏结预应力结构。当采用无黏结预应力混凝土结构时,可参考本标准的有关计算方法,但预应力筋应采用设计应力进行计算。

为了避免风力发电塔发生疲劳破坏,本标准规定风力发电塔应采用预应力混凝土结构。

6.1.5 采用预应力混凝土时,塔身刚度提高,但其延性下降,故应采取有效措施保证结构具有必要的延性。其配置的非预应力钢筋应满足最小配筋率。在抗震设防烈度较高地区,可采取主动或被动减震措施。

6.2 塔身变形和塔筒截面内力计算

6.2.1 相邻质点间的塔身截面刚度取该区段的平均截面刚度,可不考虑开孔和局部加强措施(如洞口扶壁柱等)的影响。

6.2.4 横向风振和临界风速可按本标准第4章的规定计算。

6.2.5 塔身的附加弯矩计算,原标准给出理论公式和近似计算公式,是基于兼顾手工计算考虑,由于近似附加弯矩计算方法是以等曲率假设为前提的,在许多情况下误差较大。随着计算程序的普及应用,应该采用理论公式计算。故本次修订只保留理论计算公式,而近似公式放到附录,方便还有需要的设计人员使用。

在计算质点的重力荷载时,应考虑结构自重及各层平台的活荷载,其组合值应与对应组合工况一致,当考虑竖向地震影响时应包括竖向地震作用。

6.3 塔筒截面承载能力验算

6.3.1 与原标准相比,本次标准修订扩大了筒壁开孔使用范围。原标准规定,当同一截面开两个孔时,要求两个孔中心线夹角需满足180°要求,本次修订,理论上允许两个孔中心线夹角为任意角度,但实际应用时应满足构造要求。

本标准给出了配有非预应力筋和同时配有预应力筋的通用公式。当不配预应力筋时,令预应力筋项的值为零即可。本标准公式适用于有黏结预应力混凝土结构。应当指出:在计算公式中,当仅开设1个孔洞时,是按孔洞在受压区给出的。当开设两个孔洞时,其中较大的孔洞在受压区。

6.4 塔筒裂缝宽度验算

6.4.1 预应力混凝土塔筒的抗裂验算应按现行国家标准《混凝土结构设计规范》GB 50010的有关规定进行计算。本标准未做新规定。

6.4.2 为计算混凝土和预应力混凝土塔筒的裂缝开展宽度,需要计算在正常使用状态的混凝土压应力和钢筋拉应力。为此,应首先判别 $e_{0k} \leqslant r_{co}$ 或 $e_{0k} > r_{co}$。因为这两种不同情况,应力的计算公式是不同的。其中截面核心距 r_{co} 又分为截面无孔洞及有一个孔洞和有两个孔洞等情况,应分别加以判断。本条给出了有关计算公式。

6.4.3 本条给出了当 $e_{0k} \leqslant r_{co}$ 时,混凝土压应力的计算公式。由于 $e_{0k} \leqslant r_{co}$,迎风侧钢筋拉应力小于零,此种状态无需验算裂缝。

6.4.4 当 $e_{0k} > r_{co}$ 时,应分别求出混凝土压应力和受拉区钢筋拉应力。求出钢筋拉应力才能验算裂缝开展宽度。本条计算公式与

现行国家标准《烟囱设计规范》GB 50051的不同之处在于增加了预应力钢筋。

6.4.5 本条给出了塔筒在标准荷载和温度共同作用下产生的水平裂缝宽度计算公式。裂缝开展宽度的计算公式与现行国家标准《混凝土结构设计规范》GB 50010相同。但由于在自然温度作用下,筒壁的内侧与外侧有一定的温度差,此温度差使受拉钢筋增大了拉应力。由温度产生的钢筋拉应力反映在公式(6.4.5-2)中。

本标准裂缝计算公式与现行国家标准《烟囱设计规范》GB 50051的公式有所不同,现行国家标准《烟囱设计规范》GB 50051的公式中增加了一个大于1的工作条件系数 k,其理由是:

(1)烟囱处于室外环境及温度作用下,混凝土的收缩比室内结构大得多。在长期高温作用下,钢筋与混凝土间的黏结强度有所降低,滑移增大。这些均可导致裂缝宽度增加。

(2)烟囱筒壁模型试验结果表明,烟囱筒壁外表面由温度作用造成的竖向裂缝并不是沿圆周均匀分布,而是集中在局部区域,应是由于混凝土的非匀质性引起的,而现行国家标准《混凝土结构设计规范》GB 50010中,裂缝间距计算部分与烟囱实际情况不甚符合,以致裂缝开展宽度的实测值大部分大于现行国家标准《混凝土结构设计规范》GB 50010公式的计算值。重庆电厂240m烟囱的竖向裂缝亦远非均匀分布,实测值也大于计算值。

(3)模型试验表明,在荷载固定温度保持恒温时,水平裂缝仍继续增大。估计是裂缝间钢筋与混凝土的膨胀差引起的。

6.4.6 塔筒的竖向裂缝仅由筒壁内外温度差产生。本条给出了有关计算公式。对于塔筒由于温度差较小,不像烟囱筒壁内外侧温度差很大,如有一定的环向配筋,一般裂缝不会很大。

6.5 混凝土塔筒的构造要求

6.5.3 本条与现行国家标准《混凝土结构设计规范》GB 50010的有关内容进行了协调。

6.5.4 由于筒壁开孔计算公式不再局限于两个孔中心线夹角需满足180°的要求,故对同一截面上两个孔洞之间的筒壁最小宽度提出要求。筒身开孔较大时,考虑到筒身竖向刚度和承载力突变的影响,对洞口影响范围及以下截面的混凝土强度等级提出了要求。

6.5.9 本条的有关构造要求与原标准相比,增加了洞口加强的一些要求。这些要求参考了现行国家标准《烟囱设计规范》GB 50051的有关内容。洞口加强钢筋应尽量靠近洞口边缘放置,当洞口较大时,其每侧布置区间应控制在3倍壁厚范围内,其洞口两侧加强筋数量的总和为同方向截断钢筋面积的1.3倍。

7 地基与基础

7.1 一般规定

7.1.1 表 7.1.1 中关于中低压缩性土和高压缩性土的意义同第 7.2.6 条条文说明。本次修订补充了风力发电塔部分内容。

7.1.2 地基变形是地基设计中的一个重要组成部分。当高耸结构地基产生过大的变形时，会影响设备正常的工作，危及结构安全。在表 7.1.2 中增列了风力发电塔的内容。

7.1.4 本条主体部分与现行国家标准《建筑地基基础设计规范》GB 50007 一致，但针对高耸结构特点做如下说明：

在验算地基承载力时，效应取标准值。对高耸结构，常有部分基础底面脱离地基，即压力为 0，脱开比值限定小于 0.25。此时应按实际情况重新确定地基受压区域，再按调整后压力不为 0 的区域验算地基承载力，参见第 7.2.3 条。但在验算基础强度项目时，效应取设计值，所以脱开比值可能大于 1/4，这时也要按此条件确定地基受压区域及压强分布，然后以此压强分布作用在基础上验算基础各部分的强度。

7.1.5 对于风力发电塔基础，因其有 1×10^7 次疲劳荷载，工程中已有若干基础在 2 年~3 年后就发生疲劳破坏的实例（设计规定使用寿命 25 年），所以规定要做疲劳设计和验算。而疲劳是用预应力锚栓对受拉压交变作用的混凝土施加预压力，使混凝土不受拉或不开裂。否则，混凝土一旦在工作荷载下开裂，疲劳破坏就很难避免。本条为强制性条文，必须严格执行。

7.2 地基计算

7.2.1~7.2.4 按现行国家标准《建筑地基基础设计规范》GB 50007，在地基计算中用荷载效应标准组合为代表值，以特征值（承载力）为抗力代表值。

7.2.5 根据不同类型高耸结构的特点，提出不同的沉降量要求和倾斜允许值的要求，这不仅涉及安全，也涉及经济性。

高耸结构地基变形允许值与现行国家标准《建筑地基基础设计规范》GB 50007 协调，并在分类上做适当变更。本标准增加了风力发电塔的地基变形限制 4‰。

7.2.6 本条对高耸结构内相邻基础间的沉降差作出限定。一是为了减小由于沉降差引起附加应力，二是为了防止沉降差造成使用状态的恶化及管线的损坏。总沉降差往往在井道基础和塔柱基础之间产生。

对于中低压缩性土，以压缩系数值 $\alpha < 0.5 \text{ MPa}^{-1}$ 为标准，当 $\alpha \geqslant 0.5 \text{ MPa}^{-1}$ 时为高压缩性土。

7.2.7 对山坡地上的高耸结构要分析地基的稳定性，并对此作出科学的评价。

7.3 基础设计

Ⅰ 天然地基基础

7.3.1 本文提出了斜立式基础的适用范围及大致形式。

7.3.2 本文对构架式塔的独立式基础加连系梁的基础形式的设计方法做了明确规定。这种基础在高耸结构中用得最多。

7.3.3~7.3.5 重点阐述了《高耸结构设计规范》GBJ 135—90 中的"板式基础"，即本标准中的"扩展基础"。此种基础在天然地基上的高耸结构基础中最为常见，有圆形、方形、环形等。环形基础底板外形系数 $\psi = -3.9 \times \left(\dfrac{r_1}{r_c}\right)^3 + 12.9 \times \left(\dfrac{r_1}{r_c}\right)^2 - 15.3 \times \dfrac{r_1}{r_c} + 7.3$ 根据图 7.3.3-3 曲线拟合而成。

因台阶形基础不适合于上表面配筋，故去除。注明基础自重和覆土重时对基础底板强度计算正弯矩无关。

7.3.6 高耸结构在基础受拔力作用（靠自重、覆土重及土的抗剪切性能）时，底板反向受弯，因而在底板上表面也要做配筋验算。这种情况对其他结构相当独特，但在高耸结构中却很普遍。本条新增了计算底部上表面配筋时的均布荷载设计值公式，此时基础及其上覆土重量起控制作用，故取分项系数 1.35。同时，上表面配筋尚应满足最小配筋率要求。

7.3.7 高耸结构一般很少用"刚性基础"，即"无筋扩展基础"。

7.3.8 高耸钢结构的锚栓是上部结构与基础之间的重要连接件，设计时应考虑对钢结构和混凝土结构兼容。而两者的施工标准差异很大，本条根据高耸结构的特点和设计经验，提出了锚栓设计的具体要求。预应力锚栓的疲劳应力幅的相关规定见 *Eurocode*3：*Design of Steel Structures*，Part1.9，Fatigue。锚栓组合件如图 6 所示。

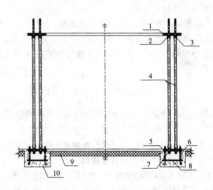

图 6 预应力锚栓组合件

1—上锚板；2—尼龙螺母；3—热缩管；4—锚栓及套管；5—下锚板；6—支撑；7—锚固螺母；8—预埋件；9—苯板；10—垫层

现行国家标准《钢结构设计标准》GB 50017 规定锚栓预拉力 P 以锚栓的抗拉强度为准，再考虑必要的系数和实用需要，用锚栓的有效截面经计算确定。

锚栓预拉力的取值直接影响预应力混凝土的使用效果，如果预拉力取值过低，则预应力锚栓经过各种损失后，对混凝土产生的预压应力过小，不能有效地提高预应力混凝土构件的抗裂度和刚度，且易松弛。如果张拉控制应力取值过高，则可能引起锚固区混凝土局压破坏，构件的延性降低，且对锚栓抗疲劳不利。

基础预应力锚栓因采用直接张拉法施工，没有拉扭复合应力，故预拉力值可比现行国家标准《钢结构设计标准》GB 50017 提高，将该标准中影响系数 1.20 改成 1.15。

考虑锚栓材质的不均匀性，引进折减系数 0.9。

施工时为了补偿锚栓预拉力的松弛，一般超张拉 5%~10%，为此采用一个超张拉系数 0.9。

由于以锚栓的抗拉强度为准，为安全起见再引入一个附加安全系数 0.9。这样，锚栓最大预拉力应按下式计算：

$$\frac{0.9 \times 0.9 \times 0.9}{1.15} f_u A_e \approx 0.63 f_u A_e \tag{8}$$

式中：f_u——锚栓经热处理后的最低抗拉强度；对 8.8 级取为 830MPa，对 10.9 级取为 1040MPa；

A_e——螺纹处的有效面积。

当混凝土局部承压难以满足时，锚栓最小预拉力可取为 $0.37 f_u A_e$，但最小预拉力必须保证基础混凝土在风机工作荷载下处于受压状态。

现行国家标准《混凝土结构结构设计规范》GB 50010 对预应力螺纹钢筋张拉控制应力的要求为 $0.50 f_{pyk} \sim 0.85 f_{pyk}$，基础锚栓为高强螺栓，材料延性和韧性较预应力螺纹钢筋好。按该规定，预应力锚栓预拉力取为 $0.37 f_u A_e \sim 0.63 f_u A_e$ 也较为合适。

Ⅱ 桩 基 础

7.3.12 高耸结构不同于一般建筑结构，因其自身细而高的特点，对风荷载较为敏感，在风荷载作用下，柱脚往往出现较大拔力。因此采用桩基础时，必须对桩基进行抗拔验算及抗拔试验。这涉及桩基的安全，因此必须做严格规定。

7.3.13 本条规定了高耸结构抗拔桩及承台的具体构造要求。

Ⅲ 岩石锚杆基础

7.3.14~7.3.17 这几条对岩石地基上的高耸结构所常用的锚杆基础的设计计算及构造要求作出具体规定。

Ⅳ 预应力岩石锚杆基础

7.3.18 疲劳动力荷载作用下，普通岩石锚杆疲劳应力幅较大，且其黏结锚固有逐步失效的趋势。故承受疲劳动力荷载作用时，应采用预应力岩石锚杆基础。

7.3.22 采用自锁式岩石锚杆或扩底岩石锚杆可使锚杆锚固力由"握裹"抗剪转变为岩石的抗压，以及抗压后产生的摩擦，提高了锚固的可靠性和抗疲劳。

Ⅴ 几种特殊的基础形式

7.3.23 本条对无埋深预制基础的主要设计原则作出规定。

无埋深预制基础是指在工厂预制完成的钢筋混凝土块，在现场经组合拼装后放置在有可靠持力层的地基上，作为上部高耸结构的基础。无埋深预制基础主要通过预制混凝土块及其上的铁塔、机房等自重来抵抗风荷载引起的弯矩。目前在通信工程领域应用广泛。考虑到运输与安装方便，预制基础一般均分条块制作。为保证其整体性，各条块间应可靠连接。

预制基础的抗倾覆稳定性可以依据"在正常使用极限状态标准组合作用下基底脱开面积不大于基础底面 1/4"的原则得到保证，抗滑移稳定性可依据本标准第7.4.6条执行。

7.3.24 本条对螺旋桩（图7）的使用作出规定。螺旋桩因其自身带有螺纹，跟普通钢管桩相比，具有抗拔承载力相对较高的优点。且因为高耸结构基础抗拔是结构的一个重要受力特点，因此建议高耸结构基础采用螺旋桩。目前螺旋桩没有较为完善的理论计算公式，设计者可按现行行业标准《建筑桩基技术规范》JGJ 94 对其进行估算，并且通过试验验证其承载能力。

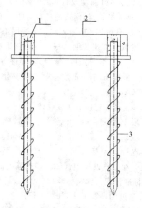

图 7 螺旋桩结构示意图
1—后注浆；2—预制承台；3—螺旋桩

7.3.25 本条对筒式基础的主要设计原则作出规定。

筒式基础采用单个直径较大的筒体作为高耸结构的基础，筒体可采用预应力混凝土或者钢材。筒式基础目前在风电与通信工程领域有一定应用。

筒式基础由沿深度分布的水平地基反力组成的力矩与合力抵抗弯矩和剪力。由于刚度相对土体较大，可作为刚性桩计算。结构设计时，可采用刚性桩计算原则，主要验算地基土承载能力、筒式基础变形以及筒式基础自身强度等。筒式基础示意图如图8所示。

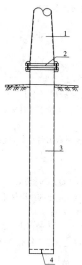

图 8　筒式基础示意图
1—塔体；2—连接法兰；3—筒式基础桩身；4—桩尖

筒式基础应按下列方法进行抗弯承载力、竖向承载力、顶部位移、转角以及筒式基础强度的验算。

（1）受力简图以及土压力分布曲线（图9）；

$$q = az^{1.5} + bz^{0.5} \tag{9}$$

$$a = -\frac{21.875}{H^{3.5}}\left(\frac{3}{5}HV_k + M_k\right) \tag{10}$$

$$b = \frac{13.125}{H^{2.5}}\left(\frac{5}{7}HV_k + M_k\right) \tag{11}$$

式中：q——单位长度上的土反动抗力（kN/m）；

$a、b$——曲线系数，单位分别为 kN/m$^{2.5}$、kN/m$^{1.5}$；

M_k——荷载效应标准组合下地面（$z=0$处）弯矩（kN·m）；

F_k——荷载效应标准组合下压力（kN）；

V_k——荷载效应标准组合下地面（$z=0$处）剪力（kN）；

H——有效桩长（m）；

z——离地面距离（m）。

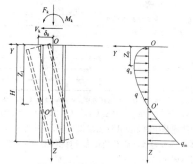

图 9　受力简图及土压力分布曲线
O'—刚性转动中心点；Z_1—转动中心点至地面距离；
Z_0—浅部土压力极值点至地面距离

（2）筒式基础抗弯承载力应按下列公式计算：
浅部土压力极值点处：

$$q_0/D_0 \leqslant \beta\left[\gamma z_0 \tan^2\left(45°+\frac{\varphi}{2}\right) + 2c\tan\left(45°+\frac{\varphi}{2}\right)\right]/2 \tag{12}$$

筒式基础底部：

$$q_m/D_0 \leqslant \beta\left[\gamma H \tan^2\left(45°+\frac{\varphi}{2}\right) + 2c\tan\left(45°+\frac{\varphi}{2}\right)\right]/2 \tag{13}$$

式中：β——极限承载力修正系数，$\beta=1.8$；

γ——计算点所在土层土的重度（kN/m^3）；

$c、\varphi$——土的黏聚力及内摩擦角。

浅部土压力极值点离地面距离为：

$$z_0 = -\frac{b}{3a} \qquad (14)$$

对应的土压力为：

$$q_0 = az_0^{1.5} + bz_0^{0.5} \qquad (15)$$

筒式基础底部对应的土压力为：

$$q_m = aH^{1.5} + bH^{0.5} \qquad (16)$$

(3)筒式基础竖向承载力应按下式计算：

$$F_k \leqslant R_a \qquad (17)$$

式中：R_a——筒式基础竖向承载力特征值，应按下式计算：

$$R_a = \frac{Q_{uk}}{2} \qquad (18)$$

$$Q_{uk} = Q_{sk} = u\sum q_{sik}l_i \qquad (19)$$

式中：q_{sik}——筒式基础侧第 i 层土的极限侧阻力标准值(kN/m²)；

u——筒式基础周长(m)；

l_i——筒式基础侧第 i 层土的厚度(m)。

(4)筒式基础顶部位移及转角应符合下列规定：

1)顶部位移 δ_0 应按下式计算：

$$\delta_0 = b/(C \cdot D_0) \leqslant 0.010 \qquad (20)$$

2)转角 $\tan\theta$ 应按下式计算：

$$\tan\theta = -a/(C \cdot D_0) \leqslant 0.006 \qquad (21)$$

(5)筒式基础强度验算应符合下列规定：

离地面 z 处的剪力和弯矩应按下列公式计算：

$$Q_z = 1.4\left(-\frac{a}{2.5}z^{2.5} - \frac{b}{1.5}z^{1.5} + V_k\right) \qquad (22)$$

$$M_z = 1.4\left(-\frac{a}{8.75}z^{3.5} - \frac{b}{3.75}z^{2.5} + V_k z + M_k\right) \qquad (23)$$

(6)地基土比例系数 C 值可按以下规定确定：

1)在土质相近地区大量使用筒式基础时，宜通过水平静载试验确定；

2)当无水平静载试验资料时，应按表3的要求采用；

表3　不同土类对应 C 值

序号	土类	土的弹性模量 E_e (MPa)	C (kN/m³·⁵)
1	$I_L > 1.0$ 的流塑性黏性土、淤泥		4000～7000
2	0.5≤I_L<1.0 的软塑性黏性土、粉砂、e>0.825 的粉土	5	7000
		10	13000
		15	16000
		20	19000
3	0≤I_L<0.5 的硬塑性黏性土、细砂、中砂、e≤0.825 的粉土	20	19000
		30	22000
		40	24000
		50	26000
4	半干硬性黏性土、粗砂	50	26000
		60	28000
		80	30000
		100	31000

注：表中 I_L 为土的液性指数，e 为土的孔隙比。对于第 2 类土，取 $E_e = 2E_{1-2}$；对于第 3 类土，取 $E_e = 3E_{1-2}$；对于第 4 类土，取 $E_e = 4E_{1-2}$。其中 E_{1-2} 为土体压缩模量。

3)当筒式基础侧面由几种土层组成时，应求得主要影响深度 $h_c = 2(D_0 + 1)$m 范围内的 C 值作为计算值(图10)。当 h_c 深度内存在两层不同土时：

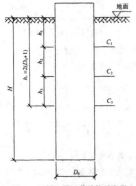

图10　不同土层 C 值计算示意图

$$C = \frac{C_1 h_1^2 + C_2(2h_1 + h_2)h_2}{h_c^2} \qquad (24)$$

当 h_c 深度内存在三层不同土时：

$$C = \frac{C_1 h_1^2 + C_2(2h_1 + h_2)h_2 + C_3(2h_1 + 2h_2 + h_3)h_3}{h_c^2} \qquad (25)$$

(7)适用条件：筒式基础应符合下列规定：

$$H \leqslant 2.5/\lambda \qquad (26)$$

式中：λ——桩土形变系数(1/m)，$\lambda = (CD_1/EI)^{\frac{1}{4.3}}$；

C——地基土比例系数(kN/m³·⁵)；

D_1——筒式基础的计算直径(m)；当 $D_0 \leqslant 1.0$m 时，$D_1 = 0.9(1.5D_0 + 0.5)$；当 $D_0 > 1.0$m 时，$D_1 = 0.9(D_0 + 1.0)$；

D_0——筒式基础直径(m)；

E——弹性模量(kN/m²)；

I——惯性矩(m⁴)。

7.4　基础的抗拔稳定和抗滑稳定

7.4.2～7.4.5　与原标准条文基本一致，对标准公式中的代表值按新的标准做了注释，并调整了个别参数。

7.4.6　本条主要对无埋深预制基础的抗滑稳定作出规定。地基的稳定性应按现行国家标准《建筑地基基础设计规范》GB 50007 进行验算。基础底面对地表土的摩擦系数 μ，当无试验数据时，一般取 0.25。

附录 A　材料及连接

A.0.1　表 A.0.1 为钢材强度设计值(N/mm²)。在高耸钢结构中，大量使用 20# 钢无缝管材，而这种材料的性能在现行国家标准《钢结构设计标准》GB 50017 中未列出。为适用工程需要，在备注中对 20# 钢的强度取值作出说明。根据现行国家标准《优质碳素结构钢》GB/T 699，20# 钢的强度、延性、可焊性等主要结构参数均优于 Q235 钢。但属于同一强度等级，故为简化起见，规定 20# 钢的设计强度同 Q235 钢。

A.0.3　表 A.0.3 为螺栓连接的强度设计值。在大量的角钢塔中，螺栓强度等级不限于现行国家标准《钢结构设计标准》GB 50017 规定的 4.8 级、8.8 级、10.9 级，还有 6.8 级。为适应高耸结构工程的要求，特根据现行国家标准《优质碳素结构钢》GB/T 699，将 6.8 级列入该表。在锚栓设计中，Q235 锚栓强度低，Q345 圆钢又很难采购，故本标准按现行国家标准《钢结构设计标准》GB 50017 中关于锚栓设计强度的换算方法，并按现行国家标准《优质碳素结构钢》GB/T 699 的规定，确定了 35 号钢、45 号钢锚栓的抗拉强度值，并规定对 35 号钢不宜焊接，对 45 号钢不应焊接。我国电力系统钢塔设计及施工中有大量使用优质碳素结构钢作锚栓的经验。

A.0.6～A.0.12　根据高耸结构设计的需要，增加了表 A.0.6～表 A.0.12，其内容为镀锌钢绞线、钢丝绳强度设计值以及混凝土、钢筋强度设计值和弹性模量。

附录 B 轴心受压钢构件的稳定系数

B.0.1 表 B.0.1 为轴心受压钢构件的截面分类。根据现行国家标准《钢结构设计标准》GB 50017 对截面的分类做了调整,然而真正用于高耸结构轴压构件的截面仍为 a、b 两类,其他均略去。

B.0.2、B.0.3 表 B.0.2、表 B.0.3 为 a、b 两类截面轴心受压构件的稳定系数,按现行国家标准《钢结构设计标准》GB 50017 确定。

附录 H 在偏心荷载作用下,圆形、环形基础
基底零应力区的基底压力计算系数

H.0.1 表 H.0.1 增加了 τ、ξ 的取值范围,因按原标准附录只能计算荷载标准组合下的地基反力,但在基础承载能力计算时还要知道设计荷载下的地基反力,所以将表中取值范围扩大。

附录一 2021年度全国一级注册结构工程师专业考试所使用的规范、标准、规程

1. 《建筑结构可靠性设计统一标准》GB 50068—2018
2. 《建筑结构荷载规范》GB 50009—2012
3. 《建筑工程抗震设防分类标准》GB 50223—2008
4. 《建筑抗震设计规范》GB 50011—2010（2016 年版）
5. 《建筑工程施工质量验收统一标准》GB 50300—2013
6. 《建筑地基基础设计规范》GB 50007—2011
7. 《建筑桩基技术规范》JGJ 94—2008
8. 《建筑基桩检测技术规范》JGJ 106—2014
9. 《建筑边坡工程技术规范》GB 50330—2013
10. 《建筑地基处理技术规范》JGJ 79—2012
11. 《建筑地基基础工程施工规范》GB 51004—2015
12. 《建筑地基基础工程施工质量验收标准》GB 50202—2018
13. 《既有建筑地基基础加固技术规范》JGJ 123—2012
14. 《混凝土结构设计规范》GB 50010—2010（2015 年版）
15. 《混凝土结构工程施工规范》GB 50666—2011
16. 《混凝土结构工程施工质量验收规范》GB 50204—2015
17. 《混凝土异形柱结构技术规程》JGJ 149—2017
18. 《混凝土结构加固设计规范》GB 50367—2013
19. 《组合结构设计规范》JGJ 138—2016
20. 《钢结构设计标准》GB 50017—2017
21. 《门式刚架轻型房屋钢结构技术规范》GB 51022—2015
23. 《冷弯薄壁型钢结构技术规范》GB 50018—2002
24. 《高层民用建筑钢结构技术规程》JGJ 99—2015
25. 《空间网格结构技术规程》JGJ 7—2010
26. 《钢结构焊接规范》GB 50661—2011
26. 《钢结构高强度螺栓连接技术规程》JGJ 82—2011
27. 《钢结构工程施工规范》GB 50755—2012
28. 《钢结构工程施工质量验收规范》GB 50205—2001
29. 《砌体结构设计规范》GB 50003—2011
30. 《砌体结构工程施工规范》GB 50924—2014
31. 《砌体结构工程施工质量验收规范》GB 50203—2011
32. 《木结构设计标准》GB 50005—2017
33. 《木结构工程施工规范》GB/T 50772—2012
34. 《木结构工程施工质量验收规范》GB 50206—2012
35. 《烟囱设计规范》GB 50051—2013
36. 《高耸结构设计标准》GB 50135—2019
37. 《高层建筑混凝土结构技术规程》JGJ 3—2010
38. 《建筑设计防火规范》GB 50016—2014（2018 年版）

39.《公路桥涵设计通用规范》JTG D60—2015

40.《城市桥梁设计规范》CJJ 11—2011（2019 年版）

41.《城市桥梁抗震设计规范》CJJ 166—2011

42.《公路钢筋混凝土及预应力混凝土桥涵设计规范》JTG 3362—2018

43.《公路桥梁抗震设计规范》JTG/T 2231—01—2020

44.《城市人行天桥与人行地道技术规范》CJJ 69—95（2003 年局部修订版）

附录二　2021年度全国二级注册结构工程师专业考试所使用的规范、标准、规程

1. 《建筑结构可靠性设计统一标准》GB 50068—2018
2. 《建筑结构荷载规范》GB 50009—2012
3. 《建筑工程抗震设防分类标准》GB 50223—2008
4. 《建筑抗震设计规范》GB 50011—2010（2016年版）
5. 《建筑工程施工质量验收统一标准》GB 50300—2013
6. 《建筑地基基础设计规范》GB 50007—2011
7. 《建筑桩基技术规范》JGJ 94—2008
8. 《建筑基桩检测技术规范》JGJ 106—2014
9. 《建筑地基处理技术规范》JGJ 79—2012
10. 《建筑地基基础工程施工规范》GB 51004—2015
11. 《建筑地基基础工程施工质量验收标准》GB 50202—2018
12. 《混凝土结构设计规范》GB 50010—2010（2015年版）
13. 《混凝土结构工程施工规范》GB 50666—2011
14. 《混凝土结构工程施工质量验收规范》GB 50204—2015
15. 《混凝土异形柱结构技术规程》JGJ 149—2017
16. 《钢结构设计标准》GB 50017—2017
17. 《门式刚架轻型房屋钢结构技术规范》GB 51022—2015
18. 《钢结构工程施工规范》GB 50755—2012
19. 《钢结构工程施工质量验收规范》GB 50205—2001
20. 《砌体结构设计规范》GB 50003—2011
21. 《砌体结构工程施工规范》GB 50924—2014
22. 《砌体结构工程施工质量验收规范》GB 50203—2011
23. 《木结构设计标准》GB 50005—2017
24. 《木结构工程施工规范》GB/T 50772—2012
25. 《木结构工程施工质量验收规范》GB 50206—2012
26. 《高层建筑混凝土结构技术规程》JGJ 3—2010
27. 《烟囱设计规范》GB 50051—2013
28. 《高层民用建筑钢结构技术规程》JGJ 99—2015